战神浴火

——国防科技史话

巴　丁　编著

海洋出版社

2015年·北京

图书在版编目（CIP）数据

战神浴火：国防科技史话／巴丁编著. — 北京：海洋出版社，2013.1（2015.9 重印）
ISBN 978－7－5027－8448－5

Ⅰ. ①战… Ⅱ. ①巴… Ⅲ. ①国防科学技术－技术史－中国 Ⅳ. ①E9－092

中国版本图书馆 CIP 数据核字（2012）第 271018 号

责任编辑： 高朝君　肖　炜
责任印制： 赵麟苏

海洋出版社 出版发行
http://www.oceanpress.com.cn
北京市海淀区大慧寺路 8 号　邮编：100081
北京画中画印刷有限公司印刷　新华书店北京发行所经销
2013 年 1 月第 1 版　2015 年 10 月第 2 次印刷
开本：850mm×1168mm　1/16　印张：45.25
字数：938 千字　定价：98.00 元
发行部：010-62132549　邮购部：010-68038093
总编室：010-62114335

序

历史正昭示未来

历史是座巍峨宏博的城堡。每当你打开一扇门，都会感受到其间厚重的知识积淀，依然在鲜活地昭示当代、告诫未来。既让人内心充盈着景仰与歆羡，也让人从中窥见历史风云的变幻莫测和权术政治的波诡云谲。阅读历史，更多的是让后来者感受到人类社会发展的恢宏场景与曲折流变。特别是那些距离我们很近的历史话题，可以说那是我们的前辈和我们自己都曾艰难跋涉的历程，其间透射出的岁月沧桑和鲜明的时代特征，常常给人们以深邃的历史启迪；在驱动我们站在新的起点，对历史的经验与教训做出理性思考的同时，能以更强烈的责任意识和忧患意识，激励人们去前瞻未来，为实现中华民族的伟大复兴而奉献我们的绵薄之力。

古人说，读史可以知兴替。巴丁同志的《战神浴火——国防科技史话》让我忆起在国防科研和军事战略岗位上工作的往事，心潮起伏，难以平静。记得还是在高中时代，课余时间翻阅马克思的《摩尔根〈古代社会〉一书摘要》和恩格斯的《家庭、私有制和国家的起源》，那时的我就对人类文明和战争的起源，产生了浓厚的兴趣。毛泽东主席的那段教导，至今依然能够想起。“战争是从有私有财产和有阶级以来就开始了的、用以解决阶级和阶级、民族和民族、国家和国家、政治集团和政治集团之间、在一定阶段上的矛盾的一种最高的斗争形式。”《孙子兵法·计篇》有曰：“兵者，国之大事，死生之地，存亡之道，不可不察也。”想我中华自古英雄辈出，名将如云。无数将士或立马横刀，镇守边陲；或挥戈弯弓，开疆拓土，为我们留下了辽阔的疆域，壮丽的河山。每每想起，崇敬与感恩之情就会油然而生。

《论语·卫灵公》云：“工欲善其事，必先利其器。”自古以来，战场上兵士将帅武器水准的高低，往往直接关系到军力之强弱，社稷之安危。作为文明古国，历代先贤素来重视军事技术的探索和兵器性能的完善，久而久之凝练形成了“十八般兵器”。这些完备的武器系列功能各异，相互补充，丰富实用，大助军威。尤其是火药的发明及在战争中的运用，可视为我中华民族在人类军事科技领域的代表性贡献。

随着近现代工业文明化于欧洲兴起，我国科技一度落伍，列强靠坚船利炮轰开我国大门，中华民族经历了腥风血雨的百年忧患。此间，前辈们在战争中学习，靠流血而进取，通过洋务运动“师夷之技”，靠派遣留学生而移樽就教，逐步建立起自己的军事工业，并于探索中不断前进。

新中国建立后，国防科技事业得到飞速发展，国防实力大大增强。在严峻的国际环境中，中国军人用大无畏的战斗精神、牺牲精神和辉煌的胜利，向全世界表明了中国人民捍卫国家统一、民族独立的不可战胜的决心和信心。在“艰难困苦，玉汝于成”的奋斗历程中，发展“两弹一星”事业无疑是最为彪炳千秋、镌刻史册的；其对我国国家安全和国际战略格局的影响，无疑也是深远的。

回溯六十多年前，侵略者依仗其强大的军事装备优势直逼我东北边境，严重威胁我国家安全。正是在“保家卫国，捍卫和平”的伟大感召下，中国人民志愿军与朝鲜军民一道把“联合国军”从鸭绿江边赶回了“三八线”以南，赢得了半岛和平。朝鲜战争及后来的台海危机中，美国频频亮出核武器这张王牌，使中国领导人认识到，要想维护国家的主权与安全，中国应该拥有也必须拥有现代化的武器，特别是核武器。正如毛泽东所说：“我们不但要有更多的飞机和大炮，而且还要有原子弹。在今天这个世界上，我们要不受人家欺负，就不能没有这个东西。”

正是在这样严峻的国际背景下，我国决定发展国防尖端武器即后来归纳的“两弹一星”事业。作为中华民族为之自豪的伟大成就和中华人民共和国国防实力发展的标志性事件，“两弹一星”事业就是中国独立自主建立并掌握航天、航空、船舶、兵器和军事电子等技术以及战略核力量的统称。邓小平同志指出：“如果六十年代以来中国没有原子弹、氢弹，没有发射卫星，中国就不能叫有重要影响的大国，就没有现在这样的国际地位。这些东西反映一个民族的能力，也是一个民族、一个国家兴旺发达的标志。”

江泽民同志指出，“两弹一星”是中国人民在攀登现代科技高峰的征途中创造的非凡的人间奇迹，它极大地鼓舞了中国人民的志气，振奋了中华民族的精神。

胡锦涛同志指出：“核武器过去是、现在是、将来仍然是我国国家安全的基石，是我国大国地位和综合国力的重要标志。”

“两弹一星”的伟业，也是中华民族的荣耀与骄傲。其历史意义至少可以从五个方面去认识。

一、“两弹一星”铸就了共和国的核盾牌，奠定了我国国防安全体系的基石。

新中国成立后，西方敌对势力对我实施全面的封锁和打压，多次对我实施核讹诈、核威胁。“两弹一星”为我国战略核力量的建立和发展提供了有力的武器装备保障，促进了我国战略威慑体系的形成。我军核反击能力的建立和发展，极大地提升了我国的国防实力。

二、“两弹一星”深刻影响国际战略格局演变，塑造了中国崭新的大国形象。

“两弹一星”的研制成功，使中国的战略能力显著提升，我国国际影响力明显加大，成为举足轻重的、对美苏主导的国际战略格局具有重要制约作用的核大国。中国的国际地位明显改观，中国重返联合国、中美苏三角关系的形成、中国实现与美国、苏联等大国关系正常化等一系列重大外交进展得以实现。

三、“两弹一星”对我国科技进步和经济发展起到了巨大的推动作用，也为向科技创新型国家发展打下了坚实的基础。

“两弹一星”等重大国防工程的实施，使我国建立起现代意义的核、航天、航空、电子、兵器、船舶等工业部门，开辟了相关高新技术产业，拉动了冶金、机械、化工、材料等一批传统工业部门取得较大程度的技术进步，促进了国民经济由农业国向工农业大国的迈进。同时，依靠自力更生发展起来的“两弹一星”事业，也为我国进一步向科技创新型国家的发展打下了坚实的基础。

四、“两弹一星”充分体现了社会主义集中力量办大事等制度优越性，也为我们富国强军留下了宝贵的经验。

“两弹一星”作为新中国最尖端的国防战略工程，所取得的每一个重大进展，都是依托全党、全国、全军之力取得的。在统一领导、统一规划下，组织国防科技工业和全国有关科研、工业部门的力量，互相协作，联合攻关，凝练出富国强军的宝贵经验，是自力更生发展国防科技事业的必由之路，也是社会主义制度优越性的具体体现。

五、“两弹一星”极大地振奋了中华民族的拼搏精神，显著地提升了民族凝聚力。

“两弹一星”事业的领导者和研制者们在创造有形的国防尖端物质成果的同时，也以他们的热情、执著和智慧，谱写了一曲辉煌的时代凯歌，为我们留下了十分宝贵的精神财富。“两弹一星”精神是对伟大中华民族精神和共产党人精神的传承和发扬，弘扬“两弹一星”伟大精神，将进一步丰富完善我国特有的精神文明体系，发展社会主义的文化事业，激发和培养全国人民的爱国精神、奉献精神、创新精神和艰苦奋斗精神。

借鉴我国发展“两弹一星”的历史经验，正确处理好国家安全与发展的关系，无论在什么时期，都应该作为国家的头等大事予以认真对待。在时代前行到21世纪的今天，某些大国为在战略威慑力量的较量中获得绝对优势，一直致力于战略防御系统的构建和发展。这就迫使我们不得不有选择地继续发展我军高科技装备，努力占据国际军事科技的制高点，不断提高我军应对各种挑战的能力，加强国防和军队现代化建设，确保我国国际安全环境的稳定，全方位地维护国家的安全利益。

历史的回顾让我们再次把目光聚焦于“两弹一星”的成功经验与重要启示上。发展“两弹一星”的战略指导思想以及由此而创立的系统工程理论，作为一个完整的科学体系，仍是实施国家重大科技工程创新的重要战略指导方针，至今仍在深层主导着国防科技重大工程和武器装备建设发展的每个环节。对此，我们在任何时候都不应该产生丝毫的动摇。要站在国家安全和发展战略全局的高度，统筹经济建设和国防建设，深刻认识实施以“两弹一星”为代表的国家重大科技工程创新与推进创新型国家、全面建设小康社会的客观内在联系；切实提高战略思维、创新思维、辩证思维能力，用科学理论指引国家重大科技工程创新。

我们已经告别21世纪的头十年。当今激烈的国际竞争中高新技术的广泛应用，正在深刻改变着国际社会的政治、经济面貌，也正在深刻改变着军事斗争的面貌，并引发了军事领域一系列革命性变化。武器装备呈现信息化、智能化、一体化的趋势，各种武器装备联结为一个有机体系，远程攻击能力大大增强，打击精度空前提高，杀伤力成倍增长。世界军事发展的强劲势头，对我军质量建设和军事斗争准备提出了严峻挑战。

国防离不开科技，先进兵器技术研发与功能之延伸扩展，应在科学技术发展中占有至关重要的一席之地。人类知识具有不可间断的连贯性，技术研发更有其继承与延续性特点。现实告诫我们，要完成时代赋予我们的历史使命，应该有一大批人才来研究国防科技和武器装备建设发展的成功经验。巴丁同志的《战神浴火——国防科技史话》正是这样一部成功的力作。本书作者用浓墨重彩对"两弹一星"事业直至21世纪头十年的国防军工发展历程，作出了形象而生动的描绘，可以深深地感触到作者饱蘸国防情结的笔端，感受到作者心底奔涌的热爱国防、献身国防的无尽情缘。本书作者倾注数年心力，广搜博采，沿历史之时间、空间两大向度将国防科技这一复杂领域的起源与发展汇聚成书，脉络清晰、资料翔实、立论公允、视野开阔，将兵器沿革与技术应用融为一体，匠心独具，值得一读。

强大国防应理念在先，未雨绸缪，而理念之形成与传播离不开教育。开展全民国防教育是落实《中华人民共和国国防法》的重要举措，旨在于亿万青年尤其是大学生中树立居安思危、奋发进取、自强不息的民族精神，克服和平麻痹思想，形成强大的文化动力与忧患意识，确立尚武的民族精神。此书的知识程度、编纂体例与叙事风格，我认为非常适合用作大学国防教育的辅助教材，以期激励更多的青年认识国防、热爱国防、献身国防。

第十一届全国政协委员、中国人民解放军第二炮兵部队
原副司令员、中将军衔，"两弹一星"历史研究会理事长　张　翔

目　录

第一讲　人类从远古拼杀走来

第二讲　中华帝国的强盛、衰落与倾覆

第三讲 鸦片战争的屈辱与洋务运动的悲哀

第四讲 走向共和的曲折流变

第五讲 红都瑞金诞生的人民兵工

第八讲 刺破青天锷未残——中国运载火箭及导弹技术的发展与创新

第九讲 太空鸣奏“东方红”——自主创新的中国卫星研制

第十讲 蛟龙入海——中国核潜艇震惊世界

第十一讲 昂首驶向深蓝海洋的航迹——人民海军现代化进程纪实

第十二讲 鲲鹏展翅九万里 冲天翱翔凌碧空——新中国航空兵器发展历程

第十三讲 由《永不消逝的电波》到信息化网络化电磁战场的抗争——中国军事电子装备的发展历程

第十四讲 金戈铁马 挥师演兵驰沙场——新中国常规武器装备建设纪实

第十五讲 俱怀逸兴壮思飞 敢上青天揽日月
——载人航天和探月工程发展纪实

第十六讲 国防科技和武器装备建设创新之路

第一讲

人类从远古拼杀走来

天地玄黄，宇宙洪荒。大千世界，物竞天择，人类能从万千物种中脱颖而出，是劳动创造了人类。正如毛泽东《贺新郎·读史》所鉴："人猿相揖别。只几个石头磨过，小儿时节。铜铁炉中翻火焰，为问何时猜得，不过几千寒热。人世难逢开口笑，上疆场彼此弯弓月。流遍了，郊原血。"[1]一代伟人以他大气磅礴的诗词语言，轻松地将人类几千年的文明史数语带过，真是字字珠玑。

其实，人类从远古一路拼杀走来！经历的又何止是"几千寒热"。

人类从远古拼杀走来！——看见这样的命题，有的读者可能会发出质疑：远古洪荒，与当代国防科技工业有什么关系？距今170万年前的"元谋猿人"，距今约70万年前的"北京猿人"，似乎无论怎样都不可能与"高新武器"、"国防科技"扯上关系！在久远的古代，作为独立起源的中华文明在创造出繁荣经济和璀璨文化的年代里，真的如司马迁在《史记》中所述，曾经是"海内争于战功"，"海内迭兴，更为霸主"的勇武好战之疆吗？有的读者或许还有这样那样的疑问与困惑，但我们相信，在叙读历史，诠释历史，或追寻历史真相，解析历史谜团的同时，都会有这样一种共识，即任何历史时期科学技术的发展，包括国防科技的发展，与人类社会其他事物的发展一样，都必然带有浓郁的历史继承性。

当今人类社会掌握的一切科学技术都是由过去的、历史的科学技术传承发展而来。哪怕是混沌初开时代先祖们的某个念头，或被付诸实施的某个举动，如用锋利的石块砍削木棍、用尖头去刺杀猛兽——类似这种制作、使用工具的萌芽，都可以被视为当今"科学技术的始祖"！因为，科学技术既然能够为人类所创造，那么，许多科技成果也就必然带有不同时期特定历史条件下的痕迹。作为时代的产物，科学技术的进步对人类社会的发展与前行，也必然会打上"深深的历史烙印"。

为此，作为本书的开篇之讲，我们将利用当代中国最新考古资料来阐释说明：从远古石器时代开始，诞生于华夏大地的原始人群为了生存，在与大自然进行艰难困苦的搏击中，创造了尽管原始但却煌煌耀目的科学技术。

"劳动是创造自我生活和塑造世界的基本方式。"（黑格尔语）华夏先祖们在艰辛的劳作中不断积累实践经验，历练并增长知识，通过打制劳动工具和战斗武器，最终使他们摆脱了野蛮与蒙昧，跨进了人类社会文明的门槛。

根据早期人类制作工具时使用的不同材料和技术水平，后人将社会发展形态划分为旧石器时代、新石器时代、青铜时代及黑铁时代。

对这些历史阶段的判定，包含对科学技术进行探索及其产生作用的充分肯定，蕴涵了科学技术的发展已经成为社会进步重大标志的深刻含义。

人类在生存历练的演进中，从起初打制石器并用以猎杀动物，到发现和使用天然火种，到摸索学会钻木取火，使用钻孔、打磨技术及发明弓箭，前后大约经历了三百万年的漫长时光，这被称为新石器时代。此后只经过六七千年，就进入了青铜时代。又经过两千余年的发展，人类进入了铁器时代。

历史是已经逝去的客观存在。若从科技发展的角度对它作进一步分析，便不难发现：在人类社会早期，科技进步极其缓慢。在那些漫长的岁月里，社会形态的演变及其发展也相对缓慢。但随着探索尝试与经验知识的日积月累，科技发展的速度和人类社会前行的进程亦随之加快。

远古社会经历了氏族之间频繁的交往，经历了部落之间为扩大生存空间而发生的激烈争斗，尤其是在"血亲复仇"古老法则主导下动用最原始武器展开的搏击厮杀；或在部落氏族日常的来往中互为依存，或在血与火的交相辉映中"凤凰涅槃"。这些都如过眼云烟，悄无声息地促进了华夏大地各民族间的相互融合。而私有财产的出现和奴隶制社会的萌芽，则为国家机器的产生奠定了基础。战争，作为人类矛盾斗争表现的最高形式与暴力手段，从此紧紧地伴随人类社会。国家机器的产生和运转，最为显著的标志就是持有武器的军队充斥了这个拥有私有财产并以阶级来判定尊卑地位的社会。

时光延递，伴随着科学技术从萌芽、原始起跑线上的渐次演进，人类的生活方式乃至社会形态也不断地产生巨大的变革；人类文明的嬗变，又推动着科学技术实现新的跨越，不断跃向新的境界。

认识和了解人类科学技术的发展历程，我们能从中窥见人类社会前行的恢宏场景与曲折流变。从最原始的史前岩石记录中，特别是原始人群生活遗址及发掘物证中，我们不仅能够感悟生命从无到有、从简单到复杂的亿万年演进的漫漫长路，更能一览无余地认识人类与大自然的抗争、与凶猛野兽的血腥厮杀以及为生存而使用的工具转化为作战武器的历史演变。

北京猿人塑像

▶照亮北京猿人生活的不朽火光

1929年12月2日下午，照耀着北京城西南周口店龙骨山麓的太阳渐渐西沉。暮色四合，呼啸的寒风撕扯着大地，但这丝毫没有影响山洞里那支由燕京大学、辅仁大学和中央地质调查所人员组成的考古小组。他们点亮了盏盏马灯，继续紧张而有序地工作着。自从1923年在这个偏僻山洞里的堆积物中发现了两颗古人类牙齿化石，周口店龙骨山洞穴就引起国内外考古工作者的极大兴趣。

尽管当时中国大地正处于兵荒马乱的军阀割据年

代，但在燕京大学几位外籍教授的组织和带领下，从 1927 年 6 月开始，这片葱郁的山麓就成了探索人类远古文明的“新战场”。

时年 25 岁的中央地质调查所技正(技术职务旧称)裴文中，是个从河北丰润农家走出来的青年。此刻，这个已跟随考古小组工作了一年多的汉族后生，仿佛听见了远古先祖们的呼唤。透过摇曳的灯光，裴文中发掘出第一块北京猿人头盖骨化石！

在惊讶和亢奋的氛围里，所有人都停下了手中的工作，围聚在裴文中身旁，争相传看这一“稀世珍宝”。多盏马灯汇集的火光，照亮了这个留存着远古人类遗迹的洞穴。

经古地磁法测定，这块北京猿人头盖骨，其绝对年代为距今约 70 万年前。北京猿人化石的发现，彻底推翻了欧洲历史学家的偏见。

20 世纪初，在学术界曾经广为流传的说教——“迄今为止，科学考察发现的最早的人类遗迹多位于西欧国家，尤其是在法国和西班牙境内”，刹那间被眼前的北京猿人头盖骨化石击了个粉碎！

周口店灰烬堆积物

更为可喜的是，在此后的发掘中，有厚达 6 米的远古灰烬堆积物被不断地清理出来。

人们在大量的堆积物里，发现了木炭、烧石和炭烧骨等远古遗物，无可争辩地证明了北京猿人拥有持续用火的历史。

夏朝遗址中发现的石箭镞和石刀

北京猿人使用的石制刮削工具

目睹这些厚重的远古灰烬堆积物，不禁令人想起贾平凹在散文《火焰山》中的那段话：“火是开山劈地的造物主之武功啊！但它却突然地凝固，永远留在这里了。它是死了，它完成了伟大的功能，但形体不散，幽灵也不散。”因而，燃烧的余烬永远薪火相传！

“那时他们已学会用火，知道栖身洞穴躲避严寒，或许还学会了剥下动物毛皮裹在自己身上。”一位英国历史学家如是说。华夏先祖们通过实践认知了“钻燧取火，以化腥臊”（《韩非子·五蠹篇》）的科学性，并逐步扩大火棒的使用范围。

火的使用给人类带来了光明。用火驱赶、围捕猎物，提高了原始人的狩猎能力；危急之时，人类更是把它作为令猛兽感到恐惧的“新型武器”。

周口店龙骨山洞穴同时出土的还有大量动物化石。它们多为哺乳类，主要有剑齿虎、三门马和肿骨鹿等动物骨骼，现已灭绝的约占30%。北京猿人对付它们的主要武器是用岩石制作的砍砸器、刮削器和留有很多划痕的骨器。

工具或武器的使用，既是原始技术的萌芽，也标志着人类的进步。这些工具或武器尽管制作粗糙，用途尚难区分，但从遗存的动物化石来看，人们能够凭其降伏诸如剑齿虎这样凶猛的动物，并作为自己享用的美食。发现并使用火棒、火把这类“武器”，应该是北京猿人能够最终制胜的重要因素。

斧形小石刀

火的发现和使用，取火方法的发明，保存火种方式的传承，使北京猿人对付猛兽的武器出现质的飞跃，彻底改变了他们被动遭受凶猛野兽伤害的窘境，加快了原始人类进化——包括心理和生理进化的历程。

周口店山洞里厚重的灰烬堆积物，佐证了北京猿人能够管理天然火种！这显著地改善了他们茹毛饮血的生活，催化了北京猿人生理器官的发育。出土化石表明，食物熟化的能量转恒过程使北京猿人的体态特征、身体结构不断朝现代人的方向演变。1966年，一具北京猿人头盖骨化石再次出土，证实了这些推测和科学分析。这块化石较前辈北京猿人化石具有更为进化的形态特征。

这些足以说明：发现和管理天然火种，是北京猿人乃至整个人类进化历程中最为重大的跨越！火的利用，对人类的生活和生产都具有重大意义；火对人类的生理进化和文明进程，发挥了不可替代的至关重要的作用。北京猿人从此告别简单进化论——“弱肉强食”、“物竞天择”法则的束缚，成为真正意义上的“直立人”！

1965年5月，在云南省元谋县上那蚌村西北小山岗的化石层中，人们发现了被称为“元谋猿人”的古人类使用的大量炭屑。这些炭屑最大的直径可达15毫米，小的则在1毫米左右。在一处面积为12平方厘米的平面上，1毫米以上的炭屑达16粒之多。1975年冬天的发掘中，还发现了两小块动物烧骨。研究学者认为，这些都是当时人类用火的遗存。用古地磁方法测定，元谋猿人生存的年代距今约170万年前。

在山西芮城西侯渡旧石器早期遗址中，也发现颜色呈黑色、灰色或灰绿色的化石，多为大型哺乳动物的肋骨、牙齿、头角。检测结果表明，它们都有“被火烧过的痕迹”。据古地磁法断代测定，芮城西侯渡旧石器遗址的年代为距今180万年前。

这些目前在中国大地上发现年代最早的旧石器遗址，都出土了原始人类用火的遗存，说明生活在东亚大陆上的原始人类，早在180万年前就已经认识到“火”的作用。

这是人类使用“火”的最早物证。华夏先祖和其他人类祖先一样，胼手胝足、栉风沐雨、前赴后继所创造的伟大文明之光，薪火相传，代代光大，是不可能被那些戴着“有色眼镜”的人类学家们所抹杀的。因为，它真实而客观地存在！物质不灭，宇宙不灭，薪火相传的文明之光同样难以湮灭。

照亮北京猿人生活的不朽火光，缩短了他们进化的历程。更重要的是，北京猿人发现和使用天然火种，为后来“烧土为陶、烧石为铜”奠定了最初的物质技术基础。

前国务委员宋健先生说：“追察现代人的宗谱出身，都是从猿进化而来，科学界已没有争议。人与猿相分离，是由于人学会了双足行走和用手制造并使用工具，这是人类进化的关键一步……考古学有证据说明，随着狩猎和采集技术的改进，人们制造的工具日趋精细，种类越来越多，出现了有组织的石料开采和加工，形成了原始制造业。”[2]

火的使用，标志着人类破天荒地支配了一种自然力，是人类首次有意识地实现了热能的转换。而把火作为一种武器来使用，差不多是在打制石器出现后。以至到后来，弓箭的制作、“刀耕火种”原始农业的出现以及烧制陶器、冶铸铜器等发明，均离不开“火”的应用。这时的原始人群，与文明社会的距离越来越近了！

同样，火作为一种武器——人类的第一件“高新武器”——其作用更是毋庸置疑。

我们完全可以把“火”誉为人类从远古一路拼杀走来的最为重要的“开山利器”！

▶藏匿在阳高许家窑的“石球弹丸库”

迄今为止，我国境内发现的旧石器遗址大约三四百处，发掘出土了大量远古人群打制的原始石器等遗存物。1976年，在山西阳高许家窑遗址，一个隐藏了10万年之久的“石球弹丸库”被发掘出来。出土的石球多达1059件，最大的1500克以上，最小的不足100克。[3]这也许就是世界上历史最久远的“武器弹药库”吧。

考古人员推定：许家窑“石球弹丸库”的大小石球，是早期智人为狩猎武器“飞石索”（用兽筋、皮条制作的弹射石球的武器）准备的弹丸。同时出土的还有数量较多的刮削器，为直刃、凹刃、凸刃、两侧刃、复刃和短身圆头等7种不同形状的石器。考古学家惊叹，许家窑遗址简直就是一个远古军械所！因为，这些石球和刮削器作为武器的作用是一目了然的。[4]

古人类学家曾经指出：人类的历史是从制造石器开始的。恩格斯在《家庭、国家及其私有制的起源》中，对此曾有过比较深刻的阐述。尽管今天人们所看到的打制石器是那样粗糙、笨拙，但是它们的出现，对于人类的进化具有极其伟大的意义。

“苦难是人类最伟大的老师，它迫使人类使用自己的头脑。”美国人亨德里克·威廉·房龙在《人类的故事》中如是说。

许家窑石球

大小不一的石弹

原始人在制作石器或改进武器时，虽然并不能够完全意识到这些行为所具有的创造性和科学性，仅仅为了让自己在与野兽的搏杀中摆脱被动，但他们是在创造历史、书写未来。

原始人的石制工具，包括石镞、石核、刮削器等

人类从使用天然的石块到开始打制石器，是有意识的劳动创造活动。既然是一种有目的的劳动创造活动，那么从第一把手斧、刮削器诞生之日起，就在人类与动物界之间划上了一道永恒的分界线。劳动创造了人类，正是从这个角度上得出的结论。

当然，这时人类的原始生产力十分低下，过的都是群居生活，很多活动尤其是狩猎，更需要群体协作才能完成。因此，从漫长的历史进程来看，在这几百万年间取得的每个进步，都使人类取得了改造自然的主动。

石矛、石镞

现代考古发掘能够发现的尽管只是打制石器，但它的出土也足以令后人们感到骄傲。这些石器大多用砾石、燧石制作，种类也很少，且制作粗糙；“一器多用”是这一时期工具或武器的显著特点。它客观说明远古人群的智能已经达到新的境界。也正是由于他们智能的开发，继而出现了弓箭、投矛器等远射复合武器。

1963 年，人们在山西朔县峙峪村旧石器时代晚期遗址，发掘出众多弓用石镞。这是一种加工精致的小石镞，是我国现存最早的箭头。这种石镞用很薄的长石子制成，首端尖锐，两侧边缘锋利，底部左右两侧有点凹进去，估计是用来安装箭杆的。

“峙峪文化”遗物证明，早在28 000多年前，先祖们就已经有了“弓箭”武器。[5]这比古籍《易·系辞》用“弦木为弧，刻木为矢”来描述黄帝时代发明了弓箭要早很多。弓箭的发明是人类技术的重大进步。至少这时的人们已经懂得利用弹射的力量。经过“峙峪文化”后多年的发展与演变，弓箭一直是我国古代战争中最主要的远射兵器。从某种意义上讲，它是所有现代枪炮等远射兵器的鼻祖。

恩格斯说：“根据所发现的史前时期的人的遗物来判断，根据最早历史时期的人群与现在最不开化的野蛮人的生活方式来判断，最古老的工具究竟是些什么东西呢？是打猎的工具和捕鱼的工具，而前者同时又是武器。”[6]

原始兵器由最早的劳动工具如渔猎工具转化而来。这些工具或武器，不仅使人们在狩猎时可以避免与野兽直接接触，从而有效地保护自己；而且在人与人的格斗中也被用于厮杀。

“兵器”，或许就是从那时开始，逐步发展为三大类。

一类是投掷类。即能在远距离打击敌人，包括猎取野兽的“飞石索”、弓箭等兵器。最原始的投掷兵器，当首推石块或是磨砺后易于手握的石球。古文献说：“黄帝以玉为兵”，指的可能就是使用硬质的玉石兵器，包括石箭镞。成都三星堆遗址也发掘出类似的“飞石索”、石箭镞，说明人类智慧的结晶，在不同的地域均有异曲同工的体现。

另一类是劈刺类。它主要是攻防近战使用的兵器。最原始的劈刺兵器，很可能是砍削的木棒加石矛。远古人平时是劳动者，当狩猎或与来敌战斗时，就是战士；手中的劳动工具就是他们最便利的作战武器。

还有一类是防护类。古人“割革为甲”，它是在劈刺兵器影响下而产生的防身护具。如盾、甲胄等。防护武器随着时代发展而不断得到改进。

石钺头，大汶口出土

在漫长的进化历程中，人们打制石器的技术不断完善。从石器形状看，那时可能已经有了砸击法、锤击法、碰砧法。这些技术的广泛应用，还带动了“指垫法”等石制武器修理技术的出现。

考古发现，新石器与旧石器相比最大的进步，表现在有相当数量的石器上留存了二次加工痕迹。紧随打制石器、制作武器等复合工具的进步，出现了磨制与钻孔技术，出现了经过多次打磨的石弹、石球等。

旧石器时代晚期，制作骨、角器的技术也有了明显进步，切、割、锯、削、磨、钻等方法均已使用，并能制作出如锥、刀、针、铲等工具和武器。劳动工具和生产技术都有很大发展，用动物骨头和角为原料制造的工具或武器大量出现。武器的材料由单一走向组合，如在木棒上端装上刃部锋利的石器，为骨制的武器装上木柄；武器种类也有所增多，功能进一步分化。

历史发展到奴隶社会，出现了军队。劳动者与战斗人员逐渐分开，并有了专门的作战武器。在人类几百万年的进化史上，石制兵器使用年代最长，主要有石戈、石矛、石刀、石斧和石弹等。石制兵器在整个原始社会和夏朝初期都占统治地位。

▶来自河姆渡部落的木船舟楫

陆车水舟，是人类认识自然、改造自然、与大自然不屈抗争的产物。《世本》说："古者观落叶因以为舟"；《淮南子》中则进一步说："见窍木浮而知为舟。"

1973 年，在浙江余姚河姆渡，考古人员从厚厚的泥淖中发掘出新石器时期的木板船残片及木桨。经过测定，这些木板船残片及两只船桨产生的年代约为公元前 4350 至前 4315 年（校正值：公元前 5005 至前 4790 年），距今约六七千年。这些考古发现，不仅把我国船舶制造史上溯了几千年，而且向世人提供了中国历史上迄今为止有关木板船的最早实物。

河南安阳殷墟出土的海洋贝壳

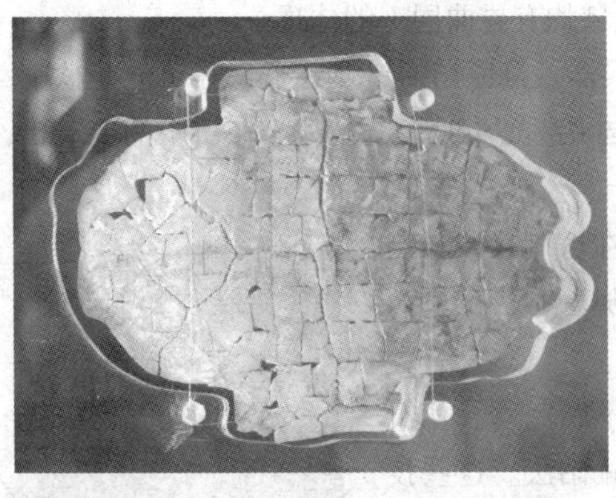

安阳殷墟出土的大量海贝和来自现今马来西亚的海龟甲，充分表明华夏先祖们对海洋的认知并非西方有些人说的那样落后

其他一些考古实证表明，早在 18 000 多年前，华夏先祖们就已经把生活的空间拓向蔚蓝的大海。

北京周口店发掘的山顶洞人堆积物中就有骨器、海洋贝壳等尖利物品。

专家推测：远古时期，当时的华北大地尚未完全形成今天这样的冲积平原，山顶洞人可能就生活在江河湖泊甚至海边。"离洞穴不远的地方就能轻松找到食物，有贝类、有鱼。"精致的骨制器具、尖利的贝壳物品应运而生，表明那个时期，去江河湖泊里捕捞，已经成为原始人群的重大事情。至于北京猿人、山顶洞人是否敢于捆扎木筏在波动不息的蔚蓝海洋之中寻觅食物，国人心中自会有相应的判断。

恩格斯说："火和石斧通常已经使人能够制造独木舟。"[6]生存的需求，驱使伟大的先民，凭借智慧、勇气和经验，先将粗硕树干上不需挖掉的地方糊上厚厚的泥巴，然后用火烧蚀其暴露的部位，再用石斧砍凿。他们把火的烧蚀与石斧、石锛等工具配合起来使用，破天荒地将参天树木加工、制作成尽管简陋但却浑然一体的独木舟。这是华夏先祖的非凡创造！

这有远古实物为证。1975 年，福建连江发掘出一只长 7.1 米、方头敞尾的独木舟，经鉴定为新石器时期遗存物。它是用当地盛产的樟树木制造的，上面有着明显的火烧与石斧劈凿痕迹。这些今天看来再简单不过的工艺，恰恰是先祖们劳动智慧的积淀。从考古学角度讲，由于木料的易腐性，现今能保存下来的远古木船寥寥无几，河姆渡和连江出土的桨楫木舟，堪称“稀世珍宝”。

河姆渡人和连江人利用水的浮力制作舟船桨楫，为华夏文明进程镌刻了久远的辉煌！后文将要介绍的楼船舰舸，都是发端于伟大先民的智慧积聚与科技创新。

据航海史专家研究，河姆渡发掘的木板船残片及船桨，证实了新石器时代末期的先祖们已经能够将原木加工成木板，并和扎木筏结合起来组装木板船。真是难以想象，在生产力非常低下的原始社会，人们只是使用简陋的石刀、石斧，竟能够将整根原木加工成木板，这是需要付出多么艰辛的劳动才能完成的浩大工程啊！

当然，仅能加工木板还不够，还面临一系列如整合连接、舱缝堵漏等技术问题。后人推测，那时可能已经有了榫头楔接的技术，也有用藤条或皮条捆绑的办法。这些可都是远古社会最顶尖的技术成果啊！

从距今约4000多年前的龙山遗址出土的刀、锥、凿、锯等金属工具来看，木板船也只有到了那时，才可能真正地发展起来，渐渐成为独立产业。

随着木板船（包括以木筏为龙骨的木船）的发展，到春秋战国时期，华夏大陆的航海者们已经能够观天测风，并利用潮汐涌流入海出洋了。据辽东半岛南端大连双砣子遗址研究证明，在4400多年前，从现今山东蓬莱到辽宁大连之间，就已经开通了一条横渡渤海的航线。北洋沿海航线由此发迹，它与百越人开辟的从余姚河姆渡到舟山群岛的航线，大致形成了南北呼应的局面。

到春秋后期，从山东琅琊到浙江余姚一带也开辟了多条航路，进而将南北连接起来，形成了南至浙江，北至辽东，长达数千里的多条沿海航线。

由此可见，智睿勇敢的华夏先祖很早就出没于汹涌波涛之中，成为勇敢的航海者；船舶已被普遍用作运输的工具，开启了人类利用和征服江河湖海的征程。

河姆渡和连江出土的木舟船桨，也为成书较早的古籍提供了现实的物证。《易·系辞》中就有“伏羲氏刳木为舟，剡木为楫”的记载，并对舟船及其作用有了比较准确而完整的叙述。按“殷墟”甲骨文记载，殷商时期（公元前14世纪），殷人泛舟运货就已是寻常事情了。甲骨文中的“舟”字，酷似独木船形状。先秦古籍《考工记》中也有“作舟以行水”的说法。

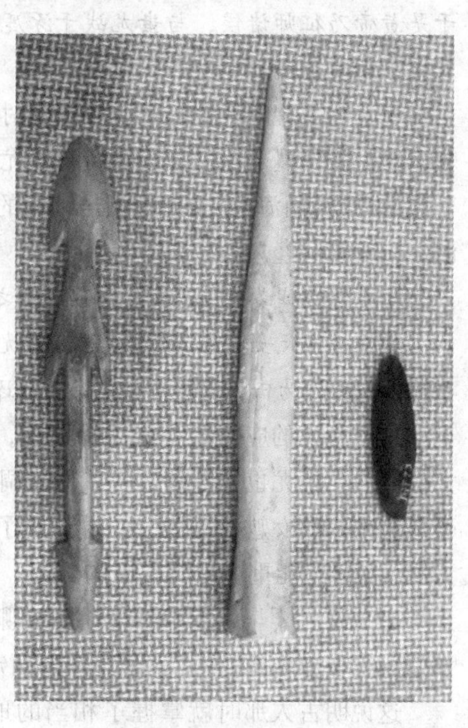

新石器时期的骨鱼镖、骨矛

可以推测，伴随这些活动的还有从辽阔陆地

战场上的滚滚狼烟，渐次扩展到江河湖海上的“跳帮砍杀”，适应水战和海战的舟船部队也悄然诞生。而水战的出现，其重要装备——战船，逐渐从一般船舶中分离出来，进而发展成蔚为壮观的战舰船队。

▶精妙绝伦的夏商周青铜戈戚

历史演进到远古社会末期，黄河、长江流域广袤的原野上，相继出现了华夏、东夷和苗蛮三大部落集团。这时部落间的原始生产力有了较为长足的进步，出现了剩余产品和敌对部落战俘沦为奴隶的状况，导致了私有制的产生和发展。

为掠夺财物，扩大势力范围，部落诸集团之间战乱频繁。随着战争的日渐激烈，又出现了专职的军事首领。他们组织勇敢善战的兵士精心操练，构成对外战争的中坚力量。其间，人们也加速了作战工具的改造进程，使其性能朝着专用于战斗的方向转化。

伴随人类历史走向文明以至国家诞生的是血腥的战争。武器与兵士、军队的应运而生，标志着奴隶制国家初显端倪。史书记载，当时规模较大的战争有两次：一次是黄帝与炎帝之间的阪泉战争，另一次是黄帝与蚩尤之间的涿鹿战争。《史记·五帝本纪》云：

炎帝欲侵陵诸侯，诸侯咸归轩辕。轩辕乃修德振兵，治五气，艺五种，抚万民，度四方，教熊罴貔貅貙虎，以与炎帝战于阪泉之野。三战然后得其志。蚩尤作乱，不用帝命，于是黄帝乃征师诸侯，与蚩尤战于涿鹿之野，遂擒杀蚩尤。而诸侯咸尊轩辕为天子，代神农氏，是为黄帝。

黄帝与炎帝的战争，是氏族内部对统治权的争斗。经过三次大的战役，黄帝才取得胜利，统一了华夏部落。至于黄帝与蚩尤的战争，则是异常惨烈。

后世的《山海经》为此杜撰出神奇的传说，很值得后人好生品味其中的科技信息。《山海经·大荒北经》云：

蚩尤作兵伐黄帝，黄帝乃令应龙攻之冀州之野。应龙畜水。蚩尤请风伯、雨师，纵大风雨。黄帝乃下天女曰魃，雨止，遂杀蚩尤。魃不得复上，所居不雨。叔均言之帝，后置之赤水之北。叔均乃为田祖。魃时亡之。所欲逐之者，令曰：“神北行!”先除水道，决通沟渎。

这里所说的应龙、女魃都是天神，能来人间为黄帝助战，可以想象黄帝的权威有多大。当然，蚩尤也非等闲之辈。他能调动天神风伯、雨师，以狂风骤雨来与黄帝抗衡。黄帝最终是依靠女魃(太阳女神)才战胜了蚩尤。可是，这也给人间留下了灾难。女魃虽来自天庭，却再不能重返她所居住的天庭，从此留在人间。“赤日炎炎似火烧，田野禾苗半枯焦，”造成连年干旱，赤地千里，民不聊生。后来有位名叫叔均的神祇，去请求天帝，才将女魃安置在赤水的北边(就是现今河西走廊以北的大沙漠)。[7]

这说明古人那时就掌握了相当的地理、水文、气象知识，才可能演绎出这段神奇传说，形象地彰显出远古鏖战争斗的痕迹。即便是今天的我们读起这段文字来，也能感受到远古战争的场景还是相当壮观的。

由于部落之间经常爆发战争，为保卫由氏族大家庭组成的部落，从建造防御工事到修筑高墙城垒；从俘获奴隶、占城掠地，到兵强将硕，成为一方霸主；武器的制造、改进成为部落战争获取胜利的重要因素。尽管主要还是平时用于狩猎的弓箭和石戈、石刀、石球，还有“火攻”这类作战方式。

殷墟出土的玉戈、青铜斧钺

有关把“火”用于战争的最早记载，出自黄帝与炎帝的阪泉大战。

作为火龙的传人，炎帝是最善用火攻的。遥想阪泉之野，火攻燎原烟尘滚滚，拼打厮杀之声撼天动地，黄帝被打得难以招架。在这节骨眼上，滂沱大雨自天而降，使炎帝的“火攻”顿时失去了威力，炎帝就此战败而束手被擒。自此“天下有不顺者，黄帝从而征之，平者去之。披山通道，未尝宁居。”《史记·五帝本纪》如是曰。

相传晚年的轩辕黄帝罢兵燹、兴农耕，巡幸天下。当他来到首阳山（今山西永济），因有民众向他贡献红铜，黄帝便驻跸于此，专注采矿、冶铜、铸鼎。来自《山海经》的这些记载，向后人提供了历史上有关矿物质冶炼的最早记录！同时，它也客观说明，那时的人们已经学会了冶铜，华夏社会已进入红铜时代。[8]

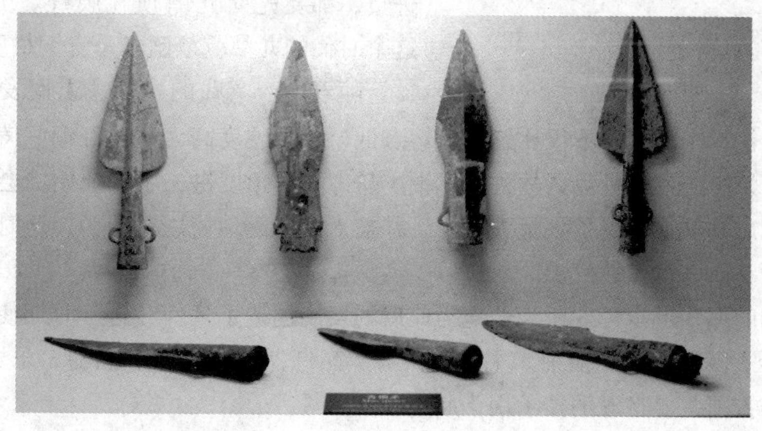

殷墟出土的青铜矛

史学家分析，当初最容易被人们加以利用的金属，可能就是红铜这类物质。因为在自然界，鲜有像铜块这样独具天然纯质、可以不经提炼而获得的材料。而且有种名叫“孔雀石”的铜矿石，只要同木炭在一起燃烧，加热到1000℃或稍高一些，就能炼出红铜来。红铜虽然有延展性，可铸、可锻，但坚硬程度远不如石器。所以那时候的主要工具仍然是石器。因此，红铜时代又叫做“铜石并用时代”。

铜石并用，使制作工具的技术不断改进，提高了社会生产力。这样，人们生产与生活的天地相对变得宽广起来。不过，从总体来讲，技术的改进依然是缓慢的。古人这时还只能利用天然物质进行加工制作，这就限制了工具的创造与发展。

当金属被用于铸造工具之后，人们的生产才出现新的变革，逐步冶炼出有铜锡铅合金的青铜，从而完成了一个从低到高、合乎规律的金属冶炼发展历程。近代在甘肃东乡林家、永登蒋家、武威皇娘娘台、宁夏大何庄和秦魏家等遗址发掘中，普遍发现了红铜和青铜制品，如小刀、小锥、小凿等，说明原始社会后期，中国已发明了冶铜术。

久远的神话传说中，最早制作金属武器的是与黄帝同时代的蚩尤。只是由于“败者为寇”的历史观，使得后人往往忽略了他所代表的部落，同样跃动着华夏文明的基因火种。相传蚩尤最早制造出红铜、青铜武器，最具代表性的有戈、矛、剑、戟。此外，还传说他是铠甲和弩的发明者。

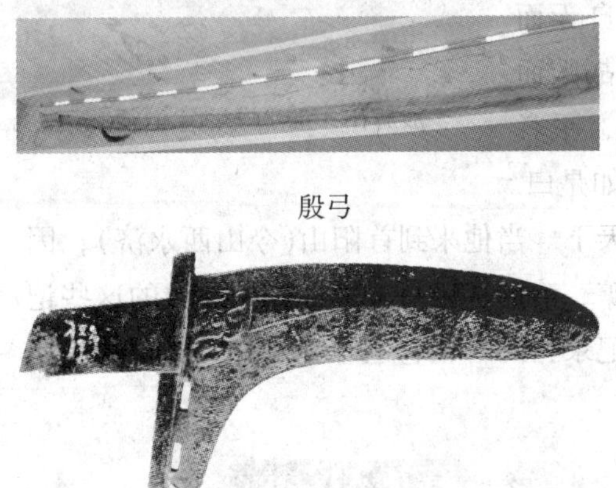

殷弓

铜戈

对这些古老传说，目前虽无确凿的与蚩尤相关的遗物来佐证，但考古学家分析，从红铜到青铜时代，至少也有几百年历史。因为，同样是荆山铸鼎的传说，黄帝是在现今河南灵宝的荆山采铜铸鼎，这个鼎极有可能是红铜材质；大禹则是在现今陕西大荔或富平的荆山下令，将各部贡献的铜凑集在那里，铸成象征神州的九个大鼎，号称镇国之宝。各部落首领向禹王进贡，都要先向九鼎顶礼膜拜。史学界推测，这个时代的九鼎应该已经是青铜材质的了。

随着生产实践的发展，人们发现，当红铜和适量的锡熔铸在一起时，不仅比红铜的熔点低，而且硬度高，还比红铜好铸造。在红铜中加入锡后冶炼出的铜呈青色，故称作青铜。从考古学角度讲，中国原始社会发展到文明时期的重要标志，就是出现了大量青铜器，并被人们广泛地使用。因为，这时中国社会的生产力获得了空前而迅速地发展。

史前时期的那些进步，理所当然地为此后的发展创造了条件。这一时期使用青铜技术制造的器物形式多样，纹饰精细。主要有兵器、烹饪器具、食器、酒器、乐器及工具等。而同期的西方古国主要将青铜技术用于制造生产工具。

大约在公元前21世纪，中国历史进入以夏、商、周为主轴的奴隶社会。

这时，战争胜负已经成为决定国家存亡的主导因素。武器的精良与否往往直接决定交战各方的盛衰成败；这样，反过来又刺激了兵器的发展。生产领域的新技术，绝大多数率先应用于武器制造。而武器制造技术的发展强力牵引着整个社会的技术进步，推动了生产力的发展。这似乎是从奴隶社会就形成的武器制造与发展的特有规律吧。

1959年发掘的河南省偃师二里头文化遗址中，第一期遗存年代与夏朝纪年时期相当。多数学者认为，这就是“夏墟”，但出土文物上未出现标注为“夏”的文字。二里头遗址除宫殿外，还有面积达1万平方米的铜器作坊遗址。出土了铜爵、铜铸、铜徽和镶嵌绿松石的圆形铜牌饰等文物，说明夏朝已经较多地使用青铜器。

“在一些中小贵族墓中出土的青铜器有鼎、斝、爵、盉、铃等礼乐器，戈、钺、戚、镞等兵器，锛、凿、钻、锥、刀和鱼钩等工具。从铜器作坊遗址中出土的铸铜陶范来看，应该还有更多更大的器物。可以说在后来商周时期各主要类别的青铜器，在此时都已初具规模，从而开启了中国青铜时代的先河。”[9]这是目前我国发现最早的青铜武器和与武器相关的物品。“除了青铜器外，还发现了玉器，有玉戈、玉璋、玉钺、玉刀、玉柄形器等。”[10]

二里头遗址出现的青铜器，是夏朝社会经济发展的重要标志，表明当时已进入青铜时代。虽然此时的青铜产品可能还不多，形制也很简单，无装饰纹样，表现出早期青铜器简单粗糙的特点，但工艺技术却相当不凡。古籍《越绝书》中提到的夏“以铜为兵”，包括《尚书·禹贡》、《逸周书》的记载，也因二里头遗址发掘获得了有力的实证。

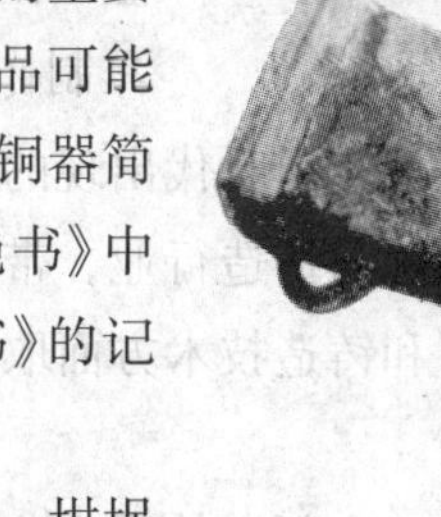
康侯斧

二里头遗址中还发现了不少用于铸造铜器的陶范、坩埚和铜渣。这与同时期山西夏县出土的铸铜器石范一样，显示出青铜兵器铸造工艺的基本流程。据考证，那时不仅使用了冷锻法，有的还经过冶炼，用单范（铸模）铸造。如铜制兵器和劳动工具多用单范铸造；工艺要求相对复杂些的铜爵类礼器，则用复合范铸成。这些都折射出当时社会生产力的巨大进步。

殷墟展出的兵器戈范及范模

正是靠着这些用铜制兵器武装起来的军队披坚执锐，“泱泱华夏才能在舜、禹的时代，南抚交趾，北定山戎，西抵渠羌，东尽鸟夷，‘方五千里，至于荒服’（到了蛮夷的地方）”。历史地理学者唐晓峰如是说。

▶青铜兵器冶炼与铸造的长足进步

中国古代铜金属冶铸业的出现，在世界历史上具有划时代意义。在这之前，原始人可能只是选择合用的岩石打制石器。冶炼术发明之后，人们开始从矿石中提取铜金属，用以制作礼器、兵器和其他器具。这是人类在科学技术方面取得进步的重要标志，也是多学科知识综合利用的产物。

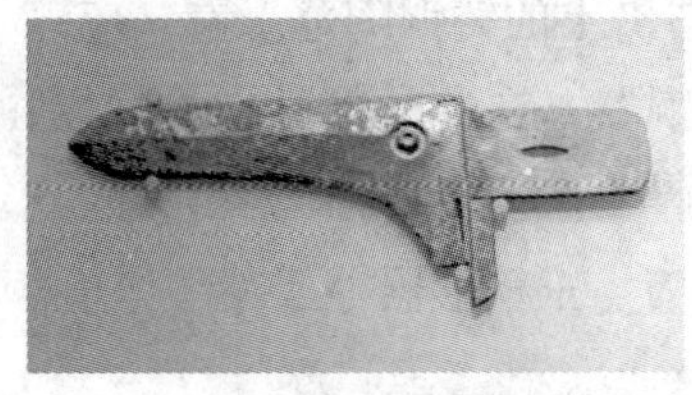
新郑出土的兵器

按照现代冶炼生产工艺流程，我们知道，人们要从岩矿石中提取铜，首先要寻找铜矿资源，进行人工采掘，这就涉及地质学、矿物学与采矿学知识。将矿石与木炭在熔炉中进行氧化矿的还原熔炼，是个物化反应过程；将铜与铅、锡等金属配合熔铸青铜器具，需要掌握这些金属的物理性能、模具制作和铸造技术方面的丰富知识。

因此，从大禹到夏启时代出现的青铜器冶铸，不仅创造了光辉灿烂的青铜时代，而且还出现了采矿、冶炼与铸造行业，带动了全社会科学技术的进步。大禹或更早时期的工匠们，在采矿、冶炼和铸造技术方面取得的创造性成果，为我国独具特色的冶金技术体系的建立奠定了基础。

冶铸铜业作为一个新兴的手工业部门，它所采用的复杂工艺，不仅说明古代劳动民众具有高度的智慧，而且体现了社会经济的长足进步。夏代能生产“青铜戈戚等有特性之利器”，说明当时手工业已具备较高水平。握有先进的铜戈利器，不仅直接影响战争的胜负，而且能够将成批战俘投入需要大量劳动力的冶铜铸器生产中，促使青铜制造业以更快的速度发展，以满足战争扩张的需求。

按照《史记·夏本纪》集解注释及今人“夏商周断代工程”的历史推断，夏代至少经历了近500年的时间。由此而延引递嬗到商、周乃至春秋，中国古代以冶炼铸造业为标志的生产技术已达到那个时代的巅峰。如安阳苗圃北地发现的商代晚期的铸铜作坊，面积达10 000平方米以上，熔铜炉直径达0.83米，就是明证。同时出土的陶范及陶具19 000余块，主要是青铜礼器及兵器范。其中一件鼎壁范长达1.14米，比著名的司母戊鼎还要大。

青铜兵器冶炼与铸造的技术水准也取得长足进步。

一是表现为铜矿的开采和矿石的冶炼规模前所未有。仅以湖北大冶铜绿山古铜矿遗址发现的、总量约40万吨的废炉渣来推算，当时至少已冶炼出不少于4万吨的红铜原料坯件，再经过冶铸加工成青铜，完全能够满足战争规模扩大带来的兵器需求。

二是当时的冶铸加工技术已达到“炉火纯青”的程度。传说中的干将、莫邪铸剑与考古出土的湛卢青铜剑，都证实了这点。不同时期的青铜兵器，其合金比例含量各有不同。如制造刺、啄功能的戈戟类兵器，铜含量占4/5，锡或铅含量占1/5；制造砸击、剁砍功能的斧钺类兵器，铜含量占5/6，锡或铅含量占1/6；制造射击功能的箭镞类兵器，铜含量占5/7，锡或铅含量占2/7；制造斩劈功能的刀剑类兵器，铜含量占3/4，锡或铅含量占1/4。这些数据从总体上告诉我们：古人的冶炼技能与我们掌握的现代合金知识、淬火技术，真是千古传承、一脉相通的。

三是兵器生产质量的稳定和制式的统一规范。据研究历代军事装备的专家考证，夏商周时期的青铜兵器，其合金比例配方是非常科学的。一般青铜含锡 7% ~20% 最为坚利，造斧、戈类兵器，合金比例就与此基本相同。造剑、镞类兵器要求锋锐，即要求更高的硬度，含锡量当然也就相应的增加。[11]

吴国盛在《科学的历程》里讲，“在长期冶铜实践的基础上，我国人民已认识到了合金成分、性能和用途之间的关系，成书于春秋战国时期的《考工记》详细记载了不同合金比例的‘六齐’规律。所谓‘齐’即‘剂’，配方的意思……这些大体正确的合金配比规律，是世界冶金史上最早的经验总结。”[12] 另外，闻人军在《〈考工记〉导读 · 价值篇》中认为，古人还总结出很高水平的掌握冶炼火候的方法，即通过观察火焰来判断冶炼火候。这些原始的观测高温技术，又为青铜兵器质量的提高创造了条件。

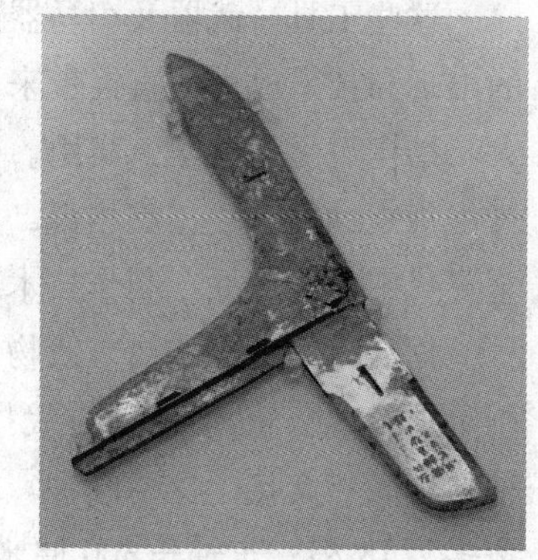

安阳殷墟展示的兵器

《考工记》中有关这方面的记载，至少说明那时人们已经有了统一规范的配比标准，有了科学的测温方法，自然也就保证了兵器生产质量的稳定，推动了制式的统一，促进了武器装备的规范化。在产量和质量日益提高的基础上，青铜兵器的性能、形制都发生了技术性的变化。不仅原有的戈、矛等兵器在形制上有了改进，还出现了弩机、戟、钺等新型兵器，使杀伤效能进一步提高，中国社会进入了青铜兵器的极盛时代。

▶驰骋九州的夏商周战车

“有车邻邻，有马白颠……”《诗经 · 秦风》所述的滚滚向前的车马轮辙，如今人们可以在安阳殷墟遗址车马馆里近距离领略。置身这里，还可以从那些近代出土的精美文物上读出青铜器具的价值；看到那时的青铜器，既有武器、工具、车马器、建筑构件等实用器具，也有礼器、乐器、铜镜等装饰品和艺术品。青铜器件与车马具的出现，既装点了王公贵族奢华的生活，也丰厚了文明文化的传承积淀。

考古发掘证实，战车的发明当在夏代初期。据《荀子 · 解蔽》记载，“奚仲作车”。杨倞注释说：“奚仲，夏禹时车正。黄帝时已有车服，故谓之轩辕，此云奚仲者，亦改制耳。”按这样的说法，至少在远古社会末期，当时的人们已掌握滚动原理，能够利用粗大的圆木为轮，制造木车，成为重要的陆上交通工具。随着制作技术的成熟，出现了畜力驾挽并成功运用于狩猎，然后逐渐转用于战争。

当时制造战车的主要材料是原木，并涂有防潮防蛀的漆层，说明古人已能从天然植物中提取化学材料。从出土的战车结构看，大体可分为车厢、车轮、底盘和马具四部分；往往一乘战车可驭驾两匹马或四匹马。那时的生产力低下，不可能拥有大量战车来装备军队。夏代初期，军队仍以步兵为主体，但其中可能装备有少量战车。

据一些史学家分析认为，由于金属工具的出现，最迟于夏王朝中期起，车战就已成为主要的作战形式。史料记载，使用战车作战最早的记录，是夏启征伐有扈氏的甘(今陕西户县)之战。《尚书·牧誓》孔疏引《风俗通》说："车有两轮，故称为两。"《墨子·明鬼》说"汤以车九两(辆)，鸟阵雁行"伐夏，说明夏末商初时战车和车战已经有了很大发展。

这些工具、武器及车马器的发展，对其他行业亦产生直接或间接的影响。如金属工具的出现和技术改进，直接带来了古代战车的兴起，使得战车生产、舟船制作的规模逐渐增大，结构也更为科学、实用。《管子·形势篇》记载："奚仲之为车器也，方、圆、曲、直皆中规矩钩绳，故相旋相得，用之牢利，成器坚固"。说明禹时制车技术已很高超，发展至夏代中后期，战车制作技术应当更加进步。

据从殷墟出土的战车遗物分析，当时的生产技术确实具有较高水平。发掘出的战车形制是独辕，双轮，方舆(古代指车厢)，长毂。辕前端有车衡，衡上附轭用以驾马；后端与轴在舆底相交接，挖槽嵌含。战车的主要部件均为木质，木轮直径约135～138厘米，辐条多为18根；车轴长300厘米，两端镶有铜軎。辕长约290厘米，衡长约110厘米，多用木轭外裹铜饰；舆宽约115厘米，深约80厘米；四周有轩轾，轾间有栏，舆后还有门，可供甲士上下，舆内可容甲士3人。此外，战车还装带有兵器、马鞭以及修车工具和打磨武器的砺石等物件。

殷墟展示的出土战车

殷墟展示的铜车毂饰

对商周兵车，《六韬·武锋第五十二》中有"武王问太公曰：凡用兵之要，必有武车骁骑，驰阵选锋，见可则击之"的记叙。大意是说周武王对姜太公提到：大凡用兵的要则，必须装备威武的战车，骁勇的骑兵以及冲锋陷阵的勇士；一旦发现有可乘之机，就对敌军迅速发起攻击。《六韬·战车第五十八》讲，"武王问太公曰：战车奈何？太公曰：步贵知变动，车贵知地形，骑贵知别径奇道。"译为现今的说法是：步兵作战，贵在随机应变；车兵作战，贵在熟悉地形状况；骑兵作战，贵在熟悉各种道路的特点。

据考古发掘来看，西周军中虽也有车兵、骑兵和步兵，但当时的步兵似乎逐渐失去独立性，成为车兵的附属，或者可视作隶属步兵，这与殷商时期军队中既有建制步兵，又有隶属步兵的情况有所变化。

检视殷墟遗物，还可以发现商代对战车的改进是多方面的。如缩短轨距和辕长，加大车舆面积，增加车轮的辐条数，关键部位增加青铜紧固件，等等，从而提高了战车的坚固性和机动性。河南浚县辛村出土的西周实物表明，夏商周时代的铜车毂饰结构科学合理，且比较复杂。车毂既是轮轴穿合部，又是车轮裁辐之处，承力大，是战车行驶时受力最要害的部位，也是战斗中最易受碰撞损坏之处。因此，西周时期普遍加强了对车毂的保护，往往用成组的铜件将其包裹起来。完整的铜毂饰包括輨、軫、軧等部分。輨和軫状如圆管，或合铸为一件长毂饰，套于毂的两端。軫包于毂中央的裁辐之处，互相接合，起到了有效地加强和保护作用。

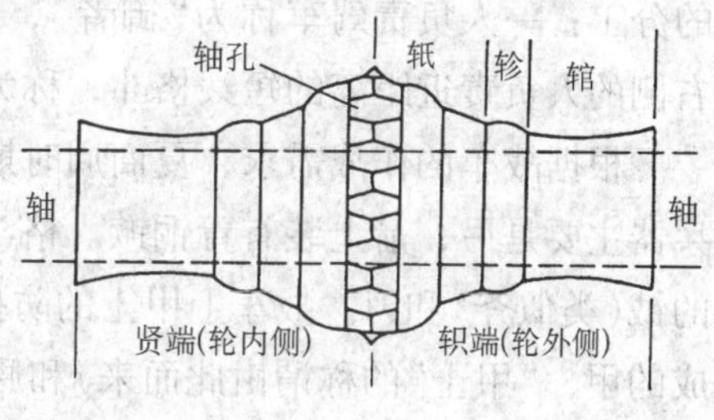

车轴结构图

商代战车大多为一车二马，也有一车四马的情况，但数量极少。总体上看，夏商周时期的战车多为独辕马车。而一车四马者，其挽马对称配置于辕两侧，紧贴辕的两匹马称为“服马”，靠装于车衡(辕前端横木)上帅轭套束。

纵然以现今的眼光来看，古代战车的形制，在夏商周时期就已是登峰造极。到了春秋战国时代，这时的战车普遍采用四马驾挽。四马战车是在两匹服马外侧各增一马，称为“骖马”，靠一根一端拴系于车舆底部的梁木上、另一端套在马颈上的皮绳系束。增添两匹马，这样就增大了战车的车速和载重能力。驭手主要靠连接马衔的辔绳控马驾车。马衔和马头络的装置方式，大致与今天的样式相近。

殷墟车马馆出土展品

大约在商代武丁时期前后，车兵已有一定的数量并发展成为重要的战斗兵种。车战在一定程度上取代了步战而成为最主要的作战方式。商周以降，在此基础上，注重以战车为中心组建部队，并形成了新的布兵阵势。如殷墟宗庙遗址的方阵中，列有战车五辆。每辆战车有甲士三人，徒兵十五人。说明每五辆战车组成一个战斗编制单位，其编组情况与文献中“五车为列”的记载吻合，也与《吕氏春秋·简选》记载相符：“殷汤良车七十乘，必死士六千人，以戊子战于郕。”可见商汤时期，商军在作战中已开始成建制使用战车。

更有甚者，殷墟中还有置25辆战车的墓葬，说明商汤有以25辆战车组成的更大的战车建制单位；也表明商代战车的战术编组基本定型，战车部队已具有相当规模。

从战车兵员配备来看，蔡沈《书经集传音释·甘誓》云："古者车战之法，甲士三人，一居左以主射，一居右以主击刺，御者居中。"意思是说战车上有甲士三人，他们皆有不同的分工：一人负责驾车称为"御者"，左侧的人负责远距离射击，称为"主射"或"多射"；右侧的人负责近距离的短兵格斗，称为"戎右"或"以主击刺"。

根据战车的作战需求，夏商周时期的武器主要有两类——远射兵器和格斗兵器。远射兵器主要是弓，箭上装有青铜镞。格斗兵器主要是青铜戈和矛，以戈为主；还有用于砍劈的钺(类似斧)和刀。战车上甲士的防护器具主要是皮制的甲胄(由于防护器具是由皮革制成的甲，"甲士"的称谓由此而来)和盾(藤编或金属物制作而成)。

时代前行的步履匆匆。战车紧随战争的步伐又有了新的分工，大致分为攻车(野战车)、守车(运输车)和戎车(指挥车)三种。由于当时的战争多发生在黄河中下游地区，由骏马牵引的战车驰骋于广阔的大平原上所产生的速度和冲击力，都是原始步兵所无法比拟的，于是原始的徒步格斗渐渐被车战所取代。战争的胜负往往又取决于交战双方战车制造技术的先进与否；强劲的战车逐渐成为军队装备的主力。

但后人也注意到，自商汤灭夏并建立新的王朝之后，中原地区的战事相对平息下来。商王武丁时期的战争，多是对边疆山区部落的征伐。山区作战的特殊性，使战车的作用受到了限制，战车发展一度沉寂。到了西周及春秋时期，战车重新崛起，一些军事强国常自诩为"千乘之国"。如晋军在城濮之战时仅七百乘，到春秋后期动辄至五六千乘；楚军全盛时发展到近万乘。车兵数量甚至成为战国七雄争霸较劲的"本钱"，诸国均以拥有战车多少乘来显示其军队实力。著名兵家孙武计算军队数量就是以车兵为计算单位。《孙子·作战篇》称："凡用兵之法，驰车千乘，革车千乘，带甲十万。"从车战战术看，也较前朝发达许多，可以说是战车发展的鼎盛期。到秦末汉初，战车逐渐衰落，这大概与骑兵兴起等一系列军事变革有关。

照片上远处有黑绿松柏树处，就是当年毛泽东视察时驻足的地方

▶支撑"武丁中兴"的斧钺矛戟

1958年，毛泽东来到河南安阳殷墟视察。置身于万顷麦田里，他远眺四野，突发奇想。在村北苍郁松柏树下休息时，毛泽东对陪同人员讲："这里还应该有个妇好墓呀，不知道有没有发掘出来?"陪同的领导不知"妇好"是何人，文物所的人也都茫然地摇着头。毛泽东见状，坚

定地用手指着脚下说："这里应该有个妇好墓！"

1976年，就在相距毛泽东当年休息处仅30米的地方，考古人员在殷墟小屯村西北发掘出一座墓室面积仅20余平方米的中型墓。墓中有多达1900余件随葬物品。其中有青铜器468件，总重量达1.6吨。考古学家们惊呼，这是殷墟遗址发掘50多年来唯一保存完好、未受到盗掘扰动的王室墓葬！

根据墓葬形制和青铜器铭文中"妇好"和"司母辛"所占的重要地位，专家认为墓葬主人，应是甲骨卜辞中所记载的"妇好"，即商王武丁诸多嫔妃中能征善战的女帅。

妇好墓出土的许多前所未见的精美礼器和兵器制品，曾在国际上引起轰动。特别是那两件大铜钺，分别重9千克和8.5千克。铜钺体上特别铸有"妇好"的名字，它应是这位著名的"没有军职的女统帅"带兵出征时的权杖。

妇好墓入口

商朝自盘庚迁殷以来，历经几世的励精图治，国力日渐强盛。武丁继位后，更是对扰乱边庭、劫掠财富的四周方国，进行了多达五十余次的长期战争。类似《易·既济·九三》中"高宗伐鬼方，三年克之"的记录比比皆是。

武丁像

骠悍善战的妇好，作为历史上第一位辅佐国君的最有作为的嫔妃，甲骨卜辞多有为之讴歌赞誉的篇章。其中记载妇好最突出的事迹，是讲述武丁、妇好共同对敌军施行伏击、合围战术的一段。《甲骨文合集》收录的"卜辞"用了仅20个字高度概括这场战斗："妇好其比沚戛伐巴方，王自东骚伐，戎陷于妇好位。"

这段言简意赅的古文，大意是说：武丁在征伐巴方之前，曾经与嫔妃妇好、大将沚戛共同谋划伏击合围之计。武丁令妇好主动配合沚戛，协同作战，事先埋伏在要津位置。待武丁从东面对敌发起骚扰性进攻，并把敌军驱赶到妇好预设的埋伏圈内，然后围而歼之。这是中国军事史上最早的有文字记载的伏击、合围战术大获成功的范例。

古代军事首领在征战活动中常常执斧钺、挥旄旗以号令三军。承继上古以来的传统，商周时期也是以斧钺作为军事统率的标志物。唯一的变化就是斧钺头由过去用玉石琢制，发展为用青铜铸造。而一般说来，斧钺的大小又与军权的大小成正比。据《六韬·军用篇》记载，武王军中有"大柯斧"，刃宽8寸，重8斤，柄长5尺多，名为"天钺"。

据《史记·殷本纪》记载："汤自把钺，以伐昆吾，遂伐桀。"《尚书·牧誓》记载，周武王伐纣，也是"王左杖黄钺，右秉白旄以麾"。说明夏商周时期，帝王出征，或命将出征，通常要带上杖钺或是赐予权钺，表示拥有征伐杀戮之权。

《史记·殷本纪》中还有记载说，商纣王曾赐西伯钺，使得征伐。西周铜器虢季子白盘的铭文记载，周天子赐白“用钺，用征蛮方”。

据此推测，妇好墓中出土的两件大铜钺，应当也是作为军权象征的权杖。

玉兽百纹斧

妇好墓出土的大斧钺

从已出土的大型铜钺来看，它除了作为军权象征物，还兼备武器的功能。《诗经·豳风·破斧》中称：“既破我斧，又缺我斨。周公东征，四国是皇。”大意是说：我的战斧被砍坏，斨上也已出现缺口。周公领兵去东征，四方叛逆皆震惊。

斧、钺作为劈砍兵器，其作用在夏商周时期还是无法替代的。古时斧、钺虽形制相近，但稍有区别。按《说文解字》解释，当是“大者称钺，小者称斧”。区别在于钺刃宽大，柄长(有的刃宽近 40 厘米，重达 5 千克)；斧刃逼窄，柄短，便于砍劈拼杀。

▶天然陨铁制成的铁刃铜钺和玉茎铁剑

1972 年在河北藁城台西村，1977 年在北京平谷刘家河，考古工作者都曾于商代中期的墓葬中发现铁刃铜钺。经化验测定，这些铜钺上的铁刃竟然是用天然陨铁制成的。

陨铁刃铜钺

虽是天降陨铁，也说明当时的人们对铁的属性及料质特征有了初步认识，而且掌握了一定的锻打嵌制技术。陨铁具有很高的强度和硬度，古人用它来制作铜钺的锋刃，能够显著提高锋利程度。而且，陨铁来自天外，珍稀难觅，在古人心目中具有上天赐予的神秘感。所以，最晚在商代，古人就已经能够将“天降宝物”——陨铁用于制钺。

而那时的斧钺又是非同一般的权力标志物。它的至尊权威，加上与来自“上天赐物”的奇妙结合，绝对具有“神权天授”的意义。[13]至于商代工匠采用什么样的特殊工艺，把陨铁添加到铜钺的锋刃上，至今依然是一大谜团。

透过铁刃铜钺的出土可以推知，铁的发现和使用，应该不晚于商代中期。

近年来在河南三门峡地区虢国公族墓葬地 2001 号大墓中出土了一柄玉茎铁剑，证实了以上推论；研究人员还判明墓主乃是给周幽王出馊主意，搞“烽火戏诸侯”的虢文公季。由此，考古学家把我国人工冶铁的历史提前到周幽王的年代（公元前781年至前771年）。

在西周晚期，中原地区出现了人工冶制的铁器，开始了向铁器时代的过渡，渐而成为一种势在必行的历史潮流。春秋时，铁兵器的制造和使用更是日趋兴盛。这是因为铁矿资源丰富，价格低廉，可以大量用于兵器生产。

战国以后，完全进入了以铁兵器为主的时代。按《山海经》记载，在现今的陕西、山西、河南、湖北、湖南五省，就有34处产铁之山。齐国（今山东）的炼铁业更是非常发达。

到了西汉，铁兵器有了很大改进，剑和刀的尺寸加大，刺和砍的两用性能日臻完善，成为步兵的主要兵器。

带鞘环首刀

夏商周时期的兵器还有戈、戟、矛、刀和弓箭。戈戟与斧钺一样，也是形制上大同小异。这里重点说说刀、矛和弓箭。

先说说刀，它由原始社会的石刀发展而来。1975年，甘肃马家窑遗址和永登蒋家坪遗址，分别出土了两件目前我国发现最早的青铜刀，距今已有4000多年，但形制上尚未脱离石刀的特点。

商代的青铜刀数量极少，且形制显得短小，作为一种辅助兵器，仅供甲士护身之用。

从殷墟出土的商代铜刀看，较夏代已有很大进步。商代铜刀有三种形式：一种是直脊，一种是弯脊，一种是直脊而首部上弯的。握柄上还有抵环。

下面说说矛。矛是古代步兵使用的主要格斗兵器，到商代已成为军队的主战装备。殷墟1400号大墓中就出土了成捆的矛头。每捆10支，共有700支。可见古人对它的倚重。

殷商铜矛，其矛头呈尖叶形，刃部有双锋，下部是安柄的铜形銎，銎部两侧有环或孔，用以系缨。商代的矛还有个特点，就是銎比刃长。到了周以后，銎与矛的长短比例以及脊角的数量都发生了很大变化。一般的矛柄长为一丈八尺，故《三国演义》中有“燕人张翼德使一丈八蛇矛”之说。

安阳殷墟出土的箭镞

再说说弓箭（矢）。作为一种抛射兵器，它能在较远距离杀伤敌人，而且命中率较高，这是戈、矛等兵器所不能及的。能在远距离杀伤敌人的特点，使弓箭成为自有战争以来最长盛不衰的兵器。

夏商周时代的制箭技术已有相当水平。随着生产技术的提高和战争经验的不断积累，弓箭的制作工艺迅速提高，尤其是箭镞（矢）的变化极大。紧随青铜冶炼技术及工艺的进步，人们逐渐改用青铜制作箭镞，以增强箭的穿透力。

这一时期，工匠们将铜镞的两翼夹角增大，翼末的倒刺更尖锐，并沿两翼的侧刃铸有血槽，这样可减少箭头穿入人体的阻力，加大创伤面，且难以拔出，提高了杀伤力。

到商代晚期，铜镞的形制更多地变为长脊双翼式，镞长约 5 ~ 6 厘米，脊伸出翼底，断面呈菱形，翼末倒刺锐利。

还有一种短脊双翼镞，长约 5 厘米，脊较短，不伸出翼底，两翼倒刃弧度较前一种大。青铜镞的制作，多采用合范浇铸而成。一范有 6 ~ 7 个镞模，一次即可铸出数枝，因此可以批量流水生产。

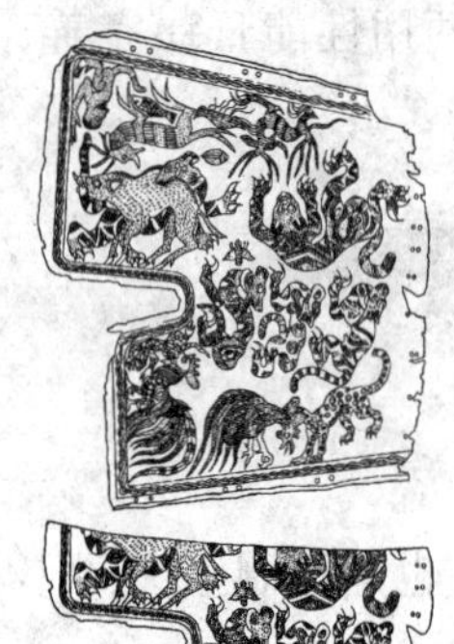

漆盾复原图

与之相适应，商代的弓也有了很大改进，其构造已脱离了原始单体弓形体，成为复合弓。为保持弓体的弧度以便于上弦，往往又将青铜弓柲缚于弓体内侧。铜弓柲的普遍使用，标志着商代弓箭制作和使用达到了新的水平。这个时代的弓，张弦时长约 160 厘米，大致相当于成人的体高。这样的弓，张力大，弹力强，射程较远。

特别值得一提的是，早在距今 2800 年前，工匠们就能根据使用者的身份，在青铜弓上雕饰镶嵌美丽的花纹，有的还镌有铭文。这和箭镞浇铸一样，表明商周时期的铸模工艺也达到相当水准。

此外，随着杀伤性兵器的发展，防身护具也得到同步发展。商代的防护装备主要有甲、胄和盾。

甲是穿着于人体或披遮于战马身上的防护用具，胄是保护头部的头盔。早期的防护装备多由藤、木、皮革等制成。商代的胄已有铜制的。干盾则是手持用以抵挡对方箭矢和刺杀兵器的护具。

▶与铁工具相伴而生的战船建造

从现代考古发掘来看，世界四大文明古国使用战船的时间上，可能古希腊比中国早；而在制造战船的技术和工艺方面，古代中国则比古希腊“技高一筹”。早在商周时期，舟船就已用于战争。著名的武王伐纣战争中，更有这样一出蔚为壮观的历史画面。

周武王兵出岐山，与各路诸侯会盟，讨伐商纣，事先命姜太公联合孟津渡口的侯国，积极筹集舟船，用以运送军队和辎重。姜太公很快就筹集了 47 艘木船。军兴之日，周武王在黄河渡口誓师，他将象征指挥权的黄色斧钺和白色长旄双双交授姜太公。史载：联军共有战车 300 乘，战卒 45 000 人，另有虎贲勇士 3000 名(《尚书·牧誓》)。

姜太公号令三军，面对将士高呼："苍兕，苍兕，总尔从庶，与尔舟楫，后至者斩!"于是，万军齐渡，众船竞发。47艘木船急速摆渡多次，让全军很快渡过黄河，向商朝首都朝歌挺进。武王与商纣王的军队在牧野(今河南新乡)相遇，从陆地到水面上渐次展开战斗，商纣拼凑的军队"皆倒兵以战，以开武王"。商军这次阵前倒戈，使周军迅即占领了朝歌(今河南淇县)。纣王兵败自焚，商灭亡。

春秋末期，随着铁制工具的广泛使用，自然极大地提高了舟船建造的生产效率。铁制的斧、凿、锯等木工工具和测垂直的悬锤、测平面的水平仪等都已出现，并且发明了曲木压直和直木弯曲的方法，这对战船的制造起到巨大的推动作用。

据《左传》、《国语》记载，楚、吴、越等国经常发生以水战为主的战争。因为，楚、吴、越等国地处河流湖泊众多的南方。吴国是"不能一日而废舟楫"的国家；越国更绝，称为"水行而山处，以船为车，以楫为马"之国。独特的地理条件迫使各国用兵必然倚重舟兵水师，必然大力建造各式舟船战舰。

史载：鲁襄公二十四年(公元前549年)，"夏，楚子作舟师以伐吴，不为军政，无功而返。"这是中国史籍上有关"水军"与水战的最早记录。[14]

战国中后期，战争越是向南延伸，舟兵水师越是得到迅猛的发展。共拥天堑之险的吴、楚两国，常在江河湖泽上展开相互攻伐的战争。从陆战上讲，吴国胜多败少；而水战恰恰相反，常常是楚国胜券在握。究其原因，还是楚国占据有长江上游的地理优势，楚国舟师顺流而下，总比吴国水军逆水行舟强许多。

公元前525年，吴楚再度交战，吴国舟师大败，连吴王的座船"艅艎"也被楚军夺走。"艅艎"作为指挥船，船体高大而坚固，装备齐全而华丽，是吴军的骄傲；此番被楚军缴获，乃吴舟师之大辱。吴帅公子光选派精锐勇士装扮成楚军，夤夜潜入楚营，在混战中重夺"艅艎"而归。

孙子是公认的"东方兵学鼻祖"、"五经冠冕"。《孙子兵法》是世界军事史上最早的兵书，全书共82篇，图9卷，影响深远

公元前514年，公子光刺杀吴王而自立，即吴王阖闾。楚国叛臣伍子胥来投，阖闾启用他整顿军备。当时，各诸侯国已积累了步兵、战车相互配合作战的丰富经验，包括布阵、演兵、行军方略。而舟师水战则为新生事物，正方兴未艾。对此，伍子胥向阖闾建议，仿效陆军车战之法训练一支纪律严明、布阵合理有序、有较强战斗力的舟师。舟师构成了楚、吴、越等国的军队主力，并形成了专门的水战之法。苏州胥王庙称，国内图书馆现有三种不同版本的古籍援引《伍子胥水战法》，表明伍子胥训练的水军乃中国第一支海军舰队。

公元前485年，即鲁哀公十年，"徐承帅舟师，将自海入齐，齐人败之，吴师乃还。"记述了吴大夫徐承率领水军与齐国在黄海进行的一次海战。[14]这也是中国有史籍明确记载的最早的海战。

从战船类型看，《伍子胥水战法》称："船名大翼、小翼、突冒、楼船、板船。令船军之教，比陵(陆)军之法，乃可用之。大翼者，当陵军之重车，小翼者，当陵军之轻车。突冒者，当陵军之动车。楼船者，当陵军之行楼车。桥船者，当陵军之轻足骠骑也。"吸取吴楚交战教训，对于王船"艅艎"(指挥旗舰)的设置问题，伍子胥提出：若吴王亲临指挥，除王船外，还要设置六艘与王船大小、外形完全相同的"疑船"，以迷惑敌人；若指挥者是某位将军，亦要设二艘"疑船"；指挥船应列于整个船阵左右两侧，非决战时刻不出阵，平时则消声禁鼓不露痕迹。

至于楚、越等国的舟师，想来也是大致类似。从《越绝书》中，我们可以认识当时舟兵水师拥有的庞大规模："大翼一艘，广丈六尺，长十二丈，容战士二十六人。"此外还有中翼、小翼、突冒等舟艇护卫其间。

吴越的五牙战船

而据《物原》记载，大翼船上乘员为91人，操桨手50人；使用的兵器有长钩、长矛、长斧各4套，弩32把，箭矢3200支，战斗人员头盔32顶。中翼船长9丈6尺，宽为1丈3尺5寸，乘员86人。小翼船长9丈，宽为1丈2尺，乘员80人。

被称为"突冒"的是一种船首装有冲角，船体坚固的战船。恰如《尔雅》所说："突冒取其触冒而唐突也"，其意是指在水战中善以高速冲撞敌船的舰艇。

大翼、小翼、突冒、楼船、板船，这些都是楚、吴、越等国普遍使用的战船，当然也是古籍史料中有关舟师船种的最早记载。

战国时期，冶铁业发展成为手工业中最重要的部门。铁器工具的广泛使用，推动了造船业的拓展。这时的造船业有两大技术改进：一是舰船建造中使用了金属材料；二是出现了双层结构的战船。它在世界文明史上占有极高的位置。

近代以来，人们在多处战国墓葬中发现大量铁棺钉，证明当时使用铁钉已很普遍。如在出土的中山国木船上，已采用以铁片相嵌连接船板的工艺。建造双层船，即在船舱上铺设一层甲板，可将船体分为上下两层，这样就扩大了战船的使用面积。这时还有了仿陆战楼车而建的楼船。相比此时地中海的希腊城邦，建船还只是钻孔，用藤、皮条捆扎来固定船形，已是非同寻常的技术超越了。

关于双层船的作战功能，可参考1935年在河南汲县战国墓中出土的"水陆攻战铜鉴"。铜鉴上有44组图案，共292人，有旌旗、鼓、戈、戟、剑、盾、弓、箭、车、壶、豆、鱼、鳖等物。其中的水战场面中，敌对双方的战船都是双层的：甲板上是击鼓、射箭、持戈接战的武士，船底舱内是面向前方站立划桨的操船者；最为精彩的是，船前水中还有两名潜水兵正在水中奋力厮杀。

1965 年成都战国墓出土的“嵌错金铜壶”，也刻有双层战船交战的纹饰。交战双方共 16 人，两船相对急驶对攻。一方船上：甲板上 5 名士卒，分别手持矛、戈与匕首，底舱 4 人合力划桨向前冲击；对方船上 7 人，甲板上 4 名士卒挥刀执戈近身搏斗，底舱 3 人站立划桨操船，另一人从船头潜入水中，一手持剑，似乎正要从水下偷袭对方。

故宫博物院收藏的“宴乐渔猎攻战纹铜壶”上，也有类似的战船和水战的图案。相关的纹饰、画像内容，为研究当时的舟楫、战船、兵器、水战等提供了珍贵的资料。

值得一提的是，战国时期迅速发展起来的，还有一种具有特殊防御能力的战船——戈船。这种船底壳板经过加厚加固，特别是在壳板外安插上戈、匕首等利器，目的是为了对付敌方潜水兵的偷袭。可见当时水战中，互派潜水兵从水下潜泳到敌船进行攻击，已是经常使用的战术。新的攻击手段必然导致相应的防御措施产生，于是戈船应运而生。公元前 468 年，越国迁都到山东的琅琊时，它的舟师中就有死士 8000 人，戈船 300 艘，可见规模之大，力量之强。

朔气传金铎，寒光照铁衣。春秋战国时期诸多兵种的兴起，带动了兵器制造的大发展、大超越，达到了冷兵器历史的巅峰。之所以这样说，是因为直至宋朝火器出现之前的 1300 多年时间里，兵器的品种和质量，都未能超越这一时期的总体水平。那时的兵器种类繁多，制作精湛，工艺技术水准高，与国家垄断和其严格的质量管理与监造制度密不可分。

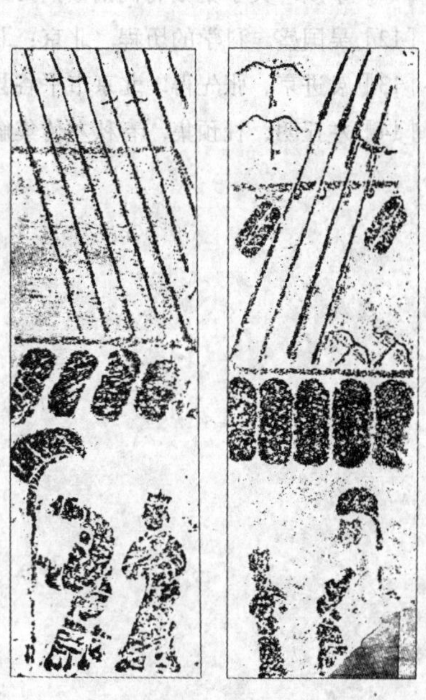
古墓砖上的武器库拓片

从古迄今，兵器制造业有个典型特征，那就是国家垄断。战国七雄均设立了中央和地方两级政府的武库，属下有储藏兵器库和负责制造兵器的作坊。

兵器作坊实行完备的三级管理监造体系：第一级是直接从事兵器制造的工匠，还有刑徒、战俘；第二级是兵器作坊中负责质量管理的官吏；第三级是中央和地方的高级武备官员，他们是兵器质量的最终验收者。在兵器制造过程中，必须刻上制造产地、机构和制造时间；刻上造器者、主造者、监造者的姓名，以备核查。验收合格后移交兵器库储藏，以备随时调拨。对于公元前 3 世纪就已形成的兵器制造业管理监造制度体系，中外史学家普遍认为，它是国家形态完备的重要环节和国家机器不可或缺的重要组成部分。到了秦汉之后，对武器的管理更是严格至极。历朝皆只有中央政府即皇帝拥有武器库管理机构，否则就是叛逆谋反。这一点，近年来在秦井式箭库、汉未央宫少府遗址的发掘中得到佐证。这种中央政府集中权限管理兵器制造的体制长久传承，直到现代。

参考文献

[1] 中共中央文献研究室．毛泽东诗词集．北京：中央文献出版社，1996.
[2] 宋健．制造业与现代化．科学时报，2002 年 9 月 23 日．
[3] 贾兰坡，卫奇，李超荣．许家窑旧石器时代文化遗址 1976 年发掘报告．古脊椎动物学报，1979(4).
[4] 贾兰坡．中国大陆上的远古居民．天津：天津人民出版社，1978.
[5] 中国社会科学院考古研究所．中国的考古学．北京：中国社会科学出版社，2005.
[6] 中共中央马克思恩格斯列宁斯大林著作编译局．马克思恩格斯选集．第四卷．北京：人民出版社，1972.
[7] 徐旭生．中国古史的传说时代(增订本)．北京：文物出版社，1985.
[8]《中国全史》编委会．中国全史．北京：光明日报出版社，2007.
[9] 严文明．早期中国是怎样的．光明日报，2010 年 1 月 14 日．
[10]《中国军事史》编写组．中国历代军事装备．北京：解放军出版社，2007.
[11] 李众．关于藁城商代钢钺铁刃的分析．考古学报，1976(2).
[12] 吴国盛．科学的历程．北京：北京大学出版社，2002.
[13] 袁进京，张先得．北京市平谷县发现商代墓葬．文物，1977(11).
[14] 左丘明，杜预集．春秋左传集解．南京：江苏凤凰教育出版社，2010.

第二讲

中华帝国的强盛、衰落与倾覆

历经共和元年(公元前841年)以来周王朝奴隶社会的发展，华夏先人们创造了令世界为之惊叹的青铜文化，开创了东方文明新纪元。

华赡深厚的华夏文明史浸润着奴隶制社会的空前繁荣。以公元前770年周平王东迁洛邑为标志，进入了春秋战国时期(公元前770至前221年)。“春秋”这个名词，源于孔子为鲁国编写的国史书名。“战国”则与汉代编写的《战国策》有关，既是指勇武好战之国，又是指战乱纷争不已的时代。它是奴隶制社会由盛转衰、朝着封建制急剧转变的社会大变革时期。

当中国历史进入春秋时期，世界其他文明地区的情况也在发生着变化。在西亚兴起了亚述帝国，它将一些古老的文明中心，如埃及、巴勒斯坦、叙利亚和两河流域，纳入其统治之下。亚述帝国的强盛预示着以埃及和两河流域为轴心的古老文明地区行将衰落。也正是在这个时期，希腊城邦国家逐渐形成。鲁国颁布“初税亩”令的公元前594年，正是雅典梭伦开始城邦改革的同一年。

这一时期，在印度河流域和恒河流域也产生了许多以城市为中心的小王国和部落共和国。至公元前6世纪，伊朗高原出现波斯帝国，它征服了小亚细亚、叙利亚、巴勒斯坦、两河流域、咸海南岸的中亚地区和埃及，还占领了印度河流域的西部地区。

大约与我国的战国时期同步，在中近东地区反复进行着东西方势力的较量。公元前4世纪晚期，马其顿的亚历山大东侵，征服波斯帝国，并侵入印度河流域。至公元前3世纪初，亚历山大的帝国分裂为马其顿、埃及、塞琉古等王国。广大中近东地区陷于马其顿希腊人的统治之下。

公元前6世纪末在意大利开始出现的罗马共和国，于公元前3世纪战胜了劲敌迦太基，建立了将地中海变为其“内湖”的古罗马帝国。在南亚次大陆，经过两个世纪的兼并战争，到公元前3世纪时出现了强大的孔雀王朝[1]。

引述这一时期的世界大势，只是想为读者展现瑰丽多彩的历史画卷：以步骑战车和刀戈剑戟为武器的战争烽火，在古代世界，至少在北半球广袤的大地上一直此起彼伏，连绵不绝。

中国社会此时演进到春秋战国。原本实行分封制、由诸侯拥立天子的统一国家(夏商周)，随着东周王室衰微而变化分裂成群雄割据局面。

战国时代，完结于秦军铁骑扫合六国、一统天下的公元前221年。秦王以十年军功兼并六国，结束了五百余年的分裂割据，建立起统一的多民族的中央集权封建国家。“事在四方，要在中央”(韩非子)，这是中国历史上具有划时代意义的伟大事件。

秦始皇用战争手段完成了大一统事业，形成了延绵于今的“国家认同”。此时，黔首黎民获得了较为安定的生活及生产环境，客观上有利于社会经济、文化进一步发展，也为后来中国社会的基本格局——中央专制集权制度的建立和长期统一奠定了基础。

从秦王朝肇始到清王朝倾覆，中国封建社会继往开来，强盛辉煌，衰败而中兴，起伏跌宕达两千多年之久。为此，西方学者将自秦王朝肇始到清王朝覆灭的两千多年，称为“中华帝国时期”。“因为，从秦朝开始有了皇帝制度与帝国体制”，“秦朝建立了中央集权的郡县制，由皇帝直接统治全国的所有郡县，直至乡村”。[2]特别是封建制皇帝中央集权与帝国军队统率体制，两千多年来没有根本性改变，直至清朝覆灭。

应该承认，这种概括是很有道理的。列国列朝无数争皇权、固霸业的战争，包括创建新朝与兼并一统、裂土分治等军事活动，不仅导致兵役制度的改革、新型军赋制度的出现和军队组织的发展，还促进交战器械、大小兵器种型及有关军事工程技术的发展，直接推动了兵器制造与军事科技的巨大进步。

同时，它也是社会政治制度、经济制度、军事制度和科学技术、思想文化的重要组成要素。

在秦王朝建立之前的春秋战国时期，无论是列国争霸，还是七雄兼并，华夏大地爆发了大大小小无数次战争，正如古人所云：“春秋无义战、兵戈乱浮云”。战争作为社会政治争斗的延续、经济实力的较量，其中自然蕴涵着兵器制造与技术进步等因素的重要作用，一定程度上推动了社会生产力特别是军事科技的发展。为此，本讲将从春秋战国时期谈起，浅析在激烈的兼并与争霸战争中，兵器制造与科技发展所产生的巨大历史作用。

►掌握镀铬技术的“越王剑”与秦军“形态记忆合金”长剑

1965 年，国家考古队在湖北江陵挖掘望江 1 号春秋楚墓时，挖出了一个沾满泥浆的黑色漆盒，盒里有柄带鞘宝剑。当考古学家轻轻地从剑鞘里拔出宝剑时，只见剑身正面近格处有两行八字鸟篆文——“越王勾践 自作用剑”。考古专家认为，这应当是古代越王勾践(公元前 500 年)所用佩剑。至于它为何会在楚墓中成为殉葬品，迄今依旧是个谜。

这柄勾践佩剑全长 55. 6 厘米，其中剑刃面长 45. 6 厘米，剑格宽 5. 4 厘米；剑身中脊起棱，满饰菱形花纹；正面花纹内嵌蓝色琉璃，背面花纹内嵌绿松石；柄圆茎无箍，剑首外翻卷成圆箍形，内有 11 道同心圆圈。最令研究人员关注的是，这柄在地下埋藏了 2400 多年的古剑依然寒光耀目、锋利无比；试之以纸，20 余层竟被划破。

这一重大考古发现立即轰动了全球，而让世人更为惊愕的是来自国家考古所对这柄古剑的科学研究报告。通过科学缜密的无损检测发现，这柄古剑的主要成分是铜、锡以及微量的铝、铁、镍等含硫高的金属化学物质；尤其是剑身竟然被当年的制造者镀上了一层近似铬的金属。所以，即便被水浸泡，在地下深藏达 2400 多年，它也没有半点锈斑！

《人民日报》对此评论说，这表明我国古代的兵器工匠们已经掌握了先进的镀铬技术。“越王勾践剑”证明，中国人掌握镀铬技术至少要比欧洲早2200多年。

春秋战国时期制作的含稀有金属材料的宝剑，全国各地还有多柄出土。这有力地说明，当时我国青铜兵器的制造技术显然居世界领先地位。

1964年在山西原平县出土的吴王阖闾的青铜剑，虽然埋藏地下2400余年，但剑身花纹仍细致清晰，光亮夺目，刃部非常锋利，堪与勾践剑媲美。

1976年，在湖北襄阳蔡坡和河南辉县的古墓发掘中，分别出土了吴王夫差的青铜剑，剑刃都完好锋利。史书记载，吴越两国的铸剑高手曾经冶铸过如干将、莫邪、湛卢、鱼肠、太阿、龙泉等名剑，看来确有其事。

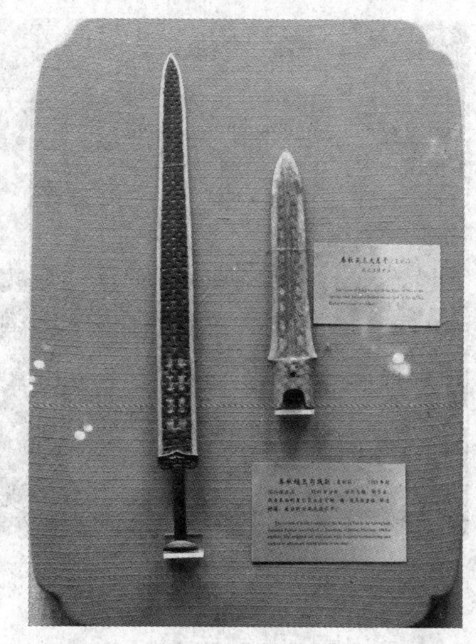

勾践剑与夫差矛

据东汉赵晔撰《吴越春秋》记载，吴王阖闾请与欧冶子同师的干将铸雄雌剑二枚，“一曰干将，一曰莫邪。莫邪，干将之妻也。干将作剑，采五山之铁精，集六合之金英……干将妻乃断发翦爪投于炉内，使童女童男三百人鼓橐装炭，金、铁乃濡，遂以成剑”。

文学家鲁迅在《故事新编》里绘声绘色地演绎了这段史实，包括“妻乃断发翦爪投于炉”(渗碳)、“以血殉剑”、“童男溺尿淬火”等情节。史学家认为，这里所提的铁精(铁矿)所炼的应是钢剑，金英(铜矿)所炼的应是青铜剑。钢剑应是用矿石中直接炼出的钢折叠锻炼、渗碳、淬火而成的。这种技术直到19世纪欧洲才得以掌握。

1976年，长沙杨家山一座春秋晚期墓葬出土了一柄钢质宝剑。钢剑长38.4厘米，宽2~2.6厘米。从剑身断面上可以看出反复锻打的层次，中部由7~9层叠打而成。通过技术鉴定，专家认为这柄长剑是用块炼铁打成片后进行固体表面渗碳，使两面形成高碳层，中间夹着低碳层，经过对折锻合，并用若干片迭搭锻打而成。其中钢的含碳量为0.5%~0.6%，且金相组织均匀，说明它还进行过热渗碳处理。

这些考古发掘，把我国炼钢技术出现的时间提前到春秋时期。

按照现代冶金工业技术指标，铜的熔点为1083℃，生铁的熔点为1146℃；若要炼出块状铁，温度应不低于1000℃。古人通过熟练地掌握炼铜技术并进一步改进鼓风技术，要获得生铁熔铸的高温是完全可以做到的。在不迟于公元前6世纪，我国就已实现生铁冶铸；并在此基础上总结出块炼铁渗碳成钢的经验，形成了“块炼钢”冶炼技术。据推测，在诸侯国的不同领地，又陆续利用柔化退火制造可锻铸铁，创造了世界上最早的炼钢术与淬火技术。

此外，考古发掘中还有更多令人匪夷所思的发现！1994年3月1日，举世闻名的“世

秦陵兵马俑一号坑全景图

界八大奇迹”——秦始皇兵马俑二号俑坑正式开始挖掘。

在二号俑坑里，人们发掘出一批青铜剑。剑身共有8个棱面，长度为86厘米。考古学家用游标卡尺测量，发现这8个棱面的误差竟不足一根头发丝。而且已经出土的19把青铜剑，把把皆是如此。这般规格制式整齐划一，亦如现代化生产线上批量生产出来的产品，岂能不让今天的人们称奇赞绝呢？

这批青铜长剑内部组织致密，剑身光亮平滑，剑刃锋利细腻，纹理来去无交错。它们在黄土重压之下沉睡了2000多年，出土时依然光亮如新，锋利无比。而且所有剑都被镀上了一层10微米厚的铬盐化合物。

最令人瞠目结舌的是，考古学家在清理一号坑到二号坑的第一通洞时，发现有个兵俑手中的青铜长剑被另一尊歪斜倒塌的兵俑压弯，陶俑沉重的压力使长剑的弯曲程度超过45度。当考古工作者小心翼翼地移开了这尊歪斜的陶俑后，令人惊诧的奇迹出现了：那柄又窄又薄的青铜长剑，竟然在一瞬间反弹平直，恢复如初！

秦陵蹲姿俑

当代冶金学家梦寐以求的“形态记忆合金”——现代科技尚不能加工制造出来的兵刃杰作，竟然出现在中国古代皇帝的墓葬里！如果按照楚霸王项羽火焚秦皇陵的年代推算，这柄被沉重的兵俑压迫弯曲成45度的青铜长剑，至少也有足足两千年时间是处于弯曲状态。而一朝解除两千多年的“封建压迫”，它竟然能在瞬间恢复为“自在真身”！

看到这些独特繁复的兵器制品，怎能不使人们对中国古代的金属制造技术和加工工艺，特别是那不可思议的铸剑技术和“形态记忆合金”的材质，产生一种肃然起敬的叹服呢！

2010年9月26日，新华社发出电讯称，“秦兵马俑一号坑第三次考古发掘有新进展，考古人员在秦兵马俑坑中首次发现了秦军使用的盾！”长期从事秦始皇陵考古工作的专家袁仲一说：“盾的质地看上去是皮革的，长约60厘米，宽约40厘米，有些残破。因其出土在车上，其功能应是与剑、矛等武器配合使用的。”除了新出土的两辆车和首次出土的秦盾，考古人员还在发掘中发现了较为完整的装弓弩的袋子——“韬”的实物，让人们对于秦人的弓弩技术有了进一步认知。

▶从鄢陵之战看春秋战国兵器装备的发展

春秋时期，王权衰落，周天子的天下土崩瓦解。“九州波骇，五岳尘飞”，礼乐征伐演变成“诸侯侵陵”的动荡局面。

按董仲舒概括《春秋》要义所言：“《春秋》之中，弑君三十六、亡国五十二，诸侯奔走不得保其社稷者不可胜数。”仅据孔子编纂的《春秋》一书统计，从鲁隐公元年（公元前722年）至鲁哀公十四年（公元前481年）的242年间，就发生大小军事行动483次。由此可见那个时代兼并、争斗，战事之频繁。

春秋战国时期，由于战争方式和交战手段的变化，不论平原、山地，都已被开辟为战场，列国的关塞要津更是成为攻守双方的必争之地。如秦献公就按照墨家著述，精心修筑了不少军事要塞，掌握了修筑城池的空间、地面、道路、桥梁、水面、地穴等军事工程技术而闻达列国。秦国也因据有崤函关之险，被看做是“天下雄国”。而魏国地处中原，无险可守，无隘可据，反被视为“四分五裂之道”。

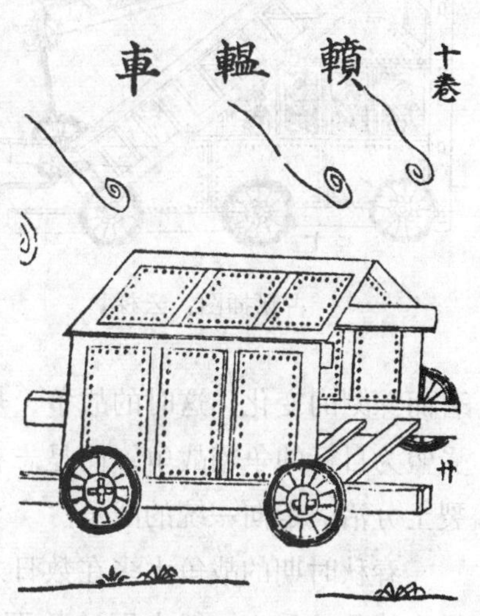

古籍中“轒轀”的插图。《孔子·谋攻》曰：“修橹轒轀”。杜牧注：“轒轀，四轮车，排大木为上，上蒙以生牛皮，下可容十人，往来运土填堑，木石所能伤，今所谓木驴是也。”“轒轀”作为一种有坚固防护甲板的攻城作业车，它是古代攻城战斗中重要的工具。据《通典》卷一六〇《兵十三》称其乃是“攻城战具，作四轮车，上以绳为脊，生牛皮蒙之，下可藏十人，填隍推之，直抵城下，可以攻掘，金火木石所不能败，谓之轒轀车。”每当兵临城墙时，士兵在其掩护下作业，可免遭敌人矢石、纵火、木擂等的伤害。

武器的发展随着战争的需求而进步。这里有必要对在古代军事史上有过重大贡献的墨家学说多讲几句。墨子是世界上最早讲述城防及军械发明制造的战略大家。《墨子·备城门》记载的“攻御十二法”是：“临、钩、冲、梯、堙、水、穴、突、空洞、蚁傅、轒轀、轩车。”成为古代社会对攻城武器最翔实的说明。从中可知古人已开始使用竹木、绳索、动物的筋和平衡锤储存机械力，并作用于投石器、弹丸弓射和抛石车；还形成了一定的理论，或者说有了相应的技术要求。[3]

据何炳棣先生解释，“临”是攻者在城外“积土为高，以临我城”，也泛指敌人所用高达数层楼的撞城车。“堙”也指积土为坡，主要似为填塞壕池。“钩”是指兵士上城用的大钩梯。“冲”是指从侧面攻城的“冲车”。“梯”指云梯，也是这时出现的一种爬城用的作战工具，其攻城夺隘的作用不言自明（传说这是鲁班为楚惠王设计的一种新型攻城工具，比楼车还高，好像能碰到云层，故称云梯）。

“水”指灌水淹城。“穴”是指挖地洞和地道。从“突”的音义理解，是指敌人用重器突破城根时，守者以“突门”防堵，并施烟熏。“空洞”指挖地道，并有利用鼓风设备通过管道烧艾烟熏敌人的简述。“蚁附(傅)”源自《孙子》，是形容士兵密集攀登城墙的行动和搏斗。

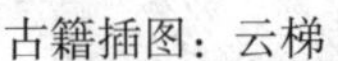

古籍插图：云梯

这说明墨子精于工艺，他和他的信徒早就懂得了杠杆和滑车的原理，其城防及军械发明制造学说也远远早于古代西方。墨家对军事工程及武器制造方面的专长更是可以肯定的。虽然墨家所发明和改进的军事机械，现在无法一一详考，但“攻御十二法”中所列轒輼、轩车，应是其最重要的发明。

按老庄、孔孟学说来讲，墨子“十二法”指导下的战争结果，往往是“争地以战，杀人盈野；争城以战，杀人盈城”，表现得实在残酷惨烈。

战国后期，社会政治、经济、军事生活发生了显著而深刻的变化。这时的战争，规模远较春秋时期为大，已不再是那种仅仅以战败国纳贡受盟为目标的争霸战争，而是志在争城夺邑、掠地兼并的战争，是为扩大疆域而间接消除裂土分治、走向一统的战争。

春秋时期的战争大多在数日之内即可决定胜负，输赢往往取决于两军的一次性交锋；投入战争的兵力一般也不过数万，战车不过数百乘。如长勺大战、城濮大战、鸡父之战等。战国时期则明显不同。交战双方参战的兵力之多、历时之长、武器之精良、兵种类型之繁复，都是前所未闻的。与大规模战争相适应，作战方式和作战手段也大为改进。

长期的争霸战争，使中原列国使用的兵器、战车、步骑及交战形式都变得复杂起来，布阵、设伏、截击等战术原则也被经常采用。地处南方的吴、越、楚等国，还出现了大规模水军兵种。有关这方面的情况，尤其是交战中使用的兵器、攻坚器械及诸军兵种攻战情形，后人可以从春秋晚期晋楚交锋的鄢陵之战中一窥。

周简王十一年(公元前575年)，晋楚两军在鄢陵(今河南鄢陵县北)相遇。楚军想赶在晋国纠集的他国军队到来之前迅即与晋军决战。那日早晨，楚军直逼阵前，企图出敌不意，聚集强大军力击败晋军。楚军动用了自己的新式装备，楚王还亲自登上巢车(楼车)观望晋军营垒，进行战前侦察。晋国叛臣陪侍楚王，把晋军阵营的活动一一报告，并指出营垒中晋军最精锐的是“公卒”部队(《左传·成公十六年》：“楚子登巢车以望晋军”)。

这时，只见晋厉公亲率晋军精锐冲出营垒，欲与楚军接战。岂知晋厉公车驾及“公卒”战车，刚出营垒就陷入泥沼之中，难以自拔。就在楚军袭来的千钧一发之际，晋军勇士掀起笨拙的战车，晋厉公才得以逃脱。激战中，晋将魏铸射中楚王眼睛。楚王受伤后唤来楚军神射手养由基，交给他两支箭，命他去射杀魏铸。养由基一箭射死魏铸，剩一支箭回来复命。楚王受伤后，楚军自乱，被晋军逼到险阻之地。楚军奋起反击，神射手养由基连续射杀晋军数名战将，迫使晋军停止进攻。这一仗，最终因晋军“补充车兵与步兵，修缮甲兵，陈列车马”及时，得以大败楚军。

鄢陵之战中，楚军神射手养由基的“神矢箭功”射得又准又狠，不仅是历史上精彩的战例，也是后世广为流传的神射手佳话。

军事装备的发展总是与时俱进的。鄢陵之战，晋楚双方在战斗中动用了战车、骑兵、步兵及神射手，还使用巢车观望敌军营垒；并运用计谋，排兵布阵，修缮甲兵，及时补充战斗力。表明军事装备在争霸战争中发挥着越来越重要的作用。

除了过去的攻城工具如轒辒、临冲等器械，还发展了一批更为新式的攻城器械。就拿楼车来说吧，它因像筑在高枝上的鸟巢，又被称为“巢车”，是一种瞭望与攻城兼备的战车。

鄢陵之战中的这种巢车，是在一个八轮车上竖立起两根长柱，两根柱子中有板屋，可以升降，屋壁四面有瞭望孔，有利于观察敌军。根据战争需求，在对付营垒城郭时，新发明的那些攻坚器械自然也派上了用场。

据《六韬·虎韬》记载，除了临冲、飞钩梯、新式冲车、云梯、轩车外，还有“震骇”、“武翼大橹”、“大扶胥冲车”等重型战车。这就使得攻城夺隘的作战效能大大提高。

▶抛石机的发明和“马钧车轮砲”的应用

中国人谈古论今，好像凡事凡物都要从祖先那里追根溯源，找出某物件的鼻祖或“天下第一”来。翻阅古籍野史、方志传说，华夏先祖们真还制造过一种被称为“砲”的远程射击武器。这种“砲”就是抛石机，曾被称作“军中第一攻击利器”。从作战形式上看，它完全可以被认作是近代火炮的鼻祖。

著名学者何炳棣先生说，这种抛石机的构造蓝图保存于《墨子》本书、《通典》和《武经备要》诸书。其威力之大，射程之远，命中率之高，在古代世界是无与伦比的。

另有说法称抛石机发明于西周，但它真正应用于战争，是经越国范蠡改造之后。据《范蠡兵法》记载，抛石机是一种抛掷石头或石弹的攻城兵器。古代“砲”字的本义，就是抛的意思，故叫“砲车”。据说，当时用抛石机可以将重达6千克的石头抛至100多米远的地方——这比单靠体能徒手扔掷石块远多了。

抛掷石弹，在冷兵器时代可令敌军在瞬间遭到“天石雨”般的打击，自然打得敌人丢盔卸甲、伤亡惨重、溃不成军。而且，被抛出的石弹在空中有响声，大片“石雨“呼啸而至，令人心惊胆战，敌军哪里还有什么战斗力呢?

其实，抛石机的原理非常简单，它实际上是一种依靠物体张力(如韧性好的竹、木弯曲时产生的力)抛射重物的大型弹射器。这种典型的靠扭力发射的抛石机，大致由三部分构成。

首先是在地面上立定坚固沉重的长方形框架，然后在其前端装上两根有横梁的结实的柱子，加上一根直立的弹射杆；弹射杆的下端插在一根扭绞得很紧的水平绳索里，绳索绑在长方形框架的两端，正好位于支撑架下面的位置。平时绳索使弹射杆紧紧顶牢支撑架上的横梁。弹射杆的顶部通常做成勺子的形状。弹射时，先用绞盘将弹射杆拉至接近水平的位置，再在"勺子"或皮弹袋里放进石块或其他种类的弹体。当扳机装置松开绞盘绳索时，弹射杆便以很大的力量恢复到垂直位置，并与横梁撞击，利用惯性将弹体以抛物线弹向目标。这种"砲"的威力集中体现于石弹砸击。

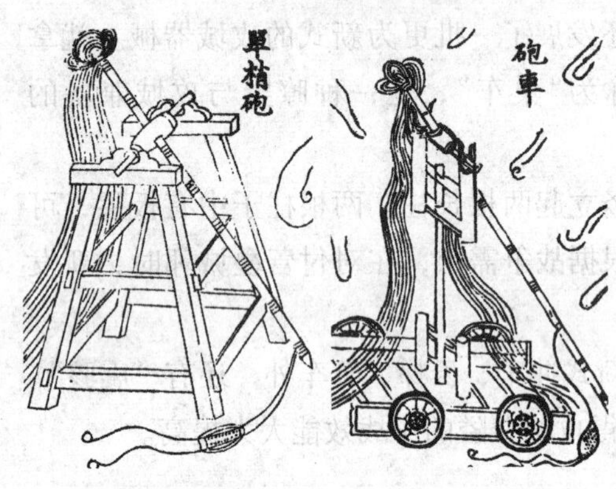

《天工开物》插图：单梢砲、砲车

抛石机作为攻城拔寨的有力武器，可抛掷大块石头砸坏敌方城墙和兵器；而越过城墙落入城内的石弹，可毁伤房屋和敌兵，具有相当强的杀伤力。这种抛石机除了抛掷石块，还可以抛掷圆木、金属等其他重物；或用绳、棉线等蘸上油再缠裹在石头上，点燃后抛向敌营，以烧杀敌人。即使在火器出现后，抛石机也并没马上从战争舞台上消失，人们还利用它"力气大"的特长，用来抛射各种燃烧、爆炸类弹丸。

从技术角度讲，衡量抛石机作战性能主要有两点：一是抛物重量，二是抛射距离。抛石机的射程一般为 50～300 步，石弹重量由数斤至上百斤不等。操作人数可根据目标远近增减，普通抛石机需用 40 人，大型抛石机需用 200～300 人拉拽，一次可将重达 100～150 千克的石弹射到 300 步之外，使敌方"堞碎楼坍"，威力极大。抛石机(砲)发明伊始，即成为军队中重要的攻防兵器，屡屡在战场上发挥意想不到的作用。

但早期抛石机有个很大的缺陷——需要在敌人阵地前临时搭设，而操作人员在敌人的弓箭射程内施工，容易导致伤亡。为了解决这个问题，一种带轮子的抛石机应运而生。它可以在作坊里批量制成，不需临阵架设。三国时期，曹操在官渡之战中曾用这种威力强大的抛石机攻击袁军。

史书记载，东汉建安五年(公元 200 年)，曹操率军在官渡(今河南中牟境内)迎击袁绍军队的进攻。当时，袁绍率十余万步卒和骑兵攻占黎阳后，连中曹操之计，锐气受挫，于是变分兵进击为结营紧逼，企图以优势兵力迫使曹操决战。袁军兵到官渡，依托沙丘修筑工事，并利用营中土山，造高弩，以众多弓弩手居高临下，向曹营发射箭矢，使曹军处于被动挨打境地。为了打破袁军的远射优势，曹操集中一批能工巧匠，造出了装有轮子的抛石车，利用夜色掩护，突然在袁军营垒前展开攻势。顿时，无数石弹飞入袁营，坚固的高弩被砸了个稀巴烂，大量弓弩手中弹丧命；小土营成了被打击的大目标，袁军的工事再坚固也经不住石弹砸击，损失惨重。抛石车为官渡之战中曹军大获全胜发挥了重要作用。

虽然抛石车作战杀伤力较大，但使用起来仍有些兴师动众。它的效率相对较低，尤其是临战抛射时需要人员较多，操作不方便，往往贻误战机。于是有人动脑筋将它改进成可连续抛射的兵器，他就是曹魏阵营中那个名叫马钧的机械发明家。

史料记载，马钧是魏国扶风(今陕西兴平东南)人，曾创制过如织绫机、提水车(龙骨水车)、指南车等机械工具，因在传动机械方面造诣很深，人称“天下之名巧”。在一次蜀魏交战结束后，马钧看到缴获的战利品中有许多连弩，据说是诸葛亮组织工匠制造的。他认真地研究了这些连弩的机械部分，很受启发，认为这种弩机威力还可以提高好多倍。于是，他苦心钻研试验，利用车轮不断转动的原理，终于制成了“车轮砲”。这种转轮式抛石机，能将石头连续射出去，加大了发射频率，提高了抛石车的威力。

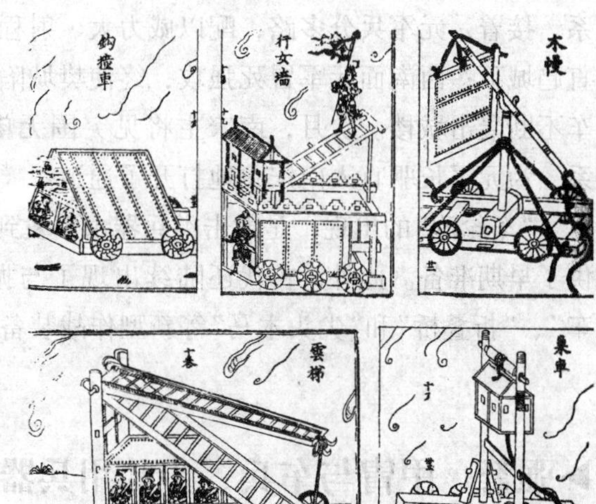

《武经总要》中记载的攻城器械

在官渡之战后的400余年间，历朝历代攻城守隘的战斗中，几乎都有抛石车的身影。

唐武德四年(公元621年)，秦王李世民在率军攻打洛阳时，使用了抛石车，抛射多枚重约30千克的石弹，射程可达200步。

唐贞观十三年(公元639年)，西域高昌国公然对抗唐王朝。李世民下诏令唐军长途奔袭，攻打远在七千里之外，且“涉碛阔二千里”的高昌城池。在攻城过程中，唐将侯君集利用先进的攻城武器，“遂刊木填隍，推撞车撞其睥睨，数丈颓穴，抛车石击其城中，其所当者无不糜碎，或张毡被，用障抛石，城上守陴省不复得立。”唐军的攻城气势连苍天也为之震撼。是夜，有一光芒四射的流星坠落于城内，高昌军愈加惶恐。此后，唐帅登临五丈余高的巢车，作为引导抛石车的观察哨，瞬间石如雨下。高昌城内无人敢走动，敌军只得缴械投降。

古籍中记载的“旋风砲”

公元645年，在另一次东征作战中，唐军连续12天动用抛石车、撞城车，昼夜猛攻辽东城，给守敌造成重大伤亡。公元757年，叛军史思明攻打太原城，守将李光弼制造了用200人挽索发射的巨型抛石车，向城外抛射大量石弹。这些石弹铺天盖地般砸向围城叛军，每发石弹能伤数十人，打得叛军难以招架，最后只得收兵退回。

公元1234年，金军攻打汴梁，架抛石车数百具，昼夜发射，所发射的石弹几乎填平了北宋首都的护城河。

公元1283年正月，元军在进攻南宋的关键一仗中，先对樊城发起总攻，以熟悉水性的士兵潜入水中沉木断索，烧毁浮桥，切断其与襄城的联系。接着，元军兵分多路，配以威力大、射程远的新式抛石车，水陆夹攻樊城。北面战舰直趋城下；西南面元军冒死强攻，终使樊城陷落。随后元军移师，加紧围攻襄阳，以抛石车不断轰击城楼。次月，南宋主将见突围无望，只得投降。此战突破了南宋战略防御体系，为元军长驱直入南宋腹地打开了通道。

“车轮砲”的出现，是射击类兵器由单发到连发的最早尝试，这为火炮向连动式发展提供了早期准备。此外，古代还陆续出现了与抛石机类似的“攻城槌”、“搭车”、“塞门刀车”、“折叠桥”和“尖头木马”等新型作战装备。

►强弩、甲胄与车兵、步骑用兵器

翻阅古籍，常常可以看见这样的文字——“两军相遇，弓弩争先”。弓箭的发展历史是最悠久的。它们作为配套兵器，在制造和使用中很能体现古人的智慧。弓的制作，箭镞和箭羽的制作，从取材、用料到加工过程都有严格的要求，其技艺非常精湛。

“击鼓其镗，踊跃用兵。”能够使用弓箭和驾驭兵车，好像还是古代男人应当掌握的两门基本技能。按《论语》记述：孔子告诫他的学生，他从来不射杀在鸟巢安歇的飞禽。可见连老夫子都能“弯弓射大雕”。这也从另外的角度说明了弓箭的普及性和重要性。

据《周礼·司弓矢》记载，弓分六类：有强弓二种——王弓、弧弓；中弓二种——唐弓、大弓；弱弓二种——夹弓、庾弓。战车配备的一般是王弓和弧弓，射程远，杀伤力大。

与强弓相配的箭矢也很讲究。用途不同的箭，重心应在箭杆何处？选用什么样的羽，才能使箭在飞行中保持稳定？箭镞的长短、形状应该怎样制作才能杀伤力强？古人对此都有明确规定。到了汉代，兵器作坊能根据实战需要，制造出适用步战、骑战和水战的各种弓箭，箭镞也由铜制改为铁、钢制造。为了提高杀伤力并适用不同场合，箭头被制成平头、月牙、柳叶、铲、叉等不同形状。

装有铜弩机的战国木弩臂

大约在春秋时期，古人发明了弩。弩实际上就是有臂的弓，是古代出现得较早且简单的机械武器。我国最早的弩机可能出现在楚国，秦汉传说中就有“楚琴氏造弩”之说。

有故事说，楚琴氏自小精于木工，又喜欢射雁。他发现用普通弓箭射雁，看似瞄得很准，结果却往往十射九空，于是琢磨其中的道理。有次加工木器，他突然灵机一动，设想如在弓臂上设一机械，不是能更有力、更准确地发射箭头吗？经过多次试验和改进，楚琴氏发明了弩机。他的弩机构造十分精巧：外面有一个匣，前面有挂弦的钩，后部则和照门连接，照门上刻有定距离的分划，匣下有扳机。发射时，先将弓弦向后拉，挂在钩上，对准目标后，一扣扳机，箭即射出。

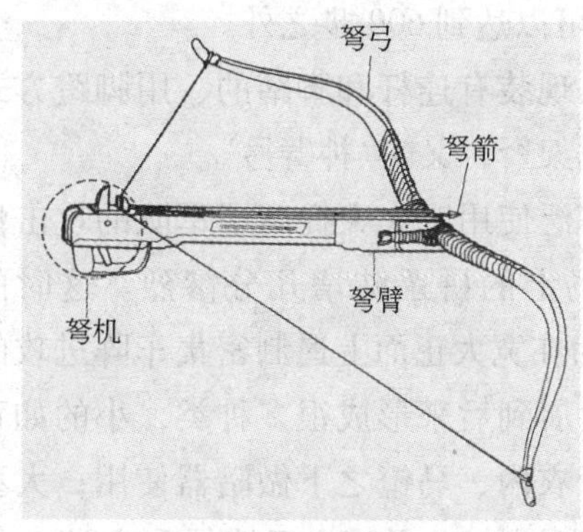

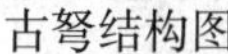
古弩结构图

连发弩

对于弩机后人还是比较熟悉的。2009 年 5 月 27 日，《北京青年报》以《古墓中发现 2000 多年前“手枪”》为题，报道考古人员在四川绵阳一处古代墓葬群里，发现了许多战国晚期和秦代的青铜器与兵器。该新闻特别提到，古墓中发现的酷似“手枪”的战国青铜弩机，是目前国内外发现的距今最古远、最小的弩机。

“在一座规模较小的战国时期木椁墓内，发掘出一件由几个铜片组合在一起、形状酷似手枪的文物。这件看似普通的文物叫弩机，它可是冷兵器时代最尖端的武器——弩的核心构件。”威力强大的弩可以射杀数百米外的目标。这类酷似“手枪”的弩机，在秦汉时期成为中原民族抗击北方骑兵的最尖端的武器。

东汉弩机

中国弩的发明比西方整整早了 1300 多年。它的发明，标志人类对机械能的一种利用，使远射兵器的精准度得以提高。某种意义上讲，这是人类向发明步枪、火炮迈出的重要一步。与用弓相比，用弩只需先将弦扣住，然后再从容瞄准，伺机发射。而且弩的储能大，射程也远。

《孙子兵法》中的《作战篇》、《势篇》对弩的功效作用有多处强调。至战国后期，列国兼并战争已普遍采用弩机作战。

从技术角度讲，弩由弓与柄两部分构成。柄又称为“臂”，有“矢道”，尾部装弩机。弩机由郭、牙、悬刀和望山组成。弩机四周有“郭”（外壳），郭中有“钩金”；其一端为“牙”，可钩紧弓弦，另一端装有“望山”（瞄准器）。“牙”下连接“悬刀”，作为扳机。使用时先把弦拉开扣在弩机的牙上，扳动悬刀将牙缩下，弦就会把箭射出，起到了储备、释放弹力的作用。值得一提的是，汉初的兵器制造家已经根据勾股定理在弩机的望山上刻出了世界上最早的射击标尺。

蹶张弩拓片图

战国时还发明了“连弩”和“超足而发”的“蹶张弩”。魏国武卒携带的弩有12石的拉力，而韩国“强弓劲弩”的射程竟可以达到600步之外。

后来，陆续出现装有连杆和脚踏的、用脚蹬方式就可将弓拉开的偏架弩，又叫“神臂弓”。

弩的发明和广泛使用，大大提高了军队的攻击性和战斗力，使战场上的拼杀陡增几分惨烈。这时的“积弩齐发”已成为在宽大正面上遏制密集车阵进攻的最有效手段。弩发展到后来形成很多种类，小的如背弩、踏弩，可藏于衣内、马镫之下做暗器使用；大型强弩则多用于攻坚和守城，是当之无愧的重武器。

战国末年，弩机又与战车相结合，出现了可以同时发射许多弩箭的“连弩之车”。如《六韬·虎韬·军用》记载的“大黄参连弩大扶胥”，估计是种有连弩的战车。车上的连弩，可发10尺长的箭，单是铜制机郭就有一石三十钧(合现在34千克)重。

此外，还有用绞车开弦的“车弩”，将两张或三张弓合成一个弩的“床子弩”，储备人力和弹力的作用就更加明显。战国末期出现了可以旋转射击的大型弩，多用于守城。威力更大的车弩和床弩出现于唐代，有的车弩一次可发射7支铁羽箭，射程达500米；有的床弩甚至能发射长约3米的大铁箭，能射穿数百米外坚厚的敌军营帐。

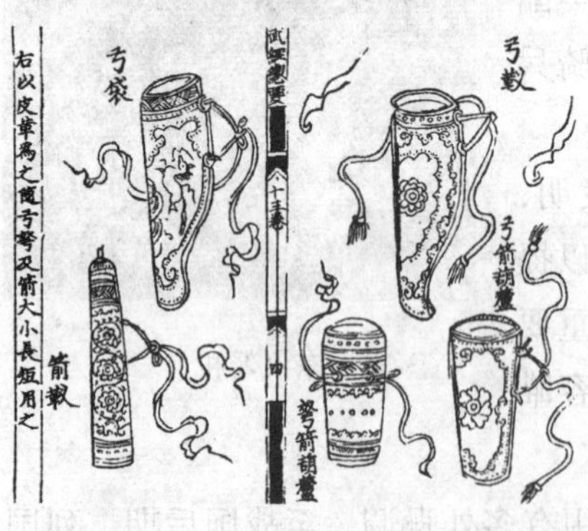

弓箭四宝图

当然，我们了解强弩这类“先进尖端武器”的作用后，仍不能忘却弓、箭作为轻兵器的重要作用。下面再对古代传统武器的状况作些简扼的介绍。

在世界冷兵器发展进程中，数我国的兵器种类最多。在民间广为流传的就有“十八般兵器”。

不过，人们对十八般兵器的说法不一。有一种说法是指：刀、枪、剑、戟、棍、棒、槊、镋、斧、钺、铲、钯、鞭、锏、锤、叉、戈、矛。另一种说法则是指：弓、弩、枪、刀、剑、矛、盾、斧、钺、戟、鞭、锏、祸、殳、叉、耙头、绵绳套索、白打。

这十八般兵器中，种类、形制、功能各不相同。如剑和刀都是短兵器，刀是单刃，用

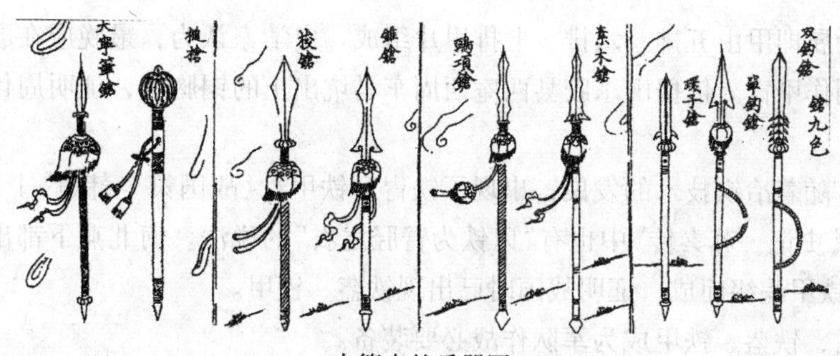

古籍中的兵器图

于砍杀；剑是双刃，用于刺杀。

枪的形状与矛相似，比矛轻便且锋利，是一种刺击兵器，从唐代到宋代几乎成为军中最主要的兵器。唐代枪分为漆枪、木枪、白干枪和扑枪四种；宋代枪的种类更多，有十几种。

又如戈戟，其兴衰也与当时的作战要求相联系。戈是长柄兵器，可钩可啄，最早的戈是将兽角绑在木杆上。戈适用于战车交锋，是从殷周到春秋时期的主要兵器。后来，戈的作用不如戟，在戟兴起之后渐衰。

戟是枪尖附月牙状利刃的长柄兵器，可钩、可啄、可割、可刺，是在戈和矛的基础上发展而成的，其杀伤力比戈和矛都强，是战国到汉唐时期的主要兵器之一。后因盔甲的制作日益精良，钩啄的杀伤力减小，戟的作用降低，逐渐被枪代替。

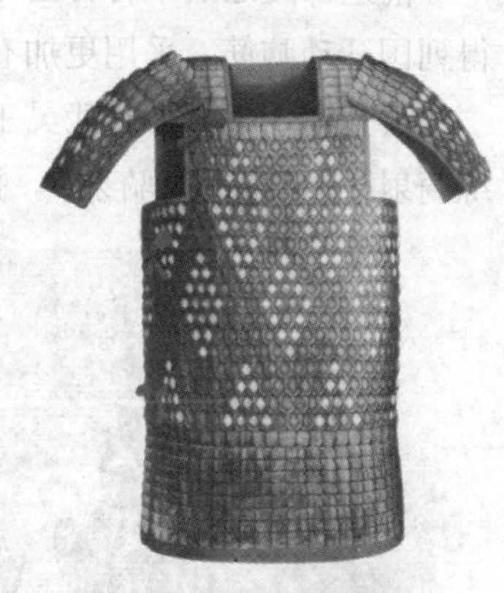

还有斧、钺，从商代到后汉和隋唐曾盛行过这种劈砍兵器。但斧钺的缺点是刃厚且笨重，到了宋代，逐渐衰退。在人们的印象中，使用斧钺最有名的人物，就是《隋唐演义》中的程咬金和《水浒传》中那个生性鲁莽的“黑旋风”李逵。

现存于博物馆的古代甲胄

古谣说得好：“汝有矛，吾有盾；汝箭矢，吾护甲。”据《周礼·司兵》载，春秋时战车上就有盾。重型战车上的大盾叫“橹”，安装在战车两旁。战国时出现的能“陷坚阵，败强敌”的“武冀大橹”，就是由春秋时的架橹战车发展来的。从出土文物来看，当年一般的战车上可能装备有两张盾。作战时，车左、车右各持一盾，主要起防护作用。最早的盾，可能是用藤、皮等材料制作，随着金属冶炼业的进步而逐步改造升级。

再看甲胄。甲、胄是车兵、骑兵或步兵常用的防卫装备。甲又称铠甲，披在身上，形如衣服，用来保护士兵身体。胄，后代又称盔，戴在头上，用来保护士兵头部。最早的甲和胄是皮革制成的，用一片片长方形甲片编缀而成。《周礼·考工记》说有“犀甲七属、兕甲六属、合甲五属”。属即排，五属、六属、七属即甲由五排、六排、七排甲片组成。史学家认为，最晚应在殷商，就已盛行用青铜来制作甲胄。依据山东胶县西庵西周车马坑出土的铜胸甲，证明周代已经普遍使用铜甲。

战国时，随着冶铁技术的发展，出现了铁胄和铁甲。《战国策·韩策》上载有“坚甲铁幕”等言辞，《史记·苏秦传》中也有“以铁为臂胫之衣”的说法。河北燕下都出土的燕国铁胄，用89片铁甲编缀而成，证明战国时已出现铁盔、铁甲。

秦汉以后，铁盔、铁甲成为军队作战必要装备。

晋代对盔甲的要求强调坚固、适体；到了唐朝，由铁制成的盔甲种类就更多，一般利箭是难以射透的。金属甲胄的出现，加强了武士的防卫能力，是军事装备上的一大进步。

▶“短装束身，来去如风”的骑马射箭之军

前述鄢陵之战中晋厉公车陷泥沼的教训，亦显露出早期战车的笨拙。类似的情况，逼得列国开动脑筋，采用更加有效的方式来应对。这样，一个新的兵种诞生了！

公元前307年，赵武灵王率先实行军事改革，令部属改着胡服短装束身；发展骑兵，练骑射，史称“胡服骑射”。据说不到一年，赵武灵王就训练出一支强悍的骑兵队伍。从此，车兵的地位逐渐被骑兵取代。

古代骑兵俑

但这只是传统说法，以此认为中国古代骑术出现于战国时期，赵武灵王是“介绍骑术进入华夏第一人”，其实并不确切。依据对甲骨文中的“先马”和“马射”等辞例的研究，有史学家认为，中国的骑射早在殷商时代就已经产生。《诗经·大雅·绵》中的“走马”一词，据顾炎武解释应为“单骑之称”，并说西周时期仍保持着殷商时代单骑的传统。先秦史料中，“骑”字最早出现在《墨子》和《吴子》诸书上。

南朝铠甲马俑石砖造像

吴起讲，“千乘万骑，兼之徒步”、“分车列骑”；孙膑则讲“用骑十利”。但在中原大地大规模使用骑兵部队作战，形成“车驰卒奔”、“骠疾迅猛”的战斗场面，应该是在赵武灵王实行“胡服骑射”前后。

为了适应骑兵部队作战的需要，战国时靠近北方的诸国一方面从游牧民族那里引进良马，另一方面，北边的燕、赵地区和西方的秦国也自行开辟牧马场，大规模牧养马匹。

那时的诸侯将帅们坚持“一切为了打得赢”的战争指导思想，不仅使养马技术有了长足的进步，出现了一批高超的养马专家，而且使骑术马具也有所发展。

古墓中出土的骑兵俑

长久以来，对于“马具”这一重要的骑兵装备，史书中鲜见记载，而在考古发掘中也不多见。值得庆幸的是，前些年在新疆鄯善这个东西方文明的交汇之处，从一座叫做“苏贝希”的墓葬中出土了一具大约在公元纪年之前生产的马具，这为古代骑兵部队的发展做了最翔实的注释。

新疆鄯善苏贝希墓葬出土的这套马具，包括衔、镳、鞯、鞍。鞯为红毛毡，鞯上置鞍。鞍表面为皮革，内里填充毛质物，表面有金属钉，打造技艺相当精湛，其形态与金村铜镜图纹上的马鞍颇为相似。它让人们看到当时中国东西部骑兵的马具，竟然只有低平的软马鞍而无镫。专家推断，中国马具马鞍的起源，应该早于公元纪年。因为当时西域各国的发达程度，肯定远不及中原和匈奴地区。只是由于多种原因所致，没让那个时代更先进的中原马具保存下来。而鄯善苏贝希墓葬中的这套马具之所以能够较好地保存下来，可能与新疆地区干燥少雨的气候条件有关。

鄯善苏贝希墓出土的马具

在秦王一统六国的战争中，骑兵部队发挥了重要作用。骄横的秦始皇对车骑兵部队的卓著功勋也是引以为傲的，以致在他驾崩后葬入的陵墓里，依然保留着秦帝国浩浩荡荡、阵营强大的车兵与骑兵营垒。

始皇帝陵兵马俑——自 1974 年被几个农民发现以来，先后发掘的三座兵马俑坑，均以其独有的风格和特殊的内涵向世人展现出当年秦军英勇骁悍的雄浑风采。

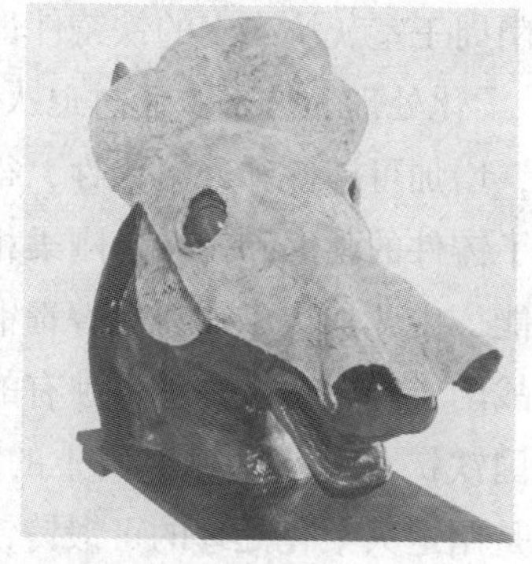

古墓壁画《骑兵出行图》与马面护具

步入气势磅礴的秦始皇兵马俑一号坑博物馆，内有兵俑、战马俑6000余尊，战车50余乘，完全把一个古代步骑兵与车兵联合编组的庞大军阵呈现于游客面前。

形制特殊的二号坑内含四大方阵，即弓弩方阵、车兵方队、骑兵方阵和混编方阵；出土的兵俑、陶马1600余尊。

平面呈“凹”字形的三号坑更是不同凡响。凹处置有四马系驾战车一乘，两侧各为独立的南北厢房。坑中兵俑均着重装铠甲，且相向而立，表明这就是秦军的将帅大帐——战役指挥部。这些都极具象征力地表现出当年秦帝国强大的军事阵容和骁勇的战斗力。

今天，来自世界各地不同种族、不同肤色的人们，站在号称“世界第八大奇观”的秦皇陵兵马俑坑前，看到“秦皇终一统”时代，以武士、良驹、利器为战斗阵营的威武雄壮的编队列伍，怎能不由衷地发出惊叹与赞美呢！这是两千多年前中华文明最真实的写照，又怎能不令八方宾客叹为观止、流连忘返呢！正是在那“秦皇终一统”的年代，中华帝国一马当先地引领着当时世界军事装备潮流浩荡前行。

▶领先世界的铁钢兵器制造技术

随着考古发掘中大批生铁冶铸品或铁钢制品的出土，史学界普遍认为，春秋战国时期至少有三项重大技术发明处于世界领先地位：一是块炼铁和生铁冶铸；二是块炼钢和铸铁脱碳钢，三是铸铁柔化和钢件淬火。这些技术发明，既是构成春秋以降，我国铁钢兵器制造技术“独领风骚数百年”的重要元素，也是世界科学发展历程上具有划时代意义的伟大事件。

1949年以来，考古人员在长沙、衡阳发掘的64座楚墓中，陆续出土了约70多件铁器。其中，铁兵器占33件。钢质铁剑共有14把，最长的达140厘米。近代出土的锋利铁器多在楚地，完全验证了《史记·范雎列传》中“楚之铁剑利”的记载。由此可以推断，这种先进的炼钢技术首先用于制造武器，以应对日渐增多的战争之需。

洛阳周王室灰坑出土的铁铸件也表明，战国早期，人们就已经创造了将生铁铸件进行“退火”柔化处理的技术。通过退火使铸件柔化，可以适当地减少、降低生铁铸件的硬度和脆性，增加可塑性和冲击韧性，得到可锻打铸件。这样既保持了生铁易于铸造的优点，又增强了铸件的强度和韧性，刚柔相济，大大增加了铁器使用的寿命，使生铁的广泛应用成为可能，由此加快了铁器代替青铜器的进程。

至战国中晚期，这种世界独有的技术工艺，普遍应用于兵器和农具的制造。如长沙出土的楚国铁铲，大冶铜绿山出土的楚国铁斧、铁锤、铁锄，河北易县出土的铁镢、铁锄等，都是用退火柔化处理的可锻铸铁。

铸铁脱碳钢技术的发明则可以追溯到战国初期。洛阳出土的战国早期铁锛，就属于铸铁脱碳钢技术早期阶段的产品。在后来的儒家经典《尚书·禹贡》中，就有“梁州的贡物中有铁和镂，镂就是钢”的记载。显然，“如果没有冶金技术的进步，学者的想象力再丰富，也不可能把这个品种载入著作。”(葛剑雄语)

钢的应用和淬火处理工艺的诞生，应该是在战国早中期。遥想春秋战国时代，工匠们在劳作之余，或许认识到块炼渗碳钢件或退火过分的铸铁脱碳钢件，其坚硬程度都不足，这就促使人们更进一步去摸索提高钢件坚硬度的淬火处理工艺，最终获得成功。经淬火处理后的铁钢件，质地变得坚硬，刃部也更加锋利。

后人推断，淬火所用的冷却物质，最早大概是用不同山涧的泉水，后来又扩展到用人(童男)的尿液或动物的脂肪油。人尿中含有盐分，冷却能力比水强；用脂肪炼油淬火，高温时冷却快，低温时冷却慢。所以，用尿液和脂肪油淬火，都可以得到性能良好的铁钢件制品。

河北易县燕下都44号墓出土的79件铁器中，有剑、矛、戟、刀、匕首、带钩等锻件51件。这些锻件大部分是由块炼钢锻制后经过淬火处理的。

这些事实证明，至迟在战国晚期，淬火技术在生产上已得到广泛应用。

此外，通览春秋战国的兵器制造，似乎还可发现中国与西方科技交流的痕迹。河南辉县出土的吴王夫差剑，剑格上镶嵌有透明度较高的硅酸钙玻璃。而湖北江陵望山一号墓出土的越王勾践剑，剑格上镶嵌的蓝色玻璃则是钾钙玻璃。经过化学和光谱分析，专家发现这些材质与我国生产的铅钡玻璃(如湖南东周墓中出土的1300多个琉璃剑饰等物品)有着明显的差异，而与“大秦”(罗马帝国)的钠钙玻璃或钾钙玻璃一致。专家推测，这很有可能是从西方传入的。有人认为，最迟应在春秋战国时期，中西方之间已有科技交流。

溯念远古，由“烈山氏”(炎帝)一脉传承，与火有关的陶器制作和青铜冶铸技术，到了春秋战国时已发展为具有独步世界高度的块炼铁和生铁冶铸、块炼钢和铸铁脱碳钢、铸铁柔化和钢件淬火技术，这是一种何等伟大的进步啊！

由于各诸侯国之间的战争连绵不断，兵器制造业的规模也进一步扩大。尽管春秋时期铁钢兵器已投入应用，但青铜兵器仍占很大比例。后来由于骑兵和步兵的发展，车战退居次要地位，同时除戈、矛、戟等长柄武器外，刀剑类短兵器日渐增多。秦汉以降，随着铁钢兵器的广泛应用，长短武器更为便利实用。如剑的重量减轻，外形也更为平直锋利。

现有资料表明，当时的冶铁业基地分布较广，覆盖南到楚国，北到燕国的渔阳(今北京市密云县境)，西到秦国的武威，东到齐国的广大地区。生产规模也很可观。仅齐国故都(今山东临淄)就有冶铁遗址四处，最大处面积达40余万平方米。河北易县燕下都城址内有冶铁遗址三处，总面积达30万平方米。这一时期出现了许多著名的冶铁手工业中心，如赵国的国都邯郸，楚国的宛(今河南南阳)、邓(今河南孟县东南)等地。

从事冶铁手工业的人数也很多。齐灵公(公元前581年—前548年在位)的“叔夷钟”铭文里，就有冶铸工匠达“四千之众”的说辞。还有一些“富比王侯”的从事冶铁业的大工商奴隶主，如《史记·货殖列传》所述赵国邯郸的郭纵。

综合考古发掘和文献记载，春秋战国是我国古代青铜兵器发展的鼎盛阶段，同时也是我国铁钢兵器发展的初始阶段。

在“春秋无义战、兵戈乱浮云”时代，战车形制持续发展，战船建造已有相当水准。戈、戟、矛、剑等常用格斗兵器的形制和性能亦有改进，杀伤力增大。甲胄、干盾等防护装具更具多样性并更牢固耐用，弓弩为主体的射远兵器的制作工艺水平提高，“积弩齐发”成为战场制胜的重要手段。轒輼、云梯、巢车、地听、铁蒺藜等攻守城军械均被广泛使用，在战争中发挥了重要作用。“秦皇终一统”时代，步、车、骑、舟诸兵种完整形成，出现诸兵种协同作战，并奠定了冷兵器时代作战的基本样式。

从秦汉隋唐到宋元明清的两千多年里，兵器制造与军事科技的发展，一直延绵于“冷兵器”交锋的历史长河中，即便是唐宋以降火药的发明与火器的使用，也未能从根本上改变冷兵器作战样式。

►从赤壁大战到“楼船下益州”

“大江东去，浪淘尽，千古风流人物。故垒西边，人道是，三国周郎赤壁。乱石穿空，惊涛拍岸，卷起千堆雪……”苏东坡这首《念奴娇·赤壁怀古》，追怀的正是三国时期那场著名的水军大战。后人如此高度评价赤壁之战，不仅因为它是形成三国鼎立局面的重要“拐点”，也是中国水军舟师、战舰巨舸兴盛发展的重要里程碑。

秦汉一统后，因多在北线与匈奴作战用兵，史家对舟师的发展装备关注不多。此后，一直到三国时期的赤壁大战，方才成就为古代中国历史上最著名、规模最大的舟师水军大战。

对于赤壁大战之前400年间的舟师发展，也切不可等闲视之。因为，秦始皇在位三十六七年，虽然只有十余年的大一统时期，但秉承商周以来的船舶建造技术，其舟师水军和造船业较前朝历代均有明显进步。《史记》记载，秦昭王时代已有一种被称为“舫”，即将两船并列连为一体的“双体船”。况且，秦王朝能够两次组织庞大船队，派徐福东渡扶桑求仙，可知其海船建造技术在当时应该堪称世界一流水平。

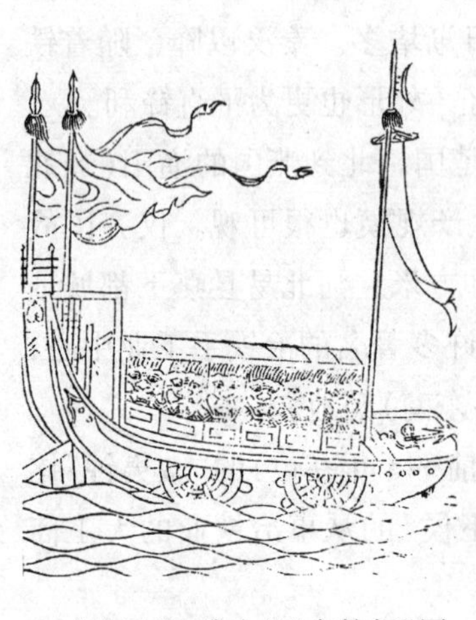
《武经总要》中的“车轮舸”图

汉朝在经历了“文景之治”的繁荣后，船舶建造逐步趋向专业化。这点可从汉武帝那首《秋风辞》中有所领略——“泛楼船兮济汾河，横中流兮扬素波”，那是何等壮观啊！

据史料记载，汉代舟师曾一次出动楼船军十万，战船千艘。尤其是在西汉王朝开拓南方边疆和镇压叛乱的战争中，对舟兵水师更为倚重。公元前111年，东越王余善反汉，汉武帝“遣横海将军韩说出句章，浮海从东方往（指渡海出击），楼船将军杨仆出武林；中尉王温舒出梅岭，奥侯为戈船、下濑将军出如邪、白沙”，前往平叛，很快奏效。

公元前109年，卫氏朝鲜反汉。汉王朝军队迅即海陆并进，从山东半岛渡海，两路夹击，一举攻灭卫氏朝鲜，并把从中原迁去的汉人留驻下来，在其地设立东北四郡归中央管理。

公元前112年，南越国丞相吕嘉挟南越王起兵反汉。针对南越国河流湖泊众多，濒临大海的地理特点，汉武帝命舟师和步骑相互配合，协同作战。“遣伏波将军路博德出桂阳、下湟水；楼船将军杨仆出豫章、下浈水；归义候越严为戈船将军，出零陵，下离水；申为下濑将军，下苍梧。皆将罪人，江淮以南楼船十万人……咸会番禺”，粉碎南越王叛乱，并在其地设立九郡，完成了一统南疆大业。

细心的读者可能会发现，这段史料对“楼船”、“戈船”的称谓似乎包含多层意思。除了对战船的通称，还有对水军兵种的专称。如水兵为楼船卒、戈船士；统领楼船、戈船的指挥官则直接标明职位是“楼船将军”、“戈船将军”。说明舟师内部这时已有诸兵种的细微划分。最重要的是，我们能从史书记载中看到舟船的发展，尤其是汉代的楼船建造技术，不仅在东方首屈一指，而且具备与西方相媲美的、有相当程度的科技水准。

古籍“楼船”图

《史记·南越尉佗传》记述了“楼船”的来历。“时欲击越，非水不至，故作大船，船上施楼，故号曰楼船。”《史记·平准书》则说：“越欲与汉用船战逐，乃大修昆明池，列观环之，治楼船高十余丈，旗帜加其上，甚状。”

唐代李筌在《太白阴经》中对汉代舟船制造的描述是“楼船，船上建楼三层，列女墙战格，树幡帜，开弩窗矛穴。外施毡革御火，置炮车、檑石、铁汁，状如小垒。急于暴风，人力不能制，不便于事。然水军不可不设，以张形势”。说楼船是一种高达十余丈，船上分为数层的江海通行的大船。在每层船楼的外面都建有高数尺的“女墙”，作为防御敌方弓箭矢石的掩体。女墙上有箭孔，可以向外射箭发弩。楼的四周均用坚硬的木材建成叫“战格”的保护层，或再蒙上生牛皮。两边船舷可伸出若干支桨，作为前进的主要动力；舰顶有帆，以借助风势、加快航速。

“大翼”战船复原模型

还有古人独创的船具如摇橹、桨舵、风帆、铁石锚，在汉代都已普遍使用。

据《后汉书·岑彭传》记载，东汉建武九年(公元33年)岑彭率水军在长江水战，敌方“横江起浮桥、斗楼、立攒柱堵绝水道，岑彭数攻不利，于是装直进楼船，攻敌斗楼。”当你阅读完这段史料，再去理解楼船的功能，就比较容易了。斗楼是在水中竖立的像城楼一样高的壁垒，在横断水面的同时留出通道，敌军战船在其下通过时，必遭到居高临下的矢石打击。所以，岑彭率大队水军数攻不下时，转而建造高架楼船去攻击敌方斗楼，直击要害。

东汉末年，当曹操初步完成对北方的统一，便组成了“战舰樯橹云集、楼船巨舸连营”的水军舟师，在长江中下游同孙刘联军对峙，著名的赤壁之战就是这样发生的。

宋人苏东坡用了最轻松的语言描绘了这场以弱胜强的血腥战斗：

“遥想公瑾当年，小乔初嫁了，雄姿英发，羽扇纶巾，谈笑间，樯橹灰飞烟灭。”

当然，这一时期水军与步兵之间的区分并不十分严格，赤壁战后发生的袭取荆州的战斗，东吴军队多是采用“上岸击贼，洗足入船”的方式作战(《三国志·吕蒙传》卷94)。也就是根据作战需要，水师也可随时投入陆战，是名副其实的“两栖部队”。

纵观三国鼎立前的战争史，无论是夏商周，还是春秋五霸、战国七雄交兵；无论是秦始皇扫六合，还是楚汉苦相争、汉武击匈奴，战略作战的基本主轴都是偏于北线，逐鹿中原。赤壁大战带来的重大变化，就是其战略作战的主轴线已不再是西东方向，而是演变为北南方向，并且大多为自北向南的进攻；作战地区也不再集中于黄河流域，而是递进延伸于淮河和长江中、下游地带。

由北向南的战略攻击带来了作战轴线的转移，带来了水军舟师的兴盛与发展。

这时的主战场大多在江淮河汉之间的广大区域。而这一带地形条件多为江河湖泊、沟壑丘陵，完全不适宜擅长驰骋野外的骑兵作战。客观的战争环境，必然要求战事的发动者们，把建造战船、建设舟师、提高江河作战能力作为军事准备的首要任务，着力依靠水军舟师突破江河天险去实施战略进攻。为此，舟师战舰的建造在赤壁大战后勃然兴起，水军自然成为帝国雄师中不可或缺的重要军种。

三国时期斗舰模型

古代水军舟师的空前发达，准确地讲，始于三国时的孙吴政权。孙吴三世据守江南，苦心维系；天堑长江是吴国对抗曹魏的重要防线。吴国也正是凭依强大的水军，北防曹魏，西拒蜀汉，牢牢占据并经营着富饶的江南地区。

据《三国志》所载，孙吴政权拥有的水军大型战船称为“五楼船”，即分为上下五层结构，能载士卒3000人，可以想象其战船之巨。孙吴后期，吴国水军已具有海上作战能力。

黄龙二年(公元230年)，孙吴政权派大将卫温、诸葛直率水军万人抵达夷洲(今台湾省)。

嘉禾二年(公元233年)，孙吴水军沿海路北上辽东。

赤乌五年(公元242年)，孙吴水军以三万之众征讨琼崖、儋耳(今海南省)。

这些跨海域的征战，不仅显示了很强的作战、给养和海航能力，更重要的是，这需要有建造跨海舰船的先进技术，有一支能工巧匠的建造队伍，有一套于碧波万顷之上导引航向的科学方法和仪器，更需要有雄厚的物质基础作支撑。

这种先进技术的掌握和跨海战舰建造能力的提高，当然是有深厚历史积淀的。

讲到跨海征战，就不能不提古代的天文"观象说"，它在军事上的作用似乎直接表现为现今的"天气预报"；当然，其他相关的东西还有很多。

在实施横渡江河的战略作战中，水军的强弱已经成为决定战争胜败的关键所在。战争态势和作战形式的变化，无疑提高了水军舟师的地位。三国之后，西晋为渡江作战，组建了强大的水师。史书记载，西晋王朝历经七年的努力，建立起一支拥众七八万的庞大水军。其大型战船上可筑木楼，并开四道门，战船甲板上竟可驰马往来。

正是由于拥有如此强大的水军，西晋才能实现直捣建康的胜利。史载，晋太康元年（公元280年），晋将王濬率水师从益州出发，沿江东下，向东吴发起凌厉攻势。东吴曾在长江边山势险峻的西塞山下以铁链横截江面，又暗置丈余铁锥于江心，以为江防。岂料晋军以巨筏扫除铁锥，以油船烧熔铁链。楼船直逼建康，吴主孙皓被迫投降，三国归晋，天下一统。

对这段史实，唐代诗人刘禹锡在《西塞山怀古》中有诗歌咏：

王濬楼船下益州，金陵王气黯然收。千寻铁锁沉江底，一片降幡出石头。

人世几回伤往事，山形依旧枕寒流。今逢四海为家日，故垒萧萧芦荻秋。

刘禹锡诗中所谓之"楼船"，尽管始于秦汉时代，但魏晋以后有了新的发展。三国时吴国董袭所督造的五楼船，堪称"巨无霸"式的战舰。西晋王濬所造的楼船，"方百二十步，受(载士卒)二千余人"，也是规模空前的大型战船。

东晋末年，卢循率水军沿长江而下，其中楼船百余艘，"新作八艚舰九枚，起四层，高十二丈"。晋将刘裕与之抗衡，也"大治水军，皆大舰重楼，高者十余丈"。从中可以了解楼船在战舰系列中所占的主力地位。

南朝后期，楼船的形制更趋庞大，如梁末的陆纳在湘州所造的青龙舰、白虎舰，舰高十五丈，外用牛皮蒙住舰身，以阻挡敌人的攻击。

就舟师水军的整体实力来讲，属东晋更为强盛。东晋军队出征，经常以水军为主力。如平定桓玄之乱，就是以舟师为三军主力在长江峥嵘洲(今湖北鄂州东)进行水战，才奠定了胜利的基础。

南北朝时期，水军俨然成为南朝军队的主力。南朝历次出兵，多以水军为主。如宋元嘉末年(公元453年)，北魏南进，宋军水军从采石矶直到暨阳，江面上舰船集结连营，旌旗招展，兵甲鲜明，军容整肃，沿长江绵延达六七百里列阵迎击。

面对强大的南朝水军，以骑兵为主的北朝军队真是一筹莫展，根本无法发挥其野战冲击的战术特长，反落得个铩羽而归。

隋唐时期的战舰建造达到更大规模。隋朝水军拥有各种类型战船，人数已达数十万之众。隋初统一江南，主帅杨素的长江主力舰，“名曰五牙，上起楼五层，高百余尺，左右前后置六拍竿，并高五十尺”，可以装载战士800人。隋文帝更是不遗余力地修造“五牙”、“黄龙”、“平乘”、“舴艋”等各类战船，沿长江北岸全线展开，形成了声势浩荡之师。唐代的巨型楼船，可载甲士千余人，稻米倍之，号为“齐山”、“截海”，形象地反映出其高大、巨长的外形特征。唐天复二年（公元903年），唐荆南节度使在一次作战中即出动“舟师十万”，足见当时水军的强盛。

►战船系列：艨冲、斗舰与“铁壁铧觜海鹘”

从魏晋南北朝到隋唐时期，水军得到迅速发展，在江汉、江淮流域地区的作战中扮演主要角色，这与当时战船种类齐全、功能多样、实战能力提高等状况是密不可分的。

唐代李筌的《太白阴经》、杜佑的《通典·兵典》及北宋曾公亮的《武经总要》诸书中，大致把魏晋以降诸王朝的战船区分为6种，即楼船、艨冲、斗舰、走舸、游艇和海鹘，囊括了中国古代舰船的主要类型。

除了楼船这样的大型战舰，最适用的战舰就是以艨冲、斗舰为主要代表的中型舰。

古籍“艨冲”图

艨冲、斗舰的特点是船体适中，既具有楼船的稳固性，又兼具快船的灵敏性。因舰身一般都蒙着生牛皮之类的防护物，故名“艨冲”、“斗舰”。其主要功能是在水战中实施冲锋突击，或冲散敌水军的阵形，或冲浪弄沉敌方小艇。

由于艨冲、斗舰设计新颖，在作战中惯于冲锋陷阵，屡显威风，既有强大的攻击力量，又有相当的防卫能力，因而成为当时最实用的常规水战舰只。

“子在川上曰，逝者如斯夫。”到了唐代，水军舟师中出现了世界上最早的车轮船。这时的轮船当然不是用机器作动力，而是由士兵的脚力踩踏船上的转轮使船破浪前进。

敦煌45窟唐代壁画上的帆船图

据《旧唐书·李皋传》所载，唐荆南节度使李皋，受农夫抗旱水车的启示，“常运心巧思，为战舰，挟二轮蹈之，翔风鼓浪，若挂帆席”。这种车轮船的两舷装着会转动的桨轮。桨轮外周装上叶片，它的上半部分露出水面，下半部分浸于水中。当士兵用脚力踩动车轮时，叶片划水，形成动力，推动战船航行。

因为这种桨轮半露出水平面，又叫明轮船。明轮船是把原来的桨楫间歇划动改为桨轮连续运转，从而提高了航速，这是船舶技术史上的重大进步。

当时战舰的另一进步是船帆的运用。由于宋人的《武经总要》中有关舰船的图画上未见画有“若挂帆席”之船帆，所以，有些西方学者便自以为是地认为“古代中国人不会使用船帆”。其实，他们应该到敦煌去看看，在敦煌45窟唐代壁画上的帆船图里，可以清楚地看到自魏晋以来，神州大地的战舰、漕船普遍采用设帆席以借力的帆船设计。从唐代壁画上可知，针对风力无常的特点，当时的帆船可能同时装设桨、橹、篙等人力推进工具。“挟二轮蹈之，翔风鼓浪，若挂帆席”，明轮船的诞生，并兴盛于唐宋，是多么具有震撼性的先进发明呀！

宋王朝在统一全国的战争中，一如既往地倚重水军舟师。公元974年，宋灭南唐，以大规模水军，挥师攻取长江中下游重要渡口采石矶（今安徽马鞍山附近）。

宋军集结了众多战船，先是在石碑口用舰船试架跨江浮桥成功，接着移桥至采石矶，“系缆三日而成，不差尺寸，大兵过之，如履平地”。宋军跨江进剿南唐京都，迫使南唐政权投降。

此次规模空前的江河作战，开创了中国军事史上以舟桥横渡江河的战例，也充分显示出水军和军事工程技术的重要作用。

发端于唐代的车轮战船，到了宋代有较大的改进。作为动力装置的转轮组已由一车、四车向着八车直至十余车递增。同时，为了适应舰队管理和作战的需要，宋代还制定了整修战船的规章制度，并在沿海开掘航道，修建军港船坞。

宋时不仅船舶生产的数量有所增加，造船技术也有很大的发展：有了“海战船式”，即海上作战舰船的图样；出现了船体更庞大的车轮战船和单龙骨尖底海船。据《宣和奉使朝鲜图经》记载，宋人远航朝鲜的海船“上平如衢，下侧如刃”，表明海船建造技术当属东亚超一流。

考古人员发掘宋代海船残骸

1974年，考古工作者在福建泉州湾发掘的一艘宋代海船残骸，与《宣和奉使朝鲜图经》记载相比，大有异曲同工之妙。宋代海船尖底单龙骨，身子扁阔，尖头方尾，并采用水密隔舱技术，说明它的海上适航性和抗沉性都居于世界前列。

南宋时期，尽管受北方游牧势力的挤压，偏安南隅，但正是江南泽国的地理条件，促使南宋的造船技术和水战兵器又有较大发展，发明了许多新型的内河战船及海战船。

南宋初年，在唐代战船“海鹘”基础上发展起来的“铁壁铧觜海鹘”，战斗力非常强大。

唐代《太白阴经》描述“海鹘”是“头低尾高，前大后小如鹘之状，舷下左右置浮板，形如鹘翅，其船虽风浪涨天，无有倾斜，背上左右张生牛皮为城，牙旗金鼓如战船之制”。

宋代池州人秦世辅勇于改进，他在战船两舷装设铁板加强防护，在船首装备犀利的铁角用以冲撞敌船，形状如海鹘出击，故称“铁壁铧觜”。

该型船的创制，是历史上使用金属材料制造船体武器的最早记录。威力强大的“铁壁铧觜”战舰，代表着当时冲角战舰发展的最高水平，堪称开创装甲铁舰之先河。

以冷兵器为主的水军兵器，经过漫长岁月的代代沿袭，发展出世界上最早的“舰炮”。它被人们取名叫做“拍竿”，改进自前文所述的抛石机——砲。作为大型砸击武器，拍竿产生于东晋，盛行于南北朝直至宋朝，曾在历代南国水战中发挥过关键作用。

古籍叙述，拍竿由立柱、横竿、重物、绞盘 4 部分组成。其中立柱竖张于船体之中，其高度因战船的大小而异。

隋初的“五牙大舰”上所设的拍竿立柱高约 16.7 米。横竿装在立柱的顶端，能转动调整方向；石弹被装放在横竿的前端，绞盘绞索与横竿尾端相连。使用拍竿时，利用绞盘压下横竿的尾端，装有巨石的横竿前端遂上升悬空提起；对准敌船之后，猛然松动绞盘，石弹迅速下坠击碎敌船。

古代利用拍竿进行水上作战，比较著名的战例当属隋军灭陈之战。公元 588 年，隋帅杨素率水陆大军 50 余万，实施大规模沿江作战。陈将在长江西陵峡口两岸岩石上凿孔，系三条铁索横截江面，阻遏隋军战船。杨素从永安(今重庆奉节)出发，分兵一部猛攻陈军岸上栅障营垒，陈军据险抵抗。杨素令士卒毁掉拦江铁索，乘“五牙大舰”4 艘直下，用舰上拍竿击碎敌战船 10 余艘，大破陈军。此役，隋军的“五牙”战舰及重型装备“拍竿”尽显威力。

“火龙环射”模型

到南宋时期，水战火器开始装备战船，并用于实战。随着火器大规模装备水军，水战中的“火炮之法”和“火箭环射”等战术也应运而生。特别是爆炸性火器的应用，改变了以往依靠接舷近战来决定胜负的水战模式。“火炮之法”和“火箭环射”的应用，使双方战船尚未短兵相接时，就可在一定的距离内以威猛的火器发起攻击，从而决定战斗胜负。随着火器特别是火炮广泛用于水战，笨重的“拍竿”逐渐退出水战舞台。

▶宋元“指南鱼”的应用与郑和七下西洋

“春江潮水连海平，海上明月共潮生。滟滟随波千万里，何处春江无月明。”吟诵古代诗词中那些与海洋相关的精美华章，自然会让我们把目光移向那蔚蓝的海洋。

古代中国人对波涛汹涌的海洋应该有过艰辛的探索，但成功的几率不大。后人应当辩证地认识这个问题，不然我们就难以解释为何强盛的中华帝国没有更大范围的海上扩张。

从秦始皇遣徐福东渡，访仙长生不老之药，到汉代班超派遣甘英出使西域的大秦国，西行至波斯湾，终因海路遥远，航程艰辛而折返，说明当时对于海洋运输通行的驾驭能力还是比较弱的。

一些海上军事行动，也常以失败而告终。如隋炀帝发动的攻打高丽的战争，盛唐时从海路攻打高丽的东征用兵，多是大败而归。

纵然是到了军事强盛的元王朝，虽曾组织过两次航海远征日本，但也只是落得个惨败。从战略上讲，渡海作战，这对具有骑兵优势的元军来说，是典型的“削足适履”。文永(日本年号)之役的元军，仗尚未开打，就被晕船生病闹得大规模“非战斗减员”，先输头筹。弘安(日本年号)之役的规模比较大：元军采用两路合击，一路经过高丽从对马海峡打过去，另一路则从宁波渡海东征。两路舰队到日本沿海岛屿会合后，正准备全面出击，突然海面上刮起台风，使元军的大部分舰船沉没。防守严密的日军趁机发起反击，以逸待劳，几乎将元军全部歼灭。从战争层面上分析，这是典型的以己之短去应彼之长的笨法子，焉有不输的道理?

若从海洋军事科技的层面上讲述，在宋元时代，还是有不少值得记叙的成就。

一是指南针的使用牵引了航海技术的发展。指南针最早出现于春秋战国时期，那时已经有了用磁石制造的磁针，据说是做成小人状直立在战车上进行指南的器件。但因使用天然的磁石，定位的灵敏度不是很准确。最为经典的说法是，战国时已有了所谓的“司南之勺”，“其柄指南”。但吴国盛在《科学的历程》中认为，“远古时期中国有所谓‘指南车’，它通过齿轮传动使运动车子上某物保持固定指向。指南车纯粹是一种机械装置，与指南针没有什么关系(除了均为指向工具外)。”对这种说法，笔者认为只能表明现代人的分类更加准确而已。我们为何非要把“指南”的作用局限于“磁性针”上面呢？作为一种机械装置，指南车“通过齿轮传动使运动车子上某物保持固定指向”，应该讲，其科技含量更高。

吴国盛先生同时写道：指南针的基本原理是磁针的指极性。中国人早在公元前3世纪的战国时期就已认识到这一点。《韩非子·有度》中提到“先王立司南以端朝夕”，表明那时已经有了磁性指向工具，而且被称为“司南”。公元1世纪初，东汉王充于《论衡》中对司南有详细记载：“司南之杓，投之于地，其柢指南。”表明司南的形状像一把汤匙，有一根长柄和光滑的圆底。司南由磁石制成，静止时长柄所指方向为南方。

司南可能是最早期的指南针。由于磁性指向工具常常被置于一个标有方位的地盘之上，因此早期指南针也被称为“罗盘”。

天然磁石在受强烈震动和高温时容易失去磁性，而司南与地盘接触的摩擦力又太大，所以指向效果不好。在司南之后，人们又进一步探索性能更稳定、携带更方便的磁性指向工具。

历史前行到了北宋时期，人们开始用磁铁片做成指南鱼，它可以浮在水中自由转动，“鱼头”会灵敏地指向南方，这就为航海实用提供了便利。公元1044年左右，北宋的曾公亮和丁度在他们的军事著作《武经总要》中就提到了指南鱼。它是一种用磁化薄钢片做成的鱼形指向标，其制造过程是：先用高温使铁片内部磁畴激活，置于地磁场中排序，再迅速冷却使磁畴的有序排列固定，这种方法很符合物理学规律，但所得磁性较弱。指南鱼浮在水上，可以自由转动。[4]

宋庆历年间(公元1041—1048年)出版的《武经总要》还记载当时已有“出指南车及指南鱼以辨方向”的夜间行军方法，说当时的军队在阴天或夜间行军就用指南鱼来判断方向，后来又发展出磁针和方位盘的一体化装置——罗经盘。

后有一说称，沈括(公元1031—1095年)在前人的基础上对指南针的制作加以改进，制造出较为完善的指南针。沈括还介绍了四种支挂磁针的方法。估计这项发明在元军攻打日本的弘安战役中已经使用，因为当时从宁波渡海的部队多是南宋降军。

尤其值得一提的是，沈括在《梦溪笔谈》中记述了他在多次试验中发现的地磁偏角现象：“常微偏东，不全南也。”沈括的发现比哥伦布横渡大西洋时发现地磁偏角要早400多年，这是中国人对世界科技史的重大贡献，是地磁学研究的最早记载。

至于海船上使用水罗盘的记载，在北宋宣和元年(公元1119年)朱彧写的《萍洲可谈》中有海船使用指南针的文字介绍：“舟师识地理，夜则观星，昼则观日，阴晦观指南针。”徐兢写的《宣和奉使高丽图经》，记录了从海路前往高丽时使用指南针的情况：“若晦冥则用指南针以揆南北。”到了南宋时期，中国海船远航西洋，阿拉伯商人经常搭乘中国商船，在便通贸易的同时也学会了使用水罗盘，并将这种技术传到了欧洲。

1999年，千禧年到来之际，美国《时代周刊》评选的《人类1000年——影响世界100件大事记》认为，公元前4世纪，指南针出现在中国，磁铁先是被细小扁平的铁片代替，然后在公元6世纪被细针所代替。但直到1117年在朱熹的《平桌话》中才首次出现有关航海指南针的描述：“在天色昏暗的日子里水手们看着指南针。”

二是宋元时代超强的海船建造技术。据周去非《岭外代答》记载，宋代海外贸易空前繁荣，与宋朝保持通商贸易的国家多达50余个。当时的商船，应该是具有军民两用性质的舰船。因为那时的马六甲海峡就像今日的索马里，常有海盗袭扰，劫掠财物，自然必须派有军队武装护航。

据《梦粱录》记载，宋代商船非常坚固耐用，而且船体庞大，有的可容纳500～600人，大型船舶可载重千吨以上货物。最重要的是，宋人掌握了当时最先进的航海技术如指南针的应用，从而使海外贸易得到巨大的发展。现今福建的泉州港湾，那时可以说是舳舻樯帆遮天蔽日。遗憾的是，这种海外贸易势头，被后来蒙元攻占南宋的战事所窒息。

对此，有些史学家认为：长久以来，中国北方民族的扩张能力都比较强悍，屡屡向南发起攻击，多有得手。因要防范来自北方的入侵，导致中原政权必然要把大量的人力、物力和财力集中使用，形成一定的军事实力，随时应战，这样也必然造成政治上的集权专制。从秦皇汉武到唐宗宋祖无一不是如此。特别是地缘环境处于被动的宋王朝，经历了“靖康之乱”后更是如此，根本无法做到用足够的精力和财力去发展海上力量，更勿论海外扩张。

至于元朝统治时期的航海事业及海外贸易情况，现存的史料中仅有寥寥数语的记载。但从近年来在伊朗、土耳其发现的元代青花瓷器来看，蒙元时代还是延承了前朝历代高超的海船建造技术，并大力发展海外贸易，而且可能比以往任何朝代还要兴盛。不然就难以理解为何会有像马可·波罗那样的众多"色目人"能来元朝为官；就难以理解为何著名的"元青花瓷"上会有来自伊朗国独特的、叫做"苏麻青离"的矿物原料；就难以理解为何著名的福建泉州港会有大片"色目人"的清真墓地……这些都充分说明元朝统治时期的航海事业及海外贸易非常兴旺。

对这个重要史实，在明修《元史》中并没有记载。故此，也有人认为，马可·波罗这样的"色目人"来元朝为官不是史实，因为现存的元朝档案文献中并无多少与《马可·波罗纪行》相吻合的记载。其实，这里面有个重要的问题往往被后人忽略：明太祖朱元璋是以"驱逐鞑虏"为起义举事之号召的。他在建立明王朝之后，估计曾对元朝遗史进行过"政治大清洗"。连堪称佳绝的元青花，在《元史》和明宫珍藏录里都荡然无存。像这样的瓷器物件，他都要清除掉，何况乎其他呢！朱明王朝或许删改了这段历史，但并不能使其他国家也必须这样做。现存伊朗国家博物馆馆藏史料中，就有 200 多位有名有姓的波斯伊儿汗国人曾在元朝为官的详细记录。这些做官的和大量做生意的"色目人"能够来到中国，当然离不了海船这样重要的交通工具。

从被朱元璋"清洗"过的有关史料中，人们还是可以发现某些传承下来的科技进步。大约在公元 1279 年元朝立国前后，蒙古铁骑总结了金兵失利于水战的教训，于是大力扩水军、造战舰，直至彻底覆灭南宋。这里面还包括前文所述对日本国的海上用兵，虽然失败了，但根本原因是天时(遇台风)地利(往外洋)均不占。就战舰武器来讲，元军的装备还是上乘的，否则庞大的海上舰队也难以抵达日本国海面。

元朝短暂的中后期仍致力于发展海河运输。这些举措客观上促进了造船业和航运业的发展。如公元 1270 年教水军 7 万余人，造战船 5000 艘；1274—1282 年，共造海船 990 艘，若加上内河战船，已有 17 900 多艘。至于民船的数量就更大了，光是负责邮递转运的专船就达 5921 艘。《马可·波罗纪行》中说，黄河上行驶的船，每天就达 15 000 艘，真可谓"帆舟相继，周流四方"。由此足见元代造船业的发达。

元明时的海洋航线四通八达，船型繁多。据《马可·波罗纪行》记载：1292 年，马可·波罗受元帝委托，护送元公主出嫁伊儿汗国，备海船 13 艘；每船有 4 桅，张 12 帆，有仓房 56 所；用杉木建造，外壳板由二层板建成，铁钉钉合，桅杆可随意起伏；全船分 13 个水密隔舱，容水手 200 人；装载胡椒五六千担；设橹若干支，每橹 4 人操作；大船之后随带小船 2 只。

元朝后期和明朝初年，造船工场遍布全国。朱元璋与陈友谅的水上交兵，战船作用也发挥得不错。朱元璋获胜建立明王朝，要求后代不可懈怠舟师水军建设，以固海疆。

明代著述《南船记》，详细列出了明代 20 多种内河战船的用途、建造要求、用材尺寸，并附有图样。如 400 料、200 料、150 料的战船；桥船、三板船、巡座船、寻沙船、印巡船、哨船、轻捷便利船、楼船、快舡、海舡等。

明代茅元仪所著《武备志》及戚继光所著《纪效新书》中，分别介绍了在抗倭战争中使用过的 20 多种海上战船。

如福船，曾是戚继光的旗舰和主力战船。“福船高大如楼，可容百人。其底尖，其上阔，其首昂而口张，其尾高耸。设楼三层于上，其傍皆护板，护以茅竹，竖立如垣。其帆桅二道，中为四层，最下一层不可居，惟实土石，以防轻飘之患；第二层乃兵士寝室之所，地柜隐之，需从上蹑梯而下；第三层左右各设水门，中置水柜，乃扬帆炊事之处也，其前后各设水碇，系以棕缆，下起碇皆于此层用力；最上一层如露台，需从第三层穴梯而上，两傍板翼如栏，人倚之以攻敌，矢石火炮皆俯瞰而发。敌舟小者相遇则犁沉之，而敌又难于仰攻，诚海战之利器也。但能行于顺风顺潮，回翔不便，亦不能逼岸而泊，须假哨船接渡而后可。”

遇敌水战时，“福船趁风下压，如车辗螳螂”。同时规定，福船兵器以火器为主，应备器械数目为：大发熕(一种火炮)1 门，大佛朗机 6 座，碗口铳 3 个，喷筒 60 个，鸟嘴铳 10 把。船上还备有弩箭、标枪、钩镰、砍刀、铁蒺藜等冷兵器。

还有种火龙船。“此船状类海船，四周以生牛革为障，或刻竹为笆，用此二者以挡矢石。上留铳眼、箭窗，用以击贼。上中下分为三层，首尾设暗舱以通上下，中层铺用刀板、钉板。两傍设飞桨或轮，乘风排浪，往来如飞。募 4 人以为水手，与贼诈败，弃而与之。精兵暗伏下舱，4 人赴水而走，待贼登船，机关一转，贼皆翻入中层，刀钉板上。生擒活缚，懦夫病妇亦可就戮之，况于兵乎。若冲入贼船队的，两傍暗伏火器百千余件，左冲右突，势不可挡。”

再就是封舟。它是明代使臣出海时的座船，多在东南沿海建造。陈侃的《使琉球录》说一艘封舟需耗 2500 两白银。徐葆光著《中山传信录》称：封舟长 17 丈，宽 3.16 丈，深 1.33 丈。最大的封舟长 20 丈，宽 6 丈。最早的封舟只有 23 舱，后发展至 28 舱。[5]

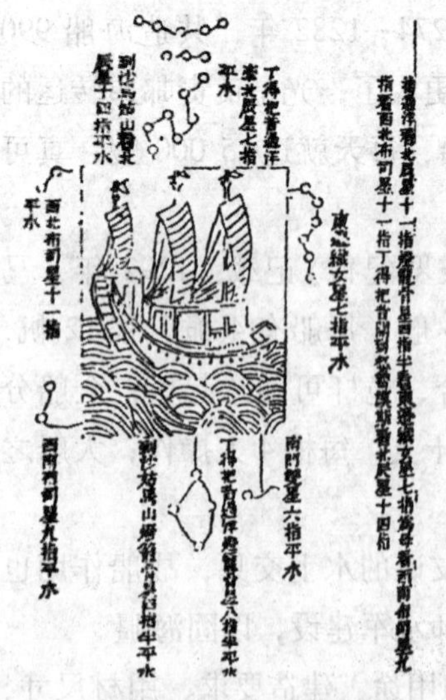

古籍上记载的“牵星过海术”

至于明代永乐年间郑和的“七下西洋”，史志记载，每次均有各式船只几百艘，将士船工近 3 万余人。其最大的宝船长 44.4 丈，宽 18 丈，是当时世界上最大的木帆船。这些都是中国古代造船技术发展到鼎盛时期的结晶，也是世界航海史上的壮举。支撑郑和“七下西洋”的基础，自然是当时强盛的国力和发达的舰船制造业。

讲述“郑和七下西洋”，人们在大加赞美的同时，却常常忽略它本身就是一个重要的历史延承与事业续继的过程。

大约从汉代开始，中国古代先贤们就尝试“蹈海”、“下西洋”。最迟在唐代，中国与西方的海上丝绸之路就已经开辟。为了保护海上商贸的正常进行，朝廷一般都派有水军随航。这里就牵涉出当今被热议的我国南海诸岛的“争端问题”。现存的大量史料证明：中国是世界上最早发现并命名南沙群岛的国家，也是历史上持续对南沙群岛行使行政管辖权的国家。

上溯两千多年前的汉朝，有个叫杨孚的人写了本书，名曰《异物志》。书中记载南沙群岛“涨海崎头，水浅而多磁石”。这是目前世界各国所能穷尽的史料中对南沙的最早记载。

到了三国时期，东吴将领康泰在《扶南传》中不仅提到了南沙群岛，而且对诸岛形状地势进行了描述。至于康泰本人是否亲自率舰船到过南沙，无从考证；但他总不会凭空想象出南沙诸岛的形状地势，至少也是他或手下的亲随到过南沙诸岛。

时间的长河流淌到宋元，宋人把南沙、南海直接称为“千里石塘”、“万里长沙”。存于《元史·地理志》、《元代疆域图序》中的元代疆域记载均明确标明“南沙群岛”；《元史》更是记载了元朝水军巡查南沙群岛的历史事件。

因此，我们要看到，承继元王朝对中国疆域统治的明王朝，能够在新王朝建立后不久，就派遣庞大船队七下西洋，绝对不是偶然的。没有上千年来的历史积淀，郑和能够贸然前往“未知海域”吗？历史告诉人们，到了明代前期和中期，中国的远洋航海技术更是居于世界前列。宋朝前期发明的指南针已普遍应用于航海，明初还出现了著名的“牵星过海术”等海上导航方法。这些都为郑和率领庞大舰队“七下西洋”的壮举奠定了基础。

《天工开物》锤锚图

从科技层面上看，郑和的远洋大型海船，总体上具备了三大技术优点：一是舰船首端尖如楔，底部削如刀，在深海中破浪航行，阻力较小；二是船体普遍设有舭龙骨以减少风浪中的摇摆，两舷还有几道纵通的木枞以增加纵向结构强度；三是设置多道水密隔舱，提高了船只的抗沉性。这些当时领先世界的科学技术和制造工艺，直到今天我们都可以在现代舰船的建造中寻觅到它们的踪影。

至于海船的巨大，人们可以从明朝宋应星的《天工开物》中有所领略。看看“锤锚图”上那巨大的铁锚造型，就可以想见当年中国人掌握的技术优势，是如何强劲地支撑着明朝初年这支“云帆高张，昼夜星驰，涉彼狂涛，若履通衢”的庞大舰队去远航西洋的。

▶火药武器的发明与成吉思汗的帝国

1999 年 12 月，当“举世喜迎千禧年”之际，一批欧美国家的专家依据“曾经对人类社会发展产生重大影响”标准，评选了上溯一千年之内的世界 100 件重大政治、经济、科技、军事和文化事件以及影响人类社会发展的100位世界历史名人。其中，“约1100年前中国发明火药武器”和“成吉思汗的帝国”赫然在目。

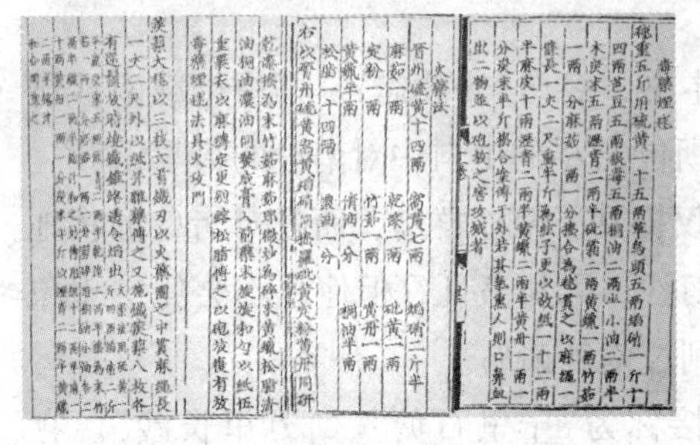

古籍中记载的火药配方

对“约1100年前中国发明火药武器”这一历史性事件的评语是：

早在9世纪，中国的炼金术士就发明了火药的配方——硝石、硫黄和木炭。但是直到12世纪初叶，宋朝被入侵的金人围困时，火药武器才得以大规模启用。在随后的200年中，金人征服了中国的北方，继而又被蒙古人击败。在入侵者和抵抗者之间爆发了一场武器竞赛：竹制的喷火器进化为金属火枪，用纸引燃的手榴弹也被能摧毁石墙的铁炸弹所取代。制造火药的技术传到欧洲，在对法国梅斯城的围攻中首次运用就取得了惊人的效果。由于只有皇家能够买得起大量的步枪和大炮，贵族阶层的权力被削弱了，以常备军队为后盾的中央集权国家取代了封建分封制。火枪使殖民者对于土著人有了更大的优势，但是，这种武器的广泛传播最终使大家又站到了同一起跑线上，从而使一个充满着革命，世界大战、游击战和恐怖主义爆炸的时代来临了。

成吉思汗画像

对“历史名人”项中“成吉思汗的帝国”的评语是：

1175年，年仅13岁的成吉思汗就成为了一个很小的蒙古牧民部落的首领。他利用他的地位联合了一大群部落并听从于他的指挥，从此建立了一支坚不可摧的蒙古军队。大群蒙古人纵马而行，一路之上所向披靡。后来，成吉思汗的蒙古帝国的势力范围西至波斯和阿拉伯(即今天的伊拉克)，东南至朝鲜境内、缅甸和越南。几乎所有俄国的土地都在他们手中。蒙古大军所到之处，留下的是一片废墟，有时他们还会进行屠城。1227年成吉思汗死后，他的继承者窝阔台狂风暴雨般地征服了波兰和匈牙利，一直打到了多瑙河岸边。

蒙古帝国是历史上拥有土地最多的国家，这在客观上促进了东西方的交流。蒙古人——尤其是成吉思汗的孙子忽必烈大帝，他在1279年统一了中国，并欢迎外国人到他们的帝国来，作为统治被征服民族的行政官员。意大利人马可·波罗所带回的来自元朝的消息震撼了欧洲：那些亚洲人竟然用纸作钱币，一种被叫做“煤”的石头居然可以用作燃料。

这些人选事由及评语，尽管有着西方学者最为明显的语言习惯和语法痕迹，但应当承认它的高度概括力和历史透射力。至于相关的历史客观性和准确性，我们也没有必要去强人所难。且听听历史的真实诉说吧！

中国是世界上最早发明火药和使用火器的国家，这是无可争辩的事实。

敦煌莫高窟壁画中的“火枪”

隋末唐初的道教学者、医药学家孙思邈(公元581—683年)在《孙真人丹经》中，就记载了世界上最早的火药配方：硫黄、硝石和皂角，并把它称为“硫黄伏火法”。

唐元和三年(公元808年)，在炼丹家清虚子所著的《铅汞甲庚至宝集成》卷二中，记载了“伏火矾法”：取“硫二两，硝二两，马兜铃三钱半。右为末，拌匀。掘坑，入药于罐内与地平。将熟火一块，弹子大，下放里内，烟渐起。”该法与孙思邈方子的不同之处是，用马兜铃代替了皂角。

同时代的《真元妙道要略》中更有精彩记载，说当时一些炼丹术士将硫黄、雄黄、硝石及蜂蜜放在一起加热时“灾祸天降”，突然发生爆炸，烧伤道家的手和面部，严重时甚至将房屋也烧成灰烬。这是人类历史上有关火药具有爆炸力的最早文献记载，可能也是有关人类“安全生产事故”的最早文献记载。

火药问世不久，即被应用于军事。“一开始，火药武器是名副其实的‘火器’，主要目的是在敌人阵地制造大火。火箭、火炮，也就是简单地将带有火药的火球抛到敌方。”(吴国盛语)

唐天佑元年(公元904年)的战事中，郑璠在攻打豫章(今江西南昌)时就已使用火药。他命令兵士用火炮来“发机飞火”。这种环形火药包对敌人的杀伤力较大。据说，火药火器飞起来烧毁了豫章龙沙门。唐朝末年的著作中，多次出现战争中使用火药箭，或用抛石机投掷火药包，发射燃烧性兵器等火器实战的记载。这些也是世界上最早将火器用于战争的记录。但必须得承认，早期的火器威力有限，尚不具备在战场上取代冷兵器的实力。

北宋时，随着战争规模的扩大和人们对黑火药性能的进一步认识，火药被广泛运用于军事活动。据史籍记载，宋神宗年间，已在边防军中大量配备火器。人们将黑火药装入竹管或纸管中，制成燃烧性武器——“飞火”。“飞火”中安有药线，点燃药线可引燃火药，使竹管、纸管爆炸。“大约在公元1000年左右，宋代唐福发明了火蒺藜。里面除火药外还有如沥青、砒霜、铁蒺藜等毒性物质，杀伤力更大，是原始的炸弹。”(吴国盛语)宋辽金元时代，火药的配方正式将硝石(白色)、硫黄(黄色)和木炭(黑色)确定下来。而威力渐增并足以改变战争面貌的“怪物”——火器，使中国古代军事技术进入一个新的发展时期。

陈列于军事博物馆的古代火器

这类武器多用抛射，爆炸后能产生很大的杀伤力。由于其发射后伴着爆炸声在空中飞舞，宛如晴空霹雳，因而被人们称为“霹雳炮”。北宋士兵在与金兵作战中，曾使用这种火器杀伤敌人。抗金名将岳飞智破“铁浮图”时，就有“霹雳炮”助战。

宋代火器技术的发展比起前朝，显得更加迅速。由北宋皇帝亲自作序的《武经总要》，记载了我国最早用于战争的火器及其制造方法，包括火箭、火炮、火药鞭箭、引火球、蒺藜火球、霹雳火球、烟球、毒药烟球等 10 多种火器。《武经总要》还记载了三个火药配方：毒药烟球火药法、火药法、蒺藜火球火药法。这是世界上最早的军用火药配方。

史学家考据认为，北宋的火器，还只是利用火药的燃烧性，用以焚烧敌方的防御设施和物资，对敌军人马起震慑和阻碍作用。这些燃烧性火器发展到后来，有的还掺杂了一些发烟和毒性药物，并大都利用弓弩、抛石机抛射或人力投掷；也有发展到绑附在长枪上喷射的。

战争的需求再次成为催生高新武器制造的原动力。经过两宋和辽金等朝的不断改进，火器有了很大的发展，出现了震天雷、飞火枪、突火枪等较为复杂的火器。爆炸性火器正式出现，管形火器应用于战场，战争从此进入冷兵器和火器并用的新时代。

史书记载，南宋初年的抗金官员陈规在与金兵交战中，发现金军也使用火药来杀伤宋军。于是，他就注意收集这方面信息。经过苦心钻研，他在公元 1132 年发明了一种火枪。这种枪是用竹管做枪身，里面装满火药，药线引在外面。打仗时，由两个人拿着，点燃后发射出火焰，用来烧伤敌人。陈规发明的火枪，结构看起来简单，但其意义十分重大，因为人们可以较准确地掌握和控制火药的起爆时间。这在人类使用火药的历史上是一个巨大的飞跃。它也是世界上最早出现的管形火器。

史载：是时正逢金兵又来攻城，陈规率领火枪队，紧跟在 300 多头火牛后冲出城门，用火枪对金兵集中喷射。金兵被烧得抱头鼠窜，损失惨重，只得撤军。

古代火炮(复制品)

由于这种火枪主要是用火药来烧伤敌人，所以杀伤力有限，作用距离也不远，不能满足作战的需要。于是，人们又对火枪进行研究和改进。

南宋末期，火药武器技术愈发先进。镇守德安(今湖北安陆)的军队曾经使用火枪冲锋。还有人在火枪的基础上制成一种“突火枪”。这种枪是先在竹管里装上火药，然后放入类似子弹的“子窠”(瓷片、碎铁片、石弹一类东西)。使用时，用火点燃火药，“子窠”借着火药燃爆的力量被抛射出去，同时伴随有强烈的响声，其声响可传到 100 米远。这种突火枪的威力虽然不算很大，但从原理上来说，突火枪已采用火药作为发射动力，射出的“子窠”具有一定杀伤力。因此，突火枪被认定为近代枪械的鼻祖。

用竹管制成的火枪，最大的缺陷在于枪身容易被烧毁或炸裂，而且这种火枪的射程短，威力不大，不能耐久使用。在13世纪至14世纪初，人们开始采用金属材质身管替代竹管制作火器，开创了使用金属管形火器的先河。这标志火器开始朝着近代枪炮方向发展。

在我国古代兵器的分类中，此前古人对枪、炮的划分不是很明确，也没有一定的制式和标准。金属管火器出现以后，人们才将口径大的叫做“铳”、“炮”，口径小的叫“枪”（有的也称“铳”、“筒”）。

明代兵书曾明确指出：管形火器的大小，主要是根据用途和使用要求而定，即“大者发用车，次及小者用架、用桩、用托，大利于守、小利于战”。也就是说，当时人们造枪是用于步兵、骑兵作战，要求短小轻便；而造炮是用于守城攻坚。对于大型火炮，得用车载船运或修筑固定的炮台，以便用猛烈的炮火攻克堡垒或抵御对方的攻击。

这种划分枪、炮的办法与近代按口径大小区分枪、炮的原则，颇有些相似，即口径在20毫米以上为炮，以下则为枪。毋庸置疑，现代兵器的任何发展都可以寻觅到历史的起源或痕迹。

在宋、金、辽、元混战的年代，使用火药、火器和制造火器能力最强的当数金国。当时的火器大体可分为燃烧、爆炸和发射三大类。

公元1126年，金兵围攻宋都汴梁，守将李纲下令施放霹雳炮。这种炮就是由霹雳火球（燃烧类）发展来的。南下侵犯的金军很快也掌握了这些技术，还发展出一种以金属材质制造的、叫“震天雷”的金属炸弹。

据史书所载，金大定年间（公元1161—1189年），太原府阳曲县猎户曾把火药装在陶罐中引爆，以炸死豺狼狐群。受此启发，金军中出现了一种与其原理差不多的铁制外壳、内装火药的爆炸性火器——“震天雷”。其外形像匏，口小，由生铁铸成，厚2寸，使用时用抛射机抛到对方阵地上，爆炸声响如霹雳，震动城壁。

金军用这种火器与南宋作战，后来用于抗衡蒙古铁骑，发挥了重要作用。

从《武备志》上看，“震天雷”共有罐子式、葫芦式、圆体式和合碗式四种；身粗口小，内盛火药，上安引信，使用时根据目标远近，决定引线的长短。有时也可由抛石机发射，或由上向下投掷，或用铁丝吊下，到达目标位置爆炸。这种“炮弹”爆炸性强，威力极大。

金兵使用“震天雷”最著名的战例，是公元1232年的开封保卫战。

那年3月，蒙古兵攻打金朝南京（今河南开封）。蒙军在城外设立攻城器械，沿着城壕树立木桩；城壕外又修筑城围，长达150余里，用抛石机向城内抛射石弹、火球，击砸焚毁城上的防御设施。为了掩护士兵进行掘城作业，蒙军用牛皮做成“洞子”，兵士伏在里面，到城下掘城，城上的石头、弓箭都打不破这种“洞子”。这下子，惯于欺负南宋的金兵也着急了。在汉人建议下，他们用铁丝悬挂“震天雷”沿城墙吊到被掘的地方，然后引爆，把攻城的士兵和牛皮“洞子”一个个炸得粉碎。蒙军因久攻城池不下，遂于4月撤兵。随后，南宋军队也大量仿制这种被称为“铁火炮”的强杀伤力火器。

公元1211年至1215年蒙金交战，蒙古军队通过占领金中都（北京），掳获了相当数量的金军火药、火器和制造火器的工匠。从此，蒙军开始使用和生产火器，并不断学习新的火器技术，诸如制造火箭、火枪、毒药烟球等燃烧性火器及铁火炮等爆炸性火器，真是应有尽有。

蒙古军队拥有的这些火器，不仅用于同金、宋作战的中原战场，还广泛运用于东亚、西亚和欧洲战场。成吉思汗西征时，他所率领的军队就携带着毒火罐、火箭和火炮等火器。

公元1235年，蒙古大军进入欧洲。公元1240年，蒙古大军兵抵华沙城下，曾用毒药烟球攻城。守城的波兰人从未见过如此神奇的兵器，还以为是在“驱怪喷毒”呢。公元1258年，蒙古军队进攻现今的巴格达城时，使用了“铁瓶炸弹”，估计极有可能就是“震天雷”之类的爆炸性火器。对蒙古军队当时使用火器情形的详细描述，还保存在一些日本古代文献和图画之中。

据有坂诏藏的《兵器考·火炮篇》记载，1274年和1281年，元军两次跨海进攻日本，皆能使用火器同日军作战。尤其是元军第一次登陆时，其“飞铁炮火光闪闪，声震如雷，使人肝胆俱裂，眼昏耳聋，茫然不知所措”。

13世纪末到14世纪初，元人在南宋突火枪和火筒的基础上，创制了金属管形火器——火铳。它的构造同突火枪有相似之处，分为尾銎、药室和铳膛三个部分，尾端可以安上木柄，便于发射者操持。作战时，用引火物点燃铳中的火药，利用火药燃烧后所产生的气体膨胀力将弹丸射出，击杀敌人。

火铳与突火枪最大的不同在于，它是用金属铸成，熔点高，耐烧蚀，抗压力强，能够适应因火药性能改进和装药量增加而增大的膛压，使用寿命更长。它还可以按一定规格成批制造，装药量也比较好控制，不会因药量过大或过小而影响杀伤力或伤害发射者自身。

特别是火铳在铸造时让药室内径大于铳膛，使火药能在较大截面的药室内燃烧，产生较大压强的气体，并挤入截面较小的铳膛中，令压强再次增大，从而提高了发射力和弹丸的杀伤力。

▶横扫欧亚大陆的元军火器与“摩得法”

对于火铳的认识，我们还可以从浙江余杭瓶窑镇发现的元代“天佑丙申”铜手铳去了解其制造技术。这种铳口径较小，尾部接装木柄，可能由单兵手持使用，是金属管火枪的雏形。铳身有“天佑丙宁朱府铸造”的铭文。“天佑”是元末农民起义军领袖张士诚称王时的年号，“天佑丙申”当为1356年。火铳能在元末农民起义军手中制造和使用，可想其制造技术和工艺在当时是何等普及。1949年，北平的一位文物爱好者在西南郊云居寺发现了一门古炮。该炮因炮口部分形似古代酒碗而被称为“碗口铳”。铳身铭有“至顺三年二月吉日三绥边讨寇军第叁佰号马山”，表明了此铳制造的日期。对前述之推论，也是个有力的佐证。

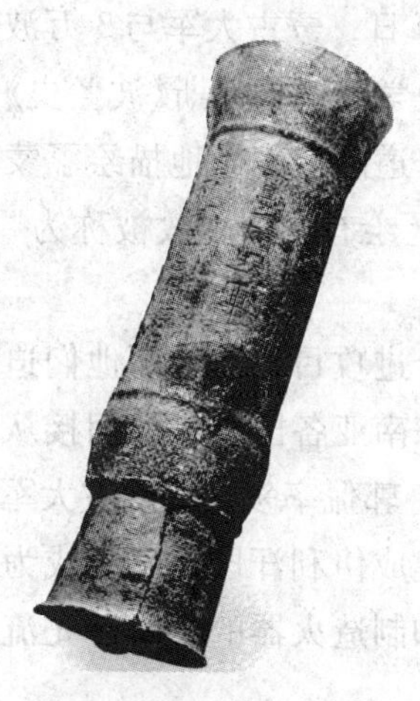

国家博物馆馆藏的“元至顺二年（1332 年）铜碗口铳”。这种铳口径较大，装在木架上发射，是金属身管火炮的雏形。据考证，这种宽口形铜炮，是世界上现存最早的古炮

元代火铳

火铳的出现，标志着中国管形射击火器的飞跃发展，也使火器的威力大大增加，将士们在实战中更乐于使用。到元朝末年，军队中火铳的编配比例逐渐增大，并且在战场上发挥了越来越重要的作用。显然，火药的发明促进管形火器的问世，管形火器又孕育了现代的枪、炮诞生。这对武器发展和战争本身都产生了巨大的影响。恩格斯对此有过精辟的论述：“以前一直攻不破的贵族城堡的城墙，现在抵不住市民的大炮了”，这些大炮“不但影响了作战方式本身，还影响了统治和压迫的关系”。

由此，我们就不得不讲讲火药的传递历史。在古代希腊的古籍中，曾经出现过使用硫、松炭、沥青和麻屑制造成的所谓“海火”（亦称“希腊火”）的记录。拜占庭帝国和阿拉伯人也曾有纵火作战的战例。欧洲人虽然改进过“希腊火”，但其威力远远无法与中国火药相比。宋代时，来华的阿拉伯水手通过节庆的焰火最早接触到火药。公元 1161 年的宋金采石之战中，南宋军队使用“霹雳炮”等火器作战时，估计也有阿拉伯水手在现场目睹。

把火药传至欧洲的首功，还得记在蒙古大军账上。公元 1234 年蒙古灭金后，将在开封等地掳获的金军工匠，连同作坊器具和火器全部掠走，随后又把这些火药工匠和火器手

编入蒙元军队。次年，蒙古大军发动了第二次西征，新编火器部队也随军远征。1236 年秋，蒙古大军攻至伏尔加河沿岸，大量使用火炮和其他武器，在这里击溃钦察部。此后进入俄罗斯腹地的蒙古大军横扫东欧平原。蒙古军第三次西征，以骑兵快速突击之长，运用先进的攻城火炮，取得一个又一个的胜利。1241 年 4 月 9 日，蒙古大军与 3 万波兰人和日耳曼人的联军在东欧华尔斯塔德大平原展开激战。据历史学家德鲁果斯《波兰史》记述，蒙古使用了大量火器。波兰人盖斯勒躲在战场附近的一座修道院，偷偷地描绘了蒙古士兵使用的从一种木筒中成束发射火箭的武器样式。因其木筒上绘有龙头，故被称为“中国喷火龙”。盖斯勒后来成为火药学家。

蒙古大军席卷东欧大地，让阿拉伯人担心成为下一个进攻目标，因而他们迫切希望得到火药，以提升其军队的战斗力。于是阿拉伯人通过与东南亚各国贸易，间接从中国进口大量硝石，却没有足够的时间来利用这些硝石。1258 年，郭侃率领下的蒙古大军手持火器发动进攻，阿巴斯王朝的都城巴格达陷落。后由蒙古人建成伊利汗国，迅速成为中国火药技术向西方传播的重要枢纽。就这样，使用火药、火器和制造火器的技术首先流传到交战国家和地区，尔后又传入世界其他地区。

蒙古军队在欧洲的长期驻扎，也给欧洲人学习火药技术提供了机会。希腊人马克在研究中国火器的基础上写了《焚敌火攻书》，记述了 35 个火攻方法。意大利是获得中国火药技术较早的国家，欧洲人话语中的“火箭”一词最先出现在意大利语中。公元 1379—1380 年间，威尼斯和热那亚发生战争，双方都使用了火器，这是欧洲人制造、使用火器的最早记录。但欧洲人真正能够全面地制造火药武器，应该是 14 世纪以后的事情。

描绘欧洲人用火器攻城的图画

然而，历史在其发展进程中往往又带来另外层面的影响。中国人发明的火药与火器，很快在异国他乡得到了革命性发展，最终成为征服世界的利器。让人遗憾的是，在若干年之后，它们成为欧洲殖民者侵略中国的最有力的武器。

再说阿拉伯人获得了蒙军使用的火器后，也设法仿制成木质火炮，并称之为“摩得法”（音译）。这种武器问世后便发挥了重要作用。

1342 年，西班牙国王阿里佛斯命令他的军队围攻当时为阿拉伯人据有的阿里赫革拉斯城。此时，阿拉伯人在城墙上架起一根根铁筒，将每个铁筒都套在棍子上，用两根木棒交叉作为铁筒前支架，筒口均朝向城外西班牙军队阵地。当西班牙军队摇旗呐喊，向城墙扑来时，阿拉伯士兵将铁筒前后左右摇动一下，然后点燃药上面的药捻。只见铁筒中射出一团冒着黑烟的火球，伴着刺耳的怪声和难闻的硫黄味，射入西班牙军队的队列。沉闷的爆炸声中，大批士兵应声倒下，血流遍地。来势凶猛的西班牙军队顿时被这“妖术”吓住了，再也不敢进攻这座城池。

事隔多年人们才知道，阿拉伯人在城墙上使的铁筒，就是从蒙元军队那里学来的、类似当今迫击炮一类的原始火炮。其实，摩得法的构造十分简单：先将铁片焊接或制成圆筒，类似现代迫击炮的身管，然后以木棒支撑，便于发射；铁筒上留有小孔，用以插入药捻和筒内火药相连，发射时可上下左右移动，使用十分方便。在那个年代，它的作战效率当然是巨大的。

▶明成祖的神机营：世界上第一支炮兵部队

时光如大江长河，不舍昼夜地流淌而去。明王朝永乐年间，明成祖朱棣创建了世界上第一支由朝廷直接指挥的战略机动部队——神机营。朱棣总结神机营的创建及布阵，必须是："神机铳居前，马队居后"，"首以铳摧其锋，继以骑冲其尖"。据考证，神机营的创建，不仅大大提高了明军的战斗力，而且标志着世界上第一支独立的、以炮兵为主的新兵种正式登上历史舞台。

明军首创炮兵与步骑兵协同作战的新战术，开创了战争史上新的篇章。该营曾多次随皇帝出征，为平定北疆立下赫赫战功。当时神机营最得力的武器，就是火铳。据《明会典》及《武备志》记载，自隆庆年间始，明军神机营使用之火器，大约有二三十种之多。其中有一种类似左轮手枪的火器，可以连发而不需单发填装。据史料记载，这种火器大名叫"五雷神机"，隆庆初年装备神机营。它有五个枪管，各长一尺五寸，重约五斤，柄上装有总照门和铜管。由于枪管可以旋转，枪口各有准星，似乎连瞄准都不用，即可于转瞬间轮流发射出去，可见其性能先进。

1419 年，倭寇数千人侵犯沿海，辽东总兵刘江率部抗击。交战后，明军岸防阵地突然万炮齐鸣，无数石弹、铁铅从天而降，砸在倭寇头上，首开以岸防火炮歼灭海上入侵之敌的先例，史称"望海大捷"。此战之后，"倭大惧，百余年间，海上无大侵犯"。

1449 年 8 月，蒙古瓦剌贵族也先兴兵南侵。土木堡(今河北怀来)一战，明军突遭袭击，指挥失度，各种火器尚未发挥作用即全军溃败，明英宗被俘。12 万瓦剌大军乘势进攻北京。

消息传来，举国震惊，兵部尚书于谦奉命守卫北京。他严令诸将加固城防，并在京城九门部署重型火炮，命神机营设伏于德胜门外。不日，敌军主力进入于谦设伏地域，神机营众炮齐发，城内守军乘势夹击。伴随着震耳欲聋的巨响，瓦剌军阵势大乱，也先之弟死于炮火之中。后经多次交战，瓦剌军死伤无数，士气低落。也先吃足了明军火器的苦头，加之各地增援明军纷纷到来，只得撤围逃遁。于谦挥军追击，大败敌军。北京保卫战，是明代前期大规模使用火炮守城的著名战例。神机营火器的威力在此战得到充分发挥。

明代中期以前，中国火炮在世界上处于领先地位。明代轻型火炮中，比较著名的有威

七星铳

古籍火器图画

继光创制的一种因形似猛虎蹲坐而得名的炮。

这种火炮有的由旧式火炮改造，有的为新造，所以尺寸、重量不一，但构造基本相同：炮管由两只铁爪架起，从前至后有若干道大宽铁箍；口端备有大铁爪、铁绊，可用大铁钉将炮身固定在地面上或战船上，以消减发射产生的后坐力，克服了原有火炮在发射时炮身后冲而自伤炮手的危险。

虎蹲炮便于在山林水网地带机动，可控扼险隘，一次能射出上百枚铅弹丸或50多枚较大的弹丸，散布面大，比鸟铳更能有效地杀伤以密集队形进攻之敌，在抗倭作战中发挥了重要作用。隆庆年间，戚继光到蓟镇练兵，又将此炮装备骑兵使用，由骑兵用战马直接驮带，成为一种较好的骑兵炮。由此也催生了人类历史上第一支骑炮兵。

据出土实物和兵书记载，明代中期的大型火炮多由小型神机炮演变而来。它们的特点在于使用架炮车，提高了机动性，增强了摧毁力。其中最著名的是大将军炮。该炮口径达100毫米以上，全长1.4米。从炮口至炮尾共有九道宽箍，药室呈算盘珠形，室壁开有火门。据《登坛必究·神铳议》记载，大将军炮发射，常有迅雷不及掩耳之势。

按日本学者在《火炮的起源及其流传》中所讲，明万历二十年(1592年)制造的大将军炮有大、中、小三种规格，分别发射7斤、3斤和1斤重的铅弹。若在战场上安置炮架，人人能施放，则所向无敌。但大将军炮因太重，难以机动，便改用马车载运，这实际是一种车炮合一的重型火炮。车载炮有许多优点：首先是便于机动，炮手既可推拉炮车，又可临敌发射。其次是提高了火炮的参战速度，赢得了战机。其三是兼有挡敌和击敌之用。在平原或丘陵布防，炮车则具有一般战车阻挡北方剽悍骑兵快速冲击的作用。尤其是两军交锋时，车载炮还可以迅疾组成车阵营垒。火枪兵以此为屏障，使用火器和叠阵，击杀敌骑。明军的这些装备在援朝作战时曾登高涉远，屡屡打得倭寇心寒胆战。

明朝后期还制造了一种轮转式36管射击火器——车轮铳。其轮转如圆盘式样，上安辐条18根；辐条长44厘米，两侧各安1支手铳，全盘共安36支。单管手铳用优质钢材打造，铳长31厘米，重500克，内装适量火药与弹丸；后铳壁上开一个火门，有火捻从中通出。手铳的铳口向外，用皮封固于轮辋即外轮圈上。行军时用骡驮载，每骡驮2轮及1个发射架。作战前，先将发射架安于地上，发射架的顶端安有一个转轴，与装有36支手铳的车轮轴心相套，即可使用。两轮转射可依次发射72次，杀伤力甚大。

在中国国家博物馆里，现今还保存着根据《武备志》中的图样复制出来的火箭发射车——架火战车的模型。它于明代初期被发明，也是世界上最早的多管火箭发射器。

架火战车安在人力独轮车上，上面装有 6 个长方形箱体的火箭发射器，像 6 个大蜂窝排列成上下两行，共载有火箭 160 支。它和“火龙箭”、“一窝蜂”等多发火箭的结构和特点相似，都是将火箭装在发射筒内，而所有火箭的引火线连在一起，形成引火总线。发射时，点燃引火总线，火箭就犹如条条火龙，一齐从发射筒内喷出。

车轮铳示图

据韩国史料称，明万历二十一年(公元 1593 年)，明军在入朝抗倭、帮助朝军攻打王京(今韩国首尔)时利用独轮车装载和发射火箭，“刹那间，火闪烟飞，声如雷鸣，直向倭寇阵营地冲去，令倭奴抱头鼠窜”。

从《武备志》图样可知，架火战车虽然看起来简陋粗糙，但它体轻灵活，使用转移都很方便。打仗时，三个人即可操作。其中一人负责瞄准指挥，兼管推车，另外两个人负责装填弹药和点火等，协同作战。在架火战车的发射筒上方，还有一张可卷起的棉帘。它是一种防护装置，相当于现代火炮的防盾板。当冲锋或转移阵地时，为了防止敌人的箭矢射伤炮手，就将棉帘放下来；发射火箭时则将棉帘卷起，简便实用。

另外，在车身两侧还装有火铳和长矛各两支，以配合火箭炮来杀伤不同的目标；必要时，还能用来同敌人白刃格斗，进行自卫。

架火战车既有类似现代火箭炮的齐射火力和转移快速等特点，又具备现代战车在火力、机动性和防护方面的一些基本功能，因此它在兵器发展史上占有重要地位，也是我国古代火器的杰出发明。

明代火炮虽然在杀伤威力上有了很大的提高，但它有一大缺点，就是没有瞄准具；在发射速度、机动性等方面也不尽如人意。永乐年间定型装备的火炮，到 100 多年后的嘉靖时期仍没有新的突破。

▶“佛朗机”与明代杰作——“火龙出水”

谈到明朝火器，我们就不能不去认识下大名鼎鼎的“佛朗机”。这是东西方热兵器技术交融的产物。

明代正德年间，葡萄牙人来到中国沿海，并派使臣泊船于广州城外。对远道而来的“夷狄”，明朝官员登船宣慰，首次见到当时已风行欧洲的西式火炮，不禁暗暗称奇：“其铳以铁为之，巨腹长颈……以此横行海上，他国无敌。”亦

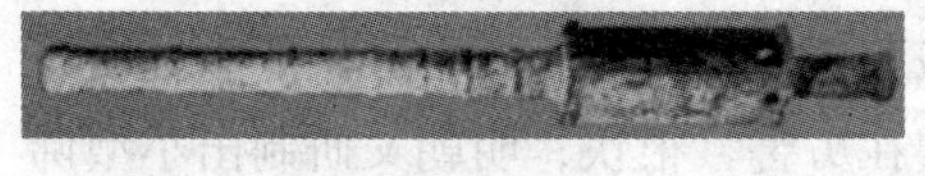

佛郎机铳

算是慧眼识英雄，见识了当时世界上较先进的火炮。

至1518年，葡萄牙先后三次与广东地方官员接触，欲获取私利，扩占岛屿，但均未能得逞。葡萄牙当局便于1522年8月，派5艘舰船至珠江口外锚泊，试图以武力为后盾，强迫广东官员同意其借住屯门岛。广东守军向入侵舰只发出了警告，葡人不但不理会，反而炮轰守军。这时明军以岸炮、舰炮结合，顽强抵抗，最终缴获敌舰两艘及火炮20多门。葡人其余3舰被迫返回马六甲。

战后，明朝广东海道副使汪鋐亲自登上葡方战舰查看战利品。经过部下发射演示，他发现这些陌生的火器威力很大，值得推广。于是汪鋐将它们上缴朝廷，作为献给新皇帝登基的见面礼，并在奏折上建议仿造。此乃有史料佐证的，中国“引进”西方火器技术的最早记载。

话说汪鋐的奏折和缴获的这批火器被送到京城，朝廷十分重视，立刻交由军器局和兵仗局组织人员进行研究仿制。可见早在500年前，朱明王朝就实行了将缴获的先进火器进行本土化的国策。如果这种国策在满清统治时期能够延续下来，不阻断、不停滞，或许历史又将是另外的模样了。[6]

后有史学家认为，嘉靖初年这一战，不仅维护了国家主权和领土完整，还缴获了当时较为先进的火炮。这可以说是明代火器发展史上的重要转折点。

因当时明王朝称呼葡萄牙为“佛郎机”，故也将缴获的该国大炮贯以此称。从此，所有来自西洋的火器，无论是走私来的、贩卖来的还是缴获来的，统统都被称为“佛郎机”。

佛郎机原为欧洲15世纪末至16世纪前期流行的一种火炮，葡萄牙制造的佛郎机大多作为舰炮使用。佛郎机与当时明军装备的火铳相比，性能要优越得多。它在结构上有根本性改变，采用了母铳与子铳结合的结构。母铳即炮筒，子铳实为小火铳。每门母铳配4~9个子铳，每门子铳事先装填弹药以备使用。作战时，先将一个子铳转入母铳的弹室中，发射后，将空子铳退出，换装另一个。由于可以轮流换装子铳，减少了临时装填弹药的时间，大大提高了射击速度；铳上还安装了瞄准具，增大了射程，提高了精度。显然，佛郎机已初步具备现代火炮的基本特点！

这种“重型火炮”，也算是中西科技交流的产物，只是这种“交流”来自双方交战之中。明朝官方利用战利品搞“中西合璧”，先仿制再改进，研制出射程、威力和精度都比葡制佛郎机优越的火炮，大大提高了明军炮兵的战斗力。到明嘉靖二十六年（1547年），明朝成功实现佛郎机国产化，完全使用国产料件，自主研发，填补了“国内空白”，并能批量生产，达到16世纪国际先进水平。

此后，明军开始装备大型佛郎机，最大的全长两米多，有准星供瞄准，炮身可左右旋转，具有极强的杀伤力。明军在抗击西班牙、荷兰殖民者入侵的战争中无不使用这种佛郎机。原本是两米多长的大炮，到明代工匠手里，竟被改造成只需有一两个人就能掌握使用的武器。按说也该差不多了，但中国人的改造精神实在厉害，很快，明朝又研制出小型佛郎机。经历几番改造，原本放在船上用的这么个大家伙，体积竟然越改越小，种类也越改越多。史料记载，明朝中后期制造的小型佛郎机，全长仅90厘米，炮身附有钢环，可供随身携带；打仗的时候一个人就能扛着走，到地方把炮筒往地上一架，瞄准了就能打，简便快捷。除了这些步兵炮，明朝还发明了骑兵炮——马上佛郎机。这种火炮的尺寸比一般的小型佛郎机更小，仅70厘米长，可随骑兵在快速移动中发射，具有很强的威慑力。所有这些实物现都陈列于中国革命军事博物馆。[6]

世界上最早、由钢轮压火击发引爆的铁壳地雷，正是明朝陆军在江浙地区重创倭寇的利器。

明代火器的发展，除了在陆上、车上、马上有了突破性进步，水中火器也领先世界。历史作家“当年明月”曾用文学性语言对此作过生动的描述：

> 在一片宁静中，（入侵朝鲜的倭寇舰船中）位居前列的三艘战舰突然发出巨响！船只受创起火，两艘重伤，一艘沉没。没有敌船没有炮火，似乎也不是自爆，看着空无一人的水域，岛津义弘（日军将领）第一次对这个世界产生了怀疑——难道有鬼不成？
>
> 这是一个值得纪念的时刻，在那片看似平静的海面下，一种可怕的武器正式登上历史舞台，它的名字叫做水雷。这是发生在万历年间，明朝海军使用“水底雷”击沉日本一艘大型战舰的历史场景。这是世界史上第一次使用水雷并取得实际战果的历史记载。[6]

“混江龙水底雷”示意

早在16世纪，各种类型的水雷就已成为明朝舟师的重要武器。

1549年制造的明代水底雷，可称世界第一种水雷。它是以木箱为外壳，中间放置火药，然后用生漆油灰粘缝；下面有绳索与铁锚连接；或根据海水浮力，填充重量不等的重物，将其固定在适当位置，以便隐蔽及定位。在控制深度的情况下，由人工操纵击发引爆。

1590年，聪睿的明代工匠制造出人类历史上第一颗定时爆炸水雷——“水底龙王炮”。它用牛脬做雷壳，内装黑火药，用香点火作引信，凭借香的燃烧时间来定时引爆水雷。

制造于1637年的第一颗触发式水雷——“混江龙水底雷”，是通过与敌舰直接接触引爆。据说这种水雷是触发式地雷的“孪生兄弟”。

“当年明月”对“明代军事工业最为优秀的杰作——火龙出水”，也进行过形象的描述：

> 随即，日军看到了另一幕奇景，无数后部带火的竹筒自明军舰上呼啸而出，重重地击打在自己的船上，所到之处爆炸起火，浓烟四起，日军舰队陷入一片火海。这种武器的名字，叫做“火龙出水”。该武器由竹筒或木筒制成，中间填充火药弹丸，后部装有火药引线，射程可达200步，专门攻击对方舰船，是明军水战的专用武器；点燃后尾部，带火在水面上方滑翔，故称“火龙出水”。这也是人类军事史上最早的舰对舰导弹雏形。[6]

这个反舰导弹的“鼻祖”，是一种用于水战的两级火箭。“出水火龙”的主体由1.6米长的竹筒制成，前面装上木制龙头，后边装个木制龙尾；在龙身内装有火箭数枚，引线从龙头下面的孔中引出。龙身下方前后共装4个火药筒，前后两组引线扭结在一起，前面的火药筒底部和龙头引出引线相连。发射时，先点燃龙身下部的四个火药筒，推动“出水火龙”向前飞行；火药筒烧完后，龙身内的神机火箭被引燃飞出，射向敌人。由于应用了火箭并联、串联及接力点火的原理，“火龙出水”可在水面飞行很远；一旦遭遇敌舰物理性阻碍就爆炸起火，给予敌军舰船重创。

但明朝军事技术的这些“世界第一”又有何用?“许多年后，面对拿火枪的英军，手持长矛、目光呆滞的清军几乎毫无抵抗之力。很多人也并不知道，几百年前的明军，却有着先进的思维、创意，以及登峰造极的火器。”(“当年明月”语）俱往矣，历史是严酷的!

前溯1840年鸦片战争以前中华民族的科技发展史，我们的祖辈先哲曾给后人留下过荣耀，也值得当下的人们津津乐道、倍感自豪。但我们也要毫不隐讳地坦然承认，就在明末清初的沉暮岁月里，即便是所谓的“康乾盛世”，泱泱中华帝国与西欧的“夷人”们相比，已经是大大地落伍了!

落后就要挨打，就是这个朗朗乾坤的不二法则。

参考文献

[1]《中国全史》编委会．中国全史．北京：光明日报出版社，2007.
[2] 樊树志．国史十六讲．北京：中华书局，2006.
[3] 何炳棣．国史上的“大事因缘”解谜——从重建秦墨史实入手．光明日报，2010年6月3日.
[4] 吴国盛．科学的历程．北京：北京大学出版社，2002.
[5] 唐志拔．劈波斩浪——海船发展史话．北京：海洋出版社，1998.
[6] 当年明月．明朝那些事儿．北京：中国友谊出版公司，2008.

第三讲

鸦片战争的屈辱与洋务运动的悲哀

翻阅中华民族数千年的文明史，令国人最不忍卒读的就是：“鸦片战争与殖民主义列强对中华帝国的入侵”。公元1840年，来自西方的资本主义强国——英国，发动了“罪恶的鸦片战争”，用工业革命最新科技成果制造的“坚船利炮”轰开中华帝国的大门。从此，这个历史悠久的东方大国，这个曾经创造了灿烂文明并领引世界科技两千多年、对人类发展做出过重大贡献的封建帝国，在西方殖民主义列强的步步紧逼下，逐渐沦为半殖民地半封建社会。

美国历史学家保罗·肯尼迪在《大国的兴衰》中提供了这样一个统计数字：1830年，中国当时的国民生产总值为英国的3倍。包括人们现在所能掌握的一些其他的历史数据，都确凿无误地表明当时的中华帝国，无论在哪个方面都要远远强于刚刚崛起的大英帝国。这也是令许多历史学家最感到不可思议的地方。为什么拥有如此庞大国民经济总产值的大清王朝，竟然会在10年之后如此糟糕地不堪一击呢？

人们作这种比较，往往忽略了两个基本数据：一是清王朝的国民总收入中80%以上是传统农业创造的价值，这与地大物博、人口众多成正比关系；二是中英两国制造业所拥有的世界份额比，早在18世纪末就已达到6:16。至于工业技术水平，更不在一个数量级上。因为清王朝拥有的只是手工制造的传统产品，而非工业制造技术，这才是根本的差距。

吴季松在《21世纪社会的新趋势：知识经济》中坦言：造成清王朝一触即溃的原因有多种，其中最重要的一条是，当时的中国被关在世界工业革命的大门之外。对于以“牛顿三定律”为主的新自然科学体系，当时的中国并不是全无所知。据记载，康熙皇帝还曾向传教士学证几何题。但是，对科学技术成果的产业化、瓦特蒸汽机和珍妮纺纱机却熟视无睹，对于自己处于一个从手工业向机械工业过渡、从人畜力动力向蒸汽机器动力过渡的时代却浑然不觉。[1]

发明蒸汽轮船的美国人富尔顿

同样，有不少学者在研究这段历史时也曾发出许多疑问：为什么元明时代动辄出动上百艘海船远航印度洋、维系海上丝绸之路的恢宏气象，延递至清王朝就再也看不见了呢？善于学习和借鉴汉文化的满清政权入主中原之后，真的就故步自封起来了吗？善于奔驰鏖战的游牧民族铁骑，真的天生畏惧汹涌澎湃的大洋深海吗？仅仅是因为拥有丰饶的物产和自给自足的经济，就使得清廷放弃了海外贸易、繁荣经济之利吗……

历史学者的研究可以有众多答案。但当人们对这段历史作出郑重审视时就不难发现，当时最不应该忽视的决定性因素，就是在工业革命影响下世界局势已经发生并正在继续发生着深刻的变化！这是一个比以往任何历史时期都有所不同的激烈而深邃的变革！

纵观天下大势，首先，封建社会的生产关系在西欧受到了强劲的冲击。由机器大工业尤其是由纺织业带动的航运业、贸易业迅速发展，使得西欧诸国的社会生产力大大增强。资本主义生产关系在那种历史条件下，迅速由萌芽状态茁壮成长。而落后的生产关系已经成为束缚社会生产力发展的桎梏。

正如马克思、恩格斯在《共产党宣言》中所说，“美洲的发现、绕过非洲的航行，给新兴的资产阶级开辟了新的活动场所。东印度和中国的市场，美洲的殖民化、对殖民地的贸易、交换手段和一般的商品的增加，使商业、航海业和工业空前高涨，因而使正在崩溃的封建社会内部的革命因素迅速发展”[2]，最终导致17世纪中叶开始的资产阶级革命。新兴的资产阶级很快登上历史舞台。文艺复兴和18世纪的启蒙运动，解放了为中世纪黑暗统治所禁锢的人们的思想，为资产阶级登上历史舞台提供了理论基础。

资本主义生产关系和具有思想解放性质的启蒙运动在当时的历史条件下，对生产力的发展起到了推动和促进作用，直接催生了18世纪至19世纪的产业革命。产业革命首先从纺织业开始，后因蒸汽机的发明和采用而得到进一步发展，并遍及化学、采掘、冶金、机器制造等部门。机器大工业代替了工场手工业，为资本主义制度奠定了物质技术基础。加上“由美洲的发现所准备好的世界市场。世界市场使商业、航海业和陆路交通得到了巨大的发展。这种发展又反过来促进了工业的扩展，同时，工业、商业、航海业和铁路愈是扩展，资产阶级也愈是发展，愈是增加自己的资本，愈是把中世纪遗留下来的一切阶级都排挤到后面去”[2]，资本主义制度最后战胜封建制度而居于统治地位。

产业革命中诞生的“珍妮”纺纱机

产业革命后，资本主义国家的社会生产力以前所未有的速度发展，这就更加激化了原材料难以满足机器大工业产能需求的矛盾。从广义范围来讲，机器大工业产品倾销西欧狭窄市场受到局限的矛盾更加突出；资本家无限制追求利润的贪婪本性，必然导致资产阶级对内加紧剥削，对外大肆侵略扩张，拼命拓殖海外领土和市场。而这些扩张要求，势必通过列强的“无敌舰队”凭借坚船利炮去加以实现。西班牙、英国、法国、德国、美国等国的舰队纵横三大洋，把一个个古老的封建帝国推入殖民地、半殖民地的深渊，迅速地将世界瓜分完毕；接下来的任务，就是把侵略的矛头共同指向外强中干的大清帝国。

“这是一个英国迅速扩张的时代，英国动用先进高效的技术和战争装备，尤其是蒸汽船或者浅水木舰，以及先进的大炮武器。”美国耶鲁大学教授史景迁如是说。

在这同一时期，大清帝国怎么样呢？清政权入主中原之后，为巩固自己的统治，实行了一系列愚昧的闭关锁国政策，扼杀了在明末清初就已出现的资本主义生产关系的萌芽。尽管出现了一个“康乾盛世”，但这个所谓的盛世是从传统农业国意义上来讲的。

再加上清代的经济状态是自给自足的农业经济，具有超平衡结构。清政府的闭关锁国政策和自给自足的农业经济，客观上也使中国社会生产力发展大大落后于世界潮流，特别是落后于西欧崛起国家。于是，在殖民主义列强的进攻面前，封建制度几千年积淀下来的落后愚昧，尤其是逆潮流而动的本质特征，更加暴露无遗，更加突出地显现出来。屈辱挨打、丧权辱国、割地赔款，沦落为半殖民地半封建社会，自然成了符合历史逻辑的无奈结局。

▶坚船利炮轰开了腐朽的清廷大门

1840 年 6 月，一支英国舰队的桅杆冒出广州海面，挑起了罪恶的鸦片战争。

英国自恃船坚炮利侵犯中国，林则徐等爱国将领以逸待劳，以守为战。在战争的第一阶段，中英打成平手，互有伤亡胜负。中国军队斗志甚旺，广州百姓摩拳擦掌。

不料，英军东进，于 7 月攻陷浙江定海，一举震动清廷。英舰继续北上至天津海口。琦善秉承了皇上的谕旨来到天津，折腰向英军求和。英军提出了包括割让香港，赔偿被销毁鸦片，恢复广州通商等条款的《穿鼻草约》。清廷只能以 630 万两白银的代价买和。但这时英国政府仍不肯善罢甘休，认为索取权益太少，决定继续扩大对华侵略战争。

他们依仗军舰上几百门射程远、火力猛的重炮，还有军舰行动速度快的优势沿海东进。装备落后的清朝军队自然抵挡不住英军坚船利炮的猛烈进攻，广州、厦门、定海、镇海、宁波、上海、镇江相继失陷。

1842 年 8 月，英军闯到江宁（今南京）江面，直逼金陵城下，迫使清政府屈服，全部接受了英国提出的议和条款，订立了中国近代历史上第一个丧权辱国的不平等条约——《南京条约》。该条约迫使中国割让香港，开放广州、厦门、福州、宁波、上海为通商口岸，赔款银洋 2100 万元。第一次鸦片战争就这样以中国的失败和屈辱而告终。

鸦片战争成为中国历史的重要转折点。从此西方殖民者纷至沓来，穷凶极恶地发动一次又一次侵略中国的战争，迫使清政府屈服就范，中国被推入半殖民地的深渊。

鸦片战争时，清军火炮已远远落后于西方

李文海先生在讲述鸦片战争到辛亥革命爆发、最终推翻清朝封建专制政权这段历史时指出：“这段历史时间不长，但内容丰富。错综复杂的矛盾，急剧深刻的变化，激烈尖锐的斗争，交织成一幅令人目眩神迷的历史画卷。新与旧，正义与邪恶，拼争与屈辱，悲壮与凄凉，追求与失落，如此独特又如此奇妙地纠结在一起，赋予了历史极其深邃的内容。”[3]

回溯这段历史，应该承认：西方列强船坚炮利的威力是不可低估的，但并非不可抗拒。鸦片战争以来的一系列战败乞和、割地赔款，完全是腐朽的封建制度和投降派卖国求荣造成的。

但还要坦承，单从中西双方的武器装备状况来看，差距是巨大而悬殊的。

此时，西欧列强的军队装备已发生根本变化。当列强的战舰依仗强大炮火遍征世界各大洋的时候，中国水师却仍在使用几百年前铸造的或仿照几百年前式样铸造的大炮，舟师舰船只能在内河巡逻。至于士兵使用的武器，除少数简陋的鸟铳火枪外，绝大部分仍是刀矛弓箭等冷兵器。军事科学及装备技术的劣势，使清朝军队丧失了本土作战的优势。一支由 40 多艘战舰和 7000 名士兵组成的“劳远疲师”，就这样击败了庞然而傲慢的大清帝国。

描绘英军进攻清军炮台的图画

当年，有个叫郭士立的英国传教士一踏上“神州”，就看穿了“中央帝国强大”的神话。郭士立是英国东印度公司的雇员，以传教士身份来中国刺探情报。他狂妄地扬言：“全中国的一千只师船，当不堪大英一艘兵舰的一击。”

此外，经济技术的落后也是鸦片战争以来整个近代中国被动挨打的重要原因。中国军事装备制造业的落后程度更是令有识之士们忧心忡忡。当然，这些有识之士也不可能摆脱时代的局限。因为，即便当时中国拥有庞大的陆军、水师，也是注定要失败的，后来发生的中日甲午海战足以证明这点。这已不仅仅是军事装备落后的问题，近代中国被动挨打的根本原因，是腐朽没落的封建制度此刻已经病入膏肓、无可救药了！

▶ “师夷长技以制夷”的响亮主张

鸦片战争的炮火，震动了中华大地，古老的封建帝国受到来自海上洋人、洋船、洋枪、洋炮的威胁和凌辱。当年清军的惨败，给人印象最深刻的是英军火炮的犀利与清军武器装备的落后。清军使用的武器比英军整整落后 200 余年，甚至还不及明王朝末期，主要还是冷兵器时代的弓箭、火绳枪、大刀和长矛，根本无法与西方侵略军的热兵器抗衡。

早在明末清初，特别是在西方军事技术突飞猛进的 18 世纪和 19 世纪前期，本可与西方“旗鼓相当”的中国军事装备制造技术，因为受“重道轻器”传统的影响，加上清政府对兵器研制活动的严格控制，中国军事装备制造技术反而急剧下滑；以至从根本上，与此时“高歌猛进”的西方列强相比，就不止是一两个数量级的巨大差异了。

鸦片战争的惨败，给了长期闭关自守的清王朝以沉重打击。落后挨打的教训，使一些有识之士认识到"洋"的先进，"土"的落后。

最先对此产生强烈意识的是"开眼看世界第一人"林则徐及其追随者魏源等。他们在反侵略战争中，切实认识到加强海防的重要性，提出了"制炮造船，以固海防"的主张，形成了最早的近代海防思想。

故宫午门陈列的清军大将军炮

这是中国近代史上重大的思想变革事件。

林则徐极力主张改革中国水师。他说："制炮必求极利，造船必求极坚，似经费可以酌筹，即裨益实非浅鲜矣。""剿夷而不谋船炮水军，是自取败也。"

魏源建议，在虎门外大角、沙角二处设立造船厂和火器局来造船制炮，聘用外国技师，先造战舰100艘，蒸汽舰船10艘，"设水师一科，有能造西洋战舰火轮舟；造飞炮、火箭、水雷奇器者，为科甲出身；能驾驶飓涛，能熟风云沙线，能枪炮有准的者，为行伍出身"；将广东水师近4万人，"汰其冗滥，补其精锐"，练成15 000人的精悍水师。这样，就可以"创中国千年水师未有之盛"[4]。

为了增强实战能力，林则徐主持整顿了广东水师。他派人将从美国商人手中购回的英国"剑桥"号船(1080吨)改成战舰，装炮34门；其中有葡制3000斤大炮。

中英两军的武器完全不在一个档次上

林则徐还调集雇用各种战船，并仿造"底用铜包，蓬如洋式"的西式战船组成一支新水师，在广东抗英海战中多次出击，取得不少战果。

在外购战舰和洋枪洋炮同时，林则徐下令仿照西洋式样，建造了一批火炮来装备虎门要塞。在浙江镇海，他与兵器专家龚振麟共同研究制成了行驶方便的车轮战船，并在保卫吴淞口之战中发挥了作用。

林则徐等人的言行，是对清王朝"重边轻海"传统观念的挑战，也是对闭关自守腐朽政策的猛烈冲击，为建立近代中国海军奠定了基础。

就在林则徐被贬离开广州之前，这位抱定"苟利国家生死以，岂因祸福趋避之"信念的伟人，还连续上奏清廷，要求尽快发展军备，提出"以船炮而言，本为防海必需之物，虽一时难以猝办，而为长久计，亦不得不先事筹维"[5]的主张。

1841年7月，江苏镇江的驿馆里，行将发配伊犁的林则徐与老朋友魏源对榻共语。林则徐把战前在广州让人翻译的《四洲志》书稿，郑重地交给了这位湖南邵阳人，希望魏源在这本英国人编写的世界地理大全的基础上，写出一本介绍海外诸国的书。

清军火炮

据说，林则徐于遣戍新疆途中，还寄语魏源，念念不忘南国烽火，曾以“小丑跳梁谁殄灭？中原揽辔望澄清。关山万里残宵梦，犹听江东战鼓声”的诗句来表达心迹。

魏源含泪接受了林则徐的委托，经过艰苦努力，编辑出中国第一部介绍世界地理历史知识的综合性图书《海国图志》，进一步阐发了林则徐的思想，明确提出“师夷长技以制夷”的响亮主张。

这些主张，因显然有利于清王朝维护其统治而被采纳。1842 年，大臣文丰上疏，购菲律宾一艘“驾驶灵便、足以御敌”的战船，编入八旗军水师营。同年，广东人潘仕成捐资仿英、美式样兴造战船。另一名中国人潘世荣雇用洋匠造出了一艘火轮船。著名工匠何礼贵在为外国人造船时，也掌握了制造蒸汽船及各式战船的本领，曾被调到湖北造船。

尤其是在后来，清廷统治者也在与洋人和农民起义军的历程次战事中，逐步认识到中国正面临几千年来的“大变局”，倘若不来点“改良”，不师洋人之“长技”，四处“冒烟”的封建统治将难以为继。

1860 年 12 月 24 日，就在第二次鸦片战争爆发、圆明园被英法强盗焚毁 66 天之后，咸丰皇帝才于病榻上发布了第一道向西方学习先进技术的“上谕”。

1861 年 1 月 20 日，清廷成立了“总理各国事务衙门”，这就是后人们所说的“洋务运动”的领导机关。大规模的洋务运动，就是在这种深沉的历史背景和复杂的利益动机下产生的一股社会风潮。

▶洋务运动及其孕育的近代军事工业

洋务运动是因“借法于外洋”而得名。从 19 世纪 60 年代开始，清廷上下兴办“洋务”成为一时的热潮。无论是当朝的洋务派官僚，还是积极主张“西学东渐”的知识分子，他们积极倡导洋务的目标，都蕴涵着借助西方先进的技术和发达的工商业，来实现封建王朝的“自强”。从这个层面上讲，洋务运动也是清政府于内忧外患形势下的一次自救运动。

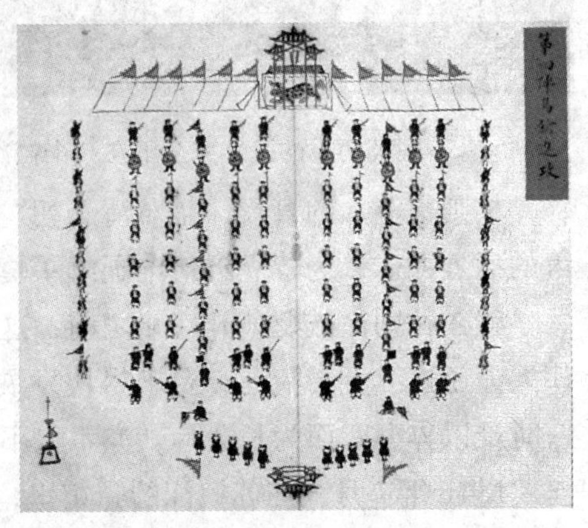
清军演兵阵图

鸦片战争后，痛定思痛的思想先驱们看到了中国与西夷之间军事实力的差距，主要表现在“夷之长技”上。他们粗略地归纳为三个方面，即“一战舰，二火器，三乃养兵练兵之法”。而缩小差距的根本办法，就只能是“师夷之长技以制夷”。

循着这样的思路，先驱者们身体力行，抓紧了对枪炮火器和西式舰船、水雷的研制。他们的这些主张和行为，不自觉地触及到科学技术这一国防建设中最为敏感的要素，一定程度上适应了世界军事技术发展的大趋势。同时，也对封建统治者历来“重道轻器”、视科学技术为“雕虫小技”的传统观念、视西方船炮为“奇技淫巧”和“形器之末”等糊涂认识，产生了强烈的冲击，客观上拉开了近代中国社会军事变革的序幕。

具有改革精神的思想家王韬和近代科学家徐寿、华蘅芳、徐建寅等人，不仅大量翻译介绍西方自然科学及机器制造等类书籍，而且还在兴建的新式工场里，着手研制枪炮、轮船和蒸汽机等“夷之长器”，将近代科学知识尤其是军事技术知识介绍给国人。这对此后中国新式枪炮舰船制造和海防要术、作战方式发展产生了重大影响。

19 世纪 50 年代爆发了太平天国起义，起义军以摧枯拉朽之势击败清军，很快据有江南数省乃至半壁江山，极大地震动了摇摇欲坠的清王朝。这里面也离不开新式武器的作用。

太平军使用的铜炮

早在 1853 年，太平军就通过洋行购买洋枪洋炮，以至到后来，太平军各部几乎都有洋枪洋炮。1862 年，李秀成率部解围天京。曾国荃称，“洋枪洋炮弹密如雨，兼有开花炸炮打入营中”。如此精良的军械，令曾国藩各部大感惊悚。这时，手忙脚乱的清军将领也逐步意识到新式武器的重要作用。为应战急之需，他们先是仿照西洋式样，建造了一批火炮洋枪，并对老旧的武器手工作坊进行了规模和数量上的扩张。

如湖南巡抚就派曾跟随林则徐制造过炮车的黄冕到长沙开炉铸炮；湘军统帅曾国藩奏请皇上，将对新式火器有所了解的龚振麟等人调遣至湘军中效力使用。

历史演进到 19 世纪 60 年代，以曾国藩、左宗棠、李鸿章和恭亲王奕訢为代表的清廷要员，基于镇压太平军起义和抵御外敌入侵的双重需要，也接受了“师夷长技以制夷”的思想，并以此作为清廷国防建设的指导方针。

在史称“洋务运动”的近代军事工业建设过程中，恭亲王奕訢的作用尤为突出。他也因担纲“总理各国事务衙门”的最高首长，而被皇族们戏称为“鬼子六”。

在镇压太平军起义中崛起的湘淮军吏大臣们对推进洋务也是功不可没。曾国藩明确表示：“师夷智以造炮制船，可期永远之利”[6]。

左宗棠提出：“此时而言自强之策，又非师远人之长还以治之不可。”[7]

1860年，奉旨组建淮军并赴上海镇压太平军的李鸿章，亲眼目睹了雇佣的英法“洋枪队”的战斗力。“其落地开花炸弹，真神技也！”这些武器装备，不仅有攻城时制造的巨响，炸开城堞高墙的威力，杀戮“长毛”的痛快，还让他在兴奋之余，也深感“外国兵丁口粮贵而人数少，至多以一万人为率，即当大敌。中国用兵多至数倍，而经年积岁不收功效，实由于枪炮窳滥。若火器能与西洋相埒，平中国有余，敌外国亦无不足”。

随着洋务运动的深入，有识之士逐渐发现，以购买、仿造洋枪洋炮来进行海防和军队建设，并非上上之策。最好的途径，应该是以引进西方军事技术为核心，迅速建立和发展自己的新式军事工业，即建立在“制器之器”基础上的近代工业。

1861年，湘军在曾国藩的主导下，于安庆开设了中国第一个制造近代武器的工场作坊——内军械所，这是区别传统作坊与现代工业的分水岭，是中国近代史上很有意义的事件。

马克思、恩格斯在《共产党宣言》里曾经对“现代工业”与“家长式的师傅的小作坊”之区别，作过生动而形象的描绘：“现代工业已经把家长式的师傅的小作坊变成了工业资本家的大工厂，挤在工厂里的工人群众就像士兵一样被组织起来。他们是产业军的普通士兵，受着各级军士和军官的层层监视。”

江南制造局大门

这段话用在中国洋务运动中出现的近代工业上，真是特别切贴。

安庆内军械所的劳动力，全部是湘军火炮营、神机营的工匠、兵士。当然，内军械所还集合了徐寿、华蘅芳、徐建寅等一批著名的科学技术专家，他们成功地研制出中国第一台蒸汽机和小火轮，开始了中国近代军事工业的草创阶段。

19世纪60年代后，更是洋务运动兴起的高潮，一批军工企业在全国各地如雨后春笋般涌现出来。史料记载，1865—1895年间，清政府先后设立了24家规模不同的官办军事工业企业，最著名的有江南制造局、福州船政局、天津机器局、金陵机器局和汉阳兵工厂。

江南制造局是清政府兴办的第一个近代军工企业。1865年5月，李鸿章以6万两银子买下美商旗记铁厂，这家当时“洋泾浜外国厂中机器之最大者”，具有修造开花炮、洋枪和火轮船的能力。

此后，李鸿章将原先为保障淮军作战需要的两个炮局并入其中；他的恩师曾国藩则将委托容闳在美国购回的100多台机器添了进去。这些从美国购进的较为先进的机器设备，使江南制造局从建厂之初，就具备了相当可观的规模和生产能力，主要造枪炮，也兼造舰船。直至发展为江南制造总局，并邀请英国人马格里等主持生产。

1867年，这个"中国第一"军工厂从虹口迁往城南的高昌庙，进一步扩大出轮船厂、机器厂、熟铁厂、枪厂、木工厂、钢铁厂、锅炉厂等数个分厂，还附设了学堂、翻译馆等。到甲午战争前夕，该局更增加了炮厂、火药厂、枪子厂、炮弹厂、水雷厂、炼钢厂等新的分厂，可以制造大到蒸汽轮船、小到西式步枪等多种武器装备，成为拥有官军职员技工3 000余人、设备300余台的近代大型军工厂。[8]

位于福州马尾的福州船政局，是1866年由晚清"清流首领"左宗棠奏请同治皇帝设立的近代化造船厂。左宗棠对那时盛行的"炮舰政治"有入木三分的认识，认为"泰西诸邦均以机器轮船横行海上，英法俄德又各以船炮相互炫耀，日竞其鲸吞蚕食之谋。乘虚蹈瑕，无所不至"，而中国的情势则是"水师直同虚设，舰炮全无"。为此，"须创建蹈之"。

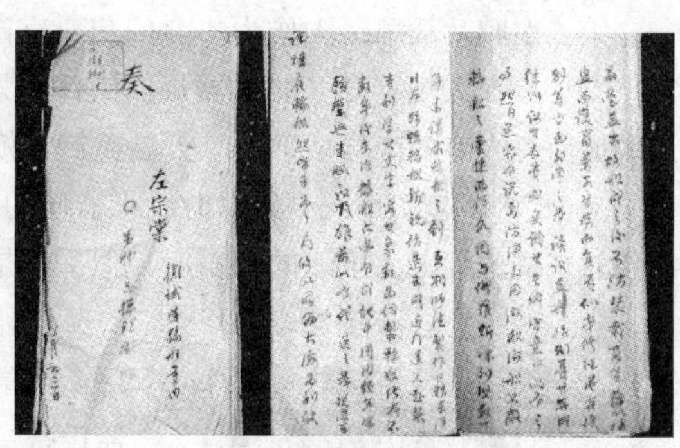

左宗棠奏折

福州船政局创建初期，主要聘请法国人日意格、德克风负责行政管理和技术指导，因而设备大多由法国进口。福州船政局相比其他洋务工业显著不同的是，在聘请法国人管理的合同中规定，除了负责建造舰船，外籍专家还负有训练中国学生和技工技师等责任。要求外籍专家训练中国学生和技工"与五年期满时达到独立担任造船及驾驶工作的水平"；并且自己办有学堂，"专习英、法之文及技术"。这些合同约定，表明左宗棠等人在与洋人打交道的诸多事情上，是很有前瞻性眼光的。

赴英、法等国学习的留学生

1867年元月，福州船政学堂就开始着眼培养能驾驶舰船巡守海疆的人才，还曾派遣专门的军事留学生，赴欧洲学习，对后来清廷的海军建设发挥了一定作用。1888年，清廷设立海军时，其担任总兵、副将职衔的军官有90%出自这里。最著名的就是邓世昌和他的同学严复。严复翻译的《天演论》向中国人介绍了达尔文的"进化论"，呼吁"自由为体，民主为用"，后来成为"戊戌变法"的思想灵魂。

从清同治五年(1866年)清政府在福州马尾设厂造船，至同治七年(1868年)底就基本建成的这家企业，是洋务运动时期我国引进西方先进设备和技术创办的规模最大的集军工、科研、设计和教育于一体的官办企业，大致拥有由80余所近代工业厂房(轮机等车间及船坞)、科研设计楼(绘事院)、教育学堂、管理人员及技师住宅等建筑组成的船政建筑群。

1874年后，福州船政局逐渐由中国技术人员独立负责管理，拥有工人2000余人，具有制造2500吨船舶能力，先后建成木壳军舰、铁木合构舰、钢甲舰和新型驱逐舰等40余艘。

现今的福州马尾造船厂仍部分保留了旧有的厂房和设备，主要有绘事院、轮机厂、钟楼、一号船坞、码头吊台基座等。它们作为清末洋务运动的重要遗存，展示着造船工业的历史与文化价值。

第二次鸦片战争后，作为华北门户、京畿喉襟的天津卫，卓然成为中外交涉的窗口，它也有了按洋人规矩开办的机器局。天津机器局建于1867年，分天津城东贾家沽道的东局和城南海光寺的南局两部分，开始生产规模不大，以试制小型铜炮和制造火药为主。大概是从1870年起，每天早晨6时，机器局的上空便有了“嘟嘟嘟”的汽笛声。这从英伦三岛传过来的催促工人上班的汽笛声，似乎就是中国大工业诞生的第一声啼叫。

天津大沽造船所

为什么人们记得这样清楚呢？是因为当年北洋大臣李鸿章接办了该局，旋即大规模扩建厂房，购买机器设备，相继增设了铸铁厂、熟铁厂、锯末厂、碾药厂、洋枪厂、枪子厂、栗色火药厂、炼钢厂等；主要制造火药、洋枪、洋炮、军用器具、电线、电机，还附有水雷、水师、电报学堂等部门，很快成为我国北方大型军工企业。

金陵机器局则是以原苏州洋炮局为基础，于1865年在南京雨花台创立。对这个原“苏州洋炮局”，人们切不可小觑。它是1862年由李鸿章雇用英国人马格里等技师来苏州，专门指导生产军火的新式军事工业之开端。原厂搬到南京后，在李鸿章的扶持下，逐渐发展成拥有三个机器厂、两个翻砂厂、两个熟铁厂、两个木作厂以及水雷局、火药局、火箭局等多个分厂的综合性企业，主要产品为火药和手工铸造炮弹，也生产过轻型火炮和步枪。

除了以上几个规模较大的军工企业外，这一期间还在西安、福州、兰州、广州、山东、湖南、四川、吉林等地创建了规模较小的军工企业。

洋务运动以及由它孕育产生的近代军事工业，给晚清及其后来的中国社会带来极其深远的影响。客观地看，它率先采用西方的大规模集中生产方式，引进先进的生产技术，为发展带有资本主义色彩的民族工业迈出了艰难的一步。

江南翻译馆

洋务运动为中国近代工业的发展培养了一批掌握近现代科学技术的人才，其中包括铁路总工程师詹天佑等优秀工程人员，对军事工程、航海运输、电报电讯、路矿采掘、理工教育等方面的建设发挥了重要作用；包括派遣大批青年去欧美留学所产生的积极影响，这些都值得充分肯定。

近代军事工业生产的枪炮陆续装备清军各镇，在一定程度上，有利于中国国防实力的提升。

短短20余年间，中国跨越了西方军队花费数百年才得以完成的由冷兵器到前装火器、由前装火器到后膛速射枪炮的两大发展阶段，缩小了与西方各国在武器装备上的差距。

早期蒸汽车

对于近代军事工业的诞生与发展，洋务派亦可谓殚精竭虑；花费之银钱，加上被洋商敲“竹杠”所支付的“学费”，在当时中国的财政支出中亦不算少，结局却很是悲凉。根本原因是洋务运动所搞的这些“变革”都必须在一个前提下进行，这就是清王朝的封建统治制度不能变，“老祖宗”的规矩不能变，这就注定了洋务派求强求富的美梦难成！

对于这些问题的认识，曾经积极参与洋务运动的王韬说得非常深刻。他认为学习西方仅限于“坚船利炮”是“仅袭皮毛而即嚣然自以为是，又皆因循苟且，粉饰雍容，终不能一旦骤臻于自强”。另一位参与洋务的有识之士钟天纬也指出：“若东开一局，西开一厂，岁靡县官千百万金钱，而仍无丝毫实际，则何益之有哉！”

因此，洋务运动从本质上说，只是封建制度的“身体”戴了顶资本主义先进技术的“帽子”，江南制造局、福州船政局这类军工企业都是由清军成建制转化而成。所谓“官军员工”，实际上就是“军官为管员、兵士领军饷”，并非一无所有的“工人阶级”。大概也是从这个时期开始，中国的军事工业百多年来都未能摆脱“军队成建制转化”的窠臼。

但是，应该承认，洋务运动毕竟是近代中国寻求自强出路的一次大规模尝试。站在审视历史的角度去解读，毋庸置疑，洋务运动客观上对中国社会以及近代军事工业、民族工业的发展，对中国国防军事技术人员的培养及工业技术的采用，甚至对中国工人阶级的诞生，都具有重要的历史作用和一定的进步意义。

▶刻在民族之船上的悲愤和呼唤

大规模的洋务运动及近代军事工业的建立，清政府率先选择在船舶、兵器制造业来进行，是有多方面原因的。

清政府因海上力量弱小而在鸦片战争以来的历次战争中吃尽了苦头，直到中法战争之后才决心"大治水师"，并专门设立了"总理海军事务衙门"。

从 19 世纪 60 年代开始，清政府就有了建立一支近代海军的愿望。当时在与太平军争夺长江中下游水道控制权的战争中，水师的重要性显得尤为突出，期冀自然也很高。

而当初清政府竟然简单地以为：靠花费白银向英国等列强外购舰队即可成军作战。颟顸的当权者哪里知道"现代化"是根本买不来的，最终为此付出了高昂的代价。

1852 年冬，横扫绿营老爷兵的太平军正式建立了水营，并在长江中下游的江河湖泽痛击了清军水师。

1861 年，太平军出兵浙江，逼近上海。当时风传，太平军正在委托外国传教士购买军舰，准备从海路北上进攻天津和北京。这个情报不啻于晴天霹雳，令清朝统治者大吃一惊，立即下决心要抢在太平军前面买回"洋舰"。

1861 年 6 月，代理中国海关总税务司的英国人赫德向清政府表示，可从海关关税中拨款购船。在得到清廷允诺后，赫德立即写信给在英国休假的总税务司李泰国，请他筹办。

1862 年 2 月，两广总督劳崇光奉清廷之命，在广东与赫德商定：清朝政府向英国购买中型木质蒸汽炮舰 3 艘，小型木质蒸汽炮舰 4 艘，连同舰上装备，共值银 65 万两。李泰国趁机大敲竹杠，又让清政府追加了 15 万两现款，才将 7 艘舰艇及一条供应船购齐。

但令清政府万万没有想到的是，居心叵测的李泰国竟然背着清政府擅自与舰队司令阿思本签订了令中国人不可思议的"合同"，即由中国人出钱购买的舰船变成了所谓的"英中舰队"。这个匪夷所思的变化来自 1863 年 1 月，由李泰国"全权代表"清政府与阿思本订立的 13 条合同"约规"。

按照这些"约规"，清政府必须并只能任命英国原海军上校阿思本为水师总统(舰队司令)；阿思本在任职 4 年内有权管辖调度所有洋式船只和蒸汽舰船；即由阿思本掌握舰队指挥全权；阿思本只需遵守由李泰国本人亲自传达的中国皇帝的旨意，并有权拒绝服从命令；该舰队必须悬挂英国旗号，对其雇佣外国水手等事宜，中国不得过问。

"如有阿思本不能照办之事，则李泰国未便转谕"[6]，颐指气使的模样跃然纸上。如此下来，合同中的诸多规定表明，这实际上就是让中国人出钱、由英国人控制的殖民化舰队。

这时候，清政府中以恭亲王奕訢为首的满族权贵和以曾国藩、李鸿章为首的军事实力派，都想把这支舰队纳入自己的管辖之下，因而有了好一番明争暗斗。1863 年 9 月，"阿思本舰队"驶抵中国后，李泰国声称购船费还不够，又向清政府索取白银 27 万两，前后共用款 107 万两。此后，每月还需支付 10 万两的日常费用。

李泰国、阿思本坚持要求清廷接受所谓的 13 条合同"约规"，并且提出在攻破天京(南京)后，还要参与平分太平天国的财物。这一下激怒了清朝官员，清廷上下对这个由中国出钱却要挂外国旗、并听命于"洋和尚"的舰队十分不满。曾国藩、李鸿章等湘、淮军首领在黄粱梦破之后，自然"釜底抽薪"，强烈主张清廷"退舰遣人"。

11 月 6 日，"阿思本舰队"遣散办法由奕訢与李泰国、阿思本商定：英国官兵发给 5

个月薪俸后遣散，舰船折价出售。这样，中国共支出白银173.2万两，收回售船款106.86万两，白赔了66万多两，只落得个“舰银两空”的笑柄。

这还只是清政府大量外购枪炮军舰遭暗算的小插曲。自1868年至1885年，清政府购置了十余艘伦道尔式炮艇，耗银达150万两。清廷上下在外购西欧军火的买卖中吃够了“哑巴亏”，洋务派的目光自然转到了建立新式军事工业尤其是舰船自主制造的方向。

“阿思本舰队”事件暴露了外国侵略者妄图把持中国海军的险恶用心，使有识之士痛感必须自主办厂造船，才能建立中国自己的海军舰队。左宗棠曾明确指出：“欲防海之害而收其利，非整理水师不可，欲整理水师，非设局监造轮船不可。”

于是，近代中国造船工业在“阿思本舰队”事件之后得以迅速发展，成为中国近代军事工业的先导。

早在1862年春，曾国藩就聘请精通化学、电学的徐寿（1818—1884，江苏无锡人，翻译了大量外国科技文献，在化学上尤有建树），还有在数学等方面颇有造诣的华衡芳（1833—1902）及黄冕、龚法常等人来安庆内军械所，于8月制成我国第一台蒸汽机。1863年10月前后，在南京船坞里制成了我国第一艘蒸汽轮船，被曾国藩命名为“黄鹄”号。该船排水量25吨，长约18米（存在争议），静水航速约6.7节，花费试制费8000两白银。

现存最早的洋务运动时期进口机器设备

1863年12月，端坐在“黄鹄”号甲板上的曾国藩巡视长江。他在日记中写道“制造此船，将依次放大续造多只”。但后来的情况，证明这仅仅是曾国藩的“南柯一梦”。

经过14个小时的试航，安庆内军械所制造的中国第一艘轮船终于宣告试制成功。“黄鹄”号在充当了一阵曾国藩的座船之后，便被闲置在金陵船厂的岸边锈蚀殆尽。

“黄鹄”轮绘图

铁锈斑驳的“黄鹄”号，是洋务派求强求富的缩影，是中国近代军事工业的先导产品。这期间，清政府花了不少钱，苦心经营新式军事工业。他们先是派员去西方考察，然后采购机器装备，运回中国的工厂安装调试，再转入生产。近代军事工业的建立，也使得中国所造舰船发生了从帆缆木船到钢甲战舰的跨越。

由江南制造局制造的中国第一艘木质明轮军舰“恬吉”号于1868年8月在黄浦江中试航。该船长约61米，排水量600吨，装备舰炮9门；顺水时速60千米，逆水时速30多千米。它尽管存在诸多技术问题，却为中国近代舰船制造业开启了崭新一页。

1869年，江南制造总局建成蒸汽军用轮船“操江”号，其船体外壳及船上所用汽炉、螺轮等全套机器，还有少数辅助设备，都是由该厂设计制造，表明中国造船厂已具备独立的制造舰船能力。

江南制造局火炮车间正在组装舰炮

但到1873年，自江南制造局建成排水量2800吨的“海安”号和“驭远”号木质蒸汽兵轮后，由于李鸿章认为还是“在外国定造为省便”，便逐步减少并停止了军舰自造。

1885年之后，江南制造局完全停止建造舰船，只承接舰船修理业务。中国舰船制造的主要基地随之转移到福州船政局。

早在1866年12月23日，经左宗棠向清廷奏准，船政局在福州马尾破土动工，很快发展成清末中国最大的造船厂。

1869年6月，船政局造的首条轮船顺利下水，名为“万年清”号。该船长76.16米，宽8.9米，排水量1370吨，航速12节，木壳结构，耗银16.3万两。

1877年，福州船政局紧跟世界潮流，采用欧美流行的铁肋木壳技术造船。船政局又从法国新购全套技术，从英国购买了1870年才创制的新型康邦立式和卧式联动蒸汽机，克服了“木铁连固之法甚难”的问题，生产出中国第一艘铁胁轮船，命名为“威远”号。该船排水量1250吨。

与此同时，福州船政局又开始建造快速巡洋舰“开济”号。这艘1883年初下水的战舰排水量2200吨，装备旋转式舰炮12门，航速15节，采用功率为1765千瓦的康邦卧式蒸汽机。“开济”号船头在水线以下安有冲角，可用来冲撞敌舰，各项技术接近国外先进水平。此后到1907年止，福州船政局共制造舰船40艘，总吨位4.7万余吨，占清末全国造船总数的74%。

福州船政局开办初期，左宗棠聘用了一些法国员工担任技术指导。到1874年合同期满，大部分人按期离局，仅留下3人。此时，中方人员已基本掌握各项技能，可依靠自己的力量造船了。1875年，船政学堂毕业生吴德章等自行设计制造炮艇获得成功。该艇吨位为245吨，航速9节。

福州船政局船台上建造的“开济”号

鉴于当时西方强国普遍装备了更先进的钢甲巡洋舰，福州船政局也于1885年按照法国提供的双机钢甲舰图纸进行设计建造。据史料介绍，一时间，船政局内“按图制作，推陈出新，趱赶工程，夜以继日，在事员绅，匠徒人等莫不殚精竭瘁，寝馈不遑”，忙于国船自建。

1888 年下水的“龙威”号巡洋舰，是中国自行制造的第一艘全钢甲军舰。该舰排水量 2150 吨，航速 14 节，采用康邦三联双基圆罐蒸汽机；舰底有两重钢板，舰身前部钢甲厚 5 英寸，后部钢甲厚 6 英寸，舱面钢甲厚 2 英寸，配备有 37 ~ 260 毫米不同口径的舰炮 18 门，鱼雷发射管 4 具。该舰后服役于北洋海军，改称“平远”舰。

次年，巡洋舰“广乙”号也制成下水。该船内龙骨为铁肋，外加穹甲一层，以保护轮机、锅炉和弹药舱不受炮击，具有更好的防护能力和抗沉性。它的建成，标志着洋务运动中的我国造船技术水平进入新阶段。

从以上叙述可以看出，从 19 世纪 60 年代末到 90 年代初，中国自造军舰的舰体材料已从单一木质经过铁肋木壳、铁甲迅速发展到穹形钢甲；蒸汽机从单机明轮发展到三联双基圆罐蒸汽机；航速从不足 10 节发展到 15 节；排水量则从 600 吨发展到 2800 吨；舰船的武器装备从只有小型前装火炮到大型火炮和鱼雷相结合，其发展速度也是相当可观的。

江南制造局车间

除了上海江南、福州马尾两处造船厂，中国其他一些地方也兴办了近代船厂或兼造舰船的工厂。1867 年清政府开办的天津机器局，本是以生产兵器、机械为主的厂家，但也兼造过一些小船。据《环球军事》文章说，这里还制造过中国第一艘潜水艇和第一套舟桥。

1880 年建立的大沽清廷船坞，主要为北洋海军修理舰船。清末时期，这里也造过“飞凫”、“飞艇”等舰船共 20 余艘。

1880 年开始筹办，1890 年才基本完工的旅顺船坞，也是规模宏大，设备完善，能修理“定远”号这类大型舰船。但它的命运是短暂而多舛的。1894 年旅顺被日军占领，清政府几经交涉后收回；但 1897 年又被沙俄夺去，1905 年后再度落入日军手中。

此外，1873 年开办的广州机器局，曾在温子绍的主持下，完全依靠中国人的聪明才智，制造出多达 40 余艘小型舰船。尤其是 1881 年造成的“海东雄”号炮艇，造价仅为所购英国造同类炮艇价格的 1/4。

当中国自制的舰船不能满足海军发展的需求时，清政府先后从德国、英国、美国、日本等国购回舰艇 85 艘。这对清王朝的海军建设起到一定促进作用，但也产生不少弊垢：一是阻隔了国内舰船工业的技术发展和经费支持；二是有些经办人员与外商勾结，以次充好，受贿贪污，盲目引进。当曾国藩、沈葆桢相继去世后，清廷海军建设实权为李鸿章一人独揽，而他的指导思想就是“造船不如买船”。以后，清朝海军舰艇更加依赖进口，根本无法自主发展。

▶龙旗飘扬、外强中干的大清舰队

19 世纪是海洋的时代。近代中国的屈辱正是从海防崩溃开始的。

正如前文所述，为了修补和缀缀支离破碎的海防，在洋务运动兴起之后，清政府除了大力创办军工企业如江南制造局和福州船政局，积极发展造船能力，还不惜耗费白银向国外购买新式战舰，于是便有了创办近代海军的一系列举措。

清王朝创建的近代海军，是以蒸汽动力舰艇为主体，采用西式训练和作战方法，军官多经国内外海军院校培训，有完善后勤支援系统的新式海上武装力量。

它的出现，标志着中国海防近代化的开端。近代海军的缔造者们——奕訢、李鸿章、左宗棠、沈葆桢、丁日昌等，顺应历史的发展，继承“师夷长技以制夷”的主张，从 1861 年起，经过三十多年的努力，把海军建设成整个清朝武装力量中最早完成近代化转变的新军种，在中国近代军事改革中占据着十分重要的地位。[9]

清政府创办近代海军的主张，最早是由江苏布政使丁日昌系统提出的。

1867 年，丁日昌从巩固海防的需要出发，首先提出建立北洋、东洋和南洋三支轮船水师的设想，认为有了这三支近代舰队，无事时可出洋逡巡，有事则一路为正兵，两路为奇兵，共同保卫海防。这些思想还是颇有些世界眼光、国际视野。

此后，沿海各省或通过购买外国蒸汽战舰，或凭借国内的造船能力，至 19 世纪 80 年代中期先后建立起北洋水师、南洋水师、福建水师和广东水师这四支较大的海军舰队。

其中，南洋水师拥有包括从德国购买的“南琛”、“南瑞”号巡洋舰在内的 15 艘军舰，总排水量 1.8 万吨；福建水师有木壳蒸汽舰 6 艘和其他船艇 8 艘，总排水量 1.1 万吨；广东水师仅拥有少量适宜近海活动的小型舰船。

在 1884 年 8 月 23 日的马尾之战中，福建水师所属舰船遭到法国舰队的突然袭击，全军覆没。次年 2 月，南洋水师遣派增援台湾的“澄庆”、“驭远”二舰也被法军击沉。清末四支较大的海军集团，只有北洋水师实力较为雄厚。

“镇远”舰军官与琅威理合影

1888 年，中国第一支近代蒸汽钢甲舰队——北洋水师正式成军。它的装备包括从德国、英国订购的排水量达 7335 吨的“定远”、“镇远”号铁甲舰以及“济远”、“致远”号等巡洋舰，加上其他舰艇，军舰总数达 30 余艘，官兵4000余人。

北洋水师聘英国人琅威理为总教习，以大沽口为后勤补给基地，就近从天津机器局供应军火；以旅顺为舰船修理基地，建船坞，设厂房；以威海为教育训练基地，设立水师学堂，培养技术人才。但这般良好的布局，并没有给它创造“茁壮生长”的环境。

被聘为北洋水师总教习的琅威理，有着英国军人传统的敬业精神，对海军的训练和管理相当严格。他规定各舰管带除休假期外不得登岸过夜，不论值勤与否均不得离舰离港；操练也完全按英国皇家海军的套路进行，“不容丝毫松弛”。北洋水师提督丁汝昌亦认为：“洋员之在水师最得实益者，琅总查为第一……人品亦以琅为最。平日认真训练，订定章程，与英国一例，曾无暇晷。即在吃饭之时，亦复手心互用，不肯稍懈。去秋退处烟台，已经禀辞薪水，尚手订舢板操章，越两月成书寄旅。此等心肠，后来者万不能逮。”[10]在他的督带下，北洋水师操演认真，平时没人敢请假，亦无人敢出差错，故军中流传“不怕丁军门，就怕琅副将”的说法。而在其任内，北洋水师的训练水平亦达到巅峰，令各国刮目相看。当然，他的这套教习方法，与封建军队的陋弊传统水火不容。琅威理不仅与丁汝昌的官老爷权威发生冲突，而且还被方伯谦等用中国式官场“潜规则”施以手腕，软抗硬磨，哄走了事。导火索即所谓“刘步蟾传令降下提督旗换升总兵旗，污辱琅威理”的“撤旗事件”。

北洋水师的水兵们在刘公岛操练

史料表明，琅威理去职后，北洋水师军纪松弛，操练尽废。《北洋海军章程》规定：“总兵以下各官，皆终年住船，不建衙，不建公馆。”但“自琅（威理）去后，渐放渐松，将士纷纷移眷，晚间住岸者，一船有半。”[11]管带们大多在威海卫内城居住，有的还把姨太太接到刘公岛上。“每当北洋封冻，海军例巡南洋时，又率淫赌于香港、上海，识者早忧之。”

据威海中国北洋水师博物馆资料介绍，那个时期的清廷海军舰队完全称得上是“亚洲最强大的舰队”，在世界各国海军中也是名列前茅。一时间，龙旗飘扬的大清舰队成了李鸿章等人的“招牌菜”，由此也引发了清廷内部派系之间更加尖锐的争斗。清政府认为海军建设已“功德圆满”，作出了暂停进口舰船及军火的决定，北洋水师的发展骤然停了下来。

当时，欧美各国舰船、火炮发展日新月异，不断生产出新型战舰和速射火炮。至19世纪80年代末、90年代初，原先海军实力较弱的日本添置了快速战舰和速射炮，整体力量与北洋水师不相上下；加上平时的严格训练和管理，其海军的作战实力并不逊于中国。

▶甲午之战激荡而起的瓜分狂澜

洋舰、洋炮、洋枪买回来了，李鸿章好不得意，派出冠以吉祥威猛之名的中国战舰在海上游弋，似乎有海无防的历史将一去不复返。1886年5月28日，光绪皇帝的生父醇亲王视察北洋水师，李鸿章作诗献呈：雕弓玉节出天阊，士女如山拥绣裳。照海旌旗摇电影，切云戈槊耀荣光……足见其洋洋自得的心态。1891 年，清廷派北洋水师提督丁汝昌以“定远”号为旗舰，率领六舰“招摇”着去日本访问。

转眼两三年过去，1894 年 7 月 25 日，日本海军“第一游击队”指挥官坪井航三率领“吉野”号等三舰在丰岛海域袭击北洋水师“济远”舰编队，点燃了甲午战争的导火索。

当时(1894 年)，中日两国海军实力旗鼓相当，北洋水师自然成为日本侵略者眼中的主要障碍。为了实现称霸东亚的目的，日军决定冒险一战。

甲午海战的胜负，对中日两国的发展有着至关重要的影响。这是一场“国运相赌”的战争，日本人是志在必得，清廷却无动于衷。

甲午战争前，日本已为战胜中国进行了长达 20 多年的准备。日本天皇带头捐款，皇室甚至拿出了脂粉钱来扩充海军和陆军，添置了新式战舰和火炮。到甲午战争前夕，日本海军已拥有 31 艘军舰，24 艘鱼雷艇，总吨位 5.9 万余吨。

而这时的大清海军，4 支舰队合起来共有军舰 78 艘，鱼雷艇 24 艘，总吨位 8.4 万吨。尽管中国海军兵力分散，多数舰艇陈旧，在航速、火力及官兵军事素质等方面，可能落后于日本海军；但并非实力相差悬殊。日本海军也没有多少胜券在握，中方完全可以一搏胜负。出人意料的是，历史的天平就在这短暂的游移中发生了倾斜。

甲午战争中最为惨烈和悲壮的就是黄海海战。

1894 年 9 月 17 日正午，日军舰队向北洋水师发起袭击。北洋舰队官兵同仇敌忾，奋勇抗敌。提督丁汝昌在开战之初即负伤，但他仍忍痛督战。激战中，旗舰“定远”号的官兵一面扑灭军舰中弹引起的烈火，一面操作重炮轰击敌舰。“致远”号管带邓世昌沉着机智，果断地指挥战斗。尽管“致远”号被敌舰击中，舰体倾斜，全体官兵仍然浴血奋战。当他们与敌舰“吉野”号相遇时，邓世昌下令全速直冲“吉野”号，决心与敌同归于尽。“致远”舰在冲击中遭日舰围攻，不幸爆炸沉没，全舰 200 余名官兵壮烈殉国。

黄海大战一直激战到傍晚，以日军舰队首先撤离战场而结束。在这场战斗中，北洋舰队损失 5 艘军舰，死伤管带以下 1000 余名官兵；日军有 5 艘军舰受重创，死伤舰长以下 600 余官兵。在这场持续 5 个多小时的战斗中，邓世昌等爱国官兵临危不惧，勇猛抗敌，表现出高亢的爱国热忱和不屈的民族精神。

热血染红了黄海。当光绪皇帝得知“致远”号等五舰官兵壮烈牺牲的消息后，挥笔痛悼：“此日同挥天下泪，有公足壮海军威!”从此，邓世昌作为民族英雄而名垂青史，“致远”号也光荣地被载入浩瀚史海。

黄海大战后，日军仍未敢轻举妄动。但士气低迷的北洋水师在李鸿章的约束下退兵龟缩于威海港内。史载：李鸿章命令北洋水师“不得出洋浪战”，采取避战保舰的消极方针，使日本海军完全控制了黄海。

10 月 24 日，日本军部为了配合其陆军第一军从朝鲜渡过鸭绿江进攻辽东，命令日军第二军在海军掩护下于花园口登陆，进逼大连、旅顺。当时该地区清朝驻军人数不少，武器较好，但清廷未作任何防御部署，听任日军在辽东海岸登陆，从背后攻击旅顺要塞和控制大连湾。11月中旬，大连失守，旅顺陷落。

清廷从1880年开始经营，耗时16年、耗银数千万的“东方第一要塞”竟如此毁于一旦。旅顺是举世闻名的天然良港，建有国内最大的船坞，基础设施齐全的码头口岸和仓库，计有13座海岸炮台和12座陆路炮台。另外，大连还有海岸炮台5座，陆路炮台1座。这些均成为李鸿章“拱手相让之礼物”。

自爆后的“定远”号甲板

此役，日军在旅大地区仅缴获的大炮就有459门，弹药256万多发，其他物资更多。拿下旅顺，让一心想要歼灭北洋舰队，然后再与清军在直隶平原展开会战的日本侵略者，顺利地实施了第一步战略。

“靖远”舰铁锚

1895年1月，日军故伎重演，在山东荣成湾登陆，使停泊于威海卫的北洋水师腹背受敌。环绕威海卫军港陆地三面的南帮炮台、威海卫城和北帮炮台相继落入敌手。

2月11日，日军大举夹攻北洋水师，清军再遭败绩。这时，泊于港内的“定远”、“来远”、“威远”、“宝筏”等战舰竟然被日军利用清军炮台的炮火击伤击沉。援兵无望，陷于绝望的北洋水师将领丁汝昌、刘步蟾等人杀身成仁。“定远”号被清军炸毁。

2月12日，刘公岛道台牛昶炳以丁汝昌名义写信向日军乞降。14日，清军派代表缴出官兵名册并订立降约，向日军交出了残存军舰和炮台军械。17日上午，日本联合舰队耀武扬威地驶入威海卫港内，陆战队登上了刘公岛，5100多名中国海陆军官兵放下武器。“镇远”、“济远”等10艘军舰换上了日本海军旭日旗，并被掠至日本。“镇远”、“靖远”舰上的铁锚还让日军卸下，陈列于东京上野公园，旁立辱华碑文，宣扬“大日本皇军武威战功”。

1895年2月17日16时，被日军解除了武装的练习舰“康济”号载着几名清军自杀将领的灵柩及洋员、清军海陆官兵1000余人，凄然驶离刘公岛。这一天，成为中国海军史上的耻辱日。

至此，清政府苦心经营、显赫一时的北洋水师就这样全军覆灭，喧嚣一时的洋务运动也只得偃旗息鼓。4月17日，清政府谈判全权代表李鸿章在日本签署了《马关条约》。

历史沉重地写满了荒唐与屈辱。就在中日兵锋相交，枪弹如雨、炮轰城坍，即日军已

日绘《马关条约》谈判图

占领旅顺直逼大连之时，渤海湾西岸的紫禁城里却正在隆重举行慈禧六十寿辰庆典。那个扬言“谁惹我今天不高兴，我就叫他一辈子不痛快”的老佛爷正坐在耗银 76 913 两的金辇上，于“山呼万岁”中接受光绪朝拜，大宴群臣，歌舞升平，极尽奢侈。

而在辽东半岛南端的旅顺，四天两夜间，禽兽不如的东洋鬼子血腥屠城，致使 2 万多中国军民失去了生命，仅留下 36 个中国人来处理那遍野尸骨。国人永远不应忘记这些国耻家恨！

当年曾经有人悲愤地写到：草木尤春荣，世运何大异！东望春可怜，千里碧血渍。慈禧寿辰庆典的奢华，旅顺口血流成河的惨烈，刘公岛水师覆灭的巨创，恰好折射出清政府外强中干、腐朽反动的本质，隐示着洋务运动必然失败的根源。

站在 21 世纪新的历史方位，人们如此评述中日甲午战争，并非要去探讨两军对垒的战略战术问题。因为战争的胜负已经由历史判决。但甲午战争的结果，影响了东亚地区乃至世界近 50 年的历史，直至今天还可看见它的“潜影”。

日本人用清舰炮弹树立的纪念物

依据《马关条约》，中国被迫割弃台湾，并向日本支付两亿三千万两白银的巨额赔款（其中 3000 万两白银是后来作为赎回辽东半岛的“补偿金”）。这个数字相当于清政府 3 年的财政收入，日本政府 7 年的财政收入。“据日本当时的记载，当他们拿到这笔赔款后高兴得不知道怎么花。于是日本开始扩充军备，购买轮船，购买武器，开工厂，造铁路，办学校，特别是普及教育。日本就是依靠中国赔款迅速发展起来。”清史研究专家戴逸先生如是说。

从鸦片战争到清政府垮台，仅对外战败赔偿一项，累计白银约 13 亿两，相当于清政府年度财政收入的 16 倍。列强捧了白银去做资本，中国则沦陷于贫困的地狱。若用 13 亿两白银去组建舰队，至少可以建成 13 支超级强大的舰队；若用 13 亿辆白银去购买工厂，至少可以建 130 家居世界水平的造船厂或兵工厂；若用 13 亿两白银去改善中国人民的生活，4 万万同胞可做的事情就太多太多了……甲午战争带给国人的刺激实在是痛剧创深。

除了巨额赔款，日本还得到西方列强在华已有的一切特权。战争带来的甜头，不仅滋养了日本经济，而且使这个“曾经的学生”更难摆脱小人得志的心态。它迅速膨胀成妄图称霸亚洲的战争机器，走上了侵略朝鲜、中国和东南亚诸国的军国主义道路。

甲午一役，血染黄海，割地赔款，丧权辱国，举国震惊。“四万万人齐下泪，天涯何处是神州?”面临国家民族的空前灾难，中华民族的觉醒意识空前高涨。

梁启超说，“吾国四千年大梦之唤醒，实自甲午战败、台湾偿二百兆以后始也”。“自中东一役，我师败绩，割地偿款，创巨痛深，于是慷慨爱国之士渐起，谋保国之策者，所在多有。”变法维新的呼声由此日益高涨。

现保存于日本长崎哥拉巴公园“定远”舰舵轮

甲午战败的惨痛教训，对于中国来说，不仅是一场战争的失败，更说明仅靠器物层面上向西方学习，还是不能实现中国真正的自强。

应该承认，持续了30多年的洋务运动，战前一直颇有声色。清王朝积极引进和仿制欧美先进的枪炮技术，在数十家近代兵工所(局)的努力下，一度使清代后期中外军工技术差距由原来大约相差两个世纪缩短到10年左右。以近代蒸汽舰船为主战装备的北洋水师，其规模与技术水平也一度居东亚之首。甲午战争前，北洋水师在世界排名第8位，在亚洲排名第1位；日本海军在世界排名第16位，亚洲排名第2位。中国海军的总体实力并不弱，特别是拥有从欧洲订购的排水量达7335吨的铁甲舰“定远”、“镇远”号，要比日本海军的装备强大得多。而清廷海、陆两战皆遭败绩，说明战争的失败，就不仅是军事装备上的原因。

日本人用清舰遗物建立的主题公园

恩格斯曾指出，“当技术革命的浪潮正在四周汹涌澎湃的时候……我们需要更新、更勇敢的头脑”[12]。

甲午惨败促使国人猛醒，更重要的问题出在政治制度上——腐败无能的封建专制政体已是中国实现富强和现代化的主要障碍。

▶恢复海军的步履艰难前行

经历了甲午战争，北洋水师的作战舰艇损失殆尽，广东水师也失去了仅有的3艘巡洋舰。清王朝苦心营造的近代海军元气大伤。

战败给了国内顽固派们最好的口实，他们攻击创办海军招来了灾祸，主张“自安孱弱，静以待时”，并警告不要再造舰购炮了，否则会“欲御侮而适以召侮”。

1895年3月12日，清政府撤销了海军衙门。此招实属自断膀臂！

7月22日，直隶总督王文韶奏请裁撤北洋水师315名军官编制。

对此，受西方思想影响的郑观应在《盛世危言·海防篇》中指出："有海军之时，尚不足以御外侮，若并此而无之，则重门洞开，内皆酣睡，有不启盗贼之心者乎"，"海禁宏开患在外侮……外伤之来，非海军不足以御之。"

《马关条约》签订后，龙旗飘扬的大清舰队几乎不复存在，洋务派能够与保守派角力的本钱也输了个精光，但李鸿章等人及其后继者，还是能看清西方列强发展的大趋势，仍不失勇气与胆识，毅然提出要恢复或重建海军。

1895年，湖广总督张之洞向朝廷奏称："今日御敌大端，惟以海军为第一要务……无论如何艰难，总宜复设海军。"

6月3日，新疆巡抚陶模在提议"培养水陆军人才勉图补救"的奏折中认为："夫沿海万里，防不胜防，必有海军数大枝，海口方能联络，各岸防军亦可酌减。"

9月25日，钦差大臣刘坤一奏请整顿中国船政，建议舰船今后尽量自行建造，并对恢复海军提出了设想。

1896年1月21日，直隶总督王文韶调黄遵宪总办北洋水师营务处事宜。

水师管带合影

3月2日，王文韶在"统筹北洋海防翼渐扩充"的上奏中指出："海防之利钝，总视水师之强弱。水师任战，陆军任守，奇正互用，庶应变不穷。"他建议从培养海军人才做起，"严饬各练船认真操巡，以娴兵备；俟财力稍裕，即行渐次扩充"。

7月28日，总理衙门提出整顿福州船政的意见：添置机器，聘请外国技术人员造舰，兴办煤铁各矿，培养海军人才，保障经费，派徐建寅任提调。

1898年，中国爆发了戊戌维新运动。变法领导者把建立新式海陆军作为改革的一项重要内容。康有为在《应诏统筹全局折》中提出要建立海军局，治铁舰练军之事。康有为还在保国会的演说中说："吾中国无海军，即无海境。"

7月29日，光绪在给各省将军督抚的谕旨中指出："国家讲究武备，非添设海军，筹造兵轮，无以为自强之计。"

8月10日，光绪皇帝又给南北洋大臣及沿海将军督抚下谕："中国创建水师，历有年所。惟是制胜之道，首在得人。欲求堪任将领之才，必以学堂为根本。"要求沿海各地兴办水师学堂，培养海军人才。

在变法过程中，清廷先后向各省筹款188万两白银，准备用来建造舰船。然而，西太后发动辛酉政变后，刚刚筹集到手的海军经费多数被用于奖赏"政变有功"的荣禄部队，仅给福州船政局留下15万两。这时的中国海军，就是在颐和园昆明湖里为慈禧游玩，开开从日本购回的那艘"永和"铁甲轮船而已，还有湖畔几间平房里的"水操学堂"。

历史的屈辱，至今还烙刻在“世界文化遗产”颐和园的西北侧，让国人永世不忘。

尽管阻力重重，恢复海军的步伐仍在艰难地前行。

1898 年 11 月，清政府耗资 16.3 万英镑向德国订购的 3 艘排水量 2950 吨的穹甲巡洋舰悬挂外国旗帜抵华，驶抵大沽口后才敢换上大清龙旗。

1899 年，清政府向英国订购的 2 艘排水量 4300 吨的“海天”级穹甲巡洋舰抵华；不久，向德国购买的 4 艘排水量 243 吨的小型驱逐舰也抵华。

1899 年 4 月 17 日，清政府重新起用原北洋水师将领，任命叶祖珪为北洋水师统领，萨镇冰为帮统，负责整顿北洋水师。

这年 2 月，意大利派 6 艘军舰来华恫吓，企图逼迫清政府出租三门湾为海军基地。海军将领闻讯后认为中国海军已有一定力量，“尚堪一战”。于是，清政府拒绝了意大利的最后通牒。意方自知实力不逮，不再威逼。

此后，义和团运动爆发。1900 年 6 月，在八国联军入侵大沽的作战中，停泊在天津卫海口内的“海容”号巡洋舰及“海龙”等 5 艘驱逐舰均被八国联军掠去。后来，“海容”舰由清政府花银子赎回，而几艘驱逐舰却被列强作为战利品瓜分。对此，清廷完全是一副忍气吞声的态度。

1902 年，福州船政局又造出了 1 艘 859 吨的驱逐舰和 1 艘仅 50 吨的鱼雷艇。中国海军的实力渐渐复苏。这时，与八国联军订立《辛丑条约》的议和大臣奕劻、李鸿章等人，建议将外购的 5 艘大军舰“撤售”，以表示中国对外无备战态度，避免引起麻烦。此事引起海军官兵的强烈反对，叶祖珪、萨镇冰向朝廷据理力争，才使恢复中的海军免遭夭折。

1905 年 1 月 18 日，清政府委派叶祖珪总理南北洋海军，统一督办各水师学堂及各地船坞。7 月，萨镇冰接任叶祖珪的职务。1907 年 5 月，清朝在陆军部设立海军处，将原练兵处军学司的水师科和工部的船政事宜并入。海军处设正、副使主持处务。让这些或多或少知晓点舰船知识和设备技能的人员候用，好歹也算是为海军留下了一脉“骨肉传承”。

1909 年 7 月 15 日，清政府任命载洵、萨镇冰为筹办海军大臣，成立了直属朝廷的筹办海军事务处，原海军处副使任参赞，统一指挥南北海军。舰艇划为巡洋舰队和长江舰队，程璧光、沈寿堃分任统领。“由度支部(即财政部)拿出 700 万两作为海军开办费，以后每年常备费 500 万两，由各省分认。”

1910 年 12 月 4 日，筹办海军事务处改为海军部，载洵任海军大臣，萨镇冰任统制(总司令)，管理全国海军及水师事务；巡洋舰队和长江舰队归由海军统制指挥。巡洋舰队有巡洋舰“海圻”、“海筹”、“海容”、“海琛”号，驱逐舰“飞鹰”号，练习舰“通济”号，运输舰“保民”号共 7 艘，加上 8 艘鱼雷艇。长江舰队有练习舰“镜清”号，运输舰“南琛”、“登瀛洲”号，驱逐舰“建安”、“建威”号共 5 艘；加上 12 艘炮舰。此外，还有些舰艇属于各省水师编制。

在海军建部前后，清廷还抓了几件大事，为日后中国海军发展做了些基础性工作。

现在看来，排在第一位的大事是办学育才。

1903年在烟台创办了海军学堂，到1928年办了18届，共培养航海人才548人，是当时中国海校中最多的。此外，还在江苏江阴办过海军雷电学堂，在武昌办过湖北海军学堂。

1905年起，萨镇冰除继续向欧美派出海军留学生外，还开始向日本派遣海军留学生。到辛亥革命前，赴日留学的海军生员共91人，其中许多人后来成为辛亥革命的骨干。

排在第二位的大事，是江南局坞的分立。

江南制造总局船坞自1867年建成以来，在封建官僚的操纵下，越来越不景气。起初还造了15艘近万吨舰船，1885年之后干脆停止生产。至1904年，仅修船11艘。

两江总督周馥考察了濒临荒废的江南制造总局船坞后，认为“穷极当变”。经清廷批准，正式进行局坞分立。制造局专门生产军火，江南船坞独立出来后虽隶属海军，但按商业化方针经营。聘德国人巴斯任总稽查，和丰船厂英籍经理毛根为总工程师（后接任总稽查）。江南船坞的大权后来逐渐被毛根掌握。

清末海军军舰

英商毛根熟悉舰船建造技术，采用欧美企业经营模式，如要求经营人员主动出去揽生意，允许给中介者优厚回扣，吸引外轮来江南修造。毛根还把英国企业的会计核算制度全盘拿过来，把工程估价、费用开支、银行结算等统管起来，使江南船坞走上了近代化和资本主义化的道路，一度呈现繁荣局面。

1905—1911年间，江南船坞共造舰船136艘，计21 040吨，修船524艘。原定10年归还的20万银两的开办费，提前4年于1911年还清。当然，这也只是昙花一现。

辛亥革命爆发后，因这里既可修造军舰大炮，又可量产枪械弹药，势必成为兵家争夺之地。后来，江南制造局生产的枪械弹药源源不断地补充了革命军；同时，江南船坞还是民国临时海军司令部的所在地，清廷水师起义舰船的集结地。这些都为后来的江南造船厂留下了光荣的史迹。

排在第三位的大事，是海军大臣的内巡外访及发展海军计划。

1909年8月24日至9月24日，载洵、萨镇冰等人从北京出发，巡视了9个沿海沿江省的海防情况，考察了海军学堂、船坞，并参加了象山辟港典礼。

10月16日，载洵、萨镇冰等乘船赴欧洲考察，有23名海军人员随同前往英国留学。载洵一行访问了意大利、奥地利、德国、英国的海军学校和船厂，并向意大利订购炮舰1艘，向奥地利订购驱逐舰1艘，向德国订购驱逐舰3艘、江防炮舰2艘，向英国订购巡洋舰2艘。

1910年8月24日，载洵、萨镇冰乘船前往美国、日本考察海军，参观了船厂及其他海军机构，向美国订购巡洋舰1艘，向日本订购炮舰2艘。载洵在外访中所订的军舰，除美国、奥地利、意大利三国因舰款纠纷而取消外，其余9艘于民国初年来华。

此间，海军还制定了1909—1915年筹办规划，其主要内容为：7年内，中国海军应添置头等战舰 8 艘，各型巡洋舰 20 余艘，其他军舰 10 艘，水鱼雷艇 3 队；编设舰队，兴办舰船枪炮学堂及海军大学，发展船厂，建设军港，规定海军征兵区，建立经费预决算制度等。当然这些“纸上谈兵”的“规划”，在当时国内外环境下，也就成了“鬼话”。

特别值得一提的是，在此“多事之秋”期间，中国军舰巡视了波涛汹涌的南海。这是自明朝郑和“七下西洋”以来，中国军舰又一次巡视南沙。

1909 年 4 月，广东水师提督李准率“伏波”、“广金”、“琛航”3 艘军舰，乘员共 170 人，在南海进行巡航，查明了西沙群岛的 15 个岛屿，并在永兴岛上鸣炮升旗勒石为记，捍卫了中国的领海主权。之后，萨镇冰还奏请清廷，提出每年应派舰南巡“宣示主权”。

最后，讲讲清王朝覆灭、民国初创时中国最大的穹甲巡洋舰“海圻”号的波折故事。

甲午海战虽令北洋水师一蹶不振，但重建海军的念头还是久久地萦绕于李鸿章心中。在李鸿章的坚持下，清政府又与欧美诸国订购了一批军舰；如在英国签订了建造两艘“海天”级穹甲巡洋舰的协定，与美国订购了“飞鸿”号巡洋舰等。

1899 年，随着订购的“海”字舰陆续建成归国，北洋海防似乎有了气象一新之感。

与“海圻”号同时从英国购进的还有艘“姊妹舰”，名叫“海天”号，与前者排水量都是 4300 吨。但“海天”号巡洋舰在李鸿章死后不久，竟然鬼使神差地于 1904 年 4 月 26 日在鼎星岛海域触礁沉没，这是中国海军在海难事故中沉没的最大军舰。奇怪的是，该舰管带刘冠雄竟未受到严厉处分，原来是得到了袁世凯的庇护。

孑然一身的“海圻”号，虽说形影相吊，却也可以“称王”。

“海圻”号官兵合影

1911 年，英国乔治五世举行加冕庆典，邀请中国派舰参加。清政府决定由海军协都统程璧光率领最具战力的“海圻”舰远赴英伦，参加阅舰式。经过近两个月的航程，“海圻”舰于 6 月抵达自己的“出生地”朴利茅斯港，由英国海军大西洋舰队旗舰“威尔士亲王”号对它“一对一”接待。英国人在加冕典礼上“礼遇有加”，令清廷真有点飘飘然。

海军官兵们参加完加冕典礼阅舰式，恰逢墨西哥官吏虐待华侨、加勒比地区反华排华浊浪滚滚，当地华侨频频向清廷吁请、控诉。于是，清廷趁“海圻”舰出访欧洲的机会，电令程璧光带舰前往墨西哥实施震慑，以保护中国侨民。

1911 年 8 月 31 日，“海圻”舰离开英伦驶往墨西哥，进行中国海军有史以来第一次横跨大西洋航行。

“海圻”舰于 9 月 10 日在“自由女神”的注视下抵达纽约港，成为第一艘到达美国本土访问的中国军舰。在纽约期间，“海圻”舰派出仪仗队，行进于纽约街头，前往位于哥伦比亚大学附近的美国前总统格兰特将军墓地敬献花环。此举收到轰动效应，引起美国东部社会特别是旅居纽约华人的热烈反响。一时间，人们才知道美国南北战争名将、前总统格兰

“海筹”号巡洋舰，摄于民国初年

中国水兵往美国前总统格兰特将军墓地敬献花环

特曾与清政府海军缔造者李鸿章建立过深厚交情，并在卸任后到访过上海。

按原定航程，“海圻”舰结束在美访问后本应直航墨西哥。但此时情形已有变化，风闻中国军舰即将到达，墨西哥政府惊惧不已。当年墨西哥海军最大的军舰，也不过是一艘排水量1200吨的巡洋舰。在巨大的威慑下，墨政府通过美国的撮合，已向清政府赔礼道歉。清廷又电令“海圻”舰驶往古巴，中止那里正在上涨的排华倾向。已感受到威慑的古巴当局此刻也和颜悦色，礼迎“海圻”舰到哈瓦那港。

“海圻”舰靠港的日子，成了旅居古巴华侨的节日，“古巴侨民扶老携幼来观祖国海军，古巴人亦以为壮观”，“特开欢迎大会，为之休业三日”。古巴总督接见程璧光时，再三重申古巴不会歧视中国侨民。

“海圻”舰首航美洲，这也算得上是清末民初中国海军的一大荣耀吧。

辛亥革命爆发后，滞留在外的“海圻”舰在程璧光等人带领下拥护共和、投向民国政府。原以为可出任海军部长的程璧光，却被袁世凯的亲信刘冠雄“顶了角儿”，于是愤而辞职。

▶“汉阳造”——洋务运动的后起之秀

清军在甲午战争中的惨败，使越来越多的人认识到，单纯依靠向西方学习“制炮造船”的技术是行不通的。连李鸿章也不得不承认自己“办了一辈子的事，练兵也，海军也，都是纸糊的老虎，何尝能实在放手办理？不过勉强涂饰，虚有其表，不揭破犹可敷衍一时”。

但是，洋务运动中靠此起家的一帮练臣干将并未就此止步。国内几十家新式军工企业中出现了一个被称为“汉阳兵工厂”的后起之秀。

对于“汉阳兵工厂”，许多中国人并不陌生。因为，直到抗战时期还在使用的“汉阳造”步枪，就是由汉阳兵工厂生产的中国兵器的著名品牌。

汉阳兵工厂，最早是1889年由时任两广总督的张之洞向光绪皇帝上奏折，经其批准后在广东石门兴建的枪炮厂。

1890年，经清廷正式批准，枪炮厂移鄂，命名为“湖北枪炮厂”。

9月6日，在湖北汉阳龟山北麓选定厂址，同年底奠基动工，投资经费约70万两白银，并将原在广东石门的机器设备移至湖北汉阳。

1891年，张之洞又向德国订购了制造毛瑟步枪的机器。

1892年，厂家陆续向德国增加订货，购置了制造枪弹、炮弹和炮架的机器，并于1894年改订制造快炮的全套机器。

1895年，湖北枪炮厂正式生产枪炮。几经扩充，计有枪厂、炮厂、枪弹厂、炮弹厂、炮架厂和火药厂等多个分厂，工人约1200余名，产品以步枪、火药和火炮为主。

1904年，工厂更名为“湖北兵工厂”，又名“汉阳兵工厂”。这时，该厂每年可生产“汉阳造”步枪万余支、火炮百余门。

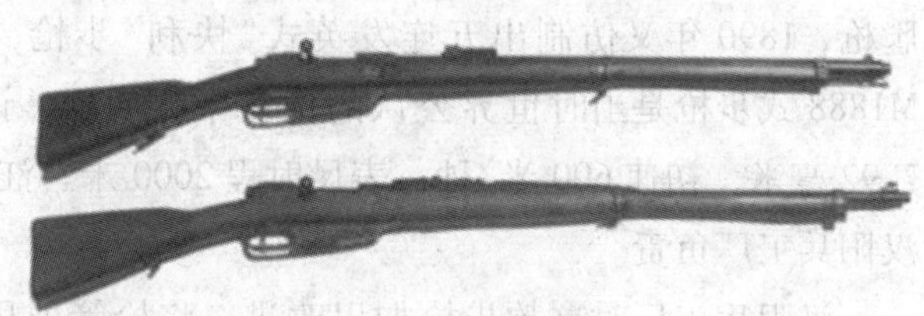
汉阳兵工厂仿造的德国M1888式步枪

“汉阳造”步枪，在中国近现代史上还是很值得一书的。这里也就顺着历史的轨迹，把那些本来发生在后面的故事提前讲述。

1911年10月10日晚8时许，坐落于武昌城南的清廷新军第八镇工程营房里，革命党人用“汉阳造”打响了武昌起义第一枪，锋锐直指清王朝，揭开了辛亥革命的序幕。

1927年8月1日，周恩来、叶挺、贺龙、朱德等中国共产党人，在江西南昌首次组织自己的武装力量展开斗争，用“汉阳造”步枪打响了对国民党反动派的第一枪，史称“南昌起义”。8月1日，从此成为中国人民解放军“建军节”。

人民军队的创始人毛泽东与“汉阳造”也有着深厚的不解之缘。

据说毛泽东年轻时，从韶山到长沙读书。辛亥革命爆发后，他毅然报名参加了湖湘新军，被编入湖南新军混成旅第50标第一营队，当了一名下士，配发了一支编号为“ 8341 ”的“汉阳造”旧步枪。

尽管那支枪满身疤痕，但青年毛泽东仍很喜爱它，每天擦拭、摆弄，非常珍爱。半年以后，毛泽东离开新军，交出了那支枪，但他终生没有忘记它。解放战争初期，在为身边的中央警卫团重新取番号时，毛泽东情不自禁想起了那支编号“8341”的步枪，决定就以那支“汉阳造”编号作为中央警卫团的番号。

1931年11月7日，中华苏维埃第一次全国代表大会在江西瑞金县叶坪村举行。会议开幕那天上午举行了阅兵典礼。早晨七时整，阅兵典礼正式开始，检阅部队成四路纵队由南向北行进，“他们扛着‘汉阳造’轻重机枪、小钢炮、迫击炮，喊着洪亮的口号，向毛泽东、朱德行注目礼”。当时由邓小平担任主编的《红星报》这样报道。

1938 年 2 月，日寇直逼武汉，迫使该厂从湖北汉阳迁到湖南辰溪县雍和乡南庄坪。不屈不挠的中国人在湘西湘南山区、在沅江辰水之畔继续生产“汉阳造”。

1939 年底，汉阳兵工厂改名为“兵工署第一工厂”。于入侵日寇的多次轰炸之下，该厂又从湖南搬迁到重庆谢家湾。厂址定在长江之畔的鹅公岩，沿江开凿山洞，建筑厂房，继续生产枪炮。汉阳兵工厂几经辗转，最终搬迁定位于重庆。新中国成立后，它又成为人民兵工事业的重要力量。现为中国兵器装备集团公司建设工业(集团)公司。①

书归正传。洋务运动后期，在几十家新式军工企业中，舰船、枪炮的制造已经有了突飞猛进的发展。如近代中国步枪的最大变化，就是由原先质量粗劣的前装滑膛鸟枪变为后膛速射步枪。

以江南制造局为例，该厂从 1867 年就着手仿制后装枪，制成美式林明敦边针后装线膛枪，1890 年又仿制出五连发英式“快利”步枪，1897 年仿制成功德国 M1888 式步枪。M1888 式步枪是当时世界公认的优良单兵武器，该枪长 1240 毫米，重 3. 75 千克，口径 7. 92 毫米，初速 600 米/秒，表尺射程 2000 米。江南制造局转产舰船后，步枪生产遂移交汉阳兵工厂负责。

汉阳兵工厂对这款步枪加以改进，将枪管外用来防止射手被灼热枪管烫伤的套筒去掉，枪口至上膛处加了木护盖，表尺改为固定弧形，大量生产并装备中国军队。

于是，“汉阳造”成为 19 世纪末和 20 世纪前 30 年间中国军队普遍使用的武器。

1888 年欧洲人发明了马克沁重机枪，4 年后金陵机器局便仿制成功，但生产的数量很小。所以，近代中国军队使用的机枪大多数还依靠从国外进口。

再以火炮为例，中国近代军工企业草创时期，多仿制西方前装滑膛火炮，仅江南制造局就在 1868 年到 1873 年这几年间制成 12 磅、16 磅、24 磅、32 磅(按所发射炮弹的磅重划分)等各型铜铁炮 110 多门。

从 1884 年开始，中国近代军工企业开始仿制各种架退式后装炮。金陵机器局制造了发射 2 磅规格炮弹的轻型后装线膛炮；江南制造局制造了可发射 2 磅至 800 磅规格炮弹的各种新式轻型、中型和重型后装线膛炮。

江南制造局于 1893 年仿制成功发射 800 磅规格炮弹的大炮，其口径 304 毫米，自重 50 吨，射程 10 000 米；1894 年仿制成功发射 380 磅规格炮弹的大炮，其口径 230 毫米，自重 25 吨，射程 11 000 米。这些都堪称当时最精良的海岸炮和舰炮。

上述各炮，由于炮管架在炮架上，每次发射时，炮管都要与炮架一起滑动，存在不易瞄准、操作不便等弊病。为此，法国军事技术专家于 1897 年试制成液压气体制退式复进机和管退式炮管。

对这类技术进步，中国近代军工企业也是紧追不舍。到了 1906 年，江南制造局就成功仿制出克虏伯式管退炮。该炮炮管长 1050 毫米，口径 75 毫米，炮弹射程 4000 米，行

---

① 摘自《中国建设集团：三个世纪的征程》宣传画册。

军时可用4匹马驮载。管退炮的仿制成功，说明中国在追赶当时世界先进造炮技术上有了显著的进步。

洋务运动后期，更值清王朝风雨飘摇之际。洋务派首领李鸿章因签署丧权辱国的《马关条约》而臭名昭著，不得不假出洋考察，暂避风头。这时，湖广总督张之洞崭露头角，渐渐成为清末洋务派首领。李鸿章出洋归朝，与张之洞在发展新式军事工业方面也曾有一番明争暗斗。要讲述这番内耗，先得介绍一下张之洞。

张之洞是清末著名的“清流首领”。他任湖广总督时开办过汉阳铁厂和湖北枪炮厂，设立织布、纺纱、缫丝、制麻四局，创建尊经学堂（四川大学前身）和自强学堂（武汉大学前身）并筹办芦汉铁路，发表《劝学篇》，提出“旧学为体、新学为用”。1907年，张之洞调任清廷军机大臣。

“张李争斗”就发生于这一时期。1896年5月，李鸿章去俄国参加沙皇加冕典礼，与沙皇尼古拉秘密议定了《中俄密约》数款。李鸿章承诺回国后将尽快促成光绪签署。

5月底，李鸿章赴德，在德皇招待下参观德国造船厂、来复枪厂，并与德国首相俾斯麦检阅德国陆军，畅谈练兵之法。李鸿章在参观克虏伯兵工厂后，与德皇商谈了由德国协助清廷练兵及购买军火事宜。此次旅欧，李鸿章还参观了比利时、荷兰、法国、英国诸国兵工厂及邮政局、电报局。他自认为此次访问除了考察各国军事，还在贸易、关税、军火引进方面取得了某些成就，洋洋自得而归。但归国后最使李鸿章头疼的，就是促成光绪皇帝尽早签署《中俄密约》一事，遭到张之洞、刘坤一等人的强烈反对。李鸿章旅欧时谈妥的购买诸国军火一事的安排，也因其在外逗留时间太长，被张之洞抢占先机，直接购买了美国武器。李鸿章只得于恼羞中暗暗叫苦。

恰值庚子年义和团运动如火如荼。转眼间，八国联军攻陷天津和北京。慈禧带着光绪狼狈逃往西北之时，仍诏令李鸿章前往“和议”。李鸿章这下子可来劲儿了，此前他一直认为对俄密约不能签订，是张、刘二人从中破坏，老是耿耿于怀。李鸿章又知晓张、刘等人依靠英法，均有国际背景，一时难以动作，先忍隐了下来，这下可算是逮住机会了。李鸿章欲好生“修理”张之洞等人，故与之针锋相对。岂知八国各有其利益代言人，自然在和约议定中各为其主，各诉主张；张、刘也非等闲之辈，公然指责李鸿章偏执己见。年老体弱的李鸿章哪里受得这番内外排挤，终于在与八国联军订立《辛丑和约》后不久吐血而亡，落得个“卖国贼”恶名。

对于洋务派首领李鸿章发展新式军事工业的成就，历史自有公断。据说，李鸿章临死前，曾写下一诗：劳劳车马未离鞍，临事方知一死难。三百年来伤国步，八千里路吊民残。秋风宝剑孤臣泪，落日旌旗大将坛。寰海尘氛纷未已，诸君莫做等闲看。

从此类“其鸣也哀”的“诗言志”中，或许可以看到李鸿章的幡然省悟。

回顾这些令国人悲愤的历史，真不知在那风雨如磐的岁月深处，洋务运动及新式军事工业的发展进程还曾渗透多少困苦与艰辛、阴谋与奸诈、奥秘与玄机！

参考文献

[1] 吴季松. 21 世纪社会的新趋势：知识经济. 北京：北京科学技术出版社，1998.

[2] 马克思，恩格斯. 共产党宣言. 北京：人民出版社，1964.

[3] 中央国家机关团工委. 名家谈历史. 北京：人民出版社，2008.

[4] 张侠，杨志本，罗澍伟，等. 清末海军史料. 北京：海洋出版社，1982.

[5] 戚其章. 中日战争. 第三册. 北京：中华书局，1994.

[6] 曾国藩. 曾文正公全集. 第三册. 北京：中国书店出版社，2011.

[7] 左宗棠. 左宗棠全集・札件. 长沙：岳麓书社，1986.

[8] 叶宝园. 自强之路. 北京：中央文献出版社，2008.

[9] 姜鸣. 龙旗飘扬的舰队——中国近代海军兴衰史. 北京：生活・读书・新知三联书店，2002.

[10] 谢忠岳. 北洋海军资料汇编. 北京：中华全国图书馆文献缩微复制中心，1994.

[11] 贾逸君. 甲午中日战争.（下）. 北京：新知识出版社，1995.

[12] 中共中央马克思恩格斯列宁斯大林著作编译局. 马克思恩格斯全集. 第 22 卷. 北京：人民出版社，1972.

第四讲

走向共和的曲折流变

历史的时空转换到了19世纪末至20世纪初。在这交替嬗递之时，中华民族竟然是背负着八国联军占领北京、被迫与之签订《辛丑条约》的巨大屈辱蹒跚步入新世纪的。

此时此刻，中国已经完全堕入半殖民地的深渊。人民饥寒交迫，国家积贫积弱，面临着亡国灭种的威胁。由此构成了华夏文明史上遭遇前所未有惨剧灾难和空前变故的岁月。

“救亡图存”的呐喊，回荡在世纪之交的中华大地上，显得格外地悲愤而痛切。

八国联军占领北京

从1840年鸦片战争到1911年辛亥革命爆发，即满清王朝被推翻的70年间，中国人民一直被笼罩在列强侵华战争的硝烟之中。世界上绝大多数资本主义、帝国主义国家都参与了对中国的侵略和掠夺。

几十年间，西方列强们不断加强对华军事、政治、经济和文化诸方面的侵略，通过一个比一个更苛刻的条约，强迫中国割地、赔款，贪婪地攫取种种特权。英国割去香港，日本侵占台湾，沙皇俄国攫夺了中国东北、西北约150万平方千米的广袤领土。不计由列强侵华战争所造成的巨大破坏，仅支付战争赔款一项，中国就损失白银十几亿两(含利息)，而当时清政府每年的财政总收入不过八千多万两白银。

尤其是甲午战败后，资本输出成为帝国主义侵华的一个具有特殊意义的重要手段，由此促使中国社会发生了两个重大变化：一是外国商品和资本的大量“输入”，促进了中国封建社会的解体和资本主义“蜗牛般”的发展，一个封建的中国逐渐变成一个半封建的中国；二是外国侵略势力与封建势力相互勾结，残暴地奴役民众、盘剥百姓，采用一切压迫手段，把一个独立的中国一步一步地变成了半殖民地的中国。[1]

17岁时的孙中山

伟大的革命先行者孙中山先生，立志报国救民于水火之中，创立了三民主义。他奔走呼号，组织武装起义，历经数十年的奋斗，终于在1911年推翻了清王朝的统治，结束了几千年封建社会历史，创建了亚洲第一个共和体制的民国政权。其功昭日月，永垂于世。

然而，资本主义列强岂能眼看一个独立自强的中国屹立于世？他们在中国扶植自己的势力，争夺霸权。尽管辛亥革命表面上建立起了近代化所需要的共和民主制，但其后不久，袁世凯窃取革命成果，复辟帝制，做了83天皇帝梦；紧接着，张勋带领辫子军打进北京，拥立溥仪复位，又上演了一场复辟闹剧。这种倒行逆施带来的是军阀混战，社会动荡……苦难的中华民族陷入连年不休的战乱深渊之中。

拥兵自重、割据一方的北洋军阀，不惜出卖民族利益来换取军火，用列强提供的枪炮舰船扩充势力范围，当然也捎带引进了少量军事装备的修理和制造技术。

军阀混战的枪炮流火，催生出先天"缺钙"的近代军事工业企业。

▶军阀混战中的枪炮流火、兵争祸连

辛亥武昌起义后，在"南北对峙"的激烈交战中，张之洞创建的汉阳兵工厂等要地，成为袁世凯与革命军争夺的重点。坐拥北洋六镇重兵大权的袁世凯深知"据有枪械生产要地"的重要性，函饬冯国璋短日内一定要拿下汉阳，并命令在汉口江面的清军舰艇以炮火配合冯国璋的陆军作战，向国民革命军发起多次进攻。

武昌起义时使用的大炮

孙中山在南京

1911年10月18日晨，双方展开拉锯战。国民革命军与清军舰船展开了猛烈的炮击。直至26日，见革命军节节抵抗，难于长驱直入，清军指挥冯国璋竟决定纵火烧房，把革命军逼出汉口，此举激起了民众的强烈愤慨。更有海军官兵本来就不愿为清廷卖命，他们采取应付了事的骑墙策略。海军的消极厌战，很大程度上影响了清廷陆军的作战。当时，英国驻汉口领事朱尔典在给英国外交部的电文中就明白写道："水师提督萨镇冰所统之舰队，自始至今对于清军行动殊为淡漠。"

11月27日，黄兴率领的革命军在与冯国璋率领的清军鏖战七天七夜后，终因伤亡惨重，被迫放弃汉阳。黄兴和几个参谋、卫士乘一条小船漂流过江。听到对岸稀落的枪炮声，想到保卫汉阳的阵亡将士，黄兴两行热泪滚落而下；他拔出军刀，对天盟誓……

武昌交战的结局，直接表现为袁世凯操盘朝野、玩弄花招，在帝国主义支持下，以"拥护共和"的高调骗取资产阶级革命派的信任；

而孙中山在四处筹款、准备北伐无望的情势下，为“力挽共和”，被迫从大局出发与其妥协，袁世凯窃取了民国临时大总统的职位。

从袁世凯登位到1915年12月悍然称帝，再到他于1916年6月病死，这时的中国陷入了四分五裂的军阀割据泥潭：连年战争，政局纷扰，民不聊生。袁世凯死后，北洋军阀分化为直、皖、奉三系，整个局面就是“你方唱罢我登场”的政治闹剧。

据史料介绍，袁世凯死后的12年里，全国有大小约1300多支军阀武装，制造战乱上万起。满目疮痍的神州大地到处枪炮流火、兵燹连绵；到处刀光剑影、血腥屠戮……“城头变幻大王旗”，正是辛亥革命后中国政治格局最显著的特点。

袁世凯与北洋将领合影

内乱不已更勾起列强觊觎之心膨胀，他们与出卖国家和民族利益、换取军火搞割据的北洋军阀政府臭味相投，沆瀣一气，致使华夏大地在厮杀中凄然变色。

为了争夺地盘，各派军阀都把扩充军队作为第一要务，竭力加大拥兵自重的本钱。他们为一己私利，甘当“冤大头”，通过举借外债购买军火，扮演了历史上极其卑劣无耻的角色。

截至1919年5月，北洋旗下各派军阀公开或秘密举借外债180多次，数额达银元8亿元以上。为了借到外债，他们将从中央到地方的许多经济政治权益，包括铁路修筑权、矿山开采权、银行投资权、内河航运权以及关税、盐税、烟酒茶税、米捐等大宗财政收入，都作为借款抵押品。而在他们举借的外债中，竟然有70%以上是以直接购买军火为交易方式来实现的。

1914年，当时全国陆军总数为45.7万人，至1919年猛增到138万人。北洋政府的军费支出占财政支出的1/3以上。被巨额军费和外债本息支付压得气喘吁吁的军阀政府，挖空心思对人民进行掠夺，任意加征各种苛捐杂税，或滥发公债，滥铸铜币，滥发纸币。[1]

这一时期，中国从国外购入的洋枪洋炮和其他军械，数量非常巨大。中国成为那时全世界军火武器的最大购买国。

皖系军阀的军火交易：史料记载，段祺瑞曾两次与日本秘密签订军购合同，大规模地增添了3个师5个旅的装备。购有三八式步枪18.5万支，子弹2675万发；机枪198挺，子弹95万发，附零件6种；山炮162门，榴霰弹8.1万发，榴弹1.62万发，附零件15种；三八式野炮72门；军车180辆，零件6种。总金额为日币4780万元。

1917年春，段祺瑞购得意大利、法国旧飞机数十架。半年后，他又购得英国佩奇公司的大型客机6架，价值70万英镑。此外，他还和英国维克斯公司签订合同，取得贷款180

万英镑，欲购买“维米”商用飞机和“阿弗罗”式飞机各24架及各种零附件，打算以此组建具有军事用途的飞机队。这项交易终因战争中皖系失利而告吹。

直系军阀的军火交易：直系军阀长期占据富庶地区，拥有较丰厚的资金来购置军械武器，曾是军火市场最阔绰的用户。1918年，冯国璋从日本购得大批军械，欲装备其在北京的卫戍部队。岂知这批军火在秦皇岛起岸时被奉系张作霖全部截留。冯国璋去世后，曹锟、吴佩孚继续领导直系军阀。1921年11月，曹锟与意大利政府谈判，取得4000多吨军火。资料统计，这批军械中有迫击炮2万门，炮弹100万发；有步枪5万支，子弹2300万发；还有山炮6门，炮弹2.4万发；机关炮50门，炮弹300万发；野炮21门，炮弹2500箱，手榴弹1400枚，无线电通信器材2套架，总价格1700万法郎。

“贿选总统”曹锟于1922年通过其驻沪代表向法国购得水上飞机10架。1923年6月，曹锟派出两名代表在天津与伍伦·沃西公司经理、英国化学专家等人接触，希望他们能在其兵工厂帮助制造毒气，供飞机上配备毒气弹之用，以此加强直系的空军力量。

1924年10月23日，装运有2架飞机和240箱迫击炮的德国货船刚到天津，连同早先抵港、装有迫击炮300门，炮弹60箱，手枪25箱及子弹250万发的捷克货船，正准备交货，恰逢冯玉祥发动“北京政变”。此桩军火买卖被截获，武器落入冯玉祥手里。

奉系军阀的军火交易：老奸巨猾的张作霖是军阀中最早利用欧美军械生产技术和制造设备、建立兵工厂的佼佼者。第一次直奉大战失败后，张作霖损失了大批辎重，即派人赴海参崴购买日本军械。第二次直奉大战战事正酣时，奉军得到由旅顺日军军械库运来的日产步枪3000支及枪弹100万发；后又得到子弹4000万发，炮弹10万发，方解了燃眉之急。

张作霖与多国军火商均有来往，包括从哥本哈根购得制造野炮、炸弹的机械300套；购买生产TNT炸药的器械设备5套；从北欧订购价值250万元的军需品；从美国购得弹壳及炸弹原料30万吨。他还先后购买意大利产步枪、机关枪、山炮、野炮，购进“柯蒂斯”式飞机2架及飞机零件和其他军械；从美商手中购得装甲车100辆；从瑞士购得“奥式朗纳”式四座飞艇2艘，“戴姆勒”式巡逻机2架；从法国购买了防空设备、装甲坦克、飞机以及海军用具。其中有份数额巨大的合同，包含购买各式战机105架，“戴姆勒”式水上飞机35架以及“西特伦”坦克多辆。

1925年，张作霖争取到英国的支持，建设起奉系军事装备制造企业。他与英方代表谈判时，提出不仅需要英国的教官、技师，并以北票煤矿作为交换，换取军械和飞机制造设备。他还曾要求英国帮助修建葫芦岛滨海军港。

据英国驻日使馆的报告称，张作霖除购买德国军械外，还聘用德国军事顾问和专家，直接到兵工厂和毒气制造厂里工作。张作霖从德国人手中购得的军械，一部分送到沈阳兵工厂仿制，一部分及时装备奉军参战部队。

1922年10月，白俄“捷克兵团”向中国境内溃逃。他们拿武器与张作霖作交换，取得了避居东三省的允诺。这批军械包括22节车皮步枪，626箱炮弹，209箱炸弹(共5万余枚)，200 箱电线，1 架飞机等物品。张作霖还通过多种途径，得到了当时系泊在海参崴的沙俄军舰数艘以及枪炮制造机械数套。有了这些本钱，他逐渐建立起一支独立的东北海军，加上后来组建的东北航空队，张作霖遂成为雄霸一方的“海陆空大元帅”。

▶拥兵自重的北洋军阀

张作霖与白俄“捷克兵团”交易的大手笔，即由此奠定的奉系海军的初建，与张作霖在第一次直奉大战时的狼狈有些关联。

1922 年 4 月底，直奉战事方酣，北洋政府海军部运用中央号令大权，火速调派“海筹”、“海容”2 舰急驶秦皇岛，“江利”、“江元”、“楚同”、“楚谦”4 舰赶赴大沽口，直接威胁奉军的后路。北洋政府的海军总司令还向各地舰队发出了“助直攻奉”的通电。

5 月上旬，奉军失败退往关外。当张作霖和奉军的高级将领们乘火车仓皇出关途经秦皇岛时，遭到直系海军舰炮的炮击，张作霖的专列险些中弹，着实被直系控制的北洋海军教训了一顿。张作霖自此认识到海军舰炮的厉害以及在渤海湾拥有战舰的重要性，决心建立自己的海军。

东北军阀张作霖

当时东北的江河里已有数艘小炮艇。1918 年 5 月，北洋政府海军部委派要员前往黑龙江、松花江流域调查，准备乘俄国革命无暇东顾之际收回被沙俄夺去的两江航运权。12 月，经北洋政府国务会议议决，海军部开始筹措购置浅水炮舰，以供两江防卫之需。

1919 年 7 月，北京海军部设立了吉黑江防筹备处，并从海军部二舰队抽调了“江亨”、“利川”、“利绥”、“利捷”4 舰前往黑龙江、松花江。

9 月，4 舰到达鞑靼岛。由于白俄及日军的阻挠，4 舰未能在江水封冻前赶至哈尔滨，只好停留在庙街。那时，庙街是苏俄红军、白俄军和日军激烈争夺的地区。苏俄红军撤出后，中国舰队被白俄军以“资助红党”为名扣押，直到 1920 年秋才放回。

4 舰驶至哈尔滨，与由商船改装的“江平”、“江安”、“江通”3 舰及接收中东铁路局的“利济”舰汇合，组成一旅。随之，北京海军部在哈尔滨设立吉黑江防司令部。1922 年 5 月，由于北京海军部财政困难，3 年内欠饷竟达 10 个月。张作霖乘机活动，金钱运作到位，终将这支江防舰队划归东三省保安司令部，脱离了北京海军部。

张作霖遂以此作为东北海军发展的基础。先在沈阳设立东北航警处，并于葫芦岛创立了航警学校，培养海军人才；后从江防舰队抽调技术人才，改造 2 艘海船为军舰，开始筹建东北海防舰队。

东北海军的扩充，随着第二次直奉战争的展开而加快进行。战争爆发后，吴佩孚的渤海舰队在秦皇岛集结，曾两次袭扰葫芦岛和营口，还准备用军舰护送骑兵到营口登陆奔袭沈阳。张作霖岂会善罢甘休，在全面加强东北沿海防务的同时，他派出奉系空军作战，很快将直系渤海舰队赶了回去。此时冯玉祥发动"北京政变"，并与奉军联合作战，致使直军主力大部被歼。奉军占领天津后，接收了大沽造船所，缴获一艘船身坚固、功率很大的破冰船，加装武备后命名为"定海"舰。张作霖又从日本购进1艘鱼雷艇，渐而组建起东北海军海防舰队，并设立了东北海军司令部。该舰队以营口为基地，巡防东北各海口。

1926年初，直系军阀垮台后，原来势不两立的奉系东北海防舰队和直系渤海舰队又成了"哥们儿"。当张作霖与冯玉祥翻脸后，东北海防舰队和渤海舰队直接驶往大沽口外，支援奉军进攻冯玉祥的国民军，多次炮击大沽口地区。

3月8日，渤海舰队掩护陆军6000余人在北塘登陆，企图袭击军粮城。结果，上岸的奉军被冯玉祥的国民军包围，激战后，2900余人被国民军俘虏，11艘军舰组成的渤海舰队也被击退。3月9日，国民军在大沽口布下水雷，以防奉军舰船冲入。

停泊在海参崴港口的"海容"舰

3月12日，奉系勾连的日本海军第十五驱逐队的2艘军舰竟然插手进来，闯入大沽口，奉系4舰尾随跟进。冯部守军用旗语阻止，日舰反而向岸上射击，国民军被迫还击。就此，8个帝国主义国家向北洋政府提出"抗议"，激起了中国人民的强烈愤慨。3月18日，北京市民举行反帝游行示威，被段祺瑞派兵镇压，酿成了血腥的"三一八"惨案。

乘火车转移的北洋军阀士兵

此前的1918年3月14日，当欧洲正陷于第一次世界大战的连天烽火之时，中国北洋军阀政府正式对德国和奥匈帝国宣战。中国海军没收了德、奥两国在华的10余艘舰船，其中2艘炮舰和1艘拖船被改名，其余商船改为运输舰。海军部还曾设立租船监督处，进行商务营运，后因经营不善被撤。

4月，北洋军阀政府接受协约国的邀请，派出"海容"舰进驻海参崴，与美国、英国、日本、法国、意大利等国军队共同组成对付俄国革命的干涉军。中国设立了海军代表处，但这次中国驻军并未参加对俄作战，仅驻扎1年多就从海参崴撤回国内。这些跟从欧洲列强的军事行动，也算得上是北洋政府从第一次世界大战中得到的"唯一好处"。

5月19日，在日本帝国主义威逼下，北洋政府同日本代表在北京秘密签订了旨在反对苏俄的《陆军和海军共同防敌军事协定》。规定日军可在共同防敌的名义下，开进东北和蒙古地区，甚至可以指挥中国军队。该“协定”实质是日本企图控制中国陆海军，并利用中国的人力、物力及领土、领海对苏俄作战。

这些协定出卖的是国家和民族利益。当权者为了换取日本贷款，出让了许多过去连袁世凯都不敢相与的特殊权益！

在这个内乱频频的年代，军阀们各显其能，在大量购买军火的同时，也制造些武器。如“东北王”张作霖也主持引进、研制和生产迫击炮。

“一战”中脱颖而出的“斯托克”迫击炮，于1922年被张作霖率先从俄国引进。经过试射，觉得性能优越，便在沈阳北大营设立“奉天迫击炮厂”，生产这款由英国工程师威尔弗莱德·史考特·斯托克设计的迫击炮，同时还生产与该炮配套的炮弹和供畜力驮炮所用驮鞍。经过1924年、1926年两次大幅度改进，东北军似乎一下站在了世界军事装备技术的前列。

南方的汉阳兵工厂也于1923年直接仿制了3.2英寸口径的“斯托克”迫击炮。1924—1928年共生产了1055门。1927年，上海兵工厂仿制出“沪造82毫米迫击炮”。起初，炮管用本厂自产圆钢钻孔加工，后因材质不过关，只好采用进口特种冷拔钢管制造。自蒋介石统治时期到1949年，国民党兵工署生产了15 000余门迫击炮。

“雷诺”FT－17坦克

此外，张学良掌权的时候，即东北易帜前后，他还做了件超前的事——引进法国“雷诺”FT－17坦克作为自己的装甲力量，并外购了少量英制和美制坦克。

第一次世界大战使列强无暇东顾，这段特殊时期给了中国一些喘息的机会。在“科学救国”、“实业救民”思潮中，民族工业亦有所发展。各派军阀在外购军火的同时，也捎带着搞了些军事装备制造和修理企业。

要说当时本土军事工业在曲折道路上的艰难前行对中国社会有多大影响，倒可以看到它特有的两点进步。一是培养了一批不同于旧式文人和封建士大夫的、接受近代自然科学和西方社会政治学说教育的新型知识分子群体。尤其是出国接受深造的现代科研和技术人才，为中国近现代科学技术的发展奠定了基础。二是这些本土军工企业引进了西方各国的军工生产技术和专家人才，延揽和培训了一批具有操控现代机器或制造技能的工匠技师，由此也成为中国工人阶级产生、成长的摇篮。

▶民国初期的舰船制造与修理

当时，中国各派军阀主要是通过自制和向外国订购一些舰艇来加强舰队力量。修造舰艇和制造武器技术装备的重任，大多还是交给了原江南船坞和原福州船政局这些“满清遗少”来承担。

“中华民国”成立后，北洋政府海军部于1912年4月接收江南船坞，正式改称“江南造船所”。在此阶段，该所成为海军建设的重要力量，有了较大发展：

1913年，造出破冰船(均为150吨)和缉捕船(均为300吨)各2艘。

1914年，造出860吨炮舰2艘。

1916年，造出“利川”号375吨拖船。

1917年，造出浅水炮舰2艘(均为150吨)。

1919年，江南造船所承接了美国订购的4艘运输船，排水量为14 550吨，航速13节。厂方按照美国人提供的图纸和规定的采买设备，至1922年，4艘船全部按期竣工并交付使用。这是中国船厂制造的第一批万吨轮。

1919—1921年间，江南造船所特别新建了合拢厂、铸铁厂、木模厂、打铁厂、打铜厂、造船铁工厂、大库栈等配套厂，添置了新式气压机、电力剪机、起重架等机器设备。江南造船所还于1925年通过自筹资金和贷款，新建第二号船坞，扩大生产规模。

原福州船政局，于1913年收归民国政府海军部管辖，并改称为“国民政府马尾造船所”。

1917—1918年间，该所造出浅水炮舰2艘(均为190吨)。其余时间，该所主要承担舰船修理等任务。这个清末时期的造舰大户，因地理原因，承揽业务太少，这时已让位给江南造船所。加上经费不足，马尾造船所只能靠修船勉强维持生计。

原大沽船坞于1913年2月被海军部接管，改名为“大沽造船所”。

至1917年、1918年，先后造出浅水炮舰“海鹤”(227吨)、“海燕”(56吨)、“海鸥”(140吨)、“海鹏”(120吨)号。后来，该厂制造枪炮的业务越来越多，其造船主业反被挤掉了。

原厦门船坞改名为“厦门造船所”，1924年被海军接收，仅承担修理中小型舰船业务。

今天我们看到这些历史记录，总是觉得这些几十吨、几百吨的小炮舰，真是连现在乡镇企业的造船产量都不如，但这就是历史。人们只能正视前辈从艰难中走来的足迹。

民国初期的海军舰船

北洋政府时期，各路军阀混战，资本主义与封建殖民色彩浓厚的近代军事工业基础十分脆弱，常常处于生死难料、危机四伏的艰难境地。

从洋务运动时期继承下来或新建的、带有军工性质的企业中，除少数(如汉阳兵工厂)可以年产步枪1万余支、火炮100余门外，绝大多数是仅能修理枪械的小作坊而已；不仅规模偏小、场地狭小、资金匮乏，而且技术设备陈旧、内部管理落后，根本谈不上近现代意义的国防工业。更可叹的是，它们的命运大多随着军阀们的兴衰荣辱而交替消长，眢损败落常维系于朝夕之间。

除了舰船修造，民国初期的海军指挥和专业技术教育还算是颇有成就。辛亥革命以后，在清末水师学堂的基础上，民国政府陆续开办了海军学校，培养了一批海军指挥和专业技术人才。

原福州船政局后学堂于1913年归海军部管辖后，改称为"福州海军学校"，初定学制8年。该校到1928年止，共毕业航海班1届23人；轮机班5届118人；军用化学班1届10人。

原福州船政局前学堂则改称为"福州海军制造学校"，收归海军部辖，定学制10年。该校毕业制造班1届35人。

1918年创办的福州海军飞潜学校，这是我国第一所培养飞机和潜艇制造专业人才的学校。它设有飞机、船体和轮机制造专业，学制8年4个月。该校共毕业3个班，其中：飞机制造专业17人，船体制造专业19人，轮机制造20人。

1926年，福州海军制造学校和飞潜学校并入福州海军学校。"兹此实力大增"。

1912年新办南京海军军官学校。最初是从各舰队初级航海军官及烟台海校毕业生中招收学员，前后有百余学生入学。主学海军战略战术等内容，也包括设备操作、维修等技能。这些毕业生在海军服役期满后，有相当部分转入造船厂就业，成为技术骨干。

1915年在原海军军官学校旧址上创办南京海军雷电学校。初设鱼雷、无线电2个专业，后增加枪炮专业，改称"海军鱼雷枪炮学校"。1927年改办为"海军无线电学校"。该校招收无线电学员5届，共153人；鱼雷和枪炮专业学生10届，前后有400余名毕业生。

民国初期，还有烟台海军学校、吴淞海军学校、黄埔海军学校等相继兴办，至1922年止，共培养海军人才872名。此外，海军还开设了无线电报警传习所、观象传习所、引港传习所及练营，培训观通、气象、引水人员和技术士兵等。同时，海军还陆续派出一些海校毕业生和海军军官到国外进修造舰、航海、轮机、航空、水雷和鱼雷等专业。

从以上简扼列举中，可以看出民国前期的海军指挥和专业技术教育，还是全方位、多领域的，并由此构成海军建设的重要组成部分。它虽然遭受战乱的影响，但在质量和数量上都较清末时期有一定提高。这些学校客观上为军事装备制造企业培育了新的科技人才。

马尾海军制造机械处原址

北洋政府海军部为了发展海军，还做了些有超前眼光的事情。

一是在1913年3月21日制订了一项海军发展计划。

该计划把长江口以北海面划为第一区，长江口—铜山海面划为第二区，铜山—琼州海面划为第三区。计划设想分区巡防共需战列舰2艘(2.6万吨级)、重巡洋舰10艘(1万吨级)、二等巡洋舰 12 艘(5000 吨级)、三等巡洋舰 18 艘(3500 吨级)、侦察巡洋舰 6 艘(2000吨级)、运输舰 6 艘(2000～3000 吨级),造舰款折合 350 万镑。另需防守海军营地和船厂的驱逐舰、炮舰、鱼雷艇、潜艇及辅助船 219 艘,加上配套设施,约合 873 万镑。

该计划准备在 1920 年完成。但那么多钱从何而来?只能是"画饼充饥"。

但它也是项历史纪录,可能算得上是民国时期最早的海军装备计划吧。

二是设立海道测量局。

1921 年 7 月,海军部决定在北京设立海道测量局,隶属该部管辖。

1922 年,该局迁往上海,归属海军总司令部。海道测量局下设海道测量队,拥有"庆云"、"景星"号测量艇和"甘露"号测量舰等。该局对中国江海测量事业做出了一定贡献。

三是成立海岸巡防处。

1924 年 6 月,海军部同交通部协商后决定成立海岸巡防处,配备有 4 艘不同等级的巡防舰艇。该处曾计划在东三省、直鲁、粤琼和苏浙闽海域各设一个分处。除 1925 年 5 月苏浙闽巡防分处成立外,其余皆因军阀混战而告吹。当然,海岸巡防处在维护领海治安、护渔和海洋气象预报等方面还是做了些工作。如该处先后在沈家门、嵊山、坎门、厦门等海防要地建立了报警台。特别是 1925 年秋,巡防处所属的东沙岛海军观象台落成,这是我国第一个建在海岛上的气象机构。

▶与世界航空器研制同步的中国航空先驱

19 世纪末 20 世纪初,受先进科技牵引的世界航空技术实现突破,由动力气球——飞艇逐步朝着动力飞行器——飞机的方向发展。

发明飞机的莱特兄弟

1903 年 12 月,美国莱特兄弟研制的第一架用活塞式发动机带动、螺旋桨推进的有人驾驶的飞机试飞成功,开创了飞机研发的新纪元。

莱特兄弟的成功激励了许多有志青年。

这时,一位名叫冯如的年轻旅美华侨,也倾心关注着刚刚崭露头角的航空事业。冯如是广东恩平人,于 1895 年从广东漂洋过海来美勤工俭学。正是在莱特兄弟发明飞机成功的启迪下,冯如立志钻研飞机的设计、制造和飞行。

1906 年,冯如来到旧金山,并在华侨中筹集资金。虽仅筹资千余元,仍创办了中国人的第一家飞机制造公司。1907 年 9 月,冯如在美国奥克兰市东街第 359 号租用厂房一间,正式定名为"广东制造机器工厂"。冯如和朱竹泉、朱兆槐、司徒壁如等一起着手进行中国人前所未有的伟大事业——研制飞机。冯如等人虽历经艰辛，遭受多次失败，仍矢志不渝、奋发努力，积极收集资料、潜心研究，并充分吸取他人经验为我所用，很快取得成功。

1909 年 9 月 21 日，冯如驾驶着自制的飞机，在奥克兰市郊伍·吉·典梓农场飞上了蓝天！这是中国人设计、制造和成功驾驶的第一架飞机！

这与莱特兄弟成功发明飞机并试飞仅相隔六年多。冯如研制的轻型飞机逆风起飞，围绕高地上的小土山，作椭圆形绕空飞行，高度保持在 3 ~ 4.6 米，航程约 0.8 千米。试飞表明，这架把升降舵设在前部的鸭式布局的飞机具有良好的飞行性能。

1910 年 10 月，冯如参加了国际飞行协会在美国旧金山市举行的飞行比赛。比赛中，冯如的飞行高度达 200 多米，时速达 105 千米，飞行距离 32 千米，一举打破了一年前在法国理姆斯举行的首届国际飞行比赛中的高度冠军拉斯姆（高度 155 米）和速度冠军寇蒂斯(时速 79 千米)创造的纪录，荣获国际飞行协会颁发的优等奖。

一时间，冯如名扬世界，誉满海外，欧美报刊虽交口称道，但竟质疑其“国籍”。美国诸多同行邀请他长期留美传授技术，但冯如想到的是如何把知识和技术带回祖国。

1911 年初，商务印书馆编译所所长张元济游历海外，抵达美国。得知冯如研制飞机成绩斐然的消息后，邀请他回国服务。冯如欣然应允：“吾侪不忘祖国，能以菲才薄技贡献于社会，此吾深愿也。”[2]

1911 年 1 月 18 日，冯如驾驶一架“顿异前制”的新制飞机在奥克兰市圣佛兰西斯科海湾边的艾劳赫斯特广场公开试飞。

据旧金山《华埠日报》介绍，这架飞机大小部件均为冯如自制。“这是一架设计、制造都较为先进的双翼飞机，它以寇蒂斯(莱特式)飞机为蓝本，翼展 9 米，弦长 1.37 米，装置 30 马力内燃机一台，螺旋桨转速为 1200/分。”

冯如塑像

试飞之日，众多华侨前往参观。恰值孙中山抵达旧金山募集武装起义经费，喜闻冯如公开驾机试飞，于是专程赶赴现场观看。

27 岁的冯如驾机冲向天空，绕场飞行并安然着陆。试飞成功，令在场的所有华侨无不欢欣鼓舞，扬眉吐气！孙中山先生紧握冯如的双手，并对着朱竹泉、朱兆槐、司徒壁如等人自豪地说：“你们是当今我中华最为杰出的人才！”对冯如的成功给予极大的赞许和鼓励。

冯如设计、制造和成功驾驶飞机的壮举，实现了几千年来中国人翱翔蓝天的愿望，正式揭开了中国航空史灿烂的首页！

冯如的试飞和《华埠日报》的新闻报道，遂使国际航空界坦承：冯如为中国航空之父！

1911 年 2 月，冯如将广东制造机器工厂改名为“广东飞行器公司”，同朱竹泉、朱兆槐、司徒壁如等人，携带制造飞机的机器和自制完成的两架飞机起程回国。冯如所带的两架飞机，一架为双翼机，另一架为单翼机，分别装置功率为 22 千瓦和 55 千瓦的汽油发动机。飞机上有掠空的平帆，下有滑行的胶轮和浮水的浮体。整机内部构造先进，外观新颖。

3 月 22 日，冯如一行经上海抵达香港，然后将飞机和设备转运到广州郊外的燕塘安置，准备在国内进行飞行表演。4 月 8 日，比利时飞行家云甸邦在燕塘作飞行表演时，前来观看表演的署理广州将军孚琦遭革命党暗杀，引起全城戒严搜查。因此，冯如的飞行表演自然也受到清政府阻挠。

10 月 10 日武昌起义成功，广州于 11 月 9 日光复。在辛亥革命的大潮中，冯如毅然参军，被任命为广东革命军飞机队长；他的助手朱竹泉为飞机次长，朱兆槐、司徒壁如为飞行员。冯如受命后，加紧改装飞机，准备配合广东北伐军北上作战。

1912 年 8 月 5 日，冯如为了唤起人们对祖国航空事业的重视，经广东国民革命政府批准，于广州燕塘进行了“开通民智”的飞行表演。这天，冯如兴奋异常，先向参观者介绍了飞机的性能和用途，然后亲自驾驶一架双翼平帆飞机“由燕塘墟飞起，凌墟而上，高 120 尺，东南行约 5 千米，飞机灵活，旋转自如，观者塞途，鼓掌声不绝”。

飞机在燕塘上空盘旋一周后，准备返航着陆，但因转弯过急，飞机失速坠地，冯如不幸身受重伤。他虽被送至医院抢救，终因医术落后、药品短缺，不治而亡，时年仅 30 岁。

民国政府为了纪念中国第一位飞机设计师、制造家、飞行家——冯如，专门发布命令：“从优照少将阵亡例给恤，并将事实宣付国史馆”，确定在“殒命地方建筑纪念碑”。

冯如的牺牲并未阻碍国人对航空事业的追求。1910 年 1 月，旅美华侨余焜和研制成功一艘长 4 米、宽 1.67 米的飞艇。这是中国人制造的第一艘飞艇。同年 10 月，著名飞机设计师、飞行家谭根驾驶自己设计、制造的水上飞机参加了在美国举行的“万国飞机制造大会”，并获得水上飞行冠军。

与此同时，航空理论家李宝焌在《东方杂志》第 7 卷第 12 期上发表了中国人最早的航空论文《研究飞行机报告》，成为提出“飞机靠喷气推进作为动力”的中国第一人。

清末民初，随着世界航空事业的发展，国内不仅有大批有识青年远涉重洋，到欧美学习飞机制造技术，而且出现了形形色色的航空队、航空学校。特别是辛亥革命失败后，孙中山再度流亡海外，还在境外建立航空学校，高薪延聘外籍教官教学。1915 年，孙中山重返广州，成立了航空学校筹备处，并指示林森在旅美华侨中选拔 20 余人进入纽约寇蒂斯飞行学校受训，速成培养了一批航空人才。

这些中国航空业界的先辈们学成回国后，绝大多数效力于军事航空部门，成为军阀混战时期各地蜂拥而起的各军事航空队、航空学校、航空修造厂的技术骨干。对于这些高级技术人才的客观作用，我们应当辩证地看待。因为，现实生活中，不是每个人都能挣脱所处时代与生存环境的束缚；也不管那个时代的先行者们思想中有多少不足和缺憾，站在今天的角度来看，这些都是弥足珍贵的。此后，陆续从海外学成归来的一批又一批中国航空业界的先辈们，客观上起到了直接推动中国航空事业的兴起和空军力量发展的作用。[3]他们中有相当一批人，在新中国成立后仍义无反顾地投入到研制飞机的事业中。

▶孙中山嘉勉航空队“志在冲天”

辛亥革命爆发后，按照孙中山的指示，中国同盟会美洲总部决定迅速筹建华侨革命飞机团，以实际行动支援国内革命。海外侨胞积极响应，短时间内，革命飞机团就接受了包括著名飞行家谭根在内的 23 人为团员。

与此同时，革命飞机团还募集了海外华侨捐献的大宗款项，购买了“寇蒂斯”飞机 6 架。

1912 年 1 月，这些飞机全部运回国内。后因多种原因，华侨飞机团一直未能用于实战；但它的存在，对苟延残喘的清王朝和袁世凯军队的威慑很大。当袁世凯窃取了辛亥革命的成果后，就处心积虑地迫使华侨革命飞机团不得不在上海解散。

作为中国革命的先行者，孙中山对于飞机在战争中的作用早就有着深刻的研究，发表过许多重要论述。1910 年 3 月，孙中山在致同盟会李奇庵的信中说：“飞船(当时对飞机的普遍叫法)练习一事，为吾党人才中不可缺，其为用自有不可预计之处。”次年 9 月 14 日，他在致肖卫汶的信中说：“飞机一物，自是大有利于行军。”同年又致函海外同志，促进成立飞机队，以为革命起事之用。[4]

诚如前文所述，孙中山不仅亲自参加了冯如的奥克兰试飞，还在海外筹集资金，为中国航空队招募和培养人才，为创建航空队倾注了满腔心血。

孙中山领导的“二次革命”失败后，他转往日本组织中华革命党，并于 1915 年 4 月在日本滋贺县建立中华革命党飞行学校，培养飞行人才，准备再次发动讨袁战争。

1915 年 12 月，袁世凯复辟帝制，激起全国民众强烈反对。云南都督蔡锷和国民党人李烈钧发动护国倒袁战争。孙中山认为，云南举兵讨袁将对封建复辟以沉重打击。

为加大对袁世凯的军事打击，推翻其统治，1916 年 5 月 4 日，孙中山任命居正为中华革命军东北军总司令，于山东潍县举兵，率两师一旅讨伐袁世凯。

孙中山还将在日本的中华革命党飞行学校的人员和飞机调回中国，组成“中华革命军东北军华侨义勇团飞机队”；配备美国 JN－4 型、JN－5 型和英国“剪风”式飞机各 1 架。居正立即组织力量，在潍县郊外开辟跑道和机库，组装调试从日本运回的飞机。

经过短暂的飞行训练，这支航空队开始对北洋军实施威吓飞行，并低空投撒传单。传单印着：“北洋军快投降吧，否则革命军航空队要投炸弹了！”此举让敌军万分恐惧。在一次侦察飞行中，航空队发现一队北洋军骑兵，立即俯冲下去，以百米的高度进行低空威吓飞行。敌骑兵吓得不知所措，纷纷落马，马匹则奔散于四面八方。

不久，航空队对驻扎在潍县的北洋军实施轰炸。当时还没有专用的航空炸弹，只好用装香烟的空铁罐装上炸药和导火索，制成一个个土炸弹。飞行员临空投掷时，一只手握驾驶杆，另一只手点燃导火索，把炸弹投向敌军阵地。

孙中山题字

这种中国最早的航空炸弹杀伤力虽然有限，但对敌军仍能造成极大的心理震慑。革命军进行了四五次轰炸后，北洋军即派出谈判代表，要求革命军飞机队停止轰炸，短期内北洋军全部撤出潍县县城。革命军为此士气大振，在这一地区取得一个又一个胜利。

1917 年夏，孙中山南下广东，成立了护法军政府。孙中山命令刚从美国寇蒂斯飞行学校毕业的中国籍首届学员组成飞机队，由杨仙逸任队长，携机参加护法战争。

杨仙逸为夏威夷华侨富商之子，其父与孙中山有着长期而深厚的交往，一直鼎力支持革命。杨仙逸在父辈的教育和熏陶下，响应孙中山的号召，与许多华侨子弟立志“航空救国”，学习航空知识。经过努力，他考入了美国加利福尼亚州哈厘大学机械系学习机器制造，后又转入纽约州迦弥斯大学，专攻有关水陆飞机的结构、性能和驾驶等技术，取得了“万国水陆飞机驾驶执照”，赢得了“优秀飞行家”的美誉。

1918 年 2 月，孙中山利用华侨捐款又购买了 2 架飞机。由杨仙逸将 2 架飞机运至海南岛，以儋县为基地，协助护法军陆军部队侦察敌情，并对敌军实施轰炸。

1919 年 1 月，孙中山讨伐盘踞福建的北洋军。为了增强援闽军事力量，他命令杨仙逸任总指挥，率飞机队迅速入闽作战。4 月 19 日，孙中山给杨仙逸写信，鼓励他为空军建设多作贡献，强调飞机队在现代战争中的重要作用。孙中山在信中写道：“藉悉足下已偕张君惠长由汕头抵漳州矣，翘首南天，莫名驰系，足下对飞机学问研究素深，务望力展所长，羽翼粤军，树功前敌。”[5]

杨仙逸阅信后备受鼓舞。当时，援闽粤军飞机队只有 4 架破旧飞机。杨仙逸立即报请孙中山，“期望能购置战机”。孙中山命杨仙逸远渡重洋，到北美诸国寻求华侨捐款，购买新飞机。他首先得到父亲杨著焜支持，一次捐献飞机 5 架。在杨父的带动下，旅美华侨踊跃响应，很快筹得大批资金，陆续购得十几架飞机。新战机的添置，极大地增强了援闽粤军飞机队的战斗力，沉重地打击了驻闽北洋军的嚣张气焰。

1920 年初，孙中山命令在福建整训的援闽粤军回师广东，驱逐盘踞广东的桂系军阀。

援闽粤军飞机队战机沿途轰炸了淡水、平潭、虎门等地的敌军阵地，支援革命军地面部队作战，共同向广州市内桂系军阀发起进攻。

在此期间，孙中山为进一步增强飞机队的作战能力，又设法从澳门电灯厂老板法国人利古那里购得“寇蒂斯”式飞机 6 架，还招募了利古手下的全体空运人员参战。革命军驱逐虎门敌军后，飞机队在虎门水面建立起第二个水上空军基地。

那年中秋之夜，皓月当空，孙中山命令飞机队出动。杨仙逸率两名美国飞行员驾驶一架大型“寇蒂斯”式飞机，张惠长独驾一小型“寇蒂斯”式飞机，直扑桂系军阀的最高军事指挥机关。战机将 3 枚炸弹投中设在广州越秀山南麓的桂系军阀总部，把正在开会的桂系军阀首领及其高级幕僚们炸得惊恐万分，四散逃跑，大大动摇了军阀部队的军心斗志。

翌日，桂系军阀宣布撤销军政府，仓皇逃离广东。

1922 年 12 月，孙中山任命杨仙逸为航空局局长。孙中山认为，要发展航空，必先要发展飞机制造业，要求杨仙逸在美国购买航空器材及工具，回广州筹建飞机制造厂。

据史料介绍，杨仙逸随即聘请美国航空工程师和技工，加上对机械制造颇有研究的 20 余名中国工程师和技工，于 1923 年组建成立飞机制造厂。这家飞机制造厂至 1934 年春，共生产“羊城”号教练机、驱逐机、侦察机、轰炸机等各种军用飞机 60 余架。由于采用外国大功率发动机（先期采用法国 V 型 8 缸“伊苏塞”132 千瓦发动机，后采用美国“弗里斯”405 千瓦发动机），运用铝合金作机身和翼梁，飞机性能大大提高。因此，该厂成为当时国内最有成就的航空工厂。[3]

宋庆龄和“乐士文第一”号飞机

1923 年 6 月，在杨仙逸等人的努力下，第一架仿美“金尼”（ Femie）式陆上双翼教练机制造成功。这架飞机除发动机使用“寇蒂斯”V 型 8 缸液冷发动机，机轮、水箱等部件采用“金尼”飞机备用件外，其余均为自制。

孙中山偕夫人宋庆龄亲自主持试飞典礼，并在飞机前摄影留念。

在试飞时，杨仙逸等人邀请孙中山乘坐，但宋庆龄考虑到冯如驾机失事的教训，毅然代表他登机。于是，由黄光锐驾机，宋庆龄乘机，试飞取得圆满成功。宋庆龄由此成为“中国妇女飞上蓝天第一人”。

陈列于航空博物馆的“乐士文第一”号复制品

为鼓励该厂在发展中国航空事业中多作贡献，孙中山欣然以宋庆龄在美国时的学名“Rosamond”中译音——“乐士文第一”为该机命名，还亲自书赠杨仙逸“志在冲天”。这四字条幅成为广东国民政府航空队的“军魂”。不久，“乐士文第一”号飞机正式编入中山航空队，参加了征讨盘踞惠州陈炯明部的战斗。

1923 年初，孙中山亲自督师，平定叛军陈炯明对广州的进攻。孙中山命令杨仙逸派出航空队配合作战，执行侦察、联络和轰炸等任务。由于飞机数量有限，杨仙逸等人只好轮流驾机作战，有力地阻击了陈炯明叛军对广州的进攻。陈炯明部转而退守惠州。因惠州城池坚固，常规炸弹的破坏力有限，孙中山提出用水雷改装成大威力炸弹进行轰炸。

9月20日，杨仙逸奉命偕同海军鱼雷局局长等技术人员，在东江白沙停泊的1架水上飞机上研究改装水雷。不料水雷突然爆炸，杨仙逸和在场人员不幸殉难。当孙中山得知杨仙逸遇难的消息后深为痛惜，以大元帅名义表彰其“尽瘁国事，懋著勋劳”，追认杨仙逸为陆军中将。[5]

孙中山书赠杨仙逸条幅

▶军阀混战中的各色航空队

辛亥革命成果被袁世凯窃取后，神州大地陷入军阀混战、群魔割据的局面。这时，军队武器装备的优劣，往往成为制胜的决定性因素。于是，各派军阀在武器装备的添置上就更加不惜血本；在购买当时最尖端的航空武器方面，他们也毫不逊色于刚刚结束第一次世界大战的欧洲国家。飞机及各色航空队等，成了军阀们的“宠儿”。

据记载，辛亥革命前夕，即1911年3月，为了安置从英国买回的第一架“政府拥有”的飞机，满清王朝开始在北京南苑练兵场修建飞机场。这是中国政府修建的第一个飞机场。

尽管这架飞机从英国购回之后，因无人会驾驶，亦缺乏维护，很快成了废品，但“清政府拥有的第一架飞机”这个光耀的头衔，还是留在了南苑。

同年，经清政府批准，一个名叫厉汝燕的中国人进入英国布里斯托尔飞行学校学习，毕业后取得国际飞行协会证书。这也是中国第一个经政府批准在国外学习飞行的留学生。

中国航空工程学会成立

1911年3月底，在法国学习飞行的秦国镛买回1架法制“高德隆”式单座飞机，并在北京南苑作飞行表演，这才使得守护机场的清军将士们知道了“飞机”为何物。

辛亥革命爆发后，武昌、广州、上海、南京的革命军先后建立了航空队（如前文所述冯如的广东航空队），虽大都未投入到实战，但对此后中国军队的武器装备建设产生了重大影响。

袁世凯窃取国民政府大总统之职后，除大规模扩建陆军、海军外，也着手筹建空军。1913 年 3 月，根据袁世凯的命令，将孙中山留下的驻防南京的陆军第三师交通团飞机营及两架单翼飞机调至北京南苑，划归北洋军曹锟统辖的第三师节制，并立即开办随营航空教练班和飞机修理厂。大概也就是在这时，中国军队逐步拥有陆海空三军建制。

同年 4 月，总统府军事顾问、法国驻华武官白里索建议袁世凯购买法国“高德隆”式飞机，并开办正规航空学校训练飞行人员，为组建空军作准备。

袁世凯立即将建议书批交给参谋本部办理，并令财政部拨出专款 27 万银元作为筹备经费。在参谋本部派人洽购法国飞机的同时，按袁世凯的指示又领款 6 万元，在南苑兵营操场正式组建航空学校（直属于参谋本部）。这便是中国政府创办的第一个航空学校。

1913 年 6 月成立的北京南苑航空学校，按北洋政府参谋本部规定的主要任务是：“专司造就驾驶制造飞机人才，组织飞机队，辅助战斗。”[6] 该校 10 余年内共培养 150 多名飞行人员，因而在中国航空史上占有重要位置。据说该校曾拥有中国空军史上的许多“第一”。

如 1913 年冬，北京南苑航校曾派飞行教官驾驶 1 架“高德隆”式双翼教练机两次侦察蒙古多伦地区的叛乱情况。这是中国战争史上第一次空中侦察作战。

又如 1914 年，时任南苑航空学校修理厂厂长潘世忠，利用从外国进口的航空发动机，自己设计制造了一架装有 1 挺机枪的飞机，并试飞成功。这是中国最早自制的武装飞机。

1917 年 7 月 11 日，南苑航校出动飞机参加讨伐张勋复辟的作战。此外，该校的南苑飞机修理厂也是中国最早的飞机修理厂；南苑机场还是中国最早的、现今仍在使用的军民两用机场。

与北京南苑航空学校同期创办的还有广东航空学校和东北航空学校。

广东航空学校由孙中山创办，早在 1915 年 7 月开始筹备，但至 1924 年 7 月，才在广州大沙头建校，后又迁至白云机场。该校从建校到 1936 年解散，前后 12 年，共招 7 期学员，每期 20 ~ 150 人不等，总计毕业飞行学员达 425 人左右。先后派出 37 人留学苏联，其中学习飞行的 24 人，学习航空机械 8 人，学习其他专业 5 人。它为当时中国空军航空队提供了不少飞行人才。

在长达 10 余年的北洋军阀混战中，各派军阀都深感飞机的巨大作战优势和威慑力。他们各显其能，一哄而上，先后建成众多大小不一的航空队。其中，时间最早、规模最大、装备最具现代化、作战能力最强的是奉系军阀张作霖创建的东北航空队。

1920 年，在直皖战争中，直奉联军打败了皖系段祺瑞，夺取了北京政权。南苑航空学校及 10 多架飞机，大部分被张作霖夺得，并将一批留法航空人才收归旗下。此时，第一次世界大战结束不久，西欧各国争相向中国推销换装淘汰下来的飞机，这些主客观条件，为奉系东北航空队的建立奠定了基础。此后，张作霖又从大沽造船厂招聘来 22 名技工，参与对航空器材的修理，形成了较强的技术力量。

是年 7 月，张作霖在东三省巡阅使公署内成立航空处，筹建东北航空队。

1922 年 5 月，第一次直奉战争爆发。直奉两系军阀的航空队都参加了作战。这是中国战争史上交战双方都使用空军的首个战例。

1923 年 9 月，奉系航空处机构调整，张学良任东三省航空处总办兼航空学校校长。张学良一上任就广揽人才，不惜重金引进先进装备，并派人出国考察和学习驾驶飞机，先后从英国购买“维梅”式、“亨得利 · 佩治”式、“爱弗罗”式、“亨克”式等飞机，从法国购进“高德隆”式、“布莱克”式等飞机，总共50 多架。航空队组编为“飞龙”、“飞虎”、“飞鹰”三个飞行队。

1924 年，第二次直奉战争狼烟再起。两支军阀航空队又在空中较量，于山海关展开大战，参战飞机近百架，是中国军阀战争史上参战飞机数量最多的一次作战行动。战争的结局以直系军阀的失败而告终，当然，直系航空队也悉数归入奉系囊中。

为适应航空力量扩大之需，奉系决定成立空军，由张学良出任司令，并在秦皇岛建立东北水上飞机队。张学良派出了高志航等 28 人赴法国毛兰纳和高德隆航空学校受训。

张学良试驾飞机及检阅航空队

“维米”式双翼轰炸机

1926 年 3 月，在张学良的指挥下，奉系空军直扑河南，如神兵天降在郑州机场，斩获甚多；直系军阀费了九牛二虎之力，刚向英国借款购来的飞机，顷刻间全部落入奉军手中。据说张学良为此举大获成功得意了很长时间。

1927 年 3 月 11 日，奉系空军掩护地面部队向直系吴佩孚部进攻；10 月 7 日，奉系空军轰炸了京汉线的晋军阵地；10 月 15 日，奉系空军轮番轰炸晋军涿州部。

一时间，奉系空军称霸碧空，连军阀“新科状元”蒋介石也惧惮三分。但就是这样一支号称“东北军王牌”的空军，却在“九一八”事变中，因执行不抵抗政策，其270 架飞机及大量航空装备悉数被日本关东军所获！显赫一时的东北空军随之瓦解，不复存在。

透过奉系空军兴衰史，人们可以看到：由于新老军阀不懂航空技术，又急于增强各自的航空军事实力，他们大量购进的外国飞机中，多数是过时的老式战斗机、教练机。虽然如此，当时中国毕竟有了一个新的军兵种。

从总体上看，处于 20 世纪初中国航空事业兴起之时，购买外国二手飞机，客观上还是推动了军事航空事业的发展。培养飞行员的航空学校和以仿制飞机为主的航空工业也随之兴起。

1925 年，割据一方的各派军阀中，大约已有五六家拥有飞机等航空装备，并设立有关机构。

如冯玉祥改组西北边防督办公署航空处，成立航空司令部；又如阎锡山改组1923年设立的航空团为山西航空队；山东督军张宗昌将原奉系飞行队扩编为直鲁联军航空司令部。

有了外国飞机和本国机场后，各路军阀觉得还得有自家的飞行员才行。于是培养飞行员的航空学校应运而生，同时兴起的还有维护飞机的修理工厂。

1914年初，中国第一所航空学校旗下新增了南苑飞机修理厂。工厂除维护修理飞机、保障飞行训练外，还曾制造出一架单翼飞机，并编入南苑飞机队参加作战。北洋政府觉得南苑的修理厂规模太小，于是将工厂单独划出来，扩大后直属航空事务处管理。1920年，南苑航空学校改为航空教练所。

1921年，航空事务处扩充为航空署，一批飞机设备、器材陆续配置工厂。该厂重新选址北京北郊，利用旧营房成立清河飞机修理厂。新厂分工务、存储、总务3股，工务股下设机械、锻工、铸工、主机身和发动机5部。全厂有中国职员24人，工人128人和英国技工6人。这在那个年代已是相当气派的了。

清河工厂除承担飞机修理外，一度也曾尝试研制飞机，并利用进口零部件组装了一架单翼飞机。1922年4月，在天津"直隶工业观摩会"上，就陈列了这架飞机。但该厂很快又成为军阀争夺的牺牲品，飞机器材随意调用，经费却无着落。

1925年夏，抱着实业救国理想留学归来的厂长也因深感工厂生存越来越艰难，愤而辞职。1926年，工厂已陷于瘫痪。1928年秋，航空署改隶军事部，工厂归并到航校，不久与航校同时被取消。

当时，这些军阀飞机队所拥有的飞行员和机械师，除了少量海外学成归来的骄子，多数是自办航空学校的毕业生。

这些飞行员和机械师，自然也就成为各派军阀争相拉拢的"宝贝疙瘩"。当年北京航校出版的《飞行杂志》上，印有各航空学校概况和每期毕业生的名目录。这对特别善于以金钱利诱"挖墙脚"的各派军阀来讲，自然提供了一份"联络图"。可能也正是这些"联络图"，为蒋介石廉价收编孙传芳的空军立下了汗马功劳。这方面的故事我们后面再讲。

资料证明，北洋军阀曾经是国际飞机市场上资格最老的主顾。自辛亥革命后，中国就开始大量购买外国飞机，当然主要是用于军事活动。

这一时期，中国主要购买欧美国家的多种教练机、战斗机、轰炸机。如北洋南苑航空学校建立之初，就一次购买法国"高德隆"式飞机12架。

1912年后，北洋政府用英国高息借款购买近百架英国轰炸机。

1932年至1933年间，蒋介石花费巨款，连续购进美国道格拉斯公司生产的"可塞"、"来因"型军用飞机200架。

有资料记载，到1933年，中国已购买700~800架飞机，共花费6000~7000万元。还有资料说"至1928年就已买了3000架飞机"[7]。尽管这些数据的真实性和准确性尚待商榷，但都足以表明军阀割据时期，购买外国飞机耗费之巨大，数额之惊人。

与这些飞机同时进口的，还有一些航空设备、设施及维修机械。当然，这也为后来的航空工业发展铺垫了一定基础。

▶研制中国国产飞机和创建海军航空兵

第一次世界大战期间，飞机的侦察、作战和轰炸功能在海战中初露锋芒，引起了人们极大的关注，不少国家开始发展海军航空兵。中国海军当然也不甘人后，于是就有人提出裁撤陈旧舰船，用省下的经费大力发展飞机、潜艇。

1915 年，海军部首次提出开办飞潜学校，北洋政府自知其财路不足予以否定。但是，海军中的有识之士并未放弃努力。

1916 年，海军选派了数人去北京南苑航校学习，为建立海军航空兵作准备。当年北洋政府派驻欧美并在欧洲观战的海军武官们为此奔走呼吁，更是不遗余力。1918 年，有位外派武官通过对英国、美国、法国、意大利等国海军的考察之后，写出了《飞机·潜艇报告书》，提出了海军制造飞机和潜艇、培养航空和潜艇人才的具体计划。

这些建议虽未被采纳，但仍不失有识之士的远见卓识。

1916—1917 年间，一批在欧美学习飞机、潜艇工程的海军留学生结业后陆续回国。北洋政府海军部以这些人为骨干，开始筹办飞潜学校。

经在大沽、上海、福州三处勘察选址后，海军部决定在福州马尾建校。1918 年 2 月，海军飞潜学校终于开办。这是中国第一所培养具有大专水平的航空、潜艇工程人才的学校。福州船政局长兼任飞潜学校校长，我国首批海军航空专家巴玉藻等担任飞机工程教官。

飞潜学校开设了 3 个班，每班 50 名学生，初定学制 7 年。其中，甲班是飞机制造专业班。该班学生需攻读热力学、高等数学、材料力学、飞机结构学、飞机设计学等几十门课程，教学规划参考英美培养人才模式，明确要求学生每个学年必须到工厂实习；首期培养了 17 名学生，其中不少人为我国航空事业作出了重要贡献。

第一届学生毕业后不久，飞潜学校就并入了福州海军学校。

1920 年，海军还派遣了数人去菲律宾向美国人学习驾驶飞机技术，于 1921 年 4 月学成回国，成为中国第一批海军飞行员。

1922 年 10 月，海军在福州组建了航空队，标志中国的第一支海军航空兵部队诞生。与此同时，海军另派出 5 人远赴英国学习飞机制造。

1923 年 6 月，中国海军开始自己训练飞行员，在马尾设立了航空教练所，聘请俄籍飞行师萨芬诺夫为教官，学员有 7 ~ 8 人。

1926—1934 年间，海军航空处开办了 3 届飞行训练班。该班继续使用“海军飞潜学校”的名义，起初设立在上海，后迁至厦门，共毕业飞行学员 21 人。

飞潜学校的创办及海军飞机的制造，在近代中国航空工业史上占有重要地位。

1918 年 2 月，海军在马尾创办了飞机工程处，隶属于福州船政局。1923 年更名为“海军制造飞机处”，改属于海军总司令部。该处的工程技术专家主要是留学归国人员。他们是美国麻省理工学院航空工程系毕业生中为数不多的华裔，均获得过硕士学位，是十分难得的航空人才，一度成为美国著名飞机生产厂家争夺的对象。但是，以巴玉藻为代表的这批人，立志要为自己的祖国设计和制造飞机。他们放弃国外优越的工作环境和生活条件，于 1917 年先后回国，成为中国最早的一批航空工程技术人员。

飞机工程处开办之初，海军部并未划拨专项经费，制造飞机只得依靠从船厂调来一批技工，使用简陋的造船机器完成。而这些机械设备多数粗拙陈旧，故造机工作多半依赖手工生产。

巴玉藻担当工程处领导时，十分重视培训技术工人，对他们按不同的专业进行训练。对飞机制造工艺，凡是与造船形制截然不同的方面，均由专家们亲自操刀、悉心讲授。如巴玉藻就亲自主讲飞行与发动机原理以及飞机各组成部分的知识。

这种理论知识传授还经常延伸到实践中。巴玉藻率先身体力行，带领学员直接到车间，对飞机重要部件的装配，发动机的校准、拆卸和调试以及各种仪表识别和修理等知识进行精心传授，取得了“知行合一”的良好效果，速成培养出第一代从事飞机制造的技术工人。

当时，该厂内设木工、金工、合龙三个车间，职工不超过 100 人，后来在巴玉藻的领导和努力下，竟然发展到 300 多人。

该厂在马尾运行了 10 多年，虽然经费不足，还是建成了一个装配车间、两座飞机库和一个办公室，并运用外国发动机和技术，装配生产出 30 余架飞机。

据航空史料评判，马尾海军制造飞机处所制造的飞机，大部分为等翼展的双桴水上飞机，其性能与同时期的外国飞机相比不分伯仲。特别是该部门在制造杉木机桴方面很有特色和经验。

民国时期制造的水上飞机

我国第一架海军飞机——甲型 1 号水上教练机，经过工程处员工的精心制作，于 1919 年 8 月试制成功。该机为双桴双翼，拖进式，双座；发动机功率 74 千瓦，最高时速 120 千米，续航距离 340 千米。

1920—1921 年间又造出甲型 2 号和甲型 3 号机。1922 年初，乙型机制成，但该型机只造了 1 架，只能算是甲型机的改进型。

1924 年造出丙型 1 号机，这是我国制造的第一架双翼水上轰炸机。该机为拖进式，6

座，可装机枪 1 挺，可携 1 枚鱼雷或 8 枚炸弹；发动机功率 257 千瓦，最高时速 165 千米，续航距离 850 千米。

1924 年丁型机试制成功。该型机为双翼双桴 6 座海岸巡逻机，发动机功率 257 千瓦，最高时速 177 千米，续航距离 900 千米，装备同丙型机一样。该型机共造出 3 架。

1926 年制成戊型机，为双翼双桴水上双座教练侦察机。该机发动机功率约 80 千瓦，最高时速 150 千米左右，续航距离约 400 千米，可携 4 枚炸弹。该型机共造出 4 架。

1930 年造出已型机，为双翼双桴的双座高级教练机，共 2 架。分别命名为“江鸿”号和“江雁”号。该型机发动机功率 121 千瓦，最高时速 177 千米，续航距离提高到 1230 千米，可携 4 枚炸弹。

“江鸿”号飞机由马尾成功地飞返汉口，显示了海军制造飞机的新水平。

同时，该厂还设计了世界上第一个浮动厂棚（或称水上机库），并在上海江南造船所制造成功。这一水上浮动厂棚长 21. 5 米，宽 10. 8 米，高 8. 1 米，平时吃水 0. 86 米，内可停放水上飞机。飞机出棚库时，用水泵将水注入棚库内，使之下沉，将浮在水面上的飞机推到库外；再将棚库内积水抽出，棚库又可上浮，使用非常方便。

这一水上飞机棚库运到长江试用后，获得良好效果。这也是上海江南造船所永远的骄傲。

1931 年，庚型机问世。它是一种可以变换水陆起降方式的双翼双桴高级教练侦察机，发动机功率 121 千瓦，最高时速 190 千米（不带机桴为 196 千米），续航距离 1150 千米（不带机桴为1260千米），双座，可携 4 枚炸弹。该型机有 2 架，分别被命名为“江鹤”号和“江凤”号。

正在水面滑行的“江凤”号

1933 年，造出“江鹊”号和“江鹏”号 2 架水陆两用教练侦察机。该型机是仿英国“摩斯”式飞机制造的，发动机功率 74 千瓦，双座。

同年，由著名工程师主持研制出我国第一架固定翼舰载飞机——“宁海二”号机。该机发动机功率 96 千瓦，最高时速 168 千米，续航距离 450 千米。1936 年出版的英国《简氏年鉴》专门介绍过“宁海二”号。1935 年，继续仿英“摩斯”式造出 2 架教练侦察机。

1934 年底至 1935 年初，仅用 3 个月时间就仿制出美国“弗力提”式教练机 12 架。这是一种比较先进的陆上教练机，发动机功率 74 千瓦。

1937 年初，该处造出了最后 1 架飞机——“江鹗”号教练侦察机。

早在 1931 年，当马尾海军制造飞机处造完第 15 架飞机后，南京国民政府海军部便命令该处与江南造船所合并。1933 年初，国民政府再次命令该厂由马尾搬至上海高昌庙与江南造船所合并。但实际上，这种貌合神离的"合并"并未真正搞到一块儿。后来，海军飞机制造处为求发展，申请资金30万元，用10万元建厂房，5万元造机库，15万元购买机器和材料。

1934年初，国民政府从"航空救国券"的盈余款中拨款15万元。10月，该厂通过扩充和改造，建成一座占地7200多平方米的厂房，里面可同时装配6架飞机。工厂添购了一些先进的欧美飞机制造设备，飞机的设计和制造水平有了很大提高，达到年产飞机24～60架的能力。抗日战争爆发后，该厂搬迁杭州笕桥，再迁至宜昌、成都，最终成为国民政府第八航空修理厂。

南京政府发行的"航空救国券"

讲述这段历史，可以苦涩地体味到当时中国航空工业发展的悲怆。尤其是像马尾海军制造飞机处与江南造船所这样的"整合"案例，付出高昂的代价，常让人欷歔不已。但它并不影响如下史实：福州马尾是近代中国海军航空事业发源地。包括早期的马尾海军飞机工程处，之后的海军制造飞机处以及相继在上海成立的海军航空处、海军飞潜学校，这些都鲜明地标志着当时中国海军航空兵的萌芽与发展。

▶铁血构建共和　黄埔创办军校

帝国主义列强之间争斗的加剧以及国际格局的新变化，给中国政治局势带来重大的影响，"残酷的、虐待狂似的独裁者，不顾人民死活的、贪婪的将军们把民主共和变成了一个苍白的幻影。"1918年6月1日的《北华捷报》悲愤地评论。因此，由西方列强操纵或控制的中国各派军阀之间的纷争日趋激烈。如前所述，北洋军阀大规模的军火交易及军事装备修造企业的出现，正是发端于这样的时代背景。

北洋军阀统治时期，在清末洋务运动的基础上已经有了近代新式军事工业的雏形。但这些军事工业完全受制于中国政局的牵动：昨天是皖系天下，今天则是直系当家，明早可能又是奉系发话，国家陷入内争迭起、政出多门的境地。在这种形势下，军事工业别说发展，往往连生存都成问题。

孙中山出席黄埔军校开学典礼

20世纪20年代初期，第一次国共合作

促动广东革命形势的迅猛发展，因而也迫切要求孙中山建立一支可靠的革命武装力量，组成讨伐北洋军阀的“战斗队”。国民党陆军军官学校就此应运而生。

此前，早在 1921 年 12 月，共产国际代表马林在桂林会晤孙中山时，就向他建议创办军官学校，以培植革命军事人才，继而以此为骨干和基础，创建以国民革命为宗旨的军队。鉴于过去长期依赖军阀部队进行革命而屡遭失败的痛苦教训，孙中山对马林的建议欣然接受，并希望苏俄提供帮助。孙中山在国民党第一次全国代表大会上，正式议决创办陆军军官学校。这所军校因设在广州附近的黄埔岛上，亦称“黄埔军校”。

1924 年 5 月，黄埔军校开学。孙中山自任军校总理，委任蒋介石为校长，廖仲恺为党代表，先后聘请加伦将军等苏联军官为军事顾问。苏联政府对黄埔军校给予大力支持，除资助 200 万元作为开办费外，还运来 8000 支步枪和 400 万发子弹等军需物资，并派遣一批有丰富经验的军事教官来黄埔任教。

讲述黄埔岛上的“陆军军官学校”，我们就不能不提到中国近现代史上的重要人物——蒋介石。虽然黄埔军校是第一次国共合作的产物，但蒋介石的真正发迹，实自创办黄埔军校为肇始。蒋介石一生屡屡以孙中山的追随者和继承者自居。其实孙中山在世时，蒋介石地位并不高。那正是第一次国共合作时期，许多共产党人已担任了国民党中央的领导职务，如毛泽东就已是国民党候补中央执行委员，一度还担任过国民党中央宣传部代理部长；而蒋介石此时在国民党中央尚无一席之地。蒋介石得以发迹的机会，正是孙中山让他参与创办黄埔军校。蒋介石深谙在中国“有枪便是草头王”的道理，利用黄埔军校为自己培训了一支嫡系部队。正是靠着这支军队，蒋介石东征北伐，扫除了一个又一个阻碍他掌握权力的障碍，迅速爬上了国民党的最高宝座。当然这些都是后话。

1924 年 5 月 3 日，孙中山正式任命蒋介石为黄埔军校校长兼粤军参谋长。6 月 16 日，孙中山亲自主持黄埔军校开学典礼。他在发表演说时指出：“我们今天要开这个学校，是有什么希望呢？就是要从今天起，把革命的事业重新来创造，要用这个学校内的学生做根本，成立革命军。”

至于孙中山为什么要把国民党陆军军官学校（于 1926 年 1 月决定改名为“国民革命军中央军事政治学校”）设于黄埔岛上，笔者认为，除了因为这里曾是黄埔水师工业学堂的旧址外，还有两个重要的原因。

孙中山、宋庆龄在“永丰”舰上避难

一是黄埔岛为孙中山蒙难劫后再生福地。当年护法运动最危难的时刻，民国海军护法舰队毅然投向孙中山，发表了著名的《海军护法宣言》，表示“我海军将士，既以铁血构造共和，即以铁血拥护之”。宣言是响应孙中山护法号召的第一声惊雷。海军护法舰队南下直驶广东，鼓舞了正在苦斗中的孙中山，震慑了段祺瑞的北洋政府，也大大激发了广东人民的革命热情，壮大了西南护法运动的声势。

孙中山重返广东后，十分关心海军建设。1921 年 3 月 24 日，孙中山在黄埔检阅了海军陆战队，并在演说中指出："军队的灵魂是主义，有主义的军队，是人民和国家的保障。"

1922 年 6 月 22 日，陈炯明发动叛乱。6 月 30 日，叛军偷袭黄埔，企图强迫海军陆战队缴械，结果被击败。叛军丢弃机枪 8 挺，步枪 500 余支在岛上。7 月 2 日，孙中山在"永丰"舰召集各舰舰长会议，提出了坚守黄埔的主张，得到与会者一致拥护。应该说，黄埔岛留给孙中山的印象实在太深刻了！随着时光流逝，星移斗转，当孙中山决计改组国民党、创建新式军官学校时，他的目光自然会聚焦于黄埔岛这块福地上。当然，孙中山选址黄埔岛还与它四面环水、地处要冲有关；这里远离城区，既便于兴学讲武，也可避开当时已存算计之心的滇桂军阀。一旦滇桂军发难，黄埔毗邻外海，随时可得到海军支援。

二是黄埔岛具有一定的机器工业基础设施。把军官学校设在黄埔岛的广东海军学校内，学校旁边紧邻当时由英国人开办的中国第一家现代造船厂——柯拜船坞。这里已有初具规模的机器工业基础设施，如厂房、设备和码头。因而也便于相依建立起能够容纳、接收苏联大规模军械援助的仓库及军事装备修造企业。如果论起后来真正由国民党"全资"建立起来的兵工厂，这是第一家。此后，国民革命军北伐中原使用的武器大多来自黄埔岛上的兵工仓库和兵工厂。

溯源历史，曾有国民党黄埔元老回忆：那时，黄埔军校有 800 多名学生，却只有 30 支破旧的毛瑟枪，勉强够发给卫兵守门，许多学生甚至连枪都没有摸过。滇军三师长官范石生曾轻蔑地对蒋介石讲："你在黄埔办什么鸟学校，你那几根'吹火筒'，我派一个营去就可以全部缴械！"

现存黄埔岛的柯拜船坞遗址

为缓解"有兵无械"的情况，1924 年 10 月 8 日傍晚，奉共产国际之命，绕了大半个地球的苏俄"沃罗夫斯基"号通信指挥舰满载着援华枪械开到了广州。闻讯的黄埔军校师生们欣喜若狂，挤在木码头迎接，"永丰"号炮舰和岸上炮台也纷纷鸣响礼炮。在迎来送往的炮声中，蒋介石等校方领导和鲍罗廷在内的苏联顾问登船慰问。9 日早上，黄埔军校全体动员搬运军械，学生是小工，官长是工头，搬运的人群如梭般地往来，人人的脸上都笑开了花。大家直忙到下午 5 点才结束。随后，由苏联水兵任临时教官，训练黄埔学生使用苏制枪炮。大家还同台表演节目，用两国语言一齐高唱《国际歌》。

▶独夫玩弄阴谋　北伐付诸东流

黄埔军校成立之初，广东局势动荡不定。1924 年 10 月 10 日，广州发生了商团叛乱，叛乱分子血腥屠杀民众，用刺刀威逼“孙文下野”。当时，孙中山正在韶关督师北伐。广东政府群龙无首，人们纷纷跑到停泊在黄埔岛的“沃罗夫斯基”号上避难。在鲍罗廷的坚决主张下，根据孙中山的指示，蒋介石在该舰舰长室成立了平叛指挥部，用刚刚运送来的武器弹药武装黄埔学生军进入羊城。在苏联军官指挥和水兵组成的机枪队掩护下，军校生一举消灭了商团武装，解除了广东革命的心腹之患。连蒋介石也不得不说，“我们今天能够消灭叛逆，达到这个目的，大半可说是苏联同志，本其民族的精神，国际的实力与革命的使命，以至诚与本党合作，帮助我们中国革命的效力”。

对于苏联的援助和共产党的帮助，当时身在广东大办农民运动讲习所、向黄埔军校输送学员的毛泽东印象非常深刻。直到 1959 年 2 月 17 日，他和周恩来在会见外宾时还说：“蒋介石的军队也是在苏联和共产党的帮助下搞起来的。周恩来总理是当时黄埔军官学校的政治部主任。”在那篇“两次失败使我们学会了打仗”的著名谈话中，毛泽东对大革命失败的教训总结得非常清楚。

10 月 30 日，孙中山从韶关返回广州。他特意在鲍罗廷和加伦陪同下，登上“沃罗夫斯基”舰致谢。此后，他让蒋介石全面接防广州。不久又发生了黄埔学生军扣留挪威轮船“哈佛”号事件，截获了商团从香港私运到广州的长短枪械 9000 支。这批武器再度装备了黄埔学生军。

1925 年 7 月，广州革命政府成立。8 月，军事委员会决定将各地方军一律改称为“国民革命军”，黄埔学生军和部分粤军改称“国民革命军第一军”，蒋介石兼军长。

蒋介石在出师北伐大会上

1926 年 1 月，蒋介石终于进入国民党中央。

3 月，蒋介石制造了“中山舰事件”。

4 月，蒋介石出任国民党中央军事委员会主席。

5 月，国民党通过《整理党务案》。6 月 4 日，国民党中央执行委员会举行临时会议，通过“迅速出师北伐，任命蒋中正为国民革命军总司令”的议案。7 月 6 日，蒋介石名正言顺地成为国民党中央执行委员会主席。

这时为“出师北伐”准备的军需物资，包括枪炮、子弹、炸药，主要来自苏联的大规模援助。史料介绍，从 1924 年 10 月“沃罗夫斯基”号运送武器弹药停泊长洲岛开始，至 1925

年，国民党接收了价值 56.4 万卢布的军械。1926 年又接收了前后四批军械：第一批有日本造步枪 4000 支、子弹 400 万发、军刀 1000 把；第二批有苏联造步枪 9000 支、子弹 300 万发；第三批有机关枪 40 挺、子弹带 4000 条、大炮 12 门、炮弹 1000 发；第四批为步枪 5000 支、子弹 500 万发、机关枪 50 挺、子弹带 5000 条、大炮 12 门。

当北伐被正式提上国民政府的议事日程之后，蒋介石以国民革命的名义，依靠苏联的军械援助，以黄埔军校培养的部队作后盾夺取军权，最终垄断了国民党、北伐军和国民政府的所有大权。他从黄埔军校校长摇身一变，迅速蹿升为国民党的头号人物。

1926 年 7 月 9 日，北伐军誓师出发。这时，北洋军阀的兵力还很强大。直系、奉系及张宗昌的军队，约有兵力 80 万人。而国民革命军只有 8 个军的兵力。

这种态势必然要求国共合作，集中力量对付强敌。北伐战争在农民运动的策应下，革命势力迅猛发展。在短短 10 个月的时间里，北伐军势如破竹，捷报频传。北伐先锋从广州打到武汉、上海、南京，打垮了吴佩孚、孙传芳两大军阀，歼敌数十万人。

北洋军阀的反动统治岌岌可危，面临崩溃。

北伐战争的胜利推进也与蒋介石善玩权谋有关。就此讲讲北伐中蒋介石廉价收编孙传芳空军的小故事。

北伐打响时，孙传芳据有“五省联军总司令”的头衔，不但占据着富庶的浙、闽、苏、皖、赣地区，而且扼长江咽喉之地，控制着上海的江浙财阀。他又是个搜刮民脂民膏的高手，所以敢花大价钱购买飞机装备部队，维持其军事地位。

孙传芳的飞机队，装备的都是法国制造的飞机，据说总共有七八架，飞机队部设在虹桥机场。当北伐军攻下武汉，东出江西进攻南昌之时，狂妄的孙传芳亲自出马，前往九江抗拒。他用夹板船运载两架飞机，让小火轮拖到九江，在江北岸小池口江边沙滩地上修了个临时机场。当北伐军冲进九江，战事紧张之时，孙急令飞机出动轰炸南浔路。虽未能取得多大战果，但这毕竟是北伐历史上的第一次。可是，孙传芳在江西的败局，单靠飞机队是挽救不了的。最终，他也只得以江面上停靠的招商局“江”字号驳船将飞机队撤回南京。

逃回南京的孙传芳并不甘心，他又向法国购买了 5 架新式“高德隆”飞机，企图以此阻挡革命军。可是历史的潮流不可抗拒，这批飞机虽新，孙传芳的飞航参谋们却早已“身在曹营心在汉”。此时，蒋介石依据南苑航校《飞行杂志》上提供的“飞航士名录”，派出代表花大价钱秘密收买了孙传芳的飞机队。

孙传芳手下的飞航参谋按照蒋的出价，以飞机队所有飞机，并联络一班飞行员和机械师，全部密归国民党收编。收编之后，这些人“一律准照原职原薪任用”，另有犒赏大小不等。

这时，在周恩来领导的上海工人第三次武装起义的策应下，国民革命军迅速拿下了上海。按事先约定，国民革命军总部通知前敌指挥官，在接近虹桥机场时，不得向飞机队发起攻击，以免误会损伤。就这样，蒋介石不费枪弹耗“银弹”，接收改编并拥有了国民党自己的空军部队。这次收编对于蒋介石来说，真是大大地赚了一把。

北伐军占领上海后，帝国主义列强感到在华利益进一步受到威胁，“列强此刻已如热锅蚂蚁”，一方面加紧进行武装干涉准备，另一方面加紧拉拢蒋介石的步伐。1927 年 3 月，列强在中国水域停泊的军舰已达 170 艘，其中上海有 60 余艘，军队增加到 3 万多人。

3 月 23 日，国民革命军占领南京。3 月 26 日，蒋介石乘军舰从南昌赶到上海，开始与英国、法国、美国、日本驻华代表密商。列强使节公然鼓动蒋介石“迅速而果断地行动起来”，“使长江以南的区域免于沦入共党之手”。江浙沪财阀则保证在财政上给予蒋介石全力支持。在国内外黑暗势力的策动下，蒋介石遂于 4 月 12 日发动了政变。

“万家墨面没蒿莱，敢有歌吟动地哀。”(鲁迅诗)“四一二”政变是轰轰烈烈的大革命从高潮走向失败的转折，它所带来的风云突变，造成了革命联合战线内部的分化和剧变。

“四一二”政变后，以蒋介石为首的国民党右派迅速转变为大地主、大资产阶级的代表。在帝国主义势力的支持下，他们纠合国民党老右派以及官僚、政客、买办、豪绅，建立起专制独裁的政权；并于此后十年间，对共产党人进行了残酷镇压、血腥屠杀。

在国民党统治集团大规模“围剿”红军的时候，日本帝国主义密谋发动了武装侵略中国东北的战争。国民党反动派对红军的血腥屠杀从不手软，对日本帝国主义的侵略却节节退让。

日军发动的“九一八”事变，使张氏父子在东北苦心经营、一手建设起来的兵工厂，顷刻间落入日军魔掌。

日本侵略军对东北三省的占领及其后来扶植的“满洲国”，极大地震动了中国社会。而张学良领导的东北军官兵虽有国恨家仇，却被蒋介石支派到陕北去“围剿”红军。

张学良悲壮激愤、欲诉无门的亡国之痛，于此沉积胸臆之间，这就为日后的“西安事变”埋下了伏笔。

▶喋血淞沪上空的抗战风云

日本侵占东三省后，很快又在上海发动侵略战争，企图转移国际对东北问题的关注，迫使国民党当局承认其占领东北的既成事实，同时也把上海变成它侵略中国内陆腹地的新基地。与在沈阳炮制的阴谋一样，日军先制造一系列事件作为借口，紧接着于 1932 年 1 月 28 日夜发动对上海闸北区的进攻，史称“一·二八”事变。

蔡廷锴、蒋光鼐率领的第十九路军进行了英勇抵抗。上海各界民众纷纷组织义勇军、敢死队、救护队协助作战，护理伤员，捐献慰劳金和慰劳品。全国各地民众和海外华侨仅捐给第十九路军的款项就达 700 余万元。

枪炮声、爆炸声与撕心裂肺的血腥屠杀交织于中华民族苦难的记忆之中。在遮天蔽日的抗战烽火中，“起来，不愿做奴隶的人们！把我们的血肉筑成我们新的长城……我们万众一心，冒着敌人的炮火前进！”构成了那时最为悲壮的呐喊！

在广大人民群众的有力支援下，第十九路军和随后参战的第五军（张治中任军长）部分官兵，不顾武器装备和兵员数量远不如日军的重重困难，发扬顽强战斗、不怕牺牲的爱国精神，坚持抵抗一个多月，取得重大战果。

日本侵略军被迫三易主帅，数度增兵，结果损失了1万余人却无法实现速战速决的迷梦。上海数十万军民同仇敌忾，齐心御侮，涌现出大量可歌可泣的英雄事迹。

抗战胜利60周年纪念时，香港凤凰卫视在重庆采访幸存的抗战老兵。满脸沧桑、皱纹沟壑的老兵讲述的一段往事，恰似现代版的《挑滑车》：

那时我刚满17岁，我们与小日本的武器装备差远了，非常悬殊！我们都是第一次看见日本人的装甲车和坦克，“突突突”直撞到我们阵地前，也不知道这是个啥，开始就用楠竹竿、长点的木棒去捅去挑，谁知根本阻挡不住。还是连长见过的阵势多，他从毁坏的民房里拣了根碗口粗的房梁木桩直接插入日军坦克的履带里，塞上几颗手榴弹，炸药包，才将狗日的炸毁。后来我们都采用这个法子打狗日的坦克，和跟在坦克后的鬼子兵拼肉搏战！杀红了眼的我们只有挥舞着大刀向鬼子头上砍去……

中国军人在现代战争条件下，敢于用如此低劣的武器去与拥有重型武器装备的敌军搏斗，这是何等悲壮呀！

这位抗战老兵说得一点儿不错，当年中国军人真正见识过坦克这类重型武器的并不多。在“围剿”红军时期，蒋介石曾与德国搞过一段军事合作，购入过德国PzKpfw Ⅰ轻型坦克和装甲车，加上抗战之初，苏联也曾卖给中国一些如T－26B、BT－5坦克及BA－3、BA－6系列装甲车，但总量都很小，能够发挥的作用也不大。直到1944年1月28日，在美援装备和史迪威的训练下，中国驻印军由270辆坦克和90辆装甲车组成的强大机械化部队沿达罗河推进，与日本侵略军在滇缅战区展开决战，中国军队才拥有了钢铁洪流的力量。

1937年7月7日，日本帝国主义者以制造卢沟桥事变为起点，发动了全面侵华战争。当日军在华北大举进攻，汤恩伯、刘峙、顾祝同等指挥国民党王牌军参加的战事正在激烈地进行之时，蒋介石也始终没有派出空军到北方参战。

蒋介石当时拥有的可以作战的飞机约200多架，这些集中在国土东部的空军包括9个大队和几个独立中队。空军中的每个大队，一般辖有3个中队，每中队有9架美制“道格拉斯”式侦察机。该机前后座有两挺机关枪，还可以带四五十千克炸弹。这些空军大队密集部署或驻防南京周围，构成了以上海为前方来拱卫南京的阵势。

由日本陆军省一手策动的“七七”事变爆发后，喜欢邀功请赏的日本海军当然也不甘示弱，决心把战争迅速扩大到上海，以此来击垮国民党政府。自“一·二八”事变以来，日本就在上海驻扎了一支装备精良的海军陆战队。“七七”事变后，日本政府迅速向上海增派军舰和特别陆战队，并加强其驻淞沪的海军第三舰队，包括在长江口至黄浦江增加舰只，最多时达到20余艘。驻沪日军一再寻衅，使中国军队的首脑们也不得不作相关部署，军事调动加紧进行。于是，南京统帅部里发生了下面的一幕。

8 月 11 日黄昏，戴笠送来最新情报，使蒋介石清楚地意识到与日军在华东开战已不可避免。于是他准备让海军以沉舰来封锁吴淞口，把日本海军的几十条军舰封堵在黄浦江内，然后再派空军轰炸，来个瓮中捉鳖。这一妙招令蒋介石亢奋不已，他马上把空军司令周至柔叫来当面交代。当晚 8 时左右，周至柔集合空军高级将领开会，紧急部署蒋介石的密令。他神情紧张地说："今晚有非常要紧的行动，委员长决定先下手解决上海的敌舰，12 点半动手，先让海军封锁吴淞口。明早空军全部出动，投入战斗，协同陆海军解决黄浦江内所有敌舰。"为保守机密，他要求将领们等到晚上 12 点，以等候统帅部的最后命令。"封锁吴淞口的目的达到后，你们就立即各回本队，连夜准备，明天一早就飞往上海轰炸。"可是过了 12 点钟还不见动静。周至柔也坐立不安起来，但又不敢打电话去问蒋介石，只好叫几个将领赶回部队，在天亮之前先让全部飞机挂好炸弹，准备行动。可是，8 月 12 日全天直到 13 日天明，国民党空军也未接到任何出动的命令。

原来，蒋介石的这一着妙棋，竟然于密谋时就被汪精卫的秘书黄浚出卖给日本人，致使整个行动功亏一篑。据说，日本海军是在当夜十点半左右得到蒋要"封锁吴淞口"这一绝密情报的。几十条停泊在黄浦江内的日军战舰仓皇起锚，进入全员战斗状态，向吴淞口方向逃逸。日本海军还虚张声势、欲盖弥彰地让所有军舰打开探照灯，示威性地来回照射外滩、闸北等建筑群，反倒唬住国民党部队不敢有丝毫动作。

飞扬跋扈的日本军舰，包裹处为舰上探照灯

有了这次"惊险"，日本海军的霸气就越发来劲了。8 月 13 日，日军在虹口、杨树浦一带抢占有利据点，旋即向中国军队进攻。这就是"八一三"事变。淞沪战役由此爆发！

8 月 13 日，日军全线进袭上海后，国民党政府才终于下达《第一号空军作战命令》，正式开始对日作战。

8 月 14 日一早，空军第二大队"罗斯诺普"－2E 式轻型轰炸机冒雨从广德机场起飞，对集结在吴淞口的日舰和正在杨树浦码头登陆的日军以及堆积在码头上的军火进行轰炸扫射，给了侵华日军当头一棒。随后，国民党空军全面出击，与侵略者在沪杭地区上空展开激战，多次轰炸日本海军舰艇及陆战队据点。

铁血男儿——高志航、李桂丹

空军的表现，极大地鼓舞了前线军民的抗日热情。当天上午，日军大本营紧急命令驻九州和台北基地的鹿屋航空队出动"三菱"G3M－96 式陆基轰炸机，企图对宁沪杭地区的中国空军机场实施轰炸。

中国空军驱逐机部队第四大队也于当天上午奉命由周家口机场紧急移防杭州笕桥机场。该大队首批“霍克”Ⅲ式战斗轰炸机刚刚落地，还未来得及加油，日本96式轰炸机已飞临笕桥上空。大队长高志航果断率队起飞迎战。

那天，笕桥上空天气恶劣，乱云飞舞。中日空军在云雾中展开了激烈的较量。高志航首先咬住了一架敌机，在分队长的配合下将其击落。接着“分队长郑少愚击落敌机一架，队长李桂丹，队员柳哲生、王文骅共同击落敌机一架。”（上海报刊语）

这次空战共击落敌重型轰炸机3架，击伤1架，中国空军在空战中无一伤亡。空军第五大队还在吴淞口成功地击沉日舰一艘。处于劣势的中国空军英勇作战，首战告捷，戳穿了日本空军“不可战胜”的神话，大长中国军民的志气。

8月15日，毛泽东撰文畅言：“所有前线军队，不论陆军、空军和地方部队，都进行了英勇的抗战，表现了中华民族的英勇气概，中国共产党谨以无上的热忱，向所有的全国的爱国军队爱国同胞致民族革命的敬礼！”

从8月14日至31日，国民党空军共出67次，空战12次，击落日机61架，击中日军舰船10艘；己方损失飞机27架。同时，国民党政府命令驻河南周家口的空军第四大队和驻信阳的空军第五大队，转场移防杭州笕桥机场和曹娥机场，支援淞沪战场陆军作战。

回首这段历史，若对当年中日两国的空军作个简单对比，即可知敌我力量之悬殊。

抗战初期，日本军队已拥有各型作战飞机约2700架，居世界第四位。日本已完全建成能生产各式飞机和航空兵技术装备的工业体系，形成了独立的航空制造基地和庞大的军事工业体系。而且，日军为发动侵华战争进行了长期准备，飞行人员训练有素，战术技术水平较高；陆、海军独立的航空机械维修改装、更新制造能力都非常强，这为日军发动侵华战争提供了较强的装备保障。

而中国基本没有航空工业基础和技术设备。蒋介石建立空军的首要目的，是为了进行内战。国民党空军多以侦察机、轰炸机为主。抗战初始，中国空军约有各种型号的作战飞机共500架，但真正能投入战斗的飞机不超过300架。空军的主力飞机是“寇蒂斯”A－12、“霍克”Ⅱ、“霍克”Ⅲ、“波音”2812、“布瑞达”27、“诺斯罗甫”2E、“马丁”139WC、“亨德尔”等型号，约有160余架，种类繁杂。因此，日本空军不但在数量和质量上占有一定优势，而且拥有作战消耗后能立即补充的“补血”优势。

为了民族存亡，中国空军广大官兵以劣势装备与敌寇浴血奋战，虽然取得了辉煌战果，但拼到1937年底，飞机损失大半，余下的也调离第一线，转入大后方休整。

▶国民党统治时期的航空修造厂

蒋介石在收编军阀航空队后，也曾梦想建设一个能支撑航空兵发展的工业体系。但因为其统治从未达到过真正意义的全国统一，他不是处心积虑、穷于对付地方军阀，就是忙着打内战、围剿红军，并无时间和精力，更缺乏财力来搞航空修造厂建设。

如果说有一定“建设”的话，就是在抗战前，国民党政权初步完善了空军组织指挥机构和扩大航空兵部队，让少数地域初步实现空军场站、航空修理厂等后勤保障设施基本配套。

直到国民政府航空委员会成立后，才在加紧接收各派地方军阀航空修造工厂的同时，考虑到世界航空工业发展的大趋势，逐步加大航空修造厂的建设步伐，形成了一定规模的航空修造体系。

1938 年斯大林派遣援华志愿航空大队所用伊－16 战斗机

后来，为了适应抗战的需要，国民政府增设航空总站 10 余处，航空站和机场百余处；并在苏联援华航空队大队长库里申科的帮助下，于西南、西北建设了航空维护场站。

太平洋战争爆发前后，美国也为中国提供了一批机场设施和战机维护修理设备，使得保障设施基本配套，各航空队维修厂(所)的业务能力大增。

应当说，这些相对配套的航空场站和维修企业的形成，在抗日战争中还是起到了一定作用。从十年内战到八年抗战，国民政府的航空修造体系主要由以下方面构成。

第一修理厂，1930 年 8 月 1 日，由航空署正式编号列入建制，后毁于日寇轰炸。

第二修理厂，1935 年 6 月建成于南昌。至 1939 年 6 月才在芷江开工，担负修理飞机和培训机械师等任务。

抗战中美国援华“飞虎队”装备的 P－40 战机

第三修理厂，原名武昌南湖飞机修理厂。抗战中内迁合并。

第四修理厂，前身是驻川飞机修理所。抗战爆发，随着对日空战的加剧，该厂修理战机繁忙，最高一个月内抢修过 18 架飞机。除修理飞机外，该厂曾改装过苏联的伊－15 式飞机。由于任务完成出色，厂方受到过国民政府航委会的通令嘉奖。

第五修理厂，厂址广州东山，其主要任务是飞机维修，曾经组装过“羊城”、“道格拉斯”等制式飞机。1938 年，该厂迁址祥云，后作他用。

第六修理厂，主要负责修配各式轰炸机部件。1938 年 3 月该厂移师襄阳，专门承接苏式飞机修理任务。1939 年 11 月，迁宜宾机场、杨湾两地重建。由于有苏联援华航空队专派工程技术人员指导，基础厚实，加上后来美国志愿援华航空队——“飞虎队”的进驻和

"驼峰航线"运输机的维护需求，该厂业务量大增。因任务完成出色，多次受到国民政府航委会奖励。

第七修理厂，即原上海海军飞机制造厂。1939 年 3 月，该厂直接迁址成都南门外簇桥附近，开始承担修理和装配飞机的任务。之后，该厂一部分人员支援空军，直接保障对日作战之需，立下了汗马功劳。

第九修理厂，即广西航空学校的飞机修理厂。1937 年至 1939 年，全厂约有工人百余人，分发动机股、飞机装配股、机加钳工股、仪表电器股、存储股和检验股等。从管理层次上讲，这里也是"麻雀虽小，五脏俱全"。

第十修理厂，原名中央航空学校修理厂，1938 年春迁至昆明。该厂规模最大，分修造课和检验课。修造课下设发动机股，但却没有试车台，修好的发动机只能装到飞机上再试车。铁工股则拥有普通车床、牛头刨床、铣床等几十台(套)设备。

"中运一号"运输机是 1944 年中国自行设计并制造的第一架运输机

除了承担中央航空学校的飞机修理任务，该厂还承担伊－15 和伊－16 等苏式战机的修理。最重要的是，当年它还主要负责"飞虎队"战机的修理工作。第十修理厂修理人员最多时，仅美军工程技术人员就有 30 名左右，中国职工也有好几百人。该厂多承担战机的中修和小修任务，大修不多，平均每月修理 18～20 架飞机。

航空博物馆展示的英国"蚊"式战斗轰炸机，除左翼外其余为复制品

国民党统治时期的飞机制造厂，约有四五家。

第一飞机制造厂，前身是广东航空队韶关飞机制造厂。当年厂方刚建成投产，正逢抗战爆发，只得内迁成都。据说该厂兴盛时曾有员工 1200 多人。该厂主要担负新式战机的生产以及"霍克"、伊－15 战斗机的仿制任务。

第二飞机制造厂，即国民政府与意大利四家公司合资建立的南昌飞机制造厂，厂址位于南昌顺化门外。其中飞机总装配厂房面积约有五六千平方米，规模是当时国内少有的。抗战爆发前，该厂共制造美式轰炸机 3 架；后多次遭到日机轰炸，被迫内迁。员工最多时达 1000 余人，主要担负仿制苏式战斗机和自制中级滑翔机等任务。1942 至 1948 年，先后设计、制造成功"中运"式运输机，但从未正式生产。抗战胜利后，该厂又搬回南昌(后在其旧址上重建了新中国航空修造企业)。

中央杭州飞机制造厂，于 1934 年 2 月底在杭州笕桥机场附近建厂，由国民政府与美国寇蒂斯、道格拉斯公司合建。抗战爆发后，工厂迁至云南，前后开办 8 年，多数时间负责修理，总共修理、装配各式飞机 2300 架次。装配重点是仿制美式教练机、侦察机、轻型轰炸机和轰炸教练机。

1942 年，日本侵略军突破滇缅防线，大有全面入侵云南之势。蒋介石给航委会下令，让该厂全部撤退，如来不及组织，则要求及时捣毁各种机器设备。好端端一个经营多年的航空厂就这样毁于一旦。针对这种不战自乱的仓皇溃逃，当时国民党一位高级将领怒发冲冠，斥责航委会的荒唐：“为何不增派部队固守，与日寇血战!”

贵州发动机制造厂，1939 年该厂员工最多时达 700 余人，曾先后购买美国瑞特公司“赛克隆”发动机制造权和英国罗·A 公司“民恩”式发动机制造权。由于工厂设备条件差，技术力量薄弱，发动机生产数量极少。

如此不厌其烦地介绍国民党统治时期的航空修理、飞机仿制和机械师培训等情况，是为说明当年奠定的这些基础，包括工程技术人员的培养、工人技师的战时培训和管理以及工厂的设立，后来也成为构建新中国航空修造体系的重要一环。

▶沉舰阻日寇和战后获美英装备的国民党海军

抗战爆发前的 10 年中，国民政府未投入多少财力发展海军。在北伐之后的 1930 年，国民政府便考虑重建海防力量。当时的海军部长陈绍宽通过招标的方式，从日本播磨船厂订购一艘二等巡洋舰。这笔买卖能成交的原因，是该厂报价最低，并同意用东北大豆折价购置。

这艘被命名为“宁海”号的军舰于 1932 年 9 月建成，长 106.7 米，排水量 2526 吨，部分位置设有装甲，最高航速 23.2 节；配备 140 毫米双联装主炮 3 座，76 毫米高射炮 6 门，40 毫米机关炮 8 门，机枪 10 挺；还装备有大口径鱼雷发射管及深水炸弹等当时较为先进的装备。另外，该舰载有水上飞机两架，其中水上侦察飞机“宁海二”号便是出自中国江南造船厂、由我国自行建造的第一架固定翼舰载飞机，性能颇为出色。

“平海”号巡洋舰

这里有组数据很能说明问题：从 1930 年至 1937 年 6 月，中国新造舰艇总排水量约 8000 余吨，仅比 1928 年增加 1 万吨。

新装备的舰艇，除了“宁海”号巡洋舰，基本都由江南造船厂制造。

1931 年，造出“逸仙”、“民生”号炮舰。

1933—1934 年间，造出炮艇 10 艘。

1936 年，仿“宁海”号图纸造出了“平海”号巡洋舰。该巡洋舰长 109.8 米，宽 11.89 米，吃水 4.04 米；装配 140 毫米双联装主炮 3 座，76 毫米高射炮 6 门，机枪 10 挺，鱼雷发射管 4 个，航速 23 节。“平海”舰和它的准姊妹舰“宁海”舰为抗战爆发前夕中国海军最大、最先进的战舰。

其间，海军部又对“建威”、“建安”2 艘驱逐舰进行了大规模改造。改装后排水量由 850 吨提高到 1050 吨；装配 120 毫米主炮 2 门，76 毫米炮 1 门，57 毫米炮 2 门，20 毫米高射炮 1 门，7.92 毫米机枪 6 挺。所花费的财力与日本海军相比，连个零头都不及。

中国海军购自日本的“宁海”舰，从它服役之日起，可谓历经屈辱与荣光。

先说屈辱。在 1934 年，当年曾参加甲午战争的日本海军元帅东乡平八郎呜呼哀哉了，日本方面向各国海军首脑发出参加东乡葬礼的邀请。由于“九一八”事变和此时的长城抗战正处于硝烟弥漫之际，中方对是否应派舰赴日一直争论不休。最后，蒋介石决断“以军方对军方、不代表政府”的名义前去吊丧。中国海军开着日制军舰去祭奠打败中国海军的敌军元帅，真是个莫大的讽刺。

至于荣光，那是 1937 年淞沪抗战打响，在经历最激烈的战斗后，中国海军慷慨赴难。9 月 22 日，日军掌控了淞沪战场制空权。日本海军第三舰队主力倾巢而出，以 10 艘战列舰、300 架飞机的优势兵力，对据守长江水道的中国守军实施饱和攻击。

一场壮烈、不对称的海空大战打响了。“宁海”舰这时正在江阴驻守，它和中国海军其他战舰一样，完全没有空军战机的支援。守军只能按照预定方案，以各舰对空火力编组配置，成梯次对空开火；以密集的重机枪、高射机枪封锁 500 米以内的空域，迫使敌机不敢低空投弹。

这种战术果然奏效。第一轮较量后，日军损失飞机 3 架，而我方战舰几无损毁。

骄横的日军恼羞成怒，又派出战机发起多轮进攻，对中国舰队进行狂轰滥炸。1937 年 4 月才服役的中国海军旗舰“平海”号和“逸仙”号等军舰英勇还击，但终究抵挡不了炸弹狂泻，先后沉没。“宁海”舰也陷于苦斗，最后壮烈战沉。

1937 年 9 月 25 日夜，为阻止日军利用长江航道进逼南京，“海筹”、“海琛”等前清遗留的超龄舰在江阴自沉，构筑航道封锁线。中国海军从 9 月 23 日至 11 月 12 日，在长达一个多月的时间里，仍以残存舰艇顽强镇守江阴水道，使日军舰队不能越雷池一步，为掩护南京守军撤退争取了时间。

江阴大战，国民党海军几乎贡献了全部主力。蒋介石聘任的德国军事顾问一直在战地观战，他为此怅然感叹：“这是第一次世界大战后，最为激烈也是最为奇特的海空大战。”

与前述空军情形一样，中日两国海军差距更为悬殊。

“七七”事变爆发时，中国海军舰船总吨位不足 6 万吨，最大舰艇吨位不过 3000 吨，其单舰吨位尚不及清末(1910 年)从英国购回的“海圻”号巡洋舰的水平；大部分舰船为百吨级小艇，且多为北洋水师遗留的陈旧不堪之物。

而这时(1937年6月)的日本海军，至少已有舰艇285艘，其中航空母舰4艘、万吨级战列舰10艘，总吨位达116万吨之巨。

从江阴失陷到整个抗日战争期间，国民党海军发挥作用不大，付出的却是全军覆灭的沉重代价。国民政府所辖121艘舰艇中有88艘被日军击沉；另有25艘采用自沉战术，以阻塞长江航道，防止日军舰艇进逼四川。

到1939年1月，中国海军只剩下小型舰艇15艘，活动范围主要限于川江一带。这时严酷的战争环境，凋敝的国民经济，使国民政府根本无力建造新舰。

最让人痛心的一幕，是在国民政府陪都重庆的朝天门码头上，停泊着一艘破烂不堪的中国军舰；舷侧高悬一块木牌，上书“此系军舰，过往木船，不得碰损致坏”。世上哪有铁甲军舰惧怕木船碰撞的？只因彼“铁甲”乃是清末遗物！

它从另外的角度说明了一个事实：国民政府此时已经完全没有海军力量了。以至在第二次世界大战结束前夕召开的开罗峰会上，罗斯福还就要不要把《马关条约》签订后、被日本并吞的琉球群岛归还给中国的事宜，征求过蒋介石的意见。蒋考虑到国民党海军早已溃不成军，力量太弱小，便没有要求归还。估计他当时觉得就是要了回来，海军力量太弱也不一定能守得住。1945年10月，中国政府收复台湾的先头部队竟然是乘坐木帆船前往，实在是“抗战中海军损失殆尽”。联想前文提到的重庆朝天门码头上的军舰“告示”，国人只能无语相向。

即便是这样，中国军民的不屈精神仍然值得讴歌。整个抗战期间，日本侵略者把它的海军主力集中于太平洋海域以对付美军舰队，留下的侵华海军舰船多半成为我军民痛击的对象。我军民实施攻击的武器，基本为水雷。所用水雷均为海军自制，包括定雷9种，漂雷3种。这些水雷由重庆的兵工厂制造。

抗战后期，我军民加强空中攻击，共使321艘日本海军舰船被击沉击伤。

值得特别一书的是，抗战期间，日本海军在中国战场的最大损失，是海军大将大角岑生乘坐一架大型海军飞机被中国军民击落！

经历过两次世界大战的日本海军大将大角岑生，为日军高层中积极主张侵略中国和东南亚国家的重量级人物。1937年“七七”抗战和淞沪会战后，日本海军即派航空母舰侵占我国珠海唐家湾外海，封锁海上运输，并派出飞机配合陆军轰炸广州及周边的铁路、公路交通线，在占领了珠海三灶岛后抓劳工辟设机场。就是在这里，大角岑生参与策划了“日军南进夺取东南亚”的“杰作”，但这也成了他的“催命符”。

1941年2月5日晨，大角岑生搭乘日本海军的大型运输机“微风”号，率高级幕僚从广州飞往海南岛，准备在那里组织南太平洋舰队，为进攻香港和东南亚、执行南进计划做最后的部署。谁知大角的座机在途经伶仃洋上空时突遇旋风，运输机引擎失灵，被迫折返珠江口西岸，拟就近迫降三灶机场修理。

不料苍天有眼，飞机遇大雾迷航，闯入中山县中国军队阵地上空。我挺进第三纵队防空观察哨发现了日机，即报纵队司令袁带。袁带当即下达射击命令，我三纵战士以密集的机枪火力射向敌机。敌机中弹后摇摇晃晃向三灶岛“万人坟”上空飞去，接着从斗门县海拔580米的黄扬山“千年屏障”处传来“轰轰”巨响。村民们寻声望去，只见黄扬山的山腰上有一股浓烟腾空，还不时发生爆炸，前后持续了大约半个小时。

随后，中国军队迅速在坠机地点展开搜索。人们在现场找到了几具血肉模糊的日军尸体，其中2具穿着日本海军将官服装。从捡得的证件上辨识，头部中弹、额头炸裂者正是日本海军大将大角岑生；另一具被烧得面目全非的焦黑尸体则是海军少将须贺彦次郎。

搜索部队还在现场发现了日军的军用地图、笔记本、指挥刀及镍币；在两只保险箱里，还放着大量日军绝密文件。后来，搜索部队将这些东西装成两大木箱，辗转运回粤北的中国第七战区司令部。

大角的座机被击落的当日下午，日军紧急出动飞机百余架次，在珠海和新会沿海做拉网式低空搜索，寻找飞机残骸。当地村民估计日军会来收尸，遂于当天下午即由仵工用麻袋将全部尸体包捆运至山下安丰围的黄扬河边，乘着夜色沉入水底……

狂妄的侵略者大角岑生在异国他乡只落得个死无葬身之地的可耻下场！

1941年2月8日，中国中央通讯社、中央日报、新华日报、港澳报纸以及广播均报道：三次出任日本海军大臣的大角岑生大将，在中国战场上毙命！日本海军省随后也发布了大角岑生及8名乘员毙命中国战场的文告。真可谓“天道轮回、疏而不漏”！当时，这条特大新闻震惊了国内外，给了浴血奋战的中国军民以极大的鼓舞。[8]

抗战后期，国民党当局加大了军舰的购置力度，耗费了较高的财政资金来武装海军。就此，让我们了解一下有关情况。

中国接收美舰的工作，早在抗战初期便按照与美方的军购协议着手进行。当时第二次世界大战尚未爆发，中国还能够向欧洲国家购买武器，这些国家也乐于倾销军火，牟取暴利。在这种情况下，美国军火商当然也非常愿意卖给中国武器。中美购舰的协议就是在这样的背景下产生的。

按国际军火交易惯例，一般预购军舰的建造周期为2至3年。而在即将交货的时候，日军偷袭珍珠港——太平洋战争爆发！美军优先征用了新竣工的中国战舰。中美军购协议的执行，就自然而然延迟到了“二战”后期。

中国接收的美国援华“永”字号军舰，摄于1945年

作为同盟国，在赴美接舰的同时，中国约有1100名官兵到达美国迈阿密海军训练中心受训，后又到关塔那摩海军基地进行修船和战术训练，为期3个月。1946年4月1日，由驻美海军副武官林遵率领旗舰“峨嵋”号等9艘军舰回国，于7月21日抵达南京。

1946 年 7 月 16 日，美国国会通过《援华海军法案》，授权杜鲁门向国民政府援助 271 艘舰艇。为适应接舰需求，国民政府组织了海军训练团。这个团按接收舰艇的编制人数，从中国海军中挑选官兵参加训练。至于训练的装备，除部分从日本接收外，其余如通信仪器、雷达、机械等均由美国第七舰队提供。

1946 年 7 月，青岛中央海军训练团第一批受训官兵结业后，美国通知办理赠舰手续。奉蒋介石指示，强调这些赠舰命名要有中美合作的意义。军事委员会决定以“中”字冠首，第一批 4 舰名下配“海”、“权”、“鼎”、“兴”四字；以后赠舰命名分别冠以“中”、“美”、“联”、“合”等字号打头。如“中”字号为原美国坦克登陆舰（LST），“美”字号为原美国中型登陆舰（LSM），“联”字号为原美国步兵登陆舰（LSIL）或支援登陆舰（LSSL），“合”字号为原美国坦克登陆艇（LCU 或 LCV），等等。当然，紧随军舰的购买和赠送，相应的维修设备和技术资料也一并转让中方。

谈到赴英接舰，戏剧性的成分就更多一些。根据 1944 年中英两国政府的协定，由英国出舰，中国出人，组成舰队加强对日作战。可是，直到“二战”结束，英国政府才向中国赠送和租借了 11 艘舰艇。其实，这也不是真正的赠送，而是履行 1944 年中英两国政府的协定及英国应承担的义务。大英帝国喜欢这般巧立名目，国民政府也就顺应了事，皆大欢喜。

赴英学习的海军官兵，是公开考选的来自各海军学校的毕业生、海军官兵和青年军。后来又扩大范围，从地方大学生、高中生以及原汪伪海军学校毕业的学生中考选。前后考取 2000 多人，组成“赴英接舰参战学兵总队”，分四批赴英。

首批 90 人于 1944 年初到英国，1946 年春接收“伏波”舰及 8 艘巡逻艇回国。第二批于 1945 年由重庆出发赴英学习。第三批有 400 多人，于 1946 年 12 月抵英参加接舰。

学兵们到英国后被分配到朴茨茅斯皇家海军学院的鱼雷、枪炮、轮机、通信等专科学校分别学习；学一科，考一科，再上舰实习，最后集中到准备接收的“重庆”、“灵甫”两舰综合演练。

接收军舰的中国海军途经古巴哈瓦那进行访问

1948 年 5 月 19 日，中英两国政府在朴茨茅斯军港举行军舰交接仪式。1000 多名海军官兵参加了仪式。26 日清晨，在“重庆”号舰长邓兆祥上校率领下，两舰从朴次茅斯港起航回国，途经大西洋、地中海、红海、印度洋和太平洋，航程 1 万多海里，战胜 2 次八级以上风浪，于 8 月 23 日到达上海。

“重庆”号原名“Aurora”号，是英国皇家海军以“Aurora”命名的第 8 艘军舰，属轻型巡洋舰。该舰于 1936 年 9 月 20 日下水，排水量 5274 吨，配有 152 毫米双联装主炮 3 座，102 毫米双联装副炮 4 座，还装有高射炮、机关枪各 8 门（挺），553 毫米三联装鱼雷发射管 2 座，雷达、声呐装备齐全。满员编制

650 人。

“二战”期间，该舰转战于北海、大西洋、地中海等地，击沉轴心国舰船 28 艘，重创 9 艘，在同型军舰中名列榜首；曾两次作为英王乔治六世的座舰，被誉为英国皇家海军的“功勋巡洋舰”。

该舰转交给中国后，国民政府为了纪念陪都重庆，将其命名为“重庆”号，把它喻为“中国海军的新生”。所谓将“重庆”号“赠送”中国，实质是作为抗战期间英国征用中国 6 艘海关巡逻船的抵偿。

“灵甫”号原名“Mendip”号，属于英国皇家海军“猎取”级（Hunt Class）护航驱逐舰，1940 年下水；排水量 907 吨，装备有枪炮、雷达、航海、通信、反潜等仪器设施，定额编制 165 人。“二战”期间，“Mendip”号编属皇家海军第 21 驱逐舰队，曾击沉击伤德国潜艇多艘，并参加了著名的诺曼底登陆作战。英国政府将该舰租借给国民政府，租期 5 年。将该舰命名为“灵甫”号，是蒋介石为了彰显其对 1947 年在山东孟良崮阵亡的整编第 74 师师长张灵甫的嘉勉，意在提振早已涣散的军心。

第四批接舰的海军官兵从赴英学习的官兵中挑选，继续留英学习潜艇技术，准备接收英国赠送的 2 艘潜艇。

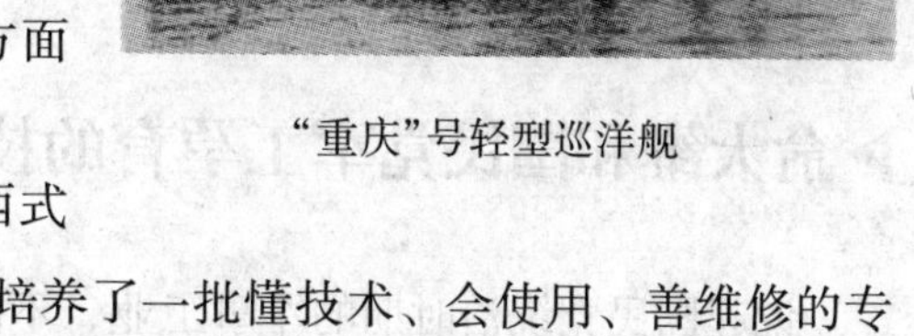

“重庆”号轻型巡洋舰

1949 年 3 月，英国政府以“重庆”号巡洋舰官兵起义为由，停止交付潜艇，在英学习的海军官兵全部遣返回国。

谈论国民党购置外国军舰的情况，有两个方面的意义不容忽视。

一是由于购置外舰这一系列活动，即通过西式军事教育和应用英美军舰的现代化设施，为中国培养了一批懂技术、会使用、善维修的专业技术人员；

二是接受西式军事教育培养的这批专业人员，特别是其民主意识、思想观念的重大变化，对在解放战争中发动国民党海军舰艇起义产生了直接影响。后来，这些专业素质过硬的起义人员直接为新中国的海军建设发挥了重要作用。

讲述这一时期的海军装备，也插叙一段让国人欣喜的小花絮。

八年抗战胜利之后，和平的彩云飘落而下。1947 年 7 月 3 日，上海吴淞口驶来 8 艘悬挂有红蓝两色“E”字缺角形制投降旗帜的日本军舰。这是我军的战利品！

原来，1945 年 8 月 15 日日本战败投降时，尚余有 131 艘军舰。1947 年，驻日盟军总部决定将其作为战争赔偿分配给中国、美国、英国和苏联四大战胜国。这 8 艘军舰就是“二战”胜利后中国海军赴日接收的第一批战利品。

那年 2 月，中国海军少校钟汉波作为中国驻日代表团军事组首席参谋，首先向日本吉田茂政府索回了甲午海战后被掠至东京的“镇远”和“靖远”两舰的艏锚，并于 5 月 1 日在

抗战胜利后中国接收的日舰战利品

东京芝浦东海码头上由钟汉波代表战胜国政府签收，起运回国。同时，由驻日盟军总部监督，彻底拆毁了东京上野公园的辱华碑物。

6月28日，驻日盟军总部举行日本军舰分配仪式，中国、美国、英国、苏联四国代表按抽签方式决定如何分配战利品。幸运的中国代表抽中的是第二组日本军舰：7艘驱逐舰、17艘护航驱逐舰、2艘驱潜舰、1艘运输舰及7艘其他舰艇。这34艘舰艇总吨位约3.6万吨，无论是从吨位还是从舰况来看，均优于美国、英国、苏联的份额。在场的华侨和中国海军官兵热泪盈眶，不少人还祷谢苍天有眼。此后，34艘军舰分四批陆续开回中国。[9]

美英舰船和日舰战利品的到来，似乎重燃起中国海军及舰船业的希望。此时，曾被日寇霸占的沿海沿江船厂又回到了中国手中。

1946年，国民党海军通过整顿，逐步恢复了舰艇修造能力，在上海、青岛、榆林、马尾、黄埔、大沽各处设海军造船所，各巡防处所在地均设海军工厂。除几个小厂外，其余各厂均具备不同程度的修理舰艇能力；但真正拥有舰艇建造能力的，仅有江南和青岛两个造船所。

但这些重燃的希望，很快就被遮天蔽日的内战风雨所窒息。

►俞大维和国民党军工孕育的技术队伍

说起国民党统治时期的军事工业，不能不提到一个具有“怪诞”身份的人，他就是俞大维。俞大维早在1933年就出任国民政府兵工署署长，1946年初任国民政府交通部长，1949年到台湾，1954年在台出任“国防部长”。

说他身份“怪诞”，是因为在国民政府中，俞大维是唯一既非黄埔出身，又非职业军人的“国防部长”（尽管俞大维是国民党政权逃台后才出任“国防部长”的），但他却能够以学者身份担任这一既重要又敏感的要职长达十年之久，甚至终生未加入国民党。用现今的称呼，他应该是位“无党派人士”。

俞大维是浙江绍兴人，1897年12月出生，早年就读于复旦大学、圣约翰大学。21岁时到哈佛大学攻读数理逻辑，拿到博士学位后又到德国大学攻读数学及德国哲学，并有幸系统地聆听过爱因斯坦的“相对论”演讲。

在取得第二个博士学位后，俞大维便留在德国进行兵器及战略研究。在风雨如磐、诡谲变异的国际环境下，俞大维毅然回国效力，于1933年出任国民政府兵工署署长。能够担当这个要职，与当年俞大维在德国研修军事期间，多次协助国民政府进行武器采购的突出表现有直接联系。

当时，俞大维被国民政府任命为驻德国商务调查部主任。1930 年，俞大维奉命采购欧洲有名的 75 型山炮，计划当年采购 12 门，并保障三年内采购量稳步上升。他不敢有丝毫懈怠，亲自跑到博福斯工厂督导采购。在洽谈中，俞大维得知参与军购，他个人可得到一笔数额不菲的“佣金”。俞大维当即平静地对博福斯公司的代表说：“好！甚好！只是希望你们抓紧赶工，争取我订的这 12 门山炮和佣金购买的 3 门炮一起交货。”

这句轻描淡写的话，不禁让对方大吃一惊。他们虽然知道俞大维谙熟军械，精通外语，举止儒雅，却不知国民政府中尚有如此廉洁之官员！也许是从这件事上得到的警示，为了防止“佣金”、“回扣”弊端的干扰，每当有国民政府的武器采购洽谈时，俞大维都要亲自参与，或争取更优惠的价格，或争取添置更多军械。直到他回国出任国民政府兵工署署长后，还经常盯住国外军购的“佣金”问题不放，谆谆告诫属下清廉自好。

在兵工署任职的 12 年间，俞大维不但跟踪国外武器装备动态，还专门成立了研究部门，开发研制适合中国国情的军械装备。在艰苦卓绝的 8 年抗战中，兵工署下辖的众多兵工厂生产了大量武器弹药，保障了正面战场的武器供应。作为弹道专家，每当各兵工厂有重要武器试验时，俞大维必定抽出时间亲临现场，并对有关技术人员进行指导。他还以兵工署的名义向国外派遣了不少研修生，参与美欧新式武器试验，研习武器装备新技术。

沧桑巨变，这批人学成归国，许多成为新中国国防建设的主力军，包括后来那些为“两弹一星”研制成功作出了巨大贡献的杰出人才。时隔 50 多年后，1999 年 9 月在北京举行的表彰“两弹一星元勋”的颁奖大会上，受奖的首席科学家钱学森在讲话中深有感触地说：“今天我们能交出这样一张成绩单，要特别感恩和怀念三位先贤前辈，第一位就是俞大维先生。例如在场的受奖人任新民、屠守锷、姚桐斌、黄纬禄、徐兰如、沈正功及谢光选，均曾在俞大维的兵工厂及研究机构里工作过，或者是由俞先生资送出国留学培养出来的人才……”在座的党和国家领导人江泽民、胡锦涛、朱镕基、李瑞环、李岚清等对钱学森的这番感言，报以热烈的掌声。

俞大维签名照

钱学森这番尊重历史、实事求是的讲话，客观地表明海峡两岸对俞大维先生在兵工领域卓越贡献的肯定，亦是后人站在 21 世纪的时空层面上来讲述、评点历史。

▶历史的宿命与国民党军工业的停滞徘徊

国民政府兵工署下辖的许多兵工厂，在艰难时局中虽然也添置过机器设备，生产了一些武器弹药，但总体发展特别是科研技术发展非常落后。包括前面章节中提到的航校、航空修理厂和船舶修造企业，大都乏善可陈。唯一可以提起的，就是在艰难困苦中孕育培养了一批从事军事科技的工程师、技师和工人队伍。

通过对国民党军工生产情况及档案资料、数据的研究，我们完全可以得出这样的结论：整个国民党统治时期基本没有把军工生产放在重要位置。蒋介石把武器装备的获取寄托在西方列强身上，总想像清朝政府那样花钱买来一个"军事现代化"。

后来有史学家认为，抗战期间国民党的军火工业之所以能有少许发展，譬如能生产中正式步枪、轻机枪、重机枪以及82毫米迫击炮等，一定程度上是被日寇封锁逼出来的。

据档案记载：在抗日战争时期，国民党兵工厂生产的武器弹药其最高年产量为：步枪1.4万支，机枪2万挺，82毫米迫击炮2520门，步枪子弹2520万发，山炮及野炮炮弹7.8万发，82毫米迫击炮弹21.4万发，手榴弹51万枚；月产60毫米迫击炮350门，炮弹10万发。

国民党军队新装备的美制坦克

到了内战时期的1948年上半年，可月产中正式步枪3000支，轻机枪1000～1200挺，重机枪500挺，82毫米迫击炮250～300门，60毫米迫击炮700门左右；步枪子弹250万发，82毫米迫击炮弹10万发左右，60毫米迫击炮弹12万发左右。

20世纪40年代末，即当人民解放军通过三大战役、渡江战役等作战行动把国民党军队赶到台湾后，李宗仁的部下曾说："国民党的军事工业仅以年产数万吨钢铁的工业基础来供养一支600多万人的军队，使之能常年进行一定强度的作战，是根本不可能取得胜利的，你们就不要指责李代总统了！"李的部下这样讲，当然是为李宗仁减压开脱。不过按他的这个说法，怎么来解释解放军的武器供给呢？因为解放军的武器绝大多数是靠战斗中缴获"国军"的枪械装备来维系补充。其实道理很简单，决定战争胜负的是民心向背。

据不完全统计：从抗战胜利至1949年底，国民党兵工厂共生产步枪近50万支，机枪5万多挺，子弹近7亿发；各种火炮约3.6万门，炮弹700多万发；手榴弹近2000万枚，枪榴弹250万发，航空炸弹约15万枚，掷榴弹60多万发，掷弹筒8万多具，枪榴弹筒近10万具。

从这些数据可以看出，除了60毫米迫击炮等少数武器弹药，其他方面的军工生产能力并未发展，甚至有所退步。事实上，国民党当局除了在1946年花几百万美元购入了一些机械设备，设立了1个子弹厂与1个战车修理厂外，兵工事业未曾有大的扩展。

为什么在这段时期，国民党当局对军工生产会抱着维持的态度呢？难道因为有大规模军械援助，有美英飞机、军舰装备起来的空军、海军等，就让当权者吃了"定心丸"？这的确是个不可忽视的重要因素，而且美国提供的军援的确相当地丰厚和全面。王树增在《解放战争》中对国民党军队的美援装备有过详尽介绍，这里引述如下：

国民党整编 26 师，是蒋介石嫡系部队中的主力之一，是国民党军在华中地区战斗力最强的部队，"配备有坦克、榴弹炮、山炮、反坦克火箭炮、机炮、步枪、无线电设备、地雷、卡车、吉普车、设有无线电装置的指挥车、弹药、汽油、筑路设备，甚至轻便金属船只"——所有这些都由美国提供，连官兵的鞋带都是美国制造的。[10]

手持美制 M3 冲锋枪的国民党官兵

靠美式军械装备起来的国民党政权遭到军事失败和政治破产，还有个根本因素，那就是其违背历史潮流而动。他们根本无视抗战胜利后全国民众普遍渴望和平安宁，社会需要休养生息这些最大的民意。"水能载舟，亦能覆舟！得道多助，失道寡助"，这就是历史的定律！

再加上国民党政权极度轻视共产党在八年抗战中成长起来的实力，认为"国军"用 3～6 个月就能取得胜利；即便攻占山东解放区受挫，也还是盲目乐观。直到刘邓大军挺进中原，军事局势明显朝着不利于国民党政权的方向转化后，他们才开始重视共产党的军事力量，才想起要大力发展军火生产来应对。但此时已是大决战前夕，为时太晚了。经济凋敝，民不聊生，各方面条件都不允许这样做，但国民党政权憋足了劲，非要倒行逆施。

为内战失利的形势所逼，蒋介石根本不顾国统区经济已濒于崩溃，竟然还训令准备投资 40 万亿元，扩充机械，进口设备，自制军火。但这些计划都是痴人说梦。此时此刻，仅"金圆券"的贬值，就已经让原计划投资的"40 万亿元"变得一文不名了。

据说，当年百万雄师过大江，人民解放军占领南京"总统府"时，陈毅从国民政府的文件堆里将这个扩充军火生产的计划专门拎了出来，送达远在北京香山的毛泽东手中。

毛泽东站在双清别墅的圆亭前朗声大笑道："真得要拜托蒋委员长能这样'帮衬'我们，只可惜为时已晚矣！"真可谓"青山遮不住，毕竟东流去"。毛泽东欣然高歌："宜将剩勇追敌寇，不可沽名学霸王。天若有情天亦老，人间正道是沧桑。"

参考文献

[1] 张宪文．中华民国史．南京：南京大学出版社版，2005.

[2] 杜就田．空中飞行器之略说．东方杂志，1911，8(1).

[3] 华强，奚纪荣，孟庆龙．中国空军百年史．上海：上海人民出版社，2006.

[4] 车田让治．国父孙文与梅屋庄吉．久兴株式会社，1975.

[5] 中国社科院近代史研究所．孙中山全集．北京：中华书局，1985.

[6] 蒋坚忍．空军．中国年鉴．上海：商务印书馆，1923.

[7] 姜长英．中国航空史．西安：西北工业大学出版社，1994.

[8] 蔡常维．日海军大将命丧黄扬山．解放军报，2010 年 1 月 4 日.

[9] 阳克铭，胡征庆．抗战期间赴美接舰归国亲历记．文史资料选辑．第 29 辑．北京：中国文史出版社，1994.

[10] 王树增．解放战争．北京：人民文学出版社，2009.

第五讲

红都瑞金诞生的人民兵工

1927 年，正当北伐战争势如破竹、直指中原捣王师时，蒋介石在上海发动“四一二”政变，疯狂屠杀共产党人。国内政治局势急剧逆转，原来蓬勃发展的革命运动顿时陷于低潮，生机盎然的中国南部广大地区更是处于腥风血雨之中。

不屈的中国共产党人在黑暗中高举起革命的旗帜，决心以剑与火的抗争来回击国民党反动派的屠杀暴政。中共中央政治局在汉口举行了著名的“八七会议”，总结大革命失败后的教训，确定了武装反抗蒋介石新军阀的方针。

1927 年 8 月 1 日，以周恩来为书记的前敌委员会及贺龙、叶挺、朱德、刘伯承等人，率北伐军两万多人在南昌举行武装起义。

南昌起义打响了武装反抗国民党反动派的第一枪，标志着中国共产党独立领导革命战争、创建人民军队和武装夺取政权的开始。

“八七会议”后，毛泽东于 1927 年 9 月 9 日发动“秋收起义”。秋收起义军在进攻长沙受挫后，以毛泽东为书记的前敌委员会当机立断，改变原定部署，决定到敌人控制比较薄弱的山区寻求立足地。毛泽东赞咏：“军叫工农革命，旗号镰刀斧头。匡庐一带不停留，要向潇湘直进。”随后，进行了著名的“三湾改编”，将党的支部建在连上，部队内部实行民主管理。10 月 7 日，毛泽东率部到达江西宁冈县茅坪，开始了创建井冈山革命根据地的斗争。很快，朱德、陈毅率部转入。从此，中国共产党领导的人民军队踏上了为争取国家独立、民族解放的漫漫征程！

红军和革命根据地的存在、发展，使国民党统治集团感到万分震惊。从 1930 年 10 月起，蒋介石集中重兵，向南方各红军根据地发动大规模的“围剿”。在毛泽东、朱德的指挥下，红军贯彻积极防御的方针，实行“诱敌深入”等一整套行之有效的战术原则，从 1930 年 10 月到 1931 年 7 月，先后粉碎国民党军队的三次“围剿”。

中国共产党苏区第一次代表大会开幕

1931 年时的毛泽东

反“围剿”斗争的胜利，使赣南、闽西根据地连成一片，形成拥有21座县城、面积5万平方千米、居民达250万人的中央革命根据地。在这期间，鄂豫皖、湘鄂西等根据地的反“围剿”也取得重大胜利。

在“工农武装割据”、各根据地不断发展的情况下，1931年11月7日至20日，第一次全国苏维埃代表大会在瑞金举行，宣布成立中华苏维埃共和国临时中央政府。毛泽东被选为临时中央政府主席。此后，人们称呼毛泽东不再是“毛委员”、“毛政委”，而是称呼“毛主席”。

11月25日，中华苏维埃共和国中央执行委员会任命朱德为中央革命军事委员会（简称“中革军委”）主席。“朱毛红军”——从此成为中国共产党、红军和红色政权的象征。

20世纪30年代的瑞金县城

历史的丰碑清晰地镌刻，作为中国大地上从未有过的一种崭新政权的雏形，红都瑞金诞生的中华苏维埃共和国从来就不仅仅是个形式上的存在，而是具备了国家政权职能及政治经济基础的试验。这种试验与实践，除了在长征期间因为要摆脱国民党军队的围追堵截，有过短暂的停顿外，毛泽东从来就没有放弃过；特别是把革命大本营放在了黄土高原之后，毛泽东更是通过延安边区政府的建设而精心培植、努力推进、日臻完善。

这里面当然也包括最初的军工生产建设。“红色首都”瑞金诞生的人民兵工，自然也在中国革命史册上镌刻下自己金色的名字。

►大元帅大本营铁甲车队和红军中央兵工厂

中国共产党创建人民军队的尝试，开始于与孙中山先生的第一次国共合作时期，也就是说，从创建黄埔军校时算起。

在中国共产党历史上，周恩来是公认的较早认识到中国需要一支革命军队的人。

1924年11月，刚从欧洲归国不久的周恩来出任黄埔军校政治部主任，着手建立军校政治部的正常秩序和工作制度，并加强对黄埔学生的政治教育。共产党人恽代英、萧楚女、聂荣臻等也受中央指派，先后来到军校担任政治教官和各级领导工作。按照毛泽东的讲法，创建黄埔军校，由此“开始懂得军事的重要作用”。

黄埔初创，周恩来以政治部主任身份征得孙中山同意，从军校第一期毕业生中抽调部分共产党员、团员作骨干，改组大元帅大本营的铁甲车队，由共产党员廖乾五任铁甲车队党代表、政治部主任。这支实际由共产党直接领导的革命武装，从成立到编入叶挺独立团，为支持工农运动、保卫广东革命根据地，进行了英勇的战斗。严格意义上说，中国共产党从事军事活动的尝试是从这开始。遗憾的是，右倾机会主义路线阻断了共产党直接建立革命武装的尝试。

当国民党反动派的屠刀挥向共产党人之时，共产党人完全是被逼上梁山！党内以毛泽东为代表的新生力量直接领导革命武装的实践之旅，正式登上中国革命的历史大舞台。

共产党领导下的“人民兵工”踏着革命的足音，就在这片红色的土壤上呱呱坠地！

井冈山根据地创建初期，红军的武器大部分还是梭镖、长矛，枪支很少，弹药更是奇缺。1928 年底，红军利用战斗中缴获的一批简易设备，在井冈山地区东固淘金坑建立了自己的兵工厂——红军步云修械所。

国民党空军轰炸瑞金

这个在当地农民自卫军袁文才部队修械所基础上建立的兵工厂，总共才十几人；没有武器生产加工设备，只有红炉、铁砧、锉刀等工具，只能修理枪械，生产土枪、土炮并兼制梭镖、大刀等。尔后，红军又建立了莲花修械所，每个红军工匠一副货郎担子；敌人来了，挑起担子就走，到了安全地点，就放下担子修理枪械。

1928 年秋至 1929 年初，随着红军和地方革命武装的发展，赣南地区先后建立了养金山修械处、桥头修械处、沙公背修械组等修理枪械组织；有的开始只有几个人，随后发展到几十人，逐渐改编为修械所或修械处。

位于江西省兴国县兴连乡官田村的红军兵工厂，是 1931 年 10 月第三次反“围剿”胜利后创建的第一个兵工总厂。它的建立，标志着在我党领导下人民军工的诞生。

官田兵工厂由红军总供给部修械处、江西省苏维埃政府修械处和红三军团修械处合并组成，是我党创办最早的综合性兵工厂，直属中革军委领导。

当年的兵工厂厂址，由红军总司令朱德确定，选在了建有“馨香瑶圃”、“文体公祠”和“陈氏祖祠”的万寿宫内。这里是清一色的青砖瓦顶、油漆粉画、飞檐翘角的古建筑。这些建筑大多依山傍水，后山突兀，便于防空。

红军总部对官田兵工厂的创建及其组织架构高度重视。单从人事任免上就可看出，它已经孕育了新中国成立后国营军工企业领导体制的雏形。最重要的标志，是从那时就形成了党政工“三驾马车”的架构，只是“特派员”一职后来变成了“驻厂军代表”。

官田兵工厂亦称“中央兵工厂”，第一任厂长吴汉杰，党委书记张健，职工委员会委员长马文，特派员陆宗昌。技术力量多数是来自沈阳和上海的技术工人。

官田兵工厂创建之初，内设枪炮科和弹药科。枪炮科有工人 200 余人，下设修理股、制造股、木壳股、牛皮股、刺刀股；弹药科有工人百余人，下设炸弹股、子弹股。1932 年夏，又在枪炮科、弹药科基础上组建了枪炮厂、杂械厂、弹药厂。枪炮厂下设修理股、机器股和机枪股；杂械厂下设红铁股、刺刀股、木壳股和牛皮股；弹药厂下设子弹股和炸药股。官田兵工厂成为当时红军最大的兵工厂。

据吴汉杰回忆，在兴国官田时，该厂修配了步枪 4 万多支、迫击炮 100 多门、山炮 2 门、机关枪 2000 多挺，翻造子弹 40 多万发，制造手榴弹 6 万多枚、地雷 5000 多个。

红军早期兵工厂加工的武器配件

官田兵工厂生产的弹药、修配的枪支在反“围剿”斗争中发挥了很大的作用。

土地革命战争初期，红军人数很少，装备很差，物质补给更是困难重重。如何利用战斗中缴获的武器装备和俘虏补充自己，成为必须着力解决的重大问题。

早在“三湾改编”时，毛泽东就把“一切缴获要归公”作为“三大纪律八项注意”的主要内容，严格约束红军官兵。朱德在教育部队时也直白地指出：“我们一般的同志还没有注意收战利品是红军现时最大的补给，即是小块零件，即是小弹壳，亦十分需要。”[1]

随着根据地的扩大，几次反“围剿”斗争的缴获颇丰，官田兵工厂逐步向闽赣湘地区发展延伸。这时的“红色兵工”不仅负责修理军械枪炮，还能生产手榴弹、地雷、炸药包等。1933 年 10 月底，官田兵工厂奉命迁至瑞金冈面，职工一度增加到 600 余人。

1934 年 10 月，第五次反“围剿”失败，中央红军实行战略转移，除留下百余人坚持打游击外，其余全部分批随红军长征北上。据吴汉杰回忆，他率领的随军长征的 108 名兵工战士，在途中亦工亦兵，英勇战斗，许多人牺牲在长征路上；90% 的兵工战士为人民解放事业献出了宝贵的生命。到达吴起镇时，108 名兵工战士只有 7 人幸存，后来成为八路军兵工厂的领导骨干。

从 1931 年起，中央根据地的经济建设，也在毛泽东的有力指导下抓紧进行，包括公营的军需工业和厂矿企业开始建立。

从军需生产来讲，建立了中央钨砂公司，其属下有铁山垅、盘古山、小垅等矿场，年产钨砂量约计 1800 吨，约有 5000 多工人。还有中央印刷厂、造纸厂、瑞金纺织厂等。据老红军回忆，那时中央被服厂设在瑞金七堡，全厂约 700 多人，单缝纫机就有 100 多架。这种抓军工生产和组织经济建设的试验与实践，从瑞金时代就已经开始！

与中央苏区相呼应的其他根据地的工业生产也有较快的发展。如川陕根据地在通江、南江、巴中等地开办了兵工厂、被服厂、织布厂等。

经过艰苦努力，中央苏区和各根据地逐步形成了一种完全不同于半殖民地半封建社会经济的新民主主义经济和军事工业的雏形。

在 1934 年 1 月召开的第二次全国苏维埃代表大会上，毛泽东代表中央执行委员会，总结根据地经济建设和军工生产的重要成效，指出今后重点发展的方向主要是适应反“围剿”斗争的军事需要，发展军工生产；不断加强红军后勤建设，做好部队供应，为红军战胜敌人提供军械物资保证。

各根据地按照苏维埃代表大会要求，逐步健全了军用物资和后勤组织机构，尝试建立后方基地。由于具备储备军用物资和简单修造枪械武器的能力，从根本上改变了过去单纯依靠打败敌军而得到缴获——完全取之于敌的供应方式，军队的武器供应情况得到一定的改善。

苏维埃政府还在鼓励发展军工生产方面制定了相关措施。如要求根据地军民在粉碎军事"围剿"的同时，要尽可能地为军工生产提供支持。

据老红军回忆，当年每当战斗一结束，打扫战场的一项重要任务，就是把所有枪械弹药统统收集起来送到修械厂，然后由修械技师把破损枪炮的零部件拆出来重组为"新枪新炮"。对实在不能发挥作用的破损枪械，还要发挥余热，回炉熔铸成做手榴弹的材料。"小到一粒子弹壳，能够回收的，都要发动儿童团员去收集。"

土地革命战争初期，分散在大江南北的各根据地分别针对内在需求，逐步建立起能够应对战场需要的小规模军工厂。如在闽浙赣根据地，方志敏亲自调派曾在苏联留学受训的刘鼎(建国后曾担任中央重工业部副部长)担任杨源兵工厂政委，制造能摧毁敌人碉堡的小钢炮。刘鼎到厂后，翻译出苏联教材《迫击炮学》，和几个老工人动手画图设计，自行制造简易工装和简单的翻砂设备。经过几个月的日夜奋战，他们终于造出3门迫击炮和配套的炮弹。这是我党兵工史上自己制造的最早一批火炮。

据资料介绍，土地革命战争时期，我军共缴获敌人枪支近20万支，为工农红军的发展提供了重要的物质基础。

红军还曾一度拥有飞机、山炮。当然，这些武器都是缴获所得，缺乏配套设施难以生成战斗力。

在第一次土地革命时期，国民党军队刚刚配置上无线电技术装备。对这些新鲜玩意儿，农民出身的红军战士当然不懂。第二次反"围剿"斗争时，出现了部分官兵因不懂电台的作用，破坏缴获技术装备的现象。对此，毛泽东、朱德马上下达命令，指示部队："胜利后须注意收缴敌之军旗及无线电机，无线电机不准破坏，并须收集整部机器。"

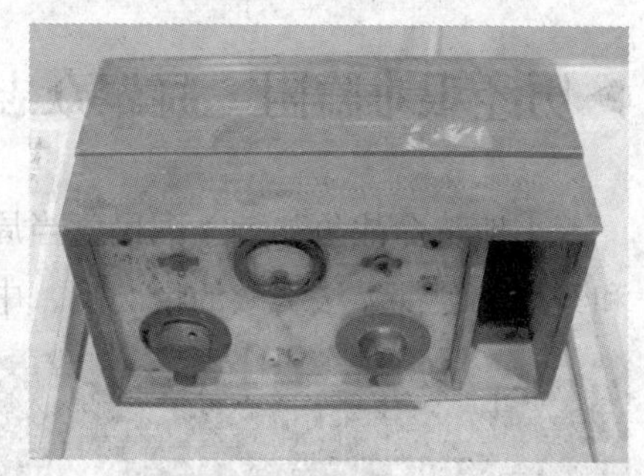

红军缴获的敌军电台

此后，中央苏区红军累计缴获敌军电台57部，为迅速建立和发展红军的无线电通信提供了基本的物质条件。

在总结这一经验时，毛泽东深刻指出："我们的基本方针是依赖帝国主义和国内敌人的军事工业。伦敦和汉阳的兵工厂，我们是有权利的，并且经过敌人的运输队送来。这是真理，并不是笑话。"[2]

此外，红军在收缴敌机器设备的同时，还特别注意吸纳技术工人，包括从国民党军队的俘虏中寻找技术人才。

在人民共和国开国元勋的史册上，镌刻着共和国第四机械工业部(电子工业部)首任部长王诤的名字。这位王诤部长，就是1931年工农红军在第一次反“围剿”斗争中俘获的国民党军用电台技术兵。当年，毛泽东得知俘获了无线电技术兵，欣喜万分，如获至宝。

毛泽东有首非常著名的词，描写的就是他当时那种喜悦无比的心情：

万木霜天红烂漫，天兵怒气冲霄汉。雾满龙冈千嶂暗，齐声唤，前头捉了张辉瓒。

二十万军重入赣，风烟滚滚来天半。唤起工农千百万，同心干，不周山下红旗乱。

这首1931年春创作的词《渔家傲·反第一次大“围剿”》发表于《人民文学》1962年5月号。其实，当年毛泽东词文的下半阕原创为：“十万大兵重入赣，飞机大炮知何限。唤起工农千百万，同心干，教他片甲都不还。”它真实地记述了国民党军队进行第一次大“围剿”时动用11个师、两个旅、3个航空队共计10万大军的险峻形势，而红军仅有4万兵力。但在朱德、毛泽东指挥下，真是杀得敌军片甲不还。

龙冈一役，红军不仅缴获了5000余支步枪和30挺机关枪，而且俘获了无线电技术兵这样的“宝贝疙瘩”。要知道在那个时代，能够熟练操作无线电设备的技术人才，可真是凤毛麟角。毛泽东、朱德亲自出面与王诤等人交谈，说服他们加入革命营垒。后来这些国民党技术兵毅然选择投身工农革命。

我军第一次无线电通报，就是由王诤等人于1931年6月2日用红军总部电台与前线部队电台进行的首次联络。它标志着我军通信事业的开创和一个新兵种的诞生。王诤等人先后出任军委直属的电台领导，一路与毛泽东紧紧相伴，带着胜利者的喜悦，拼杀打进了紫禁城，成为共和国的开国元勋。

►历经艰难险阻　凝聚众志成城

土地革命战争初期，国民党当局用来对付根据地军民的两个主要手段，即军事“围剿”和经济封锁都无法奏效的情况下，中央苏区和其他根据地的经济建设和兵工建设反而越来越红火了！这不仅稳定并改善了人民的生活，为反“围剿”斗争准备了比较好的群众基础和必要的物质条件，而且为后来人民兵工的发展壮大奠定了基础，培养出一批懂技术、会管理的优秀干部队伍。

红军长征到达陕北后合影

此时，中国革命前进的征途上出现了曲折。扛着“共产国际”大纛，以教条主义为特征的王明“左”倾错误路线在中共中央领导层开始长达四年的统治。王明等人提出比前任领导人更“左”的主张。这些由苏联归来的共产党员挟持更多的理论装饰，对中国革命造成的危害极大。“左”倾错误进一步发展的恶果，直接导致红军第五次反“围剿”斗争失败。

1934 年 4 月中旬，国民党军队集中优势兵力进攻中央根据地的北大门广昌。彭德怀元帅后来回忆道：“进攻广昌之敌七个师，一个炮兵旅轰击，每天约三四十架次飞机配合，拖着乌龟壳(堡垒户)步步为营。”经过 18 天血战，广昌失守。国民党军队倚仗精良的武器装备长驱直入、推进到根据地腹地，中央红军主力被迫实行战略转移。

10 月中旬，中共中央机关和中央红军 8.6 万余人撤离根据地，踏上向西突围的征途。美国记者哈里森·索尔兹伯里的《长征：前所未闻的故事》这样记叙：

1934 年春夏进行的一场特别征兵运动是这一计划的组成部分，即恢复红军的力量，动员江西地区现有的一切人力……车间开始修理枪支武器，生产新的手榴弹，从战场找回了子弹壳，重新装上火药和铅头，铅用完了，就用木制弹头……考虑到离开根据地后补给的困难，这种准备同样包括武器的调配，较好、较新的枪支被集中到主力红军手中，较差的则换给赤卫队和游击队。

根据 1934 年 10 月 8 日的统计，从江西根据地出发的中央红军总兵力共 8.68 万人。这支庞大的部队只装备有长短步枪 29 153 支、迫击炮 38 门、重机枪 357 挺、轻机枪 322 挺、手枪 3141 支、冲锋枪 271 支。虽然 8.6 万余人中有相当数量的机关、后勤人员，但很多作战部队还是没有足够的枪支，因此又携带了 6101 根梭镖、882 把大刀作为补充。

这些武器不仅种类繁杂，而且配件不全，步枪中只有 60% 配有刺刀。长征开始后，武器装备更是难以保证必要的维修和保养，在很大程度上影响到武器的作战效能。

而更大的问题在于枪弹严重不足：红军只携带了步枪弹 141.8 万发，平均每支枪只有 40 余发，而且其中多半是红军兵工厂自行复装的，不能用于连发武器；机枪弹仅有 22.3 万发，几乎连一场稍大的战斗都不能支撑。其他几路红军的装备情况与中央红军大体相似。如后来的西路军，尽管是由总体实力较雄厚的红四方面军中的 5 军、9 军、30 军及骑兵师、妇女独立团等组成的，但全军 2.1 万人也只有 8000 多支枪，每杆枪只有 5～25 发子弹。

这些不多的弹药在中央红军突破四道封锁线后差不多消耗大半。而此后长达一年的漫漫征途中，红军的武器弹药几乎全靠作战缴获。在前有堵截、后有追兵，平均每天行进 30 多千米、一天一战的情况下，其作战难度可想而知。

“血沃中原肥劲草，寒凝大地发春华。”长征之初，最让主力红军难熬的是，“左”倾领导人把“战略转移”变成中央根据地大搬家，包括兵工厂里那些笨重的机器设备。据说每天有将近几十名战士或军械技工为保护机器设备而牺牲。在连续突破国民党军队布置的四道封锁线之后，红军和中央机关人员锐减到 3 万多人。

在总结这一阶段的教训时，朱德沉重地说：“这些人(指博古、李德等人)对于如何突围是没有丝毫经验的。长征就像搬家一样，什么都搬起来走，结果太累赘，很吃亏。‘扩红’补充来的新兵，还没有来得及搞到团里、营里去——没有带过兵的人，就会搞空头计划，他们不知道没有训练过的新兵，不跟着老兵走、跟老兵学怎么能行呢！结果，新兵没地方去，他们就让这些年轻新兵去搬运东西。他们瞎指挥！整个司令部、党政军机关、干部都很重要，都要保护，连印刷机、兵工机器都搬运出去。结果，一个直属队就有一万多人，所以需要掩护的部队也就多了。因此，部队动起来很慢，没有机动性，只有挨打的份儿。”

鉴于以上教训，朱德和周恩来、王稼祥商量，于12月4日发布了一份《后勤机关进行缩编的命令》，要求对不必携带的物资立刻抛弃或毁坏，让部队能够轻装前进。

在严酷的事实面前，党和红军内部对中央错误领导的不满并要求加以改换的情绪愈益明显。一些支持过“左”倾路线的领导人也逐步改变态度。在敌军围困和血腥残杀面前，红军面临重大抉择。

1935年1月7日，红军攻克黔北重镇遵义，扼守娄山关。历史永远铭记，1935年1月15日至17日，中共中央在遵义召开政治局扩大会议。会议集中全力解决眼前具有决定意义的军事和组织问题，成立了由周恩来、毛泽东、王稼祥组成的三人团，负责全军的军事行动。

遵义会议确立了毛泽东在党和红军中的领导地位，在极其危急的情况下挽救了党，挽救了红军，挽救了中国革命！《中国共产党历史》中这“三个挽救”的精确用语，只有从危难中走过来的红军将士才更能真实地体会到它沉甸甸的分量！

遵义会议旧址

最早将红军长征情况公之于世的记录，是廉臣的《随军西行见闻录》。它是遵义会议后陈云赴苏联向共产国际汇报时用化名于1935年秋发表的。

讲述突破乌江时，陈云谈道：“侯之担(贵州军阀)部之手提机枪及花机关(枪)都系赤水兵工厂所土造者，射力不远，不能达南岸……红军将这些赤水造步枪称为‘九响棒棒’，缴获后全部交给当地组建的游击队。而红军在贵州期间真正的‘进项’来自于1935年2月间二渡赤水，再占遵义时与中央军吴奇伟部的战斗。”[3]

据《红星报》记载：“此役总计击溃敌20余团，敌死伤千余，被俘2000余，我军缴获机关枪20余挺，步枪3000余支，子弹30万发……”这是长征途中最重要的武器补给。

遵义会议后，中央红军在毛泽东等人的指挥下，根据实际情况的变化，灵活地变换作战方向，第四次渡过赤水河，迂回穿插于敌军重兵之间，巧妙地跳出了铁壁合围。

1935年5月29日，红一军团杨成武部抢先来到水流湍急的大渡河。面前的泸定桥桥头和要道上碉堡密布，更有川军重兵把守；后面则有敌兵追赶，形势异常严峻。在进行了周密的战前部署后，红一军团派出突击队直逼桥头，英勇的红军战士攀缘着碗口粗的铁索匍匐前进。对面敌军桥头堡不断喷出火舌，企图阻止红军的进攻。在激烈的战斗中，有的战士身负重伤，有的跌落进奔腾咆哮的河水中，但英勇的红军仍然冒着枪林弹雨向前冲。

就在这关键时刻，杨成武命令红军炮兵部队架起轻便的迫击炮筒，神炮手赵章成亲自操炮射击。炮弹从炮口飞出，直向敌人碉堡射去。顿时，火光闪闪，炮声隆隆，敌碉堡被炸掉了。红军当时仅有 28 发炮弹，全部打出去，发发皆命中，直打得敌人毫无还击之力。据说驻扎泸定的川军“根本未曾见过迫击炮”，看它这样厉害，慌忙丢弃桥头阵地逃窜。

大渡桥横铁索寒

在迫击炮支援和轻机枪掩护下，英勇骁战的红军战士们很快夺取了泸定桥，确保中央机关较快地渡河，取得了长征途中重要战斗的胜利。

巧渡金沙江、飞夺泸定桥，中央红军最终摆脱了国民党几十万军队的围追堵截。经历通过彝族区、爬雪山、过草地，突破天险腊子口，中央红军最终于 1936 年 10 月间实现了在甘肃会宁同其他两大主力红军的会师，胜利地结束了艰苦卓绝的二万五千里长征。

长征后毛泽东、周恩来、博古和朱德在陕北合影

腊子口是红军长征中遇到的最难攻克的天险要隘。敌军倚仗天险，在隘口内设有机枪工事，以交叉火力封锁隘口；还在山腰上布置一连守兵，见红军进攻便向下猛掷手榴弹。红军最后赢得战斗胜利的法宝也是手榴弹。红二师师长陈光亲率 17 名战士，尤其是依靠一个善于攀缘的彝族小战士，趁着夜色掩护沿左翼攀峭壁爬上山巅，迂回到右翼敌军据点，以手榴弹猛攻，守敌败走；隘口内的敌人怕被包围也随即撤离，红军遂乘胜占领腊子口。这也是长征中使用手榴弹最多的一仗。1936 年发表的杨定华所写《雪山草地行军记》中这样描述战地情景：“隘口周围五十米内单不爆炸之手榴弹就有一两百个，树木则被炸成残灰……”

毛泽东和他的战友们率领工农红军长征的胜利，是中国革命转危为安的关键。红军三大主力的集中会师，形成把中国革命的大本营放在西北，并造成红军前出华北的有利态势。立足于这种战略上的有利地位，对我军后来发展黄河以北广大地区，为抗战时经略华北，抗战后控制东北，提供了极为便利的地理条件。

毛泽东后来在谈到陕甘宁边区的作用时曾说到两点：一是落脚点，二是出发点。“它是中国革命的一个枢纽，中国革命的起承转合点。”[4]也正如美国记者斯诺在访问延安所著《西行漫记》中所说的：“进军到战略要地西北，无疑是他们大转移的第二个基本原因，他们正确地预见到这个地区要对中、日、苏的当前命运将起决定性的作用。”[5]

正是由于这个于危难之中变主动的战略跨越，初步完成了中国共产党革命力量由南向北的重心转移，奠定了十多年后夺取全国政权的战略根基。

参与和平解决“西安事变”的中共代表周恩来、叶剑英和博古(从右至左)

危急的退却中找到了中国革命的战略新起点，这集中体现了毛泽东与他的战友们的战略意识和敌人所不具备的雄才大略。

就在这时，日本帝国主义侵华铁蹄步步紧逼，战争迫在眉睫。在中国共产党“停止内战、一致抗日”的感召之下，震惊中外的“西安事变”爆发!

西安事变在国共两党重新合作的客观形势渐次成熟的时候，起到了促成合作的作用。毛泽东说：“西安事变的和平解决，成为时局转换的枢纽。”自此之后，连绵十年的内战在事实上大体停止下来，国共两党的敌对关系开始朝着共同抗日的方向改善。

▶击毙“名将之花”的“黄崖洞修造”

“百万倭奴压海陬，神州沉陆使人愁。”(叶剑英诗)1937年7月7日，卢沟桥事变的枪炮声，促进了中国军民全面抗战局面的形成!

日本侵略者在战争初期，依仗其军事装备的优势，对华北和华中等地展开了大规模的战略进攻。在全国人民抗日热潮的推动下，国民政府统帅部调动全国军队，同时在北线和东线战场实行战略防御，抵抗日寇进攻。这时分属第二、第三、第五战区序列的，由工农红军改编的八路军、新四军，主动参加了各战区的防御作战。

朱德在八路军总部

是年9月中下旬，气焰嚣张的日军沿津浦铁路、平汉铁路南下，分别占领河北沧州、保定等地。沿平绥铁路推进的日军攻进山西北部，国民党部队忙于撤退。进驻五台的八路军总部审时度势，指示第120师从西面驰援雁门关，第115师从东面配合友军作战，对从灵丘增援平型关之敌实施攻击。

9月22日，日军第5师团在刚愎自用的师团长坂垣征四郎率领下，一部首先从灵丘向平型关方向进犯，与中国守军发生激战。9月24日，第115师主力在师长林彪指挥下，冒雨由冉庄向平型关东北的白崖台前进，在小寨村至老爷庙公路附近山地设伏。25日晨，日军第5师团第21旅团辎重一部进入八路军的伏击区。八路军利用居高临下的有利地形，突然发起猛烈攻击，打得日寇措手不及、狼狈逃窜。

八路军充分发挥近战和山地战的特长，对陷入混乱的日军实行分割、包围，与敌进行白刃格斗，歼敌1000余人，击毁汽车100余辆，缴获一批辎重和武器。9月24日至25日，第115师独立团向赶来增援的坂垣师团余部发起多次反冲击，歼敌300余人。粉碎了日寇西犯黄河河防的企图，迫敌东撤。

平型关战斗是华北战场上中国军队主动寻歼敌寇的第一个大胜仗，有力地配合了正面战场的防御作战。它打破了日军不可战胜的神话，振奋了民心士气，提高了共产党和八路军的威望！

平型关大捷后，抗日前线捷报频传。八路军第115师在午城、井沟地区同日军连续作战5天，毙伤俘敌1000余人，击毁汽车60余辆，缴获骡马200余匹和大批军用物资。八路军第129师先后在平定县和昔阳县与日军激战，取得胜利，共歼敌2000余人，缴获一批武器、马匹和物资，有力地阻击了日军的前进。这为八路军总部沿太行山麓扎下根来，着手建设巩固的抗日根据地创造了条件。

八路军在平型关首战告捷！消息传至延安，身居窑洞的毛泽东喜中有忧。喜的是此战威震海内外，极大地鼓舞了全国军民的抗战热忱；忧的是“八路军武器装备太落后了，蒋介石给的那点儿东西，口惠而实不至”。他踱步思量，“八路军得想办法，劈开一条自己生产武器弹药、自己装备自己的生路”。

善于高屋建瓴、从战略高度思考问题的毛泽东拿定主意，立即伏案疾书，给周恩来、朱德等人写信，要求“必须在一年内增加步枪一万支，主要方法自己制造”。

此信后来被史学家视为毛泽东主席关于我军自己生产武器弹药、创办兵工厂的“第一号命令”。

朱德与毛泽东一样，深知我军武器的匮乏程度：往往一个战斗班只有三五支枪，有的不得不用古老的长矛和大刀同日寇拼杀。

六届六中全会后毛泽东和主席团成员合影

为解决我军武器装备问题，1938年9月，八路军总部决定整合修理力量，扩大生产能力，在山西榆社县韩庄村筹办制造步枪的兵工厂。9月底，八路军总部修械所（军史称“韩庄修械所”）正式成立。初时设施简陋，只能修理损坏的枪械，兼造地雷、手榴弹。朱德形象地说：“所有家当还没有王二麻子剪刀铺的齐全。”到年底，总部修械所共有职工380多人，还有车床5台、刨床2台、三节卧式锅炉1台、蒸汽机1台、各种小型机械10余台的家当。

1939年初，八路军总部修械所开始试制七九式步枪。工人们展开了火热的造枪竞赛。大家在院内树桩上固定自制的老虎钳，配以钻头、榔头、錾子、锉刀，“土法上马”，很快就造出枪来，解了燃眉之急。以后，兵工厂得到迅速发展，手工造枪逐步被机器造枪所代替。到1939年6月，全厂月产步枪已达60支，仍远远不能满足战争的需要。

1938年11月，毛泽东在党的六届六中全会的报告中提出：“每个游击根据地，都必须尽量设法建立小的兵工厂，办到自制弹药、步枪、手榴弹的程度，使游击战争无军火缺乏之虞。”全会决定“把提高军事技术，建立必要的军火工厂，准备反击实力”作为“全中华民族的当前紧急任务”之一。

朱德带着六中全会精神从延安回到武乡八路军总部。他提出，要尽快落实党的六届六中全会关于“建立必要的军火工厂”的决定，先成立八路军军工部，然后在太行山麓建立兵工厂，“下决心发展太行区的军事工业，摆脱‘背着工厂打游击’的局面”。建立兵工厂的任务落在了时年32岁的八路军副总参谋长左权身上。

1939年，曾留学于伏龙芝军事学院和莫斯科中山大学的左权在军事地图上查出一座叫“黄崖洞”的大山。凭着职业军人的敏锐，左权和八路军总部军工部的同志专程来到山西黎城东崖底镇下赤裕村西北深山实地勘察。看到这悬崖峭壁皆为黄色，东崖半空有一天然石洞而得名的黄崖洞，左权笃定：“这儿就是理想的兵工厂厂址！”当他向朱德、彭德怀汇报了勘察结果后，“两位老总激动不已，决心亲自去黄崖洞查看一番”。几天后，两位八路军的最高将领在左权的引领下，从下赤峪村走到了瓮圪廊。看着壁立千仞的瓮圪廊绝壁，朱德对左权说的一句话，让黄崖洞从此成了闻名遐迩的军工圣地：“这儿的山势比井冈山还挺拔，真可谓铜墙铁壁。”两位老总当即拍板：就在这儿建立八路军的兵工厂！

1939年7月，遵照朱德总司令和左权副参谋长的指示，韩庄修械所正式迁移到地形隐蔽的黄崖洞，扩建成华北敌后我军规模最大的兵工厂——黄崖洞兵工厂。兵工人员居山创业，兵工厂扩建后拥有700多名工人、40余部机器设备。八路军还把军工部设在黎城县上赤峪村。为了早日制造出武器，八路军指战员克服一切困难，不到半年时间，军工厂就开始制造武器。此后晋冀鲁豫的人民兵工从无到有，从小到大，先后组建了7个兵工厂。

1939年6月，刘鼎到达晋察冀。根据他的建议，“抗大”（全称为“中国人民抗日军事政治大学”）第六期成立了特工大队，专门培养从事参谋业务和特种兵的技术人才。1940年4月，刘鼎被任命为八路军总部军工部部长。刘鼎到任后第一件工作，就狠抓步枪生产的标准化和统一化。

1940年春，兵工厂制造出第一批步枪。当时正值朱德总司令55岁诞辰，为表达对他的敬意，这批步枪被定名为五五式步枪。兵工厂继而制造七九式步枪和八一式步枪，最高月产达430支。7月底造出的八一式步枪，是刘贵福等人在总结五五式步枪生产经验后，参照延安兵工厂制造的无名氏步枪和捷克式步枪，制造出的一种新式步枪。这种枪重量只有3.06千克，轻巧、坚固、美观。

朱德、彭德怀、刘伯承、左权看到刘贵福等人造的这种枪后十分赞赏，并以八路军总部名义给予嘉奖，定名为八一式步枪。随后，黄崖洞兵工厂将此枪图样和制造技术推广到其他兵工厂，成为当时八路军使用较为普遍的一种步枪。

从1940年到1941年，黄崖洞兵工厂共生产步枪4100多支，最高月产步枪400多支。1941年下半年，这里的“五〇”炮(一种掷弹筒)和“五〇”炮弹试制成功后，迅速转入批量生产。到11月，共生产“五〇”炮80多门，炮弹2000多发。

1942年，在日寇疯狂“扫荡”下，黄崖洞各兵工厂的产量不仅没有减少，反而有所增加。这一年生产“五〇”炮167门，“五〇”炮弹28 000多发，82毫米迫击炮弹1600多发；到1943年生产“五〇”炮350门，“五〇”炮弹48 000多发，82毫米迫击炮弹4200多发。

抗战期间，黄崖洞兵工厂是我军创建最早、规模最大、生产能力最强的兵工厂。该厂为八路军生产步枪近万支、手榴弹58万枚、迫击炮2500门、炮弹26.2万发，有力地打击了日本侵略军，成为抗日根据地人民军工的典范，并被朱德总司令、彭德怀副总司令誉为八路军的“掌上明珠”，为赢得抗日战争的胜利建立了不朽的功勋。

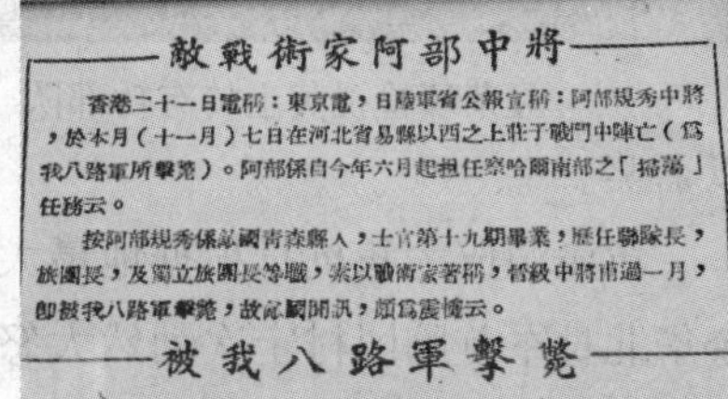
敵戰術家阿部中將

香港二十一日電稱：東京電，日陸軍省公報宣稱：阿部規秀中將，於本月（十一月）七日在河北省易縣以西之上莊子戰鬥中陣亡（爲我八路軍所擊斃）。阿部係自今年六月起担任察哈爾南部之「掃蕩」任務云。

按阿部規秀係日本青森縣人，士官第十九期畢業，歷任聯隊長，旅團長，及獨立旅團長等職，素以戰術家著稱，晉級中將甫過一月，即被我八路軍擊斃，故敵國聞訊，頗爲震慟云。

被我八路軍擊斃

军事博物馆陈列的击毙阿部规秀的迫击炮

1939年10月25日至12月8日，日军纠集2万余兵力，沿晋察冀三省的北岳区进行冬季大“扫荡”。11月初，晋察冀部队在主力部队第120师的配合下，在河北省涞源县雁宿崖、黄土岭成功地对日寇进行伏击围歼战，两战共歼敌1500余人，并用黄崖洞兵工厂修造的迫击炮击毙日军“名将之花”——独立混成第2旅团长阿部规秀中将。

这是中国抗战史上八路军击毙的日本陆军最高级别的指挥官。据晋察冀军区一分区第1团团长陈正湘回忆：激战中，通过仔细观察，我们发现(黄土岭)远处一独家屋附近猬集一群敌人，估计应该是日军的指挥所和观察所，立即指挥身旁的炮兵连用刚从军械所修理取回的迫击炮对其进行火力袭击。几颗炮弹落点很准！只见一发炮弹落在院子中央，“轰”的一声巨响，独家屋附近的敌寇几乎全给炸死！

就是这天夜里，日军连续突围十余次，均被军区部队击退。八路军在给突围日军大量杀伤后，各部队迅速转移隐蔽，主动撤出战斗。日寇援军赶到，却扑了个空。此战，八路军共歼灭日军900余人，并缴获大量军用物资。晋察冀军区颁发的嘉奖令称：在黄土岭战斗中，第一军分区炮兵连充分发挥了炮兵的作用，给予敌人以极大的杀伤和威胁，以准确的射击命中敌酋，击毙日军"名将之花"阿部规秀中将，使敌人失去指挥与掌控，致全线动摇而陷于极端混乱状态中，并密切配合步兵获得黄土岭的胜利。

杨成武对此回忆：当时我们在雁宿崖、黄土岭对日寇进行伏击围歼战时，并不知道阿部规秀亲率其部进山。战斗中，指挥员用望远镜发现农民家院子里有身穿黄呢军官大衣的人影后，遂下达了炮击命令，事后也并不知道在炸倒的几个日本军官中就有阿部规秀。黄土岭战役结束后，我军是从敌占区11月20日的《朝日新闻》中得知，"名将之花"阿部规秀因"亲临第一线，在一处人家时，一发炮弹突然飞至身旁爆炸，右腹部及双腿数处受伤"，毙命于黄土岭炮火之下。

聂荣臻检视黄土岭有功部队

杨成武知道后又惊又喜，急忙把喜讯转告陈正湘，并要他们再去仔细清理战利品，寻找阿部规秀的遗物。当天，他们就找到一件镶着两颗金星的黄呢子大衣和一把嵌着银质日本皇室菊花饰物的指挥刀，并把这些遗物送往延安。黄土岭战斗胜利，中共中央、八路军总部均来电祝捷，连蒋介石也致电八路军朱德总司令予以嘉奖。①

黄崖洞成为我抗日根据地最大的兵工基地，黄崖洞"生产的迫击炮火力强大"的消息，令华北日军首脑冈村宁次勃然大怒。他把黄崖洞兵工厂视为心腹之患，遂于1940年10月25日，在对太行山区抗日根据地的"扫荡"中，派遣日军冈崎大队闯进黄崖洞，结果被当地抗日军民击退。为增强保卫黄崖洞兵工厂的力量，确保军工生产的安全，1940年11月，总部特务团奉命进入黄崖洞设防，肩负起保卫兵工厂的光荣使命。

1941年11月11日，日寇计7000余众进犯我黄崖洞。特务团团长欧致富带领战士与4倍于我军的敌人激战8昼夜，到19日战斗结束，毙伤敌2000多人，保卫了兵工厂，赢得敌我伤亡6∶1的辉煌战果，被中央军委评价为"1941年以来反扫荡的一次最成功的模范战斗"。它打出了八路军小米加步枪的威风，创造了以少胜多、以劣质装备战胜优质装备的奇迹。但由于汉奸带路，日寇又绕到黄崖洞山背后向我兵工厂扑来。为保存军工骨干力量，我军主动撤离，这里遂被占。

但是，黄崖洞兵工厂并没有倒下去！值得骄傲的是，"黄崖洞"不仅为抗战胜利制造了大量武器，而且在艰难困苦的环境里锤炼出一大批军事工业建设人才。

在那戎马倥偬的年代，刘伯承、邓小平也率部积极开展军工建设。从1940年到1943年的数年间，他们没有向党中央要一个铜板一粒子弹的接济，不但改变了晋冀鲁豫根据地

① 摘编自"八路军黄涯洞兵工厂纪念馆"资料。

的困难局面，还在物质上支持了其他根据地。

经过抗日军民的浴血奋斗，到1943年春，八路军已收复县城60余座，在辽阔的华北大地上建立了晋冀鲁豫抗日根据地，成为抗击日寇的主要战场之一。

朱德曾在《太行春感》里壮怀激昂地咏道：

远望春光镇日阴，太行高耸气森森。

忠肝不洒中原泪，壮志坚持北伐心。

百战新师惊贼胆，三年苦斗献吾身。

从来燕赵多豪杰，驱逐倭儿共一樽。

1944年9月，在抗战形势好转的情况下，军工部对太行山根据地的军事工业进行大调整，编成9个兵工厂和1个试验所。这些兵工厂为夺取抗日战争的最后胜利做出了重大贡献；延承至解放战争时期，太行山八路军领导的军事工业得以飞速发展：工厂增至26个，制造的武器达50多个品种，职工达1.4万余人，形成了我军自己培养的技术骨干力量。

新中国成立后，这些人才奔赴各地，成为各级军工部门的领导骨干。“黄崖洞兵工精神”也成为鼓舞国防工业发展的强大动力。[6]

▶抗日烽火中发展壮大的延安兵工厂

大致与黄崖洞兵工厂同期，各抗日根据地的兵工厂也陆续建立起来。

据美国记者埃德加·斯诺的《西行漫记》介绍，红军在长征中的武器装备，一直靠从敌人手中缴获，对于制造自己的武器装备倍感重要。红军主力部队抵达延安后，毛泽东等领导者立即决定建立兵工厂，用自己制造的武器武装自己、打击敌人。延安兵工厂就是这个时候，在这种背景下建立起来的。

“兵工厂像红军大学一样设在山边一排大窑洞里，主要好处是完全不怕轰炸。我在这里看到有100多个工人在制造手榴弹、迫击炮弹、火药、手枪、小炮弹和枪弹，还有少数农具。修理车间则在修复成排的步枪、机枪、自动步枪、轻机关枪。”[5]埃德加·斯诺深情描述的延安兵工厂，厂址设在吴起镇。

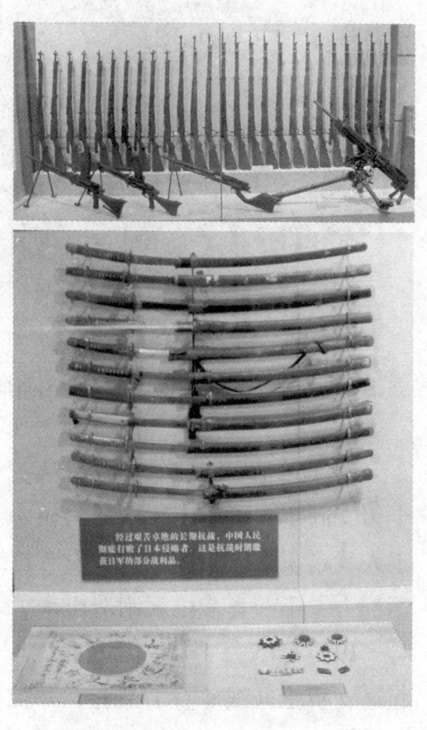

我军缴获的日寇战利品

人民军队的第一支自制步枪就诞生在这默默无闻的小镇。延安兵工厂的创始人，就是曾在“四一二”白色恐怖中制造我党第一部无线电台的李强。1938年初春，根据周恩来的指示，当时正在共产国际工作的李强被召唤回国。他从苏联到达延安，先是担任中央军委军工局和无线电局副局长(局长由中央军委参谋长滕代远兼任)，主持全面工作，1941 年升任局长。中央交给李强最重要的任务，就是创建延安兵工厂。

回到延安的这年春天，李强几乎是在马背上渡过的，他以探宝般的目光四处搜寻发展兵工生产所需的各种资源。在陕北高坡，李强发现陕北棉花是火炸药中的硝化棉原料，延长沟的石油是发展兵工的动力资源，黄土岗中的铁矿和煤矿可以用来炼焦炼铁，陕北羊油资源可以用来提炼硝化甘油，木材资源可用来烧炭。这都是制造火炸药最好的原料。

这时，八路军总部对创建延安兵工厂更是鼎力支持。总部要求各部队想方设法为军工局从前线或敌占区搞来各种设备、仪器、物资、原料并帮助护送到延安，为我军兵工事业的开创与发展提供了重要保障。

在李强领导下，延安的军工事业从无到有，从小到大，从单一到全面，有了快速发展：先是办起了战争环境下既便于转移，又利于生产的“马背工厂”，接着又设计制造出生产枪械的专用机床。面对陕甘宁边区被封锁的形势和前线的迫切需要，军工局全体同志响应党中央自力更生、艰苦奋斗的号召，主动想方设法，创造条件生产枪械弹药。

李强多次对兵工厂的领导说：“只要你们能生产出机器、武器、弹药和前线需要的产品来，要什么条件我都设法保证。”

抗日根据地生产的土制地雷

八路军总部还从沦陷区召集了一批技术工人送往延安，参加军工生产。“那时的条件非常简陋，但士气挺高。缺少原料，就用铁路上的道轨代替；没有铜，就号召前线战士收集废子弹壳运到后方，再装上子弹头，称为‘复装子弹’；没有专用设备，就用手工加工。大家齐心协力，克服各种困难，终于在 1939 年 4 月 25 日生产出陕甘宁边区第一支七九式步枪，这也是我军军工史上自己制造的第一支步枪。”当年军工局的老同志如是说。

延安兵工厂制造的步枪，从技术角度讲，比日本兵的“三八大盖”样式短一点，刺刀 3 个刃，固定在枪管上，枪托为桃木。制造过程中，枪管加工是难点。没有深孔加工设备，工人就在车床上人工钻孔；没有拉线机，工人就用冷挤压的方法制造膛线。很快，依靠群策群力，第一支步枪就制造出来了。

1939 年 5 月 1 日，延安兵工厂自制的第一支步枪送到延安桥儿沟展览。毛泽东主席拿起这支步枪仔细地看了又看，并拉开枪栓、举枪瞄准，高兴地说：“枪造得很好嘛！使上我们自己造的枪啦！”他又勉励大家：“要创造条件，多生产，狠狠打击日寇。”不久，兵工厂就量产出第一批步枪。这批步枪在进行全寿命试验时，打出了200发的好成绩。从此，八路军战士手中有了自己生产的步枪。为了表彰延安兵工厂作出的突出贡献，中央军委专门授予特等奖。延安兵工厂里更是一派热火朝天的生产场面。

1940年夏，日本趁德国军队在欧洲迅速推进，英、美等国无力东顾的机会，一面加紧诱迫国民党政府投降，一面加强对敌后抗日根据地的“肃正讨伐”，妄图彻底摧毁抗日根据地，除去其南进后顾之忧。

为了粉碎日军的图谋，打破其“囚笼政策”，促使国民党当局打消对日妥协投降的念头，华北八路军(不含山东)所属部队乘“青纱帐”成长和雨季来临，对日军发动了一次次大规模的进攻作战。随着战役的展开，八路军参战部队达到105个团约20余万人，史称“百团大战”。

“百团大战”共进行大小战斗1824次，毙伤日军20 645人，毙伤伪军5155人；破坏铁路474千米，公路1500多千米，桥梁、隧洞和火车站260多处，摧毁大量敌据点；缴获大批武器：各种火炮53门，各种枪械5900余支和一批军用物资。

“百团大战”的胜利，同样也包含根据地各兵工厂自制武器的突出贡献！

“百团大战”后，彭德怀专门找到刘鼎，反映八路军在阻击日军冲锋时，常常遭到日军掷弹筒的攻击，造成很大伤亡。彭总提出“敌人有掷弹筒，我们也必须有”，要刘鼎考虑仿制。在条件非常简陋的情况下，刘鼎依靠群众力量和集体智慧，用从敌占区拆下来的铁轨，经高温碾压卷焊成筒身毛坯，将炮筒改成滑膛结构；采用太行盛产的白口生铁，用土洋结合的加热炉经焖火处理生产出白口生铁弹体，将炮弹改为曲线形，取消紫铜弹带，改用尾翅代替，解决了制造掷弹筒及其炮弹的两大难题。1941年4月，第一批口径50毫米，射程最远达700米的掷弹筒和炮弹试制成功，从此八路军有了与日军抗衡的火力。[6]

彭德怀在前线观察敌情

至1944年，陕甘宁边区已拥有120多家工厂，其中军工系统就有8个工厂；工人队伍发展到12 000多人，为边区的军工生产和民用工业生产奠定了良好的基础。随着抗日战争从相持阶段进入战略反攻阶段，各抗日根据地的军工生产有了快速发展。

1939年至1943年的五年中，延安军工企业共生产步枪9758支，子弹220万发，手榴弹58万余枚，掷弹筒1500门，掷弹筒弹药19.8万发，82毫米迫击炮弹3.8万发，修理枪械上万支，修炮4门，还为地方民兵生产了地雷上千万枚，为保卫陕甘宁边区，加快推进夺取抗战胜利的进程做出了实质性贡献。

▶宝塔山下的延安自然科学院

抗日烽火在辽阔的中华大地上熊熊燃烧！中国共产党领导的以延安为代表的各抗日根据地，成为中华民族抗击日寇的最前沿阵地和主要战场。延安及晋冀鲁豫等抗日根据地，成为当时最吸引爱国青年、知识分子投奔的地方。

“周公吐哺，天下归心。”对于大批爱国青年、知识分子投奔延安，中共中央万分欣喜。毛泽东于1936年12月欣然赋诗《临江仙·给丁玲同志》：

壁上红旗飘落照，西风漫卷孤城。保安人物一时新。洞中开宴会，招待出牢人。纤笔一枝谁与似，三千毛瑟精兵。阵图开向陇山东。昨天文小姐，今日武将军。

毛泽东从长远发展的战略高度出发，深谋远虑的指出：“我们要战胜敌人，首先要依靠手里拿枪的军队。但是仅仅有这种军队是不够的，我们还要有文化的军队，这是团结自己、战胜敌人必不可少的一支军队。”[7]按照毛泽东的指示，各根据地在加强武装斗争、建立抗日民主政权的同时，还充分发挥爱国青年、知识分子之所长，大力发展和推动科学技术事业尤其是军工生产技术的发展。

1940年8月，中共中央决定创办延安自然科学院，即现今蜚声中外的北京理工大学前身。它的诞生，标志着党领导高等教育、发展国防科技事业的重要开端，充分体现了党中央高度重视对科技知识分子的培养和教育。

创办延安自然科学院，是我党第一次正式地把武器装备研制任务提上议事日程。这是中国共产党历史上第一个开展自然科学研究与教学的机构，也是由中国共产党创办的第一所理工科综合大学，是具有深厚武器装备科研能力的军工高等学府。

国外史学家普遍认为，当年的陕甘宁边区，实际上孕育了新中国诞生的最早因子。

“寄意寒星荃不察，我以我血荐轩辕。”当这些来自全国各地的知识分子、爱国青年和专业技术人才相聚在宝塔山下时，中共中央拟定的安排方案，初显出为新中国诞生培养、储集各类人才的“建国方略”。对这些知识分子、技术人员和爱国青年，根据他们的年龄、学历和专长，分别由三个渠道安排：

一是进入于1940年2月成立的西北自然科学研究会。以后又建立起医药、农学、地质矿冶、生物、机械电机、化学等专门学会，前后有300多名专家学者参加。

二是到军工局。周恩来说：“中央的意图是集中更多的智力人力去搞军工生产，发挥这些技术人才的特长。”他们中有搞机械的、化学的、冶炼的、印刷的、纺织的、烧炭炼焦的……真可谓人才荟萃。

三是进入延安自然科学院。让具有一定文化知识的爱国青年继续学习深造，掌握从事自然科学研究和武器装备研制的技能。他们中间还有一批人后来被送到苏联军事工程院校深造。

延安自然科学院诞生于这样的时代背景，是与毛泽东、周恩来的高瞻远瞩密不可分的！

1940年8月，中共中央决定由李富春兼任延安自然科学院院长。后来，由毛泽东亲自出面，聘请自己的老师徐特立担任院长。1944年6月，中央决定继陈康白之后由李强兼任延安自然科学院第四任院长。这时，延安自然科学院已下设物理、化学、生物、地矿四个系，学制三年，生源是从各单位抽调的具有中学文化水平的青年。为了提高学院的教学质量和学生的实践能力，学院还建立了化学实验室、生物实验室、机械实习厂和化工实验厂。

毛泽东、周恩来选择李强以军工局长身份兼延安自然科学院院长，主要是让他把培养技术人才与搞军工生产实践的现实需求紧密结合起来，为推动边区科学技术的进步和发展，发挥积极作用。

周恩来知道，当年在白区创建我党第一部无线电台时，李强就是个"无线电捣鼓迷"。周恩来选择李强，还认为他有勤于学习、善于学习，尊重人才、培育人才等优异特点。

李强没有辜负周恩来的期望。他并不满足于以往在无线电研究方面取得的成绩，为了使自己早日成为军工战线上的内行，李强同其他同志一样如饥似渴地学习。当他获悉伍修权那里有不少俄文版的军事技术书籍时，就借来认真阅读。除了向书本学，李强还十分注重向专业人才学习，以尽快丰富自己的军工生产技术知识，提高统领全局的能力。

李强兼任院长后，大胆提出将学院和工厂结合起来，走科学研究和生产实践相结合的道路。他经常带领军工局的技术专家给学生上课，结合斗争实际，先后开设了兵器学、爆破学、炼铁原理、工艺学、金属学以及制图、炸药及爆破等课程。

为了让同学们将学到的理论知识与实际工作结合起来，以巩固和深化学到的专业知识，李强有计划地安排同学们去各兵工厂实习。如让机械系制造专业的同学来到炼铁高炉旁，一边听老师讲解，真正了解高炉、送风机的制造及燃料的烧结原理，一边在工人师傅的指导下参加炼铁的全过程。

当第一炉质地优良的灰生铁冶炼成功时，同学们欢呼雀跃的兴奋之情也感染了李强。他对同学们说："通过参加高炉冶炼的实践，你们既学习了知识，又为我们解决了军工急需，这收获不是一点点啊！"同学们听了兴奋地鼓起掌来。李强还要求同学们在动手动脑上多下工夫，尽快成长。

延安自然科学院在先后不到五年的时间内，培养了500多名科技干部，为打败日本侵略者，夺取全国胜利，建设新中国建立了不朽功勋。

新中国成立后，延安自然科学院毕业的莘莘学子中有相当多的人走上了党和国家领导人的重要岗位，他们中间有曾担任过国务院总理的李鹏、担任过全国政协副主席的叶选平。

军工局自身也成为一所培养人才的摇篮。据不完全统计，在军工局工作过和在延安自然科学院学习过的人员中，有40多人在新中国成立后担任过副部级以上的领导职务。

▶新四军、八路军老兵工创业逸事

从1940年夏秋开始，国民党顽固派在华北、江南掀起了多次反共高潮。

从重庆南方局送来的周恩来、叶剑英的紧急报告中，中共中央获悉国民党政府军令部已经向国民党将领顾祝同发出“扫荡”长江南北新四军的命令。

1940年9月6日，中共中央军委电示叶挺、项英、刘少奇准备自卫行动，并嘱皖南尤须防备。1941年1月4日，新四军军部及所属皖南部队9000余人，奉命从云岭驻地出发往长江以北转移。6日，在安徽泾县茂林地区突遭国民党军队7个师8万余人的包围袭击。新四军英勇奋战七昼夜，终因寡不敌众，大部壮烈牺牲和被俘。这就是“千古奇冤，江南一叶；同室操戈，相煎何急”的皖南事变！

皖南事变后，国民党当局立即中断对新四军的武器弹药供给。新四军的武器弹药没有了来源，枪支损坏，子弹十分缺乏，常常是一个战士只有三颗子弹。重组后的新四军军部自然要把军工生产列入军事建设重点，规定军工建设的方针是：自力更生，扩大生产，提高技术，保证供给。参照八路军的做法，新四军军部专门成立军工部，管理军工生产。先后建立了炮弹加工厂、手榴弹厂、子弹翻造厂、铸造厂、机械厂等，形成三四百人的专业队伍。一些作战师也成立了军工部及兵工厂，自己解决武器弹药，改善部队装备。

回顾这段历史，听新四军老兵工讲述他们艰苦创业的趣闻逸事，真让人感慨无限。

自造小型迫击炮 1941年4月23日，中共中央军委发出“关于兵工建设的指示”，要求兵工建设以弹药为主，枪械为辅，充实部队的技术装备。4月，新四军1师组建军工部。当时，1师只有个30多人的修械所，时任新四军1师师长的粟裕要求师部给军工部配备大专学生和有专业技能的工人。在他的督导下，军工部很快发展成拥有50多名干部和200多名工人的兵工厂。

缴获的日军迫击炮、山炮和轻机枪

1师地处苏北沿海农村，他们利用紧靠沪宁地区的有利条件，到上海秘密采购材料、机床、计量器具和各种技术书籍。电影《51号兵站》讲述的就是这类与敌寇斗智斗勇的故事。

1943年5月，粟裕来到铸工车间，看到加工过程中产生了不少废弹壳，就鼓励大家钻研技术，想办法解决废品率高的难题。随后，军工部部长程望（新中国成立后曾担任第六机械工业部副部长）与技师一起改进铸造砂模，创制离心式鼓风机，选用优质铸铁并试用新工艺，突破了铸造技术关。经过反复试验，终于生产出合格的迫击炮弹。

1943年6至7月间，粟裕指示程望迅速研制一种轻便的能够曲射的小型迫击炮。他说："打敌人掩体后面的机枪火力点，手榴弹投不到，要有曲射能力的火器，配合机枪连排使用。"军工部历经艰险，在上海采购到两种无缝钢管。由程望亲自设计，工人同志们加班加点工作，集智攻关，不到一年时间就制造出73毫米与52毫米小型迫击炮三四十门，并配备充足的炮弹，提供给前线部队使用，解决了消灭敌机关枪火力点的难题。

1944年，1师军工部每月已能生产1000发82毫米迫击炮弹，在新四军兵工会议上被授予82毫米迫击炮弹生产厂"制造精良"奖旗。8月，粟裕第二次到军工部驻地，看到各个车间的生产热火朝天，十分高兴。他命令慰劳军工部每人一斤猪肉，还专门派来摄影师为产品拍照。

在苏浙战场，我军充分发挥迫击炮尤其是小型迫击炮数量多的优势，取得了最终胜利。[8]

电影胶片变火药 用废电影胶片制成炮弹发射药，这是新四军兵工厂的发明。

当年新四军曾用黑火药制成迫击炮发射药包，解决了前线的急需。但这种发射药缺点很多，如发射距离较近，命中率不高；特别是炮膛内残渣较多，发射几次后，弹体就不能进膛，影响继续发射。

黄桥决战前的一天，新四军军工处处长李仲麟拿着两个损坏的乒乓球来到装弹班，对大伙儿说："这玩意儿的原料是硝化纤维，估计可以代替无烟药，你们试试看"。大家很受启发，你一言我一语地议论开了："用乒乓球做发射药包好是好，就是数量太少，也不好加工"、"用电影废胶片准行，它属于硝化纤维类，量多，价格便宜，比乒乓球好加工"。

于是，兵工厂让前线部队从敌占区搞来一批废电影胶片。除去胶片表面的氧化银后，再挤压、粉碎、烘干、过筛，废电影胶片粉末终于搞出来了，"新型"发射药诞生了。

前线炮手对此反映较好，编了顺口溜："新式药包呱呱叫，连续发射效率高，又安全又可靠，命中目标效率高，炸得敌人哇哇叫！"

开水煮哑弹 抗战到了关键时刻，前线对武器弹药的需求量越来越大，特别是新四军需要大量迫击炮弹。

为尽可能提高利用率，大伙儿决定将缴获的敌军迫击炮哑弹拆卸，掏出弹体内的炸药，再装进我们自造的弹体内，送到前方消灭敌人。

挖掘日军的哑弹

开始，新四军兵工战士将哑弹引信轻轻拆卸下来，再用小锤打一根铁针，小心翼翼地一点一点向里挖，3个人一天累死累活才掏二三发哑弹的炸药，远远满足不了前方战斗的需求，大家万分焦急。于是，善于动脑筋的人提出下锅煮哑弹，将炸药煮出来。

这办法真灵！当水温达到90℃以上时，弹体内的炸药便慢慢溶解于水中，像厚厚一层麻油漂浮在水面上。大家用勺子将它轻轻舀到铁皮桶内，使它逐渐冷却结晶。"开水煮哑弹”试验终于成功了！这种方法既安全又高效，不但能取出小口径炮弹的炸药，而且还能取出飞机投下来的大炸弹里的炸药。

从造炮弹到造步兵炮 1941年初，八路军山东军区某部在杨勇司令员的指挥下，全歼了日军一个小分队，并缴获了一门92式步兵炮和6发炮弹。

八路军如获至宝，杨勇也很高兴。但只有6发炮弹，一旦这6发炮弹打光，这门火炮就成了摆设。于是，杨勇下令第8军分区修械所和手榴弹厂立即研制炮弹。

由于缺少设备，无法铸造炮弹壳，只能用捡来的旧炮弹壳；弹头则是用破轧花机上的灰生铁制造；其他材料如信管里的雷汞也是从废炮弹信管里挖出来的……兵工战士们经过反复试验，反复摸索，最终突破难关，研制出3发炮弹。但拿去试射的这3发新炮弹，最后没有爆炸。检查原因发现：撞针的滑道太粗糙，弹簧太软，弹头落地后不能引爆炸药。

查明原因后，工人们不辞辛苦，马上进行改装。第二次试射时，八路军自己研制的炮弹再次被装进炮筒。只见炮弹呼啸着飞出了炮膛，“轰”的一声将山上的小庙目标炸掉一半。“爆炸成功啦!”在场所有人都高兴地欢呼起来。从此，八路军手榴弹厂开始生产炮弹了。

但是，由于敌人对根据地进行严密封锁，制造炮弹的各种原料都奇缺。于是，军分区发动民兵去扒铁路，把钢轨抬回来锻造弹头，同时挨家挨户地收集破铜烂铁，用来生产炮弹壳。

与前述新四军一样，地处山东战场的八路军兵工厂，也利用村郊野地里日本飞机扔下的哑弹，把里面的炸药取出来，再用它的外壳做炮弹。军分区组织起精干的队伍，将根据地周围敌机扔下的哑弹都收集起来，解决制造炮弹的原料问题。面对危险爆炸品，大家也是将取出引信的炸弹放到铁锅里煮，炸药溶成液体后慢慢地从弹壳里流出来，没有丝毫危险。此后，抗日根据地出现了一种奇特的现象：每当日本飞机扔下炸弹后，大人小孩都朝着弹着点跑去。对炸完的弹，捡钢铁碎片；没炸的弹，则抬回去放在大铁锅里煮。就这样，通过发动群众，制造炮弹的原材料问题基本得到解决。

有了充足的原材料，兵工厂的产量日益上升。起初几个月，平均每月生产10发炮弹。以后随着工人们的技术日益熟练，每月的产量逐渐增加到30多发。

与此同时，工人们又开始生产82毫米迫击炮弹，两种炮弹的月产量最多时达100多发。有了炮弹，那门92式步兵炮在前线就更加活跃了：攻坚打据点，摧毁敌人的“乌龟壳”，在战场上大显威风。

在这个基础上，八路军兵工人员又开始研制迫击炮。一次，部队从黄河虹吸工程区送来一根大曲轴。兵工人员将它切断，做成一个炮筒，将那门92式步兵炮的旧炮筒换下。后来，大家决定对照仿制全套的92式步兵炮。经过3个月的辛苦劳动，八路军兵工厂将一门崭新的火炮生产出来了。

这门炮的炮筒是用火车的大曲轴挖成的，坐力簧是用蓝牌钢打造的，密封用的甘油是从蓖麻油中提炼的；炮筒的膛线则是工人们用自己制造的拉线杆，一道道挖出来的。就这样，兵工厂先后生产出4门仿92式步兵炮。它们随我军转战南北，攻城夺镇，立下了赫赫战功。

中国革命军事博物馆陈列着当年八路军生产的第一门仿92式步兵炮。尽管它显得那么粗糙、陈旧，可它却凝聚着当年军工技术人员的智慧，记录着我军兵器研制史上一段段鲜为人知的感人故事。

改装迫击炮打岗楼 1942年4月，八路军129师为攻占山西省长子县石哲镇的一座日军核心炮楼，已经打了整整两天。该炮楼约10丈高，占地百余亩；炮楼外挖有护城壕，壕沟内有齐腰深的水，壕沟外设有木桩和铁丝网。炮楼内驻有一个日军中队和部分伪军。129师师长刘伯承和政委邓小平亲自来到石哲镇指挥进攻。战士们先用迫击炮攻击，但迫击炮弹对坚固的炮楼不起作用。刘伯承又将师部直属炮兵营调来，重新部署兵力，组织进攻。

有了炮兵营平射炮的火力支援，形势立刻发生变化。平射炮可直接瞄准目标射击，炮弹摧毁铁丝网、鹿砦，为步兵冲锋开辟了道路。平射炮炮弹又密集地飞向敌人的炮楼，有的甚至准确地钻进了炮楼上的射孔，在炮楼内爆炸。炮楼顿时黑烟滚滚，日本兵和伪军鬼哭狼嚎，乱作一团。八路军步兵乘势冲上去，与敌人展开激烈战斗，最后迫使敌军投降。

在总结胜利经验时，刘、邓两位首长都认为，平射炮是对付敌人炮楼最有效的武器。然而，八路军当时装备最多的是迫击炮，它曾在山地游击战中发挥了重要作用。现在进入平原作战，多数战斗是打鬼子的据点或者坚固的炮楼为主，还要具备相应的攻坚武器。使八路军的武器装备在短时间内得到迅速改善的唯一办法，就是把迫击炮改成平射炮。两位首长将这项任务交给了炮兵部。

根据地兵工厂制造的地雷

1942年5月，炮兵部从129师抽调了20余名有经验的迫击炮手，组成了迫击炮平射和特种射击研究班，着手改制技术攻关。经过3个多月的研究和试验，制成了迫击炮平射拉发装置，发射试验取得圆满成功。从此，129师的各部队都学会了用迫击炮平射来打敌人的碉堡。这种经过改制的迫击炮，保留了迫击炮携带轻便、使用方便等特点，并且具有射击准确、威力大的优点，深受战士们的喜爱。

抗战时期我军自制地雷

1943 年 4 月，刘伯承和邓小平签署嘉奖令，表彰炮兵部的巨大贡献，并号召全师官兵学习他们的首创精神。为了使这种炮在战斗中发挥更大的作用，129 师炮兵部还举办了两期训练班，共培训了 100 多名炮手和火炮指挥员。

中央军委得知这一情况后也很重视，于 1943 年 11 月电令 129 师："闻悉你师研究成功迫击炮平射装置，甚好。请将迫击炮平射装置的构造与使用方法，速派干部带样来延安教授。"以后，迫击炮平射平打成了一项重要的作战方法，各部队的攻坚能力因此有了很大提高。日本鬼子的炮楼也被八路军的炮弹炸开了花。

地雷大王威震敌胆 20 世纪 60 年代，有一部家喻户晓的电影，名叫《地雷战》。片中的主人公赵虎，主要是根据"全国民兵英雄"于化虎和赵守福的事迹创作的。这位 1914 年出生于山东省海阳县文山后村的于化虎，是参加抗日战争的千百万农民兄弟中的佼佼者。他的突出贡献就是在家乡带领民兵以自制的踏雷、绊雷、连环雷、夹子雷、钉子雷、梅花雷等 20 多种地雷为主要武器，有力地打击日寇，威震胶东。

活跃在敌后的华南游击队

1943 年 5 月，日伪军 100 多人偷袭文山后村，时任民兵队长的于化虎率领爆破组在村边埋下 70 多枚石制拉雷和绊雷，炸死炸伤前来袭击的日军 17 人。几天后，他又带领民兵在村子周围埋下数百颗自制地雷，诱敌进入雷区，炸死炸伤敌人 70 多名。

为了对付于化虎和民兵的地雷，日本侵略军组织起探雷队。于化虎将计就计，以真假地雷对付敌人：日军挖出上面的假雷，下面的真雷随即被引爆。后来，日军将探雷坑挖得又大又深，剪断真假雷相连的引信。于化虎和爆破队员又试制成功定时雷。一次，日军探雷队把挖出的 4 颗定时雷带回炮楼，定时雷突然爆炸，7 名日军当场毙命。日军绞尽脑汁，只好在疑有地雷的地方画上白圈，在疑有地雷阵的地方作出标记，绕道行军。于化虎带领民兵故布疑阵，在日军画的圈外另外画圈，并在标志圈之间埋上地雷，把日军炸得血肉横飞，充分发挥了地雷战的威力。1944 年春，驻青岛的日军对盆子山抗日根据地进行大"扫荡"。于化虎带领民兵在村西野虎山下埋设 20 多颗子母雷，炸死炸伤日伪军 40 多人。黔驴技穷的日军从青岛调来了工兵和探雷器。于化虎和民兵们针锋相对，制成夹子雷、头发丝雷和梅花雷等防排雷。同年夏天，于化虎带着 4 颗十几千克重的大地雷潜入敌人据点，埋设在日军集合点名的地方。第二天早晨，日军出操时踩响地雷，被炸死炸伤 30 多人。

1945 年夏，日伪军集结 400 多人，对周围村庄进行"扫荡"。于化虎组织民兵，化装混入敌人内部，活捉 14 名伪军士兵。他们穿上伪军服装进村布雷，然后撤出村，开枪诱敌上钩。敌人慌乱中互相射击，地雷遍地开花，死伤 47 人。慑于民兵地雷战的威力，据守海阳县城的日军被围困在据点里，真是不敢越"雷池"一步，只好在青岛日军接应下从海阳逃走。

于化虎和他的民兵地雷战，在胶东一带威名大振，炸得日伪军闻雷色变。1944 年 10 月，于化虎等 5 人受胶东军区委派，到烟潍线为 1000 多民兵骨干传授制雷、布雷技术，开展历时 4 个多月的地雷战。他在蓬莱附近一次布雷炸死炸伤日伪军 28 人。到抗战胜利时，他亲手培养起来的“爆炸模范”有 20 多名，会使用 5 种以上地雷的“爆炸能手”多达 1400 多人。他曾创造用一枚自制地雷杀伤 7 名敌人的纪录。在参加抗战的 5 年时间里，于化虎用地雷炸死炸伤日伪军数百人，他的制雷、布雷技术也传遍胶东。1945 年，于化虎被评为“胶东民兵英雄”，胶东军区授予他“爆破大王”英雄称号。1950 年，他被评为“全国民兵英雄”。

讲述至此，选一则日军资料的记述来展现我军兵工战线创造的奇迹。这本叫《战地陈情》的资料说，日军曾有一支战车部队，在山西境内遭到八路军的阻击，被八路军用“反坦克地雷”把日军坦克炸得车毁人亡。

抗日军民曾使用的土炮

而在八路军黄崖洞兵工厂战史记载中，却根本不曾生产过什么“反坦克地雷”。

要知道“反坦克地雷”的来历，也有段小故事。原来，当年日军进攻太原，傅作义将军在城周布防时，偶然发现太原城西的军需仓库中还有遗存的军用物资。为了避免这批军用物资落入敌手，他当即同意让八路军搬走这批急需的军用物资。但到了这个时候，能让八路军搬走的残留物资都不那么配套，其中就有一批晋造山炮的炮弹。紧急疏散之下得到的这批炮弹，大家开始觉得是个宝，可八路军那时光有炮弹却没有可射击的火炮，派不上用场。于是，只有把这些炮弹送去黄崖洞兵工厂，加以重新改造。其中一些炮弹就被厂里改造成土制的反坦克地雷，有效地打击了猖獗的日寇战车。这些战斗战役情况，在国民党军抗战史中也有记录，称为：“中国抗战曾以最简陋的武器对抗装备精良的日本侵略军”。的确，那些用血与火创造出的历史，并非只是一个传奇，而且还是激励国人研制新型武器装备的原生动力。[9]

▶兵工楷模、中国的“保尔”——吴运铎

八路军、新四军兵工战士可歌可泣的事迹，曾经激励后来的几代军工人“艰苦奋斗、默默奉献”。20 世纪 50 年代有一部脍炙人口的自传体小说《把一切献给党》。这本书的主

人公和作者，就是抗战时期我军兵工事业的开拓者、新中国第一代工人作家吴运铎。

吴运铎塑像

吴运铎，祖籍湖北，1917 年生于江西萍乡，曾在安源煤矿、湖北大冶源华煤矿当工人。全面抗战爆发后，他奔向皖南云岭，于 1938 年参加新四军，1939 年加入中国共产党。抗日战争和解放战争中历任新四军司令部修械所车间主任，淮南抗日根据地子弹厂厂长、军工部副部长，华中军工处炮弹厂厂长，大连联合兵工企业引信厂厂长，株洲兵工厂厂长。

1941 年皖南事变后，吴运铎奉命转移到淮南抗日根据地。在异常艰险的条件下，他带领工人们克服了难以想象的困难，为前方制造急需的枪炮弹药。每当日伪军进攻根据地时，他就带领大家抬着机器打游击，只要有空就坚持生产，每次都按时完成上级交给的任务。一次修复前方急需的炮弹时，雷管发生爆炸，吴运铎的左手被炸掉 4 个指头，左腿膝盖被炸开，左眼水晶体被炸破，几近失明。但是，他知道前方急需弹药，等不及伤愈就回到兵工厂坚持工作。抗战期间，吴运铎带领工人们研究改善武器装备，主持研制成功射程达 540 余米的枪榴弹和攻打碉堡的平射炮以及定时、踏火等类型地雷，为提高部队战斗力作出了重要贡献。

1947 年，吴运铎奉命去大连建立引信厂并担任厂长。在一次弹药爆炸试验时发生意外，他被炸得浑身是伤。在几个月的治疗中，吴运铎阅读苏联小说《钢铁是怎样炼成的》，从中得到鼓舞和激励。为了伤愈后更好地工作，他努力学会了日文；当他能下地时，便请示领导买来化学药品和仪器，把病房变成实验室，研制高效炸药。

在战争年代，吴运铎多次负伤，左眼、左手和腿部致残；经过 20 余次手术，身上仍留有几十块弹片。他以顽强毅力战胜伤残，仍坚持战斗在生产、科研第一线。他说：“只要我活着一天，我一定为党为人民工作一天。”

新中国成立后，1949 年冬，党组织送吴运铎到苏联接受治疗。在莫斯科，《钢铁是怎样炼成的》一书作者奥斯特洛夫斯基的夫人听说了吴运铎的事迹，特地到医院看望他。苏联医生对这位“中国的保尔”十分热爱和崇敬。经过精心治疗，吴运铎的左眼重见光明。1951 年 10 月，中央人民政府政务院和全国总工会授予他“特邀全国劳动模范”称号，邀请他到北京参加国庆观礼。10 月 5 日，《人民日报》发表专题报道《钢铁是这样炼成的——介绍中国的保尔 · 柯察金——兵工功臣吴运铎》。从此，“中国的保尔”——吴运铎的名字传遍祖国大地。

因篇幅所限，本书仅撷取吴运铎研制枪榴弹的故事，以表达后人对革命功臣的追念与缅怀。

1943 年初春，当大地还披着银装的时候，吴运铎奉命来到新四军 2 师司令部。罗炳辉师长交给他一项重要任务——研制枪榴弹。接受任务后，吴运铎立即把能找到的书都找了出来，并从一本旧杂志上找到一篇介绍枪榴弹的文章。这篇文章总共不到300字，主要是介绍枪榴弹的效用。吴运铎从中获得的信息是：枪榴弹是利用步枪发射的一种小型炮弹，它是用钢片压制而成的。依据这仅有的材料，吴运铎便开始枪榴弹的研制。

吴运铎搜集了许多缴获的掷弹筒和各种迫击炮弹，夜以继日地进行研究，最后设计出枪榴弹制造方案：把粗钢棍锯断后掏空，制成枪榴筒，像装刺刀那样套在步枪口部，再用铸铁制成形状像迫击炮弹一样的小炮弹，装进枪榴筒内，用火药高压气体把枪榴弹发射出去。

研制中，吴运铎首先遇到的难题是没有测试膛压的设备，得不到需要的数据。他只好"土法上马"，通过一次次试验来测定。其次是如何根据目标的远近调节射程。他设想用调节膛压大小的方法来控制枪榴弹的射程，但是采用什么样的机构，却令他毫无头绪。吴运铎决定到一线车间征求意见。

那天夜晚，他拿着草图来到车间，请教车间里上夜班的师傅们。钳工老高看到吴运铎的草图，建议他把枪榴筒的底座和底座柄分开，搞成两个零件，这样既可以节省材料，又便于加工生产。车工老李则建议运用车床换向手柄的机械装置来调节射程。这些建议及时地提醒了吴运铎，让他茅塞顿开。就这样，依靠大家的力量，调节射程的机械装置解决了，研究工作也进入紧张的冲刺阶段。吴运铎日夜忙着绘图，去靶场做试验。图纸交到车间，大家都抢着干。半个月后，第一批枪榴弹和一支枪榴筒制造出来了。

人们对枪榴弹进行第一次试射。为了避免意外，吴运铎在干水塘边选中一棵大树，用绳子把步枪捆在树干上，枪口卡上枪榴筒，筒口对着荒地；然后把枪榴弹装进筒里，拉开枪栓，推进空包弹。扳机上系了一根绳子，吴运铎就蹲在干水塘边的掩体里拉动绳子。只听"砰"的一声，枪榴弹射了出去。接着，不远处传来了爆炸声，尘土卷起烟雾向上冲起，碎片四处飞散。

"枪榴弹试验成功了！"听着这声巨响，吴运铎也激动万分，因为其中包含着他和大家多少心血啊！首次试验虽然取得成功，但枪榴弹的飞行弹道不稳定，而且射程也远未达到要求。吴运铎又重新设计了枪榴弹的图纸，把原来设计的柱状型弹体改为滴水型弹体。经过几次试验，弹道稳定了，但是射程仍然只有230～240米左右。

为进一步提高射程，吴运铎又进行了多次试验。试验证明，枪榴筒和弹都没有问题，他推测问题可能出在发射药上。于是，吴运铎来到装配车间，把火药倒出来，放在研槽里研成碎末，这样火药会燃烧得更快、更充分，威力也就更大了。他配好火药后，装好几发枪榴弹，再次来到试验场。结果正如他所推测的那样，第一发枪榴弹打出后，很快离开人们的视野，不知去向。正在人们翘首张望之时，远处传来雷鸣般的爆炸声，吴运铎立即奔向爆炸地点。经测量，枪榴弹的射程达540米。吴运铎研制的枪榴筒经过十几发枪榴弹试射，都打得很远，炸得漂亮。罗炳辉师长命令兵工厂立即将枪榴弹投入生产。生产出来的枪榴弹很快出现在前线。桂子山战斗中，枪榴弹第一次立功，密集的枪榴弹落在敌人头上，打得敌人死伤过半，剩下的只好乖乖投降。

当年，世界上已有十多种枪榴弹，装备枪榴弹的国家也有二十多个。拿它们与“中国的保尔”——吴运铎研制的枪榴弹相比，无论是性能、威力，还是加工设备与质检手段，肯定比吴运铎“土法上马”的先进得多。但从吴运铎研制枪榴弹的精神中，人们看到的是众多兵工人所具有的那种不怕牺牲、勇于奋斗、敢于创新的昂扬劲头！

回顾这些历史，我们不难发现抗战中敌我双方武器装备相差悬殊，更由衷赞许我军工技术人员的聪明才智，感慨中华民族英勇反抗外敌入侵的大无畏牺牲精神！

侵华日军军官的《战情陈述》里面有这样的记载：

在南昌战役中，日军指挥官冈村宁次将战车编组成攻击群向中国军队侧背发动奔袭。投入这场战斗的战车是森田部队的松本轻战车中队。其中一辆94式战车(一种超轻型坦克)突破中国军队的铁丝网阵地时，突然发生大爆炸，左侧履带被炸开，车体腾空两米后落下。

日军开始认为这是中了地雷，后来他们才发现这辆战车是被中国士兵撬开舱盖投进了手榴弹；车长川村、驾驶员中村都被击毙，战车被彻底摧毁。但在这辆94式战车的周围，共有12具中国士兵遗体。

而在中国军队的记载中，则是中国军队的敢死队把集束手榴弹塞进了日军战车的履带里。这一战，突袭敌人战车的敢死队员全部阵亡。

▶新师少壮身犹健　扫寇归来唱大风

1943年2月，世界反法西斯战争形势发生了根本性转变！这个历史转折点，就是欧洲战场进行的斯大林格勒保卫战。苏联军队此役取得了歼灭轴心国军队约150万人(关于人数统计存在不同说法)的伟大胜利，成为苏德战争乃至整个第二次世界大战的战略拐点！

此后，世界反法西斯战争的形势朝着同盟国胜利的方向转化。苏联军队的胜利鼓舞着正在东方战场艰苦奋战的八路军和新四军。以毛泽东为核心的中共中央政治局讨论研究了未来中国战略反攻的谋篇布局，客观而科学地把握了历史的脉动与中国社会的未来命运。1943年3月16日至20日，中共中央政治局召开了一次非常重要的会议。可以说，对未来中国之命运，对未来世界之走向，都具有决定性意义。

我军缴获的山炮

正是在这次会议上，毛泽东正式担任中共中央主席。

1935年遵义会议后毛泽东成为事实上的中

共中央领导核心，但职务只是补选为政治局常委。从遵义会议到中共“七大”，中国共产党逐渐地形成了一个稳定、成熟的领导集体。正如邓小平所说：“我们党的历史上，真正形成成熟的领导，是从毛刘周朱这一代开始。”

1945 年 8 月，美国在广岛投下原子弹，苏联对日本宣战。在我国军民八年的英勇抗战和美英盟军、苏联红军的沉重打击下，日本于 8 月 15 日宣布无条件投降。抗战胜利的消息像春风一样传遍长城内外、大江南北。这时，八路军总部向各解放区发布命令，要求我军迅速行动，从敌后抗日前沿阵地出发，去接受日伪军投降！果敢完成对日最后一战！

朱德总司令欣然提笔，写下《沁园春·受降》：

红军入满，日寇溃逃，降旗尽飘。我八路健儿，收城屡屡；四军将士，平复滔滔。全为人民，解放自己，从不向人言功高。笑他人，向帝国主义，出卖妖娆。人民面前撒娇，依靠日寇伪军撑腰。进名城，行同强盗；招摇过市，臭甚狐骚。坚持独裁，伪装民主，竟把人民当虫雕。事急矣，须鸣鼓而攻，难待终朝。

这时，东北局势再度构成扭转时局的枢纽。朱德命令正在冀热辽坚持抗战的八路军李运昌部立即挺进东北，配合苏军作战，收缴敌伪武器，接管东北城市，接管敌伪工矿和铁路资产，保护工程技术人员和技工人才。

李运昌部接到命令后，立即在冀东丰润集结，迅速挺进东北。

历史证明，中共中央根据当前时局和东北战情做出的战略抉择，是完全正确的。

日寇侵占、经营东北长达十几年，加上原来张作霖、张学良父子的投资建设，东北地区的工业基础要比全国其他地区强许多。这对我军组织军工生产提供了条件。据有关资料介绍，1945 年前后，东北的铁路公路交通及相关配套设施，包括车辆和船舶制造、机械加工和仪器仪表制造、冶金矿山采掘等方面，均远比全国其他地区强。

建设巩固的东北根据地，为我军“多搞点武器和大炮”（彭德怀语）创造了条件。东北野战军克服种种困难，根据中央要求“建立自己的军工厂”的指示精神和战争的实际需要，逐步建立起自己的军工企业。如我军在解放哈尔滨后，迅即利用该市的工业基础，在战争期间生产 2000 门迫击炮支援前线。

抗战胜利时的中国政局，对于共产党来说亦是相当严峻。国民党统治集团控制着全国政权，戴着“抗战建国领袖”光环的蒋介石，拥有一支 400 多万人的庞大军队。这支军队在抗战胜利前后得到美国的军援，并收缴了 100 多万日军的武器，装备精良、营垒庞大，堪称史无前例的强大。单是通过接收日伪资产，国民党当局掌握的物资和外汇储备数量，就超过以往任何时期。

此时，中国大地上的火药味越来越浓烈。踌躇满志的蒋介石声称只需三到六个月就可以消灭共产党的武装。国民党军参谋总长陈诚也吹嘘“也许三个月至多五个月便能解决”中共军队。

为了带领全党做好应对内战的准备，中共中央要求各解放区认真抓好减租、生产、练兵三件大事，以增强打垮敌军进攻的实力。

1946 年 6 月，国民党当局自认为已经完成了战争准备，撕毁了《双十协定》，出动 160 多万军队向中共领导的解放区发起全面进攻。

6 月 23 日，国民党军队 22 万人向鄂豫边境的中原解放区发动围攻。紧跟着，蒋介石调集大量军队相继向华东、晋冀鲁豫、晋绥、东北、海南岛等解放区发起大规模攻击。中国战云密布，全面内战终于爆发！

战争初期，国民党拥有正规军 86 个整编师(军)、248 个旅(师)，总兵力达 200 万人(不含杂牌军)，其中 80% 直接用于进攻解放区。而中共领导的人民军队总兵力(包括民兵在内)仅 127 万人，装备简陋，武器多是从日伪军手里缴来的。虽有 1.3 亿人口、230 多万平方千米的解放区，但大多经济贫穷，且全部都处于国民党军队的分割包围之中。

1947 年 3 月，国民党军胡宗南所部 34 个旅共 25 万人，100 多架飞机，气势汹汹地杀向陕北延安，企图将中共中央机关和解放军总部一举摧毁。当时在陕北的解放军西北野战兵团只有 6 个旅 2 万多人，仅是来犯之敌的 1/10。

1947 年 8 月，美国总统决定派遣特使来华，评估中国内战局势。这个消息对于挟持抗战胜利光环而悍然发动内战的蒋介石来说，不啻是个坏得不能再坏的消息。

国民党统治区经济凋敝，物价飞涨，民怨载道，再加上他在“剿共”战场上的接连失利，蒋介石能向美国人炫耀的东西实在太少，最好的见面礼就是将中共首脑一网打尽。他紧急电令胡宗南“决胜一战而定陕北”，要不惜一切代价，务必一举擒获毛泽东等中共领导人。

胡宗南封锁陕北，与中共对峙已有十余年。接到密电后，胡宗南马上派出最新式美制侦察机对延安及安塞地区进行地毯式侦察，所有沟沟壑壑都不放过。同时，还利用美国援助的最先进的无线电侦测仪器，对中共中央军委电台进行全面监测锁定。根据这些高科技设备，胡宗南获知毛泽东等中共首脑仍在这一带活动的确凿情报，马上调兵遣将，派整编第 36 师由北向南压进，命刘戡率部速从黄河以东向西逼近，形成铁钳合围之势。

毛泽东转战陕北

在胡宗南大军压境步步紧逼之下，党中央首脑机关虽已转移至黄河以西的狭长地带，但这里地势低洼，易攻难守，除了机关的少量警卫部队，又无战斗部队护卫，情况十分严峻。而毛泽东此时的身体状况也非常不好，连续十几天咳嗽不止，行军中几次险些从马背上摔下。周恩来的双脚也打满了血泡。毛泽东等中共首脑和中央纵队危在旦夕。可是，“得道多助，失道寡助”，连苍天也有眼。从 8 月 12 日傍晚开始，陕北河西地带一直雷电交加、大雨滂沱，厚重的乌云笼罩天穹。胡宗南守在机场看着派出的美制最新式侦察机因气候恶劣无功而返，由美国援助的先进无线电侦测仪器因雷电交加而不得不停机待命，无法对中共电台进行全面监测定位(当然，中共中央军委的电台也一直“默机”)。这些都急得胡宗南直跺脚。

连续七天七夜的雷电暴雨，似乎标志着老天对“得道者”的帮助。8 月 21 日傍晚，疲惫不堪的中共首脑及中央纵队来到当地人称为“黄河岔”的葭芦河边。毛泽东与任弼时对于是否“渡河东走”依然有争论。在众人的反复劝说下，毛泽东终于同意渡河！此后，本来滂沱不断的大雨竟然戛然而止。于是，中央警卫团的战士们立即把绳索捆绑在身上，在湍急的河面上连接成“人桥”，臂挽手搀，掩护毛泽东、周恩来和任弼时等同志从容不迫地渡过葭芦河。

就在中共首脑渡过葭芦河不久，大雨再次倾盆而下，不仅冲刷了中央纵队的步履行踪，而且整个葭芦河河水猛涨，把国民党整编第 36 师的前哨部队堵在河边，难以动弹。这天夜晚，毛泽东等人在葭芦河东的白龙庙里酣然而睡，胡宗南的追兵只好在葭芦河西安营扎寨。翌日，胡宗南的追兵又鬼使神差地“南辕北辙”，调头向西追寻而去。

全面内战爆发时，人民解放军不仅在数量上仍然少于国民党军队，而且在武器装备上也远远弱于后者。但是，在两年多的内线和外线作战中，我军大大地提高了自身战斗力，消灭了大量敌军，缴获了一批现代化武器，从而加强了自身武器装备；尤其是建立了强大的炮兵和工兵，提高了攻坚能力。在攻克石家庄(石门)的战役中，我军表现出不同凡响的战斗力。朱德总司令赋诗《攻克石门》赞誉参战指战员：

石门封锁太行山，勇士掀开指顾间。尽灭全师收重镇，不教胡马返秦关。

攻坚战术开新面，久困人民动笑颜。我党英雄真辈出，从兹不虑鬓毛斑。

朱德不仅在诗赋中高度赞誉，而且还要求总后勤部选择适当时机召开全国军工会议。

1949 年 5 月 15 日，朱德在第二次全国军工会议上作总结报告，强调指出：“今后一年，由于战争胜利向南发展，南方气候地形和北方不同，要特别注意军工产品的质量、防潮和运输等问题。”他还要求各军工厂努力提高生产效率，完成生产计划，保证质量，降低成本，建立厂长负责制，实行企业化、专业化。

周恩来也曾在 1949 年 7 月回顾解放区军工生产情况时说：“武器主要是敌人输送给我们的，但弹药还需要我们自己补充。我们依靠工人。我们把大的锅炉从矿山从机器厂用几千人抬到太行山上，抬到五台山上，抬到沂蒙山区，在山上建设了工厂，几千万的手榴弹，几百万的迫击炮弹，几十万的山野炮弹，便这样生产出来了。到了去年下半年，我们的手榴弹、迫击炮弹、山野炮弹和炸药的生产数字，已经超过了国民党反动派。”[10]

后来的形势发展确实太出乎人们的意料，快得连国民党军事集团也难以自顾。

▶毛泽东：必须用大力建立大规模军事工业

对于仅用三年多一点儿的时间就打败国民党统治集团的解放战争，通常的说法是：毛泽东领导的人民解放军依靠“小米加步枪”打败了美式飞机大炮武装的国民党军队。然而，经历过战争岁月的人都知道，“小米加步枪”只是解放军以劣势装备战胜优势装备之敌的形象比喻。真正打起仗来，战略战术固然重要，武器装备更是不容忽视的重要条件。

解放战争初期，我军军工事业比抗战时已有较大发展。邯郸、临沂、烟台、德州等一批城市解放后，通过没收敌伪工厂，解放军建起一批军工厂，能生产子弹、手榴弹和迫击炮弹。华东军区在鲁南和胶东的军工厂甚至每月能生产子弹16万发，迫击炮弹、山炮炮弹1.3万发、无烟火药3000斤。这个规模比起以前是很大的进步，但还不够华东野战军打一次中等规模战役用的。因为没有重炮，解放军进攻时主要依靠战士突击到前沿，用炸药包摧毁国民党军队的堡垒和工事。这样战斗伤亡大、进展慢，而且弹药质量不过关。1948年5月，华野山东兵团攻打潍县时用自造的迫击炮攻城。炮弹出膛后，尾翼在飞行中脱落，剩下光秃秃的弹体失去平衡掉到地上。这样的质量怎能保证战斗的胜利呢？

针对这些问题，从解放军总部到野战兵团，各级指挥员都不遗余力地想办法，订措施，因地制宜地逐步加以解决。而破解这个难题，做得最好的是林彪、罗荣桓领导的东北野战军(前身为“东北民主联军”，1948年1月1日改称“东北人民解放军”，区分为东北军区和东北野战军。东北野战军于1949年3月11日改称“中国人民解放军第四野战军”，即“四野”)。

解放战争进行得最激烈之时，有些战役数据是很能说明问题的。如从72天打下临汾到仅用8天攻克济南，足以说明重型武器装备的作用。

1948年3月，徐向前指挥华北兵团攻打临汾，国民党军依托城墙固守。解放军没有重炮，只好采用挖地道炸城墙的方法，整整费时72天才把临汾拿下。

但是到了1948年秋，形势发生巨变。9月的济南战役中，毛泽东的爱将、少林和尚出身的许世友指挥解放军重炮齐发，把国民党的黄埔高材生王耀武打得丧魂落魄，从地道中逃跑。坚固的济南城仅仅8天就被攻克。蒋介石接到济南失守的报告，压根儿就不相信这是真的，直到他乘专机赶到济南上空飞了一圈后，才知道“济南已陷敌手”是千真万确的了。

10月进行的辽沈战役中，东北野战军集中500多门重炮猛轰军事重镇锦州，打得守军司令范汉杰东躲西藏。这次城市攻坚战仅用了30个小时。

解放军的大炮是从哪里来的？溃逃台湾的国民党将领一口咬定，解放军的重武器都是苏军从东北撤退时暗中相送。其实，这种说法无疑只是为他们的失败寻找借口。

当年任东北野战军参谋长的刘亚楼上将在1962年12月13日的一次讲话中澄清过这个问题。他说：“一般人总认为苏军留给了四野不少武器，这是误解。这个战史(指编写中的四野战史)既然是存档用的，可以把这个问题写清楚。当时不仅不给我们武器，还吃掉了我们不少部队。也可以写一下当时斯大林为了照顾与国民党政府的关系。还有个重要问题：当时我们曾向中央建议，以中央的名义向苏军要些武器。毛主席当即电示：中国革命主要靠中国自己的力量，禁止用中央的名义向他们要东西。这个电报我亲眼看过，要求部队查一下。当然，后来曾以四野的名义，用粮食和他们换了一些武器。”

对这个问题真相的了解，读者可以查阅苏联解密档案，参见沈志华、李丹慧著《战后中苏关系若干问题研究》。它充分证实刘亚楼将军的说法一点儿不假。

1945年年底，人民军队进入东北后，原来打算通过苏军的帮助获得日军的武器装备。但苏军借口与国民党政府有协定，东北要移交给国民党当局，对八路军的行动横加限制。苏军把东北主要的工厂设备、缴获的武器和大量财物，包括大连白云山顶的日军通信铁塔，通通当作“战利品”运回苏联。我军的愿望基本落空。

宋美龄、蒋经国代表国民党当局从苏军手中接收东北

10万大军在东北，没枪、没钱、没冬衣、没有根据地，处境相当艰难。这时中央对进入东北部队的要求很简单，就是接收和寻找日本关东军遗留的战略物资和武器弹药。

因为，日本关东军从侵占东北到“八一五”战败的14年里，始终在准备对苏作战。为此，他们在靠近苏联边境一线系统地筑垒了战略攻防工程并储备了大量物资弹药。即便在太平洋战争期间，关东军的精锐部队大部被抽调到太平洋战场和日本本土，但留在东北准备对苏作战的装备和物资储备并没有受到影响。

按照《雅尔塔约定》，苏联红军在1945年5月9日结束欧洲战场的军事行动后，迅速转入远东发起对日作战，并采用多方向快速突击。这种机械化的快速战略突破，迫使关东军除少数被歼外大部分如鸟兽散，大量武器、弹药遗留在驻防地、仓库和撤退的路上。

当时，整个东北呈现混乱局面，皆因苏联红军兵力不足难以控制。苏军只好主要集中在大中城市和交通干线附近接受和收缴日军的武器，无暇顾及广袤的东北乡镇。我军得以在松花江以北恢复调整，搜集到大量散落的武器弹药。

“当时各部队自己想办法，收集关东军遗留和苏军没来得及拉走的物资。东北各中小城市和农村，到处可见日军遗弃的武器和军用物资。”刘亚楼回忆，合江剿匪中我军仅在饶河一个县就收缴(不完全是缴获)枪械5000支。从1946年1月到8月期间缴获(收集)山炮、野炮40余门和各种枪械9000余支。

炮兵武器是后来东北野战军特种兵建设的基础。负责筹建炮兵学校的朱瑞果断决定：分散炮校干部，去苏军鞭长莫及的地方搜集物资。整个炮校上至校长，下至伙夫、马夫，通通派出去，无论是城市、乡村，还是山沟、荒野，只要听说有炮就去；即使没听说有炮的地方，也要去看看能否找到意外收获。

有一次，部队接到老乡报告，说日本人撤退时曾将几门大炮推到镜泊湖里。朱瑞得知后，亲自率领一个连赶到湖边搜寻。大家用镐刨开冰层，发现了炮身。朱瑞高兴地喊叫：“快去找绳子，把它拽上来!”大家拉紧绳索，喊着号子，齐心合力拉上3门大炮。在朱瑞的带领下，我军在牡丹江一带还真找到了日军的秘密仓库，一下就找到15万发炮弹。

到1946年7月，东北民主联军各军就先后搜集到各种火炮800余门，以75毫米山炮、野炮炮弹为主的各种口径炮弹超过 60 万发。到 1947 年 2 月，朱瑞领导炮校共收集大小火炮 700 多门。其中加农榴弹炮 49 门、野炮 97 门、山炮 108 门、步兵炮 141 门、迫击炮约 300 门、高射炮(包括高射机关炮、飞机用机关炮)137 门。另外还有坦克及牵引车 65 辆。这些火炮经过修理，成为其炮兵部队的基础。

东北民主联军先是组建了 10 个炮兵团和相当数量的纵队直属炮兵部队，1947 年 12 月又在编制中加强了炮兵司令部，归其直属的有炮 1 团、炮 2 团、炮 3 团、迫击炮团和高射炮团。1948 年 8 月整编后直辖炮兵 8 个团(含高射炮团和迫击炮团)，每个团编制都统一为 2 个野炮营和 1 个榴弹炮营。炮兵司令部直属和纵队直属炮兵编制更加合理有效，火力和炮兵协同能力都达到内战期间国共双方炮兵的最高水平。大量炮兵装备的获得和炮兵指挥能力的提高，极大地增强了我军的火力优势，在三下江南作战中更是体现出大规模炮兵部队的价值。

1947 年夏季攻势前后，随着解放军日益壮大，战役规模越来越大，仅靠搜集的弹药是不够用了。当年 6 月，解放军猛攻四平，国民党军队在陈明仁指挥下负隅顽抗。解放军集中了 7 个主力师，上百门火炮，攻了半个月没拿下来。林彪有些光火，后来才知道，炮兵只有 8000 发炮弹，火力上没有占到优势。6 月 25 日，林彪以个人名义给斯大林写了一封信，强调指出："目前缺的唯一条件就是武器，尤其是弹药(特别是炮弹)的不足。为此，我请求您给我们以武器弹药的帮助，将红军缴获的现存在远东的日本武器弹药交给我们，并希望还能将德国的武器弹药尽量拨给我们。"

解放军发起总攻

在这紧要时刻，客观地讲，林彪的信还起了一定作用。林彪的信发出后不久，斯大林指示苏军从缴获的日军武器中拨了一部分给解放军。

据何长工回忆：1947 年 10 月，他刚当上军工部长，李富春就交给他一个重要任务。当时中苏边境的满洲里存放着一大批武器，是苏军缴获日本关东军的，准备运回苏联去炼钢。这批武器对苏联来说是废铁，但却是解放军极其需要的。

何长工去与苏军指挥官卡瓦洛夫谈判。开始谈不通，何长工便以强硬的态度对他说："关东军这批武器是中国人民用鲜血和生命换来的，你为什么不给我们？你们不能拉走。我们用废钢铁对换，一吨换一吨。"卡瓦洛夫还是不答应。何长工急了，对他吼道："你是个保守分子，没有一点儿国际主义。你如果不答应，我只好来抢，我推着你走在前面，看守武器的苏军开枪，先打死你。你硬要拉走，我就跟你拼命，我给斯大林同志打电话，告你的状，告你没有国际主义！"

卡瓦洛夫看到这个中国同志不好惹，态度软下来，终于同意移交这批武器。

至于这批武器的数量，据林彪1947年12月28日写给斯大林的信中说：“我们用你们给我们的那批武器装备了30个步兵团、2个山炮营。”

当时与国民党军队进行战略决战，东北民主联军组建了30万人的二线兵团。林彪向斯大林请求更多的武器支援，“设法给我们解决20万支步枪、15 000挺轻机枪、7000挺重机枪、700门团营迫击炮、1000门连迫击炮、100门高射炮、200门山野炮以及较多数量的弹药和20个师用的通信器材(主要是无线电和电话)。这批武器望从英勇的红军所缴获的日本武器中拨出，如日本武器所存无多，则望从德国战利品中拨出。”

但是，对林彪的这次要求，斯大林没有答复。一次次教训表明，苏联的援助是靠不住的。要取得解放战争的最后胜利，还得依靠自己的力量。

北平和平解放时我军入城式

因此，东北局决定大力加强军工生产体系的建设。李富春说：“过去靠日本留下的炮弹打，现在必须要自己来造了。”这时，毛泽东对于我军武器弹药的补给问题，也更多地把眼光放到东北。因为，那里是当时中国工业最发达的地区。

1947年7月10日，毛泽东及时发出指示，要求东北解放区大规模恢复或建立军工企业。毛泽东在给各解放区《一年作战总结及今后计划》的电文中，特别指示林彪、罗荣桓：“东北军事工业应全力接济关内，目前开始的一年内，你们必须用大力建立大规模军事工业。”[11] 此后的4个月内，他曾三次电示东北局，全力加强军事工业建设。急迫情切，溢于言表。

说起在东北发展军工的那段艰辛，许多当年的军工老战士真是感慨万千。1945年年底进军东北时，中共中央从延安和各解放区抽调了一批军工干部到东北去开展工作。他们只能白手起家，在沈阳、鞍山、通化等城市收集了一些机器设备，确定在通化全力创建自己的军工企业，建立军工基地。

1946年夏季，国民党军队大举进攻，占领了通化和丹东。时任东北军工部部长的韩振纪带领大家将机器和物资运往朝鲜境内，还带着一批沿途招收的工人和技术人员。7月底，他们到了中、朝、苏三国交界的小城珲春。珲春是个山间盆地，图们江和珲春河在此汇合，与朝鲜仅一江之隔，交通便利。这里到苏联边境仅15千米，到朝鲜仅5千米，有公路和铁路通行。大家认为这里隐蔽的条件好，资源、动力和交通情况也都不错，决定在这里建立解放军的武器弹药基地。

根据现实条件，韩振纪决定把重点放在生产部队急需的子弹、手榴弹和迫击炮弹上。毕竟枪炮生产的技术太复杂，不是短时期能办到的。他们在珲春先建起了机器厂、子弹厂、手榴弹厂、炼铁厂、装药厂和木材厂，这6个厂是东北解放区最早的军工基础。

这时的子弹厂在延吉，是在日本人遗留厂房的基础上建立的。原来厂房有300多部机器、日产量40万发。抗战结束后，这个厂遭到毁坏，机器被人偷盗，所剩无几。"四野"军工部组织力量，把这个厂剩下的物资搬到珲春，共有生产子弹的机器14部、半成品弹头300万粒、空弹壳2000万发，还留用20多个日本技术工人。经过一个月紧张的装机与试生产，到9月初生产出第一批子弹。第一个月统计下来，共生产三种型号的子弹近13万发。这是个了不起的成绩。

在干部和设备、原料的问题解决后，最重要的就是解决工人和技术人员短缺的问题。珲春基地的工人和技术员分别来自中国、朝鲜和日本，出现了许多复杂的政治和政策性问题。军工部领导花费大量心血，在思想政治工作上付出的精力，甚至比组织生产还多。

机器厂建成后，需要七八百名技术工人。但当时只有240余名工人，真正懂技术的就更少了。凡是有一技之长的人，领导都给予重用，让他担任各级生产部门的负责人。这些技术工人有从鞍山、本溪、通化带来的，也有在当地招收的。子弹厂的股长是招聘来的技工，享受薪金待遇。他看到共产党的干部都是供给制，没有薪水，啥事还处处干在前面，深受感动，主动要求取消薪金，与干部们一样吃供给制，工作一直很出色。

军工厂由于缺乏中高级技术人员，就只能从留用的日本人中挑选。在珲春，日本人担任的都还是关键性的技术工作。如手榴弹厂有60多个日本人，几乎都在重要技术岗位上。制造科科长原是个小资本家，来中国前在日本开工厂。美军炸毁了他的工厂，才跑到中国来谋生，他对手榴弹制造技术是内行。手榴弹装配的主要工序——拉火精药股，股长也是个日本老头，此人"日本人牛"的思想很顽固，但工作很认真，对拉火技术很有研究。精药组的装配工人也全部是日本人。由于生活困难，加上战败后的处境，这些日本人情绪低落，消极怠工，经常在一起酝酿回国。

1947年8月，东北遣返日本侨民回国，他们得到消息后就秘密开会，甚至在厂房里写上标语："我们回国，你们回家!"由于语言不通，对这些人道理讲了不少，但收效甚微。干部们软硬兼施，不听劝就下命令，在车间里建立严格的统计，每天产量高的就表扬，产量低或质量差的就批评。在大会上严厉指责坏人的活动，不许法西斯、军国主义的思想抬头。管理强硬起来，这些人也就不敢再闹事了。

杜聿明在淮海战役中被俘虏

1946年是在艰苦奋斗中度过的。到了1947年，东北的军工生产已初具规模，部队得到了源源不断的弹药补充。由罗荣桓政委亲自抓军工生产工作，各项任务追得很紧。

1947年8月，东北局任命黄克诚为东北民主联军副司令员兼后勤司令员，总管后勤的供应、军工和军需工作。

1947年9月，东北局在哈尔滨召开东北军工会议，会上任命何长工为军工部长，伍修权为政委，韩振纪、王逢源为副部长。东北军工生产告别了分散和小规模经营状态，进入一个大发展时期。这时，韩振纪领导的珲春基地是北满地区规模最大的军工厂，在其他地方也陆续建起了若干军工厂。

从现存档案资料看，1947 年珲春基地的军工生产情况是：每月生产 5 万颗手榴弹，迫击炮弹全年完成 10 万发；利用旧子弹壳复装子弹，完成 500 万发；生产掷弹筒弹 10 万发，并为炼钢和化学厂下年生产打下了好的基础。

为了完成 1948 年军工生产任务，东北局召开了哈尔滨军工会议，决定将东北的军工生产统一组织起来，形成了有领导、有计划的联合生产部门，并从财政上拨款 180 万东北币，折合粮食 9 万吨；再抽调一批干部加强军工部门，凡有军工厂的地方都设立办事处，直属军工部领导。当时在珲春、兴山、鸡西、东安、齐齐哈尔、牡丹江、吉林、哈尔滨和大连设了 9 个办事处。这种模式对新中国成立后的国防工业管理体制有直接影响。

东北军工生产了充足的弹药，为东北野战军组织大规模战役提供了物质保证。但由于北满生产的弹药因路途遥远，还不能满足关内解放军的作战需求。中央军委做出了在大连建设军工生产基地的决策。北满和大连军工体系的建立，为解放战争的胜利奠定了重要的物质基础。我军之所以能在东北最先进行战略决战，歼灭国民党重兵集团，解放东北全境，是与解放军的炮火发威、弹药充足分不开的。

东北全境的解放，使这里成为各解放区中唯一不受威胁和有较高工业生产能力的地区。东北作为解放战争最巩固的后方，先后建立了 7 个军工生产基地共 74 个军工厂，合计生产迫击炮数千门。哈尔滨的军工企业在 1947 年至 1948 年就生产了 2337 门 60 毫米迫击炮和 221 763 发炮弹，还向前线大规模提供 82 毫米迫击炮弹并按要求完成大量火炮的修理工作。

在解放战争期间，单是东北和华北共同组建的“建新公司”，就生产炮弹 50 万发、引信 80 万枚，还有 1200 余门迫击炮和 450 吨无烟火药。“建新公司”生产的弹药和物资除少部分供应东北外，还通过各种渠道供应华北以满足我军作战的需要。

在 1948 年相继展开的三大战役(辽沈战役、淮海战役、平津战役)中，解放军的炮火发挥了巨大威力，改变了长期以来敌强我弱的基本态势。尤其是辽沈战役结束后，解放军又接管了沈阳的几个大型兵工厂和弹药仓库，获得大批军火，生产能力大为增强。随着东北的解放和中东铁路线的贯通，满载物资和弹药的火车昼夜不停地开往关内，支援中原地区和渡江作战。

国民党军队装备的美制榴弹炮

淮海战役中，中原野战军将黄维兵团包围在双堆集地区。黄维凭借众多的美制火炮，将军队收缩固守，形成一个他自称是啃不动的“硬核桃”，企图用密集火力阻挡解放军，并设法让增援部队与他内外夹击。黄维想得倒是美，但“蒋介石的算盘从来都是靠我们来拨动的”(陈毅语)。协同作战的华东野战军迅速调集重炮猛轰双堆集，终于敲碎了黄维的“硬核桃”。

粟裕大将曾万分感慨地说：“淮海战役的胜利，要感谢山东老乡的小推车和大连的大炮弹。”以往对“大连的大炮弹”的作用，人们知之甚少。通过双堆集交战，陈毅元帅风趣地说：“难怪欧洲‘巨人’拿破仑、斯大林都把炮兵视为‘战神之火’，看来不是没有道理的。”

三大战役的胜利主要是依靠陆军的英勇善战来实现的。而且陆军中数量最多的是步兵，其他如炮兵、装甲兵、工程兵、通信兵这些力量都不是很强。人民解放军几乎没有空中力量，当然也没有海军。这是基于当时的环境、条件限制，因为在长期的革命战争年代，共产党人并不具备掌握国家资源的条件。而一旦解放了城市，掌握了机场，有了掌握相应技术元素的环境、条件，我们的人民军队当然就会向拥有海空军装备发展。东北全境解放之后，我军开始考虑建立航空力量。这时依靠的还是日本战败后遗留的设备和他们强迫中国劳工修建的机场以及留用的日本空勤人员和地勤人员。如东北航校的日本教官林弥一郎等人，曾在人民空军的建设中提供过空军技术、航空器材维修等技术帮助。

▶全新美式装备难改“运输大队长”厄运

现在我们应该回过头来，浏览那些尘封已久的历史档案和资讯，看看人民解放军和国民党军队当年的武器装备情况。

1946年7月，国民党军队的武器装备大致1/4为美式枪械、1/2为日式枪械、1/4为国产枪械，美械与半美械装备部队为22个整编师(军)64个旅(师)，交警部队18个总队及4个教导总队；其中45个师(旅)与交警部队为全美式枪械。以装备不是最好的整编第11师为例，装备长短枪11 520支，其中冲锋枪等自动武器2370支；火炮440门，其中最大口径的是美制105毫米榴弹炮，共8门；火箭筒120具；汽车360辆。

解放战争中被我军缴获的物资

另外还组建了三个快速纵队，每个纵队下辖一个步兵旅、一个战车营、两个炮兵营、一个装甲搜索营、两个工兵营、两个汽车营，装备坦克40辆，重炮24门，汽车200辆。

尽管国民党军队中的杂牌军装备条件较差，但也往往强于人民解放军。

国民党空军有五个军区司令部，5个战斗机大队，2个中型轰炸机大队，1 个 B－24 轰炸机大队，加上一个侦察机中队，共有飞机约 900 余架，装备有当时最先进的美制 B－24、B－25 轰炸机和 P－51 战斗机。在国共交战中，制空权完全掌握在国民党军队手中。

国民党海军拥有接收的各型日伪舰艇 288 艘，美军转让的舰艇 271 艘。

而解放军的武器装备主要来自抗日战争时缴获的日军陆军武器，根本就没有海军、空军。

解放军全军装备共计有：马步枪 44.7 万支，短枪 4.4 万支，冲锋枪 2678 支，轻机枪 4.6 万挺，重机枪 1699 挺，枪榴弹 1428 具，掷弹筒 5050 具，迫击炮 1559 门，步兵炮 124 门，山炮 58 门，坦克 8 辆。

以装备最好的东北民主联军第 1 纵队为例：装备长短枪 13 991 支，其中冲锋枪等自动武器 92 支；火炮 46 门，其中最大口径是日制 75 毫米山炮，共 12 门。

军工生产方面，据不完全统计，各解放区共有兵工厂 65 家，可月产步枪 1000 支，机枪 15 挺，迫击炮 2 门，手榴弹 27 万枚，枪弹 30 万发，翻造枪弹 74 万发，迫击炮弹 4700 发，地雷 7650 枚。而据电视片《解放哈尔滨》介绍，1948 年时哈尔滨有军工厂 300 多家，生产 60 毫米迫击炮 3000 多门，炮弹 30 多万发，投掷弹筒 45 万个……这两组数据的准确性实在经不起考证。因为，新中国成立之前的我军兵工厂根本就是各自为政，归属于不同的野战军。整理这段历史将是浩大的系统工程，我们只好点到为止。

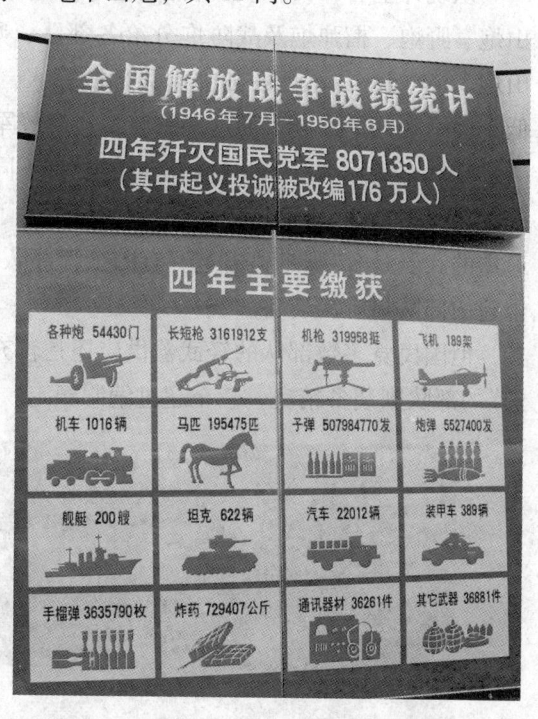

全国解放战争战绩统计

国民党发动的全面内战爆发后，不到半年的时间里，国民党军队仅在战场上就损失了全部武器装备的 1/7 以上。但由于有较多储备，又设法用各种方式购入并生产了一批武器装备，因此，从 1947 年初到 1948 年底，国民党军队的武器弹药的供应虽然吃紧，但尚可维持。这方面大致可分为两种情况。

一是弹药部分。国民党军队弹药供应充足，虽有短缺现象，但原因不在生产与购买上。除少数品种，如美式武器中的 155 毫米重炮弹药外，其余如 105 毫米榴弹炮、山野炮及轻武器的弹药是充足的。1949 年 5 月，仅国民党在武汉的第九补给区拥有的弹药储备就可供 60 个师使用 3 年。但这个“充足”是“运输大队长”蒋介石为解放军准备的。解放军光在沈阳一地就缴获了 120 万发炮弹。

此外，国民党军队还按蒋介石的命令把一部分美械部队的步枪、机枪改为国产货。之所以如此，并非是美式武器的弹药供应无法保证，而是出于统一口径，简化后勤供应考虑。为此，国民党各兵工厂专门把日式和美式步机枪改为7.92毫米口径。这样，大约每个月可改造9000～10 000支。这真是典型的削足适履！

二是装备部分。国民党军队出现过装备短缺，但这只是与“二战雄师”美国、苏联军队相比。而人民解放军在武器装备与弹药供应上，根本无法与国民党军队相比。1947年12月，国民党军队（正规军）计有104个整编师（军）、279个旅（师），198万人，装备步枪72.031 7万支，轻机枪6.139 9万挺，重机枪1.194 9万挺，冲锋枪6.785 5万支，手枪4.007 7万支，中口径迫击炮7506门，60毫米迫击炮9600门，战防炮1474门，步兵炮260门，山炮1257门，野战炮503门，榴弹炮401门，掷弹筒38 364具，火箭筒1191具，战防枪1058支。

从统计上看，其轻武器装备较为充足，估计达到编制的80%以上。重装备方面，如把山炮、野炮、榴弹炮及战防炮分给各部队，则每旅（师）至少有战防炮及步兵炮4～6门，山炮3～4门；如不把各独立炮兵部队算入，则各整编师（军）有野炮及榴弹炮8门左右，低于美军和苏军编制。而这些重装备对解放军而言，几乎是零统计，主要来源于缴获。

当然，实际情况与统计数据可能会有不同，如一部分没有“后台老板”的杂牌军装备很差，仍使用土制枪械。襄樊战役中，川军除了104旅有4门重型迫击炮外，163、164两旅最重的武器是82毫米迫击炮。有的杂牌部队一个整编师（军）只有1个山炮营，还有一些重建的部队只有轻装备。

但国民党多数部队的轻武器供应还是较充足的，重装备则有一定短缺；而少数有“背景”的部队则装备精良，甚至超过编制额定。

辽沈战役中解放军缴获的国民党军装备

如国民党整编第11师，虽然名义为全美械装备，但如上所述，实为美日装备混装。由于该部队原指挥官陈诚抗战胜利后出任“国防部”参谋总长，在他的大力补充下，到双堆集战役时，除步机枪全为国械外，该整编师已全部更换美式武器装备；而且达到团有迫击炮8门与战防炮6门，营有8挺重机枪与4具火箭筒，连有60毫米迫击炮6门与12挺轻机枪之水平。

再如国民党第5军，每师除山炮营外，还有1个重迫击炮连，团辖属的战防炮连也有6门战防炮。而当时其他美械部队的编制，只能达到团有迫击炮4门与战防炮4门，营有6挺重机枪与2具火箭筒，连有60毫米迫击炮6门，班有1挺轻机枪与2支冲锋枪的水平，而且夹杂有不少日械与国械装备。

总体来讲，国民党军队的装备水平要远远优于解放军。但是，不管拥有什么样的武装，最终都挽救不了国民党政权覆灭的命运，顶多也就是为"运输大队长"的"功劳簿"再添"新风采"。

这里讲个小故事，是说我军将士送给蒋介石"运输大队长"的绰号，老蒋还真就认了！

1949年6月21日，蒋介石在福州召开临时军事会议。当败军将领们抱怨"兵多枪少"时，蒋介石再也按捺不住，厉声叱责："盟邦看我们屡打败仗，将他们援助的武器转而送给了敌人，并壮大了敌人，朝野俱有不满，认为援蒋等于援共，真使我惭愧之至。现在武器来源不容易，大家再不知艰难，随便遗弃武器如阔少爷一样，就只有束手就擒。依当前情况，将来美械补充困难，就是国械现造也难如数补充。敌人把我们的武器抢去，部队战力强大起来；把我们的兵俘去，反过枪头来杀我们，的确是我们的奇耻大辱。各军师长、旅长回到部队去，要传达我的指示，人人做到爱枪如命。"

在武器装备问题上，蒋介石溃退到台湾后，"检讨战局"之失利，总是把责任推到苏联对中共的军援上，这是典型的无稽之谈。对此，前文已作过介绍，还可让数据说话。

据统计，在1946年7月至1948年7月的两年时间中，在"运输大队长"蒋介石的"协助"下，解放军总共缴获步枪90余万支，机枪6.4万余挺，迫击炮8000余门，步兵炮5000余门，山炮、榴弹炮、加农炮共1100余门。

此时，由于武器装备的大量缴获使解放军的装备得到极大改善，已与国民党军的装备水平相近。如东北野战军各纵队每连有9挺轻机枪与9个掷弹筒，华东野战军的三纵8师有9门山炮和6门战防炮。

三大战役后，人民解放军不但在士气与人数上压倒了国民党军，而且在武器装备方面也逐渐超越。

查阅我军军工方面的档案资料，可以看到解放军的武器装备绝大部分是靠敌人的"运输队"送来。据不完全统计，历次革命战争中，我军共缴获敌军400余万支长短枪，33万余挺机枪，57 000余门火炮及大量军用装备物资。这些来自战场的缴获，基本用于武装我军和群众。由此得出的结论是："运输大队长"蒋介石劳苦功高！

据说毛泽东晚年在与身边工作人员的交谈中说，他要特别"感谢"两个人：一个是被我们八年抗战打回老家的日本人，一个就是逃到海岛上去的蒋介石。可能这样才算公正吧！

参考文献

[1] 中共中央文献研究室．朱德选集．北京：人民出版社，1983.

[2] 中共中央文献研究室．毛泽东选集．第一卷．北京：人民出版社，1991.

[3] 三土：红旗漫卷西风烈 长征中红军的轻武器．现代兵器，2007(8).

[4] 中共中央文献研究室．毛泽东文集．第三卷．北京：人民出版社，1999.

[5] 埃德加·斯诺．西行漫记．北京：生活·读书·新知三联书店，1979.

[6] 晓钟文．传奇生涯，军工泰斗．航空世界，2010（10).

[7] 中共中央文献研究室．毛泽东选集．第三卷．北京：人民出版社，1991.

[8] 萨苏．国破山河在——从日本史料揭秘中国抗战．济南：山东画报出版社，2007.

[9] 中共中央文献研究室．周恩来选集．（上)．北京：人民出版社，1979.

[10] 中共中央文献研究室．毛泽东选集．第四卷．北京：人民出版社，1991.

第六讲

东方喷薄而出的红日

广岛原子弹核爆场景

日月轮回，光阴荏苒。公元1945年是中国人民值得世世代代铭记的喜庆之年！

1945年元旦伊始，世界反法西斯同盟迎来了第二次世界大战全面胜利的曙光。

伴随盟军的快速推进，莱茵河畔的枪炮声已日渐稀疏，柏林帝国国会大厦的上空更是飘扬着苏联红军胜利的旗帜！尽管这时东方战场的硝烟依然弥漫，日寇仍在做最后的挣扎，但随着8月6日和9日的莅临，日本法西斯的末日已经来到！

美军B－29“超级空中堡垒”轰炸机飞临广岛和长崎上空，分别掷下代号为“小男孩”和“胖子”的原子弹，瞬间将两地夷为废墟。

广岛核爆现场遗存物

曾在欧洲战场纵横驰骋的苏联红军，以迅雷不及掩耳之势，直捣侵占中国东北14年之久的日本关东军总部。

与此同时，八路军、新四军和国民党军队也发起了对日寇的最后攻势！

1945年8月10日，昔日的战争狂人终于低下失败的头颅。

8月10日7时50分，设在重庆的盟军总部收听到日本东京发出的英语国际广播：日本国宣布无条件投降！这次广播是日本外相东乡茂德未经日本军事当局检查删审而直接代表日本政府播发的。

1945年8月15日，日本天皇裕仁正式宣布日本无条件投降。

日本政府宣布无条件投降后，全国人民热烈欢庆抗战胜利，这是中华民族自1840年鸦片战争以来首次赢得的反抗外国侵略战争的伟大胜利！

在抗战胜利后的重要历史转折关头，中国共产党通过对国际国内形势的深刻分析，提出了正确的指导方针和斗争策略，从而及时地为全国人民指明了前进的方向。

8月28日，毛泽东不顾个人安危，带领周恩来、王若飞在张治中和美国驻华大使赫尔利的陪同下乘专机抵达重庆，与蒋介石进行面对面的国共和谈。毛泽东亲赴重庆谈判的行动，有力地向国人宣告：中国共产党是真诚地谋求和平的，是真正地代表全国人民利益和愿望的。

毛泽东一行到达重庆，受到各阶层民众的热烈欢迎，在国内外引起巨大反响！民主人士柳亚子赋诗称颂毛泽东亲临重庆的行动是“弥天大勇”。毛泽东也把1936年2月写下的词赋《沁园春·雪》回赠柳亚子先生：

北国风光，千里冰封，万里雪飘。望长城内外，惟馀莽莽；大河上下，顿失滔滔。山舞银蛇，原驰蜡象，欲与天公试比高。须晴日，看红装素裹，分外妖娆。江山如此多娇，引无数英雄竞折腰。惜秦皇汉武，略输文采；唐宗宋祖，稍逊风骚。一代天骄，成吉思汗，只识弯弓射大雕。俱往矣，数风流人物，还看今朝。

刚刚入秋的重庆又沸腾起来。人民从“诗言志”中看到了和平、民主的希望！

重庆《大公报》发表社评说：“毛先生能够惠然肯来，其本身就是一件大喜事！”抗战胜利后，“我们再能做到和平、民主与团结，这岂不是国家喜上加喜的大喜事！”

重庆似乎将再度成为“喜上加喜”的吉庆之地。

国共和谈从8月29日开始到10月10日“辛亥革命纪念日”结束。国共双方代表签订《政府与中共代表会谈纪要》(“双十协定”)并公开发表。国民党政府接受中共提出的“和平建国”的基本方针。双方协议“必须共同努力，以和平、民主、团结、统一为基础”，“长期合作，坚决避免内战，建设独立、自由和富强的新中国”。

这是国共会谈取得的主要成果。双方还确定召开各党派代表及无党派人士参加的政治协商会议，共商和平建国大计。全国人民翘首期盼的结果——华夏大地迎来了和平希望！

但是，在历史关键时刻，蒋介石自以为拥有一支装备精良的庞大军队就足可“剿灭”共产党，悍然发动内战。国民党军队依靠优势兵力向解放区发起全面进攻。

岂知“世界潮流，浩浩荡荡，顺之者昌，逆之者亡”。

解放军进驻沈阳

毛泽东等中共领导人运筹帷幄，指挥解放大军由战略防御转入战略进攻，并从1948年9月到1949年1月，组织了辽沈、淮海、平津三大战役，与国民党军队展开战略决战。国民党军队在人民军队的沉重打击下节节退败，大部分被歼灭。国民党政权在中国大陆的统治也土崩瓦解，撤退到台湾。

从1946年6月回击国民党进攻、保卫延安的战斗开始算起，经过仅仅三年多的时间，中国共产党领导人民就以雷霆万钧之力、摧枯拉朽之势，推翻了国民党蒋介石为代表的帝国主义、封建主义和官僚资本主义的统治，实现了中共“七大”确定的“解放全国人民，建立一个新民主主义的中国”的奋斗目标。

气势磅礴的人民解放战争进展之快，影响之广，在中国历史上更是前所未有。正是这个庄严的时刻，在东方古老而神秘的中华大地上，一轮鲜艳的红日喷薄而出！

对于新中国的成立，毛泽东曾经有过伟大的预言。早在井冈山革命根据地创建之时，针对“红旗到底能打多久”的疑惑，毛泽东于1930年在闽西上杭城的一个米店里写下了题为《星星之火，可以燎原》的著名文章，雄浑大气地畅言：“它是站在海岸遥望海中已经看得见桅杆尖头了的一支航船，它是立于高山之巅遥看东方已见光芒四射喷薄欲出的一轮朝日，它是躁动于母腹中的快要成熟了的一个婴儿。”科学地预言了革命胜利的前景。

毛泽东庄严宣告：“中国人民从此站起来了！”

人民共和国的诞生现实地摆在了世人眼前。1949年9月21日，毛泽东在中国人民政治协商会议第一届全体会议上，向全党、全军和全国人民发出了建设强大国防的号召。他强调指出：“我们的国防将获得巩固，不允许任何帝国主义者再来侵略我们的国土。在英勇的经过了考验的人民解放军的基础上，我们的人民武装力量必须保存和发展起来。我们将不但有一个强大的陆军，而且有一个强大的空军和一个强大的海军。”[1]毛泽东的这段话，是新中国国防建设的宣言，表达了中国人民要求建设强大国防的愿望。

1949年10月1日，在天安门举行的庆祝新中国诞生盛典上，毛泽东向全世界庄严宣告：“中华人民共和国中央人民政府成立了！中国人民从此站起来了！”

中国历史从此进入一个人民群众当家做主的新时代，中华民族的发展从此开启了一个伟大复兴的新纪元！

▶毛泽东英明决策：我们一定要建立强大的国防

新中国建立伊始，面临的形势十分严峻。中国共产党及其领导下的人民解放军尽管在军事上已基本获得胜利，但全国范围的战事并没有完全结束。国民党还有上百万军队残留在西南、华南等地区负隅顽抗，人民解放军正以风卷残云、荡涤浊空的气势消灭国民党军残余。在新解放的广大地区，国民党在溃逃时遗留下来的大批潜伏分子，同当地反动黑恶势力相勾结，以土匪游击战争的方式对我基层政权进行破坏、袭扰。他们寄希望于帝国主义对中国内战的干涉和第三次世界大战的爆发，妄图卷土重来，颠覆新生的人民政权。

在经济上，溃逃到台湾的国民党给新生红色政权留下的是一个满目疮痍的烂摊子。早在李宗仁担任国民党“代总统”时，蒋介石就“密谕”蒋经国将国库中的277.5万两黄金、1520万块银元秘密运往台湾；另将1537.4万美元外汇储备悄悄存入美国联邦银行的国民政府账户上。整个国民政府的财政金融被洗劫一空。特别是国民党当局长期滥发纸币，造成物价飞涨，投机猖獗，市场混乱，金融崩溃；造成“国统区”生产萎缩，交通阻梗，民生困苦，失业众多。这也加速了其军事溃败，加快了国民党政权的覆灭。

中国共产党及新生政权有没有能力制止恶性通货膨胀和市场投机，将生产迅速恢复起来，把经济形势稳定下来，从而在政治上站稳脚，这在当时都是极其严峻的考验。

在国际上，以美国为首的西方国家，为实施其称霸全球的国际战略，在其“扶蒋反共”政策失败后，仍然不肯放弃与中国人民为敌的立场，拒绝承认新生的中华人民共和国，还竭力阻挠其他国家与新中国建交，妄图在政治上孤立中国，在经济上封锁中国，在军事上包围中国，从而把新生政权扼杀在摇篮之中。

新生的人民共和国如何坚毅地走自己选择的发展道路，为全国民众所关注，为世界各国所瞩目。

面对国际和国内复杂的斗争形势，以毛泽东为代表的新中国第一代领导人始终把维护国家安全，防止帝国主义侵略和干涉，作为国家战略的首要问题，一再告诫全党、全军和全国人民：“帝国主义势力还在包围我们，必须准备随时可能爆发的突然事件；帝国主义者如此欺负我们，这是需要认真对付的；我们的国防将获得巩固，不允许任何帝国主义再来侵略我们的国土。”毛泽东的谆谆告诫，后来不幸被骤然爆发的朝鲜战争所验证！

为了保卫祖国领土完整，维护民族尊严，提高我国的国际地位，毛泽东下定决心：必须建设强大的国防，必须建设为之服务的现代化的国防科技工业。

1949 年 10 月 19 日，毛泽东在中央人民政府委员会第三次会议上，开宗明义地引述古代兵圣孙子的话：“兵者，国之大事，死生之地，存亡之道，不可不察也。”毛泽东认为只此一句话，就精辟地阐明了战争、军事、国防于国家安危的重要性。

自古国无防不立。国防是国家生存、发展与安全需要的产物，国防强弱直接关系到国家的生死存亡、兴衰荣辱。中华民族素有重视国防的传统。但是，鸦片战争以来百余年的近代史，是一部国防名存实亡、不堪一击的屈辱史，也是一部民族饱受蹂躏的灾难史、血泪史。它深深地烙刻在中国人民的心中，激发了中华民族反对外来侵略、争取民族独立的坚强决心和意志，催生了建立强大国防的强烈愿望。

此后召开的中央军事委员会会议上，毛泽东英明决策：我们一定要建立强大的国防！

1950 年 9 月 25 日，毛泽东再次强调，“中国必须建立强大的国防军，必须建立强大的经济力量。这是两件大事。”这是一个站在历史制高点的重大战略决策！

12 月 18 日，周恩来在北京通过中央人民广播电台，代表党和人民政府邀请在世界各地的海外学子和一切爱国人士回国参加社会主义建设。

新中国成立初期，人民解放军的武器装备绝大多数是从战争中缴获，品种十分繁杂。据全军不完全统计，仅枪炮就有 100 多个品种，80 多种口径，产自几十个国家，真是名副其实的“万国牌”。

开国大典阅兵式上，受阅部队的武器基本是从日本侵略军和国民党军队手中缴获的战利品。以炮兵方队为例，它以轻型迫击炮、重型迫击炮、战防炮、山炮、野战炮和榴弹炮等上百门火炮阵容出现。其中的日制38式和90式野炮，不仅炮管短，有的炮架车轮还是木质包铁皮，相当部分是用骡马拖拽通过天安门。最新式的火炮，就是美制M102式105毫米榴弹炮。难怪有些外国记者嘲讽："除了骡马是中国产，其余全是洋货。"

当时，我军拥有的重型武器装备，能算得上数的，大约有400多辆坦克、100多架飞机，还有约100余艘中小型舰艇（主要是快艇和炮艇），大多是美国、日本等在第二次世界大战前及大战期间生产的，性能落后。由于零配件已无来源，大多数已不能供作战使用。

显然，这些武器装备与人民解放军正规化、现代化建设的要求不相适应，很难有效地担负起保卫国家安全的任务。尽快建设现代国防工业，生产出精良的武器来装备人民解放军，是新中国面临的一项十分紧迫而又艰巨的任务。

当务之急就是整合、重组全国那些少得可怜的军工厂。

随着苏联援建项目的展开和抗美援朝战争的急迫需要，中共中央政治局扩大会议决定集中力量建设重工业、国防工业和其他相应的基础工业，并做出了一系列决策，具体可概括为三大举措。

（1）建立国防工业领导机构，从领导体制入手，采取加强国防科技建设的重大举措

1950年，中央人民政府政务院在重工业部设立航空工业筹备组、兵工办公室、电信工业局和船舶工业局等机构，负责组织武器装备生产和军工企业的调整工作。

抗美援朝战争开始后，为加强对军工企业的领导和建设，保障部队装备的需要，1951年1月成立了中央军委兵工委员会（简称"中央兵工委"），周恩来总理兼主任，代总参谋长聂荣臻、中央财经委员会副主任李富春为副主任。

同时，将重工业部的兵工办公室改组升格为兵工总局，由重工业部副部长兼任总局长，负责统一规划和协调兵工生产建设工作。成立航空工业管理委员会，聂荣臻任主任，李富春任副主任，并在重工业部航空工业筹备组的基础上设航空工业局。在此期间，政务院还加强了对电信工业局、船舶工业局的领导。

1952年5月，中央兵工委作出《关于兵工问题的决定》，同意兵工总局提出的《兵工工厂调整计划纲要》和《兵工五年新建设大纲》。要求在现有人力、物力发挥应有效率的基础上进一步研究新厂建设问题。

7月26日，中央兵工委主任周恩来向中央提出《关于兵工工业建设问题的报告》（简称《报告》），指出：兵工要提早建设，要改造老厂、建设新厂，用三五年的时间迅速建立中国自制陆军武器、弹药和空军、海军弹药的基础。《报告》规定18种枪炮为国家制式武器，确定建设十几个兵工企业，并纳入争取苏联援建项目清单。

8月，成立了主管国防工业的第二机械工业部（简称"二机部"），负责管理兵工、航空、电信和船舶工业，并组织大规模调整建设工作。

(2)调整原有军工企业，首次站在全国战略布局高度，构建国防科技工业体系

1949年新中国成立时，国民党政府遗留下来的军工企业共72个。其中兵器厂41个，航空修理厂11个，无线电器材修配厂12个，船舶修造厂8个，职工约5万余人。

这些工厂较为简陋，只能生产步枪、机枪、手榴弹等轻武器和数量有限的小口径火炮。其船舶、航空企业主要是进行修理和装配，无线电的零配件供应基本依赖外国。这些厂除少数拥有一定规模、性能较好的美国军援设备外，绝大部分规模较小，厂房设备陈旧，加之遭到国民党溃逃时的破坏，早已残破不堪。

在各解放区，以东北地区的军工力量最强。抗日战争胜利后，中共中央专门抽调了一批军工干部进入东北解放区，接收了日伪军来不及破坏的军工厂，迅速建立了一批军工生产基地、兵器工厂和修械所，还先后开办了东北航校、通信器材等工厂；建立了为军工服务的机械、炼铁、炼钢、化工、无线电器材等小型工厂。

但多数军工厂随着解放战争的南下推进，总是处在分迁离合。到1949年，解放区能算上数的大小军工厂共有94个，职工9万余人。

新中国成立前后，人民政府着手对军工厂进行资源整合。到1950年初，整合后共计有军工企业76个，各种设备3万台(套、件)，职工约10万余人。其中兵器厂15个，航空修理厂6个，无线电器材厂17个，船舶修造厂8个。

这些军工企业专业门类不全，缺门空白很多，只能从事旧杂式武器装备的修配和小批量生产，根本不具备国防建设必需的飞机、舰艇、坦克、大口径火炮、军事电子等现代化武器装备的研制、生产条件，军工核心能力建设非常薄弱。

新中国的国防工业就是在这样的基础上起步前行的。

朝鲜战争的爆发，促使中央加快对兵器工业进行整合。1951年到1953年，中央将43个兵器企业，按专业合并调整为39个企业。其中枪厂6个，火炮厂5个，枪弹厂6个，炮弹厂12个，引信和火工品厂5个，火炸药厂4个，光学仪器厂1个。

在此期间，装甲兵司令员许光达大将与重工业部部长何长工商定，经中央财经委员会批准，将长春、哈尔滨和北京的4个机械工厂，调整改建为3个坦克修理厂。

国防工业的力量调整均按现代战争的需求组合：

原空军6个修理厂、2个兵器厂、10个配套厂，调整人员和设备重组为6个重点厂；

无线电电信工厂按专业化要求，组成北京、天津、上海、重庆等6个无线电厂；

按海军发展要求，船舶工业通过改造、租用和重组，形成了上海、武昌、大连等几个重型造船厂。

通过上述调整，使军工企业的设备、厂房得到比较合理的使用，技术力量优化组合，生产效率和产量成倍增长，基本满足了抗美援朝战争对武器装备生产和修理的需要。

(3)学习苏联计划经济管理模式，制订和实施国防科技工业建设计划

1953年，我国第一个五年计划建设开始。为适应国防现代化建设和抗美援朝战争的迫切需要，中央将国防工业列为“一五”计划建设的重点，规划5年内初步建设起国防工业体系，以保证部队平时对武器装备的需要，保持国防战备必要的武器和弹药储备。

解放军总参谋部还根据国防建设五年计划的要求，组织力量对第二次世界大战中各主要国家军队的编制、武器装备数量和弹药消耗情况，以及志愿军在抗美援朝战争中武器弹药的投入与消耗情况进行分析研究，初步拟定了未来反侵略战争所需的武器装备与弹药的基本数量。这些都为制订国防工业特别是兵器工业的建设计划提供了依据。

为了适应大规模经济建设的需要，特别是从苏联引进技术设备的需要，1951 年 8 月，中国派遣 370 名学生和 88 名干部赴苏联学习和实习。至 1952 年底，陆续商定了苏联帮助中国建设的 50 个重点项目。在 1950 年使用的 6000 万美元借款中，有 2000 余万美元用于海军、空军的军事订购。

在做好上述基础工作的同时，1952 年和 1956 年，周恩来总理两次率团赴莫斯科与苏联政府谈判，签订了苏联援助中国经济建设，包括国防工业建设的协议。协议规定苏联向中国建设的 66 个大型军工企业和 8 个科研院所提供援助，并将对我国原有几十个军工企业进行改扩建的技术改造。

在苏联的援助下，我国在“一五”期间新建航空、无线电、兵器、造船等大型骨干工程 4 项，改建、扩建老厂的大中型工程 51 项，完成了制式武器的试制生产和飞机、坦克、舰艇的修理及部分制造任务。

毛泽东多次在军委会上强调，在考虑国防军工生产和建设的具体项目，对苏提出援助要求时，要有长远目标。最主要的问题是，如何把国防建设的需要与国家的经济条件和已有的工业、技术基础更好地结合起来，既能满足未来战争的基本需要，又不过多占用国家宝贵的建设资金，把有限的财力用在解决最紧迫的问题上。

因此，在第二个五年计划期间，国家把国防工业建设的重点放在尖端技术和无线电、光学仪器的科技发展上。通过有重点地建设军工科研设计机构，使我军武器装备从仿制、改进，逐步走向自行研制，初步改变了国防工业的落后面貌。

经过 10 年艰苦创业，到 1959 年底，我国国防工业建成了大中型军工企业 100 多个，独立的军工科研设计机构 20 多个；共有金属切削机床 6 万余台，职工增加到 70 多万人，其中技术人员 3.3 万人；建设了沈阳、北京、太原、西安、成都、重庆、兰州等比较集中的国防工业生产基地，从而初步形成了比较完备的国防工业体系。

这一时期，国防工业累计仿制生产了 100 多种制式武器，用以装备中国人民解放军。

1954 年国庆 5 周年阅兵，受阅的炮兵方队武器装备有 120 毫米重型迫击炮、57 毫米反坦克炮、76.2 毫米野炮、122 毫米榴弹炮、“喀秋莎”火箭炮和 152 毫米加农榴弹炮。

1959 年国庆 10 周年阅兵，我国自行制造的超音速歼击机、中型坦克、装甲履带运输车、100 毫米高射炮、122 毫米榴弹炮、152 毫米榴弹炮和大威力火箭炮等武器装备，通过天安门广场接受检阅，显示了新中国国防力量的增强，极大地鼓舞了全国人民建设社会主义的斗志[1]。

►"一边倒"方针与苏联的有偿援建

1949年12月6日，就在中华人民共和国成立68天后，毛泽东乘火车离开北京前往莫斯科访问。火车经过辽阔的东北大地，在这片国民党留下的"最好"土地上，基础工业也十分薄弱。同行者回忆，当时毛泽东思考最多、与大家交谈最多的问题，就是中国迫切需要建立自己的工业体系，即中国经济今后如何发展的问题。隆隆北驶的列车上，毛泽东的脑海里闪现出他1944年同美军观察组成员谢韦思的谈话情景。

漫步延河沙滩，毛泽东曾经设想过"二战"后中美两国的经济合作。他对谢韦思谈道：在中国，工业化只能通过自由企业和在外国资本帮助之下才能做到；中国可以为美国提供"投资场所"和重工业产品的"出口市场"，并以工业原料和农产品作为美国投资和贸易的"补偿"。

但是，战后国内外形势的发展，特别是美国政府对新中国所采取的政治上不承认、经济上禁运和军事上包围的"遏制并孤立"的做法，使得中国共产党不得不确立向苏联阵营"一边倒"的外交方针，相应形成了从苏联引进资金和技术的经济建设方针。

随着开国大典后各项事业的全面展开，中央政治局决定由毛泽东率团访问苏联，谈判签订《中苏友好同盟互助条约》，寻求以苏联为首的社会主义阵营对中国的援助，包括对中国国防科技工业建设的援助。

早在1949年1月30日，苏联政府特使米高扬同来华帮助修复东北地区铁路、桥梁的苏联铁道部长应中共中央邀请，来到河北平山县西柏坡，与中共中央领导人会谈。2月2日，会谈讨论苏联在中国军事工业以及其他工业发展中的作用问题。中方参会者为朱德和任弼时。任弼时强调：在制订国民经济计划中，中国尤其重视东北的重要作用，争取把它变成新中国的国防基地；东北应该能够生产汽车、飞机、坦克和其他武器；中国希望苏联帮助东北的工业开发。他列举了提供帮助的几种方式：搞苏中经济联合体，或由苏联贷款，或由苏联办租赁企业。

"中苏友好交往"纪念邮票

任弼时说："开采沈阳、锦州和热河省的稀有矿藏，如铀、镁、钼和铝，需要苏联的帮助。如果苏联对这些矿藏感兴趣，可以考虑合作开发或请苏联来办专门的租让企业。"作为曾经的驻共产国际代表，他的发言引起了米高扬的重视。

任弼时指出，东北的工业开发需要高水平的专家。当时在鞍山钢铁公司，中国不得不聘用日本专家。因此，他请求苏联向中国派遣不少于500名国民经济各领域的专家。

2月3日的会谈，刘少奇参加进来。他再度提到苏联援助的问题，并明确指出："如果没有苏联和其他人民民主国家的帮助，解放后中国工业基础的建立是不可想象的。这种帮助将对我们起决定作用。我们相信，它可以采取这样几种形式：一、传授你们的社会主义经济改革的经验；二、向中国提供相应的书籍，以及派出各经济部门的专家和技术人员；三、向中国提供资金……我们清楚，如果没有苏联的帮助，不可能在东北恢复一个鞍山公司。因此，我们想早一点儿知道，苏联究竟能给予我们多大规模的帮助，以供我们在制订国民经济计划时考虑。”

2 月 6 日和 7 日的会谈由毛泽东主持。这是在西柏坡最后的会谈，毛泽东提出中国目前共需要 3 亿美元贷款、300 辆汽车以及各种必要的物资如机器、石油产品和造币用的银子等援助。他表示：如果苏联可以提供这笔贷款，希望能够从 1949 年起在三年内分期提供，中国将会在一定时期内连本带息如数归还。米高扬答应把中共中央的这些请求转告斯大林。

6 月 21 日，刘少奇率中共中央代表团赴苏联访问。为了获得苏联 3 亿美元的贷款，中方同意斯大林所提出的条件，包括中国向苏联提供其所需要的茶叶、桐油、大米、钨砂、猪鬃、柑橘及植物油等初级产品，有偿酬谢苏联对于中国的帮助。

7 月 11 日，刘少奇列席苏共中央政治局会议。双方商定组织一个借款条约共同起草委员会。

7 月 25 日，毛泽东复电刘少奇，原则同意借款协定。五天后，刘少奇和马林科夫分别代表中国和苏联签订贷款协定。苏联方面给予刘少奇高规格的热情接待。

8 月 4 日，毛泽东复电表示同意苏中两方组织共同委员会，把借款和订货等问题具体化。

8 月 14 日，刘少奇离开莫斯科回国，与他同行的还有苏联专家 220 人，中苏两党同志在一起，旅途中洋溢着浓郁的“同志加兄弟”情意。此后，中苏两国专家共同研究苏联帮助中国建设的具体项目。

毛泽东出访苏联

1949 年 12 月 16 日，首次出国访问的毛泽东抵达莫斯科后 6 小时就与斯大林会谈。毛泽东延续刘少奇访苏时谈到的签订新的中苏友好条约问题，并再次提出，在中苏即将签订的条约中，最重要的问题是经济合作。尽管中苏高层谈判也经历了许多曲折，但毛泽东和斯大林的会谈还是达成了最重要成果，就是签订了《中苏友好同盟互助条约》。

毛泽东情绪高昂地说：“具有伟大历史意义的新的中苏条约，巩固了两国的友好关系，一方面使我们能够放手地和较快地进行国内的建设工作，一方面又正在推动着全世界人民争取和平和民主，反对战争和压迫的伟大斗争。”[2]

新条约规定：苏联将向中国援助工业建设项目；规定以年利 1% 的优惠条件，由苏联贷款给中国 3 亿美元，用以偿付为恢复和发展中国经济而由苏联交付的机器设备与器材；

中国政府以原材料、农产品、美元现金等分10年偿还贷款及利息。

1950年4月13日，毛泽东发出《关于购买空军装备器材致斯大林电》称："预定一九五零年六月间进行夺取舟山群岛的作战，八月间进行夺取金门群岛的作战。上述两次作战将有已经训练出来的中国空军部队（两个驱逐机团，一个轰炸机团）参加。""为了保证中国空军部队在上述作战中的行动，请求你允许我们向苏联购买空军用的各种机械器材，特种车辆、备份零件、油料和弹药，并请按各个订单内所规定的期限发货。"[2]

周恩来赴苏签订《中苏友好同盟互助条约》

1950年9月30日，中苏两国互换协议批准书。苏联的援建项目主要是帮助中国国防工业奠基。此前的1950年7月，为争取援建，周恩来请聂荣臻召集空军、海军、总后勤部及重工业部负责人共同会商苏联援华飞机厂、汽车厂、造船厂及兵器厂四项工业建设的计划。

特别是中国航空工业的发展道路问题，周恩来指出："中国的航空工业建设要从中国的实际出发。我们是先有空军，而且正在朝鲜打仗，大批作战飞机需要修理。我国是拥有960万平方千米的国土和6亿人口的国家，靠买人家的、搞搞修理是不行的。因此中国航空工业的建设道路，应当是适应战争的需要先搞修理，再由修理发展到制造。开始规模搞得小一些，由小到大，主要先解决飞机修理的需要，总之当前要保证朝鲜打仗。在设计和建设修理厂的同时，应有今后转为制造工厂的安排。"

1950年12月，何长工率团前往苏联谈判中国航空工业建设问题。

1951年5月，重工业部航空局在沈阳建立。

1951年7月，徐向前率团赴苏谈判有关军工项目问题。毛泽东致电徐向前，强调应邀请苏联先派设计组来华，结合中国情况作出设计后再确定项目。

毛泽东在电文中提出：一、对苏业已答应的7种武器及附属装备的生产和建立4个新厂的问题，可请其先派设计组来华；二、各种弹药厂须与我国原有者结合，须增加者亦应俟其设计组到中国考察后方能作最后确定；三、兵工建设应先签订武器蓝图及设计两种合同，其他合同须俟设计后方能签订。

中国军事代表团在莫斯科红场出席活动

电文还要求徐向前将我国各兵工厂的现状告诉苏方，在商谈时将新建工厂与改装原厂的计划结合起来，将供应目前需要与供应将来需要结合起来。"兵工生产问题，同意以苏联现有武器弹药器材为标准”，统一口径，统一制式。

1952 年，中央开始制订“一五”计划。计划草案编出后，周恩来率领代表团前往苏联，商谈援建的具体项目。1955 年 7 月 5 日，第一届全国人民代表大会第二次会议正式公布“一五”计划草案。其中公布的苏联援建的项目为 156 项，后来实际施工的是 150 项。

回眸历史的脚印，应该承认，国防工业在创建时期，特别是“一五”计划期间，总体战略方针正确，领导得力，措施得当，加之有苏联的援助，不仅建设速度快，而且基建质量、投资效果、劳动生产率等各方面都比较好。

到 1956 年底，“一五”计划提前一年全面完成。

1956 年，李富春率中国政府代表团赴苏与苏联政府谈判签订了“一五”、“二五”计划期间苏联援助中国经济建设，包括国防工业建设的协议。在此期间，苏联政府派出 3000 多名专家来华帮助建设。苏联援建的工业企业，着重体现在帮助中国建立起比较完整的基础工业和国防工业体系。

到 1959 年，为援助中国国防工业建设，中苏两国政府共签订 7 个协议。其中属于“一五”计划时期的 4 个协议中，规定苏联向中国建设的 45 个大型军工企业提供援助(后因其他原因撤销和停建 4 个)。其中兵器工业 15 个，航空工业 13 个，电子工业 8 个，船舶工业 5 个。

苏联为这些工程建设项目不仅直接提供成套设备，派遣专家，而且从设计、施工、技术培训到仿制生产等方面提供技术援助。苏联还帮助中国原有的几十个军工企业进行改建、扩建和技术改造。苏联的援助对加快中国国防工业初创时期的建设进程，保证国防建设和战备对武器装备的急需，起到了不可或缺的重要作用。从总体看，这是新中国国防工业发展的最好时期之一。[3] 实事求是地讲，苏联援助的确帮了中国国防工业建设的大忙。

在整个 20 世纪 50 年代，也就是中苏关系“蜜月期”的 10 年里，苏联给中国的贷款总额是 66 亿多旧卢布，主要用于国防工业建设。如“一五”计划期间苏联援建的“156 项工程”。此外，苏联还援助中国价值 62. 8 亿旧卢布的军事装备，主要用于抗美援朝战争。按当年斯大林的承诺是中国出兵出力、苏联出钱出武器，共同捍卫社会主义阵营。

中苏关系恶化后，赫鲁晓夫把支援抗美援朝的武器费用变为“中国借债”，硬逼着中国于“三年自然灾害”期间还债。毛泽东和全国人民一道，勒紧裤腰带硬是把这笔“债”还上了。

话说回来，当初如果没有苏联的有偿援助，中国的国防工业建设不可能在这么短的时间里，用这么快的速度实现这一历史性跨越。促成这个历史性跨越的重要因素，一个是“冷战”，即苏联阵营与美欧营垒争夺世界主导权的战略需要和利益追求所致；一个是“热战”，即我们在下一节讲述的、大大出乎毛泽东意料的朝鲜战争爆发所迫。

苏联的对华大规模援助，大概是从 1949 年米高扬访问西柏坡返苏后，向斯大林汇报了中国内战情况，苏联高层才开始真正考虑向中共提供军援的。此前，斯大林比较看重的是与蒋介石国民政府的深厚关系，包括与蒋介石签署了同意“公投”、“允许外蒙古居民自主选择国家"的协议，他是非常满意的。据说斯大林在1949年4月人民解放军"百万雄师过大江"之前，表露过"划江而治"的想法，理由是"避免美国人介入"。而对杜鲁门全球战略布局态势的分析，促使毛泽东决心"宜将剩勇追穷寇，不可沽名学霸王"[4]。

解放南京、渡江战役胜利不久，刘少奇率团秘密访苏。他向斯大林提出购买最先进的米格-15喷气式战斗机用于解放台湾作战。斯大林当时点头同意。但是，斯大林在对华军援上总是留有一手。表面上他答应了刘少奇的要求，尔后却搞了个"调包计"。后来由苏方提供的飞机，就是老掉牙的苏制拉-11活塞式螺旋桨战斗机。据悉，这个"调包计"的实施，是斯大林事后反悔，让人偷偷修改了会谈记录(那时中苏两党会谈竟不许中方做记录)，把承诺过的"最先进"改成"先进"。这是因为毛泽东在首次访苏时就"外蒙古回归中华"问题上向斯大林提出了交涉。斯大林对原先答应提供的海军舰艇也以种种借口推脱。[4]

后来，朝鲜战争爆发。一开始，朝鲜人民军攻势很猛，斯大林自以为得计。而当美国人打过来时，斯大林又吃不住劲了。虽然他也向毛泽东表示支持中国出兵并保证供应全部武器装备，但是在履行承诺上依然是背后留一手。包括援华的武器，不仅由"无偿"变成按出厂价"五折记账"，而且向我志愿军提供的陆军装备，基本是"二战"时的"过时武器"。

周恩来率代表团出席欢迎宴会

如"二战"结束后，苏军已装备了火力强大的AK-47自动步枪，而对华提供的仍是老式PPSH-41冲锋枪；"二战"后苏联陆军已全部装备了T-54主战坦克，便将淘汰的2000多辆T-34中型坦克转交中国，还美其名曰：T-34坦克比较适宜中国士兵操控。当然，这些总比"汉阳造"、"三八大盖"强多了。

在战斗机方面，中国空军领导人曾为此和苏联顾问发生过激烈争吵。因为苏方提供的米格-9老式战斗机的空战性能太差，根本不能和美军的F-80和F-84高速战机对抗，更不要说更先进的F-86战斗机。

米格-15战斗机

后来，斯大林出于联中抗美的战略目的，才于1951年5月向毛泽东发电致歉，同意"无偿赠送"372架米格-15新式战斗机，不久又将60架最新服役的伊尔-28轰炸机卖给中国。

1951年6月21日，毛泽东致电斯大林："将60个师的步兵武器及各种火炮、坦克、飞机、汽车及汽车零件和各种汽油药品等武器和器材，能于今年7月间开始，到今年年底运完，每月运1/6，使朝鲜战场各师团暂照现行编制得到补充，以利战局。”同日，毛泽东给率领中国政府军工代表团在苏联访问的徐向前发电，指出“唯60个师的新编制和装备，可能成为我军首先现代化的骨干”，“没有现代的装备，要战胜帝国主义的军队是不可能的”。[2]

据有关档案材料证实，当时苏联向中国提供了64个陆军师的装备，其中有22个师的装备是无偿提供；提供了22个航空兵师装备，其中8个师的装备是无偿提供。这是斯大林在世时最后向中国提供的苏军现役装备。

回顾历史，应当客观地说，斯大林时代提供给中国的新式武器尽管不太多，但还是帮助中国把重工业基础和国防工业体系搭建起来。苏联援建的156项重点工程，奠定了中国工业化的最初基础。

20世纪50年代的前5年，中国得到的苏制常规武器虽然大多是“二战”水平，但毕竟实现了军队武器装备的第一次跃升。中国军队也由过去单一的步兵发展成诸军兵种齐备的合成军。

1953年3月，斯大林因脑溢血去世。同年9月，赫鲁晓夫担任了苏共中央第一书记。

现已解密的苏联外交档案透露，与斯大林时期相比，还是赫氏执政时在对华援助上最大方，提供的军火质量最高、数量最多，武器性能最好。如1953年6月签订了对中国海军发展具有划时代意义的“六四协定”，对华提供了新式战舰如潜艇生产技术。

斯大林去世两个月后，苏联在对华军援方面，由过去只肯卖“过时武器”变成愿意提供“武器设计图纸”，由中国自行生产。1954年赫鲁晓夫访华，党内地位不稳的他态度谦恭，承诺增加军援并提供最新武器技术，帮助中国兵工厂自己生产。

当时赫鲁晓夫这样做，完全是为苏联党内权力斗争所迫，他急切地需要得到中共中央尤其是毛泽东的支持。一旦赫氏的地位巩固了，他对毛泽东的“要价”就是有损中国主权和尊严的“高利贷”了。因而，当赫鲁晓夫的这种有偿援助要以损害中国的主权、尊严为条件的时候，中苏两党友谊的破裂就不可避免地发生了。

回顾历史，真是“成也赫氏、败也赫氏”。

1958年7月31日，赫鲁晓夫访华，再次提出建立长波电台和联合舰队的建议，明显地表示出要在军事上控制中国的企图，遭到毛泽东的严词拒绝。随后，中苏两党在对于斯大林的评价等问题出现严重政治分歧时，两党关系的恶化很快就扩大到国家关系上。苏联政府以种种借口限制军事方面的援助，比如坚决拒绝向中国提供研制核武器的任何资料，同时，竭力拖延《中苏国防新技术协定》

欢送苏联专家回国合影

的执行。

1960 年 7 月 16 日，苏联政府照会中国政府，决定自 12 天后的 7 月 28 日到 9 月 1 日，撤走全部在华的苏联专家。惊愕的中国人很快复照苏方，希望苏联政府重新考虑并且改变这一决定，但是没有得到对方的任何回应。

事实上，在上述照会之前，苏联断绝对中国的技术援助的迹象已经显现，到 8 月 28 日，在国防工业系统工作的所有苏联专家全部回国[5]。

赫鲁晓夫这位鲁莽的苏共最高领导人，单方面撕毁了两国政府签订的协定和合同。短短一个多月时间，1390 名专家撤走了，数十个协定和数百份合同被撕毁了，相关的图纸资料、设备材料供应也随即停止。这些都给我们建设国防工业带来了很大困难，严重地影响了国防和军队建设的进度，也使得中国在经济和科技合作方面遭受到很大的损失。

国际舆论普遍认为，“苏联此举是对中国核工业及军事工业最沉重的打击”。他们的说法显然带着幸灾乐祸的口吻。

▶抗美援朝：危局带来的国防工业发展机遇

1950 年 6 月 25 日，中国的近邻——朝鲜半岛爆发内战。在这个“二战”结束时依北纬 38 度线（“三八线”）实行南北分治的国度里骤然爆发战争，是诞生才大半年的新中国政权最不情愿看到的事情。从此，中国背上了“朝鲜问题”这个沉重的历史包袱直至今天。

周恩来代表中国政府发表声明

据当时在毛泽东身边的工作人员回忆，当军委值班室送来“朝鲜半岛爆发战争”的情报时，毛泽东急迫地阅读战报，开始是一丝喜悦，紧接着就陷入双眉紧锁的沉思之中。

6 月 27 日，美国总统杜鲁门悍然宣布出兵朝鲜，同时派遣美国第七舰队进驻台湾海峡，公然将中国领土领海置于它的军事控制之下。

6 月 28 日，毛泽东愤怒地指出，“杜鲁门在今年 1 月 5 日还申明说美国不干涉台湾，现在他自己证明了他是假的，并且同时撕毁了美国关于不干涉中国内政的一切国际协议”。

毛泽东这里所指的，就是杜鲁门 1950 年 1 月 5 日的声明：“美国政府不拟遵循任何足以把美国卷入中国内争中的途径。”美国总统“撕毁国际协议”，改变了世界格局。

6 月 28 日，周恩来代表中国政府发表声明：“杜鲁门 27 日的声明和美国海军的行动，乃是对中国领土的武装侵略……我国全体人民，必将万众一心，为从美国侵略者手中解放台湾而奋斗到底。”强烈谴责美帝国主义的强盗行径！

当天傍晚，朝鲜人民军攻占了汉城（首尔）。南韩军队望风溃逃，退向南部洛东江地域。斯大林满心喜悦，当即给金日成发去电报，祝贺攻占汉城的伟大胜利。这就是当初苏联最热切的态度。

7 月 7 日，美国操纵联合国通过决议，组成“联合国军”投入朝鲜内战。9 月 15 日，“联合国军”在美军上将麦克阿瑟的指挥下，集中 260 多艘舰船、500 多架飞机、7 万多兵力在仁川实施登陆。美军攻击行动持续至 16 日下午，攻占仁川。在世界海战史上，这次登陆行动的规模仅次于诺曼底登陆。仁川登陆后，美军玩起拿手好戏，直接抄了朝鲜军队的后路。人民军腹背受敌，伤亡惨重。

朝鲜战局发生逆转。来势汹汹的“联合国军”大举向朝鲜北部进攻，迅速推进。善于说大话的麦克阿瑟更是狂妄地叫嚣要在感恩节前占领朝鲜全境，并且扬言在中朝边境建立“核辐射带”，同时对中国采取更加严厉的全面封锁。

面对“联合国军”的强大攻势，朝鲜军队接连败退，平壤以北城镇相继失守；同时，美军战机不时轰炸我国东北地区的村庄、城镇，扰乱人民的和平生活。

尽管周恩来代表中国政府对美国侵占我国台湾岛和对东北地区的轰炸以及对朝鲜的侵略提出了严正抗议，可是，美国依仗自己绝对的军事优势，根本不把新中国放在眼里。

在美国人看来，中国军队装备落后，兵种不全，既无海军，又无空军，不可能介入朝鲜战争，也根本不敢与以美国为首的“联合国军”交手。因此，他们对中国的警告和谴责置之不理，有恃无恐地大举推进，企图一举占领朝鲜半岛。

新华日报号外
南京日报
中国完全有权对蒋贼采取一切必要措施
中国一旦遭到侵略 苏联将随时给以援助
侵犯盟邦中国也就是侵犯苏联
中国人民是强大的不可战胜的
赫鲁晓夫就台湾地区局势问题致函艾森豪威尔

当时的新闻资料

刚刚诞生的中华人民共和国，正在医治战争的创伤，恢复经济，发展生产，巩固政权。可如今战火烧到了家门口，直接危及国家安全。对于新生的共和国是否出兵入朝参战，同美帝国主义直接进行战争较量，确实需要极大的胆略。

此时的美国是世界上经济力量和科技水平最为强大的国家，拥有原子弹及其他最先进的军事技术。原先经济就十分落后的中国则是一个农业国，立国不久且百废待兴。虽然战略上与苏联结盟，但当时苏联的经济总量也仅及美国的 1/3 左右，其在第二次世界大战中所遭受的惨重损失尚未恢复。

时局急遽突变。9 月 26 日，美军占领汉城，直逼“三八线”，并无停止前进的迹象。

消息传到莫斯科，在此形势下，斯大林以他在第二次世界大战中对美军的了解，作出消极的判断：苏联不拟与美国直接对抗，更不宜因朝鲜问题引发与美国的正面冲突。他决定立即采取脱身政策：撤离在朝专家，拒绝朝方要求给予军事援助的请求：希望中国出兵却又不愿派出军力支援。当时在毛泽东身边工作的胡乔木的感觉是：包括斯大林在内的苏联领导人紧张到普通人难以想象的程度，但表面上却又故作镇定。

这时的美军所向披靡，无人可以匹敌。金日成多次向苏中领导人发出紧急求援。在朝鲜面临亡国的压力下，斯大林多次给毛泽东发来电报，大意是说“美军介入战争后，中国是朝鲜的唯一希望”[6]。

毛泽东在战略上向来不惧怕来自任何强大对手的威胁。但是，毛泽东在具体的战役行动部署，在决定国家是否卷入战争的实际决策上，却是十分慎重的。斯大林领导的苏联政府对金日成紧急求援的冷漠态度，更为此刻“不宜出兵援朝”提供了有力佐证。[7]

但毛泽东依然审慎地意识到，唇亡齿寒，户破堂危。在战争硝烟逼进鸭绿江畔之时，中共中央政治局几番讨论朝鲜战局。对于形势的分析与判断，考验着毛泽东和中共领导层。

周恩来和彭德怀在一起

毛泽东脑海里清晰地闪现出古人的智慧之言：“能柔能刚，其国弥光，能弱能强，其国弥彰。”对于新中国来讲，“纯柔纯弱，其国必削。”对于美军来讲，“纯钢纯强，其国必亡。”这就是辩证法。1950 年 10 月 2 日，毛泽东于中南海口授了一份关于要求志愿军迅速集结、准备入朝参战的电报。

10 月 5 日，中共中央政治局常委在中南海颐年堂开会，讨论朝鲜战局并下最后参战与否之决断。毛泽东指出：如果整个朝鲜被占领，我国主要工业基地将直接处于美国侵略威胁之下，将不可能安安稳稳地进行和平建设。因此出兵朝鲜，既可对侵略者进行的有力军事打击，又可保障国内和平建设。

赴朝慰问团锦旗

毛泽东强调：“采取上述积极政策，对中国、对朝鲜、对东方、对世界都极为有利……出兵援助朝鲜人民已经刻不容缓，我们不能再议而不决。”

为此，毛泽东毅然决然地做出了“抗美援朝，保家卫国”的决策。这是立足当时国际国内战略全局做出的最正确的选择。单从短期目标来看，出兵到朝鲜，能有效地保障我国东北工业基地的安全。它包括确保重要的电力供应；包括侵略者被打回到“三八线”后，原定搬迁南满工业的计划得以取消，同时又使东北地区可以安心生产前线所需武器装备，使军工企业建设成为整个工业体系建设的重点。

毛泽东根据聂荣臻提供的亟待苏联和东欧国家援助的战略物资需求量，于10月2日给斯大林发去电报，表示中国“等候苏联武器到达，并将我军装备起来，方可投入”。

美军轰炸中朝边境

10月8日，周恩来一行人紧急飞往莫斯科，代表中共中央与斯大林会谈，商讨中国赴朝作战以及苏联给予军事援助的问题。

周恩来向斯大林提出了三方面的援助要求：首先，如果苏联出动空军给志愿军提供空中掩护，中国就可以出兵入朝作战；其次，中国必须改变与美军武器装备相差悬殊的现状，需要苏联提供入朝作战所需的武器装备；其三，抗美援朝的战争要做较长期的准备，希望苏联协助中国建立武器生产厂，当务之急是提供陆军轻武器的制造蓝图，以便中国仿造。[7]

老道的斯大林告诉周恩来：苏方完全可以满足中国所需要的飞机、大炮、坦克等军事装备。但是，斯大林在最关键的出动苏联空军的问题上，极其巧妙地推辞说，苏联空军尚未准备好，需待两个月或两个半月才能支援中国志愿军的入朝作战。

周恩来无法说服斯大林改变主意，只好请斯大林与他联名致电毛泽东，说明会谈结果。这个联名电报使毛泽东震惊而愤怒。因为4天前，毛泽东刚刚发布了中国人民志愿军随时出动抗美援朝的命令。如果中国因为苏联暂缓出动空军而停止出兵，不仅朝鲜局势演变的后果不堪设想，新中国的稳固也将受到严重影响。

北京再次向莫斯科拍发紧急电文。10月14日，斯大林看过周恩来提出的8条要求后，坦率地答复中国：苏联将会尽快向志愿军提供20个师的步兵装备；但苏联的空军将只派驻中国境内防空袭，两个月或两个半月以后苏联也不再准备派遣空军入朝作战。斯大林的答复把中国推向单独与美国开战的地步。中国军队失去了空军掩护作战的希望，苏联武器也不可能那么快运交志愿军。

此刻，斯大林心中早已产生动摇：苏联决不能与美国直接对抗。而毛泽东领导下的新中国现已被朝鲜战争及台湾海峡局势“逼上梁山”，不管斯大林是否履行出动苏联空军掩护的承诺，中国都得出兵“保家卫国”，入朝参战。

毛泽东说：“我们已经向美国发出警告，敌人也向我们发出了‘哀的美敦书’（即最后通牒）。现在我们与美国已经是短兵相接，狭路相逢。如果让敌人压至鸭绿江边，而我们表现得无能为力，软弱可欺，国内国际反动气焰高涨，对各方都不利，首先是对东北更不利。我的意见是即使没有苏联的空军支援，也要立即出兵。”[8]

战机纵稍即逝！毛泽东再次显示出超凡的胆识和智慧。“即使没有空军掩护，也要立即出动，抢在美军的前面，至少在朝鲜境内占领一片可以部署部队的地盘。”中共中央政治局仍“一致认为我军还是出动到朝鲜为有利”，“参战利益极大，不参战损害极大”。

根据政治局的决策（而不是某些人认为的，中国出兵是在苏联领导人鼓动下毛泽东的个人决断），迅速组成志愿军抗美援朝、保家卫国。据说，当周恩来将毛泽东的电文告诉斯大林并向其表示，即使没有苏联空军的支援中国也决定出兵时，“斯大林流出了眼泪”，连说“还是中国同志好，还是中国同志好”。不管这种传言是否可信，中国人的举动出乎苏联人的预料是可以肯定的。[9]

1950 年 10 月 19 日，共和国刚刚度过了一周岁生日，新组建的中国人民志愿军在彭德怀司令员的率领下，跨过鸭绿江，开始同以美国为首的“联合国军”作战。

这是一个非同寻常的战略举动！我们面对的是世界上最强大的军事对手。这是一个与纳粹德国和日本法西斯进行过多年血战的军事集团，它拥有世界上最先进的军事装备，包括拥有让世人深感恐惧的原子弹！握有独占优势的制空权和制海权，具有雄厚的可供现代战争之需的坚实物质技术基础。

面对这样的对手，连斯大林领导的“二战胜利之师”都不敢轻举妄动。一个积贫积弱，刚刚从废墟上站立起来的新中国，一支装备落后、军兵种均不健全的“由游击队成长起来的农民军队”，竟然敢与这样的强大对手较量，没有高瞻远瞩的战略抉择和大无畏的胆略，没有对国家、民族和人民的深刻了解与信任，是无论如何也不敢有这样毅然决然的举动的。

这个举动的正确与否，历史已经给出了结论。这场战争不仅打出了新中国人民军队的威风，而且在一定程度上洗刷了中国遭受帝国主义侵略的百年屈辱！

回溯历史，我们可以从朝鲜战争中获取许多重要的启示。

当时，新中国政权刚刚建立，财政经济非常困难。在与美国的经济、军事力量对比中，两国的差距悬殊。

中国虽然拥有数百万具备一定作战经验的军队，但基本上是单一的陆军，装备非常差，根本谈不上与现代化武器装备起来的、富有现代战争经验的美军争锋。

中国一个军的火炮数量仅为 198 门。火炮数量不足，射程和威力也远不如敌，在进攻中延伸火力往往无法跟得上。拥有坦克的部队数量更是寥寥无几，无法形成有威胁的战斗力；有些时候，我军连轻武器的子弹供应都非常紧张。

而我们的空军和海军尚处在初创时期，既没有足够的装备，更没有参战经验。

再看美国，它的陆军一个军就拥有 70 毫米以上火炮 1482 门，并配备一定数量的坦克和其他重型装备，特别是与航空兵的协同作战，更能发挥战场上钳制对方的特殊作用。制空权与制海权为美军独占，这又确保了美军战略物资的有效供给和对敌方补给线的打击。

面对武器装备质量好、机动性高的敌人，中央军委确定的作战方针是“以积极防御，阵地战与运动战相结合，以反击、伏击、袭击来歼灭与消耗敌人的有生力量”。在能够缴获美军装备武装自己的同时，加快国内军工生产，全力以赴支援前线。

整个抗美援朝战争历时 2 年零 9 个月。中国一方面从苏联购买武器装备，加快空军和海军建设，扩编空军、装甲兵、地面炮兵和高射炮兵；另一方面，在战争中学习战争，在战争中把握发展国防工业的历史机遇！

毛泽东高瞻远瞩的战略视野，使得历史巨擘斯大林也不得不对他发出由衷的赞叹！

这里，我们有必要把历史镜头拉回到抗美援朝第二次战役取得胜利的伟大时刻。

由彭德怀指挥志愿军发起的、被世界军事史学家称为“经典战役”的第二次战役，从11月25日开始至12月1日结束。记住，历时只有短短的7天。

这次战役共消灭“联合国军”3.6万余人，其中美军2.4万余人，解放了朝鲜首都平壤。“联合国军”败退到“三八线”以南地区，彻底扭转了朝鲜战局。

毛泽东接到战役胜利的电文时高兴地称赞：“彭德怀同志很能打硬仗、恶仗，他这次运用得更大胆，是用两个军迂回，四个军突击，双层包围，围追堵截，打败了美国所谓的王牌骑兵师，又创造了世界战争史上的奇迹。”

12月18日，毛泽东在给各中央局、各大军区的电报中豪迈地说：“在志愿军的作战经验中证明，我军对于具有高度优良装备及有制空权的美国军队，是完全能够战胜的。”[2]

听到第二次战役胜利的消息，斯大林也激动不已。他于第二次战役胜利的当天，就给毛泽东发来贺电。斯大林的贺电道出了他的心声：战争抑或也是锤炼现代化军队的历史机遇！“你们的胜利不仅使我和我们的领导同志，而且也会使全体苏联人民感到高兴，由于你们在抗击美帝国主义的斗争中取得的这些重大胜利，请允许我向你和你们的领导同志，向中国人民志愿军和全体中国人民，致以衷心的敬意。”

贺电的关键话语在后一段文字中，且让我们仔细研读。“正如苏军在与第一流武装的德军交战中取得了现代化战争的丰富经验，变成了装备精良的现代化军队一样，在反击现代化和装备精良的美军的战争中，中国军队无疑地也将取得现代化战争的丰富经验，其本身也会变成完全现代化的、装备精良的、威力强大的军队。祝你们取得进一步的胜利。”

朝鲜战争对中国军队迈向现代化起到一定提速作用！

战争的需求直接刺激并加速了中国的国防工业建设。

战争期间，各地兵工厂为前线生产各种枪械60余万支，子弹15亿发，各种火炮9万余门（含无后坐力炮2.36万门），火箭筒7000余具，炮弹（含火箭弹）1400余万发，手榴弹2300万余枚，炸药6000吨以上。中国的武器装备生产不仅适应了现代战争的特殊要求，而且在抗美援朝战争中，努力实现了和平时期难以达到的国防工业的历史性跨越。

朝鲜战争给了霸气十足的美国人一个严厉的教训。在停战协定签字仪式之后，“联合国军”继任司令、美国陆军上将克拉克沮丧地说：“我成了历史上签订没有胜利的停战条约的第一位美国陆军司令官。我感到一种失望的痛苦。”

抗美援朝战争的胜利，大长了中国人民的志气，洗刷了鸦片战争以来的百年耻辱和自卑。同时，它也用铁的事实向全世界宣告：中国巨人站起来了。她连世界头号霸权强国都不怕，难道还能害怕任何别的敌人吗！中国人民为了确保自己的国家安全和民族利益，尤其在台湾、西藏这样的主权问题上将不惜任何代价，誓死捍卫。

众多中外历史学家从对朝鲜战争的客观分析中，断定任何企图搞“台湾独立”、“西藏独立”的阴谋都是注定要失败的。

美国在朝鲜战争中，动用的陆军力量达33%，空军力量达20%，海军力量达48%，消耗作战物资达7300万吨，直接消耗的战争经费达200亿美元以上。

但是，在中国军队的抗击下，却使美国军队遭到鲜有前例的惨败。

中朝军队共消灭敌军109万人，其中美军39万余人，击落击伤敌机1.2万架，击沉击伤敌军各种舰艇257艘，击毁和缴获坦克3000多辆。

当年美国《芝加哥论坛报》曾发表社论说：“美国在这次战争中，除去获得这次试验所能提供的教训外，什么也没有赢得。”美国前国防部长马歇尔说：“神话已经破灭，美国原来并不像人们所想象的那样是一个强国。”

抗美援朝战争的伟大胜利，粉碎了美帝国主义的侵略计划，保卫了中国的安全，维护了世界和平，也提高了中国的国际威望。在这场战争中，中国人民志愿军打出了军威，打出了国威，显示了中国军队的强大战斗力和政治军事素质。

当时美国的《世界电讯报》评论说：“中国军队已成为一支强大的第一流的军队。”

美国陆军上将克拉克也说：“站在联合国部队统帅的地位，我必须承认彭德怀是一个资质很高的敌人。”“他是一位值得尊敬的世界级战将！”

抗美援朝战争创造了世界战争史上以弱胜强的典范，打出并奠定了新中国的大国地位。这次交手后，帝国主义不敢再轻易作侵犯中国的尝试，为我国的经济建设和社会发展赢得了相对稳定的和平环境。通过实战锻炼，不仅使我军积累了现代作战的经验，推动了革命化、现代化、正规化的军事变革，而且使国防工业获得了长足的历史性进步。

这一胜利更为重大的意义还在于，它向全世界表明，一个觉醒了的、敢于为国家独立、安全而奋起战斗的民族，是不可战胜的。

彭德怀元帅指出：“抗美援朝战争的胜利雄辩地证明：西方侵略者几百年来只要在东方一个海岸上架起几尊火炮就可霸占一个国家的时代，是一去不复返了！”

有关这段史实，尽管已过去了半个世纪，但对这场战争是否由中国人“蓄谋已久”、“煽动”所起，诸多研究中国的欧美学者普遍认为：“没有证据表明它是中国煽动起来的”，“也没有证据表明中国人为参与朝鲜战争进行过充分的策划和准备”。

著名豫剧表演艺术家常香玉捐款购买的战机

哈佛大学的R. 麦克法夸尔教授和著名史学家费正清在其编著的《剑桥中华人民共和国史》中说得相当客观：

不管毛泽东和他的高级同事们能够在多大程度上预见到战争的准备和爆发的时间的问题，但是，1950年6月25日凌晨爆发冲突的时候，他们显然没有预见到这是他们最要直接关心的问题。第一，应该注意的是，被认为是中国革命主要支柱之一的《土地改革法》在1950年6月30日公布，这个正式公布时间仅在朝鲜战争开始后的第五天。说明中国共产党人为土地改革已经做了长期而积极的准备，而且他们又把这个问题(土地改革)看得极端重要，人们可以想象，他们会认为朝鲜半岛的战争只是个插曲，它将会很快地被金日成结束。第二，1950年初中国的领导者们正倾向于减缩军费，以支持他们的经济复兴计划。事实上，毛泽东在6月初就曾下令军队部分地复员。

在《建国以来毛泽东军事文稿》中，人们可以读到毛泽东1950年1月9日致林彪电：

完全同意由四野调十万余人至东北及热河从事生产，解决华中南地区土地不足的困难。四野根据剿匪、整训与生产的任务，提出战后野战军整编的问题，以作必要的局部的适时调整，是很好的。

他代表中央在4月12日、21日发给中南军区的电文中决定，“军队分批复员以减轻人民负担。”[2]

从历史事件的当事人那里，人们亦可获得重要的佐证。据毛泽东的秘书叶子龙回忆，当朝鲜人民军占领汉城的消息传到北京时，毛泽东对战争的前景感到忧虑，“事情恐怕没那么简单，美国是不会善罢甘休的!”[10]

朝鲜平民被美军搜身

在尘封的档案资料中，人们还可寻找出更多的历史证据来说明，在新中国立足未稳的复杂环境里，中国共产党及其领袖毛泽东“都极不可能有意让他年轻的国家卷入战争”。

转瞬大半个世纪年过去，韩美军事演习频繁举行，黄海海域舰机出没……现今国内对当年是否应出兵援朝，反倒是议论纷纷；竟然有些学着别人腔调发出的异议，实在令人愤慨！幸有学者著文对此予以驳斥，现引述如下：

朝鲜战争的爆发，使中国的主要工业基地直接暴露在美国陆海空的威胁之下，甚至北京也在其轰炸机活动半径之下。中国的战略后方和政治经济中心顿时成了前线或战略浅近纵深。可以设想，如果任凭美国灭亡朝鲜，与我隔江对峙，并与南线的蒋介石集团、侵越法军势力遥相呼应，就将置我于战略上两面作战的不利境地，那时我国的战略态势、国际环境、国内建设和东北边境的民族关系都将出现极大的困难和麻烦，后果不堪设想。中国人民派出自己的优秀儿女参战，是面对侵略威胁逼不得已的选择，我们不是挑战，而是应战。[11]

的确，当猝不及防的战争威胁迫在眉睫之时，中国共产党及其领袖毛泽东毅然决然地扼住了命运的咽喉，敢于以气吞山河的决断，挑战不可一世的美国霸权，抓住历史机遇发展和壮大自己，使中华民族昂首自立于世界民族之林。

美国学者菲利普·戴维逊评价说："图书馆里的书架都被那些称颂毛泽东为卓越游击战权威的书压弯了。但是，毛何止是一位游击战士！他是一位伟大的战略家。在20世纪20年代和30年代初期，他一系列辉煌的游击作战中，把蒋介石及其国民党政府弄得苦恼不堪。10年后，他以游击战和运动战相结合，在中国打败了日本人。40年代后期，他在一系列得心应手的运动战中征服了中国。最后，他的部队在朝鲜阵地顶住了美国。哪个领袖能像他在这么多的不同类型的冲突中长期立于不败之地？"[12]

戴维逊在《毛泽东的战略》中如此评述，应该讲是客观而公允的。

在朝鲜战场上，中朝人民浴血奋战，抗击美帝国主义的侵略。虽然取得了伟大的胜利，但是由于武器装备的落后，也付出了极大的代价。《朝鲜战争大事记》告诉我们：

志愿军战士向敌军阵地发起进攻

当美第8集团军司令沃克黯然阵亡，走马换将而来的美军将领李奇微很快就发现了志愿军的"软肋"，即每次志愿军发起战役攻势的周期，一般不会超过7天。这表明志愿军的弹药给养，仅仅只能满足7天作战之需；而超过了7天，志愿军似乎就会"弹尽粮绝"、原先勃发的战斗力就会受到严重钳制。

于是，李奇微改变战术，采取了两大狠招。

一是"牛皮糖战术"。让美军白天缠住志愿军交战，出动飞机、坦克轮番攻击，使我军夜战中收复的阵地，白天又被美军夺回去。这样的战术确实让志愿军吃了大亏。

彭德怀元帅及时改变战术，指挥志愿军白天躲进坑道、守住坑道，避开美军轰炸和坦克进攻。一旦夜幕降临，我军便发挥近战夜战特长，歼灭美军有生力量。

著名的上甘岭战役就是在这种背景下进行的。

上甘岭战役中，"联合国军"投入兵力6万人，志愿军投入兵力4万人，共计有10万大军争夺一个矩形面积仅有1.9平方千米的高地，战斗的惨烈至今仍是空前的。美军直接动用了3000架次战机和170辆坦克，向上甘岭发射了190万发炮弹和5600枚重磅炸弹，多的一天达30万发，平均每秒6发；敌我双方反复争夺达40多次。

但我志愿军坚守上甘岭高地真正做到了"我自岿然不动"。

二是"运输通道绞杀战"。从驻日基地和航空母舰上起飞的美军轰炸机，在战斗机掩护下对我军后勤补给运输线狂轰滥炸，企图切断我军后勤补给，断我粮弹。但中朝军民同仇敌忾，充分利用夜晚间隙抢修我军后勤补给通道。同时，派出我年轻的空军部队与美军展开厮杀，著名的“米格走廊”就是这样诞生的。

当然，赢得这场保家卫国的战争，代价也是高昂的。多少优秀的中华儿女肩负保家卫国的历史责任，以他们炽热的血液浇灌了刚刚站立起来的年轻共和国的胜利花蕾。志愿军的伤亡数字，使人们更加清醒而深刻地意识到现代化武器装备在战场上的重要作用。

中华民族是个善于汲取历史教训的民族。在朝鲜战争后期，受到苏联援助的中国军队已经拥有由3000多架飞机组成的空军，空军力量在当时仅次于美国和苏联。但是，中国传统文化理念和近代史上甲午战争惨败的深刻教训，让共产党人坚定地认为：全靠买来的国防是根本靠不住的。

抗美援朝战争让中国人第一次领略了现代战争的世界级对抗，增强了中央政治局加快发展国防科技工业、加强军队武器装备建设的紧迫感。

1953年春天，朝鲜战场正处于停停打打的关键阶段，美国又把装有核弹头的武器运到了仅与中国一海之隔的日本冲绳岛上。美国总统艾森豪威尔接见美军指挥官时，这些战场上的“联合国军”将领们主张，“考虑使用小型原子弹和核大炮……封锁共产党中国大陆和攻击敌方的满洲基地，完成新的进攻任务”。艾森豪威尔在记者招待会上也曾公开表明美国的态度，“如果远东发生战争，美国当然会使用某些小型战术核武器”。

美国在20世纪80年代解密的政府机密文件《美国对共产党中国的政策》(NSC166/1，1953年11月6日)中认为：中国拥有难以对付的力量，为此应该制定一项战略，利用一切可能的公开和秘密手段削弱其力量，包括破坏苏中关系，包括使用台湾岛上国民党武装力量这个“应该是远东唯一处于戒备状态的战略后备力量”。文件最后提出，要通过武装台湾，以削弱中国的实力。“一旦与中国发生全面冲突，美国将会使用各种武器对中共的空军和其他设施实施决定性打击，尽管这可能需要动用美国很大一部分原子武器，包括在日本存储的这些武器。”2010年3月，日本鸠山政府正式承认20世纪50年代“日美核密约”的存在。

重读这些“美国对华政策”，每个清醒的中国人都能深刻地意识到自己肩上沉甸甸的责任。

1958年8月23日，当解放军炮击金门时，美国无视中国的主权和内政，向台湾海峡地区大量增兵，并把配发核炮弹的M55型自行榴弹炮和M2型8英寸口径牵引式榴弹炮运抵金门，与我军对抗。随后，美国又进行了多次针对中国的核战争演习。

这些核讹诈、核威胁，从反面促使中国领导层决定加速发展“两弹一星”，决心用增强国防实力来凝聚伟大的民族精神。

►维护国家战略安全　加强国防工业建设

入朝参战的胜利，给了以毛泽东为代表的新中国第一代领导人至少两点深刻的启示：

一是如何把握朝鲜战争带来的战略机遇期。朝鲜战争之初，气势汹汹的美军大兵压境，直逼鸭绿江畔，似乎看不出这是重要的战略机遇。世界上许多政治领导人都断定中国军队不会也不敢挑战美国人，认为新中国出兵参战对新生政权无异于自杀式行为。

然而，毛泽东却义无反顾，以其卓越的战略胆识，把抗美援朝战争变成新中国走向民族自信、自尊、自强、自立和取得大国地位的历史机遇，成为军队武器装备现代化的发轫之作，成为加快社会主义经济建设的大手笔。抗美援朝战争的伟大功绩，正是在于它使得刚刚诞生不久的新中国能够岿然屹立于世界民族之林，洗雪了中国遭受帝国主义侵略的百年屈辱，促使世界各国对刚刚诞生的新中国不得不刮目相看。[13]

西方有学者评述："二战"后，毛泽东领导的中国共产党及其武装力量突然崛起，在东西方两大阵营的第一次大规模武装冲突中令人不可思议地挽救了朝鲜战场的危局，从而不仅在世界范围内赢得了英雄般的尊重，同时也标志着东西方对峙的格局正在从"西风压倒东风"向"东风压倒西风"转变。

然而，此时中国军队的武器装备仍然以直接购买和缴获为主，这与中国在东西方对峙格局中重要的战略地位极不相称。苏联领导人已经强烈地意识到，"为了更好地保卫社会主义阵营，并从战略上牵制西方阵营的力量，适当地帮助中国加强武器装备建设，是明智和必然的选择。"诚如前文所评述的那样，我们不能脱离了历史背景和时代潮流去戏说前辈。苏联援助对中国国防工业的发展确实产生过重要作用。

朝鲜战争的另一个重要启示，就是如何尽快实现国防和军队建设现代化。毛泽东及新中国第一代领导人深刻认识到，武器装备现代化，是军队现代化的重要标志，是战斗力诸因素中的关键因素。而武器装备的现代化，归根结底取决于国防科技工业的现代化。

1953 年 1 月，毛泽东明确指出："无论抗美援朝战争的结果如何，都要搞国防工业的建设与军工生产。朝鲜战争证明，已不能靠夺取敌人的装备来武装自己了。"为了适应现代化战争的需要，"依靠我们过去和较为落后的国内敌人作战的装备和战术是不够的了，我们必须掌握最新的装备和随之而来的最新的战术"。

周恩来说，一个国家没有自己的军事工业，就如一个"软骨动物"。

显然，我军要由单一陆军向诸军兵种合成军队转变，武器装备必须由主要取之于敌朝着自主研制生产转变，唯一出路在于建立现代化的国防科技工业。

历史的机遇移向了中国，毛泽东领导的中国共产党紧紧抓住这一契机，在 1951 年第一个援建协议开始后的短短十年时间里，近乎从无到有地、奇迹般地建立起了中国现代化的国防工业体系。

从枪支弹药的生产技术革新到坦克飞机等重装备的批量生产，乃至先进武器(如导弹、核武器)的研发试验，一切如雨后春笋般涌现出来。大名鼎鼎的 56 式半自动步枪、40 毫米反坦克火箭筒、59 式中型坦克、歼－5 战斗机都是在这一时期诞生的。

在 1959 年国庆 10 周年阅兵典礼上，受阅的坦克、自行火炮以及飞机等武器装备，不仅性能先进，而且还全面实现了国产化。

翻开共和国年鉴，醒目地记录了国防工业建设发展的几个大事件。

1953 年 1 月 22 日，由毛泽东主持审议国防工业“一五”建设计划。会上，李富春根据国防建设的需要和国家经济、技术条件的可能，以及能够争取到的苏联援助，汇报了国防工业五年建设计划的规模、生产能力、投资及基础工业配合的方案。与会者认为：为了保障国家安全，国防工业应有这样一个基础，一致赞同这个建设计划。这是中共中央在国防工业初创时期召开的一次十分重要的决策会议。[5]

时光热火朝天地进入了 1956 年 4 月，中共中央政治局召开扩大会议，各省区市党委书记列席。毛泽东在会上作了《论十大关系》的讲话，以苏联经验为鉴戒，总结了中国的经验。他在讲到第三大关系时重点阐释了“经济建设和国防建设的关系”：

国防不可不有。现在，我们有了一定的国防力量，经过抗美援朝和几年的整训，我们的军队加强了，比第二次世界大战前的苏联红军要更强些，装备也有所改进。我们的国防工业正在建立，自盘古开天辟地以来，我们不晓得造飞机、造汽车，现在开始能造了。

我们现在还没有原子弹。但是，过去我们也没有飞机和大炮，我们是用小米加步枪打败了日本帝国主义和蒋介石的。我们现在已经比过去强，以后还要比现在强，不但要有更多的飞机和大炮，而且还要有原子弹。在今天的世界上，我们要不受人家欺负，就不能没有这个东西。怎么办呢？可靠的办法就是要把军政费用降到一个适当的比例，增加经济建设费用。只有经济建设发展得更快了，国防建设才能够有更大的进步。[14]

毛泽东的系统论述，来自听取国防工业部门的汇报提炼，反映了他的国防建设思想。

1956 年 1 月中旬，毛泽东从杭州回到北京不久，从薄一波那里听说刘少奇正在听取国务院一些部委汇报工作，为起草中共“八大”政治报告作准备，这引起了他的兴趣。毛泽东对薄一波说：“这很好，我也想听听。你能不能也替我组织一些部门汇报？”于是就有毛泽东长达 43 天听取国务院 43 个部门汇报，形成《论十大关系》宏文的思想轨迹。

毛泽东和刘少奇、陈云在一起

2 月 17 日，毛泽东听取机械工业部门汇报。当二机部汇报说到 1962 年国防材料全部由自己生产时，毛泽东断然地说：“全部自给，不仅 1962 年不可能，1967 年也不可能，脑子太热不行。”这时的毛泽东非常清醒。

2 月 22 日，毛泽东又专门听取二机部关于原子能工业的汇报。

4 月 20 日，毛泽东批评了一种不正确的思想——“如果没有苏联的援助，中国的建设是不可能的。”他说：“当奴隶当惯了，总是有点奴隶气，好像《法门寺》里的贾桂一样，叫他坐，他说站惯了。”[4] 毛泽东的这番话，是针对苏共召开“二十大”，批评了斯大林的错误，暴露了苏联在建设社会主义中间的一些缺点和错误而讲的。

这段史实让我们把目光聚焦于1956年。从那时开始，直到20世纪60年代中期，为了打破帝国主义的核威胁和核垄断，保卫国家安全，毛泽东多次在一些重要会议上强调军队武器装备建设的重要性与紧迫性，决心在世界高科技之林占据一席之地。

为了强化武器装备建设的组织领导，中共中央至少采取了四项重大举措。

(1)加强领导，调整机构，成立国防科学技术委员会

1958年10月，中共中央批准成立国防部国防科学技术委员会(简称“国防科委”)。由聂荣臻任主任，陈赓任副主任。主要任务是：负责对军内外有关国防科学技术研究工作的组织领导、规划协调和监督检查。

国防科委的成立，加强了中央对国防科技工作的集中统一领导，将武器装备的研究、试制和使用三者密切地结合起来，统一组织科技力量，从而加速了国防科技事业的发展。从国家层面汇集了一批优秀的科学技术专家，如著名科学家钱学森、钱三强、邓稼先、王淦昌、郭永怀、赵忠尧、彭桓武等。在国防科委的统一领导和管理下，重点研究发展以原子弹和导弹为主要内容的尖端技术，并形成了对未来长远发展具有奠基石意义的坚实的技术基础和科研力量。

当历史的长河跌宕起伏地流过，当年的领导者、组织者和参与者、亲历者也许并未想过这朵朵浪花汇聚而起的力量，会是如此巨大，如此浩荡。他们书写了波澜壮阔的伟大历史。同时，也给今天的人们带来深邃的启示!

(2)着眼长远，立足当前，制定国防科技发展规划

在党中央“向科学进军”的伟大号召下，聂荣臻担纲国防科委主任后主持科技工作的第一个重大活动，就是领导制定并组织实施了“十二年科学规划”，绘就了科学规划的壮美蓝图，形成了新中国科技发展的第一个里程碑。

1956年1月25日，毛泽东在最高国务会议上说：“我国人民应该有一个远大的规划，要在几十年内，努力改变我国在经济上和科学文化上的落后状况，迅速达到世界上的先进水平。”

2月1日，周恩来在政协二届二次全体会议上就贯彻落实毛泽东布置的任务，要求国家计划委员会、中国科学院和有关部门，尽快制定出1956年至1967年的十二年科学技术发展远景规划，提出“争取在第三个五年计划末使我国最急需的科学部门能够接近世界先进水平”。这是制定新中国未来十二年科学发展规划的指导思想和重要依据。

3月，国务院成立了科学规划委员会，周恩来总理亲自挂帅，陈毅、李富春、聂荣臻三位副总理负责具体的组织领导。聂荣臻作为主管军工和军队装备的负责人，直接领导了武器装备方面的规划制定工作。

出于对国防科技事业的特别关注，日理万机的周恩来让总理办公室对有关部门下达了这样的指示：

为解决科学规划中提出的有关国防建设部门急需解决的组织机构、工程技术人员的调配与培养问题，决定由聂荣臻同志邀请各有关部门的负责同志开会商讨……在聂荣臻同志召开会议时，有关人员必须到会。

各受邀部门的负责同志遵照周总理的指示，如期莅会。

制定十二年科学规划的大会在北京西郊宾馆召开，大约有600多位科学家和科技工作者先后参与。著名科学家吴有训、竺可桢、严济慈、钱三强、钱学森、钱伟长、王淦昌、王大珩都参加了会议。

制定这样一个中期科学发展规划，是我国有史以来的第一次，也是时代赋予中国科技工作者的一项艰巨而光荣的任务。参与规划制定的科技工作者在“向现代科学技术大进军”的旗帜下，全身心地投入到这项伟大的工作之中；在贡献他们聪明才智的同时，也鼓舞起他们理想的风帆，使得这支“科研军团”对中国的未来充满信心。

10月，在不到半年的时间内，经过600多位科学家的努力和部分苏联专家的帮助，基本完成了规划的起草工作。

10月29日，陈毅、李富春、聂荣臻联名，向中共中央呈送了《关于科学规划工作向中央的报告》和《1956—1967年科学技术发展远景规划纲要(草案)》的报告。

规划提出了国家建设所需要的57项重要科学技术任务和616个中心课题，连同附件共600多万字，参照国际先进水平，结合中国实际情况，提出了解决这些中心课题的途径和措施。《1956—1967年科学技术发展远景规划纲要》给中国科技事业的发展，勾画出了一个较为清晰的轮廓和美好的蓝图。

规划中列出了12个重点，即：原子能的和平利用；喷气技术；电子学方面的半导体、计算机、遥控技术；生产自动化和精密机械仪器仪表；石油等重要资源的勘探；建立中国自己的合金系统和新冶炼技术；重要资源的综合利用；新型动力机械和大型机械；长江、黄河的综合开发；农业的机械化、电气化和化肥科学；几种疾病的防治和消灭；自然科学中若干重要基本理论的研究。

国防军事工业方面：在聂荣臻领导下，由副总参谋长张爱萍牵头，负责主持制定《关于十二年内中国科学对国防需要的研究项目的初步意见》，组织航空工业委员会、总参装备计划部、国防工业各部委共同拟定了武器装备发展总规划，将其作为《1956—1967年科学技术发展远景规划纲要》的重要组成。国防尖端技术规划以发展原子弹技术、喷气与火箭技术、半导体技术、电子计算机技术、自动控制技术等为重点，部署发展原子弹和导弹研制的重大任务。规划的具体目标有：提高喷气式飞机音速的倍数；研制射程100千米的地对空导弹，射程500～600千米近程地对地导弹。

电子学方面：研制能发现敌军飞机、导弹，并能引导我军飞机、导弹对其拦截、阻击的设备；研制能准确测定敌人炮兵阵地和军舰的设备，提高雷达探测距离，缩小体积，增强抗干扰性能；研制自动化和保密性能好的超小型化通信设备；研制电子计算机、电视机无线电侦察设备。

原子能方面：与和平利用结合，开展小型核弹头、核潜艇和军用动力堆等综合性研究。

防化和军事医学方面：进行防原子、防化学和防生物武器研究。

陆军装备方面：主要是进行改进，减轻火炮、坦克等重量，提高质量、增大威力，便于运动或自行化的研究。

海军装备方面：开展提高舰艇航速、续航力以及水雷、舰用火炮、鱼雷威力的建设；研究导弹、火箭在舰艇上的使用等。

后来的实践证明，规划确定的这些主要目标基本完成。有些项目由于受到"文革"的严重冲击，出现延宕或滞后。

这种集中众多精英才俊超前布局，制定战略规划，明确武器装备发展需求的方式和做法，是具有中国特色的管理创新，从此成为一项根本制度沿用至今。

(3)创新科研、保障能力，建设国防科研机构和试验基地

从1954年到1963年，经中央军委批准，国防部第五局成立了导弹研究院(又称"五院")，钱学森任院长，并建成了3个分院和一批专业研究、试验站，分别承担导弹总体、火箭发动机和控制导引系统的研究工作，为导弹研制奠定了基础。

同时，国家在北京建立了核武器研究所，进行第一颗原子弹的前期研究工作。以后又建成西北核武器研制基地，原子弹的主要研制工作转到西北基地进行。

为了适应常规武器装备发展的需要，国防工业部门先后建立了一批专业研究机构以及产品设计机构，包括10个无线电电子研究所，7个航空技术研究所，5个舰船技术研究所，7个兵器技术研究所等。

这一时期，还先后建成三军常规兵器的综合性试验基地、综合导弹试验靶场、海军武器装备综合试验基地和核武器试验基地等，组建了航空、舰艇、无线电电子学3个研究院。

这样，在国防科委统一组织领导下，全国建设了38个科研单位和试验基地，形成了一支约8万人的武器装备研制队伍，初步形成了一个比较完整、相对配套的国防科技体系。

通过加强国防科技基础研究，为先进武器装备如导弹技术的发展创造了必要的条件保障。这些基础性、开拓性的预先研究工作，包括在中近程地对地导弹、核潜艇和人造卫星预研基础上进行的型号研制，为武器量制化体系建设奠定了基础，缩短了研制周期，提高了我国科技发展的整体水平。

(4)夯实基础，统筹规划，建设国防科技工业高等院校

早在朝鲜战场两军对峙、处于胶着状态的时候，中央军委就开始研究如何提高我军武器装备的科技性能等问题，确定了培养军事工程技术干部是当务之急。1952年3月18日，总参谋部代总长聂荣臻、副总长粟裕在给毛泽东的报告中说："两年来，我军各特种部队发展甚快，成绩亦大，其装备正日益增加和复杂。惟在技术上还远落后于部队的发展和不能够满足部队要求，且各特种兵武器的供应，不宜长期依赖苏联的帮助，必须从建设国防工业，培养自己的技术人才上着手，求得逐步能够自己修理与装配，以至于将来培养起军事工业设计工程人才。为此，有即着手建立军事工程学院借以培养军事工程建设干部之必要。”[15]

毛泽东于3月26日作批语，同意建立中国人民解放军军事工程学院，校址在哈尔滨。这就是后来大名鼎鼎的“哈军工”。

自建国之初，解放军创办了一批如“哈军工”这样的高等军事工程技术学院后，为进一步加强国防科技人才的培养，国家又从1961年初到1965年，先后将哈尔滨工业大学、北京航空学院、成都电讯工程学院、西北工业大学、南京航空学院、上海交通大学、北京工学院、太原机械学院、军事电信工程学院、炮兵工程学院、军事工程学院划归国防科委领导，同时确定北京大学、清华大学、复旦大学、兰州大学等高等院校设置国防专业，培养军工科技特殊专业人才。这些院校的建设，为国防科技工业培养了一批又一批生力军。许多优秀人才后来成为国防科技工业各个部门的骨干力量。

正是在四大措施全面落实的过程中，国防科技工业实现了常规武器装备从仿制向自行研制的过渡，依靠自己的力量独立发展常规武器装备。

常规武器经过几年的量制化生产并在此基础上有所创新，不仅品种有所增加，性能有所提高，而且配套状况有显著改进。到1965年，国务院军工产品定型委员会批准定型的500多项产品中，自行设计的占60%左右。如陆军武器装备研制获得较大进展。兵器科研机构逐步建立，并在掌握仿制技术的基础上逐步开展自行研制工作。

历史前行到20世纪60年代中期，国防工业自行研制成功一批符合中国实际的新型武器装备。轻型坦克、水陆坦克、履带装甲输送车、反坦克无坐力炮、破甲弹、反坦克枪榴弹、火箭弹等相继研制成功。不仅自动步枪、微声冲锋枪等步兵武器轻型化研制工作取得长足进展，“红旗”-1地对空导弹等装备也仿制成功，有力地保障了后来几次边界自卫反击战的胜利，也标志着陆军装备向国产化、系列化迈出了重要的一步。

在自行研制军用飞机方面，从1960年中央军委提出空军以高空高速歼击机为重点的发展方针后，经过两年多奋战，歼-7型战斗机试制成功；与歼-6型战斗机配套的空对空导弹以及强-5型超音速喷气式强击机，都在20世纪60年代中期完成了定型生产。这标志着我国航空工业已掌握了超音速战机的整套生产制造技术。

在军舰及潜艇研制生产方面，根据中央军委关于海军以潜艇、快艇为重点的建设方针，舰船工业在鱼雷快艇、鱼雷潜艇和鱼雷等水中兵器的仿制和“两艇一弹”(导弹潜艇、导弹快艇和潜射导弹)研制上狠下工夫，到1965年，试制成功了当时近海作战迫切需要的鱼雷快艇，完成了中型常规动力鱼雷潜艇的转让制造并装备了部队；1966年成功制造第一条蒸汽瓦斯鱼雷、反潜护卫艇和火炮护卫舰等，使海军装备登上一个新台阶。

军事电子装备开创了自行研制新局面。按照自主发展军用电子技术的方针，军事电子工业实现了迅速发展。科研人员用几年时间进行攻关，不仅保证了“两弹”和部分战备的急需，而且在电子计算机、新型器件等方面，也掌握了一些新技术。特别是与当时世界技术同步的高性能晶体管电子计算机的研发，使中国较早进入第二代军用电子计算机的发展时期，大大增强了国防通信和电子作战能力。

▶“为虎添翼”第一人：聂荣臻元帅

评价国防科技事业高歌猛进的辉煌，人们在任何时候都不能忘记中国国防科技事业的总设计师、总工程师——聂荣臻元帅。如前所述，当以毛泽东为核心的中央政治局常委会决策建立和发展国防工业、勾画出国防科研事业的宏伟蓝图后，具体的执行者和组织者，当首推聂荣臻。

所有当代中国国防科技事业的参与者、亲历者，无不对聂荣臻元帅充满了崇高的敬意。

据参加载人航天飞船“神舟七号”发射活动的国防科工系统高层领导讲，每当酒泉卫星发射基地有发射任务，或是遇到重要的问题时，人们就会习惯性地来到“东风革命烈士陵园”和聂荣臻元帅的陵园里敬献花篮，伫立在安放着聂荣臻元帅部分骨灰的墓碑前，默默地跟他交流；不知是给他老人家汇报工作，抑或是祈求老人的庇护与关注。在这片安息着元帅、将军、科学家和普通士兵的陵园里，缅怀中国国防科技事业总工程师及跟随他攻难克坚的将士们，是任何来到酒泉卫星发射基地的人必须履行的一项义务。

聂帅的女儿聂力将军在《山高水长忆父亲》中写道：

20世纪50年代中期，由聂荣臻元帅拍板，并报经周恩来总理、毛泽东主席批准，在甘肃西部荒凉的戈壁滩上，建设起新中国第一个尖端武器试验基地，这便是东风基地，也就是后来颇为著名的酒泉卫星发射中心。这是一片神奇的土地，新中国自行研制的第一枚导弹从这里起飞，中国的第一颗人造地球卫星从这里升空，中国的第一艘飞船，以及第一艘载人飞船也都是从这里翱翔九天的。这里已成为中华民族自强不息的伟大精神象征，这里创造的每一个奇迹，都是我国综合国力不断增强的写照！聂荣臻元帅的部分骨灰就安放在酒泉卫星发射中心的烈士陵园，那是他和为航天事业献身的将士们永久的宿营地。在那里，他能够看到高高的发射架；在那里，他能够最早听到火箭的轰鸣，最早看到卫星和飞船的升空，似乎他仍然在继续指挥着，永恒地关注着我国的航天事业……

1992年9月21日，在决定实施载人航天工程的中央政治局常委会上，时任中央政治局常委的李瑞环充满深情地说：“过去搞原子弹、导弹，卫星上天，是聂帅在那儿抓上去的。聂帅逝世为什么这么多人震动？就因为他领着搞高科技有功，人们怀念他。”

聂帅就是发挥社会主义制度优势、集中科研力量奋力攻坚、“为虎添翼”第一人！

追溯聂荣臻元帅光照千秋的历史，人们自然会把目光聚焦于20世纪20年代。在那烽烟四起、军阀混战的岁月里，青年聂荣臻胸怀救国救民鸿鹄之志，从重庆顺江而下，直赴法国勤工俭学，并在那里加入中国共产党。

旅居西欧的困难处境，迫使青年聂荣臻在组织的安排下转入苏联学习军事。青年聂荣臻先上莫斯科东方大学，与叶挺、王若飞等在一起共同求学；后又一起转入苏联红军学校中国班学习军事。那时的叶挺已有相当知名度，因他来学习前已经担任孙中山大总统的警卫营营长，是由国民党元老廖仲恺派来苏联专攻军事学的。聂荣臻和叶挺、王若飞在留学期间结成莫逆之交，这份情谊成为他们后来患难与共的基础。

在聂荣臻和王若飞的介绍下，叶挺秘密地加入了中国共产党，开始书写他“北伐名将”的壮烈人生。聂荣臻旅苏归国后，也到黄埔军校任职。

1934 年，青年聂荣臻从白色恐怖笼罩下的大上海辗转来到中央苏区，由毛泽东带领他来到红一军团任政治委员。当时大伙儿对青年聂荣臻投以陌生的眼光，而当毛泽东介绍了聂荣臻在苏联红军学校学习过军事，做过黄埔军校政治教官，参加过北伐和南昌起义、广州起义的经历后，众人的目光增添了许多敬佩和亲热。

从此，聂荣臻就和能征惯战的红一军团紧紧联系在一起。

解放战争中，聂荣臻在城南庄、西柏坡直接护卫中共中央和毛泽东的安全。平津战役结束后，聂荣臻于 1949 年 2 月 1 日进入北平，作为华北军区司令员，平津卫戍区司令员，负责中央、军委和开国大典筹备中的保卫工作。

1949 年 6 月，聂荣臻被任命为副总参谋长，协助兼任总参谋长的周恩来主抓军队工作。10 月，聂荣臻任中央人民政府人民革命军事委员会委员、副总参谋长、代总长，领导军队进行正规化、现代化建设。按照中央军委的决定，聂荣臻把加强军队领导机关建设和军队院校建设放在首位，并于 1950 年 3 月向毛泽东写报告，提出六点意见：

（一）继续加强海军、空军司令部建设，筹建炮兵、装甲兵、工程兵司令部，并提出了军兵种领导人选建议。

（二）总参作战部建立军务局、测绘局，情报部以军委一局、二局合并组成，组建通信部、军训部、军校部。

（三）总后勤部组建军需、军械、财务、运输、卫生部。

（四）筹建总干部部，负责军队组织建设。

（五）加强航空、海军、防空、测绘、机要学校和军医大学，筹建正规的炮兵、工程学校。

（六）筹建军事学院，成为建设正规化国防军的训练中心，深造军队高级干部。

这些报告获得了中央军委和毛泽东的批准。各总部、各军兵种机关的创立或加强，各军队院校的创立或加强，极大地推进了人民解放军的正规化、现代化建设。[2]

也就在这个节骨眼上，朝鲜战争爆发，毛泽东让身兼六职的聂荣臻专注于应付朝鲜战局的备战。朝鲜战争僵持到 1950 年 9 月上旬，聂荣臻领导的总参谋部向毛泽东提交了一份关于美军将于 9 月 15 日在仁川附近登陆的预测。其后，美军的行动表明，聂荣臻及总参预测的登陆时间、地点之准确，实在让人难以置信，好像他们就在麦克阿瑟的军情室里工作似的。聂荣臻还向毛泽东提供了国内的武器弹药统计数据以及急需争取苏联援助的数量；指出目前战略储备有限，一旦投入朝鲜战场将很快耗光。

毛泽东决定，由聂荣臻代总长并主持总参谋部工作。这种身份让聂荣臻必须把握朝鲜战场全局，为毛泽东当好参谋。在处置朝鲜战场军机要务的同时，聂荣臻还得把相当的精力用于国防工业的奠基上。

1951 年 8 月 21 日，聂荣臻向毛泽东呈报了航空工业建设的报告：

经召集重工业部航空工业局负责同志及空军司令员刘亚楼等，共同审核苏联航空总顾问波斯毕沃夫同志提出之计划，均表同意。

(一)以利用现有工厂基础，即行改为飞机修理装配厂，并于三年至五年建成飞机制造厂。

(二)选定沈阳、哈尔滨、南昌、株洲等地的五个工厂作为航空工业工厂建厂基础。

(三)从备战观点看，以上五厂的位置比较突出，但为加速建设必须就现有基础进行。至于纵深的建设，拟应待以后进一步的建设中再议。

对此，周恩来批示：拟予同意，并请李富春、何长工与苏联专家速依此计划将今年所需的航空工业建设经费以最低限度计算，提送财委审核。毛泽东即日批示：照办。[2]

朝鲜战争期间，聂荣臻日理万机、殚精竭虑，协助毛泽东运筹帷幄，决胜于朝鲜半岛。正当朝鲜战争即将签署停战协定前夕，聂荣臻累倒在办公室里。毛泽东只好命令他离职疗养，恢复健康。

1954 年 10 月，聂荣臻重返岗位，并以中央军委副主席的身份，受命主管解放军的军工生产和武器装备工作。长期的革命战争实践，使他倍加重视改善军队的武器装备问题。用他的话来说："这是在给我们的人民军队做'为虎添翼'的工作。"

聂荣臻这时关注的重点，自然是陆军武器装备的发展。

1955 年一开春，聂荣臻来到曾是国民党军工基地的大西南——重庆、昆明、成都地区进行调研。在视察了七八个军工厂后，聂荣臻感到非常失望。这些工厂的机器设备普遍陈旧落后。像昆明的光学仪器厂，只能生产低倍率的望远镜，连高性能的瞄准镜也生产不了。重庆的枪炮厂，大多建在两江边的山洞里。枪厂只能生产性能落后的步枪，连冲锋枪也不能生产；炮厂只能生产小口径火炮，性能也比较落后。有些厂实际只是个军械维修厂。从事国防军工研究设计的专业机构几乎没有。

伫立于川江峭壁之上，聂荣臻元帅深深地感受到中国科技落后的实际状况。

但结合苏联援建 156 项企业的技改生产经历，聂荣臻又备受鼓舞。他又像抗美援朝时那样地忙碌起来，认真梳理军工科研发展思路，并于 1955 年 4 月与彭德怀联名向中共中央报告，对陆军武器装备的情况作了详细汇报：到 1954 年底，兵工企业投入批量生产的有手枪、冲锋枪、步枪、马枪，各种机枪、迫击炮、野战炮、榴弹炮等共 11 种；加上正在试制的各种性能更先进的枪炮，可以基本满足现役部队装备和保有适当储备的需要。

同时，聂荣臻与彭德怀在报告中还提出，即行在内地筹建第二歼击机厂及喷气式轻型轰炸机厂，建设与这两个厂相配套的发动机厂和十多个附件厂。毛泽东对此大加赞扬。

经过努力，到 1956 年，我国兵器工业不仅能生产各种制式轻武器和弹药，而且能生产大口径地面火炮和高炮、中型坦克、牵引车等重型武器装备，可以基本满足陆军武器装备的需要。

1956 年 10 月，已是中国共产党“八大”之后，中央正在研究领导人的分工问题。根据毛泽东主席的建议，邓小平专程来到聂荣臻家中，征求聂荣臻对领导分工的意见。邓小平说：“对你的工作安排，中央设想了三个方案：一是，中央决定调陈毅同志专搞外交，他分管的科学技术工作由你来抓；二是，彭真同志工作太忙，中央想让他兼北京市市长，你在彭真之前就当过北京市市长，现在准备让你‘官复原职’；三是，你继续主管军工生产和军队装备工作。三个方案由你选择。”聂荣臻不假思索地说：“市长这个官我不想当，对科学技术工作我倒很有兴趣。我们国家太落后，也迫切需要开展这方面的工作。军工生产和武器装备工作，与科学技术有密切联系，可能的话，将来兼顾也可以。但还是请中央决定吧。”邓小平办事历来果断，当即表示同意：“那就这样定了，我上报中央批准后正式任命。”

1956 年 11 月 16 日，全国人民代表大会第 51 次常委会议决定，任命聂荣臻为国务院副总理，主管科学技术工作。从此，聂荣臻踏上了为中国科技事业特别是国防科技事业奠基的征程。

主管科技工作后，为了摸清“家底”，聂荣臻立即着手了解科技工作的基本情况。聂荣臻很快得知，新中国成立初期，全国只有两个核科研机构，一是原中央研究院物理研究所的核物理实验室，一是北平研究院的镭学研究所。设备少得可怜，科研人员无法开展正常的研究工作。全国的科学研究机构总共也就 40 来个，科研人员总共约有 650 多人。到 1956 年，虽说科研机构已经发展到 380 多个，研究人员也已经有 9000 多人。但显然，依靠这些力量，要开展“两弹”的研究和其他属于独创性、突破性的科研工作，是远远不够的。

从 1956 年担任国务院副总理起，聂荣臻直接领导了国家《十二年科学规划》的起草工作，并把原子能研究列为第一项重点任务；同时，他还以中央军委副主席的身份，通过国防科委，全面加强中央对国防科技工业的集中统一领导，将武器装备的研究、试制、使用密切结合，统一组织力量，制定国防科技发展规划。

聂荣臻元帅还明确提出原子能在军事方面应用的具体目标。如：原子弹的研究与和平利用相结合。原子弹缩小体积，应用于导弹、炮弹、鱼雷作弹头；研制应用于潜艇、远程轰炸机的反应堆，研制可用于军队的小型原子能发电站。主攻方向清晰而明确。

正是在他的统领之下，“两弹一星”的研制工作才得以“乘风破浪，直挂云帆济沧海”。

正是在他的统领之下，中国特色的国防科研生产体系才得以茁壮生长。许多“新中国自行研制的第一”，多是从聂荣臻元帅率领的“科研军团”中诞生，实现从蓝图到现实装备部队的起飞……

读者可以从后面的讲述中更多地体味聂荣臻元帅及其“科研军团”的许多“平凡小事”，

而正是这支队伍中许许多多的“平凡小事”，铸就了国防科技战线彪炳史册的千秋伟业。

历史的丰碑镌刻着聂荣臻元帅的不朽功勋！

参考文献

[1] 中共中央文献研究室. 毛泽东选集. 第五卷. 北京：人民出版社，1977.

[2] 中共中央文献研究室，中国人民解放军军事科学院. 建国以来毛泽东军事文稿.（上）. 北京：中央文献出版社，军事科学出版社，2010.

[3] 王越. 国防科技与军事教程. 哈尔滨：哈尔滨工程大学出版社，2008.

[4] 中共中央文献研究室. 毛泽东传. 北京：中央文献出版社，2003.

[5]《当代中国》丛书编辑委员会. 当代中国的国防科技事业.（下）. 北京：当代中国出版社，1992.

[6] 胡乔木. 胡乔木回忆毛泽东. 北京：人民出版社，2003.

[7] 金冲及. 周恩来传. 北京：中央文献出版社，2011.

[8] 中共中央文献研究室，中国人民解放军军事科学院. 毛泽东军事文集. 第六卷. 北京：中央文献出版社，军事科学出版社，2010.

[9] 王树增. 解放战争. 北京：人民文学出版社，2009.

[10] 叶子龙，温卫东. 叶子龙回忆录. 北京：中央文献出版社，2000.

[11] 王旭东. 回望60年前的烽烟. 航空知识，2010(7).

[12] 菲利普·戴维逊. 毛泽东的战略. 外国军事学术(增刊)，1983(22).

[13] 李际均. 科学认识与把握战略机遇期. 解放军报，2006年1月10日.

[14] 中共中央党校教务部. 毛泽东著作选编. 北京：中共中央党校出版社，2002.

[15] 中共中央文献研究室，中国人民解放军军事科学院. 建国以来毛泽东军事文稿.（中）. 北京：中央文献出版社，军事科学出版社，2010.

第七讲

“两弹一星”筑就大国地位

20 世纪人类生活的这个“水球”，因循着工业革命以来突飞猛进的科技发展，社会生产力空前倍增。正如马克思、恩格斯在《共产党宣言》中所指出的那样：“资产阶级在它的不到一百年的阶级统治中所创造的生产力，比过去一切世代创造的全部生产力还要多，还要大。”

资本主义创造了比以往任何时代都要高得多的生产力，但是，人类社会在生产力空前发展的同时，也遭受了空前惨烈的战争屠杀。特别是第二次世界大战，以 1945 年 8 月 6 日和 9 日美军轰炸机向日本广岛、长崎掷下原子弹为标志，人类社会进入核武器时代。

“二战”的结局是德国、意大利、日本等法西斯国家遭到彻底失败，英国、法国等老牌帝国主义国家实力遭受严重削弱。唯有美国，依仗两次世界大战中发展起来的经济、军事实力，在资本主义世界取得了统治地位。而以苏联为首的社会主义阵营，也出现在欧亚大陆新东方。

战后的国际政治矛盾突出地表现为美苏之间意识形态的尖锐对立，进入人们常说的“冷战时期”（1945 年至 1990 年）。所谓“冷战”（英文“Cold War”），简单说来，就是以美国为首的西方集团和以苏联为首的东欧集团在政治、军事、外交、经济和意识形态等方面的对抗或博弈。“冷战”一词的来历，人们通常以 1946 年丘吉尔访美时发表的“铁幕演说”为起源。丘吉尔说：“从波罗的海边的什切青到亚得里亚海边的的里雅斯特，一幅横贯欧洲大陆的铁幕已经拉下。”由此奏响“冷战”的序曲。

1947 年 3 月 12 日，美国总统杜鲁门在国会两院联席会议上宣读了后来被称为“杜鲁门主义”的《国情咨文》，以美国为首的西方国家加紧推行“冷战”政策，导致美苏两大军事集团的产生。

美国氢弹爆炸

以美国为首的《北大西洋公约》组织于 1949 年 4 月 4 日成立。

以苏联为首的《华沙条约》组织于 1955 年 5 月 14 日成立。

此后，“北约集团”15 个国家的军队和“华约集团”7 个国家的军队直接处于战略对峙状态。美国的 1626 枚战略导弹和苏联的 1910 枚战略导弹及双方数以万计的战术核导弹，相互瞄准着对方成员国的军事、政治、经济目标，处于“按钮待机”之势，进而导致双方激烈的军备竞赛，导致争夺核优势、航天优势的斗争愈演愈烈，国际形势日趋紧张，世界处于惶惶不安的躁动之中……

后来，随着国际风云的诡谲变幻，由意识形态的尖锐对抗逐渐转化为美苏“双超”争霸。当然，其间发生的“热战”也不计其数。按照美国国际关系学者布热津斯基在《大失控与大混乱》中的说法：“二战”后全球至少有20多次(每次以死亡人数不少于数万人来界定的)大的国际战争和国内战争。其中与中国直接相关的就有解放战争、朝鲜战争和越南战争，等等。

回望历史，延绵40多年的这场“冷战”最终并未真正导致全球“热战”爆发。究其根本原因，是由于“冷战”双方都拥有大量的核武器，一旦直接冲突，可能导致全人类的毁灭。对垒双方都害怕毁灭于世界上已拥有的130亿~160亿吨当量的核武器中；这相当于100万颗1945年在广岛使用的原子弹达到的威力，致使谁也未敢启动“核按钮”，发动核大战。因此双方都一直尽量小心翼翼地避免发生全面“热核战”，避免“相互毁灭”，暗地里却在加快“军备竞赛”，并在经济、哲学、文化、社会和政治立场方面维持严重的对立。

20世纪50—70年代，美苏军备竞赛主要表现在大力扩大自己的核储备，并加快发展战略轰炸机和洲际弹道导弹等远程运载工具。在此相当长的时间里，美国在军备竞赛中具有明显的战略优势。

据已经解密资料证实，1959—1961年间，美国平均每天制造的各种核武器数量达75枚。苏联则奋起直追，力图赶上美国。

在核武器的投放和运载方面，特别是洲际导弹等领域，苏联一开始曾领先于美国。

1957年苏联率先发射了洲际导弹，1958年又发射了人造卫星，成为世界上第一个进入太空的国家。时隔一个月，马不停蹄的苏联人又把带有生命的动物：一只小狗送进太空。

这让美国人倍感压力，由此惊呼出现了“导弹差距”，美国处于其历史上“最为严重的危险时期”。震惊之余，美国拉开架势，投入带有强烈“冷战”色彩的太空军备竞赛。在“竞赛”的起跑阶段，苏联人还是领先的。如苏联于1957年发射的首颗卫星重83.6千克，球形，直径58厘米。116天后，即1958年1月31日，在冯·布劳恩等科学家的努力下，美国才将一颗名为“探险者一号”的重8.22千克，高203.2厘米，直径15.2厘米的卫星送入亚太空轨道。

但到了20世纪60年代后期，美国人凭借其强大的科技、经济实力追赶上来。在战略核威慑方面，美苏之间基本达成战略平衡。美国拥有洲际导弹1054枚，潜射导弹656枚，远程轰炸机540架；苏联则分别拥有1200枚洲际导弹，230枚潜射导弹和150架战略轰炸机。此后，双方竞赛的重点由数量转向质量，不断发展新型的运载工具，提高攻击的准确性，使核弹头小型化，并部署多弹头分导式导弹、巡航导弹和反导弹系统。

1983年3月，里根政府提出“战略防御计划”即“星球大战计划”，力图构筑多层次拦截导弹的战略防御体系，把苏联的导弹拦截在太空。美苏核军备竞赛升级为太空武器竞赛。80年代末，美苏拥有的各种核弹头超过6万枚。

到了90年代初，以苏联解体、东欧剧变为标志，美、苏为首的两大集团长达40年的“冷战”才算告终，“美苏争霸”转为“一超多极”时代。

笔者在此耗费如此多的笔墨来交代“冷战”时期美苏争霸的国际环境，完全是为了和读者一道来追忆中国发展“两弹一星”的时代背景与艰难困苦。了解在20世纪五六十年代那极不寻常的时间里，中国经受磨砺而不断奋发图强的历史进程，对我们庄重选择和平崛起的科学发展之路，具有很强的现实指导意义。

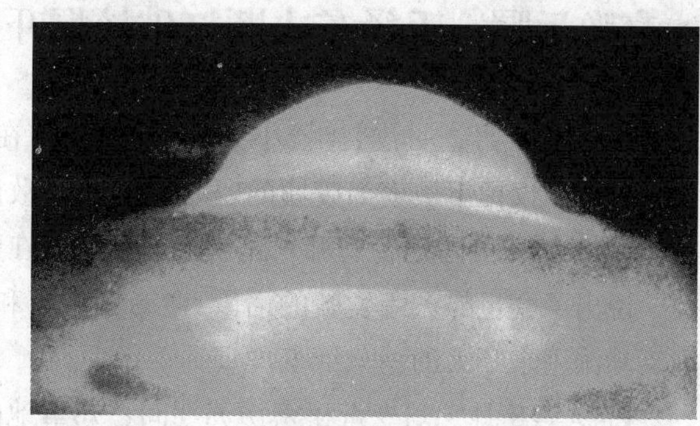
中国第一颗氢弹爆炸

正是在这样的时代背景下，为了抵御帝国主义的武力威胁和打破超级大国的核讹诈、核垄断，尽快增强国防实力，保卫国家安全，以毛泽东为核心的党中央领导集体果断决定研制“两弹一星”(原子弹、导弹和人造地球卫星)。

中国科学家和国防科技工业战线的百万工作人员在物质技术基础十分薄弱的条件下，在较短的时间内，成功地研制出国人引以为傲的“两弹一星”，从而铸就了中国的战略核盾牌，筑就了当代中国在国际舞台上的大国地位。

历史是这样记录的：

1960年11月5日，中国成功发射第一枚自主研制的导弹。

1964年10月16日，中国第一颗原子弹爆炸成功。

1966年10月27日，中国第一颗装有核弹头的地对地导弹飞行爆炸成功。

1967年6月17日，中国第一颗氢弹空爆试验成功。

1970年4月24日，中国第一颗人造卫星发射成功。

短短10余年时间，“两弹一星”从构想变为现实，这是中国人民在攀登现代科技高峰征途中创造的人间奇迹，充分体现了在中国共产党领导下社会主义集中力量办大事的优越性。

中国——这个诞生四大发明的文明古国——这个饱经沧桑的东方巨人——这个遭受百年屈辱的古老民族——以更加自信的姿态巍然屹立于世界民族之林。

正如邓小平所指出的那样：“如果六十年代以来中国没有原子弹、氢弹，没有发射卫星，中国就不能叫有重要影响的大国，就没有现在这样的国际地位。这些东西反映一个民族的能力，也是一个民族、一个国家兴旺发达的标志。”

江泽民在担任中央军委主席后也曾多次高度评价“两弹一星”的历史作用。1998年12月25日，他在军委扩大会议上无限感慨地指出，“六七十年代，我们克服各种困难，成功地搞出了‘两弹一星’，从而打破了美苏的核垄断、核讹诈，使我国成为世界上少数拥有核武器的国家之一，而且促进形成了一批高新技术产业，带动了国家整个科学技术的发展。

毛主席、周总理当年看得是非常远的。如果当时不搞'两弹一星'，我国在世界上就不可能拥有今天这样的地位，我们国家安全的形势也会大不相同。"[1]

在中华民族华赡沉厚的文明史册上，发展"两弹一星"，无疑是极为瑰丽奇彩的篇章。

▶高瞻远瞩　毛泽东决断打破核恫吓

1945 年 8 月，一枚名叫"小男孩"的原子弹在广岛上空爆炸，瞬间将几万鲜活的生命化为乌有，仅留下被夷为废墟的"核污染区"。敌酋为之丧胆！世界为之惊骇！

1946 年，美国记者安娜·路易斯·斯特朗在延安宝塔山下采访毛泽东。毛泽东谈锋正健，说出了令世界振聋发聩的话语："帝国主义和一切反动派都是纸老虎！原子弹也是美国反动派用来吓人的一只纸老虎。"

1949 年 8 月，刘少奇秘密访苏期间，郑重地向苏联人提出参观其核设施的要求时，高傲的斯大林拒绝了"共产国际中国支部"的请求："你们没有能力也没有必要搞那个玩意儿！"

中共代表团在宾馆里以怀疑的口吻议论苏联是否真正拥有原子弹时，被苏方情报部门窃听之后汇报上去。或许是作为补偿，或许是为显摆，苏联人请中共代表团观看了有关核试验的纪录片，目的是让中国人放心，苏联是真正拥有原子弹的。

当 1950 年初毛泽东访问莫斯科时，斯大林炫耀性地邀请毛泽东观看了苏联进行原子弹试验的纪录影片。中国领导人由此对原子弹产生了相当深刻地感性认识。但是，此刻的毛泽东并没有那么强烈地期望拥有原子弹这类核武器。毛泽东坚信他的关于"原子弹也是吓人的纸老虎"的论断，是客观而准确的。

作为一种高瞻远瞩的战略判断，毛泽东的论断，已经被长达 40 多年的"冷战"历史证明是完全正确的；并将继续为世界未来的发展证实是非常正确的。

毛泽东访苏回国后，对前来迎接的政治局委员们说："这次到苏联，开眼界哩！看来原子弹能吓唬不少人，美国有了，苏联也有了，我们也可以搞一点儿嘛。"

1954 年 9 月 10 日，彭德怀、刘伯承两位元帅率领中国军事代表团赴苏观摩有原子弹试爆条件下的实兵对抗演习。演习总结会上，苏联国防部长布尔加宁送给彭德怀一把金钥匙，并说："这是参加原子弹投放试验的飞行员使用的金钥匙。"大家争相传看。随团的陈赓大将看了一眼说："光给把钥匙，不给原子弹有啥用！"彭德怀立即说："你是军事工程学院的院长，你可以组织研制嘛！稀罕人家的东西有啥用，我们还是自己干吧！"

这次赴苏观摩，给统领中国军队的将帅们上了一堂生动的原子武器教育课！

陈赓大将回国后，就着手考虑"哈军工"要培养研制导弹、原子弹的人才。陈赓深知国内这方面人才奇缺，短时间内难以培养出来。他两次专门向周恩来等领导人建议，要争取留美的中国科学家和留学生，如著名科学家钱学森等人回国效力。

周恩来告诉陈赓，早在1946年，中共中央就决定与国民党在海外留学生和华裔科学家中展开人才争夺，特别是火箭和核能专家。因此在苏联首次核试验前夕，我方就知道苏联已经掌握了核技术，“不然，少奇同志也不会那么冒昧地向斯大林提出参观要求”。

周恩来讲，1949年2月，刚回国到北平研究院原子学研究所工作并执教于清华大学的钱三强，准备借去法国参加国际会议的机会，托老师约里奥·居里教授帮助订购一些有关原子能研究的仪器、设备和图书资料。临行前，钱三强向刚刚进入北平的中共领导人申请20万美金的购置费。当时内战正处于炽烈状态，我党的经费十分紧张。在新解放区各项事业百废待兴、亟需资金的情况下，中央立即表态同意，派统战部长李维汉约见钱三强，明确表示支持，并嘱托钱三强：“中央对发展原子能科学很重视，希望你们好好筹划。”

周恩来对陈赓讲完这段历史后，热忱地鼓励陈赓抓紧在“哈军工”的基础工作。

1990年，钱三强在他的回忆文章中证实了这件事：

当年在中南海里，等待我的是中共中央统战部长李维汉。他热情招呼之后，便说：“你的那个建议，中央研究过了，认为很好。清查了国库，还有一部分美金，我们目前有这个力量，决定给予支持。估计一次用不了你提的全部款项，因此在代表团的款项内，先拨出5万美元供你使用。

当我得到那笔用于发展原子核科学的美元现钞时，喜悦之时，感慨万千。这些美元散发出一股霉味，显然是刚从潮湿的库洞中取出来的，不晓得战乱之中它有过什么经历，而现在却把它交给了一位普通科学工作者。[2]

钱三强到法国参加国际会议期间，把这笔钱辗转捎给了旅居英法的两位中国留学生，并让他们在法国居里实验室和英国朋友的帮助下，想方设法买到一批仪器设备和图书资料，通过多种途径，冲破禁运封锁带回国内。这些设备和资料，加上后来赵忠尧从美国带回来的30箱器材，便成了北平研究院近代物理研究所建所初期赖以进行科研工作的主要条件。

在当年整个北平城都忙着“开国大典”的时候，近代物理研究所的领导觉得也要扬眉吐气地为新中国成立干点事，于是就带领全所人员学习延安革命精神，或修旧利废，或到旧货摊上购买电子元器件，自己制作仪器设备开展科研工作。

共和国成立初期那股热火朝天建设新中国的局面，促使每位海外归来的爱国科技人员都甘愿贡献自己的一切。

随着科研试验设施的建成和各种条件的改善，近代物理研究所的科研工作也做出一定成绩。赵忠尧等先后主持建成大气型700千伏的静电加速器、高气压型2.5兆伏静电加速器；何泽慧等主持研制了多种核探测器和核电子仪器；彭桓武等开展了核物理、基本粒子物理和反应堆理论等方面的研究工作；发射化学组的科研人员开展了铀的提取、纯化、分析测定以及重水和高纯石墨的研制工作。

到1955年，近代物理研究所已在6个学科领域开展了研制工作，培养了一批科研骨干，获得了一批具有一定水平的科研成果，为中国核科学技术的发展奠定了初步基础。

1952年底，在以钱三强为首的中国科学院代表团访苏之前，苏联科学院院长向苏共中央政治局提交了一份报告。其中谈到对中国科学家来访活动的安排时，苏联科学院院长建议，因为钱三强是曾在法国研修多年的核物理专家，“我们只能向他介绍一般性质的科研情况，而不要让他详细了解第一总局课题范围内的工作……鉴于苏联科学院及第一总局正在领导着苏联原子能利用领域的科学研究工作、铀加工的管理事务和原子动力装置的建造，应明确不让钱了解这方面的情况。”这一建议，足以表明苏联此时尚无意向，让中国知晓原子弹秘密。

果然，中国代表团在参观中“只接触到了几名丝毫不了解核技术课题的科研人员”。而当钱三强提出能否提供有关核科学仪器和实验性反应堆资料时，苏方含糊地表示可以通过外交途径解决。虽然双方对此可能有过接触，但至少在当时并未看到任何结果。没有技术来源，再加上朝鲜战争的特殊环境以及国家财力有限等原因，中国政府决定在第一个五年计划中不列入研制核武器的准备措施。

时光流逝，真正促使中国领导人决心拥有原子弹的国际因素，是此后发生的两次台海危机，尤其是1955年美国通过《美台共同防御条约》后。

讲述至此，我们就不能不提到新中国成立后多次遭受美国核讹诈的往事。

历史的发展，往往因为偶发的因素而导致不能逆转的趋向；朝鲜战争的爆发就是如此。当美军在朝鲜战场遭受重大失利之时，美国总统杜鲁门就开始叫嚣：“美国已经在考虑同朝鲜战争相联系的使用原子弹问题。”美国人不光是口头上讲讲，而是将原子弹运到停泊在朝鲜半岛附近海域的航空母舰上，进行了核模拟袭击。1950年11月30日，杜鲁门更是在记者招待会上宣称，将采用包括原子弹在内的一切必要措施来应付目前的军事局势。杜鲁门的虚言恫吓并没有阻止中朝军队的攻势，到12月24日第二次战役结束时，“联合国军”正仓皇撤往“三八线”以南。相反，杜鲁门的轻率言词倒是吓坏了欧洲盟国。在苏联也拥有原子弹的情况下，美国的欧洲盟友首先担心的是自己的安全：如果美国在朝鲜冒冒失失地甩出原子弹，谁能担保苏联不会对“铁幕”另一侧的欧洲国家如法炮制？

面对美国的核威胁，毛泽东自然是一笑置之，他深信“原子弹也是美国反动派用来吓人的一只纸老虎”。直至1953年7月，美国人坐到板门店的谈判桌前跟中朝两国签订停战协议之时，他们也未敢冒此天下之大不韪。

顺便讲讲，“阻拦美国人动用原子弹”，这里面也有英国人的“贡献”。1950年11月30日，杜鲁门讲话后引起全欧洲恐慌。在伦敦，一百名工党议员联名写信给英国首相艾德礼，抗议使用原子弹的可能性。在国内的强大压力下，克莱门特·艾德礼于12月4日匆忙飞往华盛顿，同杜鲁门紧急磋商。直到杜鲁门信誓旦旦地保证并没有使用原子弹的打算时，艾德礼心中的石头方才落地。果然，杜鲁门在卸任总统前再没提使用原子弹的事。

在朝鲜战场交手失败后的美国人，对毛泽东领导的红色中国当然不肯善罢甘休。每次台海危机，美国总是公然提出“台湾海峡安全受到威胁时，美国有权使用原子弹”。对此，毛泽东斩钉截铁地回答：“我们不仅要有更多的飞机大炮，还要有原子弹。在今天的世界上，要不受人家欺负，就不能没有这个东西。”

中国领导人清楚地意识到，面对美国海空军先进的高技术兵器和战术核武器攻击的威胁，中国依靠自己的军事力量是难以防御的。根据当时的条件，中国要迅速取得先进武器或进而发展军事技术，制造尖端武器，最佳乃至唯一的途径就是争取得到苏联援助。

在朝鲜战争和第一次台湾海峡危机之后，中国领导层高度重视核武器的发展，将其提上议事日程，并将发展核武器界定为关乎中国国家利益的重大课题。

在此背景下，中国对国家军事战略做出了相当大的调整，确立了积极防御的战略思想，而建立有限的核打击力量则明确成为积极防御战略的重要组成部分。

1954 年底，中国地质队在广西地区找到了铀矿，引起中央领导的高度重视。

中央书记处传看的铀矿标本

1955 年 1 月 14 日，地质学家李四光和核物理学家钱三强被召到周恩来办公室，在座的还有副总理薄一波和二机部副部长刘杰。周恩来先请李四光介绍我国铀矿勘探情况，接着请钱三强介绍原子核科学技术研究状况。周恩来全神贯注地倾听他们的每句话，并洞察问题的关键，详细询问原子反应堆、原子弹的基本原理以及发展这项事业的必要条件，然后说："明天毛主席和其他中央领导要听取这方面的情况汇报，你们做下准备，简明扼要，可以带点铀矿石和简单仪器做点现场演示。"

翌日，毛泽东主持召开中共中央书记处扩大会议，直接听取地质部部长、地质学专家李四光、二机部副部长刘杰以及钱三强的汇报。按照周恩来的嘱咐，汇报人员将铀矿石标本和探测铀矿石的探测器带到会上，向中央领导人做了操作表演。当听到用于测量放射性的盖革计数器发出"嘎嘎"的响声时，到会领导人都兴奋起来。"领导人一个一个传着看铀矿标本，对它那神话一般的巨大能量感到惊奇。"（钱三强语）毛泽东关切地询问了发展原子能的有关问题。周恩来坐在他的身旁，一边介绍情况，一边提醒李四光、刘杰和钱三强，对重点地方应该汇报得更详细一些。钱三强在《神秘而诱人的路程》中写道：

毛泽东听完汇报，十分高兴地对到会人员说："我们国家，现在已经知道有铀矿，进一步勘探一定会找出更多的铀矿来。解放以来，我们也训练了一些人，科学研究也有了一定的基础，创造了一定的条件。"随后，毛泽东说："过去几年，其他事情很多，还来不及抓这件事，这件事总是要抓的。现在到时候了，该抓了。只要排上日程，认真抓一下，一定可以搞起来。"他又用手掂量着铀矿石，深沉地说："这是决定命运的！好好干吧！"

会议对大力发展原子能表示了极大兴趣和决心。

在这次中共中央书记处扩大会议上，毛泽东还从哲学的角度谈到了粒子可分的问题，鼓励核科学家们进一步展开核科学方面的研究。

时任中国科学院物理研究所(原子能研究所前身)所长的钱三强深情地回忆:

毛泽东突然语气一转,以哲学家的见解向我提出关于原子的内部结构问题:

"原子核是由中子和质子组成的吗?"

"是这样。"我(钱三强)随口答道。

"那中子和质子又是什么东西组成的呢?"

毛泽东的问题并不离奇,但要准确回答却使我有些作难,只好照实说:"这个问题正在探索中。根据现在研究的成果,中子、质子是构成原子核的基本粒子。所谓基本粒子,就是最小的,不可再分的。"

毛泽东略加思考,然后说:"我看不见得。从哲学的观点来看,物质是无限可分的。中子、质子、电子,也应该是可分的,一分为二,对立统一嘛!不过,现在试验条件不具备,将来会证明是可分的。你们信不信?反正我信。"

"这是一个预言,是一位政治家的哲学预言。"钱三强如是说。毛泽东以如此充满智睿活力的气质和气魄,从哲学的角度畅谈的粒子可分问题,很快就被世界物理学界大师们的研究所证实,并有多人获得诺贝尔物理学奖。尽管这已是20世纪六七十年代以后的事。

会后,毛泽东请科学家们一起吃饭。一生不太喜欢饮酒的毛泽东,此时却端起了一杯红葡萄酒。他的祝酒词是"为我国原子能事业的发展,干杯!"

时隔35年后,钱三强追怀此事,无限感慨地指出:

是不是凡属政治家都能很快地对重大科学问题有远见,能及早把目光投向未来呢?

在美国就曾经有过这样一个事例。那是"二战"正炮火连天,而原子核科学不断有突破性进展的时候,一位原本抱着和平主义立场的物理学家爱因斯坦,出于对希特勒摧毁文明的憎恨和担忧,为西拉德等人所劝服,于1939年8月2日上书罗斯福总统,提请注意核物理学的最新发展,指明核裂变所提供的一种危险的军事潜力,并警告他,德国可能正在发展这种潜力,美国政府必须迅速采取行动,防止德国首先掌握原子弹。

起初,罗斯福对此事并未加以重视。尽管罗斯福10月19日写给爱因斯坦的回信中,提到要任命一个委员会"详细研究你的关于铀元素的建议的可能性",但是事情仍然进行很缓慢。西拉德只好再次说服爱因斯坦于1940年3月给罗斯福写了第二封信。

与此同时,帮助爱因斯坦转交信件的经济学家、罗斯福的好友萨克斯趁总统早餐的时间,给他讲述了拿破仑因拒绝科学家建造动力船队的建议,无法渡过英吉利海峡,未能征服英国,结果腹背受敌,饮恨终身。罗斯福从这一教训和科学家的再三提醒中受到启发,决心投入大量人力物力,终于最先制造出反应堆和原子弹。

我们中国的原子核科学家,在这方面应该说一直是幸运的。国家最高层不但有果断的决策,实行决策的条件、措施也都在周总理的运筹之中。

经历了新旧社会两重天的中国知识分子代表钱三强真是有感而发啊!他是为新中国的核科学家的幸运有感而发。

钱三强讲得好!中国的知识分子从来都是愿意为祖国强盛而肝脑涂地的!

▶励精图治　新中国决心发展原子弹

后来的历史证明，1955 年 1 月 15 日的中南海会议，是一次对中国核事业具有重大历史意义的会议。这次会议做出了中国要发展核事业的战略决策，也标志着中国核工业建设的开始。

于是，1955 年 1 月 15 日便成为新中国核事业创建的起点。

聂荣臻回忆，在这次会议上首次确定了积极争取苏联帮助的方针。毛泽东强调指出："现在苏联对我们援助，我们一定要搞好！我们自己干，也一定能干好！我们只要有人，又有资源，什么奇迹都可以创造出来！"会议通过了代号为"02"的核武器研制计划。

中国决定发展自己的核战略力量，主要是出于两个方面的考虑：首先是中国国家安全的需要，其次是未来中国的国际地位。

毛泽东认为帝国主义"看不起我们，是因为我们没有原子弹，只有手榴弹"，因此中国"应该有原子弹，并尽快发展氢弹"。

对中国来说，"现在进行国防工业建设，重要的是把最新的武器，如导弹、氢弹、无线电操作等搞起来，一旦战争发生可以解决些问题"。所以尖端的武器必须要有！有了导弹、核武器，才能防止使用导弹、核武器；"如果我们没有导弹，帝国主义就会使用导弹"，"要抓紧尖端武器的工业，丝毫不容懈怠"。

聂荣臻回忆道："朝鲜战争停战以后，经常引起我们不安的是，我们在军事技术方面远远落后于敌人。如何逐步改变这种状况，这是我们经常思考的问题。随着现代科学技术的迅速发展，这个问题也越来越显得突出了。我们国家很大，不可能靠购买武器来支撑国防，尤其从科学发展的趋势来看，技术越发展，保密性也越强，别人即使给一些东西，也只能是性能次先进的技术，唯一的出路只有尽可能吸取国外先进成果，走自己研制的道路。"

因此，20 世纪 50 年代中期以后，中国领导人高度重视以发展核武器为核心的原子能研究与利用，特别强调掌握先进科学技术对巩固国防的重要作用。这些方针的贯彻，对中国核武器研制工作的起步产生了积极作用。此外，包括苏联在导弹研制和试验基地建设方面的援建，也加快了"两弹"研制的前进步伐。在此基础上，核武器研制进入了"实质性的消化资料、研究设计和试制等前期基础工作"。

品读国史，回眸 20 世纪 50 年代中期的历史轨迹是特别有意思的。1955 年 1 月 18 日，张爱萍将军指挥我海陆空三军首次协同作战，解放一江山岛，震惊美国朝野。1 月 26 日和 28 日，美国众议院和参议院通过了授权总统使用武装力量协防台湾有关地区的《福摩萨决议案》，使其核讹诈政策演化成可以阻止我收复台湾并动用原子弹的"法律依据"。随后，美军第七舰队多艘航空母舰在内的庞大舰队驶入我浙东海域并支援大陈岛的国民党军队撤至台湾。

随着台海危机日益加剧，美国国务卿杜勒斯访问台湾归来即与总统艾森豪威尔单独密谈。很快，艾森豪威尔在电视讲话中向中国发出赤裸裸的核威胁：美国“找不到任何理由不使用核武器，就像你在打仗时找不到理由不使用子弹或别的什么一样”。言外之意是要对红色中国动用核武器！美国海军作战部长卡尔内也向报界透露：美国已经拟定了一个向中国发起全面进攻的计划，军方正在制定对中国发动大规模核攻击。

就在美国频频发出核威胁时，1 月 28 日，毛泽东接见芬兰首任驻华大使，发表了气吞山河的《原子弹吓不倒中国人民》的讲话。虽然毛泽东讲的还是用中国的小米加步枪对付美国的飞机加原子弹，但已经可以充满信心地宣布：如果帝国主义胆敢发动世界战争，就将“在地球上被消灭”。

尽管美国的核威胁并未达到它预想的目的，但是美国频频亮出核武器这张王牌，使中国领导人认识到，要想维护新生国家的主权与安全，中国应该也必须拥有现代化的武器，特别是核武器。

早在新中国成立 5 周年国庆宴会时，赫鲁晓夫被热烈气氛感染，主动询问中方有何需要帮助；毛泽东便问他，能否在研制核武器方面给予中国支持。赫鲁晓夫对此思想上没有准备，稍微迟疑之后，他劝说毛泽东“不要搞那个耗费巨资的东西”，并表示只要有苏联的核保护就行了。赫鲁晓夫也驳不过毛泽东的情面，最后建议，由苏联帮助中国建设小型实验性核反应堆和回旋加速器，以进行原子物理科研和培训技术力量，这就是“一堆一器”的来历。

当时，美苏两国正在秘密进行防止核扩散谈判。可以讲，美苏之间就是从此时伊始，展开了漫长而毫无结果的限制核武器发展的争吵与谈判。

1954 年 9 月 22 日，就在赫鲁晓夫访华前夕，苏联政府向美国递交了一份备忘录，表示愿意在和平利用原子能问题上继续与美国政府进行谈判。

苏联人刚刚对美国作出如此承诺，毛泽东此时提出要苏联帮助制造原子弹，赫鲁晓夫当然不敢贸然答应。

不过，赫鲁晓夫毕竟有求于毛泽东，答应在原子能和平利用方面帮助中国。而这项工作的开展，是中国走向研制核武器的第一步。赫鲁晓夫回国以后，中苏两国政府便就核能事业合作进行具体谈判。双方见面，多是握手言欢。

宋任穷向苏联核技术专家授旗

1955 年 1 月 17 日，苏联政府发表声明说，为促进和平利用原子能，苏联将给予其他国家以科学技术和工业上的帮助，将向中国和几个东欧国家提供广泛帮助。

作为合作条件，1 月 20 日，中苏两国签署了《关于在中华人民共和国进行放射性元素的寻找、鉴定和地质勘察工作的议定书》。根据这个协定，两国将在中国境内合作经营，进行铀矿的普查勘探；对有工业价值的铀矿床，由中国方面组织开采，铀矿石除满足中国的发展需要外，其余均由苏联收购。随后，大批苏联地质专家来到中国，帮助进行铀矿的普查和勘探。

4 月 27 日，以刘杰、钱三强为首的中国代表团在莫斯科与苏联签订了《关于为国民经济发展需要利用原子能的协定》，确定由苏联帮助中国进行核物理研究以及为和平利用原子能而进行核试验。苏联还要无偿提供有关原子反应堆和加速器的科学技术资料，提供能够维持原子反应堆运转的数量充足的核燃料和放射性同位素，培训中国的核物理技术人员。

8 月 22 日，苏共中央批准了关于帮助中国进行和平利用原子能工作的提案，满足中国的请求，帮助在北京和兰州组织教学，培养原子能专家。

同年 10 月，经中共中央批准，选定在北京西南远郊坨里地区兴建一座原子能科学研究基地，并将苏联援建的“一堆一器”安置在这里。

同年 12 月，苏联原子能科学家代表团访华，向中国赠送了一批有关和平利用原子能的影片和书籍。苏联代表团还在全国政协礼堂举行报告会，讲授关于和平利用原子能的各项问题。12 月 26 日，周恩来在与苏联代表团举行的会谈中，双方讨论了《中国 1956—1967 年原子能事业规划大纲》。苏联科学家主动表示准备给予中国核工业建设全面援助。

苏联的帮助进而推动了中国的原子能研究。中国现代历史档案是这样记录的。

1956 年 4 月 23 日，中共中央发出通知，“中央已经决定对于原子能的研究和建设事业，采取最积极的方针，并且在苏联的帮助下，争取在较短的时期内接近和赶上世界的先进水平。因此，必须迅速地全面地开展对于铀及各种特殊金属的勘探、开采和冶炼工作，进行各种化工材料的生产、各种特殊机械及仪表的制造，原子堆和加速器的设计和建造，以及原子能科学研究和干部培养等一系列新的工作”。中央还认为，“当前最急迫的是必须由全国各地和中央各部门抽调一批优秀的技术干部和行政干部，以及一定数量的技术工人和普通工人，在苏联专家的指导下，立即开始学习和工作”。

中央决定：1956 年所需的 2462 名高等学校毕业生和 760 名中等技术学校毕业生由国家计划委员会直接分配，同时限令于当年 5 月和 7 月再“从全国各地和中央各部门中抽调干部 1895 名(其中技术干部 819 名)、工人 5055 名参加原子能研究工作”。

同年 5 月全国科学规划会议所确定的 57 个重点学科中，原子能被摆在最为突出的地位。

此后两年，苏联的核技术援助进一步扩大。

1956 年 8 月 17 日，中苏两国政府签订了援助中国建设原子能工业的协定，确定由苏联援助中国建设一批原子能工业项目和进行核科学技术研究用的实验室。在此基础上，二机部于 1957 年 3 月制订了第二个五年计划，要求在 1962 年以前在中国建成一套完整的、小而全的核工业体系。

为帮助中国的核科学研究，苏联派遣了由沃尔比约夫率领的十几位专家来到物理研究所工作。沃尔比约夫及专家组最初的任务是编制教学大纲并培养研究浓缩铀和钚方面的中方人员，后来也负责指导反应堆的实验。

沃尔比约夫与钱三强所长建立了很好的合作关系，同周恩来总理也有过亲密接触。

在苏联专家的帮助下，“一堆一器”相继建成，并从重水反应堆中获得少量的钚。此外，通过教学和实验，培养了一批中国科技人员。沃尔比约夫刚来时，研究所仅有60余位核物理科研人员；到1959年11月他撤离时，核物理科研人员已经增长十几倍。

中国的核武器研制工作于1956年初逐步展开。

尽管和平利用原子能可以成为研制核武器的技术基础，但是要真正实现这步跨越，却决非易事。这不仅需要具有各种特殊的设施、设备和仪器，更需要掌握从铀分离、提纯到核爆炸的一系列专门技术和工艺。美国和苏联跨出这一步用了5至7年，以中国当时的工业基础和工艺技术水平，以及当时西方进行经济技术封锁的外部环境，要在同等时间内试制出原子弹，相当程度上还需要依靠苏联的帮助。这也是当年赫鲁晓夫以为撤回专家就能扼住中国的重要原因。

中国能够以震惊西方的速度成功地爆炸原子弹，应当承认当初苏联援助的作用，尽管是不完全的援助。1956年1月31日，周恩来在国务院第四次全体会议上指出：“在这方面，我们很落后，但是有苏联的帮助，我们有信心、有决心能够赶上去。”“美国的核恫吓吓不倒我们，我们也要掌握原子弹！”怀着这样的信念，国防部长彭德怀于2月18日向毛泽东报告工作时，第一次正式提出了研制和发展核武器的具体报告书。最后，毛泽东在3月召开的中国共产党全国代表会议上宣布：中国进入了“开始要钻原子能这样的历史的新时期”。

1956年，毛泽东发表了著名的《论十大关系》，系统论述了正确处理国防建设与经济建设的关系问题。毛泽东说，为了建设强大的国防，“可靠的办法就是把军政费用降到一个适当的比例，增加经济建设费用。只有经济建设发展得更快了，国防建设才能够有更大的进步”。“你对原子弹是真正想要、十分想要，还是只有几分想，没有十分想呢？你是真正想要、十分想要，你就降低军政费用的比重，多搞经济建设。你不是真正想要、十分想要，你就还是按老章程办事。这是战略方针的问题”。“现在我们把兵统统裁掉好不好？那不好。因为还有敌人，我们还受敌人欺负和包围嘛！我们一定要加强国防，因此，一定要首先加强经济建设。”可见在1956年4月下旬的那些日子，毛泽东始终思考着研制原子弹问题，包括它的费用从哪里来等。

1958年2月，原第三机械工业部改名为“第二机械工业部”，主管核工业和核武器发展；原第一机械工业部、第二机械工业部和电机制造工业部合并为“第一机械工业部”。

1958年6月，中苏合建重水型核实验反应堆。毛泽东主席在中央军委扩大会议讲话时指出：“原子弹就那么大的东西，没有它人家就说你不算数。那么，好吧！搞一点儿原子弹，我看有十年工夫完全可能。”

8月，二机部党组向中共中央呈送了《关于发展原子能事业的方针和规划的意见》，明确提出了“军事利用为主，和平利用为辅”的方针，并得到周恩来和中央政治局的首肯。邓小平批示：“发展原子能尖端科学和工业，已经成为可能和必需的事情，今后应该加速发展。”

正当中国领导层在发展原子能事业问题上取得空前一致的时候，国际形势亦在发生出乎中国人意料的变化。早先被认为“铁板一块”的社会主义阵营出现了裂隙。中苏两国关系演绎了从“蜜月”走向争论直至破裂的轨迹。

1959年赫鲁晓夫访华，他在天安门城楼上对毛泽东说：“关于生产原子弹的事，我们决定把专家们撤回去。”赫鲁晓夫满心以为他这样“要价”就能够拿住中国人。毛泽东淡定地回答说：“苏联专家嘛，需要倒是需要，不过，也没有什么大关系。我们可以自己试试，这对我们也是个锻炼！如果技术上能帮助我们一下固然好，能不能帮就由你们考虑决定。”

1960年7月16日，苏联向中国递交了关于撤走在华专家、停止原定设备材料供应的照会。7月18日，毛泽东在北戴河中央工作会议上再次发出号召，“自己动手，从头做起，准备用8年时间，拿出自己的原子弹！”

即使面对赫鲁晓夫那一系列粗暴的动作，毛泽东也还是反复强调“必须坚持自力更生，建设社会主义”：

1917年到1945年，苏联是自力更生，一个国家建设社会主义。这是列宁主义的道路，我们也要走这个道路。

苏联人民过去10年中在建设上曾经给了我们援助，我们不要忘记这一条。

要下决心，搞尖端技术。赫鲁晓夫不给我们尖端技术，极好！如果给了，这个账是很难还的。[3]

这就是毛泽东！——这就是毛泽东1960年7月18日在北戴河会议上气壮山河的讲话。

毛泽东的这段话，宣示了站立起来的中国人民捍卫民族尊严的浩然正气！

8月23日，在中国核工业系统工作的上千名苏联专家中的最后233人全部撤走。

苏联单方面撕毁协定，撤走专家，带走图纸，阻交设备，彻底地激怒了中共领导层。

1961年中央军委和国务院领导召开会议，讨论中国还有没有能力、要不要马上发展导弹核武器。会议争论相当激烈。外交部长陈毅说：“干！就是当了裤子，我们也要搞原子弹！”国防部长林彪说：“原子弹要上，哪怕架在火上也要把它烧响……”

赫鲁晓夫断然撕毁协议、撤走专家这一招似乎并不奏效，于是他又使狠招，加紧对中国实施催逼“偿还朝鲜战争武器借债”的行为。这更加激怒了以毛泽东为首的中共中央政治局。毛泽东愤然写道：

雪压冬云白絮飞，万花纷谢一时稀。高天滚滚寒流急，大地微微暖气吹。

独有英雄驱虎豹，更无豪杰怕熊罴。梅花欢喜漫天雪，冻死苍蝇未足奇。

“在当代，我们必须发展包括导弹、原子弹在内的各种尖端武器。”聂荣臻元帅说出了中共领导层共同的心声。

▶审时度势　党中央调兵遣将搞核武

如何掌握原子能惊人的力量，如何让导弹技术成为反威慑的和平力量，成为刚刚从战争废墟中站立起来的新中国最急迫需要实现的理想。尽管毛泽东说：“原子弹也是美国反动派用来吓人的纸老虎。”可是，这是从战略上藐视敌人，战术上还得高度重视敌人。

严峻的现实迫使中国领导人在下决心研制自己的原子弹、拥有现代化武器装备时，确立了“积极防御”的核战略。毛泽东决心摆脱受制于人的被动地位，一开始就明确了坚持自力更生为主、积极争取联援助共同研核的方针。毛泽东的行事风格向来是“谋定而后动”。他在集中团队意见、下最后决心后，立即把调兵遣将、演兵布阵等具体工作交给了共和国总理、中央军委副主席周恩来，由他贯彻中央的决策，充分调配各方资源，使军政领导体系的运行能够全力保障“两弹”的研制。宋任穷对此回忆：

为了打破帝国主义的核讹诈和核垄断，我们必须尽快掌握国防尖端技术，发展自己的核武器。毛主席、党中央恰当地估计了我国的资源条件和科研基础，于1951年1月毅然作出创建中国原子能事业和研制原子弹的决策。周总理亲自组织实施，并指定陈云、聂荣臻、薄一波组成三人小组，负责指导原子能事业的发展工作。具体业务由薄一波任主任、刘杰任副主任的国务院第三办公室负责统筹和管理……后来，总理又找了刘杰等同志征求对机构设置的意见，认为成立原子能委员会，势必还要设立办事机构，增加层次，因此还是成立原子能事业部好。周总理在1956年7月向中央作的《关于原子能建设问题》的报告中，提出成立“原子能事业部”的建议。主席同意总理的意见。1956年11月正式提交一届人大常委会议通过，决定成立第三机械工业部（1958年2月改名为“第二机械工业部”），让我当部长。”[4]

在抓好机构设置、让二机部抓紧发展原子能事业根本环节的同时，周恩来还另外做了三处安排：一是组织陈赓领导的“哈军工”及国防科研院校，包括钱学森回国后参与的国防科技研究，要求把工作重点放在突破导弹技术上；二是充分发挥中国科学院的作用，把资源雄厚的科研力量派上原子能事业主战场；三是审时度势，较早地组织新型原材料、精密仪器仪表和大型设备攻关。

陈赓领导的“哈军工”与钱学森等所在的国防科研单位为相关研制工作做出了特殊贡献。

1955年10月，在周恩来的直接努力下，作为中美两国华沙大使级会谈成果——“关于保护侨民协议”的受益人——钱学森回到祖国。陈赓知道后，立即向彭德怀建议：“哈军工”有懂航空、火箭的专家，也有教学仪器和设备，最好请钱学森去参观一下，尽量多听听他对中国研制火箭的意见和建议。陈赓的提议得到毛泽东、周恩来等中央领导的支持。钱学森到哈尔滨参观东北工业的第二天，陈赓大清早就乘专机赶往“哈军工”，亲自全程接待钱学森。他在欢迎辞中深情地说：“对于钱先生来说，我们没有什么密要保的！”这使钱学森很感动。

在“哈军工”，陈赓看到钱学森对小火箭试验台很感兴趣，就试探地问：“钱先生，您看我们能不能自己造出火箭来？”钱学森很有信心地说：“有什么不能的？外国人能造出来，我们中国人同样能造出来！”陈赓兴奋地握住钱学森的手说；“钱先生，您说得真好！我就要您这句话！”后来钱学森回忆说：“我回国后搞导弹，第一个跟我说这事的是陈赓大将。”

自此，陈赓开始为研制导弹积极奔走。他飞回北京后，立即向彭德怀汇报了钱学森的信心和看法，说得很是激动。陈赓又多次和钱学森讨论导弹研制，甚至陪同钱学森到北京医院去与生病的彭德怀讨论研制导弹需要的人力、物力、设备条件和时间。

1956 年 2 月初，叶剑英会见并宴请钱学森夫妇，陈赓也应邀共进晚餐。席间谈话的主题还是导弹，三个人越谈兴趣越浓，心情越迫切。饭菜摆好后，陈赓突然说：“今天是星期六，总理晚上一定在‘三座门’(中央军委某办公驻地)跳舞，吃了饭我们就去找他，请总理亲自抓。”饭后，三个人火速来到“三座门”，周恩来果然在。一曲刚终，叶剑英就急步走向周恩来，汇报刚才谈论的想法。总理认真地听着，频频点头，脸上露出微笑道：“好啊！”说完，他走过去握住钱学森的手说：“学森同志，刚才叶帅向我谈了你们的想法，我完全赞同。现在交给你一个任务，请你尽快把你的想法，写成一个书面意见。包括如何组建机构，调配人力，需要些什么条件等，以便提交中央和军委讨论。”钱学森尽力抑制住内心的激动，只说了两个字：“好的！”

这就是钱学森《建立我国国防航空工业的意见书》的由来。为了保密，钱学森特地用“国防航空工业”替换了军事性质明确的“火箭—导弹”。

钱学森的意见书受到中共中央和中央军委的高度重视。毛泽东亲自在中南海菊香书屋会见钱学森，对他的意见书倍加赞赏。

3 月 14 日，中央军委举行扩大会，周恩来专门请钱学森给元帅、将军们讲解发展火箭—导弹的技术和规划。会议决定成立航空工业委员会。

不久，军委决定，由航空工业委员会负责，组建导弹管理局(国防部五局)和导弹研究院(国防部第五研究院，简称“五院”，钱学森任院长)，中国导弹事业正式起步。当时需要解决的主要难题，一是技术力量不足，二是争取苏联技术援助以少走弯路。陈赓为调配五院的技术力量问题，如同几年前创办“哈军工”那样，倾注了大量心血。

周恩来、陈毅、贺龙陪同外宾参观原子能所

差不多同一时期，核物理专家钱三强和刘杰等人起草了《关于 1956—1957 年发展原子能事业计划的一些意见》，后又修订成《关于 1956—1957 年发展原子能事业计划大纲(草案)》。

1957 年秋，陈赓邀请钱三强到“三座门”军委会议室。陈赓问：“导弹的事落实了，现在究竟能不能研制原子弹？时间能不能再提早一点?”

钱三强说：“我们的科技力量还是有的，关键是核反应堆的问题还卡着脖子。”

“咱们不是有了反应堆吗?”陈赓指的是坨里兴建的热功率为 7000 千瓦的实验性重水反应堆和直径为 1. 2 米、可使粒子获得 12. 5 ~25MeV(百万电子伏特)能量的回旋加速器 (即“一堆一器”)。

钱三强回答:“那个研究型的反应堆不能搞，要搞就要搞浓缩铀的。”

陈赓在了解清楚情况后，向中央领导建议及时采取措施，抓紧浓缩铀工厂建设和扩散厂技术骨干的培养。在抓紧“两弹”研制的同时，他还为建设原子弹靶场等试验基地做好各方面的准备。

1958 年 8 月初，陈赓把三兵团参谋长张蕴钰叫到家里，对他说：“中央已决定你去搞原子弹靶场，这是我推荐的。你要好好搞，靶场建设好了交给别人，可以吗?”

张蕴钰回答:“我服从命令!”就在张蕴钰的带领下，核试验基地胜利建成，他也就成为第一任核试验基地司令员。

1959 年，西藏军区副司令员李觉回北京休养，陈赓去看望他。喜欢开玩笑的陈赓对李觉讲：“好好休养，过几天部队准备欢送你!”李觉一怔：“是不是要我改行?”陈赓笑而不答。李觉身体康复后，总干部部正式通知他转业到二机部，二机部部长宋任穷对他说：“调你来是党中央决定的，准备让你搞原子弹!”

当时党中央还充分发挥中国科学院的作用，把资源雄厚的科研力量派上主战场。

1956 年初，张劲夫调任中国科学院任党组书记兼副院长。周恩来对张劲夫讲，党中央、毛主席已经做出了要研制原子弹的决策，总的战略方针和要求是自力更生为主，争取外援为辅。现在西方国家封锁我们，中苏关系比较好，我们想争取苏联给我们一些援助。但是，有一条界线，只是争取援助，而不是搞合作、不是搞共有。也就是说，搞原子弹的科研单位、工厂、各种设备与技术都要立足于我们自己，做到自力更生为主。这就是党中央下达给中国科学院的任务。

据张劲夫回忆，随着时局的变化，历史证明这是毛主席、周总理高瞻远瞩的地方。中央决定以自力更生为主研制原子弹，尤其是后来又决定自力更生为主，研制导弹和人造卫星，统称“两弹一星”，证明中央决定正确。[5]

张劲夫作为直接参与和领导“两弹一星”工作的中国科学院负责人，深知坚持自力更生为主，就是主要依靠我国自己的力量开展科研。当年苏联援建了一个 7000 千瓦的实验性重水反应堆，这个反应堆归中国科学院管。此外，还建了个浓缩铀工厂，造原子弹的关键原料是浓缩铀。而一般天然铀矿石，能作为原子弹原料的成分只占千分之几，所以需要用设备浓缩。任务之艰巨，工程之浩大，技术之复杂，张劲夫心里非常明白。

当二机部部长宋任穷向中国科学院求援，商谈怎么支持、帮助二机部时，张劲夫说："这是中央的任务，是国家的任务，也是科学院的任务。第一，我把原子能研究所全部交给你，对外叫'双重领导'，对内全部给你，你怎么样用，怎么样安排工作、使用干部，我都不插手管。"张劲夫把这叫做"原子能所'出嫁'不离家"。

张劲夫还说："科学院其他各研究所，凡是能承担二机部研究任务的，我们都要无条件地承担；如果骨干力量不够，还需要调一些人去，我们再想办法。譬如，邓稼先是学物理的，从美国留学回来，是科学院数理化学部的学术秘书。吴有训副院长兼数理化学部的主任，日常工作就靠邓稼先负责，这个同志你要我也给你，学术秘书我再另找。"

当时，尽管中国科学院很有吸引力，但张劲夫还是想方设法动员像邓稼先这样的"洋博士"到二机部去从事"隐姓埋名的工作"。

面对严峻的国际形势，在我国经济还十分落后、工业基础和科学技术力量还很薄弱的情况下，中央果断决定将有限的人力、物力、财力集中使用到最重要、最急需、最能影响全局的原子能、火箭技术为代表的尖端技术方面。

正如前文所述，随着《1956—1967 年科学技术发展远景规划纲要》的制定，尤其是提出了"重点发展，迎头赶上，以任务带学科"的方针，确定了将发展原子能、火箭技术为《十二年科学规划》重中之重的任务后，建设核工业首次成为新中国宏大经济建设时期的第一要务。

1958 年 5 月，毛泽东豪迈地提出："我们也要搞人造卫星"。这寥寥数语，就是一个战略家以"登临泰山而小天下"的气概做出的科学展望。当时，以研制核武器为主要任务的二机部九局（核武器研究院的前身）刚刚诞生，中国的铀矿才刚刚勘探，世界上还没有洲际导弹，氢弹出现也才有几年的历史。可是党中央高瞻远瞩、审时度势，果断地做出了发展"两弹一星"的战略决策，为中华民族的长治久安、国家的富强昌盛，描绘了宏伟的蓝图。[6]

在发展"两弹一星"战略的具体实施中，毛泽东、周恩来还特别注重发挥社会主义制度优势，集中力量办大事，并很快收到了预期硕果。

1958 年 9 月，苏联援建的 7000 千瓦实验性重水反应堆和直径 1.2 米的回旋加速器建成，陈毅剪彩，聂荣臻参与验收，代表中方在协议上签字。

作为国庆 9 周年的重大献礼，9 月 27 日新华社正式发布消息：建设在北京郊外的我国第一座实验性原子反应堆和回旋加速器正式移交生产。"第一批中国自制的放射性同位素已经从这座原子反应堆中生产出来……从原子堆横腰里的孔中引出的中子和两种射线以及从加速器发出的每秒 34 000 千米速度的粒子，已经被用来进行原子核物理研究"。

关心国家大事的众多科技工作者们都清楚地记得，新华社于 1958 年 7 月 1 日发布庆祝建党 37 周年的新闻时特别指出，"我国第一座实验性原子反应堆于 6 月 30 日正式运转。作为实验性重水型反应堆，其热功率为 7000 ~ 10 000 千瓦；同时建成的回旋加速器有能力

“一堆一器”建成，陈毅剪彩，聂荣臻验收签字

把α粒子加速，使α粒子能量达到2500万电子伏特”。

短短三个月的时间，我国就可以自制放射性同位素。这不仅表现了中国科技工作者的聪颖智慧，更是社会主义集中力量办大事的硕果初显。

据聂荣臻回忆，发展“两弹一星”的战略决策做出后，“1959年，我们就开始考虑：在完成装备科学研究方面，薄弱环节究竟在哪里？结论是：新型原材料、精密仪器仪表和大型设备这几个方面当时都过不了关，是我们发展尖端技术的主要障碍。”

因为现代化高性能的武器装备，尤其是导弹、原子弹、高性能飞机，对新型原材料的要求是很高的。如果没有各种耐高温材料、高能燃料、许多性能不同的特种材料、精密合金、半导体材料、稀有金属元素、人工晶体、超纯物质、稀有气体等新型材料，不仅“两弹”本身和许多零部件以及配套设备过不了关，而且军民两用的大量电子元器件、精密仪器仪表等研制项目也都过不了关。

1959年7月，聂荣臻向毛泽东同志和党中央建议：在原材料方面，我们应当及早拟定发展品种，提高质量，使金属和非金属材料都得到妥善安排的规划。否则，单纯数量上的增长不仅不能适应国防上的需要，而且也不能适应工业现代化的需要。

大力协同，这是中央确定的重要方针。当时对具体业务界面的分工很明确，原子弹和氢弹由二机部负责，导弹是国防部五院负责。中国科学院主要承担的任务是：理论分析、科学试验、方案设计、研制以至批量制造所需的各种特殊的新型材料、元件、仪器、设备等。此后不久，有关领导对二机部呈送的关于原子弹研制的报告作出重要批示。聂荣臻的批示是：“三家拧成一股绳，共同完成任务。”当时，所有这些工作的成功，都离不开周恩来和聂荣臻的直接领导与现场指挥，离不开全国上下大力协同的奋斗精神。

▶以研制“两弹”为轴心的国防工业领导体制

在“两弹”攻关的关键时刻，毛泽东和中央其他领导同志始终在关注它的每步进展。尤其是在与苏联“老大哥”翻脸的情况下，加上国民经济遭遇重大困难，促使毛泽东对这个事关战略全局的问题倍加重视。

作为军事战略家，毛泽东深谙领导体制的重要作用。经过缜密思考，他决定量力而行，集中优势兵力打“歼灭战”；在中央最高决策层的领导之下，成立中央专委来统筹原子能工业生产建设和核武器研制。这是新形势下发展国防科技工业并确立其领导体制的奠基礼！

研读这段历史，寻觅事情发展的脉络，人们定会感觉纠葛其间的各种因素错综复杂、跌宕起伏。经历了新旧社会两重天的中国知识分子代表钱三强说得好：“领导中国人民站立起来的共产党人在历史关头的抉择是义无反顾。赫鲁晓夫撕毁合同，这对于中国原子核科学事业，以至于中国历史，将意味着什么。前面的道道难关，只要有一道攻克不下，千军万马都会搁浅。经济损失且不说，中华民族的自立精神将又一次受到莫大的创伤。”

疾风识劲草，严寒知松柏。聂荣臻在回忆录里写道：

到60年代初，三年自然灾害、政策上的失误和赫鲁晓夫停止一切援助所带来的巨大困难，对于以导弹、原子弹为主要标志的国防尖端项目是“下马”还是“上马”的问题，形成了尖锐矛盾。有些人认为困难太多太大，国防尖端技术发展应该放慢速度。还有少数同志甚至提出停止搞尖端技术，说什么用在这方面的钱太多了，影响了国民经济其他部门的发展。主张只搞飞机和常规装备，不搞导弹和原子弹等尖端武器。

对我来说，态度一直是明确的，为了摆脱一个多世纪以来我国经常受帝国主义欺凌压迫的局面，我们应该发展以导弹、原子弹为标志的尖端武器，以便在我国遭受帝国主义核武器袭击时，有起码的还击手段。同时，通过制定十二年科学规划和前一段研制尖端武器的实践，我们已经深感“两弹”是现代科学技术的结晶。坚持搞“两弹”，还可以带动我国许多现代化科学技术向前发展，所以，我们不应该“下马”，应该攻关，这就是我当时坚定不移的信念。

在1961年7月北戴河的国防工业会议上，贺龙和我都参加了。在那个会上，对“两弹”是“上马”还是“下马”展开了热烈的讨论。

正在这时，毛泽东同志让秘书从杭州给我打来电话，传达了他在看我的一份报告后的指示，大意是：中国的工业技术水平比日本差得很远，我们应采取什么方法，值得好好研究一下。8月份他将亲自找我们谈一次。

根据毛泽东的这一指示，我召集国防科委、导弹研究院、二机部进行研究，分析了当时我国尖端技术的基本情况：我国的国防尖端技术在1958年以前还是一片空白，可是，到了1961年，仅仅三年时间，已经有了长足的发展。导弹方面，已经有了自己的近程地地导弹，中远程地地导弹正在设计中，并且进行了若干关键部件的研究试验工作。拥有专业技术干部几千人。经国内制造和国外进口的技术设备，可以保证满足自行研制中程导弹的基本需要。原子弹方面，专业技术干部也有好几千人。已经查明的原料储量，可以满足第一套金属铀冶炼设备生产的需要。从选矿到原子武器装配的大部分设备已经具备，几个短缺的关键设备，也已经在国内安排试制，待这套建设项目完成后，就可以自己制造原子弹了。在原子弹设计方面，二机部集中一批科学家已经摸索一段时间，找到一些关键的技术问题，有的已经突破，有的正在攻关。目标是尽量争取于1963年初把原子弹初步设计方案拿出来。结果，成为解决这一争论的契机。经过讨论分析，参加国防工业会议的大多同志表示坚决配合科研部门攻关。会后，把坚决上马的决心和理由报告了中央，毛泽东、周恩来等中央领导同意了把国防尖端科研工作坚持下来的意见，并且迅速取得了结果。

1961年7月18日至8月16日，贺龙主持召开国防工业委员会会议，确定国防工业的发展方针是：(1)国防工业建设必须与整个国民经济形势相适应；(2)坚决缩短生产战线，妥善安排尖端和常规武器生产；(3)坚决缩短基本建设战线，集中力量打歼灭战。

8月20日，聂荣臻向毛泽东呈送报告："根据您7月13日的批示，我们对发展国防尖端技术应采取什么方针进行了研究，认为三五年内发展国防尖端技术的方针应该是抓两头：一头抓科研试制，一头抓工业基础。"

1962年10月，中共中央政治局听取了国防工业办公室(简称"国防工办")关于原子能工业生产建设和核武器研制情况的汇报。当讲到"两弹"研制面临高技术的复杂性和高度综合性，仅靠一个部门很难完成任务，需要全国各方面配合时，刘少奇指出：各方面的配合很重要，中央要搞个委员会，以加强这方面的领导，现在就搞，否则就耽误了！你们提出个方案和名单报中央批准。据此，罗瑞卿于10月30日在向中共中央、毛泽东主席的报告中，建议成立中共中央十五人专门委员会(简称"中央专委")。

罗瑞卿的报告说："最近二机部在分析各方面的条件以后提出，力争在1964年爆炸第一颗原子弹。实现原子弹爆炸，是全国科学技术和工业生产水平的集中表现，决非哪一个部门所能单独办到的。现在，离预定的日期只有两年的时间，建议在中央直接领导下，成立一个专门委员会，加强对原子能工业的领导。"报告还说："这个建议在10月9日国防工业办公室向中央常委汇报时，刘少奇同志已原则同意。我们考虑最好由周恩来总理抓总，贺龙、李富春、李先念等同志参加，组成这个委员会。"[7]

毛泽东批语

11月3日，毛泽东在报告上作出了批语："很好，照办。要大力协同做好这件工作"。

中央专委是在中共中央直接领导下，具有高度行政权威的权力机关。主要任务是：加强对原子能工业生产、建设和核武器研究、试验工作的领导；组织各有关方面大力协同，密切配合；督促检查原子能工业发展规划的制定和执行情况；根据研制需要，在人力、物力、财力等方面及时进行调度。

中央专委由国务院总理，同时又是中央军委副主席的周恩来任主任；其他委员国务院副总理贺龙、李富春、李先念、薄一波、陆定一、聂荣臻、罗瑞卿以及国务院和中央军委有关部门的负责人赵尔陆、张爱萍、王鹤寿、刘杰，孙志远、段君毅、高扬等组成。

按照周恩来的意见，中央专委办公室设在国防工办，作为中央专委的日常办事机构，由罗瑞卿兼办公室主任，赵尔陆、张爱萍、刘杰、郑汉涛兼任副主任。随后，中共中央发出通知，要求国务院各有关部委和各省区市都要坚决贯彻执行中央专委的决定。

回溯历史，许多事情值得人们细细思考，犹如啜饮香茗般慢慢体会个中滋味。新中国建立以来，在国防科技工业领导体制和管理模式上，基本采用了苏联高度集权的计划经济模式。这在当时的历史条件下是必要而有效的。

在中央专委的领导下，在原子弹研制体制建设上，着力展开了较为完整的原子能研究及其工业体系的建设；集聚了最优秀的科学家，系统从事核物理、放射化学、反应堆物理及工程，放射性同位素制备、受控热核反应、粒子加速技术等方面的研究工作。苏联专家撤走后，仅用一年多时间，铀水冶厂和矿浆吸附铀水冶厂就建成投产，三年时间就解决了第一颗原子弹装料所需质量合格和足够数量的铀原料，攻克了分离膜难题；建成了具有核爆炸力学、光学、核物理、实验物理、电子学、放射化学、核爆炸模拟、核理论研究、试验总体、试验安全和技术保障等学科完整、配套齐全的核武器研究所。

在导弹研制方面，早在1955年，按照中共中央书记处的决定，成立了国防部第五研究院，直接承担火箭—导弹技术的研制工作。1956年4月至5月，周恩来总理两次主持中央军委会议，先后听取钱学森关于发展导弹技术的规划设想和聂荣臻关于《建立我国导弹研究工作的初步意见》的汇报。当苏联提供的首批P-2型近程弹道导弹和地面设施抵达中国后，以此为基础，中央军委决定加速仿制研究(工程代号为“1059”)；加快导弹研制基地与发射场的建设(这些从管理体制编制上都隶属军队系统)。

为了保障这项新兴的国防科研事业能够顺利起步，国务院和中央军委倾注了大量精力。陈云、薄一波、罗瑞卿等组织国务院有关部委和北京市大力协作，着力增强五院的技术骨干力量和重点试验设施的建设；优先保障导弹研制所需的材料、仪器和设备。张爱萍、刘西尧受命专程去与中共中央西北局、西南局和中南局沟通；各大局第一书记刘澜涛、李井泉、陶铸也分别要求所领导的省市：凡是五院需要办的事情，要尽最大努力办好，抓紧落实。他们还经常过问重点问题的解决情况。

中共中央、国务院、中央军委的高度重视和各省市的积极支持，加上全体研制人员的辛勤努力，使得仿制苏联中近程导弹的改进设计工作进展顺利。

随着国内外局势的急剧变化，中共中央决定，加强对国防科技工业集中统一领导。为了适应国防工业发展的需要，组建了新的国防工业部门，并进一步强化对国防工业的组织管理。

1964年11月，为了加速火箭—导弹工业的发展，经中共中央批准，以国防部五院为基础成立第七机械工业部(七机部)，统一管理导弹的科研、设计、试制、生产和基本建设工作。

1962年12月，为贯彻中央军委“努力发展电子技术”的方针，加速军事无线电工业的发展，罗瑞卿根据中央书记处的意见，向周恩来、邓小平提出了关于成立无线电工业部及有关问题的报告。经中共中央批准，把原由三机部管理的无线电工业分出来，于1963年2月成立第四机械工业部（四机部）。同年9月，中共中央决定将兵器工业、造船工业从三机部的管理中分出来，成立第五机械工业部（五机部）、第六机械工业部（六机部）。调整后的三机部主管航空工业，由此奠定了军工系统六大部委管理的体制格局。

1964年9月，在新的国防工业部门陆续组建成立后，罗瑞卿在国防工业会议上，郑重地提出了关于加强科研与生产结合的问题。10月，在与有关方面反复研究后，罗瑞卿根据中央专委讨论的意见，就国防工业部门与对口的国防部尖端技术研究院合并的问题，向中共中央书记处写了请示信。在获得周恩来、邓小平的同意后，由国防工办牵头，于12月向中共中央呈报了国防工业"部院合并"的具体实施方案。

1965年2月，中共中央决定把原由军队系统国防科委领导的六院、七院、十院分别与国务院序列的三机部、六机部、四机部合并。8月，又将解放军炮兵科学研究院与五机部精密机械科学研究院合并，组成新的五机部精密机械科学研究院。

国防工业部门与国防科研院（所）"部院合并"后，各国防科研院（所）分别归属国防工业各部建制领导，由此形成了高度集中的国防科技工业领导体制的基本框架。

▶集思广益　周恩来荟萃精英抓"两弹"

在简述国防尖端技术管理体制的发展沿革后，还是让我们继续追寻历史的轨迹，去看看周恩来总理是怎样荟萃精英，"用解放战争和抗美援朝战争中，组织指挥大规模军事行动的那套办法"来抓"两弹一星"工作的吧！钱学森对此评价道："他们把那套经验，有效地应用到科学技术工作中来了，从而取得了很大成就。"

中央专委成立后，在周恩来的主持下，集中优势兵力组织全国大协作；并明确表示要以力争在1964年，最迟在1965年上半年爆炸原子弹为目标，卓有成效地加快了原子弹研制的步伐。中央专委从成立至1964年首颗原子弹爆炸，共召开9次专委会，解决了100多项重大问题；做出的许多决定和部署，有力地促进了原子弹研制的进程。

二机部作为制造核武器的主管部门，在中央专委的领导下，更是一马当先、拼搏在前。部党组确立了"自力更生，过技术关，质量第一，安全第一"工作方针。为了记住赫鲁晓夫撕毁合同的那个日子，刘杰部长提出将我国第一颗原子弹的工程代号定为"596"，以此激励大家造出"争气弹"。据宋任穷回忆：

在核武器研究所后来的苏联专家什么也不说的情况下，我们就组织朱光亚、邓稼先、陈能宽等科学家带领一批新毕业分配来的大学生，自己动手，从头摸起，开展了自己的理论研究和科学试验工作。一天，我和刘杰同志一起去核武器研究所，看到大家劲头很大，干得不错，就对他们说："人家预言我们搞不成，我们要争口气。你们都是搞流体力学和空气动力学的，你们的任务就是要把这口气变成动力，把我们的事业搞成功。”1960年以后，王淦昌、彭桓武、郭永怀、程开甲等一批老科学家和从苏联杜布纳联合原子核研究所回来的周光召等年轻科学家，陆续到核武器研究所工作。他们同全体科技人员一起，奋发图强，刻苦钻研，英勇拼搏，百折不挠，为我国自力更生研制原子弹做出了重大贡献，立下了汗马功劳。其中当时还比较年轻的朱光亚、邓稼先、周光召等后来都成为我国国防科技工业部门和中国科学院的领导骨干。[4]

周恩来直接领导的中央专委对二机部寄予殷切期望。1962年12月初召开的中央专委会议上，周恩来强调指出，二机部的工作要做到“实事求是、循序渐进、坚持不懈、戒骄戒躁”。会议批准了二机部提出的1963—1964年的原子弹研制计划，并逐项研究解决了二机部提出的一系列问题，包括抽调干部、设备和材料试制等。在研究二机部请求调配部分技术、医务、党政干部问题时，周恩来、李富春要求有关部门克服困难，全部调给，限期报到，以保证二机部的需要。

在中共中央组织部的统一调配下，国务院各部门、解放军和有关高等院校坚决执行中央专委的决定，均按要求于12月底前给二机部选调配齐所需的各类干部。据不完全统计，1960年和1962年，从中国科学院、各部委和高等院校抽调的专家级科研人员有105名，包括程开甲、陈能宽、龙文光等人；抽调高级技术人员有126名，包括张兴钤、方正知、黄国光等人，及时地充实了一线设计、试验、制造和建设队伍。

周恩来、聂荣臻还指派张爱萍、刘西尧一行，先后去沈阳、上海向中共中央东北局和华东局汇报，具体落实关键配套设备和原材料的研制、生产任务。东北局和华东局则要求所领导的省、市以及有关科研生产单位，坚决按时、保质保量完成任务。

1961年，张爱萍受聂荣臻委托，与刘西尧、刘杰一起深入一线，进行近一个月的调研考察，向中央提交《关于原子能工业建设的基本情况和急待解决的几个问题的报告》。报告明确指出，只要进一步加强组织协调，集中全国各有关部门协同攻关，就能够在1964年成功实现原子弹爆炸。

毛泽东、周恩来、邓小平在一起。一部现代中国史不可或缺的是周恩来和毛泽东始终连在一起。“毛泽东真幸运，有周恩来这样一位总理，我要是有周恩来这样一位总理该多好啊！”印度尼西亚前总统苏加诺如是说

中央专委的运转是高速有效的。在周恩来总理的直接领导下，张爱萍、刘西尧具体组织了26个部委、20多个省市、自治区的900多家工厂、科研院所、大专院校，围绕核工业建设和核武器研制协作攻关。

据中央专委秘书回忆，在此期间，曾经有人反映二机部在两年计划的制订和实施中存在不落实等问题。周恩来得悉后非常重视，于1963年初派出以刘西尧为组长

的国防工办、国防科委联合工作组，直接深入二机部调查研究、检查帮助工作。

工作组深入机关和有关厂、矿、研究所，历时两个月，查清了情况和问题。刘西尧向周恩来、聂荣臻、罗瑞卿作专题汇报。张爱萍又就"两弹"研制中的质量控制作汇报，总结了"严肃认真、周到细致、稳妥可靠、万无一失"的"十六字方针"。周恩来在听取汇报后认为：二机部认真执行了自力更生的方针，克服了重重困难，技术攻关和重点工程建设取得了很大成绩；存在的薄弱环节正在迅速改变，完成两年计划具有良好基础，各协作部门都应同心同德，努力争取目标的如期实现。周恩来指出："要相信中国人民的智慧，外国能够搞出来的，我们也一定能够搞出来。"中央专委随即讨论批准了二机部提出的两年计划的具体进度安排和措施。

周恩来接着强调："完成两年计划，中央专委有很大责任，但主要责任还在二机部领导身上。国务院各部委，各省市对二机部都要积极支持，要人给人，要物给物。二机部也要把调来的人安排妥当，让他们发挥最大作用。仪器设备要用好管好，把力量集中用在研制原子弹这个'刀刃'上。"

周恩来还根据"两弹"研制工作的特点提出："二机部的工作要有高度的政治思想性、高度的计划科学性和高度的组织纪律性。"这"三高"的要求和"严肃认真、周到细致、稳妥可靠、万无一失"的"十六字方针"，都是极具战略性的决断，至今仍影响着国防科技和武器装备建设发展的每个环节。

1963年4月，毛泽东、周恩来亲切接见核科技工作者。邓小平代表中央书记处讲话："研制原子弹的计划，党中央和毛主席已经批准了，路线、方针、政策已经确定，现在就是你们去执行。你们大胆去干，干好了是你们的功劳，干不好，出点儿问题，由我们书记处负责。"1964年4月，根据中央书记处的分工，邓小平专程视察了某铀浓缩厂。他对该厂领导说："你们辛苦了，这个工厂建得不容易啊，你们为人民立了大功。"

1965年5月，周恩来、邓小平代表党中央亲切接见参与核试验的代表。11月，邓小平亲自到某核燃料厂厂址踏勘。

1966年3月，即"文革"前夕，邓小平视察青海金银滩核科技研究基地并挥笔题词："遵照毛主席指引的方向，奋勇前进——别人已经做到的事，我们要做到！别人没有做到的事，我们也一定要做到。"

核武器研究院(今中国工程物理研究院)原党委书记、"两弹元勋"邓稼先院长的老搭档李英杰回忆：

1966年3月30日，邓小平、薄一波、刘澜涛、赵尔陆和刘西尧等中央领导同志专程来我们221基地视察，由李觉、我和龙文光等同志陪同。

在陈列室，邓小平同志指着一枚核航弹高兴地说："这个我见过，你们真不简单！"

薄一波副总理讲："你们吃了不少苦啊。"

李觉回答："苦中有乐，乐在其中。"

邓小平总书记接言道："中国人硬是不怕苦，了不起啊！苦了几千年，现在总算熬出头了！"

薄副总理又说："你们有什么困难，尽管提出来，趁总书记在，当场就可以拍板！"

我有些不好意思地说："已经花了国家不少钱……"

邓小平坚定地说："这点学费算什么，该花嘛，为国家你们作出了这么大的贡献……"[8]

中央其他领导同志对二机部研制原子弹的工作也十分关注。

1962年8月召开中央工作会议时，与会的领导们都十分关心原子弹研制的进展情况。陈毅对聂荣臻、罗瑞卿说："搞出"两弹一机"来（当时指原子弹、导弹和超音速飞机），我这个外交部长就好当了！"

正是在这次会议上，中共中央明确要求二机部尽快提出原子弹研制的具体计划，报告中共中央。

1962年10月10日，聂荣臻、罗瑞卿在听取张爱萍、刘杰汇报二机部的设想时提出，需要确定第一颗原子弹爆炸试验的时间，以便更好地调动各方面的积极性，加快原子弹的研制工作，并表示最好在1964年进行爆炸试验，以庆祝中华人民共和国成立15周年。要求二机部按此目标，提出具体实施计划和需要解决的问题。

二机部党委认真研究后提出：争取于1964年，最迟在1965年进行第一颗原子弹爆炸试验。罗瑞卿在10月30日给中共中央的专报中，明确提出了力争在1964年爆炸第一颗原子弹的目标。

11月3日，毛泽东批准了这个报告。20世纪60年代那种严峻的国际环境，迫使毛泽东不得不将主要精力放在国防建设特别是尖端武器的研制上。他在多个重要场合，反复强调："要好好研究国防工业和国防科研的方针。""中国的工业、技术水平，比日本差得很远，我们应取什么方针，值得好好研究一下。"[7]

1962年，西面的印度当局在中印边境加紧推行"前进政策"，不断蚕食中国领土，向中国边境纵深进逼，直到1962年10月至11月爆发中印边境自卫反击战。而在加勒比海危机（即1962年10月"古巴导弹危机"）中与美国人一度搞得剑拔弩张，最终以"丢脸"方式撤回导弹的赫鲁晓夫，竟然在苏联最高苏维埃会议上发表讲话，公然袒护印度，攻击中国在加勒比海危机中的原则立场。

美蒋举行"反攻大陆"演习

差不多同时，美蒋U－2高空侦察机频频深入西北等地侦察，在台湾的蒋介石也趁内地国民经济出现严重困难之机，叫嚣"反攻大陆"，并做了积极部署。蒋介石有派军队窜犯的迹象，引起毛泽东和中央军委的高度警惕。

5月中旬，毛泽东提出要加紧备战。6月8日下午，毛泽东在杭州约见杨成武、许世友等军队干部，杨成武、许世友汇报了蒋介石最近有可能在东南沿海进行军事冒险的动向，并介绍了6月政治局扩大会议的讨论情况。关于军工生产，毛泽东赞成政治局扩大会议确定的方针，强调要利用这个机会把军工搞起来，对尖端武器的研制工作，仍应抓紧进行而不能放松。[7]

1963年1月8日，毛泽东在离开杭州之前，作了一首大气磅礴的词《满江红·和郭沫若同志》：

小小寰球，有几个苍蝇碰壁。嗡嗡叫，几声凄厉，几声抽泣。蚂蚁缘槐夸大国，蚍蜉撼树谈何易。正西风落叶下长安，飞鸣镝。多少事，从来急；天地转，光阴迫。一万年太久，只争朝夕。四海翻腾云水怒，五洲震荡风雷激。要扫除一切害人虫，全无敌。

就在中国人紧张有序地实施自己的决定性行动之时，大洋彼岸的美国也在全神贯注地密切关注同一事件。1963年8月15日，苏联、美国和英国签署了《禁止在大气层试验核武器条约》。其目的主要是限制中国发展核武器。

1963年9月28日，美国的《星期六晚邮报》披露说："总统和他的核心顾问们原则上都认为，必须用一切办法来防止中国成为一个核国家。禁试是达到这个目的的非常重要的第一步。"肯尼迪在与美国情报部门负责人谈话时说："原则上不管用什么手段，必须阻止中国成为一个有核国家。"

面对大洋彼岸色厉内荏的张狂，毛泽东领导的红色中国从来就不信这个邪！毕竟自远古以来，在太平洋西岸生生不息、繁衍至今的华夏儿女，从来都是扼住命运咽喉的强手！

1963年底，中央专委全面检查了原子弹研制的进展情况。二机部请求中央专委解决的问题，绝大部分已经解决。全国参与协作的20个部委，19个省市区的400多个厂、所和院校，都组织了最强的技术力量，并按协作计划，如期保质保量地研制完成了二机部和核试验基地所需的专用仪器、设备和原材料10多万台、种。与此同时，二机部系统已有3座铀矿山和5个原子能工厂投入生产或试生产，聚合爆轰试验等重要技术关已经突破。

1964年1月15日，毛泽东对试生产出浓缩六氟化铀235合格产品情况报告作出批语："已阅，很好。"这份第二机械工业部党组的报告说："我部生产浓缩六氟化铀235的气体扩散工厂，第五批主机投入运行后已于1964年1月14日上午开始取得合格产品。这一产品的生产，为我国原子武器的制造，提供了最基本的条件。"[7]

40多年过去，重读当年二机部的这份报告，才深知它的分量之沉重。稍有核物理知识的人都知道：表面看，从拥有核燃料到研制出核武器可能就是一步之遥，但实际上，两者可以说是咫尺天涯。有的国家可能掌握了加工浓缩铀的前几步工艺，但从铀矿的开采，到提炼成为二氧化铀，然后转化成六氟化铀，这可是最大的难关。这个转换技术难就难在浓缩铀。要经过上千台的离心分离机，把六氟化铀注射进去以后金属化，把丰度提高到90%，才能形成制造核弹的基本材料。作为一项关键技术，把六氟化铀这种气体注入离心分离机时必须保证其高纯度；里面如果带有杂质的话，不仅不能把它金属化，而且还可能把机器毁了。

二机部的报告还指出，要继续遵循主席"大力协同、做好这项工作"和周总理"实事求是，循序前进，坚持不懈，戒骄戒躁”的指示，在中央专门委员会的直接领导下，谦虚谨慎，兢兢业业，稳扎稳打，为更好地完成今后的任务而奋斗。

1964年初，按照中央专委会议要求，国防科委对首次核试验的准备工作进行全面部署，并将检查落实情况报告了中央专委。

根据这些情况，中央专委于1964年初向中共中央报告“原子弹爆炸试验有可能在当年十月左右实施”。1964年2月6日，春节期间，毛泽东会见李四光、钱学森等科学家并设宴款待他们。席间毛泽东与钱学森有段谈话，值得我们细细品读。

毛泽东高兴地说：“我们搞原子弹也有成绩呀！”

钱学森：“我有所闻。”

毛泽东：“怕是不止有所闻吧。”

钱学森：“对原子弹确实只是有所闻，我是研究运载工具的。”

寥寥数语，透射出大师谦逊的胸怀。钱学森在领袖赞誉“原子弹搞得很有成绩”的时候，表示自己只是“仅有所闻”，决无半点揽功之意。恐怕只是在这时候，毛泽东才真正认识了钱学森的专业特长。

毛泽东：“是的，你们搞了个1000公里的，将来再搞个2000公里的，也就差不多了。”

钱学森：“美帝在东南亚新月形包围圈上的有些基地，有2800公里的距离。”

毛泽东：“可以到夏威夷？”

钱学森：“夏威夷更远了，不止4000公里。”

毛泽东：“总要搞防御。搞山洞，钻进地下去就不怕它了。”

钱学森：“我们正在遵照主席的指示，先组织一个小型的科学技术人员的小组，准备研究一下防弹道式导弹的方法、技术途径。看来第三个五年计划中由于技术条件不够，还不能开展设计工作。”

毛泽东：“有矛必有盾。搞少数人，专门研究这个问题。五年不行，十年；十年不行，十五年，总要搞出来的。”[7]

讲述这段小插曲后，还是让我们去追寻历史的大手笔吧！

1964年4月，中央专委批准首次核试验采取塔爆方式实施，并要求在9月10日前做好试验的一切准备工作。尔后，成立了首次核试验委员会，张爱萍任主任委员。从这个时刻起，张爱萍先后四次担任核试验委员会主任委员、现场试验总指挥，直接组织指挥了首次原子弹塔爆、空爆及第三次原子弹爆炸试验。

8月初，原子弹试验进入紧张准备阶段。张爱萍、刘西尧多次深入核武器研制基地和核试验基地，检查试验用核装置加工、装配情况。经全体参试人员奋战三个月，按时完成了各项准备工作。9月16日，张爱萍和刘西尧向中央专委作了首次原子弹爆炸试验的准备情况和正式试验安排的汇报，选择爆炸试验的时机提上了议事日程。

1964年10月16日15时，中国第一颗原子弹在罗布泊的一座百米高塔上爆发出惊天动地的巨响，蘑菇云拔地而起，爆炸威力达 2 万吨 TNT 当量以上。“596”不孚众望，它不仅让全世界大吃一惊，更使炎黄子孙扬眉吐气。

当中国第一颗原子弹爆炸成功的消息传来，在毛泽东的胸臆间激荡起万丈豪情，积聚已久的浪漫主义情怀更令他兴奋得再次挥毫，潇洒手书了自己于长征途中吟诵的三首《十六字小令》：

山，快马加鞭未下鞍，惊回首，离天三尺三。

山，倒海翻江卷巨澜。奔腾急，万马战犹酣。

山，刺破青天锷未残。天欲堕，赖以柱其间。

这三首十六字小令，是毛泽东在红军长征途中最危难之时写下的不朽之作，它抒发的正是“天欲堕，赖以柱其间”的磅礴气势。

手书自己满意的诗词作品，也从一个侧面为人们诠释了毛泽东对第一颗原子弹爆炸成功的欣喜之情。

第一颗原子弹爆炸成功以后，为了发展导弹核武器，解决运载工具已成为紧迫任务。周恩来把主要精力更多地放在落实原子弹的投送手段上。

1965 年 3 月，中共中央及时作出中央专委除负责原子能工业、核武器以外，还要管导弹的决定，并对委员会组成人员进行调整和扩大，增补余秋里等 7 人为中央专委委员。

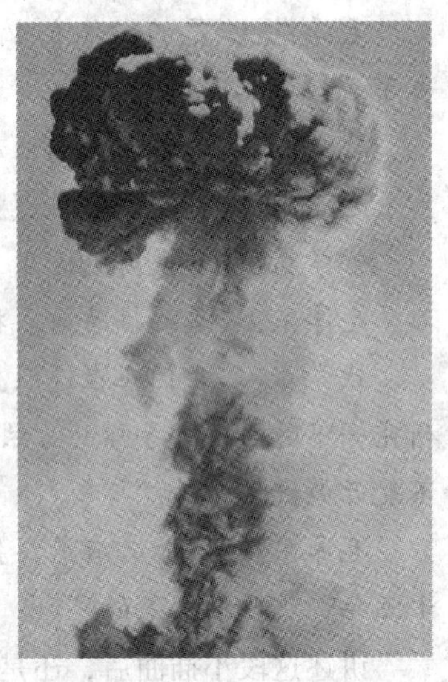

中国第一颗原子弹爆炸成功

1967 年，在调整国防科研体制时，中央领导层决定将中央专委办公室改设在国防科委。以“两弹一星”为工作重心的国防科技工业领导体制在那样一种特殊的历史条件下运转是顺畅的，客观上已穷尽计划经济管理体制下资源配置的最优极限。

对于这个在特殊历史条件下形成的领导体制，江泽民曾经在 1999 年 11 月 24 日召开的中央军委会议上指出：“新中国成立以来，经过几代人的努力，我们建立起比较完整的国防科研和军工生产体系。以‘两弹一星’为代表的尖端战略武器装备，使我国在世界军事先进科技领域占有重要的一席之地，有力地提高了我国的国际地位和国际影响。”[1] 高度评价了在那个特殊历史条件下形成的国防工业领导体制的历史作用。

▶熠熠生辉的“两弹一星元勋”及团队

1999 年 9 月 18 日，新中国成立 50 周年之际，党中央、国务院、中央军委在北京人民大会堂召开大会，隆重表彰为我国“两弹一星”事业作出突出贡献的科技专家。江泽民现场授予于敏、王大珩、王希季、朱光亚、孙家栋、任新民、吴自良、陈芳允、陈能宽、杨嘉墀、周光召、钱学森、屠守锷、黄纬禄、程开甲、彭桓武“两弹一星”功勋奖章；追授王淦昌、邓稼先、赵九章、姚桐斌、钱骥、钱三强、郭永怀“两弹一星”功勋奖章。

江泽民在大会上指出：伟大的事业，产生伟大的精神。“两弹一星”研制者们高举爱国主义旗帜，胸怀强烈的报国之志，自觉把个人理想同祖国的命运紧紧联系在一起，把个人的志向同民族的振兴紧紧联系在一起。许多功成名就、才华横溢的科学家，毅然放弃国外优厚的条件，义无反顾地回到祖国。许多科技工作者甘当无名英雄，长期隐姓埋名、默默奉献，有的甚至献出了宝贵的生命。他们用自己的热血和生命，写就了一部为祖国为人民鞠躬尽瘁、死而后已的壮丽史诗，诠释了“热爱祖国、无私奉献，自力更生、艰苦奋斗，大力协同、勇于登攀”精神的真谛。

人们永远不会忘记，以23位“两弹一星”功勋奖章获得者为代表的科学家，他们响应党和国家的号召，怀着强烈的报国之志，用甘愿奉献的言行阐释了华夏赤子的拳拳之情。

他们是一个英雄的群体。在这个群星璀璨的团队，有许多感人肺腑、催人泪下的故事。

他们中许多人，有的放弃国外优裕条件，义无反顾回到祖国；有的隐姓埋名数十年，默默工作在实验室、辛勤劳累于戈壁荒滩；有的带领刚刚毕业的大学生，夜以继日地运算测试；有的与工人师傅同甘苦，一起倒班“连轴转”，解决了很难攻克的技术问题；有的科技工作者甚至直到去世时仍与他人合住在一起；他们经历了喝黄泥汤、住地窝子，以苦为乐而没有任何怨言的艰难困苦；他们把人生理想、人生价值、人生追求与国家安全利益、民族进步强盛的伟大事业统一起来，形成平凡而伟大的风格；

他们把艰苦的环境、恶劣的条件与为国争光的志气、革命乐观主义的精神统一起来，吃苦不叫苦，受累不埋怨，一心要把产品、工程、事业促上去……

他们是共和国的功臣，是科技工作者的杰出代表，是当代中国国防科技事业的奠基石。

在翻阅记载着“两弹一星元勋”功绩的史册时，笔者深深地感受到一种历史的奔腾与万般深切的牵动。特别是他们那种在荣誉面前，在评选贡献、遴选“元勋”时纷纷推让的精神，完全是用另一种语言诠释了“两弹一星”精神的真谛。难怪张劲夫在谈到这些情况时，激动万分地说：“有些重量级人物必须榜上有名。譬如讲，著名核物理学家钱三强。”记着张劲夫这样的话语，笔者特地撷取了几位“两弹一星元勋”的事迹，与读者共同分享“这份人生永恒的感动”。

钱三强，中国核物理学家

“两弹一星元勋”表彰决定是这样评价钱三强的：在核领域，钱三强是我国原子能科学事业的主要组织领导者之一。在中央决定我国发展原子能事业后，他积极传授原子能基本知识，参与谋划原子能科学整体发展，遴选和推荐科学人才，主持综合性核科学研究，着力组织部内外科技协作，在原子能事业发展中起到了别人所起不到的作用。

钱三强早年留学法国，并在居里夫妇指导下获博士学位。此后，他就在居里夫妇的实验室专攻核物理，探索原子裂变，并且以发现原子核新分裂法即重原子核三分裂和四分裂，享誉国际物理界。为此，钱三强荣获法国科学院亨利·德巴微物理学奖金。1947 年他升任法国国家科研中心研究导师。这是中国人在法国科学界获得如此地位的第一人。正当事业如日中天的时刻，来自远东祖国的呼唤，让钱三强辞去了欧洲物理科研中心的职务，放弃了优厚待遇，毅然于 1948 年重踏京华大地。回国后，周恩来、李维汉多次接见他，鼓励他继续从事并积极推动祖国的核科学研究事业。

据宋任穷回忆，钱三强是中国科学院原子能研究所首任所长，成立三机部后任副部长兼所长。他在我国原子能事业的创建与发展中有独特的贡献。在普及原子能科学知识、培养推荐科学技术人才、建立综合性核科研基地、引进和吸收外来技术、组织领导重大科技攻关和科技协作等方面做了大量工作，起到了别人所起不到的作用。

钱三强曾多次受命到苏联谈判。他回忆说："当时，虽然口头上讲中苏友谊牢不可破，但实际上苏联在军事高技术方面，对我们是有戒心的。连聂老总、宋任穷部长去参观，都只能在厂房、车间外面，透过玻璃窗看看，不让进车间里看。所以，即使在当时，事实也已教育我们只能靠自力更生为主，争取外援为辅。因谈判涉及问题太多，也知道我们必须未雨绸缪，早作准备。我就去中科院向张劲夫点名要了一大批科学家，包括要科学院沈阳金属所的副所长张沛霖。"

谈起往事，钱三强总是强调别人的贡献和作用："张劲夫也同意我带了一批人去。最重要的是，张沛霖的功劳是把铀变成金属。氟化铀原来是气体。要把它变成反应堆元件需做大量的工作，这工作是沈阳金属所承担的。张沛霖对金属锆也有研究，他后来当了总工程师。"

当时，张劲夫对钱三强说："你有任务尽量让我们(中国科学院)各所承担。"在这之后的两三年里，张劲夫都请钱三强和副院长裴丽生，专门到各个所一项一项地检查二机部原子弹研究工作的落实情况。

钱三强后来又找到张劲夫，提出科研任务还需要很多仪器特别是光学仪器，例如高速摄影，还要调科学院的一些人去。张劲夫和长春光机所王大珩所长商量，他后来决定让副所长龚祖同带一批科技人员到西安建立西安光机分所，主要为二机部的工作服务。因为二机部好多单位在西北一带，实验基地也在西北某地；要什么仪器，提出来让西安光机所研究，而且要他们制造出来，对"两弹一星"的研制成功起的作用很大。钱三强提出的要求，中国科学院基本有求必应。"他不断地提要求、调人，要研制新东西等，科学院就积极地支持和承担任务，帮助他解决问题。"张劲夫说，的确，钱三强的作用无人可以替代。

再说，当年还有一批与钱三强共同打拼的精粹俊才呢！那时，中国科学院近代物理所凝聚着一大批从海外学成归国的优秀人才。1950 年，随着新中国的建立，发展科技、求贤若渴、广寻人才的讯息很快传遍海外学子的社交圈。散布于欧美诸国的华夏学子们纷纷归国。在1950年底先后归国的专家有：核物理学家赵忠尧；理论化学家郭挺章；理论物理学家邓稼先、金星南；实验物理学家肖健；核能物理学家张文裕；核物理学家杨澄中、陈奕爱、戴传曾、梅镇岳、李整武、郑林生、丁渝、张家骅；理论物理学家朱洪元、王承书；物理学家汪德昭；加速器专家谢家麟；计算机和真空器件专家范新弼；放射化学家杨承宗、肖伦、冯锡璋等。这批人才，加上抗战胜利前后归国的一批物理学家，如陈开甲、李寿蚺、忻贤杰、陈能宽等；再加上国内大学培养一批年轻的大学生，如于敏、黄祖洽、陆祖荫、叶铭汉、徐建铭等；在赵忠尧的主持下，建立了新中国第一个核物理实验室，构建了新中国科技基础研究和应用研究的最早班底。

张劲夫说起这些，更加赞誉中国科学院的巨大贡献。他说，当年参加“两弹一星”研制任务的科学研究人员竟占全院科研人员的三分之二。有时，毛泽东主席还直接向秘书胡乔木的夫人谷羽问起科学院与“两弹一星”的有关情况。谷羽作为科学院新技术局局长也能向毛主席当面反映动态。那时，新技术局除了项目所需的经费、器材优先得到保障，还有很多非标准设备可以安排到各产业部门协助加工制造。至于人造卫星，则从构思到建议，都是由中国科学院提出的，人造卫星研制项目先后经历1958年、1965年两次上马。

在此，笔者还想特别讲讲“两弹元勋”——邓稼先。最早知道“邓稼先”这个名字，是在他1986年逝世后，《人民日报》发表长篇通讯《“两弹元勋”——邓稼先》时。这是中国首次对外公开报道“两弹一星”研制者的事迹。笔者一口气读完这篇通讯，潸然泪下，感慨万千，怀念之情久久地萦绕于心。

为“两弹”诞生呕心沥血、死而后已的邓稼先，是安徽省怀宁县人。在共和国表彰为“两弹一星”事业作出突出贡献的科技专家简介上，写着这样一行字：

邓稼先，1924年生，中共党员，核物理学家，中国科学院院士。1945年毕业于西南联合大学物理系，后在北京大学任教。1948年10月赴美国普渡大学物理系留学，1950年获物理学博士学位。随即，邓稼先放弃了在美国的优越生活和工作条件，毅然回国参加社会主义建设，直接投身于我国第一颗原子弹研制工作。

当苏联撕毁协定、撤走专家后，面对留下的残缺不全、不知真实与否的核爆大气压数字，为了尽快研制出“争气弹”，时任原子弹理论设计负责人的邓稼先和他的团队集智攻关。

那时的条件异常艰苦。作为理论部负责人，邓稼先坚持跟班指导年轻人进行极为复杂的原子理论计算，常常工作到天亮。每当过度疲劳、思维中断时，他都着急地说：“唉，一个太阳不够用呀！”就这样，他们先后对原子弹爆炸的物理过程进行了9次模拟计算和分析，最终推翻了苏联专家撤走时留下的结论。到1962年终于完成了原子弹理论设计方案的制订工作，解决了原子弹试验的关键性难题，迈出了中国独立研制核武器的第一步。

在“两弹”研究过程中，邓稼先领导并直接参与了爆轰物理、流体力学、状态方程、中子输送等基础研究和模拟试验。当原子弹试验成功后，他立即组织力量，探索氢弹设计原理，选定技术途径。在西北荒漠戈壁试验场，邓稼先和他的团队面对的是非常险恶的环境。正如古人感叹的那样，这里经常是“疾风冲塞起，沙砾自飘扬。马毛缩如猬，角弓不可张”。但他总是身先士卒，冒着酷暑严寒在现场领导核试验，参与指导核试验前的爆轰试验，从而获得了极为宝贵的第一手资料。

本着对工作极端负责的精神，邓稼先总是把生死置之度外，总是在最关键、最危险的时刻出现在第一线。尤其是在核武器插雷管、铀球加工等生死系于一线之时，他都站在操作人员身边具体指导，给作业者以极大的鼓励。

特别令人动容的是：有次航投试验出现事故，核弹从飞机上丢下来，因降落伞没有打开，掉在地上摔碎了。为探明原因，邓稼先亲自前往现场寻找核弹。在空旷的戈壁上，他直接用双手捧起弹片检验，因而受到极为严重的放射性侵害。后来他病倒被送进医院。经检查，发现邓稼先的小便中带有放射性物质，肝脏破损，骨髓也侵入了放射物。即使这样，他仍执意回到核试验基地。在步履维艰之时，他还要坚持自己去装雷管，并首次以院长的权威向周围的人下命令：“你们还年轻，你们不能去!”此情此景，感动了在场的每位工作人员。

1986 年 7 月 29 日，由于长期劳累和辐射伤害，邓稼先过早地离开了人世。他对中国核武器研制所做出的卓越贡献却鲜为人知。直到他逝世后，人们才知晓他的事迹，才知道他曾经担任过核工业部第九研究院(简称“核九院”、“九院”)副院长、院长，国防科工委科技委副主任，核工业部科技委副主任，中共第十二届中央委员等职；1982 年获国家自然科学奖一等奖，1985 年获两项国家科技进步奖特等奖，1986 年获“全国劳动模范”称号，1987 年和 1989 年各获一项国家科技进步奖特等奖。其实，他的那些卓著功勋，又岂是这几行简单的文字所能概括的呢!

笔者在搜集资料，撰写“两弹元勋”事迹时，曾经怀着崇敬的心情，听九院同志讲述他们当年去慰问邓稼先遗孀——许鹿希先生的情景。也正是这时，九院的同志们才获悉邓稼先与诺贝尔物理学奖获得者杨振宁等人曾是同学。所以，许鹿希不无自豪地讲，邓稼先是我们新中国自己培养的核物理学家，尽管他早年曾留学美国。后来他学成归国，成长为中国核武器理论工作的奠基者和开拓者之一，也是中国核武器在技术上的主要研制者和组织者，完全是时代时势的造就。

邓稼先(右二)在核爆试验现场

许鹿希说，1948 年夏，邓稼先考入美国普渡大学物理系攻读研究生，1950 年完成博士论文“氘核的光致蜕变”，顺利通过答辩。此后第 9 天，邓稼先便辞别杨振宁等人返回祖国。同年 10 月，钱三强将他调入新成立的中国科学院近代物理所任助理研究员，在著名物理学家彭桓武的指导下，从事原子核理论研究。两年后，邓稼先晋升副研究员，6 年后调任核武器研究所任理论部主任。邓稼先博士是核武器研究所调来的第一位高级研究人员。

“那是 1958 年 8 月，钱三强将在中科院数理化学部担任学术副秘书的邓稼先叫到办公室，庄重地通知他将担任秘密武器研制工作。”

许鹿希回忆说：“稼先的这些经历，我也是稼先走后，九院的领导来看望我才告诉的。”她还激动地述说起往年趣闻。当年，我国第一颗原子弹爆炸成功，举国欢庆。邓稼先的岳父、“五四运动”参与者、著名民主人士许德珩老先生问中科院副院长严济慈先生：“咱们中国自己能造原子弹，不知谁有这么大的本事?”了解内情的严济慈哈哈大笑说：“去问问你的女婿吧!”

1993 年 8 月 21 日的《人民日报》发表文章：《没有任何外国人参加——追忆两弹元勋邓稼先》，讲述了杨振宁与邓稼先交往的一段感人故事：

当年参加核工业建设的老同志

1971 年，诺贝尔物理学奖获得者、著名华裔美籍科学家杨振宁来到北京，见到他童年时的好友邓稼先。离别近 20 年，邓稼先已不是当年背着个布书包、步行去中国科学院上班的书生模样了，为原子弹呕心沥血的劳作已使他鬓发染霜。杨振宁为学友的成就倍感骄傲，但在当时的政治环境下，他实在不敢就原子弹的研制问题说半句话。当杨振宁离开北京、即将登上去上海的飞机舷梯时，他突然停住了，悄声问前来送行的邓稼先：“稼先，在美国听人说，中国的原子弹是一个美国人帮助研制的。这是真的吗?”邓稼先十分惊愕地张了张嘴，可没有说话。长期的保密教育令他迟疑片刻，但对诺贝尔物理学奖获得者真诚的询问，他只好说：“你先上飞机吧。等我请示了领导以后，再告诉你。”杨振宁带着疑惑离开北京到达上海。很快，在上海市为杨振宁送行的宴会上，一封密封的急信送到了他手上，是邓稼先熟悉的字迹：“无论是原子弹还是氢弹，都是中国人自己研制的……”杨振宁博士的泪水夺眶而出。

这是中国人永恒的骄傲！杨振宁如是说——邓稼先逝世后，杨振宁写给邓夫人许鹿希的唁函中深情地诉说了他的心声：

——稼先为人忠诚纯正，是我最敬爱的挚友。他的无私的精神与巨大的贡献是你的也是我的永恒的骄傲。

——稼先去世的消息使我想起了他和我半个世纪的友情。我知道我将永远珍惜这些记忆。希望你在此沉痛的日子里，多从长远的历史角度去看稼先和你的一生，只有真正永恒的才是有价值的。

——稼先的一生是有方向地、有意识地前进的。没有彷徨，没有矛盾。

——是的，如果稼先再次选择他的人生的话，他仍会走他已走过的道路。这是他的性格与品质。能这样估价自己一生的人不多，我们应为稼先庆幸！

邓稼先倒下了。但邓稼先在最后的日子里，仍然牵挂我国的核武器事业。他和于敏商议，联名给中央写了份建议书，这份建议书提出了我国核武器发展的目标和途径、措施。

这是最可宝贵的财富。邓稼先和他们那一代人完成了国外五代科学家的任务，一口气从原子弹发展到氢弹，发展到中子弹，再发展到以计算机模拟核极限，赶上了其他核大国的水平。

伫望邓稼先留存的工作照，笔者心底灿然闪现出“艰苦奋斗、默默奉献”八个大字，这就是上百万放弃优裕生活条件，在艰苦环境里为国防科技事业贡献青春年华的三线军工人所铸造的伟大精神！

在长长的采访名单中，有许多人已经远逝。而最早离开我们的，是1968年12月自核试验场回京时遇难的著名科学家郭永怀。这里，专门留下一段文字，以表达后人对英雄的崇敬与追缅。

郭永怀，是钱学森的师弟，20世纪30年代先后在南开大学和北京大学攻读物理学。1939年夏，拿到毕业证书的当天，郭永怀以优秀成绩考取了“中英庚款留学生”。他于翌年9月到加拿大多伦多大学，仅以半年时间便完成“可压缩粘性流体在直管中的流动”的论文，获硕士学位。1941年5月，他来到国际空气动力学研究中心，在美国教授指导下工作。他的主攻方向就是对当时空气学前沿问题——跨声速流动不连续解的研究。郭永怀于1945年获得博士学位。

突发的朝鲜战争延误了郭永怀归国的行程。在中美交兵的日子里，为了避免美国当局制造阻挠钱学森归国那样的障碍，郭永怀在和国际研究中心同事、学生们聚会的篝火旁，掏出他留美10年写成的、没有公开发表的书稿，一叠一叠扔进篝火里，书稿化为灰烬如蝶飞。这令在场的人们都惊呆了，连他的夫人李佩教授也不理解而抱怨道：“永怀，你疯了？”在回家的路上，李佩才知道“那装在他脑子里的科学知识是属于永怀自己的”。

郭永怀焚稿的举动，自然也打消了美国中央情报局人员对他的猜疑。

朝鲜停战协定签署后，在中国政府的努力下，郭永怀毅然放弃了在国外的优越条件，带着对祖国的赤胆忠心，带着铭刻在他脑子里非凡的力学和应用数学的复合智慧，于1956年11月回到了阔别16年的祖国。中央领导对郭永怀夫妇的归国非常重视，毛泽东、周恩来都亲自接见他，并嘱咐中国科学院安排他和钱学森一起工作。

郭永怀先后担任中国科学院数学物理化学部学部委员，力学研究所副所长，中国科学技术大学化学物理系主任等职，成为我国近代力学事业的重要奠基人。

作为科学家，郭永怀对国防工业与科研事业的贡献是多方面的，不是用某种专业头衔可以囊括得下，尤其是他的突出贡献涉及许多重大工程与科研项目。如从1957年10月4日，苏联公布发射第一颗人造卫星成功起，郭永怀就参加了中国科学院的星际航行座谈会，积极倡导我国要大力发展航天事业，并就许多技术问题，如运载工具、推进剂、姿态控制、气动力、气动热等发表了许多重要见解和主张。特别是他在第四次座谈会上作了题为《宇宙飞船的回地问题》的中心发言，对气动减速、气动加热、烧蚀防热、回地轨道设计等问题进行了细致的分析；此后，他还提出了返地时利用举力面的设想。由此可知，这位科学家的预见性是何等超前。

当我国人造地球卫星的研制发射工作提上议事日程时，作为卫星设计院的领导，郭永怀参加了卫星本体设计等工作。20 世纪 60 年代初，他还参与了氢氧发动机和地对空导弹的研制工作。郭永怀在九院参与了核武器研制的领导工作，负责与动力学相关的技术问题，并对研制工作中某些关键性问题的解决发挥了重要作用。

在原子弹研制的关键环节，由于郭永怀提出用特征线法进行爆轰波理论计算，并与理论物理学的研究结果相结合，从而实现了较为理想的引爆方式。为了实现原子弹的武器化、实用化，郭永怀主张对核航弹的结构、外形、弹道、引信与环境试验等问题进行预研，从而改善了航弹的增阻特性。他还竭力主张对导弹武器进行声致疲劳和冲击试验，以保证武器系统的安全与可靠性。

对氢弹研制，特别是有关氢弹弹体结构问题的研究，郭永怀提出采用航空器中常用的结构形式，使弹体重量明显减轻。他还提出要增加性能良好的减速装置。在他的亲自主持下，氢弹结构研制各方面都取得突破性进展，从而保证了我国第一颗氢弹空投试验圆满成功。

最让中国科技界悲痛不已的是，郭永怀为中国尖端武器事业的发展贡献了全部心血乃至自己宝贵的生命。1968 年 10 月，郭永怀赴西北核试验基地进行我国第一颗导弹热核武器发射试验准备工作。10 月 5 日，他从基地返回北京途中，因飞机失事不幸牺牲。郭永怀等人的罹难，令聂荣臻元帅泪洒江天。人们找到郭永怀的遗体时，看到他和警卫员紧紧地抱在一起。人们费力地把他俩烧焦的遗体分开，从他们相拥而抱的胸怀之间，掉下了一个完好无损的公文包，里面装有氢弹试验数据的机密文件！

“愿得此身长报国，何须生入玉门关。”这就是中国国防科技工作者在与死神搏击中用生命书写的壮丽华章。

在核武器研制领域，除了郭永怀，还有彭桓武、王淦昌，他们三位被并称为试验物理、理论物理、工程力学三大台柱。他们的学术水平在国内外都享有很高的声誉。

王淦昌是世界上发现反西格马负超子的第一人，证明了反粒子的普遍存在，为微观世界图像填补了一个空白。彭桓武用能谱强度首次解释了宇宙线的能量分布和空间分布，名扬世界物理学界。郭永怀因在跨声速与奇异摄动理论方面的两项成果而驰名世界，他的研究成果被国际公认为航空航天技术发展史的第二个里程碑。以他们三个人的学识、经验和威望，指导解决了我国核武器研制中的一些重大理论、实验和工程问题，为核武器的研制成功做出了卓越贡献。

还有朱光亚，他是核武器研制的领导者之一。在科技攻关中，他善于对问题进行科学的分解、综合、判断和选择。在专家讨论的基础上，朱光亚组织起草的《原子弹装置科研、设计、制造与试验计划纲要及必须解决的关键问题》和《原子弹装置国家试验项目与准备工作的初步建议及原子弹装置塔上爆炸试验大纲》两个文件，对指导我国第一颗原子弹的研制试验成功起了十分重要的作用。

陈开甲是我国核试验测试技术开创者，他主持首次核试验的测试工作，97%的测试仪器都记录到准确、完整的数据。而法国第一次核试验没拿到任何数据，美国、苏联和英国在第一次核试验中，也只取得少量数据。曹本熹、张沛霖、吴征铠、陈国珍是核燃料系统的化工、冶金、扩散、分析四个方面的总工程师，他们分别在各自专业领域指导和领导技术攻关，把住产品质量，为自力更生解决核燃料生产和质量问题做出了重大贡献。

作为历史，需要我们书写、讴歌的事情实在太多太多！

“两弹一星”元勋们彪炳史册的历史功勋值得世人永远追怀。

▶戈壁红云惊宇寰　铸剑安邦赖豪杰

2010年元月9日，严寒的气温降至北京42年来历史同期最低值，人民大会堂里却暖意融融，鲜花吐艳，华灯绽放，气氛庄重。这里正在隆重举行纪念张爱萍同志诞辰100周年座谈会。胡锦涛总书记对这次纪念活动非常重视，亲自审定了座谈会方案。中央军委副主席郭伯雄在座谈会上，高度评价了我国国防科技事业的杰出领导者张爱萍为民族独立和人民解放、为国防和军队现代化建设建立的不可磨灭的功勋。

2010年元月19日，《光明日报》刊发了刘延东的文章《怀念张爱萍同志》：

张爱萍同志是一位战略家。在发展我国科技尖端事业的一些根本、全局问题上，他和老一辈领导同志的高瞻远瞩、审时度势、自信从容，坚定不移地贯彻执行党中央的独立自主、自力更生的战略方针和勇于担当、拼搏奋斗的革命精神，令人由衷敬佩。他指出，一个大国，如果不立足于建立、蓄备自己的武器装备和研发创新能力，不预想到和准备好在应急动员时能迅速形成规模和批量的生产条件，只靠买人家的武器满足于一时之需，是短视的，也是危险的。他说，“以自力更生为主，力争吸取国外的先进技术，勇于闯出自己的路子，才是实现我国武器装备现代化的唯一正确的道路”。

在研制“两弹一星”的过程中，他和其他老一辈领导同志创造性地提出了“集中力量、统一组织、相互协作、联合攻关”的重大战略思想，建立了武器装备研制试验工作中的总设计师和行政总指挥“两条指挥线”制度。当时正值我国经济困难时期，面对如此浩大的工程，根据中央指示，他与其他同事深入全国各地核工业单位调查研究，向中央提出了集中全国力量加速攻关的建议，提出：“这是在科技上赶超发达国家的必由之路，是现代化、社会化、大科研、大生产的必然要求，也是社会主义优越性的具体体现。”实践证明，在我们党的强大领导和组织下，正是采取了这样一整套优化组合方法，从而将制度的优势和精神的优势转化成强大的发展动力，这对于我们今天科技创新与发展仍有积极的指导意义。

张爱萍同志还是一位实干家。他做事脚踏实地，求真务实，严谨周密，一切从实际出发，严格按科学规律办事，讲实话，求实效，从不迷信权威。这是张爱萍同志和他领导的国防科技队伍的一贯作风，也是"两弹一星"事业取得成功的重要因素。当年在国防科技战线上与张爱萍同志共同创业的许多老同志都有这样的体会，正是这种求真务实，一丝不苟的精神和科学态度，才使我们比任何发达国家以更少的代价，更短的时间，取得了更大的成果。张爱萍同志作为"两弹一星"大协作、大会战的具体组织者和领导者，与广大科学家、工程技术人员和参试部队官兵一道，长期工作、生活在荒漠深处的核基地，"饥餐沙砾饭，渴饮苦水浆"。时任中国科学院副院长、党组书记的张劲夫同志曾回忆，张爱萍同志在生病的情况下，仍然带着氧气瓶到基层去检查。他对一个焊点，一个螺丝钉，一个零部件都要检查到。所以在他的领导下，工程质量很高，事故很少。我们不会忘记1964年在第一颗原子弹爆炸前，他不顾个人安危，不顾众人劝说坐上了新改装的伊尔－12飞机，飞到了8500米的高度，亲自去了解核爆取样的情况。

在他身上，人们能真切感受到那感天动地的"两弹一星"精神。

2003年7月5日，张爱萍走完了他壮丽的人生路。"将星陨落恸三军，往事萦思更忆君。"在2010年元月9日纪念他诞辰100周年座谈会上，人们对20世纪60年代以来我国独立自主突破以"两弹一星"为代表的国防尖端技术的巨大历史作用，有了更为高远的全新阐释。

以"两弹一星"为代表的国家战略威慑力的形成和国防实力的增强，为解除超级大国对我国家安全和周边环境现实而紧迫的军事压力发挥了无可替代的核心作用。

历史的镜头定格于1964年10月16日中国首颗原子弹爆炸成功之后。大洋彼岸和北方近邻与中国领导层都非常明白：威力巨大的原子弹、氢弹，只有和射程较远的投送工具结合起来，才能形成有效的战略核威胁。在周恩来、聂荣臻的领导下，张爱萍组织开展了"两弹结合"试验准备和氢弹研制工作，并先后于1966年10月和1967年6月取得圆满成功。

难忘1966年10月27日9时，一枚"东风二号"核导弹点火升空。9分14秒后，核弹头在距发射场894千米以外的罗布泊弹着区靶心上空569米的高度爆炸。这标志着中国有了可用于实战的导弹核武器。这让毛泽东、周恩来看到了在严峻国际环境之中的新曙光。

吊装导弹弹头

此时正值"文革"初期，张爱萍虽然已经被错误地"打倒"，但他所倾注的心血，早已经融入国防建设发展的旷世伟业。

在为"两弹"研制试验拼搏奋斗的同时，此前的1965年初，张爱萍受聂荣臻元帅委托，对中国科学院和钱学森提出的《关于发展卫星研制工作的纲要和建议》组织了研究论证，认为中国开展卫星工程的技术基础已基本具备，应统一规划，统筹实施。随后，他参与了第一颗人造地球卫星研制的组织领导。但当“东方红一号”卫星上天时，他却身陷囹圄，只有寄情于笔端，通过诗词抒发自己对曾经为之呕心沥血的“两弹一星”伟业的神往和高歌。

闷雷骤响，漫天迷雾障张。火箭冲天心神往，环球高歌嘹亮。犹念鏖战黄沙，何来恶梦囚枷。莫道流年空逝，来日遨游天涯。（清平乐《人造卫星上天》）

“两弹一星”的研制成功为我军建立战略导弹部队提供了装备技术保证。尽快组建一支新型的掌握国家战略核力量的高科技部队，被列入中央军委的工作日程。

早在1964年2月，军委决定张爱萍任地对地导弹专门领导小组组长，负责建立导弹作战基地及组建导弹部队领导机构的工作。他亲赴全国各地勘察、选址，为第二炮兵的组建与发展倾注了大量心血，作出了重要贡献。

毛泽东会见尼克松

“两弹一星一艇”（原子弹、氢弹、卫星和核潜艇）事业的成功，标志我国实现了核力量从无到有的巨大跨越，国际安全环境得以显著改善。由于我国掌握了核武器，并开始具备一定的战略威慑力量，政治上的选择余地加大，军事上的回旋空间得到拓展，从国防实力上为抵制苏联的大国沙文主义，真正实现我国独立自主的外交路线，提供了必要的安全保障。另一方面，也迫使大洋彼岸的对手不得不重新考虑长期以来对华敌视的政策，美国政府开始寻求渠道与中国接触。1971年中国重返联合国并成为安理会常任理事国，1972年尼克松访华，中美关系出现巨大调整，朝着实现两国关系正常化的方向发展。在这其中起重要作用的，是以“两弹一星”为标志的战略威慑力量。

1975年3月，张爱萍复出后任国防科委主任。在十分困难的情况下，他连续组织了技术实验卫星一号、技术实验卫星二号和“尖兵”号返回式卫星的成功发射，人们喜称“三星高照”。

特别是“尖兵”号返回式卫星的成功发射和回收，使中国成为世界上第三个掌握这项高新技术的国家。

对于这项高科技进步，国外媒体曾以独特的视角予以报道，即使在今天读来，也是意味深长的；我们还可以从中领略30多年前那些外国记者的“慧眼独具”。

法新社香港1975年12月2日报道：

新华社今晚间接透露中国的空间技术达到一个新阶段，新华社用一句话报道了中国11月26日发射的一颗人造卫星返回地面。观察家们说，中国具有收回卫星的能力，就使它同美苏——迄今只有这两国曾收回宇宙飞船——处于同等的地位。

日本《朝日新闻》1975年12月3日发表了题为“中国成功的收回卫星是对美苏大示威，洲际导弹已接近部署阶段”的文章。文章称：

中国收回人造卫星，表明制导技术有了划时代的进步，并且在为对抗美苏而独自研制战略武器方面也具有重大意义。从最近相继发射两颗人造卫星，这次又收了回来，以及进行地下核试验来看，可以认为中国研制战略武器的速度提高了，第一次试验洲际导弹等远程导弹和进行实战部署的日期日益迫近。

随着20世纪七八十年代“三抓”任务（详见第393页）等重大战役目标的完成，标志我国具备可实施全球核反击的军事实力以及遭到敌核打击后仍具备二次核反击能力。我国战略威慑力量实现了质的飞跃，成为名副其实的核大国。

“安得壮士挽天河，净洗甲兵长不用！”基于我国已完全具备了对来犯之敌实施洲际核反击的强大“还手之力”，使得任何妄图挑衅侵犯之敌都望而却步，任何针对我国进行的核威胁及其他军事施压手段均难以得逞。由此，我国面临的国际安全环境逐渐发生根本性改变。

20世纪80年代初，苏联开始调整对华的敌对性战略，双方百万大军长期对峙的军事对抗局面消退，中苏国家关系得以改善。正是在这种时局扭转的大调整时期，1985年，我军军事战略方针实行重大转变，并及时有序地进行百万大裁军。从此，我国真正迎来了以经济建设为中心、确保和平发展的大好局面，整个社会发生了翻天覆地的变化。[9]

▶掷地有声的话语：“我愿以身许国！”

纪念张爱萍百年诞辰，把人们的思绪又拉回青海金银滩西海镇。在那座由张爱萍将军题写“中国第一个核武器研制基地”的纪念碑上，铭刻着这样的碑文：

1964年10月16日，我国爆炸成功的第一颗原子弹在这里研制出厂；

1966年10月27日，我国首次“两弹结合”试验成功的原子弹在这里研制出厂；

1967年6月17日，我国爆炸成功的第一颗氢弹在这里研制出厂；

我国第一代核武器主要在这里研制，并实现武器化批量生产，装备部队；

我国第一个型号核武器在这里退役处理；

为新的核武器研制基地输送了人才、科技和管理；

这里是“两弹一星”精神孕育、形成基地之一。

纪念碑及碑文

50多年前，1958年5月31日，金银滩牧场——这片曾经诞生过悠扬民歌《在那遥远的地方》的古老热土，经中共中央总书记邓小平批准，确定为221核武器研制基地。

这是根据苏联专家提供的选场条件，从甘肃敦煌以西、新疆罗布泊以北等四个选址点中择优确定的。

当年在工程兵司令员陈士榘的率领下，中苏联合专家组深入西北地区详细踏勘后提供的数据中，是这样描述金银滩的：地处青海高原海拔3000多米处，高寒缺氧，紫外线强，年平均气温－0.4℃；最大的优势是警戒面积1100多平方千米内人烟稀少；建设面积570平方千米，幅员之广，位居世界核试验场前列……

选择自然条件这样恶劣的地方来搞核武器研制，最初的愿望是想尽最大的可能，努力减少核武器研制产生的核辐射及对环境的污染。这个初衷，也符合美国"原子弹之父"奥本海默的观点，核弹研制基地要优先考虑安全可靠，特别是与核试验爆炸现场较近，适宜运输和保密，而不是舒适的生活条件。

此前的1958年1月，根据前一年10月15日签订的《中苏国防新技术协定》精神："为培养设计和科学研究方面的干部和生产原子核武器的专家，苏联政府保证供给中国生产原子弹的全部技术资料，带有训练使用和战斗用的成品样品……并帮助中国设计和建设研究原子弹结构的设计院（代号'221'）"，中央决定成立三机部九局（同年2月调整为二机部九局，1964年合并为"九院"），负责221基地建设。

1958年8月，刚刚由西藏军区副司令员岗位转任二机部九局局长的李觉和吴际霖、郭英会副局长带领着20余人、3顶帐篷、4辆解放牌卡车和4辆嘎斯69吉普车来到这里，头顶青天、脚踏荒原，挥锨启动了核基地的艰难创业。有关部门从兰州建筑工程局选调1200多名职工和2000多名解放军指战员，6400多名河南支边青年，组建了二机部104建筑工程公司和103安装工程公司四处，开始了热火朝天的基地建设。

1958年10月25日，正式成立了中国工程物理研究院的前身——北京第九研究所（简称"九所"）及221基地筹建处。李觉将军同时兼任所长、筹建处党委书记等职。据李觉将军回忆，对于进驻基地的人来说，面临的困难非常具体。

吃，这里海拔3500米，严重缺氧，水煮不到沸点，饭煮不到全熟，常常是米饭煮不熟，只能吃炒面。到了冬天，有时炒面也吃不成，就嚼生青稞。

核武器研制基地初建时科研人员住的帐篷

住，这里从来没有房屋，先遣队员们只能在窝棚里待着。要想不让窝棚被北风卷走，就住进"干打垒"（用干泥巴垒起四堵墙，上面盖上帆布），但"干打垒"也不防风，晚间只能贴着墙根睡。金银滩冬天的气温可降到－30℃。"为了不冻死人"，基地的工作人员都配备了四大件——棉衣、棉帽、大头鞋、床毡子。年龄偏大的领导——包括张爱萍将军，晚上冷得无法睡觉，就只能抱着一个热水袋，"咬着牙挨到天明"。

1960年冬天，饥饿和严寒袭击金银滩草原。虽然干部粮食定量每月24斤，但吃的全是青稞面、苞谷面和自己种的土豆；每月仅2两油，副食品就是一点咸菜加冒油花的白菜汤，90%的职工得了浮肿病。面对重重困难，李觉强调：再苦再难，比不上红军长征难；再饿再累，比不上过草地时那般饿。我们要坚决贯彻毛主席的指示精神，"尖端武器的研制工作仍应抓紧进行，不能下马!"必须一手抓科研，一手抓生活。筹建处组建了农、林、渔专业队，垦荒种地，购置机帆船到青海湖捕鱼，改善生活条件。

李英杰后来回忆这般往事，风趣地说："青海湖的湟鱼没有鳞，味儿还可以，就是太腥，又没有大油水和佐料，所以很不好吃。青海湖中有个鸟岛，鸟蛋特别多，工程兵战士趁黑夜偷着上岛捡些回来吃。我对他们说这样干可是犯法的，但是当时实在也是饿得没有办法啊。虽然条件很艰苦，困难挺大，但同志们的干劲非常大，都为自己能从事这样的工程而骄傲和自豪。到1965年基地建成了，我们的第一颗原子弹、氢弹都是在这里研制生产的。当年为了保证核爆万无一失，基地每天都要进行各种冷爆试验(不含核材料的爆轰试验)，那真是天天'过年'、炮声不断。"[8]

聂荣臻元帅得知西北几个基地的困难后，难过得流下眼泪，他决定想方设法去搞营养品，给科学家和技术人员补充营养。但那时毛泽东、周恩来都不吃肉，能到哪里去搞呢?聂荣臻最后想出了办法，打电话给周恩来，以个人的名义，向各大军区、海军募捐，让他们支援一些猪肉、黄豆、鱼、海带之类的副食。周恩来答应了他的请求。聂荣臻立刻行动，把电话打到各军区司令部。恰好陈毅来医院看望聂荣臻，听说此事，当场表态说："你要募捐，我举双手拥护，向各单位募捐时，也加上我的名字。"后来募捐到的东西比想象的要多，海军和北京、广州、济南、沈阳等军区慷慨解囊，拨给了一批猪肉、黄豆、鱼、海带、罐头、酱菜等物资支援几个基地。聂荣臻又交代，这些东西以中央和军委的名义分配给专家和技术人员，但领导和行政人员一律不分。

在解放军的带动下，青海省政府也拨来了1万多头牛羊，组建了牧场，供给221基地副食品。基地虽然建成了几栋单身职工宿舍，李觉、赵敬璞、吴际霖等领导干部却一直住在帐篷里，把楼房让给工程技术人员住。

1962年底，中央专委又从建工部、工程兵等13个部门抽调了15 000人的施工队伍，与二机部建筑、安装队伍汇合，组建了"221基本建设联合指挥部"；李觉任总指挥，李英杰任常务副总指挥，主抓具体工作。"221"工程全面展开，青海金银滩草原上从此建起壮观的"原子城"。李英杰对此回忆：

当时，221基地是"天字第一号"工程，有铁道兵师、工程兵师、二机部安装公司、交通、邮电及甘、青两省共5万人投入施工，集中兵力打歼灭战。但是在那里，那真是一块砖比一斤白面还要贵，当地连沙子也没有，还得从兰州运来。后来我提议修了一条铁路专用线到青海湖边，到那里取沙子。就因为这条铁路线，我还亲眼目睹了我国从苏联引进的第一种地对空导弹(当时世界上最先进的"萨姆"-2型地对空导弹)，代号3069的首次实弹打靶试验，这在当时是绝密的。为什么邀请我呢？主要是这种导弹的各种辅助车辆如发射车、雷达车、电源车等很笨重，要用我们的铁路专用线载运，由我负责具体协调。试验很成功，导弹准确击中靶机。当时我很激动，握着空军副司令员成钧中将的手说："成钧同志，你们任务完成得很光荣啊"！成钧也很客气地回答："这与你们的大力协助是分不开的。"[8]

原子弹的研制工作，是一项综合性很强的宏大科学研究工程，而最重要的是核武器的理论设计和核材料的生产。20 世纪 50 年代末，鉴于当时西北核武器研制基地尚在施工建设，二机部决定先由 1958 年 7 月在北京建立的核武器研究所着手开展原子弹的研究、设计工作，从三个方面予以加强：

一是调集人才。据王菁珩回忆，当年，著名科学家王淦昌受到二机部刘杰副部长的约见。刘杰向他传达了周恩来总理的指示，请他参与和领导原子弹研制工作。刘杰给王淦昌三天时间考虑，王淦昌当即果断地说："刘部长，没什么考虑的，我愿以身许国！"多么平淡的语言呀！而又是那般掷地有声。从此，王淦昌改名王京，在原子弹研制领域隐姓埋名 17 年，直到 1978 年国务院任命王淦昌担任二机部副部长，人们才重见王淦昌的名字。

1959 年末至 1960 年 3 月，核物理学家朱光亚、著名科学家王淦昌、彭桓武和郭永怀先后调任该所副所长。还选调了程开甲、陈能宽、龙文光等 105 名高、中级科技骨干，他们与邓稼先等组成了核武器研究所的骨干力量。

二是设立理论物理、爆轰物理、中子物理和发射化学、金属物理、引爆控制和弹体弹道等研究室和加工车间。

三是增建了科研实验楼，从有关部门调用和从国内外增购必需的设备器材，创造必要的物质条件。

1960 年春，原子弹研制工作正式展开。研制原子弹是一个崭新的课题，初期的探索工作大致按理论设计、爆轰物理、中子物理和发射化学、引爆控制系统、结构设计等几个方面进行。

(1)理论设计。在彭桓武、邓稼先、周光召的主持和领导下，进行原子弹的理论设计及其基本结构模型研究。邓稼先带领十几个刚从大学毕业的青年，从最基本的"三本书"学起；邓稼先亲自授课，并主持立项研究。孙清河、朱建士等凭借算盘和 4 台手摇计算机，进行原子弹的总体力学计算，运用特征性方法计算内爆型原子弹的物理过程。他们坚持三班倒，夜以继日，每天工作十几个小时。这是极其枯燥的计算，这是绞尽脑汁的思索，这是呕心沥血的智慧运用。历时春夏秋冬整一年，工作人员对弹体内物质运动的全过程反复计算，结果都很接近。他们历经九次险关拼搏，摸清了原子弹内爆过程的物理规律，并通过理论、规律与爆轰试验的结合，完成了原子弹的理论设计。

彭桓武辩证地分析了原子弹爆炸的全过程，提出了决定各反应阶段的主要物理量，对掌握核反应的基本规律与物理图像起了重要作用。

与此同时，对核反应发生前的研究工作也全面铺开。1960 年春，胡思得等 4 人对爆轰产物的状态方程特别是铀的状态方程进行了探索。他们从学习基础知识开始，从查阅国外居里夫人时代的文献资料着手，经过半年多的艰苦努力，终于建立了包括低压、高压等整个压力范围内的状态方程，为原子弹的总体力学计算提供了依据。

周光召仔细分析并从理论上论证了这些计算结果的正确性。同时，周毓麟等人研究出有效的数学方法和计算程序，通过电动台式计算机计算，取得了相同的结果。这为原子弹的理论设计和力学计算打下坚实的基础。

(2)爆轰物理试验。探索原子弹内爆规律的爆轰试验在王淦昌、郭永怀、陈能宽等科学家的领导下进行。科学家们走与实践结合之路，直接去现场具体指导。1960 年 4 月，九所二室 10 多人在北京长城脚下那片工程兵试验场搭建的帐篷里，利用一台普通的锅炉和从部队买来的几只熔药桶，焊接出一把双层结构的铝壶：外层通上蒸汽，内层熔化炸药，并用马粪纸做模具，浇铸出炸药部件，打响了原子弹工程爆轰试验第一炮。

此外，王淦昌等人还主持设计、建造了 303 010 立方厘米、磁场为 7000 高斯的磁云室，并在云南落雪山海拔 3180 米处建起中国第一个高山宇宙线实验室，开始奇异粒子的研究工作。

(3)中子物理和发射化学研究。这项工作由钱三强领导，何泽慧等具体指导。点火中子源是原子弹的重要部件之一，由原子能研究所与核武器研究所共同承担，通过三条技术路线进行研发。1963 年 12 月，中子源在聚合爆轰试验中获得成功，被首次核试验采用。按另外两条技术路线研制的两种中子源也都获得成功。这也为我国核物理研究创新思路开辟了新的视野。

中子物理方面，原子能研究所等单位测定了与裂变反应有关的重核中子截面、裂变中子能谱及裂变中子平均数，建立了各种反射性测量方法及标准。两所还协作完成了快中子临界装置的理论计算、临界安全计算等课题。

(4)引爆控制。引爆控制系统中的同步起爆装置是实现核装置内爆的关键设备之一。惠中锡、祝国梁等研究人员土法上马，解决了线路设计等一系列难题，掌握了同步引爆装置的设计技术。同时，引爆控制系统其他部分的研制工作也如期完成，这些成果均被首次核试验采用。

(5)结构设计。在郭永怀、龙文光等专家主持下，原子弹的结构设计人员分别从爆轰和力学结构方面开展核装置结构的两种方案研究，到 1962 年均取得预期的结果。

1963 年 3 月，当这批科研人员在极其简陋的条件下，创造性地拿出我国第一颗原子弹理论设计和工艺流程方案之后，就随同九局机关和北京九所的大部分科研人员一道，以“献了青春献终身、献了终生献子孙”的大无畏气概，义无反顾地奔赴青海高原那个叫金银滩的地方。

在青海金银滩，从 1962 年下半年起，本着边打边建的原则，221 基地陆续转入研制、试验阶段，把理论设计和工艺流程从蓝图变成现实工业产品，这是最为艰巨的转化过程。512 车间接受了聚集组件的研制任务。聚集组件是形状特殊的薄壁零件，形位、尺寸精度要求高，铸造、加工、测量十分复杂和困难，需要大力协同、联合攻关。机械二厂宋光洲副厂长组织 511、512 两个车间的工程技术人员、工人展开技术革新。511 车间经过数十次工艺改进，铸造出合格的毛坯零件。512车间在分厂检查科配合下，对工艺装置、测量工具和测量方法进行不断探索。1963年6月，第一个核武器关键部件——聚集组件在基地研制成功。

201车间的工程技术人员、工人，也在1962年12月用块装法生产出第一块炸药部件，打响了高原爆轰试验的第一炮。在爆轰试验中，采用陈能宽提出的“坐标一号聚集元件”方案和王淦昌提出的“综合颗粒法”等方法，在爆轰驱动和特态方程的爆轰试验上取得了技术突破，掌握了内爆的规律和实验技术。

1964年初，北京九所四室科研人员迁入基地102车间，继续进行从原子弹内部到惰层裂变材料部件的研究。通过铀地质勘察、矿石开采，研究人员获取裂变材料并提纯为60% ~90%的化学浓缩物（重铀酸铵或重铀酸钠，俗称“黄饼”），从中分离出二氧化铀、四氟化铀。1964年，兰州铀浓缩厂分离出武器级的六氟化铀，经还原、精炼、铸造，加工出第一套合格的铀-235部件。

由包头核燃料元件厂提供的铀-235半成品，转入102车间组织工人进行精加工。每测量一个数据，工人、检验员、跟班技术人员都要质量“三检”，多次复核。最后一道加工，需经车间领导签字同意，并在现场共同完成。

中国科学院原子能所王方定小组，自己动手建工棚。他们在废弃的手套箱内，经过200多次化学试验，于1962年底研制出符合核武器要求的中子源装料，交由102车间生产出点火中子源部件，最后完成了内组件的装配任务。

在郭永怀副所长和设计部龙文光主任指导下，提前完成了原子弹总体结构设计、力学、环境试验和引爆控制系统设计和试制。试验部科研人员在中子物理和放射性化学大厅，经过上千次安全试验，取得了铀-235的临界、次临界试验数据，保证了核装置在加工、装配、运输、贮存过程的临界安全。

6月6日，基地在6厂区610工号，进行了全尺寸爆轰模拟出中子试验，取得圆满成功。这为我国第一颗原子弹爆炸成功奠定了基础。

九院广大科技人员、工人、干部以高昂的政治热情，科学、严谨、求实的工作作风，严格执行不带问题出厂、不带问题试验的要求。圆满完成原子弹装置的预演产品、备品、正式产品总装联试，产品从221基地启运。[10]

▶为罗布泊“蘑菇云”升腾而默默奉献的人们

历史将永远铭记所有为“两弹一星”研制成功作出贡献的人们。

1997年12月，中国科学院编辑了一本反映中科院科学家参与“两弹一星”研制历程的回忆录，请时任中共中央总书记的江泽民同志为这本汇聚了许多科学家亲身经历的“口述历史”集题写书名。他欣然挥毫——请历史记住他们！

在同年12月7日的军委扩大会议上，江泽民无限感慨地说：“回顾五六十年代，我们搞原子弹、氢弹和人造卫星，那时物质技术基础何等薄弱，条件何等艰苦，硬是在很短时间内就拿了下来，表现出一种强烈的革命精神。”[1]

“请历史记住他们!”——这是江泽民和无数军工老前辈的郑重期冀。

在“两弹一星”研制过程中，有许许多多鲜为人知的感人故事。共和国永远不会忘记，在茫茫戈壁、深山峡谷中，曾经有成千上万的年轻人隐姓埋名，风餐露宿，不辞劳苦，甘愿奉献。这些科研人员和工人们以他们对党和国家的无比忠诚，用自己的智慧、青春和热血，在天地间铸起了一座不朽的丰碑。笔者在此只能挂一漏万地讲几句。

宋任穷在回忆录里写道：地质找矿和科学研究是发展原子能事业的两个根本环节，毛主席曾不止一次亲自关心和指示过，成立三机部后进一步推进了这两方面的工作。地质方面，开始是中苏合营，双方各派两个人组成中苏委员会，第一轮主席是刘杰，委员是高之杕。高之杕原是北京大学教授，地质专家，在创建铀矿地质事业中做了大量工作，起到了重要作用。后来我国原子能事业工作局面的打开，主要是发现了大批放射性异常点。广东作为中国的铀资源大省，现已探明的铀矿资源储量居全国前列。1955 年初，核工业部成立了中南 209 队。他们从组建队伍之初，经历了通过中苏合作，边学边干，掌握技术，到独立进行铀矿地质勘察阶段，积年累月风餐露宿，为核武器事业发展作奉献。经过铀矿地质勘探队的揭露勘探和工业评价，于 1958 年正式向国家提供了第一批铀矿工业储量。

据朱光亚回忆，在我国研制原子弹和氢弹的过程中，钱三强、邓稼先、于敏等专家是在最需要时做了最救急的工作，发挥了极为关键的作用：

钱三强以他的高瞻远瞩，在原子弹研制不断推进的时候，就想到了氢弹研制。他跟刘杰商议，并得到刘杰的大力支持。在原子能研究所组织黄祖洽、于敏等骨干成立氢弹理论组(代号 470 组)，对氢弹理论开展先行一步的研究。这个组后来发展到 40 多人，为缩短氢弹的研制工作作出了重大贡献。

研制氢弹工作主要是于敏他们做的，方案是于敏提的，也得过大奖，但题目是刘杰与钱三强商量后提出的，组织安排这些题目起了作用。

原子弹爆炸以后必须还要搞氢弹，这是世界核大国发展的必由之路。而中国从研制出原子弹到研制出氢弹只用了两年零八个月。1964 年爆炸了原子弹，1967 年就爆炸了氢弹。在全世界来讲，也是时间最短的。

在“两弹一星元勋”的回忆资料中，你看不到任何谈论当事人自己在研制原子弹进程中如何发挥作用的话语；更多的是强调那些为这一伟大事业而英勇献身的同志是“如何如何”的动情言语。

笔者掩卷长思：在“两弹一星元勋”光照日月的业绩面前，作为新世纪的国防科技人，唯有弘扬和承继“两弹一星”精神，高擎火炬勇往直前，才能无愧于我们的前辈和“国防科技人”的崇高称号。

研制“两弹一星”，不仅是科技元勋们呕心沥血奋斗的结晶，还有共和国方方面面，众多领域、众多行业、众多人物的默默奉献。这些默默无闻的无私奉献，有的甚至直到 2009

年才披露。在此介绍一下获得2008年度国家最高科学技术奖的中国科学院院士徐光宪。

被科学界称为“稀土之父”的徐光宪一生都在研究和应用工业中的“维生素”——稀土元素。而他曾经为中国原子弹最基本的原料——钚的研制做出过重大贡献，是我们现在才知道的“新闻”。

徐光宪早年留学美国哥伦比亚大学化学系，主修量子化学。1951年，徐光宪以出色的学术水平当选美国PhiLamdaUp－ilon荣誉化学学会会员和Siqma xi荣誉科学会会员。1951年4月15日，徐光宪夫妇以探亲名义获得签证，登上了“戈登将军”号邮轮回国。这是美国国会“禁止中国留美学生归国”法案生效前驶向太平洋彼岸的倒数第三艘邮轮。

1955年，国家决定研制原子弹，并提出“全民办原子能”的号召。时任二机部原子能所所长的钱三强建议徐光宪担任北京大学原子能系副主任，从事原子核物理的教学和核燃料萃取化学的研究，并成立了核燃料化学研究室。徐光宪从此与原子核化学结缘，在研究提取制造原子弹原料——钚的过程中，徐光宪和清华教授提出，摒弃苏联专家提供的落后的沉淀法，以仿照美国先进的PUREX流程、由我国自行研究的萃取法筹建核燃料处理厂。这一建议，从材料学的角度使我国核工业在国家最困难的时候走上了快速发展的轨道。

记得当年周恩来总理曾说过：“咱们核工业的这几个厂是全国人民利益所在，是世界人民利益所在。你们要做到事事处处让党中央放心，让全国人民放心。”“有什么困难可以直接找我！”周恩来还亲自批准从全国范围选调精兵强将，支援核工业。这里，单就中国科学院系统参与“两弹一星”科研的情况作如下介绍。

当年，中国科学院为了解决好科研与生产配套，提供高质量的在研产品，并保证很多非标准设备能通过科研人员设计图纸，让工厂把它们变成在研产品和科研设备的现实需要，中国科学院不仅从各所附属工厂选调技术最好的老师傅，还从铁道部选了不少骨干，又从部队技术兵种的复员兵中，挑选了数千名有技术的战士当工人，直接配合科学家的工作。这批高素质的技术工人队伍为“两弹一星”的成功起了无可替代的巨大作用。

据张劲夫回忆，1960年，苏联单方面撕毁协议撤走专家。当时，受影响最大的是浓缩铀厂，关键材料苏联不给了，整个厂就停顿了。最需要我们解决的关键技术问题有五个：

第一是氟油。“苏联专家一走，因为没有氟油，浓缩铀厂停工了。科学院决定以上海有机化学所为主，其他所配合，很快研究出来自己的氟油，并把上海某石化厂要了过来。这个厂有个工人当厂长，叫杨庆年，很能干。他不但配合研究室把氟油研制出来了，而且在他的厂里批量生产，保证了供应。该厂的总工程师贡献也很大。当时，石油部还不能生产一些特种油品和石化产品，就靠上海有机所生产。氟油我们自己能够供应了，浓缩铀厂的机器就又能运转了。那个小厂，我(张劲夫)去看了多次。看到那个工人出身的厂长有培养前途，就给他连提3级，够17级。能参加17级以上干部会议，因为他有功！”

第二是真空阀门。那时候，苏联“断粮”不给了。没有真空阀门，原子弹的气体原料就不能浓缩，更不能把铀－235浓缩起来，根本生产不出浓缩铀。中国科学院上海冶金所集中力量攻关，搞真空阀门。“结果这个关攻破了！攻克这个项目，除科学院金属所、冶金所外，还有复旦大学、上海有条件的工厂都参与。这样，我们的浓缩铀厂才能生产。这项成果在原子弹爆炸成功以后得了特等奖。”

第三是高能炸药。“原子弹怎么引爆？需要引爆装置。普通炸药不行，要高能炸药。科学院大连化学物理研究所到甘肃某地建立了分所，主要搞高能炸药，专家主要有于永忠等。上海有机化学所的黄耀曾带着人去支援。五机部的火工品研究所也派骨干去参加。他们合作把高能炸药研制出来了。有了高能炸药，才能做到高能核装置的引爆。”

第四是扩散分离膜的研制。在研制原子弹的攻关中，有一种扩散分离膜是铀－235生产中最关键、最机密的部分。苏联人称它是“社会主义安全的心脏”，从不让中国科学家接近；就是到苏联去参观学习，也只允许站在老远的地方望一眼。我们中国人有志气，原子能所为此组织了攻关小组，由学术秘书钱皋韵牵头，联合中国科学院、冶金部和复旦大学等几个研究单位，经过四年努力，研制成功合格的扩散分离膜，并开始批量生产，使我国成为继美国、苏联和法国之后，世界上第四个能制造扩散分离膜的国家。

第五是中国第一颗原子弹爆炸的现场观测。“主要是科学院地球物理研究所、力学所、物理所、声学所、光机所等承担的任务，与核试验基地研究所共同商定各个类型的15项测量技术方案，都是中科院自己制造的仪器，各所派技术骨干到现场参加核爆试验，全部按时完成了任务。还有其他所，在现场做了很多试验。当时其他部门也参加做试验，但大部分现场试验和观测是科学院完成的。”

现场参试人员为我国首颗原子弹爆炸成功而欢呼

对核爆炸测试任务的完成也是如此。“1964年1月19日，裴丽生（时任中国科学院副院长）召集有关所领导，逐项解决各研制项目所面临的生产安排问题和器材供应问题，并决定对任务实行特殊的组织管理措施；院新技术局和各所都指定专人负责沟通情况，有问题及时采取有力措施确保优先解决。科技人员和工人经过一年多的日夜奋战，克服了重重困难，终于按预定计划全部完成了观测仪器和设备的研制任务，保证了10月16日我国首次核爆炸测试任务的圆满完成。”

试验成功后现场指挥部成员与部分核科学家合影

当这些难关都被逐一攻破之后，中国首颗原子弹试爆成功就是水到渠成的大事件了！1964 年 8 月 30 日，有关部门在罗布泊试验场区进行了综合预演，从原子弹的运输、装配、控制、测试到侦察、取样、回收等各个环节进行了全面演练。

9 月 3 日，周恩来电召张爱萍、刘西尧、邓稼先等人速回北京，向中央专委汇报原子弹预演的有关情况。

国际上的动向更是惊心动魄！9 月 15 日，美国国务卿腊斯克亲自去苏联驻美大使馆拜见苏联大使多勃雷宁，就对中国核基地“动外科手术”进行极其秘密的探讨。就在美苏两国秘密接触的第二天，周恩来获悉了有关情况，立即主持召开中央专委会议，商讨应对措施。

9 月 23 日，周恩来在军委“三座门”会议室召集贺龙、陈毅、张爱萍、刘杰、刘西尧等人开会，就原子弹的爆炸时间作出了最后决定。

9 月 28 日，“596－1”（正式试验用）和“596－2”（作为备份）两枚原子弹从青海 221 工厂由专用列车秘密启运。根据周恩来的指示，这趟专列被定为一级专列，由中国最优秀的火车司机驾驶。凝聚着千百万人心血的原子弹被稳妥地运到了罗布泊试验基地。

人民日报 号外

我国第一颗原子弹爆炸成功

《人民日报》发表号外，热烈庆祝

10 月 12 日夜，第一颗试验原子弹被定名为“邱小姐”。“‘她’已住进‘下房’，并准备‘梳妆、穿衣’”等暗语传回周恩来办公室——这个“下房”，就是距离原子弹爆轰试验铁塔 150 米的地下装配车间；开始“梳妆、穿衣”，是指进行最后的现场装配。

10 月 14 日，周恩来代表中央军委和国务院向毛泽东、刘少奇、朱德等中央领导汇报原子弹试爆准备就绪的有关情况。

10 月 14 日晚 7 点，那颗代号为“596－1”的原子弹被送到 102 米高的铁塔顶部，运进塔上密封工作间。

各项准备就绪，中国原子弹的炸响进入最后的倒计时。

让我们把镜头切换、定格到那个激动人心的历史画面：“起爆！”——随着这声命令，主控站控制台操纵员按下按钮。霎时间，万籁俱静的孔雀河畔出现了强烈闪光，地面迅速升腾起一个巨大的火球，冲击波以超音速向四面袭。爆炸声宛如惊雷滚滚，烟云在空中翻卷，如花似锦。地面上尘土飞舞，如波似浪。渐渐地，烟雾和尘柱连在一起，形成壮丽的“蘑菇云”直冲苍穹。

参试人员难抑激动之情，为祖国终于有了原子弹而欢呼、跳跃……

这就是中国新疆罗布泊升腾而起的“蘑菇云”！张爱萍将军作为试验现场总指挥向北京

报告了这个消息。

这就是公元1964年10月16日15时，中国第一颗原子弹爆炸试验成功时的场景。

这天晚上的北京人民大会堂，周恩来向参加大型歌舞剧《东方红》排演的全体人员宣布："我们的原子弹爆炸成功了！"

顿时，整个万人大会堂里沸腾起来了！大家兴高采烈，欣喜若狂。周恩来风趣地说："小心，别把楼板跳塌了！"

▶亲历：首次原子弹爆炸核效应试验

"我们的第一颗原子弹爆炸成功了！"当周恩来向世界宣布这个消息的时候，西方和东方阵营的多数国家压根儿就不相信这个真实。半个多月后，我国驻波兰大使馆举行电影招待会，播放了中央新闻电影制片厂摄制的纪录片，如实地回放了"中国首颗原子弹爆炸成功及核效应试验"。这个聒噪的世界顿时安静了片刻，随后又是反华仇华的浊浪滔天。

"原子弹爆炸现场及核效应试验"，顾名思义就是真实记录核爆炸过程及核爆炸对各种兵器、建筑物和动物群的实际效应；是测定原子弹爆炸当量、核辐射、冲击波等杀伤数据的重要试验。美国、苏联、法国和英国的原子弹爆炸成功都是用这些试验数据说话的。

据中国舰船研究院武杰、俞夔、梁子华和蔡云露回忆，他们是在1964年4月间接受核爆炸效应试验任务的。作为当时国防部第七研究院(简称"七院"，又称"舰艇研究院")试验队的一员，武杰回忆：

1964年4月间，七院科技部舰艇处李嗣尧处长通知我去国防科委开会。在这次会上，国防科委领导宣布了中央专委决定，首次核效应试验由国防科委组织实施。随后宣布了各试验队的组成要求和保密纪律，并决定于一星期后组织各试验队技术人员去核试验现场实地考察，以便确定相关兵器的建造及运输方案。

一周后，我们参加实地考察的一行人先到了吐鲁番，在核试验基地设的兵站里过了一夜。兵站很简陋，就是一排土坯平房，木床由两条长凳支撑。《西游记》里描述的火焰山就在眼前。第二天一早，就乘"解放"牌卡车向戈壁深处开进。一路上自然是渺无人烟，地表上除了沙子和石子，就是"骆驼草"。因为路不平，卡车颠簸得很厉害，坐着屁股都颠痛了，站着风沙打得脸又发痛，一路只好坐坐站站到达基地。

这里是中国核试验现场——新疆罗布泊，它有一个非常美丽的名字：马兰。给它取名的正是基地司令张蕴钰将军。当1959年3月核基地建设部队开进这里时，整个世界几乎无人知道深入乌什塔拉的这支神秘的部队究竟是干什么的。给部队选定的居住地，是乌什塔拉以南的一块地下水源丰富的地方。经过几年奋战，建成可居住5万人的特别营区，可以说是距试验场最近、最良好的选择。据说，当年张蕴钰看见那沙碛滩深处星星点点、随风摇曳的马兰花，触动灵感而决定给这片土地取了这极富浪漫色彩的地名。

住进与基地司令部连在一块的招待所，招待所的条件在当年是比较高级的：一个房间两张床，还有席梦思床垫。第二天继续向戈壁滩深处行进，中途到了“甘草泉”兵站午餐。因这里遍地生甘草又有泉水，故叫“甘草泉”。与“马兰”同样，都是基地自己取的名字，在地图上是查不到的。3 个多小时后就到了将要树立试验铁塔的现场，我们考察现场是为了考虑各自的参试项目设想和如何布点。

从现场考察回到北京已是 5 月初。我向院部汇报后立即构思参试项目和参试人员。

因是陆上核爆，所以只能考虑安排水面舰艇装备参与试验，主要确定为舰艇上层建筑抗冲击波试验、舰用材料试验和防化项目。以此为基础，形成参试项目技术方案上报。

七院领导决定，试验队由李嗣尧带队，负责组织实施；我(武杰)协助技术组织；胡宝宽协助政治工作；舰艇模型结构设计由我国第一代自行研制护卫舰的主要设计者余燮负责；赵本立、金佩乐和梁子华负责冲击波效应试验；潘世虎负责防化，现场布放猴子、羊和小白鼠，还有江南造船厂的装配工张师傅和钳工倪师傅负责现场安装。

全部试验样品均以“特殊任务”下达给江南造船厂。7 月上旬，样品准备工作全部完成。

接下来就是押运“试验件”。1964 年 7 月 16 日下午，装载“核试验舰艇件”的军列由上海西站发车起运，由胡宝宽、潘世虎、金佩乐、蔡云露四人分成两组随车押运。“舰艇上层建筑试验件”高大，只能用敞开式货车厢，但全得用绿色帆布盖着，捂绑得严严实实；货车里黑咕隆咚，只有从帆布边缘与货车的空隙中透进来一点光亮。货车厢前头仅留出约两张草席宽的位置，算是押运员的生活休息区。货运列车每到一站都要重新组合，因押运的是专用军列，不允许在车站滞留，所以一路上都要依靠自带的干粮和水过活。一般停车时间都在一刻钟左右，只有兰州车站停靠时间最长，大约两个小时。于是蔡云露就买了点猪头肉和大饼与金佩乐共享，谁知就吃坏了肚子，腹泻不止；好不容易到了下一站，赶紧去找军代表要来黄连素才算止住。

最苦的还在其后。那时货运列车全烧煤，火车头冒出的黑烟含有大量二氧化碳和二氧化硫。从西安到兰州段有很多隧道，黑烟充满隧道，呛得押运员咳嗽不已，还全身刺痒，所以他们下车的第一要务就是去洗澡。押车是辛苦的，但是大家知道自己执行的是一项具有伟大历史意义的任务，所以一路精神饱满地把“试验件”完好押运到了核试验现场。

进入核试验现场，首要的任务是安装“试验件”和防化试验布点。工期紧不说，质量上按实战要求准备。苦不堪言的是核试验现场常有风沙，伙食很差，不但天天顿顿吃的是西葫芦和海带，饭菜里还常常夹着细沙。但是每周都会发给新疆的西瓜和哈密瓜，张爱萍将军视察时就建议用西瓜皮炒菜，并亲自带头吃，也算是开辟了一个“新菜系”。

最糟糕的是吃“苦水”的问题。这水有点咸，用“苦水”煮的饭、泡的菜、喝的茶，吃下去肚子里老是“咕噜咕噜”的，每天都要拉肚子十几次，即使后来装甲兵研究院运来“正常”淡水烧水喝，每天拉肚子的次数也得七八次。

1964 年 8 月底，参试件布放安装完毕后，在现场待命时又进行了核试验防护训练。每天穿着橡胶防护服，戴着防毒面具，在气温40℃、地表温度70℃的高温下，乘卡车在戈壁滩上“兜风”3小时。每次训练下来，从防护服和靴子里都会倒出半盆子汗水。这在新闻纪录片里都有真实的“留影”。

当然，我们也会苦中作乐，听说附近干涸的山谷中有鱼类化石，我们也曾去挖过。不过始终没有挖到鱼化石，只挖到过蛤蜊化石，如果把蛤蜊壳挖碎了，还会闻到海腥味。可以认为，这地方曾经是一片汪洋，后来因地壳运动竟然变迁成戈壁滩。

我国第一颗原子弹爆炸试验是以“塔爆”方式进行的，图为试验前后照片

翘首以待的日子终于到来了。1964年10月16日下午3时整，将进行我国第一颗原子弹爆炸试验。这天午饭后，我们都被送到远离爆心的高地观看。当“零时”来临时，我们就用涂上墨汁的玻璃片挡住自己的眼睛，只见前方远处火球和蘑菇云冉冉升起，顿时人们欢呼跳跃起来，激动的心情难以言表。半年来的艰苦磨难，在这一瞬间转化为无上的荣光与自豪！随后，我们返回营地准备执行“回收”任务。

第二天，即10月17日下午，潘世虎同志第一批进场，他是协助军医科学院“回收”舰舱室内的猴子、羊和小白鼠，并取回布放在距离爆心某特定位置的试验样品。由蔡云露同志对样品用定标器定时反复检测其反射性剂量。

第三天，即10月18日上午，我和赵立本、金佩乐、梁子华、蔡云露第二波进场。我们的任务是：拆卸安装在试验现场的测量仪器；测量、记录各种数据；观测、记录舰用材料的“核效应”情况；进行实地照相等。我们不吃、不喝、不上厕所、中间也不休息，长时间穿戴着防护服和面具连续工作十几个小时。大家不怕苦、不怕累，圆满地完成了任务。

10月19日上午，爆炸后的第三天，全体参试人员一同进入试验现场，查看核效应试验结果。我们由远及近向爆心进发，大家一处一处下车仔细观察。我站在驾驶室左侧外踏板上，引导汽车向爆心缓慢进发，观看爆心附近情况。只见试验铁塔像面条似的歪扭塌在地上，附近地面的石子和沙子熔化形成像陶瓷质似的凝固体。离爆心越来越近了，有人说“不要再往前了”。我走下车又向爆心处走了10多米才往回转。往回走时，我们将现场的部分样品分门别类集中起来收好。

回到营地后，要进行“洗消”。第一间是脱去防护服，摘下防毒面具，第二间是从头到脚跟的洗浴，第三间是换新的防护服。[11]

曾经亲历新中国第一颗原子弹秘运过程的姜士荣回忆：

1964年10月16日，中国第一颗原子弹在新疆罗布泊爆炸成功。我作为一名经验丰富的火车司机，有幸参加了秘密运送原子弹任务。那段往事至今历历在目……

1964年春，我被组织秘密送到大戈壁滩。军代表告诉我们，这里就是青海金银滩基地，我有一个出车任务到新疆，不得与外界任何人联系！

列车先从金银滩驶向西宁，闷罐车昼停夜行。停在车站，保卫人员里外三层围得水泄不通；运行时，桥梁、隧道旁时常见到巡逻人员。车头坐着三位全副武装的解放军，拉出军用电话线，随时可以向列车指挥部汇报情况。

然后，转兰青铁路到兰州，又进河西走廊，一路向西。近2000千米呀！谁能保证始终时速50千米？谁又能保证在起伏连绵的西北高原上下坡不产生任何碰撞？当时用的是蒸汽机车，既无速度表，又无测速仪，谈何容易！我只有凭着经验，自测和目测速度，每时每刻在心中计算着。一天傍晚，我与两名机修工正在库内检修，几名军人来到机车前，为首是位身材魁梧、面带微笑的老军人。他笑呵呵走到我面前，说："司机同志，你辛苦了！"说着便来握我的手。我的双手沾满了机油，不好意思伸。老军人更乐了："有油！有油才是劳动人民的本色嘛！"

老军人一双有力的大手握了我很久："司机同志，这次行动非同一般，你们火车头是先锋，一定要完成毛主席、党中央交给铁路工人的任务哟！我们要争气，要扬眉吐气，要让世界重新认识我们中国！"老军人临走时又说："此次行动千古难逢，将载入史册。咱们是幸运者，一定要坚决完成这项光荣使命！"第二天才知道，那是聂荣臻元帅！

火车开到一个叫黑风峡的地方，前方突然刮起了一阵黑风，呛人的砂石迎面袭来，击打得机车"啪啪"作响。黑风峡是在新疆哈密以西的风区，百里不见人烟。20世纪50年代勘探铁路的工程技术人员有三人在此失踪。

黑风越来越大，车窗外飞沙走石。守在机车里的军官也着急了，抓起电话向列车指挥部请示。指挥部指示不能停，要正点到达。

军令如山。我集中精力注意前方，揉着被砂石打痛的脸颊……

风刮得昏天黑地，机车大灯照射出去，最多十几米远。我努力把眼睛睁大，可还是捏着一把汗：这么近的距离若有情况，想采取措施都来不及呀！不管有人没有人，我都不断地大声高呼："前方注意！"手始终紧紧握住闸把，随时准备刹车。

前方隐隐约约出现光亮，一束又一束，显示出前方畅通无阻的信号。

铁路边每隔15米，就有个人手持通信信号灯开道。为了不被大风刮倒，他们便用绳子把自己绑在电线杆子上！上百千米峡谷每隔一段距离，就会看到三五个人手牵手巡查，跌倒又爬起，不停向电杆旁的人报告线路情况。

我心头一热，终于松了一口气。回头一看，三位解放军正在向车外敬军礼，神情庄严，泪水却顺着脸颊流着……

几天后，列车终于到了终点。指挥部电告：进站时必须一次性对好目标线停车！要尽量减少运动碰撞！

夜晚五六级风，能见度较低。为了减震，必须特快地算出制动力、制动距离，还要考虑风力造成的误差。此刻我心中默默念叨，握闸把的手汗津津的，微微抖！

列车慢慢接近，黑压压的人群候在月台上。我双目圆瞪，开始撩闸刹车。人们安静地站在月台上。我握闸的手一点点加力，车轮刚滑到停车标志处，用尽全力将闸把拉住，停稳了。月台上的欢呼声将极度紧张的我又震醒，大着胆子偷偷斜眼一看，机车就像是用尺子量过一样，不差丝毫停在标志线上。我悬着的心终于落下来，兴奋，想站起来，忽觉浑身瘫软……

直到原子弹爆炸成功，领导才告诉我，那趟车拉的就是原子弹。我问领导为什么不早说，他说也是刚得到的消息。我不禁冷汗直淌，如果当时知道拉原子弹，还能应对自如吗？

党委书记提了两瓶好酒找到我，要一醉方休庆功。两瓶酒很快就见底，只见书记泪流满面，咽着说："姜士荣，喝，喝呀，原子弹，咱中国也有了原子弹！咱这脊梁骨就硬了！"

听了书记的话，我也激动地站起来，把自己的胸脯拍得咚咚响，哽噎着说："喝！喝！咱们能为自己国家的原子弹爆炸成功出上力，这辈子没有白活！"[12]

►"两弹结合"从梦想到现实的跨越

中国第一颗原子弹爆炸成功后，国外军事评论家都预言中国人最快也要用5年时间才会有运载工具来满足实战之需。话音刚落，1965年5月14日，在西北的核试验基地，我军一架轰-6飞机投下了一颗原子弹，成功进行核武器空投试验。

从首次核试验到首次核航弹试验，仅用不到8个月的时间就实现了中国原子弹武器化，这是令世界赞叹的"中国速度"！它向世界表明，中国已经有了可供实战使用的核武器。

尽管这次升腾的蘑菇云又让西方的神经抽动了一下，但是，美国国防部长麦克纳马拉和他的幕僚们认为中国飞机很落后；他们甚至不无嘲讽地说，靠老式飞机投掷原子弹，只怕是要把原子弹投到自己的国土上。

对于这个"短板"的认识，聂荣臻和他的"科研军团参谋部"早有预案。

还是在1963年底，中央专委就研究了核武航弹的发展方向问题，认为核武航弹作为一项重要技术，应继续进行研究、试验，但其作战使用价值不如导弹核武器。会议确定核武器的发展方向，应该也必须以导弹核弹头为主，空投核航弹为辅。

周恩来在会上责成国防工办、国防科委、二机部和五院立即对导弹核武器的研制工作作出全面计划和安排。中央专委决定待原子弹试验成功后，立即开发核弹头的研究设计，并加快中近程地对地导弹的研制，力争早日用配有核弹头的中近程导弹装备部队。

1964年1月，中央专委在给中共中央和毛泽东的报告中提出：争取在"三五"计划期间，有步骤地解决可供导弹和飞机运载的原子弹、氢弹问题。这个非常正确的指导思想对及时推进"两弹"武器化研制，无疑产生了十分重要的影响。

当1965年空投原子弹成功后，中近程地对地导弹的研制也有了新进展。为了尽快拥有自己真正的导弹核武器，在周恩来总理的亲自指挥下，钱学森、谢光选、任新民等科学家，都紧锣密鼓地投入这项工作。为了打破帝国主义的核讹诈，中共中央决定进行原子弹和导弹结合发射试验。有了这种武器，才是中国人民真正扬眉吐气的时刻。

而要实现这样的目标，摆在中国国防科技工作者面前的任务是异常艰巨的。因为装到导弹上的核弹头比起核航弹来，体积和重量都要大大缩小；而且所要经受的环境条件，要求将更加苛刻，研制的复杂程度和难度系数都很大。

根据周恩来的指示，核武器研究所集中精力，着手制订导弹核弹头的研制计划。他们根据中近程地对地导弹的战术技术要求，结合爆轰试验和材料及其加工工艺的现实可能性，首先进行了小型化设计；并在结构设计中采取相应的改进措施，使弹头尺寸减小、重量减轻、刚度提高，以适应导弹飞行中复杂环境条件的要求。

为了保证核弹头在运输、储存及飞行过程中经受振动、冲击、高低温、加速度影响的情况下仍能正常工作，核武器研究所科技人员为引爆系统设计了保险装置、性能可靠的引信和安全自毁系统，一旦导弹发射失败，能保证核弹头不致发生核爆炸。科技人员在研制过程中进行了一系列试验验证。

为了确保绝对安全，周恩来要求九院开动脑筋，逆向思维，把各种复杂环境可能带来的危害逐一排列，科学论证，提出对策。九院和五院的科研人员密切配合，通过四项措施达到万无一失。一是对核装置和引爆控制系统的重要零部件和整件进行离心、振动、冲击和温度等试验；二是突破运输模拟试验技术和设备的限制，大胆地进行了时速 40 千米、距离几百千米的核弹头公路运输试验；三是进行模拟真实环境影响和放大图纸公差的爆轰试验，为核装置定型夯实基础；四是进行核弹头在未解除保险情况下的燃烧模拟试验和坠地碰撞模拟试验。“现在回想起来，那真是革命加拼命，完全把生死置之度外！大家都有着强烈的事业心和责任感！有着大无畏的革命献身精神！当然，这一切成功试验都是在科学、求实、严谨、细致的基础上实现的。”现已皓首皤发的老一辈九院科研人员如是说。

谈及往事，李英杰回忆：

那时真有一种革命加拼命的精神，我们都亲自参加原子弹的振动、爆炸、火烧、雨淋、风吹等安全性试验。那天在 221 基地，李觉、我、副总师龙文光和苏耀光以及几个战士七手八脚地就把原子弹抬上了汽车。“原子弹上车啦，这可是真家伙！”大伙嚷着就往车上爬——有王淦昌、朱光亚、邓稼先、彭桓武、程开甲等人，他们可都是我国原子弹研究的“宝贝疙瘩”呀！李觉生怕出意外，连忙命令大家都下去，科学家们只好跳下了车，车上只有李觉、我、龙文光等几个人。司机踩着油门，车速提到时速 80 千米，汽车在坑坑洼洼的路上飞奔，那个“真家伙”也跟着颠个不停。我高兴地说：“好！原子弹经得住这个振动就行。”车停下后，我们用柴火烧，又用煤火烧，还用雷管炸，原子弹纹丝不动。龙副总师说：“好！振动没问题，受热也没有问题，爆炸也没有问题。”我说：“只要上了保险，它就不会爆炸！”龙文光说：“这玩意比常规炸弹还安全！”大胡子将军李觉笑得那叫开心：“哈哈，真像个纸老虎！”[8]

请历史记住他们！正是在中央专委的坚强领导下，在科学家及核武器和导弹技术专家的共同主持下，聂荣臻的“国防科研军团”众志成城，顽强拼搏，经过一年多的努力，成功解决了导弹和核弹头的结合问题。

核导弹虽然研制出来了，但是作为一种武器，必须要对“两弹”结合的实用性、可靠性进行实弹检验才行。鉴于当初美国、苏联搞类似试验，都是把弹头打到国土以外荒无人烟的海岛上，因此，最初中央专委决定，“两弹”结合只搞“冷”试验，而将“热”试验放到地下进行。但二机部九院的专家提出，原计划的地下核试验，检验不了核弹头的实际飞行状态，难以获取飞行状态下的实际参数并判断技术指标是否符合设计要求；希望将核弹头装在“东风二号”导弹上进行全射程实际飞行状态下的核爆炸试验，但又怕作为将运载工具的导弹不保险。

1966 年 2 月，国防科委邀请二机部、七机部、总参作战部、装备计划部和西北综合导弹试验基地、核试验基地等有关负责人，研究中近程地对地导弹核弹头的试验问题。会议认为，采用地面各种环境条件模拟试验和地下核爆炸试验，都不能完全模拟飞行过程中的真实状态，起不到综合检验的作用。采用全射程、全威力、正常弹道、地空爆炸的试验方式进行“热”试验，既可达到试验目的，又符合实战情况。因此，会议商定使用中近程地对地导弹(改型)，先进行飞行“冷”试验；“冷”试验成功后，再进行飞行“热”试验。

大军欲动，元帅升帐。聂荣臻全程主持会议，细心倾听各方面的情况汇报和技术论证。聂荣臻关切地询问：“导弹和原子弹结合后，在我国本土上进行‘热’试验，到底有多少成功的把握?”大家都认为：“有百分之九十的把握。”聂荣臻沉思片刻说：“科学试验总是有成功，有失败，谁也不敢打百分之百的保票。有百分之九十的把握，我们就可以下决心了。”

人民日报 号外

我国发射导弹核武器试验成功

当时《人民日报》刊发的号外

1966 年 3 月 11 日，周恩来主持中央专委第十五次会议，核心议题就是分析国防科委关于“两弹”试验的报告。会议审慎地研究了这份报告，最后确定：由二机部负责对核弹头进行落地撞击和发生燃烧等异常状态下严格的地面模拟试验，确保核弹头在未解除保险时，即使发生各种异常状态，也不会发生核爆炸；由国防科委组织若干次飞行“冷”试验(不装核弹头)，在确有把握的基础上，再进行飞行“热”试验(装核弹头)；由总参作战部、国防科委切实做好紧急疏散居民和参试人员的准备工作。要求所有准备工作在 8 月底前完成。

10 月 20 日，周恩来召开“‘两弹’结合实弹试验”最后一次中央专委会议。周恩来讲了一句极富哲理的话：“精神的原子弹转化为物质的原子弹，物质的原子弹证明精神的原子弹的威力。”

聂荣臻办公室的"工作记事本"上，对1966年10月24日是这样记载的："晚上，去钓鱼台向主席汇报第四次核试验准备情况，同去的有总理、叶副主席。"当聂荣臻汇报到'两弹'结合试验准备工作已经就绪时，毛泽东高兴地笑了起来，说："谁说我们中国搞不成导弹核武器呢，现在不是搞出来了吗?"毛泽东批准了这次试验，同意聂荣臻到现场主持试验，并特别关照道："这次试验可能打胜仗，也可能打败仗，失败了也不要紧。"

毛泽东越是这样安慰，聂荣臻越是感到肩上的担子沉重。

1966年10月25日下午，聂荣臻到达导弹试验基地，马上召集钱学森、李觉、张震寰等并传达了毛主席的重要指示。他强调："毛主席的意思是要有两手准备，让我们不要打无准备之仗，不要打无把握之仗。这次试验前三发'冷'试是顺利的，所以'热'试一定要谨慎。"

为了确保安全，国防科委制订了出现意外情况的应急处置方案和防护措施。铁道部调集了3列火车在红柳园待命，总后勤部和国防科委派出了500台汽车在安西待命。为预防万一，空军派飞机对预定飞行弹道两侧各200千米的地区进行安全搜索。聂荣臻还到各处检查，并专门接见了7名发射控制室的成员。这7人在核导弹发射时，要坚守地下控制室。这是最危险的地方，离发射台只有100米远，深4米，万一试验不成功，他们最有可能面临惨重后果。20岁的战士操纵员徐虹说："首长，我不是党员，感谢党对我的信任。如果我牺牲了，请组织上追认我为共产党员。"大有"壮士一去不复返"的英雄气概。

10月26日，指挥部研究确定27日9时为发射时间，并上报中央专委，得到周恩来批准。

下午，核弹头运到导弹发射阵地进行对接和通电试验。这是最危险的时刻，聂荣臻亲自坐镇发射架下。

傍晚，核导弹巍然竖立在发射台上。各系统操作人员仔细进行了各种检查，检查结果为：各系统协调良好，头部调温、弹上压力调整、电气参数都符合标准；发动机装置的各器件正确可靠；控制系统零位调整趋于零位；舵机极性和飞行程序完全正确，均符合技术要求。

再过十几个小时，"两弹"结合发射试验就要正式实施了，大家紧张而又激动的心情溢于言表。为此，聂荣臻多次叮嘱大家一定要松弛神经，养精蓄锐，满怀信心，准备迎接明天的战斗；还特地安排参试人员观看电影《奠边府战役》。

天有不测风云。27日上午8时，正当发射场一切工作按程序顺利进行之际，新疆核试验基地报告：核导弹的预定弹着区3000米高空，出现6~7级左右西南向的强风。此时，离预定发射时间还有十几分钟，指挥中心的大厅内静得出奇，空气似乎凝固了，只有倒计时数的闪光亮点在仪器上不停闪烁，仿佛在催促聂荣臻早下决心。聂荣臻元帅一生经历过许多惊心动魄的时刻，这回可以算是最为扣动心弦的一回，因为毕竟是在自己国土上进行核导弹发射试验。但是对自己统率的这支"科研军团"，聂荣臻充满信任。他镇定地与在场的专家们紧急磋商后得出结论：影响不大，按计划发射。

惊心动魄的时刻终于来临了。9 时整，核导弹喷射出橙黄色的火焰，伴随巨大的轰鸣声拔地而起，直插湛蓝的苍穹。在场所有人一起目送核导弹远去，直到在视野中消失。

按照预定的计划，核导弹要在空中飞行 9 分多钟，才能飞临远在新疆罗布泊的目标。不论对于北京的周恩来，还是身临现场的聂荣臻，这 9 分钟都是漫长的。核导弹飞走了，仿佛把大家的心也带走了。可以想象，此刻，他们的心似乎在嗓子眼里跳动，他们一定会听到自己心脏的跳动声。时间一分一秒地过去了。终于，从罗布泊的弹着区传来核导弹于发射后 9 分 14 秒精确命中目标，在预定高度实现核爆炸的消息。聂荣臻长长地吁了一口气，摘下墨镜，眼神和饱经沧桑的脸上流露出发自内心的喜悦。一霎间，发射区沸腾了。人们拥抱、跳跃、欢呼。[13]

共和国的史册上镌刻了这样彪炳千秋的记录：1966 年 10 月 27 日，中国的核导弹在某基地的有效操控下直刺苍穹，飞驰至千里之外的罗布泊，精准击中目标！一朵蘑菇云冲天而起，这标志中国拥有了可用于实战的核导弹！标志中国具有真正意义上的核威慑和核打击能力！

这次发射的成功，在中国国防科研和建军史上具有划时代的意义。美国人和苏联人都感到疑惑：毛泽东领导的红色中国追赶核技术的本领，难道真的是普罗米修斯“盗得了天火”吗？“他们敢于在自己的国土上制造用于实战的核导弹并精确发射，没有百分之百的技术把握，是任何人都不敢进行的试验，除非是疯子。”后来解密的美国总统文件如是说。

事隔多年后，1999 年 6 月，美国国会发表的《考克斯报告》竟然诬称中国窃取美国的核机密，剽窃了它的导弹技术。

“这是对中国人民的挑衅，是对中国科学家的诽谤。”时任中国科学院院长的路甬祥愤慨地写道。因为，“两弹”的研制成功是中国领导层举全国之力，集中科学家、科研人员和工人干部的集体智慧而创造的人间奇迹。

“在研制导弹、原子弹过程中，我们越来越感到‘两弹’是近代各种科学技术成果的高度结晶。‘两弹’的复杂性几乎牵涉国民经济所有生产部门和技术领域，所有研究工作要想由研究院本身完全包下来是根本不可能的，必须组织全国大协作才行。于是，我们一面大力建设导弹研究院和原子弹研究院的关键性研究试验手段，一方面将大量课题分配到中国科学院、各工业部门与各地方的研究机构和高等院校，请他们配合研究，提供成果，同时给以保障条件，这就带动了一大批学科，推动了我国科研事业的发展。

在研制导弹、原子弹过程中，我们还大力开展了电子学方面的研究。因为大量的遥测、遥控、自动控制、精密仪器仪表等都离不开电子设备。这在当时是我们的薄弱环节，单靠协作来解决大量的电子设备问题是难以做到的。因此，我们成立了电子设备研究院。后来又发现许多设备之所以过不了关，是卡在电子元器件上，因此，又成立了电子元器件研究院。电子学方面的研究成果，对‘两弹’的研制成功起了很大的作用。而且，电子学研究院还为其他军工部门和民用工业部门提供了一批科研成果。”创造历史的英雄这样说。

从中也可知，“两弹”研制成功，走的就是中国最早的军民结合之路！

“两弹”研制成功后，聂荣臻在给毛泽东、林彪、周恩来的报告中讲道：“在自己国土上用导弹进行核试验，并且一次就百分百地成功，这在国际上是一个重大创举……从第一次核爆炸到小型化核弹头，美国用了 13 年（1945—1958），苏联用了 6 年（1949—1955），我们只用了两年，比美国快六倍半，比苏联快三倍。”

“两弹”结合的试验成功，不仅标志着中国有了可用于实战的导弹核武器，而且标志着中国具有真正意义上的核威慑和核打击能力。这一年，我国组建了战略导弹部队，周恩来为它取了个别致的名字——第二炮兵。

▶国家安全与发展的战略支撑和坚强后盾

差不多就在跨越发展“两弹”结合、组建第二炮兵部队的前后，有相当一段时间，毛泽东、周恩来和聂荣臻把更多的精力放在了氢弹研制上。1964 年 5 月和 1965 年 1 月，毛泽东在听取国家计划委员会关于第三个五年计划和长远规划设想的汇报时，两次谈到核武器发展问题。周恩来在我国首次核试验成功后，也对聂荣臻及有关负责人提到氢弹研制能否加快一些，并在中央专委会上要求二机部就核武器发展，尤其是氢弹研制做出全面规划。

在科学论证、反复研究之后，二机部于 1965 年 2 月向中央专委呈报了《关于加快发展核武器问题的报告》，提出一方面要抓紧原子弹武器化工作，使之尽快装备部队；另一方面要尽快突破氢弹技术，向战略核武器的高级阶段发展。周恩来总理随后主持中央专委会审议并原则同意二机部的规划安排。

氢弹的研制，在理论和制造技术上比原子弹更为复杂。二机部部长刘杰早在 1960 年 12 月就提出，核武器研究所在优先集中力量进行原子弹攻关的同时，也不能放松氢弹的理论探索工作；但相关工作可由原子能所先行一步。按此指示，由钱三强所长主持，成立了“中子物理领导小组”。他提出的很重要的题目，就是为后来的氢弹研制作准备，并组织了于敏、黄祖洽等理论物理学家和几位青年科技人员进行热核材料性能和热核反应机理的研究。核武器研制进入决战阶段后，于敏、黄祖洽等 30 余人合并到核武器研究所，加快了氢弹研制的速度，创造了从原子弹到氢弹进程上的奇迹！

1964 年 10 月原子弹首次试验成功后，核武器研究所抽出部分理论研究人员全面开展氢弹的研究。1965 年初，这两部分人员在核武器研究所会合，从原理、结构、材料等多方面广泛开展研究。研究所充分发扬学术民主，鼓励科研人员大胆设想，提出各种新的概念和设计方案。1965 年 9 月底，被誉为“国产专家一号”的于敏带领科研人员前往上海，利用中国科学院华东计算机研究所的 J－501 计算机，进行大量计算和数值模拟结果的理论分析。经过近三个月的持续努力，终于找到了造成自持热核反应条件的关键所在，探索到氢弹实现自持聚变反应的关键物理因素和方法。邓稼先为此专程前往上海组织专家评审。

3 个月后，由核武器研究院副院长吴际霖主持，在马兰核试验基地多次进行研究后，确认于敏提出的利用原子弹引爆氢弹的理论方案从基本规律上推断是合理可行的。后来的实践证明，就是这个新方案大大缩短了中国氢弹炸响的时间。

1965 年 12 月 18 日，胡若暇向聂荣臻汇报："拟于 1966 年底进行一次低威力的氢弹原理试验。"1966 年 10 月中旬，试验装置的理论设计总方案提交给设计和制造部门。1966 年 11 月 2 日，聂荣臻致电周恩来："进行氢弹原理试验的工程建设进展很快，11 月下旬全部准备完毕……力争在 12 月或明年 1 月进行氢弹原理试验。"周恩来接报后马上指示赵尔陆、刘杰抓紧办理氢弹原理试验事宜。1966 年 12 月，试验装置的设计加工任务全部完成。

聂荣臻得知氢弹原理试验装置全部准备完毕后，致电核试验基地领导："这次试验具有关键性作用。全体同志要切实遵循毛主席不打无准备之仗，认真、对工作极端负责任的教导，发扬艰苦奋斗，不怕困难，连续作战的英勇精神，千方百计，保证万无一失，百分之百地成功。希望你们努力争取今年打响第三炮"。这里说的"第三炮"，是指核试验基地当年要执行的第三次核试验任务，也就是氢弹原理的试验任务。

12 月 11 日，由周恩来主持的中央专委第 17 次会议，同意在当年 12 月底或明年 1 月初进行"东风三号"导弹的试射和氢弹原理试验。

1966 年 12 月 28 日，对于中国尖端武器的研制事业来说，同样是一个值得永远铭记的日子。12 时整，氢弹按时起爆，雷鸣般的轰鸣震撼戈壁。这次核爆炸的威力为 12.2 万吨 TNT 当量，氢弹原理试验取得了圆满的成功。

科学家们一致认为：氢弹原理试验的成功，所采用的氢弹设计原理是中国氢弹技术一项重要的突破性成就。下步采用这个原理和已有的核航弹壳体，争取进行一次百万吨级全威力的氢弹空中爆炸试验。

1967 年 2 月，全威力氢弹理论设计方案确定。5 月 9 日，周恩来主持中央专委第 18 会议，讨论氢弹试验的准备工作。会议认为，我国第一次全当量的氢弹试验，在政治上有重大意义；在军事上，它将使我国的核武器技术进入一个新的发展阶段。会议要求 6 月 20 日前做好各项准备工作。

6 月 16 日，聂荣臻同张震寰、张蕴钰商量研究后，确定将试验零时定为 17 日 8 时，得到周恩来总理的批准。

1967 年 6 月 17 日，8 时前，飞机声由远而近，人们都翘首以待。8 时整，空投氢弹的飞机到达预定空域，没有投弹，却拐了个弯飞走了。聂荣臻等领导人正在惊诧，空军地面指挥员报告说："飞行员因操作中比训练时少了一个动作，请求再飞一圈，重新完成。"聂帅立即批准，并说："这样好！一定要万无一失。"这种自觉从严要求的精神，可以算得上是辉煌时刻前的完美小插曲。20 分钟后，徐克江驾驶的

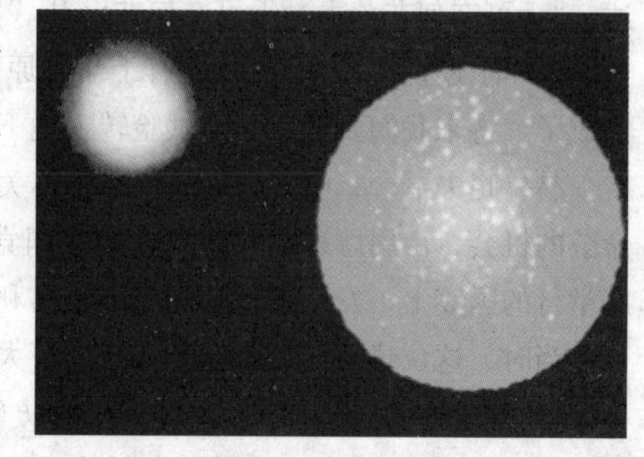

氢弹爆炸的瞬间，天空中仿佛出现了两个太阳

轰－6型飞机在预定高度空域投下了中国第一颗全当量氢弹。氢弹在距靶心315米、高度2960米处凌空爆炸。

在中国的历史长河中，1967年6月17日8时20分，是个具有里程碑意义的时刻。此时，空中出现了一个自然太阳，一个人造太阳，两个太阳在蓝天中并排高挂。这一奇特的景象，令人叹为观止。随后，是一声震耳欲聋的轰鸣。氢弹爆炸成功！

伴随着隆隆的轰鸣，人们从掩蔽壕内跳出来欢呼。一阵强风带着热浪迎面扑来，有的人几乎被吹倒，这是氢弹冲击波的威力。在欢呼声中，科学家们汇集各种数据紧张地计算着，很快就报告说："初步计算，核爆炸的威力在300万吨TNT当量以上(最后结果为330万吨当量)，是典型的氢弹爆炸！"

氢弹空爆成功。中国有了氢弹的消息，令全世界震惊！因为从原子弹发展到氢弹，美国用了7年零3个月，苏联用了4年零3个月，英国用了4年零7个月，而综合国力尚属落后的中国仅用了2年零8个月，以最快的速度，赶在法国之前完成了从原子弹到氢弹这两个发展阶段的跨越。中国速度，让许多国家认为不可思议，简直就是个奇迹。我国氢弹爆炸试验先于法国，在五个核大国中，中国是第四个拥有氢弹的国家。

毛泽东主席高兴地说："两年零八个月搞出氢弹，我们现在在世界上已是第四位。我们搞原子弹、导弹有很大成绩，这是赫鲁晓夫帮忙的结果。撤走专家，逼我们走自己的路，要发给他一个一吨重的勋章。"

▶"合金钢不坚，中子弹不难"

时光追溯到北京时间1964年10月16日，莫斯科传来消息，苏共中央宣布解除赫鲁晓夫一切职务。消息传来，似乎为陷入僵局的中苏两党关系带来了一线转机。也就在这一天，中国第一颗原子弹试爆成功。这两件事巧合地遇在一起，整个北京、整个中国处在一片欢腾之中。在10月19日中央政治局常委会上，毛泽东对这两件事情用了两句话来描述："无可奈何花落去。无可奈何花已开。"前句指赫鲁晓夫下台，后句赞原子弹试爆成功。

毛泽东还说："有可能，再有十年，原子弹、氢弹、导弹都搞出来了，世界大战就打不成了。将来我们要把原子弹试验转入地下，不然污染空气！"

赫鲁晓夫下台，中共中央认为对中苏关系的改善是个极好的契机，决定借苏联十月革命节的机会，由周恩来率领高规格的中国党政代表团去苏联访问。但在11月7日苏联政府举行的国宴上，发生了苏联国防部长马利诺夫斯基挑衅事件。

当时，这位嗜酒如命，已经喝得酩酊大醉的苏联国防部长说："不要在政治上耍魔术，不要让任何的毛、任何的赫鲁晓夫再妨碍我们……我们已经把赫鲁晓夫搞掉了，你们……"话未绕出口来，马利诺夫斯基已经醉倒在地。经过中方的强烈抗议，苏联方面把这一事件解释成酒后失言，周恩来说这是酒后吐真言。新上台的勃列日涅夫毫无外交智慧，反倒傲慢至极，反复声称苏共路线正确。中国党政代表团与苏共中央的谈判也根本没有任何进展。

在这种情况下，周恩来毅然决定率团提前回国，并在毛泽东主持的政治局会议上详细汇报了事情的始末。

史事变迁，世情变异。谁能想到这件看似偶然的小事，竟然会给中苏两党带来令人瞠目结舌的、截然不同的局面。这本应是中苏两党及两国关系得以改善的最好契机，却给彻底葬送。因为特殊年代的深层次矛盾与深沉变化，可能会因错综复杂而历时弥久，但当这些诡谲变化积累到一定当量时，往往又会以突如其来的方式喷涌而出。

这就是让后人们剖析起来常常陷入困惑的历史。中苏两党及两国的关系从20世纪50年代的“蜜月期”陡然发生逆转；从剑拔弩张到兵戎相见，从虎视眈眈到陈兵百万；除了赫鲁晓夫及苏共的“老子党”、大国沙文主义意识，还有没有值得我们深入思考的地方呢？这些历史事件及其教训是不可忘却的。《毛泽东传》(1949—1976)作了如下表述：

随后，中苏两国关系急剧恶化。1966年3月以后，苏联在中苏、中蒙边界陈兵百万，使中国在国家安全方面受到巨大的威胁。中苏边境的武装冲突也在加剧，直至1969年3月2日在乌苏里江珍宝岛爆发了大规模武装冲突。这些严重的情况，早已远远超出了两党关系和意识形态分歧的领域。教训极为深刻。

往事如斯。二十多年以后，在中苏恢复正常关系的时候，邓小平回首往事，曾经对中苏论战作出过这样的评说：“从六十年代中期起，我们的关系恶化了，基本上隔断了。这不是指意识形态争论的那些问题，这方面现在我们也不认为自己当时说的都是对的。真正的实质问题是不平等，中国人感到受屈辱！”[14]

在那些岁月里，“要准备打仗”，“备战备荒为人民”，“三线建设搞不好，我睡不好觉啊！”这些毛泽东的指示成为凝聚全国军民同仇敌忾、共同御敌的旗帜。

1964年，毛泽东在国民经济发展的指导方针上，越来越重视国防工业和基础工业，提出加强第三线建设，改善工业布局，加强国防。这是他洞察周边及国际环境，特别是美国扩大对越南的侵略战争，在国内经济形势全面好转的基础上所采取的一个重大战略部署。

5月27日，毛泽东主持召开政治局常委扩大会议，专门研究第三线建设问题。他提出两个“注意不够”：一个是对第三线建设注意不够，一个是对基础工业注意不够。

正是在中苏关系急剧恶化的背景下，从1970年开始，核武器研制基地从青海高原迁到四川的深山老林里。据李英杰回忆：

由于221基地是由苏联人选址，地理坐标他们都非常清楚，中苏关系日趋紧张后，西方人叫嚣要动“外科手术”摧毁我们的核设施，为此，中央决定紧急内迁核武器基地。我们根据毛主席“要靠山进水扎大营”，林彪“要山、散、洞”——隐蔽、分散、保安全的原则，就在川西北选了梓潼、剑阁、江油、平武、南县、广元、绵阳5县2市作为地址。这里方圆几百里，到处崇山峻岭，江河纵横，三国时邓艾偷渡阴平就在那里，非常闭塞。地方经济落后，各种基础设施很差，更要命的是“左”的思潮严重，西南三线建设委员会出于地方本位主义，要求“一碗土换一碗米”（不愿拨地），“革砖的命”（用石头建筑）。他们打着“要节约闹革命”旗号，用各种条条框框卡我们，严重影响了工程进度和质量。那时彭德怀元帅任三线委副主任，我特别希望彭老总到我们那里看看，可后来才知道，他的那种“特殊身份”根本不允许他视察国防军工企业，更不用说我们这样的绝密单位了。

到1967年底，新院70万平方米的研究所、学校、试验工厂都因陋就简地建成，221的仪器设备也迁过来了，科研工作走向正轨。但是由于硬件的原因，影响科研的问题还是很多。就是上厕所这样一个小问题就有不少麻烦，科研人员对此意见很大，由此还闹了个“笑话”：当二机部副部长钱三强来检查工作时，人们就七嘴八舌提出“厕所”问题，钱先生火了：“谁说这样就不能搞科研了！”[8]

张爱萍前往新建研究所视察

这里讲的“厕所”问题，是指建在深山沟里、坡上坎下的几栋建筑物共用一间厕所。不在三线企业里工作，很难理解这种每天无数次“方便”时必须面对的爬坡上坎的“不方便”问题。

李英杰还提到：“文革”结束后，张爱萍将军重新主管国防科技工作，他办事果断、雷厉风行，对核武器非常重视，曾多次讲：“国家再穷也要有‘打狗棍’（指核武器）！”

原子弹、氢弹爆炸成功之后，研究院马上就接手进行核弹小型化和中子弹的研制工作。当时在中苏、中蒙边境陈兵百万的苏联军队，尤其是苏军的坦克装甲集群机械化部队，可以在数小时内开到北京。为了对付他们，除了加强反坦克武器外，搞中子弹是非常重要的。一颗中子弹可以让方圆800米之内坦克装甲车丧失战斗力，而且只杀伤人员不损害装备，辐射污染很少，是很“干净”的核武器。经过邓稼先、于敏等科学家的努力，我们只做了5次试验，1984年中子弹就试验成功。当时并未公开，为什么呢？因为中子弹爆炸成功之后，杨尚昆同志批示：“要留一手”。而叶剑英元帅20世纪70年代末那首著名的《攻关》诗：“合金钢不坚，中子弹不难。科学有险阻，苦战能过关。”公开发表之后，国外情报机构就判定中国人一定在搞中子弹，因为他们知道，叶帅的话可不是随便讲的。[8]

在庆祝新中国成立55周年的日子里，有关部门发布的国防建设成就中，“中子弹研制成功”赫然在目，令国人倍感骄傲。

▶打破“核禁试”魔咒的“两弹一星一艇”

1970年4月，我国第一颗人造卫星发射成功。同时也间接地向外界表明，中国已经有了可用来满足实战之需的大型运载火箭。

1971年9月，我国第一艘核潜艇下水，中国昂首进入世界核潜艇国家行列。

由原子弹、氢弹，人造卫星（运载火箭）和核潜艇构成的“两弹一星一艇”的成功研制，筑就了实现中华民族伟大复兴道路上最有划时代意义的重要里程碑。

1974年8月1日，中国第一艘核潜艇——“长征一号”正式加入人民海军的战斗序列。1981年4月，中国第一艘战略核潜艇下水，并于1983年正式服役。1985年冬，中国“长征三号”核潜艇进行远洋航行训练，打破了由美国“鹦鹉螺”号创造的核潜艇最大自持力84天的纪录。1988年，中国核潜艇再次进行极限深潜试验。

这些丰硕的成果再次向全世界宣示：中国依靠自己的智慧发展水下核打击力量，从而具备了战略意义上的第二次核打击能力。

“两弹一星一艇”的研制成功，使我国成为世界五个核大国之一，打破了帝国主义、霸权主义的核垄断与核讹诈。经过多年的努力，我们建立了世界上只有少数几个国家才拥有的完整的核科技工业体系，为确保国家安全、提高国家地位做出了重大贡献。

站在新世纪新的历史起点上，人们常常从现实政治经济的客观需要出发，把历史资源提取出来，以辨明前行的方向。或从大历史的角度，赋予新的解读；或从前人给我们奠定的基础上，抓住历史间隙中纵稍即逝的战略机遇期，奋发努力地发展自己。

今日之中国能够拥有一个比以往任何时期都要好的战略机遇期，国人应当倍加珍惜。溯念20世纪六七十年代，面对核垄断、核讹诈的局面，中国最高领导人决断发展“两弹一星”，为我们打破了“核禁试”的魔咒，这是何等丰厚之伟力啊！每念于此，更是平添了我们追赶未来，实现中华民族伟大复兴的紧迫感。

人们不曾忘记，1963年7月，美国、英国和苏联三国代表在莫斯科签订了《禁止在大气层、外层空间和水下进行核试验条约》（简称《核禁试条约》），其目的是垄断核武器，保持核优势，剥夺其他国家抗拒核讹诈的权利，企图以此羁索来窒息中国的发展。毛泽东在词作《念奴娇·鸟儿问答》中讥讽地提到：“不见前年秋月朗，签了三家条约……”指的就是这个条约。当年毛泽东的态度自然是“我们不理睬他！”但周恩来仍以一向举轻若重的行事风格，要求有关部门全面研判《核禁试条约》，发现这个条约或“禁试范围包括地下核试验”。

《核禁试条约》的出笼，更加激发了中国科技工作者们尽快成功研制出我国的核武器，并进而掌握地下核试验技术，打破西方大国核垄断的决心。在全面完成罗布泊地面原子弹、氢弹试验后，尽管中央采取大量措施和手段来避免放射性沉降造成大范围的环境污染，但从保护自身环境安全出发，中央专委还是毅然决定转入地下核试验。

地下核试验虽然从技术上看可能更复杂，但这也难不倒中国的科学家。朱光亚回忆说，在抓紧第一颗原子弹爆炸试验准备工作，继续完成空投核航弹试验准备工作的同时，曾计划于1966年5月进行一次平洞方式的地下核试验。因当时已安排有导弹运载的核弹头爆炸试验，并要集中力量进行氢弹技术攻关，故地下核试验的准备工作暂停了一段时间，延期到1969年9月才顺利完成。

核试验从天上转入地下，实际上是核武器研究发展客观需要所决定的。我们决定用平洞或竖井方式进行地下核试验有两点考虑：一是有利于在核装置周围精确测量其动作过程与各种性能，还可在爆后钻取核反应产物进行细致分析，从而对其设计方案进行检验；二是可避免放射性沉降造成大范围环境污染。此外，大气层核试验形成的放射性烟云飘出国境后，国外仍可能收集到样品进行分析，从而对核弹的装料、性能作出一定判断，不利于保密。而地下核试验能提供的仅是地震信号，国外只能从其震级对核弹的爆炸当量做出粗略判断。这些早已是各国核科学家的共识，也为我国地下核试验的成功实践所证实。

1986 年 3 月 21 日，中国政府正式宣布，从那时起不再进行大气层核试验。1996 年 7 月 29 日，中国成功进行最后一次地下核试验，随即向全世界郑重声明：暂停核试验。

从 1964 年首次核试验算起，到 1996 年我国总共进行了 46 次核试验，其中半数是地下核试验。同其他核大国相比，次数是最少的，实际效益和成功率却相当高，在辐射安全方面也是相当好的。

2006 年 12 月 29 日，中国政府发表了《2006 年中国的国防》白皮书。白皮书首次公开了中国的核战略，重申不首先使用核武器的立场。白皮书强调，中国坚持自卫防御的核战略，根本目标是遏制他国对中国使用或威胁使用核武器。中国始终奉行在任何时候、任何情况下都不首先使用核武器的政策，无条件地承诺不对无核武器国家和无核武器区使用或威胁使用核武器，主张全面禁止和彻底销毁核武器。

白皮书说，中国坚持自卫反击和有限发展的原则，着眼于建设一支满足国家安全需要的精干有效的核力量，确保核武器的安全性、可靠性，保持核力量的战略威慑作用。“中国的核力量由中央军事委员会直接指挥”。中国发展核力量是极为克制的，过去没有、将来也不会与任何国家进行核军备竞赛。

这是中国自 1964 年拥有核武器以来第一次公开宣示核战略，介绍中国核战略的依据、目标、原则、力量建设及指挥体制。中国核武器将继续作为中国国防战略的重要力量，保卫国家安全，维护国家主权和领土、领海、领空完整，维护国家核心利益和世界和平。

在中国首次公开自卫防御的核战略之后，曾经有许多年轻朋友在闲谈时关切地询问笔者：“当年中国在经济那样困难的情况下，为什么要发展核武器呢？”对于年轻朋友们的这些关切，笔者已在前面作过充分的陈述。但限于篇幅，有个重要的时代背景未作介绍。书稿成型后征询年轻朋友们的意见，都觉得应该对“中国曾经遭受赤裸裸的核讹诈、核威胁”有个扼要的介绍。恭敬不如从命，于是增加本讲的最后一节。

►中国曾经遭受赤裸裸的核讹诈、核威胁

从 20 世纪 50 年代到 70 年代前期，在“冷战”最为紧张的年代里，美苏争霸，至少曾经有两次险些酿成核大战。一次是 1961 年柏林危机期间，以美国为首的北约军事集团一

度密谋对苏联动用核武器。因法国总统戴高乐深感事态严重，亲自召见苏联驻法大使直接披露，或者说是当面通报了“核战危险”。与此同时，这个战略情报也被苏联“鼹鼠”、时任法国驻北约高官及时地密报苏联。资深间谍的情报印证了戴高乐的警告决非空穴来风，核战阴云最终以赫鲁晓夫的退却而得以化解。

另一次则是著名的“古巴导弹危机”。美国根本不能容忍苏联派驻导弹到近在咫尺的古巴来对美实施核威胁。美苏两国的舰队在加勒比海剑拔弩张，肯尼迪毫不迟疑地命令拟订摧毁古巴的方案……当然，危机最终还是以赫鲁晓夫的妥协而得以化解。

尽管美苏之间发生核大战的悲剧并未最后酿成，戴高乐召见苏联驻法大使通报核战危险时，那位大使冷峻地回答：“那时整个人类都将同归于尽！”确实是耐人寻味的，但在现代世界史上，远在东方的中国，却是唯一遭受这些核大国直接、赤裸裸的核威胁的国家！

这决不是危言耸听。现已解密的美国、英国和苏联档案文献均显示，在20世纪五六十年代，作为美国外交和军事战略的重要组成部分，在危机和战争中美国曾经三次考虑对中国使用核武器。人们可以从相关档案文献中清楚地看到中国曾面临的这些核威胁。

下面重点讲讲美苏两个核大国的“小动作”——对华实施核讹诈的往事。

1958年台海危机后，中国发展核武器的战略意图，引起了核大国的注意。怀着各自不同的目的，他们当然不希望在核大国俱乐部里出现中国人的身影。美国中央情报局加快了对大陆方面的情报搜集和分析。至1960年底，该机构终于完成了他们认为意义最为重大的一项使命：最终确认了中国核计划的存在。肯尼迪和约翰逊两届政府的最高决策班子，在20世纪60年代相当多的时间里，就如何对中国核计划作出反应，是用军事或是外交手段来遏制中国的核计划；中国核计划对东南亚和世界局势会产生怎样的影响；甚至如何谋求与苏联合作来对付中国的核计划等进行了一系列评估和辩论。

其间，使用武力打击中国核计划的方案，不仅被提出，甚至已经有了雏形。

美军参谋长联席会议于1963年4月向国防部长提出一份长篇报告，拟定了间接或直接打击中国核计划的两种方案。直接方案就是使用强制手段，它包括：①由国民党军队充当代理，实行渗透、破坏和发动对大陆的进攻；②实施海上封锁；③南朝鲜进攻北朝鲜，以对中国边界施加压力；④对中国正在建设的核设施进行常规武器的空中打击；⑤使用战术核武器有选择地打击中国的战略目标。

与情报人员专注于技术上分析中国核能力的心态不同，美国最高决策者们想的是如何“搞掉中国的核计划”。肯尼迪在1963年1月22日的国家安全会议上，十分明确地表达了他的想法：我们关于部分禁止核试验条约同苏联人谈判的基本目的，“就是制止或延迟共产党中国的核进展”。因为肯尼迪确信，中国在“60年代末及以后的时代，将成为我们美国的主要敌手”，并认定一个有核武器的中国，将危及美国在亚洲的地位。

这次会后，美国驻苏联大使哈里曼致信肯尼迪，说苏联人对联邦德国的“有核化”非常反感。哈里曼建议，美苏之间应就德国与中国核问题达成“谅解”。其关键部分就是非核扩散和禁止核试验。哈里曼认为，如果华盛顿能同莫斯科达成一致，那么，“我们就可以一起迫使中国停止核计划。在必要的情况下要威胁中国，我们将搞掉它的核设施”。

但参谋长联席会议代主席李梅将军认为，公开使用武力打击中国的核设施，显然是不现实的。他在备忘录中坦言，“不管是进行封锁还是使用武力，都不能不考虑到中国的报复和战争升级，尤其是美国在南韩、日本、菲律宾大规模驻军的安全。至于如何使美国的行为在国际上合法化，那就更困难了……因为法国坚持不参加禁止核试验条约，我们也无法在国际上做到孤立中国”。

正当美国军方还在针对中国核计划问题紧张论证时，1963 年 9 月，蒋经国访美，会见美国国家安全事务助理邦迪和中央情报局官员。会谈中，双方谈到使用空降部队袭击中国核设施的可能性问题。蒋经国提出，只要美国对突击行动提供运输和技术支援，打击大陆核设施就可以干。邦迪支持蒋经国的想法，但顾虑军事行动会促使中苏重新结盟，并引起大的冲突，打击行动还需要做慎重的计划。

9 月 11 日，肯尼迪同蒋经国进行了长时间会晤。肯尼迪直截了当地询问蒋经国：“是否有这种可能性，即将 300 ~ 500 人的突击队派到像包头这样远的地方，而飞机不会被击落?”蒋经国回答：“派遣突击队的建议昨天已经同中央情报局的官员讨论过了。他们认为这样的计划是可行的”。对此，肯尼迪还是没有完全放心。鉴于古巴猪湾事件的经验，华盛顿和台北都需要掌握更准确的大陆核情报。几天后，蒋经国会晤中情局局长麦克恩。双方同意建立一个小组，共同研究派遣国民党作战人员袭击大陆核设施的可行性问题。

蒋经国返台后，肯尼迪政府继续研究如何扼杀中国核计划及其可行性。其中，由美国飞机空投国民党军破坏小组，仍是中情局最看重的方案。参谋长联席会议也曾提出所谓“布拉沃”(BRAVO)计划，由一个跨部门的小组来“考虑如何阻断中共核计划的方法和手段”。即考虑了一个常规攻击中国核设施的方案，核心是以多批次打击来毁坏和瘫痪中国核设施。

这时，一个题为《共产党中国的核爆炸和核能力》研究报告出现了。报告认为，中国的核能力“在未来一个不能确定的时间里，不会改变世界主要国家之间真正的力量关系，也不会影响亚洲军事力量的平衡”。“中美之间巨大的力量差异以及中国核能力的脆弱性，使中国的核威胁减小到最低程度。一个有核的中国，仍处在美国可攻击的范围之内，而中国对美国却做不到这一点。”报告认为，中国制造核武器的目的，是以此来威慑敌人对其领土的攻击。它不可能改变中国谨慎的、后发制人的军事政策。报告建议，一旦中国核试验成功，美国应向所有友好国家再次承诺，美国将帮助它们对抗中国。这既可以对抗中国的压力，也能防止其他亚洲国家单独发展自己的核武器。

1964 年初，美国从秘密渠道得知，中国在 1964 年将肯定爆炸原子弹。1964 年 8 月初，间谍卫星发现在罗布泊试验场已经树立起铁塔和其他设备。据此，情报分析得出结论：“罗布泊地区明显的可疑物体表明，那里是一个试验场。它在为两个月后的使用作准备。”但对于中国究竟在何时爆炸原子弹，美国人还是没有把握。中国核试验已经迫在眉睫，这使得“核危险”话题成为美国总统星期四午餐会的主要谈论内容。

作为约翰逊总统班底的核心人物——中央情报局局长麦克恩、国防部长麦克纳马拉、国务卿腊斯克和国家安全事务助理邦迪，在9月15日的聚餐会上，表达的最后看法是：如果加以权衡，在中国按自己时间表爆炸原子弹，与美国采取单边不宣而战的打击两者之间，还是后者更有风险。对中国核设施的攻击，其可能性只有在"军事敌对"这样的事发生时才可成立。

朝鲜战争的教训及美国在南韩、日本、菲律宾大规模驻军的安全，更是令其望而却步。

此时，一则来自苏联的信息鼓励了这些美国总统的幕僚们。

9月15日，赫鲁晓夫就中苏边界问题发表谈话。他威胁说，苏联将使用所有手段，包括"最新式的歼灭性武器"来保卫自己的边界。这是苏联第一次暗示，它有动用原子武器的可能。但在华盛顿，当邦迪希望与苏联驻美国大使多勃雷宁就中国即将进行核试验问题"做一次私下和认真的谈话"时，多勃雷宁还是老话，说中国的核武器对苏联和美国来说并不重要；它只会在亚洲造成"心理影响"，而对苏联政府来说无足轻重。

赫鲁晓夫并不认为中国可以进行真正意义上的核爆炸。8月底和9月中旬的卫星侦察表明，罗布泊试验基地的准备工作已基本完成。一位访华的马里政府高官提供消息说，中国准备在10月1日也就是国庆节时爆炸原子弹。

从中国方面来讲，对美苏两国的暗地密谋还是有所察觉，并做到防患于未然。

"当时有迹象表明，有个超级大国图谋阻止中国掌握原子弹，有破坏中国核设施的动向。面对这种尖锐复杂的形势。我国首次核试验时机的选择成为中央专委特别关注的问题。9月16日、17日，中央专委对此进行了慎重研究，并提出了'早试或晚试'两个方案。中央专委议定，进行首次核试验的时机，待报请中共中央政治局常委和毛泽东最后决定。但无论早试还是晚试，准备工作都不能有丝毫的松懈。"《当代中国的国防科技事业》如是说。

中央专委会议后，周恩来向毛泽东、刘少奇汇报了首次核试验的准备情况和中央专委的正式试验方案。还是毛泽东站在历史的制高点，从战略上进行了分析。毛泽东高屋建瓴地指出，原子弹是吓人的，谁都不一定敢用。既然是吓人的，那就早响比晚响好。毛泽东再次把"原子弹是纸老虎"的特质点得透透的，他果断决定"按早试的方案尽快进行"。

9月23日，周恩来召集贺龙、陈毅、张爱萍、刘杰等人，传达了他与毛泽东、刘少奇研究的决定，并对首次核试验的有关工作进行了周密的部署：为防备敌人万一进行破坏，由总参谋部、空军研究，作出严密的防空部署；由刘杰负责组织关键技术资料、仪器设备的安全转移；由陈毅组织外交部做好对国外工作的准备；由张爱萍、刘西尧赴试验现场组织指挥；刘杰在北京主持由二机部、国防科委组成的联合办公室，负责北京与试验现场的联络。周恩来对首次核试验的保密工作提出了严格的要求：不准向外人，包括向自己的亲属泄露任何有关试验的信息。

9月27日，张爱萍、刘西尧回到核试验基地，传达了中央专委和周恩来的指示。随即根据气象预报，建议试验时间选定在10月15日至20日间。毛泽东、周恩来同意这一建议。

10月11日，周恩来主持会议研究了爆炸原子弹的宣传工作和有关国际问题，提出了相应的措施和办法，并报经毛泽东同意。

接着，周恩来又陆续将中华人民共和国政府声明、新闻公报、致各国政府首脑电报等文稿送毛泽东、刘少奇等中央政治局常委审阅批准，周密细致地完成了相关准备工作。

周恩来通过在北京的联合办公室与在核试验现场的试验委员会保持联系，及时掌握试验准备工作的进展情况。10月14日晚，周恩来批准了试验委员会提出的实施原子弹爆炸的日期。1964年10月16日15时，在中国西部的荒漠上空，腾起了巨大而美丽的蘑菇云，中国自行研制的第一颗原子弹爆炸成功![15]

中国首颗原子弹爆炸所释放的巨大电磁脉冲，很快就被美国设在全球各地的11个情报观测站捕捉到了。当美国原子能委员会的专家们查验从辐射云中收集的尘埃时，他们大吃一惊。原来，中国第一颗原子弹所使用的核填料，根本不是情报机构长期认定的钚，而是铀-235。这就是说，中国第一颗原子弹是一颗铀弹；大规模提炼浓缩铀的复杂技术已经完全被中国人所掌握；说明一般国家难以做到的、真正形成大范围工业基础设施和加工能力的"核难题"已经完全被中国人破解。

此前，美国情报人员依据惯例，认为中国核试验只能是钚-239弹，因为，四个核国家首次内爆型核试验中使用的都是钚-239装置。但不出几天，他们就不得不改变早先所言"中国的原子弹只是一个粗糙拙劣的装置"的说法，承认中国第一颗原子弹比美国投到日本的原子弹设计得更加完善。

这意味着，中国的核能力是以一种很快的速度在发展，表明中国人已在首次核试验中完全掌握了浓缩铀技术和内爆法技术。核爆炸后几小时，约翰逊发表声明说："美国作为自由世界的核力量，仍然承诺对亚洲的保护。"好一派世界警察的狂妄口吻。

至于苏联人，他们此刻正沉浸于把赫鲁晓夫轰下台去的内耗争斗之中，还未回过神来研究这个敢于挑战美、苏、英，打破核讹诈、核垄断的"东方倔汉"。

与中国核爆新闻公报同时发表的中国政府声明，让全世界更加感觉掷地有声：①中国发展核武器，是为了打破大国的核垄断；②中国保证不首先使用核武器；③一切核武器都应被销毁。此前此后的有核国家没有一个敢于像中国这样发表气吞山河的政府声明。

在台湾的蒋介石政权被核爆炸震惊了。这次爆炸对他反攻大陆的梦想不啻是沉重一击。蒋介石向美方提出要在大陆研制出核运载工具之前，摧毁其核设施。但在美国人那里他碰了软钉子。在这场企图以武力阻断中国核计划的"闹剧"末尾，感到最为无奈的蒋介石，居然也动起"研制核武"的心思，但最终还是让美国方面给制止了。

美国的核讹诈，包括那些处心积虑设计的打击计划于转瞬间化为泡影。中国昂首挺胸跨入了核大国的行列。

美国的核讹诈被中国彻底破解！苏联的核威胁，也曾在毛泽东、周恩来的谈笑间化解！

1997 年 2 月，俄罗斯《共青团真理报》发表《红色按钮一触即发——苏中危机史上鲜为人知的一页》，文章对 1969 年中苏边界战争危机做了如下介绍：

1969 年 6 月 13 日，苏联政府向中国政府提出："两三个月之后，即不晚于 9 月 13 日，开始边界谈判"。7 月 26 日，苏联政府又在一封秘密信件中，建议中国人通过两国总理会晤来解决冲突。勃列日涅夫认为，中国人只有实际感到最可怕的威胁——苏联对中国核设施进行先发制人的打击之后，才会坐到谈判桌前。[16]

这个绝密情报被美国人搞到。8 月 27 日，时任美国中央情报局局长的赫尔姆斯出于全球战略平衡的考虑，蓄意向少数记者秘密透露：苏联可能会对中国核设施进行先发制人的打击！

8 月底，美国情报界透露，苏联驻远东空军已进入一级战备状态。

中国的应对措施当然是针锋相对。这样的形势令勃列日涅夫不得不有所忌惮。

就在这时，中苏两国共同的朋友、越南领袖胡志明逝世，周恩来和苏联政府总理柯西金分别率团到河内参加胡志明葬礼。苏方请越南政府官员向中方传话，提议两国总理举行会晤。但信息的传递不知哪个环节出岔，柯西金没有得到中方的答复，便准备从河内乘飞机直接回国。

9 月 11 日凌晨，中国外交部紧急召见苏联驻华大使叶利扎韦京，通知他中国方面同意在北京机场会谈。叶利扎韦京迅速将此事报告给莫斯科。柯西金当时正在从河内返回莫斯科的途中，飞机当即改变航线，于 9 月 11 日上午经伊尔库茨克飞抵北京机场。就这样，中苏双方在北京机场举行了总理会谈。

但苏联在两国总理机场会谈后并未完全放弃对中国进行核打击的打算。

美国人算计利弊，出于全球战略平衡的考虑，再次把这一绝密信息泄露了出来。9 月 16 日，即北京机场会谈结束后的第 5 天，伦敦《星期六晚报》刊登了一篇文章，指出苏联正在讨论打击中国核试验基地的可能性。9 月 18 日，周恩来给柯西金发去一封密信，强调北京机场会谈中双方承担的义务，不动用武装力量，其中包括核力量相互攻击。

这时，临近新中国成立 20 周年国庆。面对苏联的核威胁，庆祝集会是否举行？

周恩来向毛泽东提出："四老帅认为今年国庆节苏联偷袭的可能性很大，建议对国庆节的群众集会怎么个搞法，是否再研究一下？"

毛泽东轻松地说："不搞集会，我看不太好吧！这是不是告诉人家，我们有点儿怕？集会还是要搞的，我还是要上天安门。我倒想开开眼，看看原子弹的威力究竟有多大。"

周恩来紧皱眉头："几十万人聚集在广场上，一旦出现情况，怎么疏散，怎么隐蔽？"

毛泽东笑道："如果实在不行，可不可以放两颗原子弹吓唬吓唬他们呀？让他们也紧张两天，等他明白过来，我们的节日也过完了。"

周恩来会意地说："放完后，我们再来个秘而不宣。"

毛泽东点点头："对嘛！'兵不厌诈'呀！"

周恩来接着问："主席，你看安排在什么时间比较好？"

毛泽东说："我看不能早也不能晚，28 日、29 日两天就可以。这事还要和(聂)荣臻、(张)爱萍同志商量一下。"

1969 年 9 月 28 日和 29 日，美国地震监测站、苏联地震监测中心及两国的卫星，几乎同时收到了能量巨大的震动信号。他们不约而同地作出判断：中国成功地进行了一次地下核试验和高爆核试验。

以往，每当中国进行核试验后就会当即发布消息，并在全国热烈庆贺。可是这两次核试验，中国新闻媒体连一条简短的新闻都没发表。

美国设在周边各国(地)的 11 个情报观测站再次捕捉到中国核爆蘑菇云所释放的巨大电磁脉冲。对此，外电纷纷议论，普遍认为"中国最近的两次核试验，不是为获得某些研究成果，而是临战时的一种测验手段"。苏联知道中国做好了充分的准备，便改弦易辙，放弃了摧毁中国核基地的核战计划，一场核战争就这样被避免了。

10 月 1 日，新中国成立 20 周年国庆，毛泽东和其他国家领导人登上天安门，检阅浩浩荡荡的游行队伍。又一场瞬息即发的危机在毛泽东、周恩来的谈笑间化解！

参考文献

[1] 中共中央文献编辑委员会. 江泽民文选. 第二卷. 北京：人民出版社，2006.

[2] 钱三强. 神秘而诱人的路程. 人民日报，1990 年 11 月 5 日(海外版).

[3] 中共中央文献研究室，中国人民解放军军事科学院. 毛泽东军事文集. 第六卷. 北京：中央文献出版社，军事科学出版社，2010.

[4] 宋任穷. 宋任穷回忆录. 北京：解放军出版社，2007.

[5] 科学时报社. 请历史记住他们——中国科学家与"两弹一星". 广州：暨南大学出版社，1999.

[6] 司德鹏. 弘扬两弹一星精神 自主创新勇攀高峰. 北京：党建读物出版社，2006.

[7] 中共中央文献研究室，中国人民解放军军事科学院. 建国以来毛泽东军事文稿.（下）. 北京：中央文献出版社，军事科学出版社，2010.

[8] 李英杰. 丹心赤胆忆战酣. 兵器知识，2007(3).

[9] 中华人民共和国史学会"两弹一星"历史研究分会. 张爱萍生平事迹. 2009.

[10] 王菁珩. 中国核武器基地揭秘. 炎黄春秋，2010(1).

[11] 武杰. 参加第一次核效应试验回忆. 现代舰船，2008(7).

[12] 姜士荣. 我参与秘密运送第一颗原子弹. 军事文摘，2010(8).

[13] 聂力. 山高水长——回忆父亲聂荣臻. 上海：上海文艺出版社，2006.

[14] 中共中央文献研究室. 毛泽东传. 北京：中央文献出版社，2003.

[15]《当代中国》丛书编辑委员会. 当代中国的国防科技事业.（上）. 北京：当代中国出版社，1992.

[16] 中苏珍宝岛战役使核战争一触即发. 环球时报，1997 年 2 月 15 日.

第八讲

刺破青天锷未残——中国运载火箭及导弹技术的发展与创新

公元1957年10月4日，苏联率先发射了人类第一颗人造地球卫星，以“刺破青天锷未残”的壮丽，实现了人类远古以来就梦寐以求的飞离地球、飞向浩瀚银河的美妙幻想；开创了人类利用航天器对外层空间探索的艰辛之路。20世纪50年代蓬勃发展的航天技术，使得人类能够利用航天器对外层空间的环境与资源进行探索、开发与利用。作为科技发展新纪元，航天技术成果使得外层空间成为人类活动的新疆域，成为人类频繁往来的新场所，由此对政治、经济、军事、科技以及人类社会生活产生了广泛而深远的影响。

1961年4月12日，苏联军人尤里·加加林少校乘“东方1号”飞船进入地球轨道，他用了108分钟绕地球运行一圈后安全返回自己的祖国。加加林从而成为世界上第一位遨游太空的航天员，使苏联在与美国开展的载人航天竞赛中再次赢得世界第一。

身着宇航服的加加林

虽然和平开发与利用太空资源一直是人类美好的愿望，但从加加林遨游太空的那一刻开始，东西方两大军事集团在外层空间的军备竞赛已经抢先发令。

“冷战”时期的太空竞赛，以发射地球卫星的能力为标志，以洲际导弹暨核武器的投放和运载能力为战略制高点，超级大国瞄准的是如何大力发展太空武器并使之逐步进入实用阶段。这样的角力，自然会给浩渺的外层空间蒙上一层浓郁的战争阴影。

戴高乐曾经讲过一段话，为太空竞赛作出了最明确的注释。他预言：“就像16世纪以来对海洋的占领(制海权)决定着国家的地位一样，到21世纪对宇宙空间的开拓，将是重新排列国家地位的决定性因素之一。”

由于具备发射地球卫星以及有效掌控洲际导弹的能力，陡然使苏联人在这个领域的竞争力明显领先美国，故而也首次带给美国人和西方联盟空前强烈的危机感。

有着浓烈挑战意识的美国人由此惊呼出现了“导弹差距”，“美国正处于其历史上最为严重的危险时期”。时不我待，震惊之余，压力之下，为了确保军事优势和安全战略的主导权，美国及西方联盟以雄厚的科技创新、高科技研制转化能力为后盾，与苏联为首的“华约”集团展开了以核武器、洲际导弹的投放、运载能力为标志的太空竞赛。美国认为能否占据制高点、进军宇宙空间，将是它继续执世界科学领域牛耳的关键所在。

这段惊心动魄的历史再次为马克思“人类大规模地运用机器，开始于战争”的论断提供了最好的佐证。现代科学技术及其关联产业，再次踏上通向国际军备竞赛的“不归路”。从目前人类发射航天器的统计中就可以看出，在各国发射的7000多颗航天器中，用于军事目的的数量高达70% ~80%。

发射地球卫星及洲际导弹的现代尖端科技，是最为典型的“军民两用技术”。这类军民两用技术，首先是为解决战争“饥渴”、军事斗争需求才应运而生的；军民两用技术既是推动现代科技前进的动力源，又代表并引领着军用技术创新的前行方向。

同时，武器科技创新的副产品，在一定的历史时期则构成促使经济蓬勃发展的通用型科技生产力，由此对人类社会的进步与发展，产生巨大的推动力。因此，有人又把军民两用技术的创新作用形容为能够推动社会经济发展的“黄金定律”。

这个“黄金定律”在航天领域体现得更加突出。在很大程度上，现代高科技时代的到来，是由航天技术的发展推动的。如航天技术产业与电子技术相结合，使人类在信息的获取、收集和传递方式、速度方面都发生了重大变革。

与军事需求和国家安全利益紧密攸关的现代科学“军用技术”，代表着科技创新的高度和难度，因而素有高新科技“聚光镜”的美誉。

“无数历史事实充分说明，正是在军事需求的刺激下，一些主要的科学领域才得到发展，弹道学、概率论、雷达、自动系统、飞机、空气动力学、火箭……都是当时作战需求的焦点。连‘工程’一词最早在18世纪出现时，也是专指战争兵器的制造和服务于军事目的的工作。工程师，则是首先在拿破仑开办的军事学校培养的。美国的西点军校更是美国工程教育史上第一所工程技术学校。如今，美国‘军事模式’的最大特点是：‘将安全建立在能够最大限度地利用科学技术上’。”有些研究国防科技发展史的学者做出了这样的归纳。[1]

现代科学“民用技术”，反映的则是社会需求和国家经济竞争能力的客观要求，代表着科技创新的深度和广度，素有科技的“聚宝盆”之称。国防科技工业相当多的技术及工艺贯穿着根深蒂固的军民通用性。形象地说，它犹如深海大洋里漂浮的冰山，其深藏于洋面之下的民用技术及工艺部分的基础性、通用性，或许就是水上显露部分的数十倍。所以有人说：武器装备既是“军用”的高新技术，更是“民用”的基础技术。

美国是把现代科学“军用技术”转移到民用领域最好的国家。著名的美国“阿波罗计划”虽然是“太空军备竞赛”的产物，耗资达250亿美元，为美国实现独霸太空的图谋立下了汗马功劳，但它同时也为美国其他民用科技领域的发展提供了坚实的技术支撑。美国宇航局将“阿波罗计划”中的材料、能源、测试、通信、控制、环保、部件制造工艺等高精技术向民用领域转移，直接获利至少有上千亿美元。军民两用技术创新产生了巨大的经济效益，取得了“军民双赢”、“军民共生”的成果。宇航及外层空间探测技术尤其是发射地球卫星及洲际导弹的现代尖端科技，就是最为典型的范本。

1966年，联合国大会通过了《外层空间条约》。《外层空间条约》规定：“探索和利用外层空间应为所有国家谋福利和利益，各国皆有探索和利用外层空间的自由。”因此，外层空间既是世界各国的共有边界，又是探索和利用宇宙环境的自然家园，各个国家都有开发和利用外层空间的权利。20世纪70年代的联合国大会之后，很快出现了“高边疆”一词。它就是传统国家从现有海、陆、空边界转向拓展外层空间时为其标定的新内涵。

进入21世纪，随着政治多极化、经济全球化、世界网络化快速推进，带来了国际安全形势的深刻变化，各国在相互依存与合作不断深化的同时，面临的共同挑战也日益突出和严峻。由于自然资源过度消耗而趋于枯竭和温室效应加剧等原因，人类面临严峻的生态危机、生存危机，故而增大了开拓太空，寻求新的生存和资源空间的紧迫性。各国对于太空“高边疆”、“新疆域”的竞争将趋于更为激烈的状态。这是毋庸置疑的历史趋势。

尽管人类正常、有序的和平开发和利用太空资源，始终是世界的“心声”，但我们还是应当保持清醒而坚定的认识，不能被那些美丽辞藻给忽悠或蒙蔽了。

正是站在这样的历史层面，认识和了解中国航天科技工业发展的辉煌与荣耀，认识和了解中国研制导弹发射技术及研制人造地球卫星的历史出发点，才是非常有意义的。

▶新中国火箭、导弹和航天事业之父——钱学森

步入美国华盛顿国家航空航天博物馆大厅，迎面展现的是人类“历史上最具有里程碑意义的飞行器”。在这些名为“人类飞行里程碑”的陈列品中，最引人注目的是中国古代的风筝与火箭模型。模型的标牌中有这样两句话：“人类最早的飞行器是中国的风筝与火箭。人类最早使用火箭(去实践飞天梦想)的，是一位名叫‘万户’的中国人。”

而进入现代中国，引领国防科技工业研制运载火箭、导弹，发展航天事业的第一人，就是“两弹一星元勋”的杰出代表——中国科学院院士、中国工程院院士——钱学森。

钱学森，在当今中国是个家喻户晓的名字，堪称当代中国科技泰斗、中国航天事业的开创者和奠基人之一。

钱学森，浙江杭州人，1911年生于上海。在那个饱受列强凌辱的年代，为了救国自强，中学毕业的钱学森和当时许多有志青年一样，选择了理工科专业作为人生奋斗的方向。“1929年9月，他抱着科学救国和振兴中华的远大理想，以优异的成绩考入上海交通大学机械工程系。他在刻苦钻研专业知识的同时，深入思考国家和民族的前途命运。”[2]

1934年，钱学森从上海交通大学毕业，考取了清华大学留美预备班。在到美国麻省理工学院学习之前，钱学森到杭州笕桥飞机场和南京、南昌飞机修理厂实习1年。此后，他远渡重洋，赴美国麻省理工学院攻读航空专业硕士学位。“1936年，他转学到加州理工学院航空系研读。在世界著名气体力学大师冯·卡门教授的指导下，钱学森从事航空工程理论和应用力学的学习研究，先后获航空工程硕士学位，航空、数学博士学位。”

据钱学森晚年回忆，在加州理工学院研读的日子里，浓厚而宽松的学习求知环境、鼓励创新的学术氛围，是他除就读于北京师范大学附中之外的第二个重要的知识积累期。特别是后来，他在导师冯·卡门的指导下，开始高速飞机的气动力学、固体力学、火箭和导弹的研究，参与大量工程实践，积淀了相当深厚的理论素养和宝贵经验。

在美国学习研究期间，钱学森与他人合作完成的《远程火箭的评论与初步分析》，奠定了地对地导弹和探空火箭的理论基础；与他人一起提出的高超声速流动理论，为空气动力学的发展奠定了基础。钱学森刻苦钻研的精神不仅使他成为冯·卡门最好的学生，而且使他很快成为和导师齐名的著名科学家。对此，冯·卡门曾经自豪地说，他为自己“最优秀的学生”——钱学森感到骄傲！

“1938 年 7 月至 1955 年 8 月，钱学森先后任美国加州理工学院航空系助教、讲师、副教授，麻省理工学院航空系副教授、教授，加州理工学院航空系教授和喷气推进中心主任等职，从事空气动力学、固体力学和火箭、导弹等领域的研究。他与导师共同完成的高速空气动力学问题研究课题和建立的‘卡门—钱近似’公式，使他在 28 岁时成为世界知名的空气动力学家；独立完成的《关于薄壳体稳定性的研究》，使他在航空技术工程理论界获得很高声誉。他提出的火箭与航空领域中的若干重要概念、超前设想和科学预见，尤其是执笔撰写的有关美国战后飞机和火箭、导弹发展展望的报告，奠定了他在力学和喷气推进领域的领先地位。他开创了工程控制论、物理力学两门新兴学科，为人类科学事业的发展作出了重要贡献。”

在美国的舒适生活和金钱、地位、名誉，并没有使钱学森迷醉。他始终心系祖国，密切关注国内局势变化，决心早日学成报效祖国。在他的心中，回到自己的祖国，去为那里的人民做点事，始终是不灭的梦想、不懈的追求。1948 年，钱学森准备回国，退出了美国空军科学顾问团，辞去了海军军械研究所顾问职务。新中国成立后，他回国的心情更加急迫。然而，由于他在国防军事科技上的突出研究成果，由于他所具有的巨大价值，当时的美国海军部次长金贝尔讲了句“名言”：“无论在哪里，一个钱学森都抵得上 5 个海军陆战师的战斗力!”金贝尔紧接着还讲了句更狠毒的话，“我宁可把这个家伙枪毙了，也不能放他回到红色中国去。”美国当局动用一切可能的手段对钱学森返回祖国横加阻挠。

钱学森照片

钱学森书写的渴望回到祖国的密信

“1950 年夏，为了顺利返回祖国，他向加州理工学院提出回国探亲，但临行前被以莫须有的罪名拘捕，遭受无理羁留达 5 年之久。”坐牢、软禁、恐吓、跟踪、监控，美国当局的迫害都没有让钱学森屈服，迎接他们的，是钱学森掷地有声的话语：“我是中国人，当然忠于中国人民。”

新中国领导人对争取像钱学森这样的爱国知识分子回国效力，倾注了极大的力量。得知钱学森被美方无理羁留后，中国政府决定用朝鲜战争中抓获的11名美国飞行员来交换钱学森。但我方释放了美军飞行员后，美国方面却仍然拒绝放回钱学森；理由竟然是“没有钱学森本人愿意返华的书面文件”。正是在这个时候，王炳南大使在中美大使级会谈上拿出了钱学森手书的渴望回到中国的信件，并当场宣读。美方大使哑口无言，只得同意钱学森回国，但却是以“驱逐出境”的粗暴方式。这更加激发了钱学森的民族自尊心。

在钱学森不屈不挠、智慧而顽强的抗争下，在毛泽东、周恩来等党和国家领导人的亲切关怀下，经过我国政府的严正交涉和国际友人的热心援助，冲破重重阻力，钱学森终于在1955年10月返回魂牵梦萦的祖国。受周恩来的委托，中国科学院领导专程到深圳罗湖桥迎接钱学森夫妇，并请他到中国科学院工作，担任力学所所长。

归国后，钱学森立即投入新中国的国防科技建设事业中。钱学森在《周总理让我搞导弹》的文章中深情地回忆：

我回国搞导弹，第一个跟我说这事的是陈赓大将。1955年秋末冬初，我回到祖国不久，在科学院工作。科学院领导说：“你刚回来先去看看中国的工业吧，中国工业最好的是东北。”我说东北我还没去过，就这样到东北去学习。后来转来转去到了哈尔滨，在哈尔滨安排我跟军事工程学院的院长陈赓大将见面。陈赓接见了我，还吃了顿晚饭。陈赓问我：“中国人能不能搞导弹？”我说：“为什么不能搞！外国人能搞，我们中国人就不能搞？难道中国人比外国人矮一截！”陈赓大将说：“好！”后来人家告诉我：陈赓大将那天上午从北京赶到哈尔滨就是为了晚上接见我，我听了很感动。[3]

陈赓大将还曾专门向钱学森请教火箭喷气技术等问题。钱学森说：“我是要建议我们国家搞导弹，这是很重要的军事武器，将来一定要大发展！”并预测，“将来不一定要用飞机，而是要用弹道导弹运送原子弹，打击远程目标很有前途。”

智者的预言，为新中国未来的国际地位和大国作用铺垫下又一块基石。

陈赓大将在“哈军工”出席活动

钱学森逝世后，2009年11月2日，江苏学者张敬伟在《中国呼唤新一代“钱学森”》一文中写道：钱学森在如此恶劣的现实下，不惜放弃在美国学界的盛誉和优厚的物质条件回到中国，改变的不仅是个人命运，而是整个国际格局的悄然变迁。

笔者完全赞同这番见地！我们只有站在这样的时代高度，才能真正体会新中国火箭、导弹和航天事业之父——钱学森的历史价值。

1955年10月，时任国防部长的彭德怀元帅会见钱学森，与他讨论了研制近程导弹等

德国 Me－163 战机上装配的火箭发动机（R2－203B 型）

问题。同年 12 月，中央军委在收到军事工程学院火箭武器教授任新民等专家对研制火箭武器和发展火箭技术的建议后，彭德怀、黄克诚又专门指派总参谋部装备计划部部长万毅与钱学森详细分析，了解研制导弹武器的有利条件与需要解决的问题。

随后，彭德怀与陈赓在 1956 年初会见苏联军事总顾问时，提出了请苏联向中国提供火箭制造方面的图纸资料的问题。同年元月 20 日，彭德怀主持中央军委会议，讨论万毅提出的《关于研究与制造火箭武器的报告》。彭德怀在会上说："我们要下决心解决火箭防空、海上发射火箭等问题，目前即使苏联不帮助，我们也要自己研究，苏联帮助，我们就去学习。"会议决定正式向中共中央提出研制导弹的报告。与此同时，赵尔陆也向国务院提出了关于研制导弹的建议报告。

经叶剑英元帅、陈赓大将牵线，钱学森直接向周恩来总理建议："我们国家也要搞导弹！"对于他的想法和建议，周恩来很是重视，给予极大的鼓励和支持。

按照周恩来的嘱托，钱学森于 1956 年 2 月正式向国务院提出了《建立我国国防航空工业的意见书》（简称《意见书》），为我国火箭和导弹技术的创建与发展提供了极为重要的实施方案。

《意见书》提出：在我国现有物质技术基础条件下，特别是在国防航空工业制造能力有限、航空器多次重复使用所需的原材料等基础工业十分薄弱的情况下，我国必须优先建立和发展火箭喷气技术即导弹技术的科研事业。

《意见书》对中国发展航空及火箭技术，从领导及管理、科研及设计、试制及生产等诸方面提出了详细建议。1956 年 3 月，党中央、国务院决定制定新中国第一个科学技术发展远景规划纲要（1956—1967），钱学森担任综合组组长，主持起草建立喷气和火箭技术项目的报告书。

回溯历史，人们不得不由衷地赞叹，50 多年前钱学森高瞻远瞩的这一战略构想，是具有划时代意义的！

张劲夫在《中国科学院和"两弹一星"》中写道：

我国火箭喷气技术即导弹技术的发展计划，就是钱学森先生首先提出来的。他亲自起草和制定的关于火箭喷气技术，实际就是导弹技术的发展计划，让郭沫若院长看后诗兴大发，欣然挥毫，题诗一首《赠钱学森》——对这支科研团队大加赞誉：

大火无心云外流，登楼几见月当头。太平洋上风涛险，西子湖中景色幽。

突破藩篱归故国，参加规画（划）献宏猷。从兹十二年间事，跨箭相期星际游。

钱学森的建议送到中央以后，周恩来立即让国防部长彭德怀作为牵头人，邀请几位在北京的元帅，对钱学森搞导弹的建议进行讨论。所有参加讨论的元帅都表示赞成。周总理对老帅们讲："要搞导弹，其他军费开支你们就要省一点，这是要花很多钱的。"周恩来的这些话，就是后来毛泽东在《论十大关系》中那段"加快经济建设，适当降低军政经费比例"讲话的由来。

随后，中央军委又多次召开会议，具体讨论有关发展航空火箭技术与制造导弹的问题。

1956 年 3 月 14 日，周恩来总理召开专门会议，决定成立以聂荣臻为主任的国防部航空工业委员会(简称"航委")具体领导这项工作。5 月 10 日，聂荣臻向国务院、中央军委提出了《关于建立中国导弹研究工作的初步意见》。报告对成立导弹研究院、调集和培训专业技术人才、院校建设等方面的问题都提出了建议。中央军委常委会议认真听取了聂荣臻、钱学森关于发展中国导弹技术的具体设想，并向中共中央提出了发展中国导弹事业的重要建议。

聂荣臻与钱学森在导弹发射场

5 月 26 日，周恩来再次出席中央军委会议，做出了发展火箭、导弹技术的战略决策。他在中央军委会议上语重心长地说："中国发展导弹，不能等待一切条件都具备了才开始进行研究工作，而应当采取集中力量、突破一点的方针。"

钱学森亲手起草和制定的关于发展火箭喷气技术的建议，实质性地提出当前工作重点，就是仿制苏联中近程导弹，抓紧改进设计工作。这些火箭、导弹技术的发展计划，很快由毛泽东主席亲自签发。同时，毛泽东还果断拍板，决定在国防工业的建制下，正式成立我国火箭、导弹研究机构。

导弹研究院的建设凝聚了聂荣臻大量心血。从五院选址、营区建设到专业技术人才的选调、干部的调配乃至机构的级别设置，聂荣臻都亲自过问，向各方求援，与总后勤部、空军、北京军区及相关院校反复协商，解决问题；遇上难题便请国务院、中央军委协调解决。

经过 5 个多月的艰苦工作，导弹研究院在北京西郊原解放军第 466 医院简陋的食堂召开成立大会。聂荣臻兴奋地说："在座的各位，是中国导弹事业的'开国元勋'"。

据"两弹一星"元勋、导弹与控制技术专家、"两院"院士黄纬禄回忆："我第一次见到钱学森是 1956 年春天，当时我作为通信兵部电信技术研究所的代表到中南海听一个重要报告，报告场上汇集了三军的高级将领和各大科研机构的顶尖技术人员。通过报告主持人陈赓大将的介绍，我才知道主讲人就是几个月前刚从大洋彼岸辗转回国的鼎鼎大名的钱学森。他讲了导弹概况，并建议中国要尽快着手研制导弹和原子弹。他运用渊博的学识将报告讲得深入浅出，他的建议触动了在场的高级将领，但也有很多人疑虑我们能不能行。钱学森坚定地说，‘我们中国人不笨，外国人能搞的，中国人也能搞出来。’在场的人都为他的话热烈鼓掌。钱学森同志的报告让我很振奋也很欣喜，使我更坚定了要在这项重要事业中尽己所能的信念。后来的院所调整使我和时任国防部第五研究院院长的钱学森同志有了更多的接触。”[4]

钱学森参与筹备组建我国导弹航空科学研究领导机构——航空工业委员会，受命负责组建我国第一个火箭、导弹研究机构——国防部第五研究院。10月，钱学森任国防部五局第一副局长、总工程师兼国防部第五研究院院长；后又兼任国防部第五研究院一分院院长，担负起新中国导弹航天事业技术领导工作的重任。研究院成立之初，在组建液体导弹研制队伍的同时，钱学森预见性地组织科技人员探索固体复合推进剂，为后来研制固体火箭发动机和固体地对地战略导弹打下了良好基础。同时，他组建了我国第一个空气动力学专业研究机构。按《意见书》中机构设置的设想，建立了总体、气动、机构强度、发动机、推进剂、控制、元器件、无线电、计算机技术和技术物理10个研究室。

按照聂荣臻确定的“自力更生为主，力争外援和利用资本主义国家已有的科学成果”的建院方针，五院在钱学森的组织领导下，使新中国的火箭、导弹和航天事业迈出了“万里长征第一步”。

沧海横流，方显出英雄本色……天塌下来擎得起，世披靡兮扶之直。（郭沫若词）

在物资匮乏、人才奇缺以及后来苏联毁约、撤走专家等种种困难面前，钱学森和他的同事们以自力更生、艰苦奋斗的精神，迈出的发展中国火箭、导弹研究事业的步履是何等艰难！正是靠着党中央的英明决策，中央专委的组织领导，举国上下的大力协同、无私支援，才使得一个又一个难题被以钱学森为代表的中国航天科技工作团队攻坚破解！

而每当谈起这些成就，钱学森总是把党中央、国务院、中央军委的高度重视和各省市的积极支持放在第一位。1989年，钱学森在《珍惜“两弹一星”成功的经验》中特别指出：过去搞“两弹一星”的经验就很有现实意义。因为那是一件千头万绪的工作，需要组织成千上万人参加，那时参加这项工作的人，都是在极其困难的条件下，艰苦奋斗，夜以继日甚至不惜牺牲地干。这样一支庞大的队伍，完成了这么艰巨的任务，首先是因为有一个非常有力的而且很有效的领导，这就是中国共产党的领导，其具体代表是，周恩来同志和聂荣臻同志。他们是怎样组织领导这项复杂而又艰巨任务的呢？回想起来，他们就是用解放战争和抗美援朝战争中，组织指挥大规模军事行动的那套办法。他们把那套经验有效地运用到科学技术工作中来了，从而取得了很大成就。[5]

“1991年，在中央授予钱学森‘国家杰出贡献科学家’称号和‘一级英雄模范奖章’的表彰大会上，已经八十高龄的钱老曾经谈到过他一生中的三次激动——突破封锁，学成回国；与焦裕禄等人一道被作为先进人物表彰；加入中国共产党。从中我深切地感受到他热爱祖国、热爱人民、热爱中国共产党的真情实感。正是崇高信仰，铸就了他的高尚品格。”中国科学院院士、航天专家谢光选深有感触地说。

据时任中国科学院党组书记的张劲夫回忆，那时导弹是以五院为主负责研制。他们建立了若干相应研制机构。要从各方面调人，主要从科学院调一批科学家去主持科研。与此同时，张劲夫还建议要坚持“两条腿”走路。

“一方面科学院参与五院搞；另一方面，科学院自己也搞。科学院搞探路工作，先走一步，为五院服务。”张劲夫说，“此时，我向聂总建议采取‘两条腿’走路的办法，即在五院利用苏联资料和一般燃料研究火箭的同时，科学院发挥综合研究优势，完全靠自己探索创新，从高能燃料入手开发研制火箭，作为五院的补充，得到了聂总的赞同。”

张劲夫回忆，钱学森那时在中科院还有任职。他亲自参加了12年科学规划工作，担任综合组组长，作过很多很精彩的学术报告，如关于核聚变问题的，关于星际航行概论等；为科学规划的制定出了许多好主意。特别是钱学森提出，搞导弹主要看火箭用什么燃料，火箭的燃料很重要。他说一定要搞新的高能燃料。

采访那年，张劲夫已是耄耋之年，但他仍思绪敏捷地说：“考虑到火箭推力对卫星发展的制约，钱学森主张科学院先行一步，研究高能燃料。1958年科学院召开了高能燃料会议，组织北京、上海、大连、长春四大化学所，戏称‘四大家族’的精兵强将，开展液体、固体高能燃料的研制，并探索固液型、游离基及重氢燃料。”这些都是根据钱学森的建议搞起来的。[5]

谈起中央的高度重视和各方面的积极支持时，张劲夫举了些感人的事例。譬如钱学森当时讲，每种高能燃料研制出来后都要试烧，要试车，火箭的发动机、尾部的喷管均要试验。张劲夫和钱学森商定，让中国科学院力学所承担这个任务，需要选一个实验基地。

“当时民航局给了我们一架专机，在北京上空转了几圈，我和钱学森坐在飞机上往下看，看了几遍就选定京郊山区的一片林地里面，决定就在这里成立力学所二部，由林鸿荪负责。林鸿荪是钱学森在美国大学教书时的学生，也回国到力学所工作。另外，让化学所与五院配套，成立了化学所二部，主要研制高能燃料。长春应用化学研究所、上海有机化学所，这些所都接受了任务，研究开发中国的高能燃料。当时，各方面的协作关系都很好，风气很好。科学院当时承担的是最重要的任务，就是做高能燃料的研究开发，提供给五院。”张劲夫深情地说，“在北京山区建成的两个同量级的液氧、液氢火箭发动机试车台厂，对各化学所研制成功的若干种液体、固体燃料进行台架试验，据记录总共做了100多次发动机台架试验，取得了成功。经仪器测试记录的科学数据提供给设计单位。按国防科委要求，全部试验资料和数据转交给七机部，高能燃料由工业部门投产供应。”

在中央的高度重视和各方面的积极攻关下，我国第一枚导弹于1960年发射成功，但它的射程太短，更不可能用来发射原子弹、氢弹。因此，还要研究新的高能燃料和耐高温材料。新的高能燃料主要是液氢，它的推力大了，但是氢气很容易爆炸。导弹的温度相对也高了，又带来耐高温材料问题。所以，中国科学院为了配合国防任务，成立了自动化研究所。黄敞是从北京大学来科学院的，在北京做了一些工作，张劲夫亲自安排他到后方搞大规模集成电路。因为导弹通过地球表面的空气层要燃烧起来，所以耐高温材料不仅用在喷管、尾部的发动机，整个弹体包括弹头都要用耐高温材料。另外，中央专委下达任务让科学院研究超低空战术导弹，虽然体积很小，但是很有威力。当时，科学院为了完成导弹研制任务，吸收了许多技术工人。后来，为了加强五院的力量，科学院又让怀柔力学所二部的一部分人去加强五院，还从其他所调一些人去。以后，五院改成了七机部，方方面面的联系依然紧密。

社会主义集中力量办大事的优势，正是从那个时代起孕育形成的。

毛泽东主席视察国防科研单位

在纪念中国航天创建50周年的日子里，曾任中国航天工业总公司总经理兼国家航天局局长，现任国际宇航科学院院士的刘纪原撰文写道：中国航天成就离不开钱学森及其系统工程理论的应用，钱学森倡导的航天系统工程思想在国防科技和国民经济各领域更是大放异彩。钱老在继续主导航天科技工程理论和实践的同时，从20世纪70年代末，即把主要精力集中在系统科学理论的探索、研究和系统工程的推广、应用上。在他的积极倡导下，20世纪80年代全国范围迅速掀起的学习、运用系统工程的高潮，曾在我国体制改革、现代化建设和多项复杂而艰巨的任务中发挥过重要作用。

钱学森在2001年11月出版了《创建系统学》，强调实现社会主义现代化，需要一门新的系统工程——社会系统工程或社会工程，它是改造社会、建设社会和管理社会的科学，其目的是把社会科学和其他科学结合起来。在钱老的倡导下，我国航天事业长期应用系统工程进行重大任务的发展规划、科技管理、大型复杂工程管理、航天型号工程管理等，创立了航天技术创新、体制创新和组织管理创新“三位一体”的系统工程管理方法，建立包括科学技术委员会、总体设计部两条指挥线的型号指挥系统，以时间为中轴的网络图，以科研、试制为主的型号总体院的管理结构，实施新型号通过“方案、初样、试样、定型”4个阶段的科研步骤体系以及成套论证、成套设计、成套生产、成套试验、成套交付的“五成套原则”等，高效地完成了中央下达的任务(如“八年四弹”、“三抓”、“一箭三星”等)，从而形成航天领域独特的系统工程管理技术。因此，周恩来同志曾经建议：“把航天部总体部的经验推广到国民经济部门。”

1999年江泽民在表彰为“两弹一星”作出突出贡献的科技专家大会上指出，我国成功地研制出“两弹一星”的重要经验之一，就是“广泛运用了系统工程、并行工程和矩阵式管理等现代管理理论与方法”。

钱学森倡导的航天系统工程思想及其创立的系统工程理论，作为一个完整的科学体系，对当代中国经济社会发展的特殊贡献，必将随着它在诸多社会层面的应用而更加突出地显现，并得到进一步发展与升华。

刘纪原深情地回忆起当年在航天12所工作期间亲身感受钱学森培养、教诲的往事：

钱老既是多种学术领域和国家系统科学决策的开创者，又是实施航天民主集中决策的倡导者和实践者。1962年3月21日，我国自行设计的第一枚中近程导弹“东风二号”首飞失利，有人便失去信心，主张从自行设计退回到仿制。但航天12所一些年轻的搞姿态控制系统的设计师们就是不信邪，我们坚定自行设计的方向不动摇，积极查找分析原因，并针对弹体的弹性振动引起控制系统失稳这一主因，勇敢地提出了多项控制系统改进设计方案。航天12所年轻同志这一举动，受到了五院院长钱老的极大重视与支持。他于1963年5月前来听取12所的方案汇报，并鼓励说，导弹飞行稳定性问题，国外早已解决了，西方资产阶级能办到的事，东方无产阶级也一定能办得到，要求控制系统一定要杀出一条血路来。于是，12所上下齐心，开展了一场“杀血路”的攻坚战斗。每周星期五，钱老都要亲临12所参与和指导这场战斗。经过4个月的不懈努力，不仅完成了控制系统改进设计，实现了系统的稳定性，确保1964年“东风二号”连续5次飞行试验成功，实现定型装备部队，而且由于钱老亲自“传、帮、带”，也培养了人才，锻炼了年轻队伍，为后来控制系统的更多改进、导弹的多次成功发射奠定了坚实基础。

刘纪原还列举自己的亲身感受，畅述钱学森当年对年轻科研力量的培育与支持：

当年在航天12所研发激光陀螺、燃料电池、计算机代替地面测试(实弹测试)以及CAMAC测试新技术中，钱老总是给予我们一贯的高度关注和热情支持，并多次亲临现场给以指导。特别是1965年初，根据部队实战的需求，12所一批技术人员在已有预研的基础上，创造性地提出了用“横向坐标转换方案”与“纵向双补偿方案”更换原来的“无线电横向偏校正系统”与“纵向单补偿方案”，我们戏称为“割尾巴”的“全搬”方案。该方案虽有一定的风险，但技术是创新的，能满足部队实战的要求，提高武器的实战能力。是否采用这一方案，当时12所又开展了一场激烈的争论，一直闹到当时的五院党委，我列席了党委会。在五院党委会上，钱老积极支持这一方案，并指出：应对年轻人的技术创新给以支持。于是，五院于1965年7月5日下文，正式批准了“全搬”方案。随着这一方案的实施，成功地进行了在本土的“两弹”结合飞行试验，并为以后弹上控制系统实施技术创新，开创了循序渐进与创新发展的先河。[4]

▶初握长剑舞苍穹——“老大哥支持”的扭曲

50多年前，当中国人决心研制火箭、发展导弹，中央就坚定地提出了“自力更生为主，争取外援为辅”的指导方针。坚持以自力更生为主，决不意味着什么都依靠自己。说实话，那时候的中国根本就没有自己可以“依仗”的本钱。在一定程度上，刚起步的时候“争取外援为辅”倒常常成了主渠道。尤其是在20世纪50年代中苏关系比较好的时候，中国方面可以讲是尽了最大努力，争取能够得到苏联方面较多的援助。

所以，回溯这些往事，我们依然不能忘记当年苏联的支持。钱学森曾经说：“中国的工业、科技那样落后，我还算是在国外接触了一点儿火箭、导弹(技术)的，但也仅是一知半解。”钱学森都这样讲，何况其他科研人员？当时对地球卫星、运载火箭和航空导弹究竟是个啥模样，恐怕都说不太清楚。应该承认，当年在“一穷二白”的基础上发展火箭、导弹等现代尖端科技，没有苏联的支持，起步是更为困难的。但这种支持，远远说不上是无保留、无代价的。所以，当我们从历史走过，必然会对历史产生深沉地敬重。

新中国建立之初，台湾的蒋介石集团依仗海空军事力量的绝对优势频繁出动，轰炸袭击内地沿海城市。1950 年 2 月 6 日，蒋介石派出轰炸机对上海两大发电厂进行狂轰滥炸，不仅严重威胁整个上海市的工业生产，而且造成华东居民恐慌，一度影响到新生政权的稳定。

“二六”轰炸后，上海市市长陈毅紧急下令，动员我方所有力量，集中精力防范国民党军队卷土重来，并在苏联的防空武器运抵之前组织新解放区的力量全力防空。如把国民党遗留在上海的日式雷达加以修复，担负防空警戒任务；让上海交通大学电机系电信组 4 年级学习的约一半学生提前毕业，安排到上海警备区防空处工作，承担雷达维护任务。1950 年 5 月 11 日国民党的轰炸机再度来袭时，这些措施发挥了作用，敌机被我方击落，上海的安全得到了保障。随后，苏联援助的防空武器很快进驻淞沪。

1956 年 8 月，国务院副总理李富春在莫斯科访问期间，向苏联政府提出导弹方面的技术援助和人才培养问题。经协商，苏联同意援助我国 2 枚教学弹及配套设备。当时苏联提供的教学弹，就是“二战”时期德国 V－2 地对地弹道导弹的变型——P－1 导弹。对培养导弹技术人才的请求，苏联的答复非常明确：对中国的援助，包括提供 2 枚教学弹也仅限培养人才使用；而且直截了当地告知，目前苏联只能接收 50 名中国留学生。

德国 V－2 导弹是世界上第一种弹道导弹

张劲夫回忆，当时这个“留学生限额 50 名”的答复，促使毛泽东要求中国科学院尽快建立一所以新兴学科为主的大学。它就是——中国科学技术大学；也是这所 1958 年初立项研究，同年 5 月上报，6 月批准，8 月招生，9 月开课的以攻关新兴、尖端科技为主的研究型大学诞生的时代背景。

后因苏共党内权力斗争，才使赫鲁晓夫的态度有所松动。他与中型机械工业部部长商议，认为可以将更先进的P－2地对地导弹等资料提供给中国，但"原子弹可得再考虑考虑"。赫鲁晓夫认为中国人自己研制尚需很长时间，苏联是否继续提供援助，要看中苏关系的发展；如果情况不尽如人意，"那他们掌握原子能技术还是越晚越好"。至于发展火箭、导弹等现代尖端科技，可能赫鲁晓夫压根儿就没有想到中国人会有这个能力。

1957年7月，当苏联领导人对于向中国提供国防新技术援助的态度有所松动时，抓住这个转机，聂荣臻、陈赓、宋任穷率团赴苏，双方签订了《中苏国防新技术协定》。协定同意供应中国几种导弹样品和有关技术资料；派遣技术专家帮助仿制，并提供导弹研制、发射基地的工程设计，增加接收导弹专业留学生的名额。半年后，苏联同意从中国留苏高年级大学生中，抽调77人改学导弹专业。

协定签订的头两年，执行得比较顺利。从1957年底开始，苏联相继提供了样品以及相关的图纸资料和工装、设备，派来了几批技术专家。

在苏联专家的帮助下，中国着手进行地对地、地对空、空对空、反舰4种类型导弹的仿制工作。航空、电子、兵器工业部门安排设备较好的工厂，抽调水平较高的技术力量，承担了主要的仿制任务。1958年秋，国防部五院分别开展广泛的技术学习活动，组织技术人员跟班向苏联专家学习。来华的大多数苏联专家热情帮助我国技术人员消化资料，掌握技术，并提供了一些管理方面的经验。他们在导弹仿制和研制基地的建设中，做了大量有益的工作。这一年，在苏联专家的帮助下，中国一方面着手进行导弹研制基地和发射场的建设，一方面开始仿制苏联提供的P－2近程地对地导弹和几种战术导弹。仿制工作的展开，加速了我国掌握导弹技术的步伐。

1959年6月，苏方批准了关于向中国派遣国防专业技术专家和高校教师的报告。9月，苏方派遣相关技术专家和高校教师到中国，其任务是培养下列专业的中国技术人员：军事电子光学仪器技术；多级火箭的设计；水声学设备；操控火箭的仪器的计算和构造；红外线技术和热力自动导向头；坦克炮的稳定系统及高射炮瞄准随动系统的设计；用于大能量火箭的液体燃料技术。

然而，随着时局的发展，中苏关系逐渐恶化。就毛泽东和赫鲁晓夫的个性而言，他们都绝对不会轻易妥协。赫鲁晓夫更是觉得自己握有的王牌完全可以压住中国人。苏联态度的变化已经越来越明朗，尤其在1959年10月赫鲁晓夫访华期间发生激烈争吵以后，秉持强硬对华方针就已在苏共高层渐渐确定下来。据1960年2月中国驻苏使馆的一份报告称，苏联对中方有关国防新技术方面的一切要求，都做出了明显冷淡、拖延或拒绝的反应。苏方向中国提供设备和技术资料的工作延缓下来，而且对在华工作的专家也加强了管制。

1959年12月21日，在一份呈交苏联国家安全委员会的报告中谈到了拉博特诺夫院士访问北京力学研究所的情况。声称“中国科学家企图从拉博特诺夫院士那里得到有关一系列秘密问题的情报和消息，同时又不为拉博特诺夫院士提供机会，使其了解该研究所多数实验室的情况”。报告提出了中苏科技交流中涉及的研究领域的秘密问题，认为那些“参与秘密工作的重要的科学家和工作人员被派遣到国外去工作”后，常常违反苏联的保密制度。于是，有关院士的“小报告”转到了赫鲁晓夫那里。

根据赫氏的指示，1960 年 1 月 8 日苏共中央书记处讨论了这个问题。苏共中央对外联络部部长安德罗波夫建议，“为确保在苏联科学家和高校工作人员的国际学术交流活动中保守国家机密”，应专门作出决议，予以强制限定。会议通过的苏共中央《关于在苏联科学家的国际学术交流活动中确保保守国家机密的决议》规定，“要严格遵守所确定的了解秘密和绝密材料的程序，不要让外国专家了解超出事先所达成的协议范围的秘密材料，以及现有的关于准许接触秘密工作的保障措施”。

对苏联态度的强硬变化，聂荣臻在一份报告中总结说：“苏方执行协定的态度，1958 年下半年以前还是较好的，一般能按协定条文办事，具体工作部门和办事人员还是积极热情、愿意帮助我们解决问题的，但上面控制较严，决不许越雷池半步。1958 年下半年以后，控制更严，步步卡紧。协定已定的问题，往往节外生枝，寻找借口，能推则推，能拖则拖。有些比较重要的问题，推说需由两国政府重行商谈，但一经我政府正式提出，则又一声不吭、置之不理。对我多次要求加快建设进度的项目、提前交付的设备，也拒不支持。协定中没有做具体规定的问题，即强调条文文字，根本不予以考虑。总之，苏方的态度是：一般生产技术资料可以供应，关建性的生产技术资料、研究设计和理论计算资料，以及原材料生产技术资料拒绝供应；通用设备可以供应，专用和非标准设备、精密测试仪器则拖延和拒绝；一般原材料可以给一点，越是特种的就卡得越紧；聘请仿制专家比较容易，聘请基建设计专家则较困难，聘请科学研究专家干脆拒绝。”

当然，在具体工作中，中国方面仍然继续坚持要求苏方执行已经签订的协定。1959 年 9 月 23 日，周恩来致信赫鲁晓夫，要求苏联政府按照协定在 1960 年内向中国供应总值约为 1.65 亿卢布的国防新技术装备物资和试制这些装备所需要的原材料、样品以及有关技术资料。12 月 29 日，聂荣臻同陈毅联名致电驻苏联大使刘晓，要他以中国政府的名义向苏联政府提出，在 1960 年内，请苏联政府考虑在以下几个方面继续向中国提供技术援助：

（一）按照中苏两国政府 1957 年 10 月 15 日协定，供应两种新型号导弹，以及为研究和制造导弹的全套技术资料。

（二）派遣必要数量的苏联专家来华，在试制这两种导弹方面提供技术援助。

（三）按材料清单成套供应试制这两种导弹用的全套零部件和原材料，以及试制所需的专用设备。

1960 年 1 月 4 日，中国要求苏联按协议规定，尽快提出援助中国建设一个“航空及火箭科学研究院”的换文草案，并尽快派遣选址专家小组来华。当月 20 日，中国请求延长 25

名导弹试验靶场专家的工作期限并增聘8名苏联军事专家；3月28日要求供应两发8Ж38火箭和进行点火所需的液氧等燃料，并派遣9名专家帮助训练操作人员和进行实弹射击的技术指导工作。

但是，因众所周知的缘由，中苏关系彻底破裂了！赫鲁晓夫撕毁了协定、撤走了所有援华专家，等着看中国人的“好戏”。苏联“老大哥”违反协定的做法使中国领导人感到格外气愤，当然也更加激发了中国人独立研制尖端武器的决心！

▶红旗漫卷西风——防空导弹的技术引进与优化创新

众所周知，火箭—导弹技术是航天发展的本源。国际上对导弹通常是按作战级别(战略与战术导弹)、飞行方式(弹道式和巡航式)及发射位置(陆射、舰射、潜射和空射、星射)分类的。若是按作战任务划分，则可分为地对地导弹、防空导弹、反舰导弹、反辐射导弹、反坦克导弹和反导导弹、反卫星导弹等。

中国的导弹、火箭技术研制事业，是从仿制防空导弹起步的。在当今世界防务装备领域，中国的“红旗”系列防空导弹令人瞩目。从最初的“红旗”-1发展到后来的“红旗”-7，再到新型“红旗”-9……“红旗”系列防空导弹担负着中国国土防空的重任。

国庆60周年阅兵式上，由南京军区某集团军组成的“红旗”-7B型(HQ-7B)野战防空导弹发射车方队从天安门广场驶过。这支方队的前身为华东野战军第十三纵队，战争年代先后参加了胶东保卫战、淮海战役、渡江战役等重要战役战斗200多次，为新中国的创建立下了汗马功劳。“红旗”-7B型野战防空导弹发射车比1999年阅兵时有重大改进。

喜看今朝红旗展，难忘当初创业艰。谈起“红旗”系列防空导弹的发展，著名防空导弹系列总师陈怀瑾感慨万千，深情地回忆起那段历程：

1950年2月6日，国民党空军对上海杨树浦电厂等目标狂轰滥炸。“二六”轰炸后，根据陈毅市长的紧急命令，我作为上海交通大学电机系电信组四年级的学生提前毕业，安排到上海警备区工作，正式接触防空事业。当时对于防空导弹可以讲是“一片空白”。至于弹道导弹，当时苏联还给了一枚P-1教学弹供学习参考，而防空导弹什么数据也没有。因此只能通过查阅国外公开发表的资料，以获取有关的基本知识。我记得当时能查到杂志上有关美国的“奈基”型、“波马克”型防空导弹和瑞士的“厄利空”型导弹的资料，也是相当零碎的。这些零零碎碎的资料为什么还可以查到呢？当时瑞士康脱拉夫斯(Contrives)公司研制了一种驾束式“厄利空”型(Oerikon)防空导弹，因为它是永久中立国，又要向国际市场推销其产品，对其系统构成和战技指标的公开报道相对要多一些。这也就成为我们获取地对空导弹信息的重要来源。

记得1950年下半年，组织上还派梁思礼同志去过瑞士，详细了解情况并探索引进的可能性。此外，美国在1955年出版了一套导弹设计原理丛书，尤其是其中一本介绍制导原理的书就成为我们系统地获取有关知识的重要来源。当时的条件很简陋，如计算工具只有手摇计算机和计算尺，到1957年下半年才进口了一台苏制模拟计算机。但到了1957年冬，情况起了重要变化，中苏关系松动，我国派出高级代表团到莫斯科与苏方进行中苏导弹技术合作的谈判，并达成了重要协议，商定由苏方提供我国弹道式导弹、地对空导弹、巡航式反舰导弹及空对空导弹的有关技术资料及装备，并派出专家来华帮助我国；为掌握有关技术，我们也建立了相应的研制机构。

按照中苏协定，首批从苏联运来我国的P－2弹道式导弹营和105名官兵，由我军及五院派人在数九寒天到满洲里迎接。中方除组织力量进行导弹技术培训外，也加强了研制队伍建设，着手进行仿制及反设计(即逆向设计)工作。

陈列于航空博物馆的防空导弹

后来，五院加强了防空导弹研制力量，队伍加强后的第一项任务是开展防空导弹的自行设计。这个型号是以冲压发动机为动力的高空巡航式雷达制导远程防空导弹，类似美国的“波马克”型。我方集中了一批专业技术人员在北京进行方案设计，苏联当时也派来了冲压发动机专家帮助进行设计(到1961年，为了集中力量抓紧对苏制“543”型号的仿制和反设计，暂停了这个项目型号设计，仅保留冲压发动机部分继续进行研制和试验工作)。

随后，苏方履行协议，于1959年将苏军一个营的防空导弹部队连同PCHA－75防空导弹武器系统全套设备(包括B－750导弹)运抵中国，国内取代号为“543”。1960年，苏方又运来生产这套装备的全部设计与工艺技术资料，并派来专家帮助仿制。苏制PCHA－75防空导弹武器系统，由导弹头、制导体、发射架和地面支援设备等组成。导弹动力装置由固体火箭发动机和液体火箭发动机两级组成，拦截目标高度为3～22千米，斜距为12～29千米。它是20世纪50年代中期世界上较先进的防空导弹武器系统，主要用于攻击高空、高速飞机和巡航式导弹。有关部门决定集中精兵强将，立即组织仿制这套在当时比较先进的防空导弹。

1960年苏方撤走全部专家后，在聂荣臻元帅的关怀下，由五院科技人员和三机部所属各厂共同努力，克服重重困难，立足当时国内条件，一步一个脚印地把该武器系统仿制出来，为我国防空导弹事业的发展奠定了物质生产基础。

在仿制的同时，我国全面开展了“543”武器系统的反设计工作，以便更深入地通过自己的努力，掌握整个武器系统及各分系统的性能、内在运行机理和规律、参数选择的依据等第一手信息。五院科技人员在认真熟悉、消化、使用维护资料和工艺图纸的基础上，安排了导弹总体、控制系统、制导站等共47项设计课题，写出了技术报告和总结，搞清了苏制导弹的总体设计参数选择、气动布局、强度计算以及各分系统设计等方面的问题，促进了仿制工作。

那时，各有关研制单位及高等院校还经常组织“543”反设计工作报告会，交流成果，总结经验。在型号总设计师钱文极的带领下，很快地完成了自行设计生产6发遥测弹的试制生产任务。在战斗弹飞行试验后又成功地进行了高低空多种作战空域条件下的遥测弹飞行试验，获取大量飞行试验实测数据，从中发现并验证了导弹弹性振动对控制系统工作影响等情况。可以讲，在“仿出、摸透”的方针指导下，我国在仿制地对空导弹的过程中，已在一些重大问题上跳出了一成不变、依样画葫芦的框框，有所创新，提高了产品质量，并为日后走自行设计道路奠定了基础。

1962年，在此基础上，国防科委另辟地对空导弹试制基地，开始试制、生产战斗弹及遥测弹。导弹弹上设备及综合测试车主要由112厂、410厂等8家单位仿制。

负责导弹总装的112厂在试制中遇到许多技术关键问题。主管技术工作的副总工程师章华组织“三结合”技术攻关小组，掌握了国内首次遇到的铝合金滚焊及氩弧焊、镁合金氩弧焊、四舱整壁板加工及弯曲成型等具有当时世界水平的新工艺和新技术。

112厂部件车间技术副主任钱鸿昌修改了原工装设计，解决了导弹五舱铆接装配时出现的变形超差问题。在液体火箭发动机的试制中，410厂攻克了氧化剂启动活门薄膜涂覆剥落等技术难题。119厂在试制自动驾驶仪过程中，先后解决了舵机低温漏气，舵机电位计耐磨性不稳定、舵面低频小幅度摆动及控制活门参数超差等关键问题。

制导站由786厂等5家单位仿制。负责总装生产“抓总”的786厂总工程师洪民光组织科技人员攻关，先后解决了高频腔体的材料搪磨加工工艺、指数曲线喇叭筒成型、方孔波导的控制、函数凸轮加工、陶瓷被银焊接等工艺问题。其他各厂在仿制中也攻克了遭遇到的技术难关，如期完成了各自的任务。

地面设备由一机部各主管生产局负责，第一研究所为副总设计师单位，并派出设计师工作组下厂协助仿制。地面设备数量很多，承担仿制的主要有447厂等5家单位。经过各单位科技人员和工人的共同努力，1963年4月完成了模型弹的仿制。导弹系统的6月，在地对空导弹试验靶场进行了两发模型弹的飞行试验，均获成功。随后，又相继完成了运输、振动、静力、防水等试验，证明仿制的导弹各系统工作情况正常，质量符合技术要求。在导弹的仿制过程中，总设计师、副设计师和各分系统的技术负责人带领科技人员深入各有关单位，解决仿制中的技术问题。在制导站仿制中，整理审批了2.36万份技术资料，纠正了2.3万份设计图纸中的差错，重新设计了570份图纸，解决了241个仿制生产中的技术关键问题，并对产品质量进行了全面鉴定。

这些技术关键的攻克，保证了导弹仿制工作的顺利进行。

笔者循着这些当年参试时还是满头青丝，如今已是白发皓首的科技人员们的思绪回忆，竟然引出不少扣人心弦的故事。

陈怀瑾讲：“随着仿制工作的进展，导弹逐步进入外场及飞行打靶试验。1964年全武器系统进场进行战斗弹的打靶试验，制导精度均符合要求。但出乎意料的是，当以米格－15 型实体靶机为目标，进行战斗弹试验时，导弹虽在距靶机规定范围内通过，引信却没有适时引爆战斗部击毁靶机，导致定型试验暂停。撤场后，我们通过大量引信地面低空绕飞试验及分析，证明靶机在不同角度对引信发射电波的有效散射面积有很大的起伏变化；在某些条件下，小型靶机的散射电波可能不足以启动引信。这一结论，大大提高了我们对目标特性研究重要性的认识。”

在对引信及靶机采取相应的技术措施后，9 月 26 日进行第二次进场试验。改进引信后的导弹重新进行发射，成功地击落了米格－15 靶机。10 月 6 日，导弹成功地击中了中高空模拟目标。12 月 10 日，国务院特种武器定型委员会批准仿制的战斗弹初步定型，命名为“红旗一号”(“红旗”－1)导弹，并开始装备部队。

随着国产“红旗”－1 导弹系统装备部队，我军防空力量明显加强，国民党空军的轰炸机已不敢恣意入侵大陆上空。但他们仍不甘心，在美国中央情报局的支持下，由蒋经国直接掌控的以“黑蝙蝠”(负责低空侦察)、“黑猫”(负责高空侦察)为标志的特殊飞行侦察中队出现了。这些部队动用美制 RB－57D、U－2 等侦察机不断从飞行高度达 2 万米的高空或低空雷达盲区入侵大陆上空，进行战略照相及电子侦察。

这时，解放军对国民党 U－2 侦察机的打击手段，也只有动用防空导弹。参战人员回忆说，由于 U－2 飞行高度很高，高炮根本无法对其射击，即使歼击机出动，也难以达到这一高度作战。因此，“红旗”－1 导弹成为对其进行有效打击的唯一武器。空军地对空导弹部队组建后，首战即在京郊击落敌 RB－57D 侦察机，以后又击落了敌 U－2 侦察机。

对方虽短期有所收敛，随后又在 U－2 侦察机上加装了针对防空导弹制导雷达信号的侦察接收装置。该装置一旦发现我制导雷达信号就会报警，对方飞行员便采取机动飞行规避，并依靠欺骗干扰装置，将我方发射的导弹引偏。

这时的“红旗”－1 导弹显然已不能适应严峻的电子战形势要求，我军急需研制抗干扰能力强的防空导弹武器系统。国防部五院二分院、空军和承担地对空导弹研制生产任务的厂所密切合作，在提高“红旗”－1 的抗干扰性能、扩大作战空域、改善使用性能和提高可靠性等方面做了大量研究、试验工作。

从 1964 年到 1965 年 3 月，二院二部组织进行了有 23 所、防空导弹试验部参加的大型干扰试验。这次试验动用了一个空军中队，使用了各类杂波干扰、消极干扰和转播干扰手段，对“红旗”－1 制导站及照射体制进行了系统抗干扰测试，取得大量数据，为制订新制导站方案打下了初步基础。承担导弹总装的 112 厂设计人员汪京涛等，提出了利用二舱剩余空间，加长三舱燃料箱以延长发动机工作时间、扩大杀伤区的改进设计方案。燃料箱加大后，需要相应解决加大涡轮泵的异丙酯箱、增加前翼面积、调整自动驾驶仪参数等设计、技术问题。为了实现改型设想，设计人员用了一年多的时间，反复进行了 20 多次计算，终于算出了 378 条质点弹道，核实了改型的设想，确定了改型方案。

在这场斗智的竞争中，我专业技术人员紧密配合空军作战部，夜以继日分析敌情，并研究出相应的对抗措施及设施，与空军采取的战术措施相结合，于 1967 年在浙江嘉兴附近再次击落带侦察干扰装置的敌 U－2 侦察机。

这一事例充分说明防空导弹在矛盾对抗中发展的特点及研制部门与战斗部队紧密结合的重要性。后来，在总结这些实战经验的基础上，研制单位充分挖掘原设计的潜力并不断改进设计，形成了“红旗”－1 号的改进型——“红旗”－2 的方案，很快完成研制定型并大量装备部队。[3]

“红旗”－2 的总设计师陈怀瑾最引以为自豪的是，“红旗”－2 导弹采取了几十项技术措施，以扩大作战空域，提高抗干扰能力，改善操作使用性能。为了稳中求快，确定将导弹和制导站分为两种状态：第一状态，主要增加导弹的射高和作战斜距，制导站主要增强反侦察、反干扰能力和确保测量精度；第二状态，进一步增加各种抗干扰措施并改善操作使用性能等。786 厂于当年完成了第一状态的制导站校飞试验，转入生产并交付使用。第二状态的制导站，经 28 架次校飞，结果满足设计要求。尔后，用导弹与制导站配合进行了模拟目标、伞靶、靶机的射击试验，特别是以“三点法”尾追米格－15 靶机的射击试验和导弹发射后转换制导雷达工作体制、模拟干扰情况下的工作状态试验均取得成功。

导弹的研制和飞行试验也经历了类似过程。第一状态和第二状态下的导弹均通过了鉴定试验，证明“红旗”－2 武器系统性能良好，符合设计要求。1966 年底，“红旗”－2 导弹武器系统成功地通过定型试验。从研制试验到定型飞行试验，共使用了 14 发战斗弹，5 发遥测弹。1967 年 2 月，国务院特种武器定型委员会批准“红旗”－2 导弹武器系统定型。1967 年 9 月 8 日，U－2 飞机又窜扰中国华东地区。尽管该机使用了转播干扰手段，但仍被“红旗”－2 导弹击落，证明了导弹的抗干扰措施是有效的。

“红旗”－2 导弹从确定方案到完成定型试验，仅用了一年多时间。研制周期短的主要原因是预先研究工作开展得早，方案论证工作搞得扎实，重视技术继承性，充分利用已有科研成果，设计与生产部门配合密切等。

对于“红旗”－2 防空导弹的卓著功勋，台湾方面暗地里也是认账的。那段尘封的历史档案随着时光的流逝，也渐而显露于世人面前。2007 年，台北举办了一个揭秘“黑猫中队”的展览，当年神秘的 U－2 高空侦察机模型更是摆在了显眼的位置。从展出的历史资料看，这支成立于 20 世纪 60 年代的“黑猫中队”，隶属于国民党空军总司令部情报署的“第 35 气象侦察中队”，专飞U－2 高空侦察机，执行对大陆的侦察任务。

在展示的物品中，不光有蒋介石和“黑猫中队”飞行员的合影照片，还有绣着“蒋经国上将”、“黑猫中队”标志的飞行夹克。其中，最显眼的是蒋介石和陈怀的双人合影。这个陈怀是“黑猫中队”的传奇人物，“黑猫”队徽的设计即出自其手：黑色的猫身代表 U－2 侦察机，猫眼则象征着高空摄影机。他是首个驾驶 U－2 侦察机完成对大陆侦察的飞行员，

“黑猫中队”标志

同时也是首个被解放军击毙的 U-2 侦察机飞行员。

1962 年 1 月 13 日，陈怀驾机执行"黑猫中队"的第一次任务，飞行经大陆 10 余省，飞行时间为 8 小时 40 分钟，并发现酒泉卫星发射场。蒋介石对陈怀好一阵嘉奖。"黑猫中队"执行任务初期，由于 U-2 侦察机的实用升限为 24 000 米，远远超出解放军米格-19 歼击机的最高升限，解放军战机对 U-2 侦察机无能为力。而当时解放军只有很少的防空导弹营，难以全面布防拦截。于是"黑猫中队"多次深入大陆各地，搜集了大量情报。直到 1962 年 9 月 9 日，解放军防空导弹部队在江西首次击落 U-2 侦察机，陈怀命丧南昌，弄得蒋介石好一阵伤心，至此台湾方面才有所收敛。

随着国内外低空突防和电子干扰技术的发展，"红旗"系列防空导弹进行过多次改型设计，直至发展到今天的众多型号。改进后的"红旗"系列导弹采用具有较大威力的引信、战斗部系统，以提高杀伤效果；提高推进系统的性能，改善弹道特性，以适应作战空域的扩大和目标速度范围的增加；采用抗干扰数码指令传输，使信号传输准确、可靠并具有较高的抗干扰性能；采用全新的弹载电源系统，设备的重量大幅度减少，以增大导弹的可用过载等。制导站广泛采用数字电路，指令计算和射击指挥实现计算机化；在扫描雷达上附加高频测距雷达和电视跟踪系统以及单脉冲体制，提高目标通道的抗干扰能力；采用多种制导方法，以适应攻击高速、机动、带干扰机的低空目标；设置大屏幕作战指挥仪，能自动显示杀伤区范围、导弹与目标预定遭遇点、发射时机等多项数据；增加动目标显示、敌我识别装置等 30 多项技术。新研制的发射车以机动发射取代固定发射，以减少发射设备数量和吨位，提高武器系统的地面机动能力和使用性能。[6]

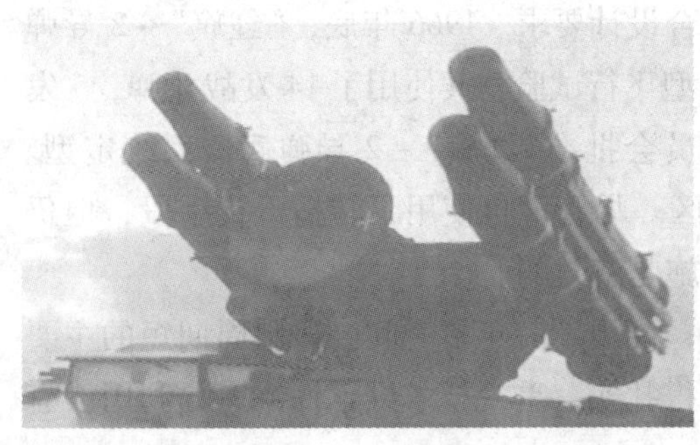
"红旗"-7B 防空导弹

国庆 60 周年受阅的"红旗"-7B 型野战防空导弹是 1979 年总参谋部提出研制的新型低空、超低空地对空导弹的改进型，重点改进了制导方式，具有雷达、电视/雷达、红外影像/雷达、电视或红外影像手动追踪等多种制导方式。这些性能指标，使得"红旗"系列防空导弹在国际防务展上备受青睐。

▶箭啸苍穹——我军第一枚导弹发射始末

1957 年 10 月下旬的一天，志愿军第 20 兵团副司令员兼党委书记孙继先接到中央军委的指示启程回国，到总政治部副主任萧华那里接受新任务。

回到北京，萧华对孙继先说："党中央、毛主席指示，为了打破帝国主义的核垄断，粉碎他们的核讹诈，我们必须尽快制造出自己的导弹、原子弹。中央军委已决定由你负责在酒泉筹建导弹试验靶场。下午你先去张副总长那里，你今后的工作，由他直接领导。”

午后，副总参谋长张爱萍请孙继先到办公室简要地交代任务后，就带着这位长征途中强渡大渡河的勇士去面见聂荣臻元帅。聂荣臻向他传达了中共中央的部署和决定，语重心长地对孙继先说：“我们现在要走科技发展的长征之路，要爬尖端科学的‘雪山’，渡新时期的‘大渡河’，这是关系军队和国家未来前途的大事，一定要完成好！”聂帅的一席话使孙继先倍感责任重大，但心里却依然没底：自己对搞尖端科技工作一窍不通，怎么干呢？

从聂荣臻那里回来，萧华又向孙继先介绍了具体情况：“国防部第五研究院是专门研究导弹的，刚从美国回来的专家钱学森在那里负责研究工作，你的任务是组建试射导弹的靶场。苏联方面准备先派48名专家与我们的40多名专家对口搭配，帮助建设靶场，有什么具体问题可与专家们商量。”就这样，毫无思想准备的孙继先受命承担了对国防现代化建设具有重大战略意义的任务——筹建我国第一个导弹试验基地。

孙继先和钱学森按照军委指示，陪同苏联专家盖杜柯夫将军赴大西北考察并选址导弹试验基地。1956年3月，中央书记处批准在甘肃额济纳旗地区建立导弹试验基地。尽管这里满是戈壁、沙漠地带，自然条件异常艰苦，但为了建设巩固的国防，工程兵司令员陈士榘带领数万人马开赴荒原，与基地司令孙继先共同负责工程建设。

1958年初，驻守在朝鲜西海岸的志愿军第20兵团在没有任何征兆的情况下，突然消失得无影无踪，连美军情报部门也感到疑惑难解。而在甘肃酒泉以北的戈壁深处，忽然黑压压地建起了一片军帐。里面住的就是孙继先将军麾下那些从朝鲜西海岸秘密撤回的官兵，他们是新中国第一个导弹试验基地的建设者。在这里诞生了后来举世瞩目的酒泉卫星发射中心。

孙继先的工作得到了毛泽东、周恩来和中央军委领导的充分肯定。1958年4月底，孙继先应邀进京参加“五一”节庆祝活动。其间，毛泽东在中南海春藕斋接见了孙继先。一见面毛泽东就关心地询问他：“你从苏联人那里学到了点儿东西没有？”孙继先回答：“学了一点儿。”毛泽东鼓励孙继先尽量多学习，使自己能早日独立指挥导弹发射工作。

1958年初，孙继先随由炮兵司令员陈锡联、总参作战部部长王尚荣以及苏联专家组组成的导弹试验靶场勘察队，分别对陆上、海上靶场场址进行了空中和地面勘察，经多方论证，确定了靶场场址。接着，他又按照中央军委的号令，率部进驻地处戈壁滩的场址，与工程兵司令员陈士榘一起带领工程设计、测绘、气象等单位的人员，协同苏联专家组完成了对场址、弹着区以及铁路专用线的工程勘察任务，并着手进行基础建设。

1960年2月，国防科委正式下令，决定于同年五六月间用苏制地对地导弹进行第一次发射试验，代号为“101任务”。然而，到了8月，非但导弹未射，苏联政府还单方面撕毁合同，要求几天之内撤走全部专家。由于平时孙继先等基地领导与苏联专家建立了深厚的友谊，就在苏联政府下达撤离命令后，这些专家尤其是谢列莫夫斯基和柯瓦廖夫两位专家组组长还在争分夺秒地向中方专家传授技术，帮助基地。谢列莫夫斯基撤离当天的半夜还专门来到孙继先的宿舍，把笔记本拿出来让基地技术人员拍照。孙继先把这一重要情况用电话向周总理作了汇报，总理在电话中表扬说："你们做得好，很及时!"

苏联方面撤走专家的同时，还有狠招跟进——不按合约提供导弹发射用的液氧。部分专家又怀疑国产液氧的可靠性。关键时刻，孙继先大胆决策，代表基地全体官兵上报中央军委，要求用国产液氧发射导弹。为此，周恩来在中南海紫光阁召集彭德怀、聂荣臻等军委领导同志开会，会议决定同意基地使用国产液氧进行发射试验。会议结束后，总理将孙继先留下，再次了解发射任务的准备情况。他问孙继先："你坦率地回答我，第一次发射地对地导弹，你有多大把握?"孙继先说："80%。"并举出四五条天时、地利、人和等有把握的依据。总理又问："那20%呢?"孙继先说："因为是第一次，毕竟缺乏经验。"总理对这样的回答很满意，同时反复嘱咐孙继先："万事开头难。这件事过去没干过，一定要认真细致，稳妥可靠，争取胜利。"

9月10日是一个值得铭记的日子，在苏联专家撤走17天后，基地用国产液氧成功发射了第一枚苏制地对地导弹。随后，整个基地又立即投入第一枚国产地对地导弹发射试验的准备工作。经过不到两个月的科学周密准备，第一枚国产地对地导弹"东风一号"("东风"-1)于11月5日发射成功，在预定着弹区爆炸。[7]

从那个时刻开始，这块中国人用汗水和智慧建设起来的导弹试验靶场见证了诸多历史辉煌！箭啸苍穹，验证了中华民族不屈不挠的开拓精神。

从那个时刻开始，中国人用自己研制的火箭谱写了精彩的乐章，让全世界刮目相看。

谈到火箭—导弹技术的发展，曾任中国科学院副院长的裴丽生在《倾力"两弹一星"壮我国威军威》一文里，讲述过当年研制导弹的经过：

当时，国防科委成立了第五研究院，科学院大力支援。据1961年11月统计，五院要求科学院配合的科研、试制任务达95项，226个课题。它包括对弹道轨迹进行跟踪、记录、测量角坐标并摄取导弹姿态的经纬仪工程，指标要求作用距离210千米，定位精度10米，测速精度0.7米/秒。当年9月17日，国防科委在长春召开了工程设计方案论证会。到1963年，工程进展缓慢。于是经国防科委与中国科学院联合推动，由我(裴丽生)主持，1963年4月10日在北京召开了经纬仪工程第五次总工程师组扩大会议，进一步明确经纬仪工程是导弹试验、定型所必需的外弹道测量设备，缺此不但耽误中程导弹的试验、定型，而且会影响远程导弹的研制。

中国科学院曾经发生"一杆子"还是"半杆子"的争论。所谓"半杆子"，就是只承担科研试制任务，生产产品由工业部门承担。而像经纬仪工程这种科学技术上高、新、精、尖的任务，在研究、设计、试制和生产之间有着复杂的相互制约关系，不易截然分开；在需要量小，使用要求急，又需及时采用新技术的情况下，产品的生产必须与研究、设计、试制更为紧密结合，把科研与生产机构简单分开是不行的。国务院国防工业办公室于1963年4月、9月两次召开会议，安排落实了研究所经纬仪工程的研制与生产任务：研究所工程由中国科学院"抓总"，研究所在技术上总负责，一机部、四机部、五机部及文化部等有关工厂积极参加协作，共同完成任务；为加强工程研制工作的技术责任制，确定建立设计师系统，由王大珩任总工程师。同时，这个研究所自身也锻炼了队伍，建立与发展了有关学科基础。中国科学院动员了27个所、厂共1300余科技人员参加此项任务。这种高效配合、高度协同的集体运作，为以后相关工作的开展打下良好基础。

1966年，中国科学院首任院长郭沫若亲自到研制现场探望有关人员并参观试验工作。郭老兴奋不已，奋笔写下了3米多长的大幅毛主席诗词，并题词“甚感此地有大庆之风”。这是郭老对各所同志艰苦奋斗、团结协作、高速高效精神面貌的高度概括。

小型全固体运载火箭

此外，在导弹技术方面，中国科学院承担的还有反导弹武器激光炮的研制和入侵敌弹真假目标识别的研究，以及抗美援越所需要的超低空地对空导弹的研究等[5]。

时代的指针悄无声息地走进2004年第五届珠海航展。在湛蓝的晴空下，国产B611近程地对地弹道导弹正式亮相，向中外来宾展示自己的功能：该型导弹采用倾斜式发射方式，可用于战场火力支援，攻击战役纵深等各种点、面目标。

展品简介提供的数据表明，该导弹采用固体燃料火箭发动机，弹重约2000千克。导弹在大气层内飞行，采用4片可控尾翼进行飞行控制；先进的捷联惯导制导系统，使命中精度达到150米。B611的最新系统发射车采用8×8的北方奔驰2629型底盘。发射装置为具有包装储存和发射功能的密封箱式结构，平时检测导弹无需打开箱盖。箱内充氮气，在储存和运输过程中能保证导弹不受环境影响。

B611地对地导弹系统基本作战单位由一辆发射车和两发导弹组成。导弹采用480千克单弹头高爆战斗部，跟美国陆军战术导弹系统为同一级别，也可根据需要安装不同的弹头。导弹采用数字化计算机控制系统，实现了操作的高度自动化。B611仅需3名操作人员即可完成所有发射操作，能快速进入或撤出阵地；发射准备时间25分钟，撤收时间5分钟，大大提高了导弹系统的生存能力。

2009年10月1日11时07分，在庄重雄伟的天安门城楼前，中国人民解放军国庆受阅装备第26方队——“东风”-15乙型近程地对地导弹发射车隆隆驶来。该型导弹于1984年研发，1989年服役，1995年、1996年在台湾海峡附近进行过两次测试。该型近程地对地导弹属于战役/战术弹道导弹，为公路机动发射型，主要安装各种常规装药弹头，也可安装核弹头执行战略威慑任务。改型导弹具有对敌先进防空体系保护下的高价值目标实施打击的能力。[7]

伴随着气势磅礴的军乐旋律，11时08分，受阅装备第27方队——“东风”-11甲型近程地对地导弹发射车驶来。"东风" -11 甲型导弹自 1997 年开始列装军区直属地对地导弹旅，已经过多次改进。作为短程导弹主角，它一直承担战役/战术精确打击任务。

11 点 10 分，受阅装备第 29 分队——"东风" -21 丙型中程地对地导弹发射车驶来。这是我国首款固体燃料式弹道导弹，该型地对地导弹是介于战役/战术弹道导弹和洲际弹道导弹之间的一种武器。由于它的负载、射程、可部署性等指标均衡，所以作战使用灵活性很高，既可执行重大的战役常规打击任务，也可执行核威慑任务。

国庆 60 周年阅兵，展示了威武之师精良的现代化武器装备，每件都凝聚着国防科技工作者辛勤的汗水和不懈的精神追求。

▶长缨在手缚苍龙——运载火箭发展与创新

2007 年 6 月 1 日零时 08 分，我国在西昌卫星发射中心用"长征三号"甲型运载火箭，成功地将"鑫诺三号"通信卫星送入太空。承载发射任务的"长征三号"甲型运载火箭，由中国航天科技集团公司所属中国运载火箭技术研究院研制。它是一枚三级液体火箭，具备对有效载荷进行大姿态调姿的能力，可执行"一箭多星"的发射任务。

这次发射是"长征"系列运载火箭的第 100 次飞行。从 1970 年 4 月 24 日"长征一号"火箭成功发射"东方红一号"卫星以来，长征系列运载火箭走过了从常规推进到低温推进、从串联到捆绑、从"一箭单星"到"一箭多星"、从发射卫星载荷到发射飞船的技术历程，形成了"长征一号"、"长征二号"、"长征三号"和"长征四号"4 个系列，具备了发射低、中、高不同轨道、不同类型卫星的能力，先后成功地发射了我国第一颗返回式科学技术试验卫星、第一颗通信卫星、第一艘载人飞船，并多次承揽发射国外商业卫星，在国际商业卫星发射服务市场上占有一席之地，成为我国具有自主知识产权和较强国际竞争力的高科技产品。星河灿烂的浩瀚太空，见证了一个国家和民族自力更生、不懈奋斗的辉煌历程。

从我国第一颗人造地球卫星"东方红一号"发射成功到中国航天员四度飞天、实现飞船与目标飞行器首次空间交会对接，从成功发射 30 颗国外制造的卫星到首次出口整颗卫星并承担发射……"长征"系列火箭的一次次壮美腾飞，让中国航天事业实现了从无到有、从弱至强的一个个历史性跨越。

对于自强不息的中国航天人来说，每次跨越都是一个新的起点。中华民族探索太空的脚步将更快更远：探月计划，建立空间站，飞向火星……

夜空中，火箭留下的那道完美弧线，正是航天人新长征的起跑线。2008 年 9 月 25 日，中国"长征"系列运载火箭进行第 109 次发射，成功地将三名航天员送入太空，胜利实现"准确入轨、正常运行，出舱活动圆满、安全健康返回"的任务目标。这是继 1996 年 10 月以来我国火箭发射连续第 67 次获得成功!

众所周知，运载火箭作为人类开展航天活动必不可少的运输工具，大多由弹道导弹发展而来。本讲导语清晰地告诉读者，人类历史上的第一枚现代大型运载火箭是在1957年10月4日由苏联发射成功的。它从民用层面把世界上第一颗人造地球卫星送入太空。其实，此前的1957年8月，苏联人就已试射过世界第一枚洲际导弹，紧接着就把战斗部换成83.6千克的卫星送上了外层空间。这也隐喻着从军事层面，把人类带入了太空军备竞赛的角逐场。

发射前的各种测试至关重要

现代运载火箭既为人类发展航天运输和空间应用技术开了先河，也为“地球村”的“强人”扼制对手、发展洲际导弹等战略威慑力量奠定了坚实的基础。

世界航天工业的发展史告诉我们，运载火箭技术首先是为实现军事战略目的而发展起来的，但它又顺应了“二战”后的世界潮流，被广泛地应用于国民经济其他领域和国际外层空间开发事业。它更是一个国家航天工业的基础，如果该国的运载火箭无法实现自主研发和制造，那么航天工业及外层空间开发事业便无从谈起。至今，全世界共有苏联/俄罗斯、美国、法国、中国、英国、日本、印度、以色列、欧洲空间局等国家和组织先后研制并成功发射了30多个系列的运载火箭，已把7000多个载人和非载人航天器送入太空。

运载火箭技术是最为典型的军民两用技术。运载火箭具有强大的推力，采用不同组合的运载火箭可以把各种不同类型的人造地球卫星、载人航天器和行星际探测器送入各自的运行轨道；也可以把不同的战略导弹从陆地或水下发射出来、精准地击毁敌国的军事战略目标，它是构成一国战略威慑力量最基本的要素。

从外层空间开发及军事用途来讲，运载火箭通常按照火箭的起飞质量或运送到预定轨道的有效载荷质量来加以区别，分为小型、中型和大型运载火箭三种。它们之间的运载能力相差悬殊。例如，美国的“侦察兵”小型火箭只需把215千克的有效载荷送入地球低轨道；而“大力神”-4大型火箭能把18 150千克重的有效载荷送入地球低轨道。

通常，人们在判断某国战略威慑力量的强弱时，最为关注的就是其大型运载火箭能力。而在具有军事用途的火箭—导弹发射能力上，又以液体燃料和固体燃料的使用程度来确定其强弱。本节将侧重从中国弹道导弹及“长征”系列大型运载火箭的发展进程，来展现那段壮怀激烈、可歌可泣的历史画卷。

据《钱学森同志生平》介绍，“1960年2月，钱学森同志指导设计的我国第一枚液体探空火箭发射成功。同年11月，协助聂荣臻同志成功组织了我国第一枚近程地对地导弹发射试验”。这枚导弹就是“东风一号”。

导弹发射成功后，聂荣臻向发射基地的同志们祝酒。他高兴地说：“在祖国的地平线上，飞起了我们自己制造的第一枚导弹，这是一枚争气弹，是我国军事装备史上的一个重要的转折点。”这标志着仿制苏联 P－2 型近程地对地导弹工作取得了很大的进展，地对地导弹转入自行研制的条件已基本具备。但是，自行研制是跨大步直接研制中程地对地导弹，还是迈小步，在仿制近程地对地导弹的基础上先研制中近程导弹呢？当年这一问题急迫而现实地摆在钱学森领导的国防部五院面前。

五院上下发扬技术民主，在领导干部和科技人员中，就这个问题展开了热烈的讨论。聂荣臻元帅在集思广益的基础上，考虑到中国目前还缺乏导弹设计、研制的经验，特别是一些关键技术还未开展预先研究，缺少积累和技术储备，因而再次强调：战略导弹的发展，应先从仿制起步，吃透技术，摸清规律，再进行自行研制，然后逐步提高。他赞同战略导弹自行研制的步子迈得小一些，先对近程地对地导弹进行改进设计，研制成中近程地对地导弹，摸索独立设计的经验；同时抓紧进行中程、中远程导弹的预先研究，为今后迈大步奠定技术基础，为远程导弹预先研究、独立设计积累经验，逐步建立中国自己的导弹技术发展体系。

这无疑是站在历史制高点上最脚踏实地的战略抉择和科学决策！

1960 年 6 月，聂荣臻将研制地对地战略导弹的总体设想报告中央军委。中央军委批准了这一报告，完全赞同聂帅提出的战略构想。也就是从这时开始，在发展弹道导弹方面，中国制定了明确的三步走发展战略，即“研制一代、预研一代、规划一代”的发展战略，它是驱动我国航天工业不断前进的重要因素。而在当时苏联政府毁约停援的情况下，我们没有任何渠道可以获取外来的技术支援；也正是从那时开始，所有弹道导弹和运载火箭都是依靠我们自己的智慧和力量，自力更生、艰苦奋斗搞出来的，这是永远值得中华民族骄傲和自豪的历史性成就。

回想当年中近程火箭—导弹研制工作刚开展，我国就遇到了严重的自然灾害和国民经济困难，但国家仍把中近程地对地导弹作为重点研制任务列入计划，国务院有关部委在人、财、物方面均给予优先保证。聂荣臻要求国防科委和五院组织研制队伍，发扬为祖国为民族争气的精神，用自己的智慧和双手突破导弹研制的技术关。

国防工委和一机部向承担研制任务的兵器、电子和航天协作配套研究所发出了加强导弹研制工作的通知。冶金部、化工部、建工部都作了确保导弹研制任务的具体安排。中国科学院积极承担了科研协作任务。经过有关部门的努力，于 1962 年初试制出靶场试验用导弹，但在 3 月 21 日进行的首次飞行试验中未获成功。失败的情绪压在科研人员心头。

聂荣臻元帅得到首飞试验失败的报告后，要求参加研制、试验部门正确对待这次失败，重在总结经验，以利改进提高。五院和西北综合导弹试验基地迅速组织科技人员查找原因，总结教训。4 月 9 日，聂荣臻听取五院领导班子的汇报。他强调指出：“进行科研试验，是要加深对客观事物的认识。只有通过反复试验，才能发现问题，修改设计，改进工作，从而使主观认识逐步符合导弹研制的客观规律。这次失败说明，我们的‘三字经’不念好是不行的，只有打好基础，摸透技术，才能加快研制速度。”

这些字字千钧的话语，对五院领导干部和科研人员都是启迪心智与创新思维的钥匙。根据聂帅的指示，五院领导班子提出了改进设计和改善组织管理的措施，驱散了首飞试验失败的阴霾。

中共中央、中央军委对加快中近程导弹的研制步伐极为重视。1962 年 7 月，中央军委详细研究了国防科委关于首飞试验导弹失败的故障分析和请求解决有关问题的报告，决定迅速采取措施予以解决；有些重大问题当即转报中共中央审定。

7 月 13 日，中共中央书记处听取了专题汇报，认为从失败中总结的经验，有时会比从成功中总结的更加宝贵。通过这次试验发现了一些重要问题，并采取了有力措施，确实是件好事。周恩来指出：突破国防尖端技术恰如攀登珠穆朗玛峰，也得分阶段，逐步往上爬。国防尖端技术的综合性和复杂性很强，一定要按照客观规律办事，循序渐进，打牢基础，有步骤地按程序进行。邓小平强调：国务院和北京市各有关单位要全力以赴，对需要解决的问题打个歼灭战，所需资金从其他方面节约加以解决，特别要千方百计解决五院所需技术骨干问题。中共中央书记处同意五院关于改进设计和充分进行地面试验的安排，并决定加快建设急需的地面试验设施。

箭指长空迎朝阳

同时，为配合核武器研制，中近程导弹研制从根本上改进了设计方案，将控制系统改为全惯性捷联式制导。1963 年 8 月，聂荣臻元帅在听取研制进展情况汇报时指出：“我们装备部队的核武器，应该以导弹为运载工具作为我们的发展方向。”

1964 年 6 月 29 日，改进设计后的第一枚中近程地对地导弹在西北综合导弹试验基地进行飞行试验，获得圆满成功。此后又连续进行多次试验，均获成功，创造了“连中三元”的佳绩。张爱萍将军喜赋《东风赞——我国弹道导弹发射成功》：

红日初升弱水寒，东风扫雾冲云天。琼楼玉宇结灯彩，广寒宫中鼓乐喧。万众欢呼山河动，群鸦鼓噪空悲咽。不畏艰险攀绝顶，乘龙遨游宇宙间。

直至 1965 年 4 月，中近程地对地导弹的研制任务胜利完成。

1965 年 2 月，五院科技人员又根据周恩来的意见和中央专委的决定，经过半年多的努力，将导弹射程提高了 20%，增强了导弹的实战价值。与此同时，国防科委还组织五院、西北综合导弹试验基地和第二炮兵部队共同进行试验，实地检验了由五院全面改进后的导弹制导系统，弥补了原来导弹制导系统不能适应山区作战使用的缺陷。改进后的中近程地对地导弹经过一系列飞行试验的考验，于 1966 年 9 月完成了定型试验。

通过研究、设计、试制、生产和试验的全面实践，锻炼和考验了技术队伍，培养造就了一批技术骨干，初步掌握了独立设计的基本规律。同时，还取得了适合国情的导弹研制组织领导和管理经验，基本形成设计师系统和行政指挥系统。同时，通过导弹、火箭技术的研制，为整个航天事业的未来发展创造了重要条件，奠定了坚实基础。

在中国火箭—导弹—航天事业高奏凯歌的时刻，我们也不应忘记曾经“败走麦城”。譬如“541”战术导弹研制的夭折。1965 年 5 月，中央专委第 12 次会议决定，由中国科学院负责，在短期内研制出一种肩扛式超低空地对空导弹，代号“541”工程。这是一种群众性防空武器，灵活轻便，可供当时抗美援越之用。追溯这段往事，眭璞如写道：

1965 年春天，张劲夫找了几个研究所的负责人商量说：“中央领导同志谈起越南反美斗争中对付超低空飞机很困难，刘少奇同志提出，能否研制一种单兵使用对付超低空敌机的导弹，要科学院想想点子。”会后指定徐也炯和我在郭永怀的指导下研究这种可能性。

“我们当时唯一可以参考的资料是《简氏年鉴》上的一张简单的照片：一名士兵扛着发射筒，导弹颈部微露在外，这是当时美国正处于研制中的‘红眼睛’超小型地对空导弹。我们经过初步分析，认为有可能研制一种红外导引、主动寻的的超小型地对空导弹，但是要解决的技术关键问题很多。当时我国试制空对空导弹尚未成功，研制这样一种导弹，困难是很大的。但是把科学院的有关学科组织起来，充分利用已有的技术基础，发挥集团优势是有可能在短时间内取得成果的。”眭璞如如是说。

1965 年 7 月，召开了第一次“541”任务领导小组即总体设计师组会议。领导小组由新技术局和有关所、厂负责人共 11 人组成；总体设计师组由中国科学院自动化所等 7 个单位和五机部三所、四所的科技专家组成，郭永怀任组长。中国科学院动员了 27 个所、厂共 1300 余名科技人员参加此项工作。后来的发展也证明这样做是可以大有作为的。

到 1965 年 12 月，只用了不到半年时间，超低空地对空导弹试验弹就被研制出来，在北京郊区基地进行发射试验。经过 6 次发射，检验了发射系统的可靠性、发动机系统的工作特征、弹体的气动稳定性和结构的可靠性，结果均较满意。当时，人们将这种速度称之为“541 速度”，至今回忆起来仍令人惊奇。如“541”战术导弹的发动机加工程序很复杂，从加工壳体到组装、发射，一个周期只有两个星期，而过程却是在北京加工零件，运沈阳焊接，焊接后运大连进行内壁涂敷，然后运回北京装配，再运到京郊某地装药、检测，最后提供试验。从研制速度和成功之处来讲，也是很值得骄傲的。如研制成功高比冲的推进剂，并通过多次的热试车；高性能的固体发动机达到第一期设计要求；研制出新型号的合金钢，解决了这种钢材的加工和焊接工艺；研制了新的耐烧蚀喷管和发动机内壁的防热涂层。

还有成功的结构设计，使整个导弹和发射装置可以背负发射，导弹经过飞行试验经受了各种情况的严格考验。还有成功的气动分析计算，取得的数据与实际飞行非常一致。这是当时一个很难的课题，它的解决为保证弹道设计和制导设计提供了可靠的数据。

其他如超小型红外导引头研制成功，不仅填补了国内空白，还达到国外先进水平；小型化的控制舱在当时还没有集成电路的情况下，可以说达到了设计的极致；燃气舵机、自旋机构等都通过了实际飞行试验；还有二次发射方案的背负式发射装置通过多发无人发射试验，接近了使用要求。同时还为进一步改进提高，安排了一些预研项目，如廉价的固体推进剂、高性能的炸药和战斗部设计、新型的红外敏感元件和透红外玻璃等都取得了很大的进展等。

"541战术导弹研制的最后夭折"，却是因为该项目为刘少奇"这个党内最大的走资派"点的将，"是破坏毛主席革命路线的"，遭遇"文革"的冲击而夭折。但它也提供了一个深刻的教训：没有一个稳定的政治环境，知识分子有再大的能耐，也不可能做出什么结果来。[5]

在讲完这段小插曲之后，还是沿着当年火箭—导弹—航天发展的轨迹去回顾历史吧。

在中近程导弹研制成功的基础上，研制远程导弹的任务也提上了议事日程。从1965年开始，中国人开创性地进入研制多级运载火箭领域。1970年4月24日，中国第一颗人造地球卫星"东方红一号"在戈壁深处发射升空。在火箭橘红色的尾焰上方，人们看到箭体上鲜明的标志字样——"长征"。这枚被命名为"长征一号"的运载火箭，让《东方红》乐曲响彻太空，也让中国航天的大幕隆重开启。

从那时开始，"长征"系列运载火箭已经发射170多次，其中仅失败10余次。这种状况是很正常的。因为，世界各国火箭的研制，都面临技术方面的不断探索。所以，虽然遇到的困难程度不同，但各国都有发射失败的记录。

在世界各国发射前50发火箭的统计中，中国的"长征"系列火箭的成功率还是比较高的，仅低于欧洲太空局"阿丽亚娜"火箭，但高于日本、美国以及苏联的火箭发射成功率。同样是完成50次发射，各国的时间差别却很大：美国只用了不到5年的时间，苏联是6年，而我国则用了28年。这既反映了一个国家的火箭研制发射及航天技术水平，也说明我们与国外先进国家相比差距还是显著的。

目前，"长征"系列运载火箭已经拥有十几种型号。1984年4月8日"长征三号"运载火箭成功发射了我国第一颗地球同步定点转移轨道通信卫星，标志我国成为世界上第二个"掌握空间二次启动技术"的国家，这是中国航天技术发展的里程碑。

地球同步轨道作为一种特殊轨道，其特点是：轨道倾角为零度，运行高度达35 786千米；卫星到达这个高度后须沿圆轨道自西向东飞行，运行周期是23小时56分4秒，正好与地球自转一周的时间相同，恰似挂在天上"静止不动"。这种卫星的观测范围广，军民应用价值大，使用方便。通信、广播、导航定位、导弹预警、气象观测等卫星均采用这种轨道。

1990年4月7日，"长征三号"火箭首次成功地将美国休斯公司制造的地球同步定点通信卫星送入轨道，从此开始我国运载火箭进入国际发射市场的征程。

"长征二号"E火箭在1990年7月16日首飞成功，这种火箭能把8800～9600千克的有效载荷送入近地轨道。

"长征二号"F 火箭在 1999 年 11 月 20 日首次发射成功，并把中国自行研制的第一艘试验飞船"神舟一号"送入太空。

"长征二号"B 是现今中国运载能力最强的运载火箭。该火箭可以将 5100 千克的有效载荷送入地球同步转移轨道，或将 11 000 ~ 13 600 千克的有效载荷送入近地轨道。

2006 年 4 月 27 日在太原卫星发射中心成功发射的"长征四号"丙（CZ－4C）运载火箭，是在"长征四号"乙（CZ－4B）运载火箭的基础上，经大量技术改进而成的常温液体推进剂三级运载火箭。它将我国首颗遥感卫星准确送入预定轨道，并实现了首发火箭发射场测试零故障。

2012 年 11 月 25 日，"长征四号"丙运载火箭在酒泉卫星发射中心又成功地将一枚遥感卫星送入预定轨道。这是"长征"系列火箭的第 172 次航天发射。

"长征四号"丙，是以全面提高火箭的任务适应性和测试发射可靠性为目标而进行研制的。火箭可以满足多种卫星在发射轨道、重量和包络空间等方面更高的要求，同时采取较新的测发控模式，可以显著提高火箭测试和发射的可靠性，缩短发射场工作周期。

"长征四号"丙火箭充分继承了"长征四号"乙火箭的成熟技术，由结构系统、动力系统、控制系统、遥测系统、外测安全系统和地面测发控系统组成。特别是火箭研制过程中采用的常规三级推进系统二次启动技术和一体化测试发射控制技术为国内首创，达到国际先进水平。常规推进剂多次启动上面级（火箭第一级以上的部分）主发动机，是发动机技术的一项重大突破，填补了国内空白；相应采取的推进剂管理技术解决了推进剂浅箱管理难题，创造了常规上面级受二次启动首次飞行即获圆满成功的业绩；并在国内首次实现运载火箭一体化测试发射控制技术系统的高度集成，解决了以往测试透明度低、周期长、操作多、可靠性差等瓶颈，在系统信息共享度、实时自动判读能力、抗干扰性能和测试可靠性等方面均有突破性提高。[8]

中国的火箭技术作为中国航天的基础已经取得了举世瞩目的成就，"长征"系列运载火箭的发展，已经具备将不同类型的卫星送入不同轨道的能力，在国际商业卫星发射服务市场占据了重要的一席。

航天工业作为一个国家综合国力的重要体现，一直都是欧美、日本等国家高新技术发展的重点领域。特别是近 10 年来，这些国家将太空领域看成综合国力新的增长源，把夺取空间优势作为航天领域的首要任务，以确保其航天大国地位。在这种战略的指导下，这些国家纷纷加大对运载火箭技术的投资，加快研制新型大推力运载火箭，这些都将对我国运载火箭的国际地位形成严峻挑战。同世界先进国家相比，我国的运载火箭技术尚存在诸多不足，包括火箭型号偏多，型谱重叠，火箭发射准备周期长以及缺少大运载能力等，这些问题不解决，必将严重影响我国未来的航天发展战略。而要从根本上解决这些问题，最好的方法就是发展新型大推力运载火箭。

▶长歌一路自豪放

在通览大时代的壮美乐章后，常常需要我们对其中的某些跳跃音符般的小故事做些解读，以体味“长歌一路自豪放”的愉悦。这段小故事，就请从1958年起担任上海机电设计院总工程师的王希季来讲述。他在《箭击长空忆当年》中深情地回忆：

当我1950年获得美国弗吉尼亚理工学院研究生院动力及燃料专业硕士学位后回到祖国，组织上就安排我到上海机电设计院工作，交给我们院的一项重要任务就是搞火箭研究。当年上海机电设计院从各大学调进了几百名在读的学生，平均年龄只有21岁。这支非常年轻的队伍，虽然从未搞过火箭，但“初生牛犊不怕虎”。他们配套研制的第一种运载火箭推进剂，竟然是以往还没有人采用过的液氟、甲醇高能推进剂。

院里研制的运载火箭第一级代号叫“T-3”，第二级叫“T-4”。当时完成“T-3”和“T-4”方案设计，一些部件已下厂试制。然而，由于我们是白手起家，没有任何经验，在推进剂的选用上没有考虑到我国的工业基础，使得“T-3”火箭的研制工作在做完设计后，就遇到不可克服的困难而不得不告一段落。

在重重障碍面前，做出一个完整的火箭的设想仍然鼓舞着我们，于是又开始了型号为“T-5”的、比“T-3”小得多的、有制导系统的火箭研制工作。这个火箭虽然不能发射卫星，但我们希望它能做飞行试验，并通过试验掌握火箭技术。然而，难以逾越的障碍又一次像拦路虎一样挡住了前进的道路——火箭没有试车台，发动机没法试车；火箭上用的柔性低温管到总装时还没有搞到。这枚相当现代化的火箭，最终成了一枚漂亮的展览品。“T-5”的研制又未成功。即便是在这种情况下，刘少奇、邓小平和陈毅等中央领导同志还是饶有兴趣地参观了这个火箭展品，给了我们很大的鼓励。

在“T-5”火箭研制受挫这个严酷的现实面前，我们深刻地认识到要研制一个运载火箭，不能只考虑运载火箭本身。运载火箭只是卫星进入太空大工程系统中的一个子系统。发射人造卫星，除了运载火箭，还得有发射场、测控站网，对返回式卫星还要有回收场等。另外，最重要的，我们研制的是中国制造的运载火箭，一切都必须从中国的实际出发。

根据当时的客观条件，我们暂时抑制住向太空腾飞的渴望，一步一个脚印地从陆地上走起，改成研制较简单的和较小的无控制的、型号为“T-7”的探空火箭。为了发展“T-7”，我们先做“T-7”的模型火箭“T-7M”，它的设想方案是在1959年9月明确的。

当时国家没有钱，给“T-7M”项目的钱很少。研制人员又很年轻，理论和经验都非常薄弱。搞设计没有电子计算机，搞试验没有实验场，研制条件相当简陋；照现在的眼光看来，是非常“土”的。“T-7M”火箭发动机推进剂供应系统的实验设备，都安装在单位里面一个厕所隔出来的小天井里，大约有不到5平方米的地方。我们就在这狭小而又有气味的地方进行液流试验，获取数据。

火箭发动机试车，有高压气和有毒气体，有高温火焰，有爆炸、中毒和起火的危险。因此，试车台必须有防爆、防毒和防火的措施。出路是找现成的、基本适用的加以改建。很快找到了江湾机场抗战时期日本鬼子遗弃的一个废碉堡，利用它改造成火箭发动机的试车台。寒冬腊月，科技人员用水和泥，搬砖抬石，全部当起了泥瓦匠，用了不长时间建成了一个防爆、防毒和防火的发动机试车台。“T－7M”和“T－7”火箭发动机的试车，都是在这个废碉堡中进行的。聂荣臻和钱学森都曾站在这个碉堡外，在寒风细雨中通过观察窗观看发动机的点火和试车。

1960 年 2 月 19 日，位于华东某地的“T－7M”发射场上，中国第一枚自己设计研制的液体推进剂探空火箭终于竖立在 20 米高的发射架上。从方案确定到发射试验，仅用了 3 个月时间。1960 年 1 月，第一次发射失败，启动时管道被震裂，露出的燃料在架子上烧了起来。大家找出故障原因，对火箭进行了改进，到了 2 月，第二次发射成功。

发射场由杨南生(王希季的留美同学)负责建设，从选址、设计、加工制造设备，用了近 3 个月时间。受条件所限，一些辅助设备用的是代用品：没有吊车，火箭是用类似中国古老的带辘轳的绞车吊上发射架的；没有燃料加压设备，就用自行车打气筒把气压打上去。来不及建通信线路，就用手势或靠人传递叫喊的方式进行试验场的联络；没有自动的遥测定向天线，就用手转动天线跟踪火箭。指挥所距发射架仅百多米，是田埂上用沙土包垒成防护墙的草棚。即使这样“土”而简陋，我们还是把火箭发射成功了，把飞行高度测算出来了。

当时没有电子计算机，就用电动和手摇计算器进行计算。算一条弹道，计算纸摞得半人高，一天 24 小时都有人算，算了四五十天才算完，计算纸都摆满半间屋。

“T－7M”火箭是由硝酸和苯胺自燃液体主火箭和固体燃料助推器串联起来的两级无控制火箭。当助推器工作完毕后，主火箭能在空中自动点火。主火箭的箭头、箭体在弹道顶点附近可以自动分离。分离后的箭头、箭体分别用降落伞进行回收。

火箭的起飞重量 190 千克，总长度为 5345 毫米。主火箭推力 226 千克，飞行高度 8～10 千米。就是这枚中国自己设计研制的第一枚液体推进剂火箭，使中国在走出地球、奔向太空的征程上迈出了关键的第一步。

“T－7M”火箭首次发射成功 4 个月后，在上海新技术展览会尖端技术展览室里，出现了毛泽东主席的身影。他一走进大厅，就径自朝探空火箭模型走去。在询问了研制情况、科技人员生活现状后，他拿起产品说明书翻了一下，指着火箭问道：“这家伙能飞多高?”“8 公里!”讲解员回答。毛主席轻轻“哦”了一声，仿佛有点遗憾。但他很快便笑了，挥了挥手中的产品说明书说：“了不起呀，8 公里也了不起！我们就是要这样，8 公里、20 公里、200 公里地搞下去！搞它个天翻地覆!”毛主席的话使我们倍感欣慰和鼓舞。

“T－7M”火箭是“T－7”火箭的模型火箭，在研制“T－7M”的同时，大得多的“T－7”火箭的研制也在进行。“T－7M”成功后，“T－7”的研制工作全面铺开，也是只用了 3 个月的时间。

1960年6月，“T-7”火箭发射场在安徽建成。这个发射场（被称为“603发射场”）规模相当大，建有52米高的发射架，公路也新修了，工程进度是按天数来计算的。

7月1日，“T-7”火箭在603发射场首次发射，因启动时管道爆裂而失败。9月13日再次发射，获得成功。“T-7”火箭装有中国科学院581组研制的气象和探空仪器，共发射11枚，是我国第一个探空火箭型号。

“T-7”火箭的改进型号“T-7A”火箭的发射高度从“T-7”的60~80千米提高到100~130千米，有效载荷的载重也有增加。这种火箭是我国续“T-7”后，在20世纪60年代唯一发展的高空探测和试验火箭。“T-7A”电离层探测火箭，装载中国科学院地球物理研究所的仪器，用以使我国首次直接获得电离层的资料和数据；“T-7A”生物火箭装载大白鼠、小狗和一些生物试管，参与我国首批进行的高空生物学和医学的科学实验，意义重大。

“T-7A”火箭还为我国首枚卫星运载火箭的研制进行了固体发动机高空（3000米以上）点火试验，为我国返回式卫星进行了高空摄影和红外地平仪的试验。“T-7A”火箭共发射了23次。

“T-7M”、“T-7”、“T-7A”火箭的研制，都是在吸取了失败的教训、做出正确的决策和选准了技术途径的先决条件下才获得成功的。这三个火箭型号在很短的时间内研制成功，并为我国空间事业作出了重要贡献。正是这些立志响应毛主席号召的人，以高度的爱国热情，科学求实的态度和坚韧不拔的精神，在国防科委的领导下，选择正确的技术途径和合乎国情、切实可行的技术方案，细致周到地做好了一切必须要做的生产和试验工作，才能谱写出“长歌一路自豪放”的壮美乐章来。[9]

回顾往事，为火箭研制推进剂作出突出贡献的黄耀曾也有深情回忆：

上海有机化学所全所2/3的科技人员，投身于“两弹一星”的研制工作，成立了核燃料提取剂研究室和火箭推进剂以及有机氟材料研究室。

火箭推进剂是卫星发射的燃料，要把数吨重的卫星发射到预定轨道上去，可不是一般的燃料和氧化剂能完成的。从理论上讲，液氢作燃料，液氟作氧化剂是最理想的推进剂。要不然，硼氢作燃料，氟化物作氧化剂也是最上乘的。然而，硼氢是无机化合物，剧毒、易爆炸；含氟氧化剂、元素氟都是无机化合物，剧毒、易爆炸。有机所放弃了专长，做无机化合物的研究，岂非南辕北辙？曾经引起一些专家的非议。我们请教过电化学专家，要求协作，制备元素氟，回答是“性命攸关”被拒绝。可是我们认为任务当前，不容还价，不入虎穴焉得虎子，下定决心，上！初期制备硼氢、元素氟，爆炸之声时有所闻，摸索一段时期取得一定经验后，也就太平无事了。从10安培的元素氟电解槽到1000安培的元素氟电解槽，这只“老虎”逐渐被我们驯服。于是，一系列氟化物和一系列硼氢化物在有机化学所“分娩”了。舒文同志要我们准备各种样品，在上海某处内部展览，派专人守候，准备迎接中央首长的视察。一个夜晚，大约在11点左右，接待人戴立信一见进来的人是毛主席，紧张过度，竟没有向他解释清楚过氯酰氟中的“酰”字的意义。毛主席说，能用上去就好了。事后，戴立信向我们传达时说：“真可惜，我因过度紧张，竟忘了和他握手呢！”[5]

▶“霹雳”兄弟：雷达波束和红外寻的制导导弹

2002年2月26日第十一届新加坡航展开幕，中国航空技术进出口总公司的两种先进空对空导弹“霹雳”－5E（PL－5E）和“霹雳”－9C（PL－9C）公开亮相①。

PL－5E是第三代红外制导近距格斗空对空导弹，可以全天候作战，适应环境的能力很强，具有多种攻击模式。导弹采用鸭式气动布局，弹体直径为127毫米。在弹体圆柱部的前端有4片双三角舵面。在弹体尾部是4片梯形弹翼，翼展617毫米。舵面和弹翼串列配置在两个相互垂直的平面上。弹长为2896毫米，弹重83千克。

PL－5E导弹红外导引头的视场为±1.5度，前半球范围截获目标距离为5千米，截获目标时间大于0.3秒。导弹采用激光引信，可靠性很高；配备一台固体火箭发动机，最大速度可达2马赫以上。

PL－5E离轴发射的角度范围为±20度，目标自动跟踪角度为±38度，最大跟踪角速度20度/秒，最大横向过载40g（g为重力加速度，后同）。

PL－9C是第三代半格斗型空对空导弹，也采用鸭式气动布局。导弹头部为半球形，其后均匀过渡到直径157毫米的圆柱形弹体。弹体前部是双－双三角形舵面，弹体尾部装有梯形弹翼。导弹的主要舱段均用卡环连接，动力为一台固体火箭发动机。导弹长2900毫米，翼展816毫米，弹重115千克。

PL－9C导弹红外导引头的视场为±1.5度，前半球范围截获目标距离达8千米，截获目标时间大于0.3秒。导弹离轴发射的角度范围为±30度，对目标自动跟踪角度为±40度，最大跟踪角速度28度/秒，最大横向过载40g。

PL－9C迎头攻击的最大射程为22千米，尾追攻击的最小射程为0.5千米。导弹的单发命中概率达90%。

“霹雳”兄弟的现身，自然引起国际防务界某些人士对中国“仿制武器”的众说纷纭。的确，如最早列装我军的“霹雳”－2型，系随米格－21战斗机同时引进的苏制K－13空对空导弹的仿制品，1967年11月定型并投入生产。既有设计思想的原因，也受技术水平的限制，“霹雳”－2导弹的机动性、抗干扰能力都很差，且只能实现尾追攻击。

20世纪70年代，有关部门着手对其进行改进，其间改进型号众多，比较成功的却只有“霹雳”－2乙一种。由于“文革”的原因，当它通过定型验收已是1981年10月了。“霹雳”－5的研制工作同样受到了“文革”的影响，直到1986年9月才定型，性能已经落后。

① 摘自第十一届新加坡航展上中国航空技术进出口总公司简介。

国外众多先进的第三代空对空格斗导弹已经问世，美制“响尾蛇”系列中的 AIM－9L 则早已名扬英阿马岛之战和贝卡谷地空战。姑且不论有无空基对地精确制导武器，没有强大对空打击能力的空军又怎能立足于当今世界呢?

当我们清醒地意识到与发达国家在众多领域存在的明显差距后，国防科研队伍总会拼着那么一股子劲，去提高水平，缩短差距；而当我们依靠自己的能力研制生产出新型装备后，总会有些冷嘲热讽如影随形，这也是正常的。

2009 年 10 月，有些网友在看完国庆 60 周年阅兵盛典后，发出诸多感慨。甚或也有人质疑，认为中国武器装备研制生产及系统管理等诸多方面，更多的是“舶来品”加仿制品；还有这样酸溜溜的说法：北京阅兵式展示的武器，很多属于仿制品，俨然是当年苏联阅兵的翻版，同时出现的也有美军“悍马”吉普车的仿制品，这显示中国的尖端武器独立研制能力仍与先进国家有相当距离。尽管这些阴阳怪气的话，只能使战斗在国防科研和武器装备建设系统的每个人深感肩上那份沉甸甸的责任，但中国人的智慧也不是它们可以抹杀的。就让我们去看看“霹雳”兄弟的成长道路吧。

1958 年，中国从苏联引进了雷达波束制导的 K－5 M 型空对空导弹。导弹由无线电控制、自动驾驶仪操作、横滚稳定自动控制和冷气、战斗部和无线电引信、火箭发动机及电池等 5 个舱段组成；具有细锥形弹头、纺锤式弹身、“十”字形弹翼和尾翼；最大飞行马赫数为 2.5，使用高度为 2.5～16.5 千米，最大发射距离 6 千米，能全天候使用，主要用于攻击中型轰炸机。

当时是中苏友好的“蜜月期”，这项引进对年轻的中国空军来说，是站到了一个相当高的起点上。

同年 10 月，一机部航空工业总局下达了仿制 K－5M 型空对空导弹的任务，导弹被命名为“霹雳”－1(未正式列装)。仿制的进度在各方协同下大步前进。这时，发生了一件令人意想不到的事情。

这年 9 月，在浙江沿海地区的空战中，国民党空军向我军战机发射了几枚美制“响尾蛇”空对空导弹(当时编号为 GAR－8，后定为 AIM－9B)，这是当时最先进的空对空导弹，属于红外寻的制导。其中一枚击中我军战机但未爆炸，被我军获得。国防科委组织空军、中国科学院、国防部五院、北京航空学院、北京工业学院和一机部兵器工业总局所属厂、所据此进行分析、测试与研究性设计。1959 年 5 月，以兵器工业总局的 844 厂和第三研究所为主开展研制工作，高霭亭任研制领导小组组长，何培明任总设计师。任务代号为“55”。研制人员经过对“响尾蛇”导弹残骸分解、试验分析和理论计算，完成了产品图测绘，编写了导弹技术说明书，制定了产品部件、配套件及主要器件的技术条件，并设计制造了一些专用设备与工艺装备。

此时，苏联获悉中国正在进行“55 号任务”，先后派出两批专家来华索取有关技术资料和“响尾蛇”导弹残骸实物。曾经的老师对学生“青出于蓝而胜于蓝”的表现非常满意，学生的成果无偿转让给老师。不久，苏联仿制“响尾蛇”导弹成功并将其命名为 K－13，用于配备米格－21 型战斗机。

转眼到了 1962 年初，苏联向中国有偿提供了米格－21 型战斗机及 K－13 型导弹的技术资料和样品。中国开始仿制 K－13 型导弹，把它命名为“霹雳”－2。这型导弹由红外自动导引头、舵机舱、触发引信与非触发引信、战斗部、火箭发动机及弹翼组成；鸭式气动布局，弹头呈半球形钝头，弹身为细长圆柱形，两对三角形舵面和两对梯形弹翼呈“十”字形配置；飞行马赫数为 2.2，主要用于攻击中型轰炸机和歼击轰炸机。

“霹雳”－2 导弹的仿制工作，仍以兵器工业部门原承担“55 号任务”的单位为主进行。总设计师单位为 605 所，何培明任总设计师；副总设计师单位为第三研究所、第四研究所和 844 厂。844 厂为主要承制厂，承担总体、控制舱、舵机、两种引信、无装药发动机与弹翼的仿制；248 厂负责仿制导引头，245 厂负责仿制发动机装药，282 厂负责仿制战斗部，804 厂负责仿制火工品与加热电池。

1962 年 4 月，各种资料基本到齐。其中，总体资料和各种图纸、技术条件分别由总设计师单位和副设计师单位负责翻译复制；工艺资料分别由各承制厂负责翻译复制。由于各单位的积极努力，仅用 10 个月时间就完成了全部资料的翻译复制，还修改了多处错误，自行补充了缺少的资料，保证了资料的正确、统一和完整，使仿制有了可靠的依据。

844 厂动员主要力量，用 9 个月时间制造了所需的全部工艺装备和专用仪器。282 厂在所提供的工装中选用 80 套，自行设计制造 10 多套。248 厂试制导引头需要的专用仪器较多，精度要求高，难度大，但到 1965 年也全部制造完毕，为仿制创造了条件。

这里需要特别说明的，也是中国兵工企业的优良传统。承接任务的各厂专门组织了对该型导弹所用 2000 多项原材料、元器件与国家军用标准的逐项对照，凡国内已有而性能又符合要求的就选用；国内没有的，或不符合要求的，由国家统一安排定点试制。通过各方的共同努力，均按要求完成了试制任务，保证了需要，实现了原材料和元器件国产化，也为批量生产打下了基础。

1964 年 11 月，导弹仿制工作全面展开。参加仿制工作的技术人员、工人以顽强的拼搏精神和认真的科学态度攻克了一个个技术难关。为解决发动机壳体中段壁厚超差和口部椭圆度问题，技术人员范作成、赵进启、宋树彬等和工人一起提出了减少内孔导向器间隙和采用精车外圆工装等办法，并经反复试验，分析摸索规律，改进加工工艺，终于达到了要求。1966 年 2 月，在控制舵摸底试验中出现低温点火控制斜率严重偏移问题。副总工程师王治忠与攻关小组经过五天五夜的奋战，一次一次试验、分析，终于找到原因并加以解决。为解决引信早炸问题，技术员吴本玉在一次意外事故中，脸上、身上、手上被炸了大大小小 10 多处伤口，但他只住院几天，伤口尚未痊愈就赶回工厂继续参加攻关试验。导引头陀螺转速不均匀、磁放大器零位不稳，影响了控制性能。技术人员朱运贵、陈华等连续奋战，多次试验，终于找到了电路和元件存在的缺陷；经采取改进措施，使一次合格率提高到 90% 以上。245 厂研究出新的包覆材料和缠绕工艺，强度提高 7～8 倍，彻底解决了药柱包复层质量问题。这些技术问题的相继解决，保证了仿制的顺利进行。

在仿制中，工厂集中力量突击难关，并采取平行作业和纵横交叉的方法，结合产品的工艺特点，制定了先发动机、舵机、战斗部，后导引头、控制舱、引信的仿制方案。在单元飞行试验和全弹综合摸底试验取得良好结果的基础上，1967年3至7月，在空对空导弹试验靶场进行了定型试验，共发射19发导弹，试验取得了成功。1967年11月，国务院特种武器定型委员会批准"霹雳"-2导弹定型，投入批量生产。

这时，中央军委决定让航空331厂改产"霹雳"-2型导弹。该厂在改产中组织技术人员深入消化技术资料，结合本厂实际重新编制工艺流程。为了克服设备不足的困难，工厂自行设计制造了10多台小机床，20多台光学设备，满足了精密小型零件加工和光学零件下料、粗磨、抛光、镀膜、照相腐蚀等加工的需要；用两台机床拼装的办法，解决了不少技术关键问题。设计人员顾振世等为探索磁放大器铁芯材料性能，设计制造了相应的仪器，解决了提高动态磁性能的处理工艺，定出了铁芯动态磁特性的标准，使合格率上升到90%以上。1967年7月，该厂在空对空导弹试验靶场完成了定型试验。

"霹雳"-3型导弹是中国自行研制的空对空导弹。设计的主导思想是：突出高空、高速性能，兼顾中低空性能；解决"霹雳"-2导弹存在的某些弱点，增大作用距离，提高导引准确度和威力。导弹装载于高速歼击机上，可攻击中型轰炸机和歼击轰炸机。"霹雳"-3与"霹雳"-2导弹相比，其特点是：增大了升力面，提高了平衡攻角，改进了高空性能；增大了导引头的截获距离和发射距离，提高了制导精度；改进引信性能，提高了杀伤效果；采用新型战斗部并增加装药量，提高破片初速，增强了作战威力。[10]

随着时代的前进步伐，"霹雳"兄弟将成长得更加飒爽英姿。

►"长征"接力有来人——中国大型运载火箭正奋力追赶

2010年7月19日，由中国运载火箭技术研究院自行研制的我国新一代运载火箭"长征五号"(CZ-5)领衔的"长征"系列火箭在英国范堡罗国际航空航天展览会集体亮相。

"作为我国新一代运载火箭型谱中的大型运载火箭，CZ-5火箭的首飞型号将是同时捆绑4枚3.35米直径助推器的CZ-5E运载火箭。此前的消息显示，该火箭计划于2014年首发，目前已进入初样研制阶段。"境内外媒体对此表现出极大的关注。英国媒体还特别指出，"中国在雄厚资金和开发太空野心的支撑下，正在努力缩短它与欧洲的差距。此次来到范堡罗航展的中国企业多年前就已在加紧'长征'系列火箭的技术研发"。

的确，早在2007年8月于北京举办的中国宇航学会青年航天论坛上，中国运载火箭技术研究院前院长吴燕生就坦诚地说："我们现有的火箭和目前处于世界领先地位的火箭大约存在6年左右差距。"目前，国际上主流运载火箭的近地轨道运载能力已经超过了20吨，地球同步转移轨道的运载能力超过了10吨。处在这一技术前列的欧美、俄罗斯都在快马加鞭促发展。美国"德尔塔"-4和"宇宙神"-5两种新型火箭都是1994年开始研制，2002年首发的。

2009年10月下旬，美国航天局成功发射首枚“战神”I－X火箭，以测试其在飞行过程中的安全性和稳定性。“战神”I－X是美国下一代运载火箭——“战神”系列火箭的模型火箭。“战神”系列火箭、“奥赖恩”载人航天器及“牵牛星”月球登陆器是美国“新太空探索计划”的三大支柱。

欧洲的“阿丽亚娜”－5火箭是新型运载火箭中最早研制和首发的。1987年开始项目启动，1996年第一次发射，其运载能力目前仍在持续提高。日本的H－2A增强型火箭于2001年首发，近地轨道的最大运载能力有19.5吨。俄罗斯也在研制“安加拉”系列的新型火箭。相比而言，中国现在的“长征”系列运载火箭的低轨道运载能力还只能达到9.5吨，地球同步转移轨道的运载能力达到5.1吨。这样的差距不是一星半点。

讲到这里，读者就已经明白：尽管中国的“长征”系列火箭已是琳琅满目，但与世界先进大推力火箭相比差距明显。而要建立空间站，没有大推力远程运载火箭是根本不可能的。这就是我国为何还要倾力研制大推力远程运载火箭的原因。

纵览世界，得出的结论很简单：欧美国家发展大推力远程运载火箭也是为了满足发射大型卫星以及外层深太空活动的需要。近些年来，随着我国经济迅速发展，各行各业对卫星等空间资源的需求日益增长。由于轨道资源越来越紧张以及出于降低单位成本、提高性能等原因，卫星的重量不断加大。

以通信卫星为例，20世纪90年代初，携带40个转发器的重4吨左右的通信卫星还比较少，而现在的通信卫星重量大多保持在5吨左右，携带约50个转发器；最新的地球静止轨道通信卫星已经达到6.5吨。其他类型卫星的重量也是在不断提高，如分辨率达0.1米的美国先进侦察卫星——HK－12“锁眼”卫星重达20吨。

发射太空实验室，进行载人航天活动以及外层深太空探索，对运载火箭的载荷要求将更大。目前我国“长征”系列运载火箭的运载能力已经接近极限，很难适应未来航天活动的需求。权威火箭专家表示，大推力运载火箭是进行深空探测的基础。“嫦娥工程”二期和三期计划中，卫星对月球探测的“落”、“回”两个阶段，都需要依靠这种新型大推力运载火箭。我国现有运载火箭还不能满足中国探月工程的需要——只能送上去但不能返回来，而运载能力达25吨左右的大推力火箭，可以让我国月球探测计划实现“去而复返”。

另外，小型卫星的发射任务也摒弃了以往昂贵的“一箭单星”模式，而采用一枚火箭发射十几颗卫星的“一箭多星”模式。俄罗斯“第聂伯”火箭在2007年4月就将14颗卫星送入了太空。连印度也于2008年实现了“一箭十星”发射。

作为世界航天大国之一，中国曾经是国际商用卫星市场的重要力量。但从1996年起，因为美国以中国“窃取其卫星技术”为借口对中国实施禁令，中国似乎一度从国际商用卫星发射市场消失了。这很值得我们重新审视，更要重振旗鼓，收复“失地”。在这个间歇，科研人员也对国内一些发射设施进行技术改造，并在研制大推力远程运载火箭上下工夫，切实缩小与国际先进水平存在的差距。

为了争夺国际商业发射市场，目前世界各主要航天大国纷纷研制大型火箭，以提高运载能力。近年已经有“阿丽亚娜”-5、“德尔塔”-3、“质子”-M等大推力火箭投入使用。未来将有“德尔塔”-4、改进型“阿丽亚娜”-5等新型火箭进入发射市场。这些新型火箭的发展计划均以低发射价格和高可靠性为研制重点，发射费用将比目前价格降低25%~50%，从而具有强大的市场竞争力。为此，中国也必须研制新型的大推力火箭，才能与其他国家进行竞争。

著名运载火箭发动机专家朱森元院士对此表示，中国将根据模块化原则发展一系列运载火箭，其载荷可以涵盖10吨以下、10吨、20吨、30吨和40吨；其中40吨级的大型运载火箭有望完全超越欧洲的“阿丽亚娜”-5和美国的“德尔塔”-4，使我国在大运载能力火箭研制方面走在世界前列。

朱森元院士从1987年开始从事“863”计划中的航天高技术发展战略研究工作，负责大型运载火箭的论证、发展和研究。当时国家对新型运载火箭有一个要求：新一代大型运载火箭低轨道的运载能力要达到20吨载荷。

2001年，我国新一代大推力运载火箭研制计划正式立项。

朱森元院士和他的同事们通过对各种方案的反复筛选，确定了两条原则：一是以火箭发动机推力来确定模块。这包括两个模块，一个是助推模块，推力为120吨(±20吨)，采用液氧煤油发动机；一个是箭身模块，推力为50~70吨(地面推力50吨，太空推力70吨，±20吨)，采用液氢液氧发动机。而另一个原则就是“以火箭箭身直径为模块，包括2.25米、3.35米和5米箭身模块”。采用上述两个模块原则，在现有产品的技术上，只需要研制120吨液氧煤油火箭发动机及50吨液氢液氧发动机即可。

而火箭箭身方面，只需要研制直径5米的芯级，其他都是现成的。然后按照不同的发射任务需要，各种模块可以像积木一样进行组合。新研制的两种发动机和芯级与现有的火箭发动机和芯级进行组合，其载荷可以涵盖10吨以下、10吨、20吨、30吨和40吨，实现运载能力的跨度最大。

根据组建空间站的需要，我国未来大型运载火箭的标准型载荷应为25吨，并且可以扩展至40吨。自2001年立项以来，两种大推力火箭发动机的研制工作进展得非常顺利。现在两种火箭发动机的试验样机已完成了各种点火试验，包括500秒燃烧试验等。大型运载火箭不但可以用于空间试验室和探月工程，还可以积极参与国际商业发射竞争。新一代大型运载火箭标准型用来发射同步定点卫星；由于其运载能力强，可以实现“一箭多星”发射，这将标志中国航天发展迈上一个新台阶。

新一代运载火箭首个5米“贮箱”

被命名为“长征五号”的新一代运载

火箭，低轨道最大运载能力 25 吨、地球同步转移轨道最大运载能力 14 吨，分别是现有“长征”火箭最大运载能力的 2.5 倍和 2.7 倍。新运载火箭的主要动力装置是 50 吨推力的氢氧发动机和 120 吨推力的液氧煤油发动机，这和国外的新型运载火箭一样，具备性能高、技术先进的特质。[11]

2012 年 7 月 30 日，新闻节目中罕见地播出了“中国大推力火箭发动机点火试验成功”的画面。报道称：“记者 29 日从中国航天科技集团获悉，我国新一代大推力 120 吨液氧煤油火箭发动机在该集团第六研究院点火试验获得成功。”据中国航天科技集团总经理马兴瑞介绍：“此前，以推举‘神舟九号’与‘天宫一号’圆满完成载人交会对接任务的‘长征二号’F 型火箭为代表的我国现役‘长征’系列运载火箭，已取得举世瞩目的成绩，但中国航天同时加快了新旧更迭的步伐。”

新一代大推力火箭发动机点火试验获得成功，为我国 2014 年实现“长征五号”火箭首飞以及进行后续载人航天和月球探测工程等打下坚实基础。

从航天科技角度讲，现阶段我国使用的火箭发动机单台推力是 70 吨左右，火箭的运载能力 9 吨左右。新型 120 吨级液氧煤油发动机采用了目前世界上最先进的高压补燃循环系统，是当今世界航天动力领域的“珠峰”。其推力比我国现有“长征”系列运载火箭的发动机提高 60% 以上，运载能力是原来的三倍左右；不仅采用的推进剂、循环方式与常规发动机不同，在最高压力、涡轮功率、推进剂流量等设计参数上，也比现有发动机高出数倍，在推力吨位、性能方面有大幅度提高。

与常规发动机相比，液氧煤油发动机还具备诸多优点：一是推力大；二是没有污染，液氧和煤油都是环保燃料，而且易于存储和运输；三是经济，比常规发动机推进剂便宜 60%；四是可靠性高；五是可重复使用。

新一代大推力火箭发动机的研制，直接带动了相关产业的发展。据我国著名火箭发动机专家谭永华介绍，研制过程中，为了解决高低温、高压、强氧化、高转速、大功率等问题，第六研究院与相关单位一起研制开发了近 50 种新材料，包括高强度耐氧化的不锈钢、高温合金、纳米涂层、镀层、橡胶等。在新工艺方面，通过技术攻关突破了 30 多项关键工艺，其中多项技术达到国内甚至国际领先水平。国防科工局已完成了对该型号发动机的项目验收，标志着我国成为继俄罗斯之后第二个完全掌握液氧煤油高压补燃循环液体火箭发动机核心技术的国家。

中国正大步流星朝着宏伟目标追赶上去！

▶令国人引以为荣的战略核威慑力量

2006 年 7 月 10 日出版的美国《国防新闻》周报在封面文章中说，中国将于 2006 年底到 2007 年初部署第一批 60 枚“东风”－31 甲型洲际导弹。该报道称，中国以前的“东风”－

31 型(西方称为"CSS－9")导弹射程只有 8000 千米，即使部署在中国东北，也只能打到美国的阿拉斯加和夏威夷，而"东风"－31 甲型洲际导弹的射程约为 12 000 千米，可直达华盛顿、巴黎和马德里。报道甚至援引商业卫星拍摄的图片分析说，"东风"－31 甲由 3 节固体燃料火箭推动，发射重量 45 吨，可以携带核弹头，威力可达 100 万吨 TNT 当量，而当年美国投掷在广岛的原子弹威力是约 2 万吨 TNT 当量，也就是说中国部署的每枚该型导弹的威力可能是广岛原子弹的 50 倍。

很明显，这些报道仍然沿袭西方媒体靠爆"猛料"以吸引眼球的作风，也不排除含有制造"中国军事威胁论"的意味。历史走到今天这样一个资讯快捷、信息化、网络化高度发达的时代，我们也可以坦然地告诉世人：《中国的国防》、《中国的航天》等白皮书的发表，中国向联合国申报军事力量状况，这一系列军事透明制度的常态化措施，都足可证明中国和平发展的目标是坚定的。也正因为如此，那些曾经被西方妖魔化了的"中国战略核威慑力量的神秘面纱"正一步步被揭开。

铁流滚滚，气势若虹。当新中国成立 60 周年国庆盛大阅兵式中第 30 个装备方队经过天安门时，人们的目光迅速聚焦在由 2 辆"猛士"高机动车和 12 辆"东风"－31 甲型洲际弹道导弹发射车组成的"镇国之器"上。

"东风"－31 甲是我国最新型战略核导弹，是我国战略核打击能力的基石，是执行国家核威慑任务的主要武器。

国庆 60 周年阅兵展示的该型导弹能够迅速从我方控制平台发射，以近乎垂直的方式穿过大气层，在大气层外运行至打击目标上空后重新进入大气层，并用分导多弹头方式打击敌方；还可同步施放诱饵，干扰敌方的反导武器。它的最大射程接近 12 000 千米，大致相当于地球的直径，其可覆盖的打击面完全可以满足军事迷的各种想象。同时，它以公路机动方式为主，结合竖井、山洞部署，具备较强的隐蔽生存能力和二次打击能力。"东风"－31甲能够最大限度地"突破"敌方反导系统的拦截，让某些国家精心编织的所谓"导弹防御系统"近乎失效。该型导弹与俄罗斯装备的"白杨"－M 导弹处于同一级别，两者在设计思路、性能参数、外形尺寸与重量上都非常相似，属于性能稳定、发射成功率很高的洲际弹道导弹系统。①

当然，在令国人骄傲的同时，也有外媒如"美国科学家联合会"网站评述：对比"东风"－31 甲和曾于 1999 年国庆阅兵中亮相的"东风"－31 型导弹，认为两种导弹的发射筒外形尺寸基本相当，稍有细节上的不同。根据西方主流军事刊物《简氏战略武器》的说法，"东风"－31 使用两级发动机，长约 13 米；射程更远的"东风"－31 甲则是三级构造，长约 18 米，而阅兵式上的发射车并未体现这种区别。外媒借助早先拍摄于京郊阅兵村的商用卫星照片，测算出"东风"－31 甲发射车的全长仅有 16 米左右，与外界的估计不符；据此怀疑中方这次展示的并非真正的"东风"－31 甲导弹，"中国导弹部队仍有相当一部分实

---

① 摘编自《看天下》第 27 期《大阅兵之八大最牛实战武器》。

力被有意隐瞒”。更有网民对早先传言的“东风”-41型战略导弹未亮相议论纷纷。

笔者认为，此次阅兵选择的必须是已经成建制、形成战斗力的装备，外界猜测的诸如类似“东风”-41型等装备未展出也是情有可原，况且各国皆是如此。当今世界总有些人喜欢戴着“有色眼镜”看中国，或是捧杀，鼓吹“中国威胁论”，煞有介事地搞“防卫大纲”、结军事同盟，好像不遏制中国就会大难临头；还有一种谬论则是“唱衰中国”。对此，我们的态度应该是“昂首阔步走自己的路”！

“东风二号”导弹

风卷云舒，透过历史云烟，也正如前文所述，中国从20世纪50年代中期开始研制导弹核武器以来，经过几代人的艰苦拼搏，已建立起一支精干有效、弹种齐全、固定发射阵地与机动发射相结合，具有一定作战能力的“三位一体”的战略核力量。

1964年6月29日，完全由中国自行设计、生产的第二枚中近程地对地导弹“东风二号”终于发射成功。这开启了中国导弹—航天事业的胜利航程，标志着中国已牢固建立了导弹技术的强大基础。

1967年5月26日，“东风三号”(“东风”-3)中程地对地导弹发射成功。

自1981年开始，对“东风三号”进行了多项改进，改型后的导弹于1985年12月和1986年1月进行了两次飞行试验，均获成功。“东风三号”是中国第一种使用可贮存推进剂的导弹，为成功研制多级可贮存液体推进剂的中远程和洲际导弹打下了坚实的基础。

进入20世纪70年代，在自行研制的中程导弹核武器陆续装备部队的基础上，第二炮兵导弹装备逐步朝着系列化、固体化方向发展，并加快了多级中远程、远程和洲际弹道导弹的研制、生产和部署的步伐。

1970年1月30日，第一枚两级中远程导弹“东风四号”(“东风”-4)发射成功。该弹采用中国第一种多级火箭，标志着中国已掌握了多级火箭技术，是中国导弹事业的突破性进展。

1971年9月，在西北地区酒泉发射场进行首次洲际导弹飞行试验，基本获得成功。

1980年5月18日上午10时，由中国西北部的酒泉发射场向太平洋中部吉尔伯特群岛以南，即以南纬7度零分、东经171度33分为中心，半径70海里圆形海域范围的公海发射全射程洲际弹道导弹“东风五号”。导弹飞行约30分钟，弹道最高点1000多千米，射程超过9000千米。中国首次全程发射洲际导弹一举成功，成为继美国、苏联之后第三个拥有洲际导弹的国家。

1982年10月12日，中国向以北纬28度13分、东经123度53分为中心，半径35海里范围内的预定海域，由潜艇在水下成功发射两级固体燃料潜地弹道导弹。从此，中国拥有了包括机动作战能力强、隐蔽性能好的潜地弹道导弹在内的“三位一体”战略核力量。

整个20世纪80年代，中国导弹核力量进入一个新的发展时期，研制、发展包括远程固体地对地弹道导弹在内的多型号固体燃料导弹；同时，战略导弹部队加强了配套建设和合成训练，增强了整体作战能力，进一步完善体制编制，并形成中国战略导弹部队的战略、战术理论体系。第二炮兵已发展为一支精干合成、具有比较完善的作战指挥体系和一定核反击能力的战略导弹部队。

1984年10月1日，在天安门广场举行的建国35周年阅兵中，由拖车分级载运的3枚涂有红白相间颜色的“东风五号”洲际弹道导弹成为国内外各大媒体纷纷刊登的“明星”。

1985年5月20日，我军用运输、起竖、发射三用车机动发射固体地对地战略导弹获得成功。外刊评论说：“该导弹为‘东风’-21，射程1800千米，可携带一枚重600千克、当量为20万~30万吨的核弹头，还配备有常规弹头。”声称“这型中程弹道导弹安装了一种新型的雷达末端制导系统。经过多方改进，‘东风’-21导弹的精确度大幅提高，圆周误差不会超过50米，极大提高了中国战略导弹力量的效力”。

1999年10月1日，在国庆50周年的阅兵式上，中国向世人展示了数种新型地对地机动导弹，又引起世界的广泛关注。其中“东风”-31型导弹最为抢眼。

境外媒体认为，该型导弹曾于1992年首次试射。在国庆50周年阅兵闪亮登台后，它更加引起欧美军方的浓厚兴趣。

尽管美国情报系统声称已确认中国20世纪90年代以来一直致力建造两种“东风”-31型导弹的长射程版本，分别是使用固态燃料的陆基型导弹和潜射型导弹，但“东风”-31型导弹旅组建成军的速度依然让美方研究人员震惊。英国《简氏防务周刊》也如此认为，甚至还刊登了“改进型‘东风’-31导弹发射车”图片。

俄罗斯军事评论员列昂尼德·尼古拉耶夫也曾撰文，将中国“东风”-31型机动式战略导弹系统与俄罗斯的“白杨”战略导弹的性能进行了分析比较：

“东风”-31的研制成功是中国在核武器领域取得的一次重大突破。这种导弹的研制工作始于20世纪80年代中期，主要用于替换老式的“东风”-4型洲际弹道导弹。在研制该弹的过程中，中国的研究人员遇到的主要问题是如何研制出一种可靠且高效的固体混合火箭燃料。或许受这一问题的影响，直到1999年8月2日，中国官方媒体才正式报道了成功试射新型洲际弹道导弹的消息。

据专家测算，这种三级固体燃料导弹的长度为13米，直径2.25米，发射重量为42

吨；采用天文惯性制导系统，圆概率偏差为100～1000米。不过，大多数专家都倾向认为“东风”－31具有较高的打击精度，误差应在300米左右；该导弹可搭载一枚当量为100万吨的核弹头或三枚当量在2万～15万吨的分导式弹头。就投送重量来说，“东风”－31与俄罗斯的“白杨”和“白杨”－M大致相当，均为1.2吨左右。据估算，“东风”－31的发射准备时间为15～30分钟(包括发射车从车库驶抵发射阵地，将导弹竖起和点火发射所需的时间)。另外，“东风”－31可能采用了与俄制“白杨”导弹相似的冷发射技术(在导弹被压缩空气弹射到30米的高度后火箭才开始点火)。中国还以“东风”－31为基础研制出用于装备新型战略导弹核潜艇的第二代潜射弹道导弹——“巨浪”－2(JL－2)。据悉，“巨浪”－2的射程为7500～8000千米，每艘新型战略导弹核潜艇可装备16枚。专家们认为，“巨浪”－2可携带3枚分导式导弹弹头。虽然“东风”－31和“巨浪”－2在性能上与美国和俄罗斯的新型洲际导弹还有明显差距，但它们的出现表明，中国在战略核武器研制领域已取得巨大的突破。

这位俄罗斯军事评论员还认为，由于中国已在“东风”－31洲际弹道导弹系统中使用了多用途可重复部署运载工具，在衍生的“巨浪”－2型潜射导弹和射程更远的“东风”－41洲际导弹系统中也可能使用。为了增强导弹在战争中的生命力，中国军方重点研究的相关课题包括：部署诱饵发射装置以及如何发挥这些假运载工具的效果。当然，要模仿导弹发射的情形，骗过敌人的眼睛，需要具备对弹道导弹早期预警的丰富经验和对导弹发射全波谱的掌握。

如此这番言之凿凿，其准确性、可信度到底有多高，人们莫衷一是。笔者在此不厌其烦地引述国庆60周年阅兵之前外电的臆测，并不代表认可它的分析，只是想让读者对相关资讯的准确性，多做些自我判读而已。笔者的态度很简单：我国国防实力的核心中坚，就是拥有令国人引以为荣的战略核威慑力量；它是“杀手锏”，也是“保护伞”，同时象征一种国际政治话语权。这些都与我国正在迅速上升的世界大国地位相匹配。

▶第二炮兵作战能力实现新跨越

世界国防科技发展史告诉我们：再先进的武器装备，如果不能列装部队，就可能只是个军事玩具模型。对于先进武器装备的研制、定型、生产和列装，以及如何使其迅速转化为现实战斗力，党中央领导集体的认识高度一致。就说导弹部队的创建，早在1957年12月，中共中央就决定并组建了炮兵教导大队，为创建地对地战略导弹部队培训指挥和技术干部。1959年7月，中国人民解放军炮兵将原教导大队扩编为最早的一个地对地导弹营。1964年1月，经总参谋部批准，导弹营改编为导弹团。至1966年，这支新建部队已具一定规模。为了建立独立的战略导弹核反击力量，1966年6月组建了战略导弹领导机关。根据周恩来的建议，该领导机关被称为“第二炮兵”。从此，在人民解放军的建制中增添了这一年轻的军兵种。

是年7月1日，第二炮兵部队领导机关正式成立。也就是从这年开始，第二炮兵部队装备了中国自行设计和制造的中近程导弹。从1968年起，随着中国导弹核武器的发展，第二炮兵先后组建了装备有中国自行设计制造的中近程、中程、远程导弹的地对地战略导弹部队，并逐步组建了一批战斗保障和技术勤务部(分)队。第二炮兵的建立是中华民族、中国人民解放军历史上的一个里程碑，标志国家武装力量拥有了战略核威慑利剑。

十年磨一剑，今朝展剑锋。新中国成立60周年国庆阅兵，第二炮兵以最精良的武器装备接受祖国检阅。“参阅的5个导弹装备方队由6支导弹劲旅组成，亮相长安街的108枚新型战略导弹全部是最新型号。”此次国庆阅兵式，第二炮兵副司令员、阅兵联合指挥部副总指挥于际训中将如是说。

于际训中将强调，精良的武器装备集中展示我军战略威慑核心力量和中远程精确打击力量的新发展、新成就。此次国庆阅兵式，第二炮兵武器装备阵容出现“五大变化”。

一是导弹家族更大。全部为首次亮相的新型主战武器，包括两种不同射程的地对地常规导弹，一种常规陆基巡航导弹、一种核常兼备的地对地中远程导弹，一种洲际战略核导弹。这五种新型导弹共计108枚，标志着中国战略导弹武器已由单一型号发展为近程、中程、远程和洲际导弹并存的导弹大家族。

二是导弹“身材”更小。此次阅兵所展示的导弹，全部采用固体燃料推进剂新技术，导弹普遍“瘦身”，体现了体积小、本领大的特征。

三是导弹威力更强。充分展示“核常兼备、固液并存、射程衔接、战斗部种类配套”的完全装备体系发展成就。

四是导弹精度更高。从过去单一制导方式发展为多种制导方式并存，实现了自动化、智能化选择精确制导，通过与多种保障要素协同，突破了风云、雷电等气象禁区。尤其是陆基巡航导弹，能够多发连射、低空飞行、隐蔽突防、精确制导，打击样式和作战能力实现新的突破。

五是导弹机动更快。全部采用车载发射方式，拉起来就可以跑。到达预定地点后，竖起架子就可以打。①

►读《中国的国防》，析中国战略威慑力

2009年1月20日，国务院新闻办公室发布了《2008年中国的国防》白皮书。白皮书强调，当代中国与世界的关系发生了历史性变化。中国经济已经成为世界经济的重要组成部

① 摘自新华网2009年9月25日快讯。

分，中国已经成为国际体系的重要成员，中国的前途命运日益紧密地同世界的前途命运联系在一起。中国发展离不开世界，世界繁荣稳定也离不开中国。

国防白皮书中有专章谈到中国战略导弹部队的基本任务。专家归纳要点，认为白皮书强调：中国奉行的是有限自卫反击核战略。说得具体一点，就是有限威慑、有效自卫、重点反击，目的就是遏止敌人对中国使用核武器和发动核战争。而中国一旦遭受核袭击，战略导弹部队便遵照指挥部的命令，独立地或与其他军种的战略部队对敌实施有效的自卫反击，打击敌人的重要战略目标。

2010 年珠海航展展品

有限威慑　所谓有限威慑有两层含义。一是适量发展，数量有限。作为发展中国家，中国主要精力物力是发展经济，不可能也无必要和超级核大国在核弹数量上争高低。毛泽东说过："原子弹、导弹，我们无论如何也不会比别人搞得多。"邓小平在一次接见外宾时也坦言："我们还是要发展一点，但怎么发展都是有限的。"二是构成有效核威慑并不与核力量的规模大小成正比。据西方军事家论证，只要有 10 枚以上、100 枚以内百万吨当量核弹头即可构成有效核威慑；有的西方专家认为对美国只要有 6～10 枚，对苏联只要有 8～12 枚百万吨当量的核弹头命中目标，即可实现有效核威慑。英国前国防大臣皮姆曾说过，即使英国只有一艘"北极星"级战略导弹核潜艇可供使用，也足以给苏联造成不能承受的破坏。这也就是所谓"等效核均势"：不管你的核攻击力量多么强大和先进，但在承受核打击方面，你同别人一样是不能承受的。

有效自卫　其一，中国核战略的本质是防御和自卫，也只有中国真正体现了这一本质。当今世界只有中国作出了不首先使用核武器的郑重承诺，只有中国郑重宣告在任何情况下，都不对任何无核国家和地区使用核武器。而其他核国家在各自的核力量使用原则上都程度不同地保留，有的甚至声称只要遭受大规模常规入侵就要进行第一次核打击，都程度不同地用核武器对无核国家和地区施加核威慑。中国不首先使用核武器就是不谋求"第一次核打击"。只要敌人不使用，中国也不使用。作出这一重大战略决策，必须有胆有识，它也深刻揭示了中国独立自主核威慑的正义性。

其二，核力量必须精干有效，确实能起到威慑和有效自卫作用。这就要求在数量有限的情况下，在小型化、固体化、机动化、自动化方面不断有所突破；做到远、中、近，陆、海、空配套发展；做到采取多种手段，严密防护，提高生存能力和作战能力，能藏能抗能打；做到建设一支精干配套、高效合成的战略导弹部队，充分发挥人的素质优势；做到在高技术战争条件下能够用战略导弹核力量打运动战、游击战……

重点反击 中国核力量的使用原则是：在中国遭到核攻击后立即对敌方实施后发制人的反击，并以有效的核报复手段慑止可能发生的核战争。中国领导人多次郑重指出，中国发展核力量就是要迫使超级大国不敢使用核武器，打破核垄断，最终消灭核武器。中国具有直接打击敌国纵深战略目标的能力。任何国家要想对中国进行核袭击，就必须承受中国一定规模的核反击。

中国确定的重点反击。在打击目标上，由于是后发制人，核武器数量有限，与超级核大国相比在质量上也处于劣势，只能选择“最怕打”而又“最好打”的地面目标和软目标，只能实施重点反击。这也是法国、英国等中等核国家普遍采用的核打击战略，并非中国的发明和专利。重点反击体现了“伤其十指不如断其一指”的歼灭战思想和现代战争的特点，是扬长避短、以劣胜优、从实际出发的正确战法。战略目标一般分为两类：一是直接军事目标，如军事基地、导弹发射井、武器库、指挥中心、军用机场、重兵集结地等；一是潜在军事目标，如政治中心、交通枢纽、大型港口等物资供应基地、大型兵器军备生产厂、重要工业中心等。前者一般为点目标、硬目标，后者一般为面目标、软目标。中等核国家应首选后一类目标。反击这些目标，军事及政治影响大，最能“打疼”对方，而对导弹核武器的精度要求不高，又能“打准”。只有打得准才能打得疼，显然对制止战争更有利。

智睿的东方大国曾多次向全世界表述几千年古老文明得以世代传承至今的精髓所在——“和为贵”。因为，中国深信：“核武器是人制造的，人类一定能消灭核武器。”对于核武器，中国采取了远比其他有核国家更负责、更严肃的立场。中国对核武器坚持不首先使用、不扩散、不在外国部署、不以核武器相威胁的“四不”政策，最终目的是为了最后销毁包括核武器在内的一切大规模杀伤武器，与世界人民一道创造一个持久和平的世界大格局。

参考文献

[1] 辛波．中国高科技引进与自主创新．南宁：广西科学技术出版社，2007.

[2] 钱学森生平．新华社电讯，2009 年 11 月 8 日．

[3] 国防科学技术工业委员会．中国航天 50 年回顾．北京：北京航空航天大学出版社，2007.

[4] 吕贤如，韩宁，王国龙，等．钱学森在航天事业初创时期．光明日报，2009 年 11 月 3 日．

[5] 科学时报社．请历史记住他们——中国科学家与“两弹一星”．广州：暨南大学出版社，1999．

[6]《坦克装甲车辆》编辑部．国庆60周年大阅兵专刊．坦克装甲车辆·新军事，2009(11)．

[7] 肖志仁，王玉波．我军第一枚导弹发射始末．解放军报，2010年2月8日．

[8] 李相荣，汪秩俊．长征四号丙运载火箭．中国航天，2008(9)．

[9] 杨南生，崔国良．中国固体火箭发动机诞生历程．文史资料选辑．第28辑．北京：中国文史出版社，1994．

[10]《当代中国》丛书编辑委员会．当代中国的国防科技事业．(下)．北京：当代中国出版社，1992．

[11] 谭钏文．新一代火箭发动机试车成功．中国军工报，2009年11月6日．

第九讲

太空鸣奏“东方红”——自主创新的中国卫星研制

1986年，为了纪念中国航天事业30周年，国家邮电部发行了一套6枚《航天》特种邮票，展示30年来我国航天事业取得的举世瞩目的辉煌成就。

这是我国第一次发行反映自己国家航天题材的邮票。虽然只有6枚邮票，但充分展示了中国航天和卫星事业迈出的足迹。这6枚邮票的内容具有标志性意义，它们分别为：

第一枚为"乐声寰宇——东方红一号卫星"，"东方红一号"卫星于1970年发射成功；第二枚为"天外归来——回收卫星"，1975年，我国第一次控制卫星顺利返回祖国大地；第三枚为"雷震海天——潜射火箭"，1980年，我国向太平洋预定海域成功发射大型运载火箭；1982年，我国自水下向预定海域成功发射运载火箭；第四枚为"腾空万里——飞向静止轨道"，1984年，我国发射成功第一颗地球同步卫星；第五枚为"天地同音——地面接收站"，我国卫星发射从试验转入应用，开通静止通信卫星线路，各地卫星气象站、卫星电视接收站和卫星通信站迅速建立；第六枚为"玉宇明灯——同步通信卫星"，图案展示了我国第一颗同步通信卫星在太空中运行时的情景。

让我们就从这6枚"方寸之间"起步，去追寻中国自主创新进行卫星研制的历程吧。

1957年9月20日至10月9日，中共中央八届三中全会在中南海怀仁堂召开。在中国共产党历史上，这是中国高层领导人知悉"发射卫星"的首次确切记录。当时中国高层领导可能还不大清楚"人造地球卫星"是个啥稀罕物，也并未意识到后来在太空中会有如此激烈的争斗与竞赛，更不可能有"酝酿自主创新"这样的想法。

历史是这样记录的。10月4日，三中全会休会一天。趁此间隙，周恩来送来聂荣臻从苏联发回的"协定草案"，请毛泽东审阅。聂帅此刻正在莫斯科拟定《中苏国防新技术协定》。随后，周恩来根据毛泽东的批示，与中央政治局的同志们商定批准"协定草案"一事。这时，塔斯社宣布了一条轰动世界的新闻：苏联成功地发射了世界上第一颗人造地球卫星。消息传来，毛泽东与整个中央政治局都欢欣鼓舞。

虽然那时候的中国人对那个只是在230千米×950千米的轨道上转了3个星期，除了发出"嘟嘟"声什么都做不了的金属球还没有更多的想法，但后来的发展证明，它确实标志着太空时代的到来。特别是美国人对此大为惊讶，创造出"卫星时刻"这类新词汇，来震撼和搅动举国上下的"危机意识"，要求国民去"赢得未来"。

10月9日，在中共八届三中全会闭幕式上，毛泽东谈锋甚健地畅言："苏联成功地发射地球卫星，现在需要我们帮忙观测，这个忙，我们一定要帮！"

原来，苏联人造地球卫星发射升空之前，应苏联科学院请求，中国科学院地球物理所即从1957年10月起，就在全国范围内组织对苏联卫星进行实地时空观测。中科院组成的卫星光学观测组和射电观测组，先在北京、南京、上海、昆明等地设立观测站，直至1958

航天观测设备

年发展到12处观测站。

尤其值得一提的是，按照中科院副院长吴有训的要求，当年正在紧张筹备电子技术研究所的陈芳允等几位科技人员自选课题，做了一个无线电信号接收装置，不但能够接收卫星向地面发射的无线电信号及频率变化，并能计算出它的轨道，从而推测出有关信息。从这个时候开始，中国人就同步挺进到卫星研究及发射技术的前沿阵地。

谈起世界上第一颗人造地球卫星，张劲夫回忆："苏联老大哥把卫星送上天，能够在太空技术上抢占制高点，我们党中央对此非常重视。分管科学技术的聂荣臻元帅直接向我交代，要科学院密切注意有关情况。"

在这个时候，中科院副院长竺可桢也对力学所提出相关要求。最终由张劲夫召集有关学科专家座谈，听取科学家们对中国开展卫星研制工作的建议。大家认为：卫星研制是一项综合性很强的工作，从"任务带学科"考虑，可以带动诸多新兴技术的发展。卫星既可以民用，也可以军用。利用中科院已有的基础加速研究，再加上五院等兄弟部门的力量，用几年时间，我国也能实现卫星上天。他们还建议中科院应把卫星列为重点任务来抓。

随后，中国科学院党组开会研究，认为这是关乎国防和人民和平安宁的头等大事，应当把卫星研制列为中国科学院1958年第一项重大任务。为了保密，内部将任务编号为"581"。为此，中科院抓紧做了两项工作：一是尽快拿出了我国第一个卫星研制规划；二是组织有关科学家和技术人员设计出第一个卫星模型。为此，院党组还对分管副院长做了分工。

1958年5月17日，毛泽东主席明确提出："我们也要搞人造卫星。"中国人的航天之路由此铺展，中国人远古以来的飞天梦想再度被唤起。张劲夫回忆："聂总责成我和五院、王诤等组织有关专家拟定卫星规划。6月，科学院召开'大跃进'动员大会，科学家们积极主张研制人造卫星。7月，中国科学院向聂总报告，我国卫星规划分三步走：第一步发射探空火箭，第二步发射小卫星，第三步发射大卫星。任务的分工是：火箭以五院为主，探空头和卫星及观测工作以科学院为主，相互配合。要求苦战3年，实现我国第一颗卫星上天。"

在那全民"大跃进"、喜欢"放卫星"的年代，真正要搞"人造地球卫星"时，毛泽东还是比较冷静的。1958年5月17日，中央决定先对卫星发射所需的运载火箭进行研究，由钱学森领导的国防部五院负责。

到了1958年11月，中共中央在武昌召开八届六中全会。张劲夫作为中央候补委员，在参加全会期间，专题向中央书记处汇报了科学家们对研制人造卫星的意见和计划，得到与会领导的高度赞同。

▶研制人造卫星的排头兵

在党中央领导下，中国科学院参加“两弹一星”的研制，特别是作为研制人造卫星的排头兵，那是在很特殊的时代背景下进行的。张劲夫对此回忆：

我国第一颗人造卫星是中国科学院为主负责，从建议我国搞人造卫星到“东方红一号”卫星方案的提出，卫星本体的设计、研制、试验到初样的成功，以及空间环境的探索和地面遥控系统的建立等，都是中国科学院为主完成的。

党中央、毛主席对搞卫星非常重视。记得武昌会议汇报后，中央政治局开会研究并决定拨2亿专款支持科学院搞卫星。要知道那是在新中国成立不久，国家在各个方面需要用钱的地方很多，能够拿出如此巨款，谁都能够掂得出它那沉甸甸的分量。

这是12年科学规划提出“四项紧急措施”时，周总理特批给中科院的。我特请院新技术办公室通过李先念副总理批示，中央专款于当年年底拨付到位。这些钱怎样用？如何花到点子上？科学院党组经过认真征询科学家们的意见，慎重地研究确定：专款重点用来建设迫切需要的北京高能燃料、火箭发动机试车基地和上海机电设计院运载火箭两个研究设计试验基地，以及水声工作站，力学所的风洞，“581”实验室的遥控仪器，109厂的半导体元件研究设施，上海、大连、长春高能燃料研究室和电子、自动化、高温金属、光学4个配套工厂。

卫星要上天，需要做很多工作。其中很难的一件事，就是研制所有装在卫星上面的仪器，要在地面上建一个平台模拟高空真空环境，仪器在这个地方运转，先试验好；为送生物上天，也要在北京建立高空模拟实验设备，就是卫星上天以后仪器怎样运转，在地面真空的条件下，所有仪器、生物等都要先进行试验。

研制卫星，还有很多技术需要攻关。例如控温：卫星在空中运行时，向阳面温度高达100℃以上，背阴面低至－100℃以下，而仪器设备必须保持在－5℃～40℃温度范围内才能正常工作。力学所的后起之秀，后来担任中国空间技术研究院院长的闵桂荣等通过大量测量、试验、计算和理论分析，采用两个所研制的多种温控涂层，使仪器舱内温度达到总体设计要求。

卫星地面组装

那时候，我们总是强调“好钢要用在刀刃上”。即使是三年自然灾害时期，尤其是苏联专家全部撤走之后，中央决定先打好“歼灭战”，集中优势兵力搞出导弹、原子弹。

两位中央常委、副总理陈云、邓小平分别对张劲夫说：“卫星还要搞，但是要推后一点，因为国家经济困难。"1959 年 1 月 21 日，张劲夫在院党组会上传达了中央书记处总书记邓小平的指示——"卫星明年不放，与国力不相称"。研制卫星的工作被暂缓。不过，中国科学院还是始终注重保持一支骨干队伍，抓好人造卫星的基础科研。在这点上，任何时候都没有放松。

1964 年，中国的地对地弹道导弹、原子弹先后炸响，震惊世界。善于集中优势兵力打歼灭战的毛泽东指示周恩来，要认真考虑卫星的研制。沉寂了一段时间的卫星研制战略，又提到了议事日程上。

赵九章，我国著名的气象学家、地球物理学家和空间物理学家

1965 年，在中国科学院副院长裴丽生主持下，召集地球物理、力学、自动化、数学、电子学、计算技术等研究所和天文台参加会议。有关单位经过认真深入的讨论，于 7 月 1 日向中央专委呈送《中国科学院关于发展我国人造卫星工作的规划方案建议》，具体阐述了发射人造卫星的政治、国防和科学技术方面的目的和意义，建议我国十年内着重发展应用卫星系列，结合进行空间科学探测。

接下来的论证大会是在北京友谊宾馆召开的。大会从 1965 年 10 月 20 日开始，由于内容庞杂，问题繁多，到 11 月 30 日才告结束，历时 42 天。紧接着，中国科学院做了几件事：

(1)1965 年 12 月 7 日至 30 日召开了中国科学院人造地球卫星任务第一次工作会议，具体落实了各所、厂承担的研制任务和协作分工，明确了工作进度和技术责任制。

(2)1966 年 1 月 25 日正式成立了中国科学院卫星设计院，任命赵九章为院长，杨刚毅为党委书记，主体承担卫星设计、研制任务。因为早在 1965 年初，时任中科院地球物理研究所所长的赵九章与自动化研究所所长吕强就联名向中国科学院提出了研制卫星的建议。

(3)1966 年 5 月 10 日至 25 日，中国科学院在国防科委、国防工办支持下，组织召开了卫星系列规划论证会议，提出了我国发展卫星系列的意见。同时，安排了空间技术的预研课题 170 多项，这些课题后来发挥了重要的作用。如地球物理所二部电离层研究室周炜在"和平一号"地球物理探测火箭的基础上，提出了一个设备简单轻便、研制生产周期短、造价便宜的多普勒测速系统方案。为此，裴丽生对周炜研究方案的前期工作做了调查研究。

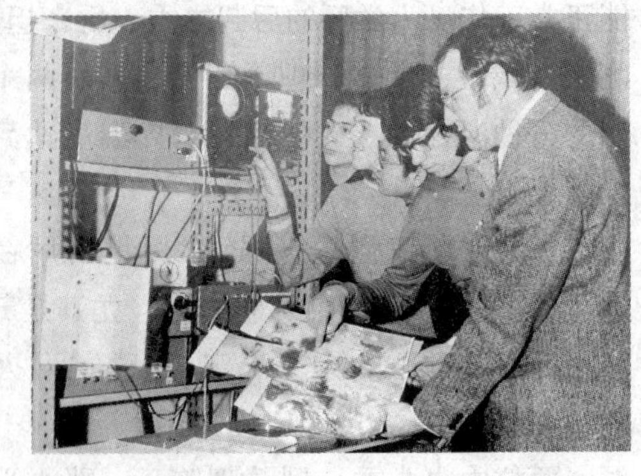

20 世纪 60 年代，世界主要大国相继开展卫星研究

中国科学院领导和科学家都认为实施的步骤可考虑：首先发射探空火箭，展开高空物理研究工作，解决遥控、遥测技术和观察中的一系列问题。

按照这个思路，从20世纪50年代末起，在副院长张劲夫、竺可桢、裴丽生和科学家钱学森、赵九章等组织领导下，中国科学院在人造地球卫星的理论探索、预先研究以及探空火箭研制方面做了大量基础性工作，为开展卫星工程研制创造了必要条件。尤其是1965年初，中国科学院牵头，组织力量草拟了发展卫星的规划纲要，贡献更是不可磨灭。应该讲，1968年以前，中国科学院在首颗人造卫星预研方面卓有成效地做了许多奠基性、开创性的工作。

随着中国空间技术研究院的成立，到了1968年，中国科学院卫星研制任务和队伍都交给了国防科委与后来的七机部(中国航天工业总公司)。第一颗卫星的最终设计、研制和发射，转由国防科委和七机部等部门共同组织实施。我国第一颗人造地球卫星的总设计师孙家栋也正是这个特殊时期，在钱学森的支持下，克服“文革”动乱给卫星研制带来的不利影响，挑选出18名业务骨干负责卫星的总体研制，他们被誉为“航天卫星十八勇士”。

▶科学有险阻　苦战能过关

1965年初，著名地球物理学家赵九章向周恩来总理递交了一份关于尽快规划中国人造地球卫星问题的建议书，引起了周恩来及中央专委的关注。

差不多同时，钱学森也写了一份建议书，建议我国将暂停的人造地球卫星研制项目重新上马；应该以抓“两弹”的方式，以系统工程来抓好卫星科研。

钱学森写道：自苏联1957年10月4日发射第一颗人造地球卫星以来，中国科学院、五院对这些技术都有过一些考虑，但未作为一项研制任务。现在看来，弹道导弹已有一定基础，如进一步发展，即能发射携带仪器的卫星，计划中的洲际导弹也有发射人造卫星的能力，工作是艰苦复杂的，必须及早开展有关研究，才能到时拿出东西。因此，建议早日主持制订研究计划，列入国家计划，促其发展。

周恩来及中央专委的领导非常清楚，发射人造地球卫星，将使尖端科学技术加速进步，开辟新的科学技术研究领域，并为导弹技术积蓄后备力量。同时，卫星上天是洲际弹道导弹成功的公开标志，是国家科学技术水平的集中表现，是科学技术研究工作向高层空间发展不可缺少的工具。围绕人造地球卫星的研究，一系列工作将被带动起来。其中包括：高能燃料、耐高温合金和精密机械

七机部位于大巴山深处的三线企业

加工技术的发展、利用能源发电的新技术、无线电电子学、应用数学和电子计算机技术等。人造地球卫星将首先成为高空物理研究工作的一个有力工具……将成为高空生物研究和开展星际航行探索工作的前奏。

1965 年 2 月初，聂荣臻看过钱学森写的报告后，作出明确批示：

我国导弹必须有步骤地向远程、洲际和人造卫星发展，这点我一直很明确。人造卫星早就有过考虑，但过去由于中程弹道式导弹还未搞出来，技术力量安排上有困难，所以一直未正式提出这个问题。钱的这个建议，我同意，请张爱萍邀钱学森、张劲夫等有关同志及部门座谈一下，只要力量上有可能，就要积极去搞。步骤上，还是先把中程导弹搞出来，作为运载工具。头部(卫星)要与中国科学院结合起来，充分利用地球物理所即搞探空技术的力量。如何分工，请在座谈会上研究一下。可考虑卫星以中国科学院为主进行研制。

1965 年 3 月，在张爱萍的主持下，国防科委召开我国发展人造卫星可行性座谈会，张劲夫、钱学森、赵九章、吕强等 30 余位专家学者出席会议。专家们一致认为，现在技术基础已经具备，研制和发射卫星在政治、军事和科技上都有重要意义，应该统一规划，有步骤地开展卫星工程的研制。

5 月初，中央专委批准了国防科委的报告，将研制卫星列入国家计划。

我国第一颗人造地球卫星

7 月 2 日，聂荣臻听取中国科学院提出的发射第一颗人造卫星工作方案。聂荣臻说："我国的第一颗卫星能发射上天，不必搞更多的科学探测，只要放上去，送入轨道，能转起来，能听到、能看到，考验了运载工具和探测仪器就行。成功后，再搞通信、侦察、气象等卫星。如果运载工具 1969 年能搞出来，1970 年放人造卫星是可能的。"

8 月 2 日，中央专委第十二次会议批准了中国科学院上报的卫星研制规划的报告。会议对中国第一颗卫星提出的要求是：必须考虑政治影响。我国的第一颗卫星应该比苏美第一颗卫星先进，表现在比它们重量重，发射机的功率大，工作寿命长，技术新，听得见。

中央专委确定中国发展人造卫星的方针是：由简到繁，由易到难，从低级到高级，循序渐进，逐步发展。并对卫星工程作了明确分工：整个卫星工程由国防科委组织协调；卫星本体和地面测控系统由中国科学院负责；运载火箭由七机部第八设计院负责；卫星发射场由国防科委试验基地负责建设。

这样，中国第一颗人造卫星开始进入工程研制阶段。为全国协作和保密起见，再加上提出有关人造卫星建议的时间是 1965 年 1 月，于是中央专委确定，把搞人造卫星的任务代号定为“651”。具体任务是：①测量卫星本体的工程参数；②探测太空环境参数；③奠定卫星轨道测量和无线电遥测技术基础。

1965 年 10 月 20 日，中央专委会议决定，中国第一颗人造地球卫星定名为“东方红一号”。它是一颗科学探测卫星，中央对卫星研制及发射的具体要求是：“上得去，抓得住，看得到，听得见”。这 12 个字，说起来很简明扼要，但实施起来难度非常大。后来的实践充分证明了这一点。

先说“上得去”。首先要保证火箭发射顺利升空并准确进入预定轨道。不久，在当时编号为“28”的发射场进行第一发运载火箭试验。火箭升空后不到几分钟便突然从雷达屏上消失。指挥部命令预空区的所有地面观测站点全面搜寻火箭残体，回复竟然是“无影无踪”。这下指挥部的气氛骤然紧张起来。根据火箭的射出时间计算，难道这枚火箭溅落到苏联国境去了？须知那时正值中苏边境紧张、双方剑拔弩张之际。时任七机部副部长、著名火箭专家钱学森火速赶到现场。他仔细分析各种跟踪数据，精确演算，最后得出结论：火箭应该溅落在新疆的沙漠里。果然，按钱学森的指引，人们在茫茫大漠寻觅到这枚火箭残体——它后来被谑称为“成功之母”。

再说“抓得住”。火箭把卫星送上太空轨道后，地球上的测控网必须把它紧紧“抓住”，对卫星在轨姿态有全面把握与操控。这就需要在地面建设若干测控站，形成卫星测控天网。中央专委决定，以西安渭南为测控中心点，在全国建设 18 个地面观测站点。先期建设 8 个站，为发射首颗卫星服务。党中央一声令下，一年多的时间里，8 个站竣工验收，投入运行。

其三说“看得到”。时任第一颗人造地球卫星技术总负责人的孙家栋院士回忆：“为了能让地面看得见，我们想了很多办法。因为咱们卫星如果做大了，可运载火箭不行也送不上去，所以卫星直径只做成 1 米。但找搞天文的人一问，说是这 1 米直径卫星在天上飞，地面看不见。为保险起见，后来又想了个办法：卫星上天的时候，卫星在前面飞，三级火箭在后面飞，表面是灰色的，也不反光，那就在三级火箭外面套个球形的气套，往上发射的时候就等于有个反光套捆在三级火箭上。上天以后，卫星弹出去了，这个气套也通过充气，成了直径 3 米的大气球，外面再把它镀亮了。请搞天文的同志来算一下，说肯定能看见了。这样它俩挨着飞，人们会先看见后面的气球，接着再往前看，就看见我们这个卫星了。其实上天以后，如果是晴天，前头那个卫星也是完全能够看得见的。”

夜空仰望寻卫星

除了“看得到”，还要做到“听得见”。这也是动了一番脑筋的。“那个时候老百姓只有收音机，对卫星这个频率，短波听不见。后来想了个办法，就是由中央人民广播电台给转播一下。但是听什么呢？光听滴滴答答的工程信号，老百姓听不懂是什么。大家你一句我一句，就碰出个火花——放《东方红》乐曲。大家都说可以，向钱学森汇报，钱学森也支持。但这是个大事情，钱学森又叫人写了一个报告，给了聂荣臻元帅。聂帅也同意了，报给中央，中央最后批了。提出这个建议的时候，大家热情很高，但中央批了以后，就等于是中央下了这个任务，那就得把这个事办好。这一来又感觉压力大了。第一次搞这种仪器，如果上天以后又变调了，这在当时‘文革’期间是绝对不可以的，那压力可真大。后来做得很好，搞设备的同志可是立了功了。”孙家栋说。

喜闻太空旋律

《东方红》乐曲发声器

1970 年 4 月 24 日，中国第一颗人造卫星“东方红一号”发射成功，太空里奏鸣起悦耳的《东方红》旋律。“那是那个时代人们最熟悉的乐曲，那时的《人民日报》头版登的就是卫星将在几点几分过天津、过广州、过上海，同时特别给人家解释什么时候和条件下能看见。”“两弹一星”功勋科学家孙家栋如是说。每当“东方红一号”卫星划过神州夜空时，就会出现万人空巷的场景，就会有亿万双眼睛仰望昊穹，欣喜地寻找“东方红”卫星。

我国第一颗人造卫星“东方红一号”在酒泉卫星发射场由“长征一号”运载火箭发射升空，被送入近地点 439 千米、远地点 2384 千米的太空轨道，轨道平面和地球赤道平面的夹角 68.5 度，绕地球一周的时间为 114 分钟，用 20.009 兆周的频率播放《东方红》乐曲。

我国第一颗人造卫星的成功发射使中国成为继苏联、美国、法国、日本之后的世界第五个空间国家。“东方红一号”重 173 千克，比苏联、美国、法国、日本四国的第一颗卫星重量总和还要大，说明“长征一号”的运载能力比这四国的第一发运载火箭的运载能力之和还要大。这还是在“文革”批斗、干扰不断的不利环境下取得的成就。历史当然会记住他们——为新中国尖端武器事业而不懈奋斗的国防科研工作者！

从 1965 年 10 月，中央专委决定发展卫星事业以来，历经 40 多年的不懈奋斗，中国的空间科学、空间技术及其应用事业从无到有，有了很大发展，形成完整的研究、设计、试制、生产和试验体系，并建立了设备齐全、能发射各类卫星的发射中心和与之配套的测控网。运载火箭的技术日趋成熟，已具备发射近地轨道、太阳同步轨道、地球静止轨道卫星和深空探测卫星的能力，可以满足国内外发射各种用途、不同质量卫星的需要！

我国空间事业的自主创新和跨越发展，为国防和国民经济建设作出了重要贡献，在国际社会产生巨大影响。人们都清晰地记得，完全依靠自己的力量昂首进入国际太空俱乐部的第四个成员是中国！

某型卫星发射前测试

▶需要不断书写的太空辉煌

从放飞“东方红一号”到欢送“嫦娥一号”奔月并成功实现受控撞击月球表面，中国空间科学事业书写了许多“第一”，令世人刮目相看。2011 年，我国完成 19 次航天发射，将包括 3 颗“北斗”导航卫星在内的 21 颗航天器运入太空。

1981 年 9 月 20 日 5 时 28 分 40 秒，我国“风暴一号”运载火箭携带“实践二号”、“实践二号甲”、“实践二号乙”3 颗卫星，从发射台起飞。7 分 20 秒后，“实践二号甲”、“实践二号乙”与运载火箭分离。稍后，“实践二号”又与火箭分离。3 颗卫星分别进入预定轨道，开始执行各项太空探测任务。

“中国人能够在 1981 年实现‘一箭三星’成功发射、运行，标志着他们正在大踏步追赶被‘文革’耽误的太空竞赛。”美联社如此评论之后，又意味深长地说：“多卫星的发射可能意味着能发射多弹头导弹，其军事含义是很清楚的。”

美联社没有故弄玄虚。一般说来，多颗卫星的重量和体积比单颗卫星要大得多，所以“一箭多星”的发射成功，标志着运载火箭能力的提高，同时也标志着发射技术、火箭与卫星分离技术的新突破。“一箭三星”发射成功，使我国在“一箭多星”发射技术方面，成为世界上继美国、苏联、欧洲航天局之后第四个掌握这种发射技术的国家。

在进军太空的探索中，最能为人类带来实际利益的首推卫星通信。中国在这方面也付出了巨大的努力。就让我们再看看航天人是如何高质量完成通信卫星研制和发射的。

1984 年 1 月 29 日，我国首颗试验通信卫星在西昌卫星发射中心升空。因第三级火箭出现故障，试验卫星运行于停泊轨道。经过渭南测控中心地面测控系统的调姿操控，卫星由停泊轨道提高到远地点高度为 648 千米的椭圆轨道运行，进行了一些科学试验。这次卫星发射虽未达到预期目标，但也展示出先进的卫星调控技术。

1984 年 4 月 8 日，我国用“长征三号”运载火箭将试验通信卫星“东方红二号”送入赤道上空的静止轨道运行。随后，西安卫星测控中心对其进行了一系列太空调姿动作。8 天后，卫星定点于东经 125 度赤道上空。定点后的通信试验结果令人满意——电视图像清晰，音质良好。随后转入了正常工作状态，卫星携带的两个 C 频段转发器成功进行了通信、广播和电视信号传输。

这颗同步静止轨道通信卫星发射成功，打破了国外23天定点的纪录，中国航天技术有了新的飞跃。这标志中国航天界已掌握了使用氢氧发动机以及失重条件下两次点火的技术，成为世界上第五个能够研制和发射同步静止轨道通信卫星的国家，同时结束了中国长期租用国外通信卫星的历史。到中国发射“东方红四号”卫星平台时，已经可以装载30个C频段转发器和16个Ku频段转发器了。

步入20世纪70年代，通信卫星向各应用领域和国内卫星通信方向发展；出现了各种专用通信卫星。到80年代，通信卫星已为世界各国普遍应用。面对高密度、大容量干线光纤通信的挑战，卫星通信转向其具有独特优势的方向发展；进入90年代，更是朝着移动通信卫星和数字电视直播卫星方向一路飞奔。

21世纪初，几个空间大国不约而同地采取措施，形成高功率、长寿命、大型地球静止轨道通信卫星与中低轨道小型卫星并驾齐驱，构筑以通信卫星为主的纵横交错的太空信息高速公路，向在太空建成高速率、宽带、多媒体因特网目标前进的态势。

21世纪头10年，“太空经济”发展更加迅猛。其中最具市场效益的卫星通信和卫星广播领域，又显得异常“拥挤”。造成“拥挤”的重要原因是：由于对地静止轨道上的卫星与地球同步，地面接收站保持相对固定，就能够较好地接受到它传送的数据。因此，位于赤道上方3.6万千米的轨道圈，自然成为放置通信卫星和广播电视卫星最好用、最常用的地方。但碍于卫星之间相互干扰，在这个圆周上又不可能无限制地任人放置卫星。所以，按照国际电信联盟的规定，卫星之间必须隔开一定角度。而先登先占的制度，又使以往在太空竞争中先行一步的国家以及对国际规则认识透彻的国家占据很大优势；后来者想要从中分一杯羹，不得不挖空心思，付出很大代价。这也不可避免地带来各国卫星对轨道位置和频率资源的争夺。

天线测试转台

面对这般日新月异的变化，中国的通信卫星系列正在大步追赶。作为世界上第五个独立发射地球静止轨道卫星的国家，国人深知，决不能停步于过去的辉煌中。

2009年11月12日，由中国航天科技集团公司空间技术研究院自主研制的“实践十一号”卫星在酒泉卫星发射中心成功发射。2010年12月18日，第7颗“北斗”导航组网卫星在西昌卫星发射中心成功升空，它表明该院到2010年底已自主研制和发射90余颗不同类型的人造地球卫星，形成了返回式遥感卫星、“东方红”通信广播卫星、“风云”气象卫星、“实践”科学探测与技术试验卫星、“资源”地球资源卫星和“北斗”导航定位卫星、海洋卫星7个卫星系列。

自航天事业创立之日起，中国航天人就紧盯世界技术最前沿，以顽强的毅力，坚持自主创新，实现了空间技术一个又一个突破。目前，我国的返回式卫星、地球同步轨道通信卫星、对地遥感卫星、导航卫星、气象卫星、小卫星、载人飞船等研制技术均跻身世界先进行列。"嫦娥一号"、"嫦娥二号"卫星的研制和发射更是突破了登月轨道设计、月食问题等众多技术难点，在多项研究领域取得具有自主产权的新成果。

近年来，空间事业的快速发展，使得航天科技集团在体制机制、业务结构、产业能力、市场化、国际化水平诸方面面对的矛盾日渐突出。为寻找空间事业发展的新模式，空间技术研究院在载人航天精神的鼓舞下，正积极构建"以空间飞行器业务为核心，多业务多体制相互支撑，具有强大竞争力的科技创新型、军民融和型、产业发展型的国际一流大型宇航科研生产联合体"，致力实现从单一型号研制向研制、批产、应用与服务相结合转型，从航天型号为主的任务型，向军民融和发展的任务能力型转型，从以单一产权为主向多元产权转型，从粗放型管理向集约化精细管理转型，从以国内市场为主向国内、国际两个市场并重转型发展的新模式。

2009 年 9 月，位于海南岛南部的文昌航天卫星发射中心破土动工，标志着中国开始建设第四个航天发射中心，预计将于 2013 年建设完成。"这是中国建设自己空间站的勃勃雄心的最新展示"，"这座发射中心是为了适应'长征五号'运载火箭而新建的。该火箭有望成为中国载人航天和空间站计划的标志性航天器，并能够用于发射卫星和太空飞船。在此之前，建在茫茫戈壁之中的酒泉发射中心是中国目前唯一一个载人航天器发射中心。山西省的太原发射中心被用于发射进入低轨道和中轨道的卫星，四川省西南部的西昌发射中心负责发射重型火箭和地球同步卫星。"《中国航天》憧憬明天，充满信心地评论道。

2010 年 4 月，在这春意盎然的日子里，纪念"东方红一号"卫星成功发射 40 周年座谈会隆重举行。有关方面宣布，40 年来，我国航天科技工作者继承和发扬"两弹一星"精神，依靠杰出智慧和顽强意志，先后用自主研制生产的 12 种"长征"系列运载火箭实施了 123 次发射，将我们自己制造的 98 颗卫星、7 艘飞船和 1 颗月球探测器送入太空，铸就了以"载人航天"、"绕月探测"两座新的里程碑为标志的辉煌成就；同时，中国积极开拓国际市场，实现了整星出口"零"的突破，至今已签署 6 个整星出口合同，向国际用户在轨交付 2 颗通信卫星，为 13 个国家和地区的国际用户发射了 36 颗商业卫星，提供了 6 次搭载服务。经过半个多世纪的发展，中国航天已经形成一定的规模和基础，拥有完整配套的科研生产体系，具备弹、箭、星、船、器等各类航天产品的研发、生产、试验能力，在世界航天领域占有重要的一席之地。[1]

据有关方面负责人介绍，我国卫星应用产业发展的总体目标是：到 2020 年，建立基本满足国民经济建设、社会发展和公共安全需求的卫星应用体系，建成通信、导航、海洋、气象、环境与减灾、水利、国土、农业、林业、远程教育等 10 个以上稳定运行的业务系统；建成高分辨率对地观测系统、"北斗"卫星导航系统，"资源一号"卫星系列、"海洋"卫星系列、"风云"气象卫星系列和环境与灾害监测小卫星星座并在轨稳定运行，通信广播卫星可连续稳定地提供服务，新一代大型运载火箭投入使用；卫星地面设备国产化率达80%，形成以若干家大型卫星应用企业为核心的企业群体，卫星应用产业年均增速达25%；形成产业链，完成应用卫星和卫星应用由试验应用型向业务服务型转变，卫星应用产业成为我国高新技术产业的重要组成部分。要说一个最具体的目标，就是2020年要实现地面设备80%国产化。如此看来，中国的卫星事业任重而道远。

▶漫步天庭描风云　遨游太空绘大洋

回眸21世纪之初，中国卫星事业有许多成果令人难以忘怀。2002年5月15日北京时间9时50分，中国自行研制的“长征四号”乙型运载火箭托举着国内第一颗海洋探测卫星“海洋一号”和气象卫星“风云一号D”腾空而起，直插云霄，成功地将两颗卫星送入浩渺天庭。

经过753秒太空疾行，“风云一号D”卫星成功实现星箭分离，张开太阳能板，开始它的寰宇之旅；北京时间11时57分，这颗卫星在用102分钟跨越南极至北极后从西北方向进入祖国新疆地区上空，发回了第一张卫星云图。

经过817秒太空疾行后，“海洋一号”探测卫星也成功实现星箭分离，并根据地面指令进行调姿，于5天后向祖国发回了其第一张海洋水色水温环境要素探测图。

“一箭双星”再次发射成功！在太原卫星发射中心现场，时任国防科工委副主任、国家航天局局长栾恩杰表示：这次用“长征四号”乙型运载火箭发射“海洋一号”卫星和“风云一号D”卫星取得圆满成功，是我们在发展民用航天事业上取得的又一重大成果。它充分体现了《中国航天发展》白皮书的基本精神，必将进一步夯实中国民用航天在国际外层空间发展领域的地位，也将为我国在卫星遥感应用领域赢得更广阔的市场创造条件。

栾恩杰说：“民用卫星从立项、研制(卫星与火箭)、发射、空间调控、初运行及应用等五大环节，我们都始终把它作为一个系统工程来抓，加强与有关部门的统筹和协调。这次‘风云一号D’和‘海洋一号’卫星的正常运行，标志着我们对民用航天行业管理模式的尝试是成功的。它们的成功运行，也标志着我国长期稳定运行的卫星对地观测体系基本建成，对于加速我国气象现代化，提高灾害性天气预报水平，增强海洋资源监测、调查和开发能力，促进国民经济发展具有重要意义。实践证明，中国民用航天事业是能够大有作为的。”

栾恩杰讲述的“双星”都是对地观测卫星，是一种利用遥感器对地球表面和低层大气进行光学或电子探测以获取有关信息的卫星。1960年4月1日，世界上第一颗对地观测卫星——美国的“泰罗斯”卫星发射成功，揭开了人类利用卫星从独特的高度对地球进行观测的序幕。迄今包括美国、苏联/俄罗斯、日本、欧洲航空局、中国、法国、印度在内的国家和空间组织发射了许多地球观测卫星，获取了大量地球表面及空间环境的探测数据，为人类探测资源、合理开发利用资源，监测全球天气变化、提供气象服务，监测、预防灾害及灾害评估、灾后救援提供了及时、准确、全面的科学依据。

自20世纪70年代起，中国开始研制气象卫星。经过30多年努力，迄今已成功发射多颗气象卫星，包括极轨气象卫星、地球静止轨道气象卫星；卫星在轨运行良好。

“风云一号”气象卫星

据国家航天局发言人称：“十一五”期间，中国发射了“风云二号E”卫星和两颗“风云三号”极轨气象卫星，提高了中国卫星气象监测和全球环境观测能力。此外还启动了后续极轨和静止轨道气象业务卫星立项和研制工作；组织三轴稳定静止轨道气象卫星“风云四号”的技术攻关；开展降雨雷达、大气成分精细观测、空间天气等先进探测技术研究。

尽管时光如梭，但笔者至今依然清晰地记得在发射现场，国家气象局前副局长李黄所作的介绍：“风云一号D”气象卫星是我国自行研制的第一代太阳同步轨道业务应用气象卫星，主要任务是获取地球大气、云团、陆地、海洋资料，为天气预报、气候预测、自然灾害和生态环境监测服务。“风云一号D”气象卫星发射升空后，我国有两颗极轨气象卫星同时在太空运行，呈双星状态。另外我国还有两颗地球同步轨道气象卫星在天上运行。我国已成为继美国、俄罗斯之后第三个有两种气象卫星同时在太空运行的国家。“风云一号D”卫星将向我们提供气象预报、气候预测参数，比如提供降水量、沙尘暴、恶劣气候因素、气温、湿度等信息，这些都与老百姓的生活密切相关，让人们从中获益。现在民用航空、高速公路都比较发达，气象卫星可以监测雨雪、浓雾等恶劣气候情况，并测定它的覆盖范围，为有关部门实施交通管理提供决策依据，还能够进行大气环境监测服务、旱涝等自然灾害监测服务，减少损失，对发展农业、环境保护乃至大型工程的施工产生重要作用。

“长征四号”乙型运载火箭发射

对于“海洋一号”探测卫星的研制、发射直至正常工作、成功运行，原国家海洋局局长孙志辉说："它结束了中国没有海洋卫星的历史，标志着我国在海洋卫星遥感应用领域迈入世界先进行列。'海洋一号'卫星通过北京、海南三亚地面接收站发回的海洋水色水温环境要素探测图，对我们分析海洋环境作用很大。这颗卫星的主要任务是探测海洋水色、水温环境要素，包括叶绿素、悬浮泥沙、可溶有机物、污染物、水温等。探测卫星采集的遥感信息将在海洋生物资源开发利用、海岸带资源调查和开发以及全球环境变化研究等领域发挥重要作用。国家已经批准海洋卫星发展三个系列，它包括'海洋二号'动力环境卫星、中法联研海洋卫星。下一步，我们将在这次成功合作的基础上继续紧密配合，为开发利用海洋资源做出新的、更大的贡献！"

作为中国首颗采用 CAST968 平台的"海洋一号"卫星，在轨运行良好。过去因为没有海洋卫星，中国渔民出海作业只能凭经验。而现在充分利用海洋卫星数据，国家海洋局等有关部门制作了每年 3 月到 9 月逐月的平均海温和叶绿素分布图，能够及时向海洋渔业生产部门提供服务，从而增加产量，获得可观的经济效益。

"海洋一号"卫星

时任中国航天科技集团公司总经理张庆伟指出："海洋一号"和"风云一号 D"卫星的发射，是"长征"系列运载火箭第 67 次飞行，也是第 13 次成功地进行"一箭双星"的发射。自 1996 年 10 月以来，我国运载火箭发射已经连续 25 次获得成功。此前，"长征"系列运载火箭曾经成功发射"资源一号"和巴西小卫星、"资源二号"卫星、"风云一号 C"卫星和"实践五号"科学实验卫星。应该讲，"长征"系列运载火箭的技术还是比较成熟的。它可以承担国际卫星发射市场的许多任务。

据张庆伟介绍，这次发射的两颗卫星虽然都是太阳同步轨道卫星，但由于卫星工作的轨道高度有所不同，因此星箭分离后，"海洋一号"卫星要从初期的 870 千米轨道高度通过星上发动机调姿降轨至 798 千米轨道高度，这就要求两颗卫星既要相互兼顾，又不能相互干扰。这些技术上的高要求促使我们在研制中做了大量精细的技术工作。

2007 年，中国第二颗海洋卫星——"海洋一号 B"发射成功，观测能力和探测精度进一步增强。2009 年度，"海洋一号 B"在轨稳定运行，地面应用系统全年共接收该卫星数据 2018 轨，累计原始数据量达 8472 GB；接收 MODIS 仪器资料 2778 轨，累计原始数据量达 6620 GB。海洋卫星数据得到进一步推广和应用。从《2010 中国海洋发展报告》和"十二五"展望来看，中国海洋卫星的发展目标是建立一整套海洋卫星体系，包括 3 个卫星系列，分别是"海洋一号"(海洋水色卫星系列)、"海洋二号"(海洋动力环境卫星系列)和"海洋三号"(海洋监视检测卫星系列)，将逐步形成以卫星为主导的立体海洋空间检测网。[2]

▶"北斗"导航卫星已实现组网运行

在现代人的生活中，有几大件器物是须臾不可缺失的，譬如移动通信、互联网，而这些又都离不开遨游太空的上千颗卫星。对卫星的作用与功能，中美两国航天局长会面时曾经开玩笑说，倘若我们现在把卫星导航系统如GPS关闭一小时，那时人们的生活会是怎样的一副乱象呢？难以想象！玩笑归玩笑，其实这里蕴涵着不太平静的太空较量。

就以现在人们广泛使用的GPS来说吧，大家都知道，它是美国从1994年开始运用的卫星导航系统，现已成为世界多数国家人们生活和社会运行不可或缺的重要组成。

2009年4月，海外媒体报道了"GPS有可能失灵"的新闻，一度引起全世界紧张。后经美方澄清，说明是"愚人节"消息，方才平息众疑。但是，它又一次告诫各国，如果美国突然限制使用GPS，可能会使相当多国家的主要服务立即陷入瘫痪状态。

正如北京一位航天专家所说："美国可以选择性地在特定地区的卫星信号中使用扰频器，或对信号内容进行加密等手段，使其无法接收。这一事实已经在伊拉克战争中得到确认。"而正是这种普遍地担忧，迫使有实力的国家不得不早谋出路、另辟蹊径。

当2008年"512"汶川8级大地震发生后，26 809个移动通信和"小灵通"塔站受损，传输光缆损毁长度达到2.46万千米。这些烈度不同的破坏，使整个震区的通信联络瞬间中断。正是在这个当口，早已悄然升空的中国"北斗"卫星导航系统发挥了至关重要的作用。

美国GPS布阵图

与其他国家的卫星导航定位系统相比，"北斗一号"除了具有与GPS精度相当的快速定位和精密授时功能，其独具特色的短报文通信功能也十分先进。目前这一系统正在为国民经济建设中的交通运输、气象、石油、海洋、森林、通信、公安等部门以及其他特殊行业提供高效的导航定位服务。

2007年4月14日，中国西昌卫星发射中心再次成功发射一颗北斗导航卫星。国际媒体认为，中国的全球卫星导航计划——"北斗"二代由此浮出了水面。西昌卫星发射中心负责人介绍，这次发射的"北斗"导航卫星(COMPASS—M1)，是中国"北斗"二代计划的第一颗卫星，飞行在高度为2.15万千米的中圆轨道。它的发射成功，标志着中国自行研制的"北斗"卫星导航系统进入新的发展建设阶段。

"北斗"卫星导航系统应用示意图

中国独立发展的"北斗计划"（COMPASS），是拥有自主知识产权的全球卫星导航系统。导航卫星是利用卫星播发的无线电信号进行导航定位的天基无线电导航手段，可提供高精度的定位、测速和授时服务，尤其是为地面车辆、海洋船舶、航空器和航天器进行导航定位的卫星。为了实现全球覆盖，导航卫星必须由若干颗卫星组成导航卫星星座。导航星座可以采用不同的轨道。低轨道多普勒导航卫星需要4～5颗卫星组成导航星座，以保证全球用户能在平均间隔1.5小时左右利用卫星定位一次。中高轨道时间测距导航卫星需要用十几颗至二十几颗卫星组成星座，以保证全球用户在任何时候都能利用4颗卫星进行连续实时的三维定位和测速。

卫星导航系统能为人类带来巨大的社会和经济效益。自1960年4月13日美国发射成功世界上第一颗导航卫星以来，目前世界上只有少数几个国家能够自主研制生产卫星导航系统。正在运行的有美国的GPS系统和俄罗斯的"格洛纳斯"（GLONASS）系统，欧洲的"伽利略"全球卫星定位计划也在紧锣密鼓地进行。

2008年，当中国宣布自行研制的"北斗"二代卫星导航系统将用于北京奥运会期间的交通调度和场馆监控时，欧洲人大吃一惊。欧盟负责"伽利略"计划的保罗·沃霍夫甚至说："如果中国要推出一套民用全球卫星定位系统，我们将重新评估与中国的关系，我们对帮他们打入市场不感兴趣。从某种意义上说，这是竞争，会影响到与他们的一些合作。"显然这位欧盟官员的"话中有话"，强硬中又露出几分底气不足。

想当初，欧盟的卫星导航项目因资金短缺和技术难题所困，一直寻求中国方面的加入，并把中国的加入视为让"伽利略"计划起死回生的关键环节。2003年欧盟的"伽利略"计划陷入困境，急迫地邀请中国参加，因为当时欧盟已把中国视为重要的新兴经济大国。中国同意投入2.3亿欧元。"与'伽利略'的政治合作在中国一直是大事情。这是中欧战略关系的一部分，也是抗衡美国太空霸权的战略伙伴关系的一部分。"保罗·沃霍夫说，"我们与中国签协议时，尚不明了日后的影响。"这样说显然有失公允。因为此前的2000年10月31日和12月21日，中国已成功发射两颗"北斗"导航试验卫星。这也是欧盟从技术层面考量而拉中国加入的重要原因。

星移斗转，到了2008年，这位欧盟官员竟然称"中国需要'伽利略'还有其他原因：它的空间科学家仍然做不到欧洲的工程技术水准”，“技术转让是重要考虑”。英国议会“伽利略”计划顾问理查德·诺斯也说：“‘伽利略’系统的精确性对于军事或情报的用途大于商业用途。”他还说什么“中国对‘伽利略’抱有极大兴趣的部分原因是可向‘北斗’系统转移军事技术。这很难阻止”。甚至还有人认为：“中国的（‘北斗’二代）项目显然是基于欧洲的技术。中国人知道欧洲的技术规范和标准。他们把它用于自己的项目。显然，这种卫星导航技术将增强中国的军事力量。”

这些说法，明显地承载了欧美国家非议中国的惯用术语，国人完全可以不予理睬。倒是可以从另外的角度去认识。正如有的人所认为的那样，“中国在‘伽利略’计划上的合作，事实推翻了所谓的武器禁运”。这才是说到问题的点子上。

2008 年 4 月，我国成功发射第二颗“北斗”二代导航卫星，在北京奥运会中发挥了重要作用。“北京日前宣布‘北斗’二代系统将在 2010 年上海世博会举行时完全投入使用……中国构建专有的导航卫星是实力的象征。”欧盟运输事务专员雅克·巴罗评论道。

话音刚落，2010 年 1 月 17 日凌晨零时 12 分，我国第三颗“北斗”二代导航卫星在西昌卫星发射中心顺利升空并成功进入预定轨道。这颗地球同步静止轨道卫星，是“北斗”二代卫星导航系统的第三颗组网卫星，也是“天网”建设“三步走”的重要环节。人民网记者在卫星发射中心现场，采访了“北斗”二代卫星导航系统总设计师孙家栋院士，听他详解这一系统的建设过程与应用前景。

据孙家栋介绍，我国早在 20 世纪 80 年代到 90 年代，就组织大量专家结合实际情况论证，并吸收了一些国际上研制导航系统的经验教训，制订了一个“三步走”的计划：

第一步，就是用少量地球同步静止轨道卫星来完成试验任务，我们称作“试验阶段”。通过这个阶段的建设，为“北斗”卫星导航系统建设积累技术经验、培养人才、研制相应的面应用基础设施设备、开发卫星导航应用市场等。

国家批准执行的第二步，重点是建设一个区域性系统，计划要发射 10 多颗卫星，到 2012 年下半年建成覆盖国内及周边国家的、区域性的导航系统。

第三步，在区域性系统的基础上，再建一个覆盖全球的导航系统。计划发射 30 颗卫星，到 2020 年完成。2012 年左右，“北斗”系统将覆盖亚太地区，2020 年左右覆盖全球。

2012 年 10 月 25 日，我国在西昌卫星发射中心用“长征三号”丙运载火箭将第 16 颗“北斗”导航卫星成功送入太空。一颗又一颗倾斜地球同步轨道卫星发射升空，标志着中国已进入密集的“北斗”二代导航卫星组网状态。

澳大利亚伍伦贡大学博士、宇航专家莫里斯·琼斯在接受澳大利亚广播公司采访时指出，中国发展独立的全球卫星导航系统，就是想摆脱对美国 GPS 的依赖。琼斯表示，“世界上多数国家使用的 GPS 系统一直处于美国政府的掌控之下，一旦涉及军事方面，例如在战争中，美国就可随时中止其服务。对于中国和其他大多数国家来说，发展不依赖于美国的独立系统具有重要意义”。

►“双星定位设想”催生“北斗”导航

中国的“北斗”导航系统理论基础，来源于20世纪80年代初“两弹一星”功勋奖章获得者陈芳允院士提出的“双星定位设想”。所谓的双星定位原理，与美国GPS、俄罗斯的“格洛纳斯”系统有所区别。它强调测量学上的三球交汇，即在把两颗地球静止轨道上的卫星作为两个球面的同时，也把地球本身看作一个球面；这样只需要两颗卫星——而不是24颗——就可以满足对导航定位的需求。

讲述至此，读者定然会明白“北斗”较之GPS、“格洛纳斯”和“伽利略”的先进性之所在。当然也有分析认为，中国发展“北斗”导航系统首先是满足本国经济、军事领域的需求，自然也会为国际用户提供更多的选择，在一定程度上确实起到了防止一国垄断卫星导航市场的作用。此外，还要看到它对军事现代化进程的强烈牵引和支持作用。

由于卫星导航技术被广泛地应用于军事领域，可为坦克、战机、战舰导航，并能为弹道导弹、巡航导弹和制导炸弹指示目标，中国发展全球卫星导航定位网，也引发了外界对“北斗”军事用途的猜测。

据美国《连线》杂志撰文指出，中国将发射更多“北斗”卫星，进一步扩大其覆盖范围，到2020年可覆盖全球。文章进一步认为，“北斗”覆盖全球就意味着“中国的卫星制导武器具备了全天候精确打击能力”。

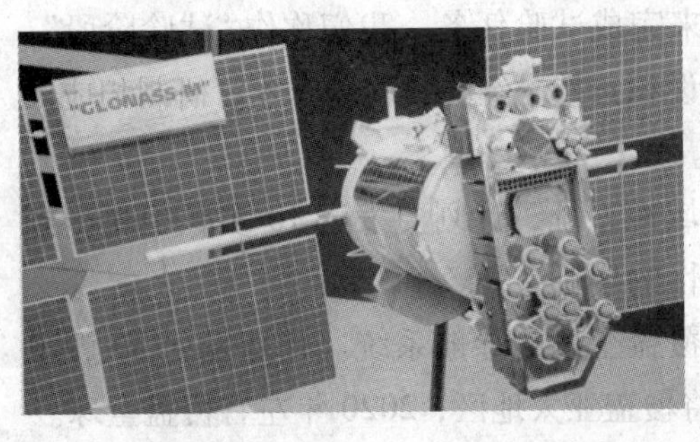

俄罗斯“格洛纳斯”（GLONASS）卫星

事实上，中国军事现代化进程确实离不开卫星导航系统的支持。在强调数字化和信息化的现代战场，无论是陆军的坦克、装甲车、火炮，还是海军的军舰和潜艇，都需要借助卫星导航系统确定部署位置，确保各部队之间紧密配合，发挥最优战斗力。

此外，远程及精确打击也日益依赖卫星导航系统的精确制导。外界就曾猜测中国的“东风”系列导弹、“卫士”系列远程火箭炮和先进巡航导弹都已集成了“北斗”系统，因而具备了较高命中精度和较强的抗干扰能力。可见，完善“北斗”系统对中国的军事现代化建设具有重要的现实意义。

另一方面，中国太空技术的进步也引发了外界对中国太空安全的关注。美国《连线》杂志称，“中国正日益依赖太空技术，这使得中国和美国同样受到反卫星武器的威胁”。不过，有业内人士指出，中国发展太空技术不含任何军事意图，并反对太空军备竞赛，且自身具备“太空反制能力”，这些都是确保中国太空平台安全的有利因素。

与美国、欧盟和俄罗斯卫星导航项目相比，中国的“北斗”卫星导航系统尽管起步较晚，但发展速度很快，理念也很超前。

“北斗”系统体现了从简到繁、量力而行的特点——先以“双星定位”的“小系统”积累经验，进行技术攻关，随后发展35颗卫星构成的“大网络”，实现全球覆盖。此外，“北斗”并没有照搬美国GPS、俄罗斯“格洛纳斯”的模式，反而强劲地体现出中国特色，如其独特的卫星短信收发功能已在军事演习和抢险救灾中经受了“实战检验”，实用性极强。

为提升综合国力，中国制订了一系列切实可行的太空计划，从载人航天、探月工程，到空间站建设，无一不体现出中国的“太空视野”。而居高临下的“北斗”系统是中国太空战略不可或缺的组成部分。可以说，“北斗”卫星导航系统的发展是中国紧扣“太空脉搏”的直接体现。

“北斗”卫星导航系统可以提供两种服务方式，即开放服务和授权服务。开放服务是在服务区免费提供定位、测速和授时服务，定位精度为10米，授时精度10纳秒，测速精度0.2米/秒。授权服务则是为有高精度、高可靠卫星导航需求的用户提供定位、测速、授时和通信服务以及系统完好性信息。

“现在人们对卫星导航系统关注比较多的地方是它的导航功能及军事上的作用，但其实还有一个对国计民生关系重大的领域不甚为人所知，那就是授时。”中国科学院国家授时中心前资深研究员陈洪卿如是说。譬如生活中每到整点钟，广播或电视里就会发出“嘟-嘟-嘟-嘀!”的声响，提醒人们调校钟表，这就是授时。在一些与时间密切关联的工业系统如电力系统中，要确保时间的一致性，提高电网事故分析和稳定性控制水平，高精度的授时手段必不可少。目前中国电网广泛使用的是美国GPS系统。“从国家能源安全和国民经济命脉上考量，其实存在很大隐患。”陈洪卿引述时频专家的话说，“原子钟比原子弹重要”——原子弹可以摧毁一座城市，但如果原子钟出了问题，整个国家的电信、金融、电力网络等都可能瘫痪。令国人对“北斗”导航系统格外骄傲的，是“北斗”在解决授时问题上的突出表现。“现在‘北斗’的授时精度与美国是一样的，但我们只用了3亿美元和8年时间，美国人用了120亿美元和20年时间。当然，他们是开拓者。”

中国努力探索和发展拥有自主知识产权的卫星导航定位系统——“北斗计划”，完全是为了保护自己的国家利益，并对人类和平利用太空作出自己应有的贡献。众所周知，卫星导航系统不仅是重要的空间基础设施，而且能够为人类带来巨大的社会经济效益。中国作为发展中国家，拥有广阔的领土和海域，必须高度重视卫星导航系统的建设。

国家航天局发言人曾经明确表态，为提高“北斗”卫星导航系统与其他全球卫星导航系统的兼容性和互操作性，促进卫星定位、导航、授时服务功能的应用，中国愿意与其他国家合作，共同发展卫星导航事业。

必须看到，现实生活中的中国国家通信信息安全正在受到威胁。《澳门日报》2010年1月17日报道，“中国电信CDMA网络13日下午出现告警，涉及绝大多数省份。美国官方称，正在进行的GPS系统升级影响了CDMA网络信号。美军试图通过改变GPS星座的构型来提高该系统的精确性，目前正在进行升级维护。由于CDMA在网络同步的实现等方面依赖着这一系统，采用 CDMA 技术的通信基站在工作的切换、漫游等方面都需要 GPS 精确的时间控制。因此当系统进行升级的时候，CDMA 网络自然就会受到影响”。

报道中提到的网络告警涉及全国绝大多数省份，但是并没有引发网络中断和延时，所以用户并没有多大感知。但设备商方面表示，还是能够从此事看出中国网络安全的关键技术掌握在别人手里。

业内人士指出，CDMA 网络技术要求全网同步，对授时要求非常高。目前，我国自主研发的“北斗”系统服役星数量尚不足，除了 GPS，现在还很难找到替代品。当然，这次告警事件也表明：中国在通信网络技术上如果完全依赖美国 GPS 系统，是存在很大安全隐患的。

由此，我们也要看到中国和平利用太空、为国民经济发展创造社会经济效益面临着严峻挑战。尽管“北斗”卫星有其技术特点，但我国自主的卫星导航系统起步较晚，这导致卫星导航服务市场，尤其是面向大众服务市场的 95% 以上份额仍然被 GPS 垄断。这也是为什么卫星导航技术发展迅猛，而我国相关产业的发展却严重滞后的一个主要原因。

面对挑战，同样也蕴涵着更多的机遇，可以挖掘更多的潜能。中国航天科技集团总经理马兴瑞认为，民用航天尤其是导航产业发展潜力巨大。数据显示，中国卫星导航定位的市场规模 2000 年时为近 10 亿元，到了 2005 年增长到 120 亿元；到 2010 年，我国的卫星导航定位产业已达到数百亿元的规模。

业内专家指出，“北斗”卫星导航系统技术复杂，规模庞大。它的建设应用，将实现我国航天从单星研制到组批生产，从保单星成功到保组网成功，从以卫星为核心向以系统为核心，从面向行业用户到面向国内外大众用户的历史性转型，开创我国航天事业新局面。

▶“金牌火箭”首尝败绩后的思索

回顾过往，中国航天事业的发展也并非一帆风顺，曾经饱尝失败的苦涩。这也更让中国航天人愈挫弥坚。

2009 年 8 月 31 日 17 时 28 分，中国在西昌卫星发射中心用“长征三号”乙型运载火箭将一枚法国制造的印度尼西亚“帕拉帕 - D”（PALAPA - D）商业通信卫星发射升空。但法国方面宣称：因三级火箭二次点火后其中一台氢氧发动机推力偏低，未能将该卫星送入预定轨道。这是 13 年来中国“长征”系列火箭发射首次出现故障。

“中国的卫星发射成功率达到 90% 以上，可靠性和安全性都比较高，这是国际上认同的。因此，对于本次出现的问题，外界一定要理性看待，没有必要进行刻意放大。”航天科技专家如是说。

众所周知，此次担任印度尼西亚卫星发射任务的“长征三号”乙型在中国的“长征”火箭家族中可以称作“金牌火箭”。它是三级液体火箭，其地球同步转移轨道运载能力最高可达

5.1吨。由于火箭的第三级采用了先进的低温推进技术，拥有灵活的控制系统，因此具备对有效载荷进行大姿态调姿的能力，还可执行“一箭多星”任务。本次发射是“长征”系列运载火箭第118次发射，自1996年以来，“长征三号”乙型已创造连续75次发射成功的纪录，也是目前国际公认的极为可靠的火箭之一。

有关专家认为，此次火箭故障可能出在第10个步骤——“三子级发动机二次点火”中。卫星与三子级分离是通过分离弹簧的分离力来实现的。当火箭控制系统发出“星箭分离”指令，连接卫星和有效载荷支架的包带上的无污染爆炸螺栓起爆解锁，解锁后的包带被安装在有效载荷支架上的拉簧拉回，卫星便被分离弹簧推离火箭。

航天专家表示，现在火箭发射有三种“常见病”，最多的就是动力系统出现故障。比如发动机没有开机或者提前关机。另外，姿态控制系统和结构系统也容易出现故障。这三个系统中任何一个出现问题，都会导致卫星发射出现异常甚至失败。

“在火箭发射卫星的过程中，一级、二级、三级火箭的脱落，星箭分离，还有多级运载火箭、星际卫星、地球轨道卫星在飞行过程中的多次关机和点火，是出现问题的几个关键点。”北京大学地球与空间科学学院教授焦维新表示，要减少火箭发射出现故障，就一定要在设计上做到科学合理，其电子器件在设计和生产时也必须能够承受火箭发射时产生的强大振动等多种因素的干扰。

2010年珠海航展展示的新一代大推力火箭模型

“帕拉帕－D”商业通信卫星是由法国泰雷兹阿莱尼亚宇航公司负责设计制造、印度尼西亚卫星通信公司拥有的新一代通信卫星，其质量为4078千克，功率8600瓦，设计寿命15年，定点于东经113度赤道上空。该卫星投入使用后，将会覆盖印度尼西亚、东盟国家及亚洲广大地区，从而使印度尼西亚卫星通信公司能够为其客户提供各种通信服务。该卫星原计划用于替代2010年在轨寿命到期的“帕拉帕－C2”卫星，成为未来两三年内印度尼西亚卫星通信公司唯一的在轨卫星。而本次发射的故障让这一计划充满了变数。

“帕拉帕－D”商业通信卫星发射出现事故后，中外相关航天专家迅速对这次事故进行原因分析，并寻求合适的解决方案。首要的是能够监控捕获到卫星。

所幸的是，8月31日22时左右，相应的卫星监测系统成功追踪到该卫星的运行轨迹。监测显示，该卫星依旧正常运行。经过多方努力，使用卫星轨道修复的方法，9月1日，该卫星进行近地点变轨并获得成功，卫星状态正常。中法合作挽救这颗卫星进入正确轨道运行，这本身也是一项重大技术突破。[3]

问题虽然已经解决，但它再次说明，火箭发射是一个项目庞大的系统工程，往往一个微小的环节出了问题，会导致整个发射失败。比如火箭在生产中不能出现缺陷和多余物。前几年，欧洲的"阿丽亚娜"火箭发射失败。经过分析，原因竟然是一小块残留的擦拭喷管布影响了发动机的工作。另外，人为操作失误和天气原因也会导致火箭发射失败。

也正是以上多方面的原因，目前火箭发射卫星技术还只为少数国家所掌握。由于风险高、投入大，大多数国家目前还没有能力涉足这一领域，它们在发射的卫星时纷纷采取"借梯上路"的方式。"中国发射的印度尼西亚卫星和韩国发射的卫星（'罗老'号）都出现了问题，证明航天工程是一项高风险的尖端复杂工程，任何一个小小的失误都可能带来难以预料的风险。"资深航天专家如是说。然而，人类对于太空的探索，决不会因畏惧失败乃至牺牲而戛然止步！

经过科研人员不懈努力，我国卫星的技术水平得到不断提升。2012 年 7 月 30 日，国家国防科工局在北京举行"资源三号"卫星在轨交付仪式。该卫星由研制单位——中国航天科技集团正式交付主用户——国家测绘地理信息局。国土资源部、住房和城乡建设部、水利部、农业部、国家海洋局等用户也将充分利用该卫星数据，服务国民经济建设。

"资源三号"卫星工程突破了我国遥感卫星的诸多技术瓶颈，实现了多项国内第一：第一次实现我国遥感卫星多角度、多光谱综合立体成像。卫星配置前视、正视、后视三台全色相机，立体测绘成功率达到 100%，可同时获取优于 2.1 米的全色数据和优于 6 米的多光谱数据；第一次使我国卫星遥感图像质量达到国际先进水平。通过星地一体化设计，卫星图像质量大幅提升，几何定位精度达到 30 米；第一次实现我国超高码速率遥感数据传输。数据传输速度比以往提高了 4 ~ 5 倍，达到 900 b/s，每天接收、处理和存储的数据达到 1790 GB，实现了我国空间数据传输能力的重大技术跨越；第一次实现我国低轨遥感卫星 5 年设计寿命；采用整星三级自主控制体制等技术，使卫星设计寿命由 3 年提高到 5 年，大大提升了我国对地观测卫星的应用效益。

参考文献

[1] 索阿娣. 再创航天事业新辉煌. 中国航天，2010(5).
[2] 袁和平. 漫步天庭描风云 遨游太空绘大洋. 国防科技工业，2002(6).
[3] 李鹏文. 印尼卫星缘何起死回生. 北京青年报，2009 年 9 月 7 日.

第十讲

蛟龙入海——中国核潜艇震惊世界

在20世纪美苏争霸最为激烈的“冷战”时代，为了打破美苏核威胁和核垄断，构建中国独立自主的国防体系，毛泽东作出发展“两弹一星”的战略决策。在“两弹一星”取得重大突破之后，毛泽东又把发展“两弹一艇”(原子弹、氢弹，核潜艇)的战略任务提上了议事日程。最高领导层非常清醒地意识到：在当今世界，仅拥有陆基战略核打击力量是远远不够的，必须拥有可发射(配有核弹头的)弹道导弹或巡航式导弹的战略核潜艇，才能具备“第二次核打击”力量即有效的核反击能力，才能真正打破核讹诈和核威胁。

1974年8月1日，由中国自主设计并建造的第一艘鱼雷攻击型核潜艇(该型号被西方称为“汉”级)，在经过3年航行试验后，正式交付人民海军服役。据说，正处于“文革”厄境之中的朱德元帅得知这个消息后非常兴奋，感觉自己今天才是真正的海、陆、空三军总司令！中国至此成为世界上第五个拥有核潜艇的国家。

但是，核潜艇本身只是核动力的海基武器发射平台，须为其配备固体燃料远程弹道导弹(简称“固体导弹”)才算具备水下核打击能力。这亦是中国拥有核潜艇后横亘其间的“瓶颈”。面对困难，中国人从来就不信邪！经各方通力合作，研制弹道导弹核潜艇(亦称“战略导弹核潜艇”)的工作稳步开展。

史册是这样铭刻的。1981年6月，我国研制的固体燃料导弹首次发射，按预定轨道飞行击中目标，试验获得圆满成功。1982年10月12日，中国在北纬28度13分、东经123度53分为中心点的半径35海里圆形海域范围，由潜艇水下发射“巨浪”-1型固体燃料潜射弹道导弹大获成功。中国核潜艇真正具备了第二次核打击战略威慑力量![1]

2007年7月5日，在庆祝中国人民解放军建军80周年前夕，互联网上公布了美国商业卫星在中国某地上空拍摄的图片，致使中国新型核潜艇首度曝光，让世人再度对中国战略核威慑力量充满敬畏。

2010年3月，互联网又爆出疑似中国新型弹道导弹核潜艇的卫星图片，并标出潜艇上两组张开的大型导弹发射口。与卫星图片同时发表的还有“美国科学家联盟”报告。报告称，“晋”级(西方对该型核潜艇的定级)比中国第一代(西方称为“夏”级)弹道导弹核潜艇加长了约10余米，这可能是为携带较大型的“巨浪”-2型潜射弹道导弹所作的改进。一时间，“中国威胁论”沉渣泛起。

美国海军情报办公室判断，130多米长的“晋”级核潜艇可发射“巨浪”-2型潜射弹道导弹；从网络公布的卫星图片看，该潜艇估计有10个以上发射筒。美国军方认为，中国可能会继续建造“晋”级潜艇，并装备射程达到覆盖美国本土范围的新型潜射弹道导弹。

一向神秘的中国新一代“晋”级弹道导弹核潜艇，长期以来一直是国外媒体亟待了解和关注的焦点。因此，这些“披露”，特别是在庆祝人民海军建军60周年阅舰式之后更能吸引眼球。

"作为中国海军的第一代弹道导弹核动力潜艇，'夏'级弹道导弹核潜艇在设计上可能还不是很完善，整体作战能力尚停留在较低的水平。但第二代弹道导弹核潜艇'晋'级的研制和建造工程进展顺利，无论在总体设计上还是战术及技术性能上，都远远超过第一代'夏'级弹道导弹核潜艇，并于21世纪初服役。"这段话来自美国《海军军事学院评论》杂志2007年冬季号刊登的、由安德鲁·埃里克森和莱尔·高德斯蒂恩联合撰写的题为《中国：未来核潜艇部队》的文章。文章反映了西方防务专家的观点。他们认为，评估中国新一代核潜艇噪声水平是否降低，关键指标是关于这些新型核潜艇的声学性能。国际防务界的权威普遍认为：在建造一种有效的新型核潜艇时，降低潜艇噪声是最大的挑战。中国的科学家们很早就开始进行有关"螺旋桨噪声"根本来源方面的研究。如中国船舶科学研究中心的专家们在20世纪90年代末，就已经发展出一种相对先进的导流叶片螺旋推进器。这也意味着，"商"级(指我军一种新型攻击型核潜艇)和"晋"级核潜艇很有可能配备经过重大改进的推进器。国内的研究者也表示，已经注意到需要采用声音隔离技术。另外，先进的复合材料也会增强对振动和声音的吸收能力。

文章称，一位中国的研究者曾表示，"商"级攻击型核潜艇的降噪性能，目前虽然还达不到美国海军"海狼"级或"弗吉尼亚"级核潜艇的水平，但可能与改进后的"洛杉矶"级核潜艇相当。也有分析家预测，中国海军"商"级核潜艇的噪声信号，已经降至与俄罗斯"阿库拉"级核潜艇相当的水平；而"晋"级核潜艇的降噪能力更强。不过，安德鲁·埃里克森承认，由于缺乏更多的信息，很难评估这些"数据"的来源和可比性。

美国防务专家认为，中国已经在核潜艇的推进系统方面获得比较重要的科学成果，取得巨大进步。很多源自中国的消息都表示，中国已经在发展高温气冷核反应堆方面取得成功，而这一装置非常适合在新一代核潜艇上采用。这一进步被外界描述为"革命性的突破"。有专家详细阐释："高温气冷核反应堆是目前世界上最先进的技术，它的体积非常小，而动力却巨大，同时噪声很低——对于新一代核动力潜艇来说，这是一种非常理想的推进系统。在这一点上，美国和俄罗斯都还没有获得突破。根据西方的报道，在2000年上半年，中国成功地将一组高温气冷核反应堆装置安装到一艘核潜艇上。如果这一消息属实，那么'商'级核潜艇肯定采用了这种先进的推进技术。"这位资深专家还表示，"潜艇必须与新的高温气冷核反应堆合为一体"，这也正好解释了为什么"商"级核潜艇(的研制)在数年之后才开始大踏步地前进。文章声称，防务专家们分析，高温气冷核反应堆肯定会给中国海军新一代核潜艇带来前所未有的速度。然而，有专家认为，核潜艇速度的重要性要小于隐蔽能力的重要性，而隐蔽能力则取决于将潜艇的噪声信号最小化。此外，先进的核推进系统能带来的最大好处是可以提高反应堆的安全性。

由于国产新一代核潜艇尚未露出庐山真面目，海外媒体的这些报道都是基于商业卫星图片所作的猜测和估计。笔者在这里引述，仅供大家参考，并不代表赞同或肯定海外媒体的这些观点和报道。况且，海外媒体的报道常常也是相互矛盾的。

▶令美苏瞠目结舌的中国首制核潜艇

核潜艇是集当今世界高、精、尖科学技术和工业发展能力于一身的原子时代产物。研制核潜艇是极富挑战性、风险性的重大工程，它直接涉及国家科学技术水平的高低，涉及国家综合实力和自主创新能力的强弱，涉及国家战略产业和原子能、船舶、冶金、机械、电子、航天、化工、兵器等众多工业部门的制造能力。

1958 年 6 月，从我国第一座核反应堆正式建成并投入运转起，负责国防科技和武器装备建设的聂荣臻元帅就开始考虑中国海军发展核潜艇的问题了。1958 年 6 月 27 日，对于中国核潜艇事业来说是一个难忘的日子。这一天，聂荣臻元帅向中央和毛泽东主席呈报了一份经过他多方论证的绝密报告：《关于开展研制导弹原子潜艇的报告》。这份编号为 1958 年 238 号的中央传阅文件仅 520 余字，言简意赅，却是事关“开展研制导弹原子潜艇”这样惊天地、泣鬼神的大事件。报告全文如下：

身着 55 式军礼服的聂荣臻元帅

德怀同志、总理并报主席、中央：

我国的原子能反应堆已开始运转，这就提出了原子能的和平利用和原子能动力利用于国防的问题。关于和平利用方面，科委曾开过几次会进行研究，已有布置。在国防利用方面，我认为也应早作安排。为此，曾邀集有关同志进行了研究，根据现有的力量考虑到国防的需要，本着自力更生的方针，拟首先自行设计和试制能够发射导弹的原子潜艇，待初步取得一些经验以后，再考虑原子飞机和原子火箭等问题，初步安排如下：

一、41 型潜艇(1800 吨)的资料为基础，先设计试制 2500 吨的原子潜艇，接着再设计 5000 吨的，前者争取在 61 年 10 月 1 日前下水。

二、拟以罗舜初、刘杰、张连奎、王诤四同志组成一个小组，并指定罗舜初同志任组长，张连奎同志任副组长，筹划和组织领导这一工作。

三、分工：

(1)总体布局和要求由海军提出，统一总体设计工作。

(2)船体、主辅机、电机、仪表以及工艺设计由一机部负责。

(3)原子动力堆由二机部负责。

(4)战斗导弹由五院负责。

四、生产基地，从保密和安全考虑，上海不太合适，拟应放在××××。建议××××今年继续动工，并补充原设计不足，争取在 60 年初建成，以便承担上述任务。

关于设计和试制原子潜艇问题，二机部刘杰同志曾与该部苏联专家谈过，专家表示，他个人愿意大力支持。

以上是初步安排和建议，当否请批示。

敬礼

聂荣臻

1958年6月27日

第二天，周恩来总理就对这份绝密报告作了批示："请小平同志审阅后提请政治局常委批准，退聂办。"第三天，邓小平总书记批示："拟同意。主席、林总、彭真于阅后退聂。"并特别在报告中关于加快研制进程处批注了"好事"二字。随后，其他有关中央领导也都进行了快速传阅，6月29日，这份报告得到了毛泽东主席的圈阅批准。此后，邓小平总书记根据聂荣臻报告中的提议，批准成立了由海军副司令员罗舜初任组长、张连奎任副组长、刘杰、王诤组成的四人小组，负责筹划和组织领导核潜艇研制工作。这份不寻常的绝密报告，拉开了中国研制核潜艇的序幕，也被永远铭刻在我国核潜艇史册的第一页。

聂荣臻绝密报告提交前，当时国际环境有个非常重要的背景，那就是核科学技术迅猛发展。1952年美国成功爆炸氢弹，英国成功爆炸原子弹；1953年苏联成功爆炸氢弹；1954年苏联建成了世界第一座核电站。同年，美国建造的世界第一艘核潜艇"鹦鹉螺"号服役。该艇体长90米，排水量2800吨，平均航速20节，最大航速25节，最大潜深150米，连续潜航50天，全程3万千米，不用添任何燃料。1957年，苏联第一艘核潜艇下水。在这一年，英国成功爆炸氢弹，美国建成了核电站。

核科学技术的快速发展，尤其是被大量用于军事目的的现实，极其强烈地刺激着中国高层领导。共和国的战略利益和国家安全永远是第一位的，必须尽快研制原子弹，包括建造核潜艇，才能打破帝国主义的核垄断、核讹诈。

1958年7月28日，中央军委在《关于海军建设的决议》中指出：

海军以发展潜艇为重点，相应发展必要的水面舰艇。无论是潜艇、水面舰艇，都应该特别注意采用新的技术成果，如导弹、原子动力。

曾经沧海难为水。1982年12月中旬，美国"核潜艇之父"海曼·G.里科弗上将参观我国具有水滴型艇身的"长征一号"核潜艇(即西方所称的"汉"级)，感到十分惊奇。对中国在20世纪60年代就成功研制出水滴型核动力潜艇，他更是感慨不已。里科弗伸出大拇指称赞："这完全可以与同时代先进国家的核潜艇媲美!"当他听说中国的潜射模拟试验是依托南京长江大桥作平台获得成功时，连说："这是了不起的壮举，你们也是核潜艇之父!"

就核潜艇研制建造这点来讲，在任何时候任何环境里，中国人都倍感自豪。笔者曾接触中国第一艘核潜艇工程总指挥王荣生，他总是这样讲："我们研制的核潜艇，那可是地地道道的'中国制造'……境外媒体大凡在评述中国核潜艇建造时，总是习惯用仿苏、仿俄某某型号来称谓中国核潜艇。这是极其错谬无知的。"

因为，其中有些重要的历史环节千万不可忽略。1959年9月，赫鲁晓夫来华参加新中国成立10周年庆典时，曾经对毛泽东轻蔑地说："核潜艇的技术太复杂，你们搞不了，花钱也太多，你们不要搞。"并拒绝向我方提供核潜艇的技术援助。须知1957年苏联研制的第一艘核潜艇才刚刚下水、按计划正在进行系泊试验呢！后来时局的发展众所周知，由于赫鲁晓夫领导下的苏联政府撕毁协议，撤走了全部援华专家，又怎么可能在中国出现仿苏型号的核潜艇呢？

或许正是由于赫氏的轻蔑傲慢，或许正是由于研制核潜艇的技术要求确实太高，才在战略家和诗人气质兼备的毛泽东口中说出了那句著名的话语：

陈毅陪同毛泽东视察上海江南造船厂

"核潜艇，一万年也要搞出来！"

毛泽东毅然发出的铮铮誓言，从此，成为激励国防工业和广大科研人员勇猛精进的动力之源。尽管后来毛泽东在他另一首诗词里也曾畅言："一万年太久，只争朝夕。"

正是有着这种"只争朝夕"的精气神，中国核潜艇建设从领袖们的胸臆间悄然起步，开启打造蛟龙入海的漫漫征程。

了解到相关的历史细节，你就会认识：美国虽然早在1954年就率先研制出利用核反应堆作为机器传动能源的先进潜艇，但它不仅对苏联、中国这样的社会主义国家高度保密，而且对英国、法国这样的铁杆盟国也是高度保密的。到中国正式决定研制核潜艇时，中国科技人员手中仅有国外某画报刊登的两张模糊的美国核潜艇航行的图片和据说是在巴黎购买的儿童玩具——潜艇模型，这就是他们手中的全部参考资料。

据《新中国海军六十周年大事记》记载，早在1958年7月，中共中央就批准了启动研制核潜艇，并决定以海军为主组建"总体设计"分组，以二机部为主组建"核动力设计"分组，对外称"造船技术研究室"。核潜艇总体设计组作为绝密级的工程牵头机构，组长由时任海军舰船修造部副部长的薛宗华大校兼任。最初约有30余人，都是从与核工业和舰船制造有关联的单位抽调来的精英。

中国最初的核潜艇工程代号为"07"，它是依《六四协定》援华舰艇的顺序而编号；后因在政治运动中该工程组的某成员无意中说漏了嘴，有泄密之嫌，才改为"09工程"的。当年，"09工程"下设三个专业小组：船体组、动力组、电气组。这是从舰艇建造方面来讲。

同年9月，二机部决定核动力设计组由二机部设计院和原子能所联合组建，组长由刚从苏联归来、参加过军用核生产堆联合设计的赵仁恺担任，下设反应堆组、一回路组、自动控制组和剂量组。当时"哈军工"的部分教员也到该组帮助进行设计工作和搜集教学资料。至10月，原子能研究所反应堆工程研究室等单位的科技人员200余人，正式展开反应堆物理、堆设计、燃料元件、热工水利、自控等研究工作。[1]

1958 年 9 月 29 日，中共中央书记处总书记邓小平等专程视察了渤海造船厂。

1959 年年底，中央军委同意陈赓的建议，按“尖端集中，常规分散”的原则，决定在“哈军工”增设原子工程系，专门培养原子专业的研究设计人才。第一批核工程专业学员于 1965 年毕业，共 20 多人，后来都成为中国核潜艇核动力装置的设计骨干力量。

中国的核潜艇建设事业就这样白手起家了。根据中央的决定，由中央专委办公室统领这项代号为“09”的重大工程。按照聂荣臻元帅的提议，由罗舜初为组长的四人小组，具体负责领导和组织核潜艇工程。

1960 年 3 月 22 日，国防科委成立了以海军政委苏振华为组长的核潜艇研制工程领导小组，下设总体组、反应堆组、导弹组和电子组。提出了“核潜艇研制要以反应堆为纲，船、机、电、弹紧紧跟上”的方针，促进了潜艇核动力装置的研究和设计工作。

在这一过程中，海军和一机部共同组建了核潜艇总体研究室，二机部组建了反应堆研究室，由海军装备部长于笑虹负责总体协调和办公室日常工作。后来海军又相继组建 702 基地、水声、热动力等 6 个研究所。1959 年 1 月，海军科学技术研究部成立，统一领导这 6 个研究所。这里汇集了彭士禄、赵仁恺、夏桐、黄旭华、李毅、孟戈非、连培生等著名科学家。1960 年 6 月，原子能研究所在彭桓武等专家的指导下，提出了《潜艇核动力方案设计(草案)》，对潜艇核动力装置的堆型、主要技术参数等有了初步的设想构思，为以后的研制工作打下一定的基础。

1961 年 7 月，中央军委批准成立了海军舰艇研究院，刘华清任院长，并把与核潜艇总体设计、装备研制相关的国防科研院所划归其麾下。但是，中国发展核潜艇的道路并非一帆风顺。也正是在这个时候，国民经济遭遇严重的“暂时困难”，已不可能同时支撑展开多个尖端项目的科研工作，核潜艇的研制进展缓慢。

1962 年，为了集中资源发展优先项目，中央专委已有意向让核潜艇工程给研制原子弹项目“让道”。1963 年 3 月，中央专委正式明确核潜艇研制工作暂时下马，并批准保留了一支 50 多人的以核动力研究为主的核潜艇研究技术力量，继续从事核动力装置和潜艇总体等关键项目的理论研究和科学实验，为设计试制核潜艇作准备。

8 月，经中央专委批准，原子能研究所反应堆研究室与海军舰艇研究院(七院)核潜艇技术研究室合并，成立潜艇原子能动力工程研究所(简称“核动力研究所”，隶属七院)，重点从事潜艇核动力装置总体方案的论证、设计工作。

1964 年，原子弹成功爆炸的“惊雷”，带来了核潜艇研究的“第二个春天”。

1965 年 3 月 20 日，由周恩来总理主持的中央专委第十一次会议，批准核潜艇工程重新上马，列入国家重点计划，并将 715 所划归二机部建制，要求二机部于 1970 年建成核潜艇陆上模式堆。

6 月 12 日，以海军舰艇研究院一所二室为基础，组建核动力潜艇总体研究设计所。这年 7 月，二机部潜艇核动力研究设计院提出潜艇核动力反应堆设计方案，并很快得到中央专委的批准，年底即完成潜艇核动力装置的初步设计。1967 年完成潜艇核动力装置扩大初步设计。1969年完成潜艇核动力装置全部施工图。

1965年8月15日，中央专委召开第十三次会议，确定了“先研制反潜鱼雷核潜艇，再搞导弹核潜艇”的“两步走”方案，并要求鱼雷攻击型核潜艇最迟于1972年下水试验，同时进行核潜艇的陆上模式反应堆和海军核潜艇码头基地的建设；并决定建立远洋靶场测量船队。

在中国核潜艇50多年发展史上，这次重要会议的召开，被视为中国第一代鱼雷核潜艇正式开始研制的标志。此后，中央专委在不同时期任命了彭士禄等人为核潜艇总设计师，并集中全国2000多个厂所院校、上万名科技人员协同攻关。

中国核潜艇进入全面设计、全速建设的发展阶段。

中国建造的第一艘鱼雷攻击型核潜艇

与之相配套，1965年8月，海军第一座大功率长波台竣工，标志海军可以远距离实现对潜艇水下航行时的通信联络。同时，七机部四院组建了第四设计部，负责固体潜射战略导弹总体设计及其准备工作。一切工作似乎都在按计划、按节点有序地开展。这期间，标志性的事件是1966年8月30日，为水下发射固体导弹试验做准备的6631型常规动力导弹潜艇建成。而正是这一年，“文化大革命”运动爆发。

即或是这样，周恩来总理照常主持了几次中央专委会议，坚持研究部署有关核潜艇的研制工作。为落实中央专委会议精神，海军舰艇研究院719所开始进行我国第一艘核潜艇总体方案论证和设计。

外军核潜艇

1967年3月，国防科委正式下达中程潜地固体导弹的研制任务，明确导弹核潜艇武器系统研制任务分工。3月至11月，毛泽东等中央领导连续签发电报，决定对二机部机关实行军事管制。

6月，海军提出导弹核潜艇的发展应分两步走。第一步，在鱼雷核潜艇基础上研制导弹核潜艇，性能先不要求太高；第二步，在第一艘导弹核潜艇的基础上，再考虑研制性能更好的第二艘艇；并确定第一艘艇研制工作的重点是：突破潜地导弹武器系统及其潜艇水下发射技术。除潜地导弹武器系统外，原则上均采用鱼雷核潜艇的配套设备，等于在鱼雷核潜艇的艇体增加一个导弹舱室。

8月30日，面对“文革”的冲击，由聂荣臻签署、中央军委向所有从事核潜艇工程的单位发出《特别公函》，指出：核动力潜艇是伟大领袖毛主席亲自批准的一项国防尖端技术项目，必须群策群力，大力协同、排除万难，保质、保量、按时完成任务。

10 月，按照海军提出的导弹核潜艇作战要求，在核潜艇暨潜地导弹方案论证审查会上，审查了战术技术任务书，研究了核潜艇的发展步骤、导弹试验程序、试验基地建设、试验分工及全武器系统协调抓总等重大问题。

12 月，国防科委下达了我国弹道导弹核潜艇第一个两级固体燃料火箭的型号研制任务，这被视为中国第一代弹道导弹核潜艇和第一代固体潜地战略导弹正式开始研制的时间。

1968 年 2 月，国防科委成立核潜艇工程办公室，由海军、国防科委、国防工办和六机部的人员组成，负责处理研制核潜艇的日常工作。

4 月 8 日，毛泽东主席签发中央文件，决定抽调某军区炮兵团担负六机部渤海造船厂基本建设任务(“6848 批示”)。5 月，我国第一艘核潜艇在总装厂放样。

中国公布的第一张弹道导弹核潜艇照片

7 月 18 日，毛泽东主席签发中央文件，决定派出解放军部队支援核潜艇陆上模式反应堆的建设工作。11 月，我国自行研制的第一艘核潜艇开工建设。

据当年担任核潜艇研制建造厂副厂长的王荣生回忆，中国首制核潜艇采用了水滴型设计，这是中国人的创新。“那时对核潜艇研制中的许多事情都搞不太清楚，只有采取最土的办法。如对于建造过程中的材料使用如何实行精确的计重计量，想不出什么更好的办法。所以要求所有材料上艇安装时要过磅，使用不完下艇时也要过磅。”完全采用了“曹冲称象”的笨办法。据统计，建造第一艘核潜艇所需材料共有 1300 多个规格品种；装艇设备、仪表和附件有 2600 多项、4. 6 万多台件；电缆 3000 多种、总长 90 余千米；管材 270 多种、总长 30 余千米。“但就是凭着这股子精神，我们把核潜艇造出来了!”此后于 1982 年先后担任中国船舶工业总公司副总经理、总经理的王荣生自豪地说。

王荣生，一个旧社会贫苦电气工人的儿子，新中国成立后培养的第一代大学生。他于 1953 年 8 月毕业于上海交通大学造船工程系；1965 年，他在三十而立的时候，担任了武昌造船厂主管生产的副厂长。1968 年 4 月，即毛泽东“6848 批示”下达后，一纸由粟裕大将签署的六机部军管会命令，通过武汉军区转到王荣生手里，要求他三天之内到北京报到，然后赴渤海湾，出任核潜艇总体建造厂生产副厂长；直至后来担任我国第一艘核潜艇建造工程总指挥。

1968 年 4 月中旬，王荣生奉命北上，那个基地仍是海边荒岛上的一堆糊满大字报的空房而已。生活上，正值物资供应困难时期，粗糙的玉米饼子和硬硬的高粱米饭就着缺油少荤的土豆白菜和咸萝卜缨子，身为南方人，他必须得克服。技术上，苏联撤走了全部专家，没有任何现成的技术范本。千头万绪且事无巨细，都必须亲自过问。

“剑河风急雪片阔，沙口石冻马蹄脱。”冬天到了，在极端严寒的天气里，王荣生只戴一顶单帽在厂房、车间奔波。后来他到北京汇报工作，六机部黄忠学副部长见他寒冬腊月里只戴着单帽，在他临上火车时送来了一顶皮帽子。

经过一年多的奋战，第一个艇体建成。按工程流程，艇体要接受耐压强度试验。周恩来专门把在锅炉厂劳动的力学大师钱伟长找来“保驾”。当贴有几百个应力测量片的艇体被徐徐注入加压的水时，操作计算机、负责测量的702所的同志反映：鱼雷舱口曲线不太正常，接近钢板屈服应力点。这意味着，全艇正常，只有鱼雷舱口有问题。

当时在场的人都懵了，大家眼巴巴地望着王荣生。凭着多年的经验，王荣生叫来工段长，问他装载舱口的短梁焊接是否有问题，工段长未置可否。别人也怀疑问题会出在这个地方吗？王荣生果断下令：松压放水，打开舱口进舱检查。然后他卷起裤口，拎起提灯，亲自带人钻进漆黑冰冷而又狭窄的装载舱口。果不其然，短梁没焊死，被水压撑开，必须得返工。

大家服了：“我的厂长，你的判断真准确。”

王荣生说：“我们必须以科学的态度认真解决每个问题，对战士负责，对国家负责。”

1970年12月26日，在旗帜、标语、彩花的映衬下，中国核潜艇下水的时刻终于来临。

200多名由工程师和技工组成的“突击队”结集在大跨车间。下水方案是王荣生等领导带着设计人员攻关一个多月才出台的。他们研究了美苏等国的潜艇下水方案，又琢磨了适合自己厂情的办法。这不仅是下水集散、重量曲线确定和浮箱起伏等技术问题，还有几十个控制胎架小车电钮的人的协调同步问题。王荣生从《孙子兵法》中得到启示，采用土洋结合的办法，既有模仿，又有创新，把这一切安排得有条不紊。

交艇仪式上，著名科学家、时任国防科委副主任钱学森热情洋溢地发言：“毛主席说，核潜艇一万年也要搞出来！我们工人有志气，军队有志气。我们没有用一万年，也没有用几十年，我们仅仅用了十几年就搞出来了！”

核潜艇在鲜花、掌声、欢呼声中被徐徐推向大海。王荣生热血沸腾，激动万分，他仿佛感到船坞带动地球微微颤动了一下。[2]

这段七八百字的小故事，精缩的可能就是七八百个日日夜夜，无数科研工作者和工人技师加班加点、科研攻关的“沧海一粟”。

建造核潜艇，首先要解决的是如何利用核裂变的能量在可控范围内转化为核动力，这也就是要不要先搞陆上核动力堆的问题。以钱三强、彭士禄、赵仁恺为代表的专家们认为：我们没有搞反应堆设计和核动力装置试验的运行经验，而要为验证设计、摸索可控核裂变的规律，还包括考验材料设备、培训艇员等，都必须搞陆上核动力堆。“我们要搞陆上核动力堆！”因为这不是任何其他单项模拟装置能够替代得了的。“美国、英国、法国等国都曾建有核潜艇陆上模式堆，不是没有科学道理的。这样做，不是盲目照搬外国的做法，而是按科学规律办事。”彭士禄在2012年3月23日接受采访时如是说。

当年面对种种难题，挑战十分巨大。而且处于“文革”岁月，国内正常的生产、研发环境被严重破坏。同时，我国面临严重外部威胁。在南部国境边，美国狂轰滥炸越南；而在北部的中苏边境，武装冲突事件屡屡发生，苏军又在我边境陈兵百万。那可真是唐代诗人李贺所描述的“黑云压城城欲摧，甲光向日金鳞开。角声满天秋色里，塞上燕脂凝夜紫”的场景。

1969年2月9日、11日、12日三天，周恩来总理连续听取国防工业系统汇报。他焦急地说：“潜艇、快艇这一套要加快些。核潜艇1970年下水很有希望……海军要把空中、海上的防御系统搞起来。”

1969年10月，中央在全面分析周边国家对我威胁最大的力量是“苏修社会帝国主义”之后，也明确了加快形成可反制于敌的战略手段，这里面自然包括具有第二次核打击能力的核潜艇。国务院、中央军委决定成立“核潜艇工程领导小组”，并把办公室设在海军。由国防科委、国防工办、国家计委和海军及有关工业部的领导组成，海军政委李作鹏任组长，罗舜初、周希汉任副组长。

1971年发生了震惊中外的“913”事件，林彪折戟温都尔罕，李作鹏被押。“09工程”改由苏振华再度出任组长，余秋里、方强、钱学森、周希汉任副组长。

钱学森和海军同志在一起

2009年10月31日，一代科技泰斗钱学森大师逝世后，《人民日报》发表《钱学森同志生平》，首次正式披露：1972年至1976年，在“四人帮”干扰破坏十分严重的情况下，担任国防科学技术委员会副主任、国防科工委科学技术委员会副主任的钱学森同志“领导设计制造了我国第一艘核动力潜艇”。

1970年1月，七机部四院第四设计部迁至北京划归七机部一院建制，改名为“一院四部”，由一院负责潜地导弹的技术抓总和协调工作(1979年又改为七机部二院抓总)；七机部一院任命控制系统专家黄纬禄为潜地导弹总设计师。

4月28日，核潜艇陆上模式反应堆的土建、安装工程全部完成，5月1日开始试车。至7月30日核潜艇陆上模式堆试验达到满功率运行，指标符合设计要求，标志我国核潜艇陆上模式堆建造成功。

1970年，我国核燃料厂先后生产并提交了陆上模式堆和核潜艇反应堆使用的两炉燃料元件，保证了两座反应堆的安装使用。

1970年4月，中国第一艘鱼雷攻击型核潜艇完成总体试水，开始安装设备。

1971年4月1日至8月16日，中国第一艘鱼雷攻击型核潜艇进行系泊试验(4月底开始向艇上的反应堆装填核燃料；6月，核潜艇的反应堆达到热态临界)。系泊试验期间共完成试验项目392项，启堆10次，反应堆运行400多个小时。而这一系列有条不紊的试验后面，是一位巨匠的擘画和指挥。

历史永远不会忘记，在那大军压境、军情紧迫的态势下，敬爱的周恩来总理殚精竭虑，为提升国防科研和武器装备建设能力而付出的心血。

翻阅《周恩来年谱》，有这样的记载：1970年7月15日、16日，周恩来总理在核潜艇陆上模式反应堆提升功率前夕听取彭士禄等人工作汇报时，指示“要安全可靠，一丝不苟，万无一失，要以搞好为准”，“要充分准备，一丝不苟，万无一失，一次成功”。

7月17日凌晨2点，核潜艇陆上模式堆开始提升反应堆功率；7月18日和20日，周恩来两次打来电话，要求参试人员“不要急，要仔细做工作，加强现场检查。越是试验阶段，越要全力以赴，一丝不苟才能符合要求”。这些指示，彭士禄至今依然记忆犹新。

1971年6月25日，周恩来总理主持中央专委会议，就核潜艇码头启堆试验问题指出：中国第一次搞核潜艇，试验工作要稳当一些，一步一步把工作做好，多花一些时间充分准备，取得经验。试验要先码头、水面、浅水、然后再深水，分四个阶段……

《中国核潜艇50年大事年表(1958—2008)》上有这样简扼的记载：

1970年7月17日凌晨2时，我国核潜艇陆上模拟堆开始提升功率，7月30日，试验达到满功率，宣告艇上模拟堆正式建成。

9月，我国第一艘弹道导弹核潜艇开工建造。因为国际环境险恶，军情急迫，中央决定我国第一艘弹道导弹核潜艇加快建造。

1970年12月26日，中国第一艘鱼雷攻击型核潜艇顺利下水，并开始进行其他设备安装工作。

1971年7月1日，中国首次实现了在核潜艇上以核能发电，进行主机试车和动力装置联试的初步考核。

8月23日，中国第一艘鱼雷攻击型核潜艇起锚进行航行试验。到1972年4月，共出海试验20余航次，累计航行几千海里，完成了绝大部分试验项目。

9月24日，国产的鱼-1型热动力自控鱼雷设计、生产定型。

在那个特殊的岁月里，有许多事是值得怀念的。现今已是白发皓首的“09工程”参加者们对核潜艇的建造节点，依然记得清清楚楚。如1970年9月我国首制弹道导弹核潜艇开工建造；如第一艘核潜艇胜利下水并进行舾装，特意选择了12月26日。中国人都知道这一天是毛泽东主席的生日，这“是多么有意义啊!”当年被蔑称为“臭老九”的科研人员至今仍这般深情地回忆。

2008年，记者采访“两院”院士赵仁恺。这位参加和主持核潜艇及动力堆研究设计、试验运行的老人深情地说："1958 年秋，当时搞生产堆的设计已进行到一定的程度，我从苏联回到国内，参加了国内自己的生产堆的建造工作。这时国家要上核潜艇，我又被从试验堆、石墨生产堆的队伍中'抓'出来，开始了核潜艇的设计和建造。其间（核潜艇工程）也经历了下马暂停和集中优势力量攻关，我重新回去上马搞原子弹。这样，搞核潜艇工程进行过程中的自力更生经验，也融合到了原子弹工程当中去。1964 年原子弹爆炸成功，核潜艇工程重新上马，正好我参加的生产堆项目也告一段落。我再次调回，从事核潜艇动力的研究设计。"

当记者询问赵仁恺："我国第一代核潜艇的反应堆是否有过国外的参考对象？"曾经担任中国核动力研究设计院副院长兼总工程师的赵仁恺说："当时国际上关于压水堆的资料很少。美国当时也是刚搞出来，苏联的最终设计也未完成，况且搞核潜艇高度保密。那年苏振华带团去苏联谈海军援建，中方两三次提出《核潜艇建设大纲》草案，想听听苏联意见，可人家就是不理这个茬。可以说做反应堆谁也没有搞过，世界各国也刚开始。应该讲没有任何国外的参考对象。作为一个反应堆，如何计算，如何把零件弄好，这些东西都没有参照，完全要自己弄。基本的物理概念，基本的分析，然后再通过实验，验证自己的东西，开拓并不是那么简单。核燃料全部要从头弄起，从二氧化铀开始弄。因此，核潜艇工程涉及从化工、机械直到最尖端的技术，是一整个工业体系的运作。这些我们都是从头开始做，所谓的资料也很有限。核潜艇的研制能比较顺利，一是工程安排比较好，二是当时国家的所有科技精英都投入到有关的项目中去，不同学科的专家汇聚在一起工作，这就形成了一个温床，不同专业之间的科学家可以相互请教。"

1971 年 6 月，开始进行第一次全艇联合试验，接下来是核潜艇水下启堆试验；1971 年 8 月 23 日，该艇第一次以核动力航行驶向试验海区，进行检验性试航。在先后四个阶段的试验中，该艇先后出海 20 余次，试验项目近 200 个，累计航程 6000 多海里。

赵仁恺说："原子能院当时把核潜艇作为'元帅'，所有工作都围绕着核潜艇，所有环节都有相应的科学家在那里出主意。现在看来，我们的核潜艇很特别，一次成功，而且起点很高，这不是偶然的。一直到现在，经验都还是很宝贵的。海军对第一代核潜艇的评价很好，说这核潜艇的动力到现在都很'皮实'，海军用起来很放心……"

赵仁恺的话语中充满了骄傲和自豪。

1972 年 3 月，中央军委副主席叶剑英在观看了核潜艇研制纪录片后深情地说："核潜艇搞出来了，人民感谢你们！"

1972 年 8 月 12 日，毛泽东签发电报，批准核潜艇进行扩大航行试验。9 月 21 日，中央军委副主席叶剑英视察渤海造船厂，实地检查核潜艇建造进度。10 月，我军科研人员在改装的常规潜艇上首次成功进行全尺寸模型导弹的水下弹射试验，这对攻克水下发射技术关键具有重大意义。

1974 年 1 月至 4 月，中国第一艘鱼雷攻击型核潜艇转入检验性航行试验。

1974 年 2 月 18 日，专委会议决定，国务院、中央军委核潜艇工程领导小组和远洋测量船队两个工程领导小组合并为国务院、中央军委核潜艇、远洋测量船队工程领导小组，苏振华任组长，余秋里、方强、钱学森、周希汉任副组长。办公室设在海军装备技术部。

1974年8月19日，肖劲光(左一)陪同朱德委员长(左二)在北戴河海区视察海军核潜艇(朱和平供图)

中央专委的督促，加快了中国第一艘弹道导弹核潜艇和远洋测量船队的建造进度。

1974年8月1日，中央军委发布命令，命令当天服役的中国第一艘鱼雷攻击型核潜艇为“长征一号”，正式编入海军序列，并举行了庄严的军旗授予仪式。海军司令员肖劲光、国防科委副主任钱学森等参加了交接命名大会。该型核潜艇分为7个舱室，采用水滴线型，搭载声自导雷达，单轴推进，自持力90昼夜，下潜深度和水下航速等都达到或接近国外水平。

8月19日，88岁高龄的朱德委员长在海军司令员肖劲光和副司令员刘道生的陪同下，在秦皇岛海区检阅了包括核潜艇在内的海军新型舰艇部队，并为海军题词：“增强革命团结，加速人民海军建设”。

▶拨乱反正之中的奋起直追

我国第一艘鱼雷攻击型核潜艇——“长征一号”，经过三年航行试验于1974年8月1日正式加入人民海军的战斗行列，中国成为世界上第五个拥有核潜艇的国家。它的成功，标志中国昂首进入核潜艇国家“俱乐部”，不仅震惊了世界，更令美苏瞠目结舌——它们无论如何也没有料到中国在原子技术方面会有这样的实力。

1975年8月3日，国务院、中央军委批准中国第一艘鱼雷攻击型核潜艇设计、生产定型。此后，尤其是1976年粉碎“四人帮”后，又有多艘攻击型核潜艇建成服役。

历史对蹉跎岁月里发生的重大事件是这样记载的。

1977年4月28日，中共中央决定华国锋任中央专委主任，叶剑英、李先念任副主任，8月6日增补邓小平为副主任。

同年9月18日，中共中央批准“向太平洋发射洲际地－地战略导弹、潜艇发射固体潜地战略导弹以及发射试验通信卫星”为1980年至1984年的三项重点任务，即后来在新中国国防科技事业中具有里程碑意义的“三抓”任务。

战略目标确定之后，组织架构和任用干部就是决定因素。

1977年，对国防科技和武器装备建设事业有着杰出贡献和深厚感情的张爱萍将军再次复出。12月14日，中央专委批准张爱萍兼任中央专委办公室主任，专委办公室的日常工作由国防科委科技部承办。

“三抓”任务成为张爱萍将军指挥“国防科研军团”的主攻目标。正是在“忠诚事业、矢志国防”坚定信念的强劲支撑下，张爱萍一手大刀阔斧抓拨乱反正，一手争分夺秒抓科研生产，创造性建立了总设计师和行政总指挥“两条指挥线”制度，成功组织指挥“三抓”任务，实现了我国国防尖端技术的新突破。

“莫道生来多难，更喜险峰竞攀。”张爱萍将军对“三抓”任务条分缕析，认为要圆满完成“潜艇发射固体潜地战略导弹”这项任务，建设好水下活动发射平台是重要前提，包括发射试验通信卫星与潜艇的通信，都与潜艇建造水平息息相关。

1979 年 9 月，为了加强核潜艇工程的技术抓总和统筹协调，国防科委、国防工办任命彭士禄为核潜艇工程总设计师，黄纬禄、赵仁恺、黄旭华为副总设计师。

1979 年 12 月，核潜艇陆上模式堆历经了 9 年多的全寿命期运行试验，进行了 530 项(次)试验项目，在整个核潜艇研制过程中发挥了不可替代的作用。核潜艇陆上模式堆在取得反应堆堆芯全寿命期运行的完整数据之后，光荣地完成了肩负的历史使命，核反应堆最终被关闭，开始进行运行工作总结和开盖拆除前的技术准备。

1981 年 4 月 30 日，我国第一艘弹道导弹核潜艇举行下水仪式。这艘被“文革”延宕的核潜艇是 1970 年 9 月开工的。时任国务院副总理兼国防部长的张爱萍将军对出席下水仪式的海军司令员叶飞、政委李耀文、第一副司令员刘道生等人说：“十年磨一艇，被耽误的时间太久了点儿，海军还得要奋起直追呀!”参加下水仪式的舰船工业代表王荣生回忆说。

1981 年 6 月，为第一艘鱼雷攻击型核潜艇——“长征一号”准备的泊锚地，也是我国海军第一个核潜艇基地主体工程竣工。

1982 年 9 月，完全由中国自己设计和施工的又一座更大功率的长波电台建成，标志着陆上对潜通信联络能力的进一步提高。在经历了三年的实际检验后，这项工程于 1985 年荣获国家科学进步一等奖。

1983 年 8 月 20 日，我国第一艘弹道导弹核潜艇编入序列，交付海军使用。

同年 11 月 2 日，海军和中国船舶工业总公司联合批复《关于第一代核动力潜艇改进提高项目任务书》。

1984 年 4 月 16 日，我国通信卫星进入预定轨道，海军核潜艇卫星通信系统第一个成功地开通了卫星信道通信试验线路。核潜艇利用卫星转报的瞬间快速通信实验取得成功，使我国对潜通信达到一个新水平。

这年的 8 月 20 日，美国海军部长莱曼一行在大连小平岛参观中国核潜艇。军事透明程度之高，连美国海军部长也意想不到。但是，时光流淌过 20 多年，至今仍有些不怀好意的人还在叫嚷什么“中国的军事透明度不高”，真不知道这是哪家的逻辑。

1984 年 9 月 21 日，《人民日报》在题为《人民解放军向现代化迈进》一文中首次公开报道中国“自行设计生产的核潜艇已加入了保卫海防的行列”。

10月1日，在国庆35周年阅兵式上，我国首次展示了海军的潜地战略导弹实物。12月19日，鱼-3型被动声导反潜鱼雷生产定型。同年，海军核潜艇基地二期工程开工。

1985年11月25日至1986年2月18日，中国“长征三号”核潜艇进行了长达数月的自持力考核训练航行。该艇穿海底峡谷、走暗流，并与国外舰船进行巧妙周旋，最终打破了由美国“鹦鹉螺”号创造的核潜艇最大自持力84天的纪录。训练总航程相当于绕地球赤道一周，其中大部分时间在水下航行，最长的一次连续水下航行达25昼夜，创下了人民海军潜艇远航史上总航程、水下航行时间、水下平均航速、一次性潜航时间的最高纪录。

1985年，“我国第一代鱼雷型核潜艇的研究设计”获国家科技进步特等奖。

1987年元旦，为庆贺改革开放以来国防科研建设的新战果，《人民日报》等媒体报道我国核潜艇远航训练成功，并刊登一幅我军弹道导弹核潜艇照片，这是首次在国家权威报纸上刊登我国核潜艇图片。

航行中的弹道导弹核潜艇

同年，以前海军司令员肖劲光为顾问、副司令员杨国宇为主编的《当代中国海军》一书出版，书中首次比较详细地披露了我国核潜艇创业的过程。笔者引述这些重大事件，是想进一步印证“中国的军事透明度还是相当高的”。

感慨之后，还是让我们继续沿着时光的年轮，讲述一下首制核潜艇深潜试验的历程。

1987年6月，中央决定，成立核潜艇深水试验领导小组。11月3日，胡耀邦总书记视察渤海造船厂。

1988年，中国核潜艇进行了极限深潜试验。核潜艇总设计师黄旭华参加了这次颇具危险性的试验。

4月28日12时3分，我军某鱼雷攻击型核潜艇进行深潜试验并成功地下潜到极限设计深度。

5月13日7时至13时16分，我军某鱼雷攻击型核潜艇进行水下全速试验。核潜艇的航速达到设计值，反应堆功率仍有不少余量，整个动力装置的热效率比设计值高20%。极限深潜试验取得了圆满成功。这两次试验既证明了中国核潜艇建造水平是高的，是有作战能力的，也为今后进一步改进提高打下了良好基础。

5月25日，我军某鱼雷攻击型核潜艇又成功地进行了大深度发射鱼雷试验，共发射4枚鱼雷，验证了攻击型核潜艇的实战能力。

在建设好核潜艇这个发射平台的同时，中国也加紧锤炼自己的水下核打击铁拳——以潜艇发射固体潜地战略导弹。

中共中央早在1975年5月25日就做出了关于国防尖端技术发展问题的决定，强调要首先抓紧洲际导弹的研制，积极进行潜地导弹的研究。由于“文革”造成的动荡政治环境，决策的贯彻落实必然大打折扣。1975年，在“文革”期间饱受冲击、几经坎坷的张爱萍将军首次复出，磨难中他那献身国防科技和武器装备建设事业的信念矢志不渝。一年之内，他克服困难，排除干扰，不仅连续成功组织实施3次卫星发射，而且指导其他国防科研项目抓紧进行。这年8月21日，鱼－3型被动自导反潜鱼雷设计定型。

1976年，尽管社会政治生活正在经历着新中国成立以来的大悲痛与大较量，但国防科研部门仍研制出具有一定精度的惯性导航系统并装艇使用。历经了拨乱反正、正本清源而驶上改革开放之道的国防科研部门，更加坚定了实现国防现代化的发展步伐。

1978年4月20日，常规动力导弹潜艇改装水下发射试验成功并交付使用。

1979年4月，为了减轻七机部一院过重的型号任务负担，加强对潜地导弹型号项目的领导，充分利用七机部二院的生产能力，国防科委决定将“巨浪”－1型潜地导弹的总体设计部和控制系统研究所划归七机部二院，由二院负责潜地导弹型号的抓总任务。此时潜地导弹正处于技术设计关键阶段。

1980年3月，国防科工委和海军联合成立潜艇水下发射运载火箭试验总指挥部。1980年11月16日至12月17日，为了检验核潜艇和装备在海上长期运行的可靠性，我国核潜艇首次连续航行31昼夜，航程数千里，累计水下航行25昼夜。

1981年6月17日，我国第二枚固体潜地导弹（遥测弹）陆上发射台飞行试验成功，一扫首发失利的阴霾。对陆射固体潜地战略导弹飞行试验成功，中央军委专门拍发了贺电。

对此，在张爱萍将军之子张胜的著述中，也有精彩故事值得讲述。张胜写道：

潜地导弹对于实战的重大意义还不仅在于能水下发射，关键它是由固体燃料作为推动力的。第一代导弹，都以液体燃料推动，体积大、加注时间长，存放在发射井里，在卫星侦察和精确制导武器发展的今天，很容易被敌人摧毁。而固体燃料导弹则具备了体积小、机动性强的特点，可以用车载着和敌手玩捉迷藏的游戏。这个隐蔽、机动的特点，注定了它在我们这样一个奉行后发制人战略的国家中特殊的地位。早在20世纪50年代中期，研制固体燃料火箭发动机的工作就开始了；1967年，决定研制与核潜艇配套的固体潜地战略导弹；1977年，父亲（指张爱萍）第三次复出时，提出了“大打固体战”。把它与洲际导弹、地球同步卫星一起列为三项重点突破的内容。这发潜地导弹，又被业内人士称之为“一代半”产品。固体导弹本属“二代”，因为最初研制的固体燃料推动力小，需要用潜艇将导弹拖到预定海底潜伏，然后发射，称为半机动力，所以叫“一代半”。在这之后，有一位年轻的工程师直接向我父亲建议，让海底蛟龙上陆是能够做到的。父亲认同了这个建议，也认同了提出这个大胆建议的人。不久，终于成功地进行了在区域性公路上用运输发射车发射固体地对地导弹的飞行试验，中国的第二代导弹即固体导弹从此诞生。这个年轻人是谁呢？他就是后来我国第一代载人航天飞船的总设计师——王永志。后生可畏啊！[3]

我国第一代潜射弹道导弹

正是从这些小故事中，人们更能深切地感

受国防科技工业“同一个战壕里”战友间那般团结协作的伟大精神，这是“筑成我们新的长城”最重要的基石。

1982年1月7日，我国第三枚固体潜地导弹（遥测弹）陆上发射台飞行试验成功。2月4日，我国第一枚固体潜地导弹陆上发射筒（遥测弹）飞行试验成功。4月22日，我国第二枚固体潜地导弹（遥测弹）陆上发射筒飞行试验成功。

1982年10月7日15时14分，我国用常规潜艇从水下发射第一枚运载火箭。火箭发射正常，但点火后不久，导弹失控翻转并在空中自毁，第一次潜艇发射导弹试验失败。

张爱萍将军在重要关头挺身而出，勇于负责。他说：“任何时候我们都是科学家的服务员，我们是做服务保障工作的。成功了，是科学家的功劳；失败了，则是我们的责任。”他在深入实际、调查研究的过程中，始终强调要尊重科学，求真务实、不务虚名、不尚空谈，工作严谨细致、雷厉风行、一抓到底。他视科学家和技术人员为良师益友，与他们建立了深厚友谊。这种尊重知识，尊重人才，宽容失败的精神，给了国防科研工作者以极大的鼓励。在新一轮试验准备的当口，他总是坚持亲临一线、靠前指挥。

据《庆祝人民海军成立六十周年大事记》记载：

1982年首次发射潜地导弹。那年10月12日15时01秒，随着一声巨响，由我国自己研制的第一代固体潜地导弹破水而出，导弹经过水中段、控制段、被动段飞行，准确落入预定海域。中国首次用潜艇从水下向预定海域发射导弹获得圆满成功。张爱萍将军咏赞：“东风怒放，烈火喷万丈。霹雳弦惊周天荡，声震大洋激浪。”

执行这次代号为“9182”任务的潜艇进行水下发射运载火箭试验获得圆满成功！中共中央、国务院、中央军委发电祝贺，指出“这是党的自力更生方针的又一胜利”。三年之后的1985年，“固体潜地战略导弹及潜艇水下发射”获国家科技进步特等奖。

潜艇水下发射导弹的优点十分明显，那就是机动范围广、隐蔽性好、攻击能力高、生存能力强。它不像陆上发射井只能在固定的地点发射，而是可以在难以被发现的水下灵活机动，打击敌方任何陆上战略目标。潜艇水下发射导弹的成功，标志着中国已经具有水下机动发射的固体战略导弹武器系统。

中国研制潜射固体燃料导弹核武器，走过了“两个跨越，两个直接”，即越过了单级导弹阶段，直接实现两级导弹；越过了陆基导弹阶段，直接实现潜艇水下发射导弹。

“潜地导弹两级发动机采用固体复合推进剂，钢壳体，制导选用液浮平台—计算机方案，姿态控制采用惯性测量装置和一级摆动喷管，二级液体二次喷射推力向量控制方案。‘巨浪’-1型潜地弹道导弹的发射成功，使中国成为第四个依靠自己的力量研制潜地导弹的国家。它表明中国已拥有第二次（核）打击能力，标志着中国战略核力量进入新的发展阶段。从陆地发射到水下发射，从固定阵地发射发展到机动隐蔽条件下发射，也为中国进一步发展机动、快速、隐蔽，生存能力强，精度高的战略武器奠定了基础。”国防大学战略问题专家彭光谦在《中国军事战略问题研究》中如是说。

1983年8月12日至22日，潜地导弹定型批第一枚、第二枚遥测弹陆上发射筒发射飞行试验获得成功。

1984 年 3 月 8 日至 4 月 28 日，我国导弹核潜艇在渤海海域发射了 4 枚模型弹道导弹。试验结果表明，导弹发射系统设计方案正确、核潜艇的操纵性能较好。

1984 年，我国利用弹道导弹核潜艇再次进行导弹水下发射试验。

1985 年 5 月 2 日，国防科工委、海军成立潜地导弹水下发射实验首区指挥部和试验总师组，执行这项代号为“9185”的任务。

9 月 28 日，我国导弹核潜艇进行潜地导弹定型批水下遥测弹发射，但由于水下发射的力学环境复杂，3 枚遥测弹发射均告失败。尽管可能有这样那样的复杂因素，但后来总结失利的原因时，指挥部领导愧疚地自责道：“我们在指导思想上还是有些急于求成，缺少科学严谨的态度，犯了欲速则不达的大忌。对此我们必须高度警醒。”表现出科学严谨、求真务实的态度。很快，导致失败的缺陷被查找出来。

英武的海军核潜艇部队

1986 年 4 月至 7 月，为了摸清导弹武器在水下活动平台发射的初始瞄准精度，国防科研部门再度在渤海海域进行导弹核潜艇瞄准精度试验。

1988 年 8 月 19 日，时任国务院总理李鹏以中央专委主任身份视察导弹核潜艇。

9 月 15 日和 27 日，声声惊雷震撼海空，弹道导弹核潜艇自水下发射 2 枚潜地导弹，定型试验取得成功。至此，中国首制弹道导弹核潜艇潜地导弹定型试验全部结束，第一代弹道导弹核潜艇实验走完了全过程，标志着中国完全掌握了战略核潜艇水下发射弹道导弹技术。

中国第一艘弹道导弹核潜艇从 1981 年 4 月下水，到 1983 年正式服役，至 1988 年 9 月前后，该艇圆满完成了最大自持力、极限潜深、水下全速航行、大深度鱼雷发射等试验。其最为耀眼的壮美，更在于水下发射潜地导弹定型试验大获成功。

1989 年 12 月 14 日，海军召开潜地导弹武器系统定型会议。这标志中国成为世界上第五个真正拥有海基核打击力量的国家，在风云变幻的国际局势中有了捍卫国家核心利益的“杀手锏”。

扼要地讲述了中国发展核潜艇的历程后，当然也不应讳言客观存在的某些不足。

第一代战略核潜艇使用的是国产第一代潜射弹道导弹“巨浪”－1 型，该型导弹只具有单弹头携带能力，而且射程较短。如对敌方实行有效的核反击，潜艇就必须尽量接近敌方海岸线。但该潜艇过高的噪声水平容易被对方的反潜设备发现并受到攻击。因此，该级核潜艇不能很好地承担作为国家二次核打击力量的重任。据称，该是中国并未选择“整批建造”该型核潜艇的最大原因。

刘华清视察核潜艇基地

对中国首制核潜艇缺陷的分析和评论并不鲜见，包括国内外众多防务专家的评述，称其仅解决了弹道导弹核潜艇“有没有”的问题。而有些观点认为该型潜艇核推进系统采用不当，甚至质疑反应堆有辐射泄露问题。对此，赵仁恺院士愤慨地说：“为了确保核反应堆和潜艇的安全，建造核潜艇必须有一个核安全保证系统：万一管子破了怎么办？需要应急冷却系统；控制棒卡住了怎么办？需要有应急系统；为了确保安全，控制棒要有余，我们要保证有一组控制棒卡住的时候，其余控制棒仍然可以控制反应堆。核潜艇和核电站的要求不一样，核电站要求的是安全性和经济性为主，而核潜艇要求的是安全性和战斗性为主。我们的核潜艇从服役到现在，从未出过核事故。国外有人说，那是我们的核潜艇‘跑得不多’。实际上，我们的核潜艇到现在也三四十年了，跑得可不少，但从未出现过事故。在陆上模拟堆试验时，我们就进行了连续长期的运行，后来在核潜艇试航时，我们也搞了同样时间的水下潜航。当然，我们的核潜艇不是环球潜航，美国的核潜艇搞长潜航都是环球航行，出了事可以就近找美国的基地。我们没有那么完善的海外基地，所以，是在自己的近海搞潜航。我们的核潜艇服役以来，在所有出航训练中，没有一次是因为动力装置故障而提前回来的。”

被誉为“中国核潜艇之父”的彭士禄和黄旭华院士，基本也是持同样观点。他们更加关注的是“在那个时代背景下，中国首制核潜艇的战略选择与实际研制决策都是正确的”。彭士禄院士作为中国第一座舰用核反应堆的设计者，是当之无愧的中国海军核动力推进系统的奠基人。

彭士禄是革命先烈彭湃的后代。他曾在2002年接受《国际展望》期刊的专访。尽管距离设计第一座舰用核反应堆已经过去三十多年了，彭士禄对自己当时所做的工作仍然感到非常骄傲和自豪。“第一次世界大战的时候，战列舰是当之无愧的海上霸主；第二次世界大战的时候，战列舰被航空母舰所取代；但是在未来，我相信核潜艇将成为海战兵器之王。”彭士禄认为，核潜艇之所以被视为未来的海上霸主，主要是由于它具备几大重要特点，包括几乎无限的续航力、较高的航速、庞大的武器和人员的携带能力、广阔的部署范围和天生的无与伦比的隐蔽性。他表示，“核潜艇能够到达海洋的任何地方……它们的活动范围非常广，因此最能够满足大国的安全需要”。2005年出版的《中国核潜艇研制纪实》中也谈到彭士禄在接受记者采访时所言：“核动力的巨大优势是常规推进技术完全无法比拟的。”

2000年8月出版的《兵器》杂志曾刊登《攻击型核潜艇的设计思想——再访黄旭华院士》一文，作者向黄旭华院士询问相关质疑时，黄旭华非常直率地指出了中国当时在核动力推进项目研究过程中所面临的艰难决策。当时能做的选择主要有两个：一是研制AIP

（不依赖空气推进系统），另一个是研制核动力系统。与 AIP 潜艇相比，核反应堆能够为潜艇提供多得多的能量，而且更加安全，更加可靠，能够使潜艇在水下潜航更长时间。

黄旭华还以英阿马岛之战为例。他指出，核潜艇的高航速特点，是英国得以在很短时间内将其成功部署到远离本土的马尔维纳斯群岛附近海域作战的关键。在这场被称为自第二次世界大战结束以来最激烈的海上冲突中，英国海军攻击型核潜艇所表现出来的强大制海能力，给中国海军分析家们留下了极其深刻的印象。黄旭华强调，世界上除美国外，大多数国家基本不拥有遍布全球的海军基地网络，因此对像英国这样拥有辽阔海岸线和巨大海外利益的国家而言，具备高航速和大续航能力的核潜艇，对于国家海上安全是至关重要的。

中国完全没有海外基地存在，因而更加需要建立一支以核动力潜艇为基础、具备相当远洋作战能力的蓝水海军。与瑞典“哥特兰”级 AIP 潜艇相比，黄旭华认为，AIP 潜艇尽管可以在水下潜航达到两周左右，但其前提是此时的水下航速只能是区区 4 节，这“难以满足实际的作战需求”。瑞典发展“哥特兰”级 AIP 潜艇，符合瑞典所处海域的水文环境，其选择正是依据了这些特点。而中国面临的海上挑战和形势复杂多样，其需求也是多种多样的，因此发展核潜艇可以更好地满足中国的需要。

▶“银河”号事件与研制深海“新蛟龙”的战略决策

——深度解析中国新型攻击核潜艇

在纪念中国人民解放军建军 80 周年的日子里，坐落于北京的中国人民革命军事博物馆举办了“我们的队伍向太阳——新中国成立以来国防和军队建设成就展”。人民解放军的众多新型装备首次向世人展示。其中，海军装备方面最吸引人眼球的，要数以图片形式展出的我国新型核潜艇。外界普遍猜测此次展出的是中国继“汉”级核潜艇之后的新一代攻击型核潜艇，即西方命名的“商”级。

《汉和防务评论》、《简氏防务周刊》认为，它从外形上看应该是攻击型核潜艇，因为艇体背部没有大型导弹发射口，军事评论家的意见则是见仁见智。对于这些被称为“杀手锏”高新武器的研制背景，外界称有两件大事产生了实质性推动作用。一件是 1993 年发生的“银河”号事件；一件是 1996 年台湾海峡危机。类似这方面的说法，当然不是空穴来风。

的确，1993 年发生的“银河”号事件，对中国海军而言具有重要的影响，其意义不下于当年赫鲁晓夫撤走援华专家对中国高层的刺激。中央军委下决心发展海上军事力量，包括研制新一代攻击型核潜艇。

1993 年，美国以获得情报为由，指控一艘名为“银河”号的中国货轮“将可以制造化学武器的重要原材料运往伊朗”。美国军方满以为拿住了中国人的把柄，要抓个“现行”，故在沙特阿拉伯附近海域将“银河”号货轮截住。中美首次在印度洋海面角力！虽经外交斡旋、各方交涉，但“银河”号货轮还是在美国军舰的监控下，被迫接受“第三方”上船检查，最终的结果当然是美国人在全世界面前演出了“子虚乌无”的闹剧。

这种卑鄙的伎俩，活脱脱的霸道行径，令国人感到愤慨！

从20世纪50年代开始的中美战略角力，在70年代，曾因共同的反霸事业所需而一度偃旗息鼓。自1979年1月中美建交后的10年里，中美合作的态势占主流，大都相安无事。但从1989年春夏之交的“政治风波”后，随着东欧剧变，苏联解体，“冷战”以美国的“完胜”而告结束，超级大国那种“唯我独尊独大”的心态，驱使美国开始从对华制裁到全面战略遏制的转变。

“银河”号事件，更是加深了中国高层领导对国际时局的实质性判读。

历数中国核潜艇事业的辉煌成就，许多人的贡献不应被忘记。其中包括这位军人，他就是担任过中国舰船研究院院长、六机部副部长，曾任人民海军司令员和中央军委副主席、中央政治局常委的刘华清。“刘华清上将被外界普遍视为中国海军实施现代化的积极推动者和主要实施者。”美国战略专家威尼斯·杰弗逊这样说，“在刘华清担任中国海军司令(1982—1988)和中央军委副主席(1989—1997)期间，中国海军潜艇部队不论在数量和质量上都取得了极其显著的进步。”

1984年，刘华清就强调“要始终把潜艇建设放在重要位置，常规潜艇要改进，要发展，核潜艇要加以完善作为执行战略任务的力量”。刘华清认为核潜艇“不仅仅是海军的战略武器，更是国家的威慑力量，是我国综合国力的体现”[4]。刘华清担任海军司令时更是格外注重核潜艇发展的实际工作。1982—1988年间，有关部门组织了核潜艇的各种试验和训练，并且考虑研制第二代核潜艇的问题。

《刘华清回忆录》写道：

1990年，首批五艘091型(“汉”级)鱼雷核潜艇中的最后一艘下水，“我向江主席报告后，他决定亲自去视察。视察时，江主席果断表示：核潜艇不能断线”。

1990年4月7日，春光明媚，微风习习，两架专机从北京起飞，10时许抵达关外某机场。江泽民在刘华清等人陪同下前来参加核潜艇下水典礼。当天下午，江泽民在海军基地检阅了参加海上试验的舰艇部队，并欣然为“长征四号”核潜艇题词：“加强核潜艇部队建设 壮我国威 壮我军威”。

江泽民对核潜艇的研制工作，应该非常熟悉。还是在1989年11月12日，即中国共产党十三届五中全会决定江泽民担任中央军委主席及军委领导成员部分调整以后召开的第一次会议上，他就坦诚地告诉参加会议的同志，自己在“以往从事的工作中，曾涉及原子反应堆及核潜艇设备的研制和雷达、通信等电子设备的生产，直接为国防科研和国防建设服务”[5]。

这次来渤海某船厂为新型核潜艇下水剪彩，当然会引起他对往日工作的更多回想。

4月8日上午，江泽民在渤海某船厂听取了船舶总公司及船厂的汇报。接着，江泽民发表讲话：“新产品下水与昨天晚上‘亚洲1号’卫星发射成功，是双喜临门。稳定是当前压倒一切的大事。任何一个国家没有经济实力是没有发言权的，我们必须把经济建设搞上去。经济建设和边防，需要强大的国防力量来保卫，而国防建设与经济建设的关系是辩证的，相互支持的。”随后，江泽民视察渤海某船厂并来到坞门上面的甲板平台上，在欢呼和鞭炮声中，兴致勃勃地为核潜艇下水剪彩。

在视察活动中，江泽民为渤海某船厂题词：“团结求实 开拓奋进”；在给 719 所的题词时强调：“为核潜艇研制事业再立新功”。[6]

1991 年 5 月 12 日，刘华清再次把海军核潜艇部队建设报告转呈江泽民主席，特别强调要继续保持核潜艇科研发展和认真做好核安全工作等建设性意见。“目前，我国只拥有五艘‘汉’级攻击型核潜艇……不仅数量严重不足，而且性能也已经落后……因此，它们已经无法满足新战略形势下国家对水下核力量的要求了。”[4]

5 月 29 日，江泽民对海军核潜艇建设报告作了重要批示。“据此，我们在发展核潜艇的同时，借鉴国外经验并结合实际，从规章制度、技术管理到督促检查等方面，建立了一套严密的行之有效的核安全机制。”刘华清在回忆录中这样写道。

1992 年 7 月 26 日，江泽民主席视察海军某潜艇基地并挥笔题词：“建设一支忠于党、忠于祖国、忠于人民的核潜艇部队。”

1994 年，江泽民主持中央军委会议并做出重要决定，开始研制新一代核潜艇——外媒称为“商”级的攻击型核动力潜艇。“1994—2008 年，新一代核潜艇的研制、建造工作全面展开。江泽民、李鹏、朱镕基、温家宝、吴邦国等党和国家领导人先后多次到核潜艇设计、建造、使用单位视察或题词，促进了第二代核潜艇的发展。”《中国核潜艇 50 年大事年表》如是记载。

1996 年发生的台海危机以及核潜艇在危机中扮演的至关重要的角色，对中国决心加快发展攻击型核潜艇产生了强劲的推动作用。《现代舰船》刊载的相关文章在谈到 1996 年台海危机时，作出了这样的描述：1996 年台海危机时，美国派出航空母舰战斗群逼近台湾海峡。其间，中国 2 艘核动力潜艇突然在美军侦测仪上失去踪影，成功逼迫美军即时后撤了 200 海里。

该杂志的另一篇文章也宣称，美国军用卫星发现中国的核潜艇从泊位上神秘消失……无法继续对其进行跟踪和定位。“面对中国核潜艇所带来的威胁和压力，美国航空母舰战斗群缺乏对付这种高速水下神秘杀手的有效手段，因此，只得停留在距离台湾 200 海里的外围海域不敢再进。”

针对当时美军航母舰队种种令人费解的行为，作者用充满暗示意味的口吻提出了问题：“为什么美国航母战斗群突然改变了最初制订的方案，这是否正是出于对中国核潜艇畏惧的原因呢？”这篇借外媒之口而转载的文章还说：“不过，鉴于‘汉’级核潜艇噪声水平极高——这早已是世人皆知的秘密了——笔者对于上面这种说法可靠性颇为存疑。”

引述这些大相径庭的观点，只想说明事实的客观存在。这就是：1996 年台海危机时，中国核潜艇从泊位码头消失后，美军航空母舰战斗群迅即后撤，停留在距离台湾 200 海里的外围海域里，未敢贸然再进。

对于中国海军新一代核潜艇研制建造的背景，人们可以在《刘华清回忆录》有关海军核潜艇的篇章里找到与笔者相同的观点。刘华清回忆："1994 年，根据江主席指示，中央军委、中央专委决定开始新一代核潜艇的研制工作。看到核潜艇事业后继有人，后继有艇，我也就放心了。"人们完全可以据此判断，新一代攻击型核潜艇在此之前就已经开始进行预研了，所以才能够在 1993 年"银河"号事件后不久即于 1994 年立项。此项工作开展得很快，这与整个中国军事战略的调整息息相关。因为，一款核潜艇的设计，不仅要与其海军战略相适应，更要与未来海军的作战区域和作战方式相适应。

讲述至此，有必要引述曾经担任中国船舶工业总公司总经理的王荣生的回忆。

惊喜，往往来得很突然。1995 年 10 月，我正在杭州出差。有一天，北京给我打来电话："海军通知，请王总马上回来，有要事商量。"我回到北京，听说要向江总书记汇报工作，我便准备了一份汇报提纲。记得那天，我与刘华清、张震、迟浩田、张万年、胡启立、曹刚川、杨怀庆、张连仲、贺鹏飞等坐同一架专机飞抵青岛。

中午，江总书记把我们军工部门的领导人找到一起，在指挥舰上的客厅里吃饭。我恰好坐在江总书记的斜对面。解放军副总参谋长曹刚川向江总书记介绍说："这些船都是由老王他们承造的。"江总书记赞赏地点头："嗯！很好！"并向胡启立同志介绍说："王荣生是专门学造船的，他是上海交大的毕业生，我们是校友。"随即，胡启立问我："现在有种地效应船，我们怎么样？"我回答说："我们也正在研究试制。"江总书记马上问："王荣生，船的航速跟船的马力有什么关系？"我回答说："这种关系很复杂，有一个经验公式，它跟船的速度、跟主机的功率有个系数关系。一般来说，每增加一海里，就要增加很多马力；增加马力，不一定提高很多速度，这要根据它的线形和船长、船宽比来确定的。"江总书记听后连连点头："是的，是的。"

第二天，在由直升机库改装的会议室里，海军司令员张连仲向总书记汇报了工作。

随后，江总书记作了关于装备建设重要性的指示。大意是，装备建设是很重要、很复杂的事情，我们要根据国家的经济实力，也要考虑到现代科技的发展，还是要搞得高一点、精一点，要搞一些我们特有的东西。[6]

与此相关的中国军事战略调整方面的论述，人们还可以在《江泽民文选》中读到。江泽民多次强调，"要采取实事求是的态度，脚踏实地地把国防科技搞上去，使我们能够对付今后可能发生的情况。不管是应对局部战争，还是应对突发事件，我们都要准备好"，"在武器装备上也要有'杀手锏'。总的方针，还是要靠自力更生。因为武器装备完全靠买是买不来的，如果把宝押在买外国的，是不行的"[5]。

据《汉和防务评论》报道，中国在 1998 年左右开工建造 2 艘新型攻击型核潜艇和 1 艘战略导弹核潜艇。正如刘华清回忆的那样，"海军的作战海区，在今后一个较长时间内，主要将是第一岛链和沿该岛链的外延海区以及岛链以内的黄海、东海和南海海区"，"随着我国的经济力量和科学技术水平的不断增强，海军力量进一步扩大，我国的作战海区将逐步扩大到太平洋北部至'第二岛链'，在积极防御的战役战术上，将采取敌进我进的指导思想，即敌人向我沿海地区进攻，我也向敌后发起进攻。"也就是说，从地域上看，我军核潜艇执行任务的范围，基本不会超出第二岛链，这与"冷战"时期美苏核潜艇的作战地域相比，无论是从海防距离还是海域特点来说，都有很大区别。

至于中国到底有几型核潜艇和常规动力潜艇，《2008年中国的国防》白皮书说得简单："海军潜艇部队装备战略导弹核潜艇、攻击核潜艇和常规动力潜艇，并有潜艇基地、潜艇支队。"2009年4月23日庆祝人民海军成立60周年的青岛海上阅兵，尽管也有核潜艇和常规动力潜艇的展示，但人们更多的、只能从国内公开出版物披露的蛛丝马迹来判读"中国的水下核力量"。

2007年8月2日出版的《解放军报》给读者介绍了海军某潜艇支队舵信技师、6级士官王顺喜的事迹，从另一侧面透露出中国潜艇部队的信息。这篇通讯写道：

潜艇潜入大海，就像进了漆黑的"龙宫"，上浮、下潜、转弯全靠操舵兵。6级士官王顺喜，某潜艇支队舵信技师，就是潜艇的操舵兵。他，比艇长大5岁，年龄足以做新兵的父亲。23年骑"鲸"蹈海，战友们为他总结出"顺喜几多"。

驾驭潜艇型号多——王顺喜能熟练操纵6种型号潜艇，目前操纵最新型潜艇多次成功完成任务。新型潜艇像一座现代化科技城堡。"学不完的潜构，摸不完的管路"。王顺喜经常拿着图纸，边对照、边摸索、边琢磨，在高温狭小的舱室一蹲就是一整天。支队列装新装备后，王顺喜和战友们在上级业务部门指导下，编写出《某型潜艇舵工操纵、使用、保养条例》等近百万字的教材。其中4种被海军指定为院校和潜艇部队的标准教材。

完成重大任务多——23年来，王顺喜参加重大军事任务十余次，水下航程相当于绕地球5圈，先后发现并排除潜艇故障隐患400多次、重大故障14次、重大险情8次……浩瀚的太平洋，风大浪高，潜艇电力殆尽。此时，海水像煮沸了一样翻滚。艇会议室内，气氛凝重。"潜艇浮起充电会暴露目标，远航将前功尽弃！"艇长最后决定：采用通气管航行充电。潜艇只在海面露出通气管，王顺喜必须在惊涛骇浪中保持潜艇平稳航行，一旦潜艇深度把握不准，海水灌进通气管，就会危及潜艇安全。1小时、2小时……王顺喜两眼紧盯仪表和显示屏，身体端坐，双手把定，稳稳操好升降舵。潜艇充电完毕，顺利潜入深海。王顺喜高超的操舵技术，让新型潜艇如虎添翼。首次执行某型战雷实射，王顺喜沉着操纵方向舵，使潜艇按战斗航向机动，到达指定海域后，又改用小舵角稳稳控制深度和航向。"发射！"艇长一声令下，鱼雷呼啸而出。"鱼雷直接命中目标！"随艇坐镇指挥的舰队司令员连声说道："打得好！打得好！"

至于潜艇支队舵信技师王顺喜的其他"几多"，此处省略。因为，单从上述两段短短的文字中，读者就可以领悟到许多。

2007年建军80周年前后，类似的新闻透露出来的资讯还有不少。《刘华清回忆录》写到：1989年，"我认为发展核潜艇有两个问题：一个是研制战略导弹核潜艇，一个是研制攻击型核潜艇。这两种型号核潜艇都要研制，特别是攻击型核潜艇。随着科技的发展，敌人反潜力量增强，原来用常规潜艇就可以完成的任务，现在困难了，必须研制攻击型核潜艇。”[4]

2007 年 10 月，国内媒体援引外电报道称：中国新型核潜艇也就是第二代核潜艇，有“商”级攻击型核潜艇和“晋”级弹道导弹核潜艇两种。“商”级攻击型核潜艇于 1999 年秋季下水，经过近三年的舾装、试航、试验、改进，于 2002 年加入现役。目前已有两艘服役，一艘舾装，一艘在船台上。而“晋”级在 2001 年元月下水，也经过一系列试验，于 2005 年底进入现役，但因艇弹还未匹配，现在只是携载自卫武器巡航。同型第二艘于 2003 年下水，经多次试航后现已交付海军服役。当时这些信息与《刘华清回忆录》的说法是吻合的。

▶外界对中国未来核潜艇的评述

从“我们的队伍向太阳——新中国成立以来国防和军队建设成就展”公布的照片来分析中国新型核潜艇，也是很有意思的。笔者援引相关资料，作些粗略的分析，以飨读者。

先看艇体性能 从图片上可以看出，国产新型核潜艇采用了双壳体构造，可能既有俄罗斯“阿库拉”级核潜艇的特色，又有美国“海狼”级的特点。栅栏式开口，出水口为可封闭式；取消指挥塔围壳舵，拥有艇艏水平舵，采用的可能是“十”字舵；在螺旋桨方面，也许会使用更新的降噪技术。综合以上先进的外形设计以及武器多样化的要求（如装备鱼雷、反舰导弹、巡航导弹），新型核潜艇若在吨位上达不到美国“洛杉矶”级核潜艇 6000 吨水平，是难以完成其任务的。又因为是双壳体，储备浮力应在 25% 左右。所以，新型核潜艇的水面排水量应在 6400 吨左右，水下排水量应在 8000 吨左右，其航行速度能够保持跟随航空母舰编队前行即可。

美军核潜艇导弹发射舱口

再看动力系统 我国新一代核潜艇艇用堆可能采用轻水作为慢化剂、工质的堆型，第一回路采用“重力循环”的自然循环方式或者“外压式”循环方式。可以设想，如果为了使速度能够达到 32 节，其发动机功率应为 27 950 千瓦左右；辅助动力系统应该是两台燃气轮机，每台功率大约 3677 千瓦。

对隐身性能的分析 核潜艇的隐身性主要是指噪声指数，每减少 6 分贝，潜艇就能减少一半被发现的概率。在降噪手段上，主要包括采用消声瓦和潜艇内部对噪音源的降噪技术。在外层消声瓦方面，中国的技术工艺已经明显地超过俄罗斯。从美国商业卫星图片看，中国新型核潜艇消声瓦上有整体柔性蒙皮包覆，这层材料可降低消声瓦带来的流体阻力。与此同时，新型核潜艇艇体外形光滑，开口少，突出物少，能有效减少阻力噪声。但消声瓦不是万能的，其可削弱的潜艇辐射噪声仅限于3000赫兹以上，在1000赫兹以下频率内，消声瓦几乎没有作用。所以，新型核潜艇也可能采用相应的措施应对低频探测。潜艇内部降噪方面，可能采用回路技术降低其噪声；为了降低舱室内部噪声，可使用“有源消声技术”。在综合运用以上措施后，噪声可达110分贝以下，这一量级已经接近海洋背景噪声，使它成为一艘“安静”的潜艇。

对武器系统的分析 我国新型核潜艇可能有6具鱼雷发射管，装备重型鱼雷。采用线导+主/被动声自导方式工作，用数字计算机技术使鱼雷自导智能化；先进的光纤技术和尾流自导技术，能增加鱼雷打击的精度和距离，极大地提高核潜艇的水下战斗力。可能还配有火箭助推鱼雷。潜艇装备反舰导弹，采用两种制导模式，一是雷达制导，二是装备数据链进行导弹引导。推测已装备了“红鸟”系列巡航导弹，因为人们已经在国庆60周年阅兵装备展示中见到它的“倩影”。

建造中的外国潜艇

对声呐及电子设备的分析：我国新型核潜艇艇艏可能装备一套中频主/被动搜索与攻击艇壳声呐，舷侧装备一套被动低频搜索声呐阵或者拖曳式被动低频搜索声呐阵。雷达的安装也是必需的。我国新型核潜艇上的光电探测系统包括CCD电视摄像机、红外线成像仪以及激光测距仪，还有平面搜索雷达和雷达告警系统等。

纵观世界先进攻击型核潜艇，我国新一代攻击型核潜艇应该是以美国“洛杉矶”级核潜艇为目标研制的，性能亦与之接近，其大部分技术水平已经超过俄罗斯的“阿库拉”-2型核潜艇。我国核潜艇整体技术随之有了质的飞跃，跻身世界核潜艇建造先进国家的行列，展现了我国产潜艇的雄风。未来如果我国新型核潜艇进一步升级，如再次降低噪声，加强声呐系统性能，采用模块化建造技术，提高自动化水平，那么它将成为21世纪全球攻击型核潜艇中的佼佼者。

▶对中国未来水下核打击力量的描绘

自从中国建造第一艘核潜艇以来，以美国为首的西方国家对中国潜艇的型号经常冠以华夏古代王朝相称。如将常规动力潜艇035型称为“明”级，将039型称为“宋”级，将041型称为“元”级；将核动力潜艇091型称为“汉”级，将092型称为“夏”级，将093型称为“商”级，将094型称为“晋”级，将096型称为“唐”级。对这种西方式标级，刘华清等人的回忆录似乎也予以认可或引用。至于某些型号是否真实存在，则另当别论。

据美国海军称，中国从1995年开始研制“唐”级核潜艇，旨在对抗美国海军的“海狼”级(“海狼”级于1978年开始研制，1989年开始建造，已于1997年服役)。美国海军高层人士认为，中国军事装备虽然落后美军20多年，但“唐”级的性能已经接近“海狼”级，并且已经下水；宣称其下潜深度达610米，艇员编制有134人，其中军官14名。看到这些数字，感觉真是说得有鼻子有眼的，难辨真伪。

美国海军也对俄罗斯的“台风”级核潜艇进行了分析，认为它是“目前为止世界上人类建造的最大的潜艇”。“台风”级第一艘在1977年开始动工，1980年9月下水，于1982年开始服役。该潜艇是典型的“冷战”时期的产物，由著名的“红宝石”设计局设计完成。装备20枚SS－N－20弹道导弹，其射程达到8300千米，可以让“台风”级对与它同处一个半球的任何目标进行打击。“台风”级核潜艇是目前世界上潜艇最大体积和最大吨位纪录保持者。它的相关指标为：水上排水量21 500吨；下潜排水量26 500吨；艇长171.5米；艇宽22.8米；下潜深度极限1000米；水上航速33节；潜行航速27节；乘员180人。

2009年初，日本《读卖新闻》引述日本政府消息人士的话称，中国海军一艘核潜艇于2008年底在黄海海域发射了一枚“巨浪”－2改进型潜射弹道导弹，成功击中新疆内陆沙漠中的目标。

外界还猜测，此次发射载体极有可能是中国新型“晋”级核动力潜艇。如果属实，这不仅标志中国已拥有更强大的核反击能力，而且研发核动力潜艇的能力也大有飞跃。

建造中的“台风”级核潜艇

美国专家分析认为，中国潜艇的发展进度“令人震惊”，将使美国“协防”台湾变得更加困难。中国目前公开的核潜艇主要是“汉”级和“夏”级，前者只能发射鱼雷和近距离反舰导弹，威慑能力有限；后者因能发射2000千米射程的“巨浪”－1型导弹，具备一定程度的威慑能力，但象征性仍大于实质意义。“巨浪”－2

型导弹射程则达8000多千米，意味着它的弹体和弹径比"巨浪"－1型大很多，也就不可能经由"夏"级发射。

美国国防部曾透露，中国军方已建成多艘"晋"级核动力弹道导弹潜艇，并且是双壳体艇身，可配备12～16个垂直的弹道导弹发射筒。由于美军军方总喜欢制造"强敌"而向国会要求大笔军费拨款，所以他们这些"透露"的真实性尚待考证。

早在2002年，瑞典斯德哥尔摩国际和平研究所就评估认为：中国正在研发"巨浪"－2型潜射弹道导弹。该导弹是"东风"－31导弹的改良型。"巨浪"－2原型弹射程8 600千米，携带3～4枚25万吨当量的分导式热核弹头；先后经过两次比较大的改进，带的弹头越来越多，打得也越来越远。有了这种导弹，中国的战略核潜艇就可以在远离敌方海岸的深海展开攻击，而不必担心对方反潜力量的牵制。

成功试射改良后的"巨浪"－2型导弹，意味着中国有能力在承受敌军第一次核打击后，由潜艇发动核反击。美国重要智库"大西洋理事会"研究员廖文中表示，"巨浪"－2型使用电罗经、惯性和GPS三种导引方式，再由内建计算机进行整合，强大的定位、导引功能远超前一代"巨浪"－1型。美军唯一的反制措施只有加强空中和水面的反潜巡逻，但发现的概率只有2%。

2009年4月，《解放军报》在综述"党的三代领导集体关心人民海军成长"的报道中，刊发了时任中央军委主席胡锦涛在新型战略核潜艇正式服役仪式上对海军发展的重要指示。

新华社2009年11月19日发自沈阳的电讯称：2006年12月的一天，中共中央总书记、国家主席、中央军委主席胡锦涛，亲自为某新型潜艇首艇入列授旗。授旗仪式结束后，胡锦涛先后登上两艘新型潜艇视察，深入到每一个战位，仔细询问装备的质量和性能，他反复叮嘱艇上官兵，要学好管好用好新装备，让新装备尽快形成战斗力。

加拿大《汉和防务评论》总编平可夫认为，发射"巨浪"－2型弹道导弹，显示中国对潜在对手的威慑层次已由战术层次上升到战略层次。中国对新潜艇和新导弹的技术整合能力已达到实战要求。研究欧洲和中国战略及军事的香港浸会大学欧洲文献中心主任杨达说，如果消息属实，这不但令中国在核反击上拥有更大阻吓力，也是中国走向成熟大国的标志。

据《中国未来的核潜艇部队》透露，有分析家表示，"商"级核潜艇强调武器方面的致命打击。该型艇可能装备"鹰击"－12（YJ－12）超音速反舰巡航导弹。由于中国对改良的巡航导弹需求量越来越大，"鹰击"－12导弹已经发展成为其中的主要组成部分，特别是潜射型反舰巡航导弹。中国海军目前致力于为攻击型潜艇配备一种"远射程、超音速、低巡航高度、高精确度并且具有较强的反干扰能力的反舰导弹，这样就有攻击中远距离敌方水面战舰的作战能力"。

文章称，"商"级核潜艇拥有650毫米口径鱼雷发射管。有专家对与鱼雷发射管的口径相关的工程学问题产生过争论，因为"口径更大的鱼雷发射管可以支持超级鱼雷，但对导弹没有帮助，甚至会带来声学方面的问题”。至于“晋”级弹道导弹核潜艇的导弹发射管数量，有两个消息来源预测为16个，而“夏”级核潜艇的导弹发射管是12个。

相关分析还认为，中国新型核潜艇的通信方式也值得关注：“北京方面将如何与其新的现代化潜艇舰队联系”这一问题已经构成重要的技术挑战。“如果中国模仿其他国家的潜艇部队，那么解放军很有可能会为潜艇的指挥和控制寻求多种方法，主要是依靠采用不同物理原理的多重方式。极低频(ELF)通信具有一定的优势，信息可以在200~300米水下深度正常接收到，因而也使潜艇的隐蔽性和战场生存能力最大化。不过，在极低频的实际应用中还会出现一些重大问题，目前还不清楚中国是否已经掌握、精通这种技术。另外，中国有可能建立一支专门的海上飞机中队，以保持与其潜艇舰队的通信。”国外军事评论员安德鲁·埃里克森称，对于弹道导弹核潜艇的指挥和控制，“中央集中化”已经被证明是不可缺少的制度，特别是在指挥高度集中化的解放军部队。不过，目前还不清楚对于中国来说，在技术性可能的前提下，“弹道导弹潜艇的集中化指挥、控制和通信系统”到底能够覆盖多大范围。

“目前，一旦遭到敌人的首先攻击，中国的通信设施是非常脆弱的。”有些西方武器专家认为，“这导致的结果是，弹道导弹核潜艇的指挥官将需要清晰的、限制性的作战准则和目标数据，以免因危险时期与北京通信而暴露弹道导弹核潜艇的位置，继而遭到敌方潜艇的攻击；或者在敌人先发制人的‘斩首’攻击之下，弹道导弹核潜艇失去与北京的联系。”

俄罗斯线导鱼雷头部特写

其实，对于如何确保与弹道导弹核潜艇通信畅通的难题，中国已经花了20多年的时间来攻克这个“雄关”，前文也已提及。1984年4月8日，中国成功地将实验通信卫星“东方红二号”发射升空。据《刘华清回忆录》记载，中国海军当时承担了两项重要任务，其中之一就是“在卫星进入预定轨道后，核潜艇卫星通信系统要进行卫星信道通信实验”。8天后的4月16日，“通信卫星进入预定轨道。海军核潜艇卫星通信系统第一个成功地开通了卫星信道通信实验线路”。刘华清表示：“我欣喜地看到，核潜艇利用卫星转报的瞬间快速通信试验取得成功，使我国对潜通信达到一个新水平。”[4]

国际军事评论家认为：“一般说来，核潜艇通常被认为具有常规潜艇无法比拟的天生优势：巨大的作战半径，极强的自持能力(其核反应堆可以输出几乎无限的电能)、强悍的水下航速、出色的下潜深度、(相对来说)较低的噪声水平和强大的武器携载能力。但是，如果操作人员在技能上缺乏相应的提高，那么，快速提高装备的高新技术水准也就起不到多大作用。”对此，中国海军的决策者们已经清醒地认识到了，因而才会有前面提到的《解放军报》讲述海军舵信技师、6级士官王顺喜苦练技术的事迹。而他只是众多科技练兵骨干中的代表人物。

如本讲开篇所涉，国际防务专家的众多评述中还提到另一个关键问题——新型核潜艇的噪声水平。如何降低潜艇噪声是国产新型核潜艇面临的最大挑战。中国科研工作者多年来一直在对推进系统噪声产生的原因和机理进行不懈的研究，并于20世纪90年代末研制出一种相当先进的潜艇前置导叶螺旋桨，降噪效果非常明显。此外，俄制“基洛”级常规潜艇的入役和国产“宋”级常规潜艇的批量生产足以表明，中国已经掌握了先进的大七叶侧斜螺旋桨和“十”字形涡流耗散器的制造方法。人们有理由相信，新型核潜艇必将采用技术更加先进的推进系统。虽然中国目前生产的一些潜艇以西方的标准来看可能算不上先进，但是作为未来中国海基核力量支柱，两种新型核潜艇却绝对具有非常高的技术水准。

应当现实而客观地承认，中国这样一个发展中国家完全依靠自己的能力，独立自主地发展出核潜艇，这本身就是一个奇迹；它大大提高了中国的国防实力、科技实力和国际威望。展望未来，将会有更多、更先进的中国核潜艇游弋在蓝色大洋之中，成为令任何来犯者望而生畏的“深海蛟龙”。

►“小鹰”号惊鸿一瞥：不可小觑的中国常规动力潜艇

2006年10月26日，美国海军“小鹰”号航空母舰在“全程跟踪”中国军事演习后，返回驻日本横须贺基地。途经琉球群岛附近的公海海域时，在事先毫无察觉的情况下，一艘中国海军“宋”级常规动力潜艇突然从“小鹰”号附近水面浮出，“明确无误地告知美军‘来而不往非礼也’”。凭什么你可以来全程跟踪中国军演，我就不可对你“礼送出境”呢！

“小鹰”号航空母舰官兵如此惊鸿一瞥，陡然使世界感知：切不可小觑中国的常规动力潜艇！这件事据说对美国乃至他国海军都产生了极大的震撼。

当然，这并不是中国常规潜艇第一次引起如此众多的关注。实际上，2004年7月至8月间，“元”级常规潜艇的横空出世，就令当时的西方海军观察家颇为震惊，并且引发一场国外众多军事专家和学术团体研究中国军事现代化的热潮。

讲述完中国核潜艇发展的话题后，有必要回顾人民海军常规潜艇的前行历程。其实，常规潜艇在第二次世界大战中的杰出表现，早就在中国领袖的脑海中留有深深的印痕。中国建造常规动力潜艇的起步阶段，是从仿制苏联援建潜艇开始。

1953年，按照中苏友好协定，中国先后在江南、武昌两个造船厂装配制造苏联转让的中型常规动力潜艇。首制艇于1955年4月在江南厂开工，1956年3月下水，1957年10月建造成功。这是中国成批建造常规动力潜艇的开端。

1959年，中国开始仿制苏联转让的改进型中型常规动力潜艇。为了加速实现国产化和下一步开展全面仿制的准备，在常规潜艇的转让制造中，中方特别重视对潜艇主要配套设备设计图纸和资料的引进，减少了设备和器材的进口。凡是国内能够生产的，都不再引进。这时，中苏两国关系裂痕显露，中国想进口也难了，现实逼迫中国人走自己的路。

1965年12月，国产第一艘中型常规潜艇建成。在转让引进、消化吸收再创新的基础上，中国军工人渐入自行研制常规动力潜艇的佳境。

1967年，中央军委批准研制第一代中型常规动力鱼雷潜艇。海军对这型潜艇提出了战术技术指标，其中，水下航行速度要比仿制的苏联改进型中型常规动力潜艇提高40%。首艇于1969年10月开工，1971年下水，1974年交付使用。

1983年12月，自行研制的新一代中型常规动力潜艇通过了国家鉴定，证明其快速性、操纵性、适航性、水下续航力及水下辐射噪声等性能，均比仿制的常规动力潜艇有较大提高和改善，装艇设备基本稳定可靠。21世纪初，胡锦涛任中央军委主席后，中国常规动力潜艇的技术改进有了突飞猛进的跨越。

关注世界新军事变革的人们此刻更加清晰地意识到，尽管战略核潜艇在未来的军事斗争中扮演着至关重要的角色，但世界各国尤其是经济实力不强的地区大国并未放弃对常规潜艇的兴趣。常规潜艇的优势主要集中在“外形较为小巧，噪声水平较低，价格比较便宜以及灵活性更强”。正是由于显著的成本差距，中国海军高层官员曾通过引述美国研究者的报告，向武器装备界提出如下意见：一艘核潜艇的造价足可购买几艘甚至十几艘常规动力潜艇……作为一个发展中国家，我们的军费水平还很低，因此海军的核潜艇部队只需维持基本的规模足矣，相应的要在常规动力潜艇的建造上给予适当的倾斜。

这些具有世界眼光的战略建议，据说得到了时任中央军委主席胡锦涛的高度认可。

2008年11月28日，《解放军报》刊载了一则重大新闻：新型“元”级潜艇已加装AIP动力——大大提升我海军实力的特种发动机研制成功！

目前，一种AIP动力的发动机已成功应用于我海军新型AIP潜艇上。由于它不依靠空气推进的动力装置，大幅降低了潜艇噪声，能使潜艇在水下长期航行，增强了潜艇的隐蔽性，进而大大提升了我国海军作战实力。此前这种船用发动机技术只有极少数国家掌控，如今完全实现了自主研发，被国内外誉为一颗强劲的“中国心”。

“解放军海军已经列装新型“元”级潜艇。”这些报道都高度赞扬：

特种发动机的研究，凝注了中国船舶重工集团公司711研究所研发人员数十年的心血。1975年，中国舰船研究院第711所成立特种发动机研究室。1996年6月，成立特种发动机工程研究中心。经过“八五”、“九五”时期的研究，相继突破12项关键技术。1998年，他们研制成功拥有完全自主知识产权的我国第一台特种发动机原理样机后，又研制成功工程样机，总体水平达到了国际先进水平，部分技术处于国际领先地位。

在特种发动机的研究过程中，711研究所以此为契机，培养了一大批技术骨干力量。从主持该项目之初，课题组只有10多人，而现在发展到100多人。涌现了“上海市劳动模范”、“上海市青年科技英才”等先进人物。也正是这支团队，多次被解放军总装备部授予“预研先进集体”，两次荣膺“上海市劳动模范集体”称号。他们还荣获由国防科工委推荐产生的国家科技进步奖等重大奖项。

AIP动力技术，最早是被瑞典等北欧国家采用，也曾引起美国人的关注。虽然美国早已没有常规动力潜艇生产线，但并不等于它不关注他国常规动力潜艇的改进与发展。五角大楼2007年发表的《中国军力报告》就认为，中国海军的潜艇部队，目前大约拥有60多艘潜艇，并称中国正在建造和测试第二代核动力潜艇，包括“晋”级战略导弹核潜艇和“商”级攻击型核潜艇，以及可以携带核弹头的常规动力导弹潜艇，将使中国核力量具备更强的生存能力。

报告称，这些年中国又从俄罗斯获得了两批“基洛”级常规潜艇，截至2002年，中俄约定的关于8艘潜艇的交易已经全部完成。报告指出，中国拥有12艘“基洛”级潜艇，它们当中一些装备有SS－N－27B型超音速反舰导弹以及线导和尾流自导鱼雷。

这种“基洛”级常规动力潜艇是1995年2月中国从俄罗斯引进的。据俄罗斯公布的资料可知，该艇水面排水量2300吨，水下排水量3050吨，水下最高航速17节，水面航速10节，通气管状态下续航力为6000海里/7节，水下续航力为400海里/3节，最大潜深300米，作战潜深240米，乘员52人。在武器配备方面，装有6具533毫米鱼雷发射管，能发射多种型号鱼雷，最多可携带18枚鱼雷。鱼雷采用压缩气体发射，配有快速装填设备，6枚鱼雷可在15秒内发射完毕，两分钟后可发射第二批。

“基洛”级潜艇最大的特点就是静音技术，它的引进无疑能使中国潜艇技术在静音方面再上一个台阶。12艘“基洛”级877EKM型潜艇加入中国海军序列，对提高我潜艇部队战斗力及遂行军事任务的能力都有极其重要作用。

▶钢铁“蓝鲸”，从国防科研实验室走上船台驶向大洋

——国防科研和舰船工业与人民海军共建新型潜艇纪实

2009年3月8日，在中国南海专属经济区海面上，发生了一场捍卫中国领海主权及专属经济区权益的斗争！中国渔政船与美国“无瑕”号间谍监测船严重对峙，激起亿万国人愤怒共指。人们不禁要问：人称“肮脏船”的“无瑕”号为什么非要跑到中国的南海专属经济区来恣意妄为呢？美国“无瑕”号间谍船此行显然带有很强的针对性和目的性。

众所周知，“无瑕”号的水下拖曳声呐是非常先进的。这个信息收集监听装置，针对的自然是海南某基地中国军舰的活动。这是打着“海洋调查”旗号的“无瑕”号最想掌握的情报。搜集潜艇情报、探测当地水文情况，为在亚太海域游弋的美国核潜艇提供声呐信息支持，是美军展开“深洋暗战”、遏制中国发展战略的重要一环。“司马昭之心，路人皆知。”中国渔政船还以颜色，在中国南海专属经济区海面上与之抗争，可以说最正当不过。

此事经西方媒体大肆炒作，甚至比小布什时代的“中美南海撞机事件”还要热闹。美国军方先是扬言派遣“宙斯盾”驱逐舰到南海对中国船下“驱逐令”，到了3月18日，五角大楼态度急转弯，时任美国国防部长盖茨突然淡化般表示，“中国并不想把第七舰队赶出这个地区”，并称不再向南海派舰。总体上算是给这场风波迅速画上了句号。

说白了，中美南海对峙，是在美国金融危机加重背景下，美国有求于中国继续购买美国国债之时发生的。从经济和全球战略利益出发，美国人或许是退让了一步，但它遏制中国崛起的图谋并没有根本改变。我们决不能对某些人制定的“海洋封锁”、“扼住中国海上咽喉”等战略图谋坐以待毙。

早在6年前，日本媒体就捕风捉影地报道，称美国曾连续几周跟踪中国海军核潜艇，跟踪路径从中国海域一直到太平洋海域。他们甚至引述美国海军官员的话，声称中国潜艇到了美军在西太平洋的主要军事基地关岛周围。2008年，日本媒体又炒作中国核潜艇进入钓鱼岛海域一事。尽管上述举动都没有被中国军方证实，但世界主要海洋大国瞄准中国海洋的“水下暗战”愈演愈烈，已是不争的事实。

中国高层领导对于世界发展的大趋势和国际局势的风云变幻，一直保持着清醒的头脑。近年来，将发展海军力量作为国防和军队现代化建设中最为紧迫的任务，工作方针和基本路径并没有因为这些风波干扰而转变。这样做，无疑是十分正确的。

美军“俄亥俄”级核潜艇

2009年金秋，当人们还沉浸在国庆60周年大阅兵壮军威、振国威的无比喜悦之中时，从渤海之滨的人民海军某潜艇部队传出喜讯：我国自主研制的某新型潜艇圆满完成极限深潜、水下高速航行、深海发射鱼雷等系列试验和训练考核，所有性能指标均达到设计和作战要求，标志我国新型潜艇全面形成作战能力。[7]

新型潜艇的诞生，凝聚着国防科研和舰船工业劳动者及海军官兵的心血和汗水。正是这样的“共和国脊梁”，用他们的忠诚和热血托起了人民海军的钢铁“蓝鲸”，让新型潜艇从国防科研实验室走上船台驶向大洋。

世纪之交，面对世界新军事变革的汹涌之势，人民海军迎来了转型发展的重要时刻。发展新型潜艇，正是适应新军事变革、实现海军转型发展的重要一步。经党中央、中央军委批准，中国新型潜艇正式开工建造。

为了新型潜艇的诞生，众多国防科研工作者和舰船工业职工冲刺在新的起跑线上。

新型潜艇作为高新技术时代的“弄潮儿”，代表了当代中国科学技术和工业发展的最高水平。在国防科研设计所和重点实验室，在舰船制造车间和其他配套企业，广大科技人员和工人技师呕心沥血，默默奉献，用智慧和心血，用劳动和创新，实现了“中国制造”的新奇迹！他们在紧紧跟踪世界科技前沿最新信息的同时，结合国情与技术实际，勇攀国防科研高峰。从设计理念到研制思路，从艇型设计到制造工艺，从动力装置到武备系统，从装备数据链到智能化、信息化重点实验，从设计蓝图擘画到船台装配制造，无处不渗透着高新科技进步的力量。

在新型潜艇的建造中实现了"从有到优"的历史性跨越：广泛采用新技术、新工艺、新材料、新设备，系统更完备、性能更先进、作战反应更快、静音性能更好、攻击能力更强。引领这一重大跨越的主导者，正是众多的国防科研工作者和舰船建造工人技师。[7]

新型潜艇的建造涉及1000多个专业和技术门类，涉及总体布置、船舶性能、船体结构、舾装防腐、减振降噪五大专业50门学科；仅动力轮机装置就牵涉66个大系统、732台套设备；仅电子武备装置的设备就要对应几十个厂家……新型潜艇是一个庞大而复杂的系统工程。为了保证新型潜艇的高性能，船厂生产线需要重新建立，工艺、设备、材料等需要重新研制，工程技术人员和工人技师需要重新培训……这一切都是站在崭新的起跑线上。

面对这一个个技术堡垒，国防科研人员和广大职工牢记"国家安全至高无上、装备建设质量第一"的历史责任，以科学求实、精益求精的态度，毅然决然地发起了冲刺：设计人员、现场施工人员和工程技术骨干首先熟悉图纸资料、"恶补"专业知识，在科研楼里、在车间船台，他们经常通宵达旦，双眼布满血丝；工人技师们三班倒，工艺设计师和工程师及驻厂军代表也跟着连轴转；掌握新设备、新工艺、新技能，把岗位奉献与岗位练兵有机融合……

新型潜艇吨位大、直径大、潜深大，需要采用能承受深海高强度压力的新型钢材。这是型号总工程师对新型潜艇最为关注的地方。

大家都把目光聚焦在我国最新研制成功的特殊钢材上。拉伸、弯曲、抗裂性试验；硬度、精度、密度检验；断口检查、化学分析……

然而，正是由于这种高强度钢"宁折不弯"的"钢性"，致使焊接加工十分困难。

第一次焊接试验，检验合格率竟然不足10%！

第二次、第三次……相继多次试验，合格率始终在低水平徘徊。而新型潜艇焊接合格率要求必须是100%！

难题屡攻不下，让大家感到采用这种高强度钢的巨大风险：贸然采用，如果焊接存在瑕疵，后果无法想象。"到底要不要用这种钢?"这样的难题再次摆在工程总指挥部各位"老总"的面前。

型号总指挥、总设计师、驻厂军代表和建造者们众志成城："采用高强度钢决不放弃！关键技术不突破，潜艇就谈不上'换型'，后续艇也将受影响！"

各级工程师、技术人员与驻厂军代表一起专门立项研究，开始了艰难的工艺探索。

按照工程总指挥部的要求，全厂挑选80名焊工集中培训，在苛刻条件下进行模型试验。数九严冬，气温降至-20℃，工程技术人员、驻厂军代表和工人师傅一起，迎着强烈的电焊弧光做焊接试验。他们把每次试验数翔实地记录、科学地归集，全面地分析，进行焊丝、气体、工艺全面创新；从焊丝软硬、气体配比、焊接速度到焊接部位的"预热"、"后热"，从手工焊接到自动焊接，以特别能战斗的意志连续奋战。历经上百次失败，工人技师们终于摸透了高强度钢的“脾性”，突破焊接关键技术，并实现了工艺稳定性。经多种先进手段对焊缝进行表面探伤和内部探伤，合格率均达到100%！

在舰船制造业，建造潜艇的工艺要求是最高的。用句最形象的话来讲，那真是“螺蛳壳里做道场”。在有限的空间里，工人技师们要把特殊的船用钢板焊接成艇体，最终把大小上百个舱室组合起来，其难度之大，常人是难以想象的。如构成潜艇艇体的双层耐压壳体，其夹缝空间就跟抽屉尺寸差不多，许多部位的焊接只能靠蜷曲着身躯艰难作业。对工人技师来说，在狭窄的分段里平躺仰面作业，都是一种“愉悦的享受”；至于焊花焊渣的灼伤，那是司空见惯的事情。完成一个分段合拢后，专业质检员和军代表验收更难，他们只能平趴着进去，倒趴着出来，被卡在里面出不来是常有的事。对此，谁都无怨无悔，因为大家心里都装着“蓝鲸”。

军品建造，质量至上。这是国防科研工作者和舰船建造者们对国家利益最为忠诚的誓言体现。质量问题不仅牵涉新型潜艇的“生命”，更是关乎我军指战员安危的“生命线”。在新型潜艇的建造过程中，从每块钢板、每条焊缝、每个阀门、每个螺栓、每条电缆，各工序的专业检验员和军代表们都要亲手过“三关”，不放过一丝一毫的隐患。

在新型潜艇的研制建造过程中，驻厂军代表发挥了重要的作用。他们参与100多项重大技术难题攻关，在10多项核心技术领域取得重大突破，并使之得到应用。

那年8月，新型潜艇首艇进行陆上联调试验。艇上沿用的“旋转式主变流机组”，是保证潜艇安全的核心设备。联调中发现，设备特性不稳定，且不能在应急状态下手动使用。担任检验组长的军代表坚持认为：新艇电力系统第一次采用自动化控制，必须同时保证能够应急启动。着眼新型潜艇的需要，他力主采用更先进的“静止式主变流装置”。

这在当时还是个“世界性难题”。在工程指挥部领导的支持下，军方、企业和研究所组成了联合攻关小组，经过上百个日夜攻关，终于研制成功“静止式主变流装置”，这一全新设备使新型潜艇应急动力系统的先进性、可靠性大幅提升。

新型潜艇是名副其实的信息化潜艇。电子设备密密匝匝，性能纷繁复杂。仍然是这样的联合攻关小组，加上军代表室牵头外聘的“专家组”，对各类上艇的电子设备进行模拟磁场试验，建立电磁波辐射“超差评估”新模式，并逐一分析周围设备的抗干扰能力。经过计算和试验，设计出信息设备互相兼容的理想方案，实行设备、系统、总体三级控制，成功化解了高技术带来的新风险，确保新型潜艇信息化优势和综合作战效能的发挥。

新型潜艇工程浩大，全国22个省市、7大行业集团、20多个设计单位、500多家制造厂参与建造。面对企业改制、市场经济的新环境，工程总指挥部站在国家战略全局的高度，发挥统筹各方作用，搞好协调，推动军、厂、所大协作，确保建造质量。

新型潜艇动力装置控制设备多，接口有上千个。而参加设计单位众多，各自给出的接口不统一、不匹配。担任主任审图师的军代表发现这一情况，就与型号总指挥、总工程师、各设计部门反复沟通，坚持标准，统一电压、电流接口；对有的单位为了便于制作而放大设备尺寸，使潜艇控制室十分拥挤的问题，工程总指挥部与军代表、设计人员一起，对控制系统每台设备逐一进行研究，统一规定尺寸，并对控制室布置进行优化，确保控制系统联调圆满完成……就这样，在军、厂、所各方共同奋战下，新一代潜艇终于“破茧而出”。

接下来的任务就是系泊试验。在潜艇所有试验中，要数极限深潜最为凶险莫测。因为，深潜状态下艇体会受压变形；尤其是通海管路主循环水系统的“波纹管”一旦爆裂，每秒钟都会有大量海水涌入舱内，可瞬间造成艇毁人亡惨剧。面对可能的凶险，研发人员及驻厂总军代表都义无反顾地参加了新型潜艇两型首艇的极限深潜试验。型号总工程师直接督导潜艇深潜复查，对每个舱室，每台设备，每根电缆，每条焊缝，军代表和总质检师的检查、试验都要超过6遍！

经预潜试验和计算，发现“波纹管”压缩变形呈线性变化，当下潜到极限深度时，可能逼近甚至突破它的承受极限。

“一定要确保万无一失！”有关部门组织技术小组反复计算、验证，最终采取重压“转移”措施，成功化解安全隐患。[7]

我国新型潜艇深潜试验圆满成功！负载着国防科研和舰船工业工作者及人民海军光荣与梦想的钢铁“蓝鲸”遨游大洋，用对祖国的忠诚大爱、科技智慧和无私奉献构筑起共和国坚固的水下长城！

参考文献

[1] 杨远新．中国核潜艇的“摇篮”早期核潜艇总体设计组与核动力设计组．舰船知识，2010(2)．

[2] 吕航．独负青云志鹏飞九万里：记我国杰出的造船专家王荣生．中国船检，2000(6)．

[3] 张胜．从战争中走来——两代军人对话录．中国青年出版社，2006．

[4] 刘华清．刘华清回忆录．北京：解放军出版社，2007．

[5] 中共中央文献编辑委员会．江泽民文选．第二卷．北京：人民出版社，2006．

[6] 王荣生．深情激得玉石开——江总书记关心船舶工业的一些往事．中国船检，2001(6)．

[7] 乔燕飞，姜毅，司彦文，等．“蓝鲸”从这里起航．人民日报，2009年11月19日．

第十一讲

昂首驶向深蓝海洋的航迹——人民海军现代化进程纪实

2009年1月20日，国务院新闻办公室发表《2008年中国的国防》白皮书。书中对人民海军的阐述，引起境内外媒体的浓厚兴趣。因为20多天前，即2008年12月26日，中国派出了以“中华神盾”舰为旗舰的首批海上编队到亚丁湾执行护航任务！随后，“郑和后代600年后再下西洋”的评论如潮水般奔涌。伴随着新中国成立60周年来国防和军队建设的发展步履，人民海军现代化进程高歌猛进。其中自然包括前面讲述的中国核潜艇和常规潜艇部队的发展。

2010年7月8日16时，中国海军第六批赴亚丁湾护航编队在护航海区举行分航仪式。第五批护航编队的168“广州”号导弹驱逐舰和568“巢湖”号导弹护卫舰结束护航任务，转入出访阶段，先后访问埃及、意大利、希腊和缅甸等国。而原属第五批护航编队的“微山湖”号综合补给舰则编入由998“昆仑”号船坞登陆舰和170“兰州”号导弹驱逐舰组成的第六批护航编队，继续在亚丁湾索马里海域执行护航任务。

媒体再度对“挺进‘深蓝’的中国海军”密集报道，赞誉我海军护航舰艇编队挺进远洋，直面“深蓝考验”。这昂首奔向世界的航迹，记录了人民海军现代化的历史进程。

难以忘怀，2009年4月，庆祝人民海军成立60周年系列活动在中华大地热烈展开。人们欣喜地看到，人民海军按照中央军委的决策，紧贴使命任务，积极推进全面建设，聚精会神抓好战备演练、远航训练、军舰出访、装备试验、海防工程等重大任务的完成，展示出正义之师、文明之师、胜利之师的风采。这些辉煌成就，标志着中国保护自己海洋权益的战略能力，已经有了质和量的飞跃。许多有识之士认为：“海军节”抓住了一个非常好的契机。通过相关庆祝活动，从小范围讲，让国民、让世界认识新中国海军建设；从大范围讲，实质是让我国民众从一个更广阔的层面认识中国的海洋权益。同时，也是从一个更大的范围让世界看到，我们中国人对自己海洋权益的认识和捍卫自己海洋权益的这种决心。

这正是人民海军建设的出发点和历史归宿。

▶白马庙高扬起人民海军鲜艳的军旗

回顾1949年3月，中国共产党在西柏坡召开七届二中全会。这是我党夺取全国政权前夕召开的一次重要会议。在这迎接新中国诞生的庄严时刻，中共中央抓住有利时机，决定尽快建立人民空军和人民海军。“因为依靠单一军兵种是不可能把国家保卫好、巩固好、发展好的！”毛泽东强调，“海军和空军应该加强，尤其是空军，更应该加强。我们打了几十年的仗，就是对于头上的东西，没有办法应付，只得凭不怕死，凭勇敢，凭牺牲精神。然而在今天，我们有了建立和加强海空军的条件，因此也就应该着手建立起来。现在是把破烂的东西修理起来，并请专家，买飞机，以及尽一切办法搞好海军阵容。”[1]

按照毛泽东的指示，空军由中国人民解放军第四野战军(简称“四野”)负责组建，海军则由中国人民解放军第三野战军(简称“三野”)负责组建。

三野司令员陈毅返回华东战区后，立即向所属部队传达了党中央、毛主席关于建设人民海军的总体方针。陈毅亲自挑选张爱萍来直接负责海军的组建。

1949 年 4 月 23 日，百万雄师过大江、解放南京的前一天。受命创建人民海军的原华中军区副司令员张爱萍在江苏泰州白马庙乡主持了华东海军首次会议。尽管当时他们手中还没有一艘舰艇，但已在白马庙里悬挂出“华东海军”的军旗。

张爱萍回忆：“当时军情紧迫，正在进行的解放沿海岛屿的战斗急迫地需要海军！我印象最深的就是毛主席和中央书记处书记们开会，任弼时对我讲：‘你晓得不晓得中国历史上那些丧权辱国的不平等条约是从哪里来的?’还没等到我回答，任弼时就急促地讲：‘都是从海上来的！鸦片战争之后各个帝国主义列强对付清政府，都是采取炮舰政策……中国有海无防，无论是清朝水师还是国民党海军都不堪一击！现在给你们这个任务，让你们来组建海军，结束这个屈辱！你就要很好地完成任务。’”

张爱萍听了之后，心里很是激动，同时心情也相当沉重。是时，解放战争尚在激烈地进行，组建华东海军，缴获舰艇装备，只能是“因陋就简、边打边建”。此后，张爱萍和三野的其他首长就把主要精力扑在了海军创建上。

1950 年 4 月 23 日，即华东军区海军成立周年的庆典上，中央人民政府人民革命军事委员会才为从不同渠道归集、修复、列编的 134 艘舰艇正式命名。

总括起来，这 134 艘“配置舰艇”，主要来自四个方面：一是原属八路军、新四军的沿海游击队带来的。如苏北军区海防纵队，带来的多是破旧的汽艇或小型木船。二是接受国民党海军起义、投诚的舰艇。如“黄安”号、“长治”号护卫舰、“重庆”号巡洋舰等；1949 年一年间，接受国民党海军大小舰艇 97 艘。三是战斗中缴获及地方上接收的。四是向上海市招商局、公用局征调来的拖船、巡防舰艇和渔船。

“解放”号炮艇

组建成军一周年的庆典上，在南京草鞋峡江面上排列齐整的型号各异的舰艇，大多是原国民党海军起义投诚带来的。其中有的是参加过第二次世界大战、超期服役的“二手舰”，有的是渡江战役中俘获的江轮炮艇。“这些小艇只有二三十吨，甚至只有十几吨，且性能落后，破旧不堪，航速很慢，开足马力跑时速也只有七八海里。所有 134 艘舰艇的排水量加在一起仅四万多吨。但它毕竟算是我们自己的家当呀！”

写到这里，讲述一个小故事，足可说明当年海军装备的窘迫。那是 1950 年初，春寒料峭。刚刚到任的人民海军司令员肖劲光大将，风尘仆仆地来到山东半岛海防重镇威海。他是专程到刘公岛进行设防勘察的。随行参谋人员在码头向渔民租了一条小船摆渡。航渡中，那划船的渔民得知他现在运送的是解放军的海军司令员，不禁睁大眼睛，以不可思议的口气疑问道：“你是海军司令，还租俺们家的渔船？”肖劲光在晚年回忆时讲起这件事，仍深有感触地说：“这话对我的刺激很大呀！可当时有什么办法呢？我这个海军司令真是两手空空呀！新中国成立时，海军总吨位只有 4 万吨。”[2]

张爱萍曾讲：“说我们‘两手空空’，一点儿不是夸张。那时被视为海军象征而必须装备的舰艇，可以说全无着落。因为此时，军委海军领导机关尚未成立，华南和青岛地区的海军，连架子都还没有搭起来。我军仅有的与江湖河海有关系的部队，就是主要活动在长江中下游及长江口临近海域的华东军区海军。”

正是在这样的窘迫压力之下，人民海军装备建设奋起直追。

曾经担任海军副司令员的方强将军回忆：“1950 年 8 月上旬的一天，是我几十年戎马生涯中又一难以忘怀之日。我奉中南军区首长之命，负责组建华南海军……结束谈话时，谭政要我把现职工作交代一下，马上去北京报到，参加由肖劲光同志主持召开的军委海军会议，研究组建华南海军具体事宜。”

1950 年 8 月 10 日中央军委召开海军建军会议，至 30 日结束。“会上，学习了毛泽东主席、朱德总司令给‘重庆’号巡洋舰、‘长治’号炮舰起义官兵的褒扬电报；学习了 1950 年元旦毛泽东主席为《人民海军》报创刊号的题词：‘我们一定要建设一支海军，这支海军要能保卫我们的海防，有效地防御帝国主义的可能的侵略。’”

这次会议，规定了人民海军的组织原则：“在共产党的绝对领导下，以工农为骨干，以解放军为基础，吸取大量的革命青年知识分子，争取团结和改造原海军人员，建设人民海军。”

具体方针是：“从长期建设着眼，由当前情况出发，建设一支现代化的、富有攻防能力的、近海的、轻型的海上战斗力量，首先组织利用和发挥现有力量，在现有力量的基础上，以发展鱼雷快艇、潜水艇和海空军等新的力量，逐步建设一支坚强的国家海军。”

会议还明确了华南海军海上斗争的任务：“配合陆军肃清华南沿海和珠江三角洲的土匪；协同陆军建设华南各重要港口、岛屿的海防工事；组建沿海战略要地——海军基地、水警区、巡防区以及海防巡逻艇队；组织海岸火力，封锁琼州海峡，维护华南海上交通，巩固海防，保障我领海的安全。”[3]

1951 年 9 月 11 日，朱德总司令在海军第一次政治工作会议上作了题为《建设海军，保卫海防》的讲话，系统阐述了建设和保卫新中国海防的重要性。朱德通过对近代中国百年耻辱史的反思，认识到中国所受到的侵略或威胁主要来自海上。中国近代以来由于海防脆弱而导致国门洞开、丧权辱国和民族危亡的沉痛历史教训，充分地证明了这一点。他说：“中国过去不是没有海军，但却没有真正的海防。今天我们有了人民的海军。它虽然建立不久，舰船不多，一切设备还不够完善，许多事情还需要从头做起，但却担负着保卫海防的光荣任务。今天我们保卫国防的第一项重大任务就是防守海岸线，保卫领海。”

从那时“一无所有”的港湾起航，人民海军装备建设发展大致可以分为初创阶段、自力更生造舰阶段和现在的转型升级阶段。

1949—1955 年，先后组建水面舰艇部队、岸防兵、航空兵、潜艇部队和陆战队，确立了“从长期建设着眼，由当前情况出发，建设一支现代化的、富有攻防能力的、近海的、轻型海上战斗力量”的目标。1955—1960 年，先后组建了东海舰队、南海舰队和北海舰队。[4]

1960 年 5 月 8 日，毛泽东对组建北海舰队的报告作出批示：“照办。”这份中央军委 5 月 4 日递交的报告说：根据新的战略方针，为了统一北海区海军力量建设，在战时更好地配合陆、空军实施作战，总参谋部和海军党委建议，以青岛海军基地为基础组建北海舰队。[4]

方强老将军回忆：“此后，因国家财力不足和科技水平落后，长期将海军装备建设放在末位。20 世纪 50 年代，中国年均国防经费只有 50 亿元人民币。除养兵外，每年装备采购费仅十几亿元，分给海军又仅是其中十分之一。当然，这也是与当年国家财政收入状况相适应的。”

国际上通常以不同的海水颜色来代表海军实力等级：海水颜色越深，表示一个国家海军的实力越强。如此可分为黄水海军、绿水海军和蓝水海军。20 世纪 50—70 年代，人民海军的主要任务是在近岸海域实施防御作战。80 年代以来，海军实现了向近海防御的战略转变。进入 21 世纪，海军着眼信息化条件下海上局部战争的特点规律，全面提高近海综合作战能力、战略威慑与反击能力，逐步发展远海合作与应对非传统安全威胁能力，推动海军建设整体转型。经过 60 多年建设，中国海军已初步发展成为一支多兵种合成、具有核打击和常规打击双重作战手段的现代海上作战力量。挺进深蓝，是多年来中国海军奋斗的方向。

▶人民海军初创——从“困难海”起锚扬帆

在青岛海军博物馆里，收藏着一大批人民海军初创时期的装备，包括最早的驱逐舰、护卫舰、潜艇、导弹快艇、海军航空兵战机等。其中有的是缴获国民党部队的，有的是从苏联引进的。该馆的“镇馆之宝”是一艘排水量仅 6 吨的木壳鱼雷艇。它是 1957 年周恩来总理检阅驻青岛海军部队时乘坐的检阅艇。60 多年过去，博物馆里展示的许多舰船装备，曾经为保卫新中国万里海疆立下过赫赫战功，但与今天人民海军的装备相比，应当算是凝结着厚重历史的“老古董”了。

1953 年，毛泽东视察安徽时，曾在芜湖 425 厂码头乘“长江”舰顺流而下。应海军将士之请，毛泽东四天时间里连续五次写下同样的题词：“为了反对帝国主义的侵略，我们一定要建设强大海军。”这在毛泽东叱咤风云的一生中是绝无仅有的。在南京停留时，毛泽东还检阅了海军部队。当时，人民海军调集了最精锐的两艘护卫舰和两艘鱼雷艇参阅。但它们的总吨位加起来，还不及清末的一艘铁甲巡洋舰。

曾经担任海军副司令员的张序三将军讲：“我们最初的舰艇大多数都是起义投诚的，也有从国民党军手中缴获的；再就是向香港招商局买了一批商船，把它改装成登陆舰；后来从苏联引进了一些舰艇，包括购买的驱逐舰、猎潜舰、扫雷舰和潜艇。当时，购买的设备主要都是苏联建造的。你买美国的，人家也不给，他要搞封锁。到了60年代中期，人民海军最主要的舰艇来源是我们自己造。这些舰船大量的、基础的是仿制，这里面主要包括鱼雷快艇、导弹快艇，小炮艇。吨位逐渐由几十吨级上升到百吨级、千吨级。后来几次海战的胜利证明我们自己造是成功的！”[5]

1949年2—12月，国民党海军起义投诚到解放军的舰艇共81艘。国民党兵败大陆、溃逃台湾时，著名海军将领陈绍宽、曾以鼎以及海军宿将萨镇冰等人拒绝去台湾，相继通电拥护中国共产党领导。国民党海军官兵先后有4000多人加入建设新中国的行列。其中，萨镇冰曾担任中华人民共和国第一届政协委员等职，陈绍宽曾担任华东军政委员、福建省人民政府副主席等职。1949年8月28日，毛泽东、朱德、周恩来专门接见国民党海军起义将领林遵、曾国晟、金声、徐时辅等人。毛泽东对他们说：“你们懂得科学知识，有技术。我们新海军要向你们学习……共同为建设强大的人民海军而奋斗。”谈到“重庆”号等起义舰艇遭到国民党空军的轰炸时，毛泽东说：“尽管有一些舰艇被炸沉了，同志们很难过，这种感情是好的，但是不要紧，只要有了人，问题都好解决。中国地大物博，我们一定能够把海军建设起来。”

10月23日，毛泽东、朱德在中南海设宴招待程潜、张治中、傅作义、林遵、邓兆祥等26名起义的国民党陆海军将领，高度评价他们响应人民和平运动的功绩，并指出：由于国民党中一部分爱国军人举行起义，不但加速了国民党残余军事力量的瓦解，而且使我们有了迅速增强的空军和海军。

1949年5月16日，按照解放军总部的命令，以“重庆”号巡洋舰起义官兵为基础，在东北安东(今辽宁丹东)成立了解放军第一所海军学校，邓兆祥任校长，朱军任政治委员，张学思任副校长，谢甫春任政治部主任。后来，“灵甫”号起义官兵也北上加入海军学校。

国民党海军起义的广大爱国官兵和从解放军陆军部队抽调的指战员一道，共同成为建设人民海军的基本力量。

新中国海军在初创阶段得到了苏联方面的大力援助。苏联主要通过装备技术转让、提供仿制、改进协助等形式，帮助中国建立了比较完整的研制、生产体系，使我国逐步走上自行研制舰船装备的道路。

1950年8月，海军提出了在近期内尽快建立一支轻型海上战斗力量的目标。中央军委批准了以建立海军航空兵部队、潜艇部队和鱼雷快艇部队为主，相应发展其他舰艇部队的建设方针。同年10月，中央人民政府在上海成立船舶工业局，海军也筹建了造船部，统一管理海军舰艇的修造工作。

1953年6月，根据中苏两国政府签订的技术援助协定，苏联开始帮助中国进行舰艇转让制造。通过护卫舰、中型鱼雷潜艇、扫雷艇、大型猎潜艇和鱼雷快艇5种舰艇的转让制造，为新中国舰船工业培养出一批造船科技人才和技术工人；改造了沿海沿江主要船厂，奠定了军用舰艇发展的初步基础。

当年，新中国水面舰艇部队中最为荣耀的军舰是“鞍山”号驱逐舰。它原名“果敢”号，是1954年苏联转卖给人民海军的第一艘驱逐舰。海军原副司令员张序三将军回忆：“1952年，我去苏联学习，就是因为买它的驱逐舰。当时买了4艘，那个时候我们只能买苏联的。毛主席跟斯大林讲要他援助我们军舰，但不是无偿援助，是我们拿钱买。斯大林很快批复给4艘，但都是‘二战’时在太平洋舰队服役的，重新大修后给了我们，舰体是老的，翻修后舰上的装备在当时来讲是现代化的。”

那时购买一艘苏联1600吨的旧驱逐舰要花费3000多万人民币。中国军费紧张，仅能买4艘。直到20世纪70年代，这4艘驱逐舰在国际海军界只能属于轻型舰，却被人民海军作为水面作战的主力舰，号称“四大金刚”；分别命名为“鞍山”号、“抚顺”号、“长春”号和“太原”号。它们曾经多次执行重大任务。这与后文介绍的新“八大金刚”，尤其是“中华神盾”舰相比，当然不可同日而语。

就此，张序三将军讲述了他在1962年任“长春”号舰长时与美国军舰斗争的故事。

“鞍山”号驱逐舰

当时，美国不承认我国的12海里领海线，就派军舰在我领海线附近进行侦察，试探你的实力。从1962年4月开始，我率“长春”舰执行监视美舰的任务。美国驱逐舰一个个轮流来挑衅，时而进来，时而出去，但是一跑到我们12海里的领海线内，我们就赶紧上前去堵它、驱逐它，向它发出严重警告……有时它赖着不走，我们就商量着做点动作。我们的炮是130毫米口径的，敌人的是127毫米，我的炮大，比它厉害，当然还有鱼雷，陆上还有海军航空兵。我就下命令，炮不要转向，还在零度状态，火炮指挥仪开始解算位置，这样炮一转过来，可以随时出拳。美军驱逐舰看见我的舰员都到位了，知道我们可能动真格儿了，就识趣地走了。

张序三认为，也正是通过这些“敢于亮剑”的斗争，对我海军舰队装备提出了新的最现实的要求。“我们必须自己造驱逐舰！驱逐舰首先建造的就是051型。造051舰可是不容易呀！当时海军、研究设计所与哈尔滨汽轮机厂订购了051舰的动力设备，被上级发现了，就问怎么不订苏联的？但没有动力，051舰就搞不出来呀！装备建设上，发动机这块儿，一直都是‘卡脖子’工程。”[5]

从051舰起步，中国舰船工业依靠自己的力量，研制了驱逐舰、护卫舰、护卫艇、鱼雷快艇、导弹快艇和登陆舰艇，当然也包括潜艇、扫雷舰等其他战舰和鱼雷、水雷等水中兵器。

现代中国的海军装备建设正是从"困难港"起锚扬帆，谱写出前所未有的辉煌乐章。

▶海陆空联合作战：解放一江山岛试锋芒

1954年11月14日，在东南沿海一江山岛附近，国民党海军"太平"号护卫舰从其停泊的大陈港和渔山列岛之间的台州湾海面出发，窜入浙江沿海水域寻衅骚扰渔民作业，被解放军高岛雷达站发现。在张爱萍将军指挥下，年轻的人民海军派出鱼雷艇31大队迅速出击。4艘鱼雷快艇以灵活、果断的动作，将敌"太平"号护卫舰团团围住，快艇射出的鱼雷击中敌舰舱。这艘排水量1000多吨的护卫舰最终沉没于滔天白浪之中。往日肆无忌惮的国民党海军陷入恐慌，其嚣张气焰方有所收敛。

1955年1月18日，人民解放军向一江山岛发起攻击。上午8时整，解放军开始实施第一次火力攻击，海军航空兵第一批9架轰炸机，在歼击机群的掩护下，直趋岛上大岙里国民党指挥所上空投弹；首轮轰炸将岛上的敌炮兵阵地、高射机枪阵地、地堡和隐蔽部严重毁坏。8时15分，解放军航空兵第二轮空袭接踵而至，直击前沿阵地。

9时后，我军50余门火炮开始向一江山岛首轮齐射，在空中、地面炮火的猛烈攻击下，一江山岛淹没在硝烟和尘埃之中。

12时15分，解放军登陆部队5000多人乘坐70余艘登陆艇向一江山岛挺进，40余艘作战艇担任护航和火力支援任务。14时许，我军岸炮又开始齐射一江山岛。以机动船为装载平台的"喀秋莎"火箭炮再次发出令人心悸的呼啸，一枚枚火箭弹铺天盖地砸向岛上守军；30余架图-2型轰炸机对"国民党一江山地区司令部"营房、通信设施、迫击炮阵地、高射机枪掩体再施杀手。一江山岛上的国民党守军通信中断，指挥陷于瘫痪。

支援解放一江山岛登陆部队的轰炸机胜利归来

20分钟后，解放军准时发起登陆突击，双方展开激烈的滩头战斗。战斗持续了31分钟，解放军第一梯队3个营经过血战，登陆成功。

解放军陆军部队用了3个多小时的时间，全歼岛上守军，占领全岛。19日，为协同陆军巩固一江山阵地，连续压制与打击国民党军，解放军海军航空兵又奉命出动飞机9架，对大陈岛守军指挥所和雷达阵地等军事目标实施轰炸。

到20日，战斗全部结束。解放军海陆空三军首次对据守近海岛屿的国民党军实施联合作战，取得了全歼敌蒋军1000余人的胜利！解放军登陆部队也付出很大的代价，393人牺牲，1027人受伤，反映了攻岛作战的艰巨性。至此，距美台签订"共同防御条约"仅一个月，因而国际舆论普遍认为，这是中共对美国政府和国民党台湾当局"共同防御条约"的有力回击。

一江山岛被解放军攻占后，在美国朝野引起很大震动。为表示对台湾当局的支持，美国派出5艘航空母舰、3艘巡洋舰、40艘驱逐舰先后驶抵大陈岛以东海面游弋，在这一空域活动的美机竟高达2000多架次。美国虽派飞机和舰艇到浙江沿海活动，却不想为这些岛屿帮助台湾当局与中共再次大战。经过一番角力，在美国海、空军的掩护下，据守在大陈各岛屿的国民党守军，裹挟岛上居民两万余人撤退到台湾。2月13日，解放军进驻大陈岛、渔山岛、披山岛。2月26日，解放军进驻南麂山列岛。至此，浙江沿海岛屿全部解放。

解放一江山岛作战，是中国人民解放军海陆空三军第一次联合渡海登陆作战，收获了许多宝贵经验。同时，也使中共高层领导对解放台湾所需海、空军作战武器装备等"特殊困难"，有了更为清醒的认识；对海、空军武器装备建设中存在的致命问题，有了更为深入的理解。这也为此后海军和空军加速推进现代化装备建设打下坚实的基础。

►重振舰船工业与创建中国舰船研究院

随着朝鲜战争停战协定的签订，中国共产党在把主要精力投入国民经济工业基础建设的同时，面对依然剑拔弩张的朝鲜半岛、台湾海峡的紧迫形势，不得不花大力气强化解放军的武器装备建设。刘华清回忆："早在建国初期，尤其是抗美援朝之后，我国加强了武器装备建设。20世纪50年代末，在总结国防部第五研究院尖端武器研制的成功经验基础上，上下达成了共识：在经济和科技都很薄弱的情况下，只有集中科技力量，组成国防科技的主力兵团。把有限的人力、物力、财力用在刀刃上，才能迅速突破难关。"[6]

当年江南造船厂的军舰建造现场

因朝鲜战争而暂时"停泊"的海军舰艇建设，重新"升火起锚"，尝试从舰艇基础研究、基础科研设施抓起。在装配、仿造苏联舰艇的同时，中国开始创建船舶科研机构和试验设施，以满足海军装备进一步发展的需要。

1954年，一机部组建船模实验所，1957年后扩建为船舶科学研究所；1958年组建船舶产品设计和舰用蒸汽轮机专业相关的四个研究院所。海军也自1958年起，先后组建舰艇、水中兵器、水声和导航等四个研究所。1958年海军成立科学技术研究部，统一领导海军舰艇和武器装备的研究工作。

1959年2月4日，中苏两国政府签订了《关于在中国海军制造舰艇方面给予中华人民共和国援助的协定》(后称“二四协定”)，由苏联向中国有偿转让常规动力弹道导弹潜艇、新改进的中型常规动力潜艇和两型导弹快艇的全套总体技术图纸资料及部分器材设备的制造权；苏联允许提供水翼鱼雷快艇的总体和武器装备图纸资料由中国进行仿制。

为掌握舰载导弹武器的新技术，同年10月，海军党委在向中央军委的报告中提出海军武器装备以导弹快艇为主，不断改进常规装备；以发展潜艇为重点，同时发展中小型水面舰艇的方针，明确海军武器装备发展方向，加快了海军舰艇及武器装备从仿制向自行研制的步伐。

工人们奋战在军舰建造一线

1960年，原设在一机部的船舶工业管理局划归三机部领导。船舶产品设计院所属军用舰艇总体设计室扩展为7个室，新建了鱼雷、航海仪器等研究室，并开始在无锡筹建船舶动力大型船模试验基地，打下进一步发展舰艇科技事业的基础。

舰艇从仿制逐步走向自行研制，是个相对漫长的过程。有关部门除了抓准潜艇仿制不动摇，还更加关注水面舰艇的仿制和自行研制。因为水面舰艇是海军的“门脸”，是一国海军武器装备最为重要的组成部分。世界各国发展海军无不把水面舰艇作为重点。

时光聚焦在1960年8月。正当中国陆续开工建造“二四协定”规定转让的5种苏式舰艇和武器装备的关键时期，赫鲁晓夫决定撤走专家，中断了苏联技术援助和器材设备供应。

严峻的国际时局没有给毛泽东留下多少辗转腾挪的空间。有关领导痛下决心，建立科研机构，依靠自己的力量研制和发展海军舰艇等设备。

“鞍山”号驱逐舰主炮位

1961年6月，中央批准成立国防部第七研究院；1961年8月14日，周恩来总理签发命令，任命刘华清为国防部第七研究院院长。

刘华清时任北海舰队副司令员兼旅顺基地司令员，是1958年从苏联伏罗希洛夫海军学院毕业的“受过高等海军军事教育的海军军官”。他在苏联所学专业为：参谋总部指挥专业、战役战术专业和海军通用专业。履新之时，中央军委和海军司令部对刘华清的要求很明确，就是借鉴国防部五院研制尖端武器的成功模式，集中科技力量，组成舰船方面“国防科研主力兵团”，负责海军舰艇及其武器装备研究设计，并要切实解决引进中的技术问题。

七院成立后，先后组建舰艇总体、原理性能、主动力、特辅机、核潜艇总体以及各类装备研究所和总体论证部。

1963 年，六机部成立后，先后建立了造船、造机、仪表、工艺以及标准、情报等研究所。这些科研机构的建立，加上 20 世纪 60 年代中期起建成的一些大型试验水池、实验室、实验场等科研设施，为仿制舰艇的国产化，为开展海军舰艇、武器装备自行研制进一步创造了条件。

七院集中 80% 的技术力量，与各舰船厂密切配合，完成了鱼雷快艇、鱼雷潜艇、导弹快艇以及鱼雷等武器的装配制造和仿制工作，初步实现了材料和设备的国产化。

到 20 世纪 60 年代后期，中国已用国产材料、设备生产常规潜艇和鱼雷快艇、导弹快艇，并制造出几型水雷、深水炸弹、舰炮、扫雷具等武器设备。“60 年代随着中苏关系的紧张、南海领土争端的日渐激烈对远洋测控船只护卫的需要，中国开始研制符合自身需要的大型水面舰艇。”第一步是自行设计了反潜护卫舰、火炮护卫舰等水面舰艇。

对于这段难忘的岁月，为人民海军建设辛勤耕耘的刘华清将军在回忆录中写道：

反潜护卫艇，是在海军没有水面反潜兵力情况下自行研究设计制造的，1962 年下水，1964 年首艇交部队使用。经训练和实战考验，证明该艇性能良好，深受部队欢迎。以后组织了小批生产和几次改进，性能又有提高。1974 年西沙自卫反击战中，两艘该型艇击沉敌一艘护卫舰、击伤三艘驱逐舰，立下战功。

1962 年，南海形势紧张，急需中型水面舰艇。按海军要求，七院立足国内现成的武器设备和材料，在短期内研制了 65 型护卫舰。该舰 1966 年交付部队。使用证明，该舰设计较成功，质量可靠。通过该舰的研制，七院摸索了自行研究设计的相关技术和组织实施的可行方法，为后来导弹驱逐舰的设计建造，创造了条件。

与此同时，我们抓紧了核潜艇、中型驱逐舰和新型常规潜艇的预先研究。这种有型号任务作背景而进行的应用技术研究和关键技术的前期开发，是上新型号的技术基础。我到七院后，曾几次提议上驱逐舰工程项目。虽然这一项目 1967 年才正式批准，但预研工作早已开始。该舰有 700 多种材料和 1000 多台(套)设备，全部立足于国内。新研制的设备有 100 多项，由全国 10 多个部委、22 个省市、数百家厂(所)和院校大协作。许多重大技术装备如三坐标雷达、情报中心系统、电子战系统、舰炮系统、声呐系统等，均属国内首次研究。

国产军舰下水

20 世纪 60 年代中期，六机部七院开始自行研制核动力潜艇、远洋测量船、导弹驱逐舰、导弹护卫舰和中型鱼雷潜艇等第一代舰艇。并相继开展了自导鱼雷、新型水雷、火箭式深水炸弹、舰炮等武器装备的研制。为适应自行研制第一代舰艇的需要，国家支持六机部七院继续抓紧发展船舶科研力量。

1968年11月，鱼雷核潜艇开工建造，1970年12月下水，开始了码头安装设备工作。1971年5月31日，核潜艇首航。1974年8月1日，中央军委发布命令，将第一艘鱼雷核潜艇命名为"长征一号"，正式编入海军战斗序列，并举行了庄严的军旗授予仪式。从此，人民海军进入拥有核潜艇的新阶段。

到70年代末，逐步形成了从科研、设计到生产，从舰艇总体到材料、设备和武器装备，从实验到使用维修的完整体系和全国范围的配套协作网，基本完成了第一代舰艇和武器装备的研制任务。以自力更生造舰艇为标志，中国海军进入快速发展阶段。中国不仅建造了自己的驱逐舰、护卫舰，还造出了技术难度更高的常规潜艇和核潜艇。

1972年12月31日，在大连市举行导弹驱逐舰首舰交接仪式。西方国家把我国的(该型)导弹驱逐舰称之为"旅大"级驱逐舰。导弹驱逐舰于1968年12月开工，22个省市，10多个工业部所属企业和研究所承担所需732项材料，1240项配套设备。其中包括110余项新研制设备的研制任务。作为一项复杂的系统工程，导弹驱逐舰在总体建造和设备研制中，攻克了许多技术难关。

为解决导弹上舰难题，701所、713所和七机部三院会同大连造船厂在现役苏式驱逐舰上进行了导弹飞行状态、舰面噪声频谱、燃气流压力场、舰面结构应力以及舰的运动要素试验，测量和现场观察得到的数据和经验，为解决反舰导弹上舰提供了第一手资料。

1971年9月开始航行试验，前后出海12次。按试验大纲要求，对重点项目进行了试验。试验证明，战术技术性能是好的，时间建造也是成功的。当然也暴露了不少问题，有待改进，形成坚强的战斗力还需要做很多工作。

1972年5月，周恩来总理指示，为柬埔寨西哈努克亲王组织参观舰艇海上表演，确定用导弹驱逐舰首舰为乘坐及指挥舰。萧司令员和我专门到"旅大"("旅大"级首舰)去反复检查、准备，并于5月24日向周总理写了报告。报告说："导弹驱逐舰是我国造船史上最大的一艘驱逐舰，研制设备较多，而且有相当一部分是我们过去工业科学技术上的空白……其基本性能已达到设计要求，可开始小批建造。"

周总理当天批呈毛主席，毛主席也圈阅同意。此后开始了导弹驱逐舰全面试验定型工作。1973年9月，叶剑英副主席视察导弹驱逐舰，观看发射反舰导弹试验。两次单射，一次齐射，四发全部命中靶标。1975年2月3日，国务院、中央军委批准导弹驱逐舰设计生产定型。[6]

20世纪80年代初，六机部按照国防科技发展计划，统一安排海军舰艇及武器装备的研制；从改进提高现有舰艇和武器装备的战术技术性能入手，把工作重点转向研制防空、反潜、反导、电子对抗能力更强、作战指挥自动化程度更高的新一代舰艇和武器装备；充分利用对外开放的时机，引进必要的新技术，加强预先研制工作。

到80年代末，在完成第一代舰艇齐装配套和改进提高的同时，有关单位开展了第二代舰艇和新型武器装备的研制，进行常规潜艇和核潜艇试验，完成了“远望”号测量船的重大改装工程。这标志着中国军用舰艇及其武器装备的发展走上新的阶段。

▶海上刺刀见红　磨砺威武神勇新海军

回溯新中国成立以来人民海军的发展历程，我们不能不对20世纪六七十年代发生的几大海战和后来重要的海上试验有个粗略的了解。正是因为这些海战和海试积淀的经验，催动了中国舰船工业的奋力前行。

先说说1965年发生在台湾海峡的“八六”海战吧，它是海战中以弱胜强的典型战例。

1949年撤退到台湾的蒋介石国民党集团，一直顽固坚持“反共复国”的战略图谋，把反攻大陆作为其毕生的最大心愿。20世纪60年代初，趁着中国内地遭遇暂时的经济困难，趁着中印边境紧张和国际反华势力浊浪滔天的时机，蒋介石错误估计形势，于1962年召开会议，通过了《光复大陆指导纲领》。蒋介石除了不断派遣侦察机、特工和以小部队袭扰大陆东南沿海，还亲自指导“国防部”制订了代号为“自力”的作战计划。在这项被列为最高机密的作战计划的指导下，台湾岛上四处弥漫着“反攻大陆”的战争气氛。

从1962年下半年起，为配合“自力”实施，还由蒋经国亲自领导，组织了一支专门从事“心战”的特遣支队，经常以大型坦克登陆舰1艘，作战舰艇2～3艘组成战斗群游弋。每逢鱼汛期、传统节日前后，就窜入闽南、闽北渔场，有时甚至窜至东山、南澳近海区，破坏渔业生产，并借机收集情报。到1964年8月，台湾当局的“心战”舰队共出动舰艇101艘次，进行“心战”24次，共抓、靠大陆渔船300余艘次。为打击敌人的嚣张气焰，根据中央军委指示，人民海军抽调兵力，组成海上突击编队，准备随时给敌人沉重打击。

就在台湾三军紧锣密鼓准备反攻大陆之际，踌躇满志的蒋介石却因一场海战的惨败而受到当头棒喝。这就是著名的“八六”海战。

1965年8月5日6时，我军依据准确的情报获悉，国民党海军“章江”号和“剑门”号猎潜舰组成的编队，正从台湾左营港出航，驶向大陆沿海。8月5日17时左右，我观通站首先发现敌舰编队的行踪。17时45分，南海舰队发出战斗指令，命令由6艘鱼雷快艇和4艘高速护卫艇组成的第一突击群向敌舰出击。18时30分，命令另外5艘鱼雷快艇和161号炮艇为第二突击群直扑敌舰。

8月6日凌晨1时42分，我海上突击编队与敌舰“章江”号和“剑门”号接火。“章江”号和“剑门”号不仅吨位大，而且火力强，完全不把鱼雷快艇和高速护卫艇放在眼中。岂料我海上编队发挥近战夜战特长，冒着敌人的炮火，前进到距敌舰非常近的距离才以鱼雷和穿甲弹集中攻击敌舰水线以下要害部位。“章江”号连连中弹，起火爆炸，于3时33分沉没在东山岛东南海域。“剑门”号见势不妙，慌忙逃窜，被及时赶到的我军第二突击群施放的鱼雷击中。5时22分，“剑门”号沉没在东山岛东南381海里处。

这场海战是国民党海军逃到台湾后最为惨重的失败。被我击沉的两艘军舰让蒋介石好一阵心痛。因为“剑门”号猎潜舰是国民党海军第二巡防舰队的旗舰，满载排水量1250吨，航速20节，装有1门76.2毫米炮、4门40毫米炮和4门20毫米炮，1座反潜鱼雷发射管。“章江”号是一艘满载排水量450吨的小型猎潜舰，航速18.5节，装有1门76.2毫米炮、1门40毫米炮和5门20毫米炮，4座深水炸弹投射器。此外，国民党海军官兵175人阵亡；当时坐镇“剑门”舰负责指挥的第二巡防舰队司令胡嘉恒少将，因弹药爆炸而当场毙命。解放军还俘获了“剑门”号中校舰长王韫山等33人。惨重的损失，致使台湾“海军总司令”刘广凯黯然下台。

我国自行研制的超音速反舰导弹

同年11月13日深夜，台湾国民党海军舰艇又在福建省崇武以东海域进行袭扰，再度被人民海军6艘鱼雷艇与6艘炮艇分割包围，双方展开激烈的炮攻。海战中我参战官兵英勇奋战，击沉敌护航炮舰“永昌”号，击伤大型猎潜舰“永泰”号。“八六”海战和“崇武以东”海战后数年，溃逃台湾的国民党海军逐渐减少海上窜扰，再也不敢恣意枉为了。

人民海军在反袭扰斗争中取得重大胜利。通过“八六”和“崇武以东”等海上战斗，直接检验了我军自行研制的鱼雷快艇以及鱼雷等武器装备。正是这些自行研制的装备为保卫沿海的安宁立下赫赫战功，一度成为海军护卫兵力的主要舰艇，并被赞誉为“怒海轻骑”。

据说，毛泽东主席在听了“八六”海战的简要汇报后，不断点头称赞：“打得好！是以小打大，蚂蚁啃骨头嘛。”

“八六”海战之后，我军舰艇研制和建造的进度、资金投入的力度都显著加快加强。

从“八六”海战的历史方位出发，人们可以清晰地看到，人民海军长期以来都是作为一支近岸作战的军事力量来建设。它的主要任务是：防备敌人的登陆，防备美台反攻大陆；尤其防备敌人从渤海湾、胶东半岛、辽东半岛及江苏一带登陆。长期处于近岸防御的态势，必然要求海军装备建设要着眼于防止敌人打进来。

再谈谈人民海军为保卫国家领海领土主权而进行的西沙海战和赤瓜礁海战。

反舰导弹发射

据曾经担任海军副司令员的张序三将军讲述：“共和国成立以后，人民海军进行的国与国之间的海战只有两次，一次是西沙海战，一次是赤瓜礁海战；一个对南越，一个对越南。西沙海战是自卫反击战，当时不打，西沙群岛就丢了。我们打了之后呢，把它赶走了，我们在西沙站住脚了。

赤瓜礁海战也是个自卫反击战，敌人开了第一枪，打伤了我们的枪炮长，然后我们就开始还击。先是礁上开枪，海上指挥员一看礁上已经开打了，那么海上也得打，最后击沉了2艘，1艘抢滩触礁。榆林基地的参谋长是指挥员，打完以后呢，他自己想我是不是犯错误了，都准备回来受处分。结果海司(海军司令部)发来贺电！大伙儿别提有多高兴啦!”

著名的西沙群岛自卫还击战，发生在20世纪70年代。与我人民海军交手的，正是越战中由美国一手扶持的南越阮文绍政权的海军。

在印度支那半岛纷争不断的1956年，法国、美国扶持的南越西贡政权就公然声称“南越共和国”对西沙群岛拥有“主权”，并陆续派兵占领了我西沙群岛的一些岛屿。1973年8月，南越军队在占领了南沙群岛、西沙群岛的6个岛屿之后，错误地以为中国内地正在“如火如荼”地搞“文化大革命”，将无暇顾及南海形势。9月又宣布将我南沙群岛的南威、太平等10多个岛屿划归“南越共和国”福绥省管理。

对于南越军队的侵略行径，中国政府一再提出严重警告。可是，南越政权自以为有美军撑腰，侵略气焰更加嚣张。1974年1月15日，南越当局悍然派出驱逐舰侵入我西沙永乐群岛海域，对中国渔船野蛮袭击，还对飘扬着中国国旗的甘泉岛进行炮击。17日，南越武装侵占了甘泉、金银等岛屿，打死打伤中国渔民多人。

这一时期，中国政府多次郑重声明：西沙群岛和南沙群岛、中沙群岛、东沙群岛一样，自古以来就是中国的领土。中国政府绝对不能容忍任何力量对它的蚕食侵占。

鉴于南越肆无忌惮的侵略行径，中国海军南海舰队立刻派出舰艇，驶抵西沙永乐群岛海域进行巡逻，并派出民兵随舰艇进驻永乐群岛的晋卿、琛航、广金三岛。中央军委要求我军在任何情况下均不打第一枪，但敌人先我攻击，必须着力予以坚决地自卫还击。

1974年1月9日，南越4艘军舰(总吨位约6000吨)，分两路接近中国海军编队的6艘舰艇(我舰吨位只有1600吨)。南越海军依仗其军舰吨位大的优势，多次挤压我军舰艇，并将一艘军舰的左舷栏杆撞坏。随后，对方派出40名士兵强行登上琛航、广金2岛，向岛上的民兵开枪，我民兵被迫还击。与此同时，南越4艘军舰突然机动，与我军舰艇拉开距离后悍然开火。此时，我舰艇海上指挥所命令各舰艇坚决自卫还击。

我舰根据自身吨位小的弱点，采取两艘舰艇集中火力对一舰的战术与敌周旋。经一小时激战，击沉敌舰1艘，另3艘敌舰负伤逃离战区。1月20日，中国海军配合陆军登陆分队先后收复甘泉、珊瑚、金银3岛，取得了西沙海战的胜利，捍卫了祖国的领海领土。

1974年的西沙海战，就南越海军的参战力量来说，它的单舰吨位和总吨位都比我军参战舰艇大得多，如单舰排水量都在1500吨以上。而中国的舰艇，都在1000吨以内，有的仅有五六百吨，总吨位也比南越海军少得多。但我人民海军有着“敢于刺刀见红”的精神面貌，一扫过去北洋水师那种不敢战、不会战、不能战、战之难胜的状态。回眸西沙之战那种场面，两军舰艇离得非常近，我人民海军扬长避短，逼近敌舰，用机关炮扫射，甚至投掷手榴弹，完全是海上刺刀见红。正是这种大无畏精神给南越海军以重创，使我军以弱胜强。西沙之战的胜利，不仅使南越当局的侵略行径受到严惩，而且，我军一举收复了十多个岛礁，将西沙群岛牢固地置于我主权范围内。

西沙之战后，国际媒体依据南越军舰被击沉、觉得很丢脸的说法，臆造“中国海军使用了‘冥河’式反舰导弹”之类的报道。实际上，我海军当时作战就是用的机关炮、手榴弹。这样的局面也促使中央军委下决心加强海军建设。作为这段历史的亲历者，笔者曾和所在军工厂的科技人员、工人师傅们一起，与反舰武器研究所的科研人员们共同参加过在浙东某地进行的新型反舰导弹试验。那壮观的场景，至今仍会清晰地在笔者眼前浮现，令人永思难忘。

我国20世纪六七十年代研制的水雷

这里再插上一段“小曲”与读者共赏，这也是人民海军值得骄傲的往事。20世纪70年代，美军深陷越战泥沼期间，尼克松曾以地毯式轰炸空袭河内，并在北部湾海域布雷封锁北越、企图“以战逼和”，越共领导人请求中国施以援手。毛泽东同意派出高射炮部队协助防护河内，并派出人民海军扫雷舰支队去帮助扫雷。极为可喜的是，我国仿制生产的苏式6610型扫雷舰前后扫除美军布下的5颗磁性水雷，打通了中越北部湾通道。当中国扫雷舰出现在海防港时，美联社惊呼：红色中国竟然有这样强的实力来扫除美军水雷，真是不可思议！

日月轮替，转眼到了1988年。当年的南越西贡政权早已被北越军队推翻。统一后的越南政府违背了当年“承认中国海疆主权的郑重立场”，又对中国赤瓜礁等海域垂涎三尺，竟然派出战舰游弋于我南海疆域。

此前的1987年12月左右，应联合国教科文组织海洋学委员会的要求，经国务院和中央军委批准，我国决定在南沙群岛的永暑礁建立一座有人驻守的海洋观测站。

1988年2月2日，为建造永暑礁海洋观测站而组织的施工船编队从湛江起航，7日晨抵达南沙海域施工现场。为防止意外，海军派出了3至4艘护卫舰担任周围海域巡逻任务。

2月18日15时40分，中国海军5名官兵登上南沙华阳礁，插上了中国国旗看守该礁。同日16时10分，越南海军9人也登上华阳礁，并插上越南国旗。针对这一挑衅，我登岛的海军官兵和海上巡弋的军舰立即对越军喊话，令其马上离开。21时41分，越军舰船和登礁人员全部撤离。五星红旗飘扬在我们自己的岛屿和海洋上。

2月25日，我海军官兵登上了南熏礁。3月13日，在南沙海域巡逻的我军3艘护卫舰，派出6名海军官兵携带轻武器登上赤瓜礁，进行勘察作业并插旗。

3月14日6时25分，越南海军“505”号登陆舰和“604”、“605”号军用运输舰，突然窜至赤瓜礁海域，并派出42名武装人员，携带冲锋枪和轻机枪强行登礁。双方短兵相接，站在海水中对峙。这时，越南海军“604”号运输舰多挺轻机枪向我守礁人员和舰上人员射击，我海军官兵被迫自卫还击。此战击毙敌登礁人员20余人、俘虏9人；击沉越南海军运输舰1艘，重创2艘(其中1艘搁浅沉没)，战斗只进行了28分钟便告结束。

3月15日，我海军官兵登占东门礁；3月25日，又登占渚清碧礁。至此，我军在6个礁上进驻部队，打破了我军在南沙没有立足之地的局面。

赤瓜礁一战，令每个中国人都为之欢欣鼓舞。

这两次海战前后，正是新中国历史上较为艰难的岁月。人民海军的发展依然缓慢。好不容易盼来了粉碎“四人帮”。人们在喜悦之余，也认识到国民经济已处于崩溃的边缘。邓小平在拨乱反正、启动改革开放的同时，要求新一届中央军委必须以大局为重，军队要忍耐。“忍耐”，意味着军队和国防科技工业迎来的是“费用上的冬天”。国防科技工业朝着军转民方向进行着艰难的转身。对于海陆空三军来讲，更是蹉跎岁月。长期的临战体制，使我军兵员和武器装备数量居世界前列。因为投入小，后劲不足，加上改革开放后，订货体制逐渐市场化，军品成本大幅上涨，装备采购数量不得不减少，即使研制出新型的武器也无法装备部队。空军主战机型落后，海军作战舰艇停滞在中小型上。现代战场中许多重要领域的装备，如武装直升机、空中加油机、战略预警系统、航空母舰和舰载机等都处于空白；对未来军事技术发展影响最大的微电子技术和信息技术，更是薄弱环节，严重制约各型号武器的发展。就连相对占优势的步兵常规武器，与周边一些国家相比，从20世纪60年代的旗鼓相当、略占优势，到此刻已呈现落伍状态。更让人挠头的是，原有的武器装备相继进入更新期，补不抵退。由于大量旧装备超期服役，维修费用急剧上涨不说，老化失修，事故频出日趋严重。工程建设经费的保障不足，使军用机场、码头失修；征地赔偿费的增加，使部队实装实弹的训练减少；油料、备件的短缺，使飞行、舰艇、装甲部队难以行动……[6]

20世纪80年代服役的海军舰艇

与此同时，国际军事领域的发展却呈突破态势。美国、苏联两个超级大国加速对武装力量进行结构性调整，加快武器更新速度，增强高科技的投入，完善快速反应体制。尤其是接二连三的中东战争、英阿马岛作战，使空地一体的现代战争形态初见端倪。纵观天下大势，“难道以马队、长矛对付八国联军洋枪、洋炮的历史还要重演吗？”正是在这样的国内外局势下，中央军委组织实施了一系列可以说是“四两拨千斤”的海上国防科技重大实验。

共和国史册镌刻着1980年试射洲际弹道导弹取得圆满成功的辉煌。同时，也向全世界宣示了中国海军与远洋测量船特混编队具备在太平洋海域执行战略火箭发射试验及测量、监控、回收的能力。建造导弹驱逐舰和远洋测量船队，是那时装备建设的“重点戏”。

透过历史的烟雨，让我们再次重温那些难忘时分：1980年5月18日上午10时，我酒泉发射场向太平洋预定海域发射全程洲际运载火箭。火箭飞行约30分钟，射程超过9000千米。这枚火箭在高空顺利完成火箭级间分离、发动机关机和火箭“头体分离”等一系列程序，精确地按照预定轨道飞完全程，最后在预定区域准确入海。

张序三将军对此回忆：

海军有了051型导弹驱逐舰之后，按照军委的命令，由我们于1980年5月在南太平洋执行了保障远程运载火箭全程试验任务，简称“580任务”。这是在太平洋上第一次出现中国人民海军特混编队的航迹。

当时特混舰队包括6艘051型驱逐舰、2艘综合补给船、2艘打捞救生船、4艘远洋拖船、2艘国家海洋局的远洋调查船以及2艘国防科工委主测量船，共18艘，这支精心挑选的特混编队舰船都是我们自己建造的。我担任编队参谋长，负责出航前的各种准备和检查、编队组成、制订航行计划、制订各项处置方案、训练、合练以及航行组织指挥等。海军副司令员刘道生是编队指挥员兼政治委员，海军副司令杨国宇是副指挥员，我们这三个人在测量船上的指挥所内，还有些副指挥员在分舰队的舰上。特混编队分成测量船队和护航舰队。

执行这次任务是跨越赤道从北太平洋南下到南太平洋，也就是南纬7度、东经171度，以这个点为中心，半径70海里这么个圆形海域，这就是我们的远程火箭溅落区。由于舰船数量多，各舰运动性能不一、航行时间长，18艘舰船分编成3个波次编队航渡；编队下为群，每群3～5艘。特混编队于1980年4月26日下达动员令，5801编队于4月28日10时由舟山海域集结点起航，5802和5803编队分别于5月1日10时和14时由舟山海域集结点起航。各编队准时驶抵试验海区，投入各项准备。经过10昼夜的漂泊和低速机动，于5月18日顺利完成发射运载火箭的测量。5月24日由东经161度42分处跨越赤道返回北半球。2个编队分别于6月1日和2日全部安全返回上海港，在海上历时35天，往返航行23昼夜，18艘舰船总航程157 198海里。[5]

1983年5月，又是在张序三将军率领下，根据中央军委的命令，针对南沙群岛风云变幻的形势，中国海军编队沿着中华民族祖先开辟的航道，前往南沙海域进行巡逻。编队由南海舰队X－950综合补给舰和Y－832运输船组成，5月18日8时15分从大黄江锚地出发远航，驶经西沙群岛后，直插南沙群岛海域。5月22日晨，编队驶进中国海疆最南端，进入赤道无风带，薄雾细雨、海面平静。7时35分，编队发现了八仙暗沙浮标；7时37分，发现曾母暗沙灯浮标。

这是人民海军第一次到达我国领土的最南端，海防的最前哨。张序三将军在航海日志上写道：“我航海实习编队，于1983年5月22日8时19分抛锚于曾母暗沙，方位220度11分链处。”光荣啊！人民海军的军旗在祖国的最南疆——曾母暗沙猎猎风响……

▶军民技术反哺：建造新一代导弹驱逐舰

进入20世纪80年代，我国舰船工业迎来了艰苦卓绝的“第二次创业”大潮。溯念这段历史，我们就不得不提到当年改革面临的深刻时代背景。

1976年10月粉碎“四人帮”后，在全党同志的热切召唤下，邓小平于1977年3月重新主持工作，主管科技和教育。从1977年春到1978年冬，邓小平多次约见国防工业几大部门和空军、海军及国防工办负责人，详细地听取了国防科技和军工情况汇报。他高屋建瓴地指出，和平与发展已经成为时代的主题，世界和平力量的增长超过了战争力量的增长，较长时间内避免新的世界大战是可能的。这个科学判断，为党和国家工作重点的转移，为国防和军队建设指导思想的战略性转变，奠定了重要基础。

对于遭受“四人帮”破坏，长期被“左”的思想束缚和严重亏损困扰的国防工业，如何走出困境的问题，邓小平做出了一系列重要指示。他敏锐地指出国防工业严重存在的高度集中、自我封闭等计划经济弊端；高瞻远瞩地提出国防科技建设要走改革发展和体制创新之路，并且毅然选择舰船工业作为改革突破口。这是极具前瞻性、战略性的远见卓识。

1977年3月，邓小平就以战略家的敏锐眼光，看到了世界造船重心正在东移的历史趋向，做出了“中国的船舶要抓住机会，打进国际市场”等重大决策。邓小平在“十年动乱”结束不久，拨乱反正尚在酝酿之时，就有了把船舶工业放到世界经济大环境中去求发展的思路，冲破了计划经济思想的束缚，紧紧抓住国际船市呈现的战略性机遇，揭开了民族工业参与国际竞争和国际分工，在同世界一流强手的竞争中发展壮大，推动中国经济全面发展的序幕。

实践证明，邓小平毅然选择舰船工业作为经济体制改革的突破口，是完全正确的。

邓小平在中央军委扩大会议上

1978年6月，邓小平提出“军民结合、平战结合、军品优先、以民养军是改革发展的需要”，“要以军为主，以民养军，改造造船工业”。1984年11月，邓小平强调指出：“国防工业设备好，技术力量雄厚，要充分利用起来，加入到整个国家建设中去，大力发展民用生产。这样做，有百利而无一害。”

改革开放之初，主要任务是恢复和发展国民经济，提高人民物质文化生活水平，初步达到温饱、进入小康。这是全党全国的大局。1984年11月，邓小平在中央军委座谈会上特别指出：“我想谈一谈顾全大局的问题。这个大局就是我们国家建设的大局……现在需要的是全国党政军民一心一意地服从国家建设这个大局，照顾这个大局……总之，大家都要从大局出发，照顾大局，千方百计使我们国家经济发展起来。发展起来就好办了。大局好起来了，国力大大增强了，再搞一点原子弹、导弹，更新一些装备，空中的也好，海上的也好，陆上的也好，到那个时候就容易了。”[7]

迎着改革开放的大潮，舰船工业按照邓小平的要求，较早地跨出了对外开放的步伐。当年军品任务锐减的形势也倒逼着舰船工业打破封闭格局，开拓国际市场。到20世纪80年代末90年代初，民用船舶就已出口欧美等60多个国家和地区，国际订单占全国造船年度总吨位的80%左右。船舶大量出口，不仅实现了与国际标准、国际规范的接轨，而且充分发展自身优势，通过顽强拼搏，使技术密集、资金密集和劳动力密集的船舶工业，较早地跻身世界造船前三强，成为我国对外开放取得成功的显著标志。

经过30多年的改革发展，船舶工业紧紧抓住重要的战略机遇并且实现大有作为，使造船完工年产量由当时的34万吨提高到2009年的4243万载重吨；造船产量由占世界的0.6%提高到2009年的34.8%左右；造船地位由世界第17位上升到1994年的世界第三位，并连续保持至2008年。2009年，中国造船工业一举跃升至世界第一位，2010年继续谱写这般荣耀。

2010年1月14日，法国《费加罗报》以醒目标题报道：“中国成世界造船业老大”。

（国际金融）危机引起亚太地区历史性的接力棒交接：中国从韩国手中夺走了世界造船业霸主的地位。2009年，中国造船厂拿下的造船订单首次超过韩国，将世界订单总量的44.4%收入囊中，韩国拿到了40.1%，退居第二，而日本居第三。

根据伦敦克拉克森船舶经纪公司的最新数据，中国现在累计订单量为5320万修正总吨（CGT），韩国是5280万修正总吨。在世界贸易衰退的情况下，中国造船厂的低成本使其在面对韩国和日本竞争对手的时候占据优势。而2010年的经济将微弱复苏，所以专家们预计这种趋势会进一步加强。

我军新型战舰准备下水

回想1978年前，当时国际船市实际上已被诸强分割完毕。仅西欧和日韩诸国，就占据世界船市90%的份额。而此时开始的战后第三次国际船舶市场大萧条，正在汇聚形成之际。在这种形势下，长期闭关锁国、一直以军工生产为主的中国船舶工业初闯国际市场，面对的严峻考验还来自造船列强的联手封杀。

在这样的困境中该如何起步？邓小平听取六机部部长柴树藩汇报后，积极支持船舶工业选择香港作为突破口的决策，以低成本优势拿到了世界船王包氏兄弟的订单，拓开了作为国际航运中心的香港市场，为船舶出口、走向世界架起了桥梁。随着船舶出口的迅速扩大，国家有计划、有重点地对骨干船厂进行改造建设，引进和采用一批新工艺、新技术、新设备，普遍推广使用电子计算机设计技术，为巩固和拓展国内外市场奠定了基础，船舶工业经济实力也显著增强。中国人制造的船舶进入了包括世界9个航运大国在内的几十个国家和地区，打造出一批国际品牌，走出了一条我国民族工业自强振兴的发展之路。

2010年度国防科技工业公布十大新闻，“中国造船业在造船完工量、承接新船订单量和手持船舶订单量等三大指标均首次跃居全球首位”忝居其中，这是国人的骄傲。2012年，中国造船业续写了这一辉煌！

我军战舰发射导弹

人们清楚地记得，正是由于严格按照国际规范、国际标准建造民船，倒逼着长期只管造军舰的舰船工业必须学习外国精湛的技术、先进的管理，包括“壳舾涂”一体化、模块化建造等经营之道。而正是这些下真功夫学到手的国际先进造船技术、先进管理模式，为后来建造新一代导弹驱逐舰、导弹护卫舰和新型潜艇，发挥了极其重要的作用。

20世纪80年代初，中国有过从英国引进42型驱逐舰和“鹞”式垂直起降战机的构想。但因经济困难、外汇不足，终致搁浅。在刘华清的力主之下，中央高层下决心自主研制、建造新一代导弹驱逐舰。曾经在60年代担任过我国第一代导弹驱逐舰051型设计负责人潘镜芙，成为此后被命名为052型导弹驱逐舰的总设计师。

潘镜芙团队的总体设计和江南造船厂的生产发展至少解决了国内军舰建造四大难题。

一是卫星通信首次上舰及其与舰载雷达相互干扰问题。对这种干扰，当时发生的英阿马岛之战教训非常深刻。是时，英军的“谢菲尔德”号导弹驱逐舰就是因为舰用雷达与卫星通信相互干扰问题没得到有效解决，而被阿根廷空军战机发射的法制“飞鱼”导弹击沉。对这个世界性难题，潘镜芙和攻关小组用特有的“中国智慧”把它解决了。通过上百次陆上和海上试验，终于使卫星通信与舰用雷达实现了电磁兼容。

二是导弹驱逐舰主体的新型碳钢焊接问题。由于这种新型碳钢焊接后容易产生裂缝，问题之严峻直接关系052型舰的存亡。潘镜芙坚持在低温和常温条件下对新型碳钢进行刚性对接焊接试验。1989年夏，焊接抗裂性试验在冷弯冲击实验室进行。潘镜芙和生产新型碳钢的企业、提供材料的研究所，加上江南造船厂持有世界五大船级社焊接证书的高级技师们，共同经历了“冰火两重天”的煎熬，终于为新型碳钢用于052型舰打开了通道。

三是该型舰首次采用柴油机、燃气轮机联合交替使用动力装置，其轴系对台系要求相当苛刻。从齿轮箱到螺旋桨轴系共分为五段轴相连安装，要求每根轴心都要落在同一个光点上，其误差不能超过0.1毫米。这样的安装难度在中国舰船史上前所未有。此前，国内舰船界都视其为“拦路虎”。但江南造船厂就是不信这个邪。他们在总装集成中展示的精湛技术，令驻厂军代表室非常满意。因为所有检测数据都表明一次达标。

四是解决了武器安装基座精度水平面加工难题。现代军舰的武器装备具有高精度、高技术性能，因而对安装也有相对精准的要求，其水平度误差不能超过一根头发丝。导弹驱逐舰的舰体是薄板结构，日照、设备重量、热加工和焊接都会引起舰体变形，从而影响武器装备基座安装精度。曾经建造过"海上科学城"、安装过航天测控精密仪器的江南造船厂自有一手绝活儿：为了控制日照引起的舰体变化，他们就依据气象预报选择凌晨时分进行对中照光，从而保证武备系统静态标校次次成功，系统精度也一次达标。就这样，052 型导弹驱逐舰渐次成长为人民海军主力舰。[8]

研制、建造出新一代水面和水下舰艇，正是用先进民用造船技术和工艺流程反哺于军品的最为显著的成果。它的精湛质量和效能，使我们在海军装备建设中长久得以体验。

史册是这样镌刻的。1985 年 11 月 16 日 11 时 23 分，由"合肥"号(舷号 132)导弹驱逐舰和 X615 号综合补给船组成的特混编队，在海军东海舰队司令员聂奎聚率领下，对巴基斯坦、斯里兰卡和孟加拉三国进行正式友好访问。在军舰犁开的万顷浪花之间，印度洋迎来了中国海军舰艇编队首次出航……这是人民海军组建 36 年来，首次派舰出国访问。

这次成功出访开启了中国海军走向世界的序幕。中国海军已 60 多次走出国门，访问了 40 多个国家。这既带去和平与友谊，也展示中国海军力量不断壮大的活动，同时还将多项"第一"的纪录谱写在中国舰船工业发展史上。

从那时起，中国海军舰艇编队出访纪录一再被刷新。《解放军报》曾以"跨洋联合军演展示海军风采，逐浪国际舞台重塑中国形象"为题，畅言中国海军参加联合军事演习和军舰出访的荣耀。

2005 年 8 月，举世瞩目的中俄联合军事演习在黄海某海域举行。云飞浪卷的海面上，168 号导弹驱逐舰长途奔袭：火箭弹划出美丽的弧线，主炮吐出阵阵火舌……

这是 21 世纪中国海军新型舰艇跨洋军演的前奏。此后，越来越多的中国新型战舰出现在国际联合军演的舞台上，以前所未有的自信展示着中国海军的形象。

2005 年年底，由"深圳"号(舷号 167)导弹驱逐舰和"微山湖"号(舷号 887)综合补给舰组成的舰艇编队穿越印度洋，分别与巴基斯坦、印度和泰国军队举行了海军联合演习，实现了海军出访编队职能使命的新拓展。

2006 年 9 月，中国海军"青岛"号(舷号 113)导弹驱逐舰跨过太平洋，与美国海军举行海上通信和编队机动演练。这是中国海军首次跨越大洋与世界海军强国同台竞技。

2007 年，中国海军跨洋参与联合军演的步伐明显加快。这一年春节刚过，由中国海军"连云港"号(舷号 522)和"莆田"号(舷号 524)导弹护卫舰组成的编队，越过南海，横穿印度洋，在阿拉伯海参加了"和平－07"海上多国联合军演；与来自巴基斯坦、美国、英国、法国等 8 个国家海军的 12 艘军舰共进行了 20 多个海上科目的演练。

中国海军出色的表现得到国外同行的充分肯定。而国产 054A 型护卫舰的闪亮登场，更令外界眼前一亮。该型首舰"舟山"号(舷号 529)于 2008 年服役。它在外形上与之前装备的054型(舷号525、526)一样，舰体光滑整洁，呈流行的长艏楼甲板，方尾舰型，舰体后部有一座与舰体连为一体的直升机机库。其设计具有明显的隐身特征，船型也适合在中远海及高海况条件下航行及作战。

专家认为，我海军054A型护卫舰最抢眼的地方就是它的防空导弹垂直发射系统。从外观上就能看出舰体前方安装有4座8单元方格垂直发射系统，配备的是中国舰空导弹家族中的另一个“传说”——“海红旗”-16中程防空导弹。同以往国产导弹护卫舰相比，无论是防空导弹数量，还是射程、反应速度，054A型护卫舰都是最强的。

增添这些内容，或许打断了读者的思绪，还是让我们沿着海军军演的脉络再往下走吧。

2007年5月11日，中国海军“襄樊”号(舷号567)导弹护卫舰“单刀赴会”，参加在新加坡樟宜港举行的第二届西太平洋海军论坛多边海上演习。演习结束后，外电对中国海军的参演行动给予了高度评价：中国海军不仅展示了中国的军威和国威，更表明了中国与国际社会协力打击各种形式的安全威胁、维护地区海上安全的信心和能力。

2008年，中国舰船工业更有不俗表现，沪东造船厂为巴基斯坦海军建造的首艘F-22P导弹护卫舰正式交付使用。现代化程度较高的F-22P导弹护卫舰的设计蓝本是国产053H2G2型护卫舰，并吸收054A型护卫舰的部分技术。带有一定倾斜度的舰体设计，使军舰隐身能力更强；装备了3200型反潜火箭发射装置、“海红旗”-7型防空导弹发射装置、76毫米单管速射舰炮等武器；还可携带1架直-9C型反潜直升机，该机可挂载2枚鱼-7K型轻型反潜鱼雷，主要用于中远程反潜和对反舰导弹提供中继制导。该型导弹护卫舰的出口，让希望提升本国海军水面舰艇实力的众多发展中国家看到了希望。

弹指30多年过去，人们对一代伟人邓小平当年的指示从内心里感佩其高瞻远瞩。

还是在改革开放大幕刚刚掀动的1978年，邓小平提出：“要以民养军，包括搞出口船，换取外汇，把民用船水平提高了，也可以促进军船。”那时能真正理解的人并不是很多，而今已成为不争的客观现实；国际社会由此也对中国舰船制造水平有了新的认识。

▶从“中华神盾”舰扬波试航看新型水面舰艇雄姿

2003年4月23日，对于中国来说，正处在抗击“非典”最艰难的时期；对于人民海军来说，是其诞生54周年纪念日；对于舰船制造业来说，也是个非同寻常的日子。因为这一天，中国首艘配备国产相控阵雷达及防空导弹垂直发射系统的052C型驱逐舰——170舰在江南某地出港试航。

中国人打造的“宙斯盾”驱逐舰近日下水试航了！世界著名军事刊物《简氏防务周刊》于当月29日以显著位置报道了这个消息。日本等国的军事杂志则对该舰的细节进行了大量报道，声称“052C型作为中国第一种装备国产垂直发射系统的防空型导弹驱逐舰，它最引人注目之处，就是艏楼四周加装了四具大型的固定式相控阵雷达天线，其上层结构呈八面体，往上朝内倾斜 15 度，与中心轴线呈 45 度夹角的 4 个倾斜面各安装一具相控阵天线，布局安装与美制‘阿利·伯克’级驱逐舰类似。”

由此，国内外媒体将它与安有“宙斯盾”系统的美国“阿利·伯克”级、日本的“金刚”级驱逐舰相对应，称之为“中华神盾”舰。西方军事专家认为，由于当今世界只有美国、日本和欧洲等少数国家有能力生产这种复杂的“宙斯盾”作战系统，因而“中华神盾”舰的建成，对于中国海军具有里程碑意义。同时，“中华神盾”舰以超过西方预料的建造速度下水，也标志着中国军舰制造水平已经有了显著提高。我国军事专家在评价“中华神盾”舰时不无自豪地说，“中国舰船制造业在广泛吸收国外舰船制造技术的基础上，将我国拥有自主创新知识产权的最新科技成果，迅速转化成高技术条件下的防卫和应急作战能力，成功制造出可与‘宙斯盾’舰媲美的、性能优良的战舰，是中国人的骄傲。也是我国综合国力提升的最为形象的体现”。

此后，有关“中华神盾”系统的消息在各军事网站和平面媒体频频曝光。一些军事网站绘声绘色地全方位跟踪报道：被誉为“中华神盾”舰的 052C 型 170 舰和 171 舰，装备了与“宙斯盾”系统类似的防空系统。考虑到抗干扰能力是现代雷达的一项重要指标，其新型相控阵雷达采用了频率捷变，单脉冲测角、动目标显示、旁辩对消等抗干扰技术。舰上还装有国产第三代情报指挥作战系统，这标志着 052C 型舰的相关技术达到世界一流水平。“中华神盾”舰还安装了全自动的 730 型近程防御系统，可有效击落来袭反舰导弹。至 2012 年已有多艘 052C 型导弹驱逐舰建造完成，并如期交付海军服役。

在这里，有必要先让我们了解一下美国“宙斯盾”作战系统的特点。

所谓“宙斯盾”(AEGIS)作战系统，是指美国海军为应对水面作战可能遭受的饱和攻击威胁而开发的“空中预警与地面整合系统”；因英文缩写刚好是“AEGIS”(宙斯盾)，所以也称“宙斯盾”系统。它由六大分系统组成，其中最引人注目的是 AN/SPY－1 相控阵雷达系统。“宙斯盾”系统具有四大特点：一是反应速度快，主雷达从搜索方式转为跟踪方式仅需 0.05 秒，能有效对付作掠海飞行的超音速反舰导弹；二是抗干扰性能强，可在严重电子干扰环境下正常工作；三是作战火力猛烈，反击能力强劲，该综合系统可指挥舰上各种武器，同时拦截来自空中、水面和水下多个目标，并可对目标威胁进行自动评估，从而优先击毁对自身威胁最大的目标；四是具备稳定的可靠性，它能在无后勤保障的情况下，在海上连续可靠地工作 40～60 天。该系统后来有所改进，性能得到进一步提升。

在日本海上自卫队的多艘“金刚”级驱逐舰上，也配置了从美国采购的新一代“宙斯盾”作战系统。由于该系统代表了当今世界最先进的海军科技水平，造价自然非常高昂，每套作战系统(不含导弹)造价高达 2 亿美元。尽管如此，还是有越来越多的国家纷纷加入制造“宙斯盾”战舰的行列，如德国、荷兰、挪威、韩国等。

“中华神盾”舰的建造一直被海外高度关注。据《简氏防务周刊》介绍，该型舰从外形上看，舰体融合了俄罗斯水面舰艇舰体丰满的特点，线型流畅；上层建筑则吸取了欧洲新一代大型主战舰艇简洁流畅的特点，注重隐身性能。从制造工艺精良的舰体外形可以推测出该舰具有极佳的远洋航行能力。

《简氏防务周刊》认为，“中华神盾”舰装备的舰载武器特别引人注目：包括具备隐形特征的单管100毫米主炮，配备最新型国产远程防空导弹的垂直发射系统，新一代超音速反舰导弹和新型近程防御系统等。这些武器全部由中国自行研制、集成制造，充分体现了中国水面舰艇配套体系的规模和完整。

“中华神盾”舰采用复合柴油或燃气轮机推进系统。燃气轮机方面，采用两台从乌克兰引进的DA/DN－80燃气轮机；而柴油机则是采用两台性能稳定可靠的国产高速柴油机，作用于全速航行时。这样的使用对于排水量不是特别大的052B/C型舰来说，其动力装置的剩余功率较大，可以充分保证两型舰作战时的灵活性和机动性。大幅提升动力系统国产化率，说明我国在大型舰艇建造与先进动力系统集成方面已经跃上一个新台阶。

国际军事评论家认为，该型舰使中国海军水面舰艇的作战能力产生质的提升，解决了长期困扰中国海军走向远洋的舰队防空问题。他们普遍认为，“中华神盾”先进的远程防空系统，不但能为整个舰艇编队提供大范围的区域防空，采用垂直发射方式还使其具备了抗饱和攻击能力。

“中华神盾”舰是中国造船人努力跟踪、追赶世界先进水平的成果，它的建成、服役意义重大。但是我们也要清醒地认识到，我们的技术水平与世界海军强国还存在相当大的差距，中国海军的发展还有相当艰苦的一段路要走，担负海军装备现代化建设的人们任重而道远。

“中国海军当前仍然只是一支防御性的力量。”俄罗斯《独立军事评论》专家如是说。的确，中国海军建设经历了购买、仿制、自主设计建造等阶段，虽然已初具规模，但是以主战驱逐舰为例，目前还是第一代和第二代驱逐舰为主，作战系统等装备存在很多不足，仍不能满足未来高技术条件下的作战需要。现代战争的特点是海、陆、空、天、电多维立体战，维护我国海洋领土主权及经济权益的斗争，需要中国海军具有强大远洋作战能力、需要拥有以大型水面舰艇为主的远洋舰队。

▶昂扬行进的60周年海上阅兵

2009年4月23日下午，为庆祝人民海军成立60周年而举行的海上阅兵在青岛附近黄海海域举行。在胡锦涛主席和军委首长乘坐的旗舰前，海上检阅分两个阶段进行：第一个阶段为海上分列式，检阅中国海军舰艇和飞机；第二个阶段为海上阅兵式，检阅来自14个国家的21艘舰艇。

法国《欧洲日报》2009年4月25日刊发时评文章说，作为新中国成立60年来举办的最大规模的多国海军交流活动和海上阅兵式，中国海军的这一举动从筹备时就受到世界的瞩目，包括法国、美国在内的五大洲的29个国家更是欣然接受邀请，或派出海军代表团，或派出舰艇赴会。有海外舆论指出，此举表明长期以来重视陆疆守卫、且以陆上力量见长的人民解放军正式将战略发展重点转向海洋。中国要调整国防策略，扭转海洋防卫中的被动局面，发展包括航空母舰在内的海上力量，已迎来最佳机遇。

封闭和夜郎自大永远是国家强盛和进步的敌人。中国人民永远不会忘记，一百多年前，就在距青岛不到300千米的胶东半岛另一侧，中国第一支也是当时亚洲最先进的近代海军遭受全军覆没的惨痛教训。今天，新中国海军在这里邀约世界宾朋，所传递的当然不是逞强示威的“霸道”，而是一个热爱和平、与邻为善的民族的“成年礼”。

通过这次海上阅兵活动，使更多军事发烧友不再只是从图片资料和展览会的舰艇模型来认识海军，而是能够全景式、更真切地实地观察和分析我国海军的最新技术进步和战斗实力。从参阅的168舰、169舰、170舰、171舰、112舰、113舰、115舰、116舰这八大国产主力舰的行进中，人们已经能够大致勾勒出我国驱逐舰技术发展的整体轮廓，感受人民海军近年来取得的发展成就，并为这些新蓝海“八大金刚”感到骄傲与自豪。[9]

反潜火箭发射器

《舰船知识》特约专家撰文认为，海上阅兵和亚丁湾护航舰艇集中体现出六大看点：

从军舰上起飞的直-8直升机

舰艇设计的飞跃 112舰和113舰是较早建成服役的主力驱逐舰，属052型。在112舰之前，我国的主力驱逐舰是051型舰，其满载排水量只有3600吨，舰载设备简单，武器装备性能落后，防空、反潜能力薄弱。1986年，我国开始建造052型导弹驱逐舰。1994年，该型首舰112舰建造完工。052型舰是我国在摆脱苏式设计思想后，自行设计的第一种大型导弹驱逐舰。该型舰采用飞剪型舰艏，圆角舰体，采用新型五叶螺旋桨以降低噪声，配合局部的雷达隐身设计，具有一定隐身功能；满载排水量达到4800吨；首次运用系统工程方法，把各型武器系统综合为全舰作战系统，采用作战系统指挥自动化、柴-燃联合动力、综合通信等先进技术，提高了军舰的综合作战能力。

一个舰体、两种设计。这是一种创新。被称为052B型的168舰、169舰是又一款新型驱逐舰。052B型驱逐舰是我国第一种多方面考虑隐身性能的主力战舰，包括降低雷达截面积、红外信号、噪声以及磁信号；主机安装于密封箱及双层弹性减震基座上，舰底加装气泡幕降噪系统，采用大侧斜五叶低噪声螺旋桨、舰艏声呐敷设消音瓦、舰体装设消磁线圈和降温洒水系统、纳米隐身涂料等。052B型舰的上层结构拥有倾斜表面，和船舷融合为一，舰型优美简洁；舰体长约160米，宽度则超过19米，长宽比降至8.4，增强了稳定性、适航性和耐波力。动力系统由两台乌克兰DA/DN－80燃气轮机和两台国产化的MTU－20 V956 TB92柴油机组成。

航行在印度洋的中国海军驱逐舰

美军"宙斯盾"舰上的垂直发射系统

被称为052C型驱逐舰的170舰、171舰，虽然与169舰为同一种舰体，但设计风格迥然不同。一般来讲，舰船下水时的强大冲击力会对舰体造成很大的考验，传统战斗舰艇的所有上部结构必须在下水后才能安装，但若在下水前就安装，"壳舾涂"一体化，设备会更完善。052C型舰的两舰下水时，其主炮、部分火控雷达、导航雷达、通信天线、730型近程防空武器系统都已安装，足见中国的造舰技术远比建造052B型时更加先进。

052C型沿用052B型舰体的基本设计，二者动力系统以及舰体各项隐身技术相近。052C型对上层结构略加修改，排水量增加数百吨；安装了垂直发射系统及多型雷达，性能比052B型更先进。总之，052C型舰与052B型舰是首次实现一组采用同型舰体、不同装备的高低搭配舰。

开创了战舰设计第二体系 051C型驱逐舰是我国近年来研制的另一新型驱逐舰。首舰为115舰，第二艘为116舰。该型舰的舰体设计以051B型为基础，排水量约为7000吨；与051B型相比，其雷达平台简化为一阶，舰艉两侧的舷窗以及机库顶部边缘的半圆形结构被取消，艉楼结构也稍微拉长，后端比前段低了一阶；在舰艉和舰艏均装备了俄制区域防空导弹及垂直发射系统，防空能力大大提升。

这种优化务实的设计，证明我国在167舰（051B型）上进行了多年的船体测试，已经取得实际效果。051B/C型与052B/C形成了两大驱逐舰建造体系，是我国造舰工业又一个质的飞跃。

动力系统正摆脱受制于人的局面 051C型舰沿用了051B型舰的蒸汽动力系统。167舰的舰体与动力系统经历远航上万海里、多年狂涛巨浪的考验，其蒸汽涡轮机堪称同类系统中的杰作。同时，蒸汽涡轮机又有价格便宜、寿命较长、较为耐用的优点。我国在相关生产技术与操作经验上都比较熟悉，能使这种可靠的设计获得传承。此外，115舰、116舰拥有精良的全电力式动力系统调节监控装置，可以最大限度地弥补采用蒸汽涡轮动力后，系统损失的自动化程度。

从052B/C型舰和051B/C型舰动力系统的配置来看，是我国海军装备发展"两条腿走路"的典范。即一方面引进国外先进动力装备，另一方面消化吸收，结合自身情况加以研制和改造。这样既可实现小步快跑、跨越式发展，又不过分依赖、受制于人。

052型112舰、113舰，主要使用进口动力系统，采用柴－燃联合推动装置。112舰使用两台德国的MTU－12 V 1163 TB83型柴油机提供巡航动力，两台美国通用电气公司的LM2500型燃气轮机在高速加力航行中启用；推进器为摆线螺旋桨，不仅功率提升大，而且适航性更好。全部系统采用数字式计算机控制，实现了机舱无人化，成为我国海军首型采用燃气轮机动力并正式服役的舰艇。

人民海军驱逐舰编队

应该坦率地承认，长久以来，舰船动力问题是中国海军挥之不去的“心脏病”。建造于20世纪80年代末的112舰，使用当时先进的进口动力系统，因而性能出色；其满载排水量4200吨，最大航速达到31节。但在1989年“政治风波”后，由于西方实行对华制裁，致使已签订的多套动力设备引进合同被取消。国外有军事专家分析，美国通用电气的LM2500可能只装备了112舰“哈尔滨”号，同型的113舰“青岛”号就被迫换成从乌克兰引进的DA50型燃气轮机。可是，DA50无论体积还是重量都比LM2500“胖大”。有军事观察家根据“青岛”号满载排水量比“哈尔滨”号增加了近300吨这一情况，认为中国海军患有“心脏病”的可能性依然存在。这也是当代国防科技人员正在努力解决的问题。

但要说这美国货，也不是什么“质优价廉”的硬品牌。顺便讲下美国通用电气的LM2500“嫌似”劣质的小插曲。当年从美国进口的LM2500装舰后长期运转不畅，也不知是有人捣的鬼还是偶然，安装在“哈尔滨”号的左燃气轮机一直存在低温下启动困难问题。这台美国货一到冬天就“犯病”。因为启动时间长，竟磨损了3台造价昂贵的启动机。这问题困扰了10年，美国专家来了几拨，都没有找到好的解决方法。后来，该“心脏病”问题却让舰上的一名海军士官给解决了。为此，这名海军士官荣立一等功。所以，让动力系统不再受制于人，大幅提升动力系统国产化率，才是历史性进步。

电子系统的飞跃　112舰、113舰首次解决复杂电子设备电磁兼容问题。052型舰的电子系统有了很大的进步，首次较系统地安装了电子支援与干扰系统。据日本《世界舰船》报道，052型驱逐舰装备两种可对空搜索的雷达。第一种是负责远程对空警戒的两坐标518雷达，对空最大搜索距离300千米，可同时跟踪200个目标；第二种是347S海空搜索雷达，这是一种具备海空搜索目标指示能力，引导防空、反舰导弹作战的全用途雷达。作为备份，舰上还装有法制“海虎”海空搜索雷达。这些电子系统弥补了国产驱逐舰多项技术空白，而创造性地将众多电子设备安装于同一舰艇平台，还为我军舰艇电磁兼容性的提高打下了基础。

首次尝试相控阵体制　052B型舰主桅顶部是MP－710“顶板”三坐标搜索制导雷达，

负责对空警戒。舰桥顶部耸立着巨大的“音乐台”制导雷达，负责超视距探测及制导。舰桥与机库各有2部MP-90“前罩”火控雷达，用于制导防空导弹。舰桥上一座344雷达用于100毫米主炮的制导，这部火控雷达采用有限相扫相控阵体制。主桅两侧各有3个电子战天线，外加舰桥两侧的大型圆柱形电子战天线，构成全舰电子战系统。主桅两侧装有NRJ16A雷达侦察干扰系统天线。总体来看，052B型舰引进“顶板”和“音乐台”电子雷达，极大地拓展了海空探测距离。

众所周知，目前世界上最先进的舰载防空系统是美国海军的“宙斯盾”系统，所以，拥有“宙斯盾”系统或与该系统类似的防空系统已成为现代区域防空舰的标志。而被誉为“中华神盾”舰的我国海军052C型170舰、171舰就装备有与“宙斯盾”系统相类似的防空系统。两舰的相控阵雷达天线阵面外形各有四块阵面，以保证覆盖360度全空域；两舰对空中目标的探测、跟踪以及对导弹的制导都是由舰载相控阵雷达来完成。工作波段S波段能够较好地兼顾探测距离和制导精度要求。两舰采用的舰对空导弹为TVM/主动雷达末端制导模式，发射速度快。新型相控阵雷达自动化程度高，采用多种等抗干扰技术，从而具备很强的抗干扰能力。

052C型舰烟囱后方的桅杆上还装有一部极低频远程对空监视雷达。它的工作波段是专门针对西方引以为傲的隐身技术而开发的。

防空武器系统的飞跃 这也是外界比较关注的重要系统。112舰的主要防空武器是法国“海响尾蛇”系统的早期型号8M，113舰装备的是该系统的国产化型号——“海红旗”-7。而170舰、171舰，则是我海军首型能应付空中饱和攻击的防空舰，装备大量“海红旗”-9舰载远程防空导弹。168舰和169舰，各配备两具3S-90单臂旋转发射架，每具发射架的弹舱能容纳24枚俄制9M317E中程区域防空导弹；防空导弹采用中段无线电修正+半主动雷达末端制导模式，并引进分时照射技术，能击中以12g加速的飞行目标，是可靠的中程防空武器。052B和052C型舰还装备了被称为“中国守门员”的730型7管30毫米近程防空武器系统。它是我国新一代舰用速射防空武器，最大射速约4600发/分，对反舰导弹的有效射程约2.5千米；武器从侦测目标、计算到开火都由炮塔包办，性能优于先前我军舰艇装备的以雷达导控的37毫米防空火炮，同时能省下更多空间，对于军舰整体布局的优化与提高隐身性都有好处。

▶印度洋试锋：打击索马里海盗的国际护航

2008年12月26日是毛泽东诞辰111周年纪念日，这天，新中国成立以来第一次远征印度洋亚丁湾的海上护航舰艇编队，从海南岛三亚基地起航了！

这支中国海军舰艇编队由3艘军舰组成：

169舰“武汉”号为052B型驱逐舰的二号舰，于2002年在上海江南造船厂下水，2004

年服役。该型舰满载排水量 6500 吨以上，是一种防空、反潜、反舰能力均衡的远洋驱逐舰。169 舰动力系统先进，最高时速 32 节；时速 20 节时续航距离 6000 多千米。整体性能在国际同级舰中处于中上水平，在亚洲处于先进水平。

该舰主炮是消化法国技术而研制的 100 毫米单管速射舰炮，备弹 240 发，射程 18.5 千米，射高 8 千米，射速每分钟 90 发，有全自动、半自动及手动模式操作。反舰武器是安装在舰舯部的 16 枚“鹰击”－83 反舰导弹。防空方面，052B 的舰艏和机库顶部各有 1 座引进俄罗斯的 9M317E 中程区域舰对空导弹系统，最大射程分别为 40 千米（目标为飞机，高空）、12 千米（目标为导弹，低空），双发齐射命中率分别为 86%（目标为导弹）及 96%（目标为飞机），可拦截距海面高度 3～5 米的反舰导弹。舰桥两侧各有 1 座国产 730 型 7 管 30 毫米近程防空武器系统。

其他武器装备包括：舰艏两座 6 管 81 式反潜火箭发射器，每座各备弹 24 枚，可攻击距离 4 千米处水下 300 米深的潜艇，并能发射最新被动声自导反潜火箭。舰桥前部两舷装有 4 座 18 管 122 毫米多用途火箭发射器，可实施对岸、对舰攻击或发射箔条及诱饵弹、干扰弹自卫。舰体后部两侧装有两座 7424 型三联装反潜鱼雷发射管，发射的鱼－7 型轻型鱼雷最大射程 9 千米，作战水深为 700 米。该舰可搭载 1 架俄制卡－28 重型反潜直升机。

171 舰“海口”号为 052C 型防空驱逐舰的二号舰，该舰于 2003 年 10 月下水。作为首批建成服役的“中华神盾”舰，171 舰与 170 舰主要参数大致相同，外观有细微差异。

舷号为 887 的“微山湖”号综合补给舰是我国自行设计建造的吨位最大的补给舰，排水量接近 3 万吨，可同时为两艘以上舰船补给。

舰载重型直升机

这是 600 多年前郑和七下西洋以来，也是毛泽东主席发出“为了反对帝国主义的海上侵略，我们一定要建立强大的海军！”伟大号召以来，中国军人首次肩负和平使命、维护海上商贸生命线的实质性军事行动。其战略用意和历史意义都十分深远！

对此，美国范德比尔特大学研究中国军事历史的隆沛博士对《华盛顿观察》周刊坦率地说：“索马里护航任务从军事战略上讲，意义并不大，但彰显中国更加成熟地承担起它作为大国的责任，表现得更富有合作精神。”美国兰德公司的亚洲军事分析家柯瑞杰也说，中国海军承担“索马里护航任务”有三个原因：为了保护中国公民和财产的安全；显示中国是一个负责任的大国，也是中国领导层自信的体现；中国海军不愿只做没有远征能力的“褐水海军”，而要像法国、英国和印度一样，以现代化力量承担国际责任。“当然，中国政府并不想这次远航被外人视为中国争夺海洋控制权的第一步，更不想掀起‘中国威胁论’的非议。这就是为什么他们考虑了很久才作出决定。”

的确，中国高层领导作出这项重大决策是经过深思熟虑的。国防部在 2008 年 12 月 23 日召开的新闻发布会上曾经郑重宣布，按照联合国安理会有关决议，中国决定派遣南海舰队“海口”号、“武汉”号导弹驱逐舰，“微山湖”号补给舰，赴亚丁湾、索马里海域执行护航任务。总参作战部海军局局长强调，该行动不代表解放军的作战方略有何变化。海军舰艇执行的护航任务，主要是为航经亚丁湾、索马里海域的中国船舶和人员提供安全保障，保障世界粮食计划署等国际组织运输人道主义物资的安全。与此同时，中方确定，中国海军护航舰队停靠东非第一大港吉布提进行补给。

从军事意义上讲，派几艘军舰去亚丁湾其实不算什么大动静，更不该被视为“中国威胁”的体现。但由于当时中美军事交流因美国售台军火而中断，而美国又因阿富汗战争和伊拉克战争在印度洋上屯集重兵，故此国际上有“中美海军擦枪走火”的担心，但美国军方和军事观察家均表示，这种担忧大可不必。时任美军太平洋总部司令的基廷上将甚至希望借机恢复从 2008 年 10 月份起因美方售台武器而搁置的中美军事交流。对此，美国退役海军少将、外交政策分析研究所亚太研究主任麦利凯希望，中美海军应携手做“公海伙伴”。“我一点儿都不担心中美海军的冲突。这不是 18 世纪，正规海军与海盗船队区别非常大。即使中美海军之间不进行直接交流，因误判而开火的可能性也微乎其微。”柯瑞杰说。

外媒也乐观地认为，美国人更愿意拉上中国的蓝水海军协作维护海道安全。在应对海盗威胁时，中美有共同的利益。索马里海域是全球航运最繁忙的地段，美国海军一直将第五舰队部署在此。北约从 2008 年 10 月派出一支由 4 艘军舰组成的特遣支队，为向索马里运送粮食和救援物资的世界粮食计划署货船护航。俄罗斯、印度和其他国家在亚丁湾海域也常驻十几艘军舰。这么多舰艇在亚丁湾巡逻，还让神出鬼没的海盗频频得手，因此加强在该海域的巡逻力量，密切协同各国海军的活动非常重要。但没有必要担心因协同不畅而引发各国海军间的冲突。

但是，在现实运作上，这个世界的生存法则往往是二律相悖的。当中国海军护航编队从海南三亚起航，经南海、马六甲海峡，穿越印度洋，在抵达任务海区的 10 天航程里，多次经历“发现可疑舰船跟随护航”的咄咄怪事。在有的海域“发现不明国籍可疑潜艇尾随”竟达 680 海里；紧急时，我军舰载直升机升空施放声呐，先行侦察并进入临战状态，不明国籍可疑潜艇才隐遁而去。如此近距离的舰艇接近，中国海军在印度洋海域已不是第一次经历了。转入 2009 年 1 月 6 日编队遂行护航任务以来，中国海军护航编队三舰便分别独立护航。如“微山湖”舰在圆满完成第三次海上补给后转移补给区途中，与接受护航的香港籍货轮“金辉”号、台湾商船“天星 7 号”(在巴拿马注册)在亚丁湾西口附近海域会合，并组成单纵队，开始全程约 550 海里的伴随护航之旅。这是“微山湖”补给舰首次执行伴随护航任务。

这种分组护航的方式，有利于军舰从曼德海峡东口到亚丁湾东部广阔海域相向、全程独立地同时为多批商船护航，彰显了中国海军的实战能力。

▶“飞蠓”系列与“海红旗”舰对空导弹系统

2008 年 10 月 30 日，国内军事网站刊载了军事发烧友的一篇文章，欢呼“最新‘飞蠓’(FM－90N)防空导弹列装!”文章说，在我国科研人员的不断努力下，“飞蠓”防空导弹系列不断发展壮大，作战效能不断提高。“飞蠓”防空系列的最新型号则是 FM－90N。它作为一种舰对空导弹系统，可以为海军水面舰艇提供低空、超低空防空保护。尤其重要的是，它可以有效地抗击当前对水面舰艇威胁最大的武器——掠海反舰导弹。这类反舰导弹包括“迦伯列”、“捕鲸叉”等型号。此后的国际防务展及 2009 年国庆阅兵装备展示，让人们对“飞蠓”家族发展史有了较为清晰的认识。

FM－80 防空导弹系统是“飞蠓”系列的基本型，最初研制的该型号导弹吸收了法制“响尾蛇”防空导弹的一些技术。这就涉及网友们喜欢争论的“仿制”问题。

对这类问题，笔者认为，自古以来，人类社会的兵器制造往往通过相互“仿制”进而有所发展，也是一种提高再创新的过程。谁又能说“现代火炸药之父”诺贝尔的技术中就没有“剽窃”我们祖先的伟大发明呢?

话题还是回到“飞蠓”系列上来。看看“飞蠓”初生的经历。

研制测试中的“飞蠓”地对空导弹

“飞蠓”系列地对空/舰对空导弹系统，是以我国引进的法国“响尾蛇”点防御防空导弹系统为基础，通过仿制、自主研发相结合，引进吸收再创新而发展起来的一种近程防空导弹。1973 年，法国海军提出把该国陆军的“响尾蛇”地对空导弹系统转化为舰载型号，称为“海响尾蛇”。“海响尾蛇”系统具体由法国汤姆逊 CSF 公司研制，装在舰艇上，可击毁低空、超低空飞行的战斗机、直升机和反舰导弹。

1982 年，法国海军正式采用“海响尾蛇”系统。这种导弹最初的基本型是 8B 型，改进至 8S 型与 8M 型才具有击毁掠海反舰导弹的能力。“海响尾蛇”8S 型的 8 个导弹发射器和雷达、光电火控系统装在一起，而 8M 型的 8 个导弹发射器与火控系统是模块化设计，可以分开配置。作为代表 20 世纪 80 年代低空防空导弹先进水平的“海响尾蛇”系统，具有作战空域接近中距防空导弹、反应时间短、自动化程度高、系统作战能力强等特点，并且是世界上较早具有反掠海导弹能力的舰对空导弹。

1988 年，我国将法制“响尾蛇”导弹仿制成功，国内装备型号为“红旗”－7(HQ－7)，“飞蠓”(FM－80)是其出口编号。“红旗”－7 的舰对空型——“海红旗”－7(HHQ－7)则延续了“海响尾蛇”的优点(以“海响尾蛇”8M 型为原型)，并进行了深度改进，提高了击毁来袭反舰导弹的几率。

从“飞蠓”家族的发展史来看，FM－80 作为“飞蠓”系列的基本型，研制之初便达到可以替代老式的“红旗”－61 甲型地对空导弹系统的水平；它既可进行要地防空，也可自行机动保护野战部队。FM－80 与 20 世纪 90 年代国外装备的低空防空导弹相比，在反应时间、作战空域、应对多目标能力方面都有一定优势。譬如其反应速度、射界、带弹数量都优于英国的“长剑”、德法两国合作研制的“罗兰特”等知名防空导弹系统。

FM－80 防空系统由搜索指挥车、发射制导车及供电车组成，也可以装入标准方舱内，用拖车牵引机动。该系统不具备行进发射能力，但从行军状态只需 5 分钟转换时间，即可开火射击。搜索指挥车装有搜索雷达，可以将发现的敌对目标分发给 3 部发射车进行拦截。FM－80 既可通过雷达截获和跟踪低空目标，也可使用光电系统与雷达构成复合制导模式进行工作。以复合制导模式工作时，光电系统可以自动跟踪目标，同时由雷达测量导弹距离和角度差。FM－80 还有人工操作方式，由操作手根据电视图像手动跟踪目标。光电系统是敌机无法蒙骗的，因此 FM－80 的抗干扰能力很强。舰对空型的 FM－80 的作战方式类似地对空型，但目标信息由舰载大型雷达及光电系统提供。

FM－80 的导弹作为舰对空型使用时，其对付掠海导弹的射程为 8.5 千米，系统反应时间 6～10 秒，杀伤概率约 70%。有趣的是，我国台湾地区进口的法国制“康定”级护卫舰(原型为法国“拉斐特”级)，本来计划装备“海响尾蛇”导弹。但由于各种原因，“康定”级最终只能使用性能不佳的台军“小榭树”舰对空导弹，防空能力大为削弱。

历经了 FM－80 的仿制，我国已经摸透“响尾蛇”导弹的技术。随后，FM－90 型地对空导弹横空出世，在 2010 年珠海航展上首次作实物展示。与 FM－80 相比，FM－90 系统改用新型火控计算机并改进了导弹的动力系统。其主要改进在于：导弹发动机推力更大，因而速度更快、射程更远、机动能力更好，拦截时抗干扰能力更强；火控系统搜索、跟踪距离大为提高，能更早拦截来袭的飞机和导弹。由于上述改进，FM－90 的单发命中率增至 80%。

值得注意的是，FM－90 导弹对飞行高度 15 米左右的目标具有更强的拦截能力，这对于抗击海湾战争后发展势头越来越迅猛的巡航导弹、低空直升机很有帮助。新系统采用了双波段雷达，改进了电视跟踪系统，增加了激光跟踪器，探测能力、抗干扰能力已非原版的“响尾蛇”可比。后来，军工研发人员又开发出整体性能更先进的 FM－90N 型舰对空导弹系统。

笔者仅依据国际防务展上 FM－90N 系统的产品说明书对其作战功能作下注解，大家就不难发现其技高一筹的地方。

诚如前文所述，FM－90N 导弹要对抗的最难缠的敌人，就是“迦伯列”、“捕鲸叉”等掠海反舰导弹。像这样的反舰导弹，虽然飞行速度还不到音速，但飞行高度低，体积小，红外辐射少，一些新的型号还具有一定的末段机动能力。由于地球表面的曲率，舰艇探测设备如雷达等，发现掠海导弹的距离一般只有几十千米。我们来看看 FM－90N 如何对付这样危险的目标。当舰艇可能被攻击时，指挥人员启动 FM－90N 系统，进入“射击准备”状态。这时，FM－90N 的火控系统准备接收舰艇平台上探测距离更远的大型雷达、光电系统发来的目标信息。一旦发现来袭飞机或导弹，舰艇平台即通报目标信息；FM－90N 系统便根据有关信息，将自身的雷达、光电火控系统转向目标来袭方向。

FM－90N 的火控雷达对准目标来袭方向的同时，会迅速搜索目标。一旦发现目标，系统就自动转入跟踪状态，并接通红外角偏差跟踪系统，通过光电手段对目标进行更加精确的跟踪。根据获得的目标信息，FM－90N 的火控系统运算拦截的可能性，以确定目标是否在可以拦截的范围。如目标处于拦截范围内，FM－90N 系统会向指挥员发出灯号、音响提示。这时按下“发射”按钮，系统便进入不可停止的导弹发射状态，FM－90N 的旋转发射装置自动对准目标方向。发射装置上有 8 发待发射导弹，系统会自主选出要发射的导弹，指令其发射筒内的抛盖设备启动，把发射筒的前盖抛掉。

同时，FM－90N 导弹的弹上电池启动，系统火控计算机向导弹传送相关编码和频率。完成后，把导弹固定在发射筒内的锁销被释放，火箭发动机点火，将导弹射出。在发射筒内支撑导弹的四根弹托也飞出发射筒。导弹离开发射筒后，最初的一小段飞行状态由火控系统的红外导引装置探测。根据这一信息，火控系统把导弹引导进跟踪雷达或红外角偏差跟踪系统的波束内。随后，火控计算机同时跟踪导弹与目标，依据两者的角度偏差以及导弹的距离数据，按“三点一线”的导引规律，引导导弹飞向目标。

具体方法是：火控系统不断探测导弹与目标的偏差，发出无线电控制指令；导弹接收指令，弹上的自动驾驶仪使弹体上的舵面转动，修正飞行方向，准确射向目标。当 FM－90N 导弹不断加速，纵向加速度超过 18g 时，战斗部的保险装置被解除，进入待爆状态。同时，FM－90N 以比掠海导弹略高的高度飞行。弹上的引信不断发射无线电波束，探测目标是否进入战斗部的杀伤范围。“飞蠓”系列导弹包括 FM－90N 在内，所配的无线电引信都兼有高度表的功能，确保导弹在攻击掠海导弹时不会栽进海里。

具体工作原理为：无线电引信上有 3 个“品”字形分布的天线，其中一个天线向正下方发射波束，弹上计算机根据回波信息控制飞行高度，相当于无线电高度表。FM－90N 导弹引信的三个波束成旋转锥形，略微向前射出。每个波束都很尖锐，可以有效地减少海浪变化时产生的杂波和虚警信号。因为波束向前，因此进入起爆范围时，引信会略微延迟战斗部起爆时间，以确保战斗部与目标距离达到最小值。当目标进入无线电引信波束内时，FM－90N 的破片聚能战斗部便自动引爆。大量高速破片足以摧毁现役的各种作战飞机和掠海导弹。至此，FM－90N 即成功地拦截了来袭目标。

随着舰艇对抗反舰导弹能力的提高，反舰导弹自然也会提高自身的突防能力。最直接有效的方法，就是以多枚反舰导弹同时向舰艇发起攻击，这样舰上防御系统很可能因为只能同时对抗1~2枚导弹而顾此失彼，眼睁睁地看着舰艇被击中。由于技术基础的原因，FM－90N虽然不具有20世纪90年代末逐渐发展起来的“抗饱和攻击”能力，但具有可观的抗击多目标能力。当FM－90N的火控系统发现多个目标相继来袭时，可以先行发射一批(通常为1~2枚)导弹，制导攻击其中威胁最大的目标。在第一批导弹击中目标前，抗击后继目标的第二批导弹可以先行发射。当第一批导弹击毁目标后，FM－90N的火控系统立即转向，引导第二批导弹击毁后继目标。这样节省了宝贵的时间，提高了抗击多目标的能力。舰载“飞蠓”系列还专门安装了不同于法国原版型号的装填设备，可快速装填，以更好地应付可能再次来袭的目标。

综合各方评述，人们可以得出这样的印象：法制“海响尾蛇”舰载防空导弹具备雷达、红外、光电等多种探测、跟踪手段，实战中能克服掠海环境中常有的镜像干扰、背景噪声大、波束畸变等困难，能精确地探测、捕捉和跟踪掠海导弹，因而被公认为是20世纪末世界上非常优秀的一种反掠海导弹武器。而从法军“海响尾蛇”基础上经过不断改进发展的FM－90N，能力有过之而无不及，击毁单独来袭的“迦伯列”、“捕鲸叉”等导弹有很大把握。同时，FM－90N延续并发展了“海响尾蛇”完善的内置自检测系统和外部检测设备，操作可靠，维护简单。当然，FM－90N作为点防御舰对空导弹，也存在射程近等缺点。随着“饱和攻击”成为反舰作战的热点，FM－90N在对抗多目标集中攻击时可能会有些力不从心。

首先，对付“饱和攻击”需要处理能力强、反应速度快的新型舰对空作战体系，单靠FM－90N本身无能为力。其次，FM－90N脱胎于已有20余年历史的“海响尾蛇”，与美军专为对抗“饱和攻击”设计的RAM“拉姆”近防导弹系统相比，有较大差距。但是，FM－90N仍可在短时间内拦截一定数量的目标。具体来说，FM－90N可以对付连续来袭的4批飞机或者3批掠海导弹。如果敌方没有陆基航空兵的支持或大型航空母舰，或由多艘舰艇同时攻击，一般海军舰艇不大可能发起这样大规模的打击。同时，FM－90N在人民解放军现役装备中还具有较突出的优势，装备我军舰艇仍有较大价值。从更高层面看，FM－90N也能有效协同其他岸基、舰载防空力量作战，以完善、多层次的防空体系对抗对方的“饱和攻击”。

随着人民海军的建设不断取得新成绩，FM－90N的作战效能也在不断完善，有水涨船高的势头。法国“海响尾蛇”导弹的火控系统不仅能接收舰载探测识别系统的目标信息，而且可以反过来控制舰载火炮和其他武器。这说明“飞蠓”系列与舰艇平台的综合协调是非常有效的，有发展为“弹炮合一”等综合武器系统的潜力。而FM－90N系统为模块式结构，火控系统与发射装置相互独立，给改进改装留下充分的空间。

进入21世纪后，尽管国际局势总体缓和，但小规模冲突不断。而世界各国的反舰导弹不断得到改进，尤其是西方先进掠海超音速反舰导弹的出现和俄制反舰导弹的出口扩散，极大地威胁着水面舰艇的安全。可以说，FM－90N要对付以2倍以上音速掠海飞行的导弹，也已经力不从心。因FM－90N射程和射高都较小，无法尽早拦截高速目标；由于只有一个火控通道，不能同时迎战多个目标；光电制导系统虽然能抗电子干扰，但是受气象影响很大。因此，海军舰艇要对付更严酷的威胁，需进一步改进或发展更新型的舰对空导弹。对于FM－90N本身来说，火控系统反应速度、抗干扰能力，导弹射程、射高的提高，对实战有重大意义。因其导弹本身的设计已经相当合理，进一步改进可以集中在火控系统上，如装备性能更佳的雷达、红外热成像设备和火控计算机，进一步提高低角度视角探测掠海目标的精度和抗干扰能力。国外最新的舰载红外热成像设备，可以在距离31千米远处发现超音速掠海导弹。可见，FM－90N火控系统有一定改进空间。

此外，与美国“海麻雀”中近距舰对空导弹的30千克战斗部相比，FM－90N的战斗部小得多。如改用正在发展的定向破片战斗部技术，14千克的定向战斗部的威力可以和30千克普通战斗部相比。同时，建立远距面防空导弹、中近距点防空导弹、近防火炮或“弹炮合一”系统组成的舰空防御系统，也有助于FM－90N扬长补短，与其他武器互补。在法国海军方面，新一代“海响尾蛇”即CN2型已投入现役。但该系统实际上是全新型号，使用了J波段火控雷达、电视/红外复合火控，导弹也是全新的，只不过还用“海响尾蛇”这个名字。该导弹还计划改进为垂直发射，具备了对抗掠海导弹“饱和攻击”的基本能力。因此，当我们在国际防务展上对FM－90N给予肯定的同时，也着眼于新型中近距舰对空导弹的研制，打造能在21世纪为海军舰艇“斩妖除魔”的新“飞蠓”！

让我们把镜头聚焦于国庆60周年大阅兵上。看看参阅装备第17方队以车载展示的“海红旗”－9(HHQ－9)舰对空导弹，感受一下“海上金钟罩”的作战威力。

“海红旗”－9舰对空导弹是国防科研专家根据原有的“红旗”－9改（HQ－9A)地对空导弹发展出的海军舰载型，成为中国海军舰队远程区域防空的主力弹种。其最大射程200千米，最大射高40千米，甚至超过了美制“爱国者”－3型的180千米的最大射距。

作为中国第一种舰载远程防空导弹，“海红旗”－9装备在052C型导弹驱逐舰上，成为人民海军驰骋海上、对敌打击的“杀手锏”。该型导弹为无翼式，导弹的发射方式为垂直冷发射，6联装，全舰共有8个发射单元计48枚“海红旗”－9型导弹。

▶海上惊雷　“鹰击”导弹显威力

同样是2009年国庆大阅兵，参阅装备第18方队为“鹰击”－83(YJ－83)型反舰导弹。它是人民海军“鹰击”导弹系列中的最新成员。回顾YJ－83型反舰导弹的发展史，得从1993年谈起。当年，人民海军为了解决YJ－81型反舰导弹射程短，YJ－82型反舰导弹速度慢的缺陷，开始研制YJ－83型反舰导弹；1998年改型成功并陆续装备部队。

YJ－83反舰导弹是一种体积小、威力大的通用型导弹，可以从空中、舰艇、陆地和潜艇发射，被中国海军的大多数水面战舰所装备。该型反舰导弹以亚音速掠海飞行向目标发动攻击，除已广泛装备在驱护舰、导弹护卫艇、导弹快艇等水面舰艇上，也能由改进型轰－6中型轰炸机与歼轰－7A战斗轰炸机挂载出战。

国庆60周年阅兵式上，参阅装备的第19方队是海军使用的“鹰击”－62(YJ－62)型岸舰导弹发射车。这款被称为“岸海霹雳”的最新型 YJ－62 岸舰导弹发射车系统，如今正向区域防御一体化和远程精准打击方向发展。这种由中国第三航空宇宙学院研发的远程亚音速反舰巡航导弹(ASCM)，其射程达 280 千米。

2009 年 4 月 24 日，中央电视台军事频道报道了相关军事专家的评述。他们饶有兴致地表示，YJ－62 作为一种传统的巡航导弹设计，弹体中部的弹翼在发射后展开；发动机进气口在“十”字形尾翼前面。导弹采用一台小型涡轮喷气发动机或涡扇发动机提供动力。

YJ－62 依然采用国产反舰导弹一贯的主动雷达制导体制，具体形式为单脉冲捷变雷达体制。YJ－62 包括火箭助推器在内的长度达到 7 米，有效提高了滑翔时的稳定性，并且增大了射程。

与迄今为止中国研制的其他反舰导弹最大的不同是，YJ－62 在其飞行中段采用惯性＋GPS 制导方式。由此可见，开发这种导弹的主要目的是攻击航空母舰一类的重型目标。导弹采用穿甲爆破型战斗部，引信为迟延接触电子式，拥有三段保险系统。

2009 年 12 月 11 日出版的《中国青年报》发表图片新闻，题为《受阅新型导弹准确击中“敌舰”》。配发的图片很是漂亮，文字说明也很精彩，强调演练部队装备的为国庆受阅方阵中出现的新型导弹。

辽东海岸一个偏僻的山坳里，随着指挥员“5、4、3、2、1、发射!”一连串指令的发出，某新型导弹喷射着烈焰撕破海空，扑向数百里外的“敌舰”。

近日，北海舰队某岸导团举行新型导弹首次跨海机动实战射击演练。此次导弹实战射击演练是该团根据新《大纲》相关课目和“新装备当年接装，当年形成战斗力”的高标准进行的。

可以想见，这正是“岸海霹雳”——YJ－62 岸舰导弹发射系统在大展神威。

2010 年 2 月某冬日清晨，东海岸某山区，层峦叠嶂，云遮雾罩。“导弹发射!”短促的命令打破山间寂静。刹那间，惊雷动地，霹雳裂海，4 枚新型导弹闪电出击，准确摧毁远海目标。此后的演习面临天上卫星侦察，空中敌机盘旋，地面敌特袭扰……一辆辆导弹战车风驰电掣般向预设阵地开进，似雷霆出击，如铁流滚滚。各发射单元迅速展开。强大火力打击，顷刻间让混迹于多个机动目标之中的“敌舰”灰飞烟灭!

这是海军东海舰队某新型海岸导弹团的一次精彩“亮剑”，标志着作为人民海军五大兵种之一的岸防兵，已成为重要的远程精确打击力量，一支岸防新锐正骄傲地崛起在共和国的钢铁海防线上。而此时，离新装备正式列装还不到一个月。和新装备入列同步形成战斗力，该导弹团创造了海军新装备部队战斗力生成的又一个奇迹!

▶远海砺精兵　在复杂海况中检验新战舰

人们如此迷恋新蓝海“八大金刚”，而近些年不断建成服役的其他海军舰艇、装备也同样被视为中国舰船制造工业的骄傲。

其实，人民海军的进步不仅体现在装备上。中国政府发布的《2006 年中国的国防》白皮书提出，海军要“加强适应信息化条件下作战需要的海上机动兵力建设，增强近海海域的整体作战能力、联合作战能力和海上综合保障能力”。时隔不到三年，《2009 年中国的国防》白皮书说，“海军部队的建设正在按照近海防御战略的要求，坚持把信息化作为现代化建设的发展方向和战略重点，努力建设一支强大的海军。深化训练内容和组训方式改革创新，突出海上一体化联合作战训练，增强在近海遂行海上战役的综合作战能力和核反击能力。科学组织战役训练、战术训练、专业技术训练和共同科目训练，重点抓好信息化条件下联合作战要素集成训练，探索复杂电磁环境下的训练方法。重视开展非战争军事行动训练，积极参加双边、多边联合演练。我们的海军正逐步壮大并向信息化转型”。

对此，《解放军报》披露，国产新型导弹驱逐舰向深蓝水域进军，接受深海大洋的挑战。执掌新型舰艇的官兵立足最复杂、最困难的情况进行实战演练。因为，新型舰艇对操作精确度要求高，南海舰队的官兵就把精确化管理引入组训施训的全过程，分层制定具体、细化的训练计划，时间精确到小时，对象具体到个人；对新装备在不同气象水文、不同海域海况、不同电磁环境下的性能指数进行反复测试和检验，把装备所能、实战必用课题训实练精。“以前靠的是力气，得能把炮弹抱起来塞进炮膛。现在需要的是知识、是大脑，必须适应世界信息技术应用的飞速发展，才能不落人后。”几年前，新型导弹驱逐舰刚一下水，便引起国内外广泛关注。70% 的装备首次列装，世界先进水平的平台优化设计，高度信息化的武器系统，全新的指挥和管理理念……在世人羡慕的目光中，也含有一丝疑虑：中国海军官兵能否驾驭如此先进的战舰？新型战舰就要编入战斗序列，接触新装备仅一年的官兵已俨然成为战舰的主人：他们独立操纵战舰劈波斩浪，航程数千海里回到自己的母港，开创了新型舰艇完全由舰员独立操纵远航归建的先河。

人民海军正处在向高科技电子信息化发展的极其重要的转型期。

通过一次次远海检验性对抗演练，驾驭新型战舰的官兵们得到锤炼，国防科技人又有一批新装备、新战果得到检验！辽阔的大洋呼唤着中国海军，中国海军的航迹不断向大洋延伸。由驱护舰和综合补给舰组成的中国海军舰艇编队已对全球数十个国家进行了友好访问，并顺利完成环球航行，显示出强有力的海上综合保障能力。

“任何现代化武器装备都是‘用’出来，不管是实战还是演练，你必须让战士们把它熟练掌握才行。”一位总装备部的高层领导这样讲。2008 年 10 月底，东海某军港码头，某新型导弹艇应急抢修演练拉开帷幕。

“我艇遭‘敌’突袭，雷达天线被击毁，请求救援……”闻讯，东海舰队某舰船装备技术保障大队应急抢修分队迅速登艇，现场展开“手术”。很快，“受损”战舰重新投入“战斗”。

该大队担负着辖区内各型舰船装备抢修任务。一次，某新型导弹艇雷达显示器出了问题，大队 3 名技术人员捣鼓一个上午，也没有找到故障原因。无奈之下，他们只好千里迢迢请厂家来解决。这次尴尬遭遇给大队敲响了警钟！

要在最短的时间内对新装备形成全面保障能力，不采用超常手段不行。为此，该大队改变思路：由传统的应召保障转化成靠前保障，把人员和抢修器材送到前沿“战场”，以修促学，以学促修。

中国海军装备的022型隐身导弹艇技术先进

在新装备在航保障的攻坚战中，该大队抽调专业技能过硬的保障人员，轮流驻扎在新型导弹艇部队。为加快对新装备了解，他们让前沿保障点的修理人员参与艇队每日装备检试，及时咨询新装备使用情况。此外，他们还利用远程支援系统，向千里之外的厂家、院校“取经”。与此同时，大队定期举行新装备保障论坛，把个人的技术成果变成大家共享，把大家的修理经验集中到一个人身上。保障点人员每参加一次故障修理，都及时写成一个“案例”，每周组织一次“案例”统计分析，从中寻找专业难点，并组织相关技术骨干攻关。

后来，该大队比原计划提前一年形成对新装备的应急保障能力。

▶维护海洋权益和战略安全呼唤中国建造航空母舰

2009年中国的国防科技和武器装备建设曾有三件大事引起世界轰动。一是新中国成立60周年国庆大阅兵；二是当年11月9日中央电视台《面对面》栏目对话空军副司令员何为荣，透露“中国正在研制第四代战机”信息；三是“中国建造航空母舰”问题。

“中国建造航母”话题的由来，源自国务委员兼国防部长梁光烈会见日本防卫大臣时的讲话。梁光烈说，“大国中只有中国没有航空母舰，中国不能永远没有航空母舰”，“中国拥有广阔的海洋领土，防卫海洋责任重大；中国目前海军实力较弱，有发展航空母舰的必要性”。同时，梁光烈也指出，建造航空母舰时必须综合考虑各种因素。

这一表态迅速被日本媒体解读为“中国防务首脑首次明确表示将建造航空母舰”。

事实上，中国国防部新闻发言人2008年底在介绍人民海军赴亚丁湾、索马里海域执行护航任务时就曾表示，中国政府将会综合各方面的因素认真研究考虑有关建造航空母舰的问题。

对比美军拥有可覆盖全球海域的11个航空母舰战斗群，美国媒体的分析倒显得大度一些。他们援引美国军事分析家的估计称，中国要建成航空母舰至出海还得12年。中国航空母舰成军不仅需要建造出舰体，更需要培养成熟的指挥官，并对目前以军区为主导的指挥框架进行大调整，中国拥有真正具备作战能力的航空母舰要到2020年。

中国建造航空母舰，可以说既是几代国人的梦想，也是现实国际政治的需要。从地缘政治角度看，中国拥有18 000多千米的海岸线，主张管辖海域面积300多万平方千米，大量海域和岛屿因存在“争议”而被“霸占”。这些海域，不仅是中国的贸易运输线、能源供应线，更是未来中国发展的资源疆域。从海权战略角度看，掌握制海权，拥有航空母舰是最有效的手段。

对“中国防务首脑首次明确表示将建造航空母舰”，中国国际战略专家和广大网友表达出最热烈的赞成。近年来，中国海洋主权争端不时凸显。对此，每年全国“两会”上，总有全国人大代表和政协委员呼吁“保护我国海洋权益、维护蓝色国土安全已经刻不容缓”。

从国际战略考量，必须拥有航空母舰，凸显的不仅是南海洋主权争端、维护海洋权益的问题，还有保护贸易、能源通道安全等方面的重要作用。尤其是随着国家战略利益的拓展，我军必然面临更多的非战争类军事行动，这些都迫切需要拥有以航空母舰为标志的海军力量的增强。现在，我国对国际能源等资源型商品的依赖程度增加，大量商品出口海外，已进入“依赖海洋通道的外向型经济”状态。中国正由传统内陆农耕国家演变成现代海洋国家，这是不容置疑的事实。而作为“外向型经济”国家，若要保持国内繁荣，首先必须在海外保持其力量。从中国正在转型成现代海洋国家来看，领海和沿海资源的保护、海上生命线的保障、海外利益的维护，对潜在国际敌对势力的威慑等，这些实实在在的需要形成了我们对以航空母舰为核心的远洋海军的呼唤。总之，航空母舰和远洋海军对我们来说不是扩张的需要，而是保卫我们国家和民族生存的需要。

环顾中国四周，除了连接喜马拉雅群峰和帕米尔高原的西北方向外，中国濒海的东、南、北三个方向，均有多国航空母舰的存在。2008年5月，常驻日本的美国“小鹰”号常规动力航空母舰退役，取而代之的是“尼米兹”级核动力航空母舰“华盛顿”号。这艘排水量超过10万吨、可搭载各类舰载机70余架的超级航空母舰及其战斗群，是美国保持其对东北亚地区威慑的战略依靠。而在南亚次大陆，印度海军目前拥有一艘“维兰特”号航空母舰，并向俄罗斯购买了一艘“基辅”级航空母舰“维克拉马迪亚”号。印度海军的国产航空母舰也即将下水。这样，印度就会拥有三艘航空母舰，形成全天候战备执勤能力。在东南亚，除印度外，泰国海军也拥有一艘小型航空母舰“差克里·纳吕贝特”号。作为中国的北方邻居俄罗斯，目前只拥有一艘航空母舰及战斗群，但该国宣称已经准备建造下一代核动力航空母舰，表明俄罗斯海军的雄心再次萌动。

“华盛顿”号航空母舰

在东亚，尽管日本宪法禁止向海外派驻武装力量，日本名义上没有航空母舰，但自20世纪90年代起，日本逐步为自卫队派驻海外“松绑”，不断扩大执行任务区域。近年来，日本更是拿着“中国造航空母舰”当借口，明造多艘“准航母”，暗组远洋舰队。它的“直升机护卫舰”、“两栖攻击舰”，实际是轻型航空母舰，不仅可搭载反潜直升机，还可搭载4架超大型运输直升机，承担两栖攻击等任务。韩国的两栖攻击舰“独岛”号是排水量达1.4万吨的“准航母”，已于2007年服役，标志它已迈入亚洲海上强国的行列。

读完这些信息，国人会是什么感受？还是梁光烈说得好：“大国中只有中国没有航空母舰，中国不能永远没有航空母舰。”精准而智慧地表达了中国人民的愿望。

有关中国造航空母舰的传闻，近年来众多海外媒体轮番炒传。对于人家怎么说，无须太在乎，关键是看中国有无这种战略需求和实际能力作保障与支撑。

新中国成立后，从20世纪50—70年代，人民海军的主要任务是在近岸海域实施防御作战。80年代以来，海军实现了向近海防御的战略转变。进入21世纪，海军着眼信息化条件下海上局部战争的特点规律，全面提高近海综合作战能力、战略威慑与反击能力，逐步发展远海合作与应对非传统安全威胁能力，推动海军建设整体转型。经过60余年建设，人民海军已初步发展成为一支多兵种合成、具有核打击与常规打击双重作战手段的现代战略军种和海上作战力量。随着大批新型战舰和武器装备服役，随着中国海外战略利益的拓展与确保海上通道安全的需求，中国海军向“深蓝”挺进的现实，呼唤着中国造航空母舰的诞生！

2007年1月8日，国防科工委新闻发言人在回答记者提问时，明确表示“中国具备制造航空母舰的能力”。这是在外界猜测议论了好多年之后，中国官方首次对“制造航母”问题有了正式答案；此前，中方最为直接的说法是：“随着中国造船工业的发展，中国将逐渐具备建造航空母舰的能力。”有分析认为，从“将逐渐具备”这种不太确定的用语，到“具备”这样完全肯定式的用语，恰恰反映了中国对自身国防科技能力不断增强的信心，并显示中国准备增加国防科技的透明度。

该新闻发言人表态说明，中国作为正在成长的世界大国拥有航空母舰是正常的，为得到航空母舰而突破一些障碍也是值得和必要的；中国应当有决心也有智慧消除外界的疑虑，迈出拥有航空母舰的重要一步，而不应在一些议论面前止步不前。

距2007年元月国防科工委新闻发言人表态20多个月之后，中国国防部新闻发言人平静地说：“建造航空母舰是中国国防现代化建设的题中应有之义。”境内外媒体顿时猜测中国建造航空母舰到底进行到何种程度。有的凭着卫星图片，有的拿着在大连造船厂改建的“瓦良格”号航空母舰说事，还列举几个军舰建造能力较强的船厂正在角逐建造中国国产的新一代航空母舰……如此云云。

直到2009年那个秋高气爽的季节里，梁光烈会见日本防务相时说出了这番话，让国人看到人民海军不仅已拥有导弹驱逐舰、战略核潜艇，而且还一定会拥有航空母舰！

对此，海外一些立场相对公允的媒体认为，中国目前的战略利益是争取一个和平的国际环境来发展自己，把握战略机遇期，使自身尽快崛起，成为世界上有影响力的负责任的大国。这是实现中华民族伟大复兴的历史需要，是我们共同的历史责任。

不管外媒如何预测，“中国将建造航空母舰”，正由国人的期盼演变成现实之中的国防科技工业的不懈奋斗。国人的期盼必将唤来中国自行设计、建造的航空母舰。

▶建造航空母舰必须具备五大科技实力

众所周知，先进武器云集的海军素有“贵族军种”之称；自航空兵器出现，尤其是第二次世界大战后期，各大国无不以拥有技术复杂、成本高昂、综合战斗力强大的航空母舰战斗群为荣。航空母舰作为现代科技的结晶，不仅是巡弋于深海大洋的战略平台，更是国家力量的体现和象征。但由于航空母舰的设计和建造技术要求复杂，涉及门类众多，风险高且建造费用惊人，特别是首舰的科研试制和施工组织难度较大，致使不少国家望而却步。

综观航空母舰发展，有两大要素对其设计和建造具有决定性意义。

一是从吨位和建造规模上讲，航空母舰选型抉择很重要。航空母舰可分为重型、中型和轻型。重型航空母舰，以美国海军“尼米兹”级为代表，该型舰排水量达到10万余吨；舰载机达80架左右。这种航空母舰通常采用核动力技术，建造难度大，“无核”国家难以问津。当今只有美国和俄罗斯在发展这样的航空母舰，而后者尚无实际经验。

与重型航空母舰不同，建造轻型航空母舰要简单些。较典型的是英国“无敌”级轻型航空母舰。该型航空母舰的满载排水量2万余吨，搭载战斗机和直升机的数量不超过30架。不过，轻型航空母舰虽然建造比较容易，但因这型航空母舰甲板狭小，仅能搭载垂直起降的“鹞”式战斗机，且数量受限，从而制约了其整体作战性能。

这样，排水量在4万~6万吨的中型航空母舰就极有可能成为拥有一定科技、资金实力的国家的首选。西方军事专家认为，中型航空母舰虽然在战斗性能上无法同美国重型航空母舰相比，但它在适航性能和续航力上都可以满足远洋作战的需要，可携带一定数量的高性能战斗机遂行作战任务，而且在研制技术难度上也相对适中。

“能造超级油轮就有建造航空母舰的潜质。”西方军事专家如是说。由于造船能力与建造航空母舰具有显而易见的直接关系，境外媒体经常把中国舰船工业的快速发展与建造航空母舰联系在一起。世纪之交，兰德公司有份专题报告说：“中国舰船工业过去20年来的发展有效地提高了造船实力，在某种层次上将使中国造船厂在政府作出决策后，能够建造现代化巡洋舰和航空母舰等大型舰艇……20世纪80年代，中国通过拆解澳大利亚海军退役的‘墨尔本’号航空母舰，积累了一些航空母舰的基本构造常识。”韩联社的报道认为，中国作为世界造船大国，可以制造30万吨级的货轮和油轮，因而也具备制造航空母舰的基本能力。当然，韩联社也认为，航空母舰和民用船舶之间存在巨大差异，航空母舰必需的蒸汽弹射装置、大型起降战斗机、大功率发动机等技术只有欧美才具备，因而中国制造航空母舰还有一些困难。

美军航空母舰甲板勤务人员在为舰载机加挂空对空导弹

二是从建造技术难度上讲，必须具备全方位的雄厚的综合科研制造能力。现代航空母舰是囊括舰体（含适航性能和续航动力及移动机场）、四维电子设备（含空天导航、高新技术雷达及抗电磁设备）、自卫武备（含导弹、防空火炮、反潜武器）和攻击武备（舰载飞机）等不同技术成分的系统组合，不仅科技含量和技术难度非常高，技术要求复杂，而且对新材料、新工艺应用都有特殊而苛刻的要求，不是一般国家在短期内能够攻关下来的。

从技术难度分析，美国全球安全研究所负责人约翰·派克认为：设计和建造航空母舰必须具备五大科技实力。这就是：大功率计算机辅助工程设计，大型试验水池和风洞，航空母舰特殊用钢，配套电子设备及舰载机技术。而最为重要的——是国家战略决心和资金投入。

建造航空母舰必须具备大功率计算机辅助工程设计能力。“冷战”时期，美国依靠大功率计算机的帮助，仅用一年半就绘制出建造“尼米兹”级核动力航空母舰所需的10万余张图纸。而苏联没有这些条件，只好发动各设计局的精兵强将“土法上马”，大量运用人工运算和手工绘图，结果用了比美国多两倍的时间才勉强拿出大吨位航空母舰的设计图纸。而随着国际上逐渐普及巨型计算机辅助设计，使航空母舰的“初级蓝图”设计变得轻松了许多；能设计建造超大型油轮、货轮或大型液化气运输船的国家均可视为具备建造航空母舰的潜质。

在大功率计算机辅助工程设计能力方面，2010年对中国来说可谓佳音不断。国产千万亿次超级计算机“曙光6000”研制顺利。具有完全自主知识产权的千万亿次量级超级计算机使中国高性能计算机与国外差距进一步缩小。特别是当年年底，国产超级计算机“天河一号”运算速度雄居世界第一。此前，国防科技大学自行研制成功的“银河”系列千万亿次巨型计算机更表明中国早就具备了大功率计算机辅助工程设计能力。

拥有大型风洞和试验水池开发能力，对航空母舰设计具有重要意义。目前，世界上只有美国、俄罗斯、英国和法国等几个屈指可数的国家拥有这些研究和试验设施。制造真正意义上的航空母舰，对设计、制造、材料等相关领域的研究和试验要求很高。在这方面，中国拥有亚洲最大风洞群，更是如虎添翼。据 2008 年 11 月 14 日《解放军报》报道：“具有我国自主知识产权的磁悬浮模型日前在中国空气动力研究基地低速风洞通过试验鉴定。至此，该基地风洞群已累计完成风洞试验 50 余万次，获得各级科技进步成果奖 1403 项，成为我国规模最大、手段齐备、综合实力最强的国家级空气动力试验、研究和开发机构，其综合试验能力跻身世界先进行列。中国自主研制的预警机和歼－10 等多型战机都曾在这里历经试验检测。”

美军航空母舰甲板勤务人员在检修舰载直升机

改革开放以来，该基地依靠科技进步不断提升综合科研试验能力，先后建成以低速风洞和跨声速风洞为代表的 52 座风洞设备和专用设施，构成了亚洲最大的风洞群，拥有 8 座“世界级”风洞设备；建成峰值运算速度达每秒 10 万亿次的计算机系统，形成大、中、小配套，风洞试验、数值计算和模型飞行试验三大手段齐备，低速、高速、超高速衔接的设备群，能够进行从低速到 24 倍音速，从水下、地面到 94 千米高空范围，覆盖气动力、气动热、气动物理、气动光学等领域的空气动力试验。

随着科学技术的进步，尽管当今建造航空母舰的入门设计变得容易了，但工程实施中大量的细节仍可难倒大多数国家。业内专家指出，根据美国海军工程规范，航空母舰建造一般要经过船体放样、船体机件加工、船体装配、设备安装等 12 道“高精尖”工序，其中，航空母舰的船体放样至关重要。这道工序堪称航空母舰“胚胎期”，需要标准化的大型试验水池、风洞及超高速计算机为依托，当今世界仅有 8 ~ 9 家公司有能力完成。

“航空母舰用钢也是众多国家心中永远的痛。”由于航空母舰船体必须承受住 9 级以上风浪，对船板材料要求很高。目前最具有代表性的莫过于美国研制的 HY－100 特种钢，它被美国政府视为战略物资，不允许擅自出口。2008 年 4 月，印度启动国产航空母舰项目，可本国公司死活拿不出航空母舰用钢，军方只好花高价从俄罗斯进口了 4560 吨特种用钢，而整艘航空母舰需要约 2 万吨这样的钢材。

配套电子设备能否跟上航空母舰建造周期也是重要制约因素。美国航空母舰使用的电子配套系统，一般在船体建造前几年便已着手研制和生产，避免在总装时出现“舰等设备”局面。苏联在这方面却交足了学费，以“库兹涅佐夫”号为例，该舰原定于 1985 年 12 月底下水，但海军在1984年底提出改换舰上的无线电对抗系统，造舰计划顿时陷入混乱。新的型号设计变化致使12个系统订货脱期且相关方案被迫修改，造成报废电缆400千米，新增电缆1200千米；2100多套、110辆车皮的电子设备未能及时到货，至少延误工期一年半。这还只是问题的冰山之一角。“中国已经拥有‘远望’号大型航天测控船队这样的超强实力，配套电子设备运用于航空母舰建造应该是顺理成章的事。”业内专家如是说。

此外，航空母舰最关键的武器——舰载机，也不是谁都能制造的。现今舰载机制造技术控制在极少数国家手里。俄罗斯倚仗其雄厚的航空工业力量在舰载机制造上尚可与美国比肩。印度就是从俄罗斯购买的航空母舰配属舰载机。舰载机与常规陆基战机相比，强调机体结构强度更高，必须具有短距离起飞能力，能够抗海洋性气候的腐蚀，机翼能够折叠等。这些苛刻要求，使得那些有心造舰却无力造机的国家无可奈何。

建造航空母舰最绕不过的难题，就是早已被美国人掌握的独门技术——蒸汽弹射器的设计及制造。20世纪五六十年代，蒸汽弹射器、斜向跑道等技术的应用，使喷气式舰载机能够在航空母舰上安全而高效率地起降。这些制造技术为美国独家垄断，技术高度保密。尽管蒸汽弹射器原理简单，但并不等于生产容易，其所需的承载滑块、导轨、汽缸、活塞及传动装置不仅需要超级精密机床加工，而且工艺流程非常复杂，难度极高。

对航空母舰用蒸汽弹射器的技术运用，苏联费尽周折也未搞成功，只好另辟蹊径；最后想出依靠舰载机自身动力，通过甲板滑跃起飞固定翼飞机的办法。但此举只能同时起飞一架飞机，而且天气状况稍差，就难以正常起飞。另外，滑跃起飞的战机因起飞重量受限导致燃油和武器携带量减少，严重影响战斗力发挥。

如今，美国依仗这个“独门功夫”，对盟国也是吆五喝六，英国和法国的航空母舰计划几经波折，才得到蒸汽弹射器。其他与美国有亲疏之分的国家只好寻求搭载垂直起降飞机的轻型航空母舰，其战斗力可想而知。

而正如前文所提，约翰·派克认为：同这些技术层面的沟沟坎坎相比，建造航空母舰，最重要的是需要国家下持久的战略大决心。除了前面谈到的技术因素，要把航空母舰真正制造出来，还需要国家持之以恒的政策支持与资金投入。航空母舰建造是涉及整个科技产业链的“系统工程”，没有强大的国家综合实力做后盾，航空母舰是不可能完工的。反之，研制航空母舰也能带动数百个产业、数千家企业的发展。此外，航空母舰造价不菲，但建成后日常维护和保养费用也是个“无底洞”，没有雄厚的经济实力作基础，普通国家往往只能“望舰兴叹”。这从另外的角度说明，建造航空母舰是重大的国家战略行为。

当“中国防务首脑首次明确表示将建造航空母舰”新闻被热炒之后，新加坡《联合早报》2009年8月12日发表文章说，中国将设专责机构主持建造航空母舰大计。日本共同社也称，中国为首度自制航空母舰，准备在海军内部设置一个专责机构；这个机构一旦设置，代表中国将加快相关建造进程。

只有航空母舰有能力为远海行动提供有力的空中支援。据外界分析，为了保证控制公海航线，中国至少需要3艘航空母舰。此外还需要直升机航空母舰，主要执行观察、侦测和反潜任务，也可支援登陆部队。

目前，中国海军已经拥有一艘航空母舰训练平台，供有关部门进行各项测试、训练。它就是由苏联未完工的“瓦良格”号航空母舰改造而成的“辽宁”号。

苏联解体后停工的“瓦良格”号航空母舰于1993年被划归乌克兰，舰体作为废船出售。中国于1998年将其购买，2002年运抵大连。该舰最初排水量和它的同级姊妹舰、俄罗斯海军现役的“库兹涅佐夫”号航空母舰一样，均为6.5万吨。

2005年8月初，“瓦良格”号以中国海军舰艇的标准海军灰色涂装出现在大连造船厂第一工场的30万吨级船坞泊船码头，之后进行了一系列改装作业并安装了相控阵雷达等大量新设备。2011年7月27日，中国国防部首次证实，目前正在改造一艘废旧航空母舰平台(“瓦良格”号)，用于科研试验和训练。

2011年8月10日，“瓦良格”号首次出海进行航行试验。至2012年8月30日，该航空母舰平台共完成10次出海试验，经受了风浪航行的考验。2012年9月2日，“瓦良格”号被粉刷上舷号“16”。

2012年9月23日下午16时，该舰作为中国第一艘航空母舰平台，在大连举行交船仪式。9月25日，中国首艘航空母舰平台被名定为“辽宁”号，舷号为“16”，并正式交付中国人民解放军海军。

2012年11月23日上午，中国航空母舰舰载机歼-15首次在“辽宁”号甲板上实现起飞和着舰，实现多项重大技术突破。这则新闻也成为当时最受关注的话题，引发世界舆论热议。

这些令人备受鼓舞的消息，强烈地催动着中国人民对国产航空母舰的关注和期待。

▶海军专业医院船服役与提高海上综合保障能力

据《人民日报》报道，从2008年12月22日开始，一艘由我国自主设计、建造，命名为“岱山岛”号的万吨级医院船——866舰，正式在中国海军东海舰队服役。该舰采用长艏楼船型，艏楼延伸至舰桥后部，双层甲板室一直延伸至舰艉直升机库，全长200多米。866舰的上层结构庞大，能在航行中实施海上加油作业，具备远洋航行条件。同时，船艉有机库和起降平台，船上飞行甲板近千平方米，可供多种型号及大型直升机起降，可用作空中转运伤员平台。

这艘医院船技术先进，硬件设施相当于陆上三级甲等医院。它是目前仅次于美国海军“仁慈”级的大型医院船，它的服役大幅提升了人民海军遂行多样化军事任务的能力。

据称，该舰是全球至今唯一专门为海上医疗救护“量身定做”的大型专业医院船，其他国家的医院船都是改装船或是多功能船。这艘排水量达万吨的医院船配有500张以上病床和先进的医疗设备，粗略估计一天可提供40次紧急手术。

人民海军有关人士表示，这艘医院船将前往各海域军港进行医术交流，并支持地方抢险救灾、参加国际医疗合作、负担国际人道主义救援任务。

就是这样一艘具有人道主义救援意义的医院船的服役，却引得外媒分外关注。美国《海军战争学院学报》认为，866舰对解放军深具意义。战时，该舰可为作战部队伤病员提供海上早期治疗和部分专科治疗，或为舰队提供医疗后勤支持。平时，医院船可以施展“软实力”，到周边国家提供“医疗外交”的服务；在大规模灾难发生的时候，则可以实施人道主义应急救援。

一些观察家认为，该医院船的交付表明中国决心在软实力领域与美国展开竞争甚至合作。另一些人认为，这类舰船主要用于更常规的军事任务，但能在重大灾难突发时进行人道主义行动；无论如何，这都是透视这个崛起中的世界大国军事战略演变的窗口。

华盛顿战略和预算评估中心的资深海军人士鲍伯·沃克认为，中国建造866舰源于2004年底造成20多万人丧生的印度洋海啸之后，除中国之外的世界大国均派出两栖舰艇进行灾难救援，这种情况让中国感到尴尬。而中国当时几乎是大国中唯一没有可出动援助舰船的国家，“中国人对此做出了十分专注的反应，所以赶紧打造医疗船来提振中国的‘软实力’”。

“全球安全”网站分析家约翰·派克则解读为“中国此举有更深的意涵”。他说，如果中国仅仅建造医疗船只，或许仅是基于人道救援的考量，但中国同时也建造071型两栖攻击舰，就让人怀疑这其实是出自战略考量。派克认为中国是要借此提高两栖登陆能力以及为潜在的岛屿攻击做准备，来争夺南海区域的石油与天然气资源。但他也强调，在进行人道救援时，也会需要两栖登陆能力，美军的救援任务当中也常常运用到这样的能力。

据日本媒体报道，医院船平时的维修保养费用很多，需要强大的财力支持。美国海军每年要编列1400万美元的专门预算，这种花费并非每个国家都可以负担得起的。美国医院船的使命是战时为作战部队提供机动后勤保障，尤其是为两栖打击群、快速反应部队和海外作战部队提供应急医疗支持。

日本《世界舰船》杂志指出，以中国当前的近海战略来说，中国打造866舰是其强大的蓝水海军组成部分之一。此前不久，中国南海舰队接收一艘万吨级两栖登陆舰（071型船坞登陆舰），被认为是模仿美国“圣安东尼奥”级的攻势舰船。面对岛屿攻击战，两栖登陆舰和医院船是必要的舰种。

面对“山姆大叔”及其伙伴的奇谈怪论，相信读者心中自有一杆秤。我们的国防科研和舰船制造部门应当为能够建造这样的特种船而骄傲。于此，再简略地说说远洋专业救助船。

2008年10月底，“南海救101”远洋专业救助船在广州黄埔造船厂下水并交付使用。它是当今中国功率最大、航速最快、救助功能最全的海上救助船，能在恶劣海况下正常工作，被誉为“中国海上第一救”。

据南海救助局介绍，“南海救101”作为全天候、大功率海洋专业救助船，主要设备具有国际先进水平。该船长109.7米、满载排水量6200吨，投入使用后将主要用于海上遇险船舶的人命救生和以海上人命救生为目的的船舶救助及拖带、消防灭火等救助作业。该船具有二级对外消防灭火作业能力，并有夜间搜寻救助能力，能搭载获救人员200人，带有直升机升降平台，可配合救助直升机进行加油和救生作业。

装备远洋专业救助船这类特种船舶及“中国海军已建成一批大型战略母港及骨干机场”等优化后勤保障体系的举措令人振奋。昨天，人们还不曾想到的非战争军事行动所需装备的重要作用；到了今天，国防科技工作者就已将这些装备完美打造、奉献于世人面前。这就是21世纪新任务的战略需求牵引。

人民海军的海上保障能力建设正如《2008年中国的国防》白皮书所述：

优化后勤保障体系，提高海上综合保障能力。以增强后勤综合保障能力为牵引，初步构建以岸基为基础、海上为重点、岸海一体的后勤保障体系。加强舰艇基地、停泊补给点、码头和机场建设，基本形成与武器装备发展相协调、与战时保障任务相适应的岸基保障体系。陆续装备新型大型综合补给舰、卫生舰船和救护直升机，成功研发多型海上保障装备和多项关键技术，海上保障力量现代化水平明显提高。

新时期、新阶段的战略需求，无疑将强力牵引国防科研和舰船工业为之作出更大的贡献。

与时代同步，国防白皮书指出：

海军发展新型武器装备，优化装备结构。建造新型国产潜艇、驱逐舰、护卫舰和飞机，初步形成以第二代装备为主体、第三代装备为骨干的武器装备体系。潜艇部队具备水下反舰、反潜、布雷和一定的核反击能力。水面舰艇部队形成了以新型导弹驱逐舰、护卫舰为代表的水面打击力量，具备海上侦察、反舰、反潜、防空、布雷等作战能力。航空兵部队形成了以对海攻击飞机为代表的空中打击力量，具备侦察、反舰、反潜、防空作战能力。陆战队形成了以两栖装甲车为代表的两栖作战力量，具备两栖作战能力。岸防部队形成了以新型岸舰导弹为代表的岸防力量，具备海岸防御作战能力。

目前，人民海军已经拥有一批具有信息化水平的新型导弹驱逐舰、护卫舰、潜艇和作战飞机以及相配套的精确制导导弹、智能鱼雷、远程侦察雷达、高射速舰炮及电子战系统等武器装备。这支重要的战略国防力量，不但兵种齐全，而且舰船装备也加速向现代化、信息化迈进。

随着国际海洋资源争夺形势的加剧，维护我国海洋领土主权及经济权益的斗争也面临更加严峻的挑战。环顾我国周边海域，已出现了“群雄争锋”的局面。我国海军的发展建设仍将立足于维护我国海洋领土主权及经济权益，因而其发展也是建立在积极防御战略指导方针基础上的。

写到这里，笔者不禁想起中央军委委员、海军司令员吴胜利在人民海军成立60周年之际接受新华社记者采访时的透露：海军将研制新一代武器装备。

“精良的装备是打赢信息化条件下海上局部战争的重要物质基础，装备技术水平的高低反映着海军建设发展的质量。”吴胜利说，“我们必须加快推进重点武器装备建设步伐，研制大型水面战斗舰艇、水下自持力和隐身性能好的新型潜艇、超音速巡航作战飞机、精确化突防能力强的远射程导弹、大深度高速智能鱼雷、通用性兼容性好的电子战装备等新一代武器装备。要进一步加大装备的现代技术含量，使新一代武器装备质量、性能迈上一个新台阶。与此同时，要加快推进新一代武器装备建设，大力提升后勤和装备综合保障能力。围绕海军主战装备大型化、多型号发展和兵力部署的新要求，在各战略方向逐步形成以战略母港为核心的岸基保障力量。加大海上修理、远海投送、大型救援和补给等装备建设力度，积极探索建立军民结合、寓军于民的装备维修保障体系。进一步提高海上机动保障能力，加强以大型辅助船只为重点的海上运输与补给力量，以医院船、救护直升机为重点的医疗救护与后送力量，利用民用运力发展海上战略投送力量。”

面对日新月异的变化，如何在更大的范围担当起维护祖国统一和海洋权益的任务，担当起维护我国经济发展海上航道安全的任务，都迫切地要求海军加快战略转型，以保障一系列新安全诉求的实现。承担这样既光荣又艰巨的任务，将是新时期人民海军和舰船工业义不容辞的历史责任。

参考文献

[1] 中共中央文献研究室，中国人民解放军军事科学院．建国以来毛泽东军事文稿．（上）．北京：中央文献出版社，军事科学出版社，2010.

[2] 肖劲光．肖劲光回忆录．北京：解放军出版社，1987.

[3] 方强．我的戎马人生．北京：海潮出版社，2006.

[4] 中共中央文献研究室，中国人民解放军军事科学院．建国以来毛泽东军事文稿．（中）．北京：中央文献出版社，军事科学出版社，2010.

[5] 访原海军副司令员张序三海军中将．舰船知，2009(10).

[6] 刘华清．刘华清回忆录．北京：解放军出版社，2007.

[7] 中共中央文献编辑委员会．邓小平文选．第三卷．北京：人民出版社，1993.

[8] 宋宜昌，远航．驶向深蓝．济南：山东人民出版社，2009.

[9] 中国海军60年：从黄水到蓝水．兵器知识 · 防务观察家，2009(6B).

第十二讲

鲲鹏展翅九万里　冲天翱翔凌碧空
——新中国航空兵器发展历程

2009 年，对于中国航空制造业来讲，是个具有里程碑意义的年份。

整整 100 年前的 9 月 21 日，中国人冯如驾驶着自己设计、制造的飞机如鲲鹏亮翅，翱翔蓝天。整整 60 年前的 11 月 11 日，英勇威武之师——人民解放军中诞生了一个新的军兵种——人民空军宣告成立。此前，在共和国开国大典上，由我军缴获的 17 架型号各异的外国战机飞过天安门上空；而在新中国 60 华诞的盛大阅兵式上，人民空军“空中力量”精锐尽出，由 151 架国产战机编组为 12 支梯队，在碧空如洗的蓝天写下了绚丽多彩的诗篇，接受祖国和人民的检阅。

2009 年 10 月 1 日，受阅战机飞过天安门

2009 年 10 月 1 日 11 时 11 分，以空警－2000 预警机为领头雁、由 8 架歼－7GB 战机组成的楔形编队飞临天安门受阅，战机在碧空中喷绘出五彩图画。紧随其后的是由空军某师预警团 2 架空警－200 预警机和空军航空兵某师 6 架歼－11 护航机编成的第 2 梯队。正式装备部队的两型预警机——空警－2000 和空警－200 联袂登场，标志着中国空军正实现空天一体、攻防兼备的战略转型。

空警－2000 作为一种大型、全天候、高性能、多传感器、多用途的空中预警与指挥控制飞机，机载雷达为圆盘形。而机载雷达天线类似体操平衡木的空警－200 是一种全天候、多传感器的轻型空中预警机。这两款预警机均为中国自行研制。

它们的亮相，是空军信息化建设和装备发展的重要成果，是空军实现攻防兼备战略转型的标志性装备，也是空中作战体系能力的关键要素，代表近年来空军信息化建设的新成就。它们的亮相，标志着中国已完全具备了预警机国产化能力，空警－2000 与空警－200 配套形成了空军预警机体系作战和规模建设战斗力。[1]

回想 1999 年国庆阅兵，受阅的空中编队仅仅混编了空军、海军航空兵战机和陆军武装直升机等 7 个机种 17 种机型。中国独立研制的第一种战斗轰炸机歼轰－7“飞豹”、轰油－6 空中加油机和首次公开亮相的直－9W 直升机编队，成为那次空中阅兵的亮点。弹指间十年过去，中国空军装备已发生了革命性改变，第三代战斗机成为主战力量，并和空中加油机、空中预警机、电子战飞机初步形成了体系化战斗力。这是 10 年来中国空军最大的进步，也是新中国 60 周年检阅空军力量的最大看点。

作为长空利剑，在国庆阅兵中登场的空中受阅第3梯队由空军航空兵某师师长率领的9架轰－6H轰炸机编队组成。

空警－200预警机

这支部队战功卓著，曾先后圆满完成开辟北京至拉萨航线、航测珠穆朗玛峰、空投原子弹、氢弹等艰巨任务。他们驾驶的轰 6H是中国在苏制图－16中型轰炸机的基础上改进的高亚音速轰炸机。1991年1月，国家立项进行 轰－6H的研发工作，1998年4月和7月分别完成两架原型机的生产，同年12月2日首飞成功。2000年4月，该型机完成飞行测试；2002年11月成功完成试验。早期的轰－6只能使用常规航空炸弹进行水平轰炸；经过改进，安装了机载导弹火控系统和武器系统。完成测试后，它成为可搭载远程空对舰导弹和机载巡航导弹、具备远程精确打击能力的轰炸机。

轰－6H隆隆飞过，空中受阅第4梯队准点而至。它是由空军航空兵某师23团2架轰油－6、某师27团2架歼－8D和某师131团2架歼－10A组成的加受油机梯队。

从20世纪80年代，有关部门就把发展加油机计划提上日程，并最终决定以轰－6作为平台研发轰油－6加油机。该项目于1988年正式启动，后在1991年12月23日首次空中加油成功。轰油－6加油机加装了新型双向采测仪战术导航系统，能够准确计算出加油机和受油机之间的方位角和距离，大幅提高了空中加油作业的成功率。

轰油－6装有较先进的惯性/GPS复合导航系统并更换了气象雷达，通信系统增加了两套超短波单边带电台、两部保密电台和救生电台，同时还增装了雷达告警设备和箔条/红外诱饵投放器，强化了电子对抗能力。为了实施夜间加油，在左右挂架两侧、左右起落架短舱内侧的尾锥内及后机务舱两侧各装了一个白光灯，加油吊舱也装有指示灯。机翼下装有两个软式加油吊舱，可为歼－8D、歼－10等先进战斗机实施加油作业。

轰油－6的出现，填补了我军没有空中加油机的空白。它是中国空军向“攻防兼备”空中作战能力发展不可或缺的一环，具有重大意义。

空中受阅第5梯队，由海军航空兵某师15架歼轰－7A战斗轰炸机组成。业内人士称该型机为“海空飞豹”。歼轰－7于1998年设计定型后，科研人员按信息化要求，转入对其改进机型——歼轰－7A的研制，并在国内率先启用全机三维数字化设计、电子预装配无纸设计，标志着我国军用飞机设计进入一个新的时代。

空中受阅第6梯队由歼－8F歼击机组成，该型战机也能精确地遂行对海对地打击任务。有着“空中美男子”之称的歼－8F为改善飞机俯仰稳定性，改进机体结构强度，在主翼上加装了4片翼刀，获得了更高的挂载能力。该型机改进了综合火控系统，采用先进PD雷达，能同时跟踪和攻击多个目标，并能发射主动雷达制导空对空导弹，真正做到“发射后不用管”，使载机可以在开火后迅速脱离战场，增加了生存力。

空中受阅第7梯队是由15架“空中猎鹰”——歼－10组成的战斗机梯队。歼－10战斗机是空军第三代主力战机，分单座、双座两种，是我国自主开发的新一代多用途战斗机。歼－10采用全新电子系统、电传飞控系统等大量新设计、新技术和新工艺，在紧急短距起飞、空中机动、超低空突防、对地攻击等方面超过西方第三代战机。该机采用我国自主设计的放宽静安定性的鸭式气动布局。该型战机的后续发展型号歼－10A、歼－10B也已曝光，性能又有大幅提升。

由“蓝天钢刀”——歼－11B战斗机组成的空中受阅第8梯队在11点18分飞临天安门。歼－11B是具有超远航程和优异格斗能力的重型战斗机，它采用新型复合材料、新型国产雷达、新式电传操纵系统并配备了国产“太行”大推力涡扇双发动机，是信息化条件下夺取制空权、实行远距离火力打击的一柄“蓝天钢刀”。

空中受阅第9、第10、第11梯队由直－8、直－9和直－9WA型武装直升机组成。包括搜救直升机、运输直升机、侦察直升机和武装直升机在内的46架直升机飞过天安门上空，创造了世界阅兵史上直升机受阅数量最多、规模最大、携带武器最全的纪录。体积较大的5架直－8K(搜救型)和5架直－8KA(运输型)组成的空中梯队是第一次参加国庆阅兵，直－9WA型武装直升机也是首次亮相阅兵式，引起泛关注。与1999年那次国庆阅兵中单一的直－9W编队相比，这次由武装直升机、侦察直升机和运输直升机组成的受阅编队显示中国直升机部队的搭配更加合理。

空中受阅第12梯队最后出现在天安门广场上空，它由我国首批女歼击机飞行员驾驶的15架歼教－8教练机编成。该机采用串座、下单翼、两侧进气、前三点式起落架布局，配装涡轮风扇发动机，具有飞行品质优良、可靠性高、维修性好、全寿命费用低等特点。

“赤橙黄绿青蓝紫，谁持彩练当空舞?”有关“空中美男子”歼－8F、“空中猎鹰”歼－10战斗机、“蓝天钢刀”歼－11B和直－9WA型武装直升机发展的艰难历程，读者将在本章节纵情浏览。

▶从“工农红军第一鹰”到人民空军的组建与发展

人民军队的飞行梦想，肇始于烽火连天的革命年代。

早在建党初期，深谋远虑的中国共产党人就把实现民族复兴的伟大梦想寄予天空，积

龙文光

极创造条件培养航空人才，为建立人民空军不懈努力。1924 年，在建党刚 3 年、党员总数不足千人的情况下，党中央就选派共产党员到孙中山开办的广州航空学校学习。该航校第一期 10 名学员中有 4 名共产党员。

1928 年，按照党中央指示，在苏联中山大学和列宁学院学习的王弼等 10 余名党员、团员转入苏联空军院校学习航空军事，成为红色空军的种子。此后，党组织又连续 3 年选派 3 批同志到苏联学习航空技术。

1930 年 3 月 16 日，中国工农红军在鄂豫皖边区“缴获”一架国民党空军的美制“柯塞”式轻型侦察机。这架原属国民党军政部航空署驻汉口第 4 队的飞机，是由上尉分队长龙文光驾驶，由汉口飞往开封执行紧急空投通信袋的任务。由于大雾迷航油尽，该机被迫降落在大别山区。鄂豫皖苏维埃政府得知后，克服重重困难，将飞机运到鄂豫皖根据地首府新集(今河南省新县)，还组织人员对损坏机体进行修复。飞行员龙文光经过徐向前总指挥的开导教育和思想动员，同意参加红军，并与战士们将飞机油漆一新。这架飞机被命名为“列宁”号——中国工农红军的第一架飞机诞生了！

1931 年，鄂豫皖军委在新集决定设立航空局，龙文光任局长。它是我军历史上的第一个航空局。当时，龙文光驾驶“列宁”号执行的主要任务是侦察和散发革命传单。

1931 年深秋的一天，武汉上空突然出现一架有涂红色五星标志的飞机。国民党喉舌《扫荡报》惊呼：“共军飞机近日连续骚扰汉口等地……军方已令各地严加防范。”这也是“列宁”号深入敌营最远的航程。

当年 11 月，红军攻打黄安县城时，决定派“列宁”号去执行轰炸。“列宁”号挂 2 枚 55 千克炸弹飞向黄安县城，并准确地将炸弹投中目标。敌军惊恐万状，弃城逃跑，英勇的红军乘胜解放了黄安县城，生俘敌师长以下官兵 5000 余人，缴枪 5000 余支。

长征之前，工农红军被迫将“列宁”号拆卸分解，埋藏在大别山区。投诚的飞行员龙文光在武汉转道时被他的航校同学识破出卖，遭国民党当局残忍杀害。1932 年年底，龙文光被追认为“革命烈士”。新中国成立后，有关部门曾将埋藏的“列宁”号飞机分段挖出，可惜没有作为重要历史遗物予以很好地保护。可以这样讲：在短暂而又艰苦的战斗岁月里，龙文光和他驾驶的“工农红军第一鹰”，在人民空军的战史上写下了辉煌的首页。

我军历史上第一架飞机——“列宁”号

1932 年 4 月 20 日，毛泽东创建的红一军团在福建漳州机场缴获 1 架“摩斯”式通信教练机。这是红军拥有的第二架飞机。红一军团首长林彪和聂荣臻得知缴获飞机的消息后甚感新鲜，两人兴冲冲地赶到机场，还特地在这架飞机前留影纪念。这架飞机被命名为“马克思”号，据说也曾执行过作战任务。①

林彪和聂荣臻在飞机前留影

1933 年 10 月，红军在江西兴国上空击落参加第五次“围剿”的国民党空军飞机 1 架。1936 年 1 月 1 日，红军长征途中在四川金鸡关上空击落国民党飞机 1 架。

1937 年 7 月，抗战爆发！拥有空中优势的日本侵略者对中国军民狂轰滥炸。尽管当时的条件不允许刚刚结束长征的中国共产党人建立空军，但毛泽东和他的战友们已经把目光坚定地投向了天空。

1938 年春，经党中央批准，我军先后有 43 名干部被选派到军阀盛世才所办的新疆航空队学习飞行。这批航空人才在后来人民空军组建中发挥了重要作用……

新疆航空队学员合影

解放战争中，我军解放东北、华北之后，缴获了十几架破损的 P－51“野马”战斗机及“蚊”式战斗轰炸机。党中央决定，以原东北航校人员为骨干，吸收一批知识分子和原国民党航空技术人员参加，包括原日本关东军第二航空军团第四训练飞行大队的教官林弥一郎等 150 余人，以扩大技术队伍。为了保证训练，他们在日军溃逃的东北大地，四处寻找各种器材配件和燃料；共获得各种飞机 170 多架，发动机 300 多台，仪表 100 多箱，燃料 2000 多桶。在此基础上，东北野战军、华东野战军陆续新办 6 所航校，加紧修复飞机，培训航空学员。仅 1946 年 3 月组建的东北民主联军航空学校，在战火中就培养了 500 多名空地勤人员。这些均为人民空军的正式成立起到铺路石作用。

1949 年 1 月 8 日，即在淮海、平津战役取得重大胜利之际，中央政治局做出“组建一支能够使用的空军”的决策。在党的七届二中全会期间，毛泽东等政治局领导专门听取汇报，决定成立军委航空局，隶属军委作战部，统一领导全国的航空工作。1949 年 3 月，中共中央机关从河北西柏坡迁入北平。在“进京赶考”的途中，毛泽东和周恩来、朱德商议，“必须加快空军的组建”。

从延安、西柏坡到北京，在指挥解放全中国的战争岁月里，以毛泽东为核心的党中央一步步把建立人民空军的梦想变为现实。

中共首脑机关进入北平后，国民党潜伏特务将这一情报密告蒋介石。5 月 4 日，国民

① 摘编自中国人民革命军事博物馆相关资料介绍。

党空军出动6架B－24重型轰炸机对北平南苑机场进行轰炸，造成我军飞机器材毁坏及人员伤亡。6月初，为保卫预定于9月召开的中国人民政治协商会议第一届全体会议，周恩来指示军委航空局迅速组建一支航空作战分队，确保北平安全。很快，军委航空局就调集了10余名飞行员，并装备相应数量的飞机，准备组建一个飞行中队。

7月6日，毛泽东主席写信给周恩来，建议设立人民解放军空军司令部。8月15日，飞行中队在北平南苑正式组建，下辖两个战斗机分队、一个轰炸机分队和一个地勤分队；装备P－51“野马”战斗机6架，“蚊”式、B－25“米切尔”轰炸机各一架，PT－19型教练机2架。该中队于9月5日全面担负北平地区防空作战任务。

9月中旬，朱德总司令在聂荣臻代总参谋长陪同下，视察南苑机场，检阅了飞行中队。为加强飞行中队的作战力量，随后又调入一批空地勤人员和作战飞机，编成第三个战斗机分队。10月，增编一个运输机分队，装备C－46型运输机2架、C－47型运输机1架。这支飞行中队的组建，标志着人民解放军从此拥有正规空中作战力量。

1949年9月21日，毛泽东在中国人民政治协商会议第一届一次全体会议上说：“我们将不但有一个强大的陆军，而且有一个强大的空军和一个强大的海军。”新中国成立之初，百废待兴，毛泽东对空军建设倾注极大心血。他站在保卫新生人民政权、维护国家主权和安全的战略高度，精心组织筹划，引领人民空军在战斗中迅速成长壮大。

1949年至1953年，毛泽东亲自批阅的空军请示报告就达124件，对空军建设的方针、原则、步骤作出明确指示，对航校校长、政委的选配，空军干部管理部门的机构设置等具体工作都亲自审定。

与人民共和国同岁的人民空军于1949年11月11日在北京正式成立，刘亚楼任空军司令员，萧华任政治委员兼政治部主任。后来，中央军委确定这天为空军成立纪念日。

1950年4月，毛泽东为《人民空军》杂志题词：“创建强大的人民空军，歼灭残敌，巩固国防。”1950年6月19日，人民空军第一支航空兵部队——空军第四混成旅在南京成立。它是苏联援助的第一支空军战机完整编制，此后成长为空军战斗主力。

到1951年，中央军委先后从陆军部队抽调12个师、49个团，以航校第一批速成班毕业学员为主，组建了歼击机师、轰炸机师、强击机师、侦察机师、运输机师等航空兵师、场站(团)和新的航空院校，并以各大军区航空处为基础，成立了各军区空军领导机构。

于是，人民空军在短期内迅速组建成为一支组织严密、富有战斗力的新军种。

初创时期的人民空军尽管部队不多，力量弱小，但在得到苏联军援支持后，勇敢地肩负起祖国的防空任务。1950年2月12日，第三野战军截获台湾密电后即致中央军委电报称：“敌空军总司令周至柔命第八大队(重轰炸大队)，对日前轰炸之上海闸北华商及杨树浦等电力厂以彻底炸毁为目的，于气候许可时自行派机续行轰炸上述目标，希淞沪警备司令部确实布置防空。”毛泽东于1950年2月17日在莫斯科致电刘少奇：“积极防空，保卫上海，已筹有妥善可靠办法，不日即可实施。”这个“妥善可靠办法”，就是2月15日毛致刘电文所称，苏联方面“已决定派空军保卫上海，并且不久可到，其数为一个空军旅。”他们在承担上海等地的防空任务时发挥了至关重要的作用。[2]

1950 年 3 月，苏联空军混成航空兵集团指挥官巴季茨基率战机部队来华，担负上海、南京、杭州地区的防空任务。3 月 14 日至 5 月 11 日，苏联战机与我防空部队共同击落美蒋飞机 5 架，稳定了上海的安全局势。其间，毛泽东于 7 月 18 日致信斯大林，商谈"我国空军转入使用喷气飞机并接收两个苏联空军师的一切器材问题"，建议"以巴季茨基喷气式机团为基础，于最近两个月内建立起一个改换飞机训练的机构"。巴季茨基的部队计划 10 月回国时，"其装备的喷气式歼击机等，全部移交新组建的中国空军部队"。经中苏两国政府协商，斯大林欣然同意。[2]

苏军飞行员在上海驻防

1950 年 10 月 23 日，解放军防空司令部在北京成立，周士第任司令员，钟赤兵任政治委员。1955 年 8 月，防空部队正式改称"中国人民解放军防空军"。这时，防空军共有 4 个军区、1 个军部、11 个高射炮兵师、32 个高炮团、6 个探照灯团、25 个雷达团、5 个通信团、1 个通信营。防空军部队不论是在国土防空的紧张战斗还是在抗美援朝血与火的洗礼中，都取得了辉煌的战果，创造了众多成功的战例，在我军历史上写下了灿烂的一页。

1949 年 9 月，人民解放军第一个对空警戒雷达部队在上海成立。当时最紧迫的任务是掌握国民党空军袭击大陆的动向。在苏联空军的帮助下，年轻的人民空军开始组建雷达网。

1950 年 5 月 2 日，刘少奇致信毛泽东，汇报了成立空军第四旅组织雷达网等问题。刘少奇在信中说：

> 担任上海地区防空作战任务的苏联空军混成航空兵集团指挥官巴季茨基及罗申大使、柯托夫武官来我处谈了以下问题：(一)我们第一个空军旅，预定于 6 月 15 日至 7 月 1 日成立，飞徐州与南京，命名为第四空军旅。"此为我们祖国第一个空军部队成立，应予重视。"(二)为了保卫我们的空军并其他目的，应即组织我们的雷达网。现在上海我们有 12 架雷达机，要我们立即组织一个雷达营，六百人，内需高中毕业文化程度者三百，由他们训练三个月即可毕业，能够使用。[2]

此后，由空军第四旅开创的雷达网迅速发展，全军开花。雷达兵也成为我军获取空中情报的重要兵种。60 多年过去了，如今的空军雷达部队，拥有低空警戒雷达、远程雷达、中高空雷达、大型三坐标雷达等现代化装备。雷达部队的机动能力、生存能力、抗干扰能力和自动化程度不断提高，雷达的警戒探测范围基本覆盖我国全部领空。空军雷达兵作为国家空中情报预警系统主体，已成长为守卫祖国蓝天的"千里眼"、"顺风耳"。

1950 年 7 月 17 日，空军陆战第一旅——空降机动部队在开封成立。目前，我军空降兵已发展成由步兵、炮兵、通信兵、防化兵等 36 个专业组成的强大的现代化兵种。伞兵的专用头盔、伞刀、伞鞋、充气护踝、主伞、备份伞、翼型伞相继问世，运输机性能也大大改善。被誉为“神兵天降”的空降兵已经成为随时能飞、到处能降的快速机动部队。

高射炮兵是空军地空防御的重要力量。解放战争中，我军先后组建了 8 个野战高射炮团，对付国民党空军的轰炸。新中国成立后，一大批高炮团、高炮师、防空军相继成立，兵力最多时达 15 万人。1958 年 10 月 6 日，成立了空军地对空导弹部队，从此成为我军地面防空作战的主要力量。初建时，只有 3 个地对空导弹营，如今已发展成若干个地对空导弹旅、导弹师，成长为空军的一个独立兵种。这些部队可以完成不同类型的防空作战任务，形成了以地对空导弹为主体的覆盖高、中、低空域，远、中、近程相结合的防空体系。

1957 年空军与防空军合并，建立起由航空兵、地对空导弹兵、高射炮兵、雷达兵、空降兵等兵种组成的空防合一体制。

人民空军的强大，离不开航空工业强劲的国防科研和生产能力。特别是空军已具备的全疆域一体化打击能力，支撑起它的——正是门类齐全、体系独特、实力雄厚的航空兵器制造企业和科研院所。被誉为“国防科技工业之花”的航空兵器制造业正在绚丽地绽放。

►浴火而生的“米格走廊”

1950 年骤然爆发的朝鲜战争，让年轻的人民空军如剑锋浴火、霜刃出鞘，在战火中得到锻炼和发展。连其对手美国人也不得不惊呼：“共产党中国竟然在一夜之间成为世界空军强国!”自 1950 年 12 月至 1953 年 7 月，志愿军空军先后有 10 个歼击师和 2 个轰炸师的部分部队参加朝鲜战争。经过 2 年零 8 个月的空战，共战斗出动 2.6 万余架次，击落击伤敌机 425 架(其中击落 330 架、击伤 95 架)。志愿军空军被击落击伤 382 架(其中击落 231 架、击伤 151 架)。表面上虽然只是与“不可一世”的美国人打了个平手，实质上是我军获胜；这一点连美国人也不得不坦然承认。

“中国空军组建后第一个对手是公认的世界最强的美国空军，至今除了中国空军还没有第二家战胜过美国空军，但是我们在朝鲜战场上 2 年零 8 个月打败了美国空军。在航空博物馆的展览上可以看到，美国飞机被中国空军击落、击中的战况。参战时美军已在鸭绿江边，2 年零 8 个月后签停战协议的时候在‘三八线’，毫无疑问我们是打胜了。”人民空军建军 60 周年，时任空军装备部部长魏钢对香港《文汇报》记者如是说。最可贵的是在朝鲜战场上，人民空军取得了指挥、作战和训练等丰富的实战经验，这对人民空军的建设发展具有重要意义。“之所以能战胜美国空军”，魏钢说，“一是凭借着空军战士英勇顽强的精神，二是空军的先进装备……我们武器不落后。前几天我和王海老司令交谈，他说当时美国也没有经验，因为喷气飞机刚问世，美军和我们一样都是新手，刚刚接触这些装备。刚刚经历了解放战争的我们，赢在了战斗精神和战术经验上”。

探寻人民空军和航空制造业的成长，不能不提到当年苏联的友好支援。1950 年 2 月，苏联空军部队应邀来华协助防空，使用的机型主要是米格－9。当年年底，我空军从苏军接收和直接进口米格－9 战机共 369 架。

朝鲜战争爆发后，1950 年 10 月 25 日志愿军入朝参战。朝鲜战场上，米格－9 性能落后的缺点显露无遗，根本无法与美军战斗机抗衡，而苏方又把它大力推销给中国；不光我方相当不满，连苏军飞行员也对这种“漠视生命”的行为非常愤慨。鉴于战场局势的严峻，斯大林在两次致歉后表示“要彻底改善”。于是，在当年 10 月 31 日，苏军向解放军空军第四混成旅有偿转交了 160 架米格－15 喷气式战斗机。很快，苏制米格－15 战斗机出现在朝鲜上空。但斯大林改变了原先让苏联空军直接投入正面战斗的计划，命令苏联空军从中国东北机场起飞，只负责掩护志愿军后方。1951 年 2 月，周恩来致电斯大林，表示希望增购 300 架米格－15。组成 4 个米格－15 歼击机团参加朝鲜战争。斯大林对当时志愿军击溃冒进美军的战绩极其赞赏，立即表示同意，并无偿援助 372 架米格－15，这批飞机于 1951 年 6 至 8 月间分 3 批运往中国，仅收运输费。

刚刚装备米格－15 喷气式战斗机的志愿军空军，面对的是以美国为首的“联合国军”空军的强大挑战。在这场敌强我弱、实力相差太过悬殊的战争中，我志愿军空军并没有怯懦，而是凭着“志在冲天”的豪情，以保家卫国的大无畏气概，勇于直面挑战。

战斗英雄王海和他喷有九颗星的“英雄机”

1951 年 9 月 27 日，刘亚楼等人写报告给毛泽东，汇报了空四师 9 月 25 日在朝鲜同侵朝美国空军部队空战的情况。“这种作战积极性及敢于参加敌我双方 200 余架的激烈大空战的勇敢精神，以及刘勇新同志单机对敌 6 架的勇敢作战，李永泰同志飞机虽中弹 30 余发仍安返基地等，我们认为都是好的表现，已给予鼓励。”

10 月 2 日，毛泽东欣然挥笔批语：“空四师奋勇作战，甚好甚慰。你们予以鼓励是正确的。对壮烈牺牲者的家属应予以安慰。”[2]

这群世界上最年轻的飞行员用“空中拼刺刀”精神创造了多个辉煌战例。如韩德彩、王海、张积慧这些著名的空军战斗英雄，当年仅经过苏联教官“手把手”地空中速成培训，就勇敢地飞上蓝天；他们有的才七八十个飞行小时，最多的也就一百多个飞行小时，竟然能把参加过第二次世界大战、战绩辉煌的美军王牌飞行员击落！而这些美国王牌飞行员中有不少人已飞行了七八百乃至上千小时，多的达两千多个小时，却被年轻的中国空军揍了下来，连美国人也深感“不可思议”。

这种直面强敌挑衅、勇于“空中拼刺刀”的精神永远值得空军骄傲。

不过，需要坦承，当时的地利与人和，对年轻的中国空军来讲，实在有些“眷顾”。现在回想起那场具备世界级规模的地区性“热战”，也有其自身特点。如当时最先进的喷气式战斗机航程，实在是太有限了，这就在一定程度上限制了美国空军的作战半径。美军F－86战斗机执行任务的作战区域都是在北纬40度以北，因而距汉城附近的金浦和水原两个喷气式战斗机基地较远，再加上必须在巡逻区域维持高速，油耗高，箱体供油不足，导致F－86的作战半径大大缩短。美军战机仅能在以金浦和水原两个基地为中心的圆形区域内作战，而在两个作战区域的空挡——安东一侧和中朝边境之间自然形成了一个三角形区域，也就是外媒所渲染的“米格走廊”。

就当时情况来讲，美军F－86战斗机一旦进入“米格走廊”区域，不但油量已经不多，停留时间有限，数量上也居劣势；再加上在这个区域内存在令人生畏的苏联王牌飞行员和“初生牛犊不畏虎”的中国空军飞行员，他们以顽强作战的精神沉重打击了侵略者的嚣张气焰，向全世界昭告：新中国不再是那个任人鱼肉的“东亚病夫”，新中国的空军是一支现代的、年轻的、强大的武装力量，决不允许帝国主义肆意逞凶！

毛泽东接见空军飞行员

另外也要看到，在朝鲜战场上，苏联派出了第64防空集团军的12个飞行师参加战斗，取得了局部空中优势，对敌军构成强大威慑。

1955年3月，在朝鲜战场上打出国威、军威的空军英雄汇聚人民空军首届英雄模范功臣代表大会，毛泽东挥毫题词：“建立一支强大的人民空军，保卫祖国，准备战胜侵略者。”

朝鲜战争后，中国空军总结经验，着力发展和完善，形成了自身独特的体系。与美国建立全球快速打击空军的目标截然不同，中国要建立的是一支能够保家卫国的防御性空军。从1949年的艰难起步，到1954年中国空军已拥有28个航空兵师，70个航空兵团；其中歼击机师18个。1971年，中国空军发展到50个航空兵师，其中歼击机师35个，拥有各类飞机3000余架。这样的发展速度，创造的就是一个个人间奇迹！

▶在粉碎美蒋窜扰中成长的空防战力

自1949年国民党军队兵败大陆、撤退台湾以来，其空军开始装备美制F－84G和F－86F等喷气式战斗机，到1955年达400余架。国民党空军仰仗其武器装备优势，频频向大陆东南沿海发起窜扰。1958—1959年，国民党空军为加强对大陆的侦察窜扰活动，先后装备了U－2型高空战略侦察机和RB－57、RF－101型超音速战斗侦察机。这些美制飞机速度快，升限高，续航时间长，装有先进的电子干扰和照相侦察设备，可以在暗夜、低空等复杂条件下执行任务。

国民党空军不仅对沿海地区进行袭扰，而且时常窜入大陆纵深地区进行战略侦察。有时一次跨越十几个省区，甚至窜入北京、兰州等腹地。仅1960年1月至1961年10月，国民党空军就出动RF－101型飞机9架次、P－2V等型飞机84架次窜入内地，给人民空军和防空部队作战增加了难度。

从1960年初开始，我军防空部队把打击RF－101型侦察机作为主要目标，制订了“以快制快”的作战方案，加强观察报知、指挥、射击等快速反应训练，提高技术和应变能力。1961年8月2日上午，我军在福州机场上空用高射炮击落国民党空军RF－101型侦察机1架。

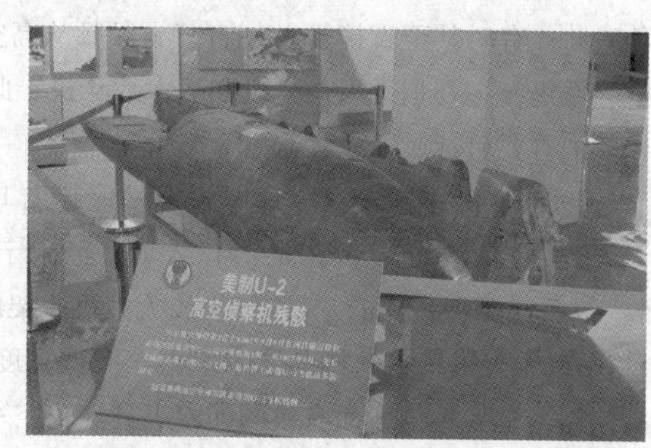

被击落的美制U－2高空侦察机残骸

1964年，我国自行研制的歼－6型战斗机装备部队。歼－6一展翅碧空就立下了卓著战功，成为东南沿海打击敌侦察机的主要机型。

从1964年12月至1967年，空军使用歼－6战机先后击落RF－101型侦察机2架，击落F－104型战斗机1架。

1959年5月29日晚，人民空军使用米格－17型战斗机在粤桂边界击落国民党空军B－17G型飞机1架；1961年11月6日夜在辽东半岛以高射炮击落国民党空军P－2V型侦察机1架；1963年6月20日和1964年6月11日，又击落国民党空军P－2V型侦察机2架。

各界群众参观被击落的美制侦察机残骸

在防空作战中，我军不断更新装备，增强现代条件下作战能力。1959年4月，人民解放军地对空导弹部队组建。10月7日，1架国民党空军RB－57D型飞机窜入北京通县上空，我军地对空导弹部队首次参战，将其击落，开创了中国和世界防空史上第一次使用地对空导弹击落敌机的战例。1962年9月9日，地对空导弹第2营在南昌附近设伏，成功地击落国民党空军U－2型高空战略侦察机1架。1963年11月1日和1964年7月7日，该营在江西广丰县和福建漳州地区机动设伏，又击落U－2型高空战略侦察机2架。

在中国原子弹、导弹研制进入关键阶段时，美国指使国民党空军加强对大陆西北地区的战略侦察，并在 U－2 型飞机上加装先进的电子侦察、干扰设备。解放军地对空导弹部队改进战法，有针对性地采取抗干扰措施，于 1965 年 1 月 10 日在包头击落 U－2 型高空战略侦察机 1 架。短短几年中，地对空导弹部队历经艰辛，克服种种困难，转战 24 万余千米，先后击落国民党空军战略侦察机 6 架。地对空导弹第 2 营被国防部授予“英雄营”称号。

20 世纪 60 年代，美国在发动侵越战争的同时，更深地插手台海局势，对我国进行战争威胁；有时甚至直接步入“前台”，频频从高空对我战略要地进行侦察。美军入侵中国领空的军机，主要是无人侦察机和战术战斗机。此刻，打击入侵的美军飞机，成为国土防空作战的首要目标。

1964 年 8 月 29 日，美军从冲绳基地起飞 1 架 DC－130 运输机，在南海上空投放 1 架无人机。该无人机从海南岛海口入境，经南宁、兴宁、漳州、厦门出境，至台湾湖口回收。9 月至 10 月上旬，又连续投放无人机 6 架次入侵中国领空。当时美军使用的是BQM－147G 型无人机，它的特点是体积小，飞行高度可达 2 万米；侦察设备先进，可以回收多次使用，是一种价廉而有效的侦察工具。我空军开始对其性能和活动特点不甚了解，曾多次出动飞机拦截，都未有斩获。

为击落美制无人机，人民空军进行了认真研究，攻克了战斗机爬高、动力升限、瞄准等技术难题。1964 年 11 月 15 日，一架美军无人机侵入雷州半岛上空，直飞涠洲岛，高度 1.76 万米，时速 780 千米。驻遂溪机场航空兵第一师中队长徐开通驾驶歼－6 型战斗机拦截。12 时 22 分，徐开通在飞行高度 1.75 万米时，距目标 1500 米。他从目标后下方发起攻击，距离 400 米两次开炮未中；距离 230 米时第三次开炮，将敌机击落。这是人民空军首次击落美军无人驾驶高空侦察机，开创了与美制先进飞机斗智斗勇的光荣战例。

多次击落美军无人机的歼－6 型战斗机

从1964年8月至1969年底，我军共击落美军无人驾驶高空侦察机20架，其中航空兵击落14架，地对空导弹部队击落3架，海军航空兵击落3架。这些被击落的敌军飞机残骸，成了我航空兵器开发人员最好的研究对象。收集飞机残骸，从中分析其设计思想、外形结构、装备性能和特殊材料，甚至蒙皮厚薄等，并和苏式战机进行对比分析，对研究设计中国人自己的飞机有一定启发和借鉴作用。面对复杂的国际环境，加快发展航空兵器的紧迫任务，责无旁贷地历史性地落在了国防军工人肩上。我军航空工业必须奋起直追！

►仿制高亚音速歼击机 夯实研制军机基础能力

人民空军取得的战绩离不开国防航空制造业的强力支撑。1951年，就在朝鲜半岛的战火还在燃烧的时候，远离战场的沈阳东北航校机务处第五厂的车间里，有群工人正在敲敲打打，生产飞机副油箱。由于战事紧张，志愿军空军作战频繁，需要耗费大量副油箱。在没有图纸和专业器具的条件下，这群能工巧匠竟然用手工敲打的方式，制造出近万个副油箱。最高日产量竟达100多个。这年6月29日，航校机务处五厂更名为国营112厂。新中国第一个飞机研发基地——沈阳飞机制造厂诞生了！4个月后，中苏航空合作协议签订。这也是156个苏联援助项目中较早确定下来的一个。

人们不会忘记，1951年4月17日，中央人民政府人民革命军事委员会和政务院颁发了《关于航空工业建设的决定》，这是新中国航空工业诞生的日子。随后，中央重工业部航空工业管理局以战时的工作效率迅速组建。在健全管理机构的同时，航空工业从军队接收了16个航空小厂和两个兵工厂，拥有3000多台设备和9000多名职工。在那航空工业初创的年代，前线的急迫需要促使开创者们加倍努力，克服了物质条件和技术条件上的各种困难，以志愿军飞机修理为龙头，各项工作迅速展开。到1952年底，共修理飞机473架，发动机2627台，有力地支援了抗美援朝作战。

从战争中学习，新中国的航空工业也正是从这里起步，经历了从建国之初的军机修理大步走向仿制生产的“十月怀胎”过程。回首当年，这种仿制主要是以苏联战斗机为蓝本，并得到苏联宝贵的技术援助。

中国航空工业史册这样记载：在1953—1957年间，中航工业“新建、改建和扩建了20个企业，制造了3种飞机、4种发动机和146项辅机产品，生产飞机438架，发动机954台，修理飞机24 766架，发动机9665台。工业总产值每年递增43%”。

到了1958年，在短短的六七年时间里，在苏联专家的帮助下，中国航空工业有了突飞猛进的进步。它们没有像有的国家那样，按部就班地先通过基础科研、技术积累和系统教育的阶段，而是通过引进技术和设备直接发展航空制造业。这种跨越式的发展方式，使中国在相对较短的时间内建立起一套适合国防需要的航空工业体系，但也留下了隐患。如我们只用了短短三年时间就完成了米格-17仿制生产任务，加上歼-5的顺利投产，使部分领导人和科技人员产生错觉，片面地认为“建设航空工业是很容易的事”和“我国已成为世界航空工业先进国家”。这些观念的浸淫，为后来“大跃进”中所犯错误埋下了种子。直至20世纪80年代，我方人员去欧美国家参观，才知“天外有天”。

话题回到航空工业初创年代。按照苏联“老大哥”的建议和其设计、科研和生产“三段式”模板，中国在修理和仿制飞机的同时，从1956年起，着手进行科研机构和试验手段的建设，先后组建气动力、航空材料、工艺和飞行试验研究所，建立了飞机、航空发动机和航空仪表设计室，建设了设计飞机必需的风洞等研究试验设施。

年轻的中国航空科技人员在空军的大力支持下，开始了自己设计飞机的尝试。

捷报首先从有一定航空工业基础的南昌传出。1954年8月1日，南昌飞机制造厂仿制成功第一架雅克－18型教练机。获悉情况后，毛泽东兴奋地说：“这是一件惊天动地的大事。”他在写给南昌飞机制造厂全体职工的信中热情地说：

祝贺你们试制第一架雅克十八型飞机成功的胜利。这在建立我国的飞机制造业和增强国防力量上都是一个良好的开端。希望你们继续努力，在苏联专家的指导下，进一步地掌握技术和提高质量，保证完成正式生产的任务。[2]

人民领袖的高度评价和殷切期望，对建立我国的飞机制造业和增强国防力量都是巨大的鞭策和鼓舞。

紧接着，具有相当航空工业基础的东北也传来喜讯：1956年9月至1958年7月，沈阳飞机设计室在自行设计喷气式歼击教练机(歼教－1型)并获得成功的基础上，自主设计出强－5型强击机和初教－6型初级教练机。这两个机种，后来都陆续转到南昌飞机制造厂研制。其中初教－6型飞机于1962年定型，强－5型飞机于1965年初步设计定型。强－5是我国自行设计、制造并入批量生产的第一种超音速飞机，该机有多种改型，曾获国家科技进步特等奖。1987年，强－5参加巴黎国际航展并获得好评。

1956年，26岁的程不时参与我国自主设计的第一架喷气式飞机的研发工作，担任总体设计组组长。两年后，这架被命名为“歼教－1”的飞机翱翔于蓝天。几十年后，程不时回忆说：“对我个人来说，历史是很眷顾我的，我非常幸运，因为赶上了这样一个中国民族工业发展的时代，建立第一批飞机制造厂、设计第一架喷气式飞机、第一架超音速飞机都让我赶上了，这对我来说是很难得的历史机遇。”

1959年，我国军工人员在米格－19П基础上改型研制的双发喷气式昼间战斗机——东风－102首飞成功。与米格－19П相比，东风－102在进气道内增加了铝制整流锥，机身下增装1门30毫米航炮。当然，在那个火热的年代，受“左”倾冒进影响，航空工业也经历过研制东风－107超音速全天候歼击机和东风－113高空高速歼击机失利的挫折。通过自行研制歼教－1型、初教－6型教练机的成功和研制高空高速歼击机的失利，使人们逐渐懂得了军机研制必须从实际出发，严格按科学的研制程序办事。

根据积极防御的战略方针和国土防空的需要，朝鲜战争结束后，中央军委决定把研制歼击机作为航空工业发展的重点。歼－5型亚音速歼击机及其改型就是在这种背景下投入研制的。朝鲜战场上，英勇的志愿军空军驾驶苏制米格型歼击机，在实战中经受了严酷的考验，锻炼出一批出色的飞行员。当时的国际环境也决定了中国空军的基础构成必然是以苏式战机为主。按照中苏两国政府签订的协定，为进一步增强国防实力，中国仿制了米格－17 型歼击机，并以国产制式命名为歼－5 型歼击机。这使中国歼击机的发展，越过活塞式飞机阶段，直接跨进喷气式飞机的新领域。

作为高亚音速歼击机，歼－5 型飞机的总体布局是从机头进气，装 1 台涡喷－5 型发动机。该机最大速度为每小时 1145 千米，实用升限 16.6 千米，最大航程 2120 千米。歼－5型飞机主要用于昼间截击、空战，也具有对地攻击能力。

承担歼－5 飞机仿制任务的沈阳飞机制造厂，在抗美援朝期间承担过 200 多架喷气式歼击机的修理工作，初步掌握了米格型飞机的结构特点。1954 年，该厂又试制出米格－15 比斯飞机的起落架、后机身、机翼、尾翼等大型部件和相关附件，具备了一定的技术基础。

该厂当年的仿制工作由厂长牛荫冠主持，第一副厂长兼总工程师高方启组织实施。根据苏联专家的建议，仿制采用“四阶段平行作业法”，分阶段地掌握了总装、部件装配、组合件装配和零件制造技术，缩短了试制周期。

从 1955 年 4 月投入试制起，沈阳飞机制造厂只用一年多的时间就完成了第一架飞机总装，并通过了全机静力试验。沈阳航空发动机厂仿制的涡喷－5 型发动机也于 1956 年 6 月正式通过技术鉴定。同年 8 月，国产歼－5 型飞机完成全部试飞工作，于 9 月 8 日通过国家验收。

通过歼－5 型飞机及发动机的仿制生产，沈阳飞机制造厂完成了从修理到制造的转变。飞机分厂掌握了飞机制造的全机协调技术和各种加工工艺；发动机分厂掌握了高强度材料和耐高温铝合金的机械加工技术，燃油喷嘴和叶片复杂型面的精密加工技术，主燃烧室和加力燃烧室耐高温薄壁零件的焊接、热处理及表面处理技术，精密铸造与精密锻造技术等特种工艺。

为了确保自行研制军用飞机的基础能力，1962 年初，中央军委决定组建国防部第六研究院，下设飞机、发动机、航空兵器、空气动力、航空附件、航空自动控制、航空精密机械、航空材料、航空工艺、航空情报、飞行试验等研究、设计所和航空测试设备厂。这些研究所和 20 世纪 50 年代建成的一批骨干企业为自行设计军用飞机创造了条件。

通过 60 年代仿制生产歼－6 型超音速歼击机、两倍音速的歼－7 型歼击机和轰－6 型中型轰炸机以及在这些机种基础上进行的改进改型，中国军用飞机的研究、设计力量逐步发展壮大，并取得了初步成果。如歼－6Ⅳ型为满足全天候作战之需，在机头加装了雷达，机翼下加挂空对空导弹。从 20 世纪 60 年代起步，科技人员先后试制成功了“霹雳”－1 型空对空导弹、“红旗”－1 及“红旗”－2 型地对空导弹和“上游”1 号”舰对舰导弹，结束了中国不能制造此类武器的历史。后来，我国研发的空对空和空对地导弹系列如红外制导、雷达制导、电视制导、激光制导和复合制导武器，也均是由此发展而来。在这期间，尽管我们的财力还很薄弱，但国家还是勒紧裤腰带，投入大量资金，新建和改建了大量企业，创办了多所航空高等院校，初步建立起航空工业制造体系和人才培养体系。如国内著名的北京航空航天大学（由清华大学航空学院和四川大学航空系、北京工业大学航空系合并组成）、西北工业大学（由原中央大学、交通大学、浙江大学的航空系合并成华东航空学院，1956 年迁往西安与西北工学院共同组建）和南京航空航天大学（由原南京航空工业专科学校发展升格）都是在 1952 年创办的。

在庆祝中国航空工业建立 60 周年的日子里，曾任中国航空工业总公司党组书记、总经理的朱育理说，创建初期的发展能够如此顺利，重要原因在于党中央、国务院、中央军委的高度重视，还有朝鲜战争的影响以及苏联的帮助。徜徉甲子之庆，人们更应牢记这些历史积淀的重要经验。

讲述中国航空工业创建初期的发展，离不开对仿制生产轰－6 型高亚音速轰炸机的介绍。因为，它是现今仍在役的、并不断得到改进和突破的重要空军机种。

1956 年，中苏两国政府签订协定，由苏联帮助中国建设中型轰炸机制造厂。1957 年，苏联同意提供图－16 型中型轰炸机全套技术资料，由中国进行仿制生产。1957 年，苏联提供了两架图－16 型轰炸机样机和全套技术资料以及飞机散装件。由此，中国开始该型轰炸机的仿制，并命名为轰－6 型轰炸机。轰－6 的仿制工作由哈尔滨飞机制造厂和西安飞机制造厂共同承担。哈尔滨飞机制造厂为主制厂，负责机身、中央翼、中外翼、发动机舱、系统件的制造装配以及总装试飞。西安飞机制造厂为辅制厂，负责外翼、垂直尾翼、水平尾翼以及起落架的制造装配等。该型机的动力装置——涡喷－8 型发动机则由哈尔滨、沈阳、西安的三家发动机厂联合仿制。

1959 年，哈尔滨飞机制造厂在厂长陆纲的组织下，仅用 67 天时间就完成了第一架轰炸机的总装。同年 9 月 27 日，轰－6 型飞机由李源一机组驾驶，首飞升空。

轰－6 型轰炸机可携带多种对地打击武器

1961 年，国家航空工业局决定，轰－6型飞机及发动机的仿制工作全部移交西安飞机制造厂和发动机厂进行。转厂仿制的轰－6 型飞机是图－16 型的改进型。飞机采用细长流线型机身，后掠机翼，水平尾翼和垂直尾翼也有较大后掠角，安装两台涡喷－8 型发动机。

轰－6 型战机是当时中国制造的吨位最大、技术最复杂的战机。它综合了图－16 的特点，在设计上作了改进。全机共有零件 5 万种 24 万件，标准件 4000 种 36 万件，铆钉 1000 种 100 万个；共需各种原材料 150 吨，电线长 25 千米以及成品附件 894 项。该机最大载弹量 9000 千克，最大飞行速度每小时1014千米，实用升限13.1千米，最大航程5760千米。

涡喷-8是一种大功率航空发动机，单台最大推力为93千牛(9500千克)，发动机重3.1吨，最大直径1.4米。每生产一台发动机，需高级耐热合金钢15吨，有色金属9.5吨。发动机的制造、装配与试验，需要包括万吨水压机在内的几百台精密、大型、专用设备及试验设备。拥有这些大吨位飞机和大功率发动机的制造能力，反映一个国家的国力和工业基础，世界上只有少数几个国家能够生产这类飞机和发动机。

▶南亚次大陆书写的空战经典

研究历史，人们常常喜欢作些横向比较，从中可以感知许多有趣的事情。这里就讲讲中国制造的战机在异国空域经受实战考验的故事。

国产歼-6战斗机

1971年12月初，第三次印巴战争爆发。12月4日那天，印度空军计划出动70架“猎人”战斗机和苏-7歼击轰炸机大规模空袭巴基斯坦机场，妄图一举摧毁巴军所有飞机。岂料，巴基斯坦空军驾驶着中国产歼-6战机英勇反击，不仅击落、击伤印军战机3架，而且对印军地面部队实施猛烈的火力压制，摧毁印军18门火炮和1座弹药库。在为期14天的战争中，歼-6战机共飞行出动650多架次，击落印军战机12架，击伤多架，较好地维护了巴基斯坦的国家尊严。

三个月前刚刚由中国培训的巴基斯坦飞行员在执行战场和要地防空任务中表现优异。他们驾驶的歼-6，这款由中国自主生产的第一代超音速战斗机，在南亚碧空书写了参与实战的经典战例，令世界为之一惊。此后，亚洲和非洲一些新兴国家如埃及、坦桑尼亚、越南和阿尔巴尼亚都引进过歼-6战斗机。

歼-6是沈阳飞机制造厂制造生产的单座双发超音速战斗机，主要用于国土防空和夺取前线局部制空权，也可执行对地攻击任务。歼-6战机的诞生，离不开当年国际大背景的沉重压力，也有来自保卫祖国领空最紧迫的需要。

装备中国战机的巴基斯坦空军

朝鲜战争之后，各国空军纷纷向超音速时代迈进，而中国空军主力战机仍然是朝鲜战争后期换装的米格－15 和米格－17 歼击机。这与美国和台湾国民党空军装备的新型战斗机相比，几乎落后整整一代。根据朝鲜战争的经验，如果不能装备和美国战机性能差不多的先进战机，在东南沿海的空中对抗中，我们肯定要吃亏。中央军委多次会议都强调这一点。

在国家整体实力和航空工业基础落后于世界、短时期内不可能具备自行研制能力的情况下，为了提高空军的作战能力，中国只好利用苏联的技术援助，走仿制的捷径，以求迅速追赶世界空军的现代化发展步伐。因而尽快仿制出米格－19 超音速战斗机，就成为中央下达给厂方的首要任务。

按照 1957 年中苏达成的协议，苏方于 1958 年初将米格－19 战机的图纸发到沈阳飞机制造厂和黎明发动机厂。当年 8 月，仿制工程在苏联专家的帮助下开始启动。

在双方的共同努力下，仿制机于 1958 年 12 月首飞成功，1959 年 4 月经国家鉴定验收，1960 年投入批生产。这样，歼－6 就成了中国人生产的第一种国产超音速战斗机。

1960 年 6 月 20 日，苏联驻华经济代表处突然宣告：凡在中国航空工业部门的苏联专家，工作期满必须回国，不得延聘。7 月 16 日，苏联政府照会中国政府，单方面决定立即召回在华工作的全部苏联专家，废除两国经济技术合作的各项协议。刚刚起步的中国航空工业因此受到严重影响的有 22 个工厂和科研院所；3 种机型及其发动机、2 种导弹的仿制工作也因此搁浅。

后来的结局亦是众所周知，中苏关系封冻，反而激发了中国航空人的青云之志。自力更生、奋发图强，成为中国航空工业的巨大精神动力。他们所创造的奇迹，我们将在后面的章节讲述。但在这里，我们还是要客观评价当时苏联的援助。从航空工业创建的 1951 年至 1961 年，中国从苏联先后引进了 7 型飞机、9 种发动机、5 种战术导弹和数百项机载设备的制造技术及配套所需的成套设备和器材，先后聘请苏联顾问、专家共 856 人。应聘来华的专家都具有很高的技术水平和丰富经验，他们为新中国的航空建设作出了贡献。

歼－6 试飞成功是中国航空工业发展的里程碑。业内人士皆知，飞机由亚音速发展到超音速是质的飞跃。歼－6 继承了米格－19 的优点：首先是具备超音速飞行能力。为克服高速飞行产生的“音障”，它采用后掠 55 度大后掠角箭型机翼，十分有利于超音速飞行，有效地减少了高速飞行的音阻。其次是火力强大，装备 3 门 30－1 型 30 毫米机关炮，足以击落任何空中目标；其三是动力系统为轴流式，有效地提高了超音速飞行时的推进效率。歼－6 装两台苏制图曼斯基 RD－9BF－811 型 9 级轴流式涡轮喷气发动机，该型发动

歼－6乙型战斗机

机的推力和加力推力与涡喷－5型相当，重量却减轻30%；特别是最大直径减少48%，可大大减小飞机的迎风面积，更适于高速飞行。该机结构简单，使用维护方便，价格是世界上同类飞机中最便宜的，有利于大批装备。

但在那“大跃进”的年代里，仿制工作显然也受到急于求成的影响，片面强调进度，不适当地压缩工艺装备，简化工艺规程，降低技术要求；放松了工艺纪律，致使检验制度松弛、管理混乱，并且未经定型就投入成批生产，从而导致航空产品大批量出现严重质量问题；从1958年到1960年仿制的米格－19战斗机和米－4直升机(国产型号为直－5)全部不合格！这震动了整个国防工业部门，甚至直达中央高层。1960年5月10日，中央军委召开常委会，以解决航空工业质量问题为重点，对国防工业生产中出现的严重质量问题和急躁冒进的做法，采取有力措施加以解决和纠正。

1960年11月20日，军委副主席、国务院副总理兼国防工办主任贺龙，总参谋长罗瑞卿，空军司令员刘亚楼等领导，在三机部部长张连奎和沈阳市委书记焦若愚等人的陪同下前往112厂视察。当贺龙亲眼看到厂区里停放着大量新飞机，由于存在严重质量问题而不能出厂，特别是得知近三年来工厂没有向部队提供一架合格飞机的情况后，十分气愤，当场对工厂领导提出严厉批评。

为了挽回和纠正“大跃进”给航空工业造成的损失和影响，贯彻中央提出的“调整、巩固、充实、提高”的八字方针，三机部于1962年在沈阳召开了东北地区军工干部会议。紧接着，国防工办又于1962年7月在北戴河召开了工作会议。这两次会议周恩来总理都亲自参加并做了重要讲话。

在沈阳召开的东北地区军工干部会议上，周恩来总理重点作出五点指示：

①国防工业过去10年是有成绩的，成绩是主要的，要总结经验教训；

②国防工业的基础打下了，但还是弱的，生产还不能完全配套，要逐步使布局合理，

把基础巩固起来，发展起来；

③自力更生要逐步实现；

④科学研究和尖端技术要循序而进，要在一定的基础上逐步往上爬；

⑤军工首先要着重生产；生产是基础，要在生产发展基础上增加基本建设，要逐步地把生产基础扩大，不能把生产停下来搞基本建设。常规和尖端也是一样，逐步突破尖端也是循序而进。

周恩来的指示，对整个国防工业部门的研制生产指明了方向。

中央军委决定，从1961年开始，重新仿制歼－6飞机和发动机，必须达到“优质过关”。这两次会议之后，航空工业系统开展了大规模的企业整风运动和质量整顿工作；在歼－6飞机重新生产阶段，为确保产品的质量，112厂陆纲厂长正式颁布了《十项开工标准》的命令，严格规定：为确保产品质量，凡是未达到《十项开工标准》的单位，决不允许开工生产，对新生产的每架飞机都必须进行“优质过关”。《十项开工标准》的贯彻实施，为重新生产歼－6型歼击机并保证优质过关创造了良好的开端。由于能够深刻吸取教训，严格制度、严格管理、严格按照设计图纸，采取以模板样板、标准样件为协调互换依据，从标准样件的选择、设计、制造、协调、对合等各个环节确保质量，歼－6复产取得进展。尤其在工艺方案组织实施上，重点把好“五关”，即标准样件全机对合关、技术关键关、技术协调关、静力试验关和试飞关，攻克了一个又一个重大技术关键。

为解决飞机水平尾翼抖动问题，沈阳飞机制造厂厂长高方启组织干部、技术人员及工人“三结合”(那时最时髦的做法)，对19架飞机进行18个项目共1200多次试验，判定抖动是操纵水平尾翼的助力器油门结构不良所致，并在设计上增装了液压阻尼器，排除了抖动故障。由沈阳发动机厂总工程师程华明组织仿制的涡喷－6型发动机，也于1961年10月通过技术鉴定。这是中国人在航空发动机领域迈出的甚为关键的一步。

这期间，有关工业部门还大力协同，解决了原材料和配套产品的研制、生产问题。厂方生产出大量零备件，满足了部队急需，并解决了大批飞机停飞的问题。特别是逐步理顺了科研与生产、尖端与常规、主机与辅机、生产与基建等关系，使航空工业在调整的基础上得以走上正轨。

到1963年末，歼－6型飞机所用原材料国产化率到达97%，配套产品国产化率达到90%。

“磨刀不误砍柴工”。1963年12月5日，重新仿制的歼－6飞机达到“优质过关”要求，生产定型并投入成批生产。1964年1月，第一架歼－6飞机交付部队使用。

通过歼－6型飞机的批量生产，沈阳飞机制造厂掌握了一整套超音速飞机的制造技术和管理方法，摸索出系统解决技术协调问题的办法和经验，为后续发展储存了后劲。

歼－6型飞机列装后，又根据部队的作战使用要求进行了一系列改型设计。歼侦－6型、歼教－6型和歼－6Ⅲ型、歼－6甲型等改型战机陆续试飞成功。这些改型战机的主要设计者为辛文业、张振武；胡淡、程不时；刘志远、孙荣轩；于希明、李松德等。我们永远不能忘记创业者的艰辛与奉献。

经历了企业整风的航空工业发展到这时本应是一帆风顺了，但此后的教训却更加深刻。“文革”在军工企业引起的混乱甚为剧烈！因“文革”造成的航空产品质量问题全面暴露，尤其是歼－6型飞机的生产问题更为严重：工厂先后积压了572架飞机不能出厂，飞机厂变成了“养机场”。这其中还有相当部分是援外飞机。周恩来总理得知这一情况后万分焦急，仅在1971年底便六次作出重要指示和批示。1972年12月11日，周恩来总理接到空军某师发生机毁人亡的一等事故报告后，亲自给叶剑英、李德生写信说：“又一事故，这只能从歼－6本身找原因，请告空司，对歼－6分两批援外的40架和31架，再派人(会同沈阳112厂)赶赴现场(浪头、和田)，移交前进行必要试飞，然后再请对方也进行一次试飞，如无任何故障，又经全面检查后，方能移交。如不合格，必须调换，不能马虎。沈阳厂所有歼－6产品必须严格执行试飞和检验制度，合格后方许出厂。”

周恩来还要求国防工业办公室、航空工业部派人到飞机工厂实地检查，看究竟有多少新生产出的歼－6飞机符合援外的质量标准，并要求一定要保证援外飞机的质量。同时指出：“不合格的飞机在国内使用也成问题，必须对此作出结论。”

从1969年到1971年5月，航空工业共发生重大质量事故112起，尤以10个主机厂最为突出。1971年12月26日，叶剑英元帅召开航空产品质量座谈会，周恩来总理到会听取汇报并做了重要讲话。会后，叶剑英专门召集会议研究整顿质量的具体安排。自此，航空工业开展以扭转“三不”(产品质量不好，配套不全，零备件不足)局面为中心的整顿产品质量的工作。讲述这段令人黯然神伤的往事，目的乃是“前事不忘，后事之师”。质量是国防军工产品永恒的生命线啊！

从1964年首批歼－6战斗机交付部队使用，直到20世纪80年代末，歼－6都是我国空军和海军航空兵的主力机种，并立下赫赫战功。在1964—1971年期间，我军飞行员驾驶各型歼－6飞机先后击落21架敌机，其中包括美制A－3B、A－3D、A－6A、F－4B、F－4C、F－104C、F－104G、RF－101等各型战机和高空无人侦察机。因此，不管是美国海军还是国民党空军的飞行员，谈到歼－6，都对窜犯大陆领空心有余悸。

1981年驾机回到大陆的原台湾空军少校教官黄植诚，在谈到歼－6战斗机留给台军的印象时说：“歼－6在中层高度和高高度作战性能非常优越，该机的机翼非常长，后掠转弯半径非常小，转弯性能非常好，虽不适应立体作战，但适应转弯作战。尤其适合在中层高度，就是2万尺(6600米)以上作战，转弯非常优越；就加速情况和机动作战来说，是一种非常好的飞机。”最后，他特别说明：“与歼－6相遇时，对于美制F－5E飞机，千万要记住一点，就是不要在2万尺(6600米)以上跟它作缠斗，台湾所有飞行员和美军教官都清楚这一点！”

歼－6曾是人民空军和海军航空兵装备数量最多、服役时间最长、战果最辉煌的国产喷气式歼击机，累计生产了近4000架，服役时间近40年。直到2010年6月12日，经有关方面宣布，歼－6战机才正式退出空军编制序列。[3]

1961 年 3 月，我国引进米格 –21 型超音速歼击机生产技术。这项技术引进至今仍让研究中苏关系史的学者们感到困惑，它是在赫鲁晓夫撤走全部援华专家之后不久达成的。1961 年 2 月，赫鲁晓夫以苏共中央名义致信中共中央主席毛泽东，表示愿意向中国转让米格 –21 型飞机及其发动机的制造权，邀请中方派代表团去苏联签订有关转让协定。当时，意外地接到这份信件，毛泽东、周恩来研究了半天，终究也没有搞明白赫氏玩的是什么“花招”。随后，中方表示可以谈判，但不得附加任何条件。代表团临行前，周恩来特地叮嘱刘亚楼要“见招拆招”。岂知刘亚楼抵苏后双方顺利地达成购买米格 –21 歼击机制造权的协议。能够在国际风云变幻之时完成这项高技术引进，确实大大出乎中国方面的意料。历史在反反复复中可能会丢失许多记忆或细节，给后人留下难以破解的谜团，但有些记忆或细节却很值得后人们去深思。

而在此后，中苏间的政治分歧并没有因为高技术引进协议签订而停止发酵。就在协议生效 5 个月后，即从 1961 年 8 月到 1962 年 10 月间，苏联向我国提供协议规定的米格 –21F –13 型飞机图纸等技术资料，还有中方订购的飞机、导弹、器材及散装件等物资分期分批陆续运到。但经开箱检查，发现欠交飞机技术资料 256 项（其中飞机图纸 63 项，技术条件和生产说明书 62 项，报告和试验大纲 42 项，工艺材料 50 项，材料标准 20 项，成品资料 19 项），特别是缺少关键性资料如全机大试验资料（液压导管脉动应力测量，机翼整体油箱疲劳试验，全机共振试验，前起落架减摆器镇摆试验，空气散热器机械可靠性试验，全机疲劳试验，弹射筒机械可靠性试验，全机磨损试验），燃油箱增压系统原理图，后减速板原理图，发动机安装图，无线电干扰检查说明书，激波锥试验检查技术条件，密封胶液使用说明书，零件特种检查目录等。而从 1684 箱器材和散装件来看，虽然基本按协定交货，但包装粗糙，有的包装严重浸水，致使器材发霉，生锈腐蚀严重，而且质量证明等文件不全；有一部分橡胶塑料件已超过库存保管期，有 35% 的成品件到年底也到了库存保管期限。对于苏联的这些行为，连他们自己正在撤离的援华专家也感到难以接受。

时至今日，我们依然要讲，米格 –21——中国生产定名为歼 –7 的超音速战机引进及仿制，对中国航空工业发展仍不失里程碑意义。装备空军的歼 –7 战机也取得过傲人的战绩：鲁祥孝、冯全民和刘光才分别驾机击落过美制高空无人侦察机。

2011 年初在利比亚撤侨中发挥作用的我军伊尔 –76 运输机

此外，1963 年 1 月，中国着手测仿生产苏制伊尔 –28（轰 –5）喷气式轰炸机。中苏关系改善后又购买了伊尔 –76 运输机。

总而言之，“十年动乱”使航空工业受到严重干扰。但是在这 10 年里，中国航空工业完成了“三线”建设的历史任务，国家财政予以重金投入，大批科技人员从条件优越的东部地区转移到深山大川，艰苦创业，无私奉献。到 20 世纪 70 年代后期，不仅在东北、华北、华东拥有较强的飞机及配套产品的生产能力，并且在中南、西南、西北等地建成了能够制造歼击机、轰炸机、运输机、直升机和发动机、机载设备的成套生产基地，这都为后来的发展奠定了坚实的基础。

▶尴尬的"和平鸽"与研制歼－8的苦涩

20世纪80年代初，随着改革开放大幕的开启，邓小平明确指出，国防科技投资的重点应放在航空工业。他反复强调，"将来打起仗来，没有空军是不行的，没有制空权是不行的。陆军需要空军掩护、支援，海军没有空军的掩护也不行"。邓小平认为，要建设一支能够夺取制空权和协同陆海军作战的空军，就必须加强质量建设。他叮嘱空军和航空工业部的领导：空军质量建设有两个大问题，一个是人员技术水平，另一个是武器装备质量。

20世纪70年代后期，发达国家的空军建设出现大量运用高新技术的新趋势。当时，中苏关系紧张，苏联在中蒙、中苏边境陈兵百万，更是在远东地区部署大量米格－25MR高速战斗机和图－22M3型轰炸机，作战半径甚至可以覆盖湖北、四川等省，对我国国家安全构成严重威胁。中国领导人对此采取一系列战略措施。1969年7月5日，由601所设计、112厂生产的具有独立知识产权的我国第一种高空高速歼击机首飞，试飞员为尹玉焕。这款战机的编号为歼－8，是中国人最喜爱的吉祥数字。

1979年1月，邓小平对航空工业部门提出：可以减少一些现在生产的飞机数量，把剩余的钱用来搞科研，搞新产品研制，搞出中国式的更好更新的东西。

为此，中国航空工业制定了"更新一代、研制一代、预研一代"的方针，即用当时较先进的歼－7、歼－8更新替代部分老式战机；研制歼－7、歼－8的后继改进型；以米格－29、苏－27为主要作战目标，预研能够满足2000年前后作战需要的先进战斗机。

经历了"文革"动荡，航空军工企业重新步入正轨。1980年，国产新型超音速歼击教练机诞生。7月9日，邓小平兴致勃勃地观看了该型教练机的飞行表演，连夸："飞得好，飞得好！"

从1979年1月传达邓小平重要指示后，航空工业部门整体动员起来了。这时，歼－8的改进型——歼－8Ⅰ虽然已经进入研制阶段，但仍有许多技术"拦路虎"横亘其间，距离军委要求的全天候远程截击机的标准还相差很远。因此，航空设计院提出了为其安装大直径火控雷达的大胆设计；歼－8的研制单位也提出将进气道从歼－8战机头部移至机身两侧的改进方案。两种设想对机体布局的要求不谋而合，特别是如此改进能够大幅度提高战机截击能力，以有效应对当时苏联空军可能对我实施的"饱和攻击"。更巧的是，在这一时期，中国与此前刚刚跟苏联决裂的埃及达成军贸互换协议：中方向埃方提供一批中国产战斗机并援建相关的大修厂；作为交换，埃方则向中方提供一批刚装备不久的苏制米格－23型战斗机。而米格－23战斗机采用的两侧进气布局为歼－8Ⅱ的研制提供了技术支持。

歼－8Ⅱ双机编队飞行

1980年9月，歼－8改进型战机的战术技术要求被批准，并被命名为歼－8Ⅱ。该机的改进主要包括：机身两侧进气布局；采用2台涡喷－13AⅡ型发动机；武器火控系统换装新式雷达，增大作用距离，瞄准系统加装拦射火控计算机；装备雷达制导的中程空对空导弹和空对地火箭。

1984年3月，首架样机总装完毕，6月12日实现首飞。不过，准备与歼－8Ⅱ配套使用的JL－8型脉冲多普勒火控雷达，此时却遇到重大技术瓶颈，无法按预定计划完成研制任务。而且，鉴于此前研制PL－4中程空对空导弹项目的失败教训，我国尚没有能力为歼－8Ⅱ研制一型较为先进的雷达制导空对空导弹。这时，航空工业部与航天工业部正在酝酿改革合并，领导机关人心浮动，也在一定程度上对歼－8Ⅱ研制攻坚克难造成影响。

也正是这一时期，国际形势发生了新的变化。中美两国出于各自战略利益的考虑走到了一起。美国方面主动示好，表示愿意突破“巴黎输出管制统筹委员会”的限制，在武器装备上帮助中国对抗苏联。为了能够充分利用当时与西方关系大幅度改善的有利条件，中国方面决定采用美国的先进航电技术对歼－8Ⅱ实施升级改造，以便首先解决该机的“近视”问题。这就是一度备受世人关注的“和平典范”(Peace Pearl)计划。

这项又译称“和平珍珠”的计划，是1987年美国里根总统正式宣布执行的。里根解释“和平典范”计划时说，“解放军需要一种新型战斗机布置在中苏边境，以抵御苏联轰炸机对其领空的侵犯”。里根还批准了中国采购如“黑鹰”直升机这类武器装备的计划，达成了中美建交以来最大的一笔武器交易。英国、法国等国也跃跃欲试，准备就新型的“鹞”式战机和“幻影”战斗机引进展开谈判，中西方军界接触都弥漫着融洽的氛围。

此前的1986年，中方即与美国政府达成协议，委托格鲁门公司改进50架歼－8Ⅱ，内部代号称之为“八二工程”。“和平典范”计划的主要内容包括：使用在AN/APG－66雷达(配装于 F－16A/B)基础上改进的新型雷达和机载电子设备，但保留国产低温识别装置和“塔康”导航系统；加装 1553B 数据总线和 1785A 外挂管理系统；采用新的惯性导航系统、平视显示器、任务大气资料计算机；修改机体结构，加装翼前缘襟翼以提高转弯角速度，使用结构化油箱以增大航程；改进后能挂载意大利“阿斯派德”空对空导弹。

美方声称，提供 50 套机载雷达火控系统和 5 套备份仅仅是“小意思”，热情地提出对歼－8Ⅱ战机外形进行改进的建议，甚至表示可以出售尖端的 F404 涡扇发动机。双方还就采用 F404 装备歼－8Ⅱ展开谈判。这种美国海军 F/A－18”“大黄蜂”战斗轰炸机的标准动力装置令中方怦然心动。美方声称，经过美国先进技术整合后的歼－8Ⅱ可与美军 F－16/79 基本相当。

如果按计划实施，歼－8Ⅱ战机将能同时携带 4 吨弹药作战，不仅能挂载美制 AGM－65“小牛”空对地导弹，必要的话还可挂载 AGM－84“鱼叉”反舰导弹，对入侵的敌方舰队展开攻击。当然，改进后的歼－8Ⅱ战斗机最重要的价值体现在能发射美制 AIM－7M“麻雀”中程空对空导弹，在可视距离外拦截苏联轰炸机，这些正是中国空军所需要的。

先进的美国 F404 涡扇发动机

美方的“迷魂汤”着实令中国人有些“沉醉”。歼－8Ⅱ战机于 1988 年 10 月定型，1989 年投入小批量生产，其中有 2 架战机于当年送至美国进行“技术改装”。美国接收到源自苏军制式、当时又是中国最先进的国产战机后，喜上眉梢，自然不会放弃全面分析、仔细研究的好机会。结果并不出乎美国人的预料：与当年苏军飞行员驾驶叛逃到日本的米格－25P 战机一样，歼－8Ⅱ制造工艺存在严重缺陷，结构也很不合理。美制机载电子设备与该机整合的工作并不顺利，尤其是飞机部件相容性较低，致使许多程序无法顺利进行。

在格鲁门公司与中方的努力下，比斯派格工厂完成了歼－8Ⅱ战机航空电子系统的安装与测试，并取得首飞成功。随后，首架装有美制雷达的歼－8Ⅱ战机飞抵爱德华兹空军基地进行全面试飞。美方为此甚至动用爱德华兹基地“空军飞行试验中心”的第 6510 中队，其试飞项目主管是有 5700 飞行小时试飞经验的资深试飞员。中方约 20 名技术人员前往比斯派格工厂、代顿空军基地进行培训。到 1989 年完成第一阶段试飞时，经改进的歼－8Ⅱ仍然让中国空军感到振奋，毕竟它的性能基本满足了对抗苏联高速轰炸机和战斗机的需求。

正当此时，北京发生了众所周知的“政治风波”，以美国为首的西方国家宣布对华实施军事技术和器材禁运。此后，中方与美方交涉，敦促其履行商业合同义务；毕竟战机的资产权和知识产权都属于中国。从来都“善于商战”的美国人向中方表示，虽然美国政府正在对华实施制裁，但格鲁门公司“愿意继续完成这个项目”，紧接着就提出了增加2亿美元“技术改装费”的无理要求，企图以此抵赖那些按合同本应属于中国享有的权益。

1990年3月，美方见中方无法接受其提出的增加2亿美元费用要求，竟变本加厉，又将技术改装费上涨至7.5亿美元，致使“和平典范”计划陷入停顿。

善良的中国人笃信“天无绝人之路”。1990年6月，中苏关系改善，中国从苏联引进高性能的苏－27战斗机。在这种情况下，中国政府于7月果断决定，正式终止早已被美国单方面粗暴撕毁的“和平典范”计划。

美方“不带你玩儿”的计谋得逞，中方损失一笔价值不菲的开支。更可悲的是歼－8Ⅱ的技术状态已尽悉被美方掌握，这型计划装备中国空军的战机成为“鸡肋”，从此有了让人心酸的绰号“和平鸽”。

当然，话说回来，中方也不是一无所获。1992年，美方退还了两架原型机以及实验用1:1模型。在退还的歼－8Ⅱ战机上，还留有一部分已经加装的航电设备。尽管只是一小部分，但也足以让很久没有与国外进行先进技术交流的中国航空工业为之惊讶和欣喜。

“和平典范”计划虽然最终夭折，但影响是深远的。它对中国航空工业的发展具有决定性意义，使我们明确了中国战斗机技术追赶世界一流水平的方向。尤其是中国技术人员切实接触到些美方先进设备和军工行业的先进技术，并且深刻体验了西方航空技术的整体性、可发展性和前瞻性。可以说，“和平典范”是中国战斗机发展中的重要转折点，包括后来和以色列在军机项目上的某些合作，也促使我们进一步加深了对西方先进航空技术的认识。

自以为打赢了“冷战”，变得更加专横跋扈，目空一切的美国对华横加“干涉”，屡屡让中国人品尝“背信弃义”的苦涩。中央专委遂决定自行对歼－8Ⅱ第二生产批次进行大幅度技术改进和升级。改进内容包含：加装、换装包括高精度大气数据计算机、火控雷达、平视显示器、通信导航数据传输系统等7项新设备，增加中距空中拦截能力，强化对地攻击能力。

歼－8R战机的侦察吊舱内装有KA－112A长焦距全景倾斜航空侦察相机

苦涩之后有甘甜。歼－8Ⅱ以“小步快跑”的模式不断改进、升级，最后成为在一定程度上可同第三代战机中的佼佼者一较高下的“御风行者”。

据已经公布的数据表明：歼－8Ⅱ在机头改装208大型雷达，换装了956型平视显示器；采用机身两侧进气的布局形式，重新设计了机体。动力装置换装两台涡喷13A发动机，增大了推力，提高了飞机中低空机动性。歼－8Ⅱ增加了外挂武器，可携带PL－8空对空导弹、炸弹及空对地火箭弹，具有全天候拦射能力及对地攻击能力。

在歼－8基础上改进研制的歼－8R(歼侦－8)高空高速侦察机，主要执行侦察拍摄任务。在其机身挂架上吊挂了照相侦察吊舱，内装先进的航空光学侦察设备。歼－8R于1986年11月改装完毕后装备部队。

目前，人民空军装备的歼－8Ⅱ战机以歼－8C、歼－8D、歼－8H、歼－8F四个型号为主。它们有一个共同先驱者——歼－8Ⅲ，该机是歼－8家族中唯一"出师未捷身先死"的型号。随着"和平典范"计划的终止以及海湾战争带来的震撼，军方希望歼－8Ⅲ能在性能上有质的飞跃。在这一思路的影响下，中国航空工业又产生了"大跃进"的思想，着手对歼－8Ⅱ进行整体性的全面升级。1993年12月，首架歼－8Ⅲ样机首飞，此后由于发动机安全性能极不稳定，导致歼－8Ⅲ样机接连发生重特大事故，最终被迫下马。

据北京航空博物馆的实物和图表资料介绍，歼－8D是歼－8Ⅱ家族中第一个较为成功的改进型号，主要改进包括：加装从国外引进的可拆卸式空中受油系统、换装HK－13EⅡ型平视显示器、部分换装SL－5A型单脉冲火控雷达、加装JD－3Ⅱ型"塔康"导航系统，换装563B型惯性导航系统、换装RKL－800A型组合式电子对抗系统等。

歼－8C于1990年开始研制，1992年试飞，1995年定型，采用西方化的航电和武器系统。主要改进的设备有：换装JL－9型脉冲多普勒火控雷达、加装1553B双余度数据总线和1785A外挂管理系统、换装平视显示器和按键式中央控制面板、用2个单色多功能显示器取代机电式仪表、可配备PL－11半主动雷达制导中距空对空导弹和PL－8红外制导近距格斗空对空导弹。

歼－8H是在歼－8C、歼－8D型基础上换装国产航电系统改进而成：换装数字式航空电子综合火控系统、换装1471单脉冲多普勒火控雷达，同时换装技术较为成熟和稳定的WP－14涡喷发动机。

歼－8F是歼－8Ⅱ的多用途改进型，已成为该战机家族的代表机型。歼－8F战机于1997年立项，2000年底首飞，2002年定型。改进包括：加装四余度主动飞行控制系统，可配备PL－12型主动雷达制导中远距空对空导弹，装备WP－14涡喷发动机；采用"一平三下"的座舱综合航电布局，装备新型"神鹰"火控雷达，加装"蓝天"低空导弹/瞄准夜视吊舱及头盔瞄准器等，机体采用了复合材料。随着歼－10的闪亮登场，歼－8Ⅱ改型的苦涩之路或许已经结束……

在2009年北京国际航空展上，在中国航空工业集团公司飞机型号图谱中出现了歼－8T型。这是它首次公开展示，据说是歼－8ⅡM(外贸型)最新升级版。这型战机具有空中受油能力，换装了国产新型雷达，并能够发射国产中远距空对空导弹。

需要特别说明的是，从20世纪80年代开始，根据中央军委关于加强武器装备论证工作的系列指示，空军和航空工业以军事需求为牵引，开展航空武器装备的作战使用研究、重点型号装备研制综合论证以及军用标准体系建设工作；包括战机、机载武器、电子设备等系列军航标准。通过建立一套科学合理、配套齐全的现代战机标准体系、为中国战斗机设计完全以西方标准贯穿始终创造了条件，从而真正向自行研制第三代战斗机——歼－10这一目标发起冲击。

在军航标准体系建设逐渐完善的基础上，先后完成歼－7、歼－8、强－5、轰－6等飞机的后续改进型号以及歼－10、歼轰－7等新型武器装备的综合论证。此外，军工科研工作者不仅在歼－6战机脊背天线研制、歼－7战机主轮轴承挡油盘改进、战机阻力伞开伞装置改进、GPS卫星导航仪研制等方面取得重大突破，而且成功地研制出电子侦察机、雷达试验机、导引头高速俯冲试验机、电子对抗试验机、N型无人机等多型特种飞机，填补了我军航空武器装备体系的空白。

►横空出世的空军新锐——歼－10战斗机

2006年12月29日，中央电视台《新闻联播》和军事频道《军事新闻》栏目播放的“中国空军新锐——歼－10”新闻画面，迅速在海内外引起巨大反响。与画面配音播发的简短消息说：“我国自行研制的歼－10战斗机批量装备部队以来，这支部队官兵以作战为牵引，狠抓军事训练，突出在复杂作战背景和电磁环境下训练，部队已形成整体作战能力。”

这是横空出世的中国空军——歼－10战斗机首度公开亮相！

外观优美的歼－10战斗机

国际防务界被这条新闻搞得沸沸扬扬。国际传媒声称，“看到歼－10的时候，自然令人联想到多年前‘胎死腹中’的以色列‘幼狮’Lavi战斗机”。进而得出歼－10就是“幼狮仿制版的论断”。俄通社也爆出“苏联解体以后，有相当多的俄罗斯专家参与了‘10号工程’，仅从外观明显可见的俄方帮助，就包括提供大推力涡扇发动机、大功率火控雷达和一些制导武器”。一时间众说纷纭，搞得国人莫衷一是。

这些推测或臆断是否含有相应真实的信息，笔者不作评定。但它们往往忽略了一个最根本的动力源，就是中华民族作为一个具有宏远发展目标的伟大民族，在科学发展的道路上从来都是兼收并蓄，博采众家所长为我所用。如前文所述，中国航空工业当年提出预研“能满足2000年前后作战需要的先进战斗机”的方针目标，后来就发展出世纪之交横空出世的歼－10战斗机。

据说当年中央专委确定的歼－10研制思路非常直白，就是：“研制一架满足战技要求的飞机；造就一支高素质、高技术、跨世纪的航空科技队伍；建立一个具有研制先进歼击机能力的航空科研基地。”这个动力源是雄心勃勃的，而且也是实事求是、量力而为的。

歼－10战斗机在1984年立项时内部编号为“10号工程”，其设计目标是生产一种在国土防空作战中能够战胜苏联第三、第四代战斗机，并具有拦截苏联典型战斗轰炸机和轰炸机能力的防御型战斗机。这是由当年的国际环境所决定的。为了达到这样的设计目标，10 号机必须拥有完善的电子设备和空战武器、兼备高空高速飞行性能和中低空缠斗性能。据张爱萍将军建议，并经中央专委确定将歼 - 10 的设计和生产任务分别交给成都飞机设计研究所和成都飞机制造厂。

歼 - 10 双机起飞

承研歼 - 10 战斗机的中国航空科研部门深知，研制这样一架新型战斗机需要先进的空气动力设计、先进火控及航电设备、大推力涡扇发动机和先进空战武器等多方面的有机结合，才有可能满足设计要求。而先进气动布局的研究则是中国航空科研部门多年开展的最成功的一项研究。早在 20 世纪 60 年代，中国自行开发的第一种喷气式飞机——歼教 - 1 就跳出了“米格思路”，采用了在那时比较先进的两侧进气的气动布局。70 年代初研制的歼 - 13，在设计团队几乎完全与外部隔绝的情况下，设计上竟然与美国的 F - 16 殊途同归，都是采用大边条翼 + 机腹进气的气动布局(歼 - 13 有两种设计方案，另一种是大边条翼 + 两侧进气的布局)。当今盛行的鸭式布局更是受到当时航空科研部门的青睐。

1969 年，航空科研部门就把鸭式气动布局(又称“抬式布局”)方案提了出来。到 1975 年国家正式立项支持此项研究，其间科研人员运用遥控模型进行了大量试验，取得丰富的实验数据和研究成果，让中国航空界对这种非常规气动布局的特性有了理性认识，为航空科研部门后来在实际型号中的运用奠定了坚实的基础。后来研制的歼 - 9 就准备采用鸭式布局，可惜歼 - 9 连原型机都没有造出来就下马了。因此，中国“第一种投入使用的鸭式布局战机”的头衔，自然传给了新的希望——歼 - 10 战斗机。

2008 年中国珠海航展上闪亮登场的最耀眼新锐，就是 3 号馆陈列的那架全挂载的歼 - 10 战斗机模型及其各个分系列实物；那高高仰起的机头以及下面摆放的各种空对地武器和空战武器引人注目，其机体布局非常流畅、漂亮。歼 - 10 战斗机的动力系统、燃油系统、电源系统、生命保障系统、航电系统以及机电系统等，还有馆内展示的飞机发动机，更是令业内参观者流连忘返。

精心维护

“歼 - 10 是我国第一种自行研制的具有自主知识产权的第三代战斗机，具有很强的超视距空战、近距格斗和空对地攻击能力以及空中加油能力，可以和歼－11、苏－27等重型战斗机形成高低搭配。歼－10的研制成功在中国航空工业史上具有里程碑意义。标志着中国成为世界上第五个能够独立研制第三代战斗机的国家。”权威的业内媒体如此评论道。

歼－10是我国自行研发的跨代型主战机种，先介绍它的一个“历史纪录”：与国外同类型飞机相比，歼－10的首飞、试飞都没有摔过机。对于这一点，国外试飞专家一般认为，“至少有1～2架原型机在试飞中坠毁”。外媒的论据是，“几乎所有采用电传操纵系统的战斗机在试飞中都发生过严重的事故”。他们认定，改进后的歼－10首架原型机在1996年完成，但是直到6架原型机全部组装完毕后，才于1998年3月23日首飞，首飞持续了21分钟。“到目前为止，所接触到的6架原型机的照片只有01、03和06号机。”你看这些境外人士，情报掌握得似乎比我们还准确。但事实证明：他们又错了！

2006年12月，《解放军报》和中央电视台军事频道报道歼－10在首飞中就应用了静不稳定技术，这显然是首飞前充分准备的结果。除了详尽的地面测试，其许多关键设备和技术都在其他辅助飞机上进行过验证，尤其是四余度电传操纵系统，据说在K－8IFSAT203（多轴变稳机）上进行过验证试飞，极大地降低了原型机试飞的风险，这种做法也为其他国家普遍采用。歼－10原型机首飞后就转入了试飞、设计定型的阶段。

至于试飞科目的分工，国外防务专家认为，可能是01号机初步绘制飞行包线、测试飞机结构、基础设备可靠性，然后进行静力破坏试验；02号机进一步扩展飞行包线、全面测试歼－10的飞行性能，而后作为测试平台，主要进行气动布局改进或发动机测试；03号机也就是出镜率最高的那架，主要进行数据链、座舱显示系统等电子设备的测试；神秘的04号机据传是双座型，已经交付海军航空兵部队进行航空母舰模拟起降试验了（这点可信度最低，原型机中根本就没有双座型机）；05、06号机则负责火控系统与各种武器的综合测试……最终，国外防务专家这些“可能”的推测，于共和国60周年国庆阅兵展示时被彻底地颠覆了。

▶宋文骢：新中国第三代战斗机之父

2009年10月，共和国60华诞阅兵典礼隆重上演，新一代多用途战斗机歼－10，以矫健英姿编队越过天安门上空，再度在华夏儿女的心目中留下了骄傲与自豪！这是我国自行研制、具备当今世界先进水平的新一代、高性能、全天候战斗机。随着歼－10战机的研制定型，我国形成了一整套具有自主知识产权的第三代战斗机设计技术，世界为之瞩目。此刻正在观礼台上的宋文骢心情是何等地激动啊！而宋文骢是何许人也？人们却不太清楚。

直至2010年2月12日，在中央电视台2009年度“感动中国”人物颁奖典礼上，人们才近距离接触年近八旬的宋文骢，才清晰地看到这位当年参加解放昆明的年轻侦察兵如今已成长为共和国的“蓝天骄子之父”。

至此，担任歼-10总设计师的宋文骢由幕后走向台前。

宋文骢1930年3月26日出生于云南。苍山洱海赋予了他智慧和灵气，家乡的贫瘠和落后也给他留下了深刻的印象。1947年他参加革命，成为游击队员。1949年，当共和国曙光初现时，他已为边纵部队承担起侦察员的职责，传送着推进云南和平解放的情报，为人民解放事业立下战功。

他曾经是个“又红又专”的“哈军工”学生。1954年8月20日，宋文骢跨进“哈军工”的大门，从此与飞机设计结下不解之缘。校园生活给他留下难忘的记忆：领导是身经百战的将校，老师调自各大名校——从欧美等国留学回来的新中国最早的“海归派”，再加上苏联专家。无与伦比的教学条件，造就了新中国第一代国防科研工作者。“哈军工”的学业为未来的飞机设计师奠定了坚实的理论基础。

1960年，宋文骢30岁时终于走上了飞机设计岗位。在此后的工作中，凭借出色的科研能力，宋文骢很快展现出卓越的才华，迅速成为科研带头人。

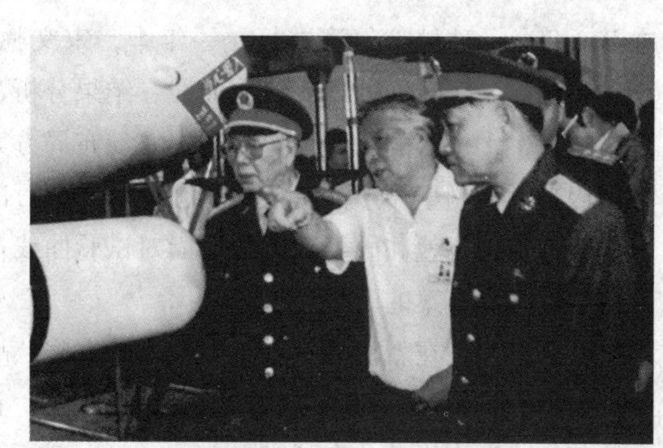

1994年5月，宋文骢向刘华清同志介绍新型战斗机的研制情况

从这时起步，宋文骢就和同事们一道，首创我国飞机设计领域第一个气动布局专业组并担任组长，开始了对飞机新式气动布局的深入研究。

1970年，宋文骢带领专业组着手某新型歼击机的气动布局研究。3个月后，第一套带鸭翼的高、低速模型风洞试验就能实质进行。为取得精确的气动数据，设计论证方案的可行性，宋文骢亲自带领气动布局专业组人员进驻现场，实行三班倒：边试验，边分析，边修改。高速试验风洞建在山洞里，试验现场气温很低，寒气逼人，大热天还需穿着厚厚的大衣。试验环境十分艰苦，但他们没有退缩。

作为国家重点项目歼-7C型战机的科研设计师，宋文骢和其他参研人员一起，用了6年时间，让歼-7C遨游蓝天，按期设计定型并批量装备部队，受到部队好评。

歼-7C型战机的翱翔，成功实现了我国轻型全天候歼击机装备更新一代的目标。

20世纪80年代中后期，鉴于当时的国际环境，国家提出要研制一种适合我国空军2000年前后作战需要的战斗机，并将其列为国家重大专项。56岁的宋文骢，被国防科工委正式任命为歼-10战机总设计师。

宋文骢十分明白肩负的责任，这是一种历史的担当。他把歼-7C型战机科研、设计中的成功经验连同新的研究成果、创新思路，果敢地运用到歼-10战机的研制中，包括新机气动布局方案总体设想。作为负责新战机设计任务的老总，他面临全新的挑战，其中最关键的一步就是如何确定先进的空气动力布局。

风洞试验

宋文骢清醒地意识到，新机研制必须充分应用当前国际航空领域的先进技术——鸭式布局。经过对不同方案的多次论证、评审，新式气动布局方案被确定为我国新一代战机的总体方案。那时，他们和国外的研究者处在同一起跑线上，没有相关数据可以参考。但手中握有百万个风动实验数据的宋文骢还是迅速明确了方向。

1983 年冬，歼 -10 战机第一期高速风洞试验如期在四川进行，而低速风洞试验也在几千里外的冰城哈尔滨进行。一年中，宋文骢带领气动专业的设计人员投身于模型生产、风洞试验、数据处理、绘制曲线、结果分析、布局改进等繁重的设计试验之中。

短短十多个月的时间里，为选定气动布局方案，他们完成了两轮试验。如此快的速度在国内自行研制型号中尚属首次。正是有了上万次的风洞试验，有了百万个气动力数据的分析处理；正是他和同事们无数次面对试验曲线苦思冥想，无数次设计图纸到深夜，才有新式气动布局方案的一举成功。

几个月后，在新机方案论证会上，宋文骢从战术技术要求讲到飞机使用性能、系统结构、武器火控，4 个小时的报告赢得满场喝彩。论证会上，他的全新思路就被确定下来，我国新一代歼击机至此有了雏形。

空气动力设计的大方向确定后，另一个新挑战却摆到面前——科技日新月异的时代里，数字技术的运用对战斗机已是不可或缺。可数字式综合航空电子系统设计与综合，在我国还是一项全新技术，数字式电传飞机控制设计技术在我国航空领域更是空白。

宋文骢发现，要实现研制突破，最关键的问题是缺乏掌握高技术的人才，我国的研制体制和部分专业设置也不健全。“自力更生，填补空白”，下定决心的他又朝这个方向努力起来。

经过努力，宋文骢终于主持组建了我国第一个航空电子系统研究室。他带领同事一边组建，一边学习，逐渐形成了航空电子系统组、航空电子系统动态模拟仿真组、机载 OFP 软件开发组等多个核心专业组。新一代航电系统、飞控系统设计研制有了新的平台，为歼 -10的研制开辟了更广阔的天地。

歼 -10 战机的研发，是一项涉及全国 100 多个参研单位、20 多个部委和行业的国家重点工程，投入其中的人力物力难计其数。作为总设计师的宋文骢需要总揽全局。在设计开发上，宋文骢有办法；在研发过程的管理中，宋文骢也想出了新招数。

在新飞机的研制中，“重量”这个词时刻挂在每个人心头。因为哪怕飞机加重一两，都会以消耗机动性能为代价。宋文骢深知这一点，他想了个“重量承包”新办法——负责各个体系设计的部门，都要为自己设计的那部分机件的重量立下“军令状”，只能“减肥”，绝对不能超重！结果，歼－10战机最终的实际重量比原设计目标重量还减轻了26千克，创造了重量控制的最优纪录。就在这样一步一步科学严谨的集智攻关中，歼－10逐步走向完善，走向成熟。

试飞成功，主席台一片欢腾

2004年春，北方某机场，最初试生产的一批歼－10装备部队后，要进行部队飞行员首飞。那天上午9点30分，只听一阵轰鸣，新型战机像箭一般冲出起跑线，“500米，600米，拉起来了！”第一架新机01号由试训基地李副司令员亲自驾驶飞上长空。紧接着，第二架新机05号由空军某团严团长驾驶，也呼啸升空。4分钟后，01号新机作通场低空表演。

有人问宋文骢：“您曾经参加过歼－7C的首飞，如今又参加这种新战机首飞，感觉如何?”只见他一笑：“这两次首飞，我的心情各不相同。歼－7C首飞时，我心情非常紧张，担心着各种问题，两眼紧盯飞机不敢移动。但现在这个新飞机首飞，心情非常激动但并不紧张。按理说新型飞机采用了新布局、新系统、新成品、新技术，难度大得多，但我知道我们的方案是先进的，设计是严密的，技术是过硬的，元器件、子系统都进行了自上而下的综合，反复进行了地面试验。”

说起这些往事，宋文骢谈笑自如。那沉稳，来自他和同事们这么多年的心血沉淀。因为，所有参与这项工程的人员，上至总装备部、国防科工委，下至各子系统科技人员，都非常清楚：歼－10战机已完全具备以夺取空中优势，实施战役突击为主要作战使命的条件。它可遂行的作战任务包括：夺取制空权，执行防空任务，突击敌方战役、战术纵深目标，支援地(海)面部队作战，以护航、巡逻、空域待战等方式掩护其他航空兵活动，执行反空降、反机降任务等。

2010 年 2 月 13 日,《光明日报》如是报道:

"歼－10 战斗机总设计师宋文骢当选央视 2009 年度'感动中国'人物!"

在这个时代辉煌面前——"感动中国"推选委员、时任中国人民大学校长纪宝成说:"少年伤痛,心怀救国壮志;中年发奋,澎湃强国雄心。如今,他的血液已流进钢铁雄鹰。青骥奋蹄向云端,老马信步小众山。他怀着千里梦想,他仍在路上。"

在这个历史成就面前——"感动中国"推选委员、时任北京航空航天大学党委书记杜玉波说:"五十载春秋风华,他默默耕耘,呕心沥血。二十年丹心铸剑,他不畏艰难,开拓创新。'宋文骢'这三个字,终将与歼－10 飞机一起闪耀在中国航空工业腾飞的光辉史册上!"

宋文骢获奖的新闻报道披露出许多鲜为人知的往事,《中国青年报》曾在《披肝沥胆铸铁翼》一文中介绍过歼－10 试飞时的感人故事。

业内人士深知,一种新型飞机的研制必须经过论证、设计、制造、科研试飞四大阶段。而科研试飞是四大阶段最终的验证环节。目的是根据国家认定的设计定型试飞大纲,对新机的飞行品质、性能、强度、操控、发动机、环控、电子通信、机上成品、机载武器等数十项甚至上百项科目进行严格飞行试验,以考核它们的可靠性、实用性、战术性,然后为部队飞行员划定一个飞行、作战的安全包线。

在新机的科研试飞中,要进行一系列高风险科研飞行试验,如国际公认的风险科目——失速、尾旋、颤振、空中停车、低空大表速、低空小速度、操稳、强度、发动机、电子火控等。这可以说是新机的"准生证"。在这一阶段,歼－10 前后完成了 17 项试飞技术攻关,18 项专题研究,9 项设施建设,2500 多架次飞行试验。试飞中,应用了一批以往鉴定试飞未曾采用的新试飞技术,实现了试飞测试和实时监控技术的跨越性飞跃;实现了试飞数据处理实时化、准时化,建立了一批先进的试飞设施。最终使歼－10 的试飞效率高于国外大部分同类飞机的试飞,试飞安全性好于国外大部分同类飞机。

《中国青年报》有篇通讯披露:科研试飞是验证飞机极限的重要环节,它包括起飞、爬升、平飞加减速、转弯上升、俯冲－跃升等 15 个科目及高速摇摆、半斤斗倒翻转、"眼镜蛇"式螺旋跃升等三代机特殊科目;譬如空中启动课目试飞,要求歼－10 战机在空中关车 90 秒再启动。歼－10 属于电传操纵,飞机对电源系统、液压系统依赖性较强。如果空中停车,不但无动力,更无电源和液压,飞机将无法操控。这种试验在国内属首次,稍有不慎就可能机毁人亡。

歼－10 在做翻滚动作

试飞有险阻,科研保驾是关键。航空科研部门在保证适应这种极限要求的设计、制建过程中,始终把飞行员的安全放在第一位。也正是有了这样的安全保障系数，经过反复论证后，凭着多年积累的经验和过硬的试飞技术，空军某试飞团团长张景亭主动请缨，为确保歼－10的顺利诞生而挑战极限。

那天，在万米高空，按照试飞科目要求，张景亭关掉电源。瞬间，歼－10战机像一支利剑般地向地面斜插而去。张景亭死死盯住显示屏，1秒、2秒、3秒！随着飞机加速冲向地面，地面的麦田和电线杆清晰可见。88秒、89秒、90秒！时间到，“轰”的一声，歼－10飞机在空中成功启动，战鹰重新跃上蓝天。

同样，大强度和大过载试飞对飞机也是最有力的检验，新战机只有通过这项检验，才能获得通向蓝天的“绿卡”。国外在进行新机的“大强度”试飞时，曾多次发生飞机空中解体的惨剧。但是，我军试飞员准确操控下的歼－10战机经受住了异常严峻的考验。

试飞员张景亭驾驶歼－10历经了大强度和大过载试飞的“大考”。张景亭驾机试飞，当其达到9个g的大过载峰值时，顿时感到血液下流，出现了黑视，眼前什么也看不见，飞机和试飞员身体都已超越极限。但他硬是凭借顽强的意志，最终突破了极限，战胜了风险。

科学严谨的保障，使歼－10试飞过程进行的比较顺利。科研数据与试飞实践，让军方充满信心，也让航空工业部门信心倍增。

成都飞机公司在歼－10还未最终定型，但可靠性和安全性已经得到充分验证的时候就开始小批量试生产。2002年，歼－10的10架先导型号机就已经交付南京军区空军某部使用。

▶砺剑长空冠群鹰——歼－10发展的技术渊源

2009年11月9日，参加中国空军成立60周年“和平与发展国际论坛”活动的32国空军代表在中国空军司令员许其亮上将的陪同下，赴山东中国空军航空兵某师参观，零距离接触歼－10等中国战机。

讲解员向大家介绍，歼－10是中国20世纪80年代由成都飞机设计所研制的一款第三代战斗机，1998年完成首飞，2004年完成设计定型，随后陆续装备中国空军。歼－10战斗机的研制成功在中国航空史上创造了多项第一：它是中国装备的第一型三代战斗机，是中国首架采用静不稳定设计的战斗机，也是中国首架采用先进电传操纵系统的战斗机。

这些造就了歼－10的高机动性能以及便于操纵的飞行品质，也使中国航空工业一举跃入世界战斗机设计、制造和生产的先进行列。

“上了歼－10战机具有苏－30MK多用途战机的多项优点！”俄罗斯武官如是说。零距离上机体验，已经令不少国家的参观者啧啧称羡；更有对歼－10产生浓厚兴趣，并不断寻求购买可能性的第三世界国家。

应该讲，这些第三世界国家武官的兴趣来自他们对战斗机门道的深刻了解。“如果说歼－10处在中国军用航空技术水平的塔尖位置的话，那么支撑这一塔尖的坚实基础就是与飞机相关的发动机技术、航电技术、雷达技术、机载武器系统等。"外国驻华武官们没有看走眼。

2010年9月，中国歼－10战机首次参加上海合作组织"和平使命"联合军演，给国际防务界留下了深刻印象。

根据航空博物馆展出的歼－10战机外形尺寸，有些"军迷"粗略推算出了歼－10的比较数据。

珠海航展上的歼－10

这些数据表明，歼－10除维持正常平飞外，还有足够的推力来满足执行各种机动动作的需要，使水平加速、爬升、盘旋等性能均有较大提升，甚至可以在空中格斗状态下毫不费力地垂直向上爬升。

歼－10可以携带国产和俄制的空对地导弹和激光制导炸弹（包括鹰击－8K反舰导弹和新型反辐射导弹）以及非制导炸弹和航空火箭弹。歼－10的研制成功，标志着中国成为少数几个能独立研制先进战斗机的国家之一[4]。

在火控雷达等其他方面，歼－10的能力也有显著提高。回首过去，从1965年开始研制的中国第一台自行设计的机载雷达SL－4（204雷达），花费了整整17年时间才研制成功。它采用单脉冲体制，不具备下视功能，也没有采用频率捷变和脉冲压缩技术，平面搜索距离仅28千米，技术水平相当有限。那时美国的战斗机早已装备了AWG－9、APG－63、APG－65、APG－66等先进的脉冲多普勒雷达，最大搜索距离都超过70千米，具有完善的对空、对地作战功能。20世纪80年代初，生产工厂在204雷达的基础上发展了208雷达和232雷达，增大了雷达的作用距离，技术上采用了旋转调谐磁控管，以增加频率捷变能力，但仍不具备下视能力。另一方面，607所等科研单位也开始了机载脉冲多普勒雷达（PD）和机载动目标显示雷达（AMTI）的研制工作。由于经费上得不到支持，后者的研制工作没有继续下去，前者的研制工作也困难重重，进展相当缓慢……从机载雷达这一"斑"，我们就可以识得当年中国航空电子工业的全貌。

因此，20世纪80年代初期，国外防务专家认为，中国在这个领域落后世界先进水平至少20年，仅凭当时的科研实力根本无法生产满足新型战斗机设计指标的航电及火控设备。

但是，他们忘记了回荡于中国航空科研部门那股子与"两弹一星"相伴而生的精神！研发人员正是在这种精神的砥砺下，使歼－10在火控雷达等方面的性能有了大步流星的提升。

从武器系统来讲，歼－10在设计之初被定为夺取制空优势的战斗机，因而加挂各种空对空导弹，主要用于夺取制空权。但自歼－10诞生以来就没有停止与时俱进的发展步伐。

“10号工程”研制者们把它锁定为向多用途战机发展，逐步提高其对地攻击能力。2008年珠海航展展示了歼－10挂载的空对地打击武器，如火箭弹、子母炸弹、“雷霆”激光制导炸弹，“雷石”和“飞腾”GPS制导炸弹等等。这些都充分显示歼－10是很有发展潜力的多用途战机。

歼－10正式亮相后，曾有人认为它具有间歇型的超音速巡航能力。歼－10的推重比确实比较高，但这个推力是最大加力推力，与决定能否进行超音速巡航的不加力状态下的最大推力关联不大。也从来没有听说飞机重量、发动机推力与歼－10在同一水平上的美军F－16C/D有超音速巡航的能力。相比之下，倒是换装涡扇－10A发动机的歼－10还有可能有此绝活。

据说，涡扇－10A采用了偏低的涵道比(0.5)。美军新一代的航空发动机如F119、EJ200等都采用了较低的涵道比，以此来增大发动机在不加力状态下的推力，从而使战斗机具备超音速巡航的能力。鉴于涡扇－10A在不加力状态下的推力仍然不大，如果歼－10具备超音速巡航能力的话，它极有可能采用与法国达索公司生产的“阵风”战机相同的方法来达到超音速巡航的目的：即先以加力状态加速突破音障，再断开加力，以1.1马赫左右的速度进行巡航。当然，这一切需建立在以上传闻属实的基础上。必须说明的是，“军迷”的这些测算不一定准确。引述它，并不代表赞同。

2008年珠海航展上还展示了后来安装在第三代战斗机上的国产发动机——“太行”WS－10。它是中国航空人经历20年才研制出来的一款战斗机用发动机，有望结束歼－10使用国外发动机的历史，也为彻底解决中国军机共患的“心脏病”问题带来了希望。与“太行”共同展出的还有各种推力的发动机，使用范围覆盖战斗机、直升机、无人机以及导弹等，显示出中国航空发动机工业正在逐步赶上国际发展步伐。

航展现场还展出了一款供未来国产战斗机使用的全玻璃化座舱。座舱中央仪表被一块大型液晶显示器代替，飞机状态参数、目标参数、武器参数等均可显示在大型液晶显示屏上，显示方式和位置由飞行员决定。这不禁让人想起美国F－35战斗机的全玻璃化座舱。那些善于看门道的外国专家认为，中国在航电领域的实力也是不可小觑的。

回过头来，还是客观地介绍一下歼－10发展的技术渊源。溯想中央专委当年确定歼－10立项目标时，我们对自己能否成功研制这样高标准的新型战斗机并没有多大把握。但是，错综复杂的国际环境为中国拓宽发展空间创造了条件。

20世纪七八十年代，随着苏联军力的迅速膨胀，其称霸野心也日益高涨。为了在远东制衡苏联，西方世界主动与中国修好，许多军事合作计划便在这样的背景下展开。正是通过这样的机会，中国的航空工业接触到西方先进的设计思想、技术标准以及生产制造体系，并深刻体验了西方先进航空技术的整体性、前瞻性和可持续发展性，实实在在地感受到高度集成的综合航电火控系统、座舱显示系统及电传操纵系统的强大功能。

尽管中国想要得到的许多先进武器系统最终未能得到，但是这次千载难逢的机会让我们统一了认识：只有摆脱“苏联思路”的束缚，接纳西方的设计理念和先进技术，才能赶上战斗机发展的潮流。正因为如此，中西结合的标准得以贯穿歼-10研制过程的始终，许多过去国产战机和苏/俄制战机上从未有过的优良特性在歼-10战机上显露出来。

毫不夸张地说，西方发达国家也算得上是中国研制和生产先进战斗机的启蒙老师！

进入20世纪90年代以后，世界局势发生了重大变化，一直对中国虎视眈眈的苏联瞬间分崩离析，中国得以从来自北方的强势威胁中解脱出来。而海峡对岸的“台独”势力开始上蹿下跳。加之南海岛屿争端、钓鱼岛问题也日渐尖锐，这些都对中国的空中力量提出了新挑战。

此外，现代作战飞机的新特性在80年代以后的一些局部战争尤其是海湾战争中得到充分体现。精确的空中打击取得了空前的效果，超视距空战开始取代近距格斗，成为空战的主要样式；隐形化、智能化、多功能化……世界各国对战斗机提出了更高的要求。海湾战争的生动“一课”使 中国人意识到对歼-10的原先设计进行必要的修改，势在必行。

而对歼-10的修改必须包括：增加航程和载弹量，强化空战能力，使其具备多样化的作战功能；还有其他如增加隐形性能方面的要求。

如果说与西方的交流，给了我们思路理念上的重要启示，那么，当初来自以色列的帮助则可能更加实际。80年代中后期，中以两国在“10号工程”中曾进行过有效的合作。而且这种合作是双赢的。历经劫难的犹太民族对曾在历史上给予他们帮助的中国有着相当的好感，双方又无实际的利益冲突，向中国提供武器，以色列获得的不仅是市场份额和经济利益，更重要的是与中国这样的大国保持良好的关系，对以色列来说也是大有裨益的。

从技术层面上讲，中以合作也是双赢的。当年由于美国施压，致使以色列的“幼狮”战机开发项目遭遇困难、中途夭折。适逢中以合作，如果能让“幼狮”战机在中国歼-10项目上得到延续，不仅可以使其十余年的努力在异地“开花结果”，带给以色列人心理上的安慰，而且精明的以色列人也将由此获得丰厚的经济回报。此等好事，何乐而不为？

对中国方面来说，可用相对较少的投入换来第三代战斗机的部分关键技术及先进的整机生产技术，比如CAD/CAM（计算机辅助设计/计算机辅助制造）技术、一体成型工艺、复合材料成型和加工技术；还可能得到从欧美手中得不到的东西，如四余度电传操纵系统、广角平面显示器、先进脉冲多普勒雷达等。而且，以色列的战斗机设计思想是建立在丰富的战斗机实战运用经验基础上的，又融合了美、欧、苏多家之长，其产品具有很强的实用性。其许多设备、系统尤其是电子设备，性能都处在世界领先水平，这些又极可能是中方之短，中方焉有不受之理？

为了加快研制进度，总设计师宋文骢和有关专家经过反复比较，终于在1988年10月确定了以“幼狮”为蓝本的主体设计方案，借鉴参考了“幼狮”战机的某些设计要素。但当中以合作正在开展之时，美国再度对以色列施压，严厉禁止“幼狮”计划“死灰复燃”。因为，欧美诸国可能会为“对抗苏联”等首要利益而暂时忽略意识形态的差异，但却终究不会解除对中国强大的顾虑。西方潜意识中始终对中国保持着戒心，他们决不允许以色列脱离其控制，与中国进行军事技术合作。

早先发展势头较好的中以合作，由于美国的竭力阻挠而横生枝节，加上歼－8Ⅱ改型工作中遭遇“和平鸽”的尴尬，中方科研人员清醒地意识到，在购得某些技术和设备之后，不可能另有奢望。中以合作的前景难有作为，最终戛然而止。

处在当时那样的历史交叉路口上，遭受西方禁运制裁的社会主义中国必须作出自己的选择：委曲求全、一蹶不振或是昂首挺胸、重新腾飞，走向光明的未来。面对西方国家的“武器禁运与经济制裁”，加上中国航空工业长期落后的局面和客观存在的国产战斗机与国外先进战斗机的巨大差距，的确在一部分人心中蒙上了一层悲观的色彩。

中国人必须坚定地走自己的发展之路！“作为一个大国，我们必须拥有强大的航空工业，研制歼－10再怎么困难重重，也比不上当年研制‘两弹一星’吧！要有毛主席当年的气魄，第三代战机，一万年也要搞出来！”党中央领导核心的决断，真是高屋建瓴、气势磅礴。

充分认识到错综复杂的国际环境和国别角力因素后，国防科技和航空工业按照党中央、国务院的要求，坚决不信这个邪！他们发愤图强，踏上了艰苦奋斗、自主研发的新征程。

在这个过程中，广大航空科研工作者埋头苦干，付出了巨大的努力，自行消化和吸收国外资料的精华，吃透了大部分关键技术。作为歼－10四大关键技术之一的数字式电传操纵系统，当时在国内还是空白。当从某国获得相关系统后，航空611所组织人力物力对这项技术进行攻关，从电传操纵系统的结构到控制软件的设计都一一吃透；硬是将数万条软件语句一条一条地读懂弄明白，然后根据歼－10的气动特性进行改进，最终掌握了这项技术。目前611所的技术骨干，包括FC－1和歼－10双座型战斗机的总设计师——都是从这支队伍中脱颖而出的。

经历了世纪之交的沧桑剧变，苏联解体后，一大批技术人员来到中国；加上中俄关系修好，俄罗斯方面也提供了一些帮助，包括提供技术支持、接收中国技术人员赴俄学习，当然还有俄方提供的大推力涡扇发动机。由于当时国产涡扇－10发动机的研制进度相对滞后，俄制AL－31涡扇发动机的引进可以暂解燃眉之急。在大功率火控雷达和某些制导武器方面，尽管以色列的雷达和导弹性能不错，但远距离作战能力稍显逊色；中方兼收并蓄，也能以其之长补己之短，歼－10的性能由此得到进一步提升。

歼－10战机成功翱翔蓝天，境外有些媒体酸溜溜地说它是“狮之子”。倘若按外媒所称，与其说歼－10是“狮之子”，不如说它是带有多种血统的“混血儿”。歼－10研制初期，以色列确实提供过某些帮助，但那时顶多也就是20世纪80年代初的先进水平；况且，美国曾经为以色列的“幼狮”项目注入大量资金和技术，以此换来的成果，美国当然竭力反对流向中国。此外，中国也不会直接仿制一架现实中根本未列装也不适合本国作战要求的战斗机。反倒是西方的技术封锁，促使中国航空工业必须走自己的发展道路。这一点，对于歼－10乃至今后中国军机的发展产生了难以估量的并日渐深远的影响。

从根本上说，没有我国航空科技人员的博采众长，悉心融合，歼－10只会成为类似印度“LCA”战斗机那样的难产怪物。“‘幼狮’之所以胎死腹中，刽子手是美国人”，以色列专家愤慨地如是说。任何认为歼－10是“幼狮”仿制型的说法，都是对中国航空工业在最近20多年里取得成绩的忽视和否定！

讲述至此，有必要对战机机载系统作下介绍，以加深读者对歼－10整体技术复杂性的认识。所谓机载系统是为保障飞行和完成各种任务而装备在飞机上的所有设备的总称，其性能直接影响飞机的使用性能和作战效能。中国航空工业研制生产的机载设备与系统有十三大类5000多种，主要有飞行控制和显示系统、火力控制系统(包括空对地、空对空导弹武器和航弹、航炮等系统)、航空电子系统(包括探测、导航、通信、显示和电子对抗、情技侦察、雷达反馈等系统)、环境控制和生命保障系统、航空机电系统(包括液压、电气、刹车、燃油等系统)以及相关元器件。这些都还只是荦荦大端的分类。因此，研制生产第三代战机必须拥有一整套自主创新技术和加工制造能力，这是由科研力量雄厚、综合门类完整、基础和配套设施齐全的庞大工业体系强力支撑的。这些都不可能靠与某国的合作而获取。

歼－10的研制成功，成为中国航空工业的里程碑。它可以和歼－8Ⅱ、FC－1、苏－27SMK、苏－30战机及防空导弹系统高低搭配，构成大密度、大纵深、高中低空互为重叠的立体防空网，满足21世纪空战要求，为国防现代化建设做出重大贡献。通过歼－10的研制，我们已经形成了富有中国特色的战斗机设计思想，其优越性将在下一代战斗机项目上得到更显著的体现！

▶置之死地而后生：“太行”涡扇发动机

2010年元月11日，国家主席胡锦涛将2009年国家科学技术进步特等奖授予某型空军装备及其配装的国产“太行”涡扇发动机的研发团队。他们获此殊荣，的确当之无愧。

要了解中国技术制造的某型空军装备，关键词中应看重“航空发动机”这项。为什么这样讲？内行人都知道，研制一款高效能战机，必然涉及非常复杂的装备制造技术，比如发动机制造技术、材料技术和电子技术。单就发动机技术而言，它又是“航空器王冠上的钻石”，是衡量一国航空工业制造能力的“试金石”。

用通俗的语言讲，空军战机的发动机与地面发动机具有不同的性质。它与坦克和装甲车的发动机及战舰的发动机都完全不一样。

这种“不一样”，是与战机的工作环境密切相关的。战机是在空中工作，相对于舰船发动机的体积、重量和功率“三个非常大”，战机发动机却截然不同。因为空中飞行平台要尽量减重，重量一定要轻；要尽量压缩空间，体积一定要小。另外，坦克、战车发动机出了故障，停下来修理就行了，空中怎么办？航空发动机出现故障即意味着飞机失去动力，驾驶失去动力的飞机就意味着直面死神。

最根本的是，战机的工作环境非常恶劣。人们生活在地面，不管酷暑温度多么高、寒冬天气多么冷，军舰、坦克和战车发动机的工作环境都是相对稳定的。而飞机则截然不同。以人们乘坐的民航飞机为例，正常飞行高度为9000～10 000米。在那样的高空中，气温大约是－50℃；如夏季降落到地面，要求民航飞机最多在半小时之内，从－50℃的高空逐渐降落到地面温度40℃左右的机场。而对战机来讲，这种正负将近100℃的环境温差转化，需要在来回的短暂起降中经历。同时发动机在空中工作，其环境压力非常大、温度异常高；在上千度高温的环境下高速运转，对发动机材料的要求也非常苛刻。

除发动机外，还有战机上的电磁设备、火控雷达、搜索雷达、各种传感设备等其他复杂的设备，与坦克、战舰所用设备相比，都有截然不同的标准和要求。所以说，航空发动机技术被誉为"航空器王冠上的钻石"，一点儿也不过分。这些与航空器技术相关联的其他高技术结晶，实际上体现的就是一个国家的科技创新能力和装备制造能力等综合竞争力。

当中国研制的歼－10战斗机列装空军后，外媒曾有一项说法，称歼－10的发动机全是俄罗斯提供的。其说法有正确的一面，也有不尽然之处。老实说，歼－10立项时，它的发动机的确还如一个"幽灵"，尚不知在何方"徘徊"。

当时中国空军最先进的喷气发动机还是涡喷－7。涡喷－7是为装配米格－21的国产化型号而研制的，主要依靠中苏交恶前，苏联提供的R11－F－300发动机资料仿制而成。1966年12月涡喷－7试制成功，实现了中国航空发动机从单转子到双转子的跨越。与装备歼－6的涡喷－6相比，它的性能已有很大提高，其改进型——涡喷－7甲还采用了当时十分先进的空心涡轮叶片，算得上当年的一大技术突破。

但通过横向比较，科研人员发现，涡喷－7发动机已大大落后于当时典型的西方战斗机动力系统。连进行单纯的数据比较都已经失去意义，因为这根本就是代与代的差距。

中国研制涡扇发动机起步并不晚，早在20世纪60年代就通过在涡喷－5上加装后风扇，研制出了涡扇－6，推力较涡喷－5提高超过40%，最终却因为没有装机对象等原因而终止研制。

60年代中期开始研制的涡扇－6，后期改进型的各项性能并不亚于国外同期研制的M－53。可就在它通过飞行前试车测试，准备进行飞行测试的时候，却随同歼－9项目被一起砍掉，近20年的艰辛努力付诸东流。这不仅扼杀了一个先进的型号，也打击了广大科研人员的满腔热情！如果没有歼轰－7的研制，花费巨资从西方引进的"斯贝"Mk202发动机也许永远被堆放在仓库里，中国战机可能到现在也装不上涡扇发动机！

总的来说，在"10号工程"开始之时，中国已经初步具备高性能涡扇发动机的研发能力，但受到体制、资金、制造技术和研制周期等因素限制，这种能力在短期内还无法培育出具体的型号。"10号工程"开启了这扇大门，天时、地利、人和齐聚就会创造奇迹。

展会上的“太行”发动机

历史告诉世界：勤劳智慧的中国人最喜欢创造的就是奇迹。

2007年举行的第7届中国国际航空博览会上，配装歼－10的“太行”涡轮风扇发动机WS－10原型机高调亮相。作为我国自行研制和生产的第一台大推力涡扇发动机，“太行”发动机实现了我国军用航空发动机从第二代向第三代、从涡喷到涡扇、从中等推力向大推力的跨越，标志着我国已具备自主研制大推力军用航空发动机的能力，初步摆脱主力战机动力装置受制于人的被动局面。

立项研制“太行”发动机的最初方案，可以追溯到20世纪80年代初。当时，沈阳航空发动机研究所的涡扇－6发动机，初步达到成熟阶段，但由于配装的作战飞机型号下马，失去了装机使用对象，不得不终止研制。

随着时代的飞速发展，我国空军迫切需要新一代先进战机，避免与国外战机存在的差距进一步拉大。因此，研制性能更加先进的航空发动机成为迫在眉睫的重要任务，自然也成为中国航空工业奋力追逐的目标。

针对这种需求，1981年，航空工业部科技委员会召开发动机专业会议，讨论研究发动机下一步发展规划。会上对“太行”发动机方案给予很高评价，明确提出我国自主研发先进航空发动机的发展战略和设计思路。

第一步是独立研制中等推力、推重比为6~7一级的“昆仑”涡喷发动机。走完自行设计的全过程，既锻炼了我国航空发动机设计队伍，打好基础，又可作为歼－7、歼－8的后继动力。

第二步是利用国外成熟的先进技术，自主开发大推力、推重比为8一级的“太行”发动机。既要技术“上水平”，又要解决国防建设迫切需要的先进装备问题，实现跨越式发展。

第三步是对当时国际上也才刚起步的高推重比发动机加大预研力度，跟踪前沿，坚持到底，打下稳固的技术基础。这样的顶层战略设计被后来的实践证明是完全正确的。

参加国庆60周年大阅兵的我军歼－11战机

但是，好的战略设计是一回事，按不按路线图走又是一回事。中国的许多事情往往缺失的就是一以贯之、持之以恒。“太行”发动机的问世并非一帆风顺，曾经面临“生死存亡”的关键时刻，特别是在项目启动和研制工作中几度举步维艰。

当年，“太行”发动机研制的前期工作已

经展开，准备为我国新研制的下一代歼击机配套。然而，此时国际时局变幻，使我们有可能获得能够满足新型歼击机动力要求的、配装苏制米格－23型战机的大推力涡喷发动机。有关方面在是否应继续坚持自主研制发动机问题上再度出现动摇和彷徨。“太行”大推力涡扇发动机的研制命悬一线，似乎已进入“战略死地”。

1985年底，长期从事航空发动机研制和生产工作的9位专家联名上书中央领导，倾全力挽救“太行”发动机项目。他们在建议书中提出搞仿制不是发展的好方法，直言要自力更生为主、吸收国际技术为辅，研制先进的加力式涡扇发动机的必要性，陈述研制大推力涡扇发动机对提升航空工业技术水平、提高我们自主研制能力、提升空军装备水平的意义，同时也解释了所需研制经费安排情况。

专家们的联名上书得到了中央领导的高度重视。1986年1月8日，中央军委主席邓小平在9位航空发动机专家《关于加速航空发动机发展的建议书》上批示：“我认为所提建议很重要，近期花钱也不算多，拟可同意。”

9位专家的建议书和邓小平同志的批示，结束了是仿制还是坚持自主研制的争论，对“太行”发动机尽快立项产生了重要作用。

时空转换，后来的研制又出现戏剧性的局面。原本设想利用苏－27/歼－11战机作为“太行”的试飞平台，却致使中国航空工业出现了“引进战机装备国产发动机，而国产战机却采用引进发动机”这一让人啼笑皆非的尴尬局面。尽管这种颇具“中国特色”的小聪明做法确实很有效果，但是，如何采取新措施使发动机研究不再受制于主机型号的立项或下马，才是解决问题的根本之道。

1993年，沈阳航空发动机研究所完成了“太行”验证机阶段的研制工作，并以装配国产歼－10战斗机的技术状态转入原型机研制。此时，由于“太行”发动机研制进度落后于歼－10战斗机进度，新机先配装了国外成熟的发动机并进入试飞阶段。

在“太行”发动机完成地面试验进入飞行试验时，由于国内原有的发动机飞行平台寿命到期，一时竟找不到承担发动机飞行试验的平台。如果“太行”发动机找不到装机对象，涡扇－6的“悲剧”可能要再度上演，这是任何人都不愿看到的。

“太行”发动机步入生死攸关的关键时刻，总设计师张恩和毅然决定突破利用国产飞行试验平台的固有思维，运用逆向工程方法提出一个大胆想法：既然我们的新飞机可以装上国外成熟的发动机试飞，那么我们的新发动机为什么就不能装进国外成熟的飞机试飞呢？这一创新思维终于使“太行”发动机的研制工作如拨云见日。

张恩和想到做到，迅速组织所内技术力量进行六个方面的可行性论证，提出了利用苏－27/歼－11战机进行“太行”发动机试飞的报告。毫无疑问，这样的试飞模式，既降低了新机研制中的风险，又减少了两种新装备相互影响的干扰，更能够清楚地暴露新飞机或新发动机工作中存在的问题，开辟了新机研制的新方法和新途径，真可谓“柳暗花明又一村”。

但是，张恩和的创意设想与可行性论证，毕竟牵涉一项重大项目。这看似偶然的逆向思维带来的将是“颠覆性变化”，是需要高层承担风险的史无前例的重大决定。1995年6

月7日，时任中国人民解放军副总参谋长的曹刚川率总部机关及有关军种领导到沈阳航空发动机研究所，宣布了中央军委的重要决定：“太行”发动机一是配装歼－10战斗机，二是做歼－11的后继动力。“太行”发动机是两种新战机成败的关键，空军下一步建设就要立足这个发动机。

曹刚川语出惊人，“太行”发动机的命运在这一刻发生重大转折！“一发配两机”，这在中国航空发动机研制历史上还是第一次。如果研制成功，这是一个双赢的结果；如果研制失败，后果不堪设想。“太行”发动机的研制成败与国防安全密切相连。

发动机研制试车台

历史作证，航空科研部门没有辜负中央军委的重要决定，“太行”发动机实现了从中等推力到大推力的跨越；与第二代涡喷发动机“昆仑”相比，其推力提高了大约5000千克。这是质的变化，不仅满足了我国研制第三代作战飞机的需要，也使我国成为继美国和俄罗斯之后，进入大推力航空发动机研制领域的世界第三国。

在“太行”发动机研制过程中，研制人员借鉴了当时能够接触的所有涡扇发动机，包括CFM56发动机核心机以及AL－31F、“斯贝”MK202等西方航空发动机，突破了一批具有自主知识产权的核心技术和关键技术。发动机的设计采用大量先进部件技术和整机匹配技术，其中多项填补了国内空白，有的已经达到了国际先进水平；上百项新材料、新工艺的成功运用，使发动机材料技术和制造技术实现一系列重大突破。

2001年6月6日，承载着几代人的期盼和重托，装载着“太行心脏”的歼－11战斗机风驰电掣般离开跑道，昂然直刺蔚蓝色的天空。“太行”首飞成功！当年10月，“太行”的科研试飞进行完最后两个起落，提前两个半月完成试飞任务。这在我国发动机研制史上尚属首次，提前完成试飞任务更是一个创举！

设计定型持久试车和长久初始寿命试车，是对发动机使用可靠性最苛刻的全面考核。2005年11月，“太行”发动机迎来了设计定型前的最后一道难关——长久初始寿命试车，从慢车、加力再到慢车状态，发动机试车状态良好，各项参数稳定。11月4日，冲破重重难关的“太行”发动机，完成了型号规定的全部试验和试飞考验，拿到了飞向蓝天的通行证。

2005年12月28日，一个激动人心的日子，一个必将永载中国航空工业史册的日子，“太行”发动机顺利通过国家设计定型审查，中国开始拥有自己的大推力航空动力！

2006年3月24日，国务院、中央军委军工产品定型委员会正式批准“太行”发动机设计定型。

“太行”发动机具有广阔的应用前景和系列发展空间：一是作为作战飞机动力装置的系

列发展。“太行”发动机的推力级，既可作为双发战斗机的动力，又可发展为单发战斗机的动力；既可作为歼击机的动力，又可发展为轰炸机的动力。二是可以发展成为民航大型客机的动力。三是可以改进为地面轻型燃气轮机，可用于工业发电，还可作为舰船动力。

2010 珠海航展上的“太行”发动机

风雨过后见彩虹。大推力涡轮风扇发动机技术的突破具有标志性意义。作为国防科研高技术的结晶，“太行”发动机的成功，实现了我国在自主研制航空发动机道路上的历史性跨越，也使我国在攀登世界科技高峰征程上迈出重要的一步。这对于解决我军主战机种动力受制于人的被动局面、加速我军航空武器装备的跨越式发展，加强国防现代化建设，具有极其重要的意义。

2010 年元月 12 日晚 7 点 30 分，在北京人民大会堂隆重而热烈的氛围中，举办了“国家科学技术奖励大会专场音乐会”。中央歌剧院交响乐团演奏了威廉·理查德·瓦格纳的《女武神之翼》，仿佛在专为“太行”发动机的成功喝彩。这首选自歌剧《女武神》的管弦乐曲，表现了女武神们骑着带翅膀的骏马在云霄之间驰骋的形象，令获得国家科学技术进步最高奖的中国航空工业集团公司的创新团队如痴如醉，在古典音乐的享受中更加感受到沉甸甸的历史责任。《光明日报》对此报道：

的确，国家科学技术奖励大会已走过十年，当我们翻看一年年获奖成果，其中蕴涵着的创新力量真的让人着迷。

或许，这不竭的创新力量来源于对科学的执著与奉献。

或许，这不竭的创新力量来源于团队的相互扶持。中国航空工业集团公司获得了国家科学技术进步特等奖。大会结束后，大家拿着证书兴奋地围着获奖代表张恩和合影。张恩和说：‘我们是一个团队，这是大家共同努力的结晶！我们国家科技发展必须依靠团队，必须依靠集体的努力。现在，党中央和国务院高度重视科学技术的发展，我对未来充满信心！我们一定会精诚合作，用最短的时间赶上发达国家水平！’因此，创新的力量永不枯竭！我们的事业永远向前！[5]

►和解带来契机——从引进苏 -27 到制造歼 -11B

1989 年春，苏共中央总书记戈尔巴乔夫访问北京，与邓小平等中共中央领导人举行了同志般的会谈，标志着冰封 30 年、险些爆发核战争的中苏关系从对抗走向和解。

密集停放的苏联空军战机

戈尔巴乔夫以“极大的诚意”在会谈中表示愿意重启中苏军事合作，并言明可出让尖端航空技术。正是在这样的背景下，中苏两国军方开始谈判引进苏联战斗机。

1990 年 5 月 31 日，由中央军委副主席刘华清率领的高级别代表团访问莫斯科。据刘华清回忆，经过激烈谈判，中苏双方签署了《军事技术合作委员会会谈纪要》，中国空军购买苏制军机工作进入实质性谈判。苏联空军在库宾卡基地向刘华清一行现场展示了苏－27 战机。中方对该机优越的性能表现出极大兴趣。据米高扬设计局总设计师别里雅科夫回忆，当初苏联真正希望推销的是米格－29，其根本原因是米格－29 属战术飞机，航程短，仅能本土作战，外销对苏联不构成威胁。

会谈中间休息和进餐时，曾在苏联军事院校留过学的中方人士与苏方官员共同回忆起中苏友好岁月里的那些美好场景。苏方的别洛乌索夫将军还曾作为空军飞行员，与志愿军在朝鲜空战中并肩作战。

或许是被那段激情燃烧的岁月所感染，抱有两国兄弟般情谊的别洛乌索夫负责任地向中方转达：苏联政府原则上批准向中国出售苏－27。这真让中国代表团喜出望外。

米哈伊尔·西蒙诺夫 1983 年出任苏霍伊设计局首席设计师

2011 年 3 月 4 日，“苏－27 之父”米哈伊尔·西蒙诺夫逝世，据俄罗斯报刊披露的消息使上述说法又有了新的版本。新的说法是，真正促成“苏联政府原则上批准向中国出售苏－27”的主角应该是西蒙诺夫。原来，1989 年的苏联社会正处于严重的经济衰退，急迫需要外汇来维持其运转。这个时候的苏霍伊设计局也由于国内订单大减更显举步维艰，甚至到了停产的边缘。当中国购买苏联武器进入程序化谈判阶段时，苏－27 总设计师米哈伊尔·西蒙诺夫得知了采购谈判消息，立即召开苏霍伊设计局高层会议，决定让业务经理切尔瓦科夫与中方代表联系，推销苏－27；当年在库宾卡基地，苏联国土防空军向刘华清展示苏－27 时，西蒙诺夫正在现场；当苏联英雄试飞员普加乔夫亲自驾驶苏－27 表演高难度的“眼镜蛇”动作——机动跃旋时，向中方具体讲解的就是西蒙诺夫。同时，西蒙诺夫还向苏联军方施加影响，为挽救苏霍伊设计局和苏－27的命运，最终促成了这项军购交易。

1990年12月，中苏就苏－27出口事宜进行最后磋商。12月28日，中国向苏联购买24架苏－27SK战斗机和苏－27UBK双座教练机协定在北京签署。由于急需外汇，苏－27作为战机出口没有做任何技术降档处理，所以中国买到的是规格上与苏军在役使用型号一致的苏－27。1991年2月，苏方派出苏－27战机到南苑机场展示。1991年12月26日，"社会主义超级大国"苏联轰然倒塌，似乎让执行这份军售大单蒙上了阴影。但承继了苏联政治遗产的俄罗斯面临更严重的经济困难，急需中国支付的美元硬通货，总统叶利钦承诺继续履行出售苏－27合同的义务。

1992年6月27日，首批12架苏－27安全飞抵中国南京军区某航空兵师。11月25日，剩余12架也安全抵达。至此，中国空军进入"苏－27时代"。不要忘记，这时距苏联空军正式装备苏－27相隔仅7年。

1993年8月，中俄举行第二轮商购苏－27谈判。中方希望在购买更多苏－27的同时，由俄方转让技术。俄方要求中方再购买48架以上苏－27后，方可谈技术转让话题。经磋商，双方各退后一步，商定由俄方提供零部件和技术，帮助中国企业联合生产；同时中方要订购更多苏－27SK成品机，以帮助俄军工企业摆脱困境。

1995年12月，中央军委副主席刘华清率团再度访俄，达成苏－27生产技术转让协议；同时签署第二批24架苏－27采购合同。1996年4月和7月，第二批24架苏－27SK飞抵广东某航空兵师。同年12月，俄罗斯副总理访华，与中方正式签署引进苏－27生产线协议。

根据协议，中国沈阳飞机制造公司在15年内制造200架苏－27。其中第一批苏－27的机体全部由俄方提供，以后批次的机体逐步由中国自主制造。但俄方仍提供全部200架战机的发动机、雷达及电子设备、机载武器。

苏－27驶抵航空兵某师机场

引进苏－27战机是人民空军第二次现代化提速的起点。这是邓小平同志在20世纪八九十年代打破美欧"对华禁运、制裁"的大手笔，也是体现纵横捭阖、运用外交智慧赢得先机的经典之作。

香港《亚洲时报》说得好："中国的军事工业是唯一不靠美国、欧盟和日本的支持而发展起来的工业部门，多年来西方坚持对华武器禁运，这反而促使中国更加注重发展。"

也许有人会问：苏联及后来的俄罗斯为什么会把规格与苏军自用型号一致的先进的苏－27 出售给中国呢？笔者认为至少有两大因素。

苏－30MKK 多用途战斗机

一是因美苏多年军备竞赛，加上阿富汗战争已将苏联拖得气血耗尽。叶利钦接手后的俄罗斯面临经济凋敝、财政困窘，军力上难以为继。叶利钦时代的后期更是靠军火出口维系财政。

二是俄罗斯已研制出新一代苏－30、苏－35 等战斗机。况且，俄方在苏－27 的发动机、雷达及电子设备、机载武器等方面仍握有核心技术，其王牌作用似乎可以制衡中国。

而对这一点，苏－27 战机首席试飞员伊留申少将说得再明白不过了："中国人非常智慧和聪明，尽管引进的苏－27 生产线对俄罗斯人来说有些过时，但对遭受西方禁售的中国来说却很有价值。中国人看重的是苏－27 的改良潜能，毕竟苏－30、苏－35 的基础设计都源于苏－27。"

1999 年 8 月，我国从俄罗斯又引进了苏－30MKK 多用途战斗机。与苏－27 相比，它的突出特点是增强了对地攻击能力。

2009 年 11 月 17 日出版的俄罗斯《消息报》刊登文章，称中国挤占了俄制歼击机市场。其实，有关苏－27 与中国歼－11B 重型战斗机的渊源，中方从未隐讳，从来都认可歼－11"是由中国在俄罗斯苏－27 战斗机的基础上进行国产化；目前，已装备中国空军主力部队，其性能较引进的苏－27 有更大的提升"。《消息报》文章还指出，"按许可证生产苏－27 将沈飞集团的技术水平'提升了'20～25 年，研制歼－11B 对中国航空工业和军队就是质的飞跃。而苏霍伊和米格公司负责人说，仿制的永远不会超过原型"，"俄方认为，没有俄罗斯发动机，中国就无法出口歼击机。"

而美国《芝加哥论坛报》认为："这次(指中华人民共和国国庆 60 年阅兵式)展示的许多装备体现了中国军事技术和实力的巨大飞跃，尤其是中国开始摆脱对俄系武器的依赖，建立其自主军事装备研发体系。”

新华社相关报道更是坦言告知：被誉为“蓝天钢刀”的空军歼－11重型战斗机，是在世界经典第三代战斗机苏－27基础上，中国自主研制、升级和改进的重型战斗机。具有超远航程和优异格斗能力，在作战中担负空中拦截、对地突击、巡逻掩护等任务。

歼－11重型战斗机，采用新型复合材料、新型国产雷达、电传操纵系统，并配备国产“太行”大功率涡扇双发动机，是进行过机载电子设备、武器设备改进升级的第三代重型制空战斗机，是信息化条件下夺取制空权、实行远距离火力打击的一柄“蓝天钢刀”。

▶自主发展　琳琅满目

国庆60周年空中受阅梯队中的其他国产机型，如轰－6H型轰炸机、轰油－6型空中加油机、JL－8高级教练机等，也饱受热议。2007年年初，当国产轰－6轰炸机的最新型号披露于国内媒体时，境外就有人炒作“仿俄、仿美”。是的，轰－6的原型来自苏制图－16，本来是只能进行常规轰炸的中型轰炸机。但智慧聪颖的中国人，使老式平台具备了现代化的打击能力，这就是创新。

轰油－6空中加油机的改建，源于20世纪70年代。至90年代初期，中国空军实现了空中加油“零的突破”——空中加油机出现在1999年国庆阅兵机队中。目前，中国空军已更多地列装空中加油机。这同样是创新，亦即引进—消化—吸收—再创新，根本不存在什么“剽窃”。

K－8教练机生产线

新中国60华诞空中大阅兵中首次出现由女性飞行员驾驶的JL－8(教－8)教练机，也是非常亮丽的风景线。它是在国产K－8教练机的基础上发展而来，性能较先进。而K－8是中国研发的有一定国际知名度的高级教练机，至今已成功出口到多个国家。

中国航空制造业除了生产K－8这种基于国际设计标准，于20世纪90年代研发成功的教练机外，还有2000年第三届珠海国际航展上首度亮相的JL－9“山鹰”高级教练机。尽管当时展出的还只是外形新颖的高级教练机模型，但时隔三年，2003年12月13日下午14时15分，在贵州航空工业集团双阳飞机制造厂机场上，脱胎于FTC－2000飞机的先进高级教练机JL－9“山鹰”首飞成功。令人耳目一新的JL－9为常规气动布局，两侧进气，双三角机翼，有五个外挂点。双三角翼是 JL－9 具备第三代战斗机飞行特性的最根本保证，使其起降距离明显缩短。JL－9 采用机身两侧进气布局，高高弓起的鹅头式机背极具立体感。这种布局有三个明显的好处：一是改善大迎角飞行性能；二是能够较好地重新规划座舱视野，前座飞行员的前下方视野达到 14 度，后座飞行员的前下方视野也有 5 度；三是可腾出机头空间安放雷达。

JL－9 的座舱布局与第三代战机相近，此外还运用了国内先进且成熟的综合航电系统。该型机的诞生使中国空军在短时间内拥有了价廉、实用、可培训三代机驾驶员的高级教练机，加快了空军现代化建设的步伐。

2009 年 11 月，洪都航空工业公司研发的新一代高级教练机 L－15“猎鹰”，成功地在迪拜国际航空展开幕式上进行了飞行表演，骤然成为迪拜航展明星。L－15 高级教练机前景看好。在为期 5 天的迪拜航展中，L－15 每天进行一个架次的飞行表演，充分展示了其优异的飞行性能。

通过迪拜航展，已有不少国内外客户对 L－15 表示出浓厚兴趣和购买意向，并对该机型的设计理念以及能够满足第三代战斗机飞行员培训要求的性能给予广泛好评。进入 21 世纪后，装备第三代战斗机的发展中国家越来越多。由于经济原因，这些国家难以购置西方国家新研制的高级教练机。L－15 高级教练机具有较高性价比，符合市场需求，有望赢得更多订单。

最后再说说“飞豹”歼轰－7A 型战斗轰炸机。“飞豹”作为中国自行设计研制的战斗轰炸机，主要装备海军航空兵，是我军作战飞机中耀眼的明星。目前，改型歼轰－7A 已具备全天候精确对地对海攻击能力，大幅提升了战斗力。

北京航空博物馆展示的歼轰－7 组照三视图

在 2008 年珠海航展上，具有独立知识产权的歼轰－7 亮相。它带给人们的冲击至少有两点：其一，它是由 603 所设计、西安飞机公司生产的我军第一种双发、双座、超音速、全天候歼击（战斗）轰炸机；其二，它是中国首型采用计算机辅助设计的飞机，该型机的数字化模型对后来的军机研究发挥了先导作用。

作为其改进型号，歼轰－7A 使用双总线、双余度、集中控制、综合显示与“一平两下”显示系统布局，前后座均有飞机操纵和发动机操纵设备。歼轰－7A 主要作战用途为实施精确对地打击和打击大型舰艇。表面上看，它与国庆 50 周年阅兵时出场的歼轰－7 差别不大：取消了翼刀，用整体风挡替代原来带曲撑框架的风挡，用钛合金超塑成型双腹鳍更换了原先的单腹鳍，使得飞行的稳定性和载荷分布得到合理调整。更实质的变化是复合材料的使用和设计的优化，使歼轰－7A 的重量大为减轻。其内部结构和电子设备均有较大幅度改进，采用全复合材料平尾；还装备了先进的综合航电火控系统，武器挂载能力和精确打击能力大幅提高，可挂载空对舰、空对地、空对空、反辐射导弹及激光制导炸弹、火箭弹、常规航空炸弹和电子干扰吊舱等武器设备，具有较强的对海、对地突击能力和空中自卫能力，是海军新一代多用途全天候超音速歼击轰炸机。

歼轰－7A 的综合航空电子火控系统是一套综合化、数字化、具有高可靠性和良好的可维护性及扩展能力的多功能电子火控系统。该系统具有全天候自主和非自主导航、作战管理以及系统综合显示和控制管理等功能。

中国古代有位先哲曾说："冰，水为之而寒于水，青出于蓝而胜于蓝。"现今世界上任何武器装备，又有哪件的发展历程不是如此呢？

同样，国产战机也有相互借鉴的关系。如与巴基斯坦合作研制生产的"枭龙"多用途战斗机就大量采用了歼－10 的相关技术。"枭龙"飞机是中航工业成都飞机公司开发的，首架原型机于 2003 年 5 月完工，当年 8 月 25 日首飞，现在已经批量生产，交付巴基斯坦并形成作战能力。该型战机的开发之所以能迅速成功，其中就有研制歼－10 使产业水平得以提升，获得重大技术突破这一关键因素。2010 年 7 月，"枭龙"在英国范罗堡国际航展进行展示，也赢得一致好评。

▶为陆军腾飞插上钢铁翅膀

参加国庆 60 周年大阅兵的 12 支空中梯队中，第 10、第 11 战机编队各由 18 架直－9WA 武装直升机和直－9WZ 侦察直升机组成。装备这些先进直升机的，是人民解放军行列中最年轻的兵种——陆军航空兵。

陆军航空兵是知识密集、技术密集的新型兵种，具有很强的机动能力、突击能力和野战生存能力。美军认为，"将陆军航空兵归入一切战略、战役、战术行动，是赢得现代战争全面胜利的一个决定因素"。

在现代化战争中拥有武装直升机，就等于为陆军腾飞插上了钢铁翅膀。中国陆军航空兵成立于 1986 年 10 月 3 日，作为一个新兵种，其作用不可小觑。它给传统陆军力量注入了新鲜血液，大幅度提高了远程战略投送和机动作战能力。经过 20 多年的建设发展，陆军航空兵已成为拥有多种机型、具备一定规模和具有"快速投送、精确打击、有效制空、适时保障"能力的低空劲旅，是陆军实施空地一体、全域机动作战的骨干力量，在应对多种安全威胁、完成多样化军事任务方面发挥着重要作用；另外，从美国发动的伊拉克战争和阿富汗战争来看，陆军航空兵部队在现代战争中更是具有独特地位。

我军陆军航空兵部队组建以来，先后参加过上百次重大军事演习，圆满完成了汶川特大地震救灾、西藏雪原救灾、东北森林防火、98’抗洪抢险、抗击南方雨雪冰冻灾害、维护藏区社会稳定、支援北京奥运会、航天飞船搜救回收、紧急救援等任务几千次，积累了执行复杂军事及非军事任务的宝贵经验。尤其是在多次重大军事演习中，陆航部队都表现出较强的空中侦察、攻击、机降、通信、校炮、布雷等作战能力，部队的快速反应、快速机动和火力打击能力不断提高；实现了由运输勤务型向作战与保障兼备型的历史性跨越。

目前，陆军航空兵部队拥有的直升机分为运输型和武装型两大类，包括米-8、米-17、米-171、“黑鹰”、直-5、直-8、直-9、直-11、直-9W和直-10等机型。

参加2009年国庆受阅的陆航部队全部驾驶直-9W系列新型国产直升机。与1999年那次阅兵相比，重点突出了直升机的攻击和侦察能力。

而作为基础型的直-9，是我国引进法国SA-365N型“海豚”(Dauphin)直升机专利技术，由哈尔滨飞机制造公司、南方公司等单位共同制造生产的双发轻型多用途直升机。1980年10月正式引进专利生产，1982年完成了首架直-9直升机的装配。1995年底，武装型的直-9W设计定型，陆续装备部队。

直-9W武装型直升机是中国自行研制改装的第一代以反坦克任务为主的武装直升机，装备部队后多次参加军兵种联合军事演习，受到广泛关注和好评。根据部队使用反馈，航空企业为进一步提升直-9W的作战效能，结合预研成果，对直-9W进行了改进升级。

直-9WA作为直-9武装型的改进型号，不仅具备夜间作战能力，而且在飞行性能、打击能力以及生存率等方面，都较直-9W有了不同程度的提高，已经装备陆军和空军航空兵。该型机的机头下部安装了新式探测器转塔，配有白光、热成像、激光等多种探测制导设备。机头罩采用新颖的滑道式代替传统的铰链式开启方式，使机头罩打开角度更大，提高了空间利用率，并在机头罩气动、结构、刚度、驾驶员视界等限制范围内更好地满足了昼夜观瞄装置的转动范围，加上驾驶员配备的夜视头盔，使视野更加广阔。该型武装直升机换装了不穿透机舱的弯梁式武器挂架，与老型号的“扁担”式挂架相比，具有挂弹多、拆卸方便的优点。

直-9WA武装直升机主要用于执行反坦克、压制地面火力和攻击地面零散目标任务，也可用于运输、通信联络和战场救护。此外，航空企业在直-9W基础上又发展出侦察直升机。该机按侦察任务要求进行技术改装而成，定名为直-9WZ战术侦察直升机，主要担任战场前沿地区的情报收集工作。

直-9WA及直-9WZ的研制成功，使陆航部队装备建设速度明显加快，装备技术性能也迅速提升。首先，直升机夜视瞄准和挂装空对空导弹两项技术，就比直-9W当初的“机弹相容”、“稳定瞄准”技术难度大得多；其次是国外直升机空对空导弹的研制时间平均在10年左右，有的还更长，但我们的研制周期却相对较短。

据台湾《全球防卫》杂志称，直-9WA火控系统在追踪精度和距离上都有很大提高，即使夜间，红外侦察仪也能精确搜索6千米外的目标，并锁定4千米外地面目标，比早期型号性能提升了一倍。

另外，经过信息化改造，直-9W系列直升机已经实现机群之间以及和地面的数据互联互通，从根本上提升了作战效能。就是说，只要机群前方的侦察直升机发现目标，其他直升机马上就可获得相关信息，同时飞行员面前的显示屏上还能显示本方各机相互方位和距离；指挥员可根据敌我态势指派位置最有利的直升机发动进攻，信息化作战能力具备国际先进水平。

中国直升机部队虽然已达到发展中国家的顶级水平，但与发达国家相比，这次受阅的陆航装备仅相当于第三代直升机，而世界武装直升机技术发展已进入以美军“长弓阿帕奇”、欧洲“虎”式武装直升机等为代表的第四代水平。尽管直-9WA的火控系统、信息化程度等某些“软件”已非常先进，但它毕竟不是专门设计的武装直升机，在高机动飞行载荷、防弹能力和载弹量等“硬件”指标上与“阿帕奇”等专用武装直升机还有较大差距。

令国人感到振奋的是，2012年11月10日，我国自主研制生产的新型专用武装直升机亮相于第9届珠海国际航展，它就是外界盛传已久的直-10“霹雳火”。

该型直升机的光电转塔安装在机鼻，下视视野开阔；座舱为前后纵列布置，两名乘员各有一个独立舱盖；直升机机鼻下方还安有机炮转塔，可与飞行员的头盔瞄准器随动，便于快速瞄准射击。

直-10的外形注重隐身设计，机身横截面为六边形，可降低敌方雷达发现概率。发动机排气口装有红外抑制设备，以减小红外信号。目前，该机采用国产涡轴-9发动机，可满足基本技战术性能要求。

作为一款专用武装直升机，直-10具备较强的武器挂载能力和一定防护能力，可发射重型激光半主动制导空对地导弹、“天燕”-90空对空导弹及火箭弹，还具有反直升机作战潜力，可为己方直升机担任护航任务。直-10武装直升机于2012年陆续装备我军。它的诞生标志我国具备了独立研制、生产世界先进武装直升机的能力，也是国防科技工业又一座里程碑。

与直-10同时亮相的还有被誉为“黑旋风”的国产直-19新型武装侦察直升机。该机以直-9W为基础研发而成，前机身改为纵列式座舱，外形更简洁。机身两侧各有2个武器外挂点，机鼻下方安有体积较大的光电转塔，使其比以往的直-19系列直升机拥有更强的火力打击及侦察能力。直-19可与直-10形成高低搭配，执行侦察—打击一体的低空扫荡任务。

目前，中国缺少重型运输直升机，特别是类似美国CH-47或俄罗斯米-26等级别的“大家伙”。2008年汶川大地震救援行动中已暴露出这一“软肋”。

讲到这里，得把“80年代中方采购美国‘黑鹰’直升机”的详情作下介绍。

20世纪七八十年代，为了反对苏联扩张，共同的战略利益使中美两国走到了一起。1983年初，为解决边防部队特别是驻青藏高原一线哨所补给困难的问题，中央军委决定引进能适应高原恶劣环境的直升机，项目由总参装备部负责。北京保利科技公司组织招标，空军进行技术评估。在西方竞标厂商中，美国西科斯基公司最为积极。鉴于美国国内舆论有关“中美合作共抗苏联、中国有望成为美国军品‘新大陆’”的热议，该公司认定中国军用直升机市场大有可为。于是，在美国官方的默许下，该公司将刚刚研制出的 UH－60“黑鹰”军用直升机改以民用编号 S－70C 送到中国，在拉萨、羊八井等地进行试飞。

这架注册号为 N3124B 的“黑鹰”直升机以 6000 米升限、600 千克载重和 600 千米航程的卓越性能脱颖而出。事后，西科斯基公司将“黑鹰”翱翔青藏高原的照片，作为广告到处宣传，也为美方打入中国市场拔得头筹。

1984 年 6 月，中美签署协议，西科斯基公司以单机 600 万美元的价格售给中国 24 架“黑鹰”直升机；除此之外，还有 3 套单价 78 万美元的外挂式副油箱系统、1 套古德曼公司的机载飞行测试系统和地面处理设备以及维护直升机所需的工具备件等，总价值 1.5 亿美元。中方还派出 8 名飞行人员和部分机务人员赴美参加专业培训。

1984 年 11 月至 1985 年 10 月，24 架“黑鹰”直升机交付中方。它们大都装备给成都军区。4 架“黑鹰”直升机刚抵达林芝，随即参与了抵藏首次给养运送行动。飞行员驾机穿梭于海拔 7000 米以上的群峰间，在一个月内总飞行时间达 320 小时，完成了对墨脱军民一年所需物资的补给。

1987 年，面对来自印军的严重威胁和挑衅，新服役的“黑鹰”直升机快速及时地将战备物资运送到旺东山口，保证我军坚守，并为朗久、克节朗地区增设新边防点的胜利立下汗马功劳。

正当“黑鹰”直升机在青藏高原大展宏图之际，发生了 1989 年的“政治风波”，美国借此“中止”、切断了中美一切军售和商售性质军贸，当然也包括“黑鹰”直升机的后续采购。

后在有识之士的据理力争下，美国国会将对华武器禁运法案进行了些许修改，允许向中国出售一些必要的军民两用技术和备件。

西科斯基公司获得特许，继续向中国出售“黑鹰”直升机的零部件，以保证其运转。

时至今日，中国陆航部队仍拥有 20 架“黑鹰”直升机，在 2008 年汶川大地震救援行动中，第一架降落在灾区的直升机就是“黑鹰”，它也是唯一可在海拔 7000 米以上山区执行任务的直升机，“黑鹰”被视为人民解放军中性能最佳的通用直升机[6]。

牵出这段史海钩沉，能够让我们更加清醒地认识到与发达国家军事装备上的差距还是很大的。差距告诉我们：中国的航空兵器制造企业必须奋发努力！

当然，在了解陆军航空兵的同时，读者切不可忘记第二次世界大战中立下赫赫战功、人们传统印象中最富传奇色彩的空降兵部队。从军兵种建制上讲，我军空降兵部队隶属人民空军。它是一个合成兵种，编有步兵、炮兵、航空兵、通信兵、侦察兵、工程兵、防化兵等 27 个专业兵种。形象地说，它就是“空军陆战队”。我军空降兵部队始建于 1950 年 7 月，开始就叫空军陆战旅，后改称空降兵师。1961 年 5 月，中央军委决定将陆军第 15 军全面改编为空降兵军。

21 世纪，我军空降兵正实现由单一伞降作战力量向空地合成作战力量转型，初步实现主战装备机械化、作战装备空降化、战场机动立体化，作战能力向空中机动作战、空中特种作战、地面突击能力拓展。

我军空降兵部队拥有一大批现代化武器装备

2008 年 9 月，内蒙古某训练场，在 36 个国家 113 名军事代表注视下，近百名我军空降兵随战车、火炮从天而降，首次实现人与重型装备“一体空降”，标志空降兵彻底改变了“一人一伞一杆枪”、轻武器加迫击炮的轻装模式，远程快速机动突击能力跃上新台阶。

目前，人民空军空降兵已经发展成为一支能够全方位快速机动、在多种复杂地形条件下成建制空降、远距离独立作战的突击力量。

▶击落 5 架美制 U－2 侦察机——空军地对空导弹兵的骄傲

回顾人民空军发展史，60 多年来，人民空军在抗美援朝、国土防空等作战中，共击落敌机 1474 架、击伤 2344 架，创造了辉煌的战绩。其中某些纪录，可以说是中国空军地对空导弹兵永远的骄傲——“世界上首次用地对空导弹击落高空战略侦察机”、“世界上击落 U－2 侦察机最多的部队”等荣誉，镌刻在历史丰碑上。人们不会忘记国庆 60 周年大阅兵中，除了 12 支战机编队令国人振奋、令世界关注，还有空军地面受阅装备——“红旗”－9和“红旗”－12 两支国产新型地对空导弹方队，让人们充分领略了代表我军地对空导弹最先进水平的装备。

“红旗”－2 系列地对空导弹

“红旗”－9 远程地对空导弹是我国自行研制生产的第三代新型中高空、中远程防空武器系统，控制空域广、机动性能强、自动化程度高、抗干扰性能好。“红旗”－12 型地对空导弹是国产新型、中近程防空武器系统，具备多目标攻击、快速反应和良好的抗干扰能力。这些防空装备的亮相标志着最近 10 年来空军地对空导弹部队建设的巨大成就，说明他们已发展成为一支具有高中低空、远中近程防空火力配系的现代化高技术兵种；尤其是对国外新型系列防空武器系统和指挥自动化系统的引进、消化、再创新，及国产新型防空武器的研制成功、信息化作战能力的大幅提升，使我军具备了一定的反导能力和抗击空中多目标的能力。

看到地对空导弹部队实现由防空型向空天防御型的重大转变，不禁让人想起1959年国庆10周年大阅兵时的那份紧张。那时的人民军队防空力量还十分弱小，主要防御的是来自台湾岛上受美国支持的国民党空军。

1959年7—9月间，国民党空军频频加大对大陆空中侦察的力度。种种迹象表明，国庆10周年大阅兵时，主要对手国民党空军是不会善罢甘休的。周恩来总理紧急向苏联求援，购入5套“萨姆”-2型地对空导弹，并调动人民空军地对空导弹部队进入北京周边布防。但因国庆那几天气象条件不好，国民党空军侦察机未敢来犯。

10月7日，北京天气转好，地对空导弹部队第2营营长岳振华感觉“老朋友”就要来了。上午10点03分，值班人员报告，一架RB-57D型高空战略侦察机由浙江温岭进入，骄横地经南京，沿津浦线向北京飞来。一路上，我军歼击机共起飞10批13架次，并有3架战机9次开炮，但均无斩获。面对一架架我军战机的跟踪、攻击，拥有飞行高度优势的RB-57D十分傲慢，毫不改变航线的情况下径直迫近北京。

环北京之东进入高度战斗状态的地对空导弹第2营，在岳振华营长的果敢指挥下，向目标发射3枚地对空导弹。导弹直刺苍穹，火光四射，准确击中了RB-57D型高空战略侦察机。驾机的国民党空军飞行员王英钦因跳伞时降落伞绳被机翼碎片割断，坠地死亡。RB-57D的残骸坠落在通县东南。人民空军取得世界上首次用地对空导弹击落敌高空战略侦察机的实战胜利！

这架高空战略侦察机系美国生产，1955年出厂，归国民党空军第五联队六大队4中队所有，先后侵入内地纵深达15次之多；王英钦的飞行时间已经积累到836个小时。

听说中国的导弹部队打下了先进侦察机，苏联政府赶紧派人到北京来查看残骸。他们亲眼见到RB-57D的残骸时真是如获至宝，什么都想要，把飞行帽、供氧设备甚至飞机机翼蜂窝结构的部件都拿走了。那时中苏关系比较好，地对空导弹又是人家卖给中国的，彼此还是师生情谊。看着东西全被拿走，空军的科研人员虽然心疼，却又不好阻止。

此役胜利后，2营阵地上一时将帅纷至。朱德、林彪、贺龙、聂荣臻、徐向前5位元帅都到2营实地考察和祝贺，将校们更是多得数不过来。这支基层营级部队创造了我军战史上元帅、将军视察最多的历史纪录！

后来的战例更加成功、更加精彩。1962—1967年，我军地对空导弹部队连续击落5架入侵的敌U-2高空战略侦察机，开创了击落该型飞机的世界最高纪录。

1964年6月6日，国土防空作战中连续击落敌机的地对空导弹第2营被国防部授予“英雄营”荣誉称号。毛泽东指示把该营全体官兵接到北京，并在人民大会堂亲切接见了他们。这是毛泽东主席唯一一次在人民大会堂接见整建制营为单位的部队。

北京方面喜气洋洋，风景独好；台北及华盛顿却是死气沉沉，哀歌低迴。他们怎么也不相信人民空军有如此强大的战斗力。因为，集多项尖端科技于一身的U－2是当时世界上最先进的高空战略侦察机；因其全身漆黑、机身修长，而被誉为“黑色间谍小姐”。起初，它是美国为收集苏联战略情报而设计的。据说，美国那时有90%的苏联战略情报都是靠U－2高空拍照得来的。

我军野战防空导弹发射车

1960年11月，与美国军方“西点公司”全面合作而装备了U－2C型侦察机的台湾“黑猫中队”登场，频频侵入内地并高空侦察、窃获我核爆情报。

1962年9月9日，地对空导弹第2营巧设“游击战”，在江西打下了国民党空军飞行员陈怀驾驶的U－2飞机。这架U－2的残骸较为完整，除后半部机身烧损严重外，前、中部机身和部分机翼还大致保持原样。国防部六院的研究人员在其中发现了被打碎的电子侦察设备。时任四机部部长王诤听说后非常兴奋，立即要求国防科委某研究所将其复原。复原后发现，我军多种雷达的波长和频率都被U－2记录下来；空军高射炮兵指挥部技术处上尉田在津还听出“萨姆”－2导弹制导天线雷达的扫描频率信号也被记录在内。这是一个危险的信号！此后，地对空导弹和U－2侦察机之间展开了一场电子战较量。

U－2加装告警装置“第12系统”后，让屡战屡胜的导弹2营吃了不少亏。“第12系统”可以捕获“萨姆”－2导弹的制导雷达频率并报警，使飞行员提前实施机动规避。我军有关专家通过计算实验，发现只要在制导雷达捕捉到目标后20秒内发射导弹，U－2就来不及摆脱。在雷达和地对空导弹部队的协作配合下，我军于1963年11月1日和1964年7月7日各击落一架入侵的U－2侦察机。

1964年10月，中国首颗原子弹爆炸成功。急于获取中国核爆情报的美国中央情报局，在两个月内指使台湾出动U－2侦察机11架次。11月26日，1架U－2经过在兰州设伏的导弹2营阵地时，2营向其发射3枚导弹，敌机竟然还是逃脱了。问题开始变得复杂了。

检讨战斗失利原因时，空军技术参谋张至树提出，可能是U－2侦察机新装了“角度欺骗回答式干扰装置”。经研究分析，判断这种干扰装置的工作原理是：当“第12系统”探测到防空制导雷达频率并报警后，飞行员迅速打开该装置，发出一个欺骗信号沿着制导雷达的探测波束反传回雷达；这样，导弹的制导雷达瞄得越准，导弹就越打不中。要攻破这个电子干扰，田在津参谋提出：使用照射天线。

照射天线是四机部针对“第12系统”研制的反干扰系统，它可以改变制导雷达天线的扫描频率，以照射天线发出的电磁波照射空中目标，由原制导雷达的天线接收目标回波，从而避免“第12系统”报警。此前因地对空导弹第1营打U－2失利，有人归咎是加装了照射天线、增加了负载，争论不休便先将其拆除。空军副司令员成钧了解详情后，下令重新装上照射天线，进行实弹射击检验。结果，证明张至树、田在津的分析对路，反制有效。

1965年1月10日夜间，地对空导弹第1营在包头设伏，加装了照射天线的“萨姆”－2导弹成功击落了1架U－2侦察机，国民党空军飞行员张立义跳伞被擒。

这次战斗后得知：这架U－2侦察机上新装的“角度欺骗回答式干扰装置”被称为“第13A系统”。我军在这架U－2的残骸中获得并修复了这种先进的电子干扰设备。

后来，美国又改进出“第13C系统”，使其无需飞行员操作即自动发射干扰信号。我方科研人员则发现此干扰信号比真实回波信号滞后0.3微秒的特征，据此冥思苦想，设计出一个去伪存真的电路，它被命名为“28号反干扰电路”。一场智斗大戏登场了。

1967年9月8日，在浙江嘉兴，地对空导弹第14营使用“28号反干扰电路”迅速准确地去除敌机干扰信号，发射国产“红旗”－2型地对空导弹一举击落装有“第13C系统”的U－2侦察机。至此，中国地对空导弹部队成为世界上击落U－2最多的部队。

而中美之间围绕U－2侦察机展开的电子对抗，也成为“冷战”中最为经典的电子对抗战。从来都是趾高气扬的美国人私下对中国空军也不得不暗暗称奇。

大概也就是从这时开始，空军出现了“电子对抗兵”这个新兵种。空军电子对抗部队是对敌实施电子对抗侦察、电子干扰和反辐射攻击的专业力量。20世纪70年代，人民空军组建第一支电子对抗部队，90年代形成空军电子对抗专业兵种。

此外，空军还配有防化兵部队，担负防化保障和喷火、发烟任务以及核、化学事故应急救援任务。我国举行的历次核试验任务中，人民空军防化兵担负了空中辐射测量、核试验烟云取样和飞机洗消等任务。

▶空天一体、攻防兼备——中国空军的战略转型

2009年9月，为纪念中国航空百年和人民空军诞生60周年，我国举办了以“超越、展望、合作”为主题的“和平与发展国际论坛”活动。时任中央军委委员、空军司令员许其亮畅谈他对空军发展的展望。许其亮说：“21世纪是信息化的世纪，也是空天的世纪。信息领域和空天领域已成为国际战略竞争的两个新的制高点。从世界新军事变革的趋势来看，军事力量竞争正在向空天领域转移，军事力量建设不断向空天方向拓展。这种‘转移’是大势所趋，这种‘拓展’是历史必然，这种发展不可逆转。一定意义上讲，控制了空天，就控制了地面、海洋和电磁空间，就掌握了战略主动权。现在，不仅世界主要大国空军正加紧调整军事战略，一些发展中国家空军也在不断推出战略转型的新举措，积极抢占这一新军事变革的战略制高点。”

许其亮表示，空天的军事化是对人类和平的挑战。在这种挑战面前，没有足够的力量

就没有发言权，只有拥有强大的力量才能维护和保卫和平。作为爱好和平国家的空军，必须锻造好赢得和平的利剑和盾牌。[7]

中国作为一个大国，需要建设一支与大国地位相称、与不断拓展安全利益相一致、有利于维护地区稳定和世界和平的空军力量。

面对空天领域角逐加剧的新形势，面对党和人民的嘱托与期待，人民空军如何应对日益严重的威胁和前所未有的挑战，如何建立一支与我国建设发展需要相称、与空天时代发展需求相符、有利于维护地区稳定和世界和平的空中力量，是铭刻在每个“空军人”心底的深深忧患，是需要我们认真思考并用行动来回答的紧迫课题。形势要求我们必须按照建设信息化军队、打赢信息化战争这一总目标，坚持空天一体、攻防兼备的战略要求，不断提高侦察预警、空中打击、防空反导、战略投送能力以及执行多样化军事任务的能力，实现由机械化向信息化的转变，努力把空军建设成为一支政治素质过硬，总体规模适度，力量结构合理，能够应对多种安全威胁，有效维护国家利益，适应打赢信息化条件下局部战争和完成多样化军事任务需要的重要战略力量。

信息主导、攻防兼备、空天一体已成为空军下一步发展重点。正如人民空军第10任司令员许其亮所言，“一定意义上讲，控制了空天，就控制了地面、海洋和电磁空间，就掌握了战略主动权”。

其实，早在20世纪90年代，我军就提出了“空天一体、攻防兼备”战略转型的相关概念。当时，时任中央军委主席江泽民为空军题词：“为建设一支强大的现代化的攻防兼备的人民空军而奋斗”。他多次强调，空军在未来高技术战争中的地位和作用非常重要，未来我与敌人在空中的较量将成为具有决定意义的较量，指示空军要坚持攻势防空的作战指导思想，引领空军由国土防空型向攻防兼备型转变。

现今国际上有些防务专家一直在研究“是什么引起中国战略思维的最大转变”，“最近的战争如何影响了中国空军”等课题。普遍一致的观点是：促使人民解放军将重心转向空军的重大事件，至少有两个。一个是海湾战争，另一个是影响更为深远的科索沃战争——世界第一场完全依靠空军打赢的战争。这两场战争都显示出，与集中的地面部队相比，空军的常规作战能力是那么强大。这也极大地震动了中国军方领导人，促使他们重新思考自己的总体战略。

空军专家坦言，世纪之交的几场战争的确给我们以深刻的启示，历史的教训让中国人更加清醒地意识到：我们必须投入更多的资源，进行高科技武器的研究与开发。

回望历史，战火的锤炼，为人民空军注入了英勇善战的魂魄；国力的跃升，为人民空军插上了傲视天地的翅膀。新中国成立以来，特别是改革开放30多年来，国家综合国力的提高，为空军现代化建设提供了雄厚的物质技术基础。60多年前，空军参加开国大典受阅的飞机没有一架是国产的。而60年后的国庆阅兵，空军参阅的预警机、空中加油机、歼-10、歼-11等12种15个机型，“红旗”-9、“红旗”-12地对空导弹以及先进雷达等主战装备，全部是我国自主研发的，标志着人民空军已形成以第三代主战装备为骨干的空中作战体系，战斗力水平有了质的飞跃。

面对世界范围内风起云涌的新军事变革浪潮，对于空军未来的发展方向，美国《航天与航空技术周刊》曾指出，美国想确保未来继续实施“不流血的战争”，空军就需要装备灵巧武器和高超音速武器于超音速隐身飞机和无人机上。美国空军正致力于研发尺寸更小，更灵巧，带有更精确的导引头和新型弹头的武器，特别是发展一系列低成本无人自主攻击飞机。美国空军的发展方向也为其他国家树立重要的标杆。

早在2006年，美国就提出一个理论，叫“一个小时打遍全球”，即通过空间基础保障系统可以在大气层以外的宇宙空间，给地面陆海空信息化部队和武器装备提供保障。其空间轰炸机、空间运输机通过太空通道，利用太空赋予其特殊的速度，飞达敌国上空，再进入大气层内实施轰炸和作战。笔者当时坦言，应该清醒地看到，这些前瞻性战略构想，正在向我们发出新的挑战。而2010年春夏之交，“一个小时打遍全球”系统已进入实质性部署。

这个世界令人惊叹的高新科技发展，实质是更多地把责任摆在了国人面前。

2009年6月，我人民空军100余架战机在多个机场同时升空，从不同方向奔袭南疆远海深处，歼击机、强击机等主战飞机实施战斗巡逻，电子干扰机、空中加油机等作战支援飞机进行策应掩护，新型战机经多次空中加油后首次巡航祖国最南端，标志着我空军航空兵大机群、多机种远海空中作战能力取得新的突破。

鲲鹏展翅九万里，冲天翱翔凌碧空。面向未来，具备全疆域一体化打击能力的人民空军，必将飞得更高更远；人民空军的明天会更加湛蓝！

参考文献

[1]《坦克装甲车辆》编辑部. 国庆60周年大阅兵专刊. 坦克装甲车辆·新军事，2009(11).

[2] 中共中央文献研究室，中国人民解放军军事科学院. 建国以来毛泽东军事文稿.（上）. 北京：中央文献出版社，军事科学出版社，2010.

[3] 陈光文. 逝去的经典——国产歼6战斗机传奇. 军事文摘，2010(8).

[4] 辛波. 中国高科技引进与自主创新. 南宁：广西科学技术出版社，2007.

[5] 齐芳文. 创新的力量永不枯竭. 光明日报，2010年1月12日.

[6] 罗山爱. “黑鹰”翱翔青藏高原. 环球时报，2009年12月18日.

[7] 冯春梅，孙茂庆，李宣良，等. 走科学发展之路筑蓝天钢铁长城——专访中央军委委员、空军司令员许其亮. 人民日报，2009年11月2日.

第十三讲

由《永不消逝的电波》到信息化网络化电磁战场的抗争

——中国军事电子装备发展历程

20 世纪 90 年代初，世人瞩目的海湾战争结束爆发！这场持续时间不长的战事首次向全世界彰显了一个新的历史趋向：现代战争已经由机械化战争形态迅速向信息化战争形态转变。以信息技术为核心的机械化、信息化复合型战争形态正在成为未来世界军事交锋的主流。

紧接着，20 世纪 90 年代末爆发的科索沃战争及 21 世纪初爆发的阿富汗战争、伊拉克战争及利比亚战争，则使这种战争形态得到比较完备的发展，其信息化程度明显高于以前任何战争。

海湾战争结束后，法国国防部长曾一针见血地指出，“海湾战争是基于士兵与物质的伟大胜利，但最重要的是信息，尤其是基于来自空中和太空的信息的伟大胜利”。瞬息万变的世界告诫人们，高科技战争正在日益信息化，信息化战争已成为高技术战争发展的必然趋势。

以微电子为基础，以电子计算机为核心，包括激光、传感器、人工智能等在内的现代新技术，已经成为影响当今战争和军队发展的最具有关键性作用的高新武器构成要素。其影响主要表现在：武器装备电子化，作战样式数字化，作战指挥自动化，作战活动精确化等，这将彻底改变过去主要依靠体能和技能取胜的战争格局。信息对抗将成为未来战场作战的重心，信息化武器已成为现代战争的主宰，“制信息权”将成为信息化战场交战双方争夺的制高点。

谈论信息化战争，有人把科索沃战争称为“信息化战争的鼻祖”，亦不无道理。在那场被称为“联盟力量”的行动中，北约部队大量使用安装全球定位系统、惯性制导系统、红外寻的系统、激光制导系统等多种精确制导技术的巡航导弹、防区外空对地导弹和“联合直接攻击弹药”，精确制导导弹占总投弹量的 35%。在此基础上，北约动用了 50 多颗空间卫星，首次使用“初期联合空战中心能力系统”、“海上指挥控制系统”和“北约综合数据传输系统”等新 C4ISR 系统，将战场与各参战部队、各指挥控制系统相互结合成一个整体，构建了陆、海、空、天、电磁五位一体、初具规模的数字化战场。在大规模使用信息化装备、实现了战场数字化的同时，科索沃战争中还在互联网上出现“黑客”攻击和网络对抗，使人们猛然意识到信息化战场正覆盖全球。

外军电子战飞机内部终端操作

21 世纪初，为报复“911”恐怖袭击，美国连续发动阿富汗战争和伊拉克战争，这些战事再次将信息化战争的众多特点和特性鲜明表现出来。尽管伊拉克战争“师出无名”，但在推翻萨达姆的军事行动中，美英联军所使用的武器基本是信息化程度较高的武器装备，使用的弹药大多为精确制导弹药。

更让世人惊骇的是，美英联军在参战的同时，还动员了社会民间力量，将信息社会的大众传媒广泛应用于战争，使得这些血淋淋的实战场景实现了临近阵地的实况传播。

战争双方利用新闻媒体实施广泛的心理战、舆论战，对战争的进程和影响都是非常明显的。由此有众多军事评论家断言，随着信息革命的深入发展，随着信息技术的不断进步及在军事领域的广泛运用，21 世纪的战争将会更加信息化并发展成为完整意义的高技术信息化战争。

▶高屋建瓴的战略判断

2000 年 12 月 11 日，面对世纪之交瞬息万变的国际局势，中央军委召开扩大会议，江泽民在会上发表了题为“机械化和信息化是我军建设的双重历史任务”的重要讲话。江泽民指出：随着高新技术尤其是信息技术在军事领域的广泛运用，一场新军事变革蓬勃兴起，世界主要国家普遍加强了以高技术为基础的军队现代化建设。发达国家和发展中国家的军事技术形态出现又一轮的“时间差”，历史上西方列强以洋枪洋炮对亚非拉国家的大刀长矛的军事技术优势，正在转变为发达国家以信息化军事对发展中国家的机械化半机械化军事的新的军事技术优势。世界军事力量对比出现了新的严重失衡。

江泽民强调：目前，军队的作战方式和作战手段呈现出崭新的面貌，战争形态也在从机械化向信息化转变。武器装备趋向智能化，攻击兵器具有远程打击、精确制导和隐蔽突防能力，各种主要作战平台具有信息传感、目标探测与引导、信息攻击与防护能力。指挥控制趋向自动化，通过 C4ISR 系统把战场上各军兵种武器系统、作战平台、保障装备结合成有机的整体，从而构成陆、海、空、天、电磁多维一体的战场。以电子战、计算机网络战为主要内容的信息战开始登上战争舞台。在传统的制海权、制空权以外，又出现了制信息权问题。在高技术战争中，没有制信息权就谈不上制海权、制空权。海湾战争以来的高技术局部战争表明，信息技术在现代战争中具有极为重要的作用。高技术战争，是以信息化为主要特征的。新军事变革，实质上是一场军事信息化革命。信息化正在成为军队战斗力的倍增器。[1]

时光流逝，星移斗转。2001 年 9 月 11 日，恐怖分子劫持 4 架民航客机对美国本土发动大规模恐怖袭击事件，导致近 3000 人遇难。10 月 7 日，美国在其盟国的支持下，对阿富汗发动了代号为“持久自由”的空中军事打击，阿富汗战争爆发。

2001 年 10 月 31 日，江泽民在我军一次重要会议上再次强调，必须加快信息化的发展步伐。“打现代战争，谁拥有信息优势，谁就能比较容易掌握战争的主动。美军的战争能力强，很重要的原因就是在信息技术方面处于领先地位。美军的指挥自动化系统发展迅速，不断更新。去年(2000 年) 2 月，美军又提出在 C4ISR 的基础上搞全球信息栅格，目的是掌握在全球范围内尽可能实时发现和攻击目标的能力，使美军在任何一场冲突中都具备全球优势。今年(2001 年)以来，美国进一步加强了航天技术和太空武器的建设，企图通过攻防兼备的航天系统，加强对空中、地面、海洋作战系统的信息支援，提高战场目标控制和远程精确打击能力，必要时还可以遂行空间作战。美军指挥自动化系统中的LINK－11/LINK－16DEN 等多种数据链，可以实现指挥控制系统与作战平台之间、作战平台与作战平台之间的交联，大大提高了作战指挥能力。”[1]

国际形势的急剧变化，促使中国领导人审时度势，做出了“我们要下大工夫发展我军的信息能力”的战略判断。迎击新军事变革浪潮的挑战，根据国家安全需求和经济社会发展水平，以江泽民为核心的中国第三代领导集体下决心奋力实施国防和军队现代化建设“三步走”发展战略，有计划有步骤地推进国防和军队现代化建设。

这一战略构想最重要的基石，就是必须大力推进国防和军队信息化建设。

20 世纪 90 年代以来，世界发达国家军队广泛运用新的信息技术成果，采取研制、改造、整合等多种手段，加快建设信息化武器装备体系。美国计划到 2020 年前后，将各兵种的武器装备全部实现信息化。环顾世界，目前各主要军事强国军队的作战能力已达到信息化战争初级阶段的水平，而我国军队总体上仍处于机械化、半机械化阶段，信息化建设还只是刚刚起步。我们必须坚持以机械化为基础，以信息化为主导，努力实现信息化和机械化复合发展的双重历史任务。特别需要围绕这个战略目标，最大限度地发挥后发优势，提高我军信息化建设水平，坚定地走跨越式发展的道路。只有这样，我们才能走出被动追赶式的发展模式，缩小与军事强国的“军事技术差”，最终进入与发达国家同步发展的轨道。

我军机动式中远程三坐标雷达

在这个重要的历史时刻，中央军委首长强调：要以机械化信息化复合发展为国防和军队现代化建设的发展方向。立足国情军情，积极推进中国特色军事变革，科学制定国防和军队建设战略规划、军兵种发展战略，2010 年前打下坚实基础，2020 年前基本实现机械化并使信息化建设取得重大进展，21 世纪中叶基本实现国防和军队现代化的目标。

在这个宏大目标面前，加强信息化武器装备体系建设至关重要。信息化武器装备是建设现代化军队的物质技术基础，是加快信息化武器装备体系建设的主要手段。

正是在党中央、国务院和中央军委的坚强领导下，按照新时期军事战略方针的根本要求，经过10多年的不懈努力，我国国防科技和武器装备信息化建设取得了举世瞩目的成就。

当新中国成立60周年国庆阅兵式刚刚落幕，就有人民解放军装备专家深度解读：这次国庆阅兵决不仅是一个形式，而是中国国防和军队建设特别是近10年来变革的缩影和里程碑。此次阅兵展示的武器装备，不论是大型预警机、巡航导弹还是新型战略导弹、雷达和无人侦察机，都是信息化战争的标志性装备，体现了我军从机械化向信息化迈进的历史性跨越。

处在大变革、大调整时代，人们深知，未来信息化条件下的局部战争，是武器体系的对抗，而不取决于一两件高科技武器的使用。这次国庆60周年阅兵，不仅展示了最新武器，而且还充分体现出我军高技术密集型武器装备的系统化和合成化，特别鲜明地显示了信息化条件下局部战争所要求的侦察预警、快速反应、战略投送、联合指挥、精确打击、电子对抗和国防动员等方面的最新成果。

面对国际社会的赞美之声，中国政府非常清醒地认识到现阶段中国军事实力的发展状况及其在世界范围内所处的地位。我军许多装备专家强调要在"准确埋解"上下工大。他们认为：解放军装备建设经过这些年尤其是最近10年的发展，完善了武器装备体系，增强了武器装备的信息化程度，极大地提升了军队的作战能力。但是，我们必须看到，由于武器装备建设欠账较多、需求矛盾突出，军队装备更新换代的速度还比较慢，阅兵展示的这些新型装备只能满足部分部队装备更新的需要。因此，中国军队武器装备的整体水准尤其是信息化水平，与中国的大国地位和日益拓展的国家利益需求相比，还有较大差距。[2]

在世界范围内，虽然我军一些装备已经具有世界先进水准，但就整体而言，大部分装备还落后于军事强国，甚至与周边一些国家和地区相比，还有不小距离。尤其是武器装备体系化水准、信息化程度与军事强国比，差距更大。如美国已装备第四代隐身战斗机，研制发展空天无人机和太空武器，加快新型核动力航空母舰和核潜艇建造，陆军数字化建设已初见成效等。毫不隐讳地讲，这些方面我军至少落后10~20年。

客观现实告诉人们，信息化条件下的军事装备发展和数字化建设，是世界新军事变革追逐的最为重要的目标，亦是当今中国国防科技和武器装备建设的"软肋"。对于我们与世界先进水平的差距，应当保持清醒的认识。如果我们不能在重要的战略机遇期下决心解决好军队装备的数字化建设，在未来的竞争中就有可能重蹈鸦片战争的覆辙。我们应当有这样的忧患意识。

当历史折射现实，照耀未来之时，我们还应看到：从一无所有的"白纸"上开始起步的军事电子装备建设，是我军发展较快的新秀。讲述新中国军事电子装备的发展历程，人们不仅倍感骄傲，而且会对未来充满憧憬和希望。在这里，就让我们的思绪重新回到井冈山革命根据地创建初期那段艰难困苦的岁月……

▶从无到有的红军无线电通信事业

中国人民革命军事博物馆土地革命战争馆里，陈列着一部老式电台。这部电台装在一个简制木箱里，电台开关和调节旋钮锈迹斑斑；里面的变压器、线圈、电子管、电阻等零件，历经岁月侵蚀已布满尘垢。别看这部15瓦无线电台简单陈旧，它却是人民军队的第一部电台，见证了我军无线电通信事业从无到有的历史。

谈起这部电台的来历，人们的视线自然要前移到20世纪二三十年代，那是中国工农红军创建初期。当时井冈山革命根据地的条件非常艰苦，红军常常因为不能及时沟通信息而贻误战机。1930年12月，红军在第一次反“围剿”作战的龙冈战斗中，全歼国民党“围剿”军主力第18师，活捉师长张辉瓒，并缴获了这部当时堪称“稀罕宝贝”的军用电台。

在那个战乱纷争的年代，西方人发明、制造的无线电台才刚刚进入中国，对于它极为重要的作用，当然也鲜有人知。起初红军战士们看着这个“黑匣盒子”，并不知道是啥东西，但它的神奇作用不久就体现出来了。

我军缴获的第一部军用电台

据朱良才将军晚年回忆，全歼张辉瓒师，是第一次反“围剿”斗争中极具历史意义的战斗。当时国民党张辉瓒师的先头部队在江西龙冈正面进攻，与红三军发生激战，而朱良才将军所在的红九军团先是在后面支援。这场战斗相当艰苦，张辉瓒师负隅顽抗，我军伤亡惨重。战斗进行到后半程，根据朱德军长的指示，红九军团从一侧迂回包抄，给了敌军致命一击，最终一举攻占了敌人的指挥所。我军缴获了敌师部电台和2000多支枪械。

谈到那部缴获的电台，朱良才将军说出了一段趣事：当时缴获了电台，并不知道这是个啥“宝贝”。战士们把电台搬到陈毅老总的指挥部后，我（朱良才）并不知道电台有啥作用，当时还踢了一脚说：“这玩意儿有啥用?”陈毅见状忙拦住说：“哎呀，你可轻一点，这可是个宝贝呀!”

红军缴获这部电台后，原电台台长王诤、报务员刘寅等人在毛泽东、朱德的劝说下都参加了红军。就这样，这座电台和机要人员成为红军第一部电台组。1931年1月6日，经过调试的电台接收到第一束飞驰的电波。

对于王诤、刘寅的作用和贡献，毛泽东真是铭刻在心。新中国成立后，1963年8月

30 日，毛泽东接见外宾时还兴致勃勃地说：“我们的第四机械工业部部长王诤，是一九三零年被俘的，他是我军无线电通讯工作的创立人。从他决心同我们一起闹革命之后，我们的无线电通讯工作才算是建立起来。”[3]

有了电台组，红军便利用它捕捉敌军电台信号，截取了不少国民党军事情报。了解敌人动向，为红军把握战机、正确决策、出奇制胜提供了有力的保障。

1931 年 5 月 15 日，报务员王诤突然监听到敌军新的行动方案。毛泽东、朱德依据情报，周密部署，在观音崖、九寸岭布下天罗地网。翌日清晨，第二次反“围剿”首仗打响，英勇的红军似神兵天降，漫山遍野杀声震天。国民党“围剿”军被打懵了头，悉数被红军俘获！前线捷报频频传来，毛泽东高度赞誉：“王诤的电台立下了汗马功劳！”

后来在总结反“围剿”斗争战绩时，毛泽东强调指出：“红军有了电台，就等于有了‘千里眼’和‘顺风耳’。我们一定能打败敌人，革命是不可阻挡的！”

我军对无线电技术的首次掌握和运用，是在 1931 年 6 月 2 日。设在红军总部的电台与前方电台实现第一次无线电通报。这次沟通联络，以相互拍发电报为标志，宣示了我军通信步入一个新的发展时期。

从这个时候开始，红军利用反“围剿”斗争中缴获的国民党军用电台，挑选有些文化知识的红军战士参加无线电学习班，培养报务员。20 世纪 60 年代全国家喻户晓的电影《永不消逝的电波》中的主角——李侠，其原型人物就是这个时候被挑去参加学习的。

这名战士本名华初，化名李白，1910 年出生于湖南省浏阳县一个贫苦农家。1925 年，中共湘区委员会在浏阳最早建立组织时，年仅 15 岁的华初即加入了共产党。华初原本并不认识多少汉字，而这时的无线电学习，不仅要用汉字，还要学英文，掌握电信技术对他来说真是难上加难。他们的老师是党中央从上海派来的一位精通电信专业的党员，对红军学员的要求极严；加上特殊战争环境的压力，华初和他的战友们被迅速培养为电台报务员。

《永不消逝的电波》电影剧照

1935 年，华初跟随红军总部电台，参加二万五千里长征。1937 年秋，国共合作。李克农这时出任八路军驻上海办事处处长，将华初带去，华初遂化名为李白。八路军办事处撤退后，他就潜伏下来，成为我党设在上海的三个秘密电台中最得力的一个。李白经常向延安传递军政情报，保证上海地下党与党中央的联系。

1945 年，中共地下党在上海黄渡路 107 弄 15 号三楼设立秘密电台，李白以上班作掩护，接收情报；夜晚将一份份情报发送解放区。1948 年 7 月，国民党特务的无线电测探网已伸到李白电台所在地的虹口，并实施分区停电，以测定秘密电台所在的电波区域。李白的上级曾决定让他的电台暂停联络。但当时战事吃紧，许多重要情报急需上报。8 月，李白不得不重新工作。1948 年底，国民党特务机关测得秘密电台方位，李白不幸被捕。1949 年 5 月 7 日，李白惨遭杀害。

李白从事秘密工作 12 年，从他手中送出去的有辽沈战役时国民党青年军第 207 师及第 208 师一部通过海运在葫芦岛、营口登陆增援东北战场；淮海战役时黄维、刘汝明、李延年等兵团由华中地区北上增援徐蚌战场以及长江防务、江阴要塞、吴淞口防御等重要情报。

从技术角度上讲，李白的电台改装效果也是不可思议的。李白烈士的后代李恒胜说：“父亲的可贵之处，不仅在于他能吃苦，对党坚贞不屈，还在于技术上的不断创造。”当时，李白的电台功率很小，但仍能把电报发到千里之外的延安，而且信号清楚。

新中国成立后，苏联情报电信专家曾采访李白的妻子裘慧英，得知这一情况后感到不可思议。“我父亲将发报机从 100 多瓦一直改装到 10 多瓦，假如不是当时国民党装备了美国的雷达探测仪，也许根本无法抓住父亲。”李恒胜至今仍记得父亲有过一个发报机，上面插上弯曲的天线就能发报，一旦拉直就与收音机天线无二。

正是这样高超的技术，才使得李白在国民党测探网的眼皮下能够坚持发报 10 余年。

鉴于李白的突出贡献，1949 年 8 月上海解放后，党和国家为李白召开了隆重的追悼大会。时任中央情报部部长李克农始终怀念李白，建议将他的事迹搬上银幕。由此诞生了教育和激励后人的电影《永不消逝的电波》。国家还在上海保留了黄渡路 107 弄 15 号三楼李白烈士的故居和中共秘密电台遗址，使这里成为爱国主义教育基地。

1995 年秋，北京邮电大学在主楼外东南角，为李白树立了一尊石像，让后人永远铭记李白烈士和《永不消逝的电波》那样的时代大剧！

在鄂豫皖和川陕根据地，红军对无线电台也十分倚重。据宋侃夫（新中国成立后任中华全国总工会副主席）在《红四方面军电台始末》中回忆：

1930 年，我在中共上海法南区委工作，大约在四五月份，中央通过江南省委派陈寿昌（后进入苏区，牺牲）找我谈话，要我去中央特科工作，原因是我曾学过点电机专业。不久，陈寿昌派翁瑛（后进入苏区，叛变）为我们讲授无线电和电机工程的一般基础知识，他还给我们一本无线电课本和英文的袖珍本《业余无线电学》要我们学习。我们从组装三个电子管的收音机开始，然后四管、五管，同时，我们还要学报务，学普通电码。伍云甫、王子纲又先后用手键教我们收抄练习。

1931 年 9 月，乐少华向我们传达了中央的决定：“在中央搞无线电通信的一些同志，要进入苏区，宋侃夫和徐以新同志到鄂豫皖去。”并要求我们在动身之前记好四套密码。为了避免进入苏区时发生意外，密码不能写在纸上带去，要背熟记在心里，到苏区后再默写出来。要我记住的是三套：同中央苏区、湘鄂西苏区、赣东北苏区联系的密码。徐以新记住的是与上海中央联系的密码。1932 年 2 月间，红四方面军在新集北的潢川打了一仗，缴获了一部完整的电台，这真是雪中送炭。有了这部电台，加上充电机、手摇马达，设备就比较完整齐全了。我们在钟家畈找了几间破房，修整一新，安装好设备，架设好天线，就开始了工作。从此，四方面军正式建立了电台。[4]

再说说湘赣苏区的电台工作。老红军肖荣昌在《回忆与怀念》中记录道：

参军后我到井冈山中心区永新县委当公务员、油印员，曾任区儿童书记。1933 年因苏区不巩固，机关精简，动员我们上前方，党团员踊跃报名。不久无线电中队招生。我曾在家里读过四年书，认得几个字，在那时可算了不起了，成分又好，年龄又小，革命又坚决，很快就被提拔当班长。班长要带头啊，指导员找我谈话："上级调你去学无线电，那就去吧。"5 月间，我就到无线电中队学无线电报务、通信技术。

1933 年 6 月，任弼时从中央苏区以中央代表身份来到湘赣苏区，全面领导党政军工作。我毕业后就跟随任弼时政委到湘赣苏区电台工作，始终在他直接领导的侦察分队工作，一直到红军长征三大主力会师后，任弼时将我们分队移交中央军委二局合并为止。

任弼时极为重视电信侦察情报工作，把电台当宝贝。1934 年 10 月红六军团、二军团两军会合不久，打了第一个胜仗——龙家寨战斗，缴获了一部电台，这促使任弼时决心用来组建侦察小分队。1935 年 1 月，侦察分队成立了。从无线电大队挑选出经过考验、觉悟高、技术全面的张有年同志为队长，并选送 4 位精干的报务员，正式组成这支侦察小分队。我便是调入这个小分队的报务员之一。分队直接由任弼时政委领导，与机要科是一个行政编制，并任命机要科长龙舒林同志兼分队政委，行军宿营都紧随任弼时政委行动。此外，对侦察分队人员、器材等有关保障都从优待遇。挑负机器的运输员，是从部队挑选身强力壮的战士担任。同时专配一个武装监护班保卫电台分队的安全。

▶魂断长征路的无线电埋名英雄

1986 年 10 月 6 日，福建省宁德地区隆重集会，举行纪念红军长征胜利暨蔡威烈士牺牲 50 周年报告会。徐向前元帅为魂断长征路的蔡威烈士挥毫题词："无名英雄蔡威"。蔡威，这位为红军长征胜利、为我军无线电通信和技术工作做出过卓越贡献的"无名英雄"，才重新出现在人民英烈的史册上，为无数后来者所景仰。

1907 年 3 月出生于豪门巨富之家的蔡威，是深宅大院里的"叛逆之子"。他于 1926 年加入中国共产党，1927 年 9 月，蔡威到上海同济大学读书，并从事党的地下工作。1931 年上半年，按照党组织的安排，蔡威参加了在周恩来直接领导下的中央特科无线电训练班，开始了他的无线电通信和技侦情报工作。

在这个训练班上，与蔡威同期学习无线电报务技术的还有宋侃夫、王子纲（新中国成立后任国家邮电部部长）等人。1931 年 10 月，蔡威和同学们结束了无线电学习，肩负重任，分别奔赴各苏维埃根据地创建无线电台。从此他情系红色电波，在无线电通信领域为党和人民军队的生死存亡和战斗胜利建立了不可磨灭的历史功勋！

1931 年 10 月 7 日，中央决定在鄂豫皖根据地成立中国工农红军第四方面军，总指挥徐向前，下辖 4 个师近 3 万人。该根据地与中央苏区遥相呼应，对国民党反动统治构成沉重打击。但是，由于鄂豫皖红军缺少无线电台及其他器材，无法与中央苏区保持通信联络，因此，建立无线电通信联络成为当务之急。蔡威等人奉命从中央苏区派往红四方面军司令部，最重要的任务就是帮助他们筹建电台。

当蔡威风尘仆仆地赶到鄂豫皖根据地首府新集后，组织上任命他为中央军委鄂豫皖分委会参谋。他马上在根据地组建通信大队。首期通信大队无线电培训班集中了有点文化知识的红军战士 20 余人，蔡威负责整个培训组织工作并兼任理化教官。

这时的蔡威，不光抓通信培训，还挂牵着创建电台的大事。每当一场战斗结束，心系前线的他都会赶到战场，围着部队缴获的那些破烂发电机、收发报机转悠，摸摸弄弄。蔡威高兴地对战士们说："这很好，这很好，没想到缴获了这么多'宝贝'。"尽管他拿到的东西都比较残破，没有一件是完整的，但他总是如获至宝，一头扎进这堆破烂里，一件一件地清理、挑选，把机器、零件都擦得干干净净，然后进行组装。经过他的捣鼓，有台破损的发电机终于"嘟嘟嘟"地响了起来。大家奔走相告，高兴得直跳。可是，满身油污的蔡威却摊开双手，微笑着无可奈何地说："不行，不行，收发报机没有配件，还不能工作。"

蔡威等人一面继续清查、修理现有的旧机器，一面寄希望红军多打胜仗，多缴获敌人的电台。红四方面军总指挥徐向前对此也非常重视，特别要求红军在作战中，一定要注意收集和保护无线电台及有关装备器材。当时，蒋介石在鄂豫皖根据地四周集结 15 个师的兵力，悍然发动第三次"围剿"。因而，红四方面军成立才 3 天，就进行了著名的黄安战役。

黄安战役历时 43 天，共歼敌 1 个整师和 1 个团，击溃援敌 5 个旅，活捉了敌第 69 师师长。尤其难得的是，缴获了 7000 多支步枪、10 余门迫击炮，还缴获了一部完整的电台。为了保护这部电台，几个红军战士把它送到根据地中心区来家河掩埋起来。来家河是老苏区，以前就有红军的一个修械所，把电台埋在这里是比较保险的。后来，鄂豫皖根据地军委查问到电台下落，蔡威就带着训练班的学员跑到来家河把电台挖了出来，运到新集拆洗并重新安装，很快就把电台检修好了。后来的商潢战役中，我军歼灭敌张钫部的一个骑兵旅，又缴获一部电台，这样，建立无线电台的器材就齐全了。

我军使用过的一些无线电台

此后两天，新集镇南门外钟家畈村后的祠堂被修葺一新。随着清脆悦耳的"嘀嗒、嘀嗒"的发报声，鄂豫皖苏区的第一部红色电台在这里诞生了。

1932年2月，就在新电台与中央苏区开始联络时，鄂豫皖苏区召开了第一次党代会。这天上午，蔡威忽然听到中央苏区电台正呼叫他们，说有一份长报要发。蔡威立即按动电键和中央苏区电台联通，很快抄出一份整整齐齐的电报。经宋侃夫译出后，才知这是上海党中央向鄂豫皖苏区党代会发来的贺电。宋侃夫立即拿着电报，骑上战马，兴高采烈地跑到会场，将这份贺电交给政委陈昌浩。陈昌浩看了看电报便立即在大会上宣读，全体代表都兴奋得站起来热烈欢呼，很多代表激动得流下了热泪。会后，总指挥徐向前专门来到电台所在地，向蔡威、宋侃夫等同志表示衷心感谢。

这部新建的电台，不仅沟通了鄂豫皖根据地与党中央的联系，能够及时得到中央的指示，而且很快与湘鄂西贺龙部队和湘鄂赣苏区取得联络，改变了红四方面军信息闭塞的局面。此后，鄂豫皖根据地的红色电波有效地保障了长征路上的中央红军和湘鄂西贺龙部队及湘鄂赣苏区的通信联系。

为了发挥电台在敌情侦察中的特殊功能，蔡威主动提出并亲自担任侦破敌军密码的任务。而要掌握密码破译规律，没有娴熟的无线电报务技能是不行的。蔡威充分运用他所掌握的书本知识和实践经验，废寝忘食，潜心钻研；他和宋侃夫等人一起，平时密切注意收集敌军番号、驻地及指挥官信息和兵力部署、行军路线，然后又从侦听的敌电台用语、信号、谈话中寻找蛛丝马迹，进行分析、研判，从中找出规律性的东西。经过三个多月呕心沥血的艰苦努力，蔡威的技侦工作取得突破性进展。

1933年5月，敌军“围剿”红四方面军。蔡威在关键性的空山坝战役中破译了敌作战部署密电，为总部提供了准确的情报。红四方面军避实就虚，以少胜多。同年10月，国民党军队对川陕苏区投入20万兵力进行“六路围剿”。蔡威和电台的战友们大显神威，有如“耳报神”一般，让国民党军队损兵折将，红四方面军取得了辉煌战绩。

蔡威和红四方面军电台技侦情报对中国革命的特殊贡献尤为值得一书。1934年底至翌年初中央红军长征，经猴场、通道转军，到达贵州，在黔北、川南、滇西的狭窄地带作战略转移，四渡赤水，巧妙用兵，打破了国民党军队的围追堵截，演绎出中国革命战争史上的经典之作。从某种意义上讲，在这个重要的历史转折点，是蔡威破译的那些技侦情报挽救了中央红军的命运；而这个历史性贡献过去却鲜为人知。历史不能忘记，当中央红军颠沛流离，处于强敌压顶的危难之际，正是蔡威他们远在川陕苏区这块相对稳定的根据地里，密集跟踪正在黔北、川南、滇西的敌军电台，成功破译出围堵中央红军的敌军兵力部署及其调动情报，并迅速发送给中央红军，使处于“敌军围困万千重”中的毛泽东等领导同志，对蒋介石坐镇重庆等敌情了如指掌，神奇用兵，终于使中央红军跳出敌军的“铁壁合围”。

捧读红四方面军电台发来的技侦情报，周恩来曾激动万分地称赞蔡威他们是“另一支红军劲旅”。长征结束后，毛泽东评价说：“红四方面军电台的同志辛苦了，有功劳啊！在我们困难的时候，在四渡赤水前后，是你们提供了情报，使我们比较顺利地克服了困难。”

红色电波还历史性地安排了长征途中红军三大主力的胜利会师。但这个时候，蔡威已经于1936年9月22日，在红四方面军即将过完草地时，被无情的病魔夺走了年仅29岁的生命。惊闻噩耗，正在前线指挥作战的徐向前专程赶来主持了蔡威的遗体告别仪式。千余名红军官兵肃立，向英雄作最后的诀别。

至此，我们已经粗略地了解红军三大主力建立无线电通信的情况。可以毫不夸张地讲，1931年在中央苏区建立的无线电通信兵，是我军的第一个高技术兵种！

▶李强研制中央在白区的第一部电台

谈论我党我军的无线电通信发展历程，话还得分两头单表。在讲完几大革命根据地的情况后，我们还应了解在蒋介石发动"四一二"大屠杀的白色恐怖中，周恩来领导李强等人研制中共中央第一部无线电台的故事。

1927年"四一二"反革命政变后不久，李强(1925年"五卅"惨案后加入中国共产党，时任上海市学联执行委员)奉命撤往武汉，在中央军委书记周恩来领导下开展工作。同年9月，中共中央机关由武汉迁往上海。当时正值白色恐怖笼罩全国，共产党人遭到国民党反动派的追捕、围剿和血腥屠杀。为了保证中共中央的安全，在周恩来领导下，中央特科于同年11月在上海建立。特科下设四个科，分别负责总务、情报、保卫、通信等工作。设立通信科之目的，在于加强党中央对各苏区与工农红军的联系，及时了解各地斗争情况。

但当时国民党政府对无线电器材特别是收发报机控制得非常严格，市面上根本没有成品出售，因此筹建秘密无线电台就成为中央特科一项艰巨而紧迫的任务。

1928年10月的一天，周恩来庄重地将无线电台的研制工作交给了通信科长李强。与此同时，周恩来又将学习无线报务的任务交给了时任上海法租界地方党支部书记的张沈川。从此，他们俩就成为上海中共中央无线电台的创始人。

李强接受任务后，一方面设法搞到一套美国大学用的英文版无线电教材，刻苦潜心攻读；另一方面，他以无线电爱好者的名义，同在沪经营美国无线电器材的亚美公司和大华公司的商人交朋友，从他们那里陆续购买了无线电器材、工具及有关书刊。李强凭着扎实的英语和数学、物理基础，边学习边摸索，度过了许多不眠之夜。半年后，李强在1929年春末将第一台收发报机试装成功。趁着电台还没开始运转的当口，李强、张沈川先试着组装了几台发报机，悄悄拿到上海各码头的大轮船上去卖，既练就了组装电台的技术，又赚了些钱来解决特科经费拮据的燃眉之急。

1929年下半年，中央正式决定建立第一个无线电台，李强、张沈川在上海西极司非尔路(今万航渡路)福康里9号租了幢三层楼房，作为电台的秘密台址。夜深人静，李强和张沈川打开那架自制的收发报机，用业余无线电台的呼号开始呼叫，得到了其他业余电台的回答。为了防止敌人侦听，每次试验时间都只有几分钟。这样连续试验了几个晚上，电台运转顺利。当周恩来得知中央第一座秘密无线电台建成的喜讯后，亲自编制了第一本密码。无线电台建立后，由李强负责机务，张沈川分管报务。

1929年底，李强带上由自己和张沈川共同培养出来的第一个报务员黄尚英，奉命到香港九龙建立第二个秘密无线电台。

次年1月，沪港两地通报成功，成为中共中央自己建立的第一对组通报电台。以后随着电台制作经验的日益丰富，收发报机的质量和报务人员的业务水准均有明显提高。

至1932年，中共中央的声音已能通过李强组装的秘密电台及时传达到全国各大根据地，对领导各地的革命斗争发挥了重要作用。

看不见摸不着的无线电波，也是国共两党军事交锋的前哨阵地。

在解放战争的正面战场上，敌我双方展开了殊死搏斗，这已是众所周知的史实。但在空中无线电通信和密码保密方面，敌我双方也进行了斗智斗勇的较量，展开过极其尖锐复杂的斗争，这些可能就鲜为人知了。1947年3月，党中央从延安撤出后成立了中央前委、中央后委和中央工委。由毛泽东、周恩来和任弼时组成的中央前委，肩负着中共中央、中央军委领导全国解放战争的历史重任。他们留在敌情严重、条件艰苦的陕北，在十倍于我的敌军包围中，依靠当地军民，转战陕北与敌周旋，处境极为险峻。

当时，各战场军民同心，粉碎了国民党军队全面进攻的狂妄计划。敌军又向我陕北和山东两根据地发动了“重点进攻”，妄图集中重兵消灭我军主力和“捕捉中共首脑部门”。

国民党方面为侦测我党中央首脑机关及我军各级指挥机构的位置、行踪驻地、作战意图、兵力部署等，千方百计地收罗了大批专家和研究人员，包括前日本侵略军的专家、中美特种技术合作所的美国专家，并在南京和各战略地区部署了专门对我党我军的无线电侦测机构和密码破译机构；采用先进的技术装备，其中有日式的、美式的，甚至还专门采购了一些苏式无线电侦测仪器。他们满以为这样就能将中共首脑“一网打尽”。

在这历史性的大决战初期，由于我军保密意识不强，个别电台机要人员违反纪律，致使我豫西部队的密码一度被敌人侦破。我华东野战军总部电台也曾被敌人侦测判定，致使我华东野战军总部屡遭敌机轰炸，使解放军受到损失。针对这种情况，中央前委决定，由任弼时协助周恩来共同抓好当前情况下的无线电通信保障和密码保密问题。先后于1947年7月在陕北靖边县小河村，9月在葭县（今佳县）神泉堡两次召集机要业务会议，研讨对策。

根据敌我对通信密码斗争的经验和教训，周恩来、任弼时亲自审定了各种应急方案。他们日夜操劳，反复研究验证操作，并同机要工作有关负责同志一起，研究制定了正确的密码方针和通信联络方案及严格的保密制度；严令各级军政首长亲自掌管，确保万无一失。中央前委要求机要电信干部既要对党忠诚可靠，又要精通业务。“只要坚持以革命精神与科学技术相结合，并有自觉严格的组织纪律，就可战胜技术虽先进而政治上腐败的敌人。”这两次极为重要的机要业务会议精神，由中央前委通令全党全军贯彻执行。

在获悉蒋介石每天靠空中侦测的情报来判断我军动向，制订他的作战计划后，周恩来和任弼时商议，决定将计就计，利用敌人迷信电信测向的心理，采取各种手段迷惑敌人，调动敌人，使其摸不清我军动向，穷于应付，陷敌慌乱，使我军捕捉到有利战机歼灭敌人。蒋介石不仅在地面战场打了败仗，而且在电信和密码斗争这条隐蔽战线同样也打了一个大败仗。1949 年 4 月，我军解放南京后，在接收伪总统府对我党我军电信侦测和密码破译的档案中证实，战争中敌人始终没有破译出我军核心密码，这是解放战争取得胜利的一个重要因素，这样成功的范例，在现代战争史上也是罕见的。[5]

▶"空军节"上的空军通信兵与开国大典的历史渊源

1949 年初，随着三大战役的胜利和北平的和平解放，主管全军通信的军委三局也跟随党中央机关由河北平山县郜家庄进京。从乡村进入大城市，为了便于统一管理全军与地方的电信事业，经毛泽东主席批准，决定成立"中央军委电信总局"，将原来隶属军委作战部的三局升格，由军委作战部副部长兼三局局长王诤担任军委电信总局局长。军委电信总局成为全国军队和地方电信事业的领导机关。

除有条不紊地军事接管新解放城市的邮电通信机构外，王诤接受的第一个重要任务就是确保第一届政治协商会议的通信保障，并抓紧筹备开国大典的通信保障工作。周恩来在中南海对王诤亲自交代，指出保障开国大典的通信联络畅通是项既光荣又艰巨的任务。新政协会议后，中央政府有关开国大典的通信联络及扩音方面的事项，都由军委电信总局负责。王诤遵照周恩来的指示，立即召集有关人员研究开国大典通信保障方案，部署任务，并与阅兵指挥部联系，全力做好通信联络的组织协调。由于空军飞机将要参加开国大典阅兵，而这对我军来讲完全是个新鲜事；当时人们对飞行中涉及的陆军通信、雷达、导航等新技术知之甚少。为熟悉情况，王诤赶赴西苑机场，与受阅部队就演练中遇到的每个细节问题研究磋商，决定组成特遣无线电队，全力保障开国大典空军受阅飞机的应急通信。

我军在平津战役中使用的发报机

电信总局还在东观礼台西南角正对天安门城楼和升旗杆处，设置了保障阅兵指挥的通信枢纽。在现场，使用当时性能先进的美式报话机（V－101、SCR－284），开设了与受阅部队沟通的无线电网。同时开设有线电话总机，分别建立指挥部与天安门城楼和东三座门、西三座门、千步廊及王府井、东单之间的联络，沟通了信息，并与南苑机场建立了专线电话。为防止敌人的空中骚扰，专门在朝阳门外东大桥、通县等处设立了防空电台。

"当时，那些技术含量高一点的活儿，都是电信总局组织完成的"。如军委电信总局委派技术专家负责安装了天安门城楼上的扩音设备，在主席台中央安设了灵敏度较高的白色大理石炭质话筒，在城楼的两侧安装了美式“九头鸟”扩音喇叭。最重要的是设置了城楼上连接升旗杆的电动升旗按钮装置。

10月1日下午3点，开国大典正式开始。伴随着《义勇军进行曲》的雄壮旋律，在代表着中国共产党诞生28年而鸣响的28响礼炮声中，毛泽东主席按动电钮，升起了中华人民共和国第一面五星红旗。

受阅部队迈着铿锵有力的步伐由东三座门进入天安门广场。这时，指挥部和受阅部队以及各受阅方队之间均保持畅通的无线电话联系。在受阅部队中，被毛泽东赞誉为“你们是科学的千里眼、顺风耳”的通信兵方队气宇轩昂地行进着，他们代表了从井冈山走来、占当时人民解放军总员额5%的通信兵。他们有的身背缴获的美式V-101、SCR-284短波电台，胸前佩戴着报话筒，有的背挎野战电话机，有的还携带着军号、被复线(一种野战军用电话线)和电台天线。这些装备代表了无线、有线和简易通信等多种通信方式，体现出鲜明的兵种特色。虽然电台有30多斤重，但通信兵们队列整齐，步伐一致，与其他受阅方队一起意气风发、精神抖擞地接受了毛主席、党中央和全国人民的检阅。

在地面部队开始行进不久，人民空军第一支飞行中队的17架飞机由南苑机场起飞，伴随着轰鸣的呼啸声自东向西飞过天安门上空，将阅兵典礼推向高潮。在此期间，指挥部与航空处指挥室及南苑机场的通信联络一直顺畅无阻。保障开国大典空军受阅的特遣无线电队，此后划入新组建的空军总部。[6]

弹指60年过去，2009年“空军节”上，时任中央军委委员、空军司令员许其亮骄傲地宣称，目前人民空军通信兵，作为担负空军通信、保障空军指挥的一支重要兵种，已经实现了战机飞到哪里，语音信息和数字信息就能传递到哪里。

空军通信兵的战史上是这样记录的：

1952年冬天，志愿军空军通信官兵克服装备物资短缺、环境条件恶劣等重重困难，就地砍树当天线杆，收集敌机残骸铝板制作地线，努力提高对空电台的通信距离，利用烟火、信号弹、布板等信号通信，指挥引导战机把空中战线延伸到“三八线”。

1976年7月28日，河北唐山发生强烈地震。震后2小时08分，人民空军通信兵冒着倾盆大雨架起第一部电台，沟通了对外联络，为地方政府收发电报139份，对首批救灾飞机进行指挥引导。

2007年，中俄联合军演在俄罗斯举行。人民空军通信兵首次成建制、成规模出国参加演习，通信导航良好场次率、信息畅通率达到100%。

自20世纪90年代以来，人民空军通信兵地位和作用发生了巨大变化，逐渐由传统的保障力量发展成为高技术的信息作战兵种。目前，人民空军通信兵拥有超短波、短波、微波、卫星通信等多种通信手段，实现了通信网络的全疆域覆盖。同样，人民解放军其他兵种的通信兵装备也实现跨越式发展。

回想80多年前——1927年8月1日凌晨的南昌，按照前敌委员会的命令，通信兵把三颗红色信号弹打上夜空，人民军队打响了武装起义、我党独立领导武装斗争的第一枪。

80 多年后，从烽火硝烟中一路走来的我军通信兵，已经由当年的“一部半”电台逐步发展为以公用电话网、全军数据通信网和野战综合通信系统等为骨干，集声、光、电为一体，联通天上、地面、地下、海底的现代化立体通信系统。

目前，我军已基本实现通信技术体制由模拟向数字转变，通信线路由电缆向光缆转变，通信网络由单项业务向综合业务转变，通信管理由人工向智能转变。全军公用电话网、数据通信网、全军军事综合信息网等相继建成，实现了我军指挥控制网络的升级换代，标志着我军现代化立体通信网络系统已全面开通运行。

网系的建立改变了以往三军各自组织、按级保障的模式，初步形成了“点对网”、“网对网”的通信组织运用模式。昔日素有“信息孤岛”之称的边关、海岛与大陆腹地连成一体，从根本上解决了边海防一线部队通信业务单一、手段落后的问题，实现了从人力控边向科技控边的重大跨越。

▶奋起直追的新中国军事电子工业

新中国成立后，党中央对建立军事电子科技和工业基础十分重视。1950 年 5 月，毛泽东要求在政务院重工业部内设电信工业局，以加强对电子工业的领导。不久，朝鲜战争爆发，志愿军入朝作战。前线急需通信设备。这期间，电子工业战线的广大职工日夜奋战，生产和修理装配了 2 瓦和 15 瓦报话机、150 瓦电台、12 灯收信机、超短波步话机和一些防空警戒雷达。这一大批军事电子装备，有力地保障了前线的需要，军事电子工业完成了从修配、仿制到自行研制的发展之路。

从军队系统看，在朝鲜战争停战后不久，1956 年 4 月 13 日，以总参谋部通信兵为基础，成立了人民解放军通信兵领导机构，中央军委任命王诤为通信兵主任。后来，王诤还担任过新中国电子工业部门的最高首长。

1950 年 4 月 29 日，上海和莫斯科之间首次实现无线电通话

此后，年轻的人民共和国转入社会主义建设时期。中央把优先发展电子工业列为“一五”计划的重点，意在从根本上改变军事电子装备的落后状况。

在苏联援建的 156 个重点建设项目中，按照中方的要求，安排了雷达、通信、指挥仪等 8 个电子工业项目。同时，中国政府先后与民主德国等社会主义阵营国家签订协议，引进比较先进的电子技术和设备壮大电信工业部门，并对原有电信工厂进行改建、扩建，着力提高军事电子工业发展的起点。随着"二五"计划的展开，中央财政又陆续投资建设了一批新的电信企业，以提高军事电子工业的生产能力。

随着重点企业的陆续建成投产，加上老厂的扩建改建和科研机构的建立与发展，军事电子装备的生产能力和技术水平有了明显提高，仿制成功一批重要的军事电子设备，装备规模庞大的陆军。通过仿制和引进技术的消化、吸收，不仅逐步掌握了设计、制造技术，而且培养了一批技术人才。到 20 世纪 50 年代后期，我国开始自行研制对空对海警戒雷达、12 路载波机等军事电子装备。

在重点建设军事电子工业的同时，国家对军事电子科研工作也给予高度重视。特别值得一提的是 1956 年制定的 12 年科学规划，前瞻性地把发展半导体、电子计算机等列为军事电子科技的重点；先后组建了通信、雷达、电子计算机等专业研究所，并坚持"两条腿走路"方针，选择在一批重点工厂中组建新产品设计所。1961 年 4 月，组建军事无线电电子学研究院（国防部第十研究院）；1970 年 7 月，为适应电子学方兴未艾的发展浪潮，又组建通信、计算机研究院（国防部第十九研究院）。在这两个研究院的组建过程中，又相应的建立了一系列专业技术研究所。

毛泽东批示成立国防部第十研究院

这些措施为中国军事电子装备的发展建立了物质和技术基础。回望20 世纪五六十年代，新中国军事电子工业如半导体科技方面，曾一度与世界先进水平难分伯仲，遗憾的是"文革"十年延宕了我们前进的步伐。

20 世纪 60 年代，我国除仿制成功一批战术导弹的制导设备和飞机、舰艇的配套电子设备外，还自行研制出低空警戒雷达、测高雷达、师级以下部队的小型化通信设备、不同功率等级的单边带通信机、多路通信设备以及晶体管计算机等，拓展了自主研制军事电子装备的领域。

20 世纪 70 年代后期，我军军事电子装备迈向自行研制新阶段。在改进提高第一代产品和生产部队急需电子装备的基础上，研制出一批为导弹、卫星、各种常规武器配套的电子装备和独立使用的军事电子装备。其中，远程警戒引导雷达、有线载波机和无线多路通信设备、中小规模集成电路计算机等，达到了较高的技术水平。战术电台基本实现了半导体化。激光测距、通信和红外探测技术等领域的研究工作也迅速起步，取得了可喜成果。

在重大军事电子装备的研制方面，同样也是新成果捷报频传。其中，大型超远程单脉冲精密跟踪测量雷达、大型相控阵预警雷达和卫星通信地球站等的研制成功，把中国军事电子技术提高到一个新的水平。

历史穿过喧嚣的烟雨，昂然进入20世纪80年代。在改革开放大潮的推动下，电子工业部门对引进的电子技术积极消化、吸收、创新，科研开发能力有了明显的提高：军事电子技术各领域得到全面发展，研制出一批采用新型元器件、新工艺、新技术和新制式的比较先进的军事电子装备。其中，多波束三坐标雷达、小型化高炮炮瞄雷达、具有保密抗干扰能力的战术电台、防空自动化指挥系统、空对空导弹靶试自动化指挥引导系统以及巨型计算机等，在技术上均达到较高的水平。可以讲，在某些领域甚至跨入了世界先进行列，初步满足了部队更新换代的需要。《当代中国的国防科技事业》对军工电子装备建设给予高度评价。

▶朝鲜战场的步话机与现代装甲通信设备的研制创新

“烽烟滚滚唱英雄，四面青山侧耳听……”这是电影《英雄儿女》的主题曲，讲述的是朝鲜战场上那些可歌可泣的故事。志愿军战斗英雄王成背负苏式步话机跳出战壕，向指挥部高喊：“向我开炮!”然后毅然拉响爆破筒，向敌人冲去……这些影视画面永久地烙刻在亿万观众心中。

影片主人公王成背负的这种苏式步话机，在入朝参战部队的配发，对提高我军通信能力具有划时代意义。朝鲜战场的需求，加速了无线电装备的列装。战争严酷的考验表明，战术无线电台比有线电话灵活机动，其发展受到更大的重视。

1954年刘少奇在中南海参观无线电设备

20世纪50年代初，为满足抗美援朝的急需，主管电信工业的王诤组织南京无线电厂和天津无线电厂的科技人员紧急试制了71型两瓦短波电台、702型超短波步话机和81型15瓦短波电台等战术通信设备。但这些用电子管制造的设备，体积大、重量大、耗电多，部队携行作战十分不便。50年代后期，电信工业局把发展小型化和半导体化的通信装备放在首位，以提高部队的机动性。科技人员胡思益等人，在新设计的营、连用超短波电台上首先采用晶体管和小型电子管混合电路，开创了战术电台使用半导体器件的先例，使电台的体积、重量明显减小，受到了贺龙元帅的赞许。

1964年，在四机部组织下，有5种设备提前完成样机研制并作初步通信试验。但交付部队后，发现普遍存在稳定性和可靠性差的问题。特别是81型电台经常出现严重的“烧管”故障，引起中央领导的重视。

通信发电车

1968年9月，周恩来在中央专委会上做出了“要加紧实现野战通信装备轻型化、小型化”的指示。四机部奋力组织技术攻关，到1972年底，使步兵、炮兵、装甲兵均装备了我国自行研制的全半导体化的战术电台。可惜的是，这期间发生的“文革”，让原本与日本不相上下的中国半导体事业停滞不前，而全球信息化发展正是从七八十年代加速前进的。

20世纪80年代初，我军新一代采用中、大规模集成电路的电台诞生。其技术性能有了全面提高：频率覆盖范围宽、工作方式多、能自动调谐，并初步采用抗干扰和加密技术。

差不多同期，电子工业部组织有关单位展开野战综合通信系统的研制，将一系列单工电台、师级双工移动网和野战地域网有机组合，极大地提高了野战综合通信能力。

随着通信技术的不断发展，通信卫星的广泛使用，使得干扰、切断对方通信网络成为瘫痪对方作战体系的最佳手段，因而保障已方的通信联络畅通，就成为保证战斗胜利的基本条件。“面对新技术革命的挑战和现代化建设对电子技术的迫切需求，电子工业正处于需要集中力量加速发展的关键时期。”1984年9月16日，时任电子工业部部长江泽民在《红旗》杂志上发表了题为“振兴电子工业，促进四化建设”的文章，强调指出：“电子工业在四化建设中担负着为部队提供现代军事电子装备、为国民经济各部门提供现代电子技术装备、为人民群众提供生活消费类电子产品的重任。新技术革命越深入，它在发展经济、推动社会进步中的作用就越重要。”这些具有国际视野的战略远见，为电子工业深入发展创造了条件。

进入21世纪，我军信息化通信装备的研制取得重大进展。国庆60周年大阅兵中装备第23方队呈现的就是已列装我军的通信保障装备。

这支由总参通信总站抽组的、由8辆TCK388型移动散射通信车和8辆TCV417型卫星车组成的方队，代表着1931年诞生于江西宁都的、由毛泽东、朱德亲手创建的红军第一个无线电队。TCK388型移动散射通信车和TCV417型卫星车是我军通信保障先进装备的典型代表。它们的服役，标志着我军信息化通信装备的快速发展，同时表明我军能在制电磁权的斗争中应对各种挑战。

国庆60周年大阅兵中，还展示了一种单兵雷达接收系统。该系统由电源模块、通信控制器、引瞄控制器组成。引瞄控制器在实战中由单兵背负，雷达探测到来袭目标后，将信号传至引瞄控制器，系统会自动引导便携式防空导弹对目标实施打击。值得一提的是，该套系统全重仅6~7千克，单兵携带毫不费力。这些信息化作战装备，与抗美援朝战场上志愿军战士的装备相比，已经有了天壤之别。[7]

回溯20世纪80年代，随着我军装甲兵部队装备的不断发展，坦克装甲车辆的通信设备而也随之更新。研制新型坦克和装甲车辆通信设备的历程，同样也充满挑战。尽管我们利用与西方关系改善的机会，相继装备了引进的VRC8000保密跳频电台，研制出CWT－167、CWT－176型国产二代坦克电台，但电子设备落后的局面并未根本改变。

1985年，国产CWT－167B及CWT－176B坦克电台先后完成定型。此时，81式装甲指挥车所装的A－220A电台，就难以满足装甲兵部队指挥和通信的需求了。为此，我国及时研制了与装甲兵部队新一代通信装备相配套的新型装甲指挥车。

总参装甲兵部于1985年1月正式下达了《调整81式装甲指挥车主要战术技术要求》的通知，要求用CWT－167B和CWT－176B坦克电台，代替81式装甲指挥车的A－220A电台；以BWT－119背负式电台取代714B电台，并留出加装保密机的位置。81式装甲指挥车生产厂根据装甲兵部的通知精神，于1985年5月向装甲兵部呈报了换装上述两种国产新型坦克电台的装甲指挥车总体布置方案。同年6月，总参装甲兵部批准工厂上报的方案后，工厂立即着手进行研制，并于同年9月研制出2辆样车。样车研制成功后，工厂及时组织科研人员对样车进行了70千米的通信试验检查，证明样车性能基本符合战术技术要求。9月14日，工厂向装甲兵军工产品定型委员会申请设计定型试验。

同年10月12日至31日，装甲兵对工厂提交的2辆样车进行了严格的设计定型试验。试验后军方认为，“81改”装甲指挥车通信系统的主要性能基本达到战术技术要求，试验中未发现因更换通信设备而对已定型的81式装甲指挥车底盘的技术性能产生明显的影响。同时，军方也对样车存在的局部问题提出了改进意见。根据军方提出的意见，工厂及时对样车进行改进和补充试验。

1985年12月27日，工厂向装甲兵军工产品定型委员会申请设计定型。1986年7月3日，装甲兵军工产品定型委员会正式批准新型装甲指挥车设计定型，并正式命名为“81－2式装甲指挥车”。该车定型后即转入批量生产并装备装甲兵部队，使装甲兵部队的移动“中军帐”再上一个新台阶。

81－2式装甲指挥车的改进，主要变化是更新了通信设备，即以国产CWT－167B超短波坦克电台和CWT－176B短波单边带坦克电台取代性能已经落后的A－220A坦克电台；以BWT－119背负式电台取代714B背负式电台，并首次在国产装甲指挥车上采用升降式高架天线技术。

CWT－167B电台使用12米升降式天线时，通信距离可增至60多千米。CWT－176B电台使用10米桅杆天线时，单边带电台的最大通信距离可达近80千米，通信距离较之使用普通的4米鞭状天线提高了1倍多，使装甲指挥车成了名副其实的通信“能手”。

我军新型雷达

另外，81－2式装甲指挥车所装的综合电源箱，首次实现了装甲指挥车直接使用市电供电，不仅大大增强了装甲指挥车战时对各种电源的适应性，也极大地方便了平时训练中的供电保障。

总之，从现代装甲通信设备的研制创新看，20世纪八九十年代，我国研制生产并列装的新型坦克和装甲车辆，除总体布局、指挥参谋人员席位、指挥观察设备、武器系统、推进系统、防护系统和电气设备等都有较大改进外，车内电台、通信设备等也算得上面貌一新。

以综合战术技术性能上台阶的81－2式装甲指挥车为例，其主要亮点是：

一是电台种类较以往的装甲指挥车有所增加，进一步增强了指挥车的组网能力，扩展了指挥员的"耳目"；二是电台的频率范围宽、频道多、通信距离远、操作方便。如新型电台采用了模块式设计，整个电台由主机单元、功放单元、保密单元、跳频单元等组成，使用时可根据不同需要灵活组合；主机部分(为小功率)还可以很方便地拆下，当背负式电台使用，大大增强了电台的使用灵活性。某型电台还设计了"轻声"功能，即在发信时以很轻的声音发话，也能让对方听得清清楚楚。这个功能对于在敌后实施侦察的分队非常实用。各型电台的操作十分方便，频率变换实现了数字键盘直接输入，并可预置10个频率，快捷、方便和直观；三是电台的抗干扰能力强、保密性好。该电台使用保密单元通话时，由于对通话内容进行了数字加密，因此，一般电台难以窃听。最值得一提的，是该电台的跳频抗干扰能力。众所周知，电子干扰是现代战场实施"软杀伤"的锐利"武器"，而通信干扰又在电子干扰中唱"主角"。装甲兵部队主要依靠无线电通信实施指挥和协同，所以，通信抗干扰问题尤显重要。

新型装甲指挥车的列装一举扭转了我军装甲指挥车滞后于新型坦克发展的问题，不仅大大提高了部队的作战指挥能力，而且在装甲装备协调发展上迈出了历史性的步伐。同时，为大力开拓国际军品市场，我国在相继出口新型坦克和装甲车辆的基础上，及时推出了与之配套的新型装甲指挥车，并取得了骄人的出口业绩。

简述这段历史，能够拿得出手的"家珍"并不多，面对机械化、信息化复合发展的大趋势，更使得军事电子装备业有种时不我待的紧迫感。因为处在信息技术飞速发展的当今，前瞻未来地面作战力量信息化能力的强弱，在很大程度上将取决于夺取战场信息主动权、建立和保持全频谱行动的能量与优势。2001年4月，美军第4机械化步兵师作为美国陆军的第一个数字化师，在加利福尼亚州欧文堡国家训练中心完成了"拱顶石"试验性演习。演习展示了"21世纪部队旅及旅以下作战指挥系统"，使其下至武器小组上至师一级指挥机构的战场态势感知能力大大提高。凭借这个系统，指挥官能够更好地"先敌发现，先敌了解，先敌行动，决战决胜"。相比之下，我军与美军等发达国家军队在机械化、信息化上的差距，非常之大，面临着严峻的"双追"局面。我们有责任用较短的时间去完成机械化、信息化复合发展新使命。

▶从雷达告警到导弹防御预警雷达体系

2009 年第五届北京世界雷达博览会于秋高气爽的日子里隆重揭幕。各种雷达系统、相关零部器件、研究测试设备及复合材料产品纷纷亮相，众多国内雷达厂商、科研院所代表云集，共同展望我国雷达事业的光明前景。

让参观者最感振奋的是这次展会汇集的大量成熟或在研的雷达系统，其中包括林林总总的、型号波段各异的有源相控阵雷达。随着雷达技术的不断发展，有源相控阵雷达已成为目前世界各国竞相研究、不断创新的最重要的雷达体制之一。近年来，中国电子科技集团作为中国雷达技术领域的领军企业，显然加大了对有源相控阵雷达技术研发的投入，并且取得了相当的成果和较高的技术水准。这次展出的 JL3D－90B 型远程相控阵三坐标雷达系统，就是其中的佼佼者。

JL3D－90B 的早期型号 JL3D－90A 曾在之前的雷达博览会上亮过相。这次推出的改进型，探测功能更为强大，特别是抗电磁干扰能力有了很大的提高。JL3D－90B 型雷达的探测波段为 S 波段，探测方式为一维频/相扫，能在现代复杂的电磁干扰环境中，提供空中飞行目标的距离、方位和高度；担负对己方军用飞机的引导和监视任务，也能为空中交通管制系统提供飞行目标的数据；可选配敌我识别询问飞机，提供飞行目标的敌我性质。该雷达的测量精度距离小于 100 米，保障探测距离不小于 400 千米，最大探测高度 22 000 米；对于雷达反射截面积为 2 平方米等高飞行的空中目标，发现概率达 80%。由于天线架可以自动旋转，JL3D－90B 雷达可以做到 360 度全向侦测。

作为一种机动式三坐标雷达，整个雷达系统由电源车、运输车和终端设备运载车辆等 6 个单元组成，能通过铁路、公路、船舶运输实现大范围远程机动，系统架撤时间小于 1 小时。据技术人员介绍，经厂家直接试验，如果操作技术熟练的话，整个系统架撤时间仅为 40 分钟，对于野战用机动雷达来说，越短的架撤时间无疑意味更强的作战和生存效能。[8]

在这届世界雷达博览会上，除大量雷达系统外，电子对抗、通信对抗系统和雷达告警装置也吸引了人们的眼球。

展出的电子、通信对抗系统，成为展会上的亮点。通信对抗系统中的通信侦察设备可以在远距离发现敌方机载、舰载、地面无线电收发机的话音和数据传输信号，并对其信号参数、通信规律、通信内容加以分析和破译；通信对抗系统中的测向设备可以通过无源测向来获取目标信号的地理位置、运动轨迹和运动规律，在执行电子攻击任务时，系统能干扰、压制、破坏敌方纵深地域的指挥通信、引导通信，以掩护和保护我方战机、战舰突防，不受敌人攻击。

现代军舰安装了大量电子对抗系统

最可贵的是，这套对抗系统相当简单，仅由两部携载电子对抗设备的车辆组成，两部设备组网就可以对运动中的敌方目标进行持续实时的定位跟踪，并通过对敌方信号的获取、监听和破译来掌握敌方目标的相关情况，同时还可以应用各种对抗技术，对敌方跳频、扩频信号进行拦阻、压制干扰，瘫痪敌方通信指挥系统，为我方获取制电磁权提供有力支持。

由东北电子技术研究所送来参展的“海上卫士”无源/光电对抗系统、“护身符”系列干扰弹和JD系列红外干扰机，也很引人注目。其中“海上卫士”系统属于舰载电子战系统，可以对抗雷达、电视和激光多种制导模式的反舰导弹的攻击，通过诱骗、干扰等方式扰乱导弹的制导系统，从而增强平台的生存能力。该设备主要用于200～4000吨的护卫舰等小型舰艇。而JD系列红外干扰机则采用高效红外光源及脉冲调制技术，向威胁空域发射编码红外脉冲干扰信号，以制造虚假的跟踪信号，诱骗导弹失效而脱靶。看到眼前这些累累硕果，不仅能从中感受到国产雷达的飞速进步，更期望中国的雷达事业能够为国防和军队现代化建设贡献出更多的高新产品。[8]

伫立于北京展览馆门前广场，仰望那苏式建筑物特有的高耸尖塔，回首新中国成立后尤其是改革开放以来军事电子装备的新发展，当然会让人感到欢欣喜悦，但我们也万万不可忘记新中国初建时雷达研制的艰难之旅。

新中国的雷达技术是从装配修理、仿制改进到自行研制逐步发展起来的，先后研制出地面防空警戒雷达、特种雷达以及为武器装备配套的各种雷达和雷达敌我识别系统等军事电子装备。如雷达侦察告警设备试验，虽然一度步履蹒跚，但最终还是在柳暗花明处燦然。

使用雷达告警装置，可在我方作战平台被敌方导弹跟踪锁定后，对敌方导弹的信号特征进行探测识别，并对我方人员立即告警，以便采取相应的战术动作和技术措施进行处置。这些装置的研发，标志着高新技术在空、海军装备上的有效应用。

进行这类设备试验，必须建立相应的、有一定密度的、复杂多变的电磁环境。中国舰用雷达侦察告警设备的初期试验，采取的就是在不同方位布置各种雷达，以满足试验所需电磁环境。这种方式动用设备多、耗资大，常常难以满足试验要求。

1987年，雷达信号模拟器的研制成功，初步实现了雷达侦察设备试验要求的密度高、形式多变的信号环境，改变了过去单纯用多种雷达建立信号环境的局面，形成了一套模拟试验和海上试验相结合的有机的试验体系。

1987年底，在对引进的电子对抗系统的验收试验中，首次应用了雷达信号模拟器，考核电子对抗系统的信号分选能力，完成多参数、全范围的侦察精度试验。在此基础上，又进行了海上试验，结果表明，其侦察告警部分符合技术要求。

随着综合国力和科技实力的提高，相关的技术创新与研发战果也使我们拥有了具有自主知识产权的新品牌。1989年，电子对抗试验场又组织进行了两型雷达侦察告警设备的研制试验和鉴定试验。试验中发现其中一种设备的测向精度不符合设计要求，并帮助研制单位找出问题，改进设计，从而研制出符合要求的雷达侦察告警设备。

进入21世纪，笔者在参观巴黎航展和俄罗斯航展时发现，西方国家许多战机上已经能够看到该技术的成熟应用。而从本次北京世界雷达博览会看，我国对该技术进行的跟踪和研究，有了突飞猛进的跨越，并有相应的产品面世。令人目不暇接的各种雷达分系统、器件、测试仪器等设备，包括T/R组件相关技术产品的展出，让我们看到了雷达产业的蓬勃发展和技术方面的长足进步。

雷达技术要实现跨越式发展，相关器件、测试设备、软硬件基础技术都得有扎扎实实的进步；换句话讲，需要勇于创新和雄厚的财力支撑，我国雷达产业才能大踏步前进。

2009年11月11日的"空军节"活动则将更多的技术细节展示给人们，成功的经验启迪着我们，给予未来更多昭示和希冀。而正是由于有了这些国防科研和电子工业强劲的物质技术支撑，人民空军雷达兵才能够实现全域、全频、多维、多类目标探测。

人民空军雷达兵作为国家空中情报预警系统的主体，是守卫祖国蓝天的"千里眼"。自组建至今，空军雷达兵先后参加了国土防空、抗美援朝、抗美援越等重大作战任务，保障部队击落、击伤敌机上千架，为夺取空中作战和防空作战的胜利发挥了重大作用。

在保障训练飞行、实兵演习、抢险救灾、奥运安保等战备任务方面，空军雷达兵也做出了重大贡献。

2008年汶川地震救灾中，第一支在灾区展开救援的部队就是我空军雷达兵。他们携带的正是被誉为"中国猎影"系统的TH－R311型低截获连续波目标指示雷达。该型雷达探测距离可达30千米，而功率只有几十瓦，辐射很低，具有很强的电磁隐蔽性。[7]

2009年10月1日11点04分，北京天安门阅兵盛典上装备第22方队正在接受检阅。

这支由2辆"猛士"高机动车和8辆电子对抗车、8辆机动雷达车组成的电子保障方队，是首次参加国庆阅兵。1993年组建的这支空军雷达兵某旅，前身是抗美援朝战场上战功卓著的华北防空军雷达营，曾首创雷达兵部队击落敌机的记录。

与世界新军事变革同步的电子对抗、机动雷达装备，是20世纪90年代蓬勃发展起来的我军新锐。从战略上讲，在当今世界上，国家的安全边界已突破了有形的地理边疆，扩展到无形的电磁空间。我国向来重视低空雷达的研发工作，研制生产出多种波段、孔径的低空雷达产品。

以 YLC－2 型全固态相控阵三坐标雷达为例，该雷达为机动车载型，以先进相控阵雷达为主体附以远程警戒雷达和低空机动补盲雷达。这三种不同频率、不同扫描范围的雷达构成战区空域内比较严密的防空监视网，可同时处理 100 批目标，并能综合 6 部雷达组成一个局部雷达网。YLC－6 型雷达则是一部高机动 S 波段两坐标低空目标监视雷达。该雷达由车辆装载实施机动部署，具有很高的灵活性和生存性。它具有良好的低空探测性能、优良的反地物和气候杂波性能以及强有力的反干扰能力。[7]

国庆阅兵展示的雷达车

透过 2009 年北京世界雷达博览会和“空军节”活动，让人深深地感到，经过 60 年发展建设，在国防科技工业的强力支持下，空军雷达兵实现了“五大转变”：一是组织体系由单一兵种保障向诸军兵种联合保障转变；二是探测形式由单一探测手段向多种探测手段、由平面探测向立体探测转变；三是兵力部署由要地防空向攻势防空、尽远保障转变；四是情报保障由单一固定部署的静态保障向固定、机动、隐蔽部署相结合的动态保障转变；五是雷达组网由“树”状结构向“网”状结构转变。

目前，空军雷达兵已经在全国范围内构建了比较严密的雷达网，建立了能够遂行多种任务的联合空情预警探测系统，基本具备探测全域、全频、多维空间、多类目标的能力。

▶陆海空装备的电子对抗与系统试验、信息作战

2009 年 12 月 7 日《美国防务新闻》网站报道，“电子战正在成为美国陆军的核心能力”，声称“从二等兵到将军，所有美国军人很快就会了解电磁信号如何在战场上影响着他们”。

这里所说的“电子战”即“电子对抗”，就是利用电磁能量削弱、破坏对方电子设备的正常工作，保障己方电子设备正常发挥效能而采取的综合技术措施，主要包括雷达对抗、通信对抗和光电对抗等。现在盛行的网络战和信息战，更是电子对抗的延伸。

现代战争，如科索沃战争、伊拉克战争中，在夺取制空权的同时，还要夺取制信息权，进行电子信息对抗作战；以电子对抗系统技术和用于摧毁敌方电子对抗系统的装备系统（含硬件和软件），夺取制电子权。其他作战基本单元（节点），都必须适应电子对抗作战系统的要求，纳入电子对抗系统作战基本单元的系统集成，并进行优化。采取综合隐身

技术、电磁兼容技术、声隐身技术(包含水下介质环境中的电子对抗隐身技术)，并装备电子对抗系统设备和系统附件。

高科技的迅猛发展，促进电子对抗技术日新月异；这与早期的电子设备完全由侦察设备、干扰设备组成的初级电子对抗功能组合，更是不可同日而语。

对于过去由分离的装备整合成总体系统的技术来说，主要是安装布置、连接电源、安装减震机座、接通冷却系统等，功能相对简单，系统单元之间关联不紧密，系统优化技术要求不高。而现代战争发展的趋势则截然不同。以舰艇为例，就足以见其差别，而且并非是几个数量级的差距。

现代新军事变革要求每艘舰艇上的电子对抗系统技术，必须满足海上机动编队及舰队战区电子信息系统的电子对抗分系统的技术要求。同时，必须纳入单舰电子对抗系统和舰上电磁兼容系统设计技术。现代舰艇系统总体技术就要对基本作战单元(舰艇)进行以作战系统为主线的优化设计，以电磁兼容、声隐身为主线的隐身系统优化设计。[9]同时，要以编队作战系统为统一的系统整合集成和优化技术进行大系统优化设计。说明系统整合是多层次随“系统”定义在某具体层面进行整合。

用实例来阐释，就先讲讲陆军的电子武器装备——相控阵炮位侦察雷达。

众所周知，雷达是一种利用无线电波来获取目标位置的电子仪器。过去人们的印象中，总觉得它主要是用于发现敌机、敌舰的来袭。而随着科学技术的不断发展，其用途也得以扩展。

1979 年中美两国建交。为了共同对抗苏联的扩张，美方终于在 80 年代末，同意让中方订购 4 套 AN/TPQ－37 型远程相控阵炮位侦察雷达。这型雷达于 1980 年装备美国陆军，绰号叫“火力发现者”。顾名思义，它主要用于测定敌方炮位、火箭炮和战役战术导弹发射阵地。该雷达可发现在波束扫描范围内出现的任一弹丸，然后对其进行跟踪，由一部小型计算机描绘出弹道，外推出该武器的发射阵地坐标。它对身管火炮弹丸作用距离为 30 千米，对火箭弹为 50 千米，对导弹不小于 100 千米；对身管火炮炮位的测距精度为 35 米，对火箭炮炮位为 70 米。

从某种意义上讲，这种炮位侦察雷达或许可以称得上是反导系统的最早雏形。

这批装备的合同签订后，美国先期交付了两套，而后两套因 1989 年中美关系恶化而没有交付。对拥有大规模陆军和炮兵部队的人民解放军而言，2 套 AN/TPQ－37 雷达远远不能满足需要。因此，我国在 AN/TPQ－37 的基础上，成功研制了 SLC－2 车载机动相控阵炮位侦察雷达，性能全面超过美国版。同时还研制成功类似美制 AN/TPQ－36 的 BL904 型(亦称 704、704A)中近程相控阵炮位侦察雷达。

SLC－2 型和 BL904 型车载机动相控阵炮位侦察雷达，与此前在英国“辛柏林”近程炮位侦察雷达基础上仿制的 371 型炮位侦察雷达一道，形成了有中国特色、远中近程相结合的炮位侦察雷达装备系统，达到“无缝探测”。

通过对这些装备的引进、消化、吸收、再创新，加上后来从俄罗斯引进的相关装备，使我国陆军的电子装备系统有了大踏步地前进。

电子对抗侦察舰

再讲讲20世纪八九十年代我国海军的电子对抗系统试验。

舰载电子战装备，包括侦察告警设备、有源干扰设备和无源干扰设备，主要用于对付反舰导弹，同时兼有搜集敌方情报、破坏敌方雷达正常工作能力等作用。

电子对抗设备试验，是在打开国门后，人民海军在单机试验的基础上进行的技术复杂、难度很大的高技术试验。它一般是在装舰完成系泊、航行试验的基础上进行的海上试验，以考核系统设计的合理性，检验其电子对抗能力。

电子对抗试验场自20世纪80年代初创建以来，边建设、边试验，完成了多种型号的研制、定型试验及引进设备的验收试验任务。1985年，中国第一套艇载小型电子战系统完成试制、安装和联调，由中国船舶工业总公司系统工程部于同年9至10月，在上海求新造船厂进行系泊、航行试验，11月转入海上试验。对于这一新的试验项目，电子对抗试验场在试验理论和方法、方案选择、人员组织和布置、参数测量、数据处理等方面进行了充分的研究，确定了试验方案，并全力以赴组织实施。通过试验，不仅考核了小型电子战系统的对抗能力，而且形成一套电子对抗系统的试验方法，为后续试验打下了基础。[10]

由于被试系统的装备对象及战术用途不同，因而对设备载体、参试兵力、电磁环境等要求均有较大差异。研制部门认真总结经验，对单机和系统设计做了重大改进。改进后的电子战系统于1989年底进行海上检验，结果表明系统设计合理，具有较强的电子对抗能力。

此间，电子对抗试验场还组织对引进的电子对抗设备与国产无源干扰设备配套组成的大型电子对抗系统进行海上试验。试验以陆上雷达、舰载雷达、机载雷达和多型末制导头为目标，进行动态精度、侦察告警和干扰效果等试验，动用了舰艇、飞机，发射干扰弹近千发。通过试验，检验了引进电子对抗系统的实际功能，考核了国产电子对抗系统设计方案的合理性和实际的电子对抗能力。

1985年以来，电子对抗试验场共进行5种中小型电子对抗系统的试验，为后续大型电子对抗系统试验积累了经验。海军电子对抗设备试验，具有型号多、目标多、测量录取数据难度大、精度高、勤务保障复杂等特点。其试验范围从雷达对抗、光电对抗向雷达反对抗、通信对抗、水声对抗及CI对抗扩展，并正加快综合试验设施和试验手段的建设，以逐步形成一个内场仿真与外场试验相结合，试验、科研、训练一体化的试验体系。

笔者于此，就无源/光电干扰设备试验和有源干扰设备试验再细讲几句。

无源/光电干扰设备一般由干扰弹、发射装置和控制装置组成。1982年，中国自行研制的第一套无源/光电干扰设备进行干扰弹的研制性试验。为实现对干扰弹的准确测量，电子对抗试验场开展了测量方法的研究和测量设备的研制工作。试验、研制人员在常规炮瞄雷达红外辐射计的基础上，配置了测量标校和变极化装置以及实时数据处理终端，实现了对干扰弹性能的实时自动测试。与此同时，用透波材料和吸波材料，研制干扰弹专用发射船，从而形成了一个较为完整的干扰弹测量系统。

从 1984 年开始，在电子对抗试验场进行无源干扰设备的全系统研制性试验。由于以反舰导弹作为干扰目标，增加了干扰效果试验的复杂性。

为此，电子对抗试验场将各型反舰导弹的末制导头加装实时数据录取终端进行试验，并对试验结果进行了充分研究和科学的动态折算，使无源干扰设备的研制和定型试验获得成功，为后续各型电子对抗设备的干扰效果试验打下了基础。

1985—1989 年，电子对抗试验场又先后进行了 4 种无源干扰弹的研制试验和定型试验，都取得了圆满成功。在此期间，还对引进的无源干扰系统进行了验收试验，并开始干扰效果的动态试验。

与此同时，有源干扰设备试验也积极展开。1984 年，中国自行研制的有源干扰设备进入研制性试验阶段。试验前，电子对抗试验场和研制部门的技术人员对有源干扰设备的试验理论、试验方法、测量参数、数据处理方法等进行了充分的论证，并先在码头对干扰设备进行了性能检查，然后在各项技术指标测试符合设计要求的基础上，进行了海上动态精度试验和干扰效果试验，均获成功。

1986 年，有源干扰设备转入设计定型试验阶段。电子对抗试验场用舰艇作为干扰设备载体，进行了数十个航次的试验，效果良好，于 1987 年通过鉴定。1989 年，又先后在电子对抗试验场进行另两种型号的干扰设备的试验，也圆满完成了任务。

进入 21 世纪，我军舰载电子战装备的发展，大踏步地追赶着新军事变革浪潮，向多数装备系统内综合一体化方向前行。参照美国海军的 AIESM（先进综合电子战）系统，它至少应包括三部分：电子战支援子系统、电子进攻子系统和控制/处理子系统。该系统最终将包括 ESM（远程告警、到达角精测、增强型敌我识别能力和态势感知能力）、雷达干扰、武器引导、红外搜索与跟踪、红外干扰、诱饵管理和硬/软杀伤协同管理功能，这些都将综合到主舰上，以形成完整的电子作战系统。

这些能力的提高，不仅能够保证舰艇编队海上作战的需要，而且可向陆上扩展，直接支援空军、陆军作战，形成作战效能的集中。

▶极目海天军旗扬——新一代舰载雷达研制纪实

渤海海域，风卷云舒，鸥飞浪腾。我国新一代舰载雷达定型试验如期举行。

远方的天际，牵引拖靶的飞机高速飞临战舰上空。此刻，目标早已被新一代舰载雷达牢牢锁定，其方位、距离、速度等参数，全部实时传输到指挥中心。随着指挥员一声令下，两枚导弹一前一后呼啸腾空，直扑目标……拖靶在刹那间灰飞烟灭。

一时间，掌声热烈地响起，为新一代舰载雷达研制付出了10年心血的国防科研人员和海军军代表们，更是激动不已。新一代舰载雷达的研制成功，标志我军雷达的研制水平跨入世界先进行列。

1999年6月，我国新一代舰载雷达研制立项上马。某研究所国防科研人员和海军军代表从此凝聚成一个团队，共同朝着新型雷达装备研制目标开始艰辛的攻关。

在长达10年的艰难跋涉中，他们遭遇的困难又何止万千。在科技攻关中，某组件成为"景阳冈上的吊睛白额大虫"。这只"拦路虎"是新型雷达最基础、最关键的器件，每次调试都被莫名其妙地烧毁几十片。如果找不出原因，将影响研制进度。坚决揪出捣乱的神秘"元凶"，成为团队必须攻克的目标。

军代表王列连续一个多月泡在调试现场，与国防科研技术人员一起对电路进行分析测试，又对电路做了几百次电压、电流冲击试验，始终未能找到神秘的"元凶"。时值冬季，在乘交通车下车的一刹那，他的手被妻子大衣发出的静电击了一下。这时，王列灵感顿现，直奔试验室查找有关资料，发现人体所带静电最高时竟达35 000伏！

"某型组件集成电路是被静电烧坏的。"为了验证判断，王列和技术人员连夜将损坏的组件送到专业检测部门进行失效分析，结果证实了他的判断。

神秘"元凶"终被揪出。研究所据此对组件进行重新设计，在电路中增加抗静电电路，同时在新型雷达研制、生产、调试和使用中增加防静电措施。

海试第一天，难题接踵而来。雷达开机后，显示屏上的目标信号被淹没在一片又一片杂波中，根本无法识别。

雷达一次次开机，一次次遭遇杂波干扰。技术人员连续三个月"泡"在试验现场，从一次次试验数据中寻找"黑客"的蛛丝马迹。终于在上百万组数据对比分析中，捕捉到"海上杂波"这个"罪魁"的尾巴。

海上杂波是特定水文气象条件下产生的电磁异常传播现象，克服其干扰是一道世界性难题。为摸透海上杂波的"脾气"，国防科研人员和海军技术人员又随舰出海，搜集并建立数据库，展开数据比对分析……经过一年的努力，终于找到了对抗海上杂波的秘诀，为突破新型雷达的技术瓶颈扫清了障碍。

可以讲，从每个元器件到雷达整机，从每个芯片到电子系统，为了在试验中充分暴露问题，为了在试验中固化技术状态，为了试出新型雷达的最大优越性能，国防科技人员和军代表创造了新型雷达在我军雷达研制史上多项试验之最：累计试验时间最长、试验项目最多、观察目标最多、经历海况最复杂……他们坚持在极限试验中，检验新型雷达最佳性能。正如一位主管海军电子装备的将军所言："这型雷达是我军试验最充分、测试最严密的一型电子装备。"

这番褒奖，是靠无数次科研攻关换来的。某元器件可靠性验证试验在连续进行了100多个小时后，未发现任何质量问题。大家都非常高兴，也想歇一歇。但总代表刘勤向试验组提出：原定试验时间不减，再追加100个小时，以检测极限数据！作为海军电子装备领域的学科带头人，刘勤有丰富的经验，曾亲手监造了十几型雷达电子装备。因此，他的提议得到了技术专家组的认可。于是，大家重新检测试验仪器，发起新的冲刺！当试验进行到200个小时后，值班技术人员突然发现，计算机显示的数据曲线出现急剧起伏。但仅仅十几秒钟后，故障又自动消除。这就敲了警钟。

为此，试验组再次决定延长试验时间。当试验做到400个小时时，数据曲线再次出现急剧起伏。于是，国防科研人员和海军军代表带着这批元器件，到某专业研究所做破坏性物理分析。经反复排查比对后，他们找到了故障的症结：因焊接之前清洁不充分，焊点有污染，导致元器件的功能不稳定。

舰用雷达天线系统

作为新一代舰载雷达，它必须是名副其实的软件雷达、数字雷达。在长达数年的研制过程中，世界电子高科技正经历以每三个月为一个周期的跃升发展。所以，必须着眼未来实战的需求，紧盯最新研究成果，不断刷新，进行一系列与时俱进的升级，让“千里眼”更犀利。刷新、升级，对这支团队更是增添了巨大的压力。

多年前，新型雷达研制初期，研究所一直沿用当时最新的软件管理模式。“软件一旦出问题，将是颠覆性的问题!”针对存在的“软件危机”，军代表室提出把工程化管理应用于软件开发之中，全面推进软件工程化等一系列对策。

为使软件工程化更规范、更系统，军代表起早贪黑，编写与软件工程化相配套的相关规章。很快，《某型雷达软件外场管理办法》、《某型雷达软件工程化管理文件》等规章出台。

软件的工程化，让新型雷达规避了潜在的“软件危机”，还为软件升级预留了大量空间——通过不断变换软件，扩大和提升雷达的功能，甚至能“再造”全新的作战功能。

导弹升空瞬间产生的尾焰，会使雷达对导弹的跟踪受到严重干扰。这也是让许多雷达设计者费尽心思、绞尽脑汁的事情。如今，只需程序人员对软件稍加处理，新型雷达就能排除导弹尾焰的干扰。

新型雷达初样机出来后，军代表室副总代表赵培聪发现：由于功能多，致使人机对话界面复杂，一定程度上影响了效率。于是，他和技术人员论证攻关3个多月，使新型雷达的指挥界面得到了合理的精简。[10]

而界面“优化”，有利于行动“提速”。例如反干扰程序的操作原来是第三层“菜单”，即过去实施对敌反干扰需要按三次键；程序被精简优化后设立了快捷键。仅此一项，就提速了2秒。在战场上，这就可能是抢占先机的2秒呀！正是这种从实战考虑，高度负责的精神，激励着国防科研人员和海军军代表一起，实现了新一代雷达技术的历史性跨越。

▶回眸防空雷达——预警机研制的艰辛

2010年11月16日，粤东大地鲜花盛开，珠海机场晴空万里，巴基斯坦空军“雷电”飞行表演队向世人展示飞行特技。正是在这次飞行表演的现场，巴基斯坦空军准将朱内德·阿罕默德向媒体透露：中国已向巴基斯坦空军交付首批ZDK－03型圆盘雷达预警机。

此前已有诸多传言，如《环球日报》援引巴方高官的讲话报道，巴基斯坦计划斥资2.78亿美元采购中国产预警机，目前尚不清楚中国将出售哪种类型的预警机。不过中国方面曾表示，其预警机上的相控阵雷达预警与控制系统，性能不亚于以色列的“费尔康”雷达系统，某些方面甚至超过后者，而单价却与其基本相同。

2010年11月13日，巴基斯坦有关网站登载文章，题为“(中巴)联合研发ZDK－03预警机作为瑞典预警机的补充”。

文章说，巴基斯坦已经从瑞典接收第二架装备“爱立眼”雷达的“萨博”－2000预警机，也签订了接收首架中国出品的ZDK－03型预警机合同。文章称，ZDK－03预警机是中国运－8预警机系列中的新型号，是专门为巴基斯坦设计的预警机。伊斯兰堡已经订购了4架该型预警机，定于2011年晚些时期开始交付。来自中国的这款预警机由4台涡轮螺旋桨发动机驱动，与萨博公司提供的预警机相比，具备更远的航程。

2010年11月13日，中国向巴基斯坦交付首批ZDK－03型预警机的仪式在陕西省汉中市举行。巴基斯坦空军司令苏莱曼上将出席了交接仪式。时任中国电科集团总经理王志刚在致辞中表示：“ZDK－03型预警机是中巴两国国防科研人员共同努力的最佳象征。ZDK－03型预警机会对区域稳定、和平与繁荣产生积极影响，有益于中巴两国以及军方的密切联系。”

巴基斯坦空军将领出席中巴合作研制的预警机出厂仪式

从外观看，浮出水面的 ZDK－03 系统是装配有高水平集成传感器与通信组件的先进机载预警与控制系统。它与2009 年国庆阅兵式中出现的空警－200 的“平衡木”架构最大的不同，就是在其空中平台——运－8F－800 飞机上负载的是“小蘑菇盘”。它的研制周期大致与空警－200 同步。

巴基斯坦曾经购买瑞典出品的装载“爱立眼”雷达的“萨博”－2000 型预警机，巴方显然是在评估了印度所购“费尔康”预警机的性能特点后才选择了“萨博”－2000。“爱立眼”雷达由于其外形特殊，被人们称为“平衡木”。这种雷达前后向视野在使用中受到一定限制，使得预警机在执行任务中为避免盲区，不得不采用特殊的飞行路线，无法全部发挥其相控阵雷达的先进性能。

此次巴基斯坦联合中国研制 ZDK－03 型预警机，正是看到了“爱立眼”雷达的缺陷。通过 ZDK－03 圆盘状雷达良好的视野，可以有效巡防巴基斯坦的领空。此型预警机的突出性能，将使印度空军原本在此领域的技术优势荡然无存。据巴方官员透露：“这款新型预警机的性能先进，我们在采购合同签署前，已经在巴基斯坦对它进行了一系列评估，测试其在极端条件下的性能；中国新型预警机渐次通过了所有测评。这就是我们选择它的主要原因。”这位官员补充道，“这款飞机具有现代预警指挥机所要求的一切性能。”因此，国际防务界认为，不管是空警－200，还是 ZDK－03 型预警机的亮相，都标志着中国在机载预警与控制系统、装配高水平的集成传感器与通信组件方面有了跨越式进展。

军事爱好者们都知道，作为空中信息化作战平台，预警机能集预警探测、电子侦察、目标识别、信息传递和指挥控制为一体，是空中作战集群的核心装备。另外，空警－200、ZDK－03 均是轻型预警机，重量轻，体积小，若经过适当改装或许可以配属在航空母舰上。

当人们热议中国新型预警机闪亮登台的时候，有必要全面回顾一下我军发展预警机的曲折历程。当年的艰辛与苦涩，是让国防科技战线常思难忘的“不了情”。

人民空军发展预警机的设想，最早产生于新中国诞生初期。尽管那时还没有“预警机”一说，但面对来自台湾的国民党空军的侵扰，防空雷达成为为作战拦截提供预警的唯一装备。处于初建期的我军防空系统，只有国民党军队丢弃的少量雷达，而且性能相当落后。如我军接管的南京雷达研究所(后改名“第一电讯技术研究所”)，尽管设备简陋，器材奇缺，军代表仍积极组织技术人员修配出日式、美式旧雷达 100 多部，装备我军第一支防空雷达部队。那时最好的美制 208 和 406 型雷达，加上苏联援助的 Π－3H 和 Π－3A 型米波中程雷达都是第二次世界大战时期的产品，性能落后。如这些雷达的警戒引导距离为 150 千米，误差约 2 千米。不要说蜿蜒的海岸线和纵深腹地，就是重要城市和战略要地，均存在很多雷达盲区，没有能力完全阻挡国民党空军的夜间袭扰。

从 1951 年 3 月开始，内地众多城市和战略重镇多次遭到国民党空军几乎是畅行无阻的夜间入侵。在 1957 年以前的数次拦截作战中，由于雷达误差大，虽然能将战斗机引导到目标附近，但若是遇到复杂天气或夜间，我军战斗机飞行员仍然无法利用肉眼发现目标。据不完全统计：1955 年人民空军共出动 246 架次拦截窜扰的敌机；仅有 20 次，飞行员发现了目标，其中个别战机开了炮，但战机基本是放空炮，无任何战果。

1956 年，中国从苏联引进了 23 部 П－20 型雷达和大量 П－30 型雷达，沿台湾岛正面构成了漫长并有很大纵深的雷达警戒网，很快取得了战果。1956 年 6 月 22 日夜间，国民党空军一架 B－17G 侦察机入侵，部署在衢州的我军 П－20 雷达首次成功引导一架米格－17 战斗机进入对目标的目视距离，将其击落。敌侦察机坠毁在江西岭底乡溪后村的山谷中。这一年，南京电信修配厂在徐脉珩主持下，设计、制造出中国第一部 P 波段 406 型远程防空警戒雷达。

П－30 型引导雷达是我国从苏联购买的引导雷达，主要担负中高空、中程目标引导保障任务。它具有天线口径大、发射脉冲宽度较宽、重复频率高、维修条件较好等特点。

8 月 22 日的夜间作战中，上海虹桥机场附近的 П－20 雷达又引导我军米格－17 战斗机，将一架美军 P4M－1Q 电子侦察机击落。11 月 10 日夜，杭州的 П－20 雷达第三次引导米格－17 战斗机击落了一架国民党空军的 C－46 运输机。

但随后敌人改变了战术，利用苏式 П－20 雷达夜间引导效能下降的弱点，频频在没有月光的暗夜和高度为 300～500 米的低空活动。1957 年全年，台湾 B－17G 侦察机窜入大陆 53 次，人民空军起飞 69 架次战机进行拦截，全部扑空。当年 11 月 20 日夜间，一架国民党 B－17G 侦察机从福建惠安进入后，经湖南、江西进入大陆腹地。期间，该机被 П－20 雷达发现几次，但很快摆脱跟踪。后来，这架入侵飞机竟然西达潼关北上太原。台湾当局为此十分得意。

我军没有雷达引导，只能主观判断窜扰敌机可能会在京广铁路西侧 150～200 千米的雷达空白区活动，致使有一次起飞了 18 架次带雷达的米格－17 战斗机进行拦截，竟然全都扑了空。敌机在 9 小时 13 分钟的入侵过程中，居然有 3 小时 8 分钟未被雷达监测到，直到这架 B－17G 窜到石家庄以西 65 千米处，才被一台破旧的美制 270 型雷达偶然发现。数分钟后该机又在雷达视野中消失，安全返回台湾。

防空警戒雷达的研制成为重中之重。1957 年，南京电信修配厂设计、制造出中国第一部 S 波段 402 型海岸警戒雷达。此后，美国向台湾当局提供了新型电子侦察机，这种飞机改装了对雷达的电子干扰系统，我军雷达常常处于被动。战备急需，在苏联专家的帮助下，四机部 720 厂仿制、改进成功 513 型中型警戒雷达和 843 型测高雷达，才压制往国民党入侵飞机。直到 1959 年 5 月，在多型雷达的严密测控和配合下，我军战机主动出击将敌机击落，才扭变了被动局面。后来海峡两岸的空中较量，也使得地面雷达的弱点比较明显地暴露出来，发展预警机对中国空军来说已是势在必行。现今在北京航空博物馆展出的国产“空警一号”预警机样机，就是在这样的背景下诞生的。它应该是中国发展预警机的第一个里程碑。

回顾历史，1953 年 3 月，中国从苏联购入 10 架图－4П 型轰炸机。我军最早的预警雷达作战飞机就是用图－4П 型改装的巨型夜间战斗机，这可是当时世界上最大的空战战斗机。

改装的图－4Π型虽然具备了早期预警机的雏形，但作为夜间战斗机过于笨重，实战性不强。1960年12月19日夜间，一架国民党P－2V型飞机飞往张家口方向，我军起飞了3批图－4Π型夜间战斗机，很快地利用机载雷达找到目标。P－2V几乎无法摆脱这些巨型战斗机的扫射。不过由于装备落后，图－4Π的红外瞄准具误差几乎达2度；在几个批次的开火追击中，始终没有对P－2V造成致命伤。这架P－2V到达山东临沂上空时，遭到我军第三批次图－4Π的拦截射击达35分钟之久；强大的火力逼得P－2V机组就差要弃机跳伞，但它最终还是逃脱了。显然，改装的图－4Π在雷达捕捉这个关键环节依然不过关。

1969年9月，空军提出研制空中预警机，代号为“926飞机”，仍采用图－4Π为设备平台进行改装。当时世界上只有美国、苏联和英国3个国家拥有空中预警机。

从该预警机理论设计上讲，它对低空目标的探测面积相当于40个Π－3雷达站的覆盖范围，这对于当时的国土防空有着非常实用的价值。因此，国家对其投入和抱有的期望值都是空前的。

1969年11月25日，空军司令部发布通知，从有关单位抽调人员进行空中预警机——“926飞机”的研制；由5702厂负责生产，空军36师执行试飞任务，并要求全国各单位对研制工作所需材料、加工资料等全部开绿灯放行，倾全力配合。

由图－4Π型改装的载机，在背部安装庞大的雷达天线罩和支架系统之后，飞机的总阻力增加了约30%。为了增加动力，在工程设计上替换了图－4Π型飞机原装的活塞式发动机，使全机动力装置的功率增大67%。此外，技术人员对载机的气动外形和结构做了修改，整个研制过程中的风洞试验超过2000次。

当时国内对于世界预警机技术水平了解甚少，设计观念相差很大。图－4Π型飞机中段的炸弹舱等几个舱段全部改装成密封舱，用于安排雷达操作员和控制人员。“926飞机”的主要分系统包括警戒雷达系统、数据处理系统、数据显示和控制系统、敌我识别系统、通信和数据传输系统、导航和引导系统以及电子对抗系统。

该机采用的布局是配置多个雷达P型显示器、2个A型显示器，UHF和VHF波段的电台分别担任空对地和空对空通话。实质上，“926飞机”只是将雷达站移到空中拓展探测范围和减小盲区，性能与国际上20世纪50年代早期的预警机相当，并非真正意义上的现代预警机。

“926飞机”于1971年6月10日首次试飞成功，研制仅用18个月时间，被命名为“空警一号”。该机机背上加装了类似椭圆截面的上下对称旋转天线罩，机载雷达可以发现300千米以外的海上舰船。但据参试人员讲，第一次带天线罩试飞，“空警一号”在空中出现剧烈的振动现象。在驾驶舱里，飞行员的脚蹬板“咯咯”直响；在中部机舱，3名射击员都能明显地看到垂直尾翼的周期性摆动；在尾舱，人被摇晃得根本无法写字。

通过分析，科研人员提出了17种排振方案。经过两年多的艰苦攻关，抖振终于被排除。

从1976年下半年开始，空军组织“提高雷达抗地物与海浪杂波干扰”的研究工作。1978年11月20日至1979年1月18日，“空警一号”组织海上试飞。遗憾的是，抗干扰效果并不明显。最终，由于预警雷达的性能不能满足需要，“空警一号”于1979年停止研制。此外，还有一个更重要的因素促成“空警一号”彻底下马。这就是我们打开国门后，发现国际航空电子技术的迅猛发展以及对我们产生的强烈冲击。

饱经风霜的“空警一号”

从我军雷达研制的起步阶段看，基本是参考苏军制式型号。20世纪50年代中期开始，我国自行设计的第一种L频段、具有动目标显示系统的量指标低空警戒雷达被命名为警－23型雷达（LLQ－104雷达）。它主要用于担负山区低空警戒任务，配以测高雷达，也可兼负引导任务。该雷达具有较好的低空探测性能，测定坐标精确度较高，分辨力较强。

差不多同期装备的有测高雷达3型（LLQ－402A雷达），它是由原国营784厂在测－2型雷达基础上改进设计而成。主要用于精确测定中高空、中近程目标的高度，配合两坐标雷达完成对空警戒、引导和导航任务。这款雷达可靠性好，体积较小，重量较轻。

引－5型雷达（LLQ－203雷达）也是我国自行设计制造的L频段坐标雷达，由原国营720厂生产。它是在测高雷达配合下，担负中近程引导任务。全机有四套不同频率的收发装置同时工作，有一定的抗干扰能力。雷达配备了图像传输设备、地面询问机和指挥车，便于引导指挥。天线架设拆收较方便，具有一定的机动性能。

1963年，为了对付低空入侵的敌机，720厂和十院14所研制成功581型低空警戒雷达和582型测高雷达。我国于20世纪80年代初引进法国汤姆逊公司生产的ACTA测高雷达，用以配合LP23K远程雷达构成自主式航管雷达站。ACTA测高雷达可连续机械扫描，自动化程度高，负责向指挥所传递目标高度信息。

▶全速推进国防和军队装备信息化建设

2008 年 5 月，在戈壁大漠数万平方千米的广阔空间，正进行一场我国空军有史以来组训层次最高、规模最大、作战要素体系最全的对抗演练。

此次体系对抗，空军司令部决定对其模式进行重大改变：

一是改变以往由导演部统一掌控电子对抗力量，分时段对“红”、“蓝”双方实施干扰的做法，将电子对抗装备等配属给对抗双方，由双方根据作战编成、任务特点、战场态势等因素，进行全时域、全方位、全频段电子干扰与反干扰。这是对抗指导思想、组织方式的一次重大突破。这种通信干扰、雷达干扰、光电干扰连续不断的新电磁环境使战场态势扑朔迷离。

二是改变过去的主角、配角分明的状态。将过去“以少代多”对技术抗中容易被忽视的，诸如航空兵、地对空导弹、电子对抗、通信、指挥等诸兵种各自的技术缺陷全面暴露于体系对抗之中。如今，“敌对双方”可以随指挥员对作战体系的不断调整，在战术配合、相互支持的深度融合下，有效解决如航空机动留下的防空盲区被地对空导弹射程覆盖，雷达被摧毁造成的信息网空白重新织就等问题。

三是只定任务目标，不定计划。空军导演部赋予两个军区所属空军各自运筹、独立指挥的自主对抗权。双方指挥员和指挥班子为赢得作战先机、把握战场主动权、夺取战斗胜利，都得煞费苦心，为对手设置种种难题。这样，迫使演练全程突出未知条件，改变以往按计划实施的方法，并随机导调设置各种突发情况，增大对抗的复杂性和多变性，锻炼了指挥班子作战筹划、指挥控制能力和部队的随机应变能力。

空军司令命令一下达，战区一时间硝烟四起，杀机密布，“红”、“蓝”双方摆开阵势：各种作战飞机相继升空，地对空导弹部队机动进入阵地，多种雷达扫描天穹，多种通信装备同时上场。10 多个整团建制的战机、地对空导弹、雷达等高技术兵种部队同时进入一个战场；航空兵、地面防空兵、雷达兵、电子对抗兵、通信兵等部队全程参与，有效地促进了各种作战要素于演练对抗中加速融合。复杂电磁环境完全融进作战进程，使对抗发生了诸多变化：

干扰方式更加灵活。对空中作战飞机的干扰、对地面信息系统的干扰、对用频装备的干扰、对作战信息的干扰；“致聋”、“致哑”、“致盲”的花样不断翻新，指挥员往往真假难辨。

干扰强度显著增大。战斗尚未开始，干扰就伴随着侦察与反侦察同步展开，在交替进攻与防御作战中立体实施，一直持续到战斗结束。无论是空中还是地面，无论是指挥机构还是作战单元，基本处于复杂电磁环境之中。

干扰时机空前开放。过去在空中作战装备密度较大，对阵距离较近的情况下，基于安全考虑，很少使用电子干扰。现在时机任由选择，因而环境更加真实客观。

复杂逼真的电磁环境，使变幻莫测的信息化战场更加扑朔迷离。演练中经常出现战机刚一升空，就指挥中断，消失了踪影；地对空导弹刚锁定来袭目标，信息屏幕就一片空白；雷达刚一开机，精确制导武器就追踪而至；信息处理系统刚一链接，就被切断，作战单元成了“信息孤岛”；还有对手作战目的不明，兵力部署不清，目标方位不详……各种难题纷至沓来，复杂情况连接不断，整个战场险象环生。

在多种作战信息模糊的情况下，如何进行兵力部署，空地作战单元如何进行战术支持，怎样才能制敌而不被敌所制；一时间，对垒双方都可能陷入巨大的信息“黑障”之中。而正是这些诸多未知条件使得对抗更加惊心动魄……

透过这种类型的实战演习，使我军对日新月异的电子对抗装备体系有了全新的认识。促使航空电子与国防科研部门把重点放在了进攻性电子对抗装备、电子对抗侦察装备及作战飞机自卫电子对抗装备的研制上。

总体上分，进攻性电子对抗装备主要包括“软杀伤”和“硬杀伤”两大类。“软杀伤”装备包括航空干扰装备和地对空干扰装备，是指使用电子对抗航空支援干扰技术造成敌方雷达迷盲、通信中断、指挥失灵、导弹失控。“硬杀伤”电子对抗装备则多指反辐射攻击和压制，直接摧毁对方雷达。

研制生产作战飞机自卫电子对抗装备，重点放在对直接威胁载机的地面(舰载)火控制导雷达、机载火控雷达及来袭导弹实施告警和干扰，降低这些制导武器的命中精度，达到载机自卫的目的。

总之，通过这类全要素体系对抗演练，实现了复杂电子环境下对抗体系的深度融合，带动了空军多机型、多兵种、部队一体化联合作战能力的跃升。同时，也给军用飞机、军用电子装备研制生产部门提出了新的课题，推动国防科技自主创新更多地从实战需求出发。

▶加速提高我军信息化建设水平

“一滴水见太阳”。透过新中国成立60周年大阅兵和多次军事演习，我们可以骄傲地看到人民解放军已具备全时域、全方位、全频段电子干扰对抗能力，一体化联合作战能力大幅跃升。但是，也要清醒地认识到我们与发达军事强国存在的巨大差距。

当今世界，实施宽领域、多样式、多层次的电子干扰，已成为夺取制电磁权的基本手段。而多手段、全方位、立体化的电磁侦察，又是夺取制电磁权的基本保障。

一方面，现代侦察手段多样，可将空间技术、遥感遥测技术、微电子与光电技术和电子计算机技术等广泛应用于电子侦察领域，使电子侦察监视能力得到空前提高。

另一方面，现代侦察范围广泛：从侦察空域上看，可以从太空到地面，从前沿到纵深，对作战空间地域实施全方位的侦察；从侦察频谱上看，可以全频率范围进行有效的侦察、记录、分析；从侦察内容上看，不仅可以查明对方电磁设备的战术、技术性能，而且可以获得电子设备的类型、数量、方位、部署、武器系统的配备及其军事行动企图等重要情报。

挑战和机遇都向中国人逼来！

硝烟弥漫，电磁密布。沈阳军区某炮兵旅挥师长白山麓，参加“雷电行动”演习。《解放军报》记者在该旅指挥所发现，以往独领风骚的作战决心图旁边，奇怪地挂起了电磁态势图。双方指挥员根据图上标绘的各种电磁信息进行实时指挥，使电磁攻防从无形走向有形，从概略瞄准变为精确射击。

电磁态势图上密集的箭标、弧形标等标志，将卫星侦察、强电磁干扰和民用电磁设施等各种情况一一标绘出来。原本看不见、摸不着的电磁信号，如今每“动弹”一下，都能清楚地在电磁态势图上显示出来。指挥员对电磁战的运筹和指挥有了形象直观的依据。

电磁态势图的诞生，是某旅首长机关集体智慧的结晶。在担任全军复杂电磁环境训练试点任务中，他们突出构设复杂电磁环境。但是，旅领导很快发现，不少指挥员平时说起来头头是道，但一到演习等军事行动时，仍然是机械化战争的老一套。

如何解决“说做两张皮”的问题？调查发现，传统的指挥方式制约了各级指挥员的决策指挥。对此，党委“一班人”感到：要让复杂电磁环境真正融入战场，就必须改革指挥方式和模式。循着这一思路，他们将电磁态势图作为新的指挥元素融入作战系统。

从某种程度上讲，这种新的指挥元素引起了作战理念和指挥方式的变革。

现场观摩的专家则称：“电磁态势图的出现，传递了一个信息，复杂电磁环境下作战训练的理念，已经在基层部队生根。”

一项没有多少科技含量的创新——电磁态势图一亮相，就赢得一片喝彩，并开始引发作战理念和指挥方式的变革。原因就在于，它对头绪繁多的复杂电磁环境进行了形象直观的简化，使电磁攻防从无形走向有形。这是运用“简单性法则”进行创新的一个成功例证。

从复杂电磁环境到信息化战场系统，其重要特征都是体系庞杂、信息海量、变化多端。要想认清“庐山真面目”，破解其中的奥秘，就必须善于对其规律性认识进行归纳简化，从而得出易于理解、便于操作的理念、原则和规范。

简洁是才能的姊妹，简化是创新的大智慧。电磁态势图的出现启示我们：面对纷繁复杂的信息化作战系统，要善于在创新实践中用好“简单性法则”。

▶砺剑不可忘铸盾

2009 年 12 月 7 日，美国《防务新闻》网站声称：一种全新的战争——网络战，正在逼近人类！报道还说，“今年，陆军公布了修订后的电子战野战手册、在俄克拉何马州锡尔堡讲授的电子战试验性培训课程以及在2012年之前需要填补1680个电子战职位。陆军已经采取一系列措施，要把电子战能力打造成核心能力，减少陆军对空军和海军专家的依赖。陆军负责电子战事务的劳丽·巴克霍特上校说，始于2010年9月的整合行动就是其中的部分措施”。

其实，早在海湾战争期间，美军就实施过网络“轰炸”。策划这个行动的就是后来担任美军网络战司令部司令的威廉·洛德少将。威廉·洛德，1977年从美国空军学院毕业后，没过几年，他就与网络打起了交道，是个不折不扣的“网军精英”。

“我最早接触网络，是20世纪80年代在英国服役期间。那时，我替北约司令部安装了电子指挥与控制系统……”在海湾战争期间，洛德首次体验到网络战的残酷。当年，美军从一名叛逃的伊拉克将军口中得知，萨达姆曾进口一大批美国计算机，组建了伊军的指挥网络。五角大楼决策者们得知这一情报后，立即生出一个念头：在对伊拉克军队和坦克实施轰炸前，先摧毁萨达姆的军事指挥网络。于是，五角大楼在全军紧急选拔“电脑通”。时任白宫通信局总统通信官的洛德脱颖而出，奉命用计算机病毒“轰炸”萨达姆的指挥系统。

洛德带着临时组建的“信息战”小组，从电脑程序中预留的“后门”，溜进了伊拉克军队的指挥网络，植入病毒，致使伊军的防空导弹指挥系统陷入瘫痪；又假借伊军指挥官之名发号施令，造成前线伊军一片混乱。有的部队甚至接到“命令”，到指定地点“接受”美军轰炸……海湾战争结束后，尝到甜头的五角大楼决定加大对“信息战小组”的支持。

在1999年北约对南联盟发动的战争中，洛德再次大显身手。“在那次战争中，美军首次对敌展开有计划、大规模的网络攻击”，洛德毫不掩饰自己的得意，“我们不仅‘黑掉’了南联盟军队的指挥系统，还向其民用网络系统植入病毒，攻击其电力、电话系统。历时最长的一次攻击，造成南联盟全国停电7小时、通信中断10小时……我们还渗入南联盟政府和领导人的银行账户；注销他们用于购买武器弹药的资金，让他们一夜之间‘一贫如洗’”。

海湾战争和科索沃战争结束后，洛德的“信息战小组”很快升格为“网军”——美国空军第67网络战联队。但是，美国军方和政府对此一直守口如瓶，直到2006年底才放出风声。

当年美国发动伊拉克战争前夕，美军中央司令部前司令阿比扎伊德曾经语出惊人：“在拿破仑时代，战争发生在陆地和海上。如今，战争不只是在陆地、海上、空中和太空，还将在虚拟空间里展开。”阿比扎伊德话音未落，美国空军部长迈克尔·温就宣布，美国空军网络战司令部成立。“我们已在空中和太空处于支配地位，现在，我们还要控制全世界的互联网。”彼得·基亚雷利上将——时任驻伊拉克美军司令、后转任陆军副参谋长——呼吁有关领导人重建电子战能力。

消息传出，连一些美国人都惊呼：世界上最大的“黑客部队”诞生了，互联网从此将硝烟弥漫！

面对如此咄咄逼人的网络战态势，我们防人之心不可无。

正当国人担忧之余，2008 年 11 月 15 日《解放军报》报道，“我军某装甲旅建网络安全组防病毒入侵作战系统”。读过这篇通讯，才让人们的心情有了几分轻松：

金秋时节，一场实兵实装对抗演练在桂南某丘陵地域激战正酣。

作战地域，“红”、“蓝”双方通过野战指挥控制平台，调兵遣将、斗智斗勇，一时难分胜负。“太阳、太阳，我是海洋，请求补充弹药。”“红军”基本指挥所作战指挥控制平台接收的信息表明：主攻群弹药消耗四分之三。军械助理急敲键盘回复：“迅速向‘海洋’补充弹药：数量 2 个基数，输送路线……”一条弹药补给指令很快发向后方指挥所。

孰料，后方指挥所指控平台的接收者打开指令一看，却是空白信息。10 分钟后，主攻群再次向基本指挥所发出补充弹药请求。军械助理回复：“已处理，等待补充。”然而，主攻群始终没能盼来弹药，最后“弹尽人亡”，在演练中败北。

这是怎么回事？演练复盘之后，扮演“红军”的广州军区某装甲旅终于在回复指令中找到了症结：基本指挥所和后方指挥所的装备保障组计算机终端没有安装漏洞“补丁”程序，一个“蠕虫”病毒轻易侵入作战指挥控制平台，在指令传输中跟随传播；指令看似准确传输到位，但接收方看到的却是遭到病毒破坏后的空白信息。

“原来是病毒惹的祸！”演练失利让该旅党委深受触动。为此，该旅成立了网络信息安全小组，组织技术力量对网络终端进行全面检测，安装各类安全补丁程序，启用反病毒软件的实时监控功能，对文件中可能含有的病毒代码进行过滤，有效阻止病毒在网络和本地计算机之间的传播；在机关的网络系统中，他们建立起数据控制、身份识别卡等防护措施，并将访问控制、数据加密、入侵检测等安全技术嵌入作战、机要等核心部门的计算机终端，对内部攻击、外部攻击和误操作等进行实时防护。同时，他们还在营连“军网之家”增添了信息安全屏蔽，建成集反病毒、防黑客、反垃圾邮件等八大功能于一体的联合监控检测系统，使计算机网络系统形成整体安全防护能力。

前不久，该旅指挥控制系统再次经受了演练考验。指挥信息畅通无阻，部队作战行动自如。该旅指挥员说：“因为没有安装补丁程序，感染病毒导致演练失败，这为我们敲响了警钟：砺剑不可忘记铸盾。如今，计算机网络技术为信息化作战提供了便利条件，使指挥效率更高、效能更好，但如果对信息安全重视不够，缺乏网络防护意识和手段，就会给对手留下可乘之隙，酿成严重后果。”因此，如果说打赢未来攻防一体的信息博弈战是“轴”，那么提高网络攻击之剑的“刚性”与增强网络“防火墙”的“硬度”就是并驾齐驱的两个“轮子”，同时转动，才有胜算。

“国防部证实中国已组建网络部队”，2011 年 5 月 26 日的中国各大报刊以醒目的标题报道了前一天国防部召开例行记者会时公布的这条消息。当时，有媒体问及广州军区组建了专业化的“网络蓝军”一事。国防部发言人表示，网络部队确实存在，建立“网上蓝军”，是解放军根据训练的需要，为提高部队的网络安全防护水准而设立的。发言人称，“当前网络安全已经成为国际性问题，它不仅影响到社会领域，而且也影响到军事领域，中国也是网络攻击的受害者。目前，中国的网络安全防护还比较薄弱，着眼提高资讯化能力水准，强化网络安全防护，是军队军事训练的重要内容之一”。

中国军方组建网络部队的消息传出后，迅速引起西方媒体的关注。国防部对此回应称，“网络蓝军”由部队已有人员构成，而他们既不是专门招聘的专业人员，也没有被专门编制，是常规部队的训练科目之一。中国军事科学学会副秘书长罗援少将则表示，中国“网络蓝军”只是部队训练时的代称，而该训练是应对网络攻击的预防措施。

砺剑铸盾两奋力，信息化机械化比翼飞。着眼未来，我军已把国防科技和武器装备的信息化建设放在首要位置，充分利用信息技术，加快武器装备信息化进程。

一是重点发展武器装备信息技术，主要是发展计算机与智能技术、战场信息感知技术、通信与网络技术、电子对抗与网络对抗技术等。

二是依托成熟的信息技术，改造传统武器装备，提升现有武器装备的信息化含量，提升作战效能。

三是根据需要和可能，积极研制新型信息化武器装备。有选择、有重点地进行科研攻关，瞄准世界先进科学技术尤其是军事前沿技术，以军事斗争准备为龙头，重点发展那些能提高我军武器装备整体水平的信息化装备。同时，利用信息技术的通用性，通过对国内外先进技术和产品的吸收和改造，努力提高武器装备的开发效益和发展速度。

实现信息化、机械化复合式发展，还应加快武装力量结构改革的一体化步伐。人们已经清醒地看到，未来的信息化战争，战场空间将是陆、海、空、天、电(磁)多位一体，着力要求作战力量的编成必须打破军兵种界限，遵循“系统集成，合成一体”的原则，按任务需求进行诸兵种合成的一体化编组。

我军将根据作战需要，由单一军种内多兵种混合编成，扩展成多军种甚至全军种的混合编成，将指挥、控制、通信、计算机、情报、监视、侦察等系统功能综合集成，通过系统互联、信息互通、应用互操作和人际协同工作，实现指挥控制、情报侦察、预警探测、通信传输等多功能的一体化，指挥控制系统与火力打击和信息战武器的一体化，战略、战役、战术指挥自动化系统的纵向一体化，统一战区诸军兵种指挥自动化系统的横向一体化，从而提高各军兵种信息的获取、传递、处理和利用能力。

这些装备的提供，都要求国防科技工业及时掌握世界新军事变革和新技术发展的动向，以夸父追日、时不我待的紧迫感，去完成时代赋予的历史使命。

▶“天河－1A”运算速度曾雄居世界第一

当今世界，显示一个国家综合实力的重要标志之一，就是其高性能计算技术及应用水平与超级计算机制造能力。

2010 年 11 月 14 日，国际 TOP500 组织在其网站上公布了全球超级计算机前 500 强排行榜。令人深感惊愕的是，中国首台千万亿次超级计算机系统"天河－1A"雄居第一。而在此前，美国橡树岭国家实验室的"美洲豹"超级计算机排名世界第一。这个实测运算速度排行榜的公布，让美国总统奥巴马在不同场合提到"中国有了世界上最快的超级计算机"，激励美国人要敢于直面挑战、更加勇于创新。其实在榜单中，实测运算速度可达每秒1750万亿次的"美洲豹"，其排名只是下滑一位。排名第三的是中国曙光公司研制的"星云"高性能计算机，实测运算速度达到每秒1270万亿次。

作为对全球已安装的超级计算机进行排名的权威机构，国际TOP500组织以计算机实测速度（Linpack测试值）为基准，从1993年起，每年两次发布世界上运算速度最快的500台超级计算机排名。2010年11月14日公布的是第36版排行榜。虽然在2012年6月18日公布的全球超级计算机500强名单中，美国又重回龙头老大位置，但是"中国科技发展的超凡实力，也拉响了美国科技竞争力的警报"。

对当时这个排行榜的公布，香港《文汇报》曾刊出评论，"中国成功研制出世界上最快的超级计算机，标志着中国的超级计算机综合技术水准进入世界领先行列，为中国在军事和国防上提供了现实用途和战略功能"。

但更多观察家指出，"天河－1A"将为中国在气候预报等经济和民生领域提供更好的技术手段，不会对其他国家特别是美国造成什么"威胁"。

其实，国际TOP500组织的排行榜是相对滞后的。因为早在2009年10月29日，随着第一台国产千万亿次超级计算机在湖南长沙亮相，作为算盘这一古老计算器的发明者，中国就已经拥有当时计算速度最快的工具——"天河一号"千万亿次超级计算机系统。每秒钟1206万亿次的峰值速度和每秒563.1万亿次的Linpack实测性能，使它位居同日公布的中国超级计算机前100强之首，也使中国成为继美国之后世界上第二个能够自主研制千万亿次超级计算机的国家。

"天河一号"超级计算机

2010年，国防科技大学在"天河一号"的基础上，对加速节点进行了扩充与升级，新的"天河一号A"（"天河－1A"）系统全面完成安装部署，其实测运算能力从上一代的每秒563.1万亿次倍增至2507万亿次，才成为当时世界上运算速度最快的超级计算机！这样，自然也引起了人们的高度关注和热议。对欢呼和赞美，不应陶醉；而对非议和说辞，倒是值得警觉。譬如美国《华尔街日报》报道所称，“中国日益强大的科技实力给美国竞争力与国家安全带来挑战”；《美国之音》网站上的一则评论更是耸人听闻，“超级计算器上的速度优势会推动中国在尖端军事技术上的快速提升，这对美国和世界都是个不安和危险的信号”。

独立军事观察家认为，中国成功研制出“天河－1A”这一世界上最快的超级计算机，标志着中国的超级计算机综合技术水准进入世界领先行列，为中国高科技计划的实施提供了一个更为广阔的平台，在军事和国防上也具有现实的用途和战略功能。

超级计算机机柜组

“随着我国经济的发展，环境控制、生物医药等领域已经对千万亿次甚至更高性能的计算机提出了现实需求。”时任国防科技大学校长张育林说，“超级计算机的研制历程表明，我们要在高技术领域有所作为，必须走一条有中国特色的自主创新之路……一味追求国际排名是没有意义的，只有在核心技术、实际效益和人才培养上不断实现新的突破，科学研究才有了持续发展的动力。”

科研人员在对“天河一号”超级计算机做精选系统测试

超级计算机又称高性能计算机、巨型计算机，是世界公认的高新技术制高点和21世纪极为重要的科学领域之一。作为中国高技术研究发展计划（“863”计划）中的一个重大项目，“天河一号”的设计始于2008年。2010年底，这台由103个机柜组成、占地面积近千平方米、总重量155吨的庞大计算机已安装到中国两个国家级超级计算中心之一的天津中心，向国内外用户提供超级计算服务。“在现代科学发展中，计算已经成为与理论和实验并行的第三大引擎。”时任国家超级计算天津中心主任刘光明说。“天河一号”已在资源勘探、生物医药研究、航空航天装备研制、金融工程、新材料开发等方面得到广泛应用。

“天河一号”的诞生，是我国战略高技术和大型基础科技装备研制领域取得的又一重大创新成果，实现了我国自主研制的超级计算机运算能力从百万亿次到千万亿次的跨越。该系统突破了多阵列可配置协同并行体系结构、高速率可扩展互联通信、高效异构协同计算、基于隔离的安全控制、虚拟化的网络计算支撑、多层次的大规模系统容错、系统能耗综合控制等一系列关键技术，具有高性能、高能效、高安全性和易使用等显著特点，综合技术水平进入世界前列。

虽然“天河一号”的主要部件来自英特尔和英伟达这两个美国制造商，但其有三大亮点值得骄傲：一是它的互联芯片完全是国防科技大学自主研发的“飞腾1000”；二是采用了中国人独创的“CPU加GPU异构融合体系”，这种结构因其低能耗、低成本、高集中度等优点，正在成为国际主流；三是采用了与其他超级计算机操作系统不同的“麒麟”系统，这套由国防科技大学自主研发的操作系统以高安全性著称。

更重要的是，在实现技术跨越的同时，由200多人组成、平均年龄为36岁的“天河”团队还首次尝试了军地合作、多家单位协同攻关的开发模式。

我国首台千万亿次超级计算机系统的成功问世，是我国高性能计算机技术发展的又一重大突破，是国家和军队信息化建设的又一重要成果，为解决我国经济、科技等领域重大挑战性问题提供了重要手段，对提升综合国力具有重要战略意义。

研制超级计算机技术的战略意义体现在以下几方面：

一是军用飞机研制可驶入“快车道”。据军事专家介绍，在现代军用飞机研究制造领域，巨型计算机系统有着不可替代的独特作用。如国际上过去研制第二代、第三代战机普遍要在风洞中进行少则一年多则数年的定型试验，但现在依靠巨型计算机系统强大的计算能力和模拟技术，可以进行大量仿真实验，周期可以缩短到数月。观察家认为，中国眼下正是研制军用运输机、歼击机、轰炸机及直升机的“黄金时期”，许多新设计的机型需要进行大量风洞试验。依靠自己开发的“天河－1A”超级计算机系统，将使中国的新战机定型试验驶入“快车道”。一方面可以打破一些国家对我国实行的高新尖技术“封锁”，另一方面可以更好地落实国家“十二五”规划提出的“创新发展”、“节能环保”的新要求。

二是联合作战研练有了“新平台”。为了取得更强大的联合作战能力，近年来西方发达国家加强了作战模拟研练，而超级计算机系统在这方面自然成了强劲的“推手”。它可以根据现实情况预设成千上万种作战方案，然后通过计算和分析得出最优化的方案，从而使更为精密的作战模拟成为现实。观察家指出，运算能力越强，可以预设的作战方案也就越多，计算速度也就越快，分析出来的结果也就越接近实战参数，这就可以使我军提高基于信息系统体系作战能力的努力得到实际的帮助。

三是提高战略威慑有了“新手段”。据外电报道，美国、俄罗斯等国家为了维护战略核武器的技术领先地位，在削减核武器数量的同时，加大了模拟核试验的力度。如美国就在内华达州地下约300米的实验室进行了亚临界核试验，超级计算器参与了实验室数据和以前核试验数据的数学模型综合分析。观察家分析认为，由于“天河－1A”采用了中国自主研制的芯片，操作软件也是自主研制、国内安全等级最高的“麒麟”操作系统，它将为实现核武器技术发展提供新的重要手段，对保持中国“核武器库”的安全和威慑力有着积极的意义。

同时，研制超级计算机技术还将继续带动高科技服务产业和高端信息产业发展，着力打造高新科技服务、产业技术创新、人才聚集培养三个平台，为经济、社会发展提供高科技支撑。

参考文献

[1] 中共中央文献编辑委员会．江泽民文选．第三卷．北京：人民出版社，2006.

[2] 颜昊．解放军装备专家深度解读国庆60周年阅兵．www. chinareviewnews. com[2009年10月2日].

[3] 中共中央文献研究室．毛泽东传．北京：中央文献出版社，2003.

[4] 宋侃夫，齐特．红四方面军电台始末(一)．百年潮，2010(4).

[5] 罗青长．解放战争中隐蔽战线的领导者——记任弼时同志转战陕北大事一件．人民日报，1994年4月17日.

[6] 张爱丽．开国大典中的通信兵．环球军事，2009(18).

[7]《坦克装甲车辆》编辑部．国庆60周年大阅兵专刊．坦克装甲车辆·新军事，2009(11).

[8]《兵工科技》编辑部．2009年第五届北京世界雷达博览会特报．兵工科技，2009 (7A).

[9]《当代中国》丛书编辑委员会．当代中国的国防科技事业．(下)．北京：当代中国出版社，1992.

[10] 姜毅，赵东，蔡年迟．我军新一代舰载雷达问世 海军军代让“千里眼”更犀利．解放军报，2008年7月26日.

第十四讲

金戈铁马　挥师演兵驰沙场

——新中国常规武器装备建设纪实

炮声隆隆，硝烟弥漫。清晨还是曙光初照的朱日和演兵场，此刻已是联合军事演习——中国新武器亮剑的最佳舞台。各型直升机从天而降，一辆辆新型突击战车从直升机舱门口缓缓驶出；中国轻型机械化步兵作战群驾驭着陆军最新装备驰骋疆场，展示了与友军陆空协同、联合作战的巨大威力。

这支轻型机械化步兵战斗群装备了国防科技部门新研发的全地形火力突击车，一辆突击车就是一个战斗组合。它能搭乘直升机，实现"人装一体"的全方位立体机动，能驰骋山地、沼泽、沙漠，稍加改装后还能"泛舟"江河湖泊。突击车上加装了榴弹发射器、重机枪及便携式导弹等多种国产轻型武器装备，火力配置大大提高。战斗员可根据不同任务，自主选择使用。车上还装备了国产新型卫星定位系统和战术数据终端等信息化装备，战斗中从班排指挥员到单兵都可以直接与上级指挥中心取得联系，作战效能增强了 3 ~ 5 倍。机步群的出现，使传统步兵作战区域由地面延伸到了空中。

我军的传统步兵因此同时具备了山地立体超越攻击和越海立体登陆作战的能力。

2007 年在成都战区举行的"高原 07"演习中，我军某师航空兵、炮兵对"敌"实施精确打击后，十余架直升机搭载着全副武装的人员和车辆腾空而起，飞跃"敌"重兵防守的前沿，突入纵深作战地域。这支拥有超强攻击力、装备突击战车的新型步兵作战群迅速在敌后机降，在远程信息系统支撑下，以迅雷不及掩耳之势对"敌指挥中心"发起攻击。一时间，战车齐发，火炮轰鸣，导弹呼啸……

一幅全新的立体进攻战斗场面呈现在碧空蓝天和莽莽群山之间。

"要为机械化步兵插上信息化翅膀，走机械化、信息化复合式发展之路。"面对新军事变革的大潮，在推动国防科技和武器装备建设全面转型中，中国军队始终保持很强的危机感。近年来，人民解放军认真贯彻中央军委关于大抓军事训练的重要指示，从白山黑水到戈壁大漠，从无垠蓝天到万里海疆，从中原腹地到大洋深处，或是千里奔袭，或是要地攻防；或是信息对抗，或是联合打击，到处是一派火热的练兵景象。

在这些刀光剑影的演练和对抗中，除了中国军人不断提高的战术和技术素养，起着至关重要作用的、另一个引人注目的焦点，就是武器装备。那些性能优良的高新技术武器装备相继登场亮相，在令国人精神为之一振之际，也迎来了国际防务界的好评。

有专家评述，这样做可以收到多方面的效果。一方面可以在"准战场"环境中对武器装备进行测试和检验，尤其是在军队被赋予反恐、维和、救援等新使命的情况下；对武器装备也提出了新要求，通过在演习中试用就显得格外重要。另一方面则可通过演习将高新技术武器装备的威力和效果向外界展示，特别是在国际联合军事演习中闪亮登台。

当然，这也逐渐成为国际惯例。近年来，美军每次演习中，几乎都可以看到新型武器装备亮相。美军还一改以往保密、隐匿的做法，在联合军事演习中使用众多尖端武器，在展示、推销本国高端武器产品的同时，力图强化对有关国家的影响和渗透。

笔者在讲述完新中国“两弹一星”、战略核潜艇和现代海军装备、现代航空装备发展史后，回过头来，也与读者朋友们一道对中国现代常规兵器的发展作些简单的回顾。

“两院”院士、北京理工大学原校长王越先生曾经对世界上使用数量最多的常规兵器即硬毁伤技术武器、弹药，作过如下定义：

通常，武器系统对目标硬毁伤过程是：根据被攻击目标的特性，武器系统将战斗部运送到预定的适当位置(指目标附近、目标表面和目标内部)；引信探测目标，适时而可靠地提供信号，起爆战斗部，使战斗部主装药爆轰，释放出能量，与战斗部其他构件一起形成各种毁伤元素，对目标产生预定的毁伤效果。如高速弹头或破片的动能、爆炸引起的空气冲击波超压、比冲量等作用于目标，使目标遭受到不同程度的毁伤。使目标受到致命性打击，完全失去作战能力或支持功能。如击毁飞机、坦克、舰艇，或使其受到严重损伤失去作战能力；摧毁地面或地下设施与筑城工事，使其不能再使用。

专家们对常规兵器所确定的科学内涵与外延，似乎显得文绉绉的。其实，说了这么多基本定义，讲的就是我们老祖宗发明的火药之功能拓展。回顾历史，还是让我们用新中国成立以来的实际战例，如“炮击金门”、“中印边境自卫反击战”、“珍宝岛之战”等，来简述我军火炮、坦克和反坦克导弹、班用枪族等常规兵器发展之史话。

▶摧枯拉朽的战神之火——炮击金门

朝鲜停战协定签订以后，美国霸权向全球扩张的势头略为放缓。艾森豪威尔政府从美国的全球战略利益考虑，对国民党政权“反攻大陆”的军事窜扰和军事准备，从早先的积极怂恿、支持，转而调整为制造“两个中国”的战略图谋。美台之间的裂隙在美国的全球战略利益下悄无声息地出现。

为了粉碎美国阴谋制造“两个中国”的战略企图，毛泽东再次娴熟运用其俯瞰世界的战略思维能力和驾驭、掌控全局的艺术手段，给了对手沉重的一击！

这就是著名的“823”炮击金门之战！

驻金门的国民党守军正在备战

追溯历史，炮击金门的导火索，似乎源自1958年7月15日“中东事件”的爆发。美国武装干涉黎巴嫩，促成了台湾当局筹划“反攻大陆”等一连串军事动作。7月17日，台湾当局出动飞机对大陆沿海进行侦察、挑衅。8

月 8 日，美国海军参谋长伯克宣称，美军密切注视台湾地区局势，随时准备进行像在黎巴嫩那样的登陆。台湾海峡地区局势日趋紧张。

1958 年 7 月 18 日，毛泽东召集中央军委、总参谋部、空军、海军、炮兵等单位领导人会议，部署东南沿海军事斗争任务。毛泽东指出，打算以地面炮兵对驻守金门的国民党军队实施主要打击，准备打上两三个月。他指示，"金门炮击，意在击美"。当晚，中央军委召开会议，对炮击金门作战进行了部署。遵照中共中央、中央军委的决策和部署，人民解放军积极展开战前准备，福州军区以叶飞为首组成前线指挥部。军委又调聂凤智为福州军区空军司令员，组成空军前线指挥所；任命东海舰队副司令彭德清担任海防舰队前敌指挥。这样，准备参战的 459 门火炮、80 余艘舰艇和 200 多架飞机，均按时进入指定位置，做好战前的一切准备。

1958 年 8 月 20 日，毛泽东在北戴河会议上作出炮击金门的最后决定。

8 月 23 日 17 时 30 分突袭开始。随着一串串红色信号弹升上天空，我军万炮齐发，炮弹呼啸海空，直泻金门。

顷刻兵间，炮声震天，地动山摇。金门国民党守军阵地、码头、机场和营区都陷入浓烟烈火之中。我军炮兵重点轰击金门太武山，那里是金门守军司令部；海军炮位则向料罗湾内的国民党军舰开火。

金门守军对炮击猝不及防，毫无戒备。当时，守军官兵刚刚听完"国防部长"俞大维训话，俞大维也正由国民党军金门防卫司令胡琏陪着漫步走回司令部。金门防卫区的三位副司令赵家骧、章杰、吉星文还站在翠谷湖边的桥头上阔谈聊天。突然，一串串炮弹嘶吼着掠过太武山，落入翠谷，整个翠谷司令部顿时硝烟弥漫、弹片横飞。

国民党运输舰向金门运送物资

三位国民党驻军副司令当即毙命。这三个人都是台湾军界小有名气的人物：赵家骧当年曾任东北"剿总"参谋长，辽沈战役结束前侥幸从沈阳逃出；章杰则长期在国民党空军任职；吉星文是抗日名将吉鸿昌的侄子。

混乱中，俞大维受伤，满脸是血，被人背入路旁山石下躲避。胡琏急忙窜回司令部，拿起电话想要下达命令，但电话线已被炸断。他只好用无线电对部队进行指挥，并向台湾告急。曾经让叶飞吃过苦头的胡琏，今朝也被叶飞痛击得丧魂落魄！炮击历时两个多小时，我军发射炮弹 45 000 余发。当日炮战，一举击毙国民党中将以下官兵 600 余人，摧毁大批军用设施，击伤货轮"台生"号。

8 月 24 日，我军实施第二次大规模炮击，重创国民党军火运输船"中海"号，击沉货轮"台生"号。8 月 26 日，我调整部署，从地面、海上和空中三个方面加强对金门的封锁。到 9 月 2 日止，我军又击沉国民党军舰 2 艘，击伤运输机 4 架，歼灭炮兵连 2 个，摧毁火炮 10 余门，毙伤敌军数百名。9 月 8 日，我军实施第三次大规模炮击。击沉击伤国民党军舰各1艘。9月11日，我军实施第四次大规模炮击，迫使美国军舰仓皇逃离。9月13日后，转入零星炮击。炮击金门，不仅使国民党驻军被封锁、被惩罚，更主要的是打击了美国的“战争边缘”政策，使其处于进退两难境地。

梳理历史，我军炮击金门作战，可分为两个阶段。第一阶段，自8月23日起至10月5日止。我军投入兵力以炮兵为主，对敌进行大规模炮击，并实行海陆空联合封锁。第二阶段，则进入打打停停阶段。台湾当局为摆脱困境，逼美国与其并肩作战。美国则汲取朝鲜战争教训，害怕越陷越深，要求台湾当局从金门、马祖地区撤兵，以达到军事上避免卷入与中国的战争、政治上搞“两个中国”、分离台湾的双重目的。台湾当局从“反攻复国”目的出发，不肯撤兵，美台矛盾日趋尖锐。

美国军舰和水上飞机停滞在金门外海，表面上充当国民党守军后援

从1958年8月至1959年1月，我军进行了7次大规模炮击，83次中小规模炮击和上千次零星炮击；展开13次空战、3次海战，发射炮弹数十万发，有力地打击了敌军，使台湾当局深感武力“反攻大陆”难以实现，只好代之以所谓“三分军事、七分政治”的口号。

自1959年开始，我军对金门发射的实弹和大量宣传弹都打在空旷区，大量散发《告台湾同胞书》、《中华人民共和国国防部命令》、《再告台湾同胞书》等文告，以此不断揭露美国搞“两个中国”的阴谋，阐明中国政府对台湾海峡局势的立场和我军炮击金门的主旨。

国防部长彭德怀在福建前线视察

1960年，中央军委决定：于6月17日至19日，在艾森豪威尔访台期间，福建前线炮击金门，“迎送”示威，并广播发表《告台、澎、金、马军民同胞书》。1961年12月中旬，中央军委根据形势发展变化，为保持台湾海峡局势的稳定，停止对金门实弹炮击，只在单日打一些宣传弹。

1979年1月1日，中美正式建立外交关系，美国宣布与台湾断交，废除《美台共同防御条约》，从台湾撤军。中国国防部长徐向前于当天宣布《关于停止炮击大、小金门等岛屿的声明》，持续20多年的炮击金门行动遂告结束。

炮击金门，本属中国内政，由于美国的无理干涉，使炮击金门既有军事上的较量，又是政治、外交上的斗争。以毛泽东为首的中共中央、中央军委，精心运筹，根据局势的发展变化，巧妙地把军事、政治、外交斗争紧密结合，有理、有利、有节，始终掌握斗争的主动权。因而使炮击金门作战不仅在军事上，而且在政治、外交上都取得了伟大的胜利。毛泽东巧妙利用美台之间的矛盾，并借助苏联社会主义阵营和国际局势打击制造"两个中国"的战略图谋，使台湾海峡的主导权牢牢掌握在中国人手中。

炮击金门的斗争还带来了毛泽东意想不到的"副产品"，那就是赫鲁晓夫领导的社会主义阵营延缓以至最后终止了对中国核武器研制的援助。对于这段历史纠葛，其实不存在谁有历史过错的问题。尽管笔者在前几讲中已经就中苏领导人之间的政治分歧，导致苏方在中国核武器研制工作全面发展之时撕毁协议、撤回专家事件做过介绍，但在此还是想把"炮击金门的副产品"等相关史实给读者做下交代。

事情还得从1958年上半年说起。当时社会主义阵营的中苏两国在核政策方面，表面上还是采取"苏援支持、互相配合"的方针，但此后双方的政策性分歧日益扩大，尤其是苏共中央的"家长们"认为，中国的所作所为已经令他们不能接受。

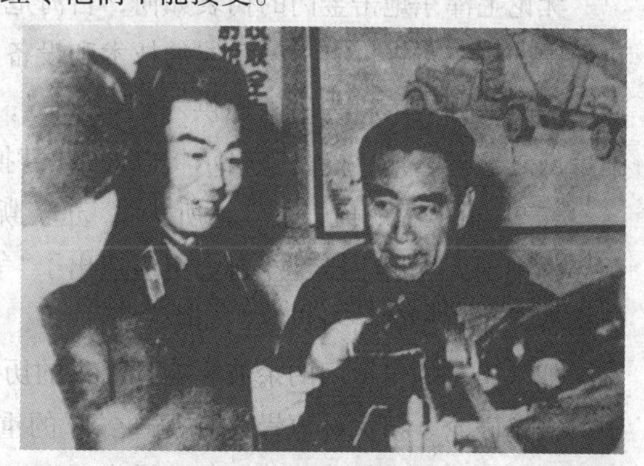

1959年12月23日，周恩来总理视察军事工程学院炮兵工程系

1958年5月9日，赫鲁晓夫为推进美苏和平共处，决计与美国人"调情"，向禁止核试验迈出了一大步。他在给美国总统艾森豪威尔的信中同意了西方的建议，即在日内瓦召开一个专家会议来研究为禁止核武器试验成立核查监控体系的可行性。5月30日，赫鲁晓夫又提交了一封信，同意美国的建议，认为英国和法国科学家可以参加专家会议，并表示波兰和捷克斯洛伐克的科学家也要参加。赫鲁晓夫还暗示应邀请中国参加会议。信中说，从印度或"其他一些特定国家"邀请专家来参加会议也许是比较明智的。尽管日内瓦会议最终没有也根本不可能邀请中国参加，但会议在讨论建立"遍布全世界"的对核试验的监控网时，却充满敌意地把中国包括在内——因为日内瓦会议报告提出的监控网中有8个站点位于中国大陆周边。赫鲁晓夫是以牺牲中国的利益来与美英妥协，维护核垄断。

日内瓦专家会议于8月21日结束，会议公报乐观地宣告：科学家已经发现"建立一个具有一定能力和限度而又可行和有效的监督体系，来侦察违反可能缔结的全世界停止核武器试验协定的行为，在技术上是可能办到的……这项惊人的进展受到全世界的欢呼。"

次日，美国和英国分别就停止核武器试验问题发表了声明。美国"准备迅速着手同试验过核武器的其他国家谈判一项关于停止核武器试验和在专家报告的基础上实际建立一个国际监督制度问题的协议。"英国也准备进行同样的谈判，并保证从谈判开始时起，"在一年内，不再继续试验核武器"。[1]

尽管任何人都可以看出这是美英政府在应付莫斯科，但对于赫鲁晓夫来说，却是他长期努力获得的一点儿令人欣慰的功绩。"冷战"缓和的曙光似乎已经露出地平线。

然而，就在赫氏即将大摆"庆功宴"的8月23日，中国军队突然发起炮击金门战役，这不啻是向赫鲁晓夫头上泼了一盆冷水。美苏皆认为中国摆开了一副诉诸武力的架势。

如果说赫氏对于毛泽东在建立"联合舰队"和长波电台问题上不肯让步，尚能容忍的话，那么对中国领导人在没有与之通气的情况下，突然采取如此重大的军事举动，就不仅是无视中苏军事同盟的存在，而且是对苏联的社会主义阵营首领地位的极大藐视。

况且，在美英刚刚答应签署停止核试验协定后，苏联就向一位"自行其是、无法无天"的盟国提供原子弹样品，赫鲁晓夫无论如何都是有所忌惮的。从赫鲁晓夫推行的以"缓和"为目标的外交战略来看，同美国和西方保持稳定而良好的关系，优先于发展同中国的关系。因此，如果二者必择其一，那么在核武器问题上，苏联宁愿停止对中国发展核武器的援助，也不愿破坏同美国的关系，以免对苏联的国家利益产生难以估量的消极影响。

无论毛泽东炮击金门的初衷如何，台海危机的后果之一，就是促使苏联领导人决定停止向中国进一步提供有关核武器的技术和设备，特别是原子弹样品。赫鲁晓夫在台海危机期间一再公开表示将为中国提供"核保护伞"，除了有尽社会主义阵营"盟主"责任，向美国示威之意外，还可能是在暗示将以此来"替换"对中国的核技术援助。

焉知"祸兮福所倚，福兮祸所伏"，苏联撕毁协议、撤回专家的做法，不仅激励毛泽东领导的中国人民胼手胝足、自力更生造出了"争气弹"，而且打破了核大国进行核垄断的理想构架，昂首挺胸跻身世界"核俱乐部"。

如果不是炮击金门的余波影响，后来的历史走向可能会更加崎岖。在炮击金门的斗争中，被拿破仑、斯大林尊崇为"战争之神"的重炮发挥了巨大作用，中国领导人也把更多的力量投入到陆军常规武器装备的建设中。

正如前面所述，中国共产党及其领导的人民兵工是从缴获武器、修配枪械起步的。到抗日战争时，已能生产步枪、手榴弹及全新子弹和大口径迫击炮；在解放战争时，发展到能生产火炮。新中国成立后，尤其是抗美援朝期间，各兵工厂集合在"一切为了前线胜利"的旗帜下，努力生产和修复大批武器弹药；有关厂家根据前线需要，仿制和生产了反坦克火箭和野战火炮等陆军武器装备。

1952年5月，中央兵工委员会做出制造第一批18种制式武器的决定。在整个五六十年代，主要是仿制和改进苏联产品，如55式37毫米高射炮、59式57毫米高射炮、59式100毫米高射炮、59式130毫米加农炮、59式152毫米加农炮、59式中型坦克等，这大大提高了中国陆军常规武器的仿制和研制水平。

根据1953年和1956年中苏两国政府两次签订的协定，由苏联援助中国建设一批兵工企业，并开启了中国人生产大口径火炮、高射炮、中型坦克、机载武器、舰载武器及其配套的弹药和光学电子仪器等武器装备之先河。

1953 年，以苏军装备为模板的制式武器仿制工作全面展开。按照中央兵工委员会下达的计划，承担任务的多家兵工厂，依据苏联提供的设计图纸、工艺规程和测试检验标准，进行技术改造，更新生产设备、增添工艺装置、补充检测仪器，并在机器、夹具、刃量、样板、材料和操作六个方面采取“6 试 6 定”的方法，逐项试验和定型。当年就有 4 种轻兵器仿制定型，1954 年又成功仿制野战炮和榴弹炮。1956 年，第一批制式武器中除 85 毫米高射炮外，基本完成仿制定型。从 1957 年起，兵器工业部门用了三年时间，又仿制成功一大批制式武器装备。完成仿制定型，对于中国常规武器发展具有基准性意义。尽管后来中国也曾仿制过欧美国家制式武器，但对中国常规武器发展影响最大的，还是苏式武器的引进与仿制。

1960—1967 年，陆军武器装备进入自行研制阶段。相继组建坦克研究所、坦克发动机研究所、火炮研究所、金属材料研究所、非金属材料研究所、防腐包装研究所、成型工艺研究所等专业研究机构。与此同时，军队系统也建立了炮兵科学技术研究院、装甲兵科学技术研究院、军械研究所等科研机构，为自行研制陆军武器设备奠定了基础。[2]

►“超级喀秋莎”：朝鲜战场成长起来的远程火箭炮

2010 年 7 月，正当东亚局势因“天安”舰事件而骤然紧张、美国和韩国欲在黄海联合军演之时，南京军区某部在东海某地进行了一场军事训练。其中，我军装备的 PHL03 式 300 毫米远程多管火箭炮参与了实弹演练。当新闻节目播出这种被称为“超级喀秋莎”的远程多管火箭炮齐射画面时，众多观众从心底发出欢呼！

惊讶和欢呼可能会把人们的思绪带回到当年的朝鲜战场。“喀秋莎”——这种有着俄罗斯姑娘美丽名字、曾在战争中大显神威、久负盛名的苏制 M－13 多管火箭炮，已经成为那个时代的象征。

志愿军装备的“喀秋莎”火箭炮正在发射

由于这种火箭炮发射时，犹如飓风冰雹般撼天动地，能在极短时间内构成强大的火力压制密度，给敌人以毁灭性的杀伤和强烈的心理震撼，因此也荣膺了“钢冰雹”的美称。大名鼎鼎的“喀秋莎”火箭炮第一次亮相是在第二次世界大战时的苏德战场上，德军将领向希特勒汇报时形象地说：“在俄国人的东方战线出现了一种从未见过的新式火箭武器，它是具有导轨的新发射装置……在火箭所到之处，钢铁会融化，土地会燃烧。”

这时的“喀秋莎”火箭弹总重量为42.5千克，弹头重量为4.9千克；它既可单射，也可部分连射，或者一次齐射。这种利用反作用原理，由发动机推动弹体向前飞行、不需要普通火炮笨重炮身和复杂反后坐装置的火箭炮，射速较高；重新装填一次火箭弹约需5～10分钟，而一次齐射只需7～10秒。所以它可以在短时间内，以密集火力对敌有生力量和装备进行覆盖压制，操作简便。由于整个发射系统均装在卡车上，往往不等敌人反应过来，它就已经快速转移阵地。

作战状态下的国产PHL03式300毫米远程多管火箭炮

远程多管火箭炮可以针对一些大规模集群目标实施强力打击，如坦克集群、大面积火力点、敌方机场、敌方后勤基地，都可成为其攻击目标。它在以往的战事中发挥过重要作用，因此也一直是中国兵器科研部门重点研制的常规武器。

东海某地实弹演习中的“超级喀秋莎”——PHL03，是中国研制的第5代火箭炮，也是中国陆军最先进的多管火箭炮；其侦察系统、指挥系统和控制系统全部实现信息化。该型火箭炮有12个发射管，火箭弹采用固体燃料发动机推进，射程可达150千米；弹头配备多型战斗部，杀伤覆盖范围大。作为威力巨大的地面压制武器，火箭炮始终是中国炮兵的主战装备，主要列装陆军炮兵部队和装甲兵部队。

这种远程多管火箭炮在新中国60华诞阅兵式上公开展示，引来各方关注。

新中国成立60年来，尽管火炮装备的发展历经坎坷，但前行的步伐从来都是坚定的。

1953年，我军制式武器装备的仿制工作全面展开。通过这一时期的迫击炮生产，中国掌握了高强度钢材的生产技术，为武器装备改进结构、减轻重量创造了条件。陆金楚等军工专家在64式120毫米迫击炮的研制中，首先采用新材料改进炮身和炮架的设计，研制了梯形座钣，全重只有174千克，比仿制的同口径迫击炮减轻101千克，为迫击炮的轻型化开拓了新途径。此后，这些新技术应用在仿制的82毫米迫击炮上，使炮重减轻18.5千克，只为原型炮的1/3，被命名为67式82毫米迫击炮。

这一时期，其他压制武器也有一定发展。167厂和342厂研制的71式100毫米迫击炮，应用高强度炮钢和稀土球墨铸铁等新型材料，炮重仅74.5千克，比射程和爆破威力相当的120毫米迫击炮的重量减轻了99.5千克。以至在1979年的中越边界自卫还击战中，这种迫击炮以其重量轻和精度好的特点成为指战员荣立战功的得力武器，被誉为“功勋炮”。

同期诞生的70式130毫米履带自行火箭炮，是用63式装甲车底盘与63式130毫米火箭发射架相结合的自行火炮，越野性能好，有浮渡能力，为发展自行火炮积累了经验。

与压制武器配套的弹药也有较大的发展，突出反映在特种炮弹上。兵工技术人员研制成功4种宣传弹、3种发烟弹、3种照明弹以及榴弹炮和火箭炮使用的燃烧弹，填补了特种弹的空白。

在应用技术方面，最主要的突破是：迫击炮弹弹体材料实现了稀土球墨铸铁化，比仿制的半钢性铸铁弹体强度高，有效杀伤破片占弹体重量的比例由12.5%提高到60%以上，杀伤威力相当于冲压钢质弹体，是一项创新。

1977年，在国防科技"六五"计划中，被列为国家重点发展项目的陆军武器装备有10余项。其中，72式85毫米高射炮、70－1式和70－2式122毫米自行榴弹炮、83式152毫米榴弹炮等，逐步开始自行研制。

整个"六五"计划期间，陆军武器装备研制成功并达到设计定型的有榴弹炮、自行加榴炮、加农炮、火箭炮、主战坦克、反坦克导弹等130余项装备项目。

至1983年，中国自行研制的152毫米自行加榴炮闪亮登台。这款83式自行加榴炮一改国产身管火炮多年来的苏式印记，是我国自行研制定型的第一种带全封闭式旋转炮塔的自行火炮。炮塔内装有一门口径152毫米的线膛炮，由国产66式152毫米牵引式加榴炮改装而成。该炮战斗全重30吨，最大行驶速度56千米/小时，平均越野速度达30千米/小时以上，可有效伴随坦克战斗，实施不间断的火力支援。152毫米榴弹的杀伤威力相当惊人，其弹丸内装有六七千克高爆炸药。使用瞬发引信时，有效杀伤范围相当于一个足球场；使用短延时引信时，可炸出一个直径近4米、深1米多的大坑。另外，该炮还能用全装药杀伤爆破榴弹直瞄打坦克。

中国自行研制的双管37毫米自行高射炮曾出现于国际防务展上。这种PGZ88式双管37毫米自行高射炮在我军的装备序列中现已鲜见，但它是我国研制的第一代三位一体的小口径自行高射炮系统。

追溯历史，当年为支援越南抗美斗争，我国兵器部门大胆革新，先将需求量大的37毫米单管高射炮改为双管，并在此基础上，研制出新的火控系统，使其具有全自动、全天候的作战能力；对步兵装备的12.7毫米高射机枪也进行改进，简化了结构，减轻了重量，便于携行。

国际防务展上亮相的PGZ88式双管37毫米自行高射炮，选用76式双管37毫米自动舰炮作为火炮单元，底盘采用经过改进的79式坦克底盘。在全封闭炮塔上安装有搜索测距雷达、敌我识别系统、光电坐标仪等火控系统。即便用今天的眼光来看，该炮的技术含量也是值得骄傲的。它是中国常规兵器发展的一大突破。该炮战斗全重35吨，乘员4人，最大行驶速度50千米/小时。该炮搜索雷达最大搜索距离为15千米，最大搜索高度为3000米。火炮通过多种配用的火控设备可以采用多种工作方式，除对空射击外，还可攻击地面目标，系统的作战反应时间为10秒左右。

该炮技术指标为：初速1000米/秒，有效射高3000米，理论射速2×360发/分，可

PGZ88 式双管 37 毫米自行高射炮

单发射击、点射、连射，采用弹链双向自动供弹，由电力驱动遥控射击，火炮携弹量为 500 发。该炮高低射界为 -5 ~ +85 度，可 360 度射击。其配用的曳光杀伤榴弹重 2 千克，配触发引信，延时自炸时间 12 ~15 秒。

20 世纪 80 年代后，军工行业又继续研制出 WA021 型 155 毫米加榴炮、203 毫米火炮、85 式主战坦克等各种武器。20 世纪末，为提高机动作战特别是火力打击能力，中国陆军先后装备了多种性能先进的轮式和履带式自行火炮。这些自行火炮机动能力好，行车与战斗转换速度快，多数有装甲防护，便于和坦克、步兵战车协同作战。

跨入 21 世纪，于 2003 年亮相的国产 105 毫米炮射导弹曾引起国际防务界的关注。防务专家认为：与常规直瞄火炮弹药相比，该型 105 毫米炮射导弹优势明显。

其一，常规直瞄火炮弹药的有效射程大多在 2000 米以内，炮射导弹的有效射程为 4000 ~5000 米。

其二，常规弹药在火控系统的辅助下，在 2000 米射程上的命中概率也只有 80% 左右，而炮射导弹全射程的命中概率均为 90% 以上。

其三，常规弹药打击运动目标精度会下降，而炮射导弹对运动目标射击能达到 90% 的命中概率。

其四，常规弹药对点目标的射击一般需要试射，炮射导弹则可首发命中目标。

国产 105 毫米炮射导弹武器系统由全备导弹、激光驾束制导仪、导弹及制导仪辅助设备组成。这种武器系统采用激光驾束制导，适用于主炮口径为 105 毫米的坦克上，而且不影响原武器性能，炮射导弹的最大射程为 5000 米。除能打击装甲目标等重型装备外，105 毫米炮射导弹还可攻击低空飞行的直升机以及敌方的火力点、堡垒工事等点目标。

1991 年，人民兵工迎来了 60 周年庆典。从 1931 年 10 月，中央红军创建官田兵工厂，到 1991 年人民兵工 60 周年，无论是常规武器装备的研制生产，还是尖端武器、战略威慑武器装备的长足进步，真正是成绩斐然！

到了人民兵工创建 65 周年，人民解放军陆海空三军举行了联合作战演习，对于“台独”势力是极其沉重的打压和威慑。

历史的镜头定格在 1996 年 3 月 18—25 日，人民解放军在台湾海峡成功地举行陆海空三军联合作战演习。

这次陆海空联合演习包括步坦协同向岛上“敌”阵地发起猛攻、空军地对空导弹打击空中目标、空军高空高速歼击机群迅速夺取制空权、导弹驱逐舰发射反舰导弹及反潜火箭、空军强击机群向地面发起进攻以及直升机掩护登陆舰艇输送地面部队作战等。演习展示了高科技条件下三军联合渡海登岛作战和山地进攻的壮阔场景，表明我军完全有决心、有能力维护祖国统一，捍卫国家安全、主权和领土完整。

陆海空联合军演，是对人民兵工常规武器装备建设最好的实战检验。同时，它也鲜明地向全世界表明：台湾问题涉及中国的核心利益！用邓小平的话讲，任何国家都不要指望中国政府吞下这个苦果！在涉及中国领土完整和主权利益上的任何图谋，都会遭到中国人民最强烈的反对！

▶中印边境自卫反击战　粉碎对中国领土的蚕食和侵略

2008年，中印关系史上出现了令世界感慨的一幕：中国军队和印度军队在印度境内举行了联合军事演习。这是自第二次世界大战时期史迪威将军在印度训练中国滇缅远征军以来，中国军队的身影首次在印度次大陆闪现；这也是1962年中印兵戎相见后，两国军队的首次协同军演，交流甚欢。1962年那场战事是在国际反华势力的策应下，由印度军队肆无忌惮地蚕食和侵略中国领土而引起的。说起那段历史，其实引起战端的根本原因，正是英国殖民主义者埋下的祸根——“麦克马洪线”。对所谓的“麦克马洪线”，有必要简述一下。

“麦克马洪线”是英国为侵略中国西藏地区制造的所谓“中印东段边界线”。1914年3月24日，参加西姆拉会议的英国代表麦克马洪背着中国中央政府(当时为北洋政府)，同西藏地方当局的代表在德里以秘密换文的方式私下划定。该线西起不丹边界，向东延伸，在中印东段边界地区，把历史上从来就属于中国，面积达9万平方千米的地区划归当时英国统治下的印度。历届中国中央政府从未批准或承认过该线，并且曾就英国对该线以南地区的逐步入侵向英国和以后独立的印度政府多次提出抗议。

新中国成立后，一直把同印度的友好合作作为睦邻政策的重点。然而，由英国殖民主义者炮制“印巴分治”方案而独立的印度政府却奉行完全相反的政策。从1951年起，印度政府乘新中国成立不久和正在进行援朝作战之际，在中印边界东段侵占了大片中国领土。1959年3月，印度又在中印边界地区不断制造流血事件。1959年8月25日，印军入侵中国西藏朗久地区，造成第一次武装冲突。10月21日，印军又入侵中国西藏的空喀山口地区，打死打伤中国士兵。1960年初，印度政府在中印边界西段派兵入侵中国的阿克赛钦地区。从1961年开始，印军先后在中印边界东段和西段越过中印双方实际控制线，大肆蚕食中国领土，并建立多处侵略据点，不断挑起边界冲突。

中国政府对此采取了克制忍让态度，力求通过谈判解决争端。1959年11月7日，在周恩来致印度总理尼赫鲁的信稿中，毛泽东特意加写了一段文字：

由于中印两国边界从来没有划定过，而又非常漫长，距离两国政治中心很远或者比较远，如果两国政府不想出一个十分妥善的解决办法，我担心双方都不愿意看到的边境冲突今后还可能出现。而只要出现了这类冲突，哪怕是很小的冲突，就会被那些敌视我们两国友谊的人们所利用，以达到其不可告人的目的。[3]

但随着印度侵占中国领土利益的加大，其侵略气焰越来越嚣张。1962 年 6 月，印度竟然派兵向非法的“麦克马洪线”以北大举推进，侵占了中国克节朗地区的大片土地，并开枪打死打伤中国边防人员，多次制造流血事件。10 月 12 日，印度领导人利令智昏，公然下令要把守卫在中国领土上的中国军队彻底清除掉。20 日，印军以五个多旅的精锐兵力在中印边界东西两端同时向中国边防部队发起全面进攻。中国边防部队在忍无可忍的情况下被迫还击。

1962 年 10 月 20 日至 11 月 22 日，我军奉命进行中印边境自卫反击作战。当时的情形是敌众我寡，但我边防部队在各族人民的大力支持下，按照刘伯承元帅拟定的战术方针，发扬排除万难、勇往直前的牺牲精神，克服了恶劣自然条件带来的重重困难，扼制住敌人的猖狂进攻。经过一个月的反击作战，我军所向披靡，一举歼灭了入侵印军 2 个整旅和 3 个旅的大部，毙、伤、俘印军官兵 9000 余人，取得自卫反击战的重大胜利。

中印边境反击战结束后，按照周恩来的指示，我军优待俘虏。“对印度战俘好吃好喝好招待，印度战俘在中国一年多，回去的时候眼泪汪汪，不愿意回去。”须知那时正是中国“遭受自然灾害”、经济最困难时期！而且还将缴获的印军武器装备都修好擦净，排列整齐移交给他们；缴获的大批美国援助物品都没拆箱，也全部退还给印方。

在中印边境自卫反击战中，英勇善战的中国军队在极为恶劣的地理环境作战，除少量野炮、迫击炮外，更多使用的常规武器是轻武器。包括各种枪械、手榴弹等，多是由单兵或者战斗小组携行使用的小型武器。

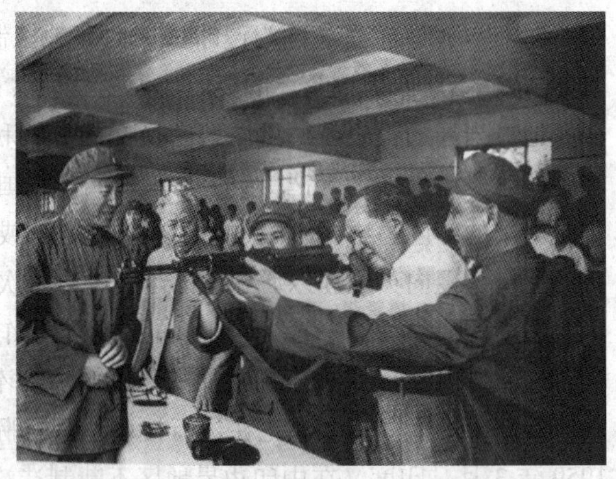

毛泽东、刘少奇检视我军 56 式半自动步枪

回顾新中国诞生初期，我军装备的轻武器可谓型号杂、口径多、性能落后。朝鲜战争中，虽然获得了苏式轻武器，比起日本的“三八大盖”、民国“汉阳造”是要强许多，但普遍存在体积大、重量大、品种不全等问题。中央兵工委下决心于 20 世纪 50 年代率先对军用轻武器统一型制，通过仿制和实行制式化，改善了装备水平。随后，军工部门开始研制自动步枪、微声冲锋枪、微声手枪、轻重两用机枪及配套的新枪弹和瞄准装置等。

我国仿制的 53 式 7.62 毫米步枪和 56 式 7.62 毫米半自动步枪，还只能单发射击。1963 年研制成功 63 式自动步枪，这种步枪采用弹匣供弹，具有射速快、动作可靠等特点，填补了我军一项装备空白。

20 世纪 80 年代，跨入全面提高技术水平的新时期。在班用轻武器领域，从 56 式班用武器系列发展到 63 式 7.62 毫米自动步枪再到 81 式 7.62 毫米班用枪族，并于 1987 年设计定型了 5.8 毫米枪弹和配用的 87 式自动步枪。

至于连排用机枪的改进，重点是简化型号。从 1958 年开始研制轻重两用机枪，由于配用的 53 式大底缘枪弹供弹技术难度大，经过反复研究试验，该型机枪才于 1967 年研制成功并被命名为 67 式 7.62 毫米轻重两用机枪。它取代了之前仿制的中口径轻机枪和重机枪，简化了型号系列。

为填补微声冲锋枪的空白，军工部门成功地设计了消声装置和特种枪弹，攻克了射击精度和机构联动等关键技术问题，于 1964 年研制成功 64 式 7.62 毫米微声冲锋枪。这种枪能杀伤 200 米内有轻型防护的有生目标。射击时距离枪口 1.2 米外声音不大于 84 分贝，夜间射击距枪口 50 米处看不到枪口喷焰，白天射击无暴露目标的枪口烟，其技术性能达到国际先进水平。

1964 年研制成功 64 式 7.62 毫米自卫手枪。它与 54 式手枪相比，重量减轻 0.33 千克，长度缩短 41 毫米，结构新颖、美观大方，是性能良好的自卫武器。而 67 式 7.62 毫米微声手枪全重仅 1.2 千克，枪口噪声值小于 80 分贝，消声性能达到国外同类产品水平。

班用枪族是指步枪和班用轻机枪等班级轻武器使用同种弹药，而且零部件通用程度较高的系列枪械。我国轻武器研制和生产部门对发展班用枪族也很重视，于 20 世纪 70 年代预先研发 7.62 毫米口径班用枪族。设计者博采众长，应用加长枪机导轨，使全枪质心与枪膛中心接近等技术，提高了部件的通用性。1980 年，该枪族通过设计定型试验，后被命名为 81 式班用枪族，包括 81 式 7.62 毫米自动步枪和轻机枪。这两种枪械结构紧凑，通用件达到 60%，技术性能与国外同类枪械相近。

20 世纪 70 年代初，兵器工业部门开始探索研制小口径枪族。1987 年研制成功 87 式 5.8 毫米自动步枪和轻机枪。它们比 81 式 7.62 毫米自动步枪和轻机枪的初速大、后座能量小、射击精度好，且动作可靠、携弹量多，其主要技术性能相当于国际同类小口径枪族的水平。

这个时期研制成功的轻武器还有：79 式轻型冲锋枪，枪重仅 1.9 千克；80 式 7.62 毫米冲锋(自动)手枪，它配有枪托，可提高连发射击精度；84 式 7.62 毫米特种微型手枪，专为民航安保设计，配装新式特种弹头，能有效杀伤劫机犯而不会击穿机舱舱壁；85 式 7.62 毫米狙击步枪，该枪枪管较长、配光学瞄准镜，具有射程远、威力大、精度高的特点，可有效命中 800 米处的单个目标；85 式 7.62 毫米轻型冲锋枪及衍生的 85 式 7.62 毫米微声冲锋枪，与 79 式冲锋枪相比，85 式冲锋枪系列零件减少，枪管寿命提高，弹匣和大部分零件可以通用，综合性能达到国际同类枪械先进水平。

同期，经过改进提高性能的枪械有 67－1 式和 67－2 式 7.62 毫米轻重两用机枪。这两种两用枪机是针对 67 式同口径轻重两用机枪在使用中暴露的问题改进而成：重新设计前支点弹性枪架、新机匣、滚动式送弹板等机构，并改进生产工艺，解决了原枪质量不佳的问题。

地面战斗大量使用的手榴弹，到20世纪80年代初已发展到第三代产品。第三代无柄、短柄预制破片手榴弹，与以往的长木柄手榴弹相比，长度、重量各减少60%，而威力大大提高，携带方便，投掷距离远，使用可靠，深受部队欢迎。

67－2式7.62毫米轻重两用机枪

新中国成立以来，大量使用常规武器保卫国家安全的战例，还有著名的中越边境自卫还击作战。这也是一场本不该发生的战事：不仅因为中国和越南山水相连，睦邻友好源远流长；更重要的是，越南共产党创始人胡志明在建国之初的抗法斗争中就得到过中共中央的鼎力相助。可以讲，无论是艰难的抗法战争，还是长期的抗美斗争，越南都得到了中国的无私援助和大力支持。

63式107毫米多管火箭炮

当年，毛泽东在派出陈赓担任越军军事顾问的同时，还以中共中央名义，于1950年3月、7月致电西南局：“中央决定由中南、西南两区准备一万支步枪，并配备一万支步枪相适应之轻重机枪、迫击炮、山炮等武器，援助越南。”毛泽东为此两次批示，“你们所抽枪炮弹药应该是好的和合用的”[4]。

尤其是在1961年5月至1975年5月，在越南人民的抗美救国战争中，中国对越南进行了无私的援助。一是军用物资援助，二是派出支援部队尤其是高射炮防空部队入越协助作战。当时胡志明主席称中国为“同志加兄弟”。然而，越南抗美战争结束、实现全国统一后，越南当局在苏联的唆使下，公开推行地区霸权主义和反华政策，把中国视为仇敌，并提出领土要求，先后制造一系列反华排华勾当，甚至发展到在中越边界制造流血事件。

1979年1月，越军在中越边界举行以中国为假设敌的军事演习，调集部队，恣意在中国边境进行挑衅。中国政府一直采取克制忍让态度，力求通过谈判解决争端，但被越南当局视为软弱可欺，变本加厉恶化中越关系。1979年2月12日，中央军委下达《中越边境自卫作还击作战命令》，于2月17日开始进行自卫还击作战。3月16日，战事宣告结束。这场自卫作战有力地打击了越方的反华气焰，同时也暴露出“十年浩劫”对我国国防科技工业的破坏是相当严重的。轻武器和火炮等重型武器的质量问题，直接造成我军伤亡减员，教训非常深刻。

历史永远不会忘记：1997 年 7 月 1 日，中国政府恢复对香港行使主权。在这个历史性的庄严时刻，代表当代中国军工人心血结晶的 95 式 5.8 毫米班用枪族伴随驻港部队进驻香港，首次在世界公开亮相。这小小的轻兵器，同样凝聚着国防科技的智睿之光，也同样使国人倍感自豪。

国产 95 式 5.8 毫米班用枪族是国内正式列装的第一个小口径枪族，包括 95 式自动步枪、95 式班用机枪及短突击步枪等，并配备有白光瞄准镜、微光瞄准镜和多用途刺刀。该枪族的自动步枪主要发射 5.8 毫米普通弹，必要时还能发射 5.8 毫米机枪弹；能发射 40 毫米枪榴弹系列，并可加挂 35 毫米榴弹发射器。5.8 毫米自动步枪和班用机枪均为无托结构，二者通用件占很大比例，性能在国内外同类武器中名列前茅。

众所周知，可靠性是枪械的生命。95 式 5.8 毫米班用枪族的可靠性堪称一绝。苏联 AK 系列自动步枪以其故障率小于 0.35% 的可靠性著称于世，但国产 95 式 5.8 毫米班用枪族的故障率比 AK 系列还有明显降低。

1992 年的阿布扎比国际防务展上，国际轻武器领域对中国研制的 92 式军用手枪系列产生了浓厚兴趣。这是我国首次成系统论证、成系统研制的军用手枪，结束了 54 式手枪“统治”我军手枪装备长达半个世纪的局面，彻底改写了我国手枪仿制外国型号的历史。

92 式军用手枪系列包括 9 毫米手枪和 5.8 毫米手枪两种。其中，9 毫米手枪用于装备部队营、连、排级指挥员及战斗人员，5.8 毫米手枪用于装备团级以上指挥军官。它们的外形非常相似，内部结构也有很多相同之处，被称为中国军用手枪的“并蒂莲”。92 式手枪还伴随我国侦察兵走出国门，立下赫赫战功。如 2001 年 8 月，在第十届“爱尔纳·突击”国际侦察兵训练和比武大赛中，装备 92 式 9 毫米军用手枪的中国侦察兵一举夺魁。

从 1999 年国庆阅兵式上手持 95 式 5.8 毫米自动步枪的士兵徒步方队走过天安门，标志着中国军用步枪由此正式进入“95 时代”；到 2009 年的国庆阅兵式上，95 式自动步枪乃是重要看点。

92 式 9 毫米军用手枪

同时，2003 年定型的 03 式折叠托自动步枪也成为士兵徒步方队的手持武器。而开国大典时我军士兵手中最好的武器，仅有美国的汤姆逊式冲锋枪。

2004 年 6 月，我国军工部门正式启动对 95 式枪族的改进研制工作。2010 年 7 月 1 日，该改进系统正式通过设计定型，被命名为 95 -1 式 5.8 毫米枪族系统。95 -1 式枪族在 95 式枪族基础上进行了二十多项改进，提高了射击精度及使用寿命，改进了膛口装置，增加空仓挂机机构，并使用新型塑料材料和金属处理工艺，人机效能也得以提高。该枪族的配用枪弹及光学瞄准器具等配套附件也随同推出，使枪族系统的整体性能更上一层楼！

新中国的陆军武器技术走过了数十年不平凡的发展历程，取得许多重要成就，不断为部队提供新型武器，缩小了与世界先进水平的差距，保证了历次自卫反击作战和外援、外贸的需要。兵器科研和工业战线的广大职工，始终坚持为增强科技发展的后劲，加强预先研究，开拓新的技术领域，进一步加强对外技术合作和技术交流，为研制出更先进的陆军武器和实现未来发展目标而努力奋斗。[2]

▶坦克与装甲车辆：珍宝岛反击战留下的“课堂作业”

“我军的第一辆坦克，是1945年8月由高克同志历尽艰辛从日军遗留下来的坦克中开回来的。这辆坦克后来参加了绥河剿匪、三下江南、攻打锦州、解放天津等多次战斗，被授予‘功臣号坦克’称号。当年，我军装备的坦克大多是从国民党军队缴获的美制和日制坦克，数量只有375辆，其型号繁多、复杂，后勤维护维修都十分困难，并常常遇到零部件缺乏的问题，部队只能勉强维持训练。”笔者曾探访解放军装甲兵司令部的参谋人员，听他们介绍1949年人民装甲兵创建初期的情况。

当年，中央决定任命许光达大将出任装甲兵司令员时，毛泽东曾语重心长地对他说：“军队要搞现代化，我们得从实际出发，一下子搞不起机械化部队，就先从坦克搞起嘛。”许光达上任后，始终把机械化装备建设重点放在代表陆军武器装备发展水平和先进战斗力的坦克研制和生产上。

1950年朝鲜战争爆发，中国从苏联首批购进10个坦克团的装备，主要为T－34/85中型坦克、JS－2重型坦克和SU－122自行火炮。随后在1951—1955年间，又相继从苏联购进47个坦克及自行火炮团的装备，使装甲兵的装备实现了制式化。

朝鲜半岛烽火熄灭后不久，在我军装甲兵党委会上就提出了自主研制坦克的意向。为此，许光达大将专程去五机部商议坦克装备发展问题。五机部立即组织有关工厂和研究所展开“大会战”，投入了大量人力、物力，开展新坦克所需技术的预研工作，如激光测距仪、双向稳定器等项目，为新坦克的研制创造有利条件。

此后，解放军装甲部队走过了数十年的“苏式”道路。尽管是漫长和艰难的跋涉，却具有划时代的意义。

众所周知，主战坦克是现代装甲兵的基本装备和地面作战的主要突击兵器。它由以往的中型坦克和重型坦克发展演变而来，在火力和装甲防护方面，达到或超过以往重型坦克的水平，同时又具有以往中型坦克机动性好的特点。1955年11月，中国从苏联获得了新型T－54中型坦克及其改进型号T－54A的样车（T－55的姊妹车）。该型坦克的引进，成功地提高了我军装甲兵的装备水平，使中国的坦克装备技术首次与世界同步。

1958年12月，中国第一辆由苏联零件组装的仿苏T－54A中型坦克开下了生产线。

1959 年国庆 10 周年大阅兵中，32 辆由我国独立制造的 T－54A 中型坦克第一次在天安门广场亮相。同年底，该型坦克被正式命名为 59 式中型坦克，随即列装部队。东方的红色铁流扬起了第一朵浪花。

59 式中型坦克的诞生，不仅彻底结束了我国不能生产坦克的历史，而且其装备性能达到当时世界先进水平。但它毕竟是“舶来品”，是利用引进的苏联 T－54A 中型坦克的全套图纸和工艺生产出来的。为了保持国产中型坦克的领先水平，并逐步实现由仿制到自行研制的转变，1960 年后，中央军委装甲兵部门和五机部决定自行研制我国新型坦克。

一场自主创新设计和生产中型坦克的攻坚战拉开了序幕。

1963 年，使用新型国产装甲钢的 59 式主战坦克开始量产。20 世纪七八十年代，根据部队官兵的反映，有关单位开始研制 59 式坦克的改进型——59－Ⅰ、59－Ⅱ和 59－ⅡA 等型号。617 厂在 59 式坦克的基础上进行了几次重大改进。第一次改进采用液压助力技术改进了安全门、指挥塔门的关闭开启结构，增加了激光测距仪、简易火控系统、发动机失压报警器、自动灭火装置，命名为 59－Ⅰ式主战坦克。随后，又将火炮改为 105 毫米口径坦克炮，采用双向稳定器和光点注入式火控系统，配用新型脱壳穿甲弹、破甲弹和碎甲弹，设置自动灭火抑爆系统、新型坦克电台与通话器；选用新型柴油发动机和新研制的防红外涂料，大大提高了攻防能力和机动性能。改进后的坦克命名为 59－Ⅱ式主战坦克。

而在 20 世纪 60 年代，中苏两党关系恶化直接影响到国家关系的发展。勃列日涅夫威权影响下的苏联党政军高层的霸权主义欲望空前膨胀，导致中苏边境紧张局势不断加剧。苏军先是在中国西北边境策动了大规模民族叛逃事件，在中国东北边境，苏方也频频制造事端。1967—1969 年，苏军就有多达 16 次侵入。1969 年 3 月，人民解放军对入侵珍宝岛的苏军进行了自卫反击战，从而使这个“珍宝小岛”在世界“冷战”史上烙刻下自己的名字。狂妄的苏联军方首脑甚至发出了不惜用核战争给中国人留下“比日本广岛还要深刻的教训”的叫嚣；如此等等，让全世界都感到惊愕。

面对苏军在中苏、中蒙边境陈兵百万的严峻局面，以毛泽东为首的中国领导层审时度势，从外交大局上折樽俎冲、远交近攻，争取了美欧等国的共同立场——“反对霸权主义”；从内政布局上着力加强国防实力建设，从而化解了迫在眉睫的战争危机。世界政治格局和大国战略布局从此发生了根本性转折。下面就来粗略地了解一下当年著名的“珍宝岛事件”吧。

珍宝岛面积仅 0.74 平方千米，位于我国黑龙江省虎林县境内，在乌苏里江主航道中心线中国一侧。20 世纪 60 年代中苏关系恶化后，苏军巡逻艇多次侵入乌苏里江主航道中心线中国一侧；一到冬季冰封江面，就派军队直接上岛。1969 年 3 月 2 日，中国边防站两个巡逻组在执行巡逻任务时，竟然遭到苏军的阻拦。对峙之下，苏军首先开枪，打死打伤我巡逻人员多人。边防分队在忍无可忍的情况下开枪还击，岸上掩护分队以火力支援岛上作战，击退苏军的进攻。此后，苏军在装甲车的掩护下，先后于 3 月 4 日、5 日、7 日、10 日、11 日、12 日，多次侵入珍宝岛以及岛西侧的中国河道。

3 月 15 日，珍宝岛再次爆发冲突！入侵珍宝岛的苏军首先开火，中国边防部队予以坚决还击。在这次战斗中，我军与苏军的 50 多辆坦克、装甲车和大批步兵激战 9 个多小时，顶住了苏军的 6 次炮火袭击和 3 次进攻，击毙苏军上校列昂诺夫、击伤中校扬诺；我军还缴获了一辆具有当时世界先进水平的苏制 T－62 型主战坦克(现陈列于中国人民革命军事博物馆)。

1969 年 8 月 13 日，苏军出动直升机、坦克、装甲车和武装人员数百人，入侵新疆裕民县铁列克提地区，我边防军也被迫进行了自卫还击。

中苏边境冲突最终戛然而止，与周恩来总理在首都机场同苏联总理柯西金的会晤约定直接相关。当年，中苏两国总理原准备在赴河内参加越共领袖胡志明葬礼的时候举行特别会晤。岂料阴差阳错，因沟通不够未能在河内如期会晤。不过，苏联总理柯西金的专机在北京加油停留的间隙，周恩来总理与他在首都机场贵宾休息室达成“同志式谅解备忘录”：停止武装冲突，维持边境现状。

2008 年底，“珍宝岛事件”40 年之后，中国与俄罗斯达成边境勘界协议，当年武装冲突热点地区的黑瞎子岛部分归还中国。黑瞎子岛东正教教堂上空，鲜艳的五星红旗迎风飘扬。真可谓“萧瑟秋风今又是，换了人间”。

话说回来，1969 年 9 月，我军缴获的苏制 T－62 主战坦克被运送到北京。它对中国研制第二代坦克起到很好的借鉴作用。据时任五机部部长张珍回忆，缴获的苏制坦克运到北京后，五机部立即组织科研人员对其进行了全面分析，获得大量第一手资料和相关技术。

在黑瞎子岛巡逻的我军边防战士

在此基础上，科研人员及时将掌握的新技术应用到新坦克的设计上，对设计方案进行了改进。但汹涌的“文革”狂澜又让坦克的研制工作被迫中止。

“文革”结束后，兵器工业开始转入正轨。第二代坦克的研制论证工作于 1978 年恢复，确定原理样车代号为“WZ1224”。1979 年，试验样车完成试车试验，但发动机及传动系统暴露出较大问题。经过进一步研制和试验，研制工作进入初样车设计阶段。1982 年，整车大部分性能已接近设计目标，但可靠性和维护性仍未过关。最后，该项目转为技术储备。

直到 20 世纪 80 年代初期，59 式坦克及其改进型都是我军装甲部队的中流砥柱。而 1974 年设计定型的 69 式中型坦克，在火力、机动性和夜战能力上虽比 59 式坦克有所提高，但总体性能未有大的突破，生产数量较少。到 90 年代后期，至少仍有 6000 余辆 59

式坦克在役；也有部分被改装为特种用途坦克，如消防坦克、架桥坦克、装甲抢修车。通过换装新型坦克炮和加挂反应装甲等一系列措施，59式的终极改进版——59D型主战坦克亮相。

由中国北方车辆研究所研制的59D型主战坦克，主要武器是1门长身管83A式105毫米线膛坦克炮(加装热护套)，在2000米距离上发射86式尾翼稳定脱壳穿甲弹时，可穿透480毫米厚的均质钢装甲；发射93式加长尾翼稳定脱壳穿甲弹时，穿甲厚度接近540毫米均质钢板；发射特种尾翼稳定脱壳穿甲弹时，穿甲厚度接近600毫米均质钢装甲。为了保证火力的持续性，59D可携带40发炮弹。

59D采用12150L7型柴油发动机，其最大行程为440千米(加外挂油箱可行驶600千米)，最大时速50千米，具备较强的机动性能。59D式坦克的防护性能也比较好，采用均质钢装甲，车体由轧制钢板焊接而成，炮塔为铸造件，正面装甲厚度达203毫米。在加装了爆炸反应装甲的59D上，炮塔防护能力相当于520毫米均质钢装甲，车体防护能力也达到490毫米均质钢装甲的水平。炮塔上还安装了格栅装甲，这种格栅装甲在对抗单兵火箭筒等反坦克武器时有很大优势。

回顾历史，我们不应忘记中国兵器工业部门从1958年开始进行的轻型坦克、水陆坦克和履带装甲输送车研制工作。笔者选取几例，向读者作扼要介绍。

轻型坦克研制，是在674厂专家刘伟伦主持下进行的。研制人员在没有设计经验，缺少参考资料的困难情况下，刻苦钻研，边摸索、边试验，几次调整总体方案，设计、试制了蜗轮蜗杆履带调整器、“人”字形履带板、新型传动装置等新部件以及85毫米坦克炮。这型坦克于1962年研制成功，通过不同地理环境下4000千米行驶和涉渡试验，证明各项性能达到战术技术指标，并具有轻便灵活、结构简单、操作简便的特点，适合于中国南方水网地带和丘陵地区作战。定型时命名为62式轻型坦克。

水陆坦克首先由军事工程学院和五机部六〇所提出设计方案。随后，由615厂和装甲兵研究院等单位，在工程师杨楚泉、杨祖燕等人主持下进行设计。通过设计组人员共同努力，创造性地利用河水作冷却发动机的循环水，解决了水中涉渡时发动机的冷却问题，并试制出初样车。1962年转由256厂试制，解决了车体刚度、水上航速和密封性等关键技术，于1963年研制成功。通过江河湖海的行驶试验和武器系统的射击试验，确定该型坦克陆上和水上的最大时速分别为64千米和12千米。定型时命名为63式水陆坦克。

履带装甲输送车的研制工作由618厂工程师包信华等人组成的设计组，在军事工程学院、三〇研究室等单位的配合下展开。他们先后三次修改总体设计方案，解决了车内温度高、噪声大以及齿轮和扭力轴断裂等关键技术问题。这型输送车于1963年设计定型，命名为63式履带装甲输送车。

该车战斗全重12.8吨，可载员13人，最大时速60千米，水上最大时速6千米，配有高射机枪和潜望镜、观察镜等。

以轻型坦克和水陆坦克底盘为基础，还发展了轻型坦克抢救车、军用推土机、水陆装甲输送车等多种变型车辆，初步形成了系列。

人们都知道，坦克装甲车辆的基础防护能力主要取决于装甲钢的质量。中国在研制坦克和装甲车辆的同时，十分重视装甲钢的研制。生产传统的装甲钢需要大量镍、铬等金属，但当时中国缺乏这类资源。为使装甲钢的生产立足于国内，在冶金专家魏兆融的主持和五机部617厂、五二研究所及冶金部钢铁研究院的协同配合下，利用中国富产稀有金属开展稀土装甲钢的研究工作。经过日夜奋战，不到三个月时间就攻克了脱磷、裂纹等技术难关，研制成功601型铸造装甲钢和603型轧制装甲钢。经靶板穿甲试验检验，达到了镍铬装甲钢的质量水平。这是中国装甲钢制造技术的一项重要成就。

1963年，装甲兵提出发展新一代中型坦克。经组织论证，决定从改进改型入手，开展自行研制新一代中型坦克。具体由五机部六〇所、617厂负责研制。因“文革”的干扰，进展缓慢，到1970年才试制出样车。后来又经局部改进设计，于1974年设计定型，命名为69式中型坦克。

这型坦克采用新型100毫米滑膛坦克炮和脱壳穿甲弹、破甲弹、榴弹等新弹种，增强了坦克的攻击能力；装有双向稳定器和激光测距机，提高了首发命中率；采用V型12缸426千瓦功率柴油机，提高了机动性能；装备红外夜视仪，增强了夜间作战能力。

同期研制成功的63－1式装甲输送车是由618厂在63式覆带装甲输送车的基础上改进而成的：最初加装了加温锅，解决冬季启动问题；随后又用12.7毫米机枪取代7.62毫米机枪，增强了火力。20世纪70年代初，为适应多种用途需要，加长了其车体，扩大乘员室，设计小直径负重轮和挂胶履带板，加强了行动部分。它后来成为该系列各种变型车的主体车。

在此期间，还研制定型77－1式和77－2式水陆装甲输送车以及76式水陆坦克抢救车、73式中型坦克抢救牵引车等辅助车辆。其中两种水陆装甲输送车既可载员，又可运载武器装备，具有一车多用的特点，能适应不同作战任务的要求。

为进一步提高装甲钢的质量，1966年，五机部和冶金部共同组织进行铸造装甲钢和轧制装甲钢的研究。经过几年努力，以性能较好的623装甲钢取代601装甲钢；定型了610和611中、厚型轧制装甲钢以及615和616薄型轧制装甲钢。其中由五机部五二所工程师才鸿年等人研制成功的616钢，焊接后不需回火，性能优于苏联的装甲钢，获国家发明二等奖。至此，国产装甲钢形成了自己的系列。

1977年以后，五机部遵照中央军委关于加强科研，加速武器装备现代化的决定，认真总结坦克、装甲车辆研制的经验教训，广开思路，勇于探索，强调开展预先研究，以提高整体性能为抓手，加强应用基础和新部件研究，积极开展国际技术交流，加速了坦克、装甲车辆的研制进度。经研制人员艰苦努力，在穿甲破甲机理、复合装甲、间隙装甲等研究方面，均有所突破；采用高膛压坦克炮、微光夜视仪、新型火控系统、增压发动机、双销挂胶履带板等新技术、新部件，提高了坦克装甲车辆的火力、防护和机动性能。

1979年至1989年的10年间，通过鉴定、定型的新型战斗和勤务保障车辆超过前18

年研制成功总数的两倍，新型坦克和各种装甲车辆基本实现齐装配套。

69－Ⅱ式主战坦克是在617厂科研处长聂玉峰和工程师席庆发、贾沛德的主持下，在69式坦克的基础上作了重大改进，于1983年研制成功的。主要改进包括：采用了带激光测距的简易火控系统，加装车体橡胶屏蔽裙和栅栏式炮塔屏蔽装置、转向操纵和主离合器操纵液压助力系统、双销耳和履带板挂胶、“三防”（指防核武器、防生物武器、防化学武器）和自动灭火系统、失压报警装置、抛射式烟幕装置；装备了配有新型脱壳穿甲弹和破甲弹的100毫米线膛炮。通过改进，使这型坦克在火力、机动性特别是火炮首发命中率方面，比原型坦克有显著提高，具有较强的战斗能力，荣获国家科技进步特等奖。

69－Ⅱ式坦克底盘适应性强。利用这种底盘还开发了指挥坦克以及坦克架桥车、中型坦克抢救车。其中坦克架桥车可在壕沟、崖壁、沟渠和河流上架桥，桥体轻、跨度大，架设撤收迅速可靠。中型坦克抢救车可对战斗损伤、失去自行能力及淤陷的坦克实施抢救和修理；最大拖救力达70吨，起吊重量10吨。

此后，617厂又在69－Ⅱ基础上，采用成熟的技术，研制成功79式主战坦克。它比69－Ⅱ式主战坦克在火力、火控、夜视能力和通信设备方面又有新的提高。

88式主战坦克是中国自行研制的第二代主战坦克。在总设计师方慰先主持下，研制人员奋战8年取得了成功。它首次应用复合装甲，装有新型大功率涡轮增压柴油发动机，采用许多新技术、新部件，解决了传动和行走系统等一系列关键技术问题，在机动性能、防护能力和火控性能上比79式主战坦克有明显提高。

▶ 勇铸“陆战之王”的独臂神师①

1999年10月1日的天安门广场，三军列阵，铁甲生辉。由首次公开露面的国产99式第三代主战坦克组成的方阵隆隆驶过。面对堪称当时中国最先进主战坦克的99式坦克，中外军事专家不由露出惊叹的神情，海内外炎黄子孙感到振奋和骄傲，而担任第三代主战坦克总设计师的祝榆生早已热泪盈眶。

这是何等威武雄壮的一幕，只有历史知道其中的分量。

镜头回溯至1984年1月，中央军委正为99式主战坦克寻找总设计师。99式坦克是新中国成立以来唯一一个由国务院和中央军委直接下达研制任务的陆军装备重点项目。当时面临的艰巨情况是：国内——第二代坦克还没有设计定型，国外——美国的M1，德国的豹2，苏联的T－72、T－80等第三代坦克均已定型和装备，整整领先我军现役坦克两代。在这样的局势下，谁有资格担此重任？谁能拉近和国外先进坦克相差几十年的巨大差距？时任国防科学技术工业委员会副主任的邹家华坚决地提出了一个人选——祝榆生，并“三

① 摘编自2011年6月《中国军工报》记者陈宁采写的通讯。

顾茅庐”，力邀其出山。

邹家华的建议引来人们惊讶的目光。

祝榆生是何人？他是“全国战斗英雄”，军功累累；在一次迫击炮试验排险中，他身先士卒，不幸失去右臂；他历任华东工程学院副院长、兵器科学研究院副院长、兵器部科学技术委员会副主任等职。被任命为第三代坦克总设计师的那年，他已经66岁。以66岁高龄搏击科技前沿，用有限的余年去攻坚跨代的“山头”，这个听起来不可思议的任命，却在最终领先世界、震惊中外的成果中得到最好的验证。

1984年，在北京西郊槐树岭，祝榆生带领手下的科研人员悄然展开了一场鲜为人知的国防高科技攻坚战。从那时起，祝榆生家客厅的灯光就常常亮到深夜，他或是和科研人员研讨技术方案和难题，或是独自阅读大量国内外有关坦克的资料。老眼昏花、老弱残躯又如何？这位花甲老人在用超常的精力和毅力与时间赛跑。

项目研制期间，祝榆生老人经常要夹着十几斤重的资料包奔波于各个试验场地。由于没有右臂，行走有时会失去平衡。祝榆生这些年跌过多少跟头，他已经记不清了，头破血流也被他漠然处之。跌倒了！颤巍巍再爬起来！只要能走，祝榆生就一定要亲自到试验现场！这是老人对完成使命、实现诺言最深沉的叩首。

1990年，祝榆生在去包头某企业协调有关技术问题的路上又重重地跌了一跤，72岁的老人坐在地上，半天都没爬起来。之后，他顾不上胸口的剧痛，一只手抓住公文包，乘坐颠簸的汽车如期赶到会议现场。研讨持续了几个小时，祝榆生老是弓着背，认真地倾听大家的意见。他用仅有的左手做支撑点，让胸口与桌子保持着距离。研讨结束了，祝榆生艰难地扶着桌沿，连站起来的力气都没有了。随行人员这才发现了异样，把祝榆生强送进医院。经过胸片透视才发现，老人已经摔断了三根肋骨……

这是怎样的一位有着坚强毅力和超常忍耐力的老人？至于再听到他拖着断臂，在火车的硬卧上爬上爬下，在荒滩野地的试验场一天跑几十个来回，在高大的坦克上爬里爬外，竟不足为奇了。

在武器装备研制这个没有硝烟的战场，祝榆生依旧无愧于“战斗英雄”的称号。

故事有了泛黄的痕迹，画面有了古朴的味道，却闪烁着映照未来的智慧光芒。15年磨一剑，祝榆生让中国的新型坦克跻身世界先进水平的行列，伫立引领武器装备科技前沿的潮头。

在坦克三大性能——火力、防护、机动的指标上，国产第三代主战坦克的表现都可圈可点，令世人惊叹。

设计之初，祝榆生就把抢占火力打击制高点放在了最重要的位置。他力排众议、独辟蹊径地选择了当时世界上并不被看好的125毫米口径滑膛炮装配坦克，并加以改良和完善。由于它比世界主流的120毫米口径火炮有更大的装药室和炮口动能，从而在火力上具有更加强悍的打击力和改进潜力。

防护性能方面，99式主战坦克正面防护水平相当于600毫米厚的均质钢板，与美国

M1A2 坦克和德国豹 2A6 坦克相比，处于同一水平。而 99 式主战坦克加装新型双防反应装甲的外挂防护后，抗穿甲弹和破甲弹的能力可达 1000 ~ 1200 毫米厚度均质钢板的水平，可谓独占鳌头。同时，99 式主战坦克还具有更加矮小的“身材”，祝榆生称之为以“机体矮换来高生存率”。

由于受当时我国发动机技术水平限制，机动性成了 99 式主战坦克相对薄弱的环节，但是祝榆生还是千方百计通过其他方式弥补了动力的不足。总重轻、油耗少等特点都为 99 式主战坦克的机动性加分不少，从而与世界先进水平旗鼓相当。

此外，祝榆生在坦克的外形上还采取了组合式的结构设计，很多部件都可以拆卸和更换；不仅减轻了车身的重量，更为将来改造升级留下了空间。

可以看出，在祝榆生身上，矢志不渝的信仰和赶超时代的思维兼而有之。在他的领导下，99 式主战坦克的设计团队始终保持优良的作风和创新的精神。更令人惊叹的是，由于采取新成果产生一项转化一项、效益上不断良性循环的运营模式，99 式主战坦克在定型之前就收回了全部开发成本，这在我国的武器装备研制中十分罕见。

阅兵盛典的礼炮声还没有远去，那坦克方阵的雄浑轮廓依稀可见。历史将永远铭刻，在高新武器装备研制的潮头，一位耄耋老人，独臂挥洒——烈烈雄心浇铸铮铮铁骨，诚诚壮志锤炼磊磊胸怀。人民军工的史册上，镌刻着“独臂神师——祝榆生”不朽的名字！

►“横空出世”的国产新式主战坦克

2009 年 10 月 1 日 10 点 49 分，北京天安门广场举行的国庆阅兵分列式上，装备方阵中首个出场、引导全军装备通过天安门的，当然是“陆战之王”——18 辆排成箭头队形前进的 ZTZ99A 式主战坦克。99A 式主战坦克是中国自行研制的第三代主战坦克，比其基础型——1999 年国庆 50 周年阅兵式上首次亮相的 99 式主战坦克又有重大改进，其综合性能在世界第三代坦克中位居前三。

列队行进的 ZTZ99A 式主战坦克

紧接着，威武的 ZTZ96A 式主战坦克、ZBD04 式履带式步兵战车及 WJ08 新型警用装甲车等方队；PLZ05 式 155 毫米自行加榴炮、PLZ07 式 122 毫米自行榴弹炮、PLL05 式 120 毫米轮式迫榴炮、PTL02 式 100 毫米轮式突击炮、PHL03 式 300 毫米远程多管火箭炮和各型导弹发射车方队也在马达的轰鸣声中，以雄浑的姿态展示在世人面前。回望共和国 60 年一甲子的峥嵘岁月，人民解放军陆军武器早已跨越了最初装备五花八门、缺少重型武器以及骡马化、半机械化等阶段，开创出今天机械化与信息化复合发展，火力、突击力、指挥控制能力等大幅增强的崭新局面。

话题自然转到“陆战之王”—— ZTZ99A 式主战坦克上来。ZTZ99A 战斗全重约 52 吨，车长 7.2 米，乘员 3 人。主要武器为 1 门 125 毫米高膛压滑膛炮，能发射榴弹、尾翼稳定脱壳穿甲弹、破甲弹和炮射导弹；尾翼稳定脱壳穿甲弹的穿甲能力不低于西方国家的主战坦克，而坦克炮使用特种合金穿甲弹时，穿甲能力达 960 毫米以上，这一指标居世界领先地位。该型坦克配置了全新的猎－歼式火控观瞄系统和自动装弹系统，提高了首发命中率，缩短了装弹时间。其信息化火控系统，还可自动锁定目标。另外，该型坦克还安装了热成像夜视仪、微光夜视仪，具备在夜间行进状态下精确打击运动目标的能力，成为中国坦克部队中真正的“夜老虎”[5]。

ZTZ 99A 式坦克在 99 式主战坦克基础上经 10 年创新改进，其内外性能有了很大提升，特别是它的防御能力达到世界先进水平。如在该型坦克外面加装了大量爆炸反应装甲，可别小看这些装置，当它们遭受一定强度的外来打击时，其内部预装的炸药会迅速引爆，向外产生高速射流，给来袭弹体以“反击”，从而保护坦克的主装甲。炮塔上也安装了新型模块化附加装甲，防护能力相当出色，可以有力抵御西方国家现役坦克的炮弹和反坦克导弹的打击。

其实，关于 ZTZ99A 式主战坦克的威力，紧盯中国武器装备建设的外电早有披露。

2007 年 8 月 29 日，英国《简氏防务周刊》发表了题为《中国正在测试新型 99 改坦克》的报道，并刊发了当年于北京举办的“我们的队伍向太阳——新中国成立以来国防和军队建设成就展”上国产新型主战坦克的图片。

报道声称：这种坦克的发动机功率达到 1103 千瓦马力，动力系统的设计理念与用于美国 M1“艾布拉姆斯”主战坦克的“先进整合推进系统”（AIPS）一致，非常简洁。该型主战坦克的火控系统得到了改进，并且安装了数字化战斗信息系统，以提高指挥、控制能力。

《简氏防务周刊》认为，99 式及其改进型主战坦克都在坦克顶部安装了激光反制装置。而后者是为了满足人民解放军需要而最新研发的系列装甲战车之一，其他新型战车还包括履带式步兵战车、8×8 轮式装甲车、自行火炮以及一系列两栖作战车辆。

据国庆 60 华诞阅兵装备展示所见，说明《简氏防务周刊》的可信度还是蛮高的。

在新中国 60 华诞阅兵式上依次受阅的还有 ZTZ96A 式主战坦克方队，它也是目前人民解放军装备的、与 ZTZ99A 式形成“高－低”搭配的主战坦克。

紧随主战坦克方队之后的 ZBD09 式 8×8 轮式步兵战车、ZTD－05 式两栖突击战车、ZBD03 式伞兵战车等战车方队，也一展风流。这些分工明确的装甲战车不再只是主战坦克的“附庸”，它们在各自的专业化领域都具备独立作战能力。

以两栖综合性能最优的 ZTD－05 式两栖战车为例，在参阅的 30 个装备方队中，车辆第 3 方队和第 6 方队分别由陆军和海军陆战队各 18 辆 ZTD－05 式两栖战车组成。值得一提的是，海军陆战队车辆方队为首次亮相国庆阅兵场。

据《人民海军》报道，该型战车在抢滩登陆时能搭载5～7名全副武装的士兵，通过车体后部的喷水推进器提供前进动力，水上机动性能优异。车辆信息化程度较高，安装了先进的火控系统、卫星定位系统、夜视系统、一体化通信系统等设备，车内作战人员能通过车载信息终端互通互联。新型两栖战车火力系统得到全面提升，其中一型的炮塔上装备一门105毫米口径低后坐线膛炮，可发射多种先进弹药；另一型装备反坦克导弹、30毫米机关炮和高射机枪，能有效应对来自坦克和直升机的威胁。

装备105毫米火炮的ZTD－05式两栖战车

ZTD－05式两栖战车攻克了大功率发动机、高效喷水推进器、轻质铝合金装甲车体等多项关键技术，主要性能达到国际领先水平。

该型战车列装部队后，标志中国海军陆战队主战装备进入世界先进行列。

参加国庆60周年阅兵的ZBD09型8×8轮式步兵战车也格外引人注目。轮式装甲车相比履带式装甲车更灵活机动，适于装备快速反应部队，随着中国国防战略的发展，我军的快速反应作战能力也将显著提升。20世纪90年代中期，我国研制成功ZSL92式6×6轮式装甲车及其车族。其后，国防科研人员展开了第三代轮式装甲车的研制和定型生产。从装备性能看，ZBD09型8×8轮式步兵战车采用现代轮式装甲车常规布置形式，装有焊接式双人炮塔，主要武器为1门30毫米机关炮，辅助武器为1具“红旗”－73C反坦克导弹发射装置和1挺7.62毫米并列机枪。该车乘员3人，载员7人，最大速度达100千米/小时；可跨过1.8米宽的壕沟，通过0.55米的垂直墙，具备水上浮渡能力。该车主要用于步兵遂行机动攻防作战任务，综合性能处于世界同类车型前列。

ZBD09型8×8轮式步兵战车

这些专业化装甲车辆的出现，不但显示我军履带式战车已形成系列化发展，而且表明轮式战车也开始走向通用化。以外，各种口径的自行火炮，中国也都可以生产。

以PLZ05式155毫米自行加榴炮为例，它曾在建军80周年(2007年8月)之际正式亮相。20世纪90年代，我国成功研制出PLZ45式155毫米自行加榴炮并批量出口到国外，获得用户好评。国防科研人员在此基础上，于2005年研制出其改进型。

PLZ05 作为国产第二代 155 毫米自行加榴炮采用履带式底盘，车体有 6 对负重轮；为发动机前置设计，动力系统居于底盘右前侧，驾驶员在动力舱左侧，底盘后部为战斗室。PLZ05 式 155 毫米自行加榴炮采用自动装弹机，炮塔为楔形设计，炮塔顶部装有先进的观瞄设备，车首装有自动炮管固定器；除车内携弹量外，其火力性能指标已全面超越西方的 PZH2000、AS90 和俄罗斯 2S19 等先进的 155 毫米自行火炮。

目前，与该型自行加榴炮配套的系列车辆，如弹药车、观测车和指挥车等均已服役，并形成系统战斗力。

PLZ05 式自行加榴炮

正如国防大学张召忠少将介绍的那样，国庆 60 周年阅兵展出的这些履带式和轮式战车的先进程度在世界基本能排入第一集团，但总体排名处于第一集团靠后或第二集团领先的位置。他认为这是因为中国发展这些武器装备时日尚短，没有西方和俄罗斯那样长期的技术积累。

不过张召忠强调，总体水平的差距并不代表其中没有足够先进的武器。他说，这次阅兵中的远程多管火箭炮(PLH03)和弹炮合一自行防空系统(PGZ－04A)都可以说是世界领先的。

国庆 60 周年阅兵展示的地面装备方阵全部实现机械化、自行化。另外，此次参与阅兵的都是已经列装部队的成熟装备。

《解放军报》在国庆专刊中骄傲地宣称，新中国成立 60 年来，我军紧跟世界军事科技发展趋势，立足国情军情，坚持自力更生、艰苦创业、自主创新，国防科研和武器装备实现了由仿制向自行研制的历史跨越，逐步构建起中国特色现代化武器装备体系和独立完整的国防科技工业体系，有力地保障了各项军事行动的需要，为增强我国国防实力和综合国力奠定了坚实基础。

▶槐树岭上飞出的“逆候鸟”①

国庆60周年大阅兵中，各型地面装备令人眼前一亮。此后，中央电视台播出了反映阅兵装备研制生产的专题片《使命》，真实地反映了国防科技和武器装备研制者们可歌可泣的感人故事。

时任中国北方车辆研究所所长的毛明博士在谈到新一代坦克研制过程的艰辛时，眼里噙满了泪水：“我们北方车辆研究所这些人是‘逆候鸟’，从滴水成冰、白雪皑皑的北国漠河，到骄阳似火、炎热潮湿的南疆荒岛；从号称“生命禁区”的雪域高原，到人迹罕至的海湾滩涂；从飞沙走石的荒漠戈壁，到虫蛇肆虐的热带丛林，处处都有坦克研制部门科研人员战斗的身影。每年哪里进入了气候的最极限时令，我们北方车辆研究所科研人员就会像‘逆候鸟’一般出现在那里。”

毛明博士所讲的中国北方车辆研究所，是位于北京西南的大型装甲装备研究所。距今50多年前，在距离“七七事变”爆发地——卢沟桥只有3.5千米的槐树岭前，在一片狼藉的日军骑兵营马棚里，中国北方车辆研究所开始奠基。

建所之初，槐树岭上只有日军的马棚，没有设施设备，没有现成经验，老一辈兵工人就把缴获的坦克拆开来学习、消化、吸收、再创新。那时，我们国家的坦克来源受限，主要靠苏联支援和购买。经过不懈的努力，陆续研制出63式水陆坦克，59式改进型中型坦克，70式130毫米火箭炮、‘红箭’-8反坦克导弹发射车、551轮式装甲车以及自主研制的99式第三代主战坦克、04式步兵战车和03式空降战车等一大批装甲装备……目前的槐树岭上，巍然屹立着一座占地1200余亩的装甲装备科研城。北方车辆研究所拥有以中国工程院院士王哲荣为代表的一批行业内外知名的车辆工程专家，有一支以理想坚定、顽强拼搏、甘于奉献、敢于胜利为核心价值观的科研工作者队伍。传承老军工精神的这支科研力量几十年如一日，埋头苦干，辛勤耕耘，开拓创新，为我国装甲部队研制了一大批新式装甲装备，使我军战斗力得到极大提升。

“弹指50年过去，北方车辆研究所已经发展成覆盖60余个专业的4个技术部、1个试验测试部、1个信息中心和2个试制部，拥有传动重点试验室、整车兼容测试、道路模拟试验、电池试验等40余个现代化实验室，各类设备5780余台套。可以自豪地讲，北方车辆研究所在装甲装备研制领域已处于世界先进水平，中国的下一代主战坦克将会引领世界坦克技术的发展。”该所党委书记阎哲深情地说。

毛明曾经畅言：“我们的装甲装备研制历程是从缴获到仿制，到仿研，到自主研制再到自主创新，实现了跨越式发展。包括重型装备、轻型装备、两栖装备和空降装备共4个

① 摘编自中央电视台2009年10月志题片《使命》。

体系，装甲装备不仅能在陆地上突击，还能游能飞！集中体现为：一是能行，装备都实现了自行化，比如坦克、自行火炮、步兵战车等；二是能游，坦克能游，装甲车能游，而且游得还很快；三是能飞，我军已经实行了装甲车上天，为空降兵研制了空降突击装备，不仅机动能力得到提升，其火力和防护能力也得到很大提高。

"作为国防科研人员，我们在研制63式水陆坦克时，发明了夹层水道技术，使之成为我国第一种有世界影响力的装备。在研制99式主战坦克时，成功运用自行研制的先进火控系统和激光压制系统。在研制100毫米轮式自行突击炮时，实现了轮式车'小车扛大炮'；在车辆上首次应用瞄导合一技术，使100毫米轮式自行突击炮深受部队喜爱。在研制04式步兵战车时，与军电科研人员一起奋斗，采用了综合电子系统和其他数字化装备，开启我国装甲战车的数字化时代，成为当今世界最好的步兵战车。在研制03式空降战车时，攻克空投空降技术，使我国成为世界上为数不多的掌握这一技术的国家。我军的坦克已经是自动换挡操作，火控技术已经达到世界领先水平，传动技术和电气系统及电机技术均达到国内领先水平。

"在05式两栖装甲突击车研制之初，双发动机设计方案就被移植到该型战车上，如滑板技术、转向舵技术，大大提高了车辆的水上机动性。滑板技术实现了车辆水上车姿从划水到滑水的转变，而转向舵技术一改63式水陆坦克采用的水门控制转向，从而得到很好的转向性能。该型战车还奠定了我国陆军数字化的基础，设计中有总线、有综合电子、有光电对抗综合防护的概念。

"国庆阅兵中装备方队的许多关键技术，都渗透着北方车辆研究所科研人员的心血和智慧。如09式8×8轮式装甲车，其中的电机、中央充放气、辅助系统和水上推进系统；03式空降车方队，这是我国第一代空降战车，其中的辅助系统、行动系统、油气悬挂和电气系统；05式155毫米自行加榴炮的辅助机电系统，等等。还有07式122毫米自行榴弹炮、02式100毫米轮式突击炮，安装了瞄导合一火控系统，把制导仪和瞄准镜集成在一起，实现了火炮发射炮射导弹，提高了武器系统的火力反应速度。"

回顾老一辈兵工人凝聚而成的军工精神，毛明深有感触地说："为研制63式水陆坦克，201所曾多次驾铁甲横渡琼州海峡、横渡长江。横渡琼州海峡，试验人员可是受了大苦。首先要解决'晕坦克'问题，坦克比舰艇的空间小，水兵在狭窄的坦克里都得晕；同时，还要解决在大海中迷航的问题。在汪洋大海中进行这种试验，试验人员随时随地都面临生命危险。

"有一次试验，坦克在海上迷航，结果误入一片暗礁区，并在一个暗礁上搁了浅。试验人员看着坦克在礁石上忽上忽下，个个都心急如焚。幸好附近有渔民路过，在他们的帮助下，我们才得以顺利返航。"

谈到99A式坦克研制过程中的艰辛，毛明饱含热泪、几度哽咽。"都说北方人不怕冷，其实我们这些人最不怕冷；都说南方人不怕热，其实我们这些人最不怕热。在试验中，我们可以在沙漠中一晒多少时间，那不是一般人能够抗得住的。尤其是在高原，我们最长的一次一待就是6个月。那个时候青藏高原上没有铁路，铁路只修到格尔木，然后就开着坦克装备进西藏，穿过唐古拉山口和几百千米的无人区。几乎每次都有同志感冒，有强烈的高原反应甚至打着点滴穿越山口。

"有时车辆在路上出故障，试验人员充分发挥'一不怕苦，二不怕死'的精神，总有一部分人自告奋勇地留下来，一边修车一边等待救援，这里可是周围几百平方千米都没有人烟的无人区呀！所有这些试验都是为了保障装备在极限条件下的战斗生成力，每个试验数据都渗透着我们兵工人的心血，这也是我们对解放军指战员做出的最可靠的质量保证。"

在坦克装备研制过程中，涌现了许多可歌可泣、令人感动、使人难忘的故事。这既说明装备研制工作的艰辛，也反映了我们兵工人不怕困难，敢为人先的拼搏精神和不计个人得失，甘于奉献的高尚情怀。

▶邓小平断言：不做军火商看来不行

2009年2月22日，当世界主要经济体因美国金融危机而陷入全面衰退之时，第九届阿布扎比国际防务展如期在阿联酋首都举办。本届防务展览会上各国军火制造商云集，纷纷展出当今国际防务技术发展的最新成果。媒体更是有板有眼地宣称，展会是在中东地区国防装备建设进入黄金发展时期的背景下举办的，它为促进区域国际防务交流与合作搭建了广阔的平台。其实，各国军火商心里都很明白，他们集中瞄准的正是这个地区丰厚的"石油美元"。毕竟，在世界经济陷入衰退之时，谁都期望能够获得更多"救市钱"来渡过难关。

中国北方工业公司和保利科技有限公司等军贸公司作为阿布扎比国际防务展的"老朋友"，也参加了这届展会。在中国展区，中国自主研发的"倚天"近程防空导弹武器系统、ARIA型300毫米多管火箭武器系统、8×8轮式步兵战车等，第一次以实物形式出现在防务展上。包括中国电子进出口公司研发的雷达设备、火控设备与计算机等装备也参加了展出。

柬埔寨陆军装备的中国产FN6

便携式地对空导弹

中东地区的国防装备采办们饶有兴趣地看到，中国制造的"倚天"防空系统安装在92A型6×6轮式装甲输送车上，也可非常方便地安装在其他型号的轮式或履带式装甲车辆和EQ2050型"猛士"4×4高机动车上执行防空任务。操控人员包括机械师兼驾驶员、车长和防空导弹操作手。可旋转的作战模块被安装在车体的中间部位，两侧各设置一套四联装的防空导弹发射器；三坐标雷达的最大探测距离为18千米，自动跟踪距离为10千米；该系统的反应时间为6~8秒。导弹发射重量约20千克，装备固体喷气发动机，最大飞行速度628米/秒。导弹采用多源红外导引头，具有优异的抗干扰性能；攻击方式为全向攻击，迎头攻击无死角，在低空/超低空具有优良的近距格斗能力；导弹战斗部重3千克，可击毁飞机和有装甲防护的直升机；射击距离0.5~6千米，射高15米至4千米。"倚天"防空系统还有1挺W-85型12.7毫米口径机枪和两套四筒烟幕弹发射器构成自卫武器。"倚天"防空系统等近年研发的国产装备能够呈现国际防务展，足可表明中国在武器装备技术发展上所持有的自信。五花八门、形形色色的"雪亮眼睛"，都在盯看中国的常规兵器。国际防务技术专家普遍认为，展会上公开的中国防务技术最新成果还只是"冰山一角"，这里展出的装备远远不是"中国制造"的最新、最好成果。

中国制造的武器装备在国际防务展上销售，曾经引起外界的惊叹。现今的人们难以想象30多年前，中国人在国际防务装备销售方面的重大转身。1978年6月29日，邓小平在听取六机部和海军汇报时，对六机部提出八个字："以军为主，以民养军"。"以民养军，包括搞出口船，换取外汇。把民用船水平提高了，也可以促进军用船只的发展。"

1979年1月6日，邓小平在中央讨论经济建设方针时说，"军援问题要研究，从目前国际上的情形看，不做军火商看来不行，军工产品要出口"。在此后的多次国防工业部门汇报会上，邓小平指出，军工产品毕竟是一种特殊用途的商品，军工产品和军工技术的出口既要解放思想，冲破禁区，更需要统一领导，严密的管理和细致的工作。必须建立一套科学、严格的审批程序和管理办法，并组建若干专业性军贸公司，专门承担军品进出口任务，以确保我国军品进出口工作的顺利进行。

20世纪90年代初，中国一款编号为85-ⅡAP的主战坦克在国际防务展亮相。向世界表明中国已有了较强的常规重型兵器出口贸易能力。

研制这款坦克的最早决策大概是在1963年。当时，有关部门根据指示精神，开始进行新坦克的方案论证，并于1964年提出了新型坦克战术技术指标的论证方案。1965年，五机部正式向有关科研单位下达了新型坦克的研制任务，产品代号为"WZ121"。

1966年，有关工厂试制出第一辆样车。1968年，试制出第二辆样车；同年，工厂还改装出1辆"68G"试验车。科研人员用这些样车和试验车进行了部分项目的试验。岂料，席卷全国的"文革"运动对军工单位研制工作造成很大的影响和冲击，致使研制进展十分缓慢。十一届三中全会拨乱反正、改革开放之后，这型坦克的研制几经延宕，终于完成定型工作，成为国际防务展上发展中国家追捧的对象。

外贸出口的85-ⅡAP主战坦克采用125毫米口径的滑膛炮，有外形低矮、重量轻等优点。其战斗全重为41吨，乘员包括车长、炮长和驾驶员各一人。85-ⅡAP主战坦克采用带尾舱的焊接炮塔，车长位于火炮右侧，炮长在火炮左侧。当炮管向前时，车长为10.28米，带裙板时车宽为3.49米，车高(至炮塔顶)为2.3米。85-ⅡAP主战坦克最大行程为 690 千米，最大速度 57 千米/小时。该型主战坦克采用了自动装弹机技术，可完成 125 毫米坦克炮三种分装式炮弹定角自动装弹，并可任意选弹；坦克在静止和中等起伏地行驶时能够自动装弹，在一定地形角(15 度)条件下也可自动装弹。

在国内研制和装备装甲指挥车势头正劲的时候，国产装甲指挥车的军品出口也不甘示弱，内需与出口是“你方唱罢我登场”。YW701A 装甲指挥车就是根据外商要求，以 63 式外贸装甲输送车(YW531C)和 81 式装甲指挥车为基础研制的外贸型装甲指挥通信车。

谈起这款装甲车的出口历程，兵工人不无骄傲地说：“那是我们彻底转变观念、适应市场经济的艰难转身。”在我国成功出口国产履带装甲输送车后，外商对配套的装甲指挥车也提出了军购意向。1981 年 7 月 12 日，外商首次来到我国装甲输送车和装甲指挥车生产基地，参观装有水冷发动机的 81 式装甲指挥车。在观看了该车的精彩表演后，外商一眼相中了这款价廉物美的装甲指挥车，同时表达了希望该车能改装风冷发动机的意愿。

根据外贸意向，1981 年 8 月，工厂着手外贸装甲指挥车的设计和试制。同年 10 月，工厂试制出 1 辆 YW701A 装甲指挥车样车。12 月初，外商第二次来厂，参观了包括 YW701A 装甲指挥车样车在内的 63 式外贸装甲车系列的四种新车。1982 年 1 月，工厂按外商的要求对样车进行全面改进。1982 年 5 月，外商第三次来厂，对 63C 式外贸装甲输送车(YW531D)进行验收，并对 YW701A 装甲指挥车提出进一步改进意见，随之草签了军购合同。

1982 年 5 月，根据外商的要求，YW701A 装甲指挥车再次进行改进并组织小批量生产。11 月 16 日，外商第四次来到工厂，对改进后的新车进行了试验并正式签订了军购合同。12 月，工厂按合同要求完成首批 YW701A 装甲指挥车的生产和出口任务。

从 1983 年 1 月开始，按外商在军购合同附件中提出后续交货的装甲指挥车应当采用共用天线技术的改进要求，工厂集中科研力量，重点攻克 2 部电台共用天线这一技术难题，同时解决多部电台同车工作时相互干扰的问题。同年 5 月，外商第五次来厂时认为共用天线方案设计合理，商定从 1983 年第四季度开始，厂方按共用天线方案供货。

至此，该车的研制工作历经“四进五出”，方才顺利完成。1984 年 2 月，YW701A 装甲指挥车通过技术鉴定。1982 年至 1984 年，工厂生产的 YW701A 装甲指挥车全部出口，使国产装甲指挥车在国际军品市场占得一席之地。

YW701A 出口后，根据外商的要求，进行了取消 2 部备用电台及其备件箱等小改进，形成了 YW701B 装甲指挥车。

外形与普通装甲车相近的 85 式装甲指挥车也颇有名气。外贸型 85 式履带装甲输送车研制成功后，工厂及时组织科研力量同步研制与该车配套的装甲指挥车。1987 年 7 月，工厂完成正样车设计，1988 年 2 月研制出 1 辆正样车。1988 年 2 月至 3 月，工厂按上级批准的设计定型试验大纲，完成了设计定型试验。同年 6 月 16 日被批准设计定型。

该型装甲指挥车是 85 式装甲输送车的变型车，其推进系统部件及布置、防护系统以及高射机枪、烟幕弹发射器等均与基型车一样。它与 85 式装甲输送车的主要区别是：一是将高射机枪从载员室顶部移到车长室(位于驾驶室后面)右前方并去掉防护枪塔；二是车体两侧各加装了1个观察镜，并相应取消了射击孔；三是将基型车后部的载员室改装为指挥室。其指挥室的席位分布、升降式天线和桅杆天线等，与81式装甲指挥车别无二致。

该车的最大特点，恐怕就是一反常态的低矮式指挥室结构。根据外贸需求，该车主要配备给营连级指挥官使用，所以，针对位于交战一线的使用需求，该车在总体设计上首次采用低矮式的指挥室结构，即直接利用载员室作为指挥室，使其在外形上与装甲输送车几乎一模一样，从远处很难辨认出是一辆装甲指挥车。而其他几款装甲指挥车的指挥室，无一例外地采用了高大宽敞的方舱结构，并安装了众多展望镜。其优点是便于指挥人员观察和指挥，不足是装甲指挥车的特征十分明显，生存性受到较大威胁。当然，低矮式的指挥室结构，也存在不便向前观察的问题。这个问题或许可以通过加装摄像机的办法来解决。于是，随着时代的进步，数字化装甲指挥车更是呼之欲出了。

自20世纪90年代以来，在中央军委新时期战略方针的指导下，我军的装甲装备不断更新换代，装甲机械化部队的作战能力日新月异。为适应新形势下军事斗争准备的需要，我国相继研制出数字化装甲指挥车、两栖装甲指挥车、轮式装甲指挥车等多款新型指挥车，使我军装甲兵部队的作战指挥能力提高到新的水平。

2010年8月，在炎夏的地中海北岸国家，众多媒体异口同声地报道："中国坦克突现摩洛哥大街"、"中国战车行驶在巴顿将军战斗过的土地上!"据当时美国"环球战略网"报道，在没有大张旗鼓宣传的情况下，摩洛哥陆军阵营突然出现了中国制造的VT-1A型主战坦克，它们被视为摩洛哥陆军未来20年的骨干战力。

VT-1A是中国外贸版MBT-2000型坦克的改进型号，由中国北方工业公司生产。与MBT-2000型坦克相比，VT-1A在机动、火力、防护、操作舒适性方面都有大幅度提高。该坦克全重49吨，有3名乘员，配备一台功率为882千瓦的涡轮增压柴油机，最大公路时速能超过60千米。"吸取在秘鲁军贸的教训，我们没有大张旗鼓的宣传，而是靠我国坦克的高性价比赢得了北非国家的订单。"中国北方工业公司的销售主管这样告诉笔者。任何喜爱中国军工产品的第三世界国家都愿为其高性价比埋单。

2011年底，国产最新型外贸坦克公开亮相。据媒体披露的信息看，它是在之前外贸型号的基础上深入改进而成，装备一门威力强大的125毫米滑膛炮并配备遥控机枪；炮塔外观与VT-A差异明显，并装备复合装甲及附加装甲，防护性进一步加强；实现方向盘液压助力操控自动挡驾驶；装有四冲程新型柴油机，使坦克达到每小时70千米的越野时速；采用新型瞄准仪，驾驶员、车长和炮长战位均配有信息显示屏，具备复杂天气条件下昼夜作战能力。

2010年12月，南美国家委内瑞拉向世界展示了从中国购买的两部JY-11B型高机动低空三坐标无源相控阵雷达系统。委内瑞拉空军司令在接受采访时指出，从中国购买的新型的雷达是其防空力量现代化计划的重要组成。JY-11B雷达由南京电子第14所研制，主要用于复杂的现代战争环境中对低空、超低空飞行目标进行预警、探测，为中远程三坐标雷达补盲，同时具备优良的高机动性能，可实现快速布防，承担应急作战任务。该雷达配备 6×6 轮式底盘，机动性能较好，其工作波段在 E/F 波段，具有很高的抗干扰能力；最大的探测距离在 210 千米，最大的探测高度为 12 千米，展开时间约 10 分钟，操作班组 4 人。JY－11B 系统对目标的定位精度分别为：距离误差 50 米，方位角度 0.3 度；高度误差 500 米，距离分辨率为 100 米，方位角度分辨率 1.8 度。

▶可在陆战中大显身手的反坦克杀手

国庆 60 周年阅兵式上，装备第 14 方队格外引人注目：这支装备方队由南京军区某集团军炮兵旅的 18 辆“红箭”－9(AFT－9)反坦克导弹发射车组成，呈 2＋4×4 的队形向全世界展示。自 1979 年中国研制出“红箭”－73 型反坦克导弹以来，已陆续发展了“红箭”－8、“红箭”－9 系列以及“红箭”－10 机载反坦克导弹。

“红箭”－9 重型反坦克导弹系统，是我国自行研制的新一代重型反坦克导弹，现已列装部队。导弹采用串联式空心装药战斗部和新式引信，静破甲垂直穿深可达 1200 毫米，有效射程达 5000 米。其车载式射程远、精度高，便于快速机动，并装有先进的导弹自动装填装置，能有效击毁 2000 年前后外军装备的各种新式主战坦克和装甲车辆。

配用的 AFT9 式重型反坦克导弹发射车，采用 WZ550 式 4×4 轮式装甲车的底盘。乘员位于车体前部，动力系统在车体中部左侧，导弹系统在车体的后方。该车可以一次载弹 12 枚，其中 4 枚为待发弹，装载于发射架上；8 枚为备用弹，发射后可以自动装填。车上装有新型昼夜观瞄装置与火控系统，具有很强的全天候作战能力；还装有车载信息系统，信息化程度较高。

AFT－9 反坦克导弹发射车

下面谈谈中国反坦克武器的起源和发展。

20 世纪 50 年代初，朝鲜战争爆发后，前线迫切需要反坦克武器及弹药。1951 年 2 月，由 52 厂工程师吕去病和徐兰如等人组成的研制组，开展反坦克火箭的研制。他们面对时间紧，设备、材料缺乏等困难，以惊人的毅力，连续奋战 3 个月，利用挤压弹体的水压机，压制出固体火箭推进剂，试制成球墨铸铁弹体和以钢代铝的火箭发射筒，先后研制成 135 型 90 毫米涡轮式火箭弹以及 241 型 90 毫米尾翼式火箭弹，并立即投入批量生产，送往前线，在战斗中发挥了重大作用。52 厂参加研制人员的出色工作和贡献受到了国家的嘉奖。

同期开展反坦克武器研制的还有497厂和743厂等单位，他们主要是参照实物，仿制完成52式57毫米和52式75毫米两种无座力炮以及配用的破甲弹和榴弹。仿制中，工程师王道周设计了梅花形粒状发射药，743厂研制了双焊缝药筒。此外，有关部门还按实物仿制生产了反坦克手榴弹、反坦克地雷和爆破筒等反坦克武器弹药，成为朝鲜战场上重要的反坦克装备。准确地讲，这时处于初创和仿制阶段。

从1966年起，根据国防科技发展规划的安排，兵器工业部门将发展重点放在了与“打飞机、打坦克、打军舰”任务有关的武器装备研制生产上。1969年3月发生的苏军侵犯中国领土的“珍宝岛事件”，直接促进了反坦克武器的发展。1969年8月，针对珍宝岛冲突事件中苏军坦克武器的特点，国务院召开首次反坦克武器研制生产会议，周恩来、叶剑英等中央领导人接见会议代表，并作了重要指示。会议还确定了反坦克武器的研制和生产任务。在中央专委的督导下，科研人员经过几年的努力，在反坦克武器装备的研制上取得显著的成绩。其中，火箭筒、无后坐力炮、加农炮新型破甲弹特别是反坦克导弹、反坦克滑膛炮、火箭布雷车等一批新型武器装备相继研制成功，大大增强了部队的反坦克作战能力。

在反坦克导弹方面，我国至20世纪80年代末先后研制出第一代J－201(未装备部队)、第二代的“红箭”－73及“红箭”－8等型号。

1979年研制生产的“红箭”－73B是我国第二代反坦克导弹，它改进了“红箭”－73操纵困难，命中率低、飞行速度慢、飞行时间长、易受敌火力压制等不足，在制导系统上增加了红外侧角仪，变成红外半自动跟踪、导线制导。这种制导方式使射手负担减轻，只需像用步枪瞄准目标那样，将“十字线”压在目标上就可以了，其余制导功能就由仪器自动完成。

“红箭”－73B的另一重大改进是大幅度提高了战斗部的破甲威力。采用串联战斗部，可有效对付反应装甲；战斗部的静破甲威力从原来的500毫米破甲深度提高到850毫米以上。

1987年研制生产的“红箭”－8反坦克导弹，与第二代反坦克导弹相比，技术性能提高很多，有筒式发射、配备光学瞄准跟踪系统、执行机构选择燃气舵等特点。其发射方式有便携式、车载式和机载式。该型导弹以优异的性能赢得国外客户青睐并出口到不少国家。

“红箭”－9重型反坦克导弹系统于1988年立项研制，采用了新弹体、新战斗部，制导方式为电视测角、激光传输指令，同时又加装了夜瞄装置、自动装填装置等。该武器系统由于所用新技术较多，研制工作在1995年才取得重大突破，1999年设计定型，研制周期长达10多年。

“红箭”－9的武器系统由筒装导弹、武器站、底盘车、检测维修设备和模拟训练器等组成。反坦克导弹发射车可伴随机械化部队一起行动，随时打击出现的坦克等装甲目标。该型反坦克导弹有以下特点：

一是射程远：“红箭”－9导弹的两级发动机为先进的固体冲压式发动机，推力是普通冲压发动机的两倍。

二是威力大：如本节开头所介绍的，“红箭”－9采用新型串联式战斗部和引信。其静破甲垂直穿深达1200毫米，而美国“陶”2A重型反坦克导弹仅为1040毫米。在一次发射试验中，“红箭”－9反坦克导弹曾贯穿目标装甲车车体两侧装甲，其战斗部的巨大威力可见一斑。

三是精度高：导弹在中远距离命中率为90%，近距离命中率为70%。

四是操作方便：发射导弹后，射手只需将瞄准线始终对准目标即可，制导装置会自动发出激光指令，控制导弹飞向目标。此外，“红箭”－9有先进的跟踪、随动系统，能根据操控的要求，在车辆倾斜、运动等状态下完成对目标的搜索、跟踪。同时，可对运动速度变化极慢的目标实施跟踪、瞄准，达到国际先进水平。

五是良好的夜战能力：“红箭”－9配备的热成像仪对坦克目标的探测距离达到4000米，识别距离则为3500米。载车配有微光驾驶仪，可保证武器系统在夜暗条件下机动作战，第一次实现了我军反坦克导弹的夜战能力。“红箭”－9反坦克武器系统凝聚众多领域的高新技术，为未来的发展打下了良好的基础。其改进型可在多种平台上使用，如各型车辆、舰船、飞机等；在制导方式上也可以升级到毫米波、激光驾束等先进制导方式。

前溯历史，坦克从第一次世界大战登上战争舞台开始，就成为众矢之的。攻之以矛，守之有盾。从早期的榴弹炮、反坦克枪、地雷到后来的反坦克炮、反坦克导弹、武装直升机等，无不虎视眈眈地准备猎杀坦克这个“陆战之王”。在各种反坦克武器中，自行反坦克炮可谓元老级“杀手”，它以机动能力强、火炮威力大、装甲防护较好以及价廉物美的特点，长期雄踞“坦克杀手榜”的榜首；就是在反坦克导弹“笑傲群雄”的当代，自行反坦克炮仍然占有一席之地，被称为“冷面杀手”。我国研制和发展自行反坦克火炮虽然较晚，但于20世纪70年代末开始研制、90年代初开始批量装备部队的89式120毫米履带自行反坦克炮，却使我国一跃成为自行反坦克炮研发的佼佼者。

“两炮”研制工程，奏响了提升我军反坦克作战能力的序曲。20世纪70年代末，西方发达国家和我国周边不少国家已装备先进的第二代主战坦克，而当时我国陆军的反坦克作战能力却不容乐观。陆军合成作战部队普遍装备的是85毫米牵引式反坦克炮、“红箭”－73反坦克导弹、82毫米和120毫米无坐力炮以及大量单兵火箭筒等。但这些反坦克武器已经难以有效抗击外军的新式主战坦克。

为尽快改变我军反坦克能力薄弱的局面，1978年初，军委总部机关迅速组织“两炮”研制工程——第二代反坦克炮和自行反坦克炮的技术论证工作。到1978年4月，参研的科技人员就向总部机关提交了论证方案。方案得到了总部有关部门的认可，决定同步研制120毫米滑膛反坦克炮和120毫米自行反坦克炮，同时指出“两炮”应有统一的药室，统一的弹种，火力系统中共同存在的问题要进行协同技术攻关。由于经费等种种原因，自行反坦克炮研制进展迟缓，而120毫米反坦克炮及弹药的研制取得了可喜的成果。

20世纪80年代初，五机部就自行反坦克炮的研制问题召开了专门的会议。根据会议的有关精神，五机部兵工厂于1983年开始承担120毫米自行反坦克炮的研制工作。为了加快研制进程，该厂充分利用120毫米反坦克炮前期研制已经取得的成果，对其设计进行了大胆的改进，很快就设计出第一轮论证性样车(炮)。样车的火炮重新设计了热护套、抽气装置，新研制了尾舱供弹机、炮控系统，新增了火控及通信系统，并改用新型履带式中型通用底盘。

1984年底，第一轮样车送到北京参加"七五"期间反坦克武器展览。由于该车配备了当时国产坦克装甲车辆中口径最大的加农炮和较先进的火控系统，因此，它一亮相就引起各方面专家的高度关注，同时受到参观者的广泛好评。

该样车还于1985年4月、5月，在北京某靶场向中央军委和国务院有关部委领导进行了两次射击表演，受到军委领导的充分肯定。这些都极大地鼓舞了参研的广大科技人员。他们干劲倍增，再接再厉，根据各方面反馈的改进意见迅速改进设计和工艺，很快就研制出第二轮样车。1986年5月，国务院、中央军委批准该武器系统为"七五"计划重点型号，并确定为国庆40周年庆典受阅新装备。

到1987年，工厂共生产出5辆正样车，并于1987年9月进行全面定型试验。到次年的8月，科研人员战严寒、斗酷暑，先后对样车进行了寒区、热区，火炮、火控、底盘等几十个项目的试验，耗弹2000多发，行程2万多千米，取得了令人满意的试验结果。1990年，国务院、中央军委军工产品定型委员会批准"120毫米自行反坦克炮武器系统设计定型"。随后不久，该型自行火炮装备部队，有效地提高了陆军的反坦克作战能力。1999年10月，89式120毫米自行反坦克炮参加了盛大的国庆50周年阅兵，向世人展示了我国自行火炮发展的新成就。

89式120毫米自行反坦克炮从外观和总体布置上看，显得清秀而简洁。它的炮塔比一般坦克要高一些，同时棱角分明，颇具现代感，可360度回转。虽然和坦克有些相像，但它毕竟是自行反坦克炮，与前者还是有区别的。

一是担负的作战任务与坦克不同。坦克被称为"陆战之王"，是用于冲锋陷阵的突击兵器，在进攻中直接冲击敌人阵地，防御中对敌实施反冲击。而履带自行反坦克炮属于"狙击"武器，通常用于"猎杀"敌坦克。说得通俗一点，自行反坦克炮在战场上常扮演"狙击手"的角色。

二是内部总体布置与坦克大相径庭。首先，该车的动力装置前置，并位于驾驶员的右侧，有点像63式装甲车。其次，车体中后部是战斗室。炮长瞄准镜位于摇架左侧，在摇架下方装有炮控系统的主要部件。炮塔的左、右侧内壁及炮塔顶部内壁装有炮控系统、火控系统、通信设备、自动灭火抑爆系统以及辅助武器。车体后部上开有舱门，便于补充弹药和人员出入。驾驶室内装有倾斜计，便于驾驶员选择较水平的射击阵地。

三是装有我军唯一规格的120毫米口径滑膛反坦克炮，是国产坦克装甲车辆中的特例。该炮配有尾舱供弹机，可半自动装填炮弹，也可人工装弹。由于配备的120毫米炮弹是定装式(弹丸与药筒一体)，又笨又沉，有了装弹机就省力多了。从该车的武器配备上看，其反坦克作战效能是相当高的——火炮最大直射距离达到2500米，无论口径还是威力，都明显优于85毫米、100毫米反坦克炮和105毫米坦克炮。另外，该车的“猎手”味道很浓——配备了坦克所没有的单兵火箭筒，增强了对坦克的近距防卫能力。

四是采用了与我国第一代改进型坦克基本相同的火控系统。该车的第一轮样车采用的是69－Ⅱ式坦克的火控系统，第二轮样车采用了更为先进的激光测距与瞄准合一、双向机械装表式简易火控系统。火控系统的反应时间比较短，射击精度也比较高。该车的观瞄系统主要有测瞄合一的炮长瞄准镜、炮长微光瞄准镜、车长昼夜观察镜、驾驶员微光夜视仪等，具有夜战能力。

说来道去，这款自行反坦克炮还真有不少特点，很多方面甚至还胜过它的老大哥——坦克一筹。所以，它是名副其实的“冷面杀手”。尽管还没有“实战经验”，但人们相信它在未来反坦克作战中一定能有上乘表现。

▶ 中国智能弹药——“末敏弹”获重大突破

2011年6月，在纪念中国共产党成立90周年的日子里，电视新闻发布了“中国智能弹药——‘末敏弹’获重大突破”消息。新闻画面上，只见我军在演习中实施火炮拦阻射击，直击“敌”装甲集群；密集的弹雨覆盖“敌区”的场面，十分壮观。这样的好消息，当然让“军迷”们对国防科技和武器装备自主创新能力的提高充满信心。“末敏弹主要用于攻击装甲车辆的顶部装甲，杀伤力大且精确。这意味着我军师级炮群具备了对敌装甲部队实施大规模精确打击的能力，抗御敌装甲集群进攻的能力有了质的飞跃。”末敏弹专家杨绍卿时如是说。

据中国科学技术协会2011年6月7日在北京发布的《2010—2011学科发展报告》披露，近年来，中国智能弹药——末敏弹技术取得瞩目成果：继自主研制成世界一流的火箭末敏弹武器之后，又取得炮射末敏弹关键技术的重大突破和跨越。据介绍，中国末敏弹研制在总体设计、抗高过载、小型化、稳态扫描、多模复合探测等方面拥有了一批具有自主知识产权的核心技术，研制成功的多模复合探测识别系统在探测识别、抗干扰、环境适应、瞄准定位等性能方面均达到较高水平。

成功研制该型武器，使中国成为继美国、俄罗斯和德国等国之后，能自主研发先进末敏弹的少数国家。说明中国科技发展速度明显加快，重大科技成果不断涌现，中国有能力在武器研发方面赶超世界先进水平，与发达国家的差距越来越小。与此同时，国内还出版了具有原创性技术和理论成果的《末敏弹系统理论》、《灵巧弹药工程》等专著，基本形成中国末敏弹先进的设计、分析、仿真、试验、评估的方法和理论体系。

差不多同期，中央电视台军事频道陆续播放了采访杨绍卿的专题节目，实实在在地给观众们上了一堂“末敏弹知识科普课”。据杨绍卿介绍，现代末敏弹是“末端敏感弹药”的简称，又称“敏感器引爆弹药”，是一种能够在弹道末段探测出目标的存在、并使战斗部朝着目标方向爆炸的现代弹药，是将多种先进技术应用到子母弹弹药领域所形成的一种“灵巧弹药”。它可由多种平台发射，主要用于自主攻击装甲车辆的顶部装甲，在21世纪信息化战场上具有作战距离远、命中概率高、毁伤效果好、效费比高和发射后不管等优点。

杨绍卿说，末敏弹由母弹和发射装药组成。母弹包括弹体、时间引信、抛射结构、末敏子弹等。末敏子弹由减速减旋与稳态扫描系统、敏感器系统、中央控制器、先进战斗部、电源和子弹体等组成。

形象地讲，敏感器系统是末敏弹的“火眼金睛”，其功能是在复杂的电子环境中探测和识别装甲目标，通常包括红外探测器、毫米波辐射计和毫米波雷达等。为克服单一体制敏感器性能的局限性，提高探测性能，一般采用复杂敏感器系统，将两种或两种以上体制的敏感器结合使用，既可集合两者的优点，又可弥补彼此的缺点。由于末端敏感弹药所对付的装甲车辆都是长宽几米的较大目标，因此可以保证命中率。

中央控制器是末端敏感弹药的“大脑”，负责驱动控制、电源管理、数据采集、信号处理和火力决策等一系列重要工作。因此，也被称为“有智慧的大脑”。

“爆炸成型弹丸战斗部”(EFP)将完成对目标的最终毁伤。与破甲弹靠药型罩形成细而长的金属射流破甲不同，EFP战斗部爆炸后，药型罩被压垮变形，形成一个短粗而密实的穿甲弹丸，其速度可达2000米/秒左右，小于破甲弹射流的速度(8000米/秒左右)，侵彻深度也有限。其战斗部优点是对炸高不敏感，而且战斗部被抛射出去后可在100米距离上穿透80~100毫米厚的装甲；穿透装甲后能崩落大量碎片，以杀伤人员、破坏装备，具有良好的作战性能。专家们认为，真正实现大规模精确打击，非末敏弹不可。因为它可以发射后不管，而且末敏弹价格比导弹低廉多了。

末敏弹不是导弹，不能持续跟踪目标并主动控制和改变弹道向目标飞行，因此其结构比导弹和末制导导弹都要简单，经济性非常突出；而且可以像常规炮弹一样使用，其后勤保障和作战使用都很简单，因而效费比是最经济的。

典型的末敏弹作战过程如下：

末敏弹通常由制式火炮平台发射，其火炮射击诸元和引信装定的操作与普通弹丸相同。末敏弹经无控弹道飞抵目标上空后，延时引信发挥作用，自动启动抛射装置，并依次抛出末敏子弹。待子弹抛射出去后，充气减速器被充气展开，减速旋翼同时展开，共同对子弹实施减速减旋、定向和稳定，以调整姿态。与此同时，电池开始对电子系统(含微处理器、多模传感器、中央控制器等电子控制部件)充电启动。

子弹在减速减旋装置的控制作用下开始大着角下落。接着，毫米波雷达开始测距，不断测定子弹到地面的距离。当测定结果达到预定值时，子弹在中央控制器的控制下，抛去充气减速器，拉出涡旋式旋转降落伞，在气动力作用下展开并开始工作，带动子弹旋转降落。

随后，中央控制器根据各传感器提供的数据，开始调整探测目标信息，以抑制假目标和外界干扰，提高探测攻击概率。

同时，中央控制器会解除战斗部最后一道保险。对目标的探测通常采用两次扫描判定方式，即第一次扫描目标后，向中央控制器报告目标信息；第二次扫描目标时，把目标敏感数据与特定目标的特征值进行比较，做出最后判定。第二次扫描结果如确定目标正确无误，中央控制器便发出攻击指令；如果第二次扫描结果判定为非攻击目标，则子弹继续探测其他目标；如果一直未发现目标，子弹则在距离地面一定高度时自毁。

目前，世界比较知名的末敏弹主要有：德国 SMART 115 毫米末敏弹，其敏感控制装置采用 3 个不同的信号通道以降低虚警率，具有很强的抗干扰能力和战场环境适应能力。瑞典与法国联合研制的"博尼斯"155 毫米末敏弹，被认为是"欧洲第二号智能炮弹"。美国的"萨达姆"155 毫米末敏弹，其结构特点是敏感装置为复合型，由一个红外探测器、一个主动式毫米波探测器和一个被动式毫米波探测器组成。此外，美国 XM93 式"大黄蜂"反坦克地雷的发展同样引人注目，它由母雷体和末敏子雷构成，可 360 度探测、识别和攻击运动装甲目标。一旦捕获到目标，该弹即自主对目标顶部发起"顶攻击"，可谓专敲装甲目标的"脑门"。

▶"猛士"突击车与重装机械化步兵师

细心的读者看见标题，自然就会想到国庆 60 周年阅兵式上，每个装备方队中的东风"猛士"高机动性军用越野汽车(属战术突击车)。国内媒体曾经以"12 项关键指标超悍马"为题，介绍这款由东风越野车有限公司开发的、1.5 吨级"猛士"高机动性越野汽车获得国家科技进步一等奖的情况，嘉誉"这是中国汽车行业 22 年来获得的第一个国家科技进步奖一等奖。这款高机动车全面满足了解放军提出的技术要求，在承载能力、动力性、生存性、安全性等 12 项关键指标方面超过美军著名的'悍马'车型"。

国产"猛士"高机动性军用越野车

"猛士"突击车车体适中，我军现役或未来服役的各种步兵轻重武器都能安装在这种军车上，较好地满足了军队发展的需求。从外观上看，这款完全用中国技术制造的越野突击车有专门的装甲防护平台，虽然重量增加不少，但车辆行驶性能保持不变。车门和蒙皮用非金属材料制成，减少了红外辐射。值得一提的是，“猛士”还装有电磁屏蔽系统，可保护发动机和车载电子装备免受外部电磁环境的干扰。

东风“猛士”的出现，也使中国车辆制造技术得到很大提升。据称，“猛士”早期的原型车曾参考过美国“悍马”军车的技术，但定型的“猛士”则完全采用中国零部件。“猛士”采用新型硼碳纤维复合材料，其车门可以抵挡枪弹的攻击；配备的轮胎采用中央充放气系统，可以在行进间调节车胎压力，以适应道路的需要。

该型高机动性军用越野汽车为轻型 4 ×4 驱动，总重量为 5 吨，最大装载量 1.75 吨，牵引重量达 2 吨，是一个系列化、多用途、高技术的基型战术平台。

“猛士”具备很强的机动能力。其战略机动性表现为车架上的系留点、系固点、牵引钩、吊钩，可以方便地使用伊尔 –76、运 –8 等运输机及登陆舰船运载；可由伊尔 –76 空投，直 –8A、“黑鹰”直升机吊运。其战役机动性体现在该车装备有东风 112 千瓦四缸增压中冷柴油机、膜片离合器和五挡变速器，具备很好的经济性，连续行驶里程为 900 千米。如果选装 145 千瓦 V8 电控增压柴油机和四挡液力自动变速器，其从 0 ~80 千米/小时的加速时间为 17 秒，最高车速达 135 千米/小时，连续行驶里程超过 600 千米；还可选装东风康明斯高压共轨电控发动机，能同时获得更好的机动性、经济性和排放水平。以上这些高机动性能的综合集成，使该车型既能高速行驶于普通公路，又能快速行驶于紧急修建的临时道路、乡村土路，还能顺畅通过无路地区。动力强劲、高平顺性、高通过性，这就是第三代高机动性军用越野车的最大特点，它能克服其他越野车型无法通过的路况及险峻环境。

“猛士”是我军首型第三代高机动性军车，近年来已大批列装机械化步兵师。这也是部队装备实现跨越式发展的缩影。目前，我军各合成集团军的作战装备正发生质的变化，重装集团军机械化步兵师的攻击能力不断提高。

随着更多新型主战坦克、第二代步兵战车、陆航直升机、自行防空系统、各型自行火箭炮、火炮和新一代便携式地对空导弹的相继装备，我军机械化部队在装甲突击力量、地空一体协同作战和快速反应能力方面都有极大加强。

讲述至此，对被媒体赞誉为“弹炮合一，相得益彰”的 PGZ –04A 型“弹炮合一”自行防空系统作点介绍。在国庆 60 周年阅兵装备方队中，第 15 方队就是含连指挥车的 PGZ –04A 型“弹炮合一”自行防空系统。它由我国自行研制，具全自动、全天候、弹炮结合、可行进间射击的作战特点。

PGZ –04A 型“弹炮合一”自行防空系统构成比较完整，功能也比较齐全，形成了集作战、指挥、勤务保障、维修保养、训练于一体的系统体系。该型装备火力较强，在其履带式底盘上装有防空炮塔，炮塔两侧各装有 2 门 25 毫米高射炮及 2 枚近程防空导弹；炮塔顶部装有一部对空搜索雷达，具备一定自主作战能力。PGZ –04A 的技术密集度高，和世界同类武器相比，具有 20 世纪 90 年代初先进水平。作为野战防空系统，它主要装备机械化、摩托化步兵团和高炮旅，用于机械化部队集结、行军、展开、进攻等的对空防御。其主要作战对象包括各种飞机，如强击机、歼击机等，也可攻击巡航导弹和直升机。

PGZ－04A 的研制过程贯彻了“成套论证、成套研制、成套生产、成套装备部队”等原则。除了发展自行防空车，还有配套的连指挥车、连检测车、弹药车、电源车和模拟训练器。连指挥车采用一部多普勒搜索雷达，抗干扰能力强，可有效搜索低空和超低空目标，其主要任务是对全连实施统一的作战指挥，是全连的作战指挥中心；同时也可和上级指挥机关以及友邻部队建立通信网络，便于协调作战。连检测车负责勤务保障，主要任务是对自行防空车进行性能测试、故障诊断和维修。

1998 年 12 月 25 日，江泽民在中央军委扩大会议上发表了“走出一条投入较少、效益较高的军队现代化建设的路子”重要讲话。江泽民强调，“我军的现代化建设任重道远。目前，我军以机械化为基本特征的军队现代化的任务还没有完成，又面临着机械化战争正在向信息化战争转变的世界军事发展趋势的严峻挑战。下个世纪的前五十年，我军必须完成向机械化和信息化转变的历史任务，实现‘三步走’的战略目标。”[6]

按照这些要求，中国陆军近年发展的重点在于机械化、装甲化和信息化，着力将重装机械化步兵师铸成陆军的“拳头”军力。应该讲，经过多年发展，其机械化水平、信息化水平和协同作战能力都有很大提升。

展望 21 世纪第二个十年，中国常规兵器的发展，必将随着工业和信息技术的飞速进步，随着强大而先进的制造业发展，继续加强高技术研究开发，提高精密制造能力，提升传统工业的技术水平。新一代武器装备必将发生更为重大的变化，保持和形成更能适应新形势的国防力量，为现代化建设保驾护航。

参考文献

[1] 辛波．中国高科技引进与自主创新．南宁：广西科学技术出版社，2007.

[2]《当代中国》丛书编辑委员会．当代中国的国防科技事业．(下)．北京：当代中国出版社，1992.

[3] 中共中央文献研究室，中国人民解放军军事科学院．建国以来毛泽东军事文稿．(下)．北京：中央文献出版社，军事科学出版社，2010.

[4] 中共中央文献研究室，中国人民解放军军事科学院．建国以来毛泽东军事文稿．(上)．北京：中央文献出版社，军事科学出版社，2010.

[5]《坦克装甲车辆》编辑部．壮哉！中国装甲事业的摇篮．坦克装甲车辆·新军事，2009(12).

[6] 中共中央文献编辑委员会．江泽民文选．第二卷．北京：人民出版社，2006.

第十五讲

俱怀逸兴壮思飞　敢上青天揽日月

——载人航天和探月工程发展纪实

这是一个值得华夏儿女永远骄傲的日子！这是一个值得炎黄子孙永远铭记的日子！

2003年10月15日9时整，中国航天员杨利伟乘坐“神舟五号”载人飞船在中国酒泉卫星发射中心发射升空。这是中国首次载人航天飞行。“神舟五号”载人飞船在太空中围绕地球飞行14圈，经过21小时23分、60万千米的安全飞行，成功着陆返回。中国成为世界上第三个能独立进行载人航天工程的国家！

现代火箭航天技术的先驱、俄国科学家齐奥尔科夫斯基(1857—1935)曾经说过一句著名的话：“地球是人类的摇篮，但是人类不能永远生活在摇篮里。他首先将小心地探索大气层的边缘，然后将把控制和干预能力扩展到整个太阳系。”齐奥尔科夫斯基在《在地球之外》这本科幻小说里系统而完整地描述了宇宙航行的全过程，首次提到了宇航服、太空失重状态和登月车。令人吃惊的是，他的预想竟然与现代太空技术完全一样，而他的预言也是由他的同胞首先实现的。

1961年4月12日上午9时7分，苏联宇航员尤里·加加林少校乘坐“东方1号”宇宙飞船升上了太空。上午10时25分，飞船从距地面327千米的高空返回大气层。“机械舱已自动脱落，只剩下生活舱在大气层中下降。离地面7700米时，加加林与坐椅一起被弹出，随降落伞徐徐下落。加加林安全地飘落到地面，成功地实现了人类历史上的第一次太空飞行。”

从加加林开始，人类开启了一个新纪元；朝浩渺宇宙的艰辛探索，已不仅是遐想，而是有了坚实的行动和对未来的擘画。尽管中国人的这种探索较之俄罗斯及美欧诸国，可能要落后几十年，但必须承认她的巨大进步。遥想1840年鸦片战争前后的大清帝国，真正掌握近代意义数理化知识的人能有几位？了解天文科学知识的人又有几位？经过百余年的艰苦努力，中国人迎头追赶了上来，响亮地向世人宣示：中国已成为世界上第三个有能力独立进行载人航天工程的国家！

这种进步是中华民族划时代的跨越与跃升！这是中华民族自立于世界民族之林的骄傲！这是亿万华夏儿女共同奋斗的巨硕成果！历史的丰碑高高矗立。

人类对于宇宙天穹的景仰和敬畏，自远古以来就萦系于心。华夏民族社会中那些神奇而美丽的古老传说，寄托着先祖们企望奔向天宫、揭示宇宙奥秘的无限遐思。

第一个挣脱束缚、飞向天宫的传说人物是嫦娥。

而人类有史以来第一个以火箭为动力飞向天空的探索者是中国明朝木匠万户。他制造的“飞鸟”以椅子为主体，在椅腿绑上四支大火箭以提供向上的推力；在椅背捆绑上49支小火箭以提供前进的动力；同时还在椅子两侧安装了风筝，冀望能够翔舞升天。尽管万户的飞天梦想以失败告终，但他毕竟是一个“伟大实践者”。20世纪的科学家们为了纪念他，把月球上的一座圆形山峰命名为“万户火山”。

古代中国人挣脱束缚、飞向天宫的梦想，与我们今天所进行的载人航天异曲同工，暗合着同一个愿望。现代宇宙探秘、载人航天，其目的正在于克服地球引力和突破地球的大气屏障，把人类活动的范围从陆地、海洋和大气层扩展到太空，更广泛和更深入地认识整个宇宙，并充分利用太空和载人航天器的特殊环境进行各种研究和试验活动，开发太空极其丰富的资源。

万户塑像

从远古传说到载人航天，从神话到现实，中华民族行走了六七千年的漫漫长路!

人类社会发展到 20 世纪六七十年代，苏联和美国这两个超级大国出于各自的战略目的而进行的太空竞赛，或多或少加速了载人航天计划的制订和实施，无形中对整个人类发展作出了巨大贡献。

载人航天技术，集中了当代科技发展的最新成果，是多种学科、多种领域尖端技术的集大成者。载人航天在应用这些已有技术成果的同时，为促进宇宙空间及航天技术的发展，推动载人航天的实现，又对科学技术领域提出了新的、更高的要求。为实现宇航目标所付出的努力和取得的技术成果，客观上促进了宇航及相关学科不断向前发展。因此，载人航天的历程对于科学技术的历史性进步具有巨大的推动作用。

这些归纳可以从国外发展载人航天的历程中得到证明。

月球上的一小步，人类的一大步

20 世纪 60 年代，美国“阿波罗”载人登月计划的实施，使美国产生了液体火箭、合成材料和计算机等一大批高度发达的工业群体。登月所需要的人工智能、机器人和遥控技术等被移植到其他领域，带动了整个经济科技的发展与进步，所带来的应用效益已远远超过“阿波罗计划”本身所带来的直接效益和社会效益。目前，科学界普遍认为，20 世纪中叶电子计算机技术的迅猛发展，在很大程度上是由于载人航天技术的需求和牵引。

载人航天工程还有力地推动了系统工程理论和实践的发展。而载人航天活动开发的许多新技术、新产品，已经在带动传统产业技术改造，提高经济效益，促进经济建设等方面发挥了重要作用，形成了广泛的社会效益和经济效益。

兰德公司报告指出，美国经济在“阿波罗计划”的刺激下，增长迅速。更为重要的，其带来的技术突破，直接促成了20世纪若干重大技术进步。美国空间计划获得的技术成果为美国经济增加了巨额收益。

同时，人到太空中，可以利用太空环境进行一系列试验。空间提供了微重力、高真空、超洁净以及无容器环境，为新材料研究与开发提供了无与伦比的条件。这些试验不仅可以获得在地面条件下无法生产加工的新材料，还可以获得新工艺和新方法。除通过空间环境探索一些在地面难以弄清的物理现象外，利用在空间环境获得的材料加工研究结果指导地面材料加工工艺，是现阶段开展空间材料研究的主要目的。这些工艺和方法将为促进经济建设，提高生产效率和经济效益，产生积极而深远的影响。

2005年，欧洲空间局提出了“太空经济”的新概念，认为21世纪最大的经济增长点是“太空经济”，它将决定和引领航天和航空技术的未来走向。2010年元月27日，奥巴马在国会山以“中国没有等待，进行经济改革”和“我无法接受美国成为二等国家”来表明美国“在后国际金融危机时期国际竞争中占领制高点，争创新优势”的决心。其中一个重要着力点，就是继续发展宇航产业。

上海世博会的中国太空馆

▶载人航天：实现人类星际航行的起点

“俱怀逸兴壮思飞，欲上青天揽日月。”这是诗仙李白“举杯邀明月”时的放飞畅想。古代汗牛充栋、浩如烟海的诗词文赋中有众多类似飞天的深情寄托与心情描绘，可见华夏儿女早就怀有登天揽月的奇思遐想。

新中国进行载人航天研究的历史可以追溯到20世纪70年代初。当中国第一颗人造地球卫星上天之后，时任国防部五院院长的钱学森，在参与组织实施我国导弹航天技术领域重大型号研制和发射试验的同时，从更高层次思考其他领域诸多重大科学技术问题，提出了许多创新、超前的思想。“我们也搞载人航天！”就是在这样的时代背景下提出来的。1971年4月，“中国要搞载人航天”的首份建议书送到了周恩来总理的办公桌上。为此，周恩来主持召开中央专委会议研究，将这个项目命名为“714工程”，并将飞船命名为“曙光一号”。

然而，当工作展开了一段时间后，钱学森认为，无论是在研制队伍、积累经验方面，还是在综合国力、工业基础方面，搞载人航天都存在一定困难。他果断地向中央专委提出，需要实事求是地将这个项目暂时搁置起来。

1971年3月，钱学森组织完成了“实践一号”卫星发射试验，首次获得我国空间环境探测数据，为我国研制应用卫星、通信卫星积累了经验。1972—1976年，在“四人帮”干扰破坏十分严重的情况下，钱学森参与组织了运载火箭和洲际导弹研制工作，提出建立导弹航天测控网概念，并组织启动了远洋测量船基地建设工程。钱学森及其率领的团队非常清醒地意识到：要想实现载人航天，首先要解决的第一道难题就是卫星回收问题。

王希季，作为中国第一颗返回式卫星的总设计师，在卫星回收方面对我国航天事业做出了重大贡献。他大胆采用新科技成果，较早较快地使我国的卫星回收率达到国际先进水平。回首当年，在王希季的带领下，我国在大西北试验基地做了近50次空投试验。当时的内蒙古察哈尔黄旗空投试验基地，匮乏的物质条件只能让科研人员住在四面漏风的平房里。赶上冬季搞试验，室外温度达到－30℃，但这也得坚持着。为了国家利益，他们没有任何怨言，这种忘我的工作精神实在令人钦佩。

如前文所述，王希季在讲述“长征一号”运载火箭的研制历程后，特别回忆起令他终生难忘的一次大漠深处的试验活动。

有一次在酒泉发射场发射的两发技术试验火箭的箭头落到了巴丹吉林大沙漠中。箭头中装有返回式卫星用的高空摄影机和红外地平仪等试验仪器。当初步探明箭头落点后，组织了以林华宝为首、八院试验队为主的回收队伍。我们一早出发，从硬戈壁走进了软沙漠里。只见黄沙起伏一望无际，风吹沙动，丘坑互变，不知东南西北。进到一定深度，感到凶险莫测，林华宝他们无论如何不让我再前进一步了，命令我就在那里等待，作为他们进入通道后的联络点和指示点。我从早等到午，从午等到晚，从晚等到深夜，不见一个人影。隔一定时间就发一颗信号弹，起初还有回发可见，快到晚上时就音信全无。我在焦急、恐慌和担心中度日如年，仍不断发信号弹。第二天快黎明时，我发出一颗信号弹，突然看到前方有一颗信号弹在暗空划出一道亮光。我喜出望外，连发两弹均得到回应。“天啊！”他们总算找到了我这个联络点。在黎明的曙光中，沙丘脊上出现了缓慢移动的一行影子，逐渐看清是我们的同志一个跟着一个，背着回收物，满身和满脸黄沙，踉踉跄跄，非常吃力地向我走来。整整一天24小时，他们在沙漠中心不怕危险，不顾饥渴疲劳，几经周折，几乎迷路，终于未丢一人，未

巴丹吉林大沙漠

伤一人，硬是找到了箭头，回收了试验载荷和一些有价值的设备、仪器。这种精神和责任感真令我敬佩。我留下的一桶水成了甘露，同志们喝后一下子精神多了，我真是高兴极了。[1]

唐代诗人王昌龄在《从军行》中曾经吟唱大漠悲壮："黄沙百战穿金甲，不破楼兰终不还。"这恰似对现代中国潜心研制"两弹一星"元勋们的最好写照。正是抱定这样坚强的信念，让他们在"轮台九月风夜吼，一川碎石大如斗，随风满地石乱走"（唐代岑参诗）的险恶环境里获得了科学家们特有的"最高幸福指数"。

1975 年 11 月 26 日，经过王希季、杨嘉墀等科技工作者 10 年的努力，在酒泉卫星发射基地，由"长征二号"火箭把我国第一颗返回式卫星送上了太空。预计卫星绕地球 3 天后回收，但事情的发展并非一帆风顺。监控卫星运转的数据显示：靠喷气产生的反作用力来实现姿态控制的卫星因气压下降过快，将因氮气耗尽而提前返回。

这可不是小事！卫星发射总指挥钱学森立即把杨嘉墀等专家召集到一起，共同分析产生这种现象的原因。专家们计算的结果表明，几乎没有安全回收的希望。但杨嘉墀认为，出现这一现象是由于卫星上天时温度高，而空间温度低，卫星进入轨道后冷热相差悬殊，从而使气压下降速度过快；不过，到一定时间气压就会稳定下来，卫星在空中飞行 3 天不会有太大的问题，应该能按原计划进行。大家最后采纳了杨嘉墀的意见。

这时，回收大队在四川遂宁县集结待命。11 月 29 日，就在返回式卫星在天上"逛"了 3 天本该返回的时候，它居然神秘地消失了。杨嘉墀和大伙儿并没有因此而丧失信心，因为卫星在大气层还有信号。经过专家们认真观察、分析，认为这颗返回式卫星正在我国空域运行，大概就在贵州省上空附近。

后来的结果证明，专家们的观测和分析是准确的。不过，这位"不速之客"的"返乡落地"着实让 4 位矿工虚惊一场。

返回式卫星

11 月 30 日中午，贵州凯里地区某矿的 4 位矿工去吃饭。正当他们在矿井边说说笑笑的时候，突然听见一声巨响。只见一个"大火球"从天而降，坠落时还"咔嚓"劈断一棵大树。众人顿时吓得目瞪口呆，赶紧钻到坑道躲藏起来，唯恐再有一个"大火球"掉下来砸到自己。过了一会儿，"大火球"慢慢变黑了，并躺在那里一动不动。矿工们这才小心翼翼地相互安慰着从井中钻出来。他们围着这个变黑的庞然大物转了一圈，惊讶地发现从这个"怪物"里摔出来一些东西。他们觉得这个"怪物"非同小可，那年月阶级斗争的弦儿还绷得挺紧。矿工们经过商量，决定派一人去报告领导，其他三个人在此看守。信息迅速上报，直到回收大队赶到现场，矿工们才明白自己做了件多么伟大的事情。让科学家感到非常高兴的是：经过检查，卫星在太空拍摄胶卷的黑匣子完好无损，首颗卫星回收成功！[2]

从茫茫太空将卫星回收，并令其准确降落，谈何容易！这项回收技术，苏联是在发射了几颗卫星后才得以掌握。而美国人的运气就差多了，美国曾经连续发射12颗返回式卫星，全部遭遇失败，直到第13颗才跌跌撞撞地返回来，最终还是“差之毫厘，谬之千里”地落到浩渺的大海。

中国科学家在返回式卫星试验上，采取特别慎重的态度。中国科学院院士王希季回忆：“七机部八院的任务由运载火箭总体改为航天器总体后，我负责研制我国第一个返回式卫星，首先是提出技术方案。从符合国情和与外空环境相容的程度，从可行性和经济性分析。经过多次争论和讨论，最后提出了一个充分利用‘长征二号’运载火箭能力、由返回舱和仪器舱两舱组成的、采用弹道式返回方式的大返回舱方案。这个方案在我国的技术和工业基础上创新，并考虑到将来技术发展，是一个可行的、有公用平台思想的、可发展的方案。后来的实践充分证明了此项技术方案的可行性和可发展性。返回式卫星是我国迄今使用公用平台最成功的、平均研制周期最短的卫星。”

谈到科学试验，王希季说：“返回式卫星的回收系统，是经过58次空投试验，反复改进才完成了正样研制阶段送交总装和参加发射的。我担任了第一个返回式卫星型号的总设计师，负责了6颗返回式卫星的研制和发射工作。提出了第二和第三个返回式卫星型号的技术方案，并负责一部分初样阶段工作。至今还对自己在20世纪60年代能负责提出这个考虑比较周全和论证比较充分的、可行的、可发展的技术方案感到高兴。”[3]

自1975年11月，在钱学森指挥下，成功发射并回收了我国第一颗返回式卫星后，我国又连续发射了近20颗卫星；除一颗因出现故障没能返回外，其他全部回收成功，且返回的落点只有很小的误差，创下了世界卫星回收成功率的最高纪录。

自此，中国科学家攻克了卫星返回的技术难题，全面掌握了回收卫星技术。这标志着中国成为继美国、苏联之后第三个掌握卫星回收技术的国家，这些都为中国开展载人航天技术的研究铺垫下坚实的基础。

最早的火箭回收舱

载人航天可提供的科技和经济前景十分诱人。按照国际宇航业界提供的数据，在太空开发上每投入1美元，赢得的直接经济收益将是7～14美元。国际航天基金会组织的调查数据表明，在欧美宇航事业的总投入中，2/3的投资来自非政府投入。如何将中国巨大的民间资本导入宇航开发，将是中国经济发展面临的新课题。

此外，无垠宇宙也还有诸多奥秘在

召唤人类去破解。

在掌握了航天器回收技术之后，接下来中国科学家的攻关目标，就是研究载人飞船的回收技术，特别是救生技术。虽然难度更大，要求更高，但科学家们更有信心！

可以说，真正脚踏实地的擘画和发展我国的载人航天事业，是在改革开放伟大历史进程中决策实施和不断推进的。

前溯1975年，在时任国防科工委主任张爱萍将军的主持下，经过充分的调查研究和反复论证，制定了我国战略导弹和航天技术新的发展规划，确定了20世纪80年代前期主要的发展目标，即向太平洋预定海域发射液体远程弹道导弹等“三抓”任务。1977年9月，党中央正式批准了这一规划。至1984年4月，“长征三号”运载火箭将我国第一颗试验通信卫星送入地球同步转移轨道，成功定点于东经125度赤道上空；它不仅标志着我国战略核导弹和航天技术三项重点任务圆满完成，而且表明我国航天技术已有了新的实质性飞跃。特别是多级火箭技术、“一箭多星”技术、低温高能发动机技术、地球同步轨道卫星发射技术、卫星返回技术、卫星控制技术、地球同步轨道卫星测控技术等已达到世界先进水平。

以20世纪80年代中期为节点，中国的空间技术取得了长足的发展，具备了返回式卫星、气象卫星、资源卫星、通信卫星等各种应用卫星的研制和发射能力；掌握了地球同步轨道转移卫星技术和卫星控制、返回技术；构建了以“远望”号远洋测量船队为核心的航天测控网。在这个基础上，当时的航空航天工业部组织科技专家、科技管理人员，开始进行中国航天新规划的酝酿工作，着手开展载人航天技术方案论证和关键技术预先研究。

20世纪80年代中后期，以邓小平为核心的党的第二代中央领导集体审时度势，明确把发展载人航天事业纳入发展高技术的“863”计划。航空航天工业部组织的载人航天技术方案论证和关键技术预先研究，为后来的载人飞船工程立项和研制工作奠定了基础。

1991年春节前夕，航空航天工业部向邓小平递交了《关于开展载人飞船工程研制的请示》，其中特别强调：“上不上载人航天，是政治决策，不是纯科学问题，不是科技工作者能定的。要等到统一认识，这是不可能的。”春节期间，这份请示送到了邓小平手里。邓小平认真阅研，并同有关中央领导交换了意见。张爱萍将军专门打电话向航空航天工业部的同志了解、询问载人航天工程技术方案论证和关键技术预先研究情况。自此，中央高层下定决心载人航天工程的立项工作如期推进。

1992年1月8日，中央专委召开第五次会议，专门研究我国发展载人航天技术问题；中央专委会议一致同意实施载人航天工程。

以江泽民为核心的党的第三代中央领导集体，面对世界科技突飞猛进、综合国力竞争日趋激烈的新形势，从国家地位和民族利益的高度、从凝聚民心和发展科技的高度，做出了实施载人航天工程的重大战略决策。1992年9月，在江泽民主持下，中央政治局常委会召开第195次会议，认真地研究了载人航天可行性研究报告，同意开展载人飞船工程研制的意见，并对我国尖端科技事业的发展做出了全面部署。中国政府批准载人航天工程正式上马，并命名为“921 工程”。[4]

在“921 工程”的七大系统中，核心是载人飞船。研制载人飞船的任务由中国空间技术研究院为主进行。“921 工程”正式上马时，中央就提出了“争 8 保 9”的奋斗目标，即 1998 年要在技术上有一个大的突破，1999 年要争取飞船上天。中央专委决定在唐家岭建设北京航天城，为“921 工程”完成载人航天飞行任务做好物质条件的保证。

回眸“神舟”飞天，让我们把目光再度聚焦于 1999 年 11 月 20 日。

1999 年 11 月 20 日凌晨，在酒泉卫星发射中心新建的载人航天发射场上，高达 100 多米的发射塔架各层平台陆续打开，露出了运载火箭和试验飞船的雄姿。捆绑式“长征”运载火箭昂首挺立，顶部安装有我国自行研制的第一艘试验飞船（由江泽民题名为“神舟”）；两面巨幅五星红旗醒目地印在船体两侧，在灯光照射下，鲜艳夺目。

“神舟一号”飞船由轨道舱、返回舱和推进舱组成。轨道舱是航天员生活和工作的地方；返回舱是飞船的指挥控制中心，供航天员乘坐升空和返回地面；推进舱也称动力舱，为飞船在轨飞行和返回提供能源和动力。这次“神舟一号”飞行试验没有载人，主要任务是验证我国载人航天工程相关创新技术。

11 月 20 日 6 时 30 分，随着“点火”口令的下达，运载火箭喷出一团红色烈焰，“像一条巨型火龙”托举着试验飞船，呼啸着向太空飞去。飞行约 10 分钟后，飞船与运载火箭成功分离，准确进入预定轨道。这是“长征”系列运载火箭的第 59 次飞行，它为我国 20 世纪的航天发射史册增添了新的一页。

在北京航天指挥控制中心，上百台终端机显示屏上跳动着令人眼花缭乱的数字；四个大屏幕显示着试验飞船进入太空的运行状态曲线，三维动画同步把一组组数字转换成形象逼真的图像投影于巨幅屏幕……

6 时 30 分 7 秒，就在试验飞船进入苍穹的瞬间，描绘着我国西北地区版图和飞船理论弹道曲线的大屏幕上出现一个小小的亮点，显示飞船实际飞行曲线吻合理论运行轨迹，开始向前延伸……来自地面测控站和“远望”号测量船的测控数据，源源不断地汇聚到指挥控制中心。上百名技术人员目不转睛地监视着荧屏上的一行行变换的数字，飞速敲击着计算机键盘。工程技术人员沉稳地按下了发令键，向飞船发出入轨指令。

在国家博物馆陈列的“神舟”飞船返回舱

“神舟一号”升空之后，一场探索太空奥秘的科学试验，在距发射场千里之遥的北京航天指挥控制中心展开。在发射点火 10 分钟后，飞船与箭体分离，并准确进入预定轨道。

飞船入轨后，地面的各测控中心和分布在太平洋、印度洋上的测量船对飞船进行了跟踪测控，还对飞船内的生命保障系统、姿态控制系统等进行了测试。

北京时间 1999 年 11 月 21 日凌晨 3 时，地面指挥中心向飞船发出返回指令，“神舟一号”飞船于凌晨 3 点 41 分顺利降落在内蒙古中部地区的着陆场。这次飞行成功为中国载人飞船上天打下非常坚实的基础。

作为中国载人航天工程的首次飞行，这次发射首次采用在技术厂房对飞船、火箭联合体进行垂直总装与测试，并整体垂直运输至发射场，进行远距离测试发射控制的新模式，标志着中国在载人航天飞行技术上有了重大突破。

作为中国航天史上的重要里程碑，我国在原有航天测控网基础上新建的符合国际标准体制的陆基、海基航天测控网，也在这次发射试验中首次投入使用。

飞船在轨运行期间，地面测控系统和分布于公海的 4 艘“远望”系列测量船对其进行了跟踪与测控，成功进行了一系列科学试验。

当地时间 11 月 20 日 18 时，当围绕地球运行了 14 圈的“神舟”试验飞船飞临南大西洋海域上空时，在南大西洋海域待命的“远望 3”号航天测量船及时准确地向飞船发出了返回指令。18 时 48 分，广播里传来北京指挥中心调度员下达的“一分钟准备”的指挥口令。船舶顶部巨大的雷达跟踪测量天线徐徐转动，指向了“神舟”试验飞船将要飞出地平线的方向。随后，飞船建立返回姿态，制动发动机点火，飞船从宇宙空间开始返回。与此同时，布阵在太平洋上的“远望 1”号、“远望 2”号以及在印度洋上的“远望 4”号测量船已先后完成各自担负的测控任务。

当北京指挥中心下达的“调姿开始”的调度口令传到“远望 3”号的统一测控系统机房时，显示屏上一串串变换的数字符号不断跳动，打印机发出有节奏的轻响，有关飞船调整姿态、轨道舱分离和返回制动的一系列遥控指令已经顺利地发向飞船。

18 时 58 分，“远望 3”号圆满完成对“神舟一号”飞船最后一个圈次的跟踪测控任务。19 时 41 分，当南大西洋海域最后一抹晚霞消失的时候，已是北京时间 21 日凌晨 3 时 41 分。一直在等候飞船着陆的人们，终于盼来了北京指挥中心发布的飞船成功着陆的消息。船上骤然响起的掌声与欢呼声，伴随着阵阵波涛，在大西洋的上空久久回荡。

着陆前，“神舟一号”飞船脱离原先的轨道、按照航天专家的意愿，向着她的归宿——内蒙古中部地区降落。

此刻，内蒙古中部的飞船预定着陆场区，各种测量设备“翘首以待”，技术人员时刻准备捕获“巡天使者”。“各号注意，飞船进入黑障区。”听到这一口令时，着陆场区所有人的心缩紧了。此刻，飞船已划过太空，进入距地面只有 80 千米的大气层，正以每秒约 7.5 千米的惊人速度与大气层剧烈摩擦。下降至 40 多千米高度时，飞船舱体外部产生高温等离子气体层，形成电磁屏蔽，致使地面与飞船通信暂时中断。这是正常的“黑障现象”。

“回收一号发现目标”，前置雷达站的报告打破了沉默，这表明雷达捕捉到了“神舟一号”。飞船继续下降，穿过黑障区。回收部队展开行动，雷达不停地跟踪，3 架直升机在预定着落区上空盘旋。

当“神舟一号”距地还有 30 千米时，操作员果断地向它发出了打开电源开关的指令。

报告接踵而来——“减速伞分离”、“主伞全开”。3 架直升机朝着飞船信标信号飞去。“神舟一号”距离地面越来越近，在距地面只有 1.5 米的一刹那，只见船载着陆缓冲发动机同时点火，射出的烈焰划破夜空。满载一系列科学试验数据的飞船，稳稳落在大地上。

至此，我国第一艘宇宙试验飞船——“神舟一号”，从发射升空到返回地面，遨游太空 21 个小时，获得圆满成功。

2001 年 1 月 10 日 1 时 0 分 3 秒，中国在酒泉卫星发射中心成功发射了“神舟二号”飞船。发射任务由“长征二号”F 型火箭承担，这是“长征”系列运载火箭第 65 次飞行，也是继 1996 年 10 月以来中国航天发射连续第 23 次获得成功。

飞船起飞 13 分钟后，进入预定轨道。我国航天测控人员围绕着飞船的测控和回收，展开了紧张的工作。

10 日 21 时，北京航天指挥控制中心实施飞船变轨。“神舟二号”发射升空后，所进入的是距地球表面高度近地点为 200 千米、远地点为 340 千米的椭圆轨道。按照预定计划，这时要进行变轨，将飞船调整到距地球表面 340 千米高的圆轨道上。变轨能否成功，对飞船在轨飞行和准确返回预定着陆区有重要影响。

地处北京燕山脚下的北京航天指挥控制中心，再次充满了紧张的战斗气氛。中心的大型计算机按照科技人员的指令，高效地对各种数据进行综合处理，迅速生成了飞船变轨的实施步骤。在飞船飞行至远地点高度时，中心调度指挥员下达了变轨的指令。由于采用了世界上最先进的透明传输测控技术，指令通过相关测控站点的测控设备直接传给飞船，前后只用了 2 秒钟。接到指令后，飞船上的发动机一次点火成功。在发动机的推力作用下，飞船的近地点高度由 200 千米抬高到 340 千米，成功地进入圆轨道。

“神舟二号”变轨后，又在太空中绕地球飞行了 31 圈。轨道高度在飞行中逐渐出现衰减，必须进行轨道维持，就是通过控制飞船上发动机的点火时间和推力，使飞船始终保持在正确的轨道上飞行。在“神舟二号”飞行全过程中，进行了多次轨道维持。

西安卫星测控中心首次启用了当时最新研制建成的测控网网络管理系统，实现了测控资源的优化配置和测控设备的远程监控，大大提高了测控网的可靠性和有效性。

控制飞船飞行轨道，需要精确的轨道计算。地面发送的轨道控制数据差之毫厘，对在太空中飞行的飞船来说，调整后的轨道便有可能相差几十甚至上百千米。测控人员深知肩上的责任重大。12 日 20 时，西安卫星测控中心将正在太空飞行的“神舟二号”轨道维持，转换为北京航天指挥控制中心统一指挥和调度，由陆基、海基航天测控网实施首次轨道维持。

20 时 24 分，进行轨道维持的控制数据指令向飞船发出。“数据注入成功！”北京指挥控制中心调度指挥员的报告，令现场每个人都兴奋不已。不久，从飞船上传回的数据表明，飞船已按照指令成功进行了轨道调整。

飞船继续在预定的轨道上飞行。尽管还要进行轨道维持，但航天测控人员有十足的信心，等待着飞船凯旋。

16日18时，浩瀚的南大西洋上，阳光普照。“远望3”号远洋航天测量船按照计划，在“神舟二号”飞船出现后，对其实施返回控制。

2001年1月16日19时22分，“神舟二号”在内蒙古中部地区成功着陆。至此，飞船按预定计划在太空飞行了7天。准确的飞行时间、圈数是：6天零18小时、108圈。

作为我国第二艘正样无人飞船，其试验项目有：首次飞船微重力环境下空间生命科学、空间材料、空间天文和物理等领域的实验。其中包括：进行半导体光电子材料、氧化物晶体、金属合金等多种材料的晶体生长；蛋白质和其他生物大分子的空间晶体生长；植物、动物、水生生物、微生物及离体细胞和细胞组织的空间环境效应实验等。

“神舟”飞船和运载火箭采用垂直就位姿态进入发射塔架

2002年3月25日22时15分，“神舟三号”飞船在酒泉卫星发射中心发射升空。10分钟后，飞船成功进入预定轨道。“神舟三号”由中国空间技术研究院和上海航天技术研究院为主研制，飞船由轨道舱、返回舱、推进舱和附加段组成，由中国运载火箭技术研究院为主研制的“长征二号”F型捆绑式运载火箭负责其发射；这是“长征”系列运载火箭第66次发射。飞船进入太空后，绕地球飞行到2002年4月1日，准确的飞行时间、圈数为：6天零18小时、108圈。

中国科学院等单位为这次发射研制了对地遥感、生命科学、空间科学等项目的船载仪器和地面测控设备，并在飞船上进行了多项空间应用试验。从搭载物品来看，主要是处于休眠状态的乌鸡蛋和进行空间试验的有效载荷公用设备，共10项44件，包括：卷云探测仪、中分辨率成像光谱仪、地球辐射收支仪、太阳紫外线光谱监视仪器、太阳常数监测器、大气密度探测器、大气成分探测器、飞船轨道舱窗口组件、细胞生物反应器、多任务位空间晶体生长炉、空间蛋白质结晶装置、固体径迹探测器、微重力测量仪等有效载荷公用设备。

在完成一系列科学试验之后，除飞船返回舱返回地面外，轨道舱继续留在太空飞行，直至完成预定的后续科学试验任务。

作为载人航天工程试验项目，“神舟三号”发射试验，使运载火箭、飞船和测控发射系统进一步完善，提高了载人航天的安全性和可靠性。飞船上装有人体代谢模拟装置、拟人生理信号设备以及形体假人，能够定量模拟航天员在太空中的重要生理活动参数。这次发射，逃逸救生系统也进行了工作。该系统是在应急情况下确保航天员安全的主要措施。飞船拟人载荷提供的生理信号和代谢指标正常，验证了与载人航天直接相关的座舱内环境控制和生命保障系统。

2002 年 12 月 30 日 0 时 40 分，“神舟四号”无人飞船在酒泉载人航天发射场发射升空，按预定计划在太空飞行了 6 天零 18 小时，环绕地球 108 圈。飞船总长约 7.4 米，最大直径 2.8 米，总质量 7794 千克。在推进舱和轨道舱的Ⅱ、Ⅳ象限各安装一个太阳能电池帆板。推进舱的两个太阳能电池帆板总面积 24.48 平方米，展开后的帆板宽度约 17 米；轨道舱的两个太阳能电池帆板总面积 12.24 平方米，展开后的帆板宽度约 10.4 米。总共配置有 13 个分系统及供配电与电缆网。结构与机构分系统保证飞船的构型，并为航天员提供生活的结构空间。

2003 年元月 5 日晚 19 时 16 分，当“神舟四号”环绕地球飞行 107 圈，飞临南大西洋海域上空时，接收到返回命令。飞船随即建立返回姿态。返回舱与轨道舱分离，开始从太空向地球表面返回。飞船刚飞出“黑障区”，西安卫星测控中心着陆场站就发现了目标。之后，按照预定的程序，飞船平稳地在内蒙古中部着陆场着陆。

这次飞行，载人航天应用系统、航天员系统、飞船环境控制与生命保障分系统全面参加了试验，先后在太空进行了对地观测、材料科学、生命科学试验及空间天文和空间环境探测等研究项目；预备航天员在发射前也进入飞船进行了实际体验。飞船在轨飞行期间，船上各种仪器设备性能稳定，工作正常，取得了大量飞行试验数据和科学资料。

这次飞行搭载的物品中，除大气成分探测器等 19 件设备已经参加过此前的飞行试验，其他如空间细胞电融合仪等 33 件科研设备都是首次“上天”。

一场筹备了 10 年之久的两对细胞的“太空婚礼”，也在飞船上举行。一对动物细胞“新人”是 B 淋巴细胞和骨髓瘤细胞，另一对是植物细胞“新人”——黄花烟草原生质体和“革新一号”烟草原生质体。专家介绍，在微重力条件下，细胞在融合液中的重力沉降现象将消失，更有利于细胞间进行配对与融合，此项研究将为空间制药探索新方法。

1999 年 11 月至 2002 年底相继研制并发射成功、安全返回的“神舟一号”至“神舟四号”无人试验飞船，获得了宝贵的试验数据，表明我国载人航天工程技术日臻成熟，为最终实现载人航天飞行奠定了坚实基础。

▶杨利伟首闯太空所蕴涵的高科技能量

党的"十六大"以来，中央领导集体从世界科技大势和中国特色社会主义事业全局出发，适应我国科技事业发展的战略要求，对我国载人航天工程作出全面规划。

"神舟五号"飞船

2003 年 10 月 15 日 9 时整，我国自行研制的"神舟五号"载人飞船在酒泉卫星发射中心发射升空。9 时 9 分 50 秒，飞船准确进入预定轨道。这是中国首次进行载人航天飞行，执行任务的航天员是时年 38 岁的杨利伟。

9 时 10 分，"船箭"分离，飞船以平均每小时绕地球一圈的速度飞行。飞船由轨道舱、返回舱、推进舱和附加段组成，总长 8.86 米，总重 7840 千克。飞船的手动控制功能和环境控制与生命保障分系统为航天员的安全提供了保障。

飞船由"长征二号"F 型运载火箭发射到近地点 200 千米、远地点 350 千米、倾角 42.4 度的初始轨道，实施变轨后，进入圆轨道。作为我国培养的第一代航天员，杨利伟在太空中围绕地球飞行了 14 圈，经过 21 小时 23 分、60 万千米的安全飞行后，于 16 日 6 时 23 分在内蒙古中部草原主着陆场成功着陆返回。

杨利伟归来现场

让我们再次回放那一帧帧不朽的历史画面吧！

10 月 15 日 9 时 10 分左右，飞船进入预定轨道。从那一刻起，杨利伟成了浩瀚太空迎来的第一位中国访客。

10 月 15 日 9 时 31 分，停泊在南太平洋的"远望 2"号测量船捕获飞船信息。"神舟五号"飞船的舱内图像清晰地显示在北京航天指挥控制中心的大屏幕上。杨利伟在与医学监督医生通话时显得相当沉稳，他说："我感觉良好！"

10 月 15 日 10 时许，在"神舟五号"飞船进行环绕地球第一圈飞行时，地面指挥人员报告舱内环境正常。杨利伟得到指令后打开面罩，拿着书和笔。当他松开手时，笔在太空失重环境下立即飘浮起来。

10月15日10时31分，“神舟五号”飞船进入喀什测控站检测区域。在接到地面指令后，杨利伟轻松熟练地摘下手套，并解开系在膝盖下方的束缚带。10月15日10时40分左右，飞船开始绕地球飞行第二圈。通过飞船传回的图像可看到，杨利伟由卧姿改为坐姿，并通过圆形舷窗向外观测。

担纲“神舟”飞船总设计师的戚发轫，是中国工程院院士，曾经担任“东方红二号”、“东方红二号甲”、“东方红三号”卫星总设计师。“神舟”飞船更是戚发轫毕生设计中最感得意的航天器。

至此，就让我们先从飞船各舱段的建造特点来认识其科技含量。

一是轨道舱。它是“神舟”飞船进入轨道后航天员工作、生活的场所。舱内除备有食物、饮水和大小便收集器等生活装置外，还有空间应用和科学试验用的仪器设备。轨道舱外形为圆柱形，其尺寸为：长2.8米，直径2.2米。为了使轨道舱在独自飞行的阶段可以获得电力，轨道舱的两侧安装了太阳能电池帆板；每块帆板除去三角部分，面积为2.0米×3.4米。轨道舱自由飞行时，可以由它提供0.5千瓦以上的电力。轨道舱尾部有4组小型推进发动机，每组4个，为飞船提供辅助推力和轨道舱分离后继续保持轨道运动的能力。轨道舱一侧靠近返回舱的部分有一个圆形舱门，为航天员进出轨道舱提供了通道。不过，该舱门的最大直径仅65厘米，只有身体灵巧、受过专门训练的人才能进出自由。舱门上面有轨道舱的观察窗。在返回舱返回后，轨道舱相当于一颗对地观察卫星或太空实验室，它将继续留在轨道上工作半年左右。轨道舱留轨利用是中国飞船的一大特色，俄罗斯和美国飞船的轨道舱与返回舱分离后，一般废弃不用，大多成为“太空垃圾”。

二是返回舱。“神舟”飞船的返回舱呈钟形，有舱门与轨道舱相通。尺寸：长2.00米，直径2.40米(不包括防热层)。返回舱是飞船的指挥控制中心，内设可供3名航天员斜躺的坐椅，供航天员起飞、上升和返回阶段乘坐。坐椅前下方是仪表板、手控操纵手柄和光学瞄准镜等，显示飞船上系统设备的状况。航天员通过这些仪表进行监视，并在必要时控制飞船上系统设备的工作。轨道舱和返回舱均是密闭的舱段，内有环境控制和生命保障系统，确保舱内充满一个大气压力的氧氮混合气体，并将温度和湿度调节到人体适宜的范围，确保航天员在整个飞行过程中的生命安全。

另外，舱内还安装了供着陆用的主用、备用两具降落伞。在返回舱侧壁上开设了两个圆形窗口，一个用于航天员观测窗外的情景，另一个供航天员操作光学瞄准镜观测地面、驾驶飞船。返回舱的底座是金属架层密封结构，安装了返回舱的仪器设备。该底座重量较轻且十分坚固，在返回舱返回地面进入大气层时，保护返回舱不被炙热的大气烧毁。

三是推进舱。“神舟”飞船的推进舱又称设备舱或动力舱，呈圆柱形，内部装载推进系统的发动机和推进剂，为飞船提供调整姿态和轨道以及制动减速所需要的动力；还有电源、环境控制和通信等系统的部分设备。其尺寸为：长3.05米，直径2.50米，底部直径

2.80米。推进舱两侧各有一对太阳能电池帆板，除去三角部分，帆板面积为2.0米×7.5米。与前面轨道舱的太阳能电池帆板加起来，产生的电力将三倍于苏联“联盟”号飞船上的。这几块电池帆板除所提供的电力较大外，还可以绕连接点转动；这样不管飞船怎样运动，它始终可以保持最佳方向以获得最大电力，免去了“翘向太阳”所要进行的大量机动。从而保证太阳能电池帆板对日定向的同时，不影响飞船对地的不间断观测。

设备舱的尾部是飞船的推进系统。主推进系统由4个大型主发动机组成，它们在推进舱的底部正中。在推进舱侧裙内又分别布置了4对纠正姿态用的小型推进器。说它们小，是和主推进器比；与推进舱侧裙外的其他辅助推进器比，它们可大很多。

四是附加段，也叫过渡段。它是为将来与另一艘飞船或空间站交会对接而准备的。在载人飞行及交会对接前，它也可以安装各种仪器用于空间探测。

下面，我们再来认识“神舟五号”的技术进步性。

时任中国载人航天工程副总指挥、中国航天科技集团公司总经理张庆伟把“神舟”飞船赞誉为“中国天地往返运输的优良工具”、“堪称摆渡天河的真正神舟”。张庆伟指出：“神舟”的成功发射突破了载人飞船再入升力控制、应急救生、软着陆、GNC故障诊断、舱段间分离、防热等13项关键技术。作为我国高技术领域的跨世纪工程，“神舟”飞船总体性能优越，达到了20世纪90年代国际先进水平。

“神舟”飞船“三舱一段”的结构与总体方式具有鲜明的“中国特色”。“神舟”飞船起点高，一步到位，智能化程度较高。虽然中国载人航天工程起步较晚，但并不是从“加加林时代”的飞船起步，而是一步迈过国外40年的发展历程，实现了跨越式发展。“神舟”飞船首次载人升空就可载三位航天员；第一次载人飞行，苏联的加加林只绕地球飞行一圈，美国的谢泼德只是进行了亚轨道飞行，而中国航天员却在近地轨道飞行了一天。国外载人飞船是从搭载小动物开始试验航天员环境控制与生命保障系统的，我国则采用了先进的现代装置——模拟假人，模拟航天员所消耗的氧气与二氧化碳，并通过先进的地面医监台测试“航天员”的生理信号变化。

张庆伟认为，“神舟”飞船适用性强，可一船多用，也是典型的“中国特色”。飞船轨道舱既能进行留轨对地观测，又能作为未来空间交会对接的一个飞行器。国外发射飞船对接是一次连续发射两艘，而我国的方案是先发射一艘，其留轨舱与下一艘飞船进行交会对接。即为实现交会对接，国外的发射是2N次，而我国的飞船发射是“N+1”次，只要发射次数N>1，以N等于5为例，国外需发射10艘飞船，而我国只要发射6艘飞船。如此一来，我国发射的飞船总数量就少于国外，既节省了巨额的发射费用，又可利用空间留轨舱开展科学试验。中国走着一条低成本、高效益的载人航天发展道路。

“神舟”试验飞船与美国的第一艘试验飞船“水星号”和苏联第一艘试验飞船“东方号”相比，在技术上有明显的进步。我国“神舟”飞船的起飞质量和座舱最大直径，都远远大于美国“水星号”和苏联“东方号”；“神舟”飞船的构形比“水星号”和“东方号”的两舱构形具有更多功能，在舱段间的电路、气路、液路连接与分离技术等方面也更复杂。“神舟”飞船采用了升力式返回再入，由 GNC 分系统进行再入过程中的升力控制，这是比弹道式再入更为先进的返回方式，可以大大提高飞船返回着陆点的精度和降低再入过载峰值，减轻航天员返回地面时承受过载的痛苦。张庆伟强调，“神舟五号”与 20 世纪 90 年代国外先进的载人飞船——“联盟”TM 飞船相比，在再入方式、着陆精度和再入过载峰值等指标上，大致与“联盟”TM 飞船相当，并为航天员的工作和生活创造了更为舒适的环境。

此外，还有“神舟五号”的发电站——太阳能电池帆板，也是科技含量高的亮点。随着“神舟五号”载人飞船脱离运载火箭顺利进入太空，展开后的太阳能帆板就像是飞船长出两对硕大的翅膀，通过将太阳能转换成电能，来为飞船上的电器设备提供能源。

“航天英雄”杨利伟参观航天科技展

“太阳能帆板有供电和充电两大功能，相当于一个小型发电站。飞船上虽备有应急电源，但支持的时间有限，主要还是依靠帆板提供电能。”负责太阳能帆板设计的主管设计师孔旭东说。“神舟”飞船上的太阳能帆板采用了大量先进的复合材料，以便在尽可能提高发电效能的同时，减轻其自身重量，其造价达上千万元。

据孔旭东介绍，太阳能帆板设计和研制的主要困难是如何使其适应复杂的空间环境。飞船在空间运行的低轨道环境复杂，密度高的等离子体、原子氧以及紫外线照射等不确定因素，都可能对帆板的结构和电磁片等造成损害。飞船在太空中大约每 90 分钟绕地球一周，其间要经受 180℃的温差考验，这种频繁的高低温转换，要求太阳能帆板在制造上必须解决热胀冷缩的难题。为解决上述问题，研究人员专门研制了模拟空间环境的试验装置，并在太阳能帆板的制造上采用了特殊材料。

其三，承载“神舟五号”升空的“长征二号”F 型火箭的技术进步点。

“长征二号”F 型火箭是中国航天史上第一次用于载人航天的全新的运载火箭，也是当时中国所有运载火箭中起飞质量最大、长度最长、系统最复杂的火箭。火箭全长 58. 3 米，顶部带有逃逸塔，起飞质量为479. 8 吨，运载能力为7. 8 吨，可以把飞船送入 200 ~450 千米高的近地轨道。

“长征二号”F 型火箭采用了 55 项新技术，其中的火箭故障检测系统和逃逸系统等关键技术，属于世界性难题。数百种火箭故障模式及逃逸判据，实现了运载火箭在待发段和上升段发生故障时的自动检测、自动诊断故障，并能发出故障信息给逃逸系统，实施航天员自动逃逸和地面指令逃逸，这一技术达到国际先进水平。

安置在火箭最顶端的逃逸塔长约 8 米，形状酷似一根巨大的避雷针，航天员的低空逃逸就是通过逃逸塔来实现的。用于中国首次载人发射的“长征二号”F 型火箭，有三种模式保证航天员在发生意外时能够安全逃生。这三种模式是：低空逃逸、高空逃逸和“船箭”应急分离。为增加火箭的可靠性和安全性，“长征二号”F型火箭的重要系统和关键部位首次采取冗余技术，给火箭上了“双保险”。万一主系统出现故障，可以迅速切换到备份系统上，保证火箭正常工作，保证航天员的安全。

“长征二号”F型火箭在国内航天史上实现了“三垂”：飞船和火箭在技术区实现了垂直总装、垂直测试；实现了运载火箭在垂直竖立姿态下，靠自发电源的驱动，沿着铁轨行走1.5千米的垂直运输。此外，还采用了远距离测试发射控制技术。这些技术都达到国际先进水平。

其四，看“神舟五号”与前几艘“神舟”飞船的不同与相同。

第一个不同，是使命—目标不同，“神舟五号”是首次载人飞行。

第二个不同，与以往“神舟”系列发射时间不同。以往“神舟”飞船的发射时间一般在凌晨或夜晚，而“神舟五号”选择了白天。专家介绍，航天发射需要确定一天中的某一个时间段作为飞船发射的时机，这个时间段被称为“发射窗口”。“神舟”系列之前的发射窗口选择在夜晚，主要考虑飞船发射升空时，地面的光学跟踪测量仪易于捕捉到目标。而“神舟五号”选择白天发射，主要是考虑到白天温度有利于发射人员工作，也易于在意外情况发生时，充分保障航天员的人身安全。保障人员安全，成了首要任务。在“神舟五号”的发射中，火箭的逃逸系统首次为航天员的安全提供保护。在发射前15分钟，火箭上的自动故障检测处理系统可以自动进行故障检测，一旦有问题便会自动报警。“神舟五号”进一步完善了飞船应急救生系统，从飞船起飞到着陆都精心设计了救生方案。

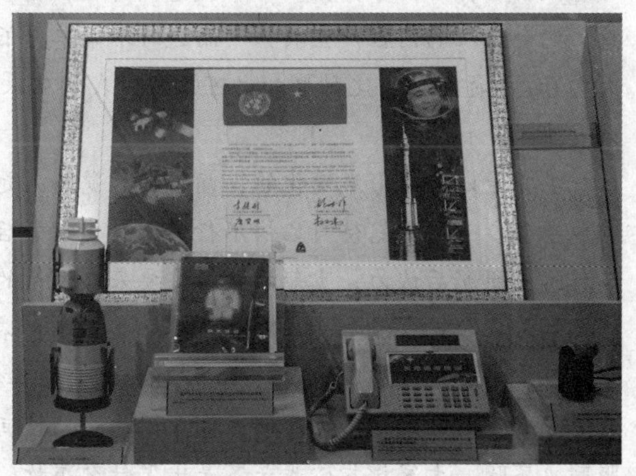
陈列在国家博物馆的“神舟五号”发射命令

针对航天员的安全问题，“神舟五号”总设计师戚发轫院士表示：“我们在设计飞船时有一个原则，就是飞船的每个系统要做到‘一次故障，正常飞行；二次故障，安全返回’。”

第三点，“神舟五号”与“神舟四号”基本相似，由推进舱、轨道舱、返回舱和附加段组成。所不同的是，“神舟五号”的头部是圆柱体，而“神舟四号”的头部是半球体。“神舟四号”飞船装满了实验仪器和物品，而“神舟五号”舱内几乎空荡荡的，为的是尽可能给航天员留出空间，其空间面积不足7平方米，可容纳3名航天员。此外，后者还留有与空间实验室对接的接口；航天员只呆在返回舱拍些照片，不进入轨道舱，也不在太空做任何实验。

为保障航天员的生命安全，“神舟五号”的航天员进舱后，便被固定在返回舱的坐椅上，吃喝拉撒均由坐椅上的生活保障系统完成。

航天英雄杨利伟潇洒游太空，让全球炎黄子孙扬眉吐气，让中华民族千年飞天梦想今朝成真。

载人航天飞行成功是中国航天人在21世纪初取得的第一个历史性重大突破，是中国航天发展史上具有里程碑意义的标志。从1992年中央决策实施载人航天工程开始，中国航天人用自己的智慧、心血和信念在短短10多年的时间里实现了中华民族千年飞天梦想，再次创造了人间奇迹，铸造了"特别能吃苦、特别能战斗、特别能攻关、特别能奉献"的创时代精神——载人航天精神。

2010年春，"中国首飞航天员"杨利伟耗时两年亲笔写成的自传《天地九重》由解放军出版社推出。杨利伟以坦率而真挚的方式，讲述了自己进入太空后的所经、所历、所见、所感。其中有两大细节的描述，是"航天英雄"杨利伟对后续载人航天工程的重要贡献。

2003年10月15日上午9时整，火箭尾部发出巨大的轰鸣声，几百吨高能燃料开始燃烧，8台发动机同时喷出炽热的火焰，高温高速的气体，几秒钟就把发射台下的上千吨水化为蒸汽。火箭和飞船总重达到487吨，当推力让这个庞然大物升起时，大漠颤抖、天空轰鸣。火箭逐步地加速，我感到压力在渐渐增加。因为这种负荷我们训练时承受过，我的身体感受还挺好，觉得没啥问题。但就在火箭上升到三四十千米的高度时，火箭和飞船开始急剧抖动，产生了共振。这让我感到非常痛苦。人体对10赫兹以下的低频振动非常敏感，它会让人的内脏产生共振。而这时不单单是低频振动的问题，这个新的振动要叠加在大约6G的负荷上。这种叠加太可怕了，我们从来没有进行过这种训练。我担心的意外还是发生了。

共振是以曲线形式变化的，痛苦的感觉越来越强烈，五脏六腑似乎都要碎了，我几乎难以承受。心里就觉得自己快不行了。飞行回来后我详细描述了这个难受的过程。我们的工作人员研究后认为，飞船的共振主要来自火箭的振动。之后改进了技术工艺，解决了这个问题。在"神六"飞行时，得到了很好的改善；在"神七"飞行中再没有出现这种情况。

在空中度过那难以承受的26秒时，地面的工作人员也陷入空前的紧张。回到地面后，我看了升空时传到地面大厅的录像。因为飞船传回来的画面是定格的，我一动不动，甚至眼睛也不眨，大家都担心我是不是出了什么事故。3分20秒，在整流罩打开后，外面的光线透过舷窗一下子照进来，阳光很刺眼，我的眼睛忍不住眨了一下。就这一下，指挥大厅有人大声喊道："快看啊，他眨眼了，利伟还活着！"[5]

"归途惊险：飞船舷窗高温现裂纹"——返航时又发生了让杨利伟紧张以至于惊慌的事情。据杨利伟披露：

右边的舷窗开始出现裂纹，纹路就跟强化玻璃被打碎之后那种小碎块一样，眼看着它越来越多……说不恐惧那是假话，你想啊，外边可是1600~1800摄氏度的超高温度。

回来之后才知道，飞船的舷窗外做了一层防烧涂层，是这个涂层烧裂了，而不是玻璃窗本身。以前每次做飞船发射与返回的实验，返回的飞船舱体经过高温烧灼，舷窗被烧得黑漆漆的，工作人员看不到这些裂纹，而如果不是在飞船里面亲眼目睹，谁都不会想到有这种情况。[5]

此外，杨利伟还说出了另外一个看似微不足道，却隐含危险的问题：

着陆时巨大的冲击力，因为麦克风有不规则的棱角，让我嘴角受伤，要是在颈上，后果不敢想象。后来“神舟六号”改进了麦克风，全用海绵包裹。[5]

1986 年 1 月 28 日，美国“挑战者”号航天飞机发射后爆炸坠毁，搭乘的 7 位宇航员不幸遇难

有人说：“细节决定成败。”在任何科研工程中，这都是定律。美国“挑战者”号航天飞机的坠毁，不就是因为一个偶发的问题而让 7 位宇航员英勇献身吗！

讲到这里，我们要向那些为探索宇宙而献身的苏联、美国的宇航员们表示崇高的敬意！要奋斗，就会有牺牲。后人永远会以不懈的努力去实现他们未竟的理想！

▶费俊龙的“筋斗”与太空科学试验

2005 年 10 月 12 至 17 日，我国成功进行了第二次载人航天飞行，这也是我国第一次将两名航天员同时送上太空。从“神五”到“神六”，不是简单的重复。它标志着中国载人航天技术新的飞跃，续写着中华民族漫漫航天路的新征程，树立起中国载人航天事业新的里程碑。

业内人士都知道，太空之旅，哪怕是增加一千克的载荷，对运载火箭的推力和系统的复杂性都是新的考验。其对测控系统、通信系统、搜救系统、着陆场系统的要求更高、更精、更准。

“神舟六号”飞船于北京时间 2005 年 10 月 12 日上午 9 时整在酒泉卫星发射中心发射升空。它先在轨道倾角 42.4 度、近地点高度 200 千米、远地点高度 347 千米的椭圆轨道上运行 5 圈，实施变轨后，进入距离地面高度 343 千米的圆轨道。飞船绕地球飞行一圈需要 90 分钟，飞行轨迹投射到地面上呈不断向东推移的正弦曲线。

“神舟六号”的航天员经过115小时32分钟的太空飞行，完成我国真正意义上有人参与的空间科学实验后，飞船返回舱于10月17日顺利着陆，航天员费俊龙、聂海胜安全返回。相比之下，“神舟六号”进行的科学实验和科学探索，为实现我们航天工程的“三步走”设想发挥了承上启下的作用。

先说费俊龙和聂海胜在太空轨道展开的空间科学实验，堪称创纪录行动。因为世界载人航天三大国中，只有中国是第二次载人航天飞行就进行科学实验。

2005年10月12日17时29分，航天员费俊龙打开“神舟六号”返回舱与轨道舱之间的舱门，进入轨道舱开展空间科学实验。这是我国第一次有人参与的空间科学实验。

众所周知，太空科学实验如果没有人的参与，实验的内容和效果将受到很大的限制。人的参与将使空间科学实验实现质的飞跃。

2005年10月13日4时，航天员开始进行在轨干扰力试验，通过在舱内有意识加大动作幅度，以试验人的扰动对飞船姿态的影响。这里让人印象最深的画面是，航天员费俊龙在太空中如同《西游记》中的孙悟空一般翻了“一个筋斗”；在失重和太空轨道飞行条件下的这个“筋斗”，就是350多千米。有人计算，这相当于北京市一个出租汽车司机一天的行程。

费俊龙和聂海胜在太空中，共看到了76次日起日落，日行程675 664千米。在进行了开关舱门、穿脱航天服、穿舱、抽取冷凝水这四大项“在轨干扰力”试验后，各项数据显示航天员的活动对飞船姿态的影响很小，飞船可保持正常飞行，不需纠正飞行姿态。

因受大气阻力和地球引力的影响，飞船飞行轨道会逐渐下降。为确保正常运行，飞行控制专家按预定计划，决定在“神舟六号”飞行到第30圈时，对飞船轨道进行微调，使其轨道精度更高。2005年10月14日清晨5时56分，“神舟六号”进行变轨后的首次轨道维持，即根据轨道精测参数进行微量调整，使飞船回到预定的正常轨道。维持时，“神舟六号”发动机共点火6.5秒。稍后，航天员报告和地面监测表明，首次轨道维持获得圆满成功，将飞船抬高了800米。

2005年10月15日16时29分，胡锦涛与航天员费俊龙、聂海胜通话。18时05分，航天员向北京航天指挥控制中心传送他们拍摄的飞船太阳能帆板的数字图像。

接下来，再从技术角度说说飞船从太空的返回着陆。

在完成预定飞行任务后，飞船采用升力再入方式返回内蒙古四子王旗的主着陆场。“神舟六号”载人飞船返回地面需要经历四个阶段：制动飞行阶段、自由滑行阶段、再入大气层阶段和着陆阶段。在此次绕地飞行中，“神舟六号”的轨道舱与返回舱分离后，继续在轨飞行6个月，并进行一系列科学实验。

由于之前的载人航天器“神舟五号”在太空只飞行了一天，主着陆场的天气变化可及时准确预测，因此未启用副着陆场；而“神舟六号”飞船在太空飞行多天，气象难以准确预测，因此酒泉卫星发射中心的副着陆场被启用作为后备着陆点。为迎接飞船随时可能返回，地面共设置了13个着陆点。除内蒙古四子王旗和酒泉卫星发射中心主、副两个着陆场外，国内外还有11个应急着陆场。着陆场系统包括主、副着陆场分系统，陆上应急搜救分系统，海上应急搜救分系统，通信分系统和航天员医监医保分系统这5个分系统。

参与航天员搜救的装备包括：搜索救援直升机、搜索救护直升机、搜索摄录直升机、指挥调度车、航天员医监医保车、工程运输车、航天员运输车、返回舱吊车和小型搜索车。

为保证“神舟六号”和两名航天员安全回家，设计了4套巨型降落伞。返回舱在降落过程中，要先后打开引导伞、减速伞、主伞共3套伞；如果有必要，还要打开第4套备份伞。飞船返回舱降落伞能否顺利打开，直接关系回收的成败。主伞不能一下子全部打开，否则会被高速气流吹破，返回舱也会被摔坏。落地后也并非万事大吉，如果巨大的降落伞被风吹鼓，就可能拖着返回舱快速滚动。为保证安全，返回舱落地一刹那，由航天员发出指令，舱上的切割器会切断伞绳吊带，让降落伞独自飘落，保证返回舱不被伞拖走。

另外，根据“神舟五号”航天员杨利伟提出的意见，为使“神舟六号”着陆时对航天员的冲击降至最小，舱内坐椅还首次安装了“赋形减震坐垫”——根据航天员形体不同特征量体制造的吸能座垫，可在发生撞击瞬间迅速分散人体的应力，避免人体损伤。

2005年10月17日凌晨3时44分，飞船轨道舱与返回舱成功分离。3时45分，飞船的发动机成功点火，开始返航。4时07分，飞船推进舱与返回舱成功分离，返回舱自行重返地球。

着陆期间，在四子王旗主着陆场的夜空一直有一个光点，仿如流星划过夜空。返回舱在4时13分经过大气层时产生高温，形成通信黑障区，一度暂停与控制中心联络，长达3分钟。4时20分，返回舱打开主降落伞，在四子王旗主着陆场缓缓降落。4时33分返回舱成功降落，费俊龙、聂海胜向控制中心报平安，现场工作人员鼓掌庆祝。约半小时后，搜救直升机首先发现返回舱，实际着陆地点较预计相差仅1千米。工作人员打开返回舱舱门后，医疗人员为2名航天员检查身体，并建议2人可以自行出舱。

此次航天员出舱与“神舟五号”返回时不同，费俊龙首先穿着航天服，自行爬出返回舱，向现场工作人员招手。聂海胜亦爬出舱门，走下铁梯。2人坐在椅子上，接受工作人员献花，并感谢大家的关心及热爱。费俊龙表示，这次太空之旅非常顺利，他们在太空舱内的工作及生活很好，现在身体状况不错。此次，航天员在太空逗留了115个小时，是“神舟五号”飞行时间的5倍多，圆满结束中国首次“多人多天”特点的太空旅程。

最后，粗浅地比较一下“神舟六号”的技术改进。

“神舟六号”上新增加了40余台设备和6个软件，使飞船的设备达到600余台，软件82个，元器件10万余件，做出了四个方面110项技术改进。

围绕“多人多天”任务的改进：人数的增加给飞行任务的各个环节和工程各系统都带来不同程度的变化。比如，携带的装备要增加一倍，两名航天员存在协同配合的问题等。双人飞行，比单人飞行更能全面地考核飞船和工程其他系统的性能。从工程力学角度讲，要把1千克的物体送入轨道，火箭就得消耗62千克燃料。“神舟六号”飞船比“神舟五号”重了200多千克，因此发射“神舟六号”的火箭也重了许多。火箭的可靠性为0.97，安全性为0.997。在点火通道里又加上了一道“保险门”。这样，在出现误点火信号的情况下，即使火工品爆炸了，也无法点燃发动机。科研人员还找到了改善振动环境的最佳途径，减少了火箭在飞行过程中因振动给航天员造成的不适。

轨道舱功能使用方面的改进：放置了食品加热装置和餐具等。轨道舱中挂有一个睡袋，供两名航天员轮流休息。轨道舱中还有一个专门的清洁用品柜，航天员可以用里面的温巾等物品进行清洁。大小便收集装置这次也是首次使用。其他如食品柜等设施得到真正使用，通过水箱和单独的软包装两种方式存放航天员用水。扩大了冷凝水箱，把所有裸露管线都贴上了吸水材料，确保飞船湿度控制在80%以下。

提高航天员安全性的改进：对航天员的坐椅缓冲器进行了重新设计，使返回前坐椅提升后，航天员可以看到舷窗外的情况；研制成功了返回舱与轨道舱之间的舱门密闭快速自动检测装置；研制出一种专用抹布，这种布不产生纤维、静电、异味，专门用来清洁舱门。

持续性改进：“黑匣子”不仅存储量比原来大了100倍，而且数据的写入和读出速度也提高了10倍以上，体积却不到原来的一半。

费俊龙和聂海胜随飞船在轨多天，飞行圈数、距离大大增加。在太空停留的时间越长，意味着发生问题的概率越大，飞行控制越复杂。飞控系统人员对计算机终端进行了更新，数据记录方式也实现了更新换代。“神舟六号”针对在轨运行时可能出现的150余种故障模式制定了相应对策，如果故障严重，飞船在每圈都能应急返回。

对“神舟”飞船进行全面质量检测

从“神舟一号”到“神舟六号”，我们的飞船为何能直接载人飞行，这一直是国际宇航界比较着迷的问题。因为，苏联、美国在飞船正式载人进行太空飞行前，都进行过数次飞船搭载活体动物试验，以检验飞船的生命保障系统。而我国自1999年开始发射“神舟一号”飞船至今，从没有在飞船内进行过动物搭载试验。

航天专家解释说，我国发射“神舟”飞船之所以不进行动物搭载试验，主要基于三个理由：其一，是动物和人的生理系统有显著区别，测量的数据未必可靠；一旦发生意外，不知道是什么原因。其二，猴子上了飞船，不会老老实实地坐在座位上，容易闯祸。其三，也是最重要的原因，苏联和美国之所以进行动物搭载试验，是因为那时人类还没有上天，长期的失重环境对人的生命有没有影响，还存在许多不确定因素，需要通过搭载动物进行探索和研究。现在国外已有载人航天的经验了，表明人随航天器在太空中飞行是可行的，如苏联有位航天员曾在太空飞行、生活了400多天，回来后仍然很健康。同时，随着科学技术的发展，我们完全可以通过仪器模拟掌握真人在太空中飞行时身体的各种变化数据，并且通过飞船的环境控制和生命保障系统为航天员提供适宜的生活环境。因此，“神舟”飞船在正式载人飞行前，就不需要再进行搭载动物试验了，而是用模拟人进行太空轨道飞行试验，利用模拟人身上携带的科学装置，提供有关的各种数据。这样会使我们的试验更科学、更合理。

此外，“神舟六号”还创下数个“中国第一”：如航天员首次在太空中穿、脱航天服，首次在太空吃上热食，首次启用太空睡袋，首次设置大小便收集装置。还有首次全面启动环境控制生命保障系统，首次增加火箭安全机构，首次安装火箭摄像头，首次启用副着陆场等。同时，在“神舟六号”的主着陆场首次使用了LAP－3000风廓线雷达和102米高的测风塔，大大提高了对浅层风的预报精度，做到“双保险”。

还有首次启动图像传输设备，这也是重大突破。因为火箭的监视器——车载遥测站分布在酒泉、渭南和青岛三地，主要负责运载火箭发射飞行全过程的遥测测量任务，这些数据可以使地面指挥人员实时掌握火箭的运行状态。此次在酒泉遥测站新增的图像传输设备，是由我国自主研发并第一次使用。这一设备能够将发射过程的图像实时传送到地面，和以前只能通过三维动画来模拟火箭的飞行状态相比，是一个大的飞跃。

所有这些“第一”，都不如载人航天工程总设计师王永志所讲的重要。王永志说：“中国载人航天工程的一个重大成就在于，用十几年时间培养了一支新的航天人才队伍。现在，飞船、火箭(研制)队伍中35岁以下的人已经占80%。这支队伍是在载人航天工程这个高度严格的环境和伟大的精神氛围培育中成长起来的。把担子交给他们，我们这代人很放心。”

“神舟六号”飞船载人飞行，标志着我国在发展载人航天技术、进行有人参与的空间试验活动方面取得了又一个具有里程碑意义的重大胜利。

▶翟志刚的出舱行走与释放伴飞小卫星

2008年9月25日21时10分04秒，“神舟七号”飞船搭载着3名航天员由“长征二号”F型火箭发射升空。“神舟七号”飞船全长9.19米，重达12吨。“长征二号”F型运载火箭和逃逸塔组合体整体高达58.3米。飞船运行在距地面高度约343千米的近圆轨道。

在68个多小时的太空飞行中，航天员翟志刚、刘伯明、景海鹏始终与地面保持密切联系。飞行期间，航天员飞行乘组在地面组织指挥和测控系统的协同配合下，顺利完成空间出舱活动和一系列空间科学实验，实现了我国空间技术发展的重大跨越，茫茫太空第一次留下了中国人的足迹。这一举世瞩目的伟大成就向世界宣告：中国已成为世界上第三个独立掌握空间出舱关键技术的国家。

9 月 28 日 17 时 37 分，“神舟七号”飞船返回舱在内蒙古中部预定区域成功着陆。

此次飞行任务及航天员太空行走的成功，为实现中国载人航天工程“三步走”发展战略，建立短期有人照料的空间实验室，开展一定规模的空间应用研究，进而发展中国空间站，奠定了坚实的科研和技术基础。

“神舟七号”飞行任务的主要目的是实施中国航天员首次空间出舱活动，突破和掌握出舱活动相关技术，同时开展卫星伴飞、卫星数据中继等空间科学和技术试验。

那个令亿万人民难以忘怀的精彩时刻是：2008 年 9 月 27 日 16 点 30 分，景海鹏留守返回舱，翟志刚(指令长)、刘伯明分别穿着中国制造的“飞天”舱外航天服和俄罗斯出品的“海鹰”舱外航天服进入“神舟七号”载人飞船兼气闸舱的轨道舱。16 点 35 分，在刘伯明的帮助下，航天员翟志刚打开舱门，开始出舱活动。翟志刚首先探出头，并向舱外的闭路镜头挥手，之后全身置于舱外。刘伯明也把头探出舱外，交给翟志刚一面小型五星红旗。翟志刚接过五星红旗，向镜头挥动片刻。随后，翟志刚取回舱外装载的固体润滑试验样品。16 点 58 分，航天员成功完成舱外活动，返回轨道舱。17 点 01 分，轨道舱舱门关闭。

“神舟七号”成功的关键是攻克气闸舱等核心技术难关。载人航天火箭系统总顾问组组长、“神舟五号”火箭总指挥黄春平表示，与“神五”和“神六”不同的是，“神舟七号”研制的关键点是舱外航天服和气闸舱。因为“神舟七号”要实现太空行走，航天员能否从舱内气压骤然适应真空环境，气闸舱和舱外航天服扮演了重要角色。

太空行走对航天员的考核要求更高。“航天员出舱活动是一项高难度、高风险的活动。”专家介绍，由于航天服内的压力比正常情况下低，有可能会使人体组织内的氮气释放，在血管内形成气栓，导致减压病。因此航天员在穿好航天服以后，必须在气闸舱内充分吸氧；协助工作的航天员回到内舱(轨道舱)，关闭内舱门，然后气闸舱开始泄压到真空，与飞船外的真空状态保持一致，此时航天员可以出舱活动。而完成舱外任务回到舱内时，还要对航天服进行减压，再对气闸舱充气。

舱外航天服，是载人航天实现出舱活动——真正飞天的关键。没有舱外航天服，太空行走就是一句空话。这次“神舟七号”准备了两套航天服，一套是俄罗斯“海鹰”航天服，一套是中国自主研制的“飞天”航天服。“飞天”航天服是中国自主知识产权的产品，接口各方面都是按照中国的模式来做的。首次外出太空行走，航天员穿的是中国制造的“飞天”航天服。

讲述至此，介绍些“神舟七号”飞行过程中的小花絮。

一是“神舟七号”的发射提前到 9 月底升空。“神五”、“神六”飞船和“嫦娥一号”卫星的发射时间均在 10 月中下旬，而“神七”的发射提前到 9 月底。这是因为，9 月和 10 月均有较适合发射窗口，但因“神七”将执行太空行走任务，9 月底升空时的太阳夹角更适合航天员出舱活动，能令飞船在最短时间内见到太阳，保证航天员出舱作业时有阳光。在 2008 年 9 月 25 日升空，而 26 日、27 日两天的下午到傍晚是最适合出舱的时间，2 名航天员此时段进入轨道舱较合适。由于航天服非常重，要另外一个人帮助才可以穿上。“飞天”航天服是以俄式航天服为基础研发的，提供氧气、压力、电源和通信等设备。出舱活动时，航天员身上实际连接着 2 条生命线。出舱以后，航天员身边还有摄像镜头，可进行全程直播。这也是中国航天科技攻关中的一个突破。

二是航天实验。中国科学院有关负责人披露，载人飞船工程应用系统的主要任务是开展空间对地观测、空间科学及技术实验。

对地观测任务是以与国际同步发展先进空间遥感器及开拓地球系统科学研究为目的，确定了中分辨率成像光谱仪器、多模态微波遥感器(包括微波高度计、微波辐射计和微波散射计)、地球环境监测和遥感应用研究等在轨实验和应用任务。地球环境监测包括太阳常数监测、太阳和地球紫外辐射监测以及地球辐射收支探测。遥感器应用研究为中国遥感应用技术的发展奠定基础，此次开展了成像光谱技术和微波遥感技术在海洋、陆地和大气方面的应用研究和应用示范。

有关空间科学研究安排了空间生命科学、微重力科学(包括空间材料科学和微重力流体物理)研究项目，还有空间天文项目、空间环境预报和监测任务，目标是全面提高我国空间科学水平。为空间生命科学和生物技术项目研制了多种空间实验设备，主要开展空间生物学效应研究、空间蛋白质结晶、空间细胞培养、空间细胞电融合以及空间蛋白质和生物大分子分离纯化等研究；为空间材料科学研究研制出多工位晶体生长炉和晶体生长观测装置，开展二元和三元半导体光电子材料、透明氧化物晶体、金属和合金等材料研究以及空间晶体生长动力学研究；空间环境预报和监测研究可以建立空间环境预报中心，发布长期、中期、短期空间环境预报和警报，进行效应预测，保障航天员、载人航天器和空间设备安全。

三是火警误报与释放伴飞小卫星。

为何要释放一颗伴飞小卫星？据专家介绍，“神五”、“神六”升空入轨后，均无法拍摄到飞船在太空中的外景照片，当时的电视直播也仅限舱内。而“神七”释放伴飞小卫星后，能弥补这一缺憾。小卫星可近距离环绕、伴飞；因小卫星安装有 CCD 立体相机，可提供飞船在轨飞行时的三维立体外景照片。

开展伴随卫星的试验，能为以后的应用开拓一个新途径。小卫星的伴随，可以延伸飞行器的功能，又可以对大型飞行器提供服务，比如观测外表、检查可能的损伤。

从“神舟七号”开始，中国进入载人航天二期工程。在这一阶段，陆续实现航天员出舱行走、空间交会对接等科学目标。

▶"神九"航天员男女组合与"天宫一号"交会对接

2011 年 11 月 1 日 5 时 58 分，我国成功发射"神舟八号"无人飞船。11 月 3 日凌晨，"神舟八号"与此前于 9 月 29 日发射的我国首个目标飞行器"天宫一号"实现首次空间交会对接。11 月 14 日，组合体实现第二次交会对接。这是我国载人航天工程的又一重大技术突破。

11 月 17 日，"神舟八号"返回舱平稳着落在内蒙古预定区域。"神舟八号"这次在轨运行 16 天又 13 小时，为后续载人空间任务的完成打下坚实基础。

2012 年 6 月 16 日下午 18 时 37 分，"长征二号"F 型运载火箭搭载"神舟九号"飞船成功升空。"神舟九号"飞船乘组由景海鹏、刘旺和刘洋 3 位航天员组成，其中刘洋是我国第一位女航天员。

6 月 18 日，"神舟九号"在完成捕获、缓冲、拉近和锁紧程序后，与"天宫一号"目标飞行器完成自动交会对接。3 位航天员在地面指挥中心的配合下，完成组合体状态设置与检查，依次打开各舱段舱门，通过对接通道进入"天宫一号"实验舱。

6 月 24 日 11 时 08 分，北京航天指挥控制中心下达分离指令，"神舟九号"与"天宫一号"成功分离。飞船离开"天宫一号"一段距离后，又自主接近。12 时 38 分，飞船转入手动控制，船天员刘旺通过操作姿态和平移控制手柄，控制飞船速度和位置。他瞄准目标飞行器上的十字定位靶标，使飞船逐渐接近"天宫一号"飞行器，最终顺利实现手控交会对接。

6 月 28 日 9 时 22 分，"神舟九号"飞船在航天员刘旺的手动控制下与"天宫一号"成功分离。6 月 29 日 10 时，"神舟九号"返回舱成功降落在内蒙古中部主着陆区，航天员景海鹏、刘旺、刘洋安全返回。

这次载人飞行的成功，标志我国已完整掌握空间交会对接技术，具备了建设空间站的基本能力。航天员在"天宫一号"驻留期间，开展了航天空间医学实验，协同地面指挥中心完成了飞行器的照料与管理。他们在 6 月 23 日端午节这天，在"天宫一号"实验舱中段举行"聚餐"，景海鹏还代表航天员向全球华人送上节日祝福。

"神九"飞天刷新了中国载人航天飞行时间最长的纪录，使我国成为世界第三个掌握空间飞行器手动对接技术的国家。至此，我国已掌握载人天地往返、航天员出舱活动以及空间交会对接三大载人航天基本技术，为下一步建造空间站，开展大规模空间应用奠定了良好基础。

▶发射“神舟”飞船及“天宫”的站台

讲述到此，有必要对酒泉卫星发射中心进行下介绍。

从 2003 年 10 月 15 日我国首次发射载人飞船的那一刻开始，酒泉卫星发射中心也作为伟大的历史见证而载入史册。作为载人航天工程七大系统中至关重要的“载人发射场系统”，是由与飞船发射配套的厂房、设施共同组成的。酒泉发射场建在戈壁沙漠的绿洲上，西依山，东临河，是当年聂荣臻元帅亲自选址的。其实，酒泉卫星发射中心不在甘肃的酒泉。它的真实位置在内蒙古自治区阿拉善盟额济纳旗境内，这里距离酒泉还有 210 千米。以“酒泉”命名，一是因为当时各国导弹卫星发射场起名时均避开真实地址，二是发射场地处荒漠戈壁，很难选一个有知名度的地名，而酒泉与发射中心距离最近，且在历史上是很有名的城市。

酒泉卫星发射中心又称“东风航天城”。当时有人觉得它的谐音“九泉”不好，故在内部标为“东风基地”。它是中国创建最早、规模最大的综合型导弹、科学卫星、技术试验卫星和运载火箭的发射试验基地，也是中国目前唯一的载人航天发射场。

“921 工程”确定后，当年聂荣臻元帅选的那片沙漠绿洲已被航天城完全占据。因此，1994 年载人发射场建设工程初建时，只好面向那一片戈壁滩。定址前，四周也是光秃秃的，无一片遮风挡沙的树木。对于年降水量只有 40 毫米左右的东风基地来说，雨水在这里格外宝贵。最可怕的是每当春秋时节，狂风卷着黄沙呼啸而来，连载重汽车也能被它掀翻。正是在这样的环境里，经过 3 年半的时间，建设者们以他们顽强的斗志、科学的方法、严谨的施工和百年大计的质量，将发射“神舟”载人飞船的“船坞”建造起来了。至 1998 年 2 月基本竣工时，这里开挖土石方达 60 万立方米，钢材用量达 2.3 万多吨，建设规模 15 万平方米。昔日荒漠，而今已是绿树成荫，草青花香；绿化率高达 40% 以上。

火箭发射塔架

中国人就是这样创造世间奇迹的！

“神舟”发射塔架——发射场的关键部位之一。“神舟”系列飞船都是从这里发射的，我国的航天员也是从这里开始遨游太空的旅程。

发射塔通体粉绿色，高达百余米，全部为钢架结构，矗立在沙漠中。塔架上设有固定平台和可升降的工作平台，供科技人员对飞船、火箭进行发射前的最后测试、检查。夜间，几十盏探照灯同时照亮塔架的轮廓，使之成为戈壁中最辉煌的建筑。

发射塔架承担的主要任务是，完成飞船火箭组合体功能检查、推进剂加注、航天员进舱、点火发射、航天员应急救生等工作。在发射前夕，如若出现紧急情况，航天员可迅速通过逃逸滑道进入地下安全掩体。

垂直总装测试厂房——发射场的关键部位之二。这个庞然大物高达93.5米，是亚洲最高的单层建筑，曾获我国建筑界的最高荣誉——“鲁班奖”。

垂直总装测试厂房是发射场的核心建筑，由于其建筑技术难度高，目前世界上只有少数发达国家能够建造。楼体主色调为纯白，两侧嵌有淡蓝色的巨幅捆绑型火箭图案。“神舟”飞船的很多关键测试就在这个厂房中进行。

垂直总装测试厂房左侧的建筑是测试发射楼。楼内配置了完备的计算机测试发射系统，可兼顾技术区的综合测试和发射区的发射控制，实行自动化巡回检测和对关键部位的监测控制。

载荷总装厂房——发射场的关键部位之三。它与垂直总装测试厂房相对应，主要承担飞船的检查、测试、装配、装载等任务。这座厂房楼体洁白无瑕，唯有进出大门漆成暗红色，横跨度高于纵深度。

此外，还有飞船加注与整流罩装配厂房、火箭逃逸塔总装测试厂房等设计精巧的建筑。发射场采取先进的垂直总装、垂直测试、整体垂直转运和远距离测试发射技术，具有世界先进水平。

▶“远望”航天测控船队，我们为你骄傲！

汽笛长鸣，国旗猎猎风响，历经太平洋、印度洋和南大西洋惊涛骇浪洗礼的中国“远望”航天远洋测控船队，于远航之后，又回到祖国母亲的怀抱。在基地码头上，迎候航天远洋测控船队凯旋的国防科工委和总装备部领导热情地拥抱着这些为载人航天工程海上测控做出重大贡献的科学工作者。时任国防科工委副主任兼国家航天局局长栾恩杰深情地说：“‘远望’号，我们为你感到骄傲！我们应该建造一座凯旋门，在上面镌刻‘远望’号的辉煌！”这是多么情有独钟的话语呀！

驰名中外的“远望”远洋科学考察及航天测控船队，被世人誉以“海上科学城”的美称。追溯历史，“远望”船队的建造与中国核潜艇的研制建造可以说是一对“双生子”。

高质量建成“远望”远洋航天测控船队，曾经是国内舰船工业、航天工业、电子工业和中国科学院共同面对的艰巨任务。当年，为确保洲际导弹的全程飞行试验和发展航天技术，从我国没有海外军事基地和中继卫星的实际出发，中央决定打破常规，像建立陆地航天测控站那样，建立以船舶为海上基地的航天跟踪测量控制系统。与陆基站点最大的不同在于，船舶是摇摆、活动的，而且建造难度非常大，对航天跟踪测量控制系统的精度要求也非常高。中央专委把它命名为“七一八工程”，后对外称“远望”航天测控船队。

1977 年 9 月，按照中央专委的决定，张爱萍、钱学森在上海召开远洋测量船工程协调会议，要求加快远洋测量船研制、建造进度，确定两艘远洋测量船均应于 1979 年底完成试航试验和特种设备的安装调试、海上联调。军工各部门和中国科学院、上海市有关方面，对工程研制进度周密安排，加强现场指挥调度，提高舰船设备质量，提高稳定可靠性。按照“两弹一星”研制时确定的质量方针，至 1980 年完成了“远望 1”号、“远望 2”号测量船和“向阳红 10”号海洋调查船以及打捞救生船、援救拖船、油水补给船共 5 型 12 艘船只的研制任务。

远洋航天测控船队的建成，使中国成为世界上第四个具有远洋航天跟踪测控能力的国家。构建的从陆基到远洋的航天测控通信网，为执行“三抓”任务和其他航天器飞行任务创造了条件，也促进了国防科研尖端技术的发展。

“远望”航天测控船队建成后执行的第一项重大任务，就是对我国首次洲际导弹全程飞行的海上再入段进行即时测量。

1980 年 6 月，邓小平和中央军委其他领导详细地听取了洲际导弹全程试验任务的汇报。当汇报到海洋科学考察及测控船队在经历了 30 多天、9000 多海里的远洋航行，并在赤道地区高温、高湿、盐雾大、海况恶劣的条件下，各种设备都能正常工作，通信联络畅通，准确捕捉目标，测量了目标再入大气层飞行段及目标溅落点，顺利打捞回收数据舱时，邓小平同志高兴地说：“‘远望’号经受了考验，你们干得不错！”

20 世纪 90 年代，江泽民视察上海。在听取船舶工业发展汇报时，他详细地询问了“远望”测控船队的情况，并指示要在远洋科学考察及载人航天工程测控上加大投入力度，吸收高科技前沿成果，提高信息技术。

随着我国载人航天工程的启动和运行，“远望”科学考察及航天测控船队肩负的使命更重了。

我国的载人航天工程主要由七大系统组成，这七大系统包括运载火箭系统、飞船系统、航天员系统、发射场系统、测控通信系统、着陆场系统和应用系统。其中，测控通信系统就是人们通常所说的航天测控网，它是由陆地测控站、海上测控船组成的。如前面所讲，我国在这方面面临特殊的情况。美国、俄罗斯等国发射航天器，他们除拥有遍布全球的陆地测控站外，在太空中运行的中继卫星也投入遥测监控工作。而我国当时还没有中继卫星，陆地测控站由于受到选点的局限，对飞船运行轨道的覆盖十分有限，所以，机动性强、可以找到相对最优测控位置的海上测控船，发挥的作用就显得尤为重要。

在党中央、国务院和中央军委的领导下，在总装备部和国防科工委的密切配合、通力协调下，经过船舶工业、航天工业及国防科技战线广大职工的顽强拼搏，远洋测控船建造和载人航天工程按系统、按计划有条不紊地全面展开。以1999年我国成功发射并胜利返回的“神舟一号”到2012年“神舟九号”飞船与“天宫一号”对接成功及胜利返回为标志，向全世界昭示：中国载人航天工程系统及远洋测控船队运行已进入新的发展阶段。

载人航天工程系统及航天测控是个覆盖面极其宽泛的领域，有非常高的技术要求。截至2010年年底，中国对类似“神舟”飞船这样的大型航天器的测控点为12个，陆上是北京、西安、渭南、青岛、厦门、喀什、卡拉奇和纳米比亚，海上是日本海、南美南端海域、大西洋和澳大利亚海域，分别由4艘“远望”系列测控船承担，总部在北京。

单就远洋航天测控船对载人航天工程的作用来看，“远望”船队主要承担外测、遥测、遥控、通信四大项任务。

外测，形象地说，就是测量确定出宇宙飞船等航天器的空间位置和飞行轨道，按照测控术语叫做“测角、测距、测速、定轨”。

遥测，是对飞船等航天器的内部工作状态进行实时监视，比如测得宇宙飞船内部仪表的数值、航天员身体状态的各种数据等。

遥控，是向远在十几万千米之外的航天器发布指令进行控制，如打开太阳能帆板并调节其角度，或者让航天器变轨；在航天器偏离轨道和返回时，遥控起着决定性作用，改变飞行方向、发动机点火等指令，都是通过测控系统来传达的。

通信，集中体现在通过测控船上接收和传输图像、声音的数字信号，让航天员和地球上的人实现可视通话。它与陆地测控站互为补充，传递指挥中心的各项指令。

对比美国和苏联的测控通信，可以看出我国的S波段统一测控通信系统网的优势。美国在执行“水星”号飞船计划和“双子星座”计划时，在美洲、亚洲和欧洲大陆布设了大约15~17个测控站，还在三大洋的众多海域部署几十艘测控舰船，组成了陆海测控网。而苏联则另搞了一套不同的测控系统，他们利用国土广袤的优势在东西方向上布设了许多测控站，在海上安排了十几艘测量船，测控通信覆盖率和可靠性都很高。而我国自主设计建设的S波段统一航天测控通信网用人少、设备精、效率高，达到国际先进水平。

“远望”系列测控船上的主要测控、通信设备，有卫星通信系统、单脉冲雷达和微波统一测控系统。卫星通信系统保证测控船和指挥中心之间的信息传输。单脉冲雷达主要用于外测，捕捉和跟踪航天器，收到的信号必须经过船上的中心计算机处理；而微波统一测控系统是主要测控设备，航天器在收到它的微波信号后会发出回答信号，因此，遥测、遥控、通信的数字信号全是靠它来上下传送的。这样，在指挥中心、测控船和航天器之间就形成了一个双向畅通的信息回路。

应该讲，由于综合发挥了测控船队的这四大作用，航天测控网便把指挥中心和宇宙飞船联在了一起，使遨游太空的飞船被完全置于地面指挥中心的掌控。如在测控“神舟四号”飞船时，测控人员可以从屏幕上清晰地看到飞船内舱“模拟宇航员”的状况及天地对话、执行指令等情景，那正是测控船通信功能的一种体现。

"远望"船队的船舶建造技术是与世界水平同步发展的，其精密的海上测控水平也是世界领先。世界上第一艘航天远洋测量船是美国的"阿诺德将军"号，它于1962年下水。翌年，不甘落后的苏联也造出了"德斯纳"号航天远洋测量船。中国是继美国、俄罗斯和法国之后第四个拥有航天远洋测量船的国家，"远望1"号和"远望2"号都是在1977年下水，时间上比其他3个国家晚了十几年，但采用高技术船舶建造技术，不仅使其装备了先进的航海、气象、船舶动力系统，可以保证在除南极、北极以外，南纬、北纬58度以内的任何海域航行；而且采用了多项自动化程度高、功能设计和海况储备能力强、抗噪声干扰和特殊减振措施多、船体结构疲劳寿命长的先进船舶建造技术。同时，针对海上作业和科学考察的环境状况，在科技人员生活、工作舒适度设计上也有相应考虑，并获得国际标准认证证书。

海上测控设计能力和实际测控技术水平，是衡量航天远洋测量船的核心指标。因为离开了海况实际环境中的高水平测控技术，航天远洋测量船就失去了"灵魂"。在这方面，"远望"系列船队也处于世界领先的地位。在"远望"系列测量船的主甲板上，我们可以看到沿船的艏艉线排列着各种精密测量设备，如测量雷达、综合雷达、激光电视电影经纬仪、天文经纬仪等；在主甲板下层还有多种重要的精密测量设备，如惯性导航平台和变形测量系统。前者为在海上摇晃的测量船提供水平和指北的大地坐标基准及船位，后者则是以光学手段将主甲板各部位精密测量设备的安装基面与惯导平台的安装基面联结起来，精密测量出它们之间的相对变化角，使在主甲板上各类装备所测得的飞船或其他航天器的轨道数据，都能以惯导平台的大地坐标系作为基准，这样才形成全船统一的测量系统及天文—惯导综合导航系统的坐标系。类似船体变形测量系统这样的高水平测控技术系统还有不少，它们的研制成功凝聚着中国两代科学家的智慧和心血。

1990年，中国首次为国外公司发射"亚洲一号"卫星。当时，国外公司要求中方必须在卫星发射后半小时内向美方专家提供卫星的初轨根数。结果，"远望"船队只用了8分钟就完成发现、锁定目标并发出初轨根数等一系列工作；而且，测出的初轨精度比国外公司所要求的精确好几倍，令美方专家赞叹不已。

与陆地测控站相比，海上测控会遭遇许多意想不到的困难。除了海域气象条件复杂、海况环境恶劣等因素制约，就是在风平浪静的海面作业，也面临船舶设备、船体动力影响、测控仪器启动运行影响和捕捉、锁定目标运动状态影响等情况。用专家的话讲，"测量船就像一根扁担：用肩扛，头会下垂；俩人抬，中间会下垂。一艘船航行在风浪中，由浪尖对船支撑点的作用力，船体会多少产生一点'杉'。这在常规的船舶设计中无须修正，但是对'远望'号却不行。装在它甲板上的主要测控设备雷达和激光电影经纬仪必须在一条水平线上，不能因船体变形而产生丝毫误差。否则测量数据将会失之毫厘，差之千里"。

"远望"号是一个流动的海上测量站，但并非是一艘船加上测量设备就行了。测量、气象、通信等各类高精密仪器设备即使在陆地上，对气象、地理等条件都有严格要求，更何况在波涛起伏、充满盐雾、潮湿的海洋环境中。在浩瀚的海洋上，测量船要在最有效的时间内抓住并跟踪以第一宇宙速度或第二宇宙速度飞行的目标并非易事；船稍一摇晃，跟踪目标便稍纵即逝。这样就对船只的设计提出了超乎常规的要求。

保证测量精度和控制自如，是“海上科学城”追求的第一目标。对此，总设计师自信地介绍：“在船舶设计方面，我们在天线上安装陀螺稳定装置，在船体上配装减摇鳍等有效地消除和减少船体摇摆的辅助设施。其实，解决‘远望’号测量船稳定问题的方法很巧妙：在船体上前后各装2个减摇鳍，就可以把十几度的摇摆减少到5度；同时在雷达基座上安装相关设备，进而把5度的摇摆减少到1度；再在天线上安装相关设备，更把1度的摇摆减少到几秒。三级减摇措施，就使主测量船在6级海况下达到陆地标准，可以在12级台风中昂首挺立。对于船舶的弯曲变形，‘远望’号通过测量船上天线相对误差，再加上计算机修正，使得精密设备的变形量比使用要求还小了若干倍。”在测控运行作业方面，科技人员摸索出一整套解决方案。如在测量计算程序及数学计算方法上，综合考虑上述多种动态因素及其影响参数，精确地计算出测量时的雷达中心位置；在外部工作环境方面，选择测量海况较为平静的海域，重点考虑海上光学测量环境因素。他们还摸索出一套针对向光测量、光照条件不利状态下的设备联调方案以及其他应对办法。这些措施都为海上测控数据的精确获得提供了保证。

此外，“远望”号解决得较好的海上测控难题还有不少。如在没有参照物的茫茫大海上标定测量仪器的零位以及在同一条船上，保证频率从米波到微米波都有的各种仪器同时工作而互不干扰等。

我国第一代远洋测量船“远望1”号于1977年在江南造船厂建成下水。“远望2”号于1978年下水。从建造技术指标看，“远望2”号与“远望1”号相似，船长192米，宽22.6米，高38米，平均吃水7.5米，载排水量2.1万吨，最大航速20节。它既能以24度角/分钟的速度原地回转，也能以3.2节低速航行。“远望”号在建成初期显得非常神秘，过往船只都搞不清它是什么船，有人称它为“四不像”。如船上装的燃油多得像油船，可供“远望”号连续航行18 000海里；船舱像客船，可载船员500多人，而冷库可以储备600人吃100天的食物；看它甲板上天线林立，又像科学仪器船；其供电能力像个中小城市的发电厂；配备的气象探测设备使它又像地面气象站。

自第一艘“远望”号服役以来，“远望”船队先后圆满完成中国洲际导弹、潜射导弹、通信卫星、气象卫星、导航定位卫星和“神舟”号飞船飞行测控等重要科研试验任务。其中，“远望2”号先后圆满完成了“亚洲一号”、“东方红三号”、“风云二号”、“烽火一号”等卫星和“神舟”号前期试验飞船的海上重大测控任务。

紧随时代的发展，中国自主设计研制的第三代航天测量船“远望5”号于2007年建成服役。

“远望5”号测量船集当今我国船舶建造、航海气象、电子、机械、光学、通信、计算机诸领域先进技术于一身，由通用船舶平台和航天测控装备两大部分组成，分为船舶建造、测控、通信和气象4个系统。该船满载排水量2.5万吨，抗风能力可达12级以上，能在全球大部分海域执行航天测控任务。

“远望5”号上安装了S波段统一测控系统、C波段统一测控系统和C波段脉冲雷达等大型测控设备，能够完成对火箭、卫星、飞船等各类航天飞行器的海上跟踪测控任务，并能与任务中心进行实时通信和数据交换。“远望5”号的远距精确测量能力是国内数一数二的，是我国已经和将要发射的新型宇宙飞船、太空实验舱的主控测量船只。

作为2008年建成交付的“远望”家族的新成员，与原来的测控船相比，“远望6”号设计更加先进、美观，设备配置更加合理，数字化、标准化、系列化和通用化程度明显提高。船内采用光纤构建综合信息高速传输平台，各大系统能够利用这个平台扩展业务功能，实现信息资源共享，并具备海上智能会诊、排除故障的能力。全船成功采用了减震降噪技术和变风量空调系统，同时在舱室布置上也更人性化，功能更齐全，大大提高了船员长期远洋生活的舒适性。

“远望5”号和“远望6”号测量船，构成了中国航天远洋测量船队新一代“姊妹船”，它们的建成使用，极大地提高了我国应对未来高强度航天飞行试验任务的能力，为中国航天事业又好又快发展发挥更大的推动作用。我国第三代航天测量船的建成服役，既标志着我国航天科研又迈上一个新台阶，也标志我国的太空探测活动将开展新一轮的发射任务。像“嫦娥”系列卫星和“神舟”系列宇宙飞船的发射和远程控制，都是靠航天测量船来进行精确测控和通信；未来的载人登月和其他深空探测项目，更需要它们的参与。结合已经撩开面纱的“长征五号”重型捆绑式运载火箭所要进行的试验发射，我们有理由相信，我国将进一步发展和完备深度太空探测的能力，因为大运载量的“长征五号”运载火箭具备将高载荷运往地球各种轨道的能力。这两种能力的打造并相互匹配是十分重要的。

回想这些能力的具备，关键还是靠用“两弹一星”精神塑造出来的广大国防科技工作者、工人和干部队伍。无论是国防科技工业的各级领导者、决策者，还是在“远望”系列船队的设计、建造、测控运行中起骨干作用的广大科技工作者、工人和管理者；他们有一个共同的信念、共同的目标，被“两弹一星”精神紧紧地凝聚在一起，并为之奋斗不已。

在远洋测量船舶总体设计科研所，在精密测量设备设计科研实验室，在船舶建造企业，在航天设备生产厂家，在“远望”号测量船设备安装、联调、联试以及标校现场，可以看到辛勤劳作的国防科技人；在奔向三大洋海域的航行中，在执行测控运行任务的日日夜夜，可以看到辛勤劳作的国防科技人。透过“远望”号航天远洋测量船队所驶过的历史航迹，我们看到：“远望”号体现了“坚持军民结合，寓军于民，大力协同，自主创新，建立适应国防建设和市场经济要求的新型国防科技工业体制”的雏形。这是从不同的国防科技专业要求出发，打破自成体系、自我封闭、分工过细、军民分割的旧模式，坚持大力协同的成功范例。它体现了建立有效调动社会力量、充分发挥全社会技术和生产优势、符合经济和科学规律的社会大协作体系的必要性。蓝天、大海可以作证，在建立新体制、新机制的可贵实践中，“远望”号船队的成功之路，对于国防科技工业科学发展已产生十分重要而深远的影响。

我国的航天测控网在世界上是独一无二的。搞航天的人都知道，要保障宇宙飞船在浩渺的太空中飞行，必须打造精准畅通的测控网。20 世纪 80 年代，某航天强国的专家来华考察，看到我国的测控设备后非常不屑：这设备太简陋了，根本不可能完成测控任务。当听说我们所有通信卫星、气象卫星和返回式卫星等的测控通信任务就是依靠这些设备完成时，他们惊叹道："这太神奇了，太不可思议了！"

为了载人航天的成功，北京跟踪与通信技术研究所担纲设计建设了新一代 S 波段统一航天测控通信网。这个系统既可支持我国载人飞船、中低轨卫星测控，也可支持 S 频段同步卫星和火箭的测控任务，是一个功能强、结构合理，具有国际先进水平的骨干测控系统；它也是我国航天史上规模最大、系统最复杂、技术最先进、可靠性最高的测控通信系统。

北京航天指挥控制中心担负着我国载人航天工程任务的指挥调度、飞行控制、数据处理和信息交换等任务，是载人航天飞行的"神经中枢"，是航天员的"生命通道"。经过"神舟"飞船数次发射测控任务的历练，它已成为继莫斯科飞行控制中心、休斯敦航天中心之后世界第三大载人航天飞行控制中心，跨入世界一流行列。北京航天指挥控制中心的科技人员还研制出航天员生理信息处理系统，能够实时地对航天员的血压、心跳、呼吸等生理信息进行监测，起到"远程医生"的作用。

在"神舟"飞船巡游太空的每时每刻，当我们英雄的航天员留下中国人征服宇宙、造福人类的足迹时，从北京航天指挥控制中心到"远望"航天测控船队，人们无不辛勤地用他们的实际操作，期待并保障"神舟"飞船不负众望，完成祖国人民的寄托，向着探索宇宙奥秘的新目标迈进。

在静静的港湾里，当朝霞染红天际的时候，远洋测控船队正厉兵秣马，准备执行新的测控任务，迎接载人航天和深空探测工程新的考验。即将驶向新航程的科技工作者们依然保持着清醒而谨慎的科学态度，决心在对宇宙飞船海上测控以及航线、航程已有经验的基础上精益求精，努力把 100% 的成功率保持下去，谱写"远望"船队新的辉煌。

笔者相信，"远望"系列航天测控船队的不断壮大，已经为中国进行更大规模的载人航天活动和更为复杂的深空探测项目打下了良好的基础。

▶支撑"嫦娥工程"潇洒奔月的神奇力量

痴迷于叩开太空之门的人们都知道，发射人造地球卫星、载人航天和深空探测是现今人类航天活动的三大领域。21 世纪初，当载人航天工程进行得如火如荼时，国防科技工作者又把目光投向令人神往的深空探测领域。

展开月球探测工作是我国迈出航天深空探测的第一步。这个重大举措产生的背后，有着许多鲜为人知的故事。

1972年，美国总统尼克松访问中国，揭开了中美两国关系史上崭新的一页。在这个被尼克松称为“改变世界的一周”里，据说他曾小心翼翼地于酒宴上向周恩来总理提到美国人的“阿波罗登月行动”，而并非后来外媒演绎的“炫耀性地讲述了美国科技力量的强大”。

也就是此前的1971年12月中旬，最后一位踏上月球的美国航天员尤金·塞南在离开月球的时候，深情地说：“我们的离开正如我们的到来，如果条件允许，我们将带着全人类的和平与希望重返月球。”

1978年5月28日，中美两国建交前夕，美国国家安全事务助理布热津斯基访问中国，代表卡特总统向当时的中国国家主席华国锋赠送了一小块来自月球的岩石和一面由美国航天员带上月球的中华人民共和国国旗。

这块月壤被送到中国科学院之时，也就是中国人启动科学研究月球之日。

尽管当时中国刚刚结束“十年浩劫”磨难，但美国人的这些举动，似乎也在告知中国人：人类不会停止对宇宙空间探索的脚步，而走出地球，登上月球，仅仅是人类迈出的一小步；全面深入地了解地球，必须深入地了解行星、太阳系和广阔的宇宙空间。从这个意义上讲，到广阔的宇宙空间航行，以至于向其他星球移民，到小行星上去“探宝”等，都有赖于大力发展载人航天技术。

当然，这些理念追求，只是我们站在21世纪为鞭策自身而发出的“一种良好祝愿或富有理性的解释”。说起人类的探月之路，其根本动力来源于超级大国的争霸活动。

1961年5月25日，在加加林飞出地球43天之后，美国总统肯尼迪在国会宣布：在60年代结束之前，美国要把人送上月球，并安全返回地面。从此，美国正式实施举世闻名的“阿波罗”载人登月工程计划。这是在与苏联展开“谁能第一个把人送上太空”的竞赛失利后，美国发起的又一个太空竞赛项目。

1969年7月16日，美国发射“阿波罗”11号载人飞船，第一次把人送上月球。飞船上载有阿姆斯特朗、科林斯和奥尔德林3名航天员。经过75小时50分钟的飞行后，飞船进入环月轨道。7月21日格林尼治时间2时56分，航天员阿姆斯特朗将左脚踏到月球上，成为世界上第一个踏上月球的人。他深思熟虑地说出了一句名言：“这对一个人来说，只不过是小小的一步，可是对人类来讲，却是巨大的一步。”19分钟后，奥尔德林也踏上了月球。他们在月面插上美国国旗，放置科学仪器，搜集到22千克月球岩石和土壤样品。在活动了2小时31分40秒之后，航天员们踏上了返回地球家园之旅。

1971年12月7日，美国发射载有塞尔南、埃文斯和施密特3名航天员的“阿波罗”17号飞船。12月11日，飞船到达月球。两名航天员在月面逗留75小时，在月球轨道上释放了一颗卫星。飞船于19日返回。这是人类迄今最后一次载人登月飞行，也是“阿波罗”飞船第7次登月飞行。

1972年美国“阿波罗计划”结束以后，由于探月活动耗资巨大，月球探测一度有所降温。然而，人类还是抵挡不住月球独特自然环境和资源的诱惑，再加上现代航天技术的发展为人类提供了进一步探测月球的可能；而在美国“克莱门汀”号探测器意外获得月球上可能存在水的证据之后，月球探测活动又高潮迭起。

1989年，美国第51届总统乔治·赫伯特·沃克·布什宣布，要在21世纪第一个十年内重返月球，人类就此拉开重返月球的序幕。但随着竞争对手苏联的轰然"坍塌"，美国人重返月球的步履又停歇了下来。到2005年9月，已经拥有440千克月岩样本的美国又公布了重返月球的决心——在2018年之前将4名航天员送上月球；从2018年开始每年至少登月两次，此后逐步在月球上建立一个常驻基地。到了奥巴马总统上台，由于受金融危机、伊拉克战争和阿富汗战争的影响，他只得于2010年初宣布停止这项"重复无效、劳民伤财"的计划。但这并未动摇美国人展开其他星际航行的计划。

20世纪90年代后期，人们再次把目光投向月球。联合国通过《月球协定》，宣布月球及其自然资源是"全体人类的共同财产"。月球具有可供人类开发和利用的各种独特资源，是对地球资源的重要补充和储备，将对人类社会的可持续发展产生深远影响。《月球协定》和早年通过的《外层空间条约》都意味着：月球不属于任何国家，各国均有权在月球上进行考察和研究，只要"用于和平目的"，并造福全人类——它的潜台词则无疑表明："谁先利用它，谁就将先获益"。

"月球已成为未来航天大国争夺战略资源的焦点！"机遇与挑战正朝中国人走来。

从中国自主研制的"神五"到"神九"载人飞船发射成功并顺利返回，为我国赢得世界航天"第三大国"的地位后，摆在科技人员面前、到2020年前需要完成的重大航天任务，就是"月球探测"、"空间站的建立"以及"火星探测"。

本章节所述就是我国正在积极实施的"嫦娥工程"。

"云母屏风烛影深，长河渐落晓星沉。嫦娥应悔偷灵药，碧海青天夜夜心。"自古以来，中国人就对碧空玉盘产生无数美好的遐想。进入21世纪，当中国的飞天梦想逐步成为现实之时，国人深知，进行月球探测将是我们必须选择的前行方向。只有掌握了月球探测技术，才算迈开人类走出地球的第一步，才能为走向深空奠定坚实的技术基础；同时，开展月球探测有利于维护我国月球权益，对科学技术的发展必然具有极大的带动作用。

1998年，国务院机构改革后组建的国防科学技术工业委员会(简称"国防科工委"，现已撤销)作为航天工业的政府主管部门，决定加大航天应用的力度，开始规划论证月球探测工程，填补空间科学的空白。到2004年1月绕月探测工程正式立项之时，他们已经为推动工程立项做了大量科学、缜密而细致的准备工作。同时，这些工作得到中国人民解放军总装备部、科学技术部、中国科学院、中国工程院、中国航天科技集团公司的大力协助以及全国科技界的广泛支持。

实现月球探测是一项非常复杂的系统工程。在我国现有技术水平和有限的经费条件下，实施这一复杂的多学科、高技术集成的系统工程，是一项巨大的挑战。

2002年8月，首届深空探测会议委托孙家栋院士协调构建探月工程框架。如何使首次探月科学目标通过工程项目的实施转化为现实成果，是摆在孙院士面前的严峻挑战。孙家栋与栾恩杰一起为绕月探测工程总体方案和五大系统的确定，投入紧张的智力"搏击"中。

在综合论证中，方方面面都要统筹兼顾。譬如，不但要确定使用哪种运载火箭和卫星平台，还要解决怎样实现38万千米距离的精确测控、选取怎样的奔月轨道、新增测控手段能否追踪38万千米外的月球探测器等各种工程技术和理论问题；还有如五大系统及各分系统之间的协调与组织，都是科技人员未曾攀爬过的座座“险峰”。在解决这些横亘其间的难题时，孙家栋以他领导完成我国30多颗卫星研制工作的丰富经验，注重发扬技术民主，积极引导科技人员发挥集体智慧和力量，善于将系统工程理论与重大工程实践相结合，终于将一个锐意创新的绕月探测工程总体方案呈现在众多“两院”院士面前。

2003年底，在宋健院士的推动下，中国工程院召开了我国月球探测工程院士座谈会。宋健、徐匡迪等20多位院士听取了栾恩杰、孙家栋对绕月探测工程方案的介绍和欧阳自远院士对绕月探测工程科学目标的介绍。与会专家一致认为：中国在月球探测和深空探测这一高技术领域应该占有一席之地；这一工程不但可以推动我国基础学科的发展和航天技术的进步，还可以对国民经济发展起到促进作用。中国工程院院长徐匡迪表示，中国工程院将全力支持我国开展月球探测活动，协助国防科工委推动探月工程早日立项。

经过近40年的研究，近10年的酝酿，国务院正式批准绕月探测工程立项。“中国月球探测工程”——“嫦娥工程”于2004年正式启动。这项工程计划分成“绕”、“落”、“回”三步来完成，即“绕(物体绕月)、落(物体登月)、回(物体登月并采样返回地球)”三个阶段。完成这三个阶段任务以后，中国再考虑实施载人登月。派出环绕月球飞行的探测器对月球进行遥感探测，即“绕月探测”，是中国在月球探测和深空探测这一高技术领域迈出的第一步。

2004年，国家正式启动探月工程，由栾恩杰担任工程总指挥，由孙家栋担任工程总设计师。工程“两总”聘请欧阳自远为探月工程应用系统首席科学家。对已是75岁高龄的孙家栋再次“披挂上阵”，很多人都替他捏一把汗：探月风险很大，一旦工程出现问题，已是“两弹一星”元勋的孙家栋的名望必定受到影响。但他却义无反顾。

由中国空间技术研究院承担研制的“嫦娥一号”卫星，终于在2007年10月24日成功发射。它的主要任务是获取月球表面三维影像、分析月球表面有关物质元素的分布特点、探测月壤厚度、探测地月空间环境等。

“嫦娥一号”由“长征三号”甲型火箭送入轨道倾角为31度、近地点205千米、远地点50 930千米、周期为16小时的初始大椭圆轨道后，为了便于近地点的测控，于10月25日17时55分运行到远地点时成功进行第一次加速变轨，使近地点高度由205千米提升到593千米，以增大近地点处的测控弧段。指令发出130秒后，变轨圆满成功。19时整，“嫦娥一号”携带的高能粒子探测器和有效载荷数据管理系统开始工作。高能粒子探测器可以探测地球到月球之间的空间环境状况，分析这些数据对于在太空飞行的卫星和飞船具有重要价值。

10月26日17时33分，当“嫦娥一号”到达16小时轨道近地点时，又通过星载推进器成功进行第二次加速变轨；目的是使“嫦娥一号”的远地点高度由5.09万千米提高到7.16

万千米，轨道周期也由16小时变为24小时左右，但近地点高度仍为593千米。11分钟后(17时44分)，负责卫星飞行测控的“远望3”号测量船传来消息，卫星变轨成功!

经过3天飞行，“嫦娥一号”于10月29日17时49分在近地点进行加速，持续到18时01分，目的是使其远地点高度由7.16万千米提高到11.98万千米，同时使轨道周期变为48小时。

在完成上述步骤之后，10月30日7时整，“嫦娥一号”卫星开启紫外敏感器进行成像拍摄试验，开始对地球和月球成像。

按照预先设计，“嫦娥一号”的最后一次变轨在10月31日17时28分完成。这次变轨被视为卫星发射以来最关键的一次，因为时机具有“短暂性”和“唯一性”，成功与否直接决定卫星能否顺利进入地月转移轨道与月球交会。

“嫦娥一号”必须在合适的时间点以精确的速度和方向冲向“奔月口”。合适的时间点就是31日17时20分左右，“嫦娥一号”应加速到约10.6千米/秒，否则将无法进入地月转移轨道。

另外，卫星在方向和姿态上也不能出错，否则就会跑偏。“奔月口”实际上是地球上空的一个点。卫星必须从这一预设点飞向地月转移轨道。才能与运动中的月球碰上，进入绕月轨道。而一旦错过“奔月口”，就要在现在的轨道上再转悠一个月左右，等待下次机会。这样会给卫星带来危险，因为卫星还要多次穿越高能辐射区域。

可中国的“嫦娥一号”就那么“听话”。10月31日17时15分，卫星接到指令，发动机工作约13分钟后正常关机，按预定的时间、位置、速度成功进入地月转移轨道，飞行速度为10.58千米/秒，距离地面高度600多千米。这种轨道控制在中国航天测控史上是第一次实施，对于计算和控制都有很高的要求。

这次变轨成功，意味着“嫦娥一号”卫星脱离地球的怀抱，开始奔月旅程。

真正的技术难度正体现在这里。通过“嫦娥一号”的近地点加速，逐步增加卫星在近地点的速度，从而使卫星远地点高度逐步增加，最终提高到进入地月转移轨道所需的入口速度。采用这种调相轨道的其他优点是：可有多次机会调整轨道，能消除发射和其他因素造成的误差，并且每次进行变轨时相对于地球的位置基本不变，因此能在固定的位置布置测量船，对卫星的变轨过程进行监控。

另外，进行多次变轨而不是一步到位，也可节省燃料，减轻负荷，延长卫星寿命。

在这一飞行阶段初期，由于在“嫦娥一号”实施第三次变轨时控制误差小于0.4‰，远远优于轨道设计的误差要求，因此取消了原定于11月1日进行的轨道中途修正。

2007年11月2日上午10时33分，北京航天指挥控制中心对“嫦娥一号”成功实施首次轨道中途修正。根据轨道测量情况，该中心向卫星发送遥控指令，启动卫星上两台小发动机，对飞行轨道进行小幅调整，以确保卫星运行在预先设计的轨道上。在实施中途修正时，卫星的飞行速度已下降到约990米/秒。

北京航天指挥控制中心于11月3日宣布，卫星在地月转移轨道正以每秒500多米的速度飞向月球捕获点，原定在11月4日对“嫦娥一号”卫星进行的轨道中途修正计划不再进行，卫星将直飞月球捕获点。这是“嫦娥一号”第二次取消轨道中途修正。原定卫星在进入地月转移轨道后进行2～3次中途修正，而实际上仅用一次修正就达到了预期目标，这标志北京航天指挥控制中心轨道测定及控制技术达到精确水准。

在“嫦娥一号”飞行轨道的设计过程中，地月转移轨道的设计最为特别。因为在以往的人造地球卫星的设计中，只需考虑地球对卫星的引力作用，可以使用简单明了的关系式得到卫星的运动方程；即使考虑其他天体的引力作用、高层大气的阻力作用效果，也由于这些作用的影响很小，根据多年的工程经验，只需通过一些简化和平均的方法，附加一些微小的调整量，就可以解决大部分轨道设计问题。

设计地月转移轨道则与此不同，必须同时考虑地球和月球的引力作用影响。当“嫦娥一号”在近地轨道飞行时，主要受地球引力的作用，月球引力的作用非常微弱；随着地月转移飞行过程的进行，“嫦娥一号”离地球越来越远，地球的引力不断减弱，而月球的引力不断增强，飞行轨迹也逐渐偏离最初的椭圆形轨道；当“嫦娥一号”进入离月球6.6万千米远的半径范围时，月球的引力起主导作用。这时“嫦娥一号”的飞行轨迹完全改变，不再是围绕地球的椭圆形，而是变成围绕月球的双曲线轨道，且轨道面也慢慢变化，与椭圆形轨道不在同一个平面上。目前，还没有简单的方法可以轻易描述这个过程。从理论上讲，空间中存在无数可能的轨道，而其中消耗能量最小的轨道只有一条。轨道设计就是要找出这样的一条轨道。

为了解决这一难题，科研人员在设计地月轨道时采用了“圆锥拼接法”，即将地月转移轨道和相调轨道分段设计，再进行拼接。先假定轨道分为地球运行段和月球运行段，然后分段逐次逼近，再经过不断修正，最终找到唯一的地月转移轨道。

为了保证轨道的正确性，科研人员用计算精度较高的数值积分方法对所得到的地月转移轨道的结果进行了复核，并请国内多家从事航天器轨道动力学和天体动力学研究的专业人士对设计结果进行验证。

经过114小时的旅行，在即将进入月球轨道之际，“嫦娥一号”又面临一次挑战。它飞至近月点约200千米时的速度太快，约为2.4千米/秒，如不及时有效制动，卫星将沿着以月球为焦点的双曲线型轨道飞离月球。由于月球的引力作用，这条双曲线型轨道还将错过地球，使“嫦娥一号”离开地球和月球，飞进无垠的深空。

如果这样，那就意味着“嫦娥一号”的这次绕月之旅会以失败告终。

为此，专家们对月球捕获过程进行了大量研究，制定了详细的控制方案和故障对策，采用了在近月点进行3次制动减速的方案。第一次制动要把卫星的近月点飞行速度从2.4千米/秒降到2.06千米/秒，使卫星进入周期为12小时的大椭圆环月轨道(近月点为200千米，远月点为8600千米)；第二次制动要把速度降到1.8千米/秒，进入周期为3.5小时的小椭圆环月轨道(近月点为200千米，远月点为1700千米)；第三次制动要把速度再降到1.59千米/秒，最终进入周期为127分钟的圆形极月轨道(离月面200千米)。

如果没有高精度的测定轨技术和轨道控制技术，就很难保证这些任务的完成。

第一次近月点制动必须实现双向捕获才能成功。一方面，“嫦娥一号”必须捕获到月球的方位；另一方面，“嫦娥一号”必须“刹车”，才能被月球引力捕获，成为月球的环绕卫星，实现对月球的探测。另外，“嫦娥一号”的制动量也不能过大，否则会撞击到月球上。因此，第一次近月点制动具有极大的挑战和风险，直接关系到飞行任务的成败。

第一次近月点制动要克服三个挑战：一是制动时机的唯一性。如果不能在月球捕获点实施近月点制动，卫星就将与月球失之交臂，难以进入环月轨道；二是月球空间环境的复杂性。由于这是中国卫星首次绕月飞行，对其所处的空间环境缺乏实际了解和认识；三是来自对轨道的测量与控制。

2007 年 11 月 5 日 11 时 15 分，北京航天指挥控制中心调度地面测控系统向沿着地月转移轨道高速飞行的“嫦娥一号”发出指令，卫星发动机准时点火。发动机工作 22 分钟后，于 11 时 37 分正常关机，顺利完成第一次近月点制动。各项测量数据表明，卫星非常顺利地进入了周期为 12 小时的椭圆环月轨道。

2007 年 11 月 6 日 11 时 21 分，卫星主发动机点火进行第二次近月点制动，工作 14 分钟后正常关机。此时，“嫦娥一号”远月点由 8600 千米降至 1700 千米，卫星顺利进入周期为 3. 5 小时的小椭圆环月轨道。第二次近月制动主要目的是使“嫦娥一号”进一步降低飞行速度，使其进入“过渡”轨道，为卫星最终进入环月工作轨道作准备。

2007 年 11 月 7 日 8 时 24 分，卫星主发动机点火，进行第三次近月点制动。8 时 35 分，“嫦娥一号”主发动机关机，第三次近月点制动结束，卫星成功进入周期为 127 分钟，高度为 200 千米的圆形极月轨道，从而使“嫦娥一号”正式进入科学探测的环月工作轨道。

通过一系列在轨测试后，卫星开始各项科学探测活动。为满足月球探测任务的需要，“嫦娥一号”卫星携带了 8 种仪器：CCD 立体相机和激光高度计共同承担月球表面三维影像探测任务；干涉成像光谱仪、α 射线谱仪、X 射线谱仪共同承担月表化学元素与物质成分及丰度探测任务；微波探测仪承担月壤厚度探测任务；太阳高能粒子探测器和两台低能离子探测器共同进行地月空间环境探测。8 种仪器相继进入工作状态，如其所携带的 CCD 立体相机一个月能对全月球(极区除外)覆盖一遍，而卫星上的微波探测仪一个月能对全月球覆盖两遍，干涉成像光谱仪每两个月能对全月球(极区除外)覆盖一遍。

这个时候，栾恩杰、孙家栋和他们的团队才深深地舒了一口气。

“嫦娥一号”作为我国首颗深空探测卫星，其设计技术非常复杂，地月转轨等过程也非常复杂。为了确保安全，针对各种可能的问题，科研人员对 84 种故障模式制定了 148 个故障对策流程，确保在任何情况下都能够对卫星实施可靠、有效的控制。

但由于卫星工作状态非常好，所以这 148 个故障对策流程无一实施。

在 11 月 7 日“嫦娥一号”进入月球轨道后，专家们之所以为它设计一条运行周期为 127 分钟、高度为 200 千米、相对月球赤道的倾角为 90 度的圆形极月轨道(即令“嫦娥一号”的环月工作轨道面垂直于月球的赤道面)，是为了对全月面进行探测，特别是对月球南北两极进行探测；另外，从遥感的角度考虑，也是为了使沿整个轨道所获得的遥感图像具有相同的分辨率。

在这一高度轨道运行的“嫦娥一号”也会受到轨道摄动的影响。月球轨道摄动主要源于复杂的月球引力场。通过计算和分析可知，“嫦娥一号”环月工作轨道在一年内将下降约 100 千米，因此在正常情况下，50 天左右进行一次轨道调整，就可以把高度保持在 200 千米左右的范围，保证其在环月工作轨道上正常运行。

2007 年 11 月 27 日，“嫦娥一号”拍摄的来自月球的第一幅月图公开亮相。专家解读认为，图像拍摄质量良好，展示月球表面 128 800 平方千米的区域，相当于近 8 个北京市大小。制作完成的首张月球三维立体图像也具有极高的科学价值，能够直观显示出月球表面凹陷地带的深度和山的高度，全面呈现月球表面的形状面貌，便于人们更加直观地了解和认识月球。这表明工程五大系统已经圆满完成预定的工程目标，并为后续的科学探测和研究奠定了坚实的基础。

“嫦娥一号”飞行效果图

“嫦娥一号”拍摄获得的图像通过卫星上由中国科学院空间中心研制的有效载荷数据处理系统存储、编码，然后传送到卫星发射机，通过定向天线向地球发送。

国家天文台位于北京密云和云南昆明的两个地面数据接收站负责数据的接收，再传送到国家天文台北京总部进行数据预处理和进一步加工，包括拼接、校正和三维图像的合成，以得到最终的图像。

11 月 23 日，国家航天局宣布，“嫦娥一号”卫星获取的第一批原始图像数据已经传回地面。

2007 年 12 月 12 日，中共中央、国务院、中央军委在人民大会堂隆重集会，庆祝我国首次月球探测工程圆满成功。胡锦涛发表重要讲话，强调我国首次月球探测工程的成功，是继人造地球卫星、载人航天飞行取得成功之后我国航天事业发展的又一座里程碑，实现了中华民族的千年奔月梦想，开启了中国人走向深空探索宇宙奥秘的时代，标志着我国已经进入世界具有深空探测能力的国家行列。这是我国推进自主创新、建设创新型国家取得的又一标志性成果，是中华民族在攀登世界科技高峰征程上实现的又一历史性跨越，是中华民族为人类和平开发利用外层空间作出的又一重大贡献。全体中华儿女都为我们伟大祖国取得的这一辉煌成就感到骄傲和自豪！

这个历史性的辉煌成果表明，中国人依靠自己的智慧和科技实力、经济实力，实现了对地球以外宇宙天体探测技术的历史性突破！不仅"突破了一大批具有自主知识产权的核心技术和关键技术，取得了一系列重大科技创新成果；带动了我国基础科学和应用科学若干领域深入发展，推动了信息技术和工业技术进步，促进了众多技术学科的交叉和融合"，并且在发展市场经济的新的历史条件下，"探索出一套符合我国国情和重大科技工程要求的科学管理模式和方法，积累了新形势下组织实施重大科技工程的重要经验；培养造就了一支高素质、高水平的航天科技人才队伍。"

2009 年，"嫦娥一号"绕月卫星在圆满完成任务后受控撞月，为中国实施探月工程第二期任务做出了最后的奉献。

▶再上九天揽月——"嫦娥二号"实现六大突破

2010 年国庆之夜，西昌卫星发射中心亮如白昼，悬挂在指挥中心外墙上的鲜红条幅显得格外夺目——"再上九天揽月！为圆满完成'嫦娥二号'任务而奋斗！"——北京时间 10 月 1 日 18 时 59 分 57 秒，万众瞩目的"嫦娥二号"月球探测卫星成功发射！

从那个时刻开始，"嫦娥二号"卫星的每次加速、每次修正、每次近月制动都为国人所瞩目。

探月是一种民族精神的象征，更是一个大国科技进步和自立创新能力的象征。绕月探测"第二飞"取得的辉煌成就，不仅是我国航天事业发展新的里程碑，也是我国发挥航天高新技术支撑带动作用，提升国家科技和经济实力、增强核心竞争力的生动展现。

11 月 8 日，温家宝总理亲手掀开由"嫦娥二号"卫星拍摄的月面虹湾局部影像图，隆重向全世界展示，标志探月工程"嫦娥二号"任务取得圆满成功。"嫦娥二号"任务的圆满成功，虽然只是中国探索浩渺太空迈出的新的一步，却是我们建设创新型国家，迈向强国富民目标的一大步。在我国深空探测技术再次向未知宇宙挑战的坚毅进军中，无处不闪耀着广大科技工作者的伟大实践与创新。

绕月探测工程使我国深空探测技术实现了历史性突破，从技术创新角度讲，主要有以下几方面。

一是"嫦娥一号"、"嫦娥二号"卫星的成功研制。"嫦娥"系列探月卫星是全新的航天器，也是我国绕月探测工程五大系统中最为核心的系统。面对技术难题多、研制时间紧、风险大、队伍新等一系列挑战，在工程“两总”的领导下，有关人员集中精力，组织科研力量，积极继承和充分利用中国航天几十年来已有的成熟技术，并进行优化组合；紧紧瞄准当今国际深空探测技术前沿，高起点设定卫星的功能与性能；针对新领域中的新问题，突出重点，顽强攻关；独立自主地进行技术上的原始创新、集成创新和流程与管理上的综合创新，突破并掌握了探月轨道设计、制导导航与控制、远距离测控与通信、卫星热控等一大批具有自主知识产权的核心技术和关键技术，把进军深空探测的主动权牢牢地掌握在中国人手中。“嫦娥”系列卫星与国外2000年以后已经发射和将要发射的环月探测卫星相比，卫星的发射质量与干重的比例、载荷与干重比、能源系统和工程寿命等指标，达到国际同步水平；制导、导航与控制能力和精度，深空大天线支持条件下的远距离测控精度以及热控水平等，达到国际先进水平。

从管理学角度讲，探月工程及其管理的五大系统，视质量为生命。为了确保“嫦娥二号”卫星万无一失，3年多来，科技工作者们始终牢记中央高标准、高质量、高效率的要求，在工作中大力倡导“零缺陷”的工作理念和严、细、慎、实的工作作风，把该做的工作做到极致，把需要搞清楚的技术从根本上吃透；着重加强了可靠性试验和验证工作。“嫦娥一号”卫星地面工作时间达到2000小时，是我国当时地面通电考验时间最长的航天器；坚持做到过程控制表格化、数据判读完整化、问题归零彻底化、举一反三快速化，确保卫星不带任何问题出厂、不带任何疑点发射。从“嫦娥二号”卫星后来的运行状态来讲，依然坚持了上述研制原则、程序规则和标准规范。

二是对绕月卫星进入深空后测控技术的掌握。作为我国首次对地球以外宇宙天体的探测，工程的重点和难点在于测控技术的创新和测控能力的跃升。栾恩杰总指挥把它称为“关键之关键”。探月工程五大系统针对卫星远距离测控难、精度要求高、测控风险大等特点，坚持以我为主、自主创新，集智攻关、重点突破，先后编制了400多万字的技术实施方案，制定了148个应急处置程序，研制了100多万行的测控应用软件，进行了4万多种内部状态测试。在工程实施过程中，他们先后对卫星实施4次变轨、1次中途修正、3次近月制动，次次都计算精确、控制准确、决策正确，使卫星轨道控制精度由1.7%提高到0.3‰，实现了对距地球40万千米远的飞行器的精密控制。

月球探测工程首次和第二次飞行的圆满成功，标志着我国在航天测控领域掌握了地月转移轨道控制、月球卫星精密定轨、大时延多模态下卫星状态监视与控制、多体制联合测控等一系列关键技术，突破了远距离测控、高精度测量等重大技术难题，首次实现了国内航天测控网、天文观测网和欧洲空间局测控网的无缝链接，使我国航天测控技术水平达到新的高度，航天测控能力有了新的跨越。

三是研制建设绕月探测工程的地面应用系统。这是涉及最多的基础科学和应用科学、信息技术和工业技术及其他技术学科交叉融合的领域。承担地面应用系统的研制、建设和运行工作，需要攻克的难关是，如何接收到“嫦娥一号”、“嫦娥二号”卫星的探测数据。因为，月球和卫星距离地球有40万千米之遥，普通地面站天线接收不到卫星的信号，必须研制新的大口径天线和高灵敏数据接收系统。这在我国还是第一次。

作为第一个深空探测地面应用系统，既涉及机电一体化、自动控制、无线电通信、信号处理、网络通信、计算机软硬件技术等高新技术，也与天体化学、地质学、天文学、空间科学等基础科学密切相关。探月中心及其管理的五大系统充分发挥中国科学院、国家天文台等单位多学科、多领域科研力量的综合优势，利用基础科学研究的长期积累和人才优势，精心组织，顽强拼搏，确保了地面应用系统建设的质量和进度。

在短短3年多的时间里，他们与天线研制单位大力协同，自主创新，克服了重重困难，高标准、高质量、高效率地完成了迄今为止我国口径最大的50米和40米天线的设计、研制和调试，建成了密云和昆明两个深空数据接收站，保障了月球探测数据的接收，并为将来的行星探测奠定了基础。同时，逐渐确立了我国月球科学研究的基础体系和探测数据的处理方法，建成了月球和深空探测数据处理系统、数据管理系统和科学研究基地，保障了月球探测科学数据的可靠接收、正确解译和深化研究。

后来发射运行的“嫦娥二号”卫星，又有许多创新点。据探月工程总设计师吴伟仁介绍，与“嫦娥一号”任务相比，“嫦娥二号”实现六个方面的技术创新与突破：突破运载火箭直接将卫星发射至地月转移轨道的发射技术；试验X频段深空测控技术，初步验证深空测控体制；验证100千米月球轨道捕获技术；验证100千米×15千米轨道机动与快速测定轨技术；试验全新的着陆相机以及验证大幅提高的数据传输能力；对“嫦娥三号”预选着陆区进行高分辨率成像试验。

探月工程是16个国家重大科技专项中第一个向党和人民汇报成果的重大科技专项。探月工程组织实施以来，攻克了轨道设计、飞行控制、远距离测控通信、地月空间环境适应、科学数据处理与反演等多项关键技术，出色地完成了从方案阶段、初样阶段到正样阶段的研制任务，圆满实现了从绕月探测工程首飞到“第二飞”六大关键技术的大幅度跨越。2010年12月20日，中共中央、国务院、中央军委在人民大会堂隆重集会，庆祝“嫦娥二号”工程圆满成功。胡锦涛总书记发表重要讲话，再次向全世界宣示：发展深空探测技术，和平开发利用太空，是中国人民始终不渝的追求。

2011年6月10日，从国家国防科工局传来喜讯：6月9日17时10分，我国第二颗月球探测卫星“嫦娥二号”飞离月球，奔向距地球150万千米的深空。

2010年10月1日发射的“嫦娥二号”卫星原本设计寿命是半年。2011年4月1日，“嫦娥二号”半年设计寿命期满，圆满完成各项工程目标和科学探测任务。鉴于“嫦娥二号”卫星依然有不少燃料，科学家们决定让它开展拓展性试验任务。

“嫦娥二号”的拓展试验分三项内容：第一项是补全月球南北两极的图像，第二项是再次降至近月点15千米轨道高度，对虹湾地区进行高分辨率的成像；这两项试验已经在2011年5月23日全部完成。剩下第三项，也是最重要的一项，就是离开月球，飞往更远的深空。

目前，我们探测月球也只是到距地球40万千米左右的地方，飞行器要到150万千米以远的地方，测控、通信、数据传输及轨道设计都要经过验证，这将使我国在深空探测领域又向前迈进一步。

“嫦娥二号”卫星奔向150万千米远的深空将面临诸多挑战。“远距离的太空之旅会带来很多问题：信号的衰减，使测控难度大大增加。”北京航天指挥控制中心“嫦娥二号”测控系统副总设计师周建亮说，“因为‘嫦娥二号’本身不是为这项任务设计的，而且现在属于超期服役，我们只能充分利用‘嫦娥二号’的在轨资源。现在为了做这个事情，几乎把它的能力挖掘到极限，没有太多余量处理各种异常或者风险，这对于卫星控制的成功率、可靠性都提出了很高的要求。”

根据工程总体的统一部署，探月与航天工程中心组织卫星系统、测控系统和地面应用系统部门制订了缜密的试验方案。正是在他们的指引下，“嫦娥二号”维确地进入“拉格朗日点”。这是中国航天器目前行走得最远的深空之旅。

我们正行走在历史与未来之间。2012年7月30日，国防科工局组织召开探月工程“嫦娥三号”任务正样研制工作推进会。会议披露，目前，我国探月工程“嫦娥三号”任务正样研制进展顺利，各项工作抓紧推进，将于2013年下半年择机发射。

“嫦娥三号”所执行的任务是我国探月工程“绕、落、回”三步走中的第二步，是承前启后的关键一步。这将实现我国航天器首次在地外天体软着陆，开展着陆器悬停、避障、降落及月面巡视勘察。人们对此抱以热切的期待。

参考文献

[1] 科学时报社．请历史记住他们——中国科学家与“两弹一星”．广州：暨南大学出版社，1999.

[2] 张传军．中国人的飞天之路．坦克装甲车辆·新军事，2010(2).

[3] 国防科学技术工业委员会．中国航天50年回顾．北京：北京航空航天大学出版社，2007.

[4] 陈辉，吴登峰．中国神舟新跨越．http://www.gov.cn/ztzl/2005-10/17/content_78482.htm [2005年10月17日].

[5] 杨利伟．天地九重．北京：解放军出版社，2010.

第十六讲

国防科技和武器装备建设创新之路

►隐身战机冲击波：歼－20首飞的震撼

当2011年新年钟声还在地球村余音荡漾的时候，互联网上就开始热传由网友拍摄的“中国歼－20隐身战机”图片。境外媒体自然不会放过这个极具价值的热点新闻。最先披露“歼－20首飞成功”的新加坡《联合早报》网站称：“据成都网友目击，中国歼－20隐身战斗机已于2011年1月11日中午12时50分左右进行首次升空飞行测试，13时11分成功着陆。整个首飞过程是在歼－10S战斗教练机陪伴下完成的，历时大约18分钟(12:48—13:16)，取得成功。在歼－20成功完成首飞落地后，试飞现场内外欢呼声一片，机场外的围观民众也接连放起鞭炮庆贺。”媒体抢先播发这则消息的时间是在该机首飞试验结束10分钟内。

外观前卫的歼－20战斗机

此后，有关中国歼－20隐身战机的进一步报道铺天盖地，各种信息嘈杂。舆论普遍认为“空战中隐身性左右胜负，‘革命性’无人机强调突防——世界迎来隐身战机时代”。

当时正在北京访问的美国国防部长盖茨也向胡锦涛主席询问、求证了歼－20试飞的信息。

没过几天，一向盛产“中国军事威胁论”的美国五角大楼传出这样罕见的声音：“对歼－20战机的报道有些过头了……我们的F－22数量足以应对涉及中国的任何情况。”

在欢呼与质疑相互“网上叫板”的时候，国际防务专家则更多地把视角转向研究“中国告别战斗机仿制时代的历史动因”，“是什么引起中国战略思维的最大转变”，“最近的战争如何影响了中国空军”等战略课题。普遍一致的观点是：促使解放军将重心转向空军的重大事件至少有两个。一个是海湾战争，另一个是影响更为深远的科索沃战争——世界第一场完全依靠空军打赢的战争。这两场战争都表明，与集中的地面部队相比，现代空军的常规作战能力是那么强大。这极大地震动了中国军方领导人，促使整个国防科技工业和武器装备建设必须重新思考自己的总体战略。

国防大学和空军方面的专家坦言：海湾战争后，科索沃和阿富汗战争进一步给我们以深刻的教训，让中国意识到，必须投入更多的资源，进行高科技武器的研究与开发。

现在就让我们对隐身战机的发展做个简单的回顾吧。20世纪80年代，美国的F－117

“夜鹰”隐身战机服役以来，拥有隐身战机便成为各发达国家空军的追求目标。但隐身战机真的就那么神乎其神吗？科索沃战争很快给予回答。空袭中，美军一架 F－117A 隐身战机被南联盟军队击落，“神话”破灭；据说该机的残骸被俄罗斯得到。尽管 F－117 战机目前已经退役，取而代之的是新一代 B－2 隐身轰炸机和 F－22“猛禽”隐身战斗机，但“猛禽”也曾多次折戟关岛。

按照美国军方考核隐身战机的几大指标，F－22 战机必须具备“4S”能力——隐身、超音速巡航、超机动性以及超视距打击能力。其中最重要的是，如何通过科学的战机外形隐身设计，实现波束控制，让照射飞机的电磁波在敌方雷达上只是闪烁不定的散信号，使飞机不易被探测、识别和跟踪。譬如 F－22 的雷达反射截面积仅有 0.08 平方米。洛克希德·马丁公司曾评价：如果说 F－22 的雷达反射截面积相当于乒乓球，那么，F－35 的就如同篮球。“两者因作战用途、效能不同而产生差别，由此形成高低搭配。”五角大楼如此解释F－22和 F－35 战机的配置。考核隐身战机的雷达反射截面积虽然重要，但 F－35 的隐身材料和涂层成本要比 F－22 低很多，一贯“财大气粗”的美国人近年来也是囊中羞涩。

那么，俄罗斯的情况怎么样呢？国际防务界认为该国新一代战斗机 T－50 的雷达反射截面积约为 0.5 平方米。美国的“小伙伴”日本近年来总想购买 F－22，但美国从垄断高技术武器的战略考虑出发，只允许卖给它 F－35。日本采取了“明修栈道，暗度陈仓”的策略，自主研制“心神”隐身战机并已投入开发资金 1000 多亿日元。“心神”的外形借鉴 F－22，机体表面采用三菱重工公司研发的“灵巧蒙皮”技术，其隐身效果与此蒙皮技术有很大关联。

讲到这里，有的读者可能会问，为什么要如此强调隐身性能呢？因为现代空战中特别强调“先发现先摧毁”。洛克希德·马丁公司提供的评估数据说明，在敌我双方战机迎面对飞状况下，经隐身改造的 F－16 可提前 10 秒至数十秒时间发现对手，因而可以有更充裕的时间抢占有利战术与攻击位置，使获胜的几率增大。加上隐身战机配备有“发射后不管”功能的空对空导弹，被探测的距离缩短后，可以更好地获得空战主动权。

再说发动机，美军 F－22 装有两台超大推重比的 F119 型发动机，无需开加力就能实现超音速巡航。而与俄罗斯 T－50 配套的 117S 型发动机，至今尚未全面投产。

这里还有个最关键的指标：F－22 装备的 AN/APG－77 型雷达不仅可以满足超视距空战中对目标探测距离的需要，还可保证机载雷达在探测时不会破坏飞机的隐身效果。在这方面，美国人是有教训的。当初设计 F－117 的雷达反射截面积较小，但试飞时仅仅加装了一个数英尺长的空速管，就被 E－3 预警机探测到了。这说明战机所有翼面边缘设计，不仅要朝斜掠 45 度形成少数几个平行方向以达到波束控制，而且其机载设备、武备系统也要尽量避免使机体表面形成缝隙、鼓包。

用业内专家的话讲，在所有这些环节中，影响飞机隐身性能的因素主要有三项：第一是飞机的外形设计，像机翼前缘、进气口、外挂武器和油箱等，都是会发出较强雷达反射信号的部位；通常占被探测面的80%。第二是表面涂层，涂层材料是隐身设计和用料中耗费少、见效快的重要环节，运用得当可大幅度降低被探测几率。重点包括特殊涂层和吸波材料，它们被用于如座舱罩、进气罩、外挂武器、副油箱的隐身处理。第三是飞机的外观细节，例如舱盖。令专家感到头疼的，是舱盖表面隙缝、机体上的铆钉、传感器等“暴露”的威胁，它会直接造成隐身效果被破坏。在隐身飞机的生产中，前两项对隐身性能的影响高达八成；而工程投入费用上，第三项却要占全部投入费用的80%。所以，不能单一地说谁最重要。用洛克希德·马丁公司专家的话讲，作为隐身技术研发团队，他们必须“拥有研发隐身飞机工程足够的经验，精细到对隐身涂层的重量分配、厚度控制，加上严谨的分析和风洞试验”。如：分析机身表面的涂层厚度对维修舱门开启的影响；解决因飞机水平尾翼的吸波涂层重量过大，厚度不均匀导致气动控制面出现的问题。还有吸波材料的附着、施工方式等。

按理讲，技术难度这般高，应该是鲜有问津才对。但天底下的事就是这样，谁不愿意“攀登世界技术高峰”？除美国、俄罗斯和日本以外，在隐身战机开发上跃跃欲试的还有韩国、印度。但一直与美国比肩前行的欧洲国家为何动静不大呢？原来，他们认为未来空战发展的方向应该是隐身无人机作战。欧洲坚持走的就是这条路。这种考虑对经历了阿富汗战争的美军来说不无影响。2011 年 1 月，美军在爱德华兹空军基地测试三种“革命性”无人机。一是能连续飞行一周的“全球观察者”无人机；二是能从航空母舰上起飞，并可投掷激光制导炸弹的 X－47B 无人机；三是能潜入敌人后方摧毁雷达系统的“幽灵射线”无人机。它们皆具备优良的隐身性能。

F－22 隐身战斗机

回过头来，还是谈谈我国的隐身战机发展。2009 年 11 月 11 日，人民空军迎来了 60 华诞。有关部门举办了一系列庆祝活动，向世界展示中国空军武器装备发展的最新成就。当时，空军副司令员何为荣对媒体爆料：“中国正在紧锣密鼓地研制第四代战机！而且，可能很快要进行首飞……”这让外媒又有了吸引眼球的热炒新闻。

日本《经济新闻》于 11 月 11 日即以《中国即将试飞第五代最新式战斗机》为题报道：

中国空军副司令员何为荣近日透露，中国正在开发的最新式第五代战斗机即将进行试飞，并预测将于 8 至 10 年后装备部队。第 5 代战斗机的特征是具备不易被敌方雷达捕捉到的隐身性能。从 20 世纪 90 年代后半期开始，西方军事人士中间就有人猜测中国正在研发第五代战斗机，当时称之为“歼－14”，但中国军队高层干部明确提及该开发计划还是第一次。

这里需要说明一点：因各国对战机划代标准不同，一些国外媒体往往把中国研制的第四代战斗机"升级"，称为"第五代战斗机"。此前，种种猜测早已被外电传得满天飞，那就是中国正在研制能与美制 F－22 相匹敌的新型战机。

从 2006 年开始，加拿大《汉和防务评论》就发表文章披露，中国已正式启动研制第四代战斗机计划。

2006 年的英国《简氏防务周刊》也有类似猜测，但焦点多盯在歼－10 的双发改进型号上。他们认为，所谓的歼－10 双发型就是歼－10C，它采用两台中等推力的发动机(为中国自行研制，推重比大于 9，二元推力矢量喷管)和 V 形垂尾，研制目的是为第四代中型战斗机进行技术验证。当然，这些说法可能具有一定的合理性。

2007 年 2 月，日本《每周军事评论》载文认为，中国第四代战斗机，可能被编号为歼－13，或是以美国 F－22A 为假想敌的歼－14，这些新型战机开发计划进展顺利。日本观察家甚至认为，中国的隐身战机技术可能参考了在科索沃战争中被击落的 F－117A 隐身战机残骸进行设计。一时间，真闹得人们不知道该信谁家的说法。

而 2009 年，中国空军高级将领那番"透明度"极高的披露，犹如一石激起千层浪，更是让人有"白浪滔天"之感。香港《南华早报》评述认为，提早预告先进武器装备研制近况，表明中国空军 60 年来尤其是近 10 年来实力与装备水平均已有了质的飞跃，更自信、更开放的空军形象已经树立起来。回应西方国家的"抱怨"，中国在真正实行公开、透明之后，欧美媒体又节外生枝地抛出什么"中国军事威胁论"来，这已是它们惯于玩弄的老把戏了。

俄罗斯 T－50 战斗机于 2010 年 1 月 29 日进行了首次试飞

自第二次世界大战期间德国生产出世界第一款喷气式战斗机后，西方国家一般将喷气式战机发展划分为目前的一至四代。在前三代战机中，同类战机的性能相差不大，比如第二代喷气式战斗机有美国的F－4、苏联的米格－21、中国的歼－7 等；第三代有美国的 F－16、俄罗斯的苏－27、中国的歼－10 等①。但到第四代战机，却突然从多国的"百花齐放"变成美国的"一枝独秀"。除了美国，欧洲的第四代战机研制都面临很多困难。

军事专家认为，第四代战机并不是一件单纯的武器，而是一整套先进的技术系统。搞第四代战机，中国还有许多技术需要攻关，它是对中国走向世界科技顶尖水平的一次考验。从整个技术层面来看，研制第四代战机是航空工业和电子制造业的实力体现，集成几

① 按照"五代划分法"，F－16、苏－27 等一级战机为第四代战斗机，T－50 和 F－22 为第五代战斗机。

乎所有现代尖端技术。实现这一目标，中国需要跨越大量技术代沟，尤其需要有一批像钱学森那样的杰出科学家队伍。

差不多就在空军副司令员爆出“中国正在紧锣密鼓地研制第四代战机”新闻的同时，新华社播发了一篇通讯《阳光洒满万里长空——党中央、中央军委关心人民空军建设和发展纪实》。笔者引述如下：

江泽民高度关注空军装备建设，指示有关部门：要想一些办法，提高空军的装备水平。他还亲自协调解决重点新型武器装备研制中的问题。在江泽民的关心下，空军新型武器装备体系中的许多难点问题被一个个地攻克和解决……

从2003年起，我国自主研制的新一代战机歼－10陆续列装部队，人民空军开始驾驶国产第三代战斗机巡航蓝天。

2006年春天，胡锦涛观看了包括新型战机在内的新装备展示，详细听取各类新装备的性能参数和研制、生产、使用情况介绍。他要求各方面要通力协作，以高度负责的精神严把质量关，努力提高武器装备的稳定性、可靠性、安全性。[1]

这篇文章至少透露出三个重要信息：一是在江泽民的关注下，空军新型武器装备体系中的许多难点被攻克和解决；二是从2003年起，我国自主研制的新一代战机歼－10陆续列装部队；三是2006年春天，胡锦涛当时观看了包括新型战机在内的空军新装备展示，详细听取各类新装备的有关情况介绍。而胡锦涛当时观看的新型战机，有可能就是空军副司令员所言的第四代战机。

自官方权威媒体披露国产第四代重型歼击机正在研制的信息后，经过十几个月的盼望，我们有幸见证了歼－20首飞成功。

从外观看，国产歼－20为单座、双发动机，采用上反鸭翼带尖拱边条的鸭式气动布局；机头、机身呈菱形，采用“可调DSI进气道”；机身整体长度约21米，主翼后掠角较大。显示该机具有典型的隐身设计和较强的机动能力。

对歼－20的技术性能方面，外界多为猜测，尚无权威数据；但公认其设计先进，是中国军事技术水平的惊人进步。2009年11月，新加坡《联合早报》网站曾就“何为荣访谈”解读说，中国第四代重型歼击机的预研工作已经开展了很久，现在披露第四代战机很快将要首飞，表明中国在大推力涡扇航空发动机和有源相控阵雷达这两项关键技术上已经取得重大突破。同期，《世界新闻报》也报道，新技术、新装备的研制工作早已捷报频传，比如611所成功掌握目前只在F－35上采用的无附面进

珠海航展驾驶舱体验

气道技术、606所成功掌握推力矢量技术、西光集团开始研制类似F-35上所采用的先进头盔显示器等，这些技术都可能会用在第四代战机上。从歼-11的国产化改进状态进行得如此顺利来看，改进后的歼-11具备了三代半战斗机的性能特点，从性能和时间上都能够很好地衔接上第四代战斗机。

当然，这种种说法还有许多值得商榷的地方，但毕竟要看到，这些技术的应用代表了世界航空工业新技术的发展趋势。直到2011年1月11日，歼-20首飞成功的消息得到证实，世界的关注又一次聚焦在中国第四代战机的研发上。美国国际评估和战略研究中心的中国军事问题专家查德·费希尔说："默认网上对先进战机的报道体现了中国'前所未有的透明度'，可以推断中国肯定是对自己的项目有了一定的信心，才会将其公之于众。"

有海外媒体认为，具备"4S"能力——隐身、超音速巡航、超机动性、超视距打击能力的美国F-22战机，正是中国航空军工研制第四代战斗机主要仿效的机型；后者是继美国的F-22、F-35，俄罗斯的T-50之后进入实际研制过程的第4款战机。《汉和防务评论》主编平可夫称，歼-20是"具有中国特色的四代机"。

对于歼-20首飞成功，中国官方媒体于2012年7月26日以大篇幅予以深度报道。同时，还特别披露了2012年端午节前夕由网友拍摄的"疑似歼-21"的"小四代隐形战机"视频。这款首度曝光于西安阎良"飞机城"街道上、由车辆运输的"小四代"，因其全身裹着棕绿相间的伪装罩而被戏称为"粽子机"。随着相关信息的陆续报道，人们得知，它是由沈阳飞机工业集团开发的新型隐身战机，采用双发、单座、固定双斜垂尾、蚌式进气道。该机已于2012年10月31日成功首飞。中国成为世界上第二个同时试飞两种第四代战机原型机的国家，国人无不感到提神鼓劲！当然，中国研制、装备隐身战机的路还会很长。

业内人士深知，一种新型飞机的研制必须经过论证、设计、制造、科研试飞四大阶段，目的是全面验证飞机是否达到设计指标要求。军机试飞，在基本飞行特性方面，有飞机操纵性，安定性测试；在飞行性能方面，有高空最大允许马赫速度测试，低空最大允许表速测试，飞机最小允许平飞速度测试，飞机的升限测试，爬升性能、盘旋性能、加/减速性能及发动机性能测试；在显示信息方面，有航电综合显示系统性能等测试。军机试飞大致分为常规科目和风险科目，隐身战机应该还有更复杂、更缜密的科技考核科目。

作为四大阶段最终的验证环节——科研试飞非常重要，其目的是根据国家认定的设计定型试飞大纲，对新战机的飞行品质、性能、强度、操控、发动机、环控、电子通信、机上成品、机载武器等数十项甚至上百项科目进行严格的空中飞行试验，以考核它们的可靠性、实用性、战术性，然后为部队飞行员划定一个飞行、作战的安全包线。在新战机的科研试飞中，要进行一系列高风险科研飞行试验，如国际公认的风险科目：失速、尾旋、颤振、空中停车、低空大表速、低空小速度、操稳、强度、发动机、电子火控等。如歼-10的科研试飞包括起飞、爬升、平飞加减速、转弯上升、俯冲—跃升等15个基本科目及高速摇摆、半斤斗倒翻转、"眼镜蛇"式螺旋跃升等三代机特殊科目。这些验证飞机极限的重要环节都圆满完成后，才可以说新战机拿到了"准生证"。

▶中国的陆地"战斧"与"大国佩剑"

1999 年 11 月 24 日，江泽民在中央军委会议上讲话指出："我们在'杀手锏'武器装备建设上采取了正确的方针政策。一是集中优势兵力打歼灭战，对重点项目和关键技术，组织各方面力量协同攻关。二是有所为有所不为，有所赶有所不赶。三是坚持自力更生为主，引进为辅。四是重视武器装备体系建设。五是重视质量和效益。这十年，国防科研和武器装备发展是比较快的。"[2]

2009 年 10 月 2 日，当国庆大阅兵完美谢幕时，重温江泽民的这些总结，国人才深深地感受到"我们在'杀手锏'武器装备建设上采取了正确的方针政策"蕴涵的真实分量。

"与十年前的阅兵相较，这次阅兵有意展现解放军已具较大区域的军事投射能力，并透过'信息化'，初步展现全球军事投射战力。"美国国际评估暨策略中心研究员费学礼从"潜在对手"的角度如此解析。

费学礼认为，解放军军力增强，意味着未来美国军队无法确保快速抵达台湾，对解放军的"吓阻价值"就会减少。同时，他也点出，如"东风" – 41 型弹道导弹、"巨浪" – 2 型潜射弹道导弹以及空射反卫星导弹等具有高度攻击性的新武器，都没有出现在阅兵队伍中，表明解放军在"杀手锏"武器的展示上还是有相当保留。无论外界如何评述，中国还是会坚定地走自己的路。

在国庆 60 周年阅兵式上，由 16 辆发射车组成的 CJ – 10 型陆基巡航导弹方队备受各方瞩目。外媒把它誉为中国的"战斧"。该型导弹的首次亮相，说明中国军队精确打击能力得到进一步提升，也填补了我国导弹武器研制方面的一项空白。

至于它表明了我军精确打击武器怎样的发展思路、解放军注重发展巡航导弹又有什么样的现实考虑？带着这些思考，让我们走近这种"杀手锏"武器系统，去领略其独有的风韵。

陆基巡航导弹是一种精确制导武器，一般采用喷气式发动机。它在稠密大气层中靠翼面产生的气动升力和发动机推力，作等速巡航飞行，可进行全程制导，是精度较高的精确打击武器。就理论上讲，巡航导弹可以在多种平台上发射，能够对各种大型目标进行精确打击；随着技术的发展，巡航导弹的自主化、智能化水准进一步提高，使用的灵活性也进一步增强。人民解放军发展各种型号和各种类型的巡航导弹，也是高新技术发展的必然。不过要看到，外媒这次没有给中国的 CJ – 10 型巡航导弹安上"剽窃"的罪名。

据称，中国进行第一次低空掠面导弹试验是在 1988 年。此导弹装备一台涡扇发动机，使用惯性制导和电视制导模式，由导弹舵翼控制射向。

目前，CJ – 10 型陆基巡航导弹已装备部队。有关部门还对其陆空型作战辅助系统加以改进，并将初期装置于"红岩"军用卡车底盘的发射方舱换装。

前溯渊源，在2004年底举办的珠海航展上就首次展出了巡航导弹用的WS－500涡扇发动机。从展会显示的资料看，由中国燃气涡轮研究所开发的WS－500发动机能够产生510千克的推力。相比之下，欧洲的“风暴之影”、“斯卡普”导弹发动机产生的推力为551千克。航展表明，当时该弹型兼容软件已完成。发射前的弹装程序测试通过弹上人机接口进行，完成一次任务的软件编程大概只需几分钟。这些都得益于作战指挥中心的高性能计算机，而整个计算机系统的网络化已在陆军系统全面完成。高精度、抗干扰的全数字导弹系统将着力在“尖兵”导航系统的整建、局部高清晰数字地图和多种接口模块上下工夫。在特殊情况下，巡航导弹可与数字无人侦察机配合实现精确攻击。

使巡航导弹射程、巡航高度和速度增加，是立项攻克的主要目标。

处在当今新军事变革日新月异的大舞台上，“落后就要挨打”的教训，紧逼着国防科技人如夸父追日般地前行。2009年那个金秋灿烂的日子，国庆参阅的30个装备方队中，第26和第27方队分别为“东风”－15乙和“东风”－11甲型近程地对地导弹方队。“东风”－11甲是一种射程更远的改进型战术导弹，由于使用了改进的惯性制导＋GPS制导方式，其命中精度有了明显提高。该型导弹作为一种近程打击火力，遂行对敌军后方指挥所、集结地、重要后勤设施等目标的打击任务。

在国庆参阅的装备方队中倒数第二出场的装备第29方队，是由16辆导弹发射车组成的“东风”－21丙型中程弹道导弹方队。这就是外电所称的“可穿破导弹防御系统的中程地对地导弹”。

所谓中程导弹，是指射程为3000～5500千米的地对地弹道导弹。“东风”－21系列主要有三种型号服役，“东风”－21丙型是最新改进型，采用捷联惯性＋弹道计算机＋末端主动雷达制导方式，集中体现了高智能化、太空测控精确制导尤其是突防反导的能力。

面对复杂的国际环境，国人心中长久以来就涌动着一种“安得倚天抽宝剑”的壮烈情怀，期望拥有一柄能够威慑任何敌对势力的“大国佩剑”！

这柄“大国佩剑”——亦是“国之重器”——更是我军的战略威慑武器。

随着国庆60周年大阅兵中“压轴”出场的受阅装备第30方队缓缓驶来，由12辆特种装备车组成的“东风”－31甲型洲际导弹方队巍然呈现在世人面前。它所展示的是中国的国防实力和维护国家主权、安全和领土完整的中坚力量。

“东风”21丙型中程导弹发射车

细心的“军迷”不会忘记，2008年3月28日中央电视台军事频道播出的5集电视纪实片《中国战略导弹部队指挥官》中，公开了实战部署状态的“东风”－31甲型洲际弹道导弹的视频片断。节目一经播出，“军迷”们欢呼雀跃，外界为之震撼。

国庆60周年阅兵式上的“东风”－31甲型弹道导弹发射车

随后，国内权威媒体逐渐披露了一些“东风”－31甲型洲际弹道导弹的研制情况。而国庆60周年大阅兵，更是“东风”－31甲型洲际弹道导弹首次以实物的形式公开亮相。

早在1999年国庆大阅兵时，人们就一睹了它的“前辈”——“东风”－31型远程战略导弹系统的雄姿。“东风”－31是中国第二代战略武器中的第一种远程固体弹道导弹，其射程在8000千米以上。笔者在前章已对“东风”－31/31甲型导弹略作介绍，下面再具体讲一下。

据业内人士披露，该导弹系统的研制工作始于1986年。当年，依据国际形势和武器装备发展新变化，特别是液体燃料远程导弹难以适应机动作战需求的问题，国务院和中央军委正式批准终止机动式液体燃料远程导弹“东风”－22的研制，全力开展更加先进的机动式“东风”－31（使用固体燃料发动机）远程导弹的研制，以取代日渐落后的“东风”－4型导弹。

1992年4月，“东风”－31导弹进行了第一次试射。1995年，该弹在成功完成4次发射试验后，正式定型并交付部队。1999年的盛大阅兵式上，“东风”－31型远程战略导弹首次以实物形式对外公开展示，引起世界的广泛关注。

尽管“东风”－31的研制成功对于中国的陆基战略力量来说，是前进了一大步，但是，由于“东风”－31脱胎于“东风”－22，技术起点不算很高，部分性能尚不能充分满足作战需求，与国外同期部署的远程战略导弹系统仍有较大差距；其射程介于远程导弹和洲际导弹之间，打击范围有限，并不能真正成为核打击的主力，导致装备数量较为有限。

1999年国庆50周年阅兵式上的“东风”－31导弹发射车

1999年，“东风”-31甲立项，但开始的研制工作并不顺利。由于所使用的新型高能推进器、石墨环氧纤维壳体、可抛式延伸喷管技术等都是中国导弹研制史上首开先河的尖端技术，面对的“拦路虎”也是凶险重重；奋力攻关克难后的首飞试验，竟然因某个系统设计上的小缺陷导致导弹发射失败。遵循科学规律，宽容失败，成为科研攻关圭臬。

2006年9月5日，俄罗斯塔斯社报道了中国洲际导弹从五寨导弹基地发射到塔克拉玛干沙漠的试验取得成功的消息，并称这次测试的就是最新型的“东风”-31甲。经过科研人员的艰苦努力，中国新一代固体燃料洲际弹道导弹“东风”-31甲真正形成了可靠的战斗力。2006年12月，美国《国防新闻》指出，中国将在近期部署第一批“东风”-31甲型洲际弹道导弹；这种型号可携带核弹头，射程可以覆盖全欧洲及美国本土……

“东风”-31甲可携带分导式弹头

从国庆60周年大阅兵的展示中可以看出，“东风”-31甲采用固体燃料火箭发动机，主要靠车载方式实施机动，既灵活又能提升生存力。据分析，其最大射程为10 700～12 000千米，具有强大的威慑力。导弹的战斗部采用惯性制导+卫星导航制导的复合制导方式，具有较高的命中精度，机动发射的导弹命中圆周偏差半径较小。而且，“东风”-31甲型的弹头内装配一种特殊的动力装置，能使弹头在重新进入大气层后靠矢量喷射技术进行变轨，躲避前来拦截的反导导弹。

另外，“东风”-31甲型洲际弹道导弹可能配有先进的突防装置——“有速诱饵”和“再入诱饵”。

据防务专家介绍，所谓“诱饵”俗称“假弹头”，诱饵技术可使弹头在中段飞行和再入大气层时，由突防舱施放大量假弹头，使敌方真假难分，加大目标特征信号的信息流量，消耗敌方信息处理系统资源，延长决策时间，从而巧妙地让真弹头突破反导系统。

“有速诱饵”是一种由轻质材料制成的目标诱饵，一般为采用金属化塑料薄膜或金属丝制造的锥体或球体，释放至真空环境后可利用内部残存的气体迅速膨胀成型；其金属材料可反射多个波段的雷达波，使诱饵模拟真弹头的雷达发射特征，迷惑地面反导雷达。“有速”指的是诱饵释放时与弹头有一定的相对速度。由于在中段惯性飞行阶段，“有速诱饵”与弹头之间的距离按初始相对速度与时间成正比，因此“有速诱饵”会逐渐远离弹头。导弹突防舱放出“有速诱饵”的主要目的，是在导弹中段飞行时迷惑对手的地基预警雷达，在其视场内造成大量点目标，增加其识别负担。它的特点是质量小、体积小、数量大、易制造和造价低廉。

国庆60周年大阅兵展示的武器装备，让国人为之欢腾，海外华人倍感骄傲。香港《大公报》指出：经过60年的发展，中国武器终于走上国产化的道路。今后应把国防科技工业作为刺激经济、科技发展的动力，军用民用相结合，带动军事工业和民用经济共同发展。

新加坡《联合早报》认为：与上次阅兵相比，中国的导弹质量大幅提高。

有识之士希望，充分利用此次阅兵带来的影响，把这次阅兵盛典作为我国军事工业生产、出口的转折和契机，强化军事工业的生产和出口，以此刺激和发展我国的经济，进一步完善和提高国防科技及武器装备水平。

当然，我们也要清醒地看到存在的差距。有些网民认为的“中国的技术原创能力尚待加强”，确实是“金玉良言”。据称，阅兵展示的60种装备中，除了“二炮”部队的所有战术、战略弹道导弹和巡航导弹、陆军的95式5.8毫米枪族等轻武器、“红箭”-9型反坦克导弹、海军的“鹰击”系列反舰导弹、两栖作战部队的05式两栖装甲车族和三军通用的无人机、卫星通信、后勤保障装备基本属于“原创”，其余装备在技术上，多少有些引进仿制的成分。

对于此前媒体热炒的“巨浪”-2潜射弹道导弹、新型自行式35毫米高射炮、直-10武装直升机和轰-6K巡航导弹轰炸机等先进装备缺席此次阅兵式，部分网民认为，此次阅兵选择的是已经成建制形成战斗力的装备，以上装备未展出也是情有可原的；我军某种新式武器从研制成功到形成战斗力，再到公开解密，起码也要3~5年的时间。他们的这些评述，或许已经成为鞭策和激励国防科技前进的动力。

国庆60周年大阅兵后，国防部一位高级将领坦诚地指出：解放军装备建设经过近10年发展，完善了武器装备体系，增强了武器装备的信息化程度，极大地提升了军队的作战能力。但是，我们必须看到，由于武器装备建设欠账较多、需求矛盾突出，军队装备更新换代的速度还比较慢，阅兵展示的这些新型装备只能满足部分部队装备更新的需要。因此，我军武器装备的整体水准与中国的大国地位和日益拓展的国家利益需求相比，还有较大差距。在世界范围内相比，虽然一些装备已经具有世界先进水准，但就整体而言，大部分装备还落后于军事强国，甚至是周边一些国家和地区；尤其是武器装备体系化水准、信息化程度与军事强国相比还有不小距离。

透过国庆60周年大阅兵的完美展示，也给国防科技工业提出了新的要求，特别要依据国际形势和武器装备发展新变化，加快机械化、信息化复合发展，加紧指挥网络化系统的建设进度。同时，加大空间保障系统的建设力度也已刻不容缓。

必须清醒地看到，随着超视距精确打击成为信息化战争中独立的作战样式，精确制导武器的地位和作用已变得越来越突出，并成为信息化武器装备的重要标志。但是，如果离开了安全可靠的空间保障系统尤其是全球卫星定位系统的支持，即使最先进的精确制导武器，也发挥不了它的威力，一体化作战亦无法实现。

2010 年 11 月，人们欣喜地在第 8 届珠海航展中看到了多型新式防空导弹武器系统。如 FB－6A 车载型防空导弹武器系统，该系统高度集成信息、指挥、火控、发射功能，装备 FN－6 型导弹，可有效拦截多型飞机、直升机和巡航导弹，兼具组网协同和独立作战能力，适用于执行随行防空和要地防空等作战任务。

还有 LY－60D 型地对空导弹武器系统。它是以拦截多批次、多方向入侵的巡航导弹、各类飞机、空对地导弹为主要任务的中低空、中近程防空武器系统，具有良好的超低空作战能力和更强的抗干扰能力，可纳入防空体系网作战。

▶中国研制的世界首款“空地并重”预警机

在国庆 60 周年大阅兵中，人们欣喜地看到展现中国空中力量的领队机，是由现已装备部队的第一型预警机——空警－2000 来担纲。它与空军另一型预警机——空警－200 自豪地翱翔于华夏京畿的碧空，接受祖国和人民的检阅。

正在降落的空警－2000 预警机

作为国防科技人，谁能不为这两型均由我国自行研制的预警机感到骄傲呢！且让我们听听国庆 60 周年阅兵空中梯队总指挥、空军副司令员赵忠新的介绍：

我军自主研制的空警－2000（KJ－2000）预警机，是世界首款“空地并重”预警机；它由载机和任务电子系统两部分组成；是一种大型、全天候、多传感器、高性能、多用途的空中预警与指挥控制飞机，机载雷达为圆盘形。

空警－2000 预警机机头特写

预警指挥机，是装有远程警戒雷达用于搜索监视空中或海上目标，指挥并引导本方飞机执行作战任务的飞机，被誉为“空中领袖”，它已经成为当今世界空军发展的关键。空中预警机发展到现在，其作用已经从单纯的远程预警扩展到空中指挥引导、火控数据传递等多种用途，工作效率相当于 10 个先进的高性能大功率地面雷达站，能节省 3 个地面警戒雷达团的兵力。因此可以说，在信息化战争条件下，没有预警机的有效指挥和引导，要想组织大规模的空战几乎是不可能的。

作为迄今为止中国生产的最高级别的预警机，空警－2000 的功能最为齐全，属于真正意义上的“空中预警与控制系统”(AWACS)，所担当的角色与美军的 E－3“鹰眼”预警机相仿。

美国国防大学《联合力量》载文称，中国军方的理想是建立一支训练有素的、装备有高技术飞行器、先进精确制导弹药和作为“力量倍增器”的辅助性飞机的现代化空军部队，并且在指挥、控制和情报能力上形成网络化，从而使解放军空军可以在“信息化条件”下进行战斗并打赢一场高技术战争。新的解放军空军将整合辅助系统(如空中预警飞机、空中加油机、情报收集飞机和电子干扰机)，以此提高战机的效力，并增强作战打击能力。文章的这些观点，还是可以参考的。

空警－2000 预警机机腹装有对地雷达天线罩

作为一个全新的机种，国庆阅兵展示的空警－2000 预警机，也可称为“空地双优型预警机”，比那些单一的、以空中预警为主的预警机要先进得多。它将美国的 E－3 对空预警机和 E－8 对地侦察机的双重功能融于一身，完全可以誉为世界第一款“空地并重”的预警机。

空警－2000 预警机尽管以俄制伊尔－76 为载机，但具有世界先进水平的固态有源相控阵雷达、显控台、软件、砷化镓微波单片集成电路、高速数据处理计算机、数据总线和接口装置等皆为中国自行设计、研制和生产。其雷达天线并不像美制、俄制预警机那样是旋转的，而是固定不动的。这印证了空警－2000 采用的是比传统预警机领先一代的固态有源相控阵雷达，它只需以电子扫描进行俯仰和方位探测，所以不需采用落后的机械扫描旋转天线，填补了我军预警机装备的空白。其先进的雷达技术，也令世界震惊。空警－2000 的机腹处还装有一部往往被人忽视的、与美制 E－8 上类似的大型对地雷达天线罩。

空警－200 预警机以机背安装的“平衡木”状雷达系统而闻名

被誉为“空中平衡木”的空警－200 预警机，其机体是在国产运－8 运输机的改型基础上研制的；装有中国自行研发的平板缝隙天线机械扫描机载预警雷达，具有波束窄、精度高的特点，可探测和跟踪多种目标。该系统价格低廉，维护和运行费用低，而且可以搭载在多款飞机上。该机的平板雷达酷似瑞典爱立信公司研制的“爱立眼”机载相控阵雷达，俗称为“平衡木”，探测空中目标距离为 300～450 千米；由于平板雷达特有的性能，空警－200 探测海上目标的能力也非常突出。该型预警机可与空警－2000 形成高低搭配的空中预警系统。

空警－2000 为我自行研制的大型空中早期预警控制平台，空警－200 则是在国产运输机的基础上加装雷达系统而来。它们的研制成功，刷新了我国空军航空兵部队信息化建设的新纪录；标志着中国成为继美国、俄罗斯、以色列之后第四个能够独立研发大型预警机的国家，也为空军由防御型向攻防兼备型转变创造了必要的条件。

有关军事专家指出，作为一支军队信息化建设的主要标志性装备，预警机启动了信息化空军建设的新进程，表明中国空军开始从地面指挥为主向具有现代形态的空中指挥平台转变，是空军战斗力建设一个质变的象征。

世界上最早的空中预警机产生于第二次世界大战时的美国海军，它的全称是“预警指挥控制飞机”；经过70多年的发展，现已形成诸多系列。目前，享誉世界的知名预警机主要有美国海军的E－2系列，美国空军的E－3系列、俄罗斯的A－50、以色列的“费尔康”等。

岁月的追忆把我们拉回到那些难忘的日子里。2000年前后，紧随世界新军事变革的步伐，为维护国家安全和核心利益，中央军委决定引进与研制相结合，发展中国的预警机。有关方面经过艰苦的谈判，终于达成了采购以俄罗斯伊尔－76为飞行平台、安装以色列“费尔康”预警和控制系统的A－50I预警机的协议。这本是提高国土防空能力、维护国家安全的正当行为，却遭到美国方面的百般阻挠。有关方面转而考虑直接购买俄罗斯的A－50预警机，可是该型机的任务电子系统相对落后，并不能完全满足我国空军的作战需求。同时，这项采购方案也受到来自美国方面的压力，最终没有落实。永不言败的中国人最后下定决心，一定要依靠我们自己的力量，自主研制出“中国号争气机”！

江泽民对此专门作出批示：“一定要把预警机项目搞成功！”这成为悬挂在空警－2000和空警－200预警机研发现场的最响亮的战斗号召，是激励国防科研工作者和工人技师们顽强拼搏的动员令。

在中央的坚强领导下，围绕大型预警机研制项目，国防科技工业全速运行起来。大家不分昼夜，集智攻关，终于在2003年秋高气爽的季节里，使国产预警机成功地飞上了蓝天。

从美国阻挠、中以预警机合作受挫，到我国成功开发出新型预警机，其间仅经历了3年时间。但是我们也不能忘记：军工战线工作者为建造出我们自己的预警机，付出的不仅只是汗水、辛劳和心血，甚至还有鲜活而宝贵的生命。

2006年6月3日，我国一架军用预警机进行有关测试时不幸失事，胡锦涛主席表示沉痛哀悼。为国防科研事业英勇献身的英烈们永远值得我们缅怀！正是一辈辈军工战线工作者的牺牲、奉献，换来了祖国国防建设的飞跃发展。

“八一”飞行表演队的歼－10飞行编队

一些“军迷”朋友认为，中国的空警－2000是当今世界最先进的预警机，理由是西方军事强国还没装备固态有源相控阵雷达预警机。但有的军事专家对这种观点持有异议，认为固态有源相控阵雷达结构复杂，形体庞大，装在飞机上需要解决一系列技术难题；如射频组件、阵面电源、阵面冷却管道、高性能计算机、卫星通信和数据链的安装调配等。这些技术难题在庞大的舰艇上是很好解决的，而在飞机平台上整合装配，势必影响飞机的可操纵性。将许多复杂的组件组合在一起，以美国军方现有的先进技术生产，总重量也相当可观。特别是雷达天线的冷却问题：以气冷的方式解决，势必增加雷达天线罩的面积，影响飞机的气动性；以液冷的方式解决，天线罩将极其沉重，影响飞机的重心。他们认为，中国空警－2000采用重达数吨的14米雷达天线罩是种冒险，除飞行员要具有高超的驾驶技术外，恶劣天气也势必影响空警－2000的升空率。这也是西方暂时不装备有源相控阵雷达预警机的真正原因。

根据国产预警机现有的公开资料，笔者从军事爱好者的角度对其技术和战术性能进行猜测和分析。有些见解可能只是以蠡测海，以不求甚解而见笑于读者。

说起新型预警机的性能，首先要看机体平台。平台飞行性能的高低在很大程度上决定了机载预警系统整体性能的发挥。美国、俄罗斯等国的大型预警机都以性能良好且可靠的客机或运输机作为平台，就是基于上述原因。在我国前2架“新型预警机”(空警2000)中，第一架使用20世纪90年代末从俄罗斯购买的、准备安装“费尔康”系统的A－50机体；第二架使用伊尔－76运输机。后续同类预警机也可能继续使用伊尔－76作为平台，直至中国研制出自己的大型运输机。

因此，空警－2000预警机的飞行性能可从伊尔－76运输机和A－50预警机的相关数据来进行分析。

预警机要安装大量任务系统设备，特别是机身上方的雷达天线罩，飞行的重量将因此增加，飞行的升限、巡航速度等都要相应降低。从这个意义上讲，国产大型预警机的总体飞行性能应该较伊尔－76略低，与A－50相近。估计最大巡航高度在10 000米左右，巡航速度为800千米/小时左右；航程在5000千米左右；续航时间为7～8小时(不进行空中加油的情况下)。空警－2000预警机还安装了空中受油装置，可由空中加油机为其进行空中加油，作战航程和滞空时间均可大大增加。

其次，分析机载预警雷达系统。它是预警机的“大脑”，直接决定其预警和指挥作战性能。基于降低技术风险、开发成本以及加快研制进度的考虑，新型预警机仍然采用国外成熟的、如E－3预警机使用的传统碟形天线罩。机载雷达数量和布置方式可能与以色列之前准备在A－50I机体上安装的“费尔康”系统有很大相似之处，即用3台相控阵雷达呈三角形固定安装在圆盘状天线罩内；工作方式估计也基本相同，每部雷达负责对120度空域范围进行扫描。

一些防务专家曾认为，由于我国的相控阵雷达技术与以色列相比，可能存在一定差距，因此机载预警雷达的技术和战术性能在某些方面不及“费尔康”系统。“费尔康”雷达系统的有效探测距离超过400千米，可同时跟踪60~100个目标，并引导12架战斗机作战。如果按其3/4的技术水平来计算，那么新型预警机的有效探测距离估计在300千米以上，可同时跟踪45~75个目标，并可引导约10架战斗机进行拦截作战。对此也有不同观点。而据后来披露的消息称，空警-2000预警雷达的探测距离达到470千米，可同时跟踪60~100个目标，包括低空和巡航导弹目标；但在数据处理方面仍有待加强。

2010年11月13日，中国与巴基斯坦举行预警机出口交付仪式，该型预警机就是国防科研部门开发的出口型ZDK-03"小盘机"。它是空警-200"平衡木"的"同胞兄弟"，同以运-8为平台改进而成。机背装有圆盘状雷达天线罩，但尺寸略小；机上电子设备运用开放性设计理念，便于将来进一步改装和完善。

国外媒体认为，虽然ZDK-03"小盘机"雷达罩里装的可能还是老式机械扫描雷达，但采用了最新的电子捷变技术，能瞬间改变雷达波的长短，特别是发射出的超长波，可在300千米远的距离发现隐身战机。

有报道称，"近年来，中国为了防止隐身战机的突袭，可以说煞费苦心，还以运-8为平台发展了其他类型的电子战机，其中一款在机头两侧装备了庞大的平面被动雷达天线。这种雷达能准确测量出有源相控阵雷达两个相近辐射波中的阵列夹角，并根据阵列夹角迅速计算出隐身战机的位置。只要隐身战机雷达开机，哪怕是一秒钟，其位置坐标就会被中国的这种电子战机发现，从而让自己处于极度危险"。

一位曾参与设计F-22"猛禽"战机的设计师私下表示，由于战机要做到隐身，在飞行时必须保持一定的飞行姿态，并保持无线电和雷达静默，只能被动接收数据链。隐身战机飞行员坐在战机里根本无法预测外面的情况，更不知道其座机的隐身技术能起到多大效果；一旦被发现只能被动挨打，因为他们的还击武器此前还处在封闭的武器舱里。加上造价高昂，也许这些都是美国国会和国防部一度赞成关闭F-22生产线的重要理由。

中国国产预警机与"众"不同之处，还在于它装备有电子干扰支援雷达。

美国海军的E-2系列、美国空军的E-3系列、俄罗斯A-50、以色列的"费尔康"、瑞典"爱立眼"等这些预警机，共同的特点就是：预警机上只装备远程警戒雷达用于引导己方战机执行作战任务，用途单一。而中国预警机除了装备通常的远程警戒雷达，还装备有电子干扰支援雷达。这一点从中国预警机机背上成规律放置的许多"剑"型天线就可判断。

根据国内公开出版的专业资料《电子战行动60例》的介绍，这类配有"剑"型天线的电子干扰支援雷达，最早应用于第二次世界大战期间美国对日本本土轰炸的电子战行动中。当年装有此类雷达的电子战型B-29对日本的防空雷达成功进行了压制，保障美国轰炸机成功轰炸日本本土，因此也赢得了美军轰炸机编队"守护神"的美称。

从外形酷似"剑"型的天线，人们可以判断国产预警机装有电子战系统装备，并将预警雷达与电子干扰支援雷达成功地整合成一个作战体系，并解决了电磁兼容问题。相关系统集成化、实用化程度提高，可以说是个革命性突破。

从技术层面上分析，航空电子对抗侦察装备可分为战略电子对抗侦察装备和战术电子对抗侦察装备。战略电子对抗侦察装备主要使用载机上装载的电子对抗接收、处理设备在平时对敌对目标进行侦察，在全频段侦收和记录敌方的雷达、通信电台等电磁辐射源的工作参数，并进行测向和定位；通过对侦察情报的分析、处理，掌控敌方军事电子装备的使用情况，为战时选择攻击目标和实施电子战提供准确可靠的电子对抗情报支援。

而战术电子对抗侦察装备一般以小型战术飞机或无人机为平台，装备小型全自动电子对抗侦察设施，主要在战时和战前，以突防和突防态势对敌方前沿重要的雷达、通信电台等电磁辐射源的工作参数进行侦察、测向、定位，收集敌方电磁目标参数和电子对抗情报。

这样，中国预警机除了远程预警，又多了电子战的电子干扰压制功能，这对提升中国预警机的战场生存能力很有帮助。也足可说明它是中国独有的标准制式。[3]

从总体上看，中国自主研制的预警机技术比较成熟，也已经形成战斗力。尤其是当“和平使命－2010”上海合作组织成员国武装力量联合反恐军事演习在哈萨克斯坦马特布拉克训练场顺利展开时，就对中国预警机和其他参演装备进行了全方位检验。

据中方导演部副总导演孟国平少将介绍，本次联演中国空军有6架飞机参演，还使用了预警机和加油机保障。孟国平指出，这主要出于三方面考虑：

一是着眼演习任务的需要。从中国乌鲁木齐到哈萨克斯坦马特布拉克训练场的空中距离为1000余千米。其中进入哈萨克斯坦境内近500千米。轰－6H飞机活动半径足以保证任务完成，歼－10飞机作战半径理论上也没有问题，“但为了稳妥起见、确保绝对把握，安排了在出境前对其实施空中加油。同时，演练中安排空警－2000预警机对轰－6H、歼－10飞机进行全程不间断空中指挥”。

二是着眼构建完整的空中作战力量体系。就是要构建集预警指挥、远程轰炸、伴随掩护、空中加油等作战与保障要素为一体的空中战斗群，一个可独立遂行远程奔袭任务、高度一体化的力量体系，这也是未来空军遂行信息化条件下空中进攻作战的基本编成模式。

三是着眼锻炼提高空军部队的作战和综合保障能力。在当前和今后一个时期，中国军队在重要战略方向上面临现实威胁，需要空军实施远程支援作战，而这离不开空中预警机和加油机的保障。通过联合军演实际锻炼，能进一步提高空军部队实战化水平。这也说明参演新装备已经形成战斗力和保障力。

►从“入侵者”残骸上起飞的中国无人机

接下来说说在国庆60周年大阅兵装备方队中首次展示的国产无人机。它向世界传递的信息是：人民解放军在军用无人机装备领域发展迅速。

众所周知，情报侦察是一切军事行动的前提和基础，而无人化是各类装备平台发展的重要趋势。无人机侦察平台的应用，可以提高部队获取战场情报信息的能力，提高部队快

国庆 60 周年阅兵式上展示的国产无人机

速反应的能力，也能够减少部队人力情报的投入，是军队信息化的重要体现。

国外在无人机的发展方面目前已经达到相当高的水准，无人侦察机、无人隐身攻击机不仅都在研制和生产之中，而且广泛投入到伊拉克和阿富汗的军事动行。无人机不仅是十分重要的空中侦察平台，而且成为打击地面目标的战斗利器。目前，美军已经拥有各种无人机近 6000 架，大部分兼有侦察及作战制导功能。

紧跟世界军事装备发展前沿技术，中国研制无人机的速度也十分迅速。国庆 60 周年阅兵展示的无人机，比较充分地体现了我国无人机发展的成就；说明中国军队在空中智能控制、精确测控和计算机信息处理等方面的技术进步。

2009 年 8 月 10 日出版的美国《防务新闻》曾发表该刊驻台湾地区办公部门主任温德尔·明尼克题为“中国人模仿美国的设计”的文章，大言不惭地声称“在无人机能力方面远远落后于美国的中国正忙于拷贝美国的设计，并努力获取无人驾驶技术”。

笔者认为他这样说真是有点“厚颜无耻”。为什么呢？正是因为 20 世纪 60 年代曾有 14 架美国军用无人侦察机侵犯中国领空而被击落！我们可以义正词严地告诉全世界：这些“入侵者”的残骸，就是我们中国人研制军用无人机的最早参照物，仅此而已！“疑义相与析，奇文共欣赏。”让我们继续看某些人是怎样鼓噪的。

该文章援引华盛顿国际战略与评估中心资深研究员理查德·费舍尔的话说，过去 10 年来，中国投入了相当可观的资源，建立起当今大规模的、种类齐全的、富有创新性的无人机系统部门，“悄悄地窥视中国的无人机模型和两年一度珠海航展上展出的模型，就会发现中国对无人机的兴趣日益增长，会发现明显复制了美国的设计。中国复制的传统可以追溯到20世纪60年代，中国修复了美国在中国和越南北部坠毁的AQM－34N Firebee‘火蜂’无人侦察机，并生产出WZ－5型(Chang Hong)无人机”。

美国X－47B验证机

“坠毁”，多么巧妙的词汇！殊不知入侵者总是善于巧扮自己；美国无人机为何平白无故地“坠毁”在中国和越南北部？说某些人厚颜一点儿也不过分吧。

费舍尔认为，中国的无人机部门正在研发交互涡轮发动机为动力的三种无人机：高空长航时型（HALE）、中空长航时型(MALE)和无人作战飞机(UCAV)。中国的无人机部门包括正式的大型飞机制造公司、新兴的无人机特种公司；无人机的研发还从巡航导弹研发单位获益，中国主要的航空院校也对无人机发展有贡献。中国已制造出三款与美制“全球鹰”无人侦察机同样配备“V”形尾翼的无人机，它们分别是成都飞机工业公司的“翔龙”无人机和“翼龙”无人机以及贵州航空工业集团的WZ－2000型无人机。

文章提到，在2006年的珠海航展上，沈阳飞机制造公司展出了机身呈三角形的“暗剑”隐身超音速无人飞机的概念机；在2008年的珠海航展上，中国航天科技集团公

国外先进概念无人飞艇及无人机

司展示了 CH－3 型中空长航时无人作战飞机，这款无人机采用鸭式布局，水平尾翼置于主翼之前。

文章称，“有迹象表明，中国精密机械进出口公司想研发一款雷达和通信干扰无人机系统，叫做 SW－6”。军事评论家平可夫也指出，2009 年巴黎航展上，中国精密机械进出口公司的宣传小册子里提到一款 SW－6 概念机，是用于对付美国航空母舰战斗群的。当 SW－6 无人机由歼－10 战斗机发射出去后，它将瘫痪美军航空母舰的防空雷达和通信系统，随之而来的就是歼－10 携带的反舰导弹(对航空母舰发起攻击)。平可夫说，SW－6 很可能只是一种研究中的概念机，但它显示出中国应对美军航空母舰战斗群介入可能的台海战事而采取“反介入战略”的一种努力。

读者可以先品品中国功夫茶，且听笔者将近些年中国新型无人机的情况细细道来。

先说说被境外防务专家们提到的 CH－3 型长航时无人机。2010 年它再度亮相国际航展。中国航天科技集团公司一位管理人员明确地告诉观众：“CH－3 型多功能中程无人机系统具有自主起飞和着陆能力，能够胜任战场侦察、火炮攻击校正、数据传输和电子战任务，并可改装为无人攻击平台，挂装小型精确制导武器完成侦察、打击任务。”展出的配套武器包括两款空对地导弹，外形类似美国的“地狱火”导弹。

在珠海举行的第 8 届中国国际航空航天博览会上，中国的民用和军用航空公司展示出至少 25 款无人机。航展管理人员表示，这个数字创下了纪录，也显示中国对无人技术领域的兴趣在不断增长。

据介绍，这次展会上的无人机大多来自三家中国公司：西安爱生技术集团，中国航天科工集团和中国航天科技集团。

据爱生技术集团发言人介绍，爱生技术集团是中国最大的无人驾驶平台生产商，其发展包括无人机在内的空中无人驾驶平台的历史可以追溯到 1958 年。该集团占有中国无人驾驶平台超过 90% 的市场份额，并与西北工业大学的无人技术研究所保持紧密合作关系。

爱生技术集团在第 8 届珠海航展展示了 10 种无人机，包括新型 ASN－211 仿生扑翼飞行器。展出的原型机起飞重量仅有 220 克，而最高飞行速度可达 10 米/秒，飞行高度为 20～200 米。这种微型无人机可用于战场低空侦察。

爱生技术集团展出的最大型号的无人机是 ASN－229A 型侦察及精确打击无人机。该无人机装配有卫星数据传输装置，昼夜均可执行空中侦察、目标定位和火炮攻击校正任务。该型无人机起飞重量为 800 千克，巡航速度为 160～180 千米/小时，飞行时间达 20 小时。

虽然爱生技术集团参展的无人机数量居首，但是更为复杂的无人平台却是中国航天科工集团和中国航天科技集团的产品。两家公司展示的无人机不仅能够定位目标，还具有摧毁目标的能力。

在航天科技工业展馆，首次公开展出的 WJ－600 型无人机有些与众不同：机头隆起，筒状机体；修长的机身中后方装有一对前翼，延展的机翼下悬挂两枚导弹；无人机尾部装有涡轮喷气发动机，进气道被安置在机背上……

据航天科工集团提供的材料，WJ－600 型无人机能够搭载多种有效负载，包括武器、合成孔径雷达、电子战设备以及数据传输系统等，具有反应速度快、突防能力强的特点；能够全天时、全天候执行侦察和毁伤效果评估等任务，也可装载其他类型的任务设备，执行对地攻击、电子战、信息中继和靶标模拟等军事任务。据工作人员称，一般无人机的飞行速度大约只有 30 米/秒，而 WJ－600 可达到 200 米/秒；在飞行高度上更胜一筹，可达万米高空，远高于一般无人机 2000 米左右的高度，其飞行速度和高度都是国内之最。

工作人员表示，WJ－600 并没有指定某一款专用导弹，只要在其载荷范围内，理论上各型制导武器都可以挂载。该无人机集侦察—打击功能为一体，有效载荷为 130 千克；隐身的外观和涂层，使其雷达反射面积变小，具备隐身功能。

国外大型隐身无人机即将投入使用

其他展商还包括珠海星宇航空技术公司，他们展出了两种新型无人侦察机——200 千克重的“蓝箭”UR－J1－001 和 40 千克重的“天眼”UR－C2－008。

由此也可看出中国特色的军民融合式发展模式，对国内无人机产业的发展起到了积极的促进作用。

▶冷眼向洋看世界——浅析“冷战”后的太空军备竞赛

2007 年初，在一次例行的新闻发布会上，中国外交部发言人坦承：中国于 1 月 11 日在外层空间进行了一次成功的太空试验，对本国已失效的卫星进行了有效处置。外电据此报道中国试射了一枚载有“拦截器”的弹道导弹，摧毁了一颗距地球表面 537 英里的报废卫星，并称中国继美国和苏联之后，成为世界上第三个拥有“卫星杀手”的国家。

西方那些惯于炮制“中国威胁论”的势力很快作出反应，声色俱厉地指责中国首次成功地用弹道导弹摧毁一颗旧气象卫星，并分析指出：中国此次试射行动是针对被称为“新星球大战”的美国“国家导弹防御系统”的，因为美国的这一系统严重依赖军事及间谍卫星；中国此举是要向世界显示已有能力对美国发动“点穴战”，通过攻击美国的军事和间谍卫星系统，瘫痪其“新星球大战”设施。这些说辞真有些不打自招的味道。

2008 年 9 月 25 日，“神舟七号”升空。航天员翟志刚进行首次太空出舱活动，开展卫星伴飞、卫星数据中继等空间科学和技术试验。这本是无可厚非的科学试验活动，但美国媒体却声称，“根据无法证实的资料显示，美国探测到它在外太空释放了一颗运用纳米技术制造的军事卫星。美国分析人员猜测这是一颗‘反卫星’卫星，但一直无法证实”。分析人士甚至说，如果中国真的拥有这些“反卫星”武器，意味着中国可从多种途径摧毁敌方卫星，有能力发动大规模的“点穴战”。

美方认为中国该项技术已经成熟，并担忧自己的卫星会遭到攻击。美国空军人士坦言，自从中国进行了“反卫星导弹试验”之后，美国对自身军用卫星安全的担忧与日俱增。美国国防部和空军一直在考虑：是该进一步发展反卫星导弹，还是该加大小卫星项目研发力度。

美国学者声称，中国拥有摧毁在太空低轨道运行的外国侦察卫星的能力，此次试验在美国引起震动之巨大，不亚于中国在 1964 年首次引爆核弹。原因就在于美军对他国军队的优势在相当大的程度上是建立在其卫星体系基础上的，其通信、侦察、导航、目标锁定和其他技术能力都严重依赖太空技术；如果卫星被摧毁，美军打赢高科技局部战争的能力，将退回到 20 世纪六七十年代。

其实，这都是美国军方和军火利益集团为争取更多的军事拨款而惯用的造势手法。美国国会于 2007 年追加 10 亿美元拨款，用于太空武器计划部署。

当中国击落自己已失效的老旧卫星时，部分西方媒体大篇幅刊文报道或评论此事，美国和它的盟国都对中国进行了措辞类似的指责，这是典型的“只许州官放火，不许百姓点灯”。

事实上，自 20 世纪后期，美国就开始进行反卫星试验，至今仍在大规模地进行太空武器化研发和部署。10 多年来，中国、俄罗斯屡次要求美国参与缔结禁止太空武器研发和部署的国际公约，却始终遭拒；尤其在美国背离“八一七”公报承诺，长期对台湾出售武器、严重阻挠中国统一大业的严峻形势下，中国被迫开展反卫星试验，从而增进国家的安全，纯属为了打破空间霸权。

其实，自 20 世纪 90 年代末以来，美国方面就因为苏联解体、东欧剧变，自诩赢得“冷战”之后“已是打遍天下无敌手了”，锋芒直指社会主义中国，不断地提出所谓的“中国威胁论”。“考克斯报告”还煞有介事地炮制出中国“窃取”美国核武器技术、发展新型导弹的指控，这是美国“鹰派”制造“中国威胁论”，向国会施压要钱，同时又操弄国际舆论，制造“遏阻中国发展战略核武器的压制性氛围”。殊不知中间杀出个“程咬金”，当“911”恐怖袭击发生后，美国的战略重点不得不有所倾斜；而美国人在把注意力集中于打击恐怖主义的同时，依然不忘遏阻中国和平崛起。

从美国“鹰派”制造的“中国威胁论”也可看出，美国对中国发展导弹技术的不断努力而产生的种种忧虑，是西方价值观指导下的“后冷战”思维和畸变心态。一些美国人认为，中国无论是通过隐蔽或是各种公开渠道所做的努力，其目标显然是为了研究下一代导弹系统的核心技术，包括战术和战略弹道导弹、对地攻击巡航导弹和用来防御飞机和导弹入侵的定向能武器系统。在下一代导弹系统的研究中，美国认为中国最关心的技术有：先进常规弹头；末端控制和引导系统；可独立行动的对目标能重定位的运载工具(MIRV，核攻击中非常重要的系统)；降低发射系统的雷达截面积、提高系统的隐蔽能力；提高发射系统的机动能力；用于实现定位及武器制导功能的军用卫星系统等。

笔者认为，这样的推测与臆想，倒也给了我们一些国防尖端科技发展的启示。

中国有句古话，叫做“公道自在人心”。“后冷战”时期的太空军备竞赛，美国是主要推手和“领头羊”。美国从称霸太空的战略目标出发，倚仗技术优势，大力发展太空武器，把太空军事化作为实现其太空战略的主要手段，早已是“司马昭之心——路人皆知”。

早在2002年，时任美国国防部长拉姆斯菲尔德就亲自领导一个研究小组，着手进行太空战研究。该小组建议美国提前进行准备，为此，需要拥有太空武器。此后，美国太空武器研发工作加速推进。现在，美国建立了全球最大的卫星导航系统，在太空飞行的卫星达400多颗，比其他国家的卫星总和还要多；其中不少是军用卫星。

美国太空无人飞机——X－37B

2007年，美国更是借口中国试验反卫星武器，宣扬中国“太空威胁论”，进一步强化其太空军事化与战备行动，如公开推出名为“太空作战”的文件，提出必要时要“先发制人”打击他国的卫星和指挥系统，瘫痪对手的太空对抗能力；增拨巨款研制代号为“BASIC”的新式间谍卫星和代号为“猎鹰”的极超音速太空轰炸机。前者能辨别地面上25厘米大小的物体，后者能在两小时内摧毁地球上任何地区的目标和其他国家的太空设施。

事隔仅仅一年，2008年2月21日，美国用其高技术的海基导弹防御系统的拦截导弹摧毁了一颗美制低轨道卫星。这是首次从海洋移动平台上成功打击太空卫星的试验，验证了美国反导系统具备反卫星能力，对其他国家的卫星等太空设施构成了现实威胁。

再让我们看看2010年的两项纪录。

4月，美国无人可回收太空飞机——X－37B升空后，绕地球飞行7个多月并返回地面。其主要使命是检验整个飞行器系统的设计，其次是试验今后可使用的先进传感器技术。美国军方坚称 X－37B 将被用于太空运输和太空实验，但外界认为 X－37B 可以改造成先进的太空战斗机。

5 月，波音公司制造的高压喷气动力驱动的 X－51A 高超音速飞行器首飞成功。飞行器在空中离开 B－52 轰炸机后，以 5 倍音速飞行了大约 3 分半钟，创下了同类发动机驱动的飞行器飞行距离最长纪录。美国空军行动范围和作战空间有望拓展到外太空，并具备对全球目标发动“即时打击”的能力。

传统的航天大国俄罗斯自然不甘落后。早在苏联时代，它就进行过多次反卫星试验，其太空军备技术不在美国之下。现在，俄罗斯综合国力正在迅速恢复和壮大，面对美国咄咄逼人的太空军事威胁，也在不断加强太空战力，发展并拥有定向能武器、杀伤卫星与“天雷”等太空作战系统。对此，俄罗斯太空部队司令毫不隐瞒地表示，将进一步提升太空作战能力，赋予太空部队发射各种军用航天器和打击敌方太空武器系统的任务。发展反卫星武器等“杀手锏”兵器，是该国确定的太空复兴计划的重点。

2010 年 7 月，时任俄罗斯总理普京强调，俄罗斯政府在金融危机的背景下仍将全力支持本国航天工业的发展。按照国家专项计划，使俄罗斯 2010 年在航天领域的投入达 970 亿卢布，旨在使国内航天企业 2015 年前开工率达到 70%、创新产品超过 55%、设备更新率达到 40%、在国际航天市场的份额超过 15%，显示出雄心勃勃的航天愿景。此外，俄罗斯政府将启动远东“东方”航天发射场的建设计划。

印度也在加紧研发和部署太空武器。2007 年 8 月，印度发射了首颗军事侦察卫星，并计划建立对有关国家进行定期侦察的太空情报网。印度陆军还公布了《太空愿景 2020》远景规划，旨在打造集航天战与地面战于一体的信息化陆军，强调向太空要“战斗力”，发展早期预警卫星、超地平线雷达、能穿越太空的导弹防御系统等太空武器。印度还拟建太空司令部，其向太空进行“军事大跃进”的态势日趋明朗。

签有《美日安保条约》的日本也亟欲在发展太空武器上有所作为。早在 2003 年，日本即成立了太空战略司令部。随后，其太空军备事业取得进展，并于 2007 年 2 月成功发射了 4 颗间谍卫星，构建全球监视网络，并研发“准天顶”卫星定位系统。日本还宣布将投入 570 亿美元的巨资加快其“天军”建设步伐。2008 年 7 月，日本又通过《宇宙基本法》，首次授权军方掌控所有间谍卫星，进军太空领域，从而为其实行太空军事化提供法律依据。

2010 年 7 月，日本情报通信研究机构开发出机载高精度合成孔径雷达，可分辨地面上 30 厘米大小的物体。由于使用电波作为观测手段，该雷达不受天气及昼夜的影响，性能在同类雷达中居于首位。

8 月，日本提出在 2020 年实现利用车辆型机器人探查月球。计划利用机器人在月球南极地区建立基地，采集月球岩石并带回地球研究，同时还将设置地震仪探查月球内部构造，检验在月球开采资源的可行性。

9 月，日本发射首颗“准天顶”卫星。这颗名为“引导”的卫星主要用于技术储备以及各种数据的检验。日本初步计划发射 3 颗“准天顶”卫星，以保持总有一颗卫星在日本领土的正上方。该卫星的发射意味着日本正式进入世界卫星导航系统竞争行列。

欧盟作为世界上举足轻重的航天中心，在发展太空军备方面有很大潜力。它正在发展的“伽利略”全球卫星导航系统，堪与美国军方拥有的GPS全球卫星定位系统相媲美。2007年11月，欧盟为“伽利略”项目提供24亿欧元资金，计划将其建成一个由30颗卫星组成的导航网络系统。届时，“伽利略”的功能将超过美国的GPS，并为欧盟发展航天军备打下坚实基础。[4]

所有事实表明，一场太空领域的军备竞赛已经拉开帷幕，而且是美国等国率先发起。现在，某些人反而诬称中国造成“太空威胁”，完全昧于事实和良知。

中国的太空事业是为了和平目的，发展有限的反卫星武器完全是为了自卫，纯粹是防御性的。中国不会参加包括太空军备竞赛在内的任何军备竞赛。讲到底，我国实行的是防御性国防政策，我国建设现代化国防力量的目的是为维护国家安全和领土完整，并不对他人构成威胁。

2009年11月11日人民空军节这天，一位空军高级将领在阐释空军新战略时指出：根据我们现在空天一体、攻防兼备的全新要求，空军现在要实现什么呢？不仅有维护领空安全问题，还有外层空间安全的问题。这是实施“空天一体、攻防兼备”新战略的重点。

中国未来空间站构想图

据说，现在每天大约有7000～9000个各种各样的卫星（包括大量间谍卫星），变轨经过中国上空频繁拍摄、侦察我方地面目标。如何在新时期维护中国的外层空间安全，也是一个问题。包括美俄卫星空中相撞事件、美国用导弹将失效卫星击毁等，这些都需要我们认真加以考虑：未来再出现这样的外层空间灾难，应怎样有效维护我们空中的安全？这是今天“空天一体、攻防兼备”思想提出的背景。

▶构建陆基防御盾牌：中国反导拦截成功！

2010年元月11日晚间，当人们还沉浸在国家主席胡锦涛授予谷超豪、孙家栋“国家科学技术最高奖”的喜悦中时，新华社播发了一条简短而重要的消息：中国成功进行了一次中段反导拦截试验。消息如“冬季响雷”，迅速引起轰动，其关注程度直达舆情峰值。

有关方面未就具体的反导试验地点、相关数据发布报告，国内外军事专家还是纷纷发表评论。有关人士认为，进行中段反导拦截试验的应该是中国国防科技试验部门，这是中国第一次正式向外宣布自己成功进行反导试验。媒体普遍认为，目前，世界上只有美国和日本进行过类似中段反导拦截试验。

也有外电指出：值得注意的是，中国适时展示自己的一些力量，表明中国不仅有决心，而且也具备能力和手段来保护国家安全和中国核心利益。24 小时之后，大洋彼岸，美国国防部女发言人莫琳·舒曼说："我们事先并未收到发射的通知。我们侦测到不同地理位置的两次导弹发射活动，我们的空间探测装置也监测到一次外大气层撞击活动。我们正要求中国提供进行有关此次拦截的目的以及中国未来进行各类拦截试验的意图和计划的信息。"这完全是一派霸道的"国际警察"口吻。

对此，国内众多网友留言，反讥五角大楼真是典型的"强词夺理之言"。

美方说他们事先并未被告知此次试验的消息，但是监测到了两枚导弹的发射以及在大气层外的撞击。所以，就有国际防务分析家指出，美国官员至少早在 2009 年 9 月就开始监视此次试验的准备工作，这些"偷窥者"的嘴脸不打自招。

尽管美方声称这次试验与其对台湾的军售无关，但舆论称中国新武器试验的目的性很强，试验本身就是"敲山震虎"。日本及台湾地区媒体普遍认为，中国此举是对当时美国宣布售台武器的有效回应。

多数"军迷"、网友认为，于国庆 60 周年大阅兵之后，成功进行中段反导拦截试验，再次表达了中国政府增强国防实力、维护国家安全利益和领土主权完整的坚强决心；同时表明，中国国防科研实力正处于技术大提升的重要阶段。

透视"冷战"结束后的国际格局大调整、大变革，人们更加清醒地意识到：在当今寰宇，正义是需要有实力为后盾来伸张的。

科学技术的演进有一个发展的过程。大概是在 2006 年，境外媒体报道称，中国曾在偏远的西北地区试射过地对空导弹，就其性能而言，与美国的"爱国者"拦截系统类似。据韩国《东亚日报》报道，试验内容包括侦测并击落一架无人侦察机和来袭的弹道导弹。韩国媒体分析说，这似乎标志着中国本土截击部队的正式启动。

"军迷"们都知道，根据弹道导弹飞行的不同阶段，一个完整的反导系统，应该包括源头打击能力（在敌方导弹发射前就将其摧毁）和导弹发射后上升段、中段、末段拦截三部分。在导弹飞行的三个阶段中，导弹上升阶段拦截效果最好；导弹此时被击落，也是掉在敌方头顶，不会对本国领土造成威胁。但最突出的难点有三处。

一是如何准确判断敌方的突袭活动。如"二战"中的"偷袭珍珠港"行动。和平氛围中，你怎么知道敌人要偷袭你？判断不管准确与否，都可能被反诬成"战争发动者"，犹如 2008 年的"格俄战争"那样。除非是处于"间歇性交战"状态。

二是需要在敌方弹道导弹点火后第一时间就发现并进行攻击；而攻击又需要深入到敌方纵深实现，技术难度显然很大。

三是需要突破敌方的阻拦，反拦截技术更要技高一筹。在美国，负责对上升段导弹实施拦截的是 YAL－1 激光反导飞机，它号称从 1500 到 2000 千米外就能用高能激光引爆导弹。虽然该项技术还不够成熟，导弹上升段拦截效果受限因素较多，但并不等于人们会放弃它。

目前，国际上比较成熟的反导系统主要是集中在中段和末段拦截上。弹道导弹中段飞行是指导弹发动机关闭后在大气层外以惯性飞行的阶段，这时它的弹道相对平稳和固定。先进的反导系统计算出目标的弹道后，就可以准确引领拦截导弹进行一次或者多次拦截。如果拦截及时，掉落的残骸也不会进入本国领土。而末段拦截时，由于弹道导弹进入大气层开始俯冲，弹头轨迹倾角大、速度通常在 7～8 倍音速以上，反导系统要想捕捉目标相对困难些。此外，新研制的弹道导弹会不断变轨或释放诱饵，这些都增加了末段拦截的难度。即便成功，弹头通常也会掉在本国的领土上，造成损失，客观上实现了敌方攻击目的。

既然初段反导难度极大，而末段反导风险也很大，那么，选择中段反导技术就理所当然地成为发展重点。它也迅速成为目前国际上比较流行的导弹拦截技术。有关军事专家认为：

美国在阿拉斯加、加利福尼亚部署的导弹拦截系统，多数也是中段反导武器。在此也要提醒读者注意：美国目前已经在本土和盟友国家中部署了这类导弹拦截武器，一旦“全面竣工”，有了更坚固的“盾牌”，它可能更加为所欲为。

苏联 SS－25 洲际弹道导弹

“中国成功进行中段反导拦截试验”的消息告诉人们：中国已经翻越了发展反导拦截技术必须要过的几道关，正在努力完善完整的预警体系。用句通俗的话讲，完整的预警体系是各国反导系统中必须具有的多功能的“火眼金睛”。因为，实施反导拦截的根本前提是在第一时间及早发现敌方弹道导弹升空。倘若没有对早期敌情的预警体系，何谈及时拦截？

现今国际上把反导弹预警系统分为天基卫星系统、陆基弹道导弹预警雷达系统、潜射弹道导弹预警雷达系统以及火箭空间监视系统四类。尽管目前完整拥有这四类预警体系的只有美国，但前两类系统是任何国家反导防御体系中必不可少的。美军反导预警体系以外层空间的“国防支援计划卫星”为核心，在全球范围内监视导弹升空的火焰，可在导弹升空后 30 秒内探测到目标，5 分钟后报警。当导弹飞到一定高度后，地面上的超视距预警雷达和远程雷达也能跟踪并测算出目标轨迹，这在一定程度上弥补了太空监控能力的缺失。同时，美国在全球多处还部署有 X 波段雷达和“铺路爪”雷达站，能以接力的方式跟踪数千千米外的目标。正是由于拥有独特的技术手段做后盾，美国在太空中的监视能力是独一无